COURS ÉLÉMENTAIRE

THÉORIQUE ET PRATIQUE

D'ARBORICULTURE

PARIS. — IMP. SIMON RAÇON ET COMP., 1, RUE D'ERFURTH.

COURS ÉLÉMENTAIRE

THÉORIQUE ET PRATIQUE

D'ARBORICULTURE

COMPRENANT

**L'étude des pépinières d'arbres et d'arbrisseaux forestiers,
fruitiers et d'ornement;
celle des plantations d'alignement, forestières et d'ornement;
la culture spéciale des arbres à fruit à cidre
et de ceux à fruits de table;**

PRÉCÉDÉ DE QUELQUES NOTIONS D'ANATOMIE ET DE PHYSIOLOGIE VÉGÉTALE

PAR

M. A. DU BREUIL

CHARGÉ DU COURS D'HORTICULTURE AU CONSERVATOIRE IMPÉRIAL
DES ARTS ET MÉTIERS,
MEMBRE DE L'ACADÉMIE IMPÉRIALE DES SCIENCES, BELLES-LETTRES ET ARTS DE ROUEN,
CORRESPONDANT DE LA SOCIÉTÉ IMPÉRIALE ET CENTRALE D'AGRICULTURE
ET DE LA SOCIÉTÉ IMPÉRIALE D'HORTICULTURE DE PARIS, ETC.

OUVRAGE APPROUVÉ PAR L'UNIVERSITÉ

ET COURONNÉ PAR LES SOCIÉTÉS D'HORTICULTURE DE PARIS, DE ROUEN ET DE VERSAILLES

QUATRIÈME ÉDITION

DEUXIÈME PARTIE

PARIS

LANGLOIS et LECLERCQ | VICTOR MASSON
10, RUE DES MATHURINS SAINT-JACQUES, 10 | 17, PLACE DE L'ÉCOLE DE MÉDECINE, 17

1857
1853

COURS ÉLÉMENTAIRE

THÉORIQUE ET PRATIQUE

D'ARBORICULTURE

DEUXIÈME PARTIE

CINQUIÈME SECTION

ARBRES ET ARBRISSEAUX FRUITIERS.

Nous comprenons sous la dénomination *d'arbres et d'arbrisseaux fruitiers* toutes les espèces ligneuses dont les fruits servent à la nourriture de l'homme. On partage ces espèces en trois groupes, caractérisés par le mode d'emploi de leurs produits, et par les soins particuliers que réclame leur culture. Ainsi on distingue : 1° *les arbres à fruits propres aux boissons fermentées;* 2° *les arbres à fruits de table;* 3° *les arbres à fruits oléagineux.* Disons d'abord un mot de la multiplication de ces arbres dans la pépinière.

PÉPINIÈRE D'ARBRES ET D'ARBRISSEAUX FRUITIERS.

Les arbres et arbrisseaux fruitiers multipliés dans les pépinières appartiennent surtout aux genres indiqués dans le tableau suivant. Ces genres peuvent être partagés en plusieurs séries caractérisées par leurs fruits. Nous avons placé, en regard de chaque genre, l'indication des divers modes de multiplication.

24

Les *arbres à fruits à pepins* sont tous multipliés au moyen de la greffe. Arrêtons-nous d'abord au mode de multiplication des sujets.

Les sujets de pommier et de poirier francs sont obtenus au moyen des semis. Les pepins, stratifiés, sont semés au printemps avec les soins prescrits pour les espèces forestières. Au bout d'un an, tous ces plans sont repiqués dans le carré des greffes. Il n'y a aucun inconvénient à retrancher une partie de la jeune tige si l'état des racines rend cette opération nécessaire, car tous ces plans sont destinés à être greffés en pied, ou à être recepés pour être greffés en tête.

Pour les arbres qui doivent former des hautes tiges, et qui sont repiqués dans des carrés spacieux semblables à ceux des transplantations, on devra toujours choisir les plus beaux plants, connus par les pépiniéristes sous le nom de *baliveaux.*

Dans l'intérêt de la formation de leur tige, les arbres qui doivent être greffés en tête sont à cet effet recepés deux ans après leur repiquage.

Quelques pépiniéristes ont récemment adopté l'usage de greffer en pied les sujets du pommier ou du poirier franc destinés à former des hautes tiges, au lieu de les receper. Ils emploient comme greffes certaines variétés de pommiers ou de poiriers d'une vigueur extraordinaire. Ils posent des écussons sur les jeunes plants, l'année qui suit celle du *repiquage*, puis ils forment la tige de l'arbre aux dépens de l'écusson. La végétation est si rapide, qu'ils gagnent quelquefois deux ans sur la formation de cette tige, que l'on greffe ensuite en tête. Nous pensons qu'on pourra très-avantageusement remplacer le recepage par ce procédé, pour les jeunes plants les moins vigoureux.

Lors du repiquage, on aura dû, si le sol est exposé à la sécheresse, faire emploi des couvertures. Si le terrain est compacte, on remplacera les couvertures par plusieurs binages pratiqués pendant l'été. Lorsque les tiges ont atteint une hauteur et une grosseur convenables, on leur applique les soins indiqués page 153 pour les disposer à recevoir la greffe. Les sujets de cognassier, de douçain et de paradis, multipliés à l'aide des procédés que nous avons indiqués, sont repiqués dans le carré des greffes.

Les sujets de poirier franc destinés à former des arbres à haute tige sont greffés en fente ou en couronne, vers l'âge de six à sept ans, à 2^m,30 de hauteur environ. Si ces greffes ne réussissaient pas, au lieu de rabattre une seconde fois le sujet, on pose, pendant l'été même, des écussons à œil dormant sur trois ou quatre des bourgeons qui se développent vers le sommet de sa tige tronquée.

Si le sol de la pépinière est un peu compacte et argileux, il pourra arriver qu'en pratiquant la greffe en fente sur les arbres à haute tige, la suppression de la tête donne lieu à des chancres nombreux sur la tige.

(Tableau III). **Liste des principaux genres d'arbres et d'arbrisseaux fruitiers.**

SÉRIES	GENRES	MODE DE MULTIPLICATION DES GENRES					MODE DE MULT. DES SUJETS		
		SEMIS.	MARCOTTES.	BOUTURES.	GREFFES.	SUJETS.	SEMIS.	MARCOTTES.	BOUTURES.
Fruits à pepins.	Poiriers....				Greffe en fente anglaise, double, Bertemboise, en écusson Vitry, ou en couronne.	Poirier franc..... Cognassier.......	Semis.	Marc. par cépée,	Bout. par ram.
»	Cognassiers....		Marcott. par cépée......	Bout. par rameaux..	Greffe en écusson Vitry..	...... Id......		... Id....	... Id.
«	Pommiers....				Greffe en fente anglaise, double, Bertemboise, en écusson Vitry, ou en couronne.	Pommier franc..... Pommier douçain.... Pommier paradis....	Semis.	Id.... Id....	Id. Id.
«	Orangers.....		Marcott. par étranglement..		Greffe en écusson Vitry et Jouette.	Oranger franc et bigaradier.....	Semis.		
«	Citroniers....		...... Id.......	Bout. par rameaux.	..... Id.....	...... Id.....			
«	Grenadiers....		Marcot. en archet avec incis..	Bout. par rameaux.	Greffe en fente et en écusson Vitry.	Grenadier commun à fruits acides.....	Semis.		
Fruits osselets.	Néfliers..				Greffe en fente anglaise, double, Bertemboise, en écusson Vitry ou en couronne.	Aubépine........	Semis.		
«	Azeroliers....				..... Id.....	...... Id.....	Semis.		
«	Cormiers....				..... Id.....	...... Id.....	Semis.		
Fruits à noyau..	Pêchers....				Greffe en écusson Vitry, Descemet, en fente anglaise, double ou Bertemboise.	Amandier doux à coque dure et amande amère. Prunier de Damas et Myroboland, pêcher..	Semis. Semis.		
«	Abricotiers..				..... Id.....	Prunier de Damas, Myroboland, am. et abric..	Semis.		
«	Pruniers....				Greffe en écusson Vitry, Descemet, en fente anglaise, double ou Bertemboise.	..... Id.....	Semis.		
«	Amandiers..				..... Id.....	Amandier doux à coque dure.. Prun. de Dam. et Myrob.	Semis. Semis.		
«	Cerisiers....				..... Id.....	Cerisier..... Prunier mahaleb....	Semis. Semis.		
'	Cornouillers..				Greffe en écusson Vitry..	Cornouiller mâle....	Semis.		
o.	Oliviers.....		Marc. en archet et par racines.	B. p. r. et p. ramées.	Greffe en écusson, en couronne, en flûte...	Olivier........	Semis.		
«	Jujubiers....		Marcottage par drageons....				Semis.		
«	Pistachiers..	Semis.			Greffe en écusson Vitry..	Térébinthe......	Semis.		
Fruits en baie..	Vignes.....		Marcot. par incis. annulaire.	Bout. par crossette.	Greffe en fente-bouture ou en fente simple.	Vigne........	Semis.	Marcottage....	Bou.ture.
«	Groseilliers....		Marcottage en archet.....	Bout. par rameaux.					
«	Framboisiers..		Marcottage par drageons....				Semis.		
»	Epines-vinettes..		Marc. en arch. et par drageons.	Bout. par rameaux.					
«	Figuiers.		Marcottage en archet.....	Bout. par rameaux.					
«	Figuiers d'Inde..			Bouture......					
Fruits en noix..	Noisetiers....		Marcottage en archet....						
«	Noyers....				Greffe en flûte Jeffers et en fente herbacée..	Noyer commun....	Semis.		
Fruits en capsul.	Châtaigniers..				Greffe en écusson Vitry, ou fente anglaise.	Châtaignier commun..	Semis.		
Fruits en légum.	Caroubiers..				Greffe en écusson Vitry..	Caroubier......	Semis.		

et cela parce que la séve très-abondante des racines, ne trouvant plus d'issues dans la tête de l'arbre, s'extravasera en perçant l'écorce. Pour éviter cet accident, on transplantera les arbres une année environ avant de les greffer; leur vigueur diminuera, et on pourra les opérer sans inconvénient.

Les individus destinés à former des arbres à basse tige ou en pyramide sont greffés en pied à l'âge de deux ou trois ans, selon leur degré de vigueur. Les sujets de cognassier, de douçain et de paradis sont greffés en écusson Vitry, l'année même de leur repiquage, s'ils présentent assez de vigueur; sinon, on retarde jusqu'à l'année suivante, mais alors on peut, en outre, leur appliquer les greffes en fente ou en couronne.

Les espèces à *fruits à osselets*, les néfliers, les azeroliers et les cormiers sont greffés le plus souvent sur l'aubépine. On leur applique les mêmes soins qu'aux arbres à fruits à pepins greffés sur franc, soit qu'on veuille en faire des arbres à haute tige, ou seulement des pyramides.

Comme les espèces précédentes, les *arbres à fruits à noyau* sont tous multipliés au moyen de la greffe. Étudions le mode de multiplication des sujets.

Les noyaux des divers sujets sont stratifiés et semés au printemps avec les soins prescrits pour les arbres forestiers, à l'exception des amandes et des noyaux de pêches, pour lesquelles on attend que la radicule ait atteint, dans la terre où on les a mises en stratification, une longueur de 0^m,03 à 0^m,04; c'est seulement alors qu'on les enlève avec soin, et qu'on les sème en ligne dans le carré des greffes, en les plaçant à la distance de 0^m,50 environ. A mesure qu'on plante les amandes ou les noyaux de pêches, on rompt une partie de la radicule à peu près à la moitié de sa longueur; cette suppression fait ramifier le pivot immédiatement, et les jeunes sujets sont ensuite transplantés avec plus de succès. Comme la racine de ces deux sujets a peu de tendance à se ramifier, et comme beaucoup de ces plants doivent être greffés l'année même de leur ensemencement, et rester deux ans à la même place, si l'on ne prenait pas le soin que nous venons de prescrire, les racines s'allongeraient beaucoup sans se diviser, et la reprise de ces jeunes arbres deviendrait très-douteuse.

Au bout d'un an de semis, tous les jeunes plants doivent être repiqués dans le carré des greffes, même les amandiers ou les pêchers qui doivent être greffés en tête. Nous exceptons, bien entendu, ceux de ces derniers arbres qui seront greffés en pied; ceux-ci ne doivent être déplantés qu'après un an de greffe.

L'année même du repiquage, s'ils sont assez vigoureux, ou l'année suivante, tous les sujets destinés à former des arbres à basse tige, ou en pyramide, sont greffés en écusson Vitry s'ils ne doivent présenter qu'une seule tige, ou en écusson Descemet s'ils doivent être placés en espalier. Les amandiers et les pêchers qui doivent former des pêchers à basse tige peuvent seuls être greffés l'année même de leur ensemencement, et recevoir la greffe en écusson Descemet. Les sujets d'amandier, de pêcher et de prunier Mahaleb ou de Sainte-Lucie ne doivent être greffés en écusson que très-tard, vers le mois de septembre. Comme la végétation de ces arbres se prolonge beaucoup, si l'on greffait au commencement d'août, les écussons seraient *noyés par la séve*, comme disent les pépiniéristes, et ne reprendraient pas. Les sujets d'amandier, de pêcher, de merisier et de prunier, qui devront former des arbres à haute tige, recevront les soins indiqués pour la formation de cette tige (p. 153), puis seront greffés en tête en employant, suivant la grosseur de la tige, les greffes en écusson, en fente, ou en couronne.

Les mêmes espèces d'arbres fruitiers à fruits à pepins ou à fruits à noyau pouvant être greffées sur des sujets différents; nous indiquerons, en traitant de la culture spéciale de chaque espèce, le choix que l'on devra faire parmi ces sujets en raison de la variété que l'on aura à greffer, du sol où les arbres seront plantés, ou de la forme qu'on voudra leur imposer.

Les diverses espèces d'*arbrisseaux à fruits en baies* se multiplient au moyen des marcottes et des boutures. On suivra pour ces arbrisseaux les indications que nous avons données pour les arbres forestiers à feuilles caduques.

Pour le semis et le marcottage des espèces à *fruits en noix*, on pratiquera les opérations prescrites pour les espèces forestières. Quant à la greffe du noyer, nous renvoyons à notre article *greffe* (p. 130) pour les soins qu'exigent celles que nous conseillons pour cet arbre.

Les châtaigniers, qui forment seuls la série des *fruits en capsule*, peuvent être multipliés au moyen des semis effectués comme pour les arbres forestiers; mais les bonnes variétés, connues sous le nom de *marrons*, ne se reproduiraient pas avec toutes leurs qualités, et l'on est obligé de les greffer. On les greffe sur le châtaignier commun, soit en pied, sur des sujets âgés de deux ans environ (c'est le meilleur moyen), soit en tête, lorsque la tige du sujet est bien formée. On se sert pour cet arbre de la greffe en écusson, et mieux, de la greffe en fente anglaise.

PREMIER GROUPE.

ARBRES A FRUITS PROPRES AUX BOISSONS FERMENTÉES.

Les espèces qui appartiennent à ce groupe sont particulièrement, en France, la *vigne*, le *pommier*, le *poirier*, le *cormier*. Nous allons examiner séparément la culture de ces espèces, en traitant d'abord de celle de la vigne, ordinairement désignée sous le nom de *viticulture*.

CULTURE DE LA VIGNE DANS LE VIGNOBLE.

La vigne, *vitis vinifera* des botanistes (*fig.* 592), paraît originaire de

Fig. 592. *Pampre de vigne.*

l'Asie, comme la plupart de nos végétaux alimentaires les plus utiles. Du temps d'Homère, on la trouvait déjà, à l'état sauvage, en Sicile et en Italie; mais ce furent les Phéniciens qui en introduisirent la culture, d'abord dans les îles de l'Archipel, dans la Grèce, puis en Sicile et en Italie, et enfin sur le territoire de Marseille. En se rapprochant des contrées moins brûlantes, les produits de la vigne se sont progressivement améliorés. Le climat tempéré de la France est à coup sûr le plus favorable à la production des bons vins; aussi cette culture y a-t-elle pris un développement tel, qu'elle occupe aujourd'hui une surface de 2,000,000 d'hectares, produit près de 40,000,000 d'hectolitres de vin, et occupe le second rang dans l'échelle des richesses territoriales de notre pays.

M. de Gasparin fait remarquer avec raison que, dans le centre et surtout dans le midi de la France, la vigne substitue une récolte dont le produit est à peu près certain à d'autres cultures dont le résultat est beaucoup moins assuré; qu'elle est une de celles qui exigent le moins de travail relativement au produit net qu'on en retire; qu'elle fait disparaître les jachères, et utilise sans relâche toute l'étendue du territoire compris sous le climat qui lui est propre; qu'elle s'étend sur tous les sols, occupe ceux qui ne porteraient que d'improductives broussailles; procure de l'ouvrage dans toutes les saisons, à tous les sexes, à tous les âges; donne lieu à plusieurs fabrications importantes et à une grande quantité de marchandise peu encombrante; enfin, consomme peu d'engrais, ce qui permet de réserver ceux-ci pour d'autres cultures.

Du climat. La vigne se développe avec vigueur sur toute l'étendue du territoire français. Ses graines peuvent mûrir sur presque tous les points; mais la pulpe de son fruit n'acquiert pas partout, en France, les qualités qui la rendent propre à la fabrication du vin. Le principe sucré, indispensable à la fermentation vineuse, ne se forme en suffisante quantité, dans la pulpe des raisins, que sous l'influence d'une vive lumière et d'un degré de chaleur assez élevé; or, au delà du 50ᵉ degré de latitude, la vigne ne rencontre plus les conditions de chaleur qui lui sont nécessaires, et le suc de ses raisins ne donne plus, par la fermentation, qu'une liqueur acide.

Mais, si une chaleur insuffisante nuit à la qualité des produits de la vigne, une température trop élevée ne lui est pas moins préjudiciable. Le principe sucré se développe alors si abondamment, que les raisins ne donnent plus qu'une liqueur épaisse, très-riche en alcool, mais de très-médiocre qualité. C'est ce qui a lieu pour les vignes cultivées en deçà du 35ᵉ degré de latitude.

Si l'on se rapproche beaucoup de l'équateur, cette culture présente encore un autre inconvénient; c'est la végétation continue de la vigne qui fait que l'on trouve sur le même cep des fleurs, des fruits verts et des fruits mûrs; le même phénomène se produit sur chaque grappe, de sorte que la vinification est impraticable.

C'est donc entre le 35ᵉ et le 50ᵉ degré de latitude que l'on peut cultiver avantageusement la vigne. C'est aussi entre ces deux limites que se trouvent les pays les plus riches en vins, tels que l'Espagne, le Portugal, l'Italie, l'Autriche, la Styrie, la Carinthie, la Hongrie, la Transylvanie, et surtout la France, qui, placée au milieu des deux extrêmes, se distingue par la variété et par la qualité de ses vins.

Mais la latitude n'est pas la seule cause déterminante de succès; il faut aussi tenir compte de l'*altitude*, c'est-à-dire de l'élévation au-dessus du niveau de la mer, car cette circonstance a une influence non moins grande sur la température d'une contrée. Ceci explique pourquoi certaines localités de la France, placées d'ailleurs sous une latitude favorable à la vigne, mais fort élevées au-dessus du niveau de la mer, se refusent à cette culture. Ainsi, dans la Hongrie, la culture de la vigne s'arrête à une hauteur de 300ᵐ; dans le nord de la Suisse, à 55; elle ne dépasse pas 650ᵐ sur le versant méridional des Alpes, et peut s'approcher de 960ᵐ dans l'Apennin méridional. On voit que cette limite s'élève ou s'abaisse à mesure que l'on se rapproche ou que l'on s'éloigne de l'équateur.

L'exposition du sol, les abris naturels, viennent aussi modifier les conditions de climat; l'exposition du midi étant plus chaude que celle du nord, la limite de la culture de la vigne sera plus élevée du côté du midi que du côté du nord. Certaines vallées profondes, abritées des vents froids, permettront la culture de la vigne, quoiqu'elles soient situées au delà du degré de latitude où s'arrête ordinairement cette culture. D'autres contrées, bien que placées en deçà de cette limite, mais constamment exposées aux vents froids et humides du nord-ouest et de l'ouest, se re-fuseront à la production du vin. Les vallées profondes et abritées de la Moselle et du Bas-Rhin, situées sous le 51ᵉ degré de latitude, produisent d'excellents vins, tandis qu'il a fallu abandonner la culture de la vigne dans les départements de l'ancienne Normandie, et la plus grande partie de la Bretagne, bien que placés plus au midi.

Choix du terrain. — *Sa composition.* Les sols argileux compactes, imperméables, sont impropres à la culture de la vigne; l'humidité sur-abondante qu'ils renferment fait pourrir les racines, et les tiges y languissent. Les terrains très-légers, comme les sables presque purs, ne sont pas plus favorables s cette culture; l'extrême sécheresse de ces sols nuit à la végétation, et les produits y deviennent presque nuls. Les ter-rains argilo-siliceux, substantiels et profonds, ne conviennent pas davan-tage à la vigne; elle s'y développe avec une grande vigueur, mais cette vigueur même nuit à la qualité du raisin, qui, ne renfermant qu'une pro-portion insuffisante de principe sucré, ne donne qu'un vin faible et sans parfum. Néanmoins, et tout en tenant compte de ces exceptions, on peut dire que tous les sols convenablement exposés, et situés sous un climat favorable, sont propres à cette culture, quelle que soit d'ailleurs leur composition élémentaire. Un coup d'œil sur les différents sols qui four-nissent les meilleurs vins de France nous en fournira la preuve.

Terrain *siliceo-argileux* mélangé d'une notable quantité de gravier et de cailloux siliceux : vignobles des bords du Rhin; côte de Reims, de Romanée-Conti (Bourgogne).

Sables plus ou moins purs, mélangés de cailloux roulés de grosseur très-variable, et allant quelquefois jusqu'à donner à la terre l'aspect du délaissement récent d'un torrent : vignobles des terres dites *graves* de Bordeaux et du Médoc.

Sols calcaires : vignobles de Champagne : Pierry, Ay, Épernay, Avize et Grammont; vignobles de Xérès, en Andalousie.

Schistes argileux : vignobles de Malaga, de Grenade, de l'Aragon, de l'Anjou.

D'autres vignobles renommés sont assis sur des terrains *granitiques :* tels sont ceux du Mas, de Condrieu, de l'Ermitage, de Saint-Peray, ainsi qu'un petit nombre de ceux de la Bourgogne.

Quoique les terrains *volcaniques* soient rares, ils méritent cependant d'être cités. Le vignoble de Roquemaure en Vivarais, quelques-uns de ceux des bords du Rhin, ceux du Vésuve et de l'Etna, reposent sur un terrain de cette nature.

La vigne peut donc donner de bons produits dans des sols de nature très-variée, mais ces terrains seront d'autant plus propres à cette cul-ture qu'ils renfermeront une certaine quantité de petits cailloux: ceux-ci paraissent agir favorablement sur la fertilité du sol, en le rendant plus perméable à l'air et à l'eau, et en l'aidant à s'échauffer plus facilement au soleil. Aussi devra-t-on se garder d'épierrer les terres destinées à la vigne, et se contenter d'enlever les gros cailloux qui nuisent à la culture.

Ce que nous savons de l'influence fâcheuse d'une humidité trop abondante sur les produits de la vigne nous indique suffisamment l'espèce de sous-sol qui convient à celle-ci. Si la couche inférieure du terrain était imperméable à l'eau, cette eau, en s'accumulant à la surface, ferait pourrir les racines des ceps, ou entretiendrait dans leur voisinage une humidité surabondante, nuisible à la qualité des produits. Toutefois un sous-sol peu perméable serait plus préjudiciable à la vigne sous un climat tempéré et dans une atmosphère naturellement humide que sous un climat brûlant, où les vignes souffrent souvent de l'excès de la sécheresse du sol.

En résumé, ainsi que le fait observer M. de Gasparin, c'est principalement à cette propriété du terrain, de recevoir et de retenir plus ou moins d'humidité, que l'on doit attribuer les principales différences que présentent les vins. Cette dose plus ou moins grande accélère ou ralentit la végétation, laquelle influe sur les transformations du moût, et décide ainsi de l'abondance relative de tous ses composés organiques.

Ces observations sont confirmées par l'examen de l'ensemble de la région de la vigne. Les vins des côtes de l'ouest (Portugal, Médoc) sont riches en tannin et moins sucrés que ceux des côtes de l'est (Grenade, Malaga, Xérès, Syracuse). En allant du midi au nord, on voit aussi la proportion de sucre décroître à mesure que l'humidité augmente et que la température s'abaisse. C'est ce que montre l'examen successif des vins du Languedoc, de la côte du Rhône, de la Bourgogne, du Rhin. On sait aussi que les années humides fournissent des vins plus acides et moins sucrés.

Situation. — Un vignoble peut être situé dans une vallée, sur une plaine élevée, ou sur le penchant d'une montagne. Examinons si ces diverses positions sont également favorables.

Les vallons étroits sont peu propres à cette culture; l'humidité atmosphérique y est trop abondante, elle nuit à la maturité des raisins, et les vignes y sont plus exposées qu'ailleurs aux gelées printanières.

Les plaines élevées, ou les sommets des hautes, collines ne sont pas plus favorables; l'air, trop vif et toujours agité, durcit la peau des raisins, et ceux-ci ne renferment qu'une très-faible proportion de matière sucrée. Les plaines découvertes donnent de très-bons vins, témoin les vignobles du Médoc, ceux de la plaine de Thassis (Drôme), de la plaine du Roussillon, de la Crau, près d'Arles, de Saint-Nicolas de Bourgueil en Touraine, etc. Enfin, les collines de la Bourgogne, et d'un grand nombre d'autres localités renommées par la qualité de leurs vins, démontrent aussi combien les terrains en pente conviennent, en général, à la culture de la vigne.

En résumé, dans la partie septentrionale de la zone que nous avons indiquée comme étant propre à la vigne, on devra préférer d'abord les plaines basses, spacieuses et bien découvertes, puis les collines, les coteaux peu élevés et peu rapides ; et, à mesure que l'on se rapprochera de la partie méridionale de cette zone, on remontera vers le sommet des montagnes élevées, afin de soustraire la vigne à la chaleur trop brûlante des plaines. Les flancs du Vésuve, les coteaux élevés de Madère, les roches sourcilleuses de Ténériffe et du Cap, fournissent des vins très-estimés, tandis que les plaines qui s'étendent dans le voisinage ne donnent qu'une liqueur peu recherchée. Dans le nord, c'est le contraire : le vin des plaines découvertes, ou des coteaux peu élevés, est généralement supérieur à celui des hautes montagnes.

On a cru remarquer que le voisinage des rivières exerce une influence satisfaisante sur les produits de la vigne ; ce qu'il y a de constant, c'est que les vignobles les plus renommés sont presque tous placés dans le voisinage de grands cours d'eau. On récolte le Tokai dans les vignes qui croissent sur la Teysse ; les vins célèbres de l'Ermitage, de Côte-Rôtie, de Condrieu, sont produits par les coteaux qui bordent le Rhône ; la Garonne coule non loin des meilleurs crus de vin rouge et de vin blanc des Graves, lesquels s'étendent de Langon à Bordeaux ; la Gironde baigne les vignobles célèbres de *Margaux*, *Latour* et *Laffitte;* la Dordogne n'est séparée de ceux de *Saint-Émilion* que par la plaine alluvionnelle qui s'étend sur sa rive droite. La Loire, la Marne et la Seine ne voient, pour ainsi dire, que des vignes sur toute l'étendue de leur parcours, et la fameuse côte qui traverse la Bourgogne domine une plaine arrosée par la Saône. Il est vrai qu'on pourrait citer également les vignobles non moins célèbres de la Champagne et de la Côte-d'Or, qui échappent à cette influence. Aussi M. de Gasparin attribue-t-il plutôt la qualité supérieure de ces crus à leur disposition en coteaux et à leur bonne exposition qu'au voisinage des cours d'eau.

Exposition. — Les auteurs qui ont écrit sur la vigne sont loin d'être d'accord sur l'exposition qu'on doit préférer. Les uns conseillent exclusivement celle du midi, d'autres considèrent l'exposition du nord comme bonne ; quelques-uns, enfin, paraissent attacher peu d'importance à cette question, se fondant sur cette remarque, que, si un grand nombre de vignobles renommés sont exposés au midi ou au levant, plusieurs, non moins remarquables par la qualité de leurs produits, sont à l'exposition du nord : tels sont, en Champagne, ceux de la côte d'Épernay, de Mailly, de Chigny, de Rilly ; tels sont ceux du Rhin les mieux famés ; tels sont plusieurs de ceux de Saumur et d'Angers ; tels sont, enfin, aux environs de Tours, les coteaux de Joué et de Saint-Avertin, où l'on recueille les meilleurs vins rouges; une certaine partie des vignes de l'Ermitage sont en outre exposées au couchant.

Que conclure de ces divers avis, si ce n'est que la meilleure exposition ne peut être indiquée d'une manière absolue, qu'elle doit varier suivant les circonstances locales, et être déterminée par le rapport combiné de la latitude, de l'élévation au-dessus du niveau de la mer, de la nature du sol et de la fréquence des gelées blanches dans la contrée?

La vigne redoute surtout une atmosphère humide, car elle nuit à la qualité de ses raisins; on évite donc, en général, les expositions ouvertes aux influences des vents froids et humides du nord-ouest, de l'ouest et du sud-ouest. Dans la partie septentrionale de la zone climatérique propre à la culture de la vigne, on préfère les expositions du sud, du sud-est et de l'est. Dans la partie méridionale de cette zone, on ajoute, à ces expositions, celle du nord, pourvu que l'angle d'inclinaison ne dépasse pas 20 degrés; cette dernière exposition est même essentielle dans les localités les plus chaudes, pour soustraire la vigne à l'influence d'une chaleur trop intense.

L'élévation du sol au-dessus du niveau de la mer influe aussi sur le choix de l'exposition. Plus le sol est élevé, plus l'exposition doit se rapprocher du midi, surtout dans les parties septentrionales de la zone propre à la vigne; quand le terrain retiendra une grande quantité d'humidité, on préférera les expositions du nord et de l'est comme généralement plus sèches. Enfin, on choisit le couchant pour les localités exposées aux gelées blanches, afin que le soleil ne frappe les bourgeons qu'après que la gelée a disparu.

On voit combien il est difficile d'indiquer quel sera le degré de succès d'un vignoble établi sur un terrain déterminé, tant certaines circonstances, en apparence peu importantes, influent sur le résultat. Chaptal considère comme propres à cette culture tous les sols où l'on voit végéter convenablement et donner de beaux fruits le figuier, l'amandier à coque tendre, le pêcher non greffé.

Choix du cépage. — Le nombre des variétés de vignes cultivées pour la production du vin s'est successivement accru au moyen des semis, quoique la synonymie des noms de ces variétés ne soit pas encore parfaitement établie, on peut affirmer cependant que leur nombre dépasse aujourd'hui 1,200. Tous ces cépages sont loin d'offrir le même avantage pour la culture; tous ne s'accommodent pas également du même climat et de la même nature du sol; ils sont loin surtout de donner les mêmes produits, soit en qualité, soit en quantité; de là la nécessité de faire parmi eux un choix en harmonie avec le climat, le terrain qui caractérise la localité où l'on veut établir un vignoble, et la qualité du vin que l'on se propose d'obtenir. Ce choix constitue l'une des opérations les plus importantes de la viticulture. Voici les principales considérations qui devront le déterminer.

1° Que la vigne mûrisse parfaitement ses fruits sous le climat où l'on se propose de la planter;

2° Qu'elle s'accommode du terrain où l'on doit la cultiver, de manière qu'elle s'y développe avec une vigueur suffisante et que la qualité de ses produits n'en soit pas altérée;

3° Que son produit habituel soit, à fa fois, le plus abondant possible, et de bonne qualité; c'est-à-dire que les raisins renferment, en proportion convenable, les éléments nécessaires à la fabrication des vins fins. Cette double qualité sera d'autant plus précieuse qu'elle se rencontre plus rarement; car, le plus souvent, les variétés très-productives ne donnent que des raisins médiocres;

4° Que sa végétation soit tardive au printemps, sans toutefois que cela retarde la maturité de ses fruits, de telle sorte qu'elle échappe plus facilement à l'action désastreuse des gelées printanières;

5° Qu'elle présente un degré de rusticité suffisant pour résister en partie aux effets des gelées, et que ses fruits mûrissent en dépit des froids de l'automne;

6° Que la vigueur et la roideur de ses sarments permettent de ne pas faire usage de support.

Quant à la synonymie, aux caractères distinctifs, à l'époque de maturité, à la quantité et à la qualité des produits des divers cépages, nous manquons encore, malgré les travaux remarquables du comte Odart, d'un travail complet. Aussi, la liste que nous donnons ici comprend-elle seulement les principaux cépages cultivés en France. Nous avons conservé, dans cette liste, la nomenclature adoptée par le comte Odart, et nous nous sommes servi de la classification proposée par M. le comte de Gasparin, classification basée sur l'époque de maturité et sur la couleur des raisins.

Première époque, 15 juillet dans le Midi, 20 août à Paris.

Presque tous les raisins de cette époque sont des raisins de table. Nous nous en occuperons plus loin en traitant des arbres fruitiers de ce groupe.

Deuxième époque, 25 août dans le Midi, 7 octobre à Paris.

RAISINS COLORÉS.

Pinot noir (noirin, franc pinot, franc noirin, auvernat noir, petit armoison noir, petit plant doré) : peu abondant, mais donne le vin le plus délicat; son bois, peu vigoureux, a besoin d'être soutenu.

Pinot rougin (auvernat rouge) : raisin de table, vin léger et parfumé.

Pinot mour (mouret, pinot noir luisant) : grain très-noir; vin médiocre, foncé.

Pulsart (pendoulot, raisin perle) : feuilles très-découpées; pédicelles larges et minces;

grappe peu fournie; beau grain se séparant facilement de la grappe à la maturité; très-productif en plaine; donne un bon vin de longue durée; demande à être très-élevé pour produire; sol argileux et incliné.

Plant de la Dôle : tardif à pousser, maturité précoce; grains oblongs, bleu foncé.

Petit Négran (négran, gouget, gros et petit moret) : peu abondant, mais ayant du bouquet.

Liverdun (hericey noir, grosse race) : feuilles grandes et sans duvet; grains oblongs; vin très-abondant, mais peu spiritueux.

Meunier (morillon taconné, carpinet, gougeau, fernaise, plant de Brie) : raisin noir, feuilles toutes couvertes d'un duvet blanc; très-productif. Vin plat, de peu de garde.

Franc noir (morillon noir, noirin, ciboulot noir) : grains noirs, oblongs; vin léger, agréable; aime les terres calcaires légères.

RAISINS BLANCS ET GRIS.

Pinot gris (burot, fromenteau, sauvagnin gris, gris cordelier, auvernat gris, fauvé, malvoisie) : grain couleur feuille morte; très-délicat; vin parfumé et léger.

Pinot blanc (chardonnet, noirin blanc, rousseau, mouzac blanc, auvernat blanc, épinette) : grains oblongs, peu serrés, marqués de points bruns; couleur dorée; vin fin; peu productif.

Aligoíny (purion) : feuilles larges, cotonneuses en dessous; bois rouge; raisin à peau fine, sujet à pourrir; mais assez productif.

Sauvignin (blanc fumé) : grains ronds, doux; assez productif.

Musquelle (muscadet doux, angelico, guilan musqué) : grains ronds, peu serrés; couleur ambrée; bois couleur ventre de biche; raisin sujet à pourrir; demande une taille à long bois.

Blanquette : feuilles un peu cotonneuses en dessous; grains un peu allongés, à goût agréable; grappes fortes, abondantes, se desséchant promptement sur la souche.

Troisième époque, 1ᵉʳ septembre dans le Midi, 20 octobre à Paris.

RAISINS NOIRS OU ROUGES.

Plant de Pernaut (plant d'Abraham, malain) : feuilles entières, d'un vert jaunâtre; grains noirs, moyens; robuste et fertile. Vin moins fin et moins parfumé que celui du pinot noir, mais recherché à cause de sa plus grande abondance.

Pinot crépel : plus abondant que les autres pinots, mais inférieur en qualité.

Muscat noir du Jura.

Merlot (vitraille) : feuilles profondément découpées, rugueuses, cotonneuses en dessous; grains ronds; noir velouté; peau fine; pourrissant dans les années humides; produit très-abondant et estimé.

Sirah (petite et grosse) : feuilles grandes, cotonneuses en dessous; grains noirs, égaux, légèrement oblongs; nœuds éloignés et violets; très-bon vin.

Teinturier (gros noir, Oporto) : abondant; grains serrés, noirs, ronds; donne un suc rougeâtre; vin gros, cultivé pour colorer les moûts.

Gros gamais (pinot à grosse tête) : feuilles cotonneuses en dessous; pétioles violets, grappes nombreuses; vin plat et acide.

Petit gamais (gamais noir, lyonnaise) : assez abondant; donne un vin de bonne qualité.

Neyrau (gros et petit moret) : peu productif; donne un bon vin rouge foncé ayant du bouquet.

RAISINS BLANCS.

Fendant (le vert, roux, chasselas rose) : grains serrés, restant verts. Cette espèce présente des variétés rousses et roses.

Morillon blanc (épinette blanche, gamais blanc, auxerrois blanc, blanc de Champagne, arnoison, sauvagnin jaune, meslier, lyonnaise blanche) : feuilles grandes, peu découpées; grains peu serrés, très-ronds, non piquetés de brun: goût sucré, parfumé; abondant.

Semillion (colombat. chevrier) : feuilles très-découpées, d'un vert pâle; grappes grosses; grains ronds, peu serrés, jaune pâle; cépage robuste, nœuds rapprochés.

Colomban (chalosse, mellène, aubier) ; cépage vigoureux, productif; raisin sujet à la pourriture; vin commun.

Plant Pascal : feuilles grandes, cotonneuses en dessous; grosses grappes; grains ronds, blanc verdâtre, à peau fine; nœuds rapprochés; raisin bon pour la table.

Quatrième époque, 27 septembre dans le Midi, point de maturité à Paris.

RAISINS COLORÈS.

Le côt (Cahors, jacobin, Auxerrois, pied-rouge, pied-noir, Magrot, noir de Preissac, Estrangey, Quercy) : entre-nœuds très-courts; bois vigoureux; grappes peu serrées; grains noirs, ronds, sujets à la coulure; vin d'une belle couleur, ayant du corps et bon goût.

Cauché noir (pinot dans le Poitou) : feuilles petites, peu découpées, cotonneuses en dessous, jaunâtres en dessus; grappe moyenne, pédoncule court; grains oblongs; vin coloré, spiritueux.

Simoreau (Gros-bec, noir de Lorraine) : grappes longues; pédoncule rouge, grains écartés; ayant un goût de fumée; très-productif.

Carmenet (carbenet, petite vuidure, Breton, Vivarais, Arroya) : feuilles minces, à cinq lobes aigus, glabres; grappes peu fournies; grains moyens, ronds, peu serrés, noirs; pédoncules et pédicelles violets; sarments rougeâtres, vin fin, clair, beaucoup de bouquet, de garde; produit assez régulier, mais peu abondant.

Serine noire (corbelle) : feuilles minces, planes, pointues; un des lobes moins grand que l'autre; grappes allongées; grains oblongs, peu serrés.

Persaigne (persane) : plan productif; vin foncé, grossier; s'améliore en vieillissant.

Grolot : grains ronds; raisin de table.

Grosse mérille (Bordelais) : feuilles peu découpées, rugueuses en dessous; belles grappes; grains ronds, noirs et serrés; très-productif; vin médiocre.

Teinturier du Jura (plant de tache, tachat) : les feuilles, les bourgeons, le bois ont une teinte rouge; employé au même usage que le teinturier déjà décrit.

Tanat : feuilles rugueuses en dessus, cotonneuses en dessous, à bord recourbé en dessous; grains noirs, serrés et ronds, de grosseur moyenne, pourrissant quelquefois; vin coloré, spiritueux, agréable.

Olivette noire : grains allongés, noir de fumée, charnus, croquants, sucrés; raisin de table.

Manosquin (Teoulier) : feuilles presque entières, glabres; belles grappes; grains noirs, gros, légèrement oblongs; peau épaisse; bois long; vin couvert, propre au transport.

Ouillade noire (sinsaou, Bordalès, Ribeyrac, morterelle noire, Millau, Pranclas, Malaga) : très-productif; grains gros, oblongs, noirs; pellicule mince; vin de belle couleur, liquoreux.

Milgranet : très-productif.

Savoyant (gros rouge) : feuilles d'un beau vert, très-cotonneuses en dessous, assez découpées; bois fort; très-productif; vin âpre.

Muscat noir : très-productif.

Baclan (dureau ou duret, petit et gros) : nœuds écartés; feuillage vert foncé; raisins peu serrés; vin coloré de bonne qualité, terre forte, argileuse.

Trousseau (véceau, gros et petit) : feuilles larges, épaisses, arrondies, d'un vert jaunâtre, légèrement cotonneuses en dessous, grains noirs; vin spiritueux de bonne garde. Cépage très-vigoureux, productif, qu'il faut espacer; taille longue Le petit trousseau donne un produit moins abondant que le gros, mais il est plus sûr.

L'enfariné. Feuilles plus longues que larges, à dentelure aiguë, velues en dessous, sur les nervures; grappe courte; grains gros et ronds, noirs, couverts d'une poussière blanche; très-acerbe. très-productif; vin âcre; se bonifiant en vieillissant; taille très-longue.

RAISINS BLANCS.

Gouais blanc : vin acide, sans saveur vineuse, se conservant mal, très-productif.

Cinquième époque, 2 octobre dans le Midi; ne mûrit pas à Paris.

RAISINS COLORÉS.

Aramon (plant riche, aqué noir, Revollaine, Alicante) : produit très-abondant, vin clair, de garde; craint les gelées du printemps et la pourriture.

Agadel : grappes belles; grains allongés; produit abondant.

Carignan (plant du Roussillon; plant dur, Rivesaltes) : grains ronds, noirs, sujets à la coulure; produit abondamment dans les bons terrains; vin coloré de bonne qualité.

Tibouren (lardier) : très-grande fécondité lorsque les fleurs ne coulent pas; végétation très-précoce. Raisin très-sucré, vin peu foncé, fin, délicat. Terrain léger.

Terret noir (terret mourreau) : grains ronds, noirs; coule rarement et est peu productif; vin très-coloré et bon.

Mourastel (Mouneusten) : fait beaucoup de bois à nœuds rapprochés; grains gros, croquants, sucrés; ne coule jamais. Terres fortes et argileuses. Vin très-noir, mais plat.

Moulan (brun fourca) : feuilles moyennes, vert jaunâtre, luisantes, recoquillées en dessous; grappes belles; grains oblongs, noirs, assez gros; végétation précoce; coule souvent; très-productif.

Bouteillan (Cayau, charge-mule, Fouiral) : grosses grappes; gros et petits grains; noir rougeâtre; coule quelquefois; vin faible, peu coloré; très-productif.

Maldoux : plant très-fertile; vin plat et dur.

Grenache (bois jaune, Alicante, teinturier, Roussillon, Ridoudal Arragonès) : feuilles lisses sur les deux faces; grappes belles; grains peu serrées, oblongs, noir bleuâtre; entre-nœuds courts; sujet aux gelées du printemps, vin très-liquoreux, abondant. Terres fortes ferrugineuses.

Mourvèdre (Espar, Benicarle, teinto de Vaucluse) : feuilles à nervures violettes, cotonneuses en dessous; sarments rouges à nœuds violets; grains ronds, de médiocre grosseur, bleu azuré; saveur peu agréable; peau épaisse. Vin spiritueux, qui souffre le transport et se conserve longtemps; végétation tardive; fructification prompte; ne coulant pas.

Spiran noir : grains noirs; vin rouge clair, bon et délicat; cultivé aussi comme raisin de table. Il y en a des variétés grises et blanches.

Marocaine : feuilles secondaires très-découpées; belles grappes à gros grains peu serrés, durs, couverts d'une poussière blanche. Cultivé comme raisin de table.

RAISINS BLANCS.

Picardan (ouillade blanche, Aragnan, Gallet) : raisin vert clair, ovoïde, un peu ferme sans être dur ; très-sucré; se conserve bien; vin moelleux, susceptible de bien mousser; peu productif.

Calitor (feuiral blanc) : grains blancs, ovoïdes, peu tendres; sujet à la pourriture: donne un bon vin sec et produit beaucoup après sa première jeunesse.

Clairette (blanquette, Colliour, Malvoisie) : feuilles très-vertes en dessus, cotonneuses en dessous; grappes longues; grains oblongs, peu pressés, fermes, doux; se conservant bien. Vin blanc de bonne qualité, très-productif dans les terres blanches fertiles; un peu sujet à couler.

Muscat blanc : c'est le raisin le plus sucré et le plus parfumé de tous; très bon pour la table.

Sixième époque, 10 octobre dans le Midi; ne mûrit pas à Paris.

RAISINS COLORÉS.

Pique-Poule : grains oblongs, serrés, rouge noir; nœuds du bois rapprochés. Très-bon raisin; vin fin, délicat, spiritueux; peu abondant; demande une taille courte.

Terret bouret : grains rouge clair ou gris, ovoïdes. Grosses grappes pesant jusqu'à trois kilogrammes; charge beaucoup; coule rarement; aime les bons terrains et ne redoute pas l'excès d'engrais; cultivé surtout pour l'eau-de-vie.

RAISINS BLANCS.

Furmint (plant de Tokai) : feuilles presque entières, légèrement trilobées, vert foncé, cotonneuses en dessous. Raisins cylindriques; grains blancs, peu serrés, inégaux; très-doux; peu productif; sujet à la coulure; se desséchant bien sans se gâter. Très-bon vin.

Septième époque, 31 octobre dans le Midi; ne mûrit pas à Paris.

RAISINS COLORÉS.

Danugue : gros grains, noir rougeâtre, fondants; très-grosses grappes; demande la treille; très-productif en vin faible et peu coloré; terrains légers.

Raisin de poche : vigne de treille très-vigoureuse; bons raisins; grains rouges, ronds, de la grosseur d'une noisette, tellement durs qu'on peut les porter dans la poche sans les écraser; ils sont peu sucrés et se conservent longtemps.

RAISINS BLANCS.

Panse commune (panse l'andoulan) : grosses grappes; grains oblongs, durs et gros, bons pour la table et se conservant bien; vins blancs cuits de bonne qualité. Vigne forte, vigoureuse, produisant abondamment dans les bons terrains; elle exige la treille et une taille longue.

Panse musquée : grains très-gros, oblongs, durs et pointus par le bout; plus sucré que le précédent; sujet à couler. Taille longue, en treille; raisin bon pour la table, frais ou sec.

Panse d'Espagne : gros raisin; grains ronds, très-sucrés; peau fine.

Corinthe : grains très-petits et sans pepins; exige la treille et une taille longue.

Cornichon : (têta de vacca, doigt-de-donzelle, rognon de coq, pizzutello, trebliano) : grains très-gros et recourbés, blancs; productif dans les bonnes terres; exige la treille et une taille longue.

Olivette blanche : grains en forme d'olive, mais plus petits; goût fade; se conserve mieux que les autres.

Dans la plupart des vignobles, une longue expérience a indiqué quels sont les cépages que l'on doit préférer, eu égard aux diverses conditions de sol, de situation, d'exposition, pour obtenir la qualité de vin que l'on désire. Lors donc que l'on aura à y faire une plantation de vignes, on déterminera d'abord d'une manière exacte quelles sont l'exposition, la situation, la nature du sol arable et du sous-sol du terrain à planter; puis on choisira dans le voisinage les cépages qui, dans les mêmes conditions, ont donné les résultats les plus satisfaisants.

Voici toutefois quelques règles générales qui peuvent servir de guide à cet égard : 1° On doit examiner d'abord s'il est plus avantageux de préférer la qualité à l'abondance des produits; car ces deux conditions ne peuvent presque jamais être réunies. Il ne dépend pas du cultivateur de produire ce bouquet, cette onctuosité qui distingue les vins fins : ces qualités dépendent bien en partie du climat, de la nature du cépage, de la qualité du sol et de son exposition; mais elles sont aussi, et surtout, le résultat de certaines influences locales qu'il n'a pas été possible, jusqu'à présent, de déterminer d'une manière bien précise. Lors donc qu'on aura à établir un vignoble dans l'une de ces localités privilégiées, nul doute qu'il ne faille sacrifier la quantité à la qualité : car le haut prix du produit compensera son peu d'abondance; mais, hors de ces crus renommés, on fera bien de s'attacher plutôt à la quantité qu'à la qualité : car jamais, quoi qu'on fasse, le prix de vente ne s'élèvera assez pour compenser la diminution du produit.

2° Si l'on veut obtenir des vins de qualité moyenne, on associera aux cépages fins, ordinairement très-riches en alcool, un cépage plus abondant, mais d'un vin beaucoup plus faible. C'est ainsi que, dans les crus secondaires de la Bourgogne, on associe les *pinots*, dont le vin est fin, mais peu abondant, au *gamais*, qui est médiocre mais très-productif. Dans la Gironde, c'est le *verdet*, le *merlot*, la *grosse mérille*, qu'on associe au *carmenet*; sur la côte du Rhône, on joint le *pique-poule*, produisant peu de vin, mais excellent, à une petite quantité de *grenache*, très-abondant en vin liquoreux, et au *terrel*, abondant, mais peu riche en principe alcoolique. Le plant de l'Ermitage se compose exclusivement de la *grosse sirah*, très-productive, mais moins fine que la *petite sirah* qu'on y associe également.

3° Pour les vins communs, il suffit qu'ils offrent une proportion suflisante d'alcool, c'est-à-dire au moins 0,08; au-dessous de ce point, ils sont difficilement vendables. On choisira donc les cépages qui fournissent le plus facilement ce résultat. Ainsi, comme le *gamais* donne, dans les terrains sains, 0,0649 d'alcool, on lui associe le *pinot*, qui donne 0,1062 d'alcool.

4° Si, enfin, les vins sont destinés à la distillation, on donne la préférence aux cépages les plus productifs et on les cultive dans les terres substantielles; on aura des vins faibles, mais dont l'abondance compensera et au delà le peu de richesse en alcool; du reste, cette pauvreté ne sera pas un obstacle à la vente de ces vins, puisque, dans le procédé de distillation continue, on est obligé d'ajouter de l'eau aux vins qui contiennent plus de 0,10 d'alcool, et que d'ailleurs l'acheteur ne paye que l'alcool pur qui se trouve dans le vin. Ce que nous venons de dire ressort évidemment des chiffres suivants, que nous empruntons à M. Bouchardat :

1 hect. de gamais bien tenu donne 160 h. de vin, cont. 0,048 d'alc. ou 8,18 h. d'alc p⋅ h.
1   de pinot   —   30   —   0,1062 —   2,12   —

5° Certains cépages donnent des vins qui restent doux par le manque de ferment; on fera disparaître ce défaut en y associant des plants qui produisent des vins secs. Ainsi une trop grande proportion du plant de *grenache* produit souvent cet effet dans le Midi; s'il a trop peu d'alcool, on corrige ce défaut par un plus grand nombre de *pique-poule* dans le Midi, et de *pinot* dans le Nord. Si le vin est abondant en lie, et sujet à tourner au vinaigre, on ajoute à la plantation des cépages qui possèdent beaucoup de tannin, tels que le *mourvèdre* dans les sols riches, le *brun fourca* dans les terrains secs du Midi, le *merlot* de la Gironde dans l'Ouest. Il y a, dans le Midi, des moûts qui fermentent mal, faute d'une proportion suffisante d'eau; on remédie à cet inconvénient en plantant une certaine quantité d'*aramons* ou de *terrets*. C'est ainsi qu'il convient de procéder pour corriger les défauts du vin; cela vaut mieux que d'ajouter aux moûts des substances qui s'assimilent mal à cette liqueur, et qu'il est difficile de proportionner convenablement à l'ensemble des éléments qui composent les moûts.

6° Le degré de coloration du vin doit aussi fixer l'attention, lors du choix des cépages, car il influe sur la facilité de la vente. Lorsque les vins manquent de couleur, on y pourvoit, dans le Midi, en plantant du *tintot*, du *mourastel* ou du *carignan*; dans le Nord, on emploie les *teinturiers*.

7° Il résulte de tout ce qui précède la nécessité de réunir, dans presque tous les vignobles, plusieurs cépages différents; mais ce nombre devra toujours être très-restreint, et ne comprendre que ceux dont l'association doit produire les résultats que nous avons exposés. Dans tous les cas, comme le moût des différentes espèces doit être confondu dans la même cuvée, il faudra faire les alliances de telle sorte que les cépages mûrissent rigoureusement à la même époque. S'il est parfois utile de faire intervenir dans une même plantation des variétés ayant des époques de végétation différentes, c'est lorsqu'il s'agit de la plantation de grands domaines; mais alors les produits de ces divers cépages sont foulés séparément. On plante ainsi pour balancer les risques que court chacun de ces cépages par les gelées blanches, le coulage, etc.; cela permet aussi d'échelonner la vendange et d'avoir toujours à sa disposition un nombre d'ouvriers suffisant. C'est pour cela que, dans les grands vignobles du bas Languedoc, on plante un tiers en *aramon*, qui appartient à la quatrième époque de maturité, un tiers en *grenache*, qui appartient à la cinquième, et un tiers en *terret bourret*, qui ne mûrit qu'à la sixième.

Telles sont les principales circonstances qui ont déterminé le choix des divers cépages qui forment nos vignobles. Ces choix, sanctionnés par une longue pratique, sont presque tous fondés sur la raison; aussi peut-on, le plus souvent, se contenter d'imiter ce qui a été fait dans la localité où l'on veut opérer. Ce n'est pas que nous condamnions d'une manière absolue l'importation de nouveaux cépages : de nombreux exemples démontrent, au contraire, l'avantage qu'il y a parfois à introduire des variétés nouvelles; mais ces sortes de naturalisations doivent être tentées avec une grande circonspection, car un insuccès peut déterminer des pertes considérables.

En général, les transports de variétés d'une contrée dans une autre ne réussissent qu'autant qu'il y a similitude parfaite de climat, de sol et de culture entre la localité dont le cépage est originaire et celle où on veut l'introduire; et pourtant cette règle n'est pas encore sans exception, car on a amélioré certains vignobles du Nord et du Centre en y introduisant des cépages originaires du Midi; et, par contre, les variétés venant du Nord ont donné, dans le Midi, de très-bons résultats. On ne peut donc rien enseigner d'absolu à cet égard; mais, quoi qu'il en soit, il sera prudent, lorsqu'on voudra introduire un nouveau cépage, d'en faire l'essai sur une petite étendue, afin de se rendre compte de l'influence qu'exerceront sur lui les conditions nouvelles où on l'aura placé.

Les divers auteurs qui ont écrit sur la viticulture ne sont pas d'accord sur la question de savoir si les cépages différents qu'on réunit dans la même plantation doivent être confondus sur le même terrain, ou s'il est préférable de les planter séparément dans le même enclos. Nous pensons, avec le comte Odart, qu'il vaut mieux séparer ces différentes variétés. On pourra leur donner ainsi plus facilement la culture particulière qu'elles exigeront, et les variétés les plus vigoureuses ne nuiront pas aux plus faibles. Quant au mélange des raisins, il sera fait dans la cuve.

Modes de reproduction de la vigne. — La vigne peut être multipliée au moyen des *semis*, des *boutures*, du *marcottage* et de la *greffe*; voyons dans quelles circonstances on doit préférer l'un ou l'autre de ces modes de reproduction.

Des semis. — Les semis ne peuvent être employés en grand pour la formation d'un vignoble. Les graines, quoique récoltées sur des variétés de très-bonne qualité, parfaitement appropriées à la localité, ne donneraient, le plus souvent, que des cépages très-médiocres, et les sujets obtenus s'éloigneraient toujours, plus ou moins, de l'individu mère pour se rapprocher de l'espèce type. Mais, comme il est arrivé que quelques individus créés par les semis étaient pourvus de qualités supérieures à celles du pied mère, on emploie ce mode pour essayer d'obtenir de nouveaux cépages, de plus en plus dignes de la culture. Cette opération, pratiquée dans les jardins ou dans les pépinières, demande beaucoup de temps; car la première fructification se fait souvent attendre pendant 8 ou 10 ans. On peut, il est vrai, la hâter beaucoup en marcottant successivement les jeunes pieds, ou, mieux encore, en greffant quelques-uns de leurs sarments sur de vieux ceps.

Des boutures. — La multiplication par bouture est, pour la vigne, le procédé le plus simple, le plus expéditif et celui qui donne les résultats les plus satisfaisants.

L'espèce de bouture généralement employée est celle décrite à l'article *Pépinières* (p. 144, *fig.* 113), sous le nom de *bouture par crossettes*, on la connaît aussi dans quelques vignobles sous le nom de *chapon*, de *crochet*. On fait également usage, mais plus rarement, de celle que nous avons désignée sous le nom de *bouture par rameaux* (*fig.* 111).

Choix des crossettes. — Les crossettes doivent être prises sur un cep fort, vigoureux et arrivé à moitié environ de son existence. Il faut qu'elles aient fructifié dans l'année, et que leurs fruits soient gros et bien nourris; le bois doit en être fort, sain, sans tare et présenter assez de longueur pour qu'après qu'on en a retranché le sommet qui est mal constitué, il reste une longueur de 0^m,40 à 0^m,60, nécessaire pour l'enterrer plus ou moins profondément, suivant le climat et la nature du sol. Ces conditions sont indispensables si l'on veut obtenir de bons résultats; aussi le propriétaire soigneux ne devrait-il s'en rapporter qu'à lui pour le choix des crossettes. Immédiatement avant la vendange, il parcourt les vignes sur lesquelles il désire prendre les crossettes, et marque avec un brin d'osier celles qui remplissent les conditions que nous venons d'indiquer.

Coupe des crossettes et leur préparation. — On peut détacher les crossettes aussitôt après la chute des feuilles, à l'automne. On pourrait également retarder cette opération jusqu'au commencement du printemps; mais à ce moment les travaux sont toujours si nombreux, qu'il faut s'efforcer de les diminuer. Aussitôt que les crossettes sont séparées du cep, on en coupe le sommet de manière à leur laisser la longueur indiquée plus haut. Cette section est opérée à $0^m,02$ environ au-dessus d'un bouton.

Les crossettes ainsi préparées sont plantées immédiatement, si la plantation doit être faite avant l'hiver; dans le cas contraire, on les conserve jusqu'au printemps, en les enterrant, à moitié de leur longueur, dans un sol abrité et non exposé à l'humidité. Si l'on était obligé de planter, au printemps, des crossettes un peu desséchées par un long voyage ou par toute autre circonstance. on les plongerait préalablement à moitié, pendant 8 jours, dans l'eau d'une mare ou d'un fossé, mais non dans l'eau crue d'une fontaine. Cette immersion aura pour effet de leur rendre l'humidité qui leur manque, et surtout de ramollir l'écorce et de hâter la sortie des racines.

Boutures par rameaux.—Les boutures par rameaux, beaucoup moins employées que les précédentes, peuvent aussi être pratiquées avec succès; on a cru remarquer, toutefois, qu'elles exigent plus de soins pour leur reprise. On pourra en faire usage pour la multiplication de variétés dont on n'aura à sa disposition qu'un petit nombre de sarments. On leur donnera alors une longueur de $0^m,25$ environ, en ayant soin de couper la base immédiatement au-dessous d'un bouton. Le sommet sera taillé comme celui de la crossette. Du reste, ce que nous avons dit de ces dernières, touchant leur choix, leur préparation et leur conservation, s'applique également aux boutures par rameaux. Ces deux sortes de boutures sont pratiquées, soit dans les pépinières, afin d'avoir des plants bien enracinés pour être ensuite plantés à demeure; soit dans le vignoble, à chacun des points où les ceps doivent être établis. Nous avons décrit, à l'article des *Boutures*, les soins qu'exigent celles-ci dans les pépinières. Nous dirons, en traitant plus loin de la plantation des vignobles, comment ces boutures doivent être plantées.

Du marcottage. — Le marcottage est aussi très-fréquemment employé, soit dans les pépinières, soit dans les vignobles. Dans ces derniers il prend le nom spécial de *provignage*, et l'on donne celui de *provins* aux individus qu'on en obtient. Ce sont surtout le *marcottage en archet* (p. 135, *fig.* 102), et celui *par incision annulaire* (p. 138, *fig.* 106) qui sont usités. Nous avons décrit ces modes d'opérer au chapitre des pépinières. Quant au provignage, il sert plutôt à l'entretien des vignobles qu'à leur création. Nous étudierons tout ce qui s'y rattache lorsque nous en serons aux cultures annuelles du vignoble.

De la greffe. — La greffe est une opération que l'on ne saurait trop recommander, pour la vigne, dans quelques circonstances. L'espèce de greffe que l'on peut le plus convenablement employer est celle décrite, au chapitre des Pépinières, sous le nom de *greffe en fente-bouture* (page 117). On peut aussi faire usage de la *greffe en fente Atticus*; toutefois, au lieu de la pratiquer au-dessus du sol, on devra déchausser le cep jusqu'à 0ᵐ,16 environ de profondeur, placer la greffe à 0ᵐ,06 au-dessous du sol, et recouvrir de terre. Les sarments destinés à servir de greffe devront être choisis avec les soins que nous avons prescrits pour les boutures. On les détachera des ceps à la même époque et l'on emploiera les mêmes moyens de conservation; la greffe sera pratiquée au printemps, au moment où la vigne commence à pleurer, et l'on choisira un temps doux et un ciel couvert. Chaque greffe sera taillée de manière à présenter deux ou trois boutons: celui de la partie inférieure touchera le sujet, celui du sommet sortira de terre. Les plaies seront recouvertes avec du mastic à greffer. Cette greffe réussit bien sur tous les ceps, pourvu qu'ils ne soient pas trop languissants.

Voici maintenant dans quelles circonstances il serait utile d'avoir recours à cette opération: il est des variétés, très-recommandables d'ailleurs, qui ne peuvent s'accommoder de certains terrains où, cependant, on aurait intérêt à les cultiver; on les greffe alors sur d'autres cépages vigoureux qui, eux, s'accommodent parfaitement de ces terrains. Il est d'autres variétés, comme le muscat, qui ne sont en plein rapport que vers la quinzième année; pour hâter la récolte de ces espèces, on les greffe sur les cépages à rapport précoce. Enfin, la greffe est toujours employée avec un grand avantage lorsqu'on est décidé à remplacer les cépages d'un vignoble par d'autres variétés.

Quant aux résultats, ils se font attendre beaucoup moins longtemps que ceux d'une plantation nouvelle, car les greffes fructifient dès la première année, et leur produit va toujours en augmentant. D'un autre côté, cette opération ayant pour effet de diminuer un peu la vigueur de la vigne, il en résulte que la maturation se trouve hâtée et que les raisins acquièrent immédiatement les qualités de ceux qui sont récoltés sur les vieilles vignes. Aussi ce procédé doit-il être conseillé pour les localités où le climat ou l'humidité du sol s'opposent à la maturation des raisins. On a également constaté que les vignes greffées souffrent moins de l'intensité des gelées de l'hiver.

Préparation du sol. — Si le terrain qu'on se propose de consacrer à la vigne est déjà soumis à la culture, il est bon de le charger, pour dernière récolte, de trèfle, de sainfoin ou de luzerne. Ces récoltes, par leurs racines profondes, ameublissent le sol, l'améliorent par leurs débris, et le rendent très-propre à recevoir une plantation de vigne. Les mêmes soins seront indispensables s'il s'agit d'une vigne arrivée à sa décrépitude, et que l'on voudra remplacer par une nouvelle plantation.

Après avoir enlevé minutieusement les souches et toutes les racines, on cultivera sur ce terrain, pendant six ou huit ans, l'une des récoltes fourragères dont nous venons de parler. Ce laps de temps est indispensable pour que la terre élabore les nouveaux éléments nutritifs nécessaires à cet arbrisseau, à moins que l'on n'y supplée par une forte dose d'engrais. Quant à la préparation du sol, que celui-ci soit ou non déjà soumis à la culture, il devra toujours être parfaitement ameubli jusqu'à $0^m,06$ ou $0^m,08$ au-dessous du point où la crossette ou le jeune plant appuiera sa base. Ce résultat peut être obtenu à l'aide des trois procédés suivants.

Défoncement uniforme du sol. — Ce mode est incontestablement le plus convenable, puisqu'il permet aux racines de s'étendre partout sans rencontrer d'obstacles; mais, comme il est le plus coûteux, on ne l'emploiera que dans les terrains qui n'ont pas encore été cultivés, ou dans les contrées chaudes du Midi, où les racines ont besoin de s'étendre davantage pour absorber la dose d'humidité qui leur est nécessaire. Ces défoncements sont également indispensables dans les terrains composés de cailloux et de rocailles. A mesure que l'on exécute ce travail, on enlève les pierres les plus grosses, et, si la rapidité de la pente du terrain est considérable, on en forme des terrasses de 2 à 4 mètres de largeur, pour soutenir les terres et s'épargner le pénible travail de reporter annuellement à la cime celles qui auraient été entraînées au bas de la pente. Dans plusieurs vignobles, notamment dans ceux des bords du Rhin et de Côte-Rôtie, on exécute ces terrasses avec beaucoup de soin. Si le peu d'inclinaison du sol rend cette opération inutile, on emploiera ces cailloux à faire des murs de clôture. Quelquefois on rencontre de ces terrains tellement rocailleux, que l'emploi de la houe et de la pioche devient insuffisant; on ne recule pas devant cette difficulté et l'on divise ces sols à l'aide de la mine, des leviers et du maillet : l'action de l'air et des intempéries suffit bientôt pour les pulvériser et les transformer en très-bons crus.

Préparation au moyen de fossés ou augeots. — Ce mode de préparation consiste à ouvrir, parallèlement à la longueur du champ, ou perpendiculairement à la pente, s'il est incliné, des fossés d'une largeur de $0^m,27$ à $0^m,35$, selon que le sol est plus ou moins fertile. Lorsque le premier fossé est ouvert, on y place les plants; puis la terre extraite de la seconde tranchée sert à remplir la première, et ainsi de suite. Ce procédé est moins coûteux que le premier, mais on ne peut l'employer avec avantage que pour les terrains meubles, fertiles et déjà soumis à la culture. On le préférera aussi pour les pentes un peu rapides sur lesquelles la terre, n'étant pas remuée à la fois sur toute la surface, sera moins facilement entraînée par l'eau des pluies; cette eau y sera d'ailleurs absorbée par les fossés et défendra les jeunes ceps contre la sécheresse de l'été.

Préparation au moyen de fossettes. — On fait, sur une même ligne, des fossettes de $0^m,60$ carrés environ, où l'on plante les crossettes ou les plants enracinés. Ce procédé est incontestablement le plus économique, mais il est aussi le moins convenable; car les racines rencontrent bientôt, dans leur trajet, une terre dure, imperméable, et les façons que l'on donne ensuite au sol sont loin d'équivaloir au défoncement qu'on aurait pu pratiquer avant la plantation. Aussi conseillons-nous de préférer l'un ou l'autre des deux premiers modes, à moins qu'il ne s'agisse d'un sol tellement rocailleux, qu'on ne puisse y avoir recours.

Quant à la profondeur qu'il faut donner au défoncement ou aux tranchées, elle est surtout déterminée par le climat, et selon que le sol est plus ou moins exposé à la sécheresse. Dans les terrains secs du Midi, cette profondeur sera de $0^m,60$ au plus; dans les sols du Nord et du Centre, on pourra se contenter de $0^m,40$. La profondeur sera d'autant moins considérable que le terrain sera moins sec.

Des clôtures. — Il est regrettable que le plus grand nombre de nos vignobles soient privés de clôture, car il devient ainsi presque impossible d'apporter à cette culture les améliorations qu'elle réclame presque partout. A quoi servirait, en effet, de s'être procuré, à force de recherches et de soins, un cépage dont la maturité serait plus précoce que celle des autres, s'il faut attendre le ban de vendange pour en récolter les fruits? Si, en éclaircissant, en aérant davantage une vigne non close, on parvient à la mettre en état de perfectionner la maturité de ses raisins, par un plus long séjour sur le cep, sans qu'ils soient exposés à pourrir, où sera le fruit de ces peines si le ban de vendange vient vous forcer à les cueillir plus tôt qu'on ne le veut? A-t-on une vigne composée de plusieurs cépages, dont la maturité n'a lieu qu'à des époques différentes, arrive le ban de vendange, et il vous oblige à les récolter tous à la fois. Ces inconvénients sont trop graves pour que chacun ne sente pas combien il y a d'avantage à s'affranchir du ban de vendange au moyen d'une clôture.

Mais tous les modes de clôture ne sont pas également convenables. Ainsi les haies vives doivent être proscrites à cause de leur ombrage, de leurs racines et de l'humidité qu'elles entretiennent; les mêmes motifs nous font condamner les plantations d'arbres fruitiers dans les vignobles, au moins dans le centre et dans le nord de la zone propre à la vigne. Si, en défonçant le terrain, on a extrait du sol une suffisante quantité de gros cailloux, on pourra en faire une clôture à pierres sèches ou liées, suivant leurs formes. A défaut de pierres, on creusera un fossé large et profond; si cependant la crête de ce fossé est en dehors de l'enceinte, on pourra planter au sommet un rang d'aubépine, mais cette haie sera maintenue à la hauteur d'un mètre seulement.

Choix entre les plants enracinés et les crossettes, pour la création d'un vignoble. — Nous avons vu que les plants enracinés et les crossettes pouvaient seuls être employés pour la création d'un vignoble. S'il était toujours possible de se procurer une suffisante quantité de plants enracinés, nommés aussi *chevelus, chevelés*, si ces chevelus pouvaient toujours être replantés dans un sol aussi riche que celui de la pépinière où ils ont été élevés; si, enfin, le terrain où on les replante permettait toujours de pratiquer des trous assez grands pour que leurs racines pussent y être étendues convenablement, il y aurait avantage à préférer ces chevelus aux crossettes. D'une part, en les choisissant âgés de deux ans, on gagnerait une année sur la formation de la vigne; et, d'autre part, la reprise des chevelus, placés dans ces conditions, étant beaucoup plus assurée que celle des crossettes, on serait moins exposé à faire des remplacements successifs, remplacements qui nuisent à la qualité des produits, en donnant lieu à des ceps de différents âges.

Malheureusement ces conditions ne peuvent presque jamais être remplies à la fois : rarement on peut se procurer un nombre suffisant de chevelus pour planter entièrement une vigne; le plus souvent aussi le terrain à planter est beaucoup moins fertile que celui où les chevelus ont été élevés, de sorte que ces plants languissent longtemps avant de reprendre; d'autres fois encore, la nature du sol est telle, qu'on ne pourrait, sans beaucoup de frais, y faire des trous assez grands pour que les racines y soient étendues sans contrainte. Toutes ces difficultés font que les jeunes plants reprennent moins bien que les crossettes et assurent la préférence à ces dernières. On pourrra, toutefois, préférer les chevelus pour les terrains secs où les crossettes reprendraient difficilement, ou bien encore pour remplacer, la seconde année, les crossettes qui n'auraient pas réussi. On obtient ces chevelus, soit au moyen du marcottage, soit à l'aide de boutures faites en pépinière.

Forme à donner à la plantation. — Les diverses formes à donner aux plantations de vignes peuvent être rangées dans deux catégories : la plantation en plein et la plantation par planches ou par lignes isolées. Quelle que soit la disposition que l'on adopte, il est toujours utile de lui donner une forme parfaitement symétrique et de conserver cette régularité lors des remplacements successifs. On rend ainsi beaucoup plus facile et plus économique l'exécution des divers travaux, et c'est d'ailleurs le seul moyen de réunir sans confusion, sur une surface donnée, le plus grand nombre de ceps, espacés suivant les exigences locales.

La *plantation en plein* est la forme presque exclusivement adoptée dans le Nord : elle consiste à couvrir uniformément toute la surface du sol de ceps régulièrement espacés; elle est également usitée dans le Centre et dans le Midi, mais particulièrement pour les terrains en pente rapide. Lors de la plantation de ces pentes, on donne aux lignes de cep une direction contraire à la pente du terrain, afin de s'opposer, autant que possible, à la dégradation du sol par les eaux pluviales.

La *plantation par planches ou par lignes isolées* convient aux plaines fertiles du centre et du midi de la France. Les planches sont composées de 2, 3 ou 4 lignes de ceps plantés parallèlement, et chaque planche est séparée par un espace dont les dimensions varient suivant certaines circonstances que nous indiquerons plus loin ; les lignes isolées sont aussi séparées par un espace variable. Les espaces réservés entre les planches, ou les lignes isolées sont consacrés à la production de récoltes annuelles. Ce mode de culture permet de pratiquer avec la charrue une grande partie des façons que réclame le terrain occupé par la vigne, et d'abriter de l'ardeur du soleil et des vents desséchants les récoltes qui, dans le Midi surtout, seraient souvent détruites par ces influences nuisibles. De cette manière aussi, la vigne profite de l'engrais donné aux plantes annuelles.

Distance à réserver entre les ceps. — Si les ceps sont placés à une grande distance les uns des autres, ou s'ils sont plantés dans un sol très-riche, ils se développeront avec une grande vigueur, mais ils ne donneront pas toujours un produit en rapport avec cette richesse de végétation. D'un autre côté, plus la vigne pousse vigoureusement, plus elle a besoin d'une température élevée pour élaborer toute sa séve et faire acquérir à ses fruits un degré de maturité suffisant. La distance à réserver entre les ceps doit donc être surtout déterminée par le climat et le degré de fertilité du sol. Plus on se rapprochera du Nord et plus le terrain sera riche et fertile, plus les vignes devront être rapprochées, afin que, leur vigueur s'en trouvant diminuée, elles mûrissent plus facilement leurs fruits ; plus au contraire le climat sera chaud ou le terrain sec et aride, plus les ceps pourront être espacés.

De nombreuses expériences sont venues démontrer le rapport qui doit exister entre cet espacement des ceps et le climat ou la fertilité du sol ; il est difficile, cependant, d'indiquer d'une manière précise la distance à adopter suivant ces circonstances, tant ces deux influences sont susceptibles de se combiner dans des proportions variables, et peuvent être modifiées par d'autres circonstances, telles que la plus ou moins grande vigueur, la plus ou moins grande précocité de chaque sorte de cépage. Cette question ne pourra donc être résolue complétement que par des essais tentés dans chaque localité et pour chaque variété. Nous pouvons toutefois donner les moyennes suivantes comme indications approximatives :

Dans les plantations en plein du nord et du centre de la France, les ceps pourront être placés à $0^m,40$ de distance, dans les sols fertiles, et à 1^m dans les terrains secs. Dans le Midi, cette distance sera de $1^m,50$ pour les sols fertiles, et de 2^m pour les terrains secs.

Pour les plantations par planches ou en lignes isolées, on pourra, dans le centre de la France, réserver un espace d'environ 2ᵐ entre les planches, ou entre les lignes isolées; dans le Midi, cette distance pourra être de 7ᵐ. L'espace entre les lignes de chaque planche, et entre les ceps, sur chaque ligne, variera, comme pour la plantation en plein, suivant le climat et la fertilité du sol.

Plantation proprement dite. — *Époque convenable.* — L'époque la plus favorable pour la plantation des crossettes ou des chevelus n'est pas la même sous les divers climats. Dans le nord et le centre de la France, cette opération doit être pratiquée au commencement du printemps; si l'on plantait avant l'hiver, on s'exposerait, d'une part, à ce que les boutons terminaux des crossettes ou des chevelus qui n'ont pas encore pris possession du sol fussent détruits par la rigueur du froid, et, d'autre part, à ce que les plants fussent altérés par l'humidité surabondante qu'on rencontre toujours dans la terre pendant cette saison. Dans le Midi, au contraire, la plantation doit être pratiquée avant l'hiver; car, si on la faisait au printemps, les fortes chaleurs qui se manifestent dès cette époque suffiraient pour dessécher les jeunes plants avant qu'ils aient eu le temps de s'enraciner. On remarque d'ailleurs que, sous ce climat, la végétation n'est pas complétement suspendue pendant l'hiver; les jeunes plants ont donc déjà commencé à développer quelques racines lorsque arive le printemps, et ils se défendent beaucoup mieux de l'influence de la sécheresse.

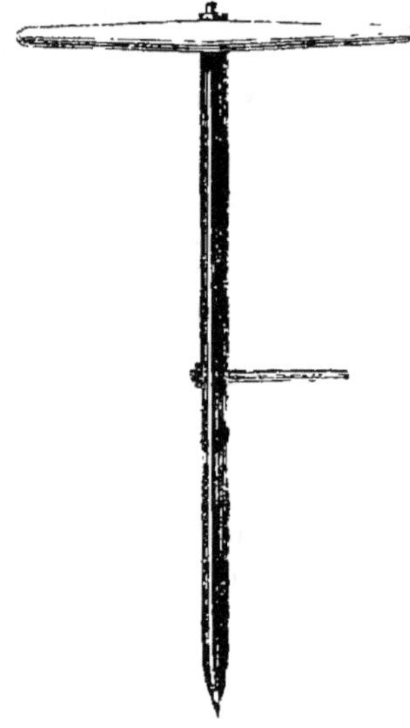

Fig. 593. *Taravelle.*

Mode de plantation. — Ce mode doit être déterminé par la manière dont le sol a été préparé. Pour un terrain défoncé uniformément, on trace, sur le sol, des lignes parallèles, présentant entre elles un espace égal à celui qui doit exister entre les ceps. Un ouvrier muni d'un plantoir en fer ou *taravelle* (*fig. 593*) ouvre, sur chaque ligne, les trous destinés à recevoir les crossettes. Cette taravelle se compose d'une barre verticale en fer, longue d'un mètre, et présentant un diamètre d'environ 0ᵐ,05. Elle est surmontée d'une poignée transversale, et porte un arrêt mobile qu'on dirige de manière à réserver, au-dessous du point où on le fixe, une distance égale à la profondeur qu'on veut donner aux trous. Cet arrêt sert aussi à recevoir le pied de l'ouvrier pour faciliter l'entrée de l'instrument dans les terres dures. Le même ouvrier porte aussi une mesure à l'aide de laquelle il détermine la distance à réserver entre chaque trou. L'ensemble de la plantation doit être disposé en quinconce, afin que les divers travaux d'entretien puissent être plus facilement exécutés. En ouvrant chaque trou, l'ouvrier doit diriger la taravelle de façon que les ceps, en s'élevant, contractent une inclinaison un peu contraire à celle du terrain.

A mesure que chaque trou est formé, un second ouvrier tire une crossette d'un vase plein d'eau et l'introduit dans le trou; un troisième l'y assujettit en remplissant le surplus de l'ouverture avec du terreau bien ameubli et comprimé tout autour de la crossette. Les crossettes seules peuvent être convenablement employées pour ce mode de plantation; car les racines des chevelus ne seraient pas suffisamment étendues dans les trous, et elles y dépériraient.

Lorsque le terrain est préparé en fossés ou *augeots*, on peut employer des crossettes ou des chevelus. Après que le premier augeot est ouvert, on place au fond une couche de bruyère, d'ajonc ou de fumier, d'environ $0^m,10$ d'épaisseur, recouverte d'une petite couche de terre provenant de la surface de cette première tranchée. On dispose ensuite les chevelus ou les crossettes au milieu du fossé, en réservant entre eux la distance déterminée à l'avance; la plantation est aussi formée en quinconce. Les racines de chevelus sont étendues avec le plus grand soin, et leur tige est enterrée jusqu'au point d'insertion du sarment le plus élevé. Quant aux crossettes, on les place de manière que, le tiers inférieur de leur longueur étant placé presque horizontalement, le sommet se redresse en formant une courbe vers la base. Cette courbure facilite beaucoup la sortie des racines. Ceci fait, on ouvre une tranchée parallèle à la première, et la terre qu'on en extrait sert à remplir la précédente tranchée, en ayant soin de placer la terre de la surface au fond. On continue ainsi l'opération jusqu'au bord opposé du champ. Lorsqu'on est obligé de se contenter de fossettes, pour préparer le sol, on pratique la plantation comme nous venons de l'indiquer pour les augeots.

Quel que soit le mode de plantation adopté, on devra faire en sorte que la surface du terrain reste parfaitement unie après l'opération. Les irrégularités du sol maintiendraient l'humidité et faciliteraient l'action des gelées blanches.

Quant à la profondeur à laquelle les crossettes ou les chevelus seront enterrés, elle est surtout déterminée par le climat et la nature du sol. Sous le climat brûlant du Midi, ou dans les terrains secs et légers, la vigne a besoin d'être plantée profondément pour se défendre plus facilement de la sécheresse excessive de l'été. Dans le Nord, au contraire, ou dans les sols substantiels et humides, la vigne doit être plantée plus superficiellement, afin d'être soustraite à une humidité trop abondante, qui, en la faisant se développer avec trop de vigueur, nuirait à la maturation du fruit, et même à son abondance. Ainsi, dans le Midi, la plantation sera faite à 0^m,50 de profondeur; dans les sols substantiels du même climat, on se contentera de 0^m,30, dans le nord et dans le centre de la France, on plantera à 0^m,30, si le terrain est exposé à la sécheresse, et à 0^m,20 s'il est substantiel et profond.

Aussitôt après la plantation des crossettes ou des chevelus, on les coupe tous, de manière qu'il ne sorte de terre que deux boutons au plus. La section est opérée à deux ou trois centimètres au-dessus du dernier bouton réservé. Si, par une circonstance quelconque, ces boutons ne se développaient pas, on découvrirait le suivant, qui se développerait immédiatement.

Dans quelques pays, on a soin, quand les crossettes sont plantées, de les couvrir immédiatement de terre, et on les laisse ainsi jusqu'au commencement de juillet; pendant que le bois se prépare en terre et jette quelques radicules, la partie supérieure ne se dessèche pas, et les boutons mis à l'air ne tardent pas à se développer. Cette pratique pourra être employée avec avantage dans les terrains secs du centre et du midi de la France.

CLASSEMENT DES VIGNES SELON L'ÉLÉVATION QU'ON LEUR DONNE.

On donne à la vigne une élévation qui varie suivant le climat. On distingue : les vignes hautes ou hautains, les vignes moyennes, les vignes basses.

Les *hautains* sont communs en Italie, en Espagne, dans nos départements de la Provence, du Languedoc, dans la partie orientale du Dauphiné, dans le Bigorre, la Navarre et le Béarn. Ce mode consiste à planter, en lignes isolées, des arbres de 4 à 5 mètres de haut, à 4 mètres de distance les uns des autres. On choisit, pour cela, les ormes, les érables, le mûrier blanc, les peupliers, les robiniers, et, en général, les espèces rustiques et à feuillage peu épais. Lorsqu'ils ont repris, on plante à leur pied un ou deux ceps de vigne qu'on fait monter, d'année en année, autour de l'arbre jusqu'à l'endroit où il a été étêté. Les branches principales de ces arbres, réduites au nombre de 4 ou 5 et disposées latéralement, servent à conduire les cordons de la vigne, qui forment les guirlandes d'un arbre à l'autre (*fig.* 394). Quelquefois aussi on laisse développer à ces vignes des ramifications qui, naissant à 2 ou 3 mètres du sol, sont dirigées perpendiculairement à la ligne d'arbres et sont soutenues de chaque côté par des poteaux de manière

à former deux berceaux continus (*fig.* 395). D'autres fois, enfin, la tête
des mûriers, des amandiers, des pruniers, est disposée en vase arrondi,
sur une tige de 2 à 3 mètres de haut, et supporte, à sa surface extérieure, les sarments de la vigne.

De toutes les manières de cultiver la vigne, il n'en est aucune de

Fig. 594 *Vigne en hautains, en guirlande.*

plus pittoresque et de plus agréable aux yeux. On doit même reconnaître que cette disposilon favorise beaucoup la production. Mais il est
également incontestable que les grappes, presque toujours ombragées
par le feuillage des arbres, sont privées des rayons du soleil, et que,
trop éloignées du sol, elles ne reçoivent pas la réverbération des rayons
calorifiques. Il s'ensuit qu'elles mûrissent moins bien que celles des vignes basses. Aussi, cette culture en hautains n'est-elle adoptée que dans
les contrées les plus chaudes; et encore le vin obtenu de ces vignes est-il
de très-médiocre qualité.

Les *vignes moyennes* tiennent le milieu, par leur élévation, entre les
hautains et les vignes basses dont la taille ne dépasse pas 0^m,50; ces
vignes sont supportées, soit par des treilles, soit par des échalas; quelquefois aussi la tige sert seulement de support aux sarments. Ces diverses
dispositions sont déterminées par les exigences locales, par la plus ou
moins grande vigueur des cépages, et quelquefois uniquement par l'usage
adopté dans chaque contrée.

Dans quelques vignobles, et notamment dans ceux du Médoc, les
vignes sont disposées en contre-espaliers continus, c'est-à-dire qu'elles sont
supportées par des perches ou lattes, formant de longs treillages élevés
de 0^m,40 en moyenne. Dans d'autres localités, la souche, élevée de

0^m,70 à 0^m,80, supporte les sarments qui sont soutenus par un échalas (*fig.* 396). Sur les bords du Rhône on voit une disposition de la vigne sur échalas qui convient pour utiliser, sur les pentes escarpées des climats brûlants, les petites portions de terre végétale qui se trouvent çà et là entre les rochers nus. On donne à cette disposition de la vigne le nom de cônes.

Pour cultiver ainsi la vigne, on ouvre des fossés circulaires de 2^m de

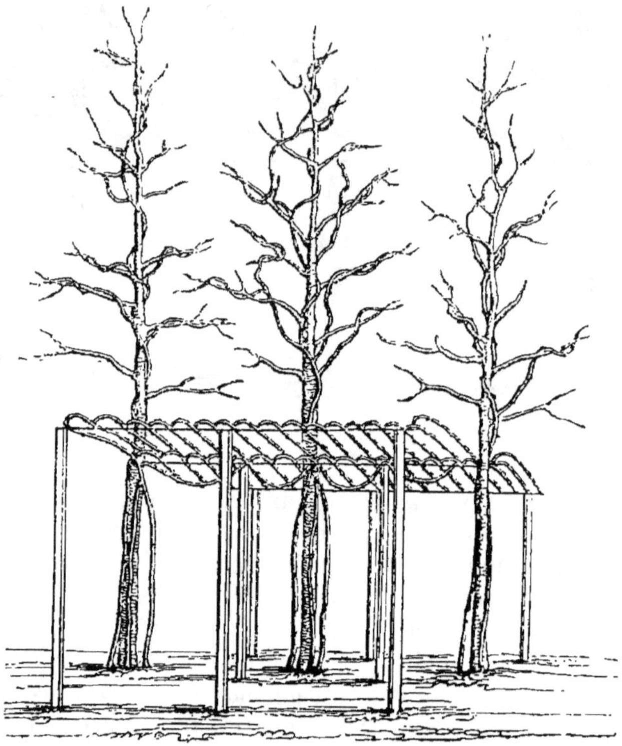

Fig. 395. *Vigne en hautains, en berceau.*

diamètre et de 0^m,70 de profondeur: on plante de jeunes vignes à 0^m,40 les unes des autres et à 0^m,08 en dedans du bord de la fosse. Vers la troisième année, on enfonce solidement, au pied de chaque cep, une perche de 3^m de longueur environ, en l'inclinant vers le centre. C'est sur ces perches que sont attachées les tiges de chaque vigne à mesure qu'elles s'allongent (*fig* 394).

Enfin, on voit encore, dans quelques vignobles, des vignes moyennes qui n'ont aucun support. Elles se composent d'une souche d'un mètre d'élévation environ et qui porte les sarments qui pendent jusqu'à terre (*fig.* 398).

Quant à la convenance des vignes moyennes, on doit reconnaître qu'elles donnent, en général, des produits plus satisfaisants que les hautains; mais la maturité de leurs fruits souffre encore de la position trop élevée des grappes au-dessus du sol, et cela influe défavorablement sur la qualité du vin. Cette disposition de la vigne ne convient qu'aux plaines basses du centre et du midi de la France, parce que, comme elles sont plus exposées aux gelées blanches, les vignes y sont moins facilement atteintes, à une certaine hauteur, que si elles étaient plus près du sol; mais on renonce à cette pratique dans les vignobles du Nord, parce que les raisins n'y acquerraient qu'une maturité trop imparfaite.

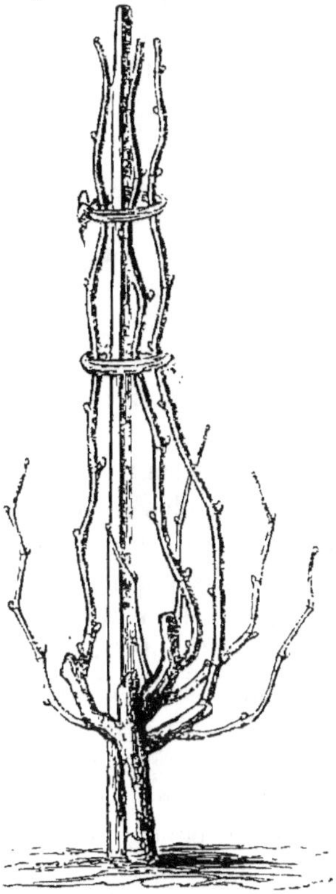

Les *vignes basses* présentent des souches de 0^m,16 à 0^m,50 de hauteur au plus, lesquels portent des sarments quelquefois rampant sur le sol, mais le plus souvent

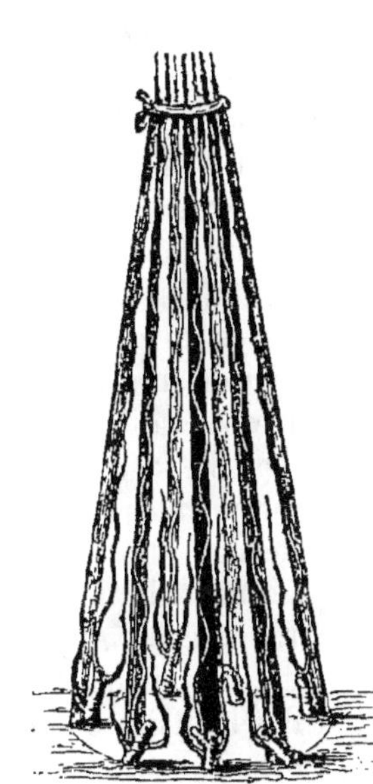

Fig. 396. *Vigne moyenne.*

Fig. 397. *Vigne en cône.*

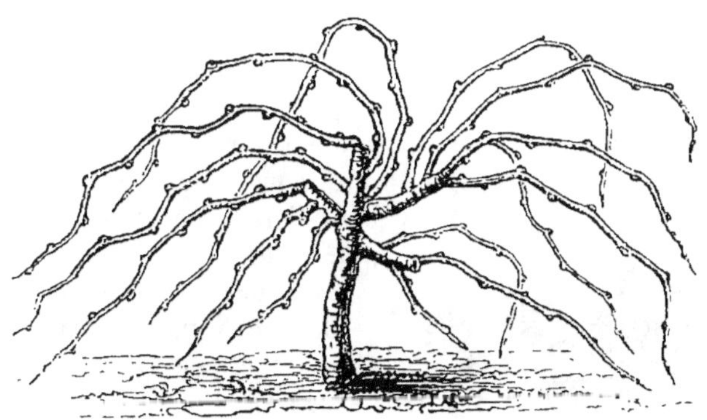

Fig. 398. *Vigne moyenne pendante.*

soutenus par des échalas. Dans la partie de l'Aunis, qui borde les rivages de l'Océan, les vignes présentent la première disposition ; leurs sarments sont si rapprochés du sol, que les grappes souffrent beaucoup de ce contact. M. Dussieux conseille, pour parer à cet inconvénient, de soutenir les sarments sur des fourchettes fichées en terre à la hauteur de 0ᵐ,30 environ (*fig.* 399).

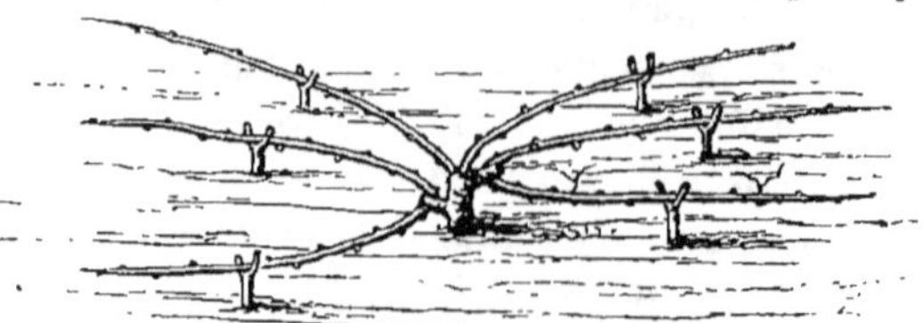

Fig. 399. *Vigne basse rampante.*

Les vignes bassses, échalassées, se rencontrent dans la plupart des vignobles; c'est le mode presque exclusivement adopté dans le Nord. La souche, fixée à l'échalas, développe des sarments qui sont ensuite réunis en faisceaux autour de cet échalas à l'aide d'un ou plusieurs liens (*fig.* 400).

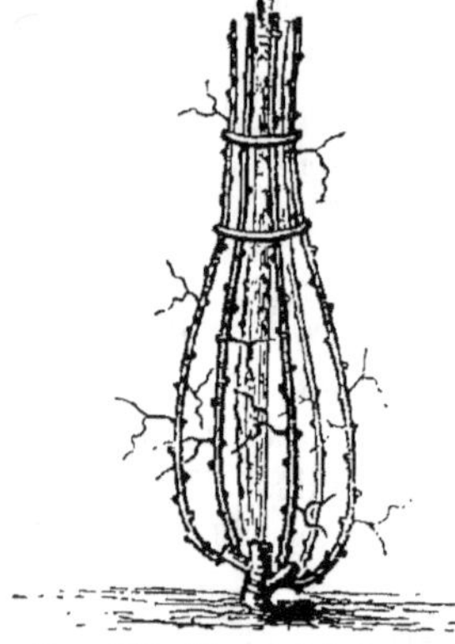

Fig. 400. *Vigne échalassée.*

On sait que plus les grappes sont rapprochées du sol, sans le toucher, plus la maturité du raisin est précoce. Cela est dû à la réverbération des rayons solaires, qui, frappant le sol, sont renvoyés sur les corps environnants ; et encore à ce que le sol, échauffé pendant le jour, abandonne cette chaleur pendant la nuit au profit des corps les plus rapprochés. Aussi le produit des vignes basses est il toujours de meilleure qualité que celui des hautains ou des vignes moyennes, et cela même dans les contrées les plus chaudes; c'est donc avec raison que l'on a fréquemment adopté les vignes basses, même dans les climats les plus favorables à la maturité du raisin, et qu'on a exclusivement admis cette disposition dans les vignobles du Nord.

CULTURE ANNUELLE DE LA VIGNE.

La culture annuelle de la vigne se compose d'une série d'opérations que nous allons étudier dans l'ordre où elles sont pratiquées.

Arrachage des échalas. — Dans les vignes échalassées, les échalas sont arrachés aussitôt après la vendange, et placés par petits faisceaux de vingt-cinq, maintenus par quatre autres, plantés de manière à former un chevalet (*fig* 401).

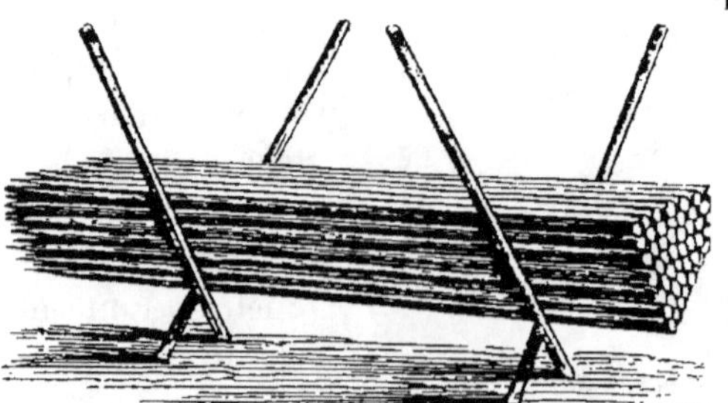

Fig. 401. *Échalas réunis après la vendange.*

TAILLE. — La taille de la vigne a pour objet : 1° de lui donner une forme en rapport avec le mode de culture qu'on veut lui appliquer; 2° de concentrer l'action de la séve sur certains bourgeons dont le nombre est déterminé par le degré de vigueur des individus ou des cépages, de telle sorte que, chaque cep étant débarrassé de ses bourgeons superflus, ceux qu'on conserve puissent recevoir l'action de la séve dans de justes proportions, et donner de bons et beaux produits; 3° de faire que les sarments destinés à la production de chaque année soient réservés en nombre suffisant et occupent une place convenable.

Époque convenable. — La taille de la vigne est exécutée pendant le repos de la végétation, c'est-à-dire depuis le mois de novembre jusqu'au mois de mars. Il est, toutefois, pendant ce laps de temps, un moment plus favorable que les autres; mais on n'est pas encore d'accord sur l'instant qu'on doit préférer. Quelques œnologistes conseillent exclusivement la taille avant l'hiver; d'autres préfèrent celle du printemps. Les motifs qu'ils font valoir, les uns et les autres, sont également plausibles; seulement ils sont trop absolus dans leur manière de voir, et ne tiennent pas assez compte du climat, de la nature plus ou moins fertile du sol, de la vigueur plus ou moins grande des variétés, de l'âge des vignes, et de toutes les circonstances qui doivent nécessairement faire varier le moment de la taille. La taille, avant l'hiver, a pour effet de hâter le développement de la vigne au printemps, parce que toute la séve, tournant au profit des boutons conservés, agit sur leur développement même pendant l'hiver, de même qu'elle le fait pour les boutons terminaux des sarments lorsqu'on ne les raccourcit pas. Cette précocité de bourgeonnement se fait sentir également sur les différentes phases de la végétation, et il s'ensuit que le raisin peut acquérir, avant les gelées, un degré plus parfait de maturité. Cette époque de la taille permet d'ailleurs de vaquer plus librement, au printemps, à la foule des occupations que prescrit le retour de cette saison. Mais, à côté de ces avantages, on rencontre cet inconvénient, que, la végétation se trouvant hâtée, la vigne est plus exposée aux ravages des gelées tardives. Il faut donc dire que la taille avant l'hiver sera employée avec avantage : 1° dans les localités où les gelées printanières sont peu à craindre; 2° pour les vieilles vignes, ou pour les variétés peu vigoureuses dont on maintiendra ainsi la force en obligeant la séve à nourrir exclusivement les boutons conservés; 3° pour hâter la maturité de certains cépages qui doivent être vendangés en même temps que d'autres qui sont plus précoces. On préférera, au contraire, la taille du printemps : 1° pour les contrées habituellement ravagées par les gelées blanches; 2° pour les jeunes vignes, et pour certains cépages dont la trop grande vigueur nuit à la qualité et à l'abondance des produits. Lorsqu'on croira devoir donner la préférence à cette dernière époque, il faudra bien se garder de prolonger cette opération au delà du temps convenable, c'est-à-dire jusqu'au moment où la séve s'échappe en abondance sur la surface des plaies ; car cet accident, plusieurs fois répété, ne tarderait pas à épuiser complétement la vigne. Lors donc qu'on aura une grande étendue de vignes à tailler au printemps, on devra commencer assez tôt pour terminer le travail avant le moment que nous venons d'indiquer. Disons encore que, quelle que soit l'époque choisie, on devra toujours s'abstenir de tailler lorsque le bois sera gelé; à ce moment, en effet, la taille déchire le bois au lieu de le couper, et le bouton placé au-dessous de chaque section souffre beaucoup.

Instruments pour pratiquer la taille. — On s'est exclusivement servi, jusqu'à ces derniers temps, de la *serpette* pour tailler la vigne. La forme de cet instrument varie suivant les localités. Tantôt on lui donne

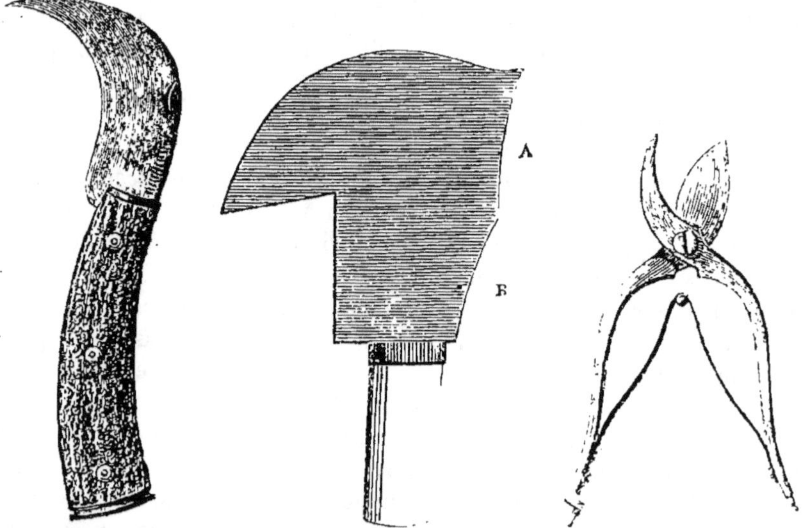

Fig. 402. *Serpette.*   Fig. 403. *Serpe du Médoc.*   Fig. 404. *Sécateur.*

la forme indiquée par la figure 402; tantôt, comme dans le Médoc, on préfère celle représentée fig. 403. Ce dernier instrument, plus particulièrement connu dans cette contrée sous le nom de *serpe*, offre une longueur de $0^m,14$. Son dos est assez épais en B pour pouvoir y appliquer l'intérieur de la main sans se blesser, tandis que la partie A est tranchante.

Depuis quelques années, on a voulu remplacer la serpette par le sécateur inventé par M. Bertrand de Molleville. Cet instrument (*fig.* 404), usité maintenant dans un certain nombre de vignobles, opère avec beaucoup plus de promptitude et d'économie que la serpette; mais il pré-

sente aussi des inconvénients très-graves. Il se compose de deux branches croisées, se terminant en forme de ciseaux courbes par deux lames,
dont l'une est ovale et tranchante: l'autre, en forme de croissant, fournit
le point d'appui. Lorsqu'on se sert du *sécateur*, on appuie le croissant
sur l'un des côtés du rameau à couper; et, en serrant les deux branches
de l'instrument, on rapproche la lame, qui coupe plus ou moins net la
portion de bois interposée entre son croissant et elle. Il résulte du mode
de construction de cet instrument qu'il ne peut être employé que pour
la section des sarments et des branches peu volumineuses. Il est d'ailleurs difficile, avec le sécateur, de couper une ramification un peu grosse
tout près de la branche qui la porte. Les coupes en biseau, qui sont généralement les plus convenables, sont aussi moins bien faites avec cet
instrument qu'avec la serpette.

Lorsque l'on se sert du sécateur, on doit le tenir de telle sorte que
la partie saillante du croissant soit toujours en dessus. La partie du
sarment, qui est meurtrie par la pression de ce croissant, est ainsi presque entièrement enlevée par la section; tandis que toute la partie désorganisée subsisterait, au contraire, au sommet du rameau coupé, et
nuirait davantage à la cicatrisation, si le côté saillant du croissant était
placé en dessous. Quel que soit l'instrument que l'on adopte, il devra
être toujours bien tranchant, afin que la section soit bien nette.

Mode de coupe des sarments et des grosses ramifications. — Le
bois de la vigne étant spongieux, et la moelle étant surtout très-abondante, il convient de tailler les sarments à $0^m,010$ ou $0^m,015$ au-dessus
du dernier bouton réservé; car, comme le bois se dessèche jusqu'à quelques millimètres au-dessous de la coupe, le bouton terminal serait souvent détruit, ou du moins il souffrirait beaucoup, si la section était
faite immédiatement au-dessus du bouton. La coupe doit être faite en
biseau et du côté opposé au bouton, afin que, si le sarment est dans
une position verticale, la vigne venant à pleurer, l'écoulement séveux
n'altère pas le bouton.

Les grosses ramifications doivent aussi être coupées en biseau, afin
que les plaies se recouvrent mieux. Il faut aussi avoir soin de couper
tout près de la tige les bras à supprimer, et de couper, tout près des
nouveaux prolongements, les bras que l'on veut raccourcir. Toutes les
fois qu'on fera sur la vigne des plaies un peu étendues, il sera utile
de les recouvrir avec du mastic à greffer. Sans cette précaution, elles
se cicatriseront lentement, le bois sera altéré par le contact de l'air, et
la durée des ceps en souffrira.

Taillle des vignes basses.. — Si la nouvelle plantation a été exécutée avec soin, les deux boutons qu'on a laissés sortir de terre, sur
chaque brin, développeront, pendant l'été suivant, chacun un sarment.
Si ces sarments sont faibles, et peu en proportion avec le brin qui les a

développés, on retarde d'une année la première taille; dans le cas contraire, on pratique l'opération. Cette taille consiste à supprimer en A

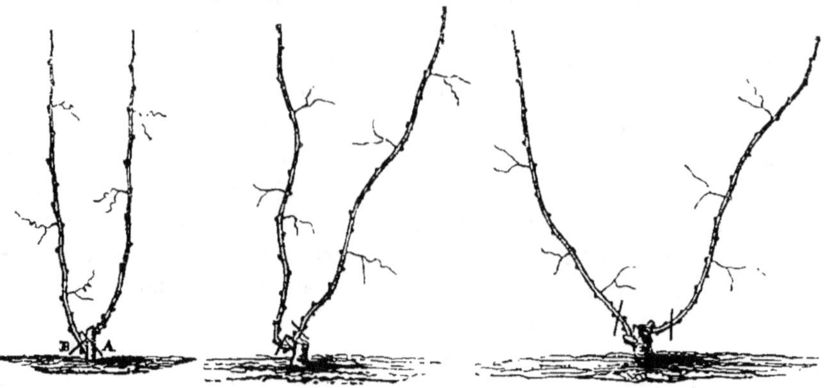

Fig. 405. I⁰ taille.   Fig. 406. Deuxième taille.   Fig. 407. Troisième taille.

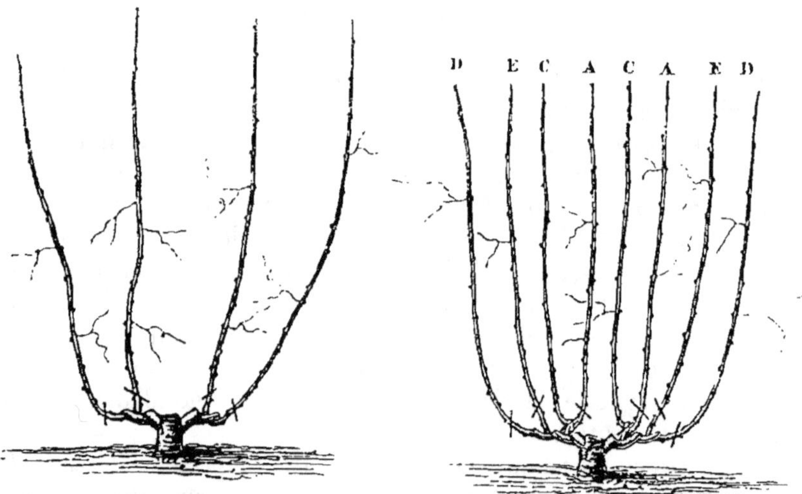

Fig. 408. Quatrième taille.   Fig. 409 Cinquième taille.

(fig. 405) le sarment le plus élevé, et à tailler le second en B, immédiatement au-dessus du premier bouton. C'est ce que l'on nomme tailler à bois, parce que le dernier bouton ne donne ordinairement que peu ou pas de fruits. L'année suivante, on choisit les deux sarments les plus vigoureux, et on les taille sur un seul bouton comme la première année (fig. 406). A la troisième taille, les deux sarments fournis par ces deux boutons sont seuls conservés et sont taillés à fruit, c'est-à-dire sur deux boutons (fig. 407). A quatre ans, la vigne bien plantée a déjà de la force; elle commence à donner du fruit. A cette époque, on ne conserve que les quatre sarments développés par les quatre boutons réservés, et chacun d'eux est taillé sur les deux boutons inférieurs (*fig.* **408**). Lors de la cinquième taille, les deux sarments supérieurs (C. *fig.* **409**) sont complétement supprimés, et les sarments A sont taillés sur deux boutons, c'est ce que l'on nomme des *coursons*. Les sarments D et E sont également taillés sur deux boutons pour donner lieu à des coursons. La vigne est alors complétement formée; c'est-à-dire que, lors de la sixième année, chacun des sarments A (*fig.* **410**) est complétement

supprimé, et que les autres sont taillés sur deux boutons pour former de nouveaux coursons. Le même mode d'opérer est répété chaque fois. Il résulte de cette méthode que, malgré le soin que l'on prend d'asseoir constamment la taille sur les sarments les plus rapprochés des ramifications principales de la tige, ces ramifications s'allongent un peu chaque année et éloignent ainsi les grappes du sol : c'est là un résultat qui peut nuire à leur bonne maturation. D'un autre côté, la vigne, suffisamment vigoureuse pendant les

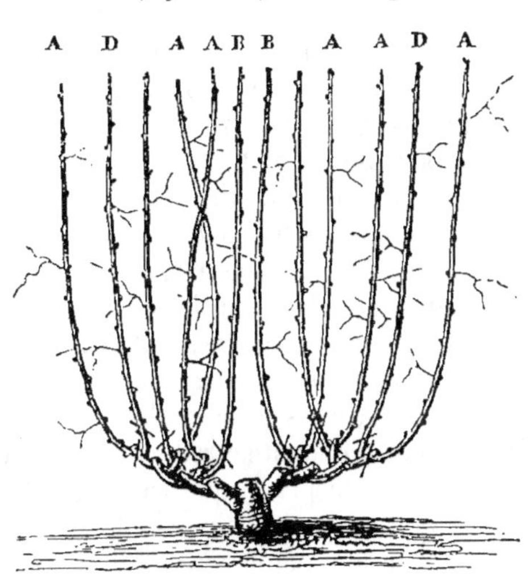

Fig. 410. *Sixième taille.*

premières années qui suivent la plantation, finit par perdre une partie de cette vigueur et devient languissante. Dans l'un et l'autre cas, il convient, soit pour rapprocher la production du sol, soit pour rendre à la vigne une partie de sa vigueur première, de raccourcir les ramifications principales, en les coupant immédiatement au-dessus des sarments les plus rapprochés de la souche; ceux-ci servent alors à prolonger de nouveau ces ramifications. Lorsque l'état languissant de la vigne ne sera dû qu'à une circonstance accidentelle, et qu'il sera d'ailleurs peu prononcé, on pourra se contenter de diminuer momentanément la production du fruit en taillant à bois deux ou trois des coursons les plus rapprochés du sol.

Tel est, en général, le mode de taille appliqué aux vignes basses; mais il présente de nombreuses et importantes modifications, motivées par le climat, le degré de fertilité du sol, la plus ou moins grande vigueur des diverses sortes de cépages, etc.

Ainsi, pour certaines variétés très-peu vigoureuses et plantées très-rapprochées les unes des autres, le cep n'est pas divisé en plusieurs branches principales, il s'élève à peine à 0^m,12 au-dessus du sol et ne porte qu'un ou deux coursons, qui naissent directement sur la souche.

Pour d'autres variétés, ou pour la même, mais dans des sols plus fertiles, on forme la souche comme pour la fig. 410; seulement, au lieu de deux branches principales, la souche n'en porte qu'une seule, sur laquelle on laisse deux ou trois coursons, suivant le degré de vigueur du cépage.

Quelques variétés présentent aussi ce fait remarquable, que les boutons inférieurs des sarments fructifient à peine; on est donc obligé, pour les mettre à fruit, de les tailler au-dessus du troisième bouton, au lieu du second, comme on le fait généralement.

Enfin, certains cépages, suffisamment vigoureux, supportent une production plus abondante encore et que l'on obtient à l'aide du mode de taille suivant: la vigne étant formée comme l'indique la fig. 410, l'un des sarments B, ou tous les deux si la vigne offre assez de vigueur, sont taillés à 0^m,60 ou 0^m,70 de longueur, puis arqués vers le sol et maintenus dans cette position, soit en attachant leur extrémité sur la souche ou sur un échalas, soit, ce qui est plus simple, en la fixant sur le sol à l'aide d'un petit crochet en bois. Ce sarment, auquel on donne, suivant les localités, le nom de *courgée, pleyon, verge, sautelle, flèche,* donne une abondante production. On laisse développer, au-dessus, et vers le point le plus rapproché de sa naissance, un bourgeon qui, l'année suivante, vient remplacer la verge précédente, et l'on coupe celle-ci au-dessus du point où est né ce nouveau sarment. La même opération est répétée chaque année. Dans quelques vignobles, au lieu de prendre la verge à la base du cep, on la prend au sommet: ainsi on choisit les sarments D (*fig.* 410), que l'on arque et que l'on renouvelle annuellement comme dans le cas précédent (*fig.* 411). Ce procédé

Fig. 411. *Vigne basse taillée à long bois.*

pourra être préféré pour les cépages un peu moins vigoureux, car il est moins épuisant que le premier. Faisons observer toutefois que ce mode de taille ne doit être adopté qu'après qu'on s'est bien assuré que les vignes offrent assez de force pour le supporter; car, dans le cas contraire, celles-ci seraient rapidement anéanties.

Quant au choix à faire parmi ces divers modes de taille pour les vignes basses, il est très-difficile de l'indiquer à l'avance pour tel ou tel cépage, tant les circonstances locales peuvent modifier les exigences de la même variété. C'est au cultivateur à étudier le mode de végétation de chaque espèce de vigne, au milieu des circonstances où elle sera, et à choisir le procédé qui lui conviendra le mieux. Il y a plus, le mode de taille pourra varier d'une année à l'autre. Ainsi, si une vigne a coulé, et que la séve non employée à la production du fruit ait donné lieu à des sarments très-vigoureux, on devra, l'année suivante, la charger davantage; les coursons, taillés ordinairement à deux boutons, pourront en porter trois; on pourra aussi augmenter le nombre des verges. Si, au contraire, la vigne a peu poussé, on taillera plus court que de coutume, et on ne laissera pas de verge.

Taille des vignes moyennes. — Les vignes moyennes, plus espacées les unes des autres que les vignes basses, sont aussi taillées de façon à occuper chacune un plus grand espace Le mode de taille diffère un peu, suivant que les sarments et la tige sont supportés par un échalas ou par un treillis.

Les vignes moyennes sur échalas sont quelquefois taillées de la manière suivante : lors de la première taille on leur applique les soins que nous avons indiqués pour la vigne basse, disposée sur deux bras; l'année suivante, au lieu de ne réserver que deux sarments, on en réserve trois ou quatre, selon le degré de fertilité du sol et la vigueur du cépage. Chacun d'eux est taillé à bois, c'est-à-dire sur un seul bouton. On forme ensuite chacun de ces bras comme ceux de la fig. 410; seulement, comme les vignes moyennes sont plus vigoureuses, on laisse acquérir plus de longueur à chacun des bras que peuvent porter quatre ou cinq coursons, et le cep s'élève, après la taille, à une hauteur de 0^m,60 à 1 mètre.

D'autres fois on donne aux vignes moyennes, qui exigent une taille longue, la forme d'une sorte de quenouille. Ces vignes sont taillées à fruit la troisième année. La quatrième année on choisit le sarment le plus bas et le plus vigoureux, et on le raccourcit à 0^m,40 ou 0^m,50 de longueur. On enlève cinq ou six boutons de son extrémité supérieure et l'on pique celle-ci en terre en la rapprochant du cep de manière que cette sorte de *verge* forme un arc très-fermé, et on l'assujettit, ainsi que le cep, à un échalas planté au pied de celui-ci. A la taille de la cinquième année, on fait un archet du côté opposé, et, en outre de l'échalas du pied, on en plante un à chaque archet, mais obliquement, de façon que l'extrémité supérieure de ces échalas vienne rejoindre celle de l'échalas du cep et puisse y être reliée; à cette taille on coupe l'extrémité du premier archet, afin qu'il ne porte plus que trois ou quatre sarments, lesquels sont ramenés vers l'échalas du milieu et y sont attachés. Les années suivantes on fait développer successivement, sur les nouveaux sarments du centre, de nouveaux archets auxquels on donne seulement une longueur de 0^m,25, et qu'on attache aux échalas. Le cep prend ainsi successivement la forme d'une quenouille, qui, vers la douzième année, présente une hauteur de 1^m,30 à 1^m,50.

La taille des vignes moyennes disposées en cône, dont nous avons parlé plus haut, est faite de telle sorte que chaque cep, composé d'une seule tige simple appuyée sur son échalas, porte une série de coursons, depuis sa base jusqu'aux deux tiers de sa hauteur totale. Ces coursons doivent être distants les uns des autres de $0^m,20$ à $0^m,23$ environ. A cet effet, on raccourcit chaque année le sarment terminal à $0^m,25$ de son point de naissance, et l'année suivante on ne réserve, parmi les sarments qu'il a développés, que ceux qui sont bien placés pour faire des coursons.

Les vignes moyennes, supportées par des treillis, peuvent être taillées de deux manières; dans les cépages qui exigent une taille longue, voici comment on opère dans le Médoc : la plantation étant terminée, on établit immédiatement les supports disposés comme l'indique la fig. 412,

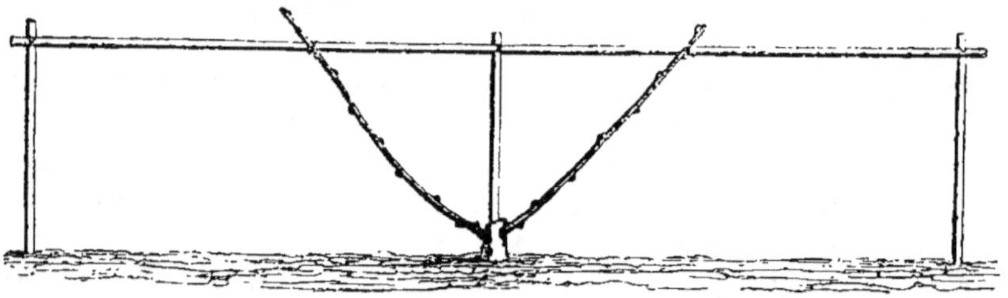

Fig. 412. *Jeune vigne sur treillis, taillée à long bois* (Médoc).

puis on coupe les crossettes au-dessus des deux boutons les plus rapprochés du niveau du sol. Après la première pousse, le sarment le plus élevé est coupé au-dessus de l'insertion du sarment inférieur, et celui-ci est taillé sur les deux boutons inférieurs. Après la seconde pousse, c'est-à-dire la troisième année, les ceps sont encore taillés de la même manière. Cependant on commence la formation des deux bras sur les pieds les plus vigoureux. Ces bras doivent naître à $0^m,15$ environ du niveau du sol et offrir une direction parfaitement parallèle à la ligne des ceps, afin de ne pas présenter d'obstacle pour le passage de l'araire employée pour les labours. Si le point d'attache des sarments destinés à former ces bras ne permettait pas de remplir ces deux conditions essentielles, il vaudrait mieux retarder la formation des bras jusqu'au moment où l'on aura obtenu un sarment bien placé. Ce résultat étant obtenu, on donne à chacun de ces sarments une longueur telle, qu'étant inclinés sur un angle de 50 degrés, on puisse les attacher à la latte (*fig.* 412); mais on ne laisse à chacun de ces sarments, nommés *tirets* que les trois boutons inférieurs. Un plus grand nombre de bourgeons épuiserait trop ces jeunes ceps. Chaque année, et pendant quatre ou cinq ans, le tiret de l'année précédente est supprimé au-dessus de l'insertion du sarment le plus bas, et celui-ci sert à le remplacer. Il en résulte que, chaque année, les bras du cep s'allongent d'un ou deux centimètres. Vers la sixième ou la hui-

tième année, selon la vigueur des ceps, on commence à laisser une *aste*
sur l'un des deux bras, c'est-à-dire que le sarment développé à la base
du tiret de l'année précédente est taillé de manière qu'il conserve six à
huit boutons; on lui fait ensuite décrire un arc de cercle en le fixant sur
la latte A (*fig.* 415) : l'année suivante on laisse une aste semblable sur

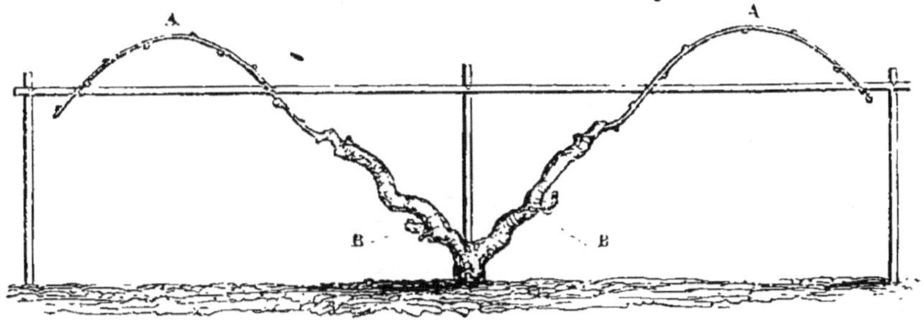

Fig. 415. *Vigne adulte sur treillis, taillée à long bois* (Médoc).

le côté opposé, en ayant soin de choisir, autant que possible, un sarment
développé en dessous. La formation des ceps est alors complète. Pour
continuer cet état de choses, il suffit, chaque année, de couper les astes
immédiatement au-dessus de l'insertion des sarments les plus bas, et de
former de nouvelles astes avec ces sarments ; mais ce mode détermine
l'allongement progressif des bras : ceux-ci finissent par dépasser la latte,
et il faut les raccourcir de temps en temps. Pour faciliter cette opération
et ne pas rendre le cep improductif pendant l'année où on la pratique,
on réserve, vers la partie moyenne de chaque bras, et en dessous, un
sarment qui est taillé chaque année en courson (B, *fig.* 415); on donne à
ce sarment le nom de *cot*. Lors donc que le moment de raccourcir les
bras est arrivé, on les coupe immédiatement au-dessus du cot, puis le
sarment inférieur du cot est taillé de manière à former une nouvelle
aste. Cette opération est ordinairement faite, successivement, sur les
deux bras de chaque cep, afin de ne pas nuire à la qualité des produits par
une trop grande vigueur.

Pour les cépages qui exigent une taille courte, on forme, sur chaque
cep, deux bras horizontaux que l'on commence à allonger vers la troisième année, en réservant, sur chaque prolongement, seulement deux
boutons : l'un en dessus, et le plus rapproché du cep, pour former un
courson; l'autre en dessous, et placé à l'extrémité, pour fournir un nouveau prolongement. Les deux bras ou cordons s'allongent ainsi d'année
en année, jusqu'à ce qu'ils rencontrent ceux des cordons voisins (*fig.* 414).
Ces cordons sont attachés sur une latte fixée à 0^m,35 du sol. Les coursons, développés par les bras, sont taillés chaque année sur le sarment
le plus rapproché du cordon, et l'on coupe ce sarment au-dessus des
deux boutons inférieurs. Ces sarments sont fixés sur une seconde latte

placée à 0ᵐ.40 de la première. Lorsque les cordons rencontrent ceux
des ceps voisins, on les raccourcit vers la moitié de leur longueur. Pendant l'été qui précède cette opération, on couche horizontalement un

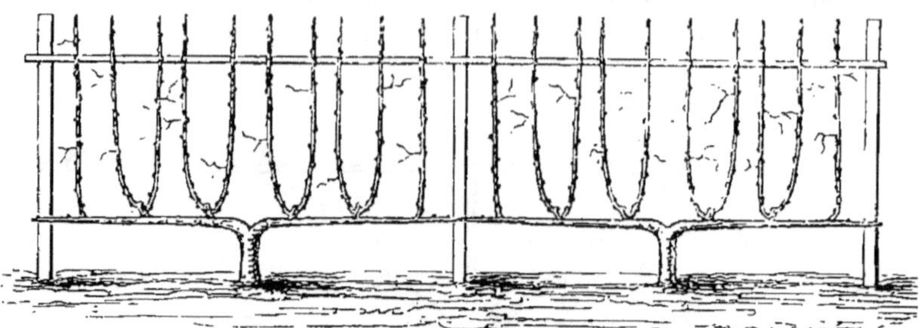

Fig. 114. *Vigne sur treillis, taillée à court bois.*

bourgeon placé vers le milieu du cordon; de sorte que, le cordon étant
ensuite raccourci au-dessus du point où est né ce sarment, celui-ci sert à
prolonger de nouveau le cordon.

Le mode de *taille des vignes en hautains* consiste à ne conserver
d'abord, sur chaque cep, qu'un sarment terminal, que l'on taille très-
long, afin que la vigne atteigne le plus tôt possible les premières ramifications de l'arbre qui doit la supporter. La longueur de la taille de la
tige principale est ensuite déterminée par les points où l'on veut la
faire se ramifier. A mesure que ces ramifications se forment, on les
raccourcit de façon qu'elles développent un nombre suffisant de sarments, placés à 0ᵐ,30 ou 0ᵐ,40 les uns des autres; ces sarments sont
taillés, tous les ans, plus ou moins long selon la vigueur des variétés.
Les arbres qui supportent ces hautains doivent aussi recevoir un élagage,
tous les deux ou trois ans, de peur qu'ils ne nuisent à la vigne par leur
ombrage.

Provignage. — Le provinage est pratiqué tantôt avant, tantôt après
la taille, suivant l'époque à laquelle on effectue celle-ci; dans tous les
cas, il peut être fait au commencement de mars dans les terrains frais,
et avant l'hiver dans les sols exposés à la sécheresse; si la taille a été
faite avant l'hiver, on réserve à ce moment, sur les ceps qui doivent
être provignés, les sarments dont on aura besoin pour cette opération.

Le provignage est usité, suivant les localités, dans des circonstances
différentes : 1° comme complément d'une nouvelle plantation; 2° pour
renouveler les ceps morts ou devenus languissants.

Dans le premier cas, la plantation est faite de telle sorte que les
lignes des jeunes plants soient à une distance moitié plus considérable
qu'elles ne le seront par la suite. Vers la cinquième année, on ouvre,
entre chaque ligne, une tranchée qui, naissant au pied des jeunes vignes,
s'étend jusqu'au milieu de l'espace qui sépare chaque ligne. La profon-

deur de cette tranchée est déterminée par le climat et la nature du sol où l'on opère. On place, au fond de cette tranchée, une couche d'ajonc ou de bruyère, recouverte d'une petite couche de terre bien amendée. Comme on n'a laissé, sur chaque jeune souche, que les deux sarments les plus vigoureux, ces sarments et la souche sont couchés dans la tranchée, de façon que l'un d'eux sort de terre, au bord opposé de la tranchée, et que l'autre vient remplacer la souche qui a été couchée. Le vide qui reste dans la tranchée est ensuite comblé à moitié, à l'aide d'un mélange de fumier et de terre préparé quelques mois à l'avance. On ne finit de combler entièrement la tranchée qu'en donnant la première façon au terrain. Pour terminer l'opération, on coupe les sarments à un ou deux boutons au-dessus du niveau du sol.

Ce mode de création d'une vigne est utilement employé pour les cépages vigoureux.

Lorsqu'il s'agit de renouveler des ceps morts ou devenus languissants, on peut choisir entre deux procédés : le premier consiste à ne provigner que de place en place, pour remplir les vides des lignes, ou pour remplacer les ceps qui dépérissent. On provigne alors le cep le plus rapproché en opérant comme nous l'avons dit plus haut. Mais, quelquefois, au lieu de provigner entièrement le cep, on couche entièrement le sarment le plus vigoureux et le plus rapproché du sol, et, trois ou quatre ans après, on le sépare du cep. Ce mode peut être employé pour les vignobles composés des cépages présentant au moins une vigueur moyenne.

Dans les vignobles plantés de cépages très-peu vigoureux, le provignage a lieu uniformément, à des intervalles de temps assez rapprochés, sur toutes les parties du vignoble. Ainsi, si ces cépages exigent le provignage tous les dix ans, on provigne d'abord un dixième de la surface, en commençant par le sommet, si le terrain est en pente. Le couchage est dirigé vers le haut de la pente, et l'on continue le travail, d'année en année, jusqu'à la base. Dans ce provignage, on ne réserve, sur chaque souche entièrement provignée, qu'un seul sarment, puisque la souche couchée est remplacée par celle du rang qui suit. Deux sarments seront cependant nécessaires pour provigner les ceps du dernier rang, placé à la base de la pente, afin que ce rang ne reste pas inoccupé.

Engrais et amendements. — Quelques œnologues, prenant comme exemple certains vignobles exceptionnels de la Champagne, de la Bourgogne, des côtes du Rhin, qui ne sont pas fumés et dont les produits ont acquis une qualité supérieure et un prix très-élevé, ont proscrit les engrais comme nuisibles à la qualité du vin. D'autres, considérant que les produits augmentent toujours en raison directe de l'abondance des engrais, ont recommandé une fumure copieuse; ces deux opinions contradictoires, envisagées d'une manière absolue, sont également erronées; mais elles peuvent devenir justes dans certaines circonstances.

En effet, si l'absence de toute espèce de fumier diminue beaucoup le produit de la vigne, ce que l'on perd en quantité, on le gagne parfois en qualité. On peut donc, dans certains crus tout à fait exceptionnels, et dont les produits sont très-recherchés, s'abstenir de toute espèce de fumure. Mais il n'en doit pas être ainsi pour les crus ordinaires, où la diminution du produit ne sera pas compensée par l'augmentation de la qualité; les engrais y sont nécessaires, et nous allons examiner quels sont ceux qu'il convient d'employer.

Les fumiers composés de litières nouvellement sorties des étables ou des écuries, les dépôts des voiries, les gadoues, les os broyés, les cornes, les chiffons de laine, et généralement toutes les substances très-azotées, déterminent dans la vigne une végétation vigoureuse; mais elles ont toujours pour effet, au moins pendant les premières années qui suivent leur application, de donner un vin sans qualité, et qui offre une saveur et une odeur désagréables. Toutefois ces inconvénients sont moins redoutables dans les terrains secs, et sous le climat brûlant du Midi, que dans les sols substantiels et dans les vignobles du centre et du nord de la France; parce que l'excès de matières fermentescibles, produit dans le moût du raisin par les engrais azotés, est moins à craindre dans la première condition que dans la seconde.

Les *varecs*, employés comme fumure dans quelques vignobles des bords de la mer, produisent les mêmes inconvénients. Aussi devra-t-on n'employer ces matières que pendant la première formation de la vigne, et donner ensuite la préférence aux engrais végétaux et minéraux très-riches en sels de potasse et dont voici les principaux.

Végétaux herbacés. — Dans les vignobles du Midi, où la vigne est bien plus espacée que dans le Nord, on sème, après la taille, avant l'hiver ou au printemps, entre les rangs, certaines plantes, telles que le lupin pour les sols légers, ou la féverole pour les terres compactes, et on les enterre au moment de leur floraison. Dans les vignobles du centre qui permettraient l'usage de cette pratique, on pourrait employer la vesce et le seigle. On pourrait aussi se servir de certaines plantes qui croissent en abondance dans les lieux humides, telles que roseaux, joncs, typhas, carex, etc., et que l'on enterrerait au pied des vignes immédiatement après les avoir coupées. Cet usage est adopté par les vignerons des bords du Rhône.

Végétaux ligneux. — Tous les arbrisseaux, et surtout ceux qui conservent leurs feuilles, peuvent aussi être employés pour la fumure des vignes, après que leurs tiges ont été froissées par les pieds des chevaux ou les roues des voitures. Tels sont les cistes, les bruyères, les ajoncs, le buis, les tontures de haies, le genévrier, les jeunes pins. Enfin, les sarments de la vigne sont eux-mêmes l'un des meilleurs engrais.

Marc de raisin. — Cette matière produit d'excellents effets sur la vigne. On l'emploie de préférence après en avoir extrait l'alcool par la distillation. Cet engrais est en usage dans plusieurs vignobles renommés, notamment dans ceux de Chambertin, de Nuits, de Vougeot.

Terreaux. — Les feuilles, les mousses, les herbes, les gazons, réunis en grande masse et abandonnés pendant une année ou deux aux effets de la fermentation, donnent naissance à des terreaux très-précieux pour les vignes. On se sert aussi des vases des rivières, des étangs, des fossés, exposées à l'air pendant une année et remuées plusieurs fois; on peut y ajouter des lits alternatifs de vieux fumiers. Dans les localités où le sol est dépourvu de principes calcaires, on mêle à ces terreaux, au commencement de leur préparation, une certaine quantité de chaux ou de cendres de chaux. Cette substance a pour effet de hâter la décomposition des matières végétales et d'augmenter la fertilité du terrain.

Cendres. — Les cendres vives, celles qui n'ont pas été lessivées, ne sont que bien rarement employées, et cependant leurs bons effets sur la vigne sont incontestables, témoin certains crus de Volnay et de Pomard. On peut se procurer une grande quantité de ces cendres dans les localités voisines des landes ou terres incultes, en enlevant les gazons de la surface du sol et en les brûlant sur place. Les cendres lessivées sur lesquelles on a jeté les eaux de lessives, les rinçures de futailles, les eaux de savon, peuvent aussi servir au même usage.

Disons, en terminant ce qui a trait aux engrais proprement dits, un mot d'un nouveau mode de fumure proposé par M. Persoz, professeur au Conservatoire impérial des arts et métiers. Ce chimiste a constaté, par des expériences directes, que, dans les engrais propres à la culture de la vigne, il est des matières qui servent, les unes exclusivement à l'accroissement du bois, les autres au développement du fruit, et que l'action de ces substances, au lieu d'être simultanée, doit être successive. Par l'application de ces principes, on peut arrêter à volonté l'accroissement du bois au profit des fruits, tandis que, dans les procédés habituels, on ne peut le maîtriser que par des moyens artificiels et empiriques.

Les matières azotées sont, d'après M. Persoz, celles qui concourent au développement du bois, et, parmi celles-ci, il conseille surtout l'emploi des os grossièrement pulvérisés, les débris de cuir ou de corne, le sang, etc. Les sels de potasse favorisent au contraire la production du fruit.

Lors donc qu'on pratique une nouvelle plantation de vignes, on doit, pour déterminer promptement la formation d'une souche vigoureuse, mélanger, avec la terre qui entoure les jeunes plants, une suffisante quantité des matières indiquées plus haut et y ajouter une petite quantité de plâtre. Dès que le résultat sera produit, c'est-à-dire après trois ou quatre ans, on fournira aux racines les sels de potasse qui détermineront la production du raisin. L'auteur conseille, pour cela, l'emploi du silicate de potasse, du phosphate double de potasse et de chaux, mélangés avec le sol, à peu de profondeur au-dessous de sa surface.

Après avoir reconnu l'utilité de la fumure pour le plus grand nombre des vignobles, nous devons faire remarquer que cette fumure ne doit pas dépasser certaines limites, au delà desquelles elle exercerait une influence fâcheuse sur les produits. Le moyen d'échapper à cet inconvénient est de maintenir la vigueur de la vigne dans un état moyen, en ne fumant la même surface que tous les cinq ans au plus tôt, ou tous les douze ans au plus tard, selon que le terrain est plus ou moins aride.

L'usage où l'on est, dans quelques localités, de fumer toute l'étendue d'une vigne en une seule année doit être aussi considéré comme vicieux. Il vaut mieux ne fumer chaque année qu'un cinquième ou un dixième de la surface, si la vigne ne doit être fumée que tous les cinq ou tous les dix ans, de façon qu'au bout de chaque période toute l'étendue ait été également fertilisée. Il y aura à cela deux avantages : le premier, c'est qu'on réunira plus facilement la quantité d'engrais nécessaire; le second, c'est que la moins bonne qualité des produits obtenus de la surface nouvellement fumée sera masquée par la qualité supérieure des produits récoltés sur les autres parties.

Quant aux *amendements proprement dits*, destinés surtout à modifier la composition élémentaire du sol, ils sont aussi d'une grande utilité; voici les plus importants :

Marne, chaux. — Tous les terrains compactes, argileux, et, en général, ceux qui sont dépourvus de l'élément calcaire, se trouvent bien du marnage ou du chaulage. La marne est répandue à la surface du sol avant l'hiver; la chaux, qui agit à la fois comme amendement et comme engrais stimulant, est mélangée avec la terre. Les boues calcaires de routes, mélangées comme la chaux, produisent les mêmes effets que la marne. Ces amendements calcaires, et surtout la chaux, auront pour effet d'augmenter la production des raisins.

Sables, graviers. — Lorsque, malgré la présence d'une certaine proportion de matière calcaire, le sol est encore compacte, on augmente sa perméabilité au moyen de terres siliceuses, de graviers, et surtout de pierrailles, résultant des pierres broyées sur les grandes routes.

L'automne est le moment le plus convenable pour le transport dans les vignes des engrais et des amendements. On s'en occupe aussitôt après la vendange, à mesure que l'on taille, et immédiatement avant le labour qui suit cette opération, soit à la fin de l'automne, soit au printemps. Les engrais ou les amendements sont répandus uniformément sur toute la surface du sol, et mélangés avec la terre, au moyen de ce labour. C'est une pratique vicieuse que de répandre les engrais seulement au pied des ceps; car ce n'est pas au collet de la racine que sont situés les organes absorbants, mais bien à l'extrémité des radicelles.

Premier labour ou déchaussement. — Trois et quelquefois quatre labours sont nécessaires pour la culture de la vigne. La profondeur de ces labours ne doit pas être la même dans tous les terrains. Dans les sols profonds, substantiels, peu perméables, à la base des terrains en pentes, on laboure à la profondeur de $0^m,15$; dans les terrains secs, et sur les pentes rapides, on se contente de $0^m,08$. Lorsque le sol est disposé en côte, ce qui a très-souvent lieu pour la vigne, le labour doit toujours être fait perpendiculairement à la pente, afin qu'il puisse être pratiqué plus facilement, et qu'il ne contribue pas à faire descendre les terres du sommet à la base.

Les instruments dont on se sert varient de forme suivant la nature du sol, son degré d'inclinaison, la distance qui sépare les ceps et l'étendue du vignoble. Ce sont, ou la charrue, ou la houe à main, ou même la bêche, comme cela a lieu dans les terres franches du Midi. Le labour à la charrue est moins parfait que celui de la houe; mais il est plus prompt et moins coûteux; il faut toutefois la réunion de certaines circonstances pour que ces deux avantages se produisent. Et d'abord, il est utile que les lignes de ceps soient éloignées d'au moins $1^m,30$; car la charrue ne dispense pas d'avoir recours à la houe pour cultiver, entre les ceps, là où la charrue ne peut agir sans endommager les souches. Or, si les lignes sont placées à moins de $1^m,30$, le travail de la charrue ne présentera plus d'économie. Il faut, en outre, que le terrain ne présente pas une pente trop rapide, car le labour de la charrue y serait par trop défectueux. Enfin, l'économie ne présente de l'importance qu'autant qu'on opérera sur de grandes surfaces. La vigne n'étant plantée à de grandes distances que dans le midi et dans le centre de la France, c'est seulement dans ces contrées, et pour les grandes surfaces peu inclinées, que le labour à la charrue présentera de l'avantage. Dans presque toutes les localités où ces labours sont pratiqués, on se sert d'une araire sans coutre ni versoir (*fig.* 415). C'est encore celle que les Romains introdui-

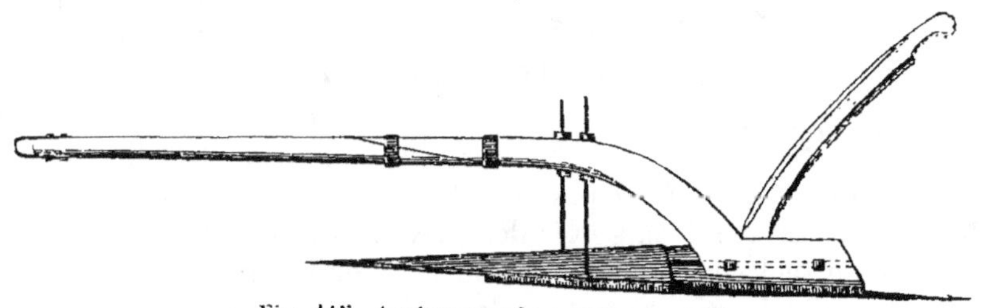

Fig. 415. *Araire pour la culture de la vigne.*

sirent dans la Narbonnaise. Le travail défectueux que donne cet instrument nous engage à conseiller de préférence la petite charrue imaginée par un propriétaire des environs de Saumur. Elle se compose d'un soc triangulaire (A, *fig.* 416) de 0^m,25 de long sur 0^m,17 de large à sa base.

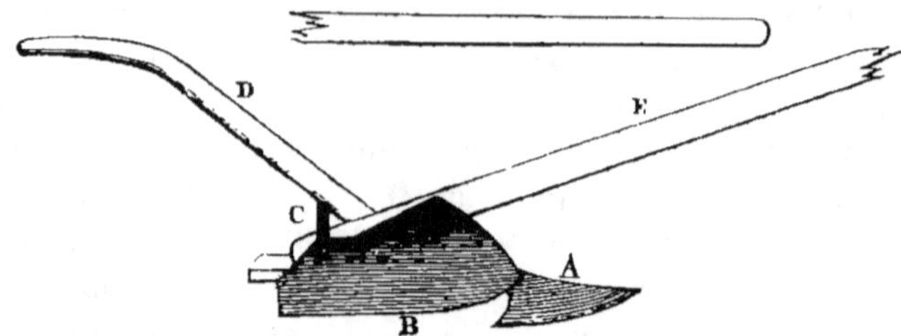

Fig. 416. *Charrue pour la vigne.*

Le cep a 0^m,65 de long, à partir de l'origine de l'aile du soc; il est doublé en fer à la partie inférieure. Le versoir B est courbe: il est en tôle épaisse et présente une longueur de 0^m,62, et une hauteur de 0^m,25 seulement à sa partie antérieure; il est fixé sur l'étançon de derrière par une tige en fer qui le maintient à 0^m,14 d'écartement. Cet étançon C reçoit, dans une mortaise, l'extrémité de la flèche; il s'emboîte, à sa partie supérieure, dans un manche conique D, qui mesure environ 1 mètre, à partir du point où il est fixé, à queue d'aronde, dans l'épaisseur de la flèche, jusqu'à son extrémité. Un second étançon, placé à 0^m,30 du premier, achève de donner la solidité nécessaire. La flèche E n'a pas moins de 5 mètres de long. A 0^m,55 de son extrémité, elle est arrondie, et son diamètre est réduit à 0^m,06.

Les brancards (F, *fig.* 418) ont 1^m,50 de longueur à la partie posté-

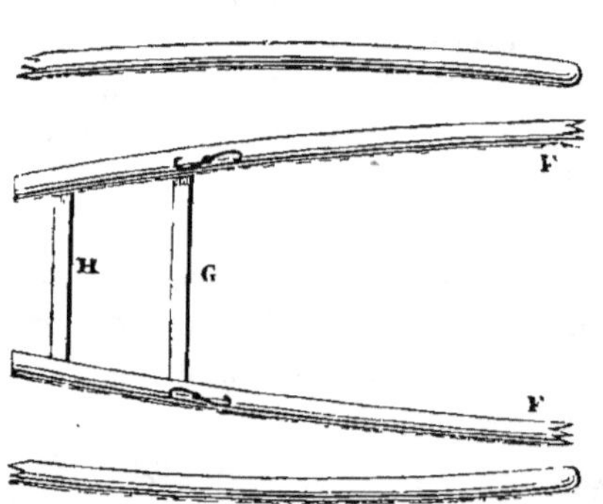

Fig. 417. *Brancards de la charrue.*

Fig. 418. *Plan des traverses.*

rieure; ils sont maintenus par deux traverses (G H, *fig.* 417 et 418) percées chacune de trois trous correspondants, destinés à recevoir et à maintenir, au moyen d'une clavette, l'extrémité amincie de la flèche. Selon que l'on veut chausser ou déchausser la vigne, pour que le cheval ne soit pas obligé d'approcher trop près des ceps, on utilise tantôt les trous placés sur la droite, tantôt ceux qui se trouvent sur la gauche. Vers la hauteur de la traverse G sont fixés deux crochets d'attelage.

Attelée d'un seul cheval, cette charrue peut, grâce à ses petites dimensions, opérer entre les lignes de ceps n'offrant entre elles que 1^m,50 d'espace; ce labour est assez parfait pour réduire à très-peu de chose le travail complémentaire de la houe à main.

Quant à la houe à main, destinée à compléter le travail de la charrue, ou à le remplacer entièrement toutes les fois que l'on ne peut
faire usage de cet instrument, sa forme varie selon que le sol est plus
ou moins compacte, plus ou moins caillouteux. Dans les terres substantielles, non caillouteuses, on fait usage de la houe carrée (*fig.* 419).
Dans les sols compactes ou pierreux, on se sert de houe fourchue
(*fig.* 420) ou de la houe triangulaire (*fig.* 421).

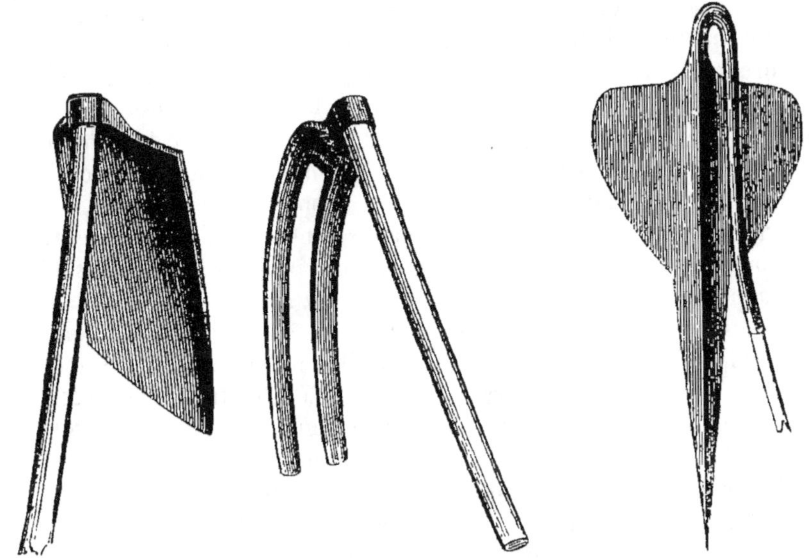

Fig. 419. *Houe carrée.*   Fig. 420. *Houe fourchue.*   Fig. 421. *Houe triangulaire.*

La dose, plus ou moins grande, d'humidité du sol au moment du
labour, influe beaucoup sur le succès de cette opération. Si la terre est
très-sèche, le travail est plus pénible et plus coûteux; si elle est très-
humide et qu'elle soit de nature argileuse, elle se détache par grosses
mottes, qui se dessèchent bientôt, se divisent difficilement et laissent la
surface en mauvais état pour longtemps. Il convient donc d'avancer ou
de reculer cette opération de quelques jours, pour profiter du moment où le sol, n'étant ni trop sec ni trop humide, se divise et s'ameublit
facilement.

Le premier labour est pratiqué immédiatement après la taille, soit
à la fin de l'automne, soit au printemps. On lui donne le nom de labour de déchaussement, parce qu'en le pratiquant, on déchausse les
ceps jusqu'à la profondeur de 0^m,20 environ, en réunissant la terre
entre chaque ligne, en forme de petit billon. On ouvre ainsi le sol à
l'accès de l'air et des pluies printanières; on facilite la suppression des
sarments qui se sont développés sur la partie enterrée des souches; enfin,
on détruit les racines superficielles, dont la croissance diminuerait en

pure perte la vigueur des racines plus profondes, puisque, d'après leur position, elles seront altérées par la sécheresse ou brisées par les labours. Ce déchaussement doit être fait avec soin et de manière à ne pas altérer les souches. Si le labour est exécuté à la houe à main, il pourra être fait en une seule opération; mais, si l'on emploie la charrue, on achève, avec la houe, le déchaussement des ceps dont la charrue n'a pu s'approcher suffisamment.

Échalassement. — Cette opération consiste à enfoncer, au pied de chaque cep, un échalas destiné à supporter les bourgeons de la vigne, à mesure qu'ils s'allongent. Cette pratique, qui n'est pas nécessaire dans toutes les contrées, est indispensable dans les localités les moins favorisées par la température. Nous savons qu'il faut un certain degré de chaleur, et de chaleur continue, pour mûrir les raisins; cette chaleur, ils la reçoivent pendant le jour, ou des rayons directs du soleil, ou par réverbération, lorsque les rayons solaires sont réfléchis par les graviers qui couvrent la terre : ils la reçoivent encore pendant la nuit, lorsqu'elle s'échappe du sol échauffé pendant le jour. Or les ceps sont si peu élevés au-dessus du sol, dans le nord et dans le centre de la France, que les bourgeons, s'ils n'étaient soutenus, couvriraient de leurs larges feuilles la terre et les raisins, et nuiraient beaucoup à la maturation de ces derniers. D'ailleurs, le plus grand nombre des grappes, restant en contact immédiat avec le sol, seraient pourries avant leur maturité par l'humidité qu'entretiendrait l'ombrage des bourgeons. Dans les contrées les plus chaudes, au contraire, la température est telle, qu'elle permet de donner aux ceps une plus grande élévation, d'abandonner les bourgeons sans support et de ne pas craindre qu'ils rampent sur le sol. Cependant, dans ces localités, la vigne doit être soutenue suivant la vigueur des ceps, jusqu'à l'âge de 5 à 15 ans, époque à laquelle la souche est assez élevée et présente assez de force pour se soutenir d'elle-même.

Les échalas se composent de pieux dont la longueur et la grosseur varient, dans chaque vignoble, suivant la hauteur des vignes : quelquefois ils ont moins de 1 mètre de long sur $0^m,08$ ou $0^m,10$ de tour; d'autres fois ils ont jusqu'à 2 mètres; mais, le plus ordinairement, leur hauteur est de $1^m,50$ à $1^m,40$. On choisit, pour faire ces échalas, tantôt des bois durs (châtaignier, chêne, acacia) pris dans le cœur de l'arbre et préparés un an au moins après l'abatage; tantôt des bois tendres (saule, coudrier, peuplier). Les premiers peuvent durer de 50 à 55 ans, les seconds ne dépassent pas 10 ou 15 ans. On peut prolonger cette durée en charbonnant la base des échalas sur une longueur d'environ $0^m,40$, et la recouvrant d'une couche de goudron, ou mieux encore en les faisant tremper dans une dissolution de sulfate de cuivre. Dans le département de Maine-et-Loire, où les carrières d'ardoise sont abondantes, on débite

cette pierre, en morceaux de 1ᵐ,30 de longueur environ sur 0ᵐ,15 à
0ᵐ,20 de circonférence pour faire des échalas, le poids de chacun de ces
échalas est de 5 à 6 kil.

L'échalassement ne commence, pour les nouvelles plantations, qu'après
qu'elles sont reprises, lorsqu'on commence à les tailler. Les provins sont
échalassés dès la première année. En général, le *fichage* ou *piquage*
des échalas a lieu au printemps, immédiatement après la dernière façon
donnée à la terre. Les échalas, taillés en pointe à l'une de leurs extrémités, sont enfoncés dans le sol, à la profondeur de 0ᵐ,20 à 0ᵐ,30. A
l'automne, ils sont enlevés.

Tel est le mode d'échalassement le plus généralemment usité; mais il
a subi, dans quelques contrées, les modifications suivantes :

Dans certains vignobles de la vallée du Rhône, un échalas est placé
à l'un des ceps; les bourgeons des trois ceps les plus voisins en sont
rapprochés et réunis ensemble par un seul lien d'osier. Ils ressemblent
alors à une sorte de pyramide triangulaire.

Dans plusieurs départements, tels que ceux de l'Allier, du Loiret,
lorsque les ceps ont assez de force pour se soutenir d'eux-mêmes, les
bourgeons s'étendent horizontalement et en rayons, à la distance de
1 mètre ou 2 mètres, et chacun d'eux est soutenu par un échalas; mais
il en résulte une confusion telle, qu'il devient impossible de donner aucun
soin à la vigne dès que les bourgeons sont ainsi fixés.

Dans quelques contrées, dans le Médoc, aux environs de Besançon, les
échalas sont remplacés par de longues perches ou *lattes*, fixées avec de
l'osier à des pieux ou *carrassons*. Dans le Médoc, ces sortes d'espaliers
ne sont élevés qu'à 0ᵐ,40 au-dessus du sol (*fig.* 412). Ils sont beaucoup plus élevés aux environs de Besançon.

Quoique l'échalassement de la vigne paraisse tout d'abord d'une exécution simple et peu coûteuse, on ne tarde pas à y découvrir de nombreux inconvénients.

Et d'abord le fichage des échalas est une opération longue et très-fati-
gante pour les ouvriers. Il est vrai qu'on peut diminuer beaucoup cette
fatigue en employant le fichoir imaginé récemment par M. Dugay, construc-
teur d'instruments agricoles à Argenteuil, près de Paris, et dont nous donnons ici la figure (*fig* 422). Une tige en fer A, pourvue d'une manette B à
son sommet, porte vers le milieu de sa longueur un crochet C, puis à sa
base une sorte de pied de biche D dont les angles intérieurs sont tran-
chants. Un étrier E est placé au côté opposé à ce pied de biche. Pour
se servir de cet instrument on procède ainsi : le vigneron place l'échalas
dans le crochet et le pied de biche, de façon que cette dernière partie
soit à 0ᵐ,20 environ au-dessus de la base de l'échalas; puis il place le
pied droit sur l'étrier, maintient l'échalas de la main gauche et appuie
fortement de la main droite sur la manette. Il pèse ainsi de tout son

poids sur l'étrier et enfonce l'échalas jusqu'au point où le pied de biche est fixé. Si l'échalas n'est pas assez enfoncé, il le saisit de nouveau un peu plus haut et recommence cette manœuvre.

Malgré l'emploi du fichoir, l'échalassement présente encore les inconvénients suivants : d'abord les ouvriers piétinent le sol autour de chaque cep et font ainsi disparaître les bons effets de la première façon donnée à la terre. La souche, ou les principales racines du cep, sont souvent blessées par l'échalas qu'on enfonce au pied de chacun d'eux ; le trou fait par l'échalas laisse après qu'on l'a enlevé à l'automne, un accès facile aux froids de l'hiver, lesquels peuvent altérer les racines. D'un autre côté, la surface rugueuse et crevassée des échalas sert d'abri aux œufs de certains insectes nuisibles à la vigne, et notamment de son ennemi le plus redoutable, la *pyrale*. Ces œufs éclosent au printemps, et, passant de l'échalas aux bourgeons, les larves y exercent des ravages incalculables. Enfin, l'échalassement donne lieu à une dépense considérable. En effet, si, dans le Nord, un hectare de vigne renferme, en moyenne, 20,000 ceps, il faudra 20,000 échalas en chêne ou en châtaignier, qui, à 5 fr. 50 le cent, occasionneront une dépense de 750 fr. La dépense annuelle de l'aiguisement des échalas, du piquage, dépiquage, entretien, intérêt annuel des 750 fr., prix de l'acquisition, ne s'élèvera pas à moins de 90 fr.

Fig. 422 *Fichoir Dugay.*

C'est pour éviter ces divers inconvénients que quelques œnologues ont tenté de remplacer l'échalassement par un autre mode de support.

Dans la partie de l'Aunis, qui borde les rivages de l'Océan, les vignes sont maintenues à quelques centimètres seulement au-dessus du sol, et

les bourgeons et les grappes rampent sur la terre. M. Dussieux a conseillé, pour diminuer les inconvénients qui résultent de cette position,
de soutenir les sarments à l'aide de fourchettes en bois fichées en terre
et s'élevant à environ 0m,30 du sol (*fig.* 399, p. 444).

M. Miramont, propriétaire à Maurecourt près de Pontoise, a proposé
de s'affranchir des échalas en liant ensemble les bourgeons des ceps les
plus rapprochés les uns des autres, en leur donnant la disposition de la
fig. 423. Chaque ligne de ces pyramides est séparée, en avant et en
arrière, par un espace vide
destiné à faciliter les travaux de culture. Cette manière de soutenir la vigne
peut être avantageusement
employée dans le Midi, où
la chaleur est telle que la
fraîcheur entretenue par
ces sortes de berceaux ne
nuit pas à la maturité des
raisins; mais, dans le centre et le nord de la France,
ce procédé priverait les
grappes de l'ardeur du soleil qui leur est indispensable.

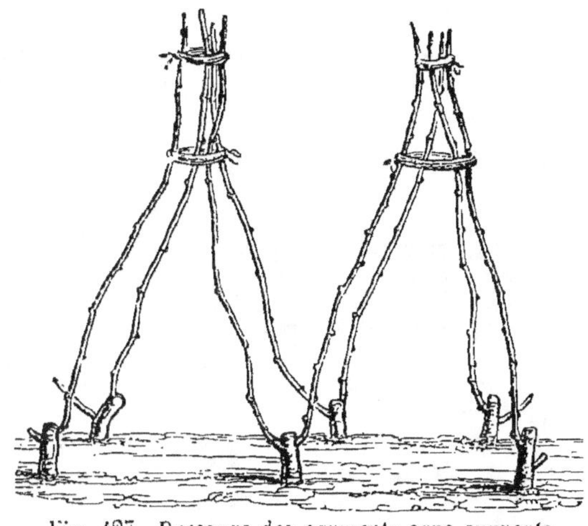

Fig. 423. *Dressage des sarments sans supports.*

Enfin M. de Macheco, propriétaire à Brioude (Haute-Loire), a proposé
encore un autre mode de support, qui consiste à planter, sur les rangées de ceps, et à demeure, une ligne de pieux de 1m,50 de long, et
distancés de 3 ou 4 mètres les uns des autres. Ces pieux reçoivent un

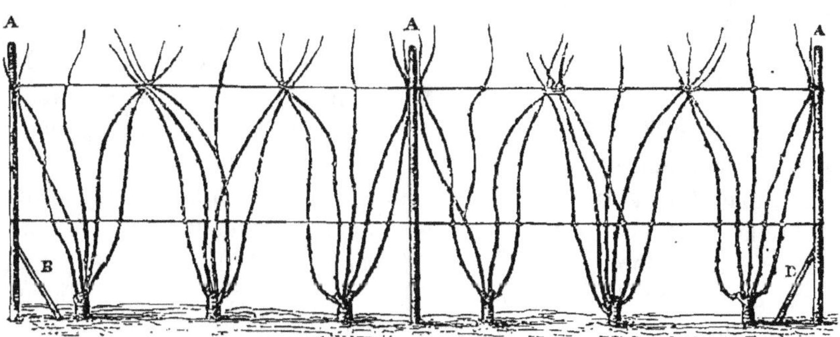

Fig. 424. *Support de la vigne au moyen de fil de fer.*

fil de fer de moyenne grosseur cloué à leur sommet. Un petit échalas,
planté au pied de chaque cep, soutient les bourgeons jusqu'au moment

où, atteignant la ligne de fil de fer, ils y sont attachés et reçoivent une direction horizontale.

Ce procédé peut présenter de l'avantage dans les contrées favorisées par un climat chaud, et là où les lignes de ceps sont placées à une grande distance les unes des autres; mais, dans le Nord, où les ceps sont beaucoup plus rapprochés, il deviendrait très-gênant pour les opérations de culture.

Ainsi qu'on le voit, les divers moyens que nous venons de décrire et qu'on a proposés pour remplacer l'échalassement sont, ou très-imparfaits, ou d'une application très-restreinte. Il en est autrement pour les deux suivants, dont il nous reste à parler : le premier a été imaginé par M. André Michaux, correspondant de l'Institut; en voici la description succincte :

Des échalas en bois dur, de $1^m,50$ de longueur sur $0^m,15$ à $0^m,18$ de circonférence, sont aiguisés d'un bout, et enfoncés dans le sol, à 5 mètres sur chaque ligne de ceps (A, *fig. 424*); mais avant de les enfoncer, on fixe, sur chacun d'eux, deux clous d'épingles, longs de $0^m,03$ et faisant saillie de la moitié de cette longueur. Le premier est fixé à $0^m,60$ au-dessus de terre, le second à $0^m,20$ au-dessous du premier. Ces deux clous ont pour objet de maintenir les deux fils de fer dont il va être être parlé. Cette hauteur varie, d'ailleurs, en raison des circonstances locales. On peut même, si cela suffit, se contenter d'une seule ligne de fil de fer. Lorsque tous les échalas sont enfoncés dans

Fig. 425. *Dévidoir pour le fil de fer.*

le sol, on maintient solidement le premier et le dernier de chaque ligne, à l'aide d'un autre échalas B, enfoncé en arc-boutant à l'intérieur de la rangée, et fixé par un ou deux clous d'épingles. Ceci fait, un moulinet ou dévidoir chargé de fils de fer (*fig. 425*) n° 10, est placé successivement en tête de chaque ligne. Un ouvrier saisit le bout du fil de fer et se rend à l'extrémité opposée, où, par un double tour, il l'attache au dernier support, immédiatement au-dessus du clou d'épingle le plus élevé. Puis, revenant sur ses pas, il entoure successivement chaque support après une forte traction, et, ainsi de suite, jusqu'à celui qui est le plus rapproché du moulinet, et où le fil de fer est attaché. Il pratique la même opération pour la ligne inférieure.

Lorsque le moment de fixer les bourgeons est arrivé, on les attache à la ligne de fil de fer la plus élevée, en ayant soin de partager les bourgeons de chaque cep en deux parties : les uns sont fixés par un seul lien avec la moitié des bourgeons du cep placé à droite; les autres sont attachés avec la moitié des bourgeons du cep placé à gauche. S'il est utile de réserver des *flèches* lors de la taille, ces flèches sont attachées horizontalement sur le fil de fer inférieur.

Ce mode de support peut très-bien aussi être substitué à celui que nous avons indiqué comme étant en usage pour les vignes du Médoc; il suffirait de remplacer les *lattes* par des lignes de fil de fer.

Aussitôt après les vendanges, on enlève le fil de fer : au moyen d'une secousse, on brise les liens en paille qui fixaient les bourgeons, on détortille le fil de fer, on le dépose à terre, et, quand toute la ligne est débarrassée, on l'enroule sur le moulinet, par le bout qui en est le plus rapproché; la main gauche de l'ouvrier, armée d'un gant en peau, dirige le fil de fer sur le moulinet. Lorsque celui-ci est chargé de 10 kilogrammes de fil de fer environ, on le retire de dessus son pied, en desserrant la vis B, on fait glisser le cercle de fil de fer, en inclinant les rouleaux du moulinet et en enlevant les deux chevilles mobiles A; puis on place ce cercle à l'abri, pour être employé de nouveau au printemps suivant. Pour prolonger la durée de ces fils de fer, on pourra, avant de les employer pour la première fois, les tremper, par cercles de 10 kilogrammes environ, dans du bitume bouillant, auquel on aura ajouté un dixième de son poids de goudron, plus une petite proportion de sablon très-fin. Cette opération, répétée tous les six ou huit ans, portera sa durée à plus de quarante ans.

Les avantages principaux de ce mode de support sont d'abord que, les bourgeons n'étant pas liés en faisceaux serrés, comme sur les échalas, les grappes sont plus exposés au soleil et mûrissent mieux et plus tôt; ensuite, il diminue sensiblement les ravages de la pyrale, qui rencontre moins de points favorables pour faire sa ponte; enfin il offre une économie d'au moins un tiers, soit comme dépense première, soit comme frais annuels.

Toutefois ce mode d'opérer oblige à enlever et à replacer ces fils de fer chaque année; puis il est difficile de les roidir suffisamment. Nous préférons donc le moyen imaginé par M. Collignon d'Ancy, de Metz, et dont voici la description :

1° Diriger les lignes de plantation dans le sens de la plus grande longueur du terrain.

2° Placer à chaque extrémité de la ligne un fort support en bois de 1^m,40 de longueur, et de 0^m,05 d'équarrissage; l'incliner en dehors sous un angle de 45° (fig. 426). Percer deux trous au travers de ces supports, l'un à $0^m,27$ au-dessus du sol, l'autre à $0^m,67$ aussi au-dessus du sol.

3° Ouvrir à chaque extrémité des lignes, et à $0^m,80$ des supports précédents, un trou de $0^m,30$ de largeur, et de $0^m,40$ de profondeur, dans lequel on placera un moellon d'environ $0^m,25$ cubes, entouré de fil de fer galvanisé plié en deux. Accrocher à ce collier l'une des extrémités d'une agrafe galvanisée, dont la moitié de la longueur devra être enterrée. Remplir ensuite les trous, et damer fortement la terre (fig. 426).

4° Enfoncer sur chaque ligne une série de supports parfaitement alignés avec ceux des extrémités. Ces supports, de $1^m,55$ de longueur, et de $0^m,04$ d'équarrissage, devront s'élever de $0^m,77$ au-dessus du sol. Fixer sur le côté de chacun de ces supports deux pointes à crochet, la première à $0^m,27$ au-dessus du sol, la seconde à $0^m,40$ au-dessus de la première. Pour augmenter la durée de tous ces supports, il sera utile de brûler et de goudronner la partie qui doit être enterrée.

5° Faire passer à travers l'un des supports inclinés l'extrémité d'un fil de fer galvanisé, n° 12, et l'attacher à l'agrafe voisine. Conduire ce fil

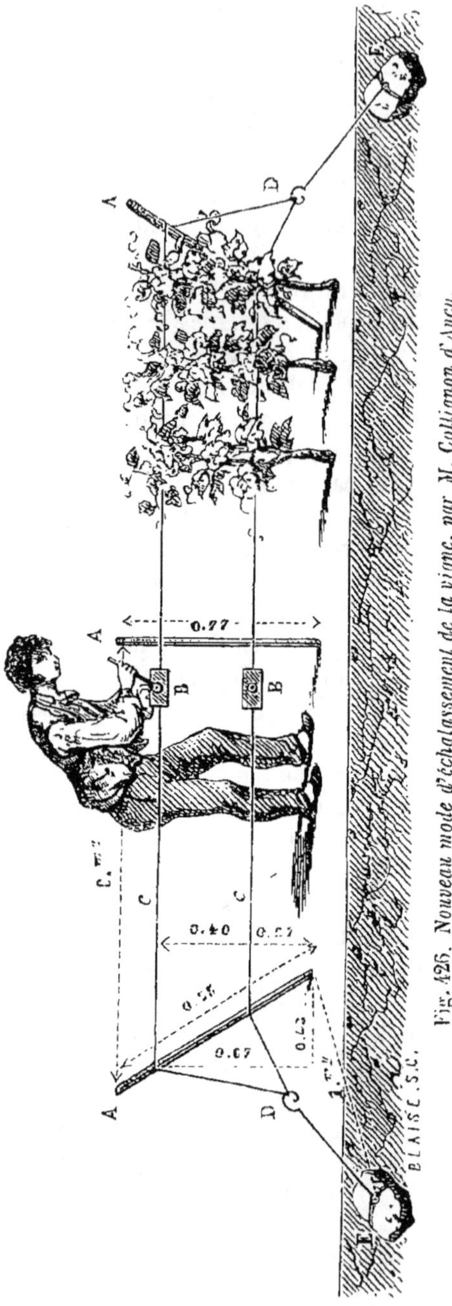

Fig. 426. Nouveau mode d'échalassement de la vigne, par M. Collignon d'Ancy.

de fer jusqu'à l'extrémité de la ligne, en l'accrochant aux pointes à cro-

het fixées sur les supports intermédiaires; couper ce fil de fer à la longueur voulue, puis y faire glisser par cette extrémité un roidisseur; faire
passer le fil de fer à travers l'autre support incliné et l'attacher sur
l'agrafe voisine. Enfin, enfermer le fil de fer dans les pointes à crochet,
en frappant légèrement sur celle-ci, puis tendre le fil de fer au moyen
du roidisseur placé vers le milieu de la longueur de la ligne.

Le second fil de fer est placé de la même manière, et ainsi de suite
pour chacune des autres lignes de plantation.

Le roidisseur dont nous venons de parler, et qui a été imaginé aussi
par M. Collignon, se compose (*fig.* 427)
d'une sorte de petit cadre en fer percé
d'un trou à chaque extrémité. Ce cadre
est traversé, au milieu de sa longueur,
par un axe également perforé par le milieu. L'une des extrémités de cet axe est
terminée par une tête carrée A, l'autre
par une roue dentée et une petite clavette B. Le fil de fer que l'on veut tendre traverse cet axe et les deux extrémités du cadre ; on fixe sur la tête
carrée de l'axe une clef (*fig.* 428); on

Fig. 427. *Roidisseur Collignon.*

imprime à cet axe un mouvement de rotation, le fil de fer s'y enroule
et se roidit. Lorsqu'il est suffisamment tendu, on abaisse la clavette B,
on enlève la clef, et tout reste dans cet état.

Il est bien entendu que l'intervalle qui sépare les fils de fer les uns

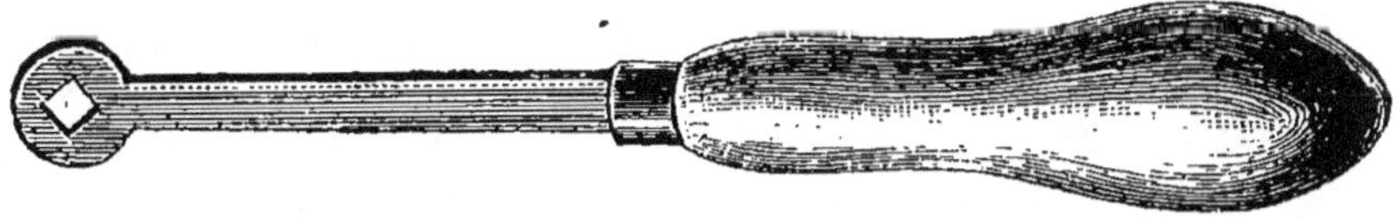

Fig. 428. Clef pour le roidisseur Collignon.

des autres sur chaque ligne pourra varier suivant les nécessités résultant
du mode de culture de la vigne.

La dépense totale résultant de ce mode d'opérer est 6 fr. 25 c. pour
100 mètres de longueur. La même étendue, soumise à l'échalassement,
coûtera un tiers de plus. Le prix moyen de l'entretien annuel d'une
ligne de vigne de même longueur, soumise au même système, sera d'environ 16 c. Ce même entretien reviendra à 40 c. au moins pour les
échalas.

Pliage des flèches. — Nous avons dit précédemment que, dans quelques circonstances, on réservait, lors de la taille, une ou plusieurs *flèches*

ou *verges*, sur chaque cep; nous avons indiqué aussi les différentes manières dont ces flèches sont courbées, suivant les localités. C'est immédiatement après le piquage des échalas que ces flèches doivent être courbées: si l'on tarde trop, la séve agit de préférence sur le développement
des boutons du sommet, et l'on n'obtient, à la base, que de chétifs
bourgeons, qui ne pourront pas servir, l'année suivante, à former une
nouvelle flèche.

Ébourgeonnement. — Cette opération consiste à ne conserver sur
chaque cep que les bourgeons qui portent des grappes, ou ceux qui
serviront à asseoir la taille l'année suivante. Elle a pour effet de concentrer l'action de la séve sur certains points, en augmentant la vigueur
des bourgeons conservés, et de préparer des bois plus vigoureux et plus
productifs pour la taille de l'année suivante. Il y a aussi moins de confusion sur le cep, et les grappes, plus volumineuses, sont plus facilement exposées à l'influence du soleil.

Lorsque l'ébourgeonnement est pratiqué au moment où les bourgeons, longs seulement de $0^m,15$ à $0^m,20$, commencent à laisser apercevoir la grappe, la séve peut, sans effort, sans trouble pour la végétation,
changer de direction et concentrer son action sur les bourgeons conservés; ceux-ci prennent un plus grand développement et viennent remplacer, dans leur action, sur l'ensemble de la végétation du cep, ceux
qu'on a enlevés. Mais, si l'ébourgeonnement est effectué plus tard, lorsque,
par exemple, les bourgeons ont atteint une longueur de $0^m,30$ à $0^m,40$,
la vigueur de l'ensemble du cep en souffre; et, quoique les bourgeons conservés paraissent prendre plus de développement, il arrive qu'une grande
quantité de séve a été absorbée inutilement, et que les bourgeons supprimés ont disparu avant d'avoir pu développer entièrement les organes
essentiels à la vie des plantes, de nouveaux prolongements radicaux et
de nouvelles couches de liber et d'aubier. D'un autre côté, le brusque
changement qui en résulte, dans la direction naturelle de la séve, au
moment où sa circulation était le plus active, détermine dans la végétation un temps d'arrêt nuisible à tous les tissus en formation. Ce n'est
que longtemps après que la séve se dirige enfin vers les bourgeons
conservés, qui poussent alors avec vigueur, mais moins cependant
que si l'ébourgeonnement eût été pratiqué plus tôt.

Bourgeons qui doivent être supprimés. — Nous avons dit que l'ébourgeonnement devait porter sur tous les bourgeons inutiles: ainsi, pendant le
temps de la formation de la souche, et lorsqu'on ne taille chaque sarment
qu'à bois, c'est-à-dire sur le bouton le plus bas, on ne doit laisser qu'un,
deux ou trois bourgeons, selon le nombre de branches principales qu'on
veut faire porter au cep, en choisissant les plus vigoureux et les mieux
placés. Lorsqu'on commence à mettre la vigne à fruit, c'est-à-dire qu'on
taille les sarments sur deux boutons, on ne laisse, sur chaque courson,

que deux bourgeons : le plus élevé, pour la production, et le plus bas, pour asseoir la taille l'année suivante. Pour les cépages qui exigent d'être taillés plus longs, c'est-à-dire sur trois ou quatre boutons, on supprime le bourgeon situé entre le plus haut et le plus bas, s'il ne porte pas de grappe. Si, enfin, par quelque cause accidentelle, aucun des bourgeons d'un courson ne présente de grappe, il est utile, au moment de l'ébourgeonnement, de redescendre la taille sur le bourgeon de la base, afin de le faire profiter de la séve, qui alimenterait les autres en pure perte, puisqu'ils sont destinés à être supprimés à la taille suivante. Lorsque les branches principales des souches commenceront à s'allonger démesurément, il sera bon de les raccourcir. A cet effet, on profitera de la présence d'un bourgeon adventice qui naîtra sur le vieux bois, vers la partie moyenne de ces branches, on le conservera, et il servira à prolonger de nouveau cette branche, qui sera coupée à la taille suivante, immédiatement au-dessus de ce point. Tous les bourgeons à supprimer seront coupés, à leur base, avec la lame de la serpette, et non rompus comme on le fait trop souvent.

Moment convenable pour ébourgeonner. — Moins les vignes seront vigoureuses, que ce soit dû au terrain, à leur vieillesse ou à la nature particulière du cépage, plus l'ébourgeonnement devra être fait de bonne heure. On tâchera de faire ce travail aussitôt qu'on distinguera les jeunes grappes sur bourgeons. Au contraire, plus la vigne sera vigoureuse, plus on pourra retarder la suppression des bourgeons, parce qu'alors, cette opération diminuant la vigueur de la vigne, la maturation du raisin se fera mieux. On pourra attendre que les bourgeons présentent une longueur d'environ $0^m,30$.

Les produits de l'ébourgeonnement sont enlevés pour servir de nourriture aux bestiaux : ou bien on les laisse sur le sol, ou ils sont enterrés, lors de la façon qui succède à cette opération.

Dans le Midi, il est moins nécessaire de modérer la vigueur de la vigne ; la haute température rend aussi moins pernicieux l'ombrage des sarments sur les grappes, et l'ébourgeonnement y perd une partie de ses avantages ; aussi cette opération y est-elle négligée sur presque tous les points. Il en est de même des autres opérations appliquées directement à la vigne pendant sa végétation, et qui, comme nous le verrons bientôt, ont pour but principal de modérer sa vigueur et de hâter la maturation des raisins.

Deuxième labour ou rabatage. — Par le premier labour, les vignes ont été déchaussées ; mais, comme il ne faut pas laisser le collet de la souche exposé à l'influence des premières chaleurs de l'été, on donne, vers la fin de mai, ou les premiers jours de juin, un second labour, immédiatement après l'ébourgeonnement. Ce labour entame la terre qui était réunie en petits billons entre chaque ligne de ceps, et la reporte contre chaque souche. Ce travail peut être exécuté à la charrue ou à la houe, suivant la distance laissée entre les ceps.

Accolage des bourgeons. — Cette opération consiste à fixer les bourgeons sur les échalas ou sur les traverses des treilles, ou encore, quand on ne veut pas faire la dépense d'échalas, à lier ensemble, en les relevant, les différents bourgeons des ceps les plus rapprochés entre eux.

L'accolage est surtout destiné à placer les grappes sous l'influence du soleil, à les empêcher de ramper sur le sol, dont l'humidité les ferait pourrir, à empêcher que les bourgeons ne soient détachés des ceps par les grands vents, enfin à faciliter les façons que réclame le sol pendant l'été. Aussi cette pratique est-elle beaucoup plus en usage dans le centre et dans le nord de la France que dans le midi.

Les liens dont on se sert le plus ordinairement pour fixer les bourgeons sont en paille de seigle coupée à $0^m,30$ de longueur et mise à tremper la veille pour lui donner plus de flexibilité. Dans quelques vignobles, et surtout dans le Midi, on se sert d'osier.

L'accolage doit être fait de façon à ne pas envelopper les grappes dans le faisceau que forment les divers bourgeons réunis sur l'échalas. Ces bourgeons doivent recevoir un ou deux liens, selon qu'ils ont de la tendance à s'allonger plus ou moins. Pour les vignes vigoureuses, l'accolage doit être fait en deux fois; la première opération est pratiquée vers le milieu du mois de juin, et la seconde au milieu de juillet. Pour les cépages qui poussent peu, on se contente d'une seule ligature faite à la fin de juin.

Rognage des bourgeons. — Ce travail consiste à couper le sommet des bourgeons à $0^m,30$ environ du point où ils ont été attachés. Cette opération a pour effet de diminuer la vigueur des ceps, et de hâter la maturation des raisins; aussi est-elle surtout employée pour les cépages vigoureux du nord et du centre de la France. Le rognage, appliqué aux vignes qui poussent peu, serait plus nuisible qu'utile. Il faut attendre, pour pratiquer le rognage, que le raisin soit noué; avant ce moment, le temps d'arrêt que produit cette suppression dans la végétation suffirait pour faire couler les fruits. Le produit du rognage est employé, comme celui de l'ébourgeonnement, à la nourriture des bestiaux.

Troisième labour ou binage. — Lorsque le raisin est parfaitement noué et que le rognage est terminé, le moment est venu de donner une troisième façon à la terre. Ce labour n'a pas besoin d'être aussi profond que les deux premiers; on se contente de niveler parfaitement le terrain, en faisant disparaître les petits billons formés par la terre réunie au pied des ceps.

Épamprement, relevage. — L'épamprement, ou effeuillement, est encore une de ces opérations destinées à diminuer la vigueur de la vigne, de manière que, le terme de la végétation annuelle se trouvant ainsi rapproché, les grappes cessent de recevoir une aussi grande quantité de séve, et qu'élaborant plus complétement les fluides qu'elles contiennent elles acquièrent une plus complète maturité. On sait aussi que, lorsque la végétation active des bourgeons est arrêtée plus longtemps avant l'hiver, ils s'aoûtent mieux et donnent, l'année suivante, de meilleurs produits. Cette pratique est, comme l'ébourgeonnement et le rognage, beaucoup moins utile dans le Midi que dans le Centre et le Nord.

Mais, pour que l'épamprement ne devienne pas funeste à la récolte, il doit être pratiqué avec prudence. Et d'abord il est bon, autant que possible, de le faire en deux fois. La première opération sera exécutée au moment où le raisin commence à claircir et qu'il a atteint toute sa grosseur; en opérant plus tôt, on arrêterait son développement et l'on nuirait beaucoup à sa qualité. On n'enlève alors que quelques feuilles en conservant encore celles qui dérobent les grappes à l'action directe du soleil. On coupera aussi tous les bourgeons anticipés, ou faux bourgeons, qui apparaissent à l'aisselle des feuilles des bourgeons vigoureux et qui augmentent inutilement la confusion du cep. Douze ou quinze jours après, on complète le travail en enlevant une nouvelle quantité de feuilles, de manière à ne laisser que le tiers ou la moitié de la totalité des feuilles, selon que les ceps sont plus ou moins vigoureux, que le climat est plus ou moins chaud, que l'année a été plus ou moins humide. On enlève alors de préférence celles qui couvrent les grappes. En supprimant ces feuilles, on laisse toujours le pétiole attaché au bourgeon, pour que le bouton placé à ce point souffre moins. Ces feuilles supprimées sont une excellente nourriture pour les bestiaux.

C'est également à ce moment que les bourgeons des vignes basses qui n'ont pas été échalassées doivent être soutenus avec les petites fourchettes en bois dont nous avons parlé.

Quatrième labour. — Cette dernière façon n'est réellement qu'un binage très-superficiel, destiné à détruire les herbes qui se sont développées depuis le binage précédent, et qui, en retenant l'humidité à la surface du sol, nuisent à la maturisation du raisin; on doit donner ce binage trois semaines au moins avant la vendange. M. Odart conseille de pratiquer, à cette époque, le déchaussement des ceps. Il a vu, dit-il, cette opération influer très-favorablement sur la qualité des raisins. Dans le Nord, où ce dernier binage n'est pas pratiqué, on le remplace par un labour dont l'effet est de butter les ceps pour les défendre contre l'intensité des gelées.

RENOUVELLEMENT ET CONSERVATION DE LA VIGNE.

Après une quinzaine d'années, plus ou moins, les récoltes de la vigne baissent, et cette diminution de produits, d'abord peu sensible, finit par devenir considérable : là où une vigne produisait 18 hectolitres, avec les mêmes soins et les mêmes engrais, elle n'en donne plus que 9 à 10 quand la vigne a trente ou quarante ans. Cet état de choses ne tient pas entièrement à l'épuisement du sol ; il est surtout produit par la conformation tortueuse du tronc et des branches principales du cep qui, taillés chaque année, présentent autant d'angles dans lesquels les anastomoses des vaisseaux composent un labyrinthe où la séve a peine à couler.

Il est donc utile de procéder au renouvellement de la vigne lorsqu'elle présente ces signes de décrépitude. On peut employer pour cela trois procédés différents :

1° Le provignage que nous avons précédemment décrit et dont on fait usage avant que la vigne ait perdu toute son énergie vitale, afin de pouvoir faire développer sur chaque cep un ou deux sarments indispensables pour l'opération.

2° Le second moyen consiste à choisir au pied du tronc un sarment auquel on laisse acquérir un degré de vigueur suffisant. Alors on coupe le cep immédiatement au-dessus du point d'insertion de ce sarment qui remplace la première tige. Ce procédé est moins coûteux que le provignage ; mais il doit être pratiqué lorsque la vigne présente encore assez de vigueur, sans quoi on ne pourrait pas obtenir à la base du cep le sarment dont on a besoin. Ce mode d'opérer est très-usité dans les vignobles de la Lorraine.

3° Enfin, dans le Midi, on renouvelle souvent la vigne en arrachant les souches âgées de 30 à 40 ans, pour faire une nouvelle plantation après un intervalle plus ou moins long, pour laisser aux anciennes racines le temps de se désorganiser, et aux couches inférieures du sol celui de reprendre, par la filtration, les éléments qu'elles avaient perdus. Les frais d'arrachage et de fouille nécessaires pour atteindre les racines sont payés par le bois de la vigne ; mais on abrége le travail et on le rend

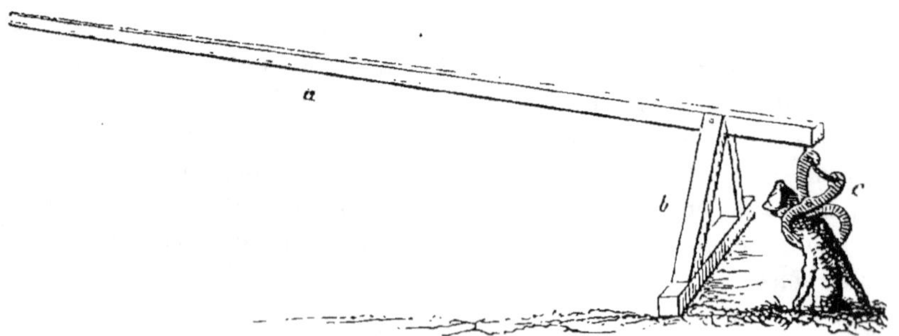

Fig. 429. *Arrachoir.*

peu coûteux en employant soit l'arrachoir indiqué par les figures 429 et 430, soit l'arrachoir en pied de chèvre employé par les vignerons de

Saône-et-Loire (fig. 431). M. de Gasparin conseille aussi, pour le même usage, une sorte de tour. Il se compose d'un cabestan formé d'un essieu en bois sur deux roues de tombereau ; on lie la tête du cep à une corde que l'on tourne sur le cabestan, et le cep est arraché avec toutes ses racines. Ce travail ne coûte que la moitié de celui fait à la main ; mais ce mode de renouveler la vigne est beaucoup plus coûteux que les deux

Fig. 430. *Détails de l'arrachoir.*   Fig. 431. *Pied de chèvre.*

premiers procédés, auxquels nous conseillons de donner la préférence, à moins que les ceps ne soient dans un état tellement languissant qu'ils ne présentent aucune chance de rajeunissement.

VENDANGES.

La vendange termine la série des opérations annuelles. Le moment le plus favorable est naturellement celui de la maturité du raisin. Cette maturité est indiquée par la réunion des signes suivants :

1° La queue de la grappe passe du vert au brun.

2° La grappe devient pendante.

3° Le grain du raisin a perdu sa dureté, la pellicule en est devenue mince et translucide.

4° Les grains se détachent sans effort.

5° Le jus du raisin est savoureux, doux, épais et gluant.

6° Les pepins des grains sont vides de substance glutineuse.

Toutes circonstances égales d'ailleurs, les raisins colorés présentent ces signes de maturité de meilleure heure que les blancs.

Il est des circonstances où la vendange doit précéder ces signes de maturité; il en est d'autres, au contraire, où elle ne doit les suivre que de loin.

Ainsi, dans plusieurs localités du nord de la France, le raisin n'arrive presque jamais au degré de maturité que nous venons d'indiquer; il n'en faut pas moins cependant faire la récolte, sous peine de la voir pourrir par l'humidité de l'automne. Dans ces localités, la vendange doit être faite au moment où les raisins ne profitent plus sur la souche. Les raisins destinés à la fabrication des vins mousseux doivent aussi être récoltés avant leur maturité absolue. Il en est de même pour les raisins blancs du Midi, destinés à la fabrication des vins secs.

Au contraire, les vins très-liquoreux ne peuvent être obtenus qu'en prolongeant le séjour de la grappe sur le cep. C'est ainsi qu'à Rivesaltes, et dans les îles de Candie et de Chypre, on laisse se faner le raisin avant de le couper. On procède de même pour les vins liquoreux de l'Espagne. Les vins d'Arbois et de Château-Châlons, en Franche-Comté, proviennent de raisins qu'on ne vendange qu'en décembre. A Condrieux, on ne vendange qu'en novembre. Sur les côteaux de Saumur, on attend, pour couper les raisins blancs, que leur pellicule ait éprouvé un commencement de décomposition.

Partout, naguère encore, on fixait l'époque des vendanges par des bans; l'usage s'en est perpétué dans la plupart de cantons; mais il a, depuis peu, été aboli dans d'autres, comme attentatoire à la liberté de chacun, et sans utilité réelle pour le pays. Ces bans de vendange ôtent tout prétexte au pillage, mais ils offrent de graves inconvénients, surtout dans les pays de petite culture. En effet, les cépages rouges mûrissent plus tôt que les blancs; les vignes jeunes et vigoureuses, les vignes nouvellement fumées, mûrissent plus tard que les vieilles et que celles qui croissent en des terrains pauvres. Les raisins d'une même espèce pourrissent déjà dans un lieu bas, alors qu'ils ne sont pas encore mûrs sur les côteaux. Il est donc impossible de concilier tous les besoins, et il est quelquefois bien difficile de faire taire quelques grands intérêts privés en présence des intérêts moins éloquents de la masse des petits cultivateurs.

Lorsque le moment des vendanges est arrivé, on attend une succession de quelques beaux jours, et l'on ne commence le travail qu'après que le soleil a dissipé la rosée. Les grappes ont ainsi perdu leur humidité surabondante, et le vin est de meilleure qualité.

Dans les vignobles où l'on tient surtout à la qualité du vin, la vendange se fait en deux ou trois fois; une première fois on détache les grappes les plus belles et les plus mûres, dont on obtient un vin de premier choix; une seconde récolte donne un vin de deuxième qualité; les grappes de rebut se récoltent ensuite, et produisent le vin de troisième sorte.

Les vendangeurs doivent être réunis en assez grand nombre pour que le produit de la récolte du jour suffise pour faire une cuvée; c'est le seul moyen d'obtenir une fermentation bien égale. Pour couper les grappes, on se servait autrefois, presque exclusivement, de la serpette, on commence à lui substituer le sécateur : il occasionne une moindre perte de grains, et son emploi est plus expéditif. Les raisins coupés sont reçus, tantôt dans des paniers doublés de toile imperméable, tantôt dans des baquets légers de boissellerie nommés *seilles*, construits de manière à ne laisser échapper aucun liquide. Un homme est chargé d'aller porter aux vendangeurs des *seilles* vides et de rapporter les *seilles* pleines; il en verse le contenu dans d'autres baquets ou cuviers plus grands, de forme ovale (*fig.* 432) et disposés de façon à s'accrocher sur le dos d'un cheval à l'aide de la sellotte B; on les nomme *portoires*.

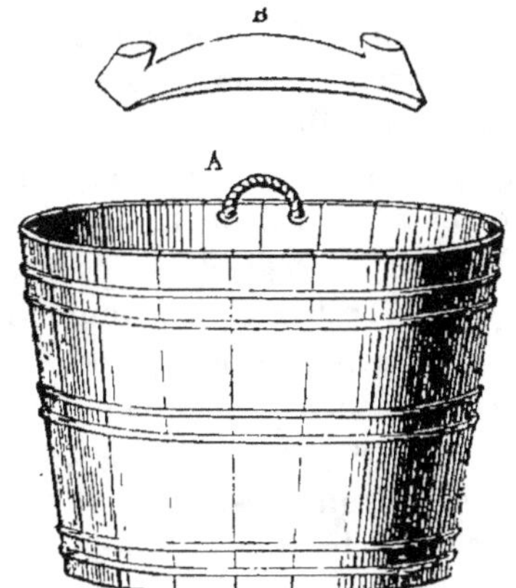

Fig. 432. *Cuvier pour le transport des raisins.*

CULTURE SPÉCIALE DE QUELQUES-UNS DES PRINCIPAUX VIGNOBLES DE FRANCE.

Nous allons maintenant jeter un coup d'œil sur ce que présente de particulier la culture des principaux vignobles, et indiquer surtout les divers cépages qui les composent.

VIGNOBLES DE LA BOURGOGNE. — Les principaux crus de cette contrée sont : la Romanée-Conti, Chambertin, Richebourg, Clos-Saint-Georges, Corton, Clos-de-Vougeot, Volnay, Pommard, Nuits, Moulin-à-Vent. Meursault, Chablis.

Les cépages qui composent, en grande partie, les vignobles de cette contrée sont :

Cépages colorés. — Pinot noir, Pinot aigret, Pinot luisant, Pinot crépet, Pinos gris, Gamais, Morillon noir, Teinturier, Meunier, Plant de Pernaut, Plant de Giboudot, Plant de la grande race.

Cépages blancs. — Pinot blanc, Gamais blanc.

Le pinot noir et le pinot blanc sont les deux cépages les plus répandus et ceux qui donnent le meilleur vin. Le pinot blanc convient surtout aux terrains secs et maigres.

Les quatre derniers cépages colorés sont beaucoup plus fertiles que les autres; mais la qualité de leurs produits est telle, qu'on devrait les exclure de tous les vignobles où l'on tient à produire des vins fins.

Plantation. — La vigne est plantée en ligne, dans des fosses profondes

27.

de 0^m,30 à 0^m,35, et larges de 0^m,33. Ces dimensions sont augmentées d'un quart environ dans les terrains secs. La distance entre chaque ligne est habituellement de 1^m,65, après la première plantation. Deux ans après, on établit une rangée intermédiaire, en provignant les premières lignes ; de sorte que la distance entre ces lignes se trouve réduite à 0^m,72. Quelquefois cependant les premières lignes sont plantées à 2 mètres : certains cultivateurs plantent immédiatement toutes les lignes, de manière à éviter le provignage.

On se sert, pour la plantation, de *crossettes* ou *chapons* ; quelquefois aussi, de *plants racineux* ou *chevelés*, que l'on préfère pour les terres un peu argileuses. Les *chapons*, longs de 0^m,60, sont placés dans les fosses, de telle façon que l'une des extrémités touche l'un des bords, et que l'autre sorte de terre au bord opposé ; on les recouvre avec la terre superficielle, et on la tasse fortement de manière à maintenir le sommet du chapon dans une position verticale. Les fosses ne sont remplies qu'à la profondeur de 0^m,16. Le surplus de la terre reste en dépôt entre les lignes et sert à combler progressivement ces fosses par les labours successifs.

Aussitôt après la plantation, tous les chapons sont coupés immédiatement au-dessus des deux boutons qui sortent de terre. On laisse seulement un intervalle de 0^m,25 entre ces chapons sur les lignes ; mais on doit en enlever ensuite un sur deux, ce qui les place à 0^m,50. Ceux qu'on enlève servent à remplacer ceux qui n'ont pas réussi.

Si le terrain où l'on veut faire une plantation neuve est occupé par une vieille vigne, on arrache celle-ci et on le consacre préalablement à la culture du sainfoin ou du trèfle. Le sainfoin est préféré pour les terrains secs ; on l'y maintient pendant 6 ans. Pour les sols argileux, on préfère le trèfle, qu'on laisse vivre pendant 3 ans.

Engrais, amendements. — On a reconnu, en Bourgogne, les inconvénients des fumiers proprement dits pour la vigne ; aussi on n'en fait usage qu'avec une très-grande réserve, et pour les vignes languissantes. Le fumier de vache est réservé pour les terres légères ; on préfère, pour les sols argileux, les cendres lessivées et la colombine. Les marcs de raisins, unis à la chaux vive et conservés pendant deux ans, les herbes mises en tas, les sarments écrasés et divisés, les gazons décomposés, les terres riches en humus, sont les engrais le plus habituellement employés.

Quant aux amendements, ils se composent de terres de diverses natures : des argiles pour les terrains secs et légers, des boues de routes pour les sols compactes. On est aussi dans l'usage de remonter, tous les quatre ou cinq ans, de la base vers le sommet, les terres entraînées sur les pentes rapides par l'effet des labours et des eaux pluviales. Ces transports de terre sont faits pendant l'hiver.

Taille. — On commence à tailler dans la première quinzaine de

évrier, aussitôt que les froids rigoureux ne sont plus à craindre. La taille
est faite sur un seul sarment, auquel on conserve 2, 3 ou 4 boutons,
selon la vigueur du cep. Très-rarement, et lorsque le cep est très-vigoureux, on taille sur deux sarments, mais seulement pour une année. La
section des sarments est faite horizontalement et tout près d'un bouton.
Nous avons indiqué plus haut les inconvénients que présente cette pratique. Toutes les vignes de cette contrée sont échalassées.

Provignage. — Les vignes sont rajeunies et entretenues au moyen
du provignage. Cette opération est pratiquée à la fin de l'automne, dans
les terrains secs, et au printemps dans les sols argileux. La profondeur
moyenne des fosses est de 0ᵐ,30. On l'augmente, si la couche inférieure
est de bonne qualité; on la diminue, au contraire, si cette couche est
peu propre à la végétation.

On choisit de préférence les vieux ceps pour provigner, et l'on prend,
sur ceux-ci, les sarments qui ont donné les plus belles grappes. Chaque cep peut fournir 2, 3 et même 4 tiges, selon le nombre de ceps
qu'on a besoin de remplacer dans le voisinage; mais on ne prend, autant
que possible, que deux provins par cep; ils sont ainsi plus vigoureux.
Les fosses, remplies d'abord à moitié, ne sont comblées que progressivement, d'année en année. Pendant les deux ou trois premières années
qui suivent, la base de chaque provin est dégagée de la terre qui l'entoure, de sorte qu'il se trouve au milieu d'une petite fosse. Les raisins
qu'il produit mûrissent ainsi plus régulièrement et sont moins exposés à
la pourriture.

Lorsque la plantation d'une vigne est terminée, on ne fait plus de
provins que pour remplacer les ceps qui ont péri. Le nombre de ces
provins ne doit pas dépasser chaque année 1,200 par hectare dans les
sols légers, et 1,400 dans les sols argileux. On a remarqué qu'un plus
grand nombre de provins influait défavorablement sur la qualité du vin.
A la fin de l'automne qui suit le provignage, tous les provins sont
renouvelés, c'est-à-dire qu'on les déchausse et qu'on supprime celles de
leurs racines qui sont placées trop près de la surface : nous avons indiqué précédemment le motif de cette suppression.

Greffe. — La greffe est aussi en usage dans les vignobles de la
Bourgogne, pour changer la nature des cépages de qualité médiocre.
Cette opération est pratiquée avec les soins que nous avons prescrits
plus haut.

Labours. — Le premier labour est pratiqué, au commencement de
mars, avec une sorte de houe appelée *meigle* (*fig.* 421). On lui donne
une profondeur de 0ᵐ,08 à 0ᵐ,10. Quelques cultivateurs pensent qu'il y
aurait plus d'avantage à retarder cette opération de quinze jours, et
surtout à labourer à la profondeur d'au moins 0ᵐ,15. Quelques vignerons emploient de préférence, dans les sols tenaces, la houe à deux

dents (*fig. 420*). Le deuxième labour est pratiqué en juin, immédiatement avant la floraison. Il est aussi profond que le premier. Le troisième labour est plus superficiel que les deux premiers, ce n'est qu'une sorte de binage. On l'exécute en juillet, lorsque la vigne est complétement défleurie.

Quelques propriétaires font donner un quatrième labour, soit avant, soit après la vendange; mais l'utilité en est bien contestable. Si le temps se maintient chaud et sec jusqu'à la vendange, ce labour favorise la maturation du raisin; mais, si l'atmosphère est froide et humide, il nuit au raisin en prolongeant la végétation de la vigne et en exposant les grappes à la pourriture. Si ce dernier labour est donné après la vendange, il devra être très-superficiel, de façon à peler seulement la surface du sol pour détruire les herbes; autrement il exposerait les racines à souffrir, en ouvrant la terre à l'influence des gelées.

Ébourgeonnement. — Cette opération n'est pratiquée que par un petit nombre des vignerons de la Bourgogne, et encore, d'une manière très-imparfaite, eu égard au peu de vigueur de leurs vignes; en général, ils se contentent de supprimer les bourgeons qui ne portent pas de grappes, et, au lieu de couper ces bourgeons, ils les arrachent et produisent ainsi des plaies pernicieuses pour les ceps; enfin, ils attendent, pour cette opération, le moment du second labour, époque où les bourgeons ont déjà absorbé inutilement une grande quantité de séve.

Accolement. — L'accolement est pratiqué lorsque les bourgeons ont atteint une longueur de 0ᵐ,38 à 0ᵐ,45. Ce travail est généralement fait avec la négligence qu'on remarque presque partout, c'est-à-dire qu'on ne prend aucun soin pour ne pas envelopper sous la ligature les feuilles ou les grappes.

Rognage, relevage. — Lorsque le raisin est parfaitement noué, on rogne les bourgeons à 0ᵐ,60 ou 0ᵐ,70 de hauteur. A ce moment, on choisit les bourgeons les plus beaux, les plus fertiles, sur les ceps qui doivent être provignés l'année suivante, on les marque avec un brin de paille, et ils servent à faire les provins. Plus tard, lorsque l'année est humide, on voit apparaître un grand nombre de bourgeons anticipés. Ces productions donnent lieu à une grande confusion sur les ceps et privent les raisins de l'action du soleil. Ces bourgeons sont relevés et fixés à l'aide d'une ligature.

Vendanges. — Toute la Bourgogne est encore soumise au ban de vendange. Voici les principaux signes auxquels on reconnaît la maturité complète des raisins : les grains de raisins ont une couleur d'un bleu tirant sur le noir mat; ils quittent facilement la grappe; détachés de la grappe, ils laissent sur le pédicelle un fil d'un rose violacé, surtout à son extrémité; ce fil est d'autant plus long, que la maturité est lus avancée; le duvet velouté qui couvre le grain est persistant, la ellicule de la baie devient mince et colore les doigts lorsqu'on l'é-:ase; la queue du raisin devient brune et très-dure; le pepin, d'un ert foncé, est brun à son sommet.

Lorsque ce point de maturité est dépassé, les grains deviennent légère-ient ridés à la surface; ils contiennent un suc de couleur rouge, très-icré, qui prend un peu à la gorge et qui est en petite quantité. On onne aux raisins, lorsqu'ils arrivent à ce point, le nom de *raisins gués*.

L'expérience a démontré que le mélange le plus favorable à la qualité u vin est celui-ci : raisins mûrs, 80 p. 0/0; raisins mi-mûrs, 15 p. 0/0; iisins figués, 5 p. 0/0. C'est donc lorsque le vignoble présente à peu rès ces divers points de maturité qu'on procède à la vendange. On a galement reconnu la nécessité de séparer, dans l'intérêt de la qualité u vin, le raisin provenant des vieilles vignes de celui des jeunes, celui es vignes plantées dans les terrains argileux de celui des vignes plan-ées dans des sols légers; et cela, à cause de l'inégalité de maturité u'ils présentent.

Vignobles du Bordelais. — Les principaux crus de cette contrée ont :

En vins rouges : Château-Margaux, Château-Laffite, Château-La-our, Haut-Brion; puis les communes de Pauillac, de Saint-Julien, aint-Estèphe, etc., en Médoc; Talence dans les *graves* de Bordeaux; aint-Émilion, près de Libourne, etc.

En vins blancs : Château-Yquem (Sauterne), Coutet (Barsac), Châ-eau-Carbonnieux (Villeneuve-d'Ornon), etc.

On distingue particulièrement dans ces vignobles les cépages sui-ants :

Cépages colorés : Cabernet, Carmenère, Malbeck, petit et gros Ver-ot, Merlot, etc.

Cépages blancs : Sémilion, Rochalin, Blanquette, etc.

Nature du sol. — Les vignobles du Bordelais peuvent être di-isés en trois classes, caractérisées surtout par la nature particulière u sol.

1° Les Coteaux, ou l'Entre-deux-Mers, qui comprennent une certaine tendue de collines dont le sol est, tantôt argilo-calcaire, tantôt cal-aire-sableux, et même sableux. Quelquefois aussi le terrain se compose l'argile presque pure.

2° Les Graves, qui se composent de plaines plus ou moins étendues, lont le sol est formé par un mélange de cailloux, de graviers, de sable t d'autres éléments terreux. L'épaisseur de cette couche varie entre)ᵐ,20 et 3ᵐ; elle repose quelquefois sur un banc argileux, mais, le lus souvent, sur une couche imperméable, d'une dureté variable, offrant la réunion du sable et d'un ciment de détritus organiques, avec une proportion d'oxyde de fer bien moins grande qu'on ne l'avait cru jusqu'ici : on donne à ce mélange le nom d'*alios*. Ces Graves se rencontrent aux portes mêmes de Bordeaux, et dans la plaine du Médoc.

3° Les Palus, plaines basses composées de terres fertiles, riches, profondes, de nature argilo-siliceuse, et résultant des anciennes alluvions de la Garonne et de la Dordogne.

Mode de p'antation. — Le mode de plantation varie suivant les circonstances locales. Sur les coteaux, on plante de deux manières : selon le premier mode, le sol est divisé en planches de 1^m,50 à 1^m,56 de largeur, dont chacune reçoit une ligne de ceps, plantés aussi à la même distance les uns des autres; c'est la disposition à laquelle nous avons donné précédemment le nom de plantation en *plein*. L'autre mode est la plantation en *joualles:* elle consiste à planter la vigne par rangs parallèles, entre lesquels on laisse un certain espace de terre, qu'utilisent des récoltes annuelles. On nomme *grandes joualles* celles qui comptent entre leurs rangs 6 à 12^m, et *petites joualles* celles qui ne comptent que 3 à 6^m. Quelquefois, au lieu d'un seul rang séparé par un grand espace, on en plante deux parallèles, séparés l'un de l'autre par une distance de 1^m,56 seulement. On réserve un espace d'un mètre entre les ceps sur les lignes. Dans les Graves de Bordeaux, la plantation est faite en plein; dans celles du Médoc, elle est faite en rangs parallèles, placés à 1^m de distance, et présentant une distance de 1^m,10 entre chaque cep.

Enfin, dans les *Palus*, où l'on doit redouter l'excès d'humidité, le sol est disposé en planches bombées, séparés par une rigole profonde, et portant, chacune, deux rangs de ceps éloignés de 2 mètres en tous sens.

On plante indifféremment des crossettes ou des boutures simples: mais ce sont le plus souvent ces dernières; le terrain est défoncé en plein avant la plantation, et les boutures sont mises en terre à l'aide du plantoir que nous avons décrit sous le nom de *barre* ou *taravelle*. Beaucoup de boutures sont en même temps plantées en pépinière, pour remplacer, l'année suivante, celles qui n'auraient pas réussi.

Engrais, amendements. — Les vignes du Bordelais sont rarement fumées en plein; on ne fume, chaque années, que les ceps languissants. Pour cela, on découvre le pied, puis on y dépose un petit panier d'engrais composé de fumier ou de terreau; bien souvent, on se contente d'y mettre de la terre prise autour des habitations.

Taille. — Le mode de taille et la forme donnée aux vignes bordelaises ne sont pas les mêmes dans toutes les localités. Les vignes des Coteaux ou de l'Entre-deux-Mers sont des vignes basses, taillées sur un, deux ou trois coursons, comme le montre la fig. 400; quelquefois cependant on laisse, en outre, une flèche sur les ceps très-vigoureux.

Dans les Graves du Médoc, la vigne est disposée en treilles placées seulement à 0^m,30 du sol, comme l'indique la fig. 415, et on lui applique le mode de taille que nous avons décrit pour cette forme.

Dans les Palus, où l'humidité fait craindre l'influence des gelées tardives, les vignes sont élevées d'un mètre et présentent la forme de la fig. 360. Dans les localités où l'on n'a pas à craindre les gelées printanières, on commence à tailler avant l'hiver; dans le cas contraire, on ne taille qu'au printemps.

Échalassement. — Toutes les vignes du Bordelais sont échalassées, à l'exception de quelques vignobles de l'Entre-deux-Mers, où les vignes, très-basses et peu vigoureuses, rampent sur le sol. Celles du Médoc sont soutenues par des treillis (*fig. 415*).

Provignage. — Les vides que présentent les vignes sont remplis, après que le terrain a été bien fumé, soit avec des boutures, soit avec des plants enracinés, mais le plus souvent avec des provins.

Dans les terres légères, on provigne le cep tout entier; dans les sols compactes, on ne provigne qu'un sarment. Dans ce dernier cas, le provin est séparé du cep dès la seconde année. Ce sevrage influe sur la production des provins, que l'on taille ensuite, suivant leur degré de vigueur.

Labour. — Les vignobles bordelais reçoivent, en général, quatre labours. Le premier, aussitôt après la vendange, c'est le labour de déchaussement; à ce moment, on coupe les racines qui naissent trop près de la surface; c'est aussi après ce labour qu'on répand la fumure au pied des ceps languissants. Au mois d'avril, on donne le labour de rechaussement; les deux autres façons sont données en mai, juin et juillet. Ces divers labours sont exécutés, soit avec la houe à main, soit avec l'araire. Dans le Médoc, on emploie exclusivement deux sortes d'araires qui ne diffèrent l'une de l'autre que par le mode de courbure de leur âge; l'une, appelée *cabat*, sert à déchausser; l'autre, que l'on nomme *courbe*, sert à rechausser.

Le **rognage des pampres et l'effeuillement** sont aussi pratiqués, dans certains vignobles du Bordelais, quinze jours ou trois semaines avant la vendange.

Vignobles de la Champagne. — Les crus d'Aï, de Sillery, d'Épernay, de Versenay, de Pierry, d'Avise, de Cramont, sont les plus renommés de cette contrée.

Le cépage diffère très-peu de celui de la Bourgogne; il convient cependant d'ajouter les noms suivants à la liste que nous avons donnée pour cette dernière contrée.

Cépages colorés. — Muscat noir.

Cépages blancs. — Petit blanc, Chasselas blanc, Muscat blanc, Gros plant vert, Pacan, Arbane.

Culture. — Le mode de culture des vignobles champenois se rapproche beaucoup de celui de la Bourgogne. En général, on commence la taille à la fin de janvier, et on la termine en mars, en réservant pour les dernières les vignes les plus vigoureuses. Cette taille se fait à court bois. On laisse un seul courson aux vignes blanches, et deux aux vignes noires. Dans quelques vignobles, on a cependant consacré l'usage de laisser une verge ou flèche de dix boutons sur les ceps les plus vigoureux.

Le provignage est opéré comme en Bourgogne; mais les opérations d'été, telles que l'ébourgeonnement et le rognage, y sont pratiquées plus généralement. L'ébourgeonnement est exécuté en juin, au moment de l'accolage. Un premier rognage est fait en juillet, et un second quinze jours avant la vendange. Les bourgeons sont maintenus à une hauteur de 0^m,70.

Nous terminerons cette revue des principaux vignobles de France, en indiquant les cépages qui produisent quelques vins renommés dont nous n'avons pas encore parlé.

Cher. — Pinot blanc de Bourgogne; ce cépage fournit les vins de Pouilly.

Haut-Rhin. — Le gros Riesling, le petit Riesling, l'Olwer, le Welleliner. Ces cépages, et surtout les deux premiers, donnent les excellents vins du Rhin, et notamment le Johannisberg. Les mêmes cépages servent à faire les vins de liqueur connus sous le nom de vins de paille.

Drôme. — Grosse sirah, Petite sirah; Marsane, Roussane. Ces quatre cépages forment exclusivement le célèbre vignoble de l'Ermitage. Les deux premiers donnent le vin rouge, les deux autres le vin blanc.

Rhône. — Serine noir, Vionnier blanc. Les vignobles de Côte-Rôtie et de Condrieux sont exclusivement formés par ces deux cépages.

Ardèche. — Grosse roussette, Petite roussette. Ces deux cépages donnent le vin blanc de Saint-Péray.

Aude. — Blanquette. C'est avec le produit de ce cépage qu'on fait le vin connu sous le nom de blanquette de Limoux.

Pyrénées-Orientales. — Les vins connus sous le nom d'Alicante, de Grenache, de Collioure, sont faits avec les cépages suivants : Grenache rouge, Alicante, Grignane.

Le vin de Rivesaltes est produit par le Muscat rond blanc, le Muscat alexandrin, le Muscat de Saint-Jacques.

Hérault. — Ulliade, Pique-Poule noir, Spiran, Ugne, Muscat grec, Picardan, Plant de Calabre. Ces cépages fournissent les vins de liqueur de Lunel et de Frontignan.

Basses-Pyrénées. — Les vins rouges de Jurançon sont produits par les quatres cépages suivants : Pinène, Mensec, Menseing, Tannat.

Les vins blancs de Jurançon sont produits par les plants suivants :
Réfiat, Menseing, Claverie, Aulban, Courtoisie.

CAUSES ACCIDENTELLES QUI INFLUENT DÉFAVORABLEMENT SUR LES PRODUITS DE LA VIGNE.

Les dommages qu'éprouve la vigne sont ordinairement le résultat des intempéries ou de la présence de certains insectes nuisibles.

Intempéries. — La *gelée* peut exercer une influence fâcheuse sur la vigne, à l'automne, pendant l'hiver et au printemps. S'il survient une gelée un peu forte avant la vendange, alors que le raisin est parfaitement mûr, il n'en résulte aucun dommage pour le cep et pour la récolte, la qualité du vin s'en trouve, au contraire, augmentée; mais, si la maturité est encore imparfaite, le raisin se flétrit et sa maturation s'arrête. L'action de ces premiers froids peut aussi devenir désastreuse pour les jeunes plantations de l'année, dont la végétation a commencé tard; leurs bourgeons, qui n'ont pas eu le temps de s'aoûter suffisamment, sont quelquefois entièrement désorganisés, et le jeune cep ne repousse pas au printemps.

Les gelées d'hiver peuvent aussi, lorsqu'elles sont intenses, devenir pernicieuses pour la vigne. On cite certains hivers où le plus grand nombre de ceps furent gelés jusqu'à la racine.

Les accidents occasionnés par les gelées printanières sont plus fréquents; mais elles n'endommagent ordinairement que la récolte de l'année. Elles détruisent les bourgeons qui commençaient à se développer; mais bientôt on en voit apparaître de nouveaux, sur le vieux bois, et la récolte de l'année suivante se trouve assurée. Ces froids tardifs sont cependant quelquefois assez forts pour endommager le cep jusqu'au collet.

On a proposé plusieurs moyens de prévenir les accidents résultant des gelées tardives. Malheureusement ils sont bien coûteux pour être appliqués à de grandes surfaces. Le premier consiste à accumuler de 10 mètres en 10 mètres, tout autour de la pièce de vigne, de petits tas de litière ou de foin humide, ou de mauvaises herbes, puis, dès le matin, avant le jour, de mettre le feu à ceux de ces tas placés du côté d'où souffle le vent. Il résulte de cette combustion une fumée épaisse qui couvre toute l'étendue du champ et empêche le rayonnement de se produire; la gelée blanche ne peut alors avoir lieu.

D'autres fois on a fixé, avec un lien d'osier, sur chaque échalas, à 0^{m}80 au-dessus du sol, une petite poignée de paille longue pendant sur la souche et attachée sur quelques-uns des coursons. Cette paille, placée vers le milieu d'avril, est laissée jusqu'au 20 mai, époque à laquelle les gelées blanches ne sont plus à craindre.

Enfin, on a aussi prévenu l'action des gelées blanches en répandant, à la même époque, sur chaque souche une petite quantité de regain ou de mauvais foin.

La *grêle* est un fléau plus redoutable encore que la gelée, à cause de son effrayante rapidité et de la violence de son action. Ses effets se font sentir, non-seulement sur la récolte de l'année, en dépouillant les ceps de tous leurs bourgeons, mais encore sur celle de l'année suivante; car, quelle que soit l'énergie des ceps, ils ne peuvent arriver à produire de nouveaux sarments assez bien constitués.

Coulure. — Les pluies froides et continues, ou seulement un temps froid un peu prolongé, qui se produisent au moment de la floraison, ne sont pas moins funestes pour la vigne. La fécondation est empêchée, soit parce que le pollen est entraîné par les eaux pluviales, soit seulement par la suspension de végétation qui résulte de l'abaissement de température. On dit alors que la vigne a coulé. L'incision annulaire (*fig.* 435),

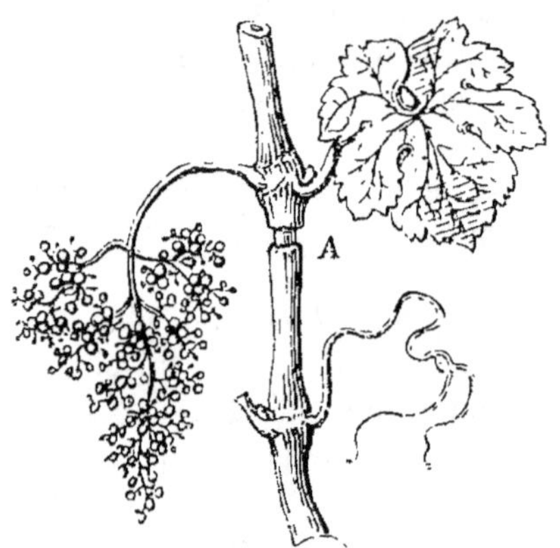

Fig. 435. *Incision annulaire de la vigne.*

préconisée par le colonel Bouchote, de Metz, diminue jusqu'à un certain point cette influence fâcheuse; on la pratique en enlevant un anneau d'écorce au moment de la floraison, en **A**, immédiatement au-dessous du nœud qui porte la grappe. Cette incision, qui ne doit pas avoir plus de 0^m,005 de largeur, est très-facilement pratiquée à l'aide du coupe-séve décrit p. 137. Malheureusement c'est une opération trop minutieuse pour qu'elle puisse être appliquée économiquement à de grandes surfaces, et l'on a remarqué qu'elle influe défavorablement sur la qualité du vin.

M. Troubat, de Bordeaux, a pris récemment un brevet d'invention pour l'exploitation d'un procédé ayant le même but, et qui consiste à couper les bourgeons immédiatement au-dessus de la grappe la plus élevée, et cela aussitôt que les grappes sont visibles. Ce moyen a été tenté il y a déjà longtemps et à diverses époques. On y a renoncé par suite du retard qu'il semble apporter à la maturité, et aussi à cause de l'abondance de faux bourgeons qui se développent jusqu'à la base des bourgeons principaux, et qui compromettent la récolte de l'année suivante.

Miellée ou **brouissure.** — Cette affection présente les caractères suivants : les feuilles, les jeunes bourgeons, et même les grains de raisins prennent une teinte grisâtre due à ce que l'épiderme de ces parties se fendille et se dessèche. L'accroissement s'arrête complétement, les grains se fendent au lieu de mûrir. Les vignerons attribuent cette altération, soit aux pluies froides de l'été succédant à un temps chaud, soit à une récolte trop abondante pendant l'année précédente. Les cultivateurs de Thomery font disparaître cette maladie sur leurs treilles en fumant abondamment les ceps atteints.

Les pluies froides et continues de l'automne nuisent aussi beaucoup à la vigne en empêchant la maturation et en accumulant dans les grappes une grande quantité de fluides aqueux, qui, mal élaborés, donnent lieu à des vins faibles et sans couleur.

Oïdium, lèpre, blanc ou **meunier.** — Cette altération se montre sous forme d'une efflorescence d'un blanc grisâtre, d'abord sur les

Fig. 454. *Fragment de feuille de vigne attaquée par l'oïdium.*

feuilles (*fig.* 454) et les jeunes bourgeons (*fig.* 455), dont elle suspend le développement, puis sur les grappes elles-mêmes, dont elle arrête l'accroissement. L'épiderme des grains se durcit, prend une teinte fauve; ces grains se fendent (*fig.* 456), acquièrent une saveur amère et se corrompent avant de mûrir. Les feuilles et les bourgeons attaqués se couvrent de taches brunes, les feuilles se détachent, et, si la maladie est intense, les bourgeons eux-mêmes sont désorganisés jusqu'à leur base; de sorte qu'on perd ainsi, non-seulement la récolte de l'année, mais même celle de l'année suivante; et, si les ceps sont soumis à ce fléau pendant deux ou trois années de suite, les ceps eux-mêmes périssent bientôt.

C'est en 1845 que le *blanc* fut observé pour la première fois sur la vigne, en Angleterre, par un jardinier de Margate, M. Tucker. Depuis 1849 cette maladie s'est montrée sur plusieurs points des environs de Paris, d'abord sur les vignes chauffées dans des serres, puis sur les treilles des jardins, et enfin sur les ceps des vignobles. Aujourd'hui elle a malheureusement envahi tous les points du territoire, en agissant

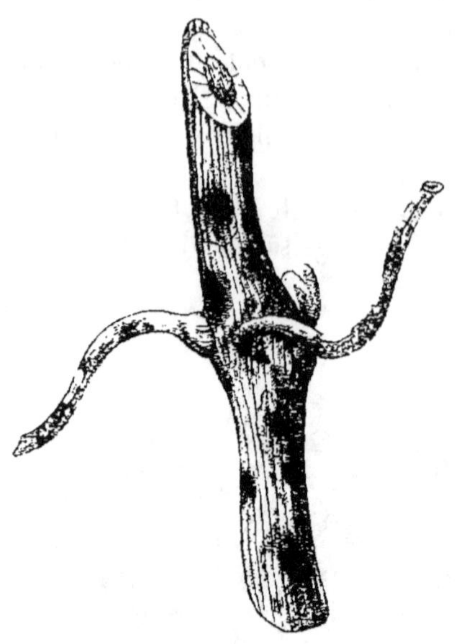

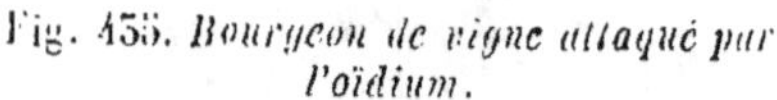

Fig. 455. *Bourgeon de vigne attaqué par l'oïdium.*

Fig. 456. *Raisins attaqués par l'oïdium.*

avec d'autant plus d'intensité que les vignes étaient situées sous un climat ou à une exposition plus chaude. Elle paraît attaquer indifféremment toutes les variétés; car on l'a observée sur le frankenthal, les muscats, les chasselas, le pinot gris et le morillon.

Les avis sont très-partagés quant à la cause de cette grave affection de la vigne. Les uns l'attribuent exclusivement au développement de cette efflorescence blanchâtre reconnue pour être un petit champignon parasite appartenant au genre *oïdium* de la nombreuse famille des muscidinées et auquel on a donné le nom de *tuckeri*. Les autres considèrent la présence incontestable de ce champignon comme le résultat de la maladie et la croient déterminée par certains insectes microscopiques; quelques personnes enfin l'attribuent à des influences atmosphériques analogues à celles qui ont produit la maladie des pommes de terre; d'où il résulte que, la cause de cette altération étant encore indéterminée, le remède est difficile à trouver. On a tenté toutefois, depuis son invasion en France, en 1849, de nombreux moyens pour la combattre. Nous ne parlerons que des 5 procédés suivants, qui, seuls, ont donné des résultats satisfaisants. Le premier consiste dans l'emploi de la fleur de soufre soufflée sur toutes les parties vertes préalablement mouillées avec soin. Ce procédé, employé d'abord, en 1848, par un horticulteur anglais de Leyton, M. Kyle, a été essayé pour la première fois en France, en 1849, par M. Marie, médecin, à Écouen.

Tous les cultivateurs de Thomery l'employèrent en grand en 1851. Ils en obtinrent un excellent résultat, mais ils lui reprochèrent de faire adhérer la fleur de soufre aux grappes, de façon à nuire à leur vente. La nécessité d'employer l'eau rendait d'ailleurs ce procédé peu applicable au vignoble.

Le second moyen est celui préconisé, en 1852, par M. Grison, jardinier en chef des serres du potager de Versailles. Il consiste dans l'emploi de l'hydrosulfate de chaux préparé ainsi qu'il suit : 500 grammes de fleur de soufre et un volume égal de chaux fraîchement éteinte sont intimement mêlées l'une à l'autre. Ce mélange placé dans un vase de fonte contenant trois litres d'eau est soumis à l'ébullition pendant dix minutes. On laisse ensuite éclaircir le liquide, qu'on décante alors; ce liquide est de l'hydrosulfate de chaux, que l'on conserve dans un vase fermé pour s'en servir à mesure des besoins. Alors on l'étend de cent fois son volume d'eau et l'on en mouille toutes les parties vertes de la vigne. Ce mode d'opérer, employé en 1852 par un très-grand nombre de cultivateurs de Thomery, n'a donné que des résultats beaucoup moins complets que la fleur de soufre.

C'est pendant ce même été que M. Rose Charmeux, de Thomery, imagina et employa le premier le troisième procédé, dont nous allons parler avec plus de détail, parce que c'est celui dont l'efficacité a été la plus complète; il consiste dans l'emploi de la fleur de soufre répandue à sec sur toutes les parties vertes de la vigne.

Les excellents résultats de ce procédé ont été reconnus par une commission officielle nommée par le ministre de l'agriculture, et le rapport de cette commission, inséré au *Moniteur*, constate les droits qu'a M. Rose Charmeux à la reconnaissance de tous les viticulteurs comme inventeur du seul moyen vraiment praticable et efficace pour combattre ce terrible fléau. Les indications fournies par ce rapport ont servi de point de départ à toutes les opérations de soufrage appliquées aujourd'hui à une grande partie de nos vignobles et de nos treilles. Voici la description des soins principaux que réclame le soufrage à sec pour produire ses bons effets.

Le soufre doit être uniformément répandu sur toutes les parties vertes (bourgeons, feuilles et grappes). M. Charmeux a reconnu, et l'on a constaté depuis partout, que l'action du soufre est d'autant plus grande, qu'il est appliqué au premier début de la maladie, et même avant son apparition. Aussi convient-il de pratiquer un premier soufrage avant la floraison, un second lorsque les raisins sont gros comme de petits plombs de chasse, un troisième lorsqu'ils ont atteint les deux tiers de leur grosseur. Rarement on est obligé de faire un quatrième soufrage. M. Charmeux a également constaté que cette opération est d'autant plus efficace, qu'on la pratique pendant les grandes chaleurs du jour.

Depuis que le soufrage est devenu une opération presque générale pour le vignoble, il en est résulté une énorme consommation de soufre, puis l'augmentation très-notable du prix de cette matière, et par suite sa falsification. Il importe donc d'apporter le plus grand soin à ne pas se laisser tromper lors des acquisitions. C'est le soufre sublimé ou fleur de soufre que l'on doit employer; c'est celui qui se divise le mieux, qui pénètre le plus facilement sur tous les points. Or on vend comme soufre sublimé du soufre brut ou du soufre en canon triturés. Ces soufres agissent aussi efficacement que le soufre sublimé sur l'oïdium, mais il en faut moitié plus pour la même surface; comme ils sont livrés au même prix, il en résulte une dépense moitié plus élevée. On les distingue facilement l'un de l'autre par la différence de volume pour le même poids : le soufre sublimé présente un volume d'un tiers plus considérable. Les soufres triturés sont granuleux au toucher, et on les distingue aussi à l'aide d'une loupe. Une dernière condition à remplir, c'est que le soufre soit bien sec, afin qu'il se divise facilement.

Lorsqu'on a commencé à faire usage du soufrage, on a cherché le moyen de répandre le plus promptement possible et le plus économiquement la fleur de soufre. Dans ce but deux séries d'instruments ont été imaginés. D'abord les soufflets : c'est M. Gontier, cultivateur de primeurs à Montrouge, près de Paris, qui, le premier, a imaginé un soufflet pour cet usage. Ce soufflet a été ensuite perfectionné par M. Gaffé, de Fontainebleau, d'après les indications des cultivateurs de Thomery.

Nous en donnons ici la description. C'est d'abord un soufflet ordinaire (A *fig.* 457) auquel est joint l'appareil destiné à recevoir le

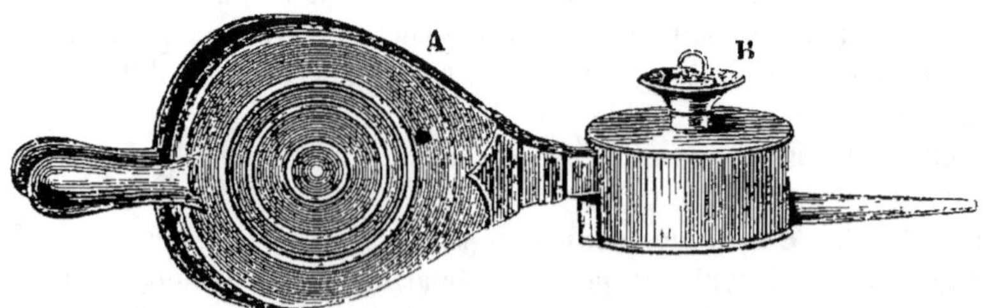

Fig. 437. *Soufflet Gaffé pour le soufrage des vignes atteintes de l'oïdium.*

soufre. Cet appareil, en fer-blanc, se compose d'une boîte ovale B, fixée à l'extrémité de la buse du soufflet et percée de trois ouvertures : la première C (*fig.* 458) donne accès à l'air chassé par le soufflet; la seconde D permet d'introduire le soufre dans la boîte et est fermée par un bouchon en liége E ; la troisième I permet à l'air qui a pénétré dans la boîte de s'échapper en entraînant une certaine quantité de fleur de soufre F. La boîte est séparée à l'intérieur par deux cloisons horizontales et à jour. La première G se compose de sept fils de fer tendus à $0^m,01$ les uns des autres dans le sens de la longueur de la boîte. La seconde H est une toile métallique en cuivre, tendue à $0^m,01$ au-dessous de la première cloison et dont les mailles offrent une largeur d'environ 0,001.

On comprend maintenant que si l'on introduit de la fleur de soufre dans la boîte D (*fig. 458*) et que l'on fasse fonctionner le soufflet, le

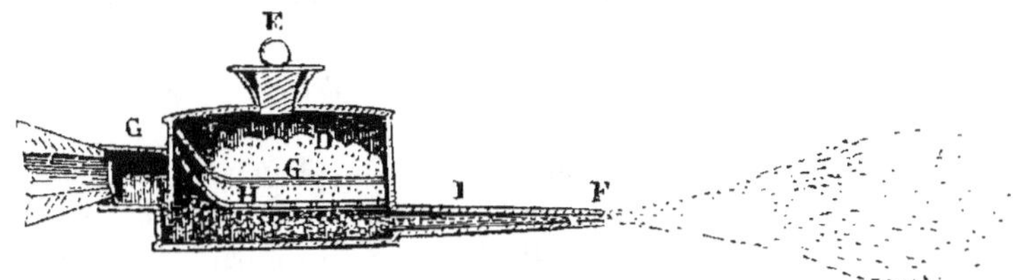

Fig. 458. *Coupe verticale de la figure précédente.*

courant d'air traversant la buse C suivra la direction H, I, et, rencontrant la fleur de soufre qui s'échappe à travers les deux cloisons, l'entraînera et la fera apparaître au point F sous forme d'un petit nuage dont les particules impalpables vont se déposer en couche mince, mais suffisante, sur les surfaces environnantes.

On a reproché à cet instrument de ne pas opérer avec assez de rapidité dans le vignoble, puis de placer à son extrémité antérieure le soufre destiné à être répandu, ce qui fatigue assez vite l'opérateur. Aussi lui préfère-t-on aujourd'hui le soufflet de M. de la Vergne, construit à Bordeaux.

Les dimensions de ce soufflet (*fig. 459 et 440*) sont celles des soufflets

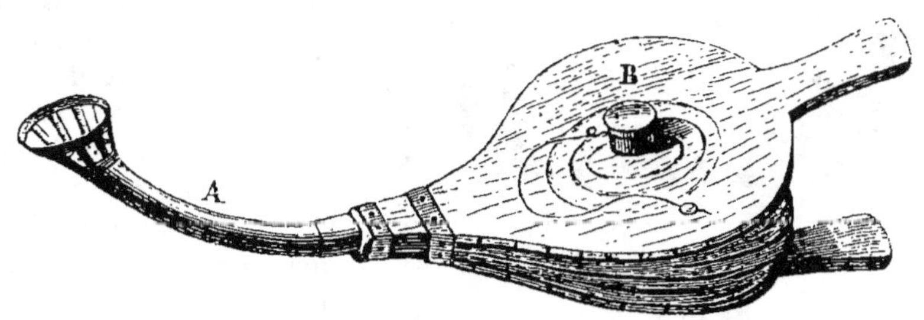

Fig. 459. *Soufflet de M. de la Vergne.*

ordinaires. Les deux faces se composent de deux planches en bois de peuplier terminées en avant par un museau long de 0^m,07, et dont le canal intérieur va en s'évasant de l'intérieur à l'extérieur. Il n'y a de ferrement d'aucune sorte, ni intérieurement ni extérieurement; de sim-

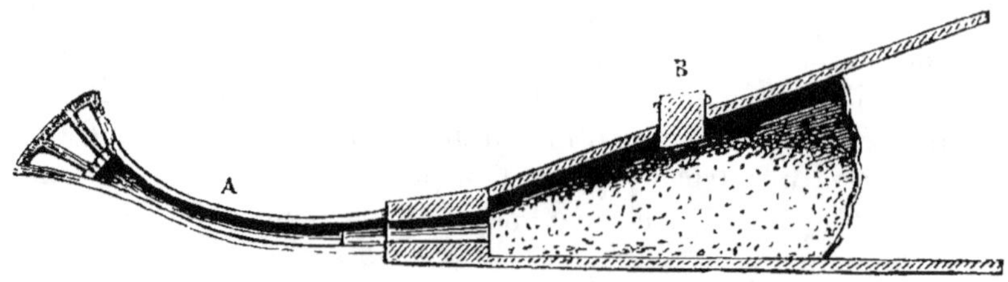

Fig. 440. *Coupe de la figure précédente.*

ples petits clous fixent la peau latérale sur les planches. Un trou rond de 0^m,04 de diamètre est pratiqué dans la planche supérieure. On le ferme avec un bouchon de liége B. Il n'y a pas de soupape, l'air entre et sort par la tuyère.

La tuyère A est courbée régulièrement et présente un diamètre de 0^m,05; elle est fixée à la buse du soufflet au moyen de deux crochets placés latéralement. Une toile de cuivre à mailles de 2 millimètres de côté est placée à l'extrémité antérieure.

Le soufre est placé dans l'intérieur même du soufflet et on l'y introduit par l'ouverture B ménagée sur l'une des faces de l'instrument. Le poids du soufre étant ainsi moins éloigné des mains de l'opérateur, l'instrument devient moins fatigant. Les ouvriers chargés du soufrage portent avec eux une petite provision de soufre de 2 à 5 kilog., dans un sac en toile fixé devant eux. Ce sac (*fig.* 441) offre 0^m,33 de largeur à sa base, 0^m,20 seulement au sommet, et 0^m,28 de hauteur. Il est pourvu à l'un des angles inférieurs d'un bec

Fig. 441. *Sac à soufre de M. de la Vergne.*

conique C en fer-blanc, fermé par un bouchon en liége et destiné à introduire le soufre dans le soufflet. La disposition de la tuyère de ce soufflet permet de diriger facilement le jet de fleur de soufre dans tous les sens, de bas en haut, de haut en bas et latéralement. Le prix de cet instrument est, à Bordeaux, de 2 fr. 50 c., et de 3 fr. 50 c. avec le sac.

Les deux appareils suivants ont encore été imaginés pour pratiquer le soufrage. Le premier est la *boîte à sablier* (*fig.* 442), imaginée par M. Laforgue, de Béziers.

Cette boîte se compose d'un cylindre de fer-blanc un peu conique, haut de 0,^m20. La base B, large de 0,09, est un peu bombée et per-cée d'un grand nombre de petits trous. Un cou-vercle A, ayant 0^m,05 de diamètre, permet l'in-troduction du soufre par la partie supérieure. Des fils de fer C (*fig.* 443), croisés dans l'intérieur au-dessus du fond, ser-vent à diviser la fleur de soufre lorsqu'elle forme

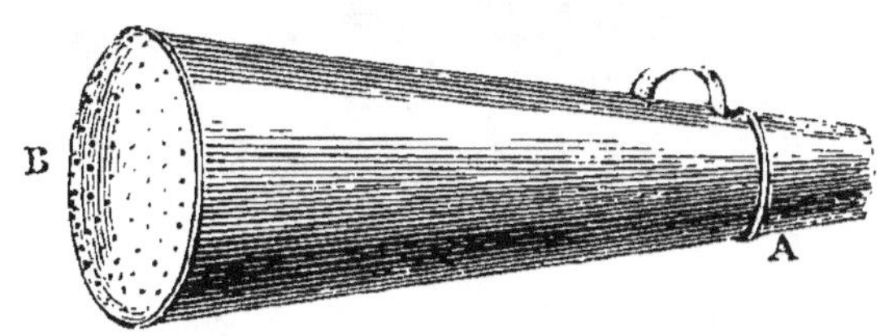

Fig. 442. *Boîte à sablier de M. Laforgue.*

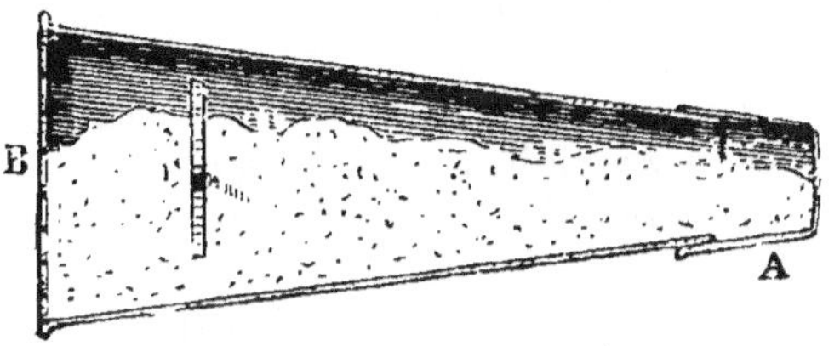

Fig. 443. *Coupe de la figure précédente.*

des grumeaux. On reproche à ce sablier de ne pas diviser assez la fleur de soufre en la répandant, de nécessiter par conséquent plus de soufre pour la même surface, et surtout de ne pas projeter le soufre avec force, comme le font les soufflets, de manière à le faire arriver sur tous les points.

MM. Ouin et Franc ont tenté d'améliorer le sablier Laforgue en y ajoutant une houppe de laine A (*fig.* 444) fixée sur le fond B (*fig.* 445) éga-

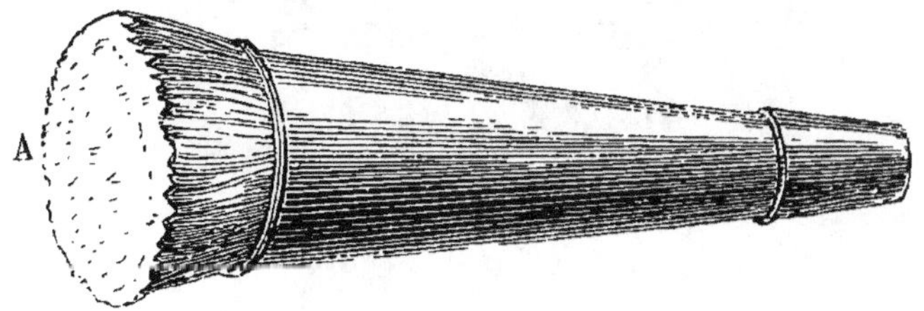

Fig. 444. *Boîte à houppe de MM. Ouin et Franc.*

lement percé de trous. Le soufre est ainsi mieux divisé, mais on ne peut opérer qu'après la disparition de la rosée, autrement cette houppe se mouille bientôt et l'instrument ne fonctionne plus.

28.

Nous pensons donc qu'il convient de préférer les soufflets, et particulièrement le *soufflet de la Vergne.*

Une dernière question nous reste à examiner à l'égard de cette importante opération; c'est la dépense à laquelle elle donne lieu pour un hectare de vignoble.

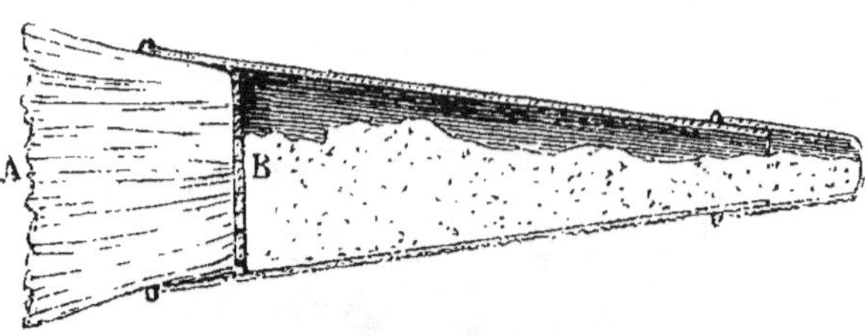

Fig. 445. *Coupe de la figure précédente.*

La quantité de soufre sublimé à employer par hectare est en moyenne de 15 kilog. pour le premier soufrage, et de 50 kilog. pour chacun des deux autres; en tout 115 kilog., qui, à 45 c. le kilog., font 51 fr. 75 c.

Il faut, pour répandre cette fleur de soufre, 12 journées de femmes à 1 fr. 12 c., ou en tout 63 fr. 75 c. par hectare.

Insectes nuisibles. — *Eumolpe de la vigne (fig. 447).* Ce petit coléoptère, connu des vignerons sous le nom de *diableau,* de *gribouri,* d'*écrivain,* a les élytres d'un rouge brun et le restant du corps noir; il se rencontre, dans les vignes, à partir du mois de juillet. C'est lui qui

Fig. 446. *Feuille de vigne attaquée par l'eumolpe.*

trace sur les feuilles, en les rongeant, ces impressions linéaires que l'on a comparées à des caractères d'écriture (*fig.* 446). Lorsqu'il est très-abondant, il s'attaque aussi aux raisins et les dessèche. C'est lorsqu'il est à l'état de larve que l'écrivain devient surtout redoutable. Il se présente sous forme d'un petit ver allongé, d'abord blanchâtre, et qui devient ensuite de couleur brune. Cette larve passe l'hiver dans le sol et ronge les racines de la vigne; au printemps elle dévore les bourgeons et les jeunes feuilles.

M. Paul Thenard a récemment imaginé le moyen suivant pour détruire l'eumolpe. Au moment où l'on donne à la vigne la première façon de l'année, répandre sur le sol, immédiatement avant cette façon, des tourteaux de graines oléagineuses qui n'ont pas été chauffées au delà de 80°, et que l'on a obtenus en employant le moins d'eau possible; autrement l'huile essentielle de moutarde qui détruira les insectes aurait disparu. Réduire en poudre ces tourteaux sous des meules d'huileries, les répandre dans la proportion de 1,200 kilog. par hectare, et les enterrer immédiatement au moyen de la première façon donnée à

Fig. 447. *Eumolpe.*

la terre. Cette opération, répétée tous les trois ans, détruit complétement les larves de l'eumolpe qui vivent dans le sol.

Attelabe de la vigne, becmars (fig. 448). Cet autre coléoptère est connu des vignerons sous les noms de *urbec, ulbard, lisette, gribouri.* Ses élytres sont vertes ou bleues; il attaque également les feuilles et les jeunes bourgeons, et, comme le précédent, il se laisse tomber, comme s'il était mort, à l'approche de la main qui veut le saisir. La

Fig. 448. *Attelabe.*

femelle pond ses œufs dans les feuilles, qu'elle roule, et qu'on peut alors facilement distinguer et détacher pour les brûler.

Altise bleue de Dunal, *attica oleracea* de Geoffroy, *altise des potagers (fig.* 449). C'est encore un petit coléoptère connu, dans quelques vignobles, sous les noms de *barbeau, puceau.* Il commence à paraître à la fin d'avril, et s'attache aux jeunes bourgeons et aux grappes, dont il ronge le pédoncule. Il s'accouple vers la fin de mai; quinze jours après, il dépose ses œufs sur le revers des feuilles, et, dans les derniers jours de juin, la larve éclôt sous forme d'un petit ver, qui ronge les feuilles.

On ne connaît, jusqu'à présent, d'autre moyen de détruire ces deux insectes que de leur faire

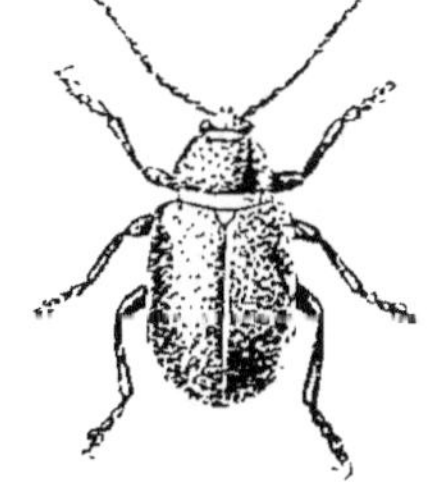

Fig. 449. *Altise.*

une chasse opiniâtre. Lorsqu'ils sont à l'état parfait, on se sert d'une sorte d'entonnoir de fer-blanc très-évasé, échancré à la manière d'un plat à barbe et terminé par un sac. On enclave la base du cep dans l'échancrure, on secoue les sarments, et tous les insectes tombent dans le sac. Ce travail doit être effectué dès le matin. Quant aux larves, on recueille avec soin toutes les feuilles roulées ou déformées, et on les brûle.

Le *hanneton* (*fig.* 306 et 307, p. 317), dont nous avons déjà parlé en traitant des cultures forestières, cause aussi de graves dommages à la vigne. Ce sont ses larves que redoute surtout le vigneron, parce qu'elles dévorent les racines. On les enlève avec soin, en pratiquant les différents labours.

La *pyrale de la vigne*, connue aussi par les vignerons sous les noms de *teigne de la grappe, teigne de la vigne, ver de la vigne, ver coquin*. C'est incontestablement l'insecte qui fait le plus de ravages dans les vignobles. Ce lépidoptère paraît deux fois chaque année, à l'état de larve ou de ver; on le voit d'abord à l'époque de la floraison. A ce moment, sa larve (*fig.* 450) dévore les feuilles et les jeunes grappes, qu'elle enveloppe de nombreux fils soyeux. On l'observe ensuite, à l'automne, entre les grains de raisin, qu'elle enveloppe encore de fils de soie, ou même à l'intérieur de ces grains. Ces larves passent l'hiver dans des coques soyeuses appliquées sous les vieilles écorces gercées, ou dans les fentes des vieux échalas. Elles se transforment, en avril ou mai, en petits papillons d'un blanc jaunâtre (*fig.* 451). Ces papillons déposent leurs œufs, en juillet, sur le tissu soyeux qui recouvre les grappes.

Fig. 450. *Larve de la pyrale de la vigne.*

Fig. 451. *Papillon de la pyrale.*

Parmi les divers moyens proposés pour diminuer la multiplication de cet insecte redoutable, nous indiquerons les suivants comme ayant donné les résultats les plus satisfaisants : 1° enlever avec soin et brûler toutes les grappes entourées de fils soyeux, ainsi que les feuilles roulées ou déformées; 2° pendant l'hiver, passer tous les échalas au four, afin de détruire les œufs ou les larves qui y seraient attachés; 3° enlever, pendant la même saison, les vieilles écorces et surtout la mousse qui couvrent la tige du cep. Enfin, on a aussi conseillé d'échauder, à la même époque, avec de l'eau bouillante, tous les ceps de vigne; ce procédé a toujours donné d'excellents résultats.

ARBRES A FRUITS A CIDRE.

Les arbres à fruits à cidre sont particulièrement le *pommier*, le *poirier* et le *cormier*. Les fruits d'autres espèces, telles que le *sorbier*, etc., pourraient être classés dans la même catégorie; mais le cidre qu'ils donnent ne présente pas, à beaucoup près, les qualités de celui du pommier et du poirier. L'examen que nous allons faire de la culture des arbres à fruits à cidre s'applique donc exclusivement aux trois premières espèces.

Pommier et poirier. — Le *pommier commun* (*Malus communis*, Lin., *fig.* 453) et le *poirier commun* (*Pyrus communis*, Lin., *fig.* 452) ont une importance presque aussi grande que celle de la vigne ; un grand nombre de nos départements trouvent dans leurs abondantes récoltes des produits alimentaires bien précieux, tant pour la table que pour les boissons (*cidre, poiré*) que l'on en extrait. Ils donnent aussi un bois très recherché, soit pour le chauffage, soit pour la gravure en relief, la menuiserie et l'ébénisterie.

Fig. 452. *Poirier commun.*

On peut affirmer, d'après les divers auteurs qui se sont occupés de ces recherches, que ces deux arbres ont été trouvés à l'état sauvage, tant dans les parties tempérées de l'Asie que dans celles de l'Afrique et de l'Europe.

Quant à la préparation d'une boisson fermentée avec les fruits de ces deux arbres, elle paraît remonter à la plus haute antiquité dans l'Asie Mineure et en Afrique. Dès 587, on voit, d'après Fortunat de Poitiers, le jus fermenté de la pomme et de la poire apparaître sur la table d'une reine de France, sainte Radegonde. Cette liqueur a dû être d'un usage presque général dans les Gaules, jusqu'au moment où la culture de la vigne, introduite par les Romains, est venue fournir une boisson plus agréable. Mais, dès que le déboisement successif du sol priva les vignobles de leur abri contre la rigueur du climat, la vigne disparut progressivement des parties les plus froides du territoire et fut remplacée de nouveau par les arbres à fruits à cidre ; il en fut ainsi des nombreux vignobles qui existaient encore en Normandie au moyen âge.

Fig. 455. *Pommier commun.*

Aujourd'hui la culture des arbres à fruits à cidre a presque entièrement atteint, en France, le développement dont elle était susceptible. Arrêtée, vers le sud, par la culture de la vigne, et, vers le nord, par la rigueur de la température, elle s'est établie sur une zone comprise entre le climat du centre de la France et celui de l'extrême nord, où l'orge et le houblon fournissent aux habitants les éléments d'une autre boisson fermentée, la bière.

D'après M. Odelant-Desnos, 56 départements s'occupent de la fabrication du cidre et du poiré. Ils en produisent 8,582,266 hectolitres qui ont une valeur réelle de 64,219,458 francs. C'est là un produit d'une trop grande importance, pour que nous ne donnions pas à l'étude de cette culture tout le développement qu'elle comporte.

En traitant des pépinières, nous nous sommes étendu longuement sur l'élève des arbres à fruits à cidre. Nous n'avons donc à examiner ici que ce qui se rattache à leur plantation à demeure et aux soins par lesquels on assure leur fécondité.

Climat, sol, exposition. — Le pommier et le poirier préfèrent certaines contrées humides et un peu brumeuses des climats tempérés; c'est ce qui explique leur vigueur, la qualité et la quantité de leurs produits, dans les départements de l'ancienne Normandie et dans certaines contrées de l'Angleterre.

Si l'on excepte les terres complétement siliceuses, calcaires ou argileuses, on peut dire que le pommier et le poirier donnent des produits passables dans presque tous les terrains. Néanmoins le pommier préfère les sols silicéo-argileux, un peu graveleux; ses produits y sont plus abondants et de meilleure qualité. Dans les terres trop siliceuses et exposées à la sécheresse, ses fruits sont plus rares et ne fournissent qu'un cidre clair, sans couleur et très-acide. Dans les terrains très-calcaires, les produits sont aussi peu abondants, et le cidre prend ordinairement un goût de terroir désagréable. Dans les sols argileux très-compactes et très-humides, les arbres se développent avec vigueur; mais les fruits, peu nombreux, donnent un cidre sans saveur.

Le poirier préfère les sols argilo-siliceux et argilo-calcaires, substantiels et surtout profonds; car ses racines pivotent plus profondément que celles du pommier. Il redoute moins que ce dernier l'influence de l'humidité ou de la sécheresse du sol.

Les expositions les plus favorables à ces arbres sont le sud-est et le sud. Les expositions de l'ouest leur sont funestes par les grands vents qui, au printemps, déchirent les fleurs et, à l'automne, font tomber les fruits avant leur maturité. Les expositions du nord sont aussi pernicieuses; elles placent, au printemps, les fleurs, sous l'influence des vents froids et desséchants que les cultivateurs nomment *roux-vents*, et qui altèrent les organes de la reproduction et empêchent la fécondation.

Place de ces arbres dans les champs. — Les arbres à fruits à cidre peuvent être utilement plantés, soit dans les pâturages, soit en bordure le long des terres labourées, soit en lignes dans ces mêmes terres. Les pâturages sont surtout propres à recevoir ces plantations. Abritées par les bordures de haut jet qui entourent ordinairement les pâturages, elles sont moins exposées aux vents violents et froids. Plus rapprochées des bâtiments d'exploitation, leurs produits sont plus facilement soignés, on les rentre à moins de frais, et ils sont, surtout, moins exposés aux maraudeurs.

On a beaucoup discuté la question de savoir si l'on devait pratiquer ces plantations, soit en bordure le long des terres labourées, soit en lignes dans ces mêmes terres. Quelques agronomes ont nié le profit qu'elles pouvaient présenter; ils ont pensé que, si, pour une plantation âgée de 30 ans, par exemple, et placée dans cette dernière position, on tenait compte de l'intérêt annuel des frais de plantation, de la diminution de récolte causée par l'ombrage de ces arbres, des frais de récolte des fruits, de l'augmentation de main-d'œuvre déterminée par le labour à bras d'homme que l'on est obligé de donner au sol placé au pied des arbres, parce qu'il ne peut être atteint par la charrue; que, si l'on comparait le chiffre ressortant de ces dépenses annuelles avec le produit moyen de ces arbres, on verrait le compte se balancer en perte. Nous croyons que, si cela est vrai dans quelques circonstances, on doit bien se garder de l'admettre en général. Si l'on opère sur un sol de très-bonne qualité, où les récoltes ont un prix élevé, il pourra bien arriver que le dommage causé aux récoltes par l'ombrage des pommiers ne soit pas toujours compensé par le produit de ceux-ci.

Mais, si le terrain est de médiocre qualité et si les récoltes y sont peu abondantes, nous sommes persuadé que l'espace occupé par les arbres sera bien employé. Il pourra même arriver que la plantation au milieu même des terres labourées devienne profitable aux récoltes, si les terrains sont légers et exposés à la sécheresse : les pommiers y concourront à diminuer la dessiccation du sol. D'où nous concluons : 1° que l'on devra s'abstenir de faire ces plantations dans les terres de première classe, ou du moins qu'on devra n'en planter qu'une bordure du côté du nord ou de l'ouest, où l'ombre portée ne pourra nuire à la récolte; 2° qu'il y aura profit à les planter dans toutes les autres; 3° qu'il y aura même avantage à en former des lignes au milieu de ces terres, lorsqu'elles seront exposées à la sécheresse.

Préparation du sol.—Ce que nous avons dit de cette préparation, en traitant de la plantation à demeure des arbres de haut jet (p. 247), s'appliquant également aux arbres à fruits à cidre, nous renverrons à ce chapitre, afin d'éviter une répétition inutile. Seulement nous ferons remarquer qu'il est souvent gênant pour la circulation des bestiaux dans les cours de ferme, ou pour les travaux des champs dans les terres labourées, de laisser ouverts pendant plusieurs mois les trous destinés à la plantation. Afin d'éviter cet inconvénient, on ouvrira les trous avec les soins que nous avons recommandés, puis on les remplira immédiatement après, en ayant soin de superposer les différentes couches du sol, et les amendements ou engrais, dans l'ordre que nous avons prescrit en parlant de la mise en terre des arbres de haut jet. On abandonnera ensuite ces trous à eux-mêmes pour ne les rouvrir qu'au moment de la plantation.

Choix des variétés. — Depuis l'époque très-reculée où l'on songea à cultiver le pommier et le poirier sauvages, pour en améliorer les produits, on a constamment augmenté le nombre de leurs variétés au moyen des semis. Il en est résulté deux séries distinctes : celle à fruits de table et celle à fruits à cidre; c'est de cette dernière que nous allons nous occuper. Aujourd'hui encore, dès qu'on aperçoit dans une pépinière un arbre qui, par la largeur de ses feuilles, la grosseur de ses rameaux, le petit nombre de ses épines, semble promettre un fruit de bonne qualité, on attend pour le greffer qu'il commence à fructifier. Si l'espoir qu'on avait conçu se réalise, il en résulte une nouvelle variété qu'on multiplie par la greffe et qu'on répand dans la culture. C'est ainsi que s'est successivement accrue cette quantité prodigieuse de races différentes. Mais il s'en faut de beaucoup que toutes ces variétés soient également recommandables. Il en est même quelques-unes qui doivent être entièrement rejetées. Les qualités qui doivent guider le choix sont particulièrement les suivantes : 1° que le produit soit abondant; 2° que les fruits présentent, en proportion convenable, les éléments qui concourent à la formation des bons cidres; 3° que la tête des arbres soit plutôt pyramidale que ronde ou déprimée; cette dernière forme ombrageant davantage les récoltes et plaçant les branches plus à la portée des bestiaux.

Ceci posé, il ne nous reste plus qu'à indiquer les noms des diverses variétés qui possèdent ces qualités, à un plus ou moins haut degré. Cette liste présentait d'assez grandes difficultés : le nom des diverses variétés changeant à l'infini suivant les localités, et le même nom n'indiquant pas toujours la même variété, il devenait très-difficile de se faire comprendre, à la fois, dans toute une contrée. D'un autre côté, pour se rendre parfaitement compte de la qualité des différentes sortes de fruits, il fallait, en quelque sorte, peser chacun des éléments qui les constituent, afin d'en connaître les proportions.

Aidé de notre collègue et ami, M. Girardin, nous avons réuni les greffes des diverses variétés de pommiers et de poiriers à cidre cultivées dans chacun des cantons des dix départements où l'on s'occupe le plus de la fabrication du cidre. Ces greffes nous ont été adressées, au nombre de 4,000 environ, avec l'indication du canton où elles ont été récoltées, le nom qu'elles portent dans la localité, le degré d'abondance de leurs fruits et la forme générale de la tête de l'arbre. Nous les avons greffées sur des pommiers *de paradis* et sur des cognassiers, afin de hâter l'époque de leur fructification, et nous avons planté ces arbres au jardin des Plantes de Rouen, dans un sol identiquement de même nature et soumis aux mêmes influences atmosphériques.

En 1845, nos jeunes arbres ont fructifié. Nous avons noté avec soin l'époque de floraison et de maturité de chacun d'eux; puis, comparant les fruits, quant à leur aspect et à leur saveur, et tenant compte des caractères particuliers du feuillage et des rameaux, nous avons pu reconnaître les variétés identiques qui nous étaient parvenues sous des noms différents, et nous avons établi la synonymie de ces variétés, de manière à rendre nos indications intelligibles dans toutes les localités. Les listes suivantes comprennent 181 variétés de pommiers et 128 de poiriers. Nous avons négligé les variétés médiocres ou mauvaises, pour ne nous occuper que des meilleures, de celles qui sont caractérisées par leur saveur sucrée, leur grande fertilité, et la forme pyramidale de leur tête.

Quoique les variétés de pommiers à fruits acides ou aigres soient considérées avec raison comme généralement peu propres à la fabrication du cidre, nous avons cependant cru devoir admettre quelques-unes des plus productives et des meilleures; car leur usage devient quelquefois nécessaire pour faciliter la clarification de certains cidres.

LISTE

DES MEILLEURES VARIÉTÉS D'ARBRES A FRUITS A CIDRE.

I. POMMIERS

Ire CLASSE. — VARIÉTÉS PRÉCOCES OU DE PREMIÈRE SAISON, C'EST-A-DIRE MURISSANT LEURS FRUITS EN SEPTEMBRE.

Premier groupe. — Fruits amers.

NOM LE PLUS CONNU.	SYNONYMIE.	CANTON OU CHAQUE NOM EST CONNU.	FORME de la tête DES ARBRES.
Blanc-mollet.	. . . .	Valmont (*Seine-Inférieure*).	Ronde.
»	*Petit-galot*	Villedieu (*Manche*)	. . Id.
»	*Ferrand*	Vire (*Calvados*)	. . Id.
»	*Bonne-race*	Les Pieux (*Manche*)	. . Id.
»	*Petit-jaunet*	St-Pierre-s-Dives (*Calvados*)	. . Id.
»	*Guibray*	Lisieux (*Calvados*)	. . Id.
»	*Douce - morelle - d'Aumale*	Gournay (*Seine-Inférieure*).	. . Id.
»	*Grande-vallée*		
Cour d'Aleaume.	. . . .	St-Pierre-s-Dives (*Calvados*)	. . Id.
Mailloc.	. . . .	Lisieux (*Calvados*)	. . Id.
»	*De Mandre*	Dozulé (*Calvados*)	. . Id.
Fosse-Varin.	. . . .	Croissanville (*Calvados*)	. . Id.
»			
»	. . . .	Bréhal (*Manche*)	Pyramidale.
Amer-doux blanc.	*Bianquette* . . ·	Neufchâtel (*Seine-Inférieure*)	. . . . Id.
	Cidre-rouge	Saint-Saens (*Seine-Infér.*) . .	. . . . Id.
Amer-Gautier.	. . . .	Forges-l-Eaux (*Seine-Inf.*) . .	Ronde.
Girard.	. . . .	Croissanville (*Calvados*)	. . Id.
»	*De beurré ou de sirop* . .	Darnetal (*Seine-Inférieure*).	. . Id.
»	*Gros roquet blanc*	Condé-s-Noireau (*Calvados*).	. . Id.
»	*Renouvelet*	Fauville (*Seine-Inférieure*) . .	. . Id.
»	*Papillon*	Neufchâtel (*Seine-Inférieure*)	. . Id.
Gros muscadet.	. . . .	Forges-les-Eaux (*Seine-Inf.*	Pyramidale.
Douce-morelle.	. . . .	Gisors (*Eure*)	Ronde.
»	*Bec-de-lièvre*	Granville (*Manche*)	. . Id.
»	*De balai*	Valogne (*Manche*)	. . Id.
»	*Bedièvre*	Saint-André (*Eure*)	. . Id.
De Guillot-Roger.	. . . .	Avranches (*Manche*)	. . Id.
L'épice ou l'épicé.	. . . .	Croissanville (*Calvados*)	. . Id.
»	*Belle - fille, Aumale, Belle - femme, Petit Retel, Petit Ameret, Aufrielle, Petit Damerel*	Pont-Audemer (*Eure*)	. . Id.
»	*Pomme-de-lièvre*	Gournay (*Seine-Inférieure*).	. . Id.
»	*Doucet*	Lisieux (*Calvados*)	. . Id.
Doux-pignon.	. . . .	Saint-Brice (*Ille-et-Vilaine*).	Pyramidale.
Doux-de-Surel.	. . . .	Malestroit (*Morbihan*)	Ronde.
Gros-doux-amer.	. . . .	Saint-Brice (*Ille-et-Vilaine*)	. . Id.

Deuxième groupe. — Fruits doux.

NOM LE PLUS CONNU.	SYNONYMIE.	CANTON OU CHAQUE NOM EST CONNU.	FORME de la tête DES ARBRES.
De Vermeille.	....	Avranches (*Manche*).	Pyramidale.
»	*Robert-de-Rennes*.	Brecey (*Manche*).	...Id.
»	*Gros-rouge-de-Graitel*.	Valogne (*Manche*).	...Id.
Greffe de Monsieur.	....	Avranches (*Manche*).	Ronde.
De Couet.	....	Écouché (*Orne*).	..Id.
»	*De mon-dieu*	Avranches (*Manche*)	..Id.
»	*Doucet-de-cœur*	Lamballe (*Côtes-du-Nord*)..	..Id.
Fochette.	....	Bayeux (*Calvados*).	..Id.
De St-Laurent.	....	Pontevy (*Morbihan*).	..Id.
Doux-à-l'Aignel.	....	Vire (*Calvados*).	Pyramidale.
»	*Abricot*.	Criquetot-l'Esneval (*S.-Inf.*)	...Id.
»	*De gros-échallé*.	Avranches (*Manche*).	...Id.
»	*De Vagnon*	Ourville (*Seine-Inférieure*).	...Id.
»	*Gouget*.	Routot (*Eure*).	...Id.
»	*Demoiselle ou cardine*..	Bacqueville (*Seine-Infér.*) ..	...Id.
»	*De Fillette*.	Havre (*Seine-Inférieure*)...	...Id.
Gros-Roger.	....	St-Pierre-s.-Dives (*Calvados*)	Ronde.
»	*Beau-Roger*.	Passais (*Orne*).	..Id.
Ameret.	....	Ourville (*Seine-Inférieure*)..	..Id.
»	*Rouge - rayée, ou d'a-voine-doux*.	Villedieu (*Manche*).	..Id.
»	*D'août*.	Dozullé (*Calvados*).	..Id.
»	*Roquet*.	Bacqueville (*Seine-Infér.*)..	..Id.
Gros-Ameret.	....	Marigny (*Calvados*).	..Id.
Renouvelet.	....	Falaise (*Calvados*).	..Id.
De guêpe.	....	Avranches (*Manche*).	Pyramidale.
Haze.	....	Falaise (*Calvados*).	Ronde.
De Luzerne.	....	Avranches (*Manche*).	..Id.
»	*De gris-yeux*.	Granville (*Manche*)	..Id.
Coqueret.	....	Coulibœuf (*Calvados*).	..Id.
»	*Railé*.	Torigny (*Manche*).	..Id.
Blanchet.	....	Ourville (*Seine-Inférieure*)..	..Id.
»	*De Madeleine*.	Lamballe (*Côtes-du-Nord*)..	..Id.
»	*De blanc*.	Écouché (*Orne*).	..Id.
»	*Railé-jaune*.	Cherbourg (*Manche*).	..Id.
»	*Gros-blanc*.	Malestroit (*Morbihan*)	..Id.
»	*Blanc-doux*.	Falaise (*Calvados*).	..Id.
»	*Doux-de-la-Lande*.	Bessin.	..Id.
Gros-bel-œil.	....	Les Pieux (*Manche*).	..Id.
»	*Gros-doux*.	Beaumont (*Manche*).	..Id.
De Canu.	....	Torigny (*Manche*).	..Id.
»	*Sans-pareille*.	Breteuil (*Oise*).	..Id.
»	*De doux-Nantes*	Questembert (*Morbihan*)....	..Id.
De jaunet.	....	Écouché (*Orne*).	..Id.
Douce-blanche.	....	Ailly-le-Haut-Clocher (*Som.*)	..Id.
Grand-Jouan.	....	Kervignae (*Morbihan*).	..Id.
D'ognonnet.	....	Valmont (*Seine-Inférieure*)..	..Id.
Cocherie flagellée	....	Avranches (*Manche*).	..Id.
Rouge-bruyère.	*Rouge-brière*.	Tôtes (*Seine-Inférieure*)....	..Id.
»	*Fréquin rouge*.	Bellesme (*Orne*).	..Id.
»	*De carotte*.	Valmont (*Seine-Inférieure*)..	..Id.

NOM LE PLUS CONNU.	SYNONYMIE.	CANTON OÙ CHAQUE NOM EST CONNU.	FORME de la tête DES ARBRES.
Rouge-bruyère	Queue-nouée...........	Abbeville (*Somme*)..........	Ronde
»	D'argile...............	Fauville (*Seine-Inférieure*)..	..Id.
»	Doux-vairet...........	Neufchâtel (*Seine-Inférieure*)	..Id.
»	Petit fréquin..........	Livarot (*Calvados*).........	..Id.
»	Toupie rouge.	Cherbourg (*Manche*).	..Id.
»	Musel-de-brebis.......	Yvetot (*Seine-Inférieure*)...	..Id.
»	Doux-à-mouton........	Ingouville (*Seine-Inférieure*).	..Id.
Saint-Gilles.	....	Valogne (*Manche*)..........	..Id.
»	Longue-queue..........	Villers-Bocage (*Calvados*)...	..Id.

Troisième groupe. — Fruits acides.

NOM LE PLUS CONNU.	SYNONYMIE.	CANTON OÙ CHAQUE NOM EST CONNU.	FORME de la tête DES ARBRES.
Bonne-ente.	... .	Rouen (*Seine-Inférieure*)...	..Id.
»	Haut-bois............	Goderville (*Seine-Inférieure*)	..Id.
»	Orpolin jaune........	Livarot (*Calvados*).........	..Id.
»	Fillasse.............	Thiberville (*Eure*)..........	..Id.
Fouasse.	....	Torigny (*Manche*)..........	..Id.
Camoise.	....	La-Haye-du-Puits (*Manche*).	..Id.
»	Colombier.	Ingouville (*Seine-Inférieure*)	..Id.
Fleur-de-mai.	....	Valmont (*Seine-Inférieure*)..	..Id.

2ᵉ CLASSE. — VARIÉTÉS MOYENNES OU DE SECONDE SAISON, C'EST-A-DIRE MURISSANT LEURS FRUITS EN OCTOBRE.

Premier groupe. — Fruits amers.

NOM LE PLUS CONNU.	SYNONYMIE.	CANTON OÙ CHAQUE NOM EST CONNU.	FORME de la tête DES ARBRES.
Bertonnet.	Charge-maigré..	Brecey (*Manche*)...........	..Id.
»	Grosse blanche........	Bernaville (*Somme*).........	..Id.
Croix-de-Bouelle.	....	Saint-Sacus (*Seine-Infér.*)...	Pyramidale.
»	Rouge-mallet.........	Les Pieux (*Manche*)........	...Id.
»	Mullura..............	Beaumont (*Manche*)........	...Id.
Belle-rouge.	....	Les Pieux (*Manche*)........	Ronde.
Franc-pepin.	....	Torigny (*Manche*)..........	..Id.
»	Burotte..............	Les Pieux (*Manche*)........	..Id.
Moussette.	....	Villers-Bocage (*Somme*).. ..	..Id.
»	Amer-mousse, noron...	Falaise (*Calvados*)..........	..Id.
Tendre blanche.	....	Gisors (*Eure*)..............	Pyramidale.
»	Amer-Gautier.........	Neufchâtel (*Seine-Inférieure*)	...Id.
Cusset.	....	Avranches (*Manche*).......)	Ronde.
Doux-amer.	....	Condé-sur-Noireau (*Calvad.*..	..Id.
»	Rouge...............	Valmont (*Seine-Inférieure*)..	..Id.
Fruit-trouvé.	....	Beaumont (*Manche*)........	Pyramidale.
De Hoir.	....	Cherbourg (*Manche*).......	Ronde.
Petit ameret.	....	St-Pierre-sur-Dives (*Calv.*).	..Id.
»	De Saint-Quentin......	Lisieux (*Calvados*)..........	..Id.
»	Petit bedoux..........	Saint-André (*Eure*)...... ...	..Id.
Timpacé.	....	Granville (*Manche*).........	..Id.
Amelot.	....	Falaise (*Calvados*)..........	..Id.
Gros-amer-doux.	....	Thiberville (*Eure*)..........	..Id.
»	De roquet............	Avranches (*Manche*).......	..Id.
»	Petit Chesné..........	Torigny (*Manche*)..........	..Id.
»	De massue............	Condé-sur-Noireau (*Calvad.*)	..Id.
»	Chesné..............	Aunay (*Calvados*)..........	..Id.
»	Amer-doux............	Valogne (*Manche*)..........	..Id.
»	Belle-mauvaise	.... (*Seine-Inférieure*)...	..Id.
De Rouelle.	....	Condé-sur-Noireau (*Calvad.*)	Pyramidale.

NOM LE PLUS CONNU.	SYNONYMIE.	CANTON OU CHAQUE NOM EST CONNU.	FORME de la tête DES ARBRES.
De Ville-Juste.		Criquetot-l'Esneval (*S. Inf.*).	Ronde.
Gros-Fréquin.		Vire (*Calvados*).	..Id.
Ozanne.		Villers-Bocage (*Somme*).	Pyramidale.
»	*Orange*	......(Seine-*Inférieure*)..	....Id.
»	*Belle-ozanne*	Saint-Brice (*Ille-et-Vilaine*).	....Id.
Cul-noué		......(Seine-*Inférieure*)...	Ronde.
»	*Ennoué, queue-nouée*	Avranches (*Manche*)	..Id.
Menuet.		Kervignac (*Morbihan*)	..Id.

Deuxième groupe. — Fruits doux

NOM LE PLUS CONNU.	SYNONYMIE.	CANTON OU CHAQUE NOM EST CONNU.	FORME de la tête DES ARBRES.
Doux-auvèque ou évêque.	*Doux-aux-vespes*	Avranches (*Manche*).	Pyramidale.
»	*Doux-revel*	Lannion (*Côtes-du-Nord*)	....Id.
»	*De rivière*	Torigny (*Manche*)	Ronde.
Gallot		Dozullé (*Calvados*)	..Id.
»	*Finette*	Torigny (*Manche*)	..Id.
De sonnette.		Ourville (*Seine-Inférieure*)	..Id.
»	*Trompe-friand*	Routot (*Eure*)	..Id.
»	*De grelot*	Buchy (*Seine-Inférieure*)	..Id.
»	*Petit-citron*	Faouet (*Morbihan*)	..Id
De mouches.		Valmont (*Seine-Inférieure*)	..Id.
Peau de vache précoce.		Thiberville (*Eure*)	..Id.
»	*Des quatre-frères*	Bellencombre (*Seine-Infér.*)	..Id.
Doux-Bolois.		La Chèze (*Côtes-du-Nord*)	Pyramidale.
Belle-fille.		Buchy (*Seine-Inférieure*)	....Id.
»	*Coints-doux*	Elven (*Morbihan*)	....Id.
»	*Saint-Michel*	Lamballe (*Côtes-du-Nord*)	Ronde.
Rambourg-doux		Darnetal (*Seine-Inférieure*)	..Id.
»	*De roulier*	Fleury-sur-Andelle (*Eure*)	..Id.
D'avoine.		Villers-Bocage (*Somme*)	..Id.
»	*Grosse-queue*	Falaise (*Calvados*)	..Id.
Doux-au-gobé.		Granville (*Manche*)	Pyramidale.
Cartigny.		Aunay (*Calvados*)	Ronde.
Turbet.		Breteuil (*Oise*)	..Id.
Gros Bedangue.		Valmont (*Seine-Inférieure*)	..Id.
»	*De Saint-Pierre*	Saint-Saens (*Seine-Inf.*)	..Id.
»	*D'Equilly*	Bréhal (*Manche*)	..Id.
Becquet.		Torigny (*Manche*)	..Id.
Jaunet-galopin.		Lisieux (*Calvados*)	..Id.
»	*Menu-pont*	St-Pierre-sur-Dives (*Calvad.*)	..Id.
Herouet.		Villers-Bocage (*Somme*)	..Id.
De l'avocat.		Thiberville (*Eure*)	..Id.
De gros-cul.	*De bataille, court-noué*	Ecouché (*Orne*)	..Id.
De Basin.		Ourville (*Seine-Inférieure*)	..Id.
»	*De Sainte-Lucie*	Boos (*Seine-Inférieure*)	..Id.
»	*De Tarte*	Fauville (*Seine-Inférieure*)	..Id.
Petit-court.		Cherbourg (*Manche*)	..Id.
Loifé.		Torigny (*Manche*)	Pyramidale.
Petit-doux.		Bernaville (*Somme*)	....Id.
»	*De gros-château*	Saint-Brice (*Ille-et-Vilaine*).	....Id.
»	*Railé-pointu*	Cherbourg (*Manche*)	....Id.
De Rouget.		Cany (*Seine-Inférieure*)	Ronde.
»	*Gros-écarlate, gros-rouget*	......(Seine-*Inférieure*)..	..Id.
»	*Rouge-Pottier*	St-Pierre-sur-Dives (*Calvad.*	..Id.

NOM LE PLUS CONNU.	SYNONYMIE.	CANTON OÙ CHAQUE NOM EST CONNU,	FORME de la tête DES ARBRES.
De cimetière de Blangy.	....	Bernay (*Eure*)...........	Ronde.
»	*De carnelle*..........	Bellesme (*Orne*)...........	..Id.
»	*Rougette*...........	Bernaville (*Somme*)........	..Id.
»	*De cimetière*..........	La Haye-du-Puits (*Somme*)..	..Id.
»	*De Blangy*...........	Livarot (*Calvados*,........	..Id.
De Feuillée.	....	Vire (*Calvados*)...........	..Id.
De la Bourdonnais.	....	Lamballe (*Côtes-du-Nord*)..	Pyramidale.
»	*Doux-auvéque d'hiver*..	Villedieu (*Manche*........	....Id.
»	*De marin-poulain*.....	Avranches (*Manche*).......	....Id.
Gros-gallot.	....	Brecey (*Manche*).........	....Id.
Bonne-sorte.	*Grande-sorte*.........	Thiberville (*Eure*)........	Ronde.
»	*De Pont*...........	Livarot (*Calvados*)........	..Id.
»	*De St-Philibert, St-Meun*............	Lisieux (*Calvados*).........	..Id.
De Binet.	....	Livarot (*Calvados*)...	..Id.
»	*Gros Binet*...........	......(*Seine-Inférieure*)...	..Id.
»	*Gros Rélel*...........		
»	*Gros-doux*...........	Torigny (*Manche*)........	..Id.
»	*De Ry*.............	Forges-les-Eaux (*Seine-Inf.*).	..Id.
»	*Verte-reine*..........	La Haye-du-Puits (*Manche*)..	..Id.
»	*Hébert*.............	Les Pieux (*Manche*)........	..Id.
»	*Bernimones*..........	Neufchâtel (*Seine-Inférieure*	..Id.
»	*Daucel*...........	Aunay (*Calvados*).........	..Id.
»	*Petite-rouge*..........	Pont-Scorff (*Morbihan*)....	..Id
De doux-piqué	....	Saint-Brice (*Ille-et-Vilaine*)	Pyramidale.
»	*De crochu*..........	Dozullé (*Calvados*)........	....Id.
De Préaux	.	Brehal (*Manche*)..........	Ronde.
Fréquin.	....	Ailly le Haut Clocher (*Somme*)	..Id.
»	*De limaçon*.........	Boos (*Seine-Inférieure*).....	..Id.
»	*Coquery-moyen*........	Forges-les-Eaux (*Seine-Inf.*)	..Id.
De Caumont	....	Forges-les-Eaux (*Seine-Inf.*)	..Id
»	*Matho*...........	Neufchâtel (*Seine-Infér.*)...	..Id.
»	*Gros-Prélot*........	Bréhal (*Manche*)..........	..Id.
»	*De Loson*........	Villedieu (*Manche*).......	..Id.
»	*Petit-Colas*........	Périers (*Manche*).........	..Id.
Varaville.	....	Pont-Audemer (*Eure*)......	..Id.
Chevalier.	....	Avranches (*Manche*).......	..Id.
Closette.	....	Bréhal (*Manche*)..........	..Id.
Souci.	....	Saint-Brice (*Ille-et-Vilaine*)	..Id.
Doux-Normand	....	Guémené (*Morbihan*)......	..Id.
De côte.	....	Falaise (*Calvados*)..	..Id.
De buisson-serré.	....	Kervignac (*Morbihan*)......	Pyramidale.
De long-bois.	....	Ailly le Haut Clocher (*Somme*)	....Id.
»	*Berdouillière, queue de rat*.......	Breteuil (*Oise*)...........	....Id.
»	*Janvier*...........		
»	*Carpentier, groseillier*.	Goderville (*Seine-Inférieure*)	....Id.
»	*De Normandie*........	Bellesme (*Orne*)...........	....Id.
»	*Thiolet*...........	Croissanville (*Calvados*)....	....Id.
Pommette.	....	Darnetal (*Seine-Inférieure*)	Ronde.
»	*Saint-Martin*........	Goderville (*Seine-Inférieure*)	..Id.
Long-pommier.	....	St-Pierre-s-Dives (*Calvados*.	Pyramidale.
»	*Étiolé*...........	Falaise (*Calvados*).........	....Id.

Troisième groupe. — Fruits acides.

NOM le plus connu.	SYNONYMIE.	CANTON où chaque nom est connu.	FORME de la tête des arbres
De Mouches.	. . . .	Valmont (*Seine-Inférieure*)..	Ronde.
Feuillard.	. . . .	Granville (*Manche*)........	Pyramidale.
Bonnet-carré.	. . . .	Begard (*Côtes-du-Nord*)...	Ronde.
Fleur-d'Auge.	. . . .	Vire (*Calvados*)..........	..Id.
Gris-aigre.	. . . .	Malestroit (*Morbihan*).....	..Id.
Petit-Soulange.	. . . .	Falaise (*Calvados*)........	..Id.
De Rennes.	. . . .	Malestroit (*Morbihan*)......	..Id.
De Corneille.	. . . .	Lisieux (*Calvados*)........	..Id.
A grappe.	. . . .	Combes (*Somme*)...........	Pyramidale.

5ᵉ CLASSE. — VARIÉTÉS TARDIVES OU DE TROISIÈME SAISON, C'EST-A-DIRE MURISSANT LEURS FRUITS EN NOVEMBRE

Premier groupe. — Fruits amers.

NOM le plus connu.	SYNONYMIE.	CANTON où chaque nom est connu.	FORME de la tête des arbres
bon-rapport.	. . . .	Falaise *Calvados*).........	Pyramidale.
Saux.	. . . .	Bayeux (*Calvados*)........	Ronde.
De Monnier.	*De Meunier*..........	Aunay (*Calvados*)........	...Id.
»	*Amer-Ricard*........	Saint-Saëus (*Seine-Infér.*)..	...Id.
Grimpe-en-haut	. . . .	Bayeux (*Calvados*)........	Pyramidale.
Grosse-amer..	. . . .	Forges-les-Eaux (*Seine-Inf.*)	..Id.
Haut-bois-gris	. . . .	Aunay (*Calvados*)..........	..Id.
Pétas.	. . . .	Bayeux (*Calvados*)........	Ronde.
Amer-vert.	. . . .	Villers-Bocage (*Somme*).....	..Id.
Doux-Normand.	. . . .	Lamballe (*Côtes-du-Nord*).	..Id.
Hammelait blanc.	. . . .	St-Valery-en-Caux (*S.-Infér.*)	..Id.
Gros-têtard.	. . . .	Villedieu (*Manche*).	..Id.
La trompeuse blanche.	. . . .	Pont-Scorff (*Morbihan*).....	..Id.
A bouquet.	. . . .	Niviliers (*Oise*)......	..Id.
De Saint-Jean.	. . . .	Niviliers (*Oise*)......	..Id.
Haute-bonté.	. . . .	Villers-Bocage (*Somme*)....	..Id.
Pré-petit.	*Prépetit*............	Bayeux (*Calvados*)........	..Id.
Bec-d'âne.	*Bedane, Bec-d'angle, Bedangue, Bedan*...	Falaise (*Calvados*)........	..Id.
»	*Ameret*..............	Bellencombre (*Seine-Infér.*)	..Id.
»	*De Saint-Martin*......	Fécamp (*Seine-Inférieure*)..	..Id.
»	*De Saint-Hilaire*......	Bellesme (*Orne*)...........	..Id.

Deuxième groupe. — Fruits doux.

NOM le plus connu.	SYNONYMIE.	CANTON où chaque nom est connu.	FORME de la tête des arbres
D'Orveau.	. . . .	Damville (*Eure*)......	..Id.
Doux-Nantes.	. . . .	Questembert (*Morbihan*)....	..Id.
Gros-doux-de passé.	. . . .	Mordelle (*Ille-et-Vilaine*)..	..Id.
»	*Verte-à-la-hatre*......	Boos (*Seine-Inférieure*)....	Pyramidale.
»	*Monteaucogne*.........	Pont-de-l'Arche (*Eure*).....	..Id.
»	*Blanche*............	Fauville (*Seine-Inférieure*).	..Id.
»	*Langevin, Lanjuin*....	Villedieu (*Manche*)........	..Id.
Roquet blanc	. . . .	Ailly-le-Haut-Clocher (*Somme*)	..Id.
Gros Bedang.	. . . .	Ingouville (*Seine-Inférieure*)	Ronde.
»	*De Maillet*....	Hornoy (*Somme*)	Pyramidale.

NOM LES PLUS CONNU.	SYNONYMIE.	CANTON OÙ CHAQUE NOM EST CONNU.	FORME de la tête DES ARBRES.
Doux-châtaigne	....	Foauët (*Morbihan*)........	Ronde.
Goulafrière	....	Dozuley (*Calvados*)........	..Id.
Milan blanc.	....	Ingouville (*Seine-Infér.*)....	..Id.
De laurier.	....	Les Pieux (*Manche*).......	Pyramidale.
Durel.	....	Pont-Audemer (*Eure*)......	Ronde.
Petite-ente.	....	St-Pierre-s-Dives (*Calvados*).	..Id.
Bon-acre.	....	Les Pieux (*Manche*)........	..Id.
Gris-avoine.	....	Aunay (*Calvados*)........	..Id.
Grosse-blanche.	....	Les Pieux (*Manche*)........	..Id.
De jaune.	....	Écommoy (*Sarthe*)........	..Id.
Ilos.	....	Bayeux (*Calvados*)........	..Id.
Douce-bretonne.	*Grosse-rouge....*	Pont-Scorff (*Morbihan*).....	Pyramidale.
Offriche glas.	*Aufriche....*	Bégard (*Côtes-du-Nord*)...	Ronde.
Fossette.	....	Falaise (*Calvados*)........	..Id.
De St-Germain.	....	Bellesme (*Orne*)........	..Id.
Doux-Martin.	....	Bayeux (*Calvados*)........	..Id.
»	*Saint-Martin, rouge-mulot............*	Croissanville (*Calvados*).....	..Id.
Fausse-Moussette.		Passais (*Orne*)............	..Id.
»	*Quatre-à-la-livre .....*	Lamballe (*Côtes-du-Nord*)..	..Id.
»	*Tête-de-chat........* ..		..Id.
»	*Coqueret-roux.........*	Écouché (*Orne*).......	..Id.
»	*Roquet-rouge ....*	Ally-le-Haut-Clocher (*Som*).	..Id.
»	*Grosse moleine........*	Valogne (*Manche*).........	..Id.
Routier.	....	St-Pierre-s-Dives (*Calvados*)	..Id.
Doux-vert.	....	Ham (*Somme*).....	..Id.
»	*Roquet-vert..........*	Villers-Bocage (*Somme*).....	..Id.
»	*Fetuel.........*	Thierry-Harcourt (*Calvados*)	..Id.
Bisquet	....	St-Pierre-s-Dives (*Calvados*).	.Id.
Peau de-Vache tardive.	....	Falaise (*Calvados*)........	Pyramidale.
Sauvage.	*Notre-Dame-Sauvage..*	Bayeux (*Calvados*)........	Ronde.
De cresson.	....	Hornoy (*Somme*)...	Pyramidale.
Camière.	....	Bayeux (*Calvados*).	Ronde.
Gros-Marin-Aufray.	....	Merdrignac (*Côtes-du-Nord*).	.Id.
Jean-Huré.	....	Hornoy (*Somme*)	..Id.
De ché.	*De chair.. .....*	St-Pierre-s-Dives (*Calvados*).	Pyramidale.
»	*Verte-douce.........*	Moncontour (*Côtes-du-Nord*)	...Id.
»	*Tris-doux-blanc.......*	Bégard (*Côtes-du-Nord*)....	...Id.
De cendres.	....	Bellesme (*Orne*)	Ronde.
Double-blonde.	....	Ham (*Somme*)...........	Pyramidale.
»	*Muscadet...........*	Yvetot (*Seine-Inférieure*)....	...Id.
Sapin.	....	Bayeux (*Calvados*)........	...Id.
Bonne-chambrière.	....	Dozuley (*Calvados*)........	...Id.
»	*Maignan-frais........*	Cany (*Seine-Inférieure*).....	...Id.
»	*Roquet-blanc.. ......*	Villers-Bocage (*Somme*).....	...Id.
Adam.	....	Lisieux (*Calvados*).........	...Id.
De bouteille.	....	Routot (*Eure*)....	Ronde.
»	*Barette............*	Goderville (*Seine-Inférieure*).	..Id.
»	*Doux-à-la-troche. ....*	Bellesme (*Orne*)...........	..Id.
De Martremble.	....	Mortagne (*Orne*)........ ..	Pyramidale.

NOM LE PLUS CONNU.	SYNONYMIE.	CANTON OU CHAQUE NOM EST CONNU.	FORME de la tête DES ARBRES.
Gros-doux tardif.	....	Falaise (*Calvados*)	Ronde.
Rebois.	....	Falaise (*Calvados*).........	..Id.
Marin-Anfray.	*Marin-Honfroy, Marie-Haufray, Marie-Anfray*.............	Dozuley (*Calvados*).........	..Id.
»	*D'Argueil*............	Darnetal (*Seine-Inférieure*).	..Id.
»	*Hamelet, Dameret, omelette*............	Bolbec (*Seine-Inférieure*)...	..Id.
»	*Roquet*	Neufbourg (*Eure*)...........	..Id.
»	*D'Orgueil*............	Nivillers (*Oise*)............	..Id.
Barbarie.	*Barbari*	Pont-de-l'Arche (*Eure*)......	..Id.
»	*De grandes-feuilles*....	Les Pieux (*Manche*).........	..Id.
»	*Merdoux, Amer-doux-rouge*.............	Granville (*Manche*)	..Id.
Tard-fleuri.	....	Saint-Brice (*Ille-et-Vilaine*).	..Id.

Troisième groupe. — Fruits acides.

NOM LE PLUS CONNU.	SYNONYMIE.	CANTON OU CHAQUE NOM EST CONNU.	FORME de la tête DES ARBRES.
Glane-d'oignon.	....	Méru (*Oise*)...........	..Id.
»	*Verte-belle*...........	Offranville (*Seine-Inférieure*)	..Id.
Surelle.	....	Bernaville (*Somme*).........	..Id.
De Germaine.	....	Forges-les-Eaux (*S.-Inf.*)...	Pyramidale.
Douce-morelle rouge.	....	Gisors (*Eure*).............	Ronde.
»	*Moulin-à-vent*	Livarot (*Calvados*).........	..Id.
Quénin.	....	Allaire (*Morbihan*).........	..Id.
Rodon.	....	La Chèze (*Côtes-du-Nord*)..	..Id.

<h2>II. POIRIERS.</h2>

NOM LE PLUS CONNU.	SYNONYMIE.	CANTON OU CHAQUE NOM EST CONNU.
Carisi rouge.........	....	Envermeu (*Seine-Inférieure*).
»	*Pochon rouge*........	Pays d'Auge.
Carisi blanc.........	....	Fauville (*Seine-Inférieure*).
»	*Pochon blanc*........	Pays d'Auge.
Gros carisi..	....	Tôtes (*Seine-Inférieure*).
»	*De Jacques*..........	Damville (*Eure*).
Petit carisi.........	....	Neufchâtel (*Seine-Inférieure*).
De George.........	....	Envermeu (*Seine-Inférieure*).
De Clair.........	....	Fauville (*Seine-Inférieure*).
Pleureur	....	Fecamp (*Seine-Inférieure*).
De Roulet.........	....	Yvetot (*Seine-Inférieure*).
De Croix-marc.........	....	..Id.
Neuf-boc.........	....	Neufchâtel (*Seine-Inférieure*)
De jaunet.........	....	Tôtes (*Seine-Inférieure*).

NOM LE PLUS CONNU.	SYNONYMIE.	CANTON OU CHAQUE NOM EST CONNU.
De cochon............		Tôtes (*Seine-Inf.*).
»	*De Fressard*........	Darnetal (*Seine-Inf.*).
De petite épine......		Forges-les-Eaux (*Seine-Infér.*)
De grosse épine......		..Id.
Patoulet rouge.......		..Id.
Patoulet blanc.......		..Id.
Picard............		..Id.
De gris...........		..Id.
De Rougin.........		..Id.
Patelet rouge.......		..Id.
Patelet gris.........		..Id.
Patelet plat........		..Id.
De longue queue.....		..Id.
De Marin-Brugot.....		..Id.
De fer............		Ourville (*Seine-Inférieure*).
»	*Gros vert*..........	..Id.
De rouge-gorge......		Doudeville (*Seine-Inférieure*).
Saugier blanc........		Rouen (*Seine-Inférieure*).
»	*De Sauge*.........	......(*Loiret, Sarthe*).
Saugier gris.........		Rouen (*Seine-Inférieure*).
Saugier petit........		..Id.
Saugier gros........		..Id.
Blanc-long.........		Valmont (*Seine-Inférieure*).
Petit grisard........		..Id.
Gros grisard........		..Id.
De four...........		..Id.
De Rouesse.........		..Id.
Petit avoine........		..Id.
Decoq............		..Id.
»	*Sabot*...........	Pays de Caux.
De Guillot.........		Valmont (*Seine-Inférieure*).
De Berthelot........		..Id.
De Pissouse........		Moncontour (*Côtes-du-Nord*).
De Trochet........		Condé-sur-Noireau (*Calvados*).
Gros lautricot......		..Id.
De branche........		..Id.
»	*Court-cou*.........	......(*Manche*).
Petit lantricotin.....		Condé-sur-Noireau (*Calvados*).
Petit longuet.......		..Id.
Petit paronnet......		..Id.
»	*Ramparonnot*.......	Pays d'Auge.
De Lucas..........		..Id.
D'ognonnet........		..Id.
De Martine........		..Id.
De Girot-Loisel.....		Vire (*Calvados*).
»	*Clinchamp*.........	Bréhal (*Manche*).
De braise..........		Falaise (*Calvados*).
Moque-friand rouge...		..Id.
»	*Robin*............	Pays d'Auge.
»	*Huchet*...........	......(*Eure*).
»	*Garçon, gris-cochon.*	Avranches (*Manche*).
Moque-friand blanc...		Falaise (*Calvados*).
D'Ectot...........		Dozuley (*Calvados*).
»	*Catillon*..........	Pays d'Auge.
De chêne..........		Dozuley (*Calvados*).

NOM LE PLUS CONNU.	SYNONYMIE.	CANTON OU CHAQUE NOM EST CONNU
De cimarin.........	....	Dozuley (*Calvados*).
D'Ivoie...........	*Angoisse ou d'Angoisse*	..Id.
Grosse grise........	*Blanc-collet*........	..Id.
»	....	Falaise (*Calvados*).
»	....	Bernay (*Eure*).
Petite grise........	....	Dozuley (*Calvados*).
De vigne..........	....	..Id.
Blanc-bocage	....	Lisieux (*Calvados*).
Petite-tête........	....	..Id.
Boudais...........	....	..Id.
De chemia	....	..Id.
De Billon.........	....	..Id.
Trompe-gourmand ..	....	..Id.
D'étrangle.........	....	Kervignac (*Morbihan*).
Mouillié..........	....	Ploueux (*Morbihan*).
Rouge............	....	..Id.
A queue blanche	....	..Id.
Rousse...........	....	..Id.
Normand..........	....	Questembert (*Morbihan*).
Petit Krayo........	....	..Id.
Sergent...........	....	Elveu (*Morbihan*).
D'eau............	....	..Id.
Ribotte...........	....	. Id.
Frotin...........	....	Malestroit (*Morbihan*).
De jaune..........	....	..Id.
De couret.........	....	Muzillac (*Morbihan*).
Kian.............	....	Damville (*Eure*).
De Silaurie	....	..Id.
Rouillard gris......	....	Gisors (*Eure*).
Petit-jaune........	....	..Id.
Jaune-verte	....	..Id.
Grise-longue.......	....	..Id.
Jaune-ronde.......	....	..Id.
Petit-moulin	....	..Id.
Grosse-verte.......	....	..Id.
Dure-verte	....	..Id.
Petit-rouge.......	....	..Id.
De cloche	....	Ecos (*Eure*).
Hâtive...........	....	..Id.
De vente..........	....	..Id.
De Rougerou	....	Saint-André (*Eure*).
De fosse..........	....	Thibouville (*Eure*).
Mouchard.........	....	..Id.
Rolin............	....	..Id.
Maillet...........	....	Méru (*Oise*).
Taurin	....	..Id.
Rinde............	....	..Id.
De Rousselet.......	....	..Id.
De Bigarre	....	Ham (*Somme*).
De gros-voirie......	....	..Id.
Courte-queue	....	Saint-Brice (*Ille-et-Vilaine*).
De Trouvelte.......	....	..Id.
De Gouaux-roux.....	....	..Id.
De Crapau-de-Vendel.	....	..Id.
D'hyverne-blanc.....	....	Ecouché (*Orne*).

NOM LE PLUS CONNU.	SYNONYMIE.	CANTON OU CHAQUE NOM EST CONNU.
D'hyverne-roux......	....	Écouché (*Orne*).
Plant-blanc..........	....	Passais (*Orne*).
Gros-blot.......		..Id.
Gros-rouge.........		..Id.
Bezier...		Passais (*Orne*).
Bois-rabattu......		..Id.
Branche-de-Fournet...		.Id.
Couerie........		Id.
Gaubert.....		..Id.
Gontier ...		..Id.
Hautricot........		..Id.
Ponchard........		..Id.
Raguenet........		..Id.
»	*fleugon*............	Pays d'Auge.
Vert-de-la-Moricière..		Passais (*Orne*).
De Roux...........		..Id.
»	*Rousseau*............	.....(*Ille-et-Vilaine*).
De foin........		Avranches (*Manche*).
De Roile...........		..Id.
De Michel..........		Valognes(*Manche*).
De Troche..........		Bellesme (*Orne*).
Rouge-de-Vigny......		..Id.

La liste des pommiers est partagée, ainsi qu'on l'a vu, en trois classes principales, caractérisées par l'époque de maturité des fruits; puis, chacune de ces classes est subdivisée en trois groupes, dans lesquels viennent se ranger les fruits amers, les fruits doux, les fruits acides.

Quoique les fruits de troisième saison passent, avec raison, pour faire du cidre de meilleure qualité que les autres, on devra néanmoins se garder de donner exclusivement la préférence à cette série, parce que toutes ces variétés, fleurissant, pour la plupart, au même moment, il pourrait arriver, si le temps n'est pas favorable à cette floraison, qu'on se trouvât complétement privé de fruits. On sera moins exposé à cet accident en partageant également la place entre les trois séries. A la vérité, on aura rarement une récolte complète, mais l'abondance est souvent plus embarrassante que profitable pour le cultivateur, qui manque alors de fûts pour placer la totalité de ses produits.

D'un autre côté, lorsque arrive la fin de l'année, soit que la provision de cidre soit épuisée, soit que l'on ait besoin de mélanger du cidre doux avec des cidres devenus trop acides, on attend avec impatience le moment où l'on pourra commencer à brasser; or ce moment se ferait trop attendre si l'on choisissait seulement les pommes de troisième saison. Enfin, si l'on donnait exclusivement la préférence aux variétés de l'une ou de l'autre de ces trois séries, il pourrait se faire que, dans les grandes exploitations, on ne pût pas brasser tout le produit au moment le plus convenable.

Choix des arbres. — Le choix des arbres en général est de la plus grande importance; nous avons déploré l'économie mal entendue de certains propriétaires qui, pour avoir mal choisi leurs sujets, les ont remplacés jusqu'à trois fois de suite, avant de les voir se développer, et ont en définitive perdu beaucoup de temps et d'argent.

On doit considérer : 1° si les arbres sont greffés; 2° s'ils sont greffés en pied ou en tête; 3° la grosseur de la tige et sa hauteur; 4° leur mode de culture dans la pépinière; 5° la nature du sol de celle-ci.

Arbres greffés ou non greffés. Quelques cultivateurs préfèrent planter les arbres à demeure et les greffer ensuite; d'autres pensent qu'il y a plus d'avantage à les greffer dans la pépinière et à ne les planter à demeure qu'après la première formation de la tête de l'arbre. Nous pensons qu'il y a, de part et d'autre, des inconvénients et des avantages qu'il convient de préciser.

Si l'on greffe les jeunes arbres dans la pépinière, pour les planter à demeure quelque temps après, l'amputation qu'on leur fait subir dans la pépinière, pour les greffer en tête, détermine le développement d'une très-grande quantité de radicelles qui leur donnent meilleur pied et assurent le succès de leur transplantation. D'un autre côté, lorsqu'on vient à les planter, il n'y a plus à supprimer, sur leur tige, que le prolongement de quelques rameaux, et cela en proportion du dommage causé aux racines. On n'est pas non plus forcé de les étêter un an ou deux après leur plantation, comme lorsqu'ils ne sont pas greffés; opération qui nuit singulièrement à leur reprise, et prolonge leur état languissant, en suspendant pour la seconde fois le développement des racines. Enfin, les greffes posées sur des arbres en pépinières sont bien moins exposées aux accidents déterminés par les vents, les gros oiseaux, etc., que celles des arbres plantés dans les cours de fermes, et surtout en plein champ.

Mais, si la pépinière est assise sur un sol compacte, humide, où la végétation est très-vigoureuse, il arrive souvent, lorsqu'on vient à supprimer la tête des arbres pour les greffer, que leur tige se couvre de chancres qui les rendent languissants et parfois même les font périr. Dans ce cas, il y a tout avantage à planter les arbres à demeure avant de les greffer, car cette opération diminue leur vigueur et les chancres ne se manifestent plus. D'un autre côté, si la pépinière n'est pas soignée par celui qui plante, s'il est obligé d'acheter les arbres, il est exposé à ne pas avoir les variétés de fruits qu'il désire cultiver; car les pépiniéristes sont intéressés à greffer les variétés qui poussent le plus vigoureusement et qui forment le plus tôt la tête de l'arbre; or ces variétés sont presque toujours les moins productives et sont rarement les meilleures. On sera donc obligé, après plusieurs années d'attente, de regreffer ces sujets.

Nous ajouterons, toujours dans l'hypothèse où ces arbres seraient achetés chez un pépiniériste, que la première formation de la tête, si essentielle comme nous le verrons plus loin, aura été le plus souvent négligée et même abandonnée à elle-même, et qu'on ne pourra y remédier qu'à l'aide d'amputations toujours pernicieuses.

Il est donc évident que le choix entre les deux procédés doit être déterminé par les circonstances.

Si la pépinière appartient à celui qui plante et qu'elle soit assise sur un terrain de fertilité moyenne, il y aura tout avantage à ne les planter qu'après que les arbres auront été greffés et lorsque la tête sera âgée de 2 à 5 ans. Si, au contraire, le sol est très-compacte et humide, ou bien si l'on est obligé d'acheter ces arbres, il deviendra préférable de les prendre non greffés.

Arbres greffés en pied ou en tête. Lorsqu'on pourra planter des arbres greffés, on examinera s'il est plus avantageux de les prendre greffés en tête ou en pied. Nous pensons qu'on devra généralement choisir les premiers; car, pour former une belle tige aux dépens de la greffe en pied, il faut opérer sur une variété très-vigoureuse; or nous avons dit que ce sont souvent les moins productives et rarement les meilleures. Lorsque cependant cette opération sera effectuée dans la pépinière de celui qui plante, et qu'il sera, par conséquent, certain de la fécondité et de la vigueur des variétés qu'il greffera ainsi, il pourra user avantageusement de ce procédé, qui lui fera gagner deux ou trois ans sur la formation de l'arbre.

Grosseur et hauteur des arbres. — Il est bon, lorsqu'on plante à demeure, que les arbres aient acquis assez de force pour résister aux vents et aux bestiaux. On ne doit cependant pas dépasser certaines limites, car leur reprise deviendrait plus difficile, et, s'il s'agit d'arbres non greffés, la plaie occasionnée par la greffe se refermerait très-lentement et pourrait déterminer la carie de la tige. Toutefois le degré de grosseur de la tige pourra varier un peu en raison de quelques circonstances. Ainsi, pour la plantation des cours de ferme, où les arbres sont abrités des grands vents, les tiges pourront n'avoir que $0^m,14$ de circonférence, à un mètre du sol. Dans les terres labourées, plus exposées aux vents et surtout au choc de la charrue, ils ne devront pas avoir moins de $0^m,16$. S'il s'agit d'arbres greffés, soit en pied, soit en tête, les tiges pourront, sans inconvénient, avoir une grosseur plus considérable d'un quart. Il est bon aussi que la tige présente une élévation d'au moins $2^m,30$ à partir du sol jusqu'aux premières ramifications, afin que les récoltes souffrent moins de leur ombrage, que leur tête n'empêche pas le travail de la charrue, et que les branches soient moins exposées à être rompues par les bestiaux. Cette condition est surtout nécessaire pour les terrains à pente un peu rapide.

Mode de culture dans la pépinière. — Le mode de culture dans la pépinière influe beaucoup sur le succès de la reprise des arbres lors de leur plantation à demeure. On doit examiner s'ils ont été repiqués à une distance telle les uns des autres, que leur tige ait été habituée à l'influence bienfaisante du soleil, et qu'elle ait acquis une grosseur en rapport avec son élévation; on doit voir également si les opérations à l'aide desquelles on obtient la formation de cette tige ont été exécutées convenablement. Nous renvoyons à ce que nous avons dit relativement à ces diverses considérations lorsque nous avons parlé de la plantation des arbres de haut jet (p. 265). Ces considérations s'appliquent également aux arbres à fruits à cidre.

Nous rappellerons que l'on peut remplacer avantageusement l'opération du recépage des jeunes plants d'arbres à fruits à cidre en les écussonnant en pied et en choisissant, pour cela, certaines variétés d'une vigueur telle, qu'au bout de quatre ans on obtienne de belles tiges, d'une grosseur suffisante pour que les arbres soient plantés à demeure. De tels arbres pourront sans inconvénient être achetés, mais avec l'intention de les greffer de nouveau en tête.

La nature du sol où les arbres fruitiers ont été élevés exerce, sur le succès de leur plantation à demeure, la même influence que sur les arbres forestiers. Nous renvoyons donc à ce que nous avons déjà dit à cet égard (p. 267).

Forme à donner à la plantation. — Deux formes peuvent être utilement adoptées pour les plantations d'arbres à fruits à cidre : la plantation en bordure sur la lisière des terres labourées de bonne qualité, puis la plantation en quinconce dans les cours de ferme ou dans les champs dont le sol, très-léger, est exposé à la sécheresse.

Bordures. — Les plantations en bordure peuvent être considérées : 1° quant au nombre de lignes parallèles qui peuvent les composer 2° quant à la distance à réserver entre les arbres, sur chaque ligne. Les plantations en bordure n'étant usitées que pour entourer les terres labourées, on devra se contenter d'en planter une seule ligne afin que leur ombrage ne cause pas un dommage trop considérable aux autres produits du sol. Quant à la distance à réserver entre les arbres, elle doit être beaucoup plus grande que pour les arbres forestiers, parce que les arbres à fruits à cidre, et particulièrement les pommiers, ont une tendance à développer leur tête beaucoup plus en largeur qu'en hauteur; parce qu'ils sont plantés sur un sol qui doit rendre d'autres produits, soit en fourrages, soit en grains; enfin, parce qu'il est essentiel que chacune des parties de leur tête soit également éclairée, sous peine de voir les points les moins favorisés rester improductifs. Cette distance doit être telle, que, lorsque les arbres ont acquis leur développement complet, il reste entre la tête de chacun d'eux un espace de 2 à 3 mètres.

Toutefois la distance variera en raison de la nature du sol; en effet, les arbres acquièrent un plus grand développement dans un terrain profond, substantiel et suffisamment humide, que dans un sol graveleux et exposé à la sécheresse; et, de plus, les récoltes en fourrages et en grains ont dans les premiers terrains plus besoin de l'influence du soleil que dans les seconds. Pour les premiers, la distance devra être au moins de 20 mètres; pour les seconds elle pourra n'être que de 16 mètres.

Quinconces. — Ainsi que nous l'avons dit, les arbres à fruits à cidre sont très-utilement plantés dans les cours de fermes, et même dans les terres labourées exposées à la sécheresse. Ordinairement on adopte, pour ces sortes de plantations, la forme carrée. Les motifs que nous avons fait connaître, en traitant de la forme des plantations forestières d'alignement, nous font penser qu'ici on devra également préférer la forme en quinconce. Nous renvoyons au chapitre des plantations d'alignement pour la manière de tracer ces sortes de plantations sur le terrain (p. 258). Il ne nous reste qu'à parler de la distance à laquelle ces arbres doivent être plantés. Cette distance devra varier selon qu'il s'agira de la plantation des cours de fermes ou des terres labourées. Dans les cours de fermes, et en général dans les pâturages, le sol est couvert de plantes cultivées seulement pour leurs parties vertes, et non pour leurs semences. Tout en réclamant l'influence bienfaisante de la lumière, ces plantes ne sont pas aussi exigeantes, sous ce rapport, que les récoltes de grains, et les arbres peuvent y être plus rapprochés que dans toute autre circonstance. Néanmoins, comme il faut encore qu'ils ne privent pas entièrement le sol de l'influence du soleil, et surtout qu'ils ne se gênent pas les uns les autres, on devra, dans les terres les plus fertiles, réserver entre eux une distance égale de 15 mètres. Dans les terrains secs et légers on pourra se contenter de 10 mètres. Dans les terres labourées, la distance devra être de 54 mètres.

Nous ne tenons pas compte ici de la différence de nature du sol, parce que nous ne conseillons de planter des arbres à fruits à cidre au milieu des terres labourées que dans les sols très-légers exposés à la sécheresse. Quant à l'époque favorable pour la plantation, la déplantation et l'habillage des arbres à fruits à cidre, nous renvoyons à ce que nous avons dit des arbres forestiers d'alignement (p. 267).

Disons seulement que la nécessité où l'on est de couper la tête de ces arbres pour les greffer, lorsqu'ils ne l'ont pas été dans la pépinière, ne doit pas engager à effectuer cette suppression lors de leur déplantation. Cette pratique est souvent mise en usage, dans le but de rendre plus si facile le transport, mais nous devons la condamner comme vicieuse. En effet, les feuilles qui seraient nées sur cette tête, ainsi prématurément supprimée, auraient permis à l'arbre de développer, jusqu'au moment où l'opération de la greffe eût rendu cette suppression indispensable, un certain nombre de racines qui auraient pris possession du sol et auraient mis la greffe en état de pousser ensuite avec bien plus de vigueur. On n'enlèvera donc sur la tige que le nombre de ramifications rigoureusement nécessaire pour établir l'équilibre entre son étendue et celle des racines qui ont pu être conservées.

Mise en terre. — Lorsque l'on aura pu laisser ouverts, jusqu'au moment de la plantation, les trous préparés à l'avance, on suivra, pour la mise en terre, les prescriptions que nous avons données pour les arbres forestiers (p. 270). Si, au contraire, on a dû refermer immédiatement les trous, il n'y aura plus qu'à ouvrir au centre du trou primitif une excavation suffisante pour recevoir sans contrainte les racines de l'arbre. Seulement on s'abstiendra de mélanger les différentes couches du sol, et on les replacera au contraire sur les racines, dans l'ordre où on les avait primitivement disposées en remplissant le trou.

Nous recommanderons de réunir autant que possible, dans la même partie, s'il s'agit par exemple de la plantation d'une cour de ferme, les diverses variétés dont les fruits mûrissent à peu près à la même époque. Ainsi on placera, dans des lignes voisines, les fruits de première saison, puis ceux de deuxième saison, et enfin ceux de troisième. Il en résultera une certaine économie de temps et de main-d'œuvre au moment de la récolte.

Cette disposition est très-facile à prendre lorsqu'il s'agit d'arbres greffés, parce qu'on peut connaître leur époque de maturité; mais elle devient moins praticable lorsqu'on plante des arbres non greffés; car il faut, avant tout, placer sur chaque sujet une greffe dont l'époque de végétation corresponde à la plus ou moins grande précocité de ce sujet. On obviera à cet inconvénient en déterminant à l'avance la série de variétés qu'on se propose de greffer et le nombre des individus de chacune d'elles. Leur époque de floraison et de maturité étant connue, on marquera, une année à l'avance, dans la pépinière, l'époque de végétation des sujets; l'on pourra ainsi les placer, dans la plantation, aux points qui doivent être occupés par des variétés présentant un mode de végétation semblable. Si les terrains à planter présentent des expositions variées, on réservera les plus froides pour les variétés à floraison tardive. En effet, les gelées du printemps et les vents froids et desséchants, si pernicieux pour la floraison des pommiers, agissent avec plus d'intensité sur les arbres placés à ces expositions que sur les autres. En y plaçant les variétés dont la floraison est moins précoce, on les soustraira plus facilement que les variétés hâtives à ces causes de destruction. Quant aux poiriers, dont la fleur est moins sensible que celle des pommiers, on les placera en bordure du côté du nord et de l'ouest, dans les pâturages ou dans les champs plantés de pommiers. Ces derniers seront ainsi protégés par la tête toujours plus élevée des poiriers.

Greffe des arbres. — Nous nous sommes longuement étendu, en faisant l'étude des pépinières d'arbres fruitiers, sur la greffe la plus convenable pour les arbres à fruits à cidre, et sur les moyens de la pratiquer avec le plus de succès. Nous n'avons donc pas à y revenir; mais nous devons étudier le laps de temps qui doit s'écouler entre la plantation des arbres non greffés et le moment où on leur applique la greffe.

Quelques cultivateurs, préférant planter des arbres non greffés, sont dans l'usage de les greffer l'année même de leur plantation; d'autres ne pratiquent cette opération que la troisième année. Nous pensons que la première méthode est vicieuse. Lorsqu'on plante ces arbres, quelque soin que l'on prenne, on les prive toujours d'un certain nombre de leurs racines, et surtout des radicelles, parties essentielles de cet organe. On doit donc tout faire pour réparer cette suppression, car c'est seulement alors que la reprise de l'arbre est assurée. Or le moyen le plus sûr est de lui laisser un nombre de rameaux suffisant pour qu'il se couvre de la plus grande quantité possible de feuilles, puisque celles-ci sont les organes générateurs des racines. Mais, si, l'année même de la plantation, on prive l'arbre de sa tête pour le greffer, ce ne sera pas la greffe qui remplacera la masse de feuilles qu'eût développée cette tête; et l'arbre, privé des moyens de produire de nouvelles racines, restera languissant jusqu'à ce que la greffe, continuant de s'accroître, détermine enfin la formation des radicelles qui donnent lieu à une végétation vigoureuse. Si, au contraire, on ne prive l'arbre de sa tête que trois ans après sa plantation, la greffe se développe si rapidement, que, dès la deuxième année, elle est ordinairement plus forte, plus étendue, que celles qu'on aurait placées depuis cinq ans sur des arbres opérés l'année même de leur plantation. Il en résulte donc que, tout en paraissant perdre du temps, on en gagne réellement, et que l'arbre est mieux portant.

Au surplus, l'espace de trois ans que nous venons d'indiquer n'est pas une règle invariable. Le laps de temps nécessaire est surtout déterminé par les soins que l'on a apportés dans la plantation, et par la manière dont les arbres ont végété pendant l'année qui l'a suivie.

Nous devons rappeler ici tout ce que nous avons dit relativement à la *greffe en couronne*. Cette opération peut être très-utilement employée pour les arbres à fruits à cidre lorsqu'ils sont d'un certain âge, et que l'on veut remplacer les fruits qu'ils produisent par une autre variété. Nous renvoyons pour tout ce qui concerne cette opération à l'article des *Greffes* (p. 121).

SOINS A DONNER AUX ARBRES PENDANT LES PREMIÈRES ANNÉES QUI SUIVENT
LEUR PLANTATION.

Ce n'est pas assez d'avoir fait un choix convenable d'arbres et d'avoir rempli, pour les planter, toutes les conditions que nous venons d'indiquer, il faut encore leur donner, pendant les premières années qui suivent leur plantation, des soins qui ont surtout pour objet : 1° de défendre leur tige de l'attaque des bestiaux, du choc des instruments aratoires ou de la violence des vents, en les entourant d'une sorte d'armure ; 2° de les préserver de l'influence de la sécheresse ; 3° d'entretenir leur vigueur à l'aide d'engrais ; 4° de donner à leur tête une forme régulière et convenable.

Armures. — Les armures doivent varier de forme selon qu'il s'agit de défendre la tige des arbres de l'attaque des bestiaux, du choc des instruments aratoires, ou de l'action nuisible de l'ardeur du soleil.

Dans les cours de fermes, et généralement dans tous les pâturages plantés d'arbres à fruits à cidre, ceux-ci sont exposés à être ébranlés, et même déracinés, par la pression qu'exercent sur leur tige les bestiaux qui viennent s'y frotter ; quelquefois même ces animaux rongent l'écorce de la tige. Pour éviter ces fâcheux accidents, on a imaginé les armures suivantes.

L'une des plus anciennement usitées consiste dans trois pieux (*fig.* 454), disposés en triangle autour de chaque arbre, longs de 1^m,80, enfoncés à 0^m,40 du pied de l'arbre, et sortant de terre de 1^m,34. Ils sont assez forts pour résister à la pression des bestiaux et sont solidement liés vers leur sommet (A) et leur partie moyenne (B) par trois petites traverses.

Ce mode d'armure, qui a été longtemps considéré comme le meilleur, présente les inconvénients suivants. D'abord la distance à laquelle ces trois pieux doivent être les uns des autres est telle, qu'ils ne défendent pas toujours le pied des arbres de l'attaque de certains bestiaux, tels que les génisses et les jeunes porcs. D'un autre côté, si l'on fait cette armure en bon bois, c'est-à-dire assez solide pour durer de sept à dix ans, temps nécessaire pour que l'arbre atteigne l'âge où il n'a plus besoin de défense, elle coûte de 3 fr. 50 c. à 4 fr., ce qui détermine une dépense considérable.

L'armure représentée par la figure 455 est aussi quelquefois usitée. Elle coûte presque aussi cher que la première, et défend moins bien encore les arbres de l'approche des bestiaux.

Pour remédier aux inconvénients de ces deux armures, on a imaginé la suivante (*fig.* 456). Elle se compose de deux pieux de même dimension que les précédents, mais un peu arqués à leur base, de manière qu'on puisse les rapprocher de la tige de l'arbre sans nuire aux racines. On les place de chaque côté en les inclinant légèrement l'un vers l'autre:

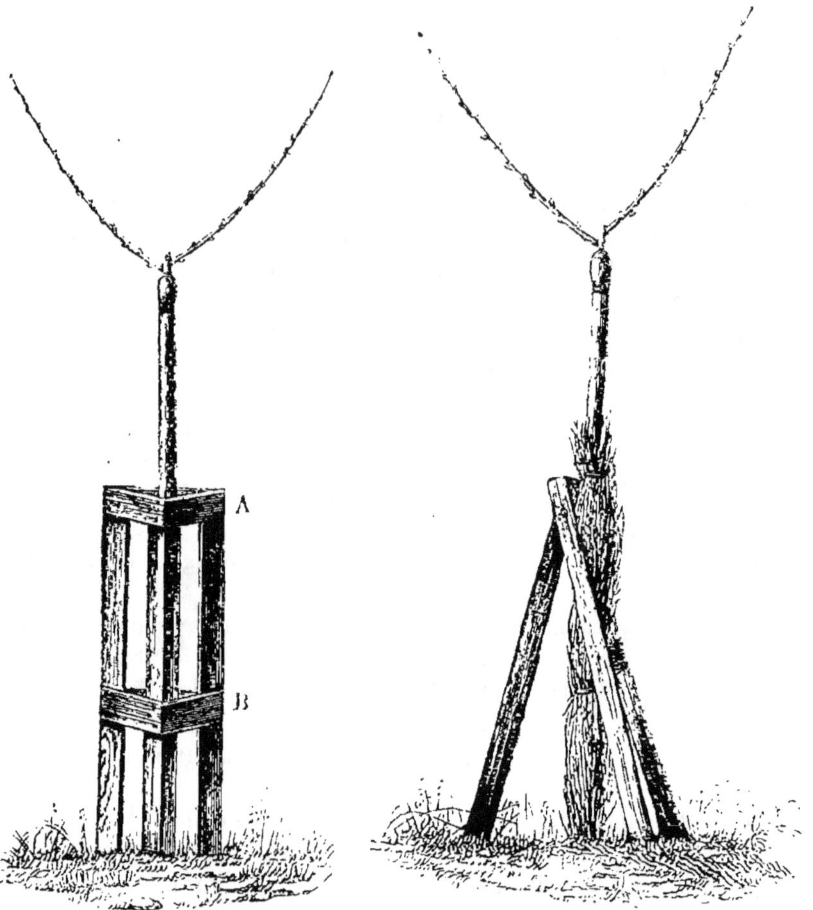

Fig. 454. *Armure au moyen de trois pieux droits.*

Fig. 455. *Armure au moyen de trois pieux inclinés.*

puis on les réunit à l'aide de six traverses (A), trois de chaque côté. Il est indispensable d'entourer la tige de l'arbre d'une poignée de paille solidement fixée avec un osier, au point où elle sort de l'armure, afin que, si elle était balancée par le vent, elle ne soit pas meurtrie par cette armure. Ce mode de défense est préférable au premier, parce que la tige est mieux défendue de l'attaque des bestiaux, et qu'il est d'un prix moins élevé. Toutefois ce prix s'élève encore de 2 fr. 50 c. à 3 fr.

On a encore essayé d'un moyen plus simple (*fig.* 457). On s'est servi

d'un seul pieu, enfoncé à $0^m,16$, tout au plus, du pied de l'arbre, et
armé de chevilles horizontales ayant l'aspect de longues cornes. La tige
est, en outre, entourée de branches d'épines fortement fixées par des
liens d'osier. Mais on a promptement renoncé à ce procédé, d'abord
parce que le pieu, enfoncé tout près de la tige, blesse et contrarie toujours plus ou moins les racines; ensuite parce que les épines dont on

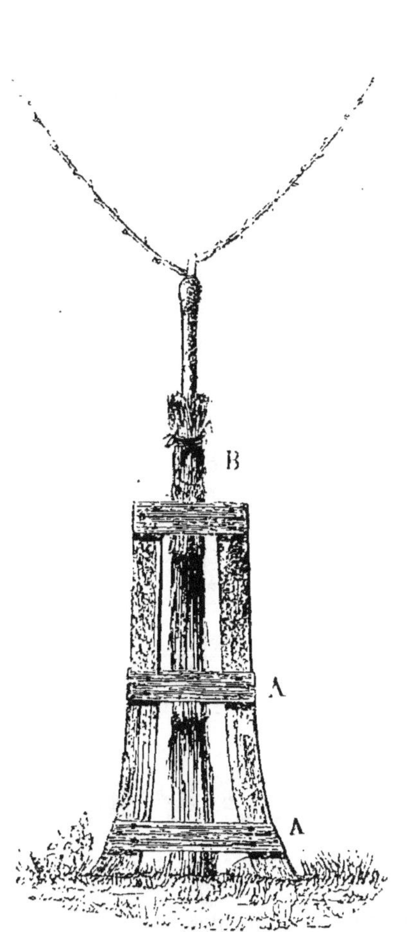

Fig. 456. *Armure au moyen de
deux pieux.*

Fig. 457. *Armure au moyen d'un
seul pieu.*

entoure l'arbre pour remédier à l'insuffisance des chevilles le déchirent;
enfin, parce que, ébranlée par les vents, la tige, presque en contact avec
le pieu et les chevilles, est dénudée par le frottement. Le prix de cette
armure s'élève encore de 1 fr. 50 c. à 2 fr.

Nous citerons également une autre sorte de défense qui a été quelque temps employée sans plus de succès que la précédente (*fig.* 458). On commence par entourer la tige de l'arbre d'une petite couche de paille longue fixée avec de l'osier. On recouvre cette paille par trois lattes armées d'un certain nombre de longs clous, et attachées au moyen de fil de fer. Cette armure présente les inconvénients suivants : d'abord les clous, placés d'une manière fixe, déterminent de nombreux accidents en blessant les bestiaux. D'un autre côté, la tige étant ainsi couverte, on ne peut surveiller et détruire, soit les nombreux bourgeons qui couvrent souvent les jeunes tiges et nuisent au développement de la tête, soit les insectes nuisibles, le *pucceron lanigère* surtout, qui, ainsi abrités, leur causent beaucoup de dommage. Enfin, ces entraves, qui emprisonnent la tige, contrarient son développement et son accroissement en grosseur.

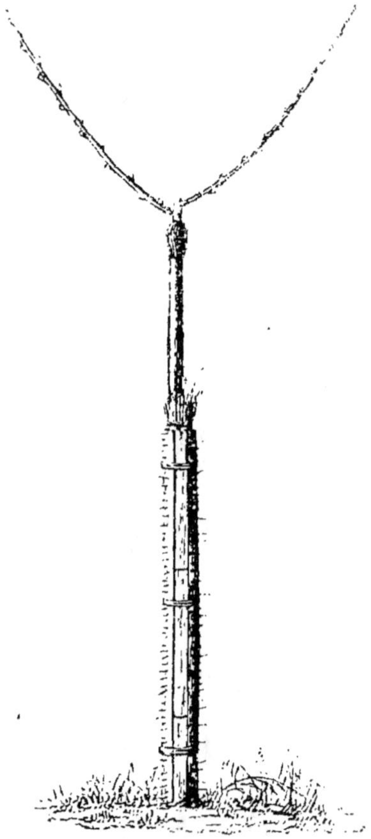

Des divers moyens que nous venons de décrire, ce serait donc l'armure au moyen de deux pieux qui présenterait le moins d'inconvénients, et qui atteindrait en même temps le plus complétement le but. Ce serait donc aussi celle que nous conseillerions de choisir si son prix de revient n'était une difficulté qui en rendra toujours l'application difficile.

Frappé de ces inconvénients, et sentant cependant l'indispensable nécessité de garantir les arbres, M. Lelong a imaginé et mis en pratique sur ses propriétés du pays de Bray (Seine-Inférieure) un mode de défense qui paraît remplir toutes les conditions désirables.

Fig. 458. *Armure au moyen de trois lattes armées de clous et fixées sur la tige.*

Nous laissons ici parler M. Lelong, qui a donné la description de son procédé dans les cahiers de la Société d'agriculture de Rouen.

« ..... Depuis bientôt un an, j'ai fait placer une douzaine de ces armures dans un endroit resserré où l'on réunit un troupeau de vaches pour les traire. Protégés par cette nouvelle défense, pas un arbre n'a été attaqué par les bestiaux, ni offensé par une autre cause.

« Voici ce dont se compose cette armure :

« 4 tringles en bois de chêne A (*fig.* 459) : longueur. . . . 1^m,670
— — — largeur. 0 030
— — — épaisseur. . . . 0 015

« Chaque tringle est garnie de 13 à 14 pointes n° 16 qui dépassent son épaisseur d'environ 0^m,020.

« Les quatre tringles sont assujetties entre elles et tenues à une distance de 0^m,110 l'une de l'autre par trois liens de fil de fer (B) n° 16.

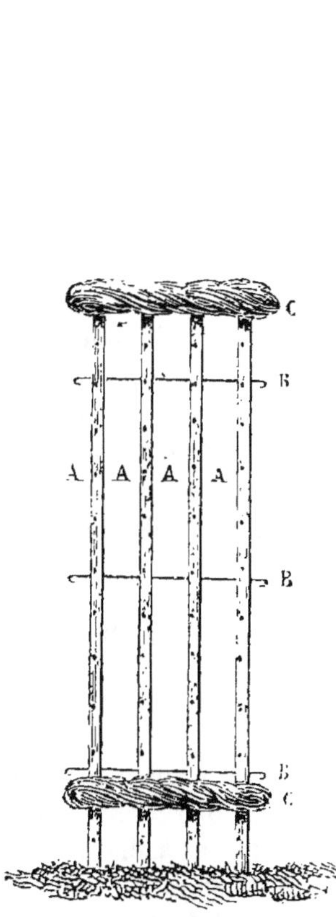

Fig. 459. *Armure Lelong*
déployée.

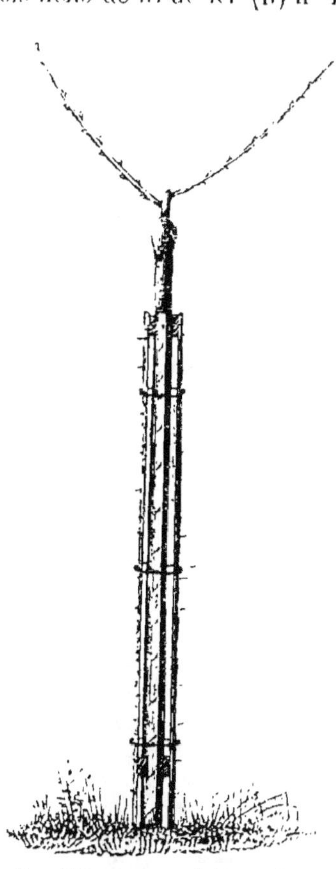

Fig. 460. *Armure Lelong placée*
autour d'une tige.

« Les choses étant ainsi disposées, j'ai formé, en courbant les quatre tringles, un cylindre creux laissant la saillie des pointes en dehors, de manière à faire un hérisson. L'intérieur du cylindre est garni de deux bourrelets de vieux chanvre hors de service (C). L'un est attaché à l'extrémité supérieure, et l'autre à environ 0^m,160 du bout inférieur.

« Pour terminer, j'ai placé le cylindre élastique autour de l'arbre, et l'ai fermé au moyen des crochets que j'ai pratiqués aux extrémités des fils de fer (*fig.* 460).

« Cette armure peut s'établir pour le prix de 85 c. à 1 fr. »

Quelque mode d'armure qu'on adopte, on devra la maintenir jusqu'au moment où la tige aura acquis assez de force pour ne pas être ébranlée par les bestiaux, et jusqu'à l'instant où son écorce présentera assez de résistance pour ne plus être facilement entamée par eux. Les arbres remplissent ordinairement cette double condition de sept à dix ans après leur plantation.

Les jeunes arbres sont encore exposés à la négligence des charretiers, qui, en labourant ou en hersant, laissent leurs instruments frapper contre les tiges et leur font un tort considérable en déterminant des plaies souvent très-étendues. Deux moyens peuvent être successivement employés pour éviter ces accidents.

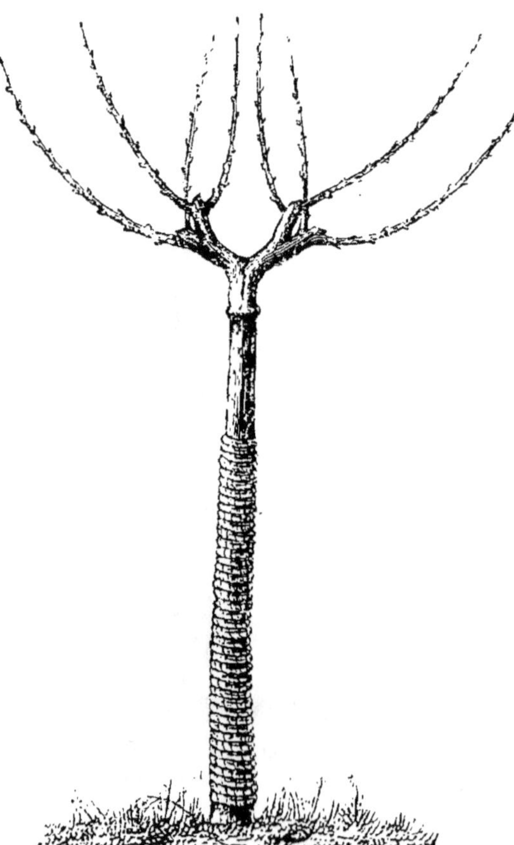

Fig. 461. *Corde de paille pour préserver la tige du choc des instruments aratoires.*

Le premier est le mode d'armure indiqué par la figure 456. On laissera cette armure jusqu'au moment où elle aura été détruite par le temps, ce qui aura lieu ordinairement au bout de sept à dix ans. A cette époque, on la remplacera par une corde en paille roulée en spirale autour de la tige (*fig.* 461), depuis la base jusqu'à 1^{m},32 du sol. Pour les arbres de 8 à 10 ans, ce mode de défense ne présente plus les inconvénients qu'il offrirait s'ils étaient plus jeunes. En effet, l'écorce de la tige, ayant acquis beaucoup plus d'épaisseur et de dureté, ne développe plus ces bourgeons à la destruction desquels on doit veiller; les insectes nuisibles n'attaquent plus cette partie de l'arbre; et la tige a acquis assez de force pour contraindre la spirale de paille à se prêter à son grossissement.

Cette dernière sorte de défense devra être entretenue pendant une quinzaine d'années environ, après quoi, l'écorce de l'arbre, plus épaisse et plus dure, pourra résister suffisamment au choc des instruments aratoires.

L'armure au moyen de deux pieux, dont nous venons de parler, peut également servir à défendre les jeunes arbres de l'action des vents violents, surtout de ceux de l'ouest, qui, soufflant très-souvent du même côté, finissent par faire prendre à la tige une position souvent très-inclinée. On conçoit que le sommet de l'armure fait résister les jeunes arbres à cette action. Mais il faut veiller à l'entretien de la paille fixée au sommet de la tige et sans laquelle cette dernière serait mutilée par son frottement contre l'armure.

Lorsqu'on transplante les arbres de la pépinière dans les champs ou dans les pâturages, leur tige, qui s'est développée sous l'influence d'une lumière peu intense et à l'abri des grands vents, se trouve tout à coup exposée à l'ardeur desséchante du soleil et de l'air. Il en résulte que l'écorce se durcit instantanément, qu'elle perd son élasticité, et qu'elle ne se prête plus au grossissement de la tige. La sève des racines, étant alors gênée dans sa circulation vers les feuilles, détermine l'apparition de bourgeons nombreux à la surface de l'écorce.

Pour éviter ces résultats, et habituer progressivement la tige aux influences du grand air et de l'ardeur du soleil, on la couvrira d'une bouillie de chaux éteinte dans laquelle on ajoutera une certaine quantité d'excréments de porcs. Cette couche préservera la jeune écorce de l'influence de l'air, et sa couleur blanche empêchera la tige de s'échauffer trop au soleil. Quant aux excréments de porcs, c'est un très-bon moyen pour empêcher les bestiaux de ronger les arbres, ce qui arrive encore quelquefois malgré l'emploi des armures. Il suffira de répéter l'opération dont nous venons de parler pendant les deux premières années.

Opérations contre la sécheresse du sol. — La sécheresse du sol, si redoutable pour les jeunes plantations d'arbres forestiers, ne l'est pas moins pour ceux à fruits à cidre. Parmi tous les moyens que nous avons préconisés pour défendre les plantations contre l'influence de la sécheresse, nous recommandons particulièrement les couvertures de cailloux et de tiges de jonc marin employés concurremment. Nous renvoyons à l'article des *Plantations d'alignement* (p. 274) pour la description de ce procédé.

Fumure. — Quelques cultivateurs pensent qu'il est inutile de fumer les arbres à fruits à cidre; d'autres, au contraire, ont adopté cette pratique. Nous croyons cette opération utile dans quelques circonstances, et inutile dans d'autres. Nous pensons que la fumure devient superflue s'il s'agit d'arbres plantés dans les terres labourées, parce qu'ils y profitent de l'engrais répandu sur ces terres.

Il en sera de même pour les arbres plantés dans les pâturages suffisamment pourvus de bestiaux. Ceux-ci répandent sur toute la surface une abondante fumure dont les arbres profitent. Ces arbres ne devront donc recevoir une fumure spéciale que s'ils sont plantés dans des prés fauchés. Dans ce cas, on procédera de la manière suivante :

A la fin de l'automne, on enlève, au pied de chaque arbre, le gazon, par plaques régulières et sur un rayon d'environ un mètre; on en forme un tas près de l'arbre, puis la terre. mise à nu, est labourée avec la fourche. Ceci fait, on abandonne le terrain jusqu'à la fin de l'hiver, en ayant soin, toutefois, de ne pas laisser de racines exposées à la surface du sol. A cette époque, on répand, sur la terre remuée, les engrais dont on peut disposer; tels que fumiers consommés, curures de fossés et de mares mélangées depuis quelque temps avec de la chaux, des gazons décomposés, des marcs de pommes préparés de la même manière, etc. Enfin, au printemps, on replace, sur le terrain ainsi fumé, les plaques de gazon qu'on avait enlevées à l'automne. Il résulte de ce travail que la couche de terre où vivent les radicelles se trouve fertilisée par l'influence de l'air, des pluies, des neiges, et surtout par les engrais qu'on y a répandus.

Cette fumure doit être répétée tous les trois ans environ, jusqu'au moment où la grosseur de la tige fait supposer que les radicelles ont dépassé le rayon d'un mètre. A partir de ce moment le mode de fumure que nous venons de décrire deviendrait inutile; car les racines absorbent seulement par leurs extrémités radiculaires et les engrais appliqués au pied de l'arbre seraient trop éloignés des points absorbants des racines. Il faudra donc remplacer cette fumure spéciale pour chaque arbre par une fumure en couverture appliquée uniformément sur toute la surface du pré.

Formation de la tête des arbres. — Lorsque nous avons étudié les pépinières d'arbres à fruits à cidre, nous avons dit de quelle importance il est d'imprimer à leur tête, dès son premier développement, une forme régulière et convenable. Pour ceux que l'on plante à demeure avant de les greffer, on suivra les indications que nous avons données page 154.

Pour les arbres greffés en pépinière, et qui ont reçu un commencement de formation, on devra, l'année qui suit celle de leur plantation, raccourcir chacun des quatre ou six rameaux principaux résultant de cette première formation, à 0^m,30 de leur naissance et sur deux boutons placés latéralement. de manière à obtenir huit ou douze rameaux disposés circulairement comme dans la figure 461. On veillera ensuite à ce que, pendant les premières années qui suivent la plantation à demeure, la végétation de chacune de leurs huit ou douze branches principales conserve exactement le même degré de vigueur. Si l'on s'apercevait que l'une d'elles tendît à acquérir un développement disproportionné, on devrait enlever l'extrémité herbacée, si c'est en été, ou couper une partie de son prolongement, si c'est pendant le repos de la végétation.

On doit surtout veiller à ce que les bourgeons qui se développent à la partie supérieure des branches principales ne se transforment pas en rameaux trop vigoureux, connus sous le nom de *gourmands*. Ces rameaux, placés dans une position presque verticale, acquièrent souvent tant de force, qu'ils absorbent presque toute la séve des racines, qui devait alimenter le prolongement de la branche, et anéantissent cette branche ; la tête de l'arbre se trouve alors déformée. Dès que l'on s'aperçoit de la tendance de ces bourgeons, on les supprime. Plus tôt on agit ainsi, et mieux cela vaut, parce que les plaies qui en résultent sont moins étendues. Enfin on doit tout faire pour que la tête de l'arbre acquière et conserve la forme d'un vase plus ou moins régulier. Ces soins doivent surtout se continuer pendant les huit ou dix premières années qui suivent la plantation. Après ce temps la surveillance devient moins nécessaire.

Ébourgeonnement de la tige. — En traitant de la greffe en général, nous avons indiqué, comme indispensable, la suppression des nombreux bourgeons qui naissent sur la tige des arbres greffés en tête. Cette opération doit être répétée pendant les premières années qui suivent la plantation à demeure. On supprimera ces bourgeons aussitôt qu'ils paraîtront.

Souvent aussi on voit se développer vers le collet de l'arbre et jusque sur les grosses racines un certain nombre de bourgeons qui deviennent très-vigoureux et nuisent ainsi au développement de la tête de l'arbre. Il convient de les détruire avec le plus grand soin. Pour cela on déchausse l'arbre aussitôt qu'ils paraissent et on les coupe le plus près possible au point où ils naissent.

Élagage. — Si l'élagage est indispensable pour les arbres forestiers plantés en ligne, il ne l'est pas moins pour les arbres à fruits à cidre ; seulement, cette opération ne porte pas sur les mêmes parties.

Certaines variétés de pommiers offrent, dès l'âge de vingt ans, des branches qui pendent vers le sol (*fig.* 462). Cette disposition présente ces graves inconvénients que, dans les terres labourées, le sol ne peut plus être facilement cultivé au-dessous de leur tête ; ils deviennent donc nuisibles aux récoltes en les privant complétement de l'influence de la lumière. Quant à ceux qui sont plantés dans les pâturages, ces branches sont facilement atteintes par les bestiaux. qui les brisent en mangeant les fruits. Il est donc utile de couper ces ramifications vers le point où, abandonnant la ligne horizontale, elles commencent à s'incliner vers le sol. Il en résultera le développement, sur la partie conservée, de bourgeons vigoureux qui donnent lieu à des ramifications bien plus productives que celles qu'on a retranchées.

L'élagage des pommiers doit encore porter sur les ramifications inté-

Fig. 462. *Pommier à branches pendantes.*

rieures de la tête. Ainsi les branches de deuxième et de troisième ordre, placées obliquement ou horizontalement, développent souvent, dans l'intérieur de la tête de l'arbre, de nombreux bourgeons qui, favorisés par leur position, poussent vigoureusement, absorbent, au détriment des extrémités, la séve des racines, et, remplissant complétement l'intérieur de la tête, empêchent la lumière d'y pénétrer. Il est essentiel de maintenir une égale force entre les diverses parties de l'arbre, et surtout de faire en sorte que la lumière puisse pénétrer jusqu'au centre de la tête; car c'est seulement sous l'influence de cet agent que les boutons à fleurs peuvent se former. Si l'on tolérait cette confusion dans les ramifications, il en résulterait certainement, comme on le remarque trop souvent dans nos pommeraies, que la production des fruits aurait lieu seulement à la circonférence de la tête. Il faudra également supprimer les branches sèches, qui augmentent encore cette confusion.

Ces diverses suppressions, difficiles à exécuter avec la serpe, en raison du peu de distance qui existe entre chacune des branches, sont facilement pratiquées avec l'ébranchoir à crochet, que nous avons décrit en parlant de l'élagage des arbres forestiers, page 287.

Quant à l'époque la plus favorable, on choisira le moment du repos de la végétation. Nous pensons que ce travail devra être répété tous les trois ans environ.

Principales maladies des arbres à fruits à cidre. — Les arbres à fruits à cidre sont, comme les espèces forestières, exposés à des maladies, déterminées, soit par des blessures, soit par la présence d'insectes nuisibles, soit par certaines plantes parasites, ou autres causes diverses.

Maladies résultant des blessures. — Les blessures qui résultent de contusions sur la tige, ou de fractures de branches, donnent lieu, comme dans les espèces forestières, aux *ulcères* ou à la *carie*; nous renvoyons donc à que nous avons dit à cet égard en traitant des arbres forestiers d'alignement (p. 312).

Il est une autre maladie qui attaque fréquemment les arbres à fruits à cidres, et dont nous n'avons pas encore parlé : ce sont les *chancres*.

Cette maladie se reconnaît particulièrement aux caractères suivants : la surface des branches ou de la tige se couvre d'abord de plaques brunes; bientôt l'écorce, désorganisée vers ces points, se déchire irrégulièrement, et laisse apparaître, sur la circonférence de ces plaies, une sorte de renflement spongieux et pulvérulent, de couleur brune (*fig.* 463). Le corps ligneux

Fig. 463. *Chancre sur une branche de pommier.*

est quelquefois lui-même attaqué jusqu'à la moelle. La plaie, grandissant toujours, finit par entamer toute la circonférence de la branche ou de la tige, et la partie placée au-dessus de cette plaie se dessèche et meurt.

Quelques faits semblent indiquer que le germe de cette maladie est

30.

répandu sur toutes les parties de certains individus et qu'ils peuvent la transmettre à ceux avec lesquels on les unit. Si l'on greffe un rameau d'arbre chancreux sur un autre individu, on voit souvent cette greffe périr de cette maladie et en transmettre le germe au sujet qui l'a nourrie.

Fig. 464. *Puceron lanigère grossi.*
A. *Individu mâle.* B. *Individu femelle.*

La cause des chancres n'est pas encore bien connue. On les voit souvent apparaître à la suite de la grêle et des contusions en général. Un coup de soleil peut aussi les déterminer. On devra se garder de planter des arbres atteints de chancres; car il est ordinairement difficile de faire disparaître sans retour cette maladie. Voici, au surplus, le remède que l'on peut employer pour les combattre. Lorsque l'on opère sur de jeunes ramifications, le plus simple est de les supprimer. Si la maladie s'est développée sur de grosses branches ou même sur la tige, on enlève toute l'écorce et le bois malade avec un instrument bien tranchant, puis on cautérise la plaie avec un peu d'acide sulfurique. On la recouvre ensuite avec du mastic à greffer.

Maladies déterminées par les insectes. — Certains insectes causent des dommages considérables aux arbres à fruits à cidre. De ce nombre est le *puceron lanigère* (*Misoxylus mali*. Blot., *fig. 464*).

Fig. 465. *Exostoses produites par la piqûre récente du puceron lanigère sur une branche de pommier.*

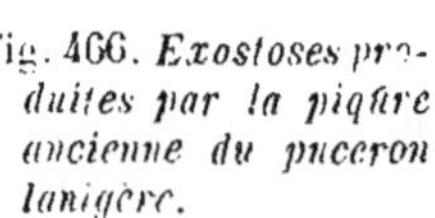

Fig. 466. *Exostoses produites par la piqûre ancienne du puceron lanigère.*

On reconnaît cet insecte au duvet blanc et abondant qui le recouvre. Il attaque de préférence les jeunes rameaux, au-dessous desquels il forme une ligne continue, même pendant l'hiver. On le rencontre aussi abondamment sur tous les bourrelets qui naissent à la circonférence des plaies. Enfin on l'a fréquemment observé même sur les racines, vers leur naissance. Cet insecte pique l'épiderme et absorbe la sève; c'est déjà là un dommage notable pour l'arbre, mais ce n'est pas le plus grave : car sa piqûre cause un tel désordre dans les tissus, qu'il détermine la formation d'exostoses (*fig.* 465), qui, grossissant chaque année (*fig.* 466), entravent la circulation de la séve, font languir les branches qui périssent bientôt. Si ces accidents se produisent sur une certaine étendue de la tête de l'arbre, celui-ci se dessèche et meurt peu à peu.

Il paraît constant que cet insecte est originaire de l'Amérique septentrionale, et que, introduit d'abord en Angleterre, puis en France, il s'est répandu dans nos contrées depuis une soixantaine d'années. Il a fait, depuis cette époque, de grands ravages dans toutes nos plantations de pommiers, en sévissant particulièrement sur quelques variétés; celle dite *peau de vache*, plus exposée à ses attaques en raison des chancres nombreux qui couvrent ordinairement ses ramifications, en a surtout souffert, à tel point, qu'elle a presque entièrement disparu de nos pommeraies, et que nos cultivateurs hésitent à la multiplier de nouveau.

Plusieurs moyens ont été conseillés pour la destruction du *puceron lanigère*; malheureusement la plupart son inapplicables ou sans effet. Un seul a produit, jusqu'à présent, d'heureux résultats : c'est l'emploi des corps gras, des huiles les plus communes, les moins chères. On les applique tout simplement, à l'aide d'une brosse un peu dure, sur toutes les parties attaquées, et cela pendant le repos de la végétation.

Toutes les fois qu'on aura à opérer sur de jeunes arbres, soit dans les pépinières, soit dans les plantations à demeure, on ne devra pas hésiter à employer ce moyen efficace, et cela aussitôt que l'on s'apercevra de la présence des pucerons; car, ces insectes se déplaçant assez facilement et se multipliant avec une rapidité effrayante, on ne tarderait pas à les voir entreprendre toute la plantation, ce qui rendrait le travail plus dispendieux.

On pourra également essayer ce moyen sur les vieux arbres; mais il devient sur eux d'une application beaucoup plus difficile. On a conseillé dans ce dernier cas, l'emploi du feu, dont on a obtenu d'heureux résultats; mais il convient d'user de ce procédé avec la plus grande prudence. A cet effet, on choisit le moment où les arbres sont dépouillés de feuilles; on met le feu à une poignée de paille, puis on fait passer rapidement la flamme sous les branches attaquées. Le puceron étant recouvert d'un duvet très-inflammable, le simple contact du feu suffit pour le détruire. Le point essentiel est de faire passer la flamme assez rapidement pour qu'elle n'échauffe pas trop l'écorce des branches et qu'elle n'altère pas les tissus.

Les larves de certains papillons, telles que celles du *bombyce livrée* (*fig.* 341, p. 330), du *bombyce à cul doré* (*fig.* 337, p. 329), dévorent les feuilles et les jeunes bourgeons des pommiers et des poiriers. Nous avons indiqué précédemment le moyen de détruire ces insectes. La chenille de la *noctuelle psy* ronge aussi les jeunes bourgeons et les fleurs, et même les boutons avant leur développement. Cette larve, d'un vert clair naît à la fin d'avril; vers la Saint-Jean, elle se dirige vers le sol pour se transformer en chrysalide. Celle-ci donne lieu au mois d'octobre à un papillon d'un blanc gris. La femelle, privée d'ailes, ressemble à un gros ver gris, et rampe jusqu'au sommet des rameaux pour y déposer ses œufs. On peut facilement préserver les pommiers de cet insecte en entourant, à l'automne, la base du tronc d'une bande de papier couverte d'un goudron assez liquide. Ce goudron s'oppose à l'ascension des papillons femelles. On peut aussi employer le même moyen au milieu du mois de mai, après avoir secoué vivement la tige des arbres pour en faire tomber les jeunes chenilles, qui ne peuvent alors remonter sur les arbres.

Les larves de la *teigne padelle* ou *pomonelle* vivent dans les jeunes

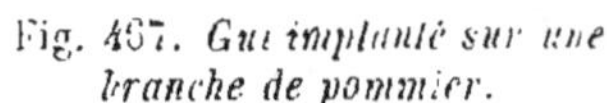

Fig. 467. *Gui implanté sur une branche de pommier.*

Fig. 468. *Lichen développé sur la tige des pommiers.*

fruits et les font tomber avant leur maturité; plusieurs espèces de charançons (*curculio*) déposent leurs œufs dans le voisinage des boutons. Les larves qui en proviennent rongent les jeunes bourgeons, et un nombre considérable de fleurs. Malheureusement aucun des moyens proposés jusqu'ici pour la destruction de ces insectes ne peut être économiquement employé sur une grande échelle.

Maladies causées par les plantes parasites et autres causes. — Il est une plante parasite qui cause aux pommiers des dommages réels, c'est le gui (*viscum album*, L., *fig.* 467). Cet arbrisseau s'y développe quelquefois en si grande quantité, qu'ils paraissent transformés, pendant l'hiver, en arbres toujours verts.

Nous avons expliqué, en parlant du phénomène de la dissémination des graines (p. 55), comment celles du gui se trouvent placées, par les oiseaux, dans des circonstances favorables à leur germination et à leur développement. La radicule de cet arbrisseau traverse les couches du liber des pommiers, chemine entre l'écorce et l'aubier, et tire des tissus environnants tous les fluides nécessaires à son accroissement. On comprendra que si un pommier nourrit une vingtaine de grosses touffes de gui, ce qui n'est pas rare, il soit singulièrement épuisé par la succion de ces plantes, devienne languissant et se dessèche progressivement.

Il est donc nécessaire de débarrasser les pommiers de cet arbrisseau parasite. Cette opération doit être faite lors de l'élagage et en coupant chaque touffe de gui rez l'écorce des branches.

En vieillissant, le tronc et les principales branches des arbres à fruits à cidre se couvrent d'une écorce sèche, rude, et qui, en raison de son peu d'élasticité, se prête difficilement au grossissement de la tige. D'ailleurs, les interstices multipliés de cette écorce favorisent, en retenant l'humidité, le développement d'une grande quantité de *mousses* et de *lichens* (*fig.* 468) servant de refuge à une multitude d'insectes nuisibles. Pour débarrasser les arbres de cette écorce desséchée, on se sert avec succès, dans le *pays d'Auge*, d'une sorte de plane (*fig.* 469) tranchante, avec laquelle on gratte la tige et les grosses branches. Cette opération est faite vers la fin

Fig. 469. *Plane pour enlever la vieille écorce sur la tige des pommiers.*

de l'hiver, et de telle sorte, que toute l'écorce desséchée soit enlevée sans altérer les parties vivantes. Pour empêcher les mousses et les lichens de reparaître, on couvre, immédiatement après, les parties opérées avec un lait de chaux.

Ce travail, qui n'a besoin d'être répété que tous les dix ou douze ans, contribue puissamment à entretenir la vigueur des pommiers, et même à la rappeler dans ceux qui sont fatigués par l'âge. Il contribue aussi, en diminuant les aspérités des branches, à rendre moins facile la multiplication du gui. Ces vieilles écorces et ces mousses doivent être brûlées avec soin après leur séparation de la tige, afin de détruire les larves d'insectes qu'elles renferment en grand nombre.

Dans certains cas, on voit les pommiers des pâturages, après avoir poussé pendant quelque temps avec une vigueur passable, devenir languissants et se couvrir d'une quantité de longues mousses blanches ou lichens. C'est ordinairement le résultat d'un excès d'humidité dans le sol, et de l'absence d'une quantité suffisante d'engrais. Dans ce cas, il faut appliquer à ces arbres l'opération dont nous venons de parler, puis donner à la terre un marnage selon la proportion usitée, dans la localité, pour les terres labourées. On répandra, en outre, sur toute la surface du sol, une fumure convenable.

Quelquefois encore, dans les jeunes plantations, certains arbres, bien que plantés avec soin, restent languissants ; la surface de la tige devient dure, sèche, raboteuse, avant l'âge, et se couvre d'un certain nombre de bourgeons. C'est ordinairement le résultat de l'endurcissement trop prompt des couches extérieures de l'écorce, qui, à la sortie de la pépinière, ont été trop subitement exposées à l'influence d'un ardent soleil. Ces couches, alors, ne se prêtent plus que difficilement au grossissement de la tige, et les vaisseaux séveux, comprimés, ne peuvent porter, des racines vers les feuilles, qu'une trop petite quantité de fluides nourriciers. Pour remédier à cet inconvénient, on devra, avec la pointe de la serpette, pratiquer, sur la tige, deux incisions longitudinales pénétrant jusqu'au corps ligneux, et se prolongeant depuis le collet de la racine jusqu'aux premières branches. Ces incisions, placées à $0^m,05$ ou $0^m,08$ l'une de l'autre, selon la grosseur de la tige, devront être faites du côté où l'écorce est le plus dure, c'est-à-dire vers le point frappé par le soleil. La circulation de la séve n'étant plus entravée, l'arbre reprendra une vigueur convenable.

Si l'on compare les soins que reçoivent habituellement nos plantations de pommiers avec ceux que nous venons de recommander, on est surpris de l'imperfection de cette culture dans la plupart de nos fermes. Cet état de choses doit être surtout attribué à l'indifférence des fermiers qui ont trop peu d'intérêt au succès de ces plantations. En effet, qu'un fermier soit obligé, par son bail, à planter un certain nombre de pommiers, il ne le fera qu'avec insouciance ; car ces arbres, ne commençant à donner un produit important qu'à l'âge de 15 à 20 ans, il n'aura aucune certitude de recueillir le fruit de son travail. Et cependant ce sont les soins que reçoivent ces plantations pendant leur jeunesse qui sont les plus importants. C'est du choix judicieux des arbres à planter, d'un bon mode de plantation, d'une bonne direction donnée à leur tête, pendant les premiers temps de leur végétation, que dépend le succès. Aussi qu'arrive-t-il de la négligence des cultivateurs ? C'est que le plus grand nombre de nos pommeraies sont composées d'arbres difformes, chétifs, rabougris, chancreux, dont beaucoup présentent une tige qui, après dix ans et plus de plantation, n'est pas plus grosse que le jour où on les a confiés au sol. Nous ne saurions donc engager trop vivement les propriétaires à se charger eux-mêmes, sinon de toutes les opérations qui composent cette culture, au moins de celles que nous venons de mentionner, et qui in-

influent tant sur la santé et sur la durée de leurs arbres. C'est, suivant nous, le seul moyen de faire conquérir à nos pommeraies le degré de prospérité qu'elles devraient avoir.

Rendement. — Lorsque les arbres fruitiers ont été convenablement traités, ils commencent à donner quelques fruits vers la sixième année de la plantation; dix ans après, leurs produits sont déjà importants, et l'on peut regarder les arbres comme en plein rapport vers l'âge de 25 à 30 ans. C'est à cette époque surtout qu'ils se chargent quelquefois d'une telle quantité de fruits, que les branches sont courbées jusqu'à terre et rompent sous le poids. Pour éviter ces accidents, on doit soutenir chacune de ces branches avec des perches fourchues.

Il est presque impossible d'évaluer d'une manière un peu précise le produit moyen de ces arbres, car il varie en raison de la dimension des individus, et d'une foule de circonstances accidentelles qui favorisent la fructification ou l'empêchent. On peut cependant l'estimer, en moyenne, à 12 hectolitres dans les années fertiles, par arbres âgés de 30 à 40 ans. Ces 12 hectolitres donnent 2 hectolitres de gros cidre. Ce qu'il y a de très-remarquable sous ce rapport, c'est l'intermittence qui existe dans cette production, particulièrement pour les pommiers. Ainsi on ne voit presque jamais ces arbres fructifier abondamment deux années de suite : une année d'abondance est presque toujours suivie d'une année de stérilité relative. Nous avons indiqué la cause de ce phénomène en nous occupant de l'étude de la fructification en général (p. 43).

Le produit des poiriers est plus abondant encore que celui des pommiers; leur développement est aussi plus considérable. Leur fructification est moins intermittente que celle du pommier, et leurs fruits contiennent, à poids égal, moitié plus de liquide que les pommes.

Récolte des fruits. — Cette opération est plus importante que ne le pensent généralement les cultivateurs, car la qualité du cidre dépend presque autant des soins qui ont accompagné cette récolte que de la manière dont il est fait.

On doit, à cet égard, 1° ne récolter qu'au moment où les fruits présentent un degré de maturité suffisant; 2° employer un mode de récolte convenable; 3° enfin séparer les fruits de qualités différentes.

Époque de maturité. — La maturité des fruits n'arrive pas à la même époque pour toutes les variétés; elle s'opère généralement depuis le milieu de septembre jusqu'à la fin de novembre. Quelle que soit l'époque de maturité à laquelle appartient chaque variété, on reconnaît que les fruits sont mûrs à leur odeur agréable, à leur teinte jaunâtre, à leur chute spontanée, même en temps calme, enfin à la couleur foncée des pepins.

Mode de récolte. — Quelque temps avant l'époque de la récolte, les fruits dont la maturité a été hâtée par la piqûre des insectes, les fruits véreux, se détachent de l'arbre. Dès ce moment, il faut éloigner les bestiaux des vergers et des champs plantés d'arbres à fruits à cidre; car ces animaux, très-friands de ces fruits, mangent avec avidité, d'abord ceux qu'ils trouvent à terre, ce qui ne laisse pas que d'occasionner une perte notable; puis, guidés par leur instinct, ils saisissent les branches à leur portée, les brisent pour en enlever les fruits, et déterminent ainsi un dommage réel.

Quant aux fruits véreux, aussitôt qu'ils commencent à tomber, on doit, chaque matin, les faire ramasser. Ces fruits, de variétés différentes, toujours d'une qualité très-inférieure, sont mis à part et brassés aussitôt après leur récolte, car ils pourrissent immédiatement.

Dès que les signes de maturité se manifestent pour chaque variété, on choisit un temps sec, et, par un beau soleil, on procède à la récolte depuis dix heures du matin jusqu'à six heures du soir. Un temps sec est toujours de rigueur; car, si les fruits sont rentrés mouillés, ils pourrissent et noircissent rapidement.

Pour forcer les fruits à se détacher, un homme monte dans l'arbre et secoue violemment chacune des branches. La plupart des fruits se détachent ainsi très-facilement; mais, si un certain nombre, moins mûrs, résistent à cet ébranlement, on les fait tomber à l'aide d'une légère gaule, dont on frappe doucement les branches. On devra éviter de frapper trop fort, car on s'exposerait à rompre une grande quantité de boutons destinés à la production de l'année suivante. On ne doit pas non plus frapper sur les fruits : on les meurtrirait, et il en résulterait une fermentation immédiate qui les rendrait peu propres à la fabrication du cidre. Pour éviter ces inconvénients, qui se produisent toujours, quelque soin que l'on prenne, nous pensons qu'il vaut mieux, au lieu de frapper sur les branches, les ébranler fortement à l'aide d'un crochet fixé à l'extrémité des gaules.

Mise à part des fruits de différentes qualités. — A mesure que les fruits sont rentrés à la ferme, on les dépose dans des greniers, ou sous un hangar assez vaste, où l'on a préparé des cases, fermées seulement sur les côtés; on place séparément, dans chaque case, les variétés de fruits de différentes qualités : les fruits précoces, ceux de maturité moyenne, ceux de l'arrière-saison, les fruits amers, les fruits doux et les fruits acides. Il serait bon de mettre à part, autant que possible, les fruits des terres fortes et humides, et ceux des terrains légers ou calcaires. On devra se garder de former des tas trop considérables de fruits; car il se produit au centre de ces tas une fermentation qui détermine promptement la pourriture et nuit singulièrement à la qualité du cidre.

Les fruits, ainsi disposés, peuvent attendre sans inconvénients le moment où ils auront acquis un degré de maturité suffisant pour être portés au pressoir. Seulement, s'il survenait des gelées un peu intenses, et que les bâtiments où ils sont disposés ne fussent pas suffisamment clos, il faudrait les recouvrir de paille ou de feuilles sèches.

Séchage des pommes. — Dans l'est de la France et dans quelques autres contrées, une certaine quantité des pommes, quelle que soit leur maturité, est séchée pour être livrée au commerce ou consommée sur place, à mesure des besoins. A cet effet, on coupe ces fruits en deux ou trois morceaux; on les passe au four deux ou trois fois, sans les peler; puis on les conserve dans des tonneaux placés dans un endroit sec, ou bien on les livre immédiatement au commerce. Ces pommes sèches sont employées pour faire de la boisson. Employées seules, il en résulte un cidre assez médiocre; mais, en y ajoutant un tiers de cormes, on obtient une boisson passable. On procède à cette opération comme nous l'indiquons plus loin pour les cormes.

<h2 style="text-align:center">CORMIER.</h2>

Le *cormier* ou *sorbier domestique* (*sorbus domestica*, Lin.) (*fig.* 470) est un arbre qui croît spontanément dans les forêts du centre et du midi de la France et dont nous avons déjà dit un mot au chapitre des arbres forestiers ; mais il est plus important comme arbre fruitier.

Le cormier, dont la végétation est assez lente, peut cependant acquérir de grandes dimensions. On en a vu dans l'Anjou dont le tronc offrait 4^m,16 de circonférence sur 3^m,30 de hauteur; l'ensemble de la tige s'élevait à 16 mètres. Mais, en général, le cormier ne dépasse pas les dimensions du poirier. Le fruit, qui représente la forme de petites poires et qui est réuni par grappes, est employé dans plusieurs contrées pour faire une sorte de ci

Fig. 470. *Cormier.*

dre auquel on donne le nom de *cormé.* Cette boisson est de moins bonne qualité que le cidre de pommes ou que le poiré; elle se conserve aussi moins longtemps, mais elle n'en a pas moins d'importance pour les localités où l'on cultive cet arbre, dans les années où les autres fruits sont peu abondants.

Variétés. — On connaît plusieurs variétés de cormiers, parmi lesquelles nous citerons particulièrement les suivantes :

Cormiers à fruits roses. — Fruits moyens, turbinés.
    — *à fruits rouges.* — Fruits moyens, arrondis.
    — *à fruits gris.* — Fruits moyens, oblongs.
    — *à gros fruits roses.* — Fruits gros, turbinés.
    —   — *rouges.* — Fruits gros, arrondis.
    —   — *gris.* — Fruits gros, oblongs.
    — *à fruits blancs.* — Fruits moyens.
    — *à fruits bruns.* — Fruits moyens.

La variété à gros fruits rouges est la plus estimée et donne le produit le plus élevé.

Climat et sol. — Le cormier redoute les climats rigoureux; c'est un arbre qui appartient surtout à la région de la vigne. Aussi sa culture est-elle particulièrement répandue sur quelques points du Midi, dans l'Anjou, le Poitou, une partie de la Bretagne et dans quelques localités de l'est de la France.

Quant au sol qu'il préfère, on le voit surtout prospérer dans les sols siliceux un peu frais. Il s'accommode aussi, mais moins bien, des terrains siliceux, pierreux, les plus secs, et même des sols calcaires. Dans les terrains riches et substantiels, sa végétation est plus vigoureuse, mais il est moins fertile.

Culture. — *Multiplication.* — Le cormier peut être obtenu franc de pied, soit au moyen de jeunes sujets recueillis dans les bois, soit, ce qui est préférable, au moyen de semis de pepins faits en pépinière. Mais, outre que l'on n'obtient ainsi que très-lentement de jeunes arbres propres à être plantés à demeure, on n'est jamais certain de la qualité des variétés ainsi obtenues. Aussi est-il préférable de multiplier cet arbre au moyen de la greffe, en se servant, comme sujet, du poirier ou de l'aubépine.

Les autres soins de culture sont en tout semblables à ceux que nous avons indiqués pour le pommier et le poirier.

Rendement. — Le cormier se met à fruit plus lentement que le pommier et le poirier. Ce n'est qu'à l'âge de 20 à 25 ans que son produit commence à avoir quelque importance. A cet âge, ce produit peut s'élever à environ 5 hectolitres de fruits par arbre. Mais, ce produit augmentant à mesure que l'arbre avance en âge, il finit par s'élever en moyenne à 6 hectolitres.

Certains arbres, qui ont acquis un développement exceptionnel, ont donné parfois jusqu'à 10 hectolitres de fruits. N'oublions pas de dire toutefois que la fructification du cormier est soumise, comme celle du pommier et du poirier, à une sorte d'intermittence, et qu'il ne donne une récolte abondante que tous les deux ans. Le prix des cormes vertes vairie entre 6 fr. et 20 fr. l'hectolitre, suivant la rareté du vin dans la contrée.

Récolte et mode d'emploi. — On fait la récolte des cormes de la même façon que celle des pommes et des poires. L'époque de maturité est indiquée par la chute spontanée des fruits, ce qui a ordinairement lieu au moment des vendanges. La récolte étant terminée, on rentre les cormes dans un endroit sec et aéré où on les étend en couches peu épaisses pour qu'elles achèvent de mûrir. Dès qu'elles ont pris une teinte jaunâtre et qu'elles commencent à blettir, on procède à la fabrication du cormé. On peut employer pour cela l'un des deux procédés suivants :

Le premier moyen consiste à employer les cormes fraîches. A cet effet on en met 2 hectolitres dans une barrique de la contenance de 3 hectolitres et l'on achève de remplir avec de l'eau. Après quelques jours de fermentation, on commence à consommer cette boisson, et l'on remplace par de nouvelle eau le liquide que l'on tire de la barrique. Cette quantité de cormes peut fournir ainsi l'équivalent de 12 hectolitres d'une boisson assez forte.

Le second mode d'emploi consiste à faire sécher les cormes, en les plaçant sur de petites claies qu'on introduit dans le four après en avoir retiré le pain. Cette opération, répétée trois ou quatre fois, donne à ces fruits un degré de dessiccation tel, qu'on peut ensuite les conserver indéfiniment en les réunissant dans des tonneaux bien fermés et placés dans e cellier. Elles ont perdu alors les 2/5 de leur volume.

Lorsqu'on veut en faire de la boisson, on les fait tremper pendant une journée dans de l'eau tiède. On les jette ensuite dans une barrique qu'on remplit d'eau, et cela dans la proportion de 80 litres de cormes sèches pour 3 hectolitres d'eau. On commence à tirer au bout de quinze jours, et l'on ajoute successivement la même quantité d'eau que pour les cormes fraîches.

DEUXIÈME GROUPE. — ARBRES ET ARBRISSEAUX A FRUITS DE TABLE.

Ce qui précède nous a montré l'importance des arbres fruitiers pour la fabrication des boissons fermentées. Mais ces végétaux ne sont pas moins utiles pour la production des fruits qui servent directement à la nourriture de l'homme. La culture de ces arbres et l'usage de leurs fruits, qui, au dire des historiens, étaient presque inconnus dans les Gaules avant l'invasion des Romains, n'ont cessé, depuis cette époque, de s'étendre davantage, et cet aliment est devenu, depuis longtemps, un objet de première nécessité. L'établissement des chemins de fer concourt puissamment au progrès de cette industrie en permettant à ces produits non-seulement d'être transportés rapidement sur tous les points de notre territoire, mais encore en leur ouvrant la voie du commerce extérieur. Depuis que la Normandie, l'Anjou, la Touraine, l'Auvergne, la Guyenne

et la Gascogne sont en possession de ces voies rapides de communication,
leurs plus beaux fruits sont dirigés sur l'Angleterre, la Russie, l'Allemagne, et, si l'on favorise cette industrie, la France, si favorable à cette
culture par son climat et son sol, pourra devenir bientôt le jardin fruitier
du nord de l'Europe. Pour faire comprendre l'importance qu'ont acquise
de nos jours la culture, la consommation et le commerce des fruits de
table, il nous suffira de dire qu'il résulte des renseignements puisés à
une source certaine que le produit de la vente de ces substances alimentaires, à Paris seulement, ne s'élevait pas, il y a douze ans, à moins
de quinze millions de francs par an. Aujourd'hui ce chiffre a certainement doublé.

Toutefois il est vraiment déplorable de voir encore un grand nombre
de nos départements, les plus éloignés des centres de populations, presque complétement privés de fruits, ou dans lesquels ces arbres, abandonnés à eux-mêmes et appartenant à des variétés presque sauvages, ne
donnent que des produits de qualité détestable et plutôt nuisible que
bienfaisante. Il importe donc au bien-être des populations autant qu'au
développement de notre industrie agricole et de notre commerce extérieur
de répandre le plus possible les meilleures variétés d'arbres fruitiers et de
vulgariser les procédés les plus rationnels de leur culture.

Les arbres et arbrisseaux *à fruits de table* sont assez nombreux :
leurs fruits présentent surtout une structure très-variée. On peut, sous
ce rapport, les classer comme nous l'indiquons dans le tableau suivant :

1re Division. Fruits à pepins.....	Poiriers.
	Pommiers.
	Cognassiers.
	Orangers.
	Citronniers.
	Grenadiers.
2e Division. Fruits à noyau.....	Pêchers.
	Pruniers.
	Cerisiers.
	Abricotiers.
	Amandiers.
	Cornouillers.
	Jujubiers.
	Pistachiers.
3e Division. Fruits en baie.....	Vignes.
	Groseilliers.
	Framboisiers.
	Épine-vinette.
	Figuiers.
	Figuiers d'Inde.
4e Division. Fruits nuculaires.....	Noisetiers.
	Noyers.
5e Division. Fruits à osselets.....	Néfliers.
	Azéroliers.

Les arbres à fruits de table sont cultivés tantôt dans un espace également consacré aux légumes, et auquel on donne le nom de *potager-fruitier*, tantôt dans un terrain spécial, qui prend alors le nom de *jardin fruitier*; souvent aussi dans un espace clos destiné en même temps à la production des herbes, et qu'on désigne sous le nom de *verger proprement dit* ou *pré-verger*; d'autres fois enfin dans un terrain non clos, consacré en même temps à la culture des céréales et autres plantes, et auquel on donne le nom de *verger agreste*.

La culture des arbres à fruits de table dans les vergers diffère très-notablement de celle de ces mêmes arbres dans le jardin fruitier ou dans le potager-fruitier. Nous devons étudier séparément ces deux modes de culture.

DES VERGERS EN GÉNÉRAL.

Les vergers sont, comme nous venons de le dire, des surfaces consacrées en même temps aux arbres fruitiers et à la production des fourrages ou des grains. Là, les arbres, plantés à grandes distances, ne reçoivent plus après les soins de la plantation que quelques opérations destinées à les défendre de la sécheresse et à garantir leur tige de toute mutilation. On ne leur applique une sorte de taille que pendant les premières années qui suivent la plantation, et seulement pour leur donner la forme d'arbres à haute tige, et pour imposer à leur tête une disposition convenable. Ils ne reçoivent plus ensuite qu'un élagage de temps en temps, pour enlever le bois mort, empêcher la confusion qui pourrait se produire dans la tête, ou pour faire renaître de nouvelles productions fruitières vers la base des branches principales. Là se bornent les opérations à pratiquer sur ces arbres, qui profitent d'ailleurs des engrais et des façons donnés à la terre pour les autres récoltes, récoltes dont le produit vient diminuer d'autant les frais de location du sol occupé par les arbres fruitiers.

Les soins que réclament la création et l'entretien des vergers sont donc beaucoup moins coûteux que ceux relatifs au jardin fruitier. Mais aussi leurs produits sont loin d'être aussi abondants et d'une aussi grande valeur que ceux obtenus par ce dernier mode de culture. En effet, les vergers ne peuvent donner leur produit maximum que vers la quinzième année pour les arbres à fruits à noyau, et vers la vingt-cinquième année pour ceux à fruits à pepins. Par suite de l'absence d'une taille annuelle, leur production n'est presque jamais que bisannuelle. D'un autre côté, ces arbres ne pouvant pas être abrités contre les intempéries du printemps, leur fructification est souvent détruite par des accidents. Ajoutons encore que, par suite de cette absence de taille, ces fruits sont toujours moins beaux et d'une moins grande valeur que ceux du jardin fruitier. Ainsi, si ce mode de culture est peu coûteux, l'abondance et la qualité du produit est dans la même proportion.

Ce qui précède permet d'indiquer dans quelles circonstances il conviendra d'adopter ce mode de culture de préférence à celui du jardin fruitier. Ce sera :

1° Lorsque les fruits auront à parcourir un long trajet pour trouver un grand centre de consommation. Dans ce cas, ils seront chargés de frais de transport assez élevés; mais leur culture est si peu coûteuse, qu'on pourra encore retirer de leur vente un bénéfice suffisant.

2° Lorsque le climat et le sol ne sont pas particulièrement favorables à cette culture. Là les produits seront peu abondants et de médiocre qualité : mais les frais de production seront si peu élevés, que le prix de vente sera toujours assez rémunérateur.

Ce que nous avons dit plus haut montre aussi l'étendue que l'on peut donner aux vergers. Les soins de leur culture sont tellement simples, ils exigent si peu de bras intelligents et de dépense d'entretien, que leur étendue peut n'être limitée que par le degré d'importance des débouchés.

Quant à la description des opérations relatives à la création et à l'entretien des vergers, nous renvoyons pour cela à tout ce que nous avons dit de la culture des *arbres à fruits à cidre*, culture en tout semblable à celle des vergers. Nous indiquerons plus loin, en traitant de la culture spéciale de chaque espèce d'arbre fruitier, les soins particuliers qu'ils exigent dans les vergers.

DU JARDIN FRUITIER EN GÉNÉRAL.

Disons tout d'abord que le *potager-fruitier* présente rarement de l'avantage. Les arbres nuisent aux légumes par leur ombrage, et ceux-ci nuisent aux arbres, soit en épuisant le sol, soit par les labours multipliés que l'on est obligé de donner à la terre, soit enfin, dans le Midi, par les arrosements fréquents qu'exigent les légumes pendant l'été, et qui font rapidement pourrir les racines des arbres, et surtout celles des espèces à fruits à noyau. Il sera donc plus convenable de séparer ces deux cultures en créant un *jardin fruitier* et un *potager* placés sur deux points différents ou réunis dans le même enclos. Ce qui suit s'applique spécialement au jardin fruitier.

Le jardin fruitier est un espace clos de murs souvent divisé par des murs de refend, et uniquement destiné aux arbres fruitiers. Là, les arbres, presque toujours très-rapprochés les uns des autres, sont soumis à une taille annuelle, et sont disposés soit en espalier ou en contre-espa-

silier, soit en pyramides, en vases ou gobelets, etc. Les arbres à haut vent
ou à haute tige en sont exclus.

La destination du jardin fruitier est de fournir, en égard à son étendue,
la plus grand quantité possible des fruits qui ont le plus de valeur sur
les marchés, et cela avec le moins de dépense et dans le laps de temps le
plus court. Si le produit de ce jardin doit être consommé par celui qui
le cultive, il faut en outre un choix d'espèces et de variétés tel, que, l'époque
de leur maturité se succédant sans cesse, on puisse en manger pendant
toute l'année.

Les frais de création et d'entretien du jardin fruitier sont beaucoup
plus élevés que ceux relatifs aux vergers. Il faut en effet défoncer profondément presque toute la surface, construire des murs de clôtures et
de refend pour les espaliers, des supports pour les contre-espaliers,
établir des treillages, acheter des arbres beaucoup plus nombreux, à surface de terrain égale, que pour les vergers. Il faut en outre, comme entretien, soumettre ces arbres à une taille annuelle et minutieuse, soit en
hiver, soit en été. Il faut encore, et surtout, abriter ces arbres contre les
intempéries du printemps, puis donner au sol plusieurs façons annuelles,
et le fumer convenablement.

Mais aussi les produits du jardin fruitier sont plus abondants, meilleurs, et d'une plus grande valeur que ceux des vergers. Les arbres,
soumis aux formes rationnelles que nous recommandons plus loin, peuvent donner leur produit maximum vers la sixième année. S'ils sont convenablement taillés, leur produit pourra être presque égal chaque année,
surtout si on les abrite contre les gelées tardives. Enfin, par suite de
l'ensemble de ces soins, les fruits sont plus beaux et meilleurs. Ce mode
de culture, qui consiste à appliquer une grande somme de travail et un
capital élevé à un petit espace, peut être comparé à ce que l'on appelle, en
agriculture, *culture intensive*. La même dépense et la même somme de
travail, appliquée à de grandes surfaces, produira la *culture extensive*;
c'est ce qui a lieu pour les vergers.

Ces caractères distinctifs du jardin fruitier vont nous permettre d'indiquer bientôt dans quel cas il convient de préférer ce mode de culture
aux vergers.

Pour produire les résultats dont nous avons parlé plus haut, le jardin
fruitier doit être soumis à certaines conditions qui se rapportent surtout :
1° au choix d'un emplacement convenable ; 2° au mode de clôture de cet
emplacement ; 3° à la distribution du terrain ; 4° à sa première préparation ; 5° enfin au choix des espèces et variétés d'arbres. Examinons
successivement ces diverses conditions.

Choix d'un emplacement convenable. — Lors de l'établissement
d'un jardin fruitier, conçu au point de vue de la spéculation, il faut que
l'emplacement choisi remplisse les conditions suivantes :

Facilité des débouchés pour la vente des produits. — Le jardin fruitier doit être situé dans le voisinage d'un grand centre de population. Dans le cas contraire, les frais de transport venant s'ajouter au prix élevé de leur culture, leur vente ne pourra pas donner lieu à un bénéfice suffisant.

Climat. — Il conviendra aussi de placer le jardin fruitier sous l'influence du climat le plus favorable à la végétation et à la fructification. Si l'on a à redouter des hivers trop rigoureux, des froids tardifs habituels, une chaleur insuffisante en été, on sera obligé d'avoir recours à des moyens coûteux pour soustraire les arbres à ces influences. La récolte sera peu abondante, et, le prix de vente restant le même, il en résultera une mauvaise spéculation.

Nature du sol. — On se rappelle ce que nous avons dit de l'influence des différentes sortes de terre sur la végétation des arbres fruitiers. On sait que les terres très-argileuses retiennent une trop grande quantité d'humidité, que les arbres fruitiers y poussent avec vigueur, mais donnent peu de fruits, et que ces fruits, sans parfum, ne peuvent être conservés longtemps. On sait encore que, dans les terres très-légères, ces mêmes arbres se développent lentement, qu'ils se chargent d'un grand nombre de fruits très-savoureux, mais très-petits, et que l'arbre, épuisé par cette abondante production, devient languissant et périt bientôt.

Afin d'éviter ces inconvénients, on devra choisir un sol de consistance moyenne, sélicéo-argileux par exemple, et qui offre une profondeur d'au moins 1^{m},50, afin que les racines ne soient pas arrêtées dans leur allongement ou qu'elles ne soient pas exposées à une humidité trop grande occasionnée par l'eau retenue dans la couche inférieure.

Exposition. — Comme tous les arbres que le jardin fruitier est destiné à recevoir ne demandent pas la même exposition, on pourra adopter indifféremment le sud ou l'est. L'exposition de l'ouest ou du couchant est moins favorable, en raison des vents violents qui soufflent de ce côté, déchirent les fleurs, font tomber les fruits avant leur maturité, ou enfin à cause des pluies violentes qui, chassées sur les fleurs, nuisent à la fécondation en les faisant couler.

L'exposition du nord est toujours mauvaise. Pendant l'hiver, les arbres délicats, tels que le pêcher, y souffrent beaucoup de l'intensité du froid, et, au printemps, les fleurs des espèces à fruits à noyau, exposées à des vents secs et desséchants, sont souvent altérées.

Néanmoins on pourra encore, à l'aide d'abris, tirer parti de ces emplacements. Ces abris, composés de plantations d'arbres très-élevés, à feuilles persistantes, serviront de rideau du côté où le jardin est ouvert aux vents nuisibles.

Position. — La position influe encore sur le choix du terrain. Les vallées humides qui reçoivent des rivières sont sujettes à des brouillards froids qui font couler les fleurs, et à des gelées tardives du printemps plus dangereuses encore. Les endroits élevés, tels que les plateaux qui couronnent les montagnes, ne présentent pas ces inconvénients; mais la température y est ordinairement trop froide, et la violence des vents y tourmente les arbres. C'est au pied des collines, c'est dans les vallons secs, dans les plaines abritées, qu'on doit, de préférence, établir un jardin fruitier.

Étendue de l'emplacement. — Les opérations qu'exigent les arbres du jardin fruitier demandent tant de précision et de perfection, qu'elles ne peuvent être pratiquées que par une main exercée et directement intéressée au succès de cette culture. Les gros travaux tels que labours, les binages pendant l'été, etc., sont les seuls qu'on puisse confier à des aides. Or, si l'étendue du jardin fruitier est telle, que le cultivateur ne puisse pas exécuter lui-même toutes les opérations de la taille, il en résultera ceci : ou bien il se fera seconder par des ouvriers d'une capacité insuffisante, et alors le travail sera mal fait; ou bien il trouvera des aides assez instruits, mais il n'obtiendra leur travail qu'à un prix tellement élevé, que ses bénéfices deviendront presque nuls; d'où il faut conclure que l'étendue du jardin fruitier devra être telle que celui qui le dirige puisse exécuter lui-même les opérations les plus importantes de cette culture.

Tout ce que nous venons de dire à l'égard du choix d'un emplacement s'applique au cas où il s'agit de produire des fruits pour la vente, et afin que cette spéculation puisse donner des bénéfices suffisants. Partout où ces conditions ne pourront pas être remplies, il y aura plus d'avantage à s'en tenir à la culture moins coûteuse des vergers.

Mais, s'il s'agit d'un jardin fruitier dans la création duquel la spéculation n'entre pour rien, on pourra être d'autant moins difficile sur le choix de l'emplacement, que ce jardin devra nécessairement être établi sur un des points du domaine de celui qui le fait créer. Dans ce cas, il faudra songer à surmonter les influences fâcheuses qui pourront résulter du climat, de la mauvaise qualité du sol ou de l'exposition du terrain. Ce ne sera souvent qu'à l'aide de moyens coûteux; mais il faut avant tout obtenir des fruits de bonne qualité, sans se préoccuper de leur prix de revient. Nous indiquerons successivement les procédés convenables pour surmonter ces difficultés.

Des clôtures. — L'emplacement ayant été déterminé, on doit songer à l'enclore.

Parmi les divers modes, les murs sont certainement celui qu'on doit préférer, en raison des arbres en espalier qu'ils peuvent recevoir, parce qu'ils servent d'abri au terrain enclos, enfin parce que c'est le mode de clôture le plus solide.

Lors de la construction de ces murs, on doit examiner successivement : 1° la meilleure exposition à leur donner; 2° leur élévation; 3° la saillie à donner aux chaperons; 4° la couleur de leur surface; 5° le mode de palissage.

Exposition des murs. — Si l'on n'est pas gêné par le voisinage, on donnera au jardin fruitier la forme d'un carré ou d'un quadrilatère. Les murs seront orientés d'une manière différente suivant le climat. Pour toute la région placée en dehors du climat de l'olivier, les murs seront orientés de façon que l'un des angles (A, *fig.* 476, 477 et 478) regarde le sud-sud-ouest. Il résultera de cette disposition que les murs ne seront exposés ni au midi, ni au nord, mais qu'ils seront placés au nord-est, au nord-ouest, au sud-est et au sud-ouest; expositions qui sont toutes bonnes, pourvu qu'on sache choisir pour chacune d'elles les espèces qui s'en accommodent le mieux.

Si l'on n'est pas propriétaire du terrain environnant, on rentrera à 5 mètres de la limite de la propriété les murs qui, du côté extérieur, présentent la meilleure exposition, sud-est et sud-ouest, ainsi que nous l'avons indiqué dans les figures 476, 477 et 478. Cela permettra d'utiliser ces expositions en y plaçant des arbres en espalier. Lorsqu'on sera propriétaire du terrain environnant, on ne devra pas négliger d'utiliser ainsi la face extérieure de ces murs; ce sera d'autant plus facile alors, qu'on pourra le faire sans restreindre l'étendue du terrain enclos. Dans tous les cas, ces espaliers extérieurs seront défendus de l'approche des maraudeurs par une haie vive (I, *fig.* 476 ; Q, *fig.* 477; P, *fig.* 478).

Outre les murs de clôture, il est bon, lorsque le jardin fruitier offre une certaine étendue, d'en subdiviser l'intérieur à l'aide de murs de refend ; de cette manière on augmente la surface des espaliers, et ces murs servent en outre à briser les vents. Ces murs devront être d'autant plus nombreux que le climat sera plus froid et qu'on aura moins de chance de voir prospérer les arbres en plein air. Ainsi pour le climat du Nord toute la surface du jardin fruitier est occupée par des murs de refend (*fig.* 476). Pour le climat intermédiaire entre le Nord et la région des oliviers un ou deux murs de refend sont suffisants (*fig.* 477 et 478).

Sous le climat de l'olivier les murs ne sont utiles que comme clôture, les arbres qu'on y palisse souffrant de la température trop élevée, surtout aux expositions les plus chaudes. Aussi les murs de refend sont inutiles. Les murs de clôture sont placés sur la limite même du terrain. On tâche aussi de les orienter de façon à avoir la plus grande étendue possible de ces murs placée à l'exposition la moins chaude, au nord, afin de pouvoir l'utiliser plus facilement pour les espaliers. En les orientant de façon que l'un des angles soit dirigé vers l'est sud-est, on obtient ce résultat ainsi que le montre la figure 483.

Hauteur des murs. — Les murs de clôture et ceux de l'intérieur devront avoir une hauteur de 3 mètres : c'est l'élévation la plus convenable pour les arbres qui y sont palissés. Les murs placés du côté où soufflent les vents froids pourront être plus élevés que les autres. Tous ces murs devront être solidement bâtis et bien crépis, pour empêcher les animaux rongeurs et les insectes de se loger dans leurs cavités.

Disposition des chaperons. — Les murs seront recouverts d'un chaperon offrant une saillie moyenne de 0^m,10, faite en forme de larmier. Cette saillie empêchera les eaux des pluies de redescendre le long du mur, de le dégrader, et de pourrir le treillage. Les murs destinés à la vigne doivent seuls présenter un chaperon dont la saillie varie entre 0^m,25 et 0^m,35, suivant l'élévation des murs ; nous en exceptons toutefois le climat de l'olivier.

Quelques cultivateurs conseillent un chaperon beaucoup plus saillant, afin de préserver les arbres de l'influence des gelées printanières en écartant l'humidité des pluies et des brouillards qui séjourne près des boutons, s'y congèle et les fait avorter; de plus, en privant le sommet de l'arbre d'une partie de l'influence de la lumière, ces chaperons diminuent, vers ce point, la rapidité de la végétation : la séve est alors attirée en plus grande abondance vers le centre et la base de l'arbre, qui se développent avec plus de vigueur. Mais, à côté de ces avantages, un chaperon très-saillant a l'inconvénient grave de rendre le sommet de l'arbre malade et improductif, sur une hauteur de 0^m,30 environ. D'un autre côté, les arbres qui sont exposés au midi et au levant souffrent d'être privés de l'influence bienfaisante des pluies et des rosées de l'été. Enfin, nous verrons plus loin qu'on peut facilement remplacer les chaperons très-saillants par des abris mobiles, qui présenteront les mêmes avantages sans en offrir les inconvénients.

Couleur des murs. — Les murs doivent-ils, pour favoriser la végétation des arbres qui y sont palissés, avoir une couleur blanche ou une couleur noire? Cette question est agitée depuis longtemps.

Il est bien reconnu que la couleur blanche réfléchit la chaleur, mais ne s'en imprègne pas; d'où il suit qu'aussitôt que le soleil a abandonné un mur de couleur blanche celui-ci est refroidi. Au contraire, la couleur noire absorbe la chaleur pendant le jour et la renvoie pendant la nuit sous forme de calorique rayonnant; d'où l'on devrait conclure que les murs d'espalier devraient être de couleur noire. Toutefois des expériences directes étaient nécessaires pour résoudre cette question d'une manière certaine. Le temps nous a manqué pour prolonger assez celles que nous avions entreprises dans ce but. Mais M. Vuitry, ancien député, qui consacre ses loisirs au progrès de l'arboriculture, nous a communiqué récemment les expériences qu'il a tentées et qui ne laissent aucun doute sur le choix qu'il convient de faire pour la couleur à donner aux murs d'espalier.

Il a constaté : 1° que, pendant le jour, un thermomètre placé la face tournée contre un mur blanc, à une distance de ce mur égale à celle qui existe ordinairement entre les arbres et le mur, c'est-à-dire à 0ᵐ,05, a constamment accusé une température de trois degrés en moyenne plus élevée qu'un thermomètre semblable placé de la même façon contre un mur noir identiquement semblable d'ailleurs au premier.

2° Que, pendant la nuit, la différence de température accusée par les deux thermomètres ainsi placés est inappréciable.

Contrairement à l'opinion admise par quelques personnes, il parait donc évident qu'il faut blanchir les murs quand on veut donner à des arbres en espalier le *maximum* de chaleur que comportent le climat et l'exposition. C'est du reste ce qu'ont toujours fait les cultivateurs de Montreuil pour les pêchers, et de Thomery pour la vigne. Il conviendrait au contraire de les noircir lorsqu'on a à redouter un excès de chaleur, comme cela a lieu dans le Midi pour les arbres à fruits à pepins placés aux expositions les plus chaudes.

Mode de palissage. — Un autre point à examiner, lors de la construction des murs d'espalier, c'est le mode de palissage auquel il conviendra de donner la préférence.

Palissage à la loque. — Ce mode d'opérer est le plus convenable, en ce qu'il permet de pratiquer le dressage des branches de la manière la plus parfaite. Il consiste dans l'emploi de fragments d'étoffe de laine (A, *fig.* 471) de 0ᵐ,04 à 0ᵐ,08 de long sur 0ᵐ,05 environ de large. On les plie en deux, puis, prenant les branches dans la boucle, on fixe les deux extrémités de la loque contre le mur à l'aide d'un clou (*fig.* 472 et 473) à pointe un peu obtuse et d'une longueur de 0ᵐ,05 à 0ᵐ,05. Ces clous sont enfoncés à la profondeur de 0ᵐ,04 environ à l'aide d'un marteau (*fig.* 474) dont la tête A, fendue, fait l'office de tenaille lors du dépalissage. Les cultivateurs de Montreuil, près de Paris, réunissent les loques, les clous et le marteau, dans un petit panier (*fig.* 475) qu'ils fixent devant eux à l'aide d'un ceinturon en cuir A. Les loques peuvent servir plusieurs fois ; chaque année, après le dépalissage, on les fait bouillir dans l'eau, afin de détruire les œufs des insectes nuisibles qu'elles renferment

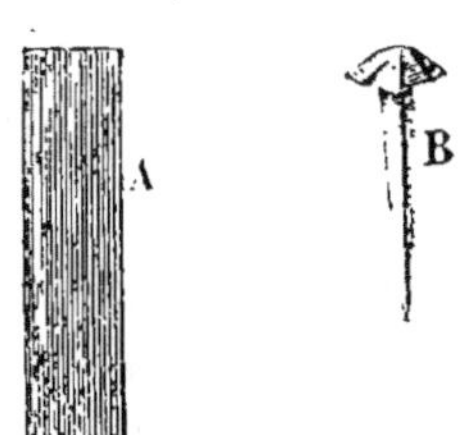

Fig. 471. *Loque* Fig. 472. *Clou pour le palissage. pour le palissage.*

Fig. 475. *Palissage à la loque.*

souvent en très-grande quantité. Ce mode de palissage exige malheureusement un mur couvert, sur toute sa surface, d'une couche de plâtre d'au
moins 0^m,05 d'épaisseur, afin que les clous puissent être enfoncés sur

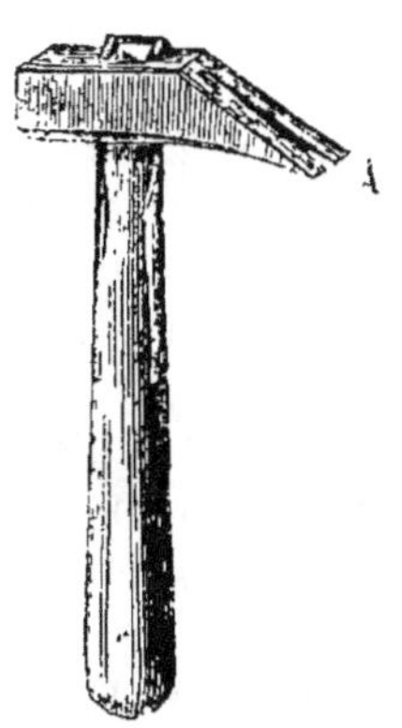

Fig. 474. *Marteau à palisser.*

Fig. 475. *Panier à palisser.*

tous les points, sans obstacle. Dans les localités où cet enduit de plâtre
ne résisterait pas à l'humidité atmosphérique, ou dans celles où l'emploi
de cette matière donnerait lieu à une dépense trop élevée, on est obligé
d'avoir recours au palissage sur treillage.

Le *palissage sur treillage* se pratique en fixant, à l'aide de ligatures,
les rameaux et les branches sur un treillage établi contre le mur. Le
plus grave inconvénient que présente ce mode d'opérer est de nécessiter des ligatures qui nuisent à la végétation en comprimant les parties
et en faisant naître des étranglements. Lorsqu'on sera obligé de l'employer, on devra opter entre les treillages en fil de fer et ceux en bois.

Nous avons eu longtemps de la prévention contre les treillages en fil
de fer. Nous craignions que, pressés par les ligatures contre les branches et les rameaux, ils n'y déterminassent des blessures; mais, après
avoir examiné avec attention des pêchers ainsi palissés depuis plus de
douze ans, nous avons reconnu que nos craintes n'étaient pas fondées.
On peut d'ailleurs prévenir cet inconvénient en donnant à la ligature
un tour de torsion entre le fil de fer et le rameau, de façon à empêcher
tout contact entre celui-ci et le fil de fer.

Les treillages en fil de fer peuvent donc être employés sans inconvénient, et ils offrent sur les treillages en bois l'avantage d'une très-
grande économie. On devra donc les préférer dans la plupart des cas.
La disposition des treillages devant varier suivant la forme que l'on
donne à la charpente des arbres, nous indiquerons plus loin cette disposition en nous occupant de la culture spéciale de chaque espèce.

51.

Distribution du terrain. — Les murs ayant été construits et garnis de leur treillage, on passe à la distribution du terrain.

L'étude toute spéciale que nous avons faite des divers climats de la France, au point de vue de la culture des arbres fruitiers, nous a montré que la distribution du jardin fruitier doit être très-notablement modifiée suivant la température habituelle de la contrée.

Dans le Nord, là où la vigne ne mûrit pas ses fruits en plein air, par suite des intempéries du printemps ou de l'insuffisance de la chaleur de l'été, la plupart des meilleures espèces d'arbres fruitiers ne donnent en plein air que des produits inconstants et de médiocre qualité. Le pommier et quelques variétés précoces de poiriers sont les seuls qui supportent ces influences. Pour toutes les autres espèces ou variétés, l'espalier est le seul moyen d'assurer les récoltes et de leur donner une qualité passable.

Dans la Provence, au contraire, et partout où l'olivier peut prospérer, toutes les espèces et variétés d'arbres fruitiers peuvent donner d'abondants et d'excellents produits en plein air. L'espalier, si nous en exceptons la vigne, est plutôt nuisible qu'utile aux arbres, par suite de l'excès de chaleur qu'ils éprouvent dans cette situation.

Entre ces deux points extrêmes, on trouve un climat intermédiaire qui est propre à la plus grande partie de notre territoire, et qui permet de cultiver en plein air un grand nombre d'espèces et variétés d'arbres fruitiers. Les espaliers y sont toutefois nécessaires pour les espèces les plus exigeantes au point de vue de la température.

Nous croyons utile de donner ici le mode de distribution qui nous parait le plus convenable pour le jardin fruitier dans chacun de ces trois climats.

Jardin fruitier pour le Nord. — Comme le plus grand nombre des arbres fruitiers réussissent mal en plein air sous le climat dont nous nous occupons, il convient de multiplier les espaliers le plus possible. Pour cela il faudra diviser l'intérieur du jardin (*fig. 476*) par des murs parallèles et placés à environ 6 mètres les uns des autres. Cet intervalle est nécessaire, afin qu'ils ne portent pas ombre les uns sur les autres. Ils seront tous dirigés du nord-est au sud-ouest, afin que l'une de leurs faces soit frappée par le sud-est. Cette face étant blanchie à la chaux, il en résultera que la face opposée du mur suivant, placée seulement à 6 mètres d'intervalle, recevra par le rayonnement une dose de lumière et de chaleur telle, que les arbres qui y seront placés donneront de très-bons résultats, quoique exposés au nord-ouest. Tous ces murs devront avoir 3 mètres d'élévation, ou au moins $2^m,50$, afin d'augmenter le plus possible la surface des espaliers.

Les plates-bandes d'espalier auront 2 mètres de largeur, ainsi que le chemin qui les sépare. Il n'est pas possible de diminuer ces largeurs, car

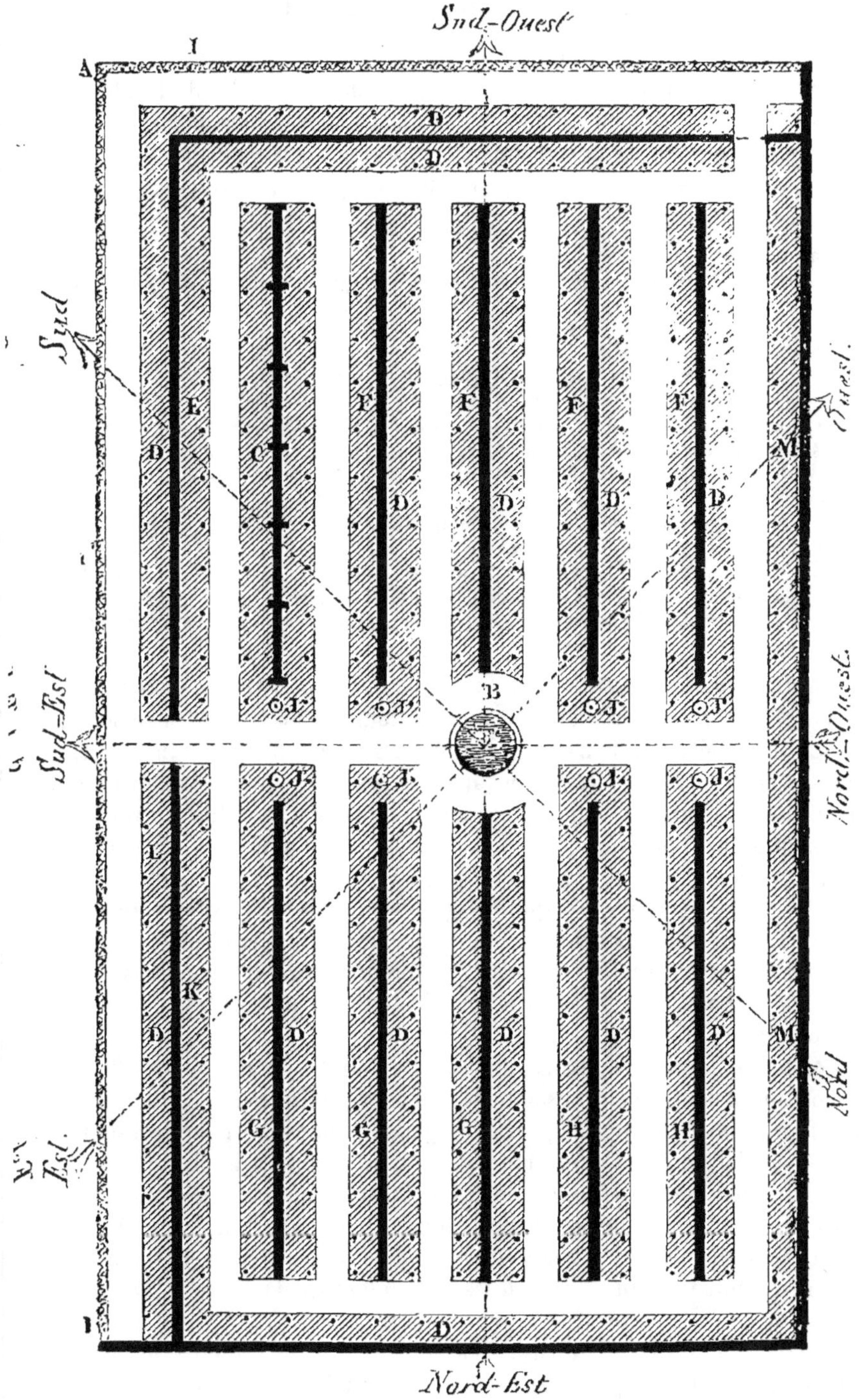

Fig. 476. Distribution du jardin fruitier pour le climat du Nord.

il n'y aurait plus une distance suffisante entre les murs. On utilise d'ailleurs l'excédant des plates-bandes en plantant sur le bord de chacune d'elles une ligne de pommiers paradis disposés en cordon horizontal.

Nous terminons ce qui a trait à ce premier jardin fruitier en indiquant, dans la légende suivante, la place occupée par les diverses espèces d'arbres fruitiers.

B. Bassin pour les arrosements.
C. Contre-espalier simple d'abricotiers en cordon oblique simple, plantés à 0ᵐ, 40. et abrités au printemps.
    (Le support de ce contre-espalier pourra être établi et consolidé comme ceux que nous indiquons p. 557).
D. Espaliers de poiriers en cordon oblique simple, plantés à 0ᵐ. 40.
E. Espaliers de groseilliers en cordon vertical, plantés à 0ᵐ, 20.
F. Espaliers de pêchers en cordon oblique simple, plantés à 0ᵐ. 40.
G. Espaliers de cerisiers en cordon oblique simple, plantés à 0ᵐ, 40.
H. Espaliers de pruniers en cordon oblique simple, plantés à 0ᵐ. 40.
I. Haie vive.
J. Poiriers en pyramide (variétés d'été donnant des fruits médiocres en espalier).
K. Framboisiers cultivés au pied du mur.
L. Pommiers sur paradis, plantés à 2 mètres d'intervalle, à 0ᵐ. 50 du bord de la plate-bande et disposés en cordon horizontal unilatéral.
M. Espalier de vignes disposées en cordon vertical à coursons opposés, plantés à 0ᵐ, 55.

Jardin fruitier pour la région située entre le Nord et le climat de l'olivier. — Dans la région que nous venons de préciser, les raisins de table, les variétés de poiriers qui mûrissent leurs fruits en hiver, et la plupart des espèces à fruits à noyau, préfèrent les murs bien exposés à la culture en plein air. Mais un certain nombre d'espèces ou de variétés, telles que les pommiers, les poiriers d'été ou d'automne, s'accommodent très-bien et préfèrent même le plein vent. Il en est de même des cerisiers et des pruniers, lorsque les gelées tardives ne sont pas trop intenses. Le jardin fruitier doit donc être organisé sous ces climats de façon que les arbres en espalier et ceux en plein air aient une part presque égale. Pour cela nous conseillons de le distribuer de la manière suivante (*fig. 477*).

Les murs de clôture, hauts de 5 mètres ou au moins de 2ᵐ,50, sont disposés et orientés comme pour les jardins fruitiers du Nord, par les motifs que nous avons indiqués. Les plates-bandes d'espalier présentent 1ᵐ,50 de largeur, et sont bordées par un chemin de 2 mètres, afin que les arbres en pyramide soient suffisamment éloignés des murs. Pour augmenter la surface des espaliers, on partage l'intérieur du jardin à l'aide de murs de refend indiqués dans notre figure. Les surfaces comprises entre ces murs sont divisées en plates-bandes larges de 2 mètres et destinées à recevoir des arbres en pyramide plantés en quinconce. Ces plates-bandes sont séparées par un chemin de 1 mètre de largeur seulement. Pour remplir l'espace laissé libre à l'extrémité de ces plates-

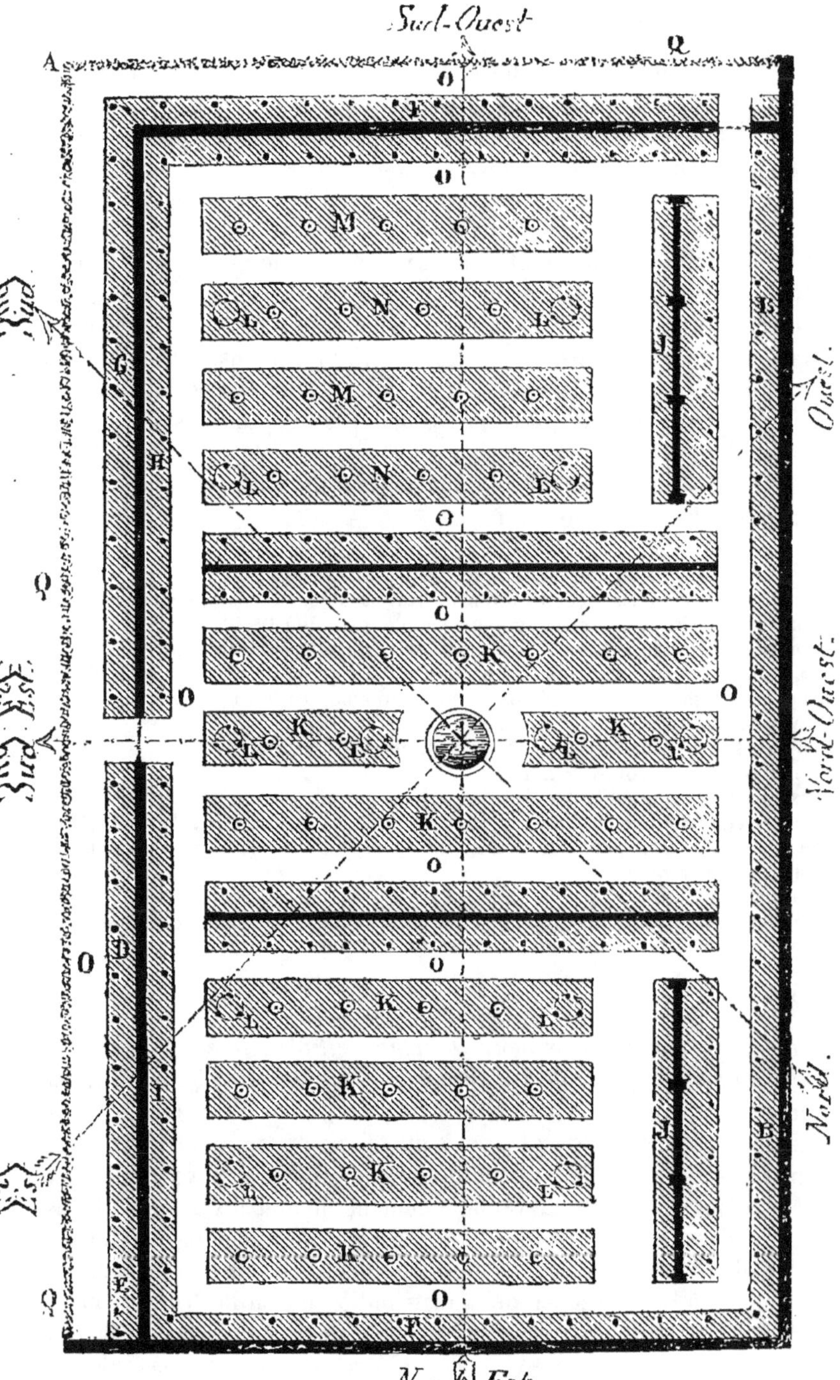

Fig. 477. *Jardin fruitier pour la région située entre le Nord et le climat de l'olivier.*

bandes (L), par suite de ce mode de plantation, on place à chacun de ces points trois poiriers disposés en cordon-spirale.

Toutes les plates-bandes d'espalier reçoivent une ligne de pommiers de paradis placés à 0^m,30 du bord des plates-bandes et plantés tous les 2 mètres. On donne à ces petits arbres la forme en cordon horizontal unilatéral.

Enfin on établit sur le point le mieux exposé et le plus abrité du jardin un contre-espalier (J), destiné à recevoir les abricotiers, qui réussissent rarement en plein air, et qui ne donnent que des fruits médiocres en espalier. Ce contre-espalier, haut de 2^m,50 au moins, est abrité jusqu'à la fin du mois de mai. On doit l'éloigner assez des espaliers et des arbres en pyramide pour qu'il n'ombrage pas les premiers et qu'il ne soit pas ombragé par les seconds.

La légende suivante indique la distribution des diverses espèces d'arbres fruitiers dans ce jardin.

B. Espalier de pêchers en cordon oblique simple, plantés à 0^m,40.

C. Vignes en treilles disposées en cordon vertical à coursons opposés, plantées à 0^m 55.

D. Espalier de cerisiers en cordon oblique simple, plantés à 0^m,40.

E. Espalier de pruniers en cordon oblique simple, plantés à 0^m.40.

F. Espaliers de poiriers (variétés d'hiver) en cordon oblique simple, plantés à 0^m,40.

G. Espaliers de poiriers (variétés d'été et d'automne) en cordon oblique simple, plantés à 0^m. 40.

H. Espalier de groseilliers en cordon vertical, plantés à 0^m,20.

I. Framboisiers fixés contre le mur.

J. Deux contre-espaliers doubles d'abricotiers en cordon vertical, plantés à 0^m,50.

K. Poiriers en pyramide. . . . . } Variétés d'été

L. Poiriers plantés trois par trois et disposés en cordon spirale. . . } ou d'automne.

M. Cerisiers en pyramide.

N. Pruniers en pyramide.

O. Pommiers plantés à 0^m,30 du bord des plates-bandes d'espalier, tous les deux mètres, et disposés en cordon horizontal unilatéral.

P. Bassin.

Q. Haie vive.

Nouveau jardin fruitier pour la région située entre le Nord et le climat de l'olivier (système Du Breuil). — Lorsqu'en 1836 nous avons commencé à enseigner l'arboriculture fruitière, nous avons trouvé admis comme un dogme, partous les hommes qui faisaient alors autorité dans cet art, que la forme pyramidale ou plutôt conique (voir la culture spéciale du poirier) était la seule qu'on pût rationnellement imposer aux arbres cultivés en plein air dans le jardin fruitier. Nouvel adepte de la science, nous avons dû tout d'abord admettre sans conteste cette sorte d'axiome ; et, lorsque nous avons eu à nous occuper de la distribution du jardin fruitier, nous avons dû tenir compte de ce principe et donner à cet emplacement la disposition indiquée par la *fig.* 477, afin de tirer tout le parti possible de cette forme conique.

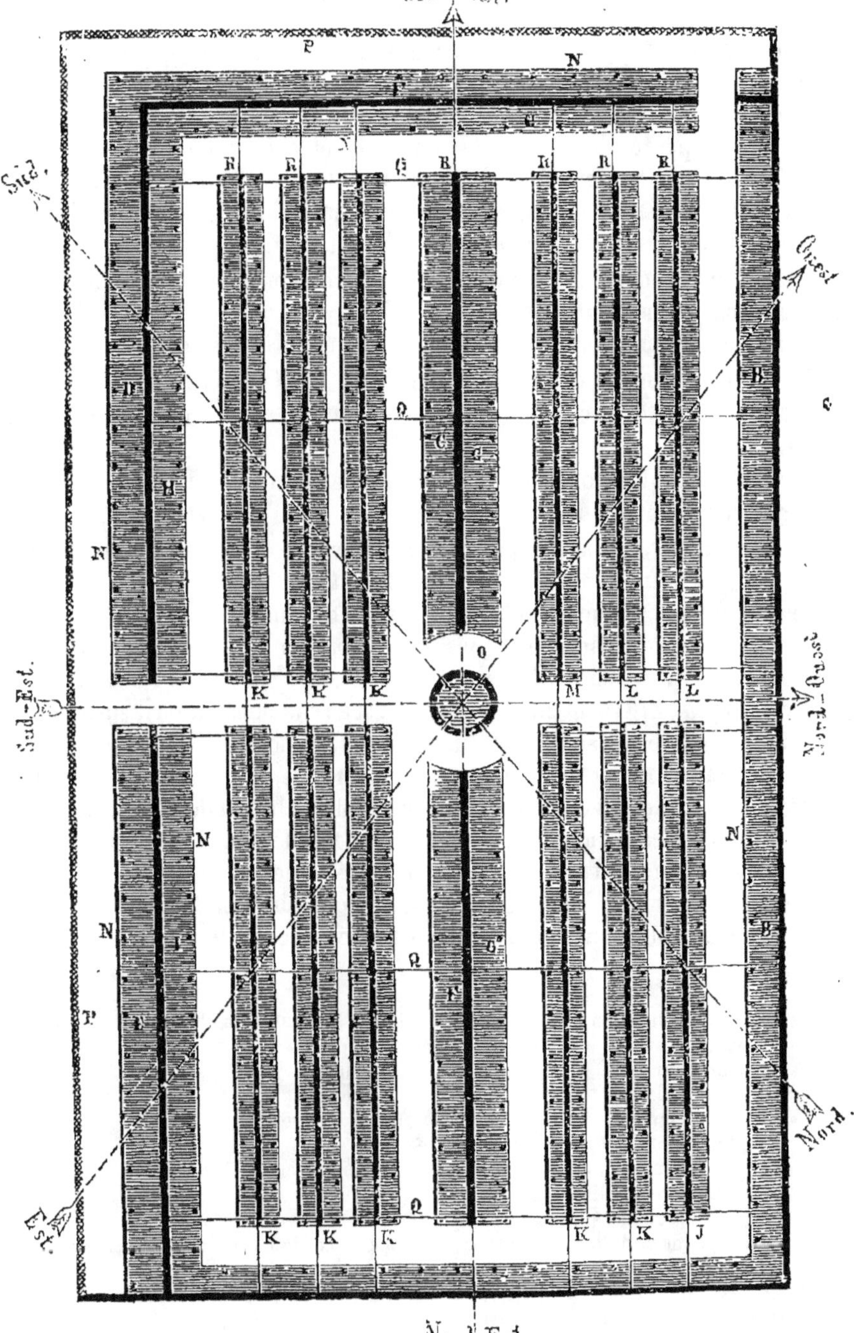

Fig. 478. Plan du nouveau jardin fruitier pour la région située entre le Nord et le climat de l'olivier (système Du Breuil).

Toutefois nous avons bientôt reconnu que si cette forme présente des avantages incontestables, elle offre aussi de très-graves inconvénients, au nombre desquels il faut surtout placer les suivants :

1° La charpente de ces arbres ne peut être complétement formée, c'est-à-dire avoir 2 mètres de largeur à sa base et 6 mètres de hauteur que vers la douzième année, et le produit maximum ne peut être obtenu que vers la quatorzième année après la plantation.

2° Ces arbres exigent beaucoup d'espace et conviennent peu aux petits jardins. On ne peut alors placer qu'un petit nombre de variétés et n'avoir ainsi qu'une série d'époques de maturité très-restreinte.

3° La formation de cette charpente exige beaucoup de soins et des connaissances assez précises, que l'on rencontre trop rarement chez les jardiniers.

4° Il est presque impossible de soustraire ces arbres à l'influence des intempéries du printemps.

5° Enfin il n'y a pas une proportion suffisante entre le produit de ces arbres et l'étendue de terrain qu'ils occupent.

Frappé de ces inconvénients, nous avons dû chercher une autre combinaison. Voici celle que nous conseillons, particulièrement pour les jardins fruitiers situés entre la zone du Nord et le climat de l'olivier :

Les murs (*fig.* 478) sont dirigés du nord-est au sud-ouest; d'où il suit que les espaliers sont exposés au sud-est, au sud-ouest, au nord-ouest et au nord-est. Mais c'est la meilleure exposition, celle du sud-est, qui domine. Une plate-bande de $1^m,50$ de largeur est établie en avant de chacun de ces murs, et en avant de ces plates-bandes un chemin large de 2 mètres. Une ligne de petits pommiers disposés en cordon horizontal est établie sur le bord de chacune de ces plates-bandes, à $0^m,25$ du bord des chemins. La légende suivante indique la distribution des diverses autres espèces le long des espaliers.

B. Espalier de pêchers en cordon oblique simple, et plantés à 0^m 40 d'intervalle.
C. Espaliers de poiriers,　　　　　　　　　　id.
D. Espalier de pruniers,　　　　　　　　　　id.
E. Espalier de cerisiers,　　　　　　　　　　id.
F. Espaliers de vignes soumises à la forme en cordon vertical à coursons opposés et plantés à 0^m 035 d'intervalle.
H. Espalier de groseilliers à grappes soumis à la forme en cordon vertical et plantés à 0^m, 20 d'intervalle.
I. Ligne de framboisiers placée à 0^m, 50 en avant du mur.
J. Contre-espalier double d'abricotiers disposés en cordon vertical, plantés à 3^m, 50 d'intervalle et abrités au printemps.
K. Contre-espaliers doubles de poiriers en cordon vertical, plantés à 0^m, 50 d'intervalle
L. Contre espaliers doubles de cerisiers,　　　　　　id.
M. Contre-espaliers doubles de pruniers,　　　　　　id.
N. Pommiers disposés en cordon horizontal unilatéral, plantés à 2 mètres d'intervalle et à 0^m, 25 du bord des plates-bandes.

Q. Fils de fer fixés au sommet des murs et reliant transversalement entre eux les poteaux des contre-espaliers.

R. Fils de fer fixés au sommet des murs et reliant entre eux dans le sens des lignes, les poteaux des contre-espaliers.

P. Haies vives.

O. Bassin.

La surface intérieure du jardin se trouve ainsi divisée en quatre carrés. Ceux-ci sont partagés en plates-bandes, J, K, L, M, larges de 2 mètres et séparées par des chemins de 1 mètre. Jusque-là cette distribution est peu différente de l'ancienne indiquée par la *fig.* 477. Voici maintenant la modification importante que nous y apportons. Les arbres en cône des plates-bandes de l'ancien jardin sont remplacés par un contre-espalier double situé au milieu de ces mêmes plates-bandes J, K, L, M. Les *fig.* 479, 480, 481 et 482 montrent le détail de ces contre-espaliers doubles.

LÉGENDE DES FIGURES 480, 481 ET 482.

A. Poteaux placés à 6 mètres les uns des autres.

B. Fils de fer galvanisés n° 14.

P. Fil de fer galvanisé n° 14, reliant entre les poteaux sur la ligne et fixé au sommet des murs.

D. Roidisseurs.

E. Lattes placées sur la face de devant du contre-espalier pour conduire la tige des arbres.

F. Lattes placées sur la face de derrière.   id.

O. Fil de fer reliant les poteaux entre eux en travers des lignes et fixé au sommet des murs.

N. Pommiers en cordon horizontal.

Des poteaux cylindriques (A) en bois résineux, passés au sulfate de cuivre, si l'on veut augmenter leur durée, de 3^m,50 de longueur et de 0^m,14 de diamètre, sont enfoncés dans le sol, à 0^m,50 de profondeur, au milieu des plates-bandes, et à environ 6 mètres les uns des autres. Des fils de fer galvanisés, n° 14 (P, *fig.* 480 et 482), passent sur le sommet de chaque poteau dans le sens des lignes en traversant un piton vissé sur ces poteaux et va s'attacher, à chaque extrémité, au sommet des murs.

D'autres fils de fer semblables (O, *fig.* 481 et 482) passent aussi sur le sommet des poteaux, mais dans une direction perpendiculaire aux premiers, et vont également se fixer au sommet des murs. Ces fils de fer sont parfaitement tendus à l'aide du roidisseur Collignon (D, *fig.* 480 et 482). Ces poteaux ainsi enchaînés au sommet et à la base sont solidement fixés. On place ensuite sur chacune des deux faces de la ligne de poteaux quatre fils de fer semblables aux premiers (B, *fig.* 480 et 482), et traversant un piton vissé sur le côté des poteaux. Ces fils de fer sont également tendus à l'aide d'un roidisseur. On fixe enfin contre ces quatre derniers fils de fer, et de chaque côté de

32

la ligne, une série de petites lattes en bois de sciage de 0ᵐ,01 d'épaisseur sur 0ᵐ,02 de largeur (E, F, *fig.* 480, 481 et 482). Ces lattes, fixées sur les fils de fer au moyen d'un nœud de fil de fer très-fin, sont placées à 0ᵐ,30 l'une de l'autre, en les alternant de chaque côté, comme le montre la *fig.* 482.

Il n'y a plus ensuite qu'à procéder à la plantation. Les arbres placés contre ces supports sont soumis à la forme en cordon vertical (*fig.* 479) et sont plantés de chaque côté des contre-espaliers à 0ᵐ,30 l'un de l'autre, un contre chaque latte. On établit en outre une ligne de petits pommiers en cordon horizontal (N, *fig.* 478 et 481) à 0ᵐ25 des bords de chacune de ces plates-bandes. La légende qui accompagne la *fig.* 478 indique la répartition des diverses espèces le long de ces contre-espaliers.

Comparons maintenant les résultats de ce nouveau mode de distribution avec ceux de l'ancien. Les *fig.* 477 et 478 embrassent exactement la même surface. Les espaliers sont disposés de la même façon. Ne comparons donc entre elles que les surfaces intérieures.

Ancien mode de distribution (fig. 477). — Les trois carrés intérieurs ne peuvent recevoir que 54 arbres soumis à la forme en cône, et ayant 2 mètres de largeur à la base pour 6 mètres d'élévation. Pour déterminer la longueur totale des branches de charpente que peuvent fournir ces arbres, transformons ces cônes en cylindres de 2 mètres de diamètre et 2 mètres de hauteur. Les branches latérales des arbres en cône sont attachées à 0ᵐ,30 l'une au-dessus de l'autre; on peut donc en placer six sur une hauteur de 2 mètres. On peut admettre cinq séries verticales de ces branches sur le périmètre de la tige; ce qui fait trente branches latérales de 1 mètre de longueur chacune ou 30 mètres de longueur de branches de charpente pour chaque arbre en cône, lesquels multipliés par 54 donnent une longueur totale de 1,620 mètres de branches de charpente pour tous les arbres en cône de nos trois carrés.

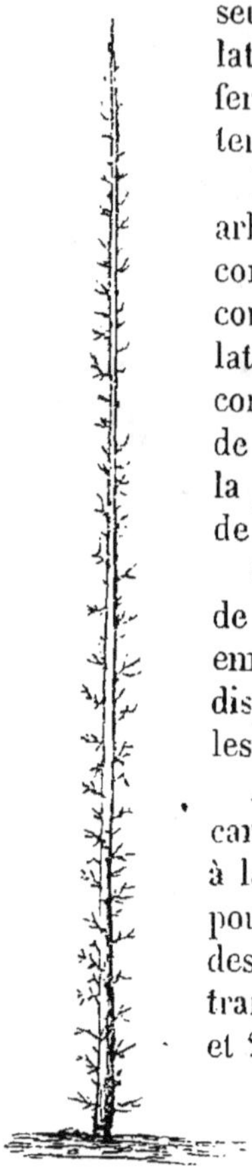

Fig. 479. *Un des arbres des contre-espaliers.*

Nous devons ajouter deux contre-espaliers doubles d'abricotiers (J) offrant une longueur de 24 mètres et une hauteur de 3 mètres. Les arbres, disposés en cordon vertical, sont plantés sur les deux faces à 0ᵐ,30 les uns des autres, ce qui fait cent soixante arbres ayant chacun 3 mètres de hauteur en tout, pour ces contre-espaliers 480 mètres de longueur de branches de charpente. Comptons encore douze cylindres (L) recevant chacun trois poiriers, en cordon spiral. Chaque poirier pouvant atteindre un développement de 7 mètres, cela fait une longueur totale de 252 mètres de tiges fructifères pour ces dix cylindres.

En réunissant ces divers chiffres, on obtient, pour les carrés intérieurs de ce jardin, consacrés aux arbres en cône, une longueur totale de 2,352 mètres de branches susceptibles de porter des fruits.

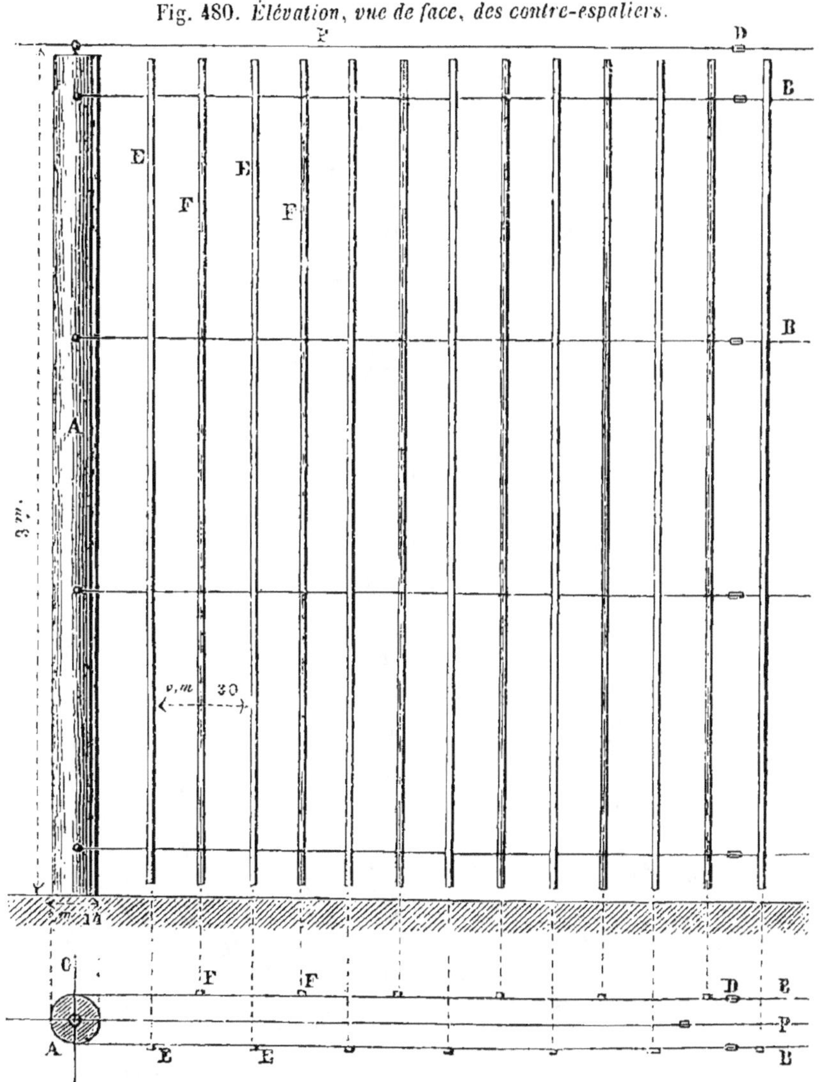

Fig. 480. *Élévation, vue de face, des contre-espaliers.*

Fig. 481. *Plan de la figure 480.*

Nous devons rappeler que le produit maximum de ces arbres ne pourra être obtenu que vers la quatorzième année après la plantation.

Nouveau mode de distribution (fig. 478). — Les contre-espaliers doubles qui occupent les quatre carrés intérieurs du jardin offrent chacun une longueur de 18 mètres et une hauteur de 5 mètres. Les arbres en cordon vertical étant plantés à 0ᵐ,30 les uns des autres, les deux faces de

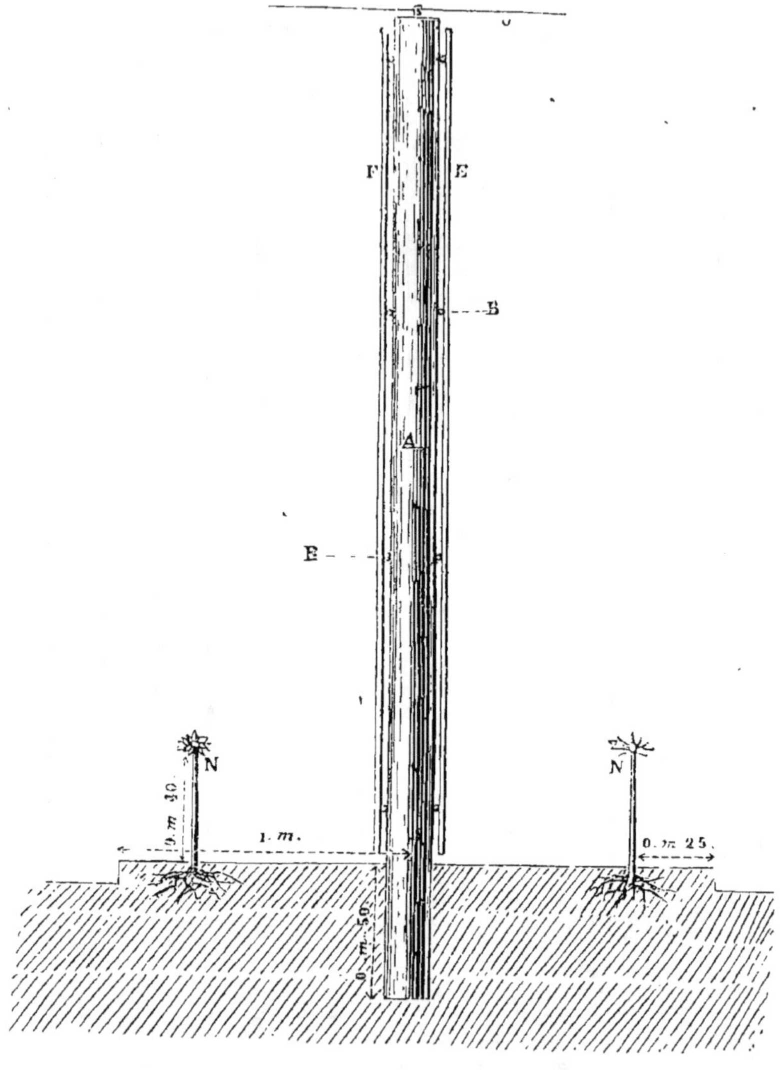

Fig. 481. *Profil de la figure précédente, et coupe en élévation d'une plate-bande.*

chaque contre-espalier peuvent en recevoir cent vingt, et donner une longueur de 360 mètres de branches de charpente. Ces contre-espaliers, au nombre de douze, fournissent donc une longueur de 4,320 mètres de branches de charpente.

Ajoutons à cette quantité 432 mètres de cordons horizontaux fournis par les pommiers qui bordent les plates-bandes, et nous aurons, pour les quatre carrés soumis à cette nouvelle distribution, une longueur totale de 4,752 mètres de branches de charpente. Le produit maximum des arbres ainsi disposés pourra être obtenu vers la sixième année au plus tard.

Ces contre-espaliers nous donnent donc, pour la même surface de terrain, moitié plus de branches de charpente, et par conséquent moitié plus de fruits que les arbres en cône, et leur produit maximum arrive huit ans plus tôt.

On pourrait faire, il est vrai, deux objections à cette nouvelle disposition; la première, que les frais d'acquisition d'arbres sont beaucoup plus élevés que pour la même surface plantée d'arbres en cône. En effet, dans ce dernier cas, il suffira de 250 arbres au prix moyen de 0f,75 la pièce, ou 187f,50 pour le tout. Tandis que pour les contre-espaliers il faudra 1,656 arbres au prix moyen de 0f,70, ou pour le tout 1,200 fr. La seconde objection, que les arbres en cône n'exigent aucun support, tandis qu'il en faut établir pour les contre-espaliers. Il faut, en effet, pour la surface dont nous nous occupons, 36 poteaux en bois à 5 fr. la pièce, 108 fr.; pour les fils de fer et la pose 150 fr., en tout 258 fr., qui, joints au prix d'acquisition des arbres, donnent un total de 1,458 fr.. c'est-à-dire 1,270f,50 de plus que pour la plantation au moyen d'arbres en cône.

Nous répondrons d'abord à ces deux objections qu'il suffira de trois années de produit maximum pour payer, et au dela, cet excédant de dépenses, et qu'il restera encore comme avantage, au profit des contre-espaliers, cinq années de produit maximum du double plus considérable que celui des arbres en cône, pour la même surface de terrain; qu'en second lieu, on pourra se dispenser presque complétement de faire ces avances en plantant à demeure de jeunes sujets destinés à être greffés en place, au lieu de planter des arbres greffés. En procédant ainsi, on aura à planter à demeure à l'automne 1,656 sujets d'un an, de premier choix, et que l'on pourra greffer en écusson en juillet et août de l'année suivante, ou en couronne au printemps subséquent. Le prix de ces sujets s'élèvera à environ 80 fr., qui, joints aux 258 fr. de dépense pour les supports des contre-espaliers, formeront une avance de 338 fr. seulement, ou un excédant de dépense de 150f,50 en comparant ces frais à ceux nécessaires pour la plantation au moyen d'arbres en cône.

En suivant ce dernier mode d'opérer, on aura un retard de deux années pour le produit maximum; mais il restera encore un avantage de six ans au profit de la nouvelle méthode comparée à l'ancienne.

En résumé, la nouvelle distribution du jardin fruitier que nous proposons offre donc sur l'ancienne les avantages suivants :

1° Produit maximum obtenu huit ans plus tôt;

2° Rendement doublé par la même surface de terrain;

3° Possibilité de soustraire très-facilement ces arbres à l'influence des gelées tardives du printemps. Il suffira pour cela de tendre en travers, au sommet des contre-espaliers et de l'un à l'autre, une toile très-claire, qu'on laissera jusqu'à la fin de mai;

4° Branches de la charpente plus régulièrement éclairées que celles des arbres en cône et se garnissant mieux de rameaux à fruits;

5° Possibilité de placer dans un petit jardin un plus grand nombre de variétés, et de pouvoir prolonger ainsi la durée de la consommation de ces fruits;

6° Simplicité extrème dans les opérations destinées à la formation de la charpente de ces arbres;

7° Enfin les vides laissés par la mort accidentelle de ces arbres sont remplis bien plus rapidement qu'avec les arbres en cône.

En présence de pareils avantages, nous n'hésitons pas à conseiller d'une manière presque exclusive ce nouveau mode de distribution du jardin fruitier, au moins pour la région située entre le climat du nord et celui de l'olivier.

Jardin fruitier pour le climat de l'olivier (système Du Breuil).— Nous avons fait remarquer que, dans la Provence, tous les arbres fruitiers peuvent donner en plein air de très-beaux et très-bons produits, et que les espaliers y sont plutôt nuisibles qu'utiles, à cause de l'excès de chaleur auquel les arbres y sont exposés. On pourrait donc se passer complétement de murs pour les jardins fruitiers placés sous ce climat.

Toutefois, comme ils sont le meilleur mode de clôture que l'on puisse employer, il conviendra d'en entourer le jardin fruitier pour le défendre contre le maraudage (*fig.* 483).

La surface intérieure est partagée en quatre parties égales au moyen de deux chemins de 2 mètres de largeur, qui se coupent à angle droit au centre. Chacun des quatre carrés qui en résultent est partagé en une série de plates-bandes dirigées de l'est à l'ouest, larges de 2 mètres et séparées les unes des autres par un chemin de 1 mètre.

Sur chacune de ces plates-bandes, nous avons remplacé les arbres en pyramide par un contre-espalier double, exactement semblable à ceux que nous venons de conseiller (page 557). Ces contre-espaliers ne sont pas placés au milieu de chaque plate-bande; ils sont à $0^m,70$ du côté sud des plates-bandes et à $1^m,30$ du côté nord. Ils sont maintenus dans une position verticale à l'aide des moyens indiqués plus haut par les figures 480, 481 et 482. Les traverses Q sont des fils de fer qui doivent se prolonger jusqu'aux murs latéraux et s'y attacher. D'autres fils de fer, suivant le sommet des contre-espaliers dans le sens de la longueur, doivent s'attacher contre les murs C.

En disposant ces contre-espaliers comme nous le recommandons, ils s'abriteront mutuellement contre l'excès de la chaleur au milieu du jour, et ne recevront le soleil que le matin et le soir.

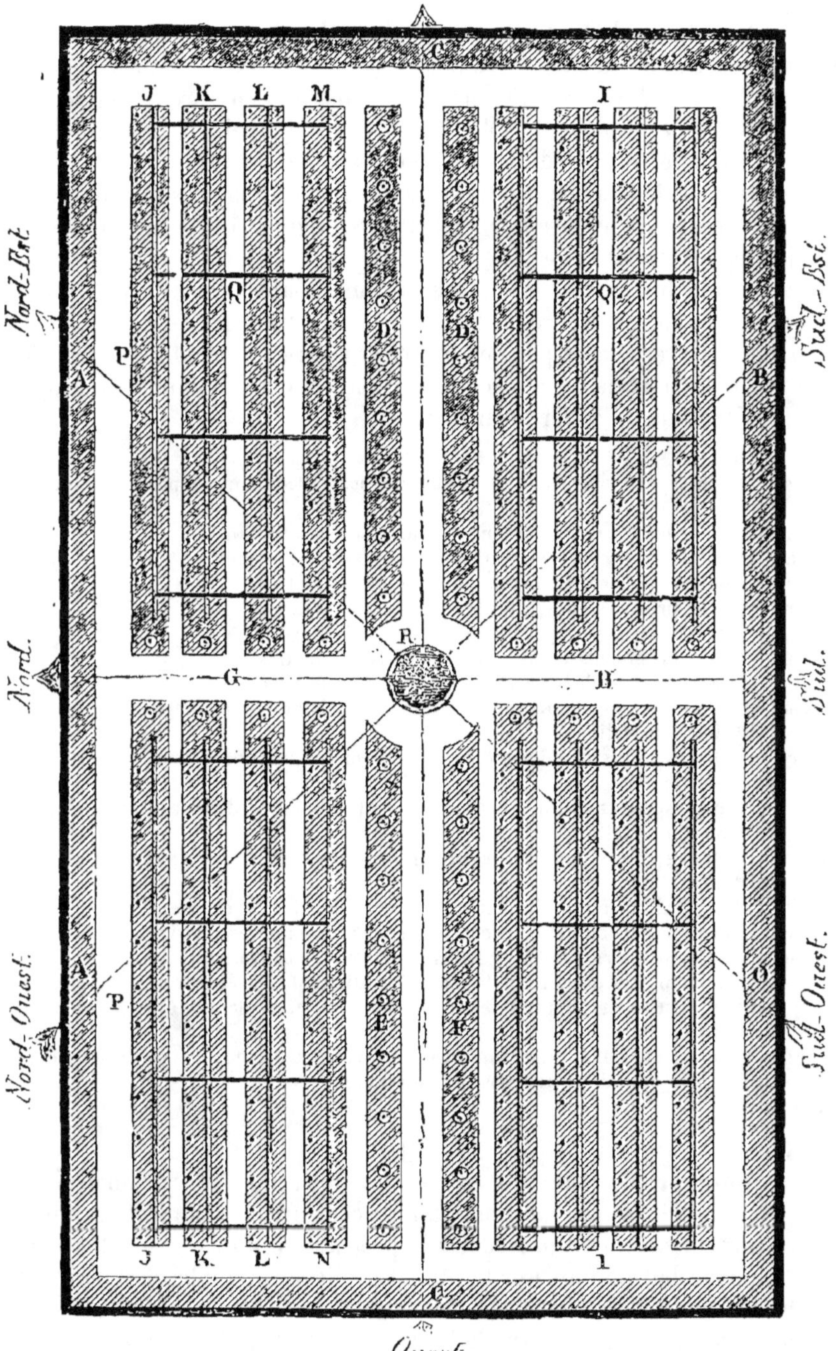

Fig 483. *Jardin fruitier pour le climat de l'olivier (système Du Breuil)*.

Sur le côté nord de chacune des plates-bandes des contre-espaliers, on plante, à 0^m,30 du bord des plates-bandes, une ligne de petits pommiers placés à 2 mètres d'intervalle et disposés en cordon horizontal. Ainsi abrités de l'ardeur du soleil par les contre-espaliers, ces pommiers pourront donner des produits passables sous ce climat.

Les deux plates-bandes centrales D, E, F sont occupées par une ligne d'arbres en pyramide ou en gobelet, à basse tige, si l'on avait à redouter la violence du vent.

Le chemin transversal est bordé par une double ligne de pêchers et d'abricotiers en gobelet à basse tige. Ces pyramides et ces gobelets pourront être remplacés par des contre-espaliers semblables aux autres.

Nous indiquons dans la légende suivante la place à donner à chaque espèce d'arbre dans ce jardin fruitier.

A. Espalier de vignes disposées en cordon vertical à coursons opposées, plantés à 0^m 50.
B. Espalier de groseilliers en cordon vertical, plantés à 0^m 20.
C. Deux espaliers de pêchers en cordon oblique simple, plantés à 0^m 40.
D. Deux lignes de poiriers en pyramide, plantés à 5 mètres.
E. Une ligne de pruniers en pyramide, plantés à 5 mètres.
F. Une ligne de cerisiers en pyramide, plantés à 5 mètres.
G. Huit pêchers en gobelet à basse tige, plantés à 5 mètres.
H. Huit abricotiers en gobelet à basse tige, plantés à 5 mètres.
I. Huit contre-espaliers doubles de poiriers disposés en cordon vertical et plantés à 0^m 30 d'intervalle.
J. Deux contre-espaliers de vignes disposés en cordon vertical à coursous opposés, plantés à 0^m 50.
K. Deux contre-espaliers doubles de pêchers disposés en cordon vertical et plantés à 0^m 50 d'intervalle.
L. Deux contre-espaliers doubles de cerisiers disposés en cordon vertical et plantés à 0^m 30.
M. Un contre-espalier double de poiriers disposés comme les cerisiers.
N. Un contre-espalier double d'abricotiers disposés comme les cerisiers.
O. Ligne de framboisiers, dont les jeunes tiges sont fixées contre le mur.
P. Lignes de pommiers en cordon horizontal unilatéral, placés sur le côté nord de tous les contre-espaliers, à 2 mètres d'intervalle, et plantés à 0^m 50 du bord des plates-bandes.
Q. Fils de fer attachés aux murs latéraux pour relier entre eux les contre-espaliers et les maintenir dans une position verticale.
R. Bassin.

Première préparation du sol. — L'emplacement du jardin fruitier étant déterminé, sa distribution étant tracée sur le terrain, et les murs étant construits, on doit procéder à la préparation du sol. — Cette opération a pour but de favoriser le plus possible la prompte et vigoureuse végétation des arbres. Pour cela il convient de l'*assainir*, lorsque cela est nécessaire, de l'*ameublir*, de l'*amender* et enfin de le *fumer*.

Assainissement du sol. — L'une des causes d'insuccès le plus à redouter pour la culture des arbres fruitiers, c'est incontestablement l'imperméabilité des couches inférieures du sol, qui, retenant l'eau à leur surface, entretient une humidité surabondante dans le voisinage des racines. Celles-ci pourrissent, et les arbres périssent bientôt. Il faut donc, avant tout, lorsque ces circonstances se présentent, assainir, égoutter le terrain à l'aide d'un bon système de drainage, appliqué sur toute la surface du jardin fruitier. Cette opération consiste dans une série de tranchées souterraines dont le fond est garni de cailloux ou de conduits en terre cuite. Admettons qu'il s'agisse de l'un des jardins fruitiers dont nous avons donné le plan; voici comment on devra pro-

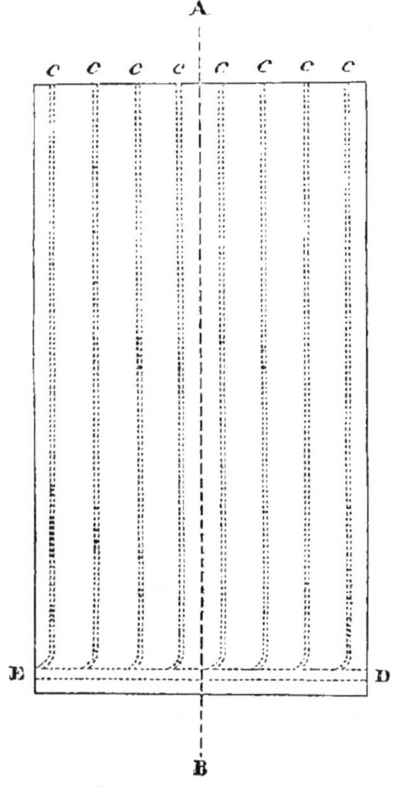

Fig. 484. *Assainissement du jardin fruitier au moyen du drainage.*

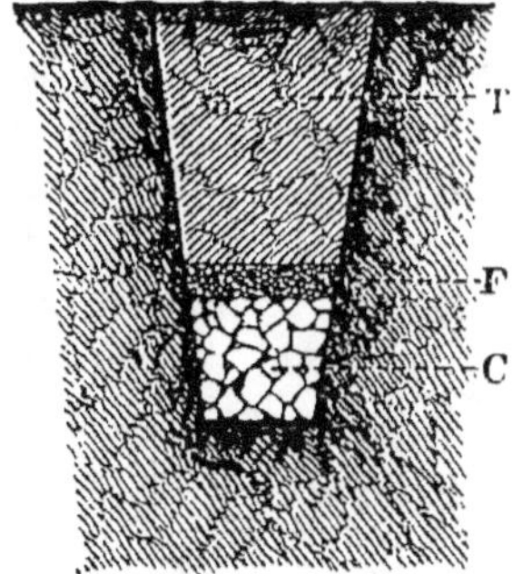

Fig. 485. *Coupe transversale des drains C de la fig. 484.*

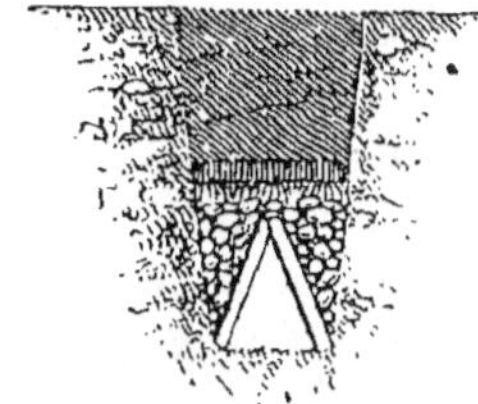

Fig. 486. *Coupe transversale du drain D de la fig. 484.*

céder : on détermine la pente générale du sol; supposons qu'elle soit suivant la ligne A, B (*fig. 484*). On ouvre une série de tranchées ou *drains* parallèles *C*, qui, naissant au sommet de la pente, se dirigent vers la base où elles rencontrent un autre drain transversal D. Les drains *C* sont placés à 10 mètres environ les uns des autres; ils présentent une profondeur qui peut varier entre 1 mètre et 1^m,50. Ils ont 0^m,60 de largeur à leur sommet et 0^m,30 à leur base; le fond doit présenter une pente régulière d'au moins 0^m,005 par mètre, afin de faciliter l'écoulement des eaux. On doit commencer à les ouvrir par le point le plus bas du terrain, pour ne pas être gêné par les eaux qui pourraient s'accumuler dans la tranchée. Ils doivent se réunir au drain inférieur D par une ligne courbe, afin de ne pas gêner la circulation des eaux dans ce dernier. Pour maintenir le vide nécessaire à l'écoulement des eaux dans les drains C, on les garnit de cailloux de forme ronde et offrant un diamètre de $0^m,04$ à $0^m,10$; les plus gros sont placés au fond. Cette couche de cailloux présente une épaisseur de $0^m,40$. On les recouvre ensuite d'une petite couche de fascines de bruyère ou d'épines de $0^m,10$ d'épaisseur, pour empêcher la terre de s'engager dans les interstices formés par les cailloux, et l'on achève de combler la tranchée avec de la terre. La figure 485 indique la coupe transversale de l'un de ces drains. Le drain inférieur D est creusé à $0^m,20$ au-dessous des autres, afin de faciliter l'écoulement des eaux des drains C; il offre à son orifice une largeur de $0^m,70$ et au fond une étendue de $0^m,35$. Sa pente est dirigée vers le point E. Comme la quantité d'eau qu'il doit recevoir est plus considérable que celle des drains C, on doit y maintenir plus de vide pour que ces eaux s'y écoulent plus facilement. On forme le vide au moyen de grosses pierres plates disposées comme l'indique la figure 486, lesquelles sont recouvertes de cailloux, de manière que l'ensemble de cet empierrement offre une élévation de $0^m,60$. On recouvre le tout d'une couche de fascines et l'on comble la tranchée avec de la terre.

Si l'on n'avait pas à sa disposition les cailloux ou les pierres plates destinés à maintenir un vide suffisant au fond des tranchées, il vaudrait mieux, au lieu d'acheter ces matériaux, se servir de conduits cylindriques en terre cuite que l'on fabrique maintenant pour cet usage. Ces conduits, longs de $0^m,33$ environ, sont à parois très-épaisses et offrent un vide de $0^m,03$ de diamètre seulement pour les plus petits, et de $0^m,06$ à $0^m,08$ pour les plus grands (*fig.* 487). Ces conduits sont placés bout à bout au fond des tranchées. Celles-ci n'ont qu'une largeur à l'orifice, qui varie entre $0^m,33$ et $0^m,50$, suivant leur degré de profondeur.

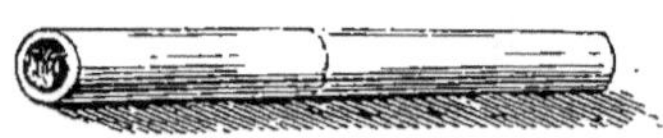

Fig. 487. *Drain en terre cuite.*

Leur largeur, au fond, est égale seulement au diamètre des conduits. Pour creuser des tranchées aussi profondes et si étroites, on emploie pour cela des instruments spéciaux. Mais il sera généralement plus convenable de s'adresser, pour ces travaux, à des entrepreneurs qui ont un personnel spécial. La dépense, pour établir cette sorte de drainage, sera généralement moins élevée que pour les tranchées empierrées, si l'on est obligé d'acheter les cailloux et les pierres plates, et la durée de ce mode d'assainissement sera aussi plus prolongée. La figure 488 montre la coupe d'une tranchée avec drain en terre cuite.

On a reproché aux drains en terre cuite de permettre aux racines de s'y introduire. Là, elles se ramifient à l'infini et forment une sorte de queue de renard qui les obstrue complétement. Pour obvier à cet inconvénient, il convient d'abord d'éloigner les drains le plus possible des lignes d'arbres, puis d'envelopper ces drains, à chacun de leurs points de jonction, d'une sorte de manchon en terre cuite, offrant environ 0ᵐ06 de longueur.

Quel que soit le procédé employé, il résulte du drainage que l'humidité accumulée à la surface de la couche imperméable et dans une partie de la couche supérieure tend à prendre la direction des drains, et que le mouvement qui se produit d'abord dans le voisinage immédiat du drain, et sur toute sa longueur, se propage latéralement à une assez grande distance. Le sol se trouve donc privé ainsi de son humidité surabondante. Quant au moyen de se débarrasser de ces eaux, on devra tâcher de les diriger vers un fossé communal à leur sortie du drain D (*fig.* 484); ou, si cela n'est pas possible, construire un puits absorbant ou boittout à la partie inférieure du drain D, en E.

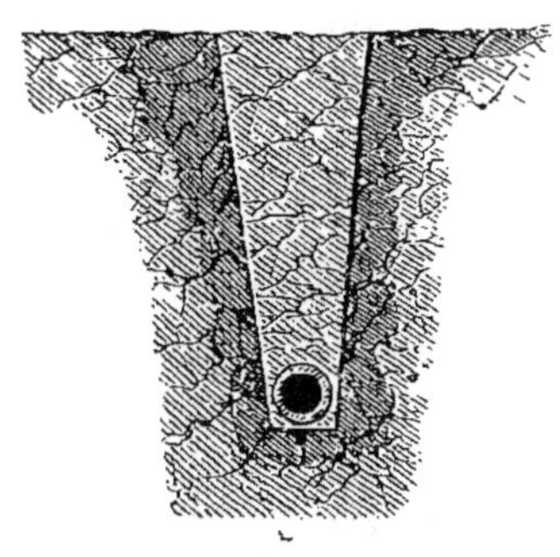

Fig. 488. *Coupe d'une tranchée avec drain en terre cuite.*

On a voulu remplacer souvent le mode d'assainissement du sol que nous venons de décrire par l'opération suivante . on a ouvert pour chaque arbre des trous profonds de 1 mètre, et larges de 1 mètre à 1ᵐ,50; puis on a placé au fond de chacun d'eux un lit de pierres bien tassées, épais de 0ᵐ,30 et recouvert d'une couche de terre de 0ᵐ,50, sur laquelle on a placé les racines de l'arbre. On a voulu empêcher ainsi les racines de s'allonger jusqu'à la couche de terre imperméable et de souffrir de l'humidité surabondante qu'elle retient. Mais l'expérience est venue constamment démontrer que ce procédé est inefficace. En effet, si le lit de cailloux est placé à la surface de la couche imperméable, l'humidité qui s'accumule à la surface de cette couche s'élève dans les cailloux et se trouve bientôt en contact avec les racines. Celles-ci, continuant d'ailleurs de s'allonger en rampant sur les pierres, finissent par les dépasser; elles plongent alors et retrouvent cette humidité stagnante dont on voulait les préserver. Si, au contraire, on entame plus ou moins profondément la couche imperméable et qu'on place au fond le lit de cailloux, l'humidité s'accumulera dans cette excavation sans issue, s'élevera jusqu'au niveau de cette couche imperméable, et les racines des arbres seront en quelque sorte placées dans un bain de pieds. Nous ne saurions trop engager à substituer à cette méthode vicieuse le drainage que nous venons de décrire.

Ameublissement du sol. — Ce que l'on veut obtenir à l'aide de l'ameublissement du sol dans le jardin fruitier, c'est qu'il devienne perméable à l'air et aux racines le plus profondément possible, afin que celles-ci puissent s'y étendre et s'y enfoncer sans obstacle jusqu'au degré de profondeur le plus convenable pour leur végétation, eu égard à la nature particulière du terrain et au climat.

Ce travail, l'un des plus importants pour le succès de cette culture, est presque toujours fait d'une manière insuffisante. Aussi le développement et la durée des arbres en souffrent-ils; car ils sont presque toujours en raison directe de l'extension que peuvent prendre les racines, et, par conséquent, du soin que l'on a mis à bien préparer le terrain.

La condition essentielle à remplir à cet égard, c'est de donner à cet ameublissement un degré de profondeur convenable. Ce point est déterminé par la nature du sol et par le climat. Il faut que les racines puissent s'enfoncer assez pour échapper à l'action de la sécheresse, tout en continuant de recevoir l'action de l'air atmosphérique; d'où il résulte que l'ameublissement devra être plus profond dans les terrains légers, siliceux ou calcaires, que dans les sols compacts. Dans les premiers, en effet, les racines auront besoin de s'enfoncer davantage pour trouver la dose d'humidité qui leur est nécessaire, et elles continueront cependant de recevoir l'influence de l'air, qui, dans ces sortes de terres, se fait sentir à une grande profondeur.

Dans les seconds, au contraire, moins perméables à l'air, les racines ont besoin de rester plus près de la surface du sol, où elles trouvent d'ailleurs une humidité suffisante *dans ces sortes de terrains.*

Voici la règle à suivre à cet égard : pour toutes les contrées situées en dehors du climat du Midi, cet ameublissement devra pénétrer à 1 mètre de profondeur, dans les sols compactes ou de consistance moyenne, et à 1^m,50 dans les terrains légers et brûlants, siliceux ou calcaires.

Dans le climat du Midi : c'est-à-dire dans les régions méditerranéenne et pyrénéenne, les arbres étant beaucoup plus exposés à la sécheresse du sol que partout ailleurs, leurs racines ont une tendance à s'enfoncer beaucoup plus profondément. Le sol doit donc y être plus profondément ameubli, toutes choses égales d'ailleurs. Ainsi, dans les sols compacts ou de consistance moyenne on devra descendre jusqu'à 1^m,50, et dans les terrains légers et brûlants on devra pénétrer jusqu'à 2 mètres au moins.

C'est à cette seule condition que l'on verra les arbres fruitiers résister à la sécheresse et à la chaleur excessive de ces contrées brûlantes, et surtout qu'on sera dispensé d'avoir recours aux arrosements si pernicieux pour les arbres fruitiers, particulièrement pour ceux à fruits à noyau.

On procédera ainsi à l'ameublissement du sol : le drainage ayant été exécuté s'il est nécessaire, on vide les grands chemins jusqu'à 0^m,50 environ de profondeur, et la terre est rejetée sur les plates-bandes voisines. Cette terre, de meilleure qualité que celle des couches inférieures, vient augmenter l'épaisseur de la terre fertile des plates-bandes. — On défonce ensuite les plates-bandes d'espalier jusqu'au degré de profondeur voulu. Quant aux plates-bandes destinées à recevoir des arbres en plein air (pyramides, gobelets, contre-espaliers, etc.), et qui ne sont séparées les unes des autres que par un chemin de 1 mètre de largeur, il sera plus convenable de défoncer uniformément toute la surface, plates-bandes et chemins; la dépense ne sera pas beaucoup plus considérable, et les racines des arbres profiteront de la terre des chemins, lorsqu'elles rencontreront les parois des plates-bandes.

Ces défoncements seront exécutés de façon à *mélanger parfaitement* toutes les couches de terre, pour en faire une masse parfaitement homogène. Il faudra aussi enlever au fond des plates-bandes, qui auront reçu la couche superficielle des grands chemins, une quantité de terre égale à celle qu'on y aura jetée. Cette terre sera placée sur les chemins pour rétablir leur niveau.

On procédera à ce travail avec les soins prescrits page 250 (*fig.* 240).

Dans le cas où il ne s'agirait que de la plantation d'arbres isolés, on procéderait à la préparation du sol comme nous l'avons indiqué pour les arbres forestiers, page 248.

Enfin il conviendra de pratiquer ces défoncements pendant la belle saison, afin que la terre, moins humide, se divise facilement et soit ainsi plus propre à la végétation. On sait que le sol, remué sous l'influence de l'humidité, surtout s'il est un peu argileux, est mis en si mauvais état que la végétation en souffre pendant de longues années.

Amendement du sol. — Si le sol sur lequel on opère est d'une nature convenable jusqu'à la profondeur où doit pénétrer le défoncement, c'est-à-dire s'il est de consistance moyenne, et qu'il offre dans sa composition une petite quantité d'élément calcaire, il ne sera pas nécessaire de l'amender; mais il en est rarement ainsi.

Tantôt il est trop compact, trop argileux; d'autrefois il est trop léger, trop brûlant. Souvent enfin il est de qualité passable à la surface et les couches du dessous sont de mauvaise nature. Dans ces divers cas l'amendement du sol est indispensable.

On y procède ainsi : si la terre est trop argileuse, trop compacte, on ajoute des sables siliceux et surtout calcaires; les débris de démolition, les mortiers, les plâtras grossièrement concassés, seront encore meilleurs, en ce que ces matières sont riches en principes salins très-favorables à la végétation. Si, au contraire, le sol est trop brûlant, on y mélange des argiles siliceuses ou calcaires riches et substantielles, mais non compactes.

Lorsque enfin ce seront seulement les couches inférieures qui se trouveront de mauvaise qualité, comme cela a lieu le plus souvent, il faudra remplacer ces couches par une égale quantité de bonne terre que l'on se procurera au dehors, si celle que l'on peut prendre à la surface des grands chemins est insuffisante pour cela.

Ces divers amendements, quelle que soit leur nature, sont répandus sur les surfaces qui doivent être défoncées, et en une couche d'une épaisseur en rapport avec les besoins. C'est seulement ensuite qu'on procède au défoncement, opération à l'aide de laquelle on *mélange parfaitement* ces amendements avec toute la masse du sol. Nous insistons tout spécialement sur l'utilité de ce mélange intime, sans lequel ces amendements seraient sans efficacité pour la fertilité du terrain.

Il est bien entendu qu'en pratiquant ce défoncement et ce mélange, on enlèvera du fond des tranchées une quantité de terre égale à celle des amendements qu'on aura cru devoir ajouter.

Fumure du sol.—Comme complément de la préparation du sol du jardin fruitier, il importe encore de le fumer convenablement. Les arbres y pousseront avec plus de vigueur, et le résultat que l'on a en vue, la formation complète de leur charpente, sera plus tôt obtenu. Mais, pour que cette fumure produise l'effet qu'on en attend, il faut qu'elle soit placée à un degré de profondeur convenable. Si on la place tout à fait à la surface du terrain, elle n'arrivera que tardivement jusqu'aux racines, qui ont, au contraire, besoin de recevoir son influence immédiate pour aider à la reprise des arbres. Si, d'un autre côté, on l'enterre trop profondément, à $0^m,60$ ou $0^m,80$ au-dessous de la surface, elle sera entraînée plus profondément encore par l'eau des pluies, et il se passera bien du temps avant que les racines puissent en profiter. C'est donc dans la couche comprise entre la surface et $0^m,40$ de profondeur que cette fumure doit être appliquée. Pour cela, on la répand sur toutes les plates-bandes, après le défoncement et immédiatement avant la plantation, puis on l'enterre à l'aide d'un labour assez profond.

Quant à la nature des engrais à employer dans ce cas, il faudra se servir de ceux que l'on a sous la main : les fumiers proprement dits, les vases d'étang ou de fossés extraites depuis une année au moins et souvent remuées. Mais, si l'on est obligé d'acheter ces matières fertilisantes, il faudra se procurer les plus convenables pour cette destination. Les fumiers n'ont pas un effet assez prolongé; il faut recommencer trop souvent. Les engrais à décomposition lente, quoique aussi énergiques, sont préférables. Nous comprenons dans cette série : les *os concasssés*, les *chiffons de laine*, la *bourre*, les *crins*, les *poils*, les *déchets de corne*, les *tendons*, etc.

Tels sont les soins que réclame la préparation du sol pour la création du jardin fruitier. Cette série d'opérations pourra paraître un peu coûteuse; et cependant ces travaux sont indispensables pour le succès complet de cette création. Aussi ne faudra-t-il songer à former un jardin fruitier, au point de vue de la spéculation, que dans des conditions où il suffira de défoncer et de fumer le sol, sans être obligé d'avoir recours au drainage et aux amendements. Ces deux derniers moyens doivent être laissés aux propriétaires qui opèrent sur de moins grandes surfaces, qui sont forcés d'agir dans la limite de leur domaine, et dont les jouissances que leur donne cette culture viennent compenser les frais qu'elle occasionne.

Préparation du sol pour les remplacements. — Ce que nous venons de dire de la préparation du sol s'applique aux terrains qui n'étaient pas déjà occupés par des arbres fruitiers. Mais, si la plantation que l'on fait succède à d'autres arbres, il convient de procéder un peu différemment pour la préparation du terrain. Ainsi les anciens arbres ont plus ou moins épuisé le sol non-seulement des engrais proprement dits, mais aussi des matières minérales solubles qui leur sont particulièrement propres. Il n'en est pas des arbres fruitiers soumis à la taille comme des arbres forestiers dont nous avons parlé page 299. Cette taille annuelle, appliquée aux premiers, fait que leurs racines s'allongent beaucoup moins, sont beaucoup plus ramifiées et continuent d'absorber sur toute l'étendue de la plate-bande. Il faut donc renouveler le sol, au moins partiellement, lorsqu'on refait une plantation. Pour cela, on enlève avant le défoncement au moins la moitié de l'épaisseur de la couche de terre qui doit être ameublie; on la remplace par de la terre neuve qui n'a pas encore nourri d'arbres, puis on mélange cette terre avec celle du dessous au moyen du défoncement. Ce mode d'opérer devra être employé toutes les fois qu'on aura à planter dans un sol où d'autres arbres auront vécu pendant quinze ou vingt ans.

Choix des espèces et variétés d'arbres. — Le jardin fruitier devant fournir les meilleurs fruits, en égale quantité, pendant toute l'année, il importe beaucoup, pour obtenir ce résultat, de faire un choix convenable parmi les espèces et variétés d'arbres.

Pour faciliter ce choix, nous avons donné plus loin, en traitant de la culture spéciale des diverses espèces, la liste des variétés de chacune d'elles, en indiquant l'époque de leur maturité. Ces listes sont loin de comprendre toutes les variétés connues; mais il nous a paru superflu d'en citer un grand nombre de médiocres qu'on rencontre encore sur les catalogues de presque tous nos pépiniéristes.

Nous avons joint au nom de ces arbres leur synonymie, afin d'éviter à nos lecteurs le désagrément de planter trois ou quatre fois la même variété; ce qui aurait lieu infailliblement, s'ils s'en rapportaient au catalogue des marchands, où beaucoup de variétés sont plusieurs fois répétées sous des noms différents.

Pour atteindre, à l'aide de ces listes, le but que nous nous proposons, il suffira donc de planter le même nombre d'individus mûrissant leurs fruits pendant chacun des mois de l'année.

Ainsi, en admettant qu'un jardin fruitier puisse recevoir 600 pieds d'arbres, tant en espalier qu'en plein vent, on devra planter 50 individus mûrissant leurs fruits en janvier, 50 mûrissant en février, et ainsi de suite jusqu'en décembre.

Il est bien entendu qu'on devra toujours varier, autant que possible, les espèces et variétés des individus choisis pour former le nombre nécessaire pour chaque époque de maturité. Si le nombre des variétés mûrissant leurs fruits pendant certains mois de l'année n'égale pas 50, il suffira de répéter chaque variété dans la plantation autant de fois qu'il le faudra pour atteindre ce chiffre.

Plantation du jardin fruitier. — On peut meubler le jardin fruitier soit en achetant dans les pépinières de jeunes arbres d'un an de greffe, soit en plantant des sujets que l'on greffe ensuite. Ces deux procédés peuvent être employés avec un égal avantage, mais suivant les circonstances. Examinons séparément chacun d'eux.

Arbres greffés en pépinière. — Le seul avantage qui résulte du choix d'arbres greffés en pépinière, c'est que l'on obtient des fruits un an ou deux plus tôt que s'ils étaient greffés dans le jardin fruitier même; mais, à côté de cet avantage, il y a de nombreux inconvénients.

D'abord l'acquisition d'arbres greffés donnera lieu à une dépense beaucoup plus élevée que si l'on plante des sauvageons, surtout si l'on remplace les pyramides par les contre-espaliers doubles, ainsi que nous l'avons conseillé plus haut.

Ensuite, ces jeunes arbres sont très-souvent déplantés sans aucun soin; leurs racines, toujours conservées trop courtes, sont couvertes de blessures; ce qui, joint à la souffrance qu'éprouvent encore ces arbres dans les voyages qu'on leur fait faire, détermine une végétation languissante pendant les premières années qui suivent leur transplantation. D'un autre côté, les détails multipliés qu'entraine la culture des pépinières, empêchant le pépiniériste de tout faire par lui-même, il en résulte des erreurs nombreuses parmi les variétés qui sont livrées. On conçoit alors le désappointement d'un propriétaire qui, ayant consacré beaucoup de temps et d'argent à préparer ses murs, ses treillages, son terrain, reconnaît, après trois ou quatre années de plantation, qu'il n'a pas reçu les variétés qu'il avait demandées. Enfin, en admettant que l'on ait affaire à un pépiniériste soigneux, et que les arbres soient déplantés d'une manière convenable, on aura encore à surmonter l'inconvénient qui résulte de l'état de l'arbre pour le succès de la taille qu'on lui fait subir la première année de sa transplantation. En effet, quelque soin que l'on prenne, les racines, étant plus ou moins mutilées, ne peuvent fonctionner convena-

d blement; il s'ensuit que les bourgeons, dont cette première taille doit
à favoriser la végétation et qui sont destinés à former la charpente de
l'arbre, sont souvent maigres, chétifs, et se développent mal. A la vérité,
on peut éviter ce dernier inconvénient pour les espèces qui, comme les
arbres à fruits à pépins, ainsi que les cerisiers, les abricotiers et les pruniers, peuvent développer des boutons sur le vieux bois; à ceux-là, il suffira de n'appliquer la première taille qu'après leur reprise, c'est-à-dire
une année ou deux après la plantation. Mais cette cause de non-succès
subsistera toujours pour le pêcher dans lequel les boutons ne se développent plus que très-difficilement sur le bois de deux ans, et que l'on est
obligé de tailler l'année même de sa plantation, sous peine de voir s'é-
teindre les boutons sur lesquels on comptait pour la formation des
branches principales.

Malgré les inconvénients que nous venons de signaler, on aura souvent recours aux arbres greffés en pépinière, par la difficulté que l'on
éprouvera à se procurer les greffes des diverses espèces et variétés qu'on
veut poser sur les sujets plantés à l'avance.

Cette circonstance doit donc nous engager à jeter un coup d'œil sur
les conditions qu'on devra s'efforcer de remplir pour diminuer autant que
possible les causes d'insuccès que présente leur plantation. Ces conditions
sont surtout : un bon choix dans les arbres à planter, un mode de plantation convenable.

Le choix des arbres doit être considéré : 1° quand à la nature du sol
de la pépinière par rapport à celle du terrain à planter; 2° quant à l'âge
de la greffe de ces arbres; 3° quant aux soins qu'a reçus cette greffe
pour la première formation de l'arbre.

Il est essentiel que le sol de la pépinière, sans être par trop stérile,
présente cependant un peu de moins de fertilité que celui où les arbres
seront plantés à demeure. Nous renvoyons à cet égard au chapitre des
Pépinières, p. 81, où nous avons suffisamment démontré l'utilité de
cette condition.

En général, les arbres ne devront avoir qu'un an de greffe. Ces greffes
seront saines, vigoureuses, et présenteront des boutons bien conformés
à chacun des points où l'on a besoin d'obtenir des branches destinées à
la formation de l'arbre; de sorte que, le moment de la taille étant venu,
on puisse forcer le développement de ces boutons et les transformer en
autant de branches de la charpente. Les racines de ces jeunes arbres
ayant pris peu de développement, on pourra plus facilement les conserver intactes, et la transplantation se fera avec plus de succès. D'ailleurs,
les pépiniéristes ne s'occupant presque jamais de donner aux jeunes greffes
une direction qui permette d'imposer à l'arbre une disposition régulière,
il s'ensuit que, si l'on choisit des arbres de trois à cinq ans de greffe, on
les payera plus cher, et l'on sera obligé, à l'époque de la taille, de sup-

primer la plus grande partie des ramifications pour forcer l'arbre à développer de nouvelles branches situées dans une position plus en harmonie avec la forme que l'on veut lui imposer. De plus, cette mutilation, praticable pour un certain nombre d'espèces, sera toujours tentée sans succès sur le pêcher qui ne développe plus que très-difficilement des boutons sur le bois âgé de deux ans. Pour cet arbre, on devra donc choisir des sujets d'un an de greffe seulement, et pour les autres de deux ans au plus. On fera en sorte que ces greffes offrent les dispositions indiquées au chapitre de la *Formation des arbres dans les pépinières* (p. 151). Le choix qu'on en fera sera nécessairement déterminé par la position qu'ils devront occuper dans le jardin fruitier. On gagnera ainsi une année sur la formation de leur charpente.

Toutefois nous exceptons de cette règle générale les arbres dont la greffe a reçu, dans la pépinière, une direction telle qu'elle présente une forme régulière qui peut être utilisée soit pour l'espalier, soit pour le plein vent. Dans ce cas, les arbres à fruits à pépins pourront encore être transplantés jusqu'à l'âge de huit ans de greffe; les espèces à fruits à noyau (cerisiers, abricotiers, pruniers), jusqu'à l'âge de six ans; le pêcher greffé sur prunier, jusqu'à l'âge de cinq ans; la même espèce greffée sur amandier, jusqu'à l'âge de trois ans seulement. Il est bien entendu que les soins relatifs à la déplantation et à la plantation de ces arbres seront d'autant plus minutieux, d'autant plus rigoureux, que ces arbres seront plus âgés.

Nous ferons également remarquer que, s'il s'agit d'arbres pour espalier et déjà en partie formés, il sera indispensable qu'ils aient été élevés au pied d'un mur. Si, en effet, on les a formés dans la pépinière, sur un treillage en plein vent, il pourra se faire que les plus grosses racines soient dirigées perpendiculairement aux deux faces de l'arbre, de sorte qu'on sera obligé de mutiler ces racines pour pouvoir appliquer cet arbre contre un mur, ce qui nuira beaucoup à sa reprise et à sa vigueur future. Si, au contraire, il a été formé au pied d'un mur, les racines principales se seront dirigées en avant, et la plantation sera faite sans difficulté. On pourra suppléer économiquement aux murs, pour élever ces arbres, en les plantant le long d'une planche large de 0^m,35, et complétement enterrée de champ.

Nous avons à considérer, quant à la plantation : 1° l'époque de l'année la plus favorable; 2° la préparation du sol ; la déplantation; 4° la mise en terre des arbres.

Nous savons déjà que les plantations en général peuvent être effectuées depuis le moment où les arbres commencent à perdre leurs feuilles, jusqu'à celui où ils entrent en végétation (p. 149). Cette règle peut être appliquée aux arbres fruitiers, soit qu'on plante des sujets non greffés, soit qu'on plante des arbres greffés. Mais on choisira le commencement ou la fin de cette période de temps selon la nature du sol du jardin fruitier. Plus le sol sera léger, plus on devra planter de bonne heure, afin que les arbres, en commençant à s'enraciner pendant l'hiver, supportent plus facilement la sécheresse à laquelle ces terres sont exposées dès le printemps. Plus le sol sera compacte, argileux, et plus, au contraire, on devra planter tard, afin que les racines, souvent couvertes de plaies non cicatrisées, ne soient pas pourries par l'humidité dont ces terrains sont surchargés pendant l'hiver.

On doit songer, avant la plantation, à préparer le sol. Ainsi, les plates-bandes ayant été défoncées à l'avance, on leur donne un labour immédiatement avant la mise en terre des arbres.

Si l'on peut disposer de vases d'étangs, de fossés ou de mares, vases restées exposées à l'air en couches minces pendant au moins une année, ou si l'on a eu la précaution de se procurer des gazons décomposés, ou enfin si l'on a une suffisante quantité de terreau bien consommé, on en répandra à la surface du sol, avant le labour, une couche de $0^{m},10$ d'épaisseur environ.

Une déplantation convenable, nécessaire pour assurer la reprise de tous les arbres, l'est encore plus pour les arbres fruitiers qui sont plus délicats. Nous renvoyons à cet égard aux *Plantations d'alignement*, p. 225, où nous avons suffisamment traité cette question.

La mise en terre nécessite l'examen de la profondeur à laquelle les racines doivent être enterrées, et du mode de plantation proprement dit. Quant à la profondeur à laquelle les arbres doivent être plantés, nous renvoyons à ce que nous avons dit au chapitre des *Plantations d'alignement*, page 267. Nous ajouterons toutefois que, si les arbres sont greffés en pied, ils devront toujours être plantés de manière que la greffe se trouve placée au moins à $0^{m},04$ au-dessus de la surface du sol : sans cette précaution, cette greffe pourrait s'enraciner, et il en résulterait un individu franc de pied au lieu d'un arbre greffé. Nous ferons encore observer qu'il est certains arbres, tels que les pêchers greffés sur amandier, et les cerisiers greffés sur prunier de Sainte-Lucie ou mahaleb, qu'on devra, dans tous les cas, planter de manière que le collet de la racine soit tout à fait à la surface du sol. Nous avons fréquemment observé que ceux de ces arbres qui étaient plantés plus profondément périssaient tout à coup pendant l'été. Cet accident se manifeste souvent après les pluies abondantes qui succèdent à un temps chaud et sec un peu prolongé. Il semble résulter de cet état de choses une sorte de fermentation qui développe un petit champignon blanc, filamenteux, qui attaque les racines et les fait pourrir en quelques jours. Les feuilles se fanent, jaunissent, et l'arbre meurt bientôt. Toutes les fois qu'on a pris, en plantant ces arbres, la précaution que nous venons d'indiquer, on a évité cet accident.

Les différents degrés de profondeur que nous venons de recommander ne doivent pas exister seulement lorsque la plantation est récemment faite; il est indispensable qu'ils soient maintenus. Il arrivera en effet, si l'on plante dans un terrain qui n'a pas été récemment remué dans toute son étendue, que la terre du trou pratiqué pour la plantation s'affaissera au-dessous du niveau du sol environnant, et que, cette différence venant à être comblée, l'arbre sera plus enterré qu'il ne devrait l'être. Pour éviter cette inconvénient, il faudra calculer l'affaissement probable du terrain déplacé, et planter en conséquence. Cet affaissement égale en moyenne 1/10 de l'épaisseur de la couche de terre remuée.

Les diverses prescriptions que nous venons de tracer ayant été observées, on pratique dans le sol un trou assez grand pour recevoir sans contrainte les racines des arbres; ensuite on procède à l'habillage (voir la page 269), c'est-à-dire qu'on retranche sur les racines les parties qui ont été altérées par la déplantation, et l'on raccourcit sur la tige un nombre de ramifications en rapport avec ces suppressions. La coupe des racines est disposée de façon que la surface de la plaie soit placée en dessous. Si les arbres ont voyagé pendant quelque jours et que les racines aient été plus ou moins desséchées, il sera bon de les mettre tremper un jour avant la mise en terre, dans l'eau à laquelle on aura ajouté une certaine quantité de crottin de cheval. Cette opération facilitera leur reprise. Ceci fait, on place les racines de l'arbre dans le trou pratiqué pour les recevoir.

Pour les arbres en plein vent, il suffit de placer la tige dans une position verticale. Pour les arbres en espalier, il faut diriger le côté de la greffe vers la plate-bande, afin que la plaie qui en résulte, n'étant pas frappée par le soleil, se cicatrise plus facilement. Ces arbres doivent être disposés dans les trous de manière que le bas de la tige soit à $0^m,16$ du mur, et que le sommet touche le mur.

Ces précautions prises, on étend bien les racines, puis on remplit les trous avec de la terre ameublie, en agitant un peu le pied de l'arbre de haut en bas, afin de faire pénétrer la terre dans tous les interstices formés par les racines. On comprime ensuite légèrement la terre, ou bien, ce qui vaut mieux, on verse au pied de chaque arbre un arrosoir d'eau.

Enfin, on termine les opérations relatives à la plantation en couvrant, avant le mois d'avril, la tige et les rameaux d'une bouillie de chaux éteinte à laquelle on aura ajouté un quart en volume de terre argileuse. Nous avons indiqué à la page 275 les motifs qui rendent cette opération nécessaire.

Greffe des arbres dans le jardin fruitier. — Toutes les fois qu'on pourra se procurer les greffes des espèces et variétés qu'on désire cultiver, il y aura plus d'avantage à planter des sujets dans le jardin fruitier, puis à les greffer ensuite.

Nous indiquerons plus loin, en traitant de la culture spéciale de chaque espèce, les diverses sortes de sujets qui conviennent à chacune d'elles, la manière de se procurer ces sujets dans le jardin fruitier, le choix à faire entre les divers sujets propres à la même espèce, enfin le mode de greffe convenable pour chaque sorte de sujet.

Il résulte de ce mode de multiplication que l'on est plus certain des variétés que l'on plante, puisqu'on peut recueillir et poser soi-même les greffes, et qu'on évite les inconvénients qui résultent, pour la première taille de ces arbres, de l'état languissant où ils restent pendant les premières années qui suivent leur plantation. Enfin, les sujets ayant été semés à demeure ou plantés très-jeunes, les racines n'ont pas été endommagées, elles sont plus régulièrement réparties dans le sol, les arbres sont plus vigoureux, moins exposés aux maladies, et présentent une plus longue durée.

Nous devons encore nous arrêter ici à quelques considérations qui s'appliquent à l'un et à l'autre des deux procédés que nous venons d'indiquer, et qui ont trait : 1° à la position et à l'exposition qu'exigent ces arbres; 2° à la distance à réserver entre eux.

Position et exposition des diverses espèces d'arbres dans le jardin fruitier. — Parmi les diverses espèces et variétés qui sont appelées à former un jardin fruitier, il en est quelques-unes qui ont besoin, au moins dans le nord et le centre de la France, d'être protégées par des abris, pour que les fruits puissent mûrir, ou pour qu'ils acquièrent toutes leurs qualités. Tels sont le *pêcher*, la *vigne*, dont les fruits mûrissent difficilement lorsque ces arbres ne sont pas palissés contre des murs; telles sont encore quelques variétés de poirier, telles que la *crassane*, le *bon-chrétien d'hiver*, etc., et dont les fruits deviennent galeux et pierreux lorsque ces arbres sont en plein vent.

La première considération à laquelle on doive s'arrêter lors de la plantation d'un jardin fruitier, soit qu'on y plante des sujets pour les greffer ensuite, soit qu'on préfère des arbres tout greffés, c'est donc de rechercher quelles sont les variétés qui exigent l'espalier et celles qui peuvent se développer en plein vent.

Pour rendre cette étude plus facile, nous avons indiqué, dans les listes des meilleures variétés de chaque espèce d'arbres fruitiers que nous donnons plus loin, la position que chacun de ces arbres doit occuper dans le jardin fruitier, c'est-à-dire les espèces et variétés qui doivent être cultivées de préférence en plein vent, celles qui se développent également en plein vent et en espalier, puis enfin celles qui exigent l'espalier.

Les diverses espèces et variétés qui sont palissées contre les murs demandent, pour prospérer, une exposition souvent différente. Nous avons également fait connaître, dans les listes dont nous venons de parler, les besoins de chacun de ces arbres sous ce rapport.

Nous ferons une seule observation relative à cette dernière indication c'est que les expositions que nous avons conseillées peuvent un peu varier sans inconvénient. Ainsi les variétés indiquées pour l'exposition de l'est peuvent être indifféremment placées au nord-est, à l'est et au sud-est; celles pour le sud peuvent être mises aussi au sud-est; celles de l'ouest seront aussi convenablement exposées au sud-ouest; enfin celles du nord pourront également être exposées au nord-est ou au nord-ouest.

Distance à réserver entre les arbres dans le jardin fruitier. — Les arbres fruitiers doivent être partagés sous ce rapport en deux séries : les arbres palissés et les arbres non palissés.

Distance à réserver entre les arbres non palissés. — La distance à réserver entre les arbres non palissés est déterminée par leur espèce, par la forme qu'on veut leur donner, par la nature des sujets sur lesquels ils sont greffés.

Nous donnons dans le tableau suivant les indications nécessaires à cet égard.

ESPÈCES.	FORME DES ARBRES.	SUJETS SUR LESQUELS ILS SONT GREFFÉS	DISTANCE À RÉSERVER ENTRE LES ARBRES.
			m. c.
Poiriers.	En pyramide.	Sur franc.	4 »
Id.	Id.	Sur cognassier.	5 »
Id.	En colonne.	Id.	1 »
Id.	En vase ou gobelet.	Sur franc.	4 »
Id.	Id.	Sur cognassier.	5 »
Pommiers.	En pyramide.	Sur doucin.	5 »
Id.	En vase ou gobelet.	Id.	5 »
Id.	En buisson.	Sur paradis.	2 »
Pêchers.	En vase ou gobelet (dans le Midi seulement).	Sur amandier.	5 »
Pruniers.	En pyramide.	Sur prunier.	5 »
Cerisiers.	Id.	Sur Ste-Lucie.	5 »
Abricotiers.	En vase ou gobelet.	Sur prunier.	5 »
Id.	En pyramide (dans le Midi seulement).	Id.	5 »
Groseilliers à grappes.	En vase ou gobelet		2 »
Groseilliers épineux.	Id.		1.50
Framboisiers.	En cépée.		1,50

Distance à réserver entre les arbres palissés. — Nous comprenons dans cette série non-seulement les arbres palissés contre les murs, mais encore ceux palissés sur des treillages ou supports en plein air, quelle que soit leur forme, et auxquels on donne le nom de *contre-espaliers.* La distance à réserver entre ces arbres est également déterminée par les espèces, par les sujets sur lesquels elles sont greffées, par la forme imposée à la charpente des arbres, et aussi fréquemment par la hauteur des murs ou des contre-espaliers contre lesquels ils sont palissés. En effet, dès que les arbres ne sont pas très-rapprochés les uns des autres, qu'ils sont plantés à plus d'un mètre d'intervalle, par exemple comme cela a lieu pour les arbres soumis aux grandes formes, telles que palmettes, éventails, etc., ils acquièrent immédiatement une vigueur telle qu'il faut pouvoir laisser acquérir à la charpente une étendue suffisante, sous peine de ne pas voir se former de boutons à fleur. On sait que ceux-ci n'apparaissent qu'alors que la séve n'étant pas resserrée dans des limites trop étroites, circule lentement, agit modérément sur le développement des boutons, et les transforme en rameaux à fruit. Si elle agit avec trop de force, elle fait développer les boutons en bourgeons vigoureux, et par suite en rameaux à bois, résultat ordinaire d'une taille trop courte rendue nécessaire par suite de l'espace insuffisant laissé ordinairement entre les arbres soumis aux grandes formes. Chaque espèce poussant aussi vigoureusement contre un mur peu élevé que contre un mur très-haut, il est donc nécessaire de planter la même espèce à une plus grande distance le long d'un mur bas que lorsque le mur est très-haut. Dans le premier cas, les arbres occuperont en largeur ce qu'ils ne pourront couvrir en hauteur.

Mais ce rapport entre la hauteur du mur et l'intervalle à laisser entre les arbres n'est nécessaire que pour les grandes formes. Dès que la disposition donnée à la charpente permet de rapprocher beaucoup les arbres les uns des autres, à 0^m,80 au plus par exemple, l'intervalle à laisser entre eux peut rester le même, quelle que soit la hauteur du mur, pourvu que celui-ci présente une hauteur de 2^m,50 au moins. Dans ce cas, le degré de vigueur des arbres est tellement diminué, par suite de leur position rapprochée, qu'un mode de taille convenable suffit pour les mettre à fruit et les y maintenir.

Le tableau suivant donne les indications nécessaires pour ces diverses circonstances.

ESPÈCES.	FORME DES ARBRES.	SUJETS SUR LESQUELS ILS SONT GREFFÉS.	HAUTEUR DES MURS OU DES CONTRE-ESPALIERS.		DISTANCE À RÉSERVER ENTRE LES ARBRES.		SURFACE DES ARBRES EN MÈTRES CARRÉS.	
			m. c.		m. c.		m. c.	
Poiriers. . .	En palmette.							
Id. . . .	En éventail.	Sur franc. . . .	5	»	8	»	24	»
Id. . . .	En candélabre et autres grandes formes.							
Id. . . .	. . . . Id.	. . Id.	4	»	6	»	24	»
Id. . . .	. . . . Id.	Sur cognassier.	5	»	6	»	18	»
Id. . . .	. . . . Id.	. . Id.	4	»	4,50		18	»
Id. . . .	En cordon oblique simple. .	. . . .	5	»	0,40		1,35	
Id. . . .	En cordon vertical.	. . . .	4	»	30,0		1,20	
Id. . . .	En cordon spiral.	. . . .	5	»	1,20		2,10	
Id. . . .	En cordon horizont. unilatér.	Sur cognassier.	»	»	2	»	0,60	
Pommiers. .	En palmette.							
Id. . . .	En éventail.	Sur doucin. . .	5	»	8	»	18	»
Id. . . .	En candélabre et autres grandes formes.							
Id. . . .	. . . . Id.	. . Id.	4	»	6	»	18	»
Id. . . .	En cordon oblique simple. .	. . Id.	5	»	0,40		1,35	
Id. . . .	En cordon vertical.	. . Id.	4	»	0,50		1,20	
Id. . . .	En cordon spiral.	. . Id.	5	»	1,20		2,10	
Id. . . .	En cordon horizont. unilatér.	. . Id.	»	»	2	»	0,60	
Id. . . .	. . . . Id.	Sur paradis. . .	»	»	1,50		0,45	
Pêchers. . .	En palmette.							
Id. . . .	En éventail.	Sur amandier. .	5	»	6	»	18	»
Id. . . .	En candélabre et autres grandes formes.							
Id. . . .	. . . . Id.	. . Id.	4	»	4,50		18	»
Id. . . .	. . . . Id.	Sur prunier. .	5	»	4,70		14	»
Id. . . .	. . . . Id.	. . Id.	4	»	5,50		14	»
Id. . . .	En cordon oblique simple avec pincement long. . .	. . . .	5	»	0,80		2,70	
Id. . . .	En cordon oblique simple avec pincement court. . .	. . . .	5	»	0,40		1,35	
Id. . . .	En cordon vertical avec pincement court.	. . . .	4	»	0,50		1,20	
Id. . . .	En cordon vertical avec pincement long.	. . . .	4	»	0,60		2,40	
Id. . . .	En cordon spiral avec pincement court pour le Midi seulement).	. . . .	5	»	1,20		2,10	
Pruniers. . .	En palmette.							
Id. . . .	En éventail.	Sur prunier. . .	5	»	6	»	18	»
Id. . . .	En candélabre et autres grandes formes.							
Id. . . .	. . . . Id.	. . Id.	4	»	4,50		18	»
Id. . . .	En cordon oblique simple. .	. . Id.	5	»	0,40		1,35	
Id. . . .	En cordon vertical. . . .	. . Id.	4	»	0,50		1,20	
Id. . . .	En cordon spiral.	. . Id.	5	»	1,20		2,10	
Cerisiers. . .	En palmette.							
Id. . . .	En éventail.	Sur Ste-Lucie. .	5	»	6	»	18	»
Id. . . .	En candélabre et autres grandes formes.							
Id. . . .	. . . . Id.	. . Id.	4	»	4,50		18	»

ESPÈCES.	FORME DES ARBRES.	SUJETS SUR LESQUELS ILS SONT GREFFÉS.	HAUTEUR DES MURS OU DES CONTRE-ESPALIERS.	DISTANCE À RÉSERVER ENTRE LES ARBRES.	SURFACE DES ARBRES EN MÈTRES CARRÉS.
			m. c.	m. c.	m. c.
Cerisiers.. .	En cordon oblique simple. .	Sur Ste-Lucie.	3 .	0,40	1,55
Id. . . .	En cordon vertical.. . . .	. . Id.	4 »	0,30	1,20
Id. . . .	En cordon spiral.	. . Id.	3 »	1,20	2,10
Abricotiers. .	En palmette.				
Id. . . .	En éventail..	Sur prunier. .	3 »	6 »	18 »
Id. . . .	En candélabre et autres grandes formes				
Id. . . .	. . . . Id..	. . Id.	4 »	4,50	18 »
Id. . . .	En cordon oblique simpl..	. . Id.	3 »	0,40	1,55
Id. . . .	En cordon vertical. . . .	. . Id.	4 »	0,30	1.20
Id. . . .	En cordon spiral (dans le Midi seulement	. . Id.	3 »	1,20	2,10
Gros. à grap.	En cordon vertical. . . .	. . . .	1,50	0.20	0.30
Gros. épineux	. . . . . . Id.	. . . .	1,50	0,20	0.30
Vignes. . . .	En cordon horizontal (Charmeux.	. . . .	3 »	0,40	1.12
Id. . . .	En cordon horizontal Charmeux, pour les varités vigoureuses ou pour le Midi.	. . . .	3 »	0,80	2,24
Id. . . .	En cordon vertical à coursons opposés.	. . . .	1 50	0,70	1 »
Id. . . .	En cordon vertical à coursons opposés, pour les variétés vigoureuses ou pour le Midi.	. . . .	1,50	1.40	2 »
Id. . . .	En cordon vertical à coursons opposés, à deux séries.	. . . .	3 »	0,55	1 »
Id. . . .	En cordon vertical à coursons opposés, à deux séries, pour les variétés vigoureuses ou pour le Midi. .	. . . .	3 »	0,70	2 »

Les distances que nous venons de conseiller pour les arbres palissés ou non palissés sont pour un sol de fertilité moyenne. On les augmentera un peu pour les terrains très-riches; on les diminuera au contraire pour les sols médiocres. Nous exceptons cependant les arbres plantés à distance très-rapprochée, et pour lesquels l'intervalle indiqué restera toujours le même.

TAILLES DES ARBRES FRUITIERS.

La plupart des arbres fruitiers se développeraient convenablement et donneraient des fruits de bonne qualité si, après les soins de la plantation, on les abandonnait à eux-mêmes; mais la formation de la tige et de la tête, laissée à la nature, ne serait plus en rapport avec la place qu'on veut faire occuper à ces arbres.

Ainsi, pour les arbres en plein vent, la tige est d'abord pourvue, du sommet

Fig. 489. *Jeune poirier de deux ans de greffe.*

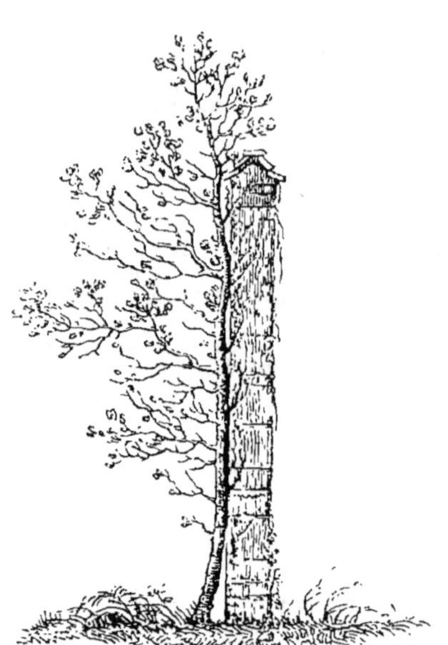

Fig. 490. *Poirier en espalier abandonné à lui-même.*

à la base, de quelques ramifications plus ou moins régulièrement disposées (*fig.* 489). A mesure que l'arbre avance en âge, les ramifications disparaissent, et la tige, plus ou moins élevée, simple ou ramifiée, finit par ne plus porter de branches qu'à son sommet, ce qui forme une tête touffue ordinairement plus large que haute (*fig.* 462, p. 528). Ces arbres couvrent alors de leur ombrage un grand espace de terrain, et l'on ne peut en placer qu'un très-petit nombre sur une étendue donnée.

Pour les espèces ou variétés qui sont appliquées contre les murs, cette absence de toute direction de la tête et de la tige de l'arbre est encore plus préjudiciable. Les branches qui se développent s'éloignent progressivement du mur sous l'influence de la lumière (*fig.* 490); de sorte qu'au bout de peu d'années les diverses ramifications échappent en partie à l'action du mur, action indispensable cependant pour que les fruits acquièrent les qualités qui les font rechercher.

Nous ajouterons que, pour tous les arbres fruitiers, et notamment

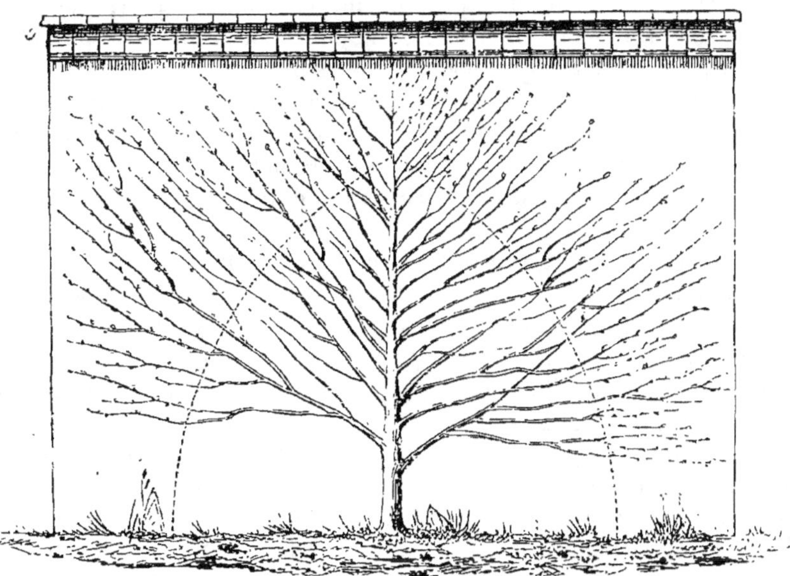

Fig. 491. *Pêcher en espalier abandonné à lui-même.*

pour le pêcher, cette absence de la taille présente encore ce résultat fâcheux que, les rameaux à fruits disparaissant progressivement des parties centrales de l'arbre, la production se concentre à l'extrémité des branches, et une grande partie de la place prise par l'arbre se trouve inutilement occupée (*fig.* 491).

C'est à l'aide de la taille qu'on donne aux arbres fruitiers en plein vent la forme en cône, forme telle, que, occupant beaucoup plus d'espace en hauteur qu'en largeur, ils peuvent être plantés en bien plus grand nombre sur le même espace, et produire, à surface de terrain égale, une plus grande quantité de fruits. C'est à la même opération qu'est due la forme en vase à l'aide de laquelle les arbres, peu élevés et ramifiés dès leur base, ne portent pas l'ombrage de leur tête au loin, et permettent ainsi la culture des légumes dans leur voisinage. Enfin, la taille permet de fixer les arbres contre les murs d'espalier et de les y faire prospérer.

A côté de ces avantages, il en est d'autres qui, bien que secondaires, n'en sont cependant pas moins d'une grande importance.

Par la taille on rend la production des arbres à fruits à pepins presque égale chaque année, c'est-à-dire qu'on détruit l'intermittence que nous avons précédemment fait remarquer (page 43) dans la production des fruits de ces arbres, et dont nous avons expliqué la cause. Ce résultat est dû à ce que la taille enlevant à l'arbre un certain nombre de boutons à fleur et de rameaux qui auraient été alimentés par la séve des racines, cette séve non employée tourne alors au profit de la formation de nouveaux boutons à fleur pour l'année suivante.

La taille détermine aussi la production de fruits plus volumineux et de meilleure qualité, et cela tient à la même raison. Une certaine quantité des fluides nourriciers qui auraient alimenté les parties supprimées fait prendre aux fruits conservés un développement plus considérable.

On s'est parfois élevé contre les opérations de la taille; on a dit que les arbres qui y sont soumis, contrariés dans leur direction naturelle par les formes plus ou moins contre nature qu'on leur impose, gênés dans leur accroissement par les suppressions annuelles qu'on leur fait subir, soit pendant, soit après leur végétation, présentent en général une existence moins longue que ceux qui sont abandonnés à eux-mêmes. Cela peut être vrai; mais nous avons montré qu'elle est indispensable dans quelques circonstances pour certaines espèces. Quant à celles pour lesquelles on pourrait s'en abstenir, nous dirons que cette diminution de durée est bien plus que compensée par les avantages considérables qui résultent de cette opération, et que d'ailleurs la taille faite avec discernement n'abrége que bien peu l'existence des arbres.

Nous citerons à l'appui de cette assertion l'exemple d'un poirier d'épargne que nous avons remarqué à Dieppe. Le tronc de cet arbre en espalier (pl. V) présente à 0^m,50 du sol une circonférence de 2^m,60. Il couvre une surface de 130 mètres carrés. Son produit moyen est de 4,000 fruits par an, ou 30 par mètre carré. D'après les recherches auxquelles nous nous sommes livré à cet égard, cet arbre ne doit pas avoir moins de 150 ans.

La taille des arbres fruitiers a donc pour but, d'abord de leur donner une forme en rapport avec la place qu'on veut leur faire occuper, puis d'en obtenir chaque année une égale quantité de fruits plus volumineux.

ÉTUDES PRÉLIMINAIRES.

Avant de nous engager davantage dans l'examen du sujet qui nous occupe, nous devons nous arrêter à quelques études préliminaires nécessaires pour l'intelligence des faits qui suivront.

Ainsi nous devons examiner successivement : 1° les instruments et les machines les plus convenables pour pratiquer la taille; 2° la manière de couper les rameaux; 3° les principes généraux qui servent de base aux opérations de la taille; 4° enfin les diverses opérations qui la constituent.

Des instruments et des machines les plus convenables pour pratiquer la taille. — La *serpette* (*fig.* 402, p. 446) est le plus ancien des instruments dont on se soit servi pour faire la taille des arbres, et elle est encore le meilleur. Elle doit porter un manche de 0^m,11 à 0^m,15 de long. Ce manche doit être assez gros pour remplir la main, être en corne de cerf, afin que les rugosités le fixent solidement dans la main. La lame, longue de 0^m,07 à 0^m,08, doit être recourbée vers la pointe. Il est essentiel que cette courbure reste un peu oblique. Si elle était à angle droit, la partie antérieure de la lame, agissant dans une direction perpendiculaire sur les filets ligneux, couperait très-difficilement. La section ne serait pas plus facile si la courbure de la lame n'était pas assez prononcée. Elle doit suivre environ l'angle de 45°. Il faut être pourvu aussi d'une seconde serpette semblable par sa forme à la première, mais beaucoup plus petite, et destinée à pratiquer la *taille en vert* que nous décrivons plus loin.

Depuis quelques années on a voulu remplacer la serpette par le *sécateur*, inventé par M. Bertrand de Molleville. Cet instrument (*fig.* 404, p. 446), généralement usité à Montreuil, offre sur la *serpette* l'avantage d'opérer plus promptement, mais il présente l'inconvénient que voici : lorsqu'on se sert du *sécateur*, on appuie le croissant sur l'un des côtés du rameau à couper, et, en serrant les deux branches de l'instrument, on rapproche la lame, qui coupe plus ou moins net la portion de bois interposée entre son croissant et elle. Mais il résulte de cette opération que, le bois présentant perpendiculairement ses fibres à la lame, sa résistance est beaucoup plus grande et occasionne une pression qui, en écrasant le bois,

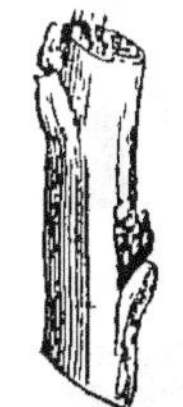

Fig. 492. *Rameau coupé avec le sécateur.*

en détache aussi l'écorce jusqu'à quelques millimètres au-dessous de la plaie (*fig.* 492). Le bout de rameau ainsi mutilé se dessèche au lieu de se cicatriser, et la mortalité gagne souvent jusqu'au-dessous du bouton terminal qui se trouve ainsi anéanti. Pour obvier à cet inconvénient, il faut couper à 0ᵐ,01 au-dessus de ce bouton; mais alors on a, vers ce point, un petit prolongement sec, que l'on est obligé de supprimer l'année suivante avec la *serpette*, ce qui allonge inutilement l'opération. Il suit de là que le *sécateur* ne peut être employé avec avantage pour la taille des arbres fruitiers, excepté pour la vigne, qui doit être coupée à une certaine distance du bouton réservé au sommet de chaque rameau.

Lorsque les circonstances rendront l'emploi du sécateur préférable à celui de la serpette, on devra tenir cet instrument de telle sorte que la partie saillante du croissant soit toujours en dessus, pour que la partie du rameau, meurtrie par la pression de ce croissant, soit presque entièrement enlevée par la section.

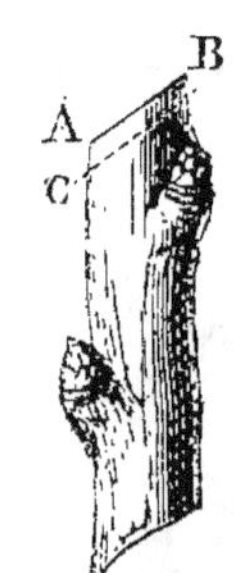

Fig. 493. *Mode de coupe des ramifications pour les espèces à bois dur.*

Outre la *serpette* et le *sécateur*, on devra se procurer une *scie à main* (*fig.* 50, p. 100). Cet instrument, dont nous avons déjà parlé à propos de la greffe, est destiné à l'amputation des grosses branches qui ne pourraient être coupées à l'aide de la *serpette*.

Quant aux machines, on n'emploie pour pratiquer la taille que des *échelles simples ou doubles* que tout le monde connaît. Nous dirons seulement que les échelles simples, réservées pour la taille des arbres en espalier, sont munies à leur extrémité supérieure de deux chevilles en fer ou en bois destinées à empêcher l'échelle de porter sur les espaliers.

Coupe du bois. — La manière de couper les rameaux ou les branches est loin d'être indifférente. Toutes les fois que l'on opérera sur une espèce à bois dur, l'amputation se fera le plus près possible d'un bouton, mais avec la précaution de ne pas l'endommager. A cet effet, on placera la lame de la serpette sur la partie de l'écorce opposée au bou-

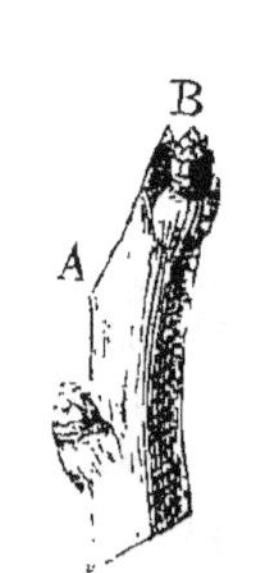

Fig. 494. *Rameau taillé trop long.*

Fig. 495. *Rameau taillé trop court.*

ton, en A (*fig.* 493), et à la hauteur du point où il naît, puis on coupera en suivant la ligne A B, de manière à former une plaie en biseau, dont l'extrémité supérieure B se terminera au niveau du sommet du bouton. Ce mode d'opérer présente ce double avantage que le bouton ne souffre pas et que la plaie se cicatrise sur la coupe même. Si l'on coupe au-dessus du point que nous venons d'indiquer, en suivant la ligne A B (*fig.* 494), le bois se desséchera jusqu'à la ligne C, et il en

résultera un petit chicot sec que l'on sera obligé d'enlever l'année suivante. Si, au contraire, on fait suivre à la coupe la ligne A B (*fig.* 495),
le bouton est éventé et son développement est beaucoup moins vigoureux.

Sur les espèces à bois tendre et surtout à moelle abondante, la coupe
ne doit pas être effectuée de la même manière, car, quelle que soit la
netteté de la plaie, jamais elle ne se cicatrise sur la coupe même; le
bois se dessèche, la mortalité descend au-dessous de l'amputation, et si elle
atteint le bouton terminal, elle le détruit. La vigne est particulièrement
dans ce cas. Cela tient sans doute à ce que la grande porosité du bois
et l'abondance de la moelle permettent à l'air et à l'humidité des pluies
de s'introduire jusqu'à une certaine profondeur dans les tissus, et d'y
déterminer une fermentation qui désorganise l'extrémité du rameau.

Lorsqu'il s'agira d'espèces de cette nature, il sera donc nécessaire
de couper en biseau comme pour les
précédentes, mais à 0^{m},01 environ au-
dessus du bouton qu'on voudra réserver au sommet (*fig.* 496). Ceci donnera lieu à un petit onglet sec que
l'on supprimera à la taille de l'année
suivante.

Lorsqu'on voudra retrancher entièrement un rameau, on devra le couper le plus net possible, tout à fait à
sa base, en conservant toutefois le petit empâtement (A, *fig.* 497) sur lequel il avait pris naissance. De cette
manière la plaie sera plus facilement
recouverte par le rapprochement des
écorces.

Si une branche à retrancher est trop
grosse pour être coupée avec la *ser-
pette*, on se sert de la *scie à main*. Il est alors essentiel d'aplanir la
plaie, après l'amputation, avec un instrument bien tranchant qui fasse
disparaître toute trace de la scie. Il sera toujours utile de recouvrir les
plaies un peu étendues avec du mastic à greffer.

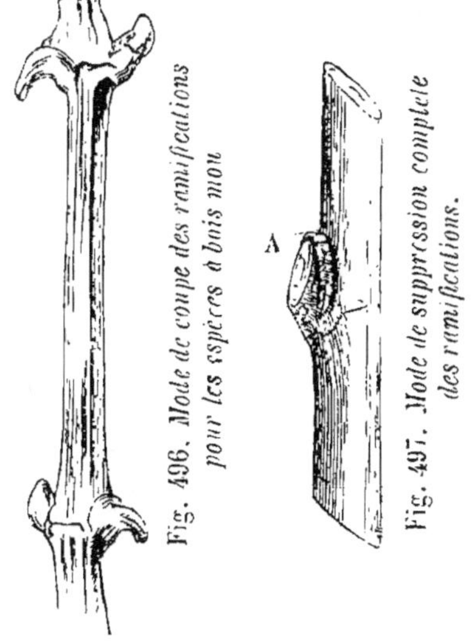

Fig. 496. Mode de coupe des ramifications pour les espèces à bois mou.

Fig. 497. Mode de suppression complète des ramifications.

PRINCIPES GÉNÉRAUX DE LA TAILLE.

1° LA DURÉE DE LA FORME D'UN ARBRE SOUMIS A LA TAILLE DÉPEND DE
L'ÉGALE RÉPARTITION DE LA SÉVE DANS TOUTES SES BRANCHES.

Dans les arbres fruitiers abandonnés à eux-mêmes, la séve se distribue également, parce que l'arbre prend de lui-même la forme la plus en harmonie avec la tendance naturelle de cette séve. Mais, dans les arbres soumis à la taille, les formes qu'on leur impose, en nécessitant le développement de ramifications plus ou moins nombreuses, plus ou moins volumineuses à la base de la tige, contrarient la direction naturelle de la séve. Or, comme celle-ci tend à se porter de préférence vers le sommet de la tige, il en résulte que, si l'on n'y prend garde, les ramifications de la base deviennent bientôt languissantes, finissent par se dessécher, et que la forme qu'on avait d'abord obtenue disparaît pour être remplacée par la disposition naturelle de l'arbre, c'est-à-dire par une tige nue portant une tête plus ou moins volumineuse. Il est donc indispensable d'employer certains moyens pour changer la direction naturelle de la séve, et maintenir cette direction vers chacun des points où l'on a besoin d'entretenir des ramifications.

Supposons un arbre en espalier (*fig.* 498), dans lequel l'équilibre de la végétation est rompu; pour contrarier la végétation des parties vers lesquelles la séve se porte en trop grande abondance, et favoriser celle

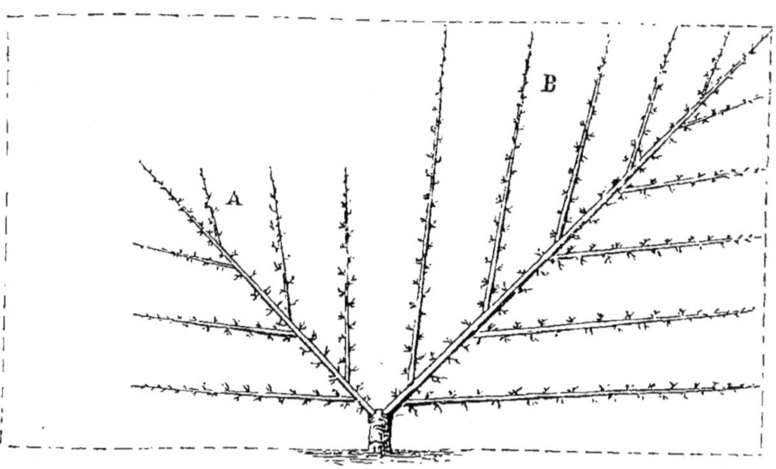

Fig. 498. *Arbre en espalier dans lequel l'équilibre de la végétation est rompu.*

des parties où elle n'arrive pas en assez grande quantité, on emploie les moyens suivants :

Tailler très-court les rameaux de la partie forte B, et tailler très-longs ceux de la partie faible A. — On sait que la séve est attirée par les feuilles; donc, en supprimant sur les points vigoureux le plus grand nombre des boutons à bois, on prive ces points des feuilles que elles boutons auraient développées; la séve y arrive en moins grande quantité, et la végétation est diminuée. En laissant, au contraire, sur la partie faible un grand nombre de boutons à bois, elle sera pourvue d'une quantité considérable de feuilles et se couvrira d'une végétation plus abondante.

Incliner la partie forte et redresser la partie faible. — La séve des racines agit avec d'autant plus de force sur l'allongement des bourgeons que les branches sont plus verticales; les bourgeons pousseront donc avec plus de force sur la partie faible redressée; et les feuilles nombreuses qu'ils développeront y attireront la séve en plus grande quantité que sur la partie forte qui aura été inclinée..

Supprimer le plus tôt possible, sur la partie forte, les bourgeons inutiles, et pratiquer cette suppression le plus tard possible sur la partie faible. — Moins il y a de bourgeons sur une branche, moins il y a de feuilles, et moins, par conséquent, la séve y est attirée. En laissant séjourner les bourgeons le plus longtemps possible sur le point faible, on y fera arriver la séve en plus grande abondance; et lorsqu'on viendra à les supprimer, la séve, ayant pris son essor de ce côté, y sera maintenue plus facilement. Ce moyen ne peut être employé que pour les arbres en espalier, et surtout pour le pêcher, sur lequel on est toujours obligé d'enlever un certain nombre de bourgeons.

Supprimer de très-bonne heure l'extrémité herbacée des bourgeons de la partie forte, et ne pratiquer cette opération que le plus tard possible sur la partie faible, en y soumettant seulement les quelques bourgeons qui sont trop vigoureux, et qui, dans tous les cas, devraient subir cette opération en raison de la position qu'ils occupent. — Cette suppression arrête la végétation de la partie forte; elle est applicable aux arbres en plein vent et aux arbres en espalier.

Palisser très-près du treillage et de très-bonne heure les bourgeons de la partie forte, et ne pratiquer ce palissage que très-tard sur la partie faible. — On gêne ainsi la circulation de la séve vers les premiers points, et on la favorise dans les seconds. Ce procédé n'est praticable que pour les arbres en espalier.

Laisser sur la partie forte le plus grand nombre de fruits possible, et les supprimer tous sur la partie faible. — On sait que les fruits ont la propriété d'attirer à eux la séve des racines et de l'employer entièrement à leur accroissement. Il résultera donc du moyen que nous indiquons que toute la séve qui arrivera dans la partie forte sera absorbée par les fruits, et que ce point prendra moins de développement que la partie faible.

Supprimer, sur le côté fort, un certain nombre de feuilles. — En diminuant le nombre des feuilles sur ce côté de l'arbre, on empêche la séve d'y arriver en aussi grande abondance. Il ne faudra enlever ainsi qu'un nombre de feuilles proportionné à la différence de vigueur que présentera ce côté de l'arbre, et il conviendra de les choisir sur les bourgeons les plus vigoureux. Ces feuilles ne seront pas arrachées, mais coupées de façon à conserver la pétiole ou queue sur le bourgeon.

Éloigner le côté faible du mur et y maintenir le côté fort. — En éloignant du mur la partie faible, on permet aux bourgeons de recevoir la lumière de tous les côtés. Or, comme c'est cet agent qui détermine les fonctions des feuilles et leur action sur la séve des racines, ce point végétera avec plus de vigueur que la partie forte qui n'aura été éclairée que d'un côté. Ce moyen s'applique seulement aux arbres en espalier. On ne devra en user que vers le mois de mai, alors que les arbres, n'ayant plus à craindre les intempéries du printemps, peuvent se passer en partie de la protection du mur.

Couvrir le côté fort de manière à le priver de la lumière. — On obtient ainsi les mêmes résultats, mais d'une manière plus complète. Toutefois on n'en use que si le moyen précédent est insuffisant, car il pourrait arriver que la partie de l'arbre ombragée s'étiolât par trop et perdît toutes ses feuilles. Pour éviter cet accident, on ne prolonge pas cet état de choses au delà de huit à douze jours, et l'on profite d'un temps sombre pour le faire cesser.

Les différents moyens que nous venons d'indiquer pourront être successivement employés dans l'ordre où nous les avons décrits, et cela jusqu'à ce que l'on ait atteint le résultat qu'on s'est proposé.

2° LA SÉVE FAIT DÉVELOPPER DES BOURGEONS BEAUCOUP PLUS VIGOUREUX SUR UN RAMEAU TAILLÉ COURT QUE SUR UN RAMEAU TAILLÉ LONG.

Il est évident que, si la séve n'agit que sur un ou deux bourgeons, elle les fait développer avec bien plus de vigueur que si son action est partagée entre quinze ou vingt. Si donc on veut obtenir des rameaux à bois, on doit tailler court, parce que les rameaux vigoureux ne développent que très-peu de boutons à fleur; si, au contraire, on veut faire développer des rameaux à fruit, on taille long, parce que les rameaux peu vigoureux se chargent d'un plus grand nombre de boutons à fleur. Une autre application de ce principe, c'est que, si un arbre a été épuisé par la production trop considérable des fruits, on rétablit sa vigueur en le taillant court pendant un an.

Cette dernière application paraît être en contradiction avec ce que nous avons dit au second paragraphe de la page 588 : mais cette contradiction n'est qu'apparente. En effet, dans le premier cas, quelques-uns seulement des rameaux de l'arbre sont taillés court, et l'on diminue ainsi, au profit de ceux qui sont taillés long, la puissance d'absorption qu'ils exercent sur la séve des racines. Les bourgeons qu'ils développent sont assurément plus vigoureux que ceux qui naissent sur les rameaux taillés long ; mais ils le sont moins cependant que si tous les rameaux de l'arbre avaient subi la même suppression, car une partie de la séve qui leur serait échue tourne alors au profit des bourgeons plus nombreux des rameaux taillés long, et dont la vigueur se trouve ainsi augmentée. En un mot, les bourgeons des rameaux taillés long ne sont pas aussi vigoureux que ceux de rameaux taillés court, mais ils sont beaucoup plus nombreux et déterminent la formation d'une plus grande masse de tissu ligneux et de boutons dont la proportion ne tarde pas à affaiblir réellement la partie forte au profit de la partie faible.

Mais, quand il s'agit du rétablissement d'un arbre épuisé, celui-ci n'est plus placé dans les mêmes conditions. Au lieu de raccourcir quelques rameaux seulement, on les soumet tous au même traitement, et la séve, n'étant pas attirée en plus grande abondance d'un côté que de l'autre, agit avec une égale intensité sur le développement vigoureux de chacun d'eux; tous concourent alors à la formation de nouvelles couches ligneuses et corticales plus amples et mieux constituées que les précédentes, ainsi que de nouveaux prolongements radicaux remplissant bien leurs fonctions. L'arbre recouvre sa première vigueur, jusqu'à ce qu'une taille plus longue vienne de nouveau le mettre à fruit.

Ce qui précède explique clairement la cause du résultat différent que l'on obtient de cette opération, suivant la manière dont elle est pratiquée, et doit faire disparaître le désaccord qui existe à cet égard entre quelques cultivateurs.

3° La séve, tendant toujours a affluer a l'extrémité des rameaux, fait développer le bouton terminal avec plus de vigueur que les boutons latéraux.

D'après ce principe, toutes les fois qu'on voudra obtenir un prolongement de branche, il faudra tailler sur un bouton à bois vigoureux, et ne laisser au delà aucune production qui puisse lui enlever l'action de la séve.

4° Plus la séve est entravée dans sa circulation, moins elle agit avec force sur le développement des bourgeons, et plus elle produit de boutons a fleurs.

Les arbres ne commencent à former leurs boutons à fleurs qu'après avoir acquis un certain développement. Il faut, pour que ces productions apparaissent, que la séve circule lentement, et qu'elle subisse ainsi une préparation plus complète dans les feuilles, préparation sans laquelle elle ne donne lieu qu'à des boutons à bois. Lorsque les arbres ont acquis un certain développement, la rapidité de la circulation de la séve est ralentie par l'étendue des ramifications qu'elle a à parcourir, et aussi par les lignes plus souvent brisées qu'elle est obligée de suivre ; c'est alors seulement que les boutons à fleurs commencent à se former. L'apparition de ces organes est si bien due à l'action peu intense de la séve sur les bourgeons, que les arbres n'ont jamais plus de boutons à fleurs qu'alors qu'ils sont souffrants.

Les opérations suivantes, employées dans l'ordre où nous allons les indiquer, peuvent diminuer l'intensité de l'action de la séve et amener la mise à fruit des arbres.

Tailler très-long le prolongement des branches de la charpente. — En procédant ainsi, on force la séve à partager son action entre un plus grand nombre de boutons. Les bourgeons qui résultent de leur développement poussent moins vigoureusement et donnent lieu à des rameaux qui se mettent plus facilement à fruit.

Appliquer aux bourgeons qui naissent sur les prolongements successifs de la charpente, ainsi qu'aux rameaux qui en résultent, les opératious destinées à diminuer leur vigueur. — Ces opérations sont, pour les bourgeons, le pincement et la torsion, et pour les rameaux le cassement complet ou le cassement partiel. Ces mutilations, que nous décrivons plus loin, ont pour but de diminuer la vigueur de ces bourgeons ou de ces rameaux en forçant la séve à porter son action sur le développement vigoureux du nouveau bourgeon de prolongement. Il en résulte alors la mise à fruit de l'arbre.

Pratiquer la taille d'hiver très-tardivement, lorsque déjà les bourgeons ont atteint une longueur de $0^m,04$. — Il résulte de cette taille tardive qu'une grande partie de l'action de la séve s'est dépensée au profit du sommet des rameaux. Ceux-ci étant raccourcis à ce moment, les bourgeons de la base poussent moins vigoureusement que si cette perte de séve n'eût pas eu lieu, et se mettent plus facilement à fruit. Ce mode d'opérer, ainsi que les suivants, ne doivent être employés que pour les arbres d'une vigueur telle que les moyens précédents sont insuffisants pour les mettre à fruit.

Appliquer sur les branches de la charpente un certain nombre de greffes de côté Girardin (fig. 84 à 87, p. 124). — Ces greffes de rameaux à fruit venant à fructifier, les fruits absorbent une grande partie de la surabondance de la séve de l'arbre. On voit dès lors un grand nombre de boutons à fleurs se former sur l'arbre. Ce moyen ne peut être appliqué qu'aux arbres à fruits à pepins.

Arquer toutes les branches de la charpente de façon qu'une partie de leur longueur soit dirigée vers le sol. — La séve agissant avec d'autant plus de force sur le développement des bourgeons que ceux-ci sont attachés sur un rameau plus rapproché de la ligne verticale, on conçoit que l'arcure des rameaux ou des branches doit diminuer beaucoup la vigueur des bourgeons et déterminer leur mise à fruit. Lorsque ce résultat sera obtenu, il conviendra de replacer ces branches dans leur première position, sous peine de voir l'arbre épuisé par une production de fruits surabondants. La *fig.* 499 montre un arbre en pyramide soumis à l'arcure. La *palmette à branches arquées*, figurée au chapitre des diverses formes propres aux arbres palissés, montre la même opération.

Pratiquer en février, vers la base de la tige de l'arbre, avec la scie à main, une incision annulaire assez profonde pour entamer la couche de bois la plus extérieure. — La séve s'élève des racines vers les feuilles en passant par les vaisseaux placés dans la couche de bois la plus extérieure. L'incision annulaire dont nous venons de parler a pour résultat de gêner cette ascension de la séve; les bourgeons acquièrent alors moins de vigueur, et l'arbre se met à fruit.

Déchausser au printemps le pied de l'arbre, de façon que les racines principales soient mises à nu sur une grande partie de leur longueur, et les laisser dans cet état pendant tout l'été. — Ce déchaussement, exposant à l'action de l'air et de la lumière une partie notable des racines, a pour effet de gêner leurs fonctions, de diminuer ainsi la vigueur de l'arbre et de déterminer alors sa mise à fruit.

Déchausser le pied de l'arbre au printemps, puis mutiler, en les coupant, une partie des racines et replacer ensuite la terre. — Cette opération, plus énergique que la précédente, produit les mêmes résultats; mais il conviendra de l'employer rarement; car on est exposé à dépasser le but que l'on se propose d'atteindre et à rendre l'arbre réellement malade.

Transplanter les arbres à la fin de l'automne, en les déplantant avec le plus grand soin, de façon à leur conserver toutes leurs racines. — Cette pratique donne des résultats analogues aux précédents et par les mêmes motifs. Ce déplacement suffit, en effet, pour fatiguer l'arbre assez pour que, l'année suivante, il soit couvert d'un grand nombre de boutons à fleur.

5° Tout ce qui tend a diminuer la vigueur des bourgeons et a faire affluer la séve dans les fruits concourt a augmenter la grosseur de ceux-ci.

Les fruits et les bourgeons ont en effet la propriété d'attirer à eux la séve des racines. Or, si les bourgeons sont nombreux et vigoureux, il en résulte qu'ils absorbent presque toute cette séve au détriment des fruits, qui restent alors petits. Voilà ce qui explique pourquoi, toutes choses égales d'ailleurs, les fruits sont moins gros sur des arbres très-vigoureux que sur ceux de vigueur moyenne. On comprend également que, l'accroissement des fruits étant déterminé par l'abondance de la séve, ils deviendront d'autant plus gros qu'elle pourra y pénétrer plus facilement.

Les opérations suivantes auront donc pour résultat d'augmenter le volume des fruits.

34

Greffer les arbres sur des espèces de sujets peu vigoureux. — Si

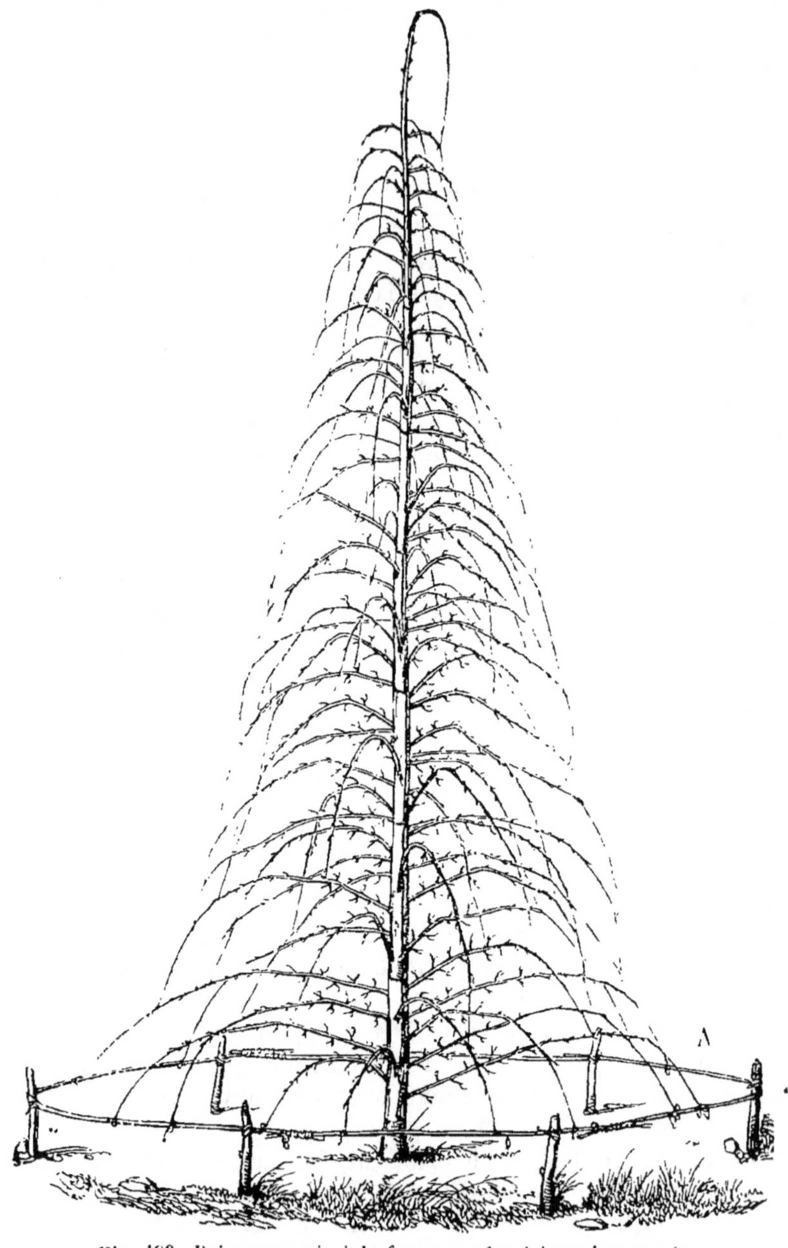

Fig. 499. *Poirier soumis à la forme en cône à branches arquées.*

les sujets sont très-vigoureux, les bourgeons absorberont presque tout la séve au détriment des fruits. Les poiriers greffés sur cognassier, les pommiers greffés sur paradis, donnent, toutes choses égales d'ailleurs, des fruits plus gros que ceux greffés sur poirier ou pommier franc.

Appliquer aux arbres une taille d'hiver convenable, c'est-à-dire ne laisser sur l'arbre que les rameaux ou parties des rameaux néces-saire à l'accroissement symétrique de la charpente ou à la formation des rameaux à fruit. — Ces retranchements ont pour effet de concentrer une plus grande quantité de séve sur les parties conservées, et par conséquent sur les fruits. Les arbres abandonnés à eux-mêmes donnent toujours des fruits moins gros que ceux des arbres soumis à une taille rationnelle.

Faire naître les rameaux à fruit directement sur les branches de la charpente de l'arbre, et les maintenir le plus court possible. — En procédant ainsi, les fruits seront attachés tout près de la branche de la charpente; ils recevront là une influence plus directe de la séve, et acquerront un plus grand développement.

Tailler les branches très-court dès que les boutons à fleur sont formés. — Ces retranchements considérables concentrent la séve sur une étendue restreinte de la charpente, et les fruits en reçoivent une plus grande quantité.

Mutiler les bourgeons qui ne sont pas nécessaires à l'accroisse-ment de la charpente de l'arbre. — Cette mutilation, que l'on obtient à l'aide de pincements réitérés, les empêche d'absorber une trop grande quantité de séve; il en reste alors davantage pour les fruits.

Ne laisser sur l'arbre qu'un nombre peu considérable de fruits, en faisant les suppressions dès qu'ils ont atteint le cinquième de leur développement. — Chacun des fruits conservés profite alors d'une plus grande quantité de séve, et devient beaucoup plus volumineux. On en a ainsi un moins grand nombre, mais on en récolte la même quantité en poids, ce qui est presque toujours préférable.

Pratiquer une incision annulaire sur le rameau fructifère, au-dessous du point d'attache des fleurs, au moment de leur épanouisse-ment, et de façon que cette incision n'offre pas plus de 0ᵐ,005 de largeur (fig. 455, p. 486). — L'expérience a constamment démontré que, par suite de cette incision, les fruits deviennent plus gros. Ils mûrissent aussi plus tôt que ceux qui n'ont pas été soumis à cette opération. On a tenté d'expliquer ce phénomène de diverses manières, mais toujours d'une façon peu satisfaisante. Nous nous contentons d'affirmer la réalité du fait. Ce sont particulièrement les fruits à noyau et la vigne qui se prêtent le mieux à cette pratique.

Greffer des rameaux à fruit sur un arbre vigoureux, en ayant recours pour cela à la greffe de côté Girardin (fig. 84 à 87, p. 124). — Cette sorte de greffe produit un effet analogue à celui de l'incision annulaire. Les fruits ainsi obtenus sont toujours plus gros que ceux sur des rameaux non greffés. La cause est sans doute la même.

Placer sous les fruits, pendant leur développement, un support destiné à les empêcher de tendre leur pédoncule ou queue (fig. 500). — La séve pénètre dans les fruits en passant par les vaisseaux qui traversent leur pédoncule. Or, si ces fruits sont laissés sans support, il arrive souvent que, leur accroissement se faisant d'une manière inégale sur leur pourtour, il se produit sur le pédoncule un mouvement de torsion qui étrangle les vaisseaux séveux et nuit alors au passage de la séve. D'ailleurs, le propre poids des fruits, en tendant ce pédoncule, allonge ces vaisseaux et rétrécit leur diamètre. Lorsque les fruits sont supportés, la séve y pénètre donc plus facilement, et ils deviennent plus gros.

Maintenir les fruits dans leur position normale pendant tout le temps de leur développement, c'est-à-dire les tenir dressés de façon que le pédoncule soit en bas (fig. 501). — La séve agit avec d'au-

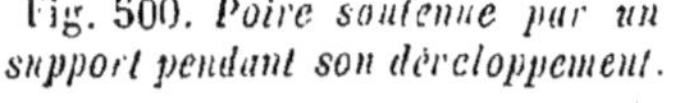

Fig. 500. *Poire soutenue par un support pendant son développement.*

Fig. 501. *Poire maintenue dans une position verticale pendant son développement.*

tant plus de force, qu'elle suit une direction ascendante plus rapprochée de la verticale. Il résulte donc de la position donnée aux fruits que la séve y arrive plus facilement et en plus grande quantité en passant par le pédoncule ainsi dressé, et qu'ils deviennent plus gros.

Placer les fruits sous l'ombrage des feuilles pendant tout le temps de leur accroissement. — L'action d'une vive lumière et de la chaleur a pour résultat de durcir les tissus et de leur faire perdre leur élasticité, et par conséquent la faculté de pouvoir s'étendre en cédant à l'action de la séve. Si donc un fruit est placé dès son jeune âge sous l'influence du soleil, il deviendra moins gros que celui qui est abrité par les feuilles, parce que son épiderme se durcira plus vite et ne se prêtera pas aussi longtemps à l'action de la séve, qui tend à la distendre. Il conviendrait donc d'attendre que ces fruits aient pris tout leur développement avant de les exposer au soleil qui doit les colorer et les parfumer.

Appliquer sur les jeunes fruits une dissolution de sulfate de fer. — On savait déjà que le sulfate de fer, appliqué sous forme de dissolution dans l'eau, stimulait beaucoup les fonctions absorbantes des feuilles, qui attiraient alors à elles une plus grande quantité de séve des racines. Nous avons eu la pensée de mouiller la surface des jeunes fruits avec cette dissolution, et ces fruits ont pris alors un accroissement extraordinaire. Il convient de procéder ainsi : employer la dissolution dans la proportion de un gramme et demi par litre d'eau; en mouiller les fruits seulement après qu'ils ne sont plus frappés par le soleil; répéter cette opération trois fois : lorsque les fruits ont atteint le premier quart de leur développement; lorsqu'ils sont à moitié grosseur, puis quand ils ont acquis les trois quarts de leur volume. Cette dissolution active leurs fonctions absorbantes; ils attirent à eux une plus grande quantité de séve au détriment des feuilles, et deviennent plus gros.

Greffer par approche un bourgeon sur le pédoncule des fruits lorsqu'ils ont acquis le premier tiers de leur développement (fig. 65 et 66, p. 112). — On a remarqué que, par suite de cette opération, le volume des fruits devient plus considérable, sans doute parce que le bourgeon ainsi greffé attire dans le pédoncule du fruit une plus grande quantité de séve.

6° LES FEUILLES SERVENT A PRÉPARER LA SÉVE DES RACINES POUR LA NOURRITURE DE L'ARBRE ET CONCOURENT A LA FORMATION DES BOUTONS SUR LES RAMEAUX. TOUT ARBRE QUI EN EST PRIVÉ EST EXPOSÉ A PÉRIR.

Il faut donc se garder d'enlever aux arbres une trop grande quantité de feuilles, sous prétexte de placer plus immédiatement les fruits sous l'influence du soleil, car ces arbres, privés d'une partie de leurs organes nourriciers, cesseraient leur développement; il en serait de même de leurs fruits. D'un autre côté, les rameaux effeuillés, ne présentant pas de boutons ou n'en offrant que de mal conformés, ne donneraient lieu, l'année suivante, qu'à une végétation languissante.

7° DÈS QUE LES RAMIFICATIONS ONT ATTEINT L'AGE DE DEUX ANS, CEUX DE LEURS BOUTONS QUI N'ONT PAS ENCORE VÉGÉTÉ NE SE DÉVELOPPENT PLUS QUE SOUS L'INFLUENCE D'UNE TAILLE TRÈS-COURTE. DANS LE PÊCHER, ILS RÉSISTENT PRESQUE TOUJOURS A CETTE OPÉRATION.

On doit donc, sur les arbres en espalier surtout, pratiquer la taille de manière à déterminer le développement de ces boutons sur les prolongements successifs des branches de la charpente, et veiller à la conservation des rameaux qui en résultent. Sans cette précaution, l'intérieur de l'arbre resterait complétement dégarni et improductif, et l'on ne pourrait plus y remédier, parce qu'il serait très-difficile de faire développer les boutons restés endormis.

DES DIVERSES OPÉRATIONS QUI CONSTITUENT LA TAILLE DES ARBRES FRUITIERS.

Les opérations de la taille peuvent être rangées dans deux catégories, celles qui s'effectuent pendant le repos de la végétation et qui constituent la *taille d'hiver*, et celles qui sont pratiquées pendant la végétation et qu'on a réunies sous le nom de *taille d'été*.

De la taille d'hiver. — La taille d'hiver comprend onze opérations principales : le *dépalissage*, la *coupe des rameaux*, le *cassement*, l'*éborgnage*, le *rapprochement*, le *ravalement*, le *recepage*, les *incisions*, les *entailles*, l'*arcure*, le *palissage d'hiver*.

Nous étudierons ces diverses opérations en en faisant l'application à la taille des diverses espèces d'arbres fruitiers. Voyons seulement ici quel est le moment le plus convenable pour les pratiquer.

Époque convenable. — La taille d'hiver doit être effectuée pendant le repos de la végétation : de novembre à mars; mais entre ces deux limites le moment le plus favorable est celui qui suit les fortes gelées de l'hiver et qui précède les premiers mouvements de la végétation, vers le mois de février.

Si l'on taille avant les fortes gelées d'hiver, on expose la coupe des rameaux à l'influence de l'air, de l'humidité et des gelées, longtemps avant les premiers mouvements de la séve, qui doivent venir cicatriser cette plaie, et il en résulte que le bouton terminal réservé au sommet de ces rameaux est souvent détruit.

Les accidents ne sont pas moins fâcheux si l'on pratique l'opération pendant les fortes gelées : les instruments coupent difficilement le bois qui est gelé; les plaies sont contuses, elles ne se cicatrisent pas; la mortalité descend au-dessous du bouton qui avoisine la coupe, et ce bouton est anéanti.

Si l'on attend, enfin, que le bourgeonnement commence à se manifester, les inconvénients sont beaucoup plus graves encore. La séve des racines s'est répandue dans toutes les parties de l'arbre; si l'on supprime une certaine étendue du sommet des ramifications, la séve, déjà absorbée par cette partie, est perdue. D'un autre côté, en taillant aussi tard, on est exposé à endommager, à briser un grand nombre de boutons à bois ou à fleur, qui, déjà en partie développés, se détachent au moindre choc. Enfin, la séve des racines, refoulée du sommet vers la base, peut déchirer les vaisseaux, s'extravaser, et donner lieu aux chancres ou à la gomme.

La taille en février est surtout très-importante pour le pêcher, dont les boutons de la base des rameaux à fruit s'endorment souvent, faute d'une action assez puissante de la séve, ce qui empêche de remplacer convenablement ces rameaux après leur production, et détermine des vides sur les branches.

En taillant de bonne heure, la séve agit avec force sur les boutons défavorablement placés, détermine leur évolution, et amène aussi le développement des boutons latents placés sur le vieux bois. Il résulte de ce dernier fait qu'on peut rapprocher davantage la taille et empêcher le milieu des arbres de se dégarnir.

On pourra cependant tailler très-tard et même attendre que les bourgeons commencent à s'allonger, lorsqu'on opérera sur des arbres qui, trop vigoureux, ne peuvent être mis facilement à fruit. Une partie de l'action de la séve ayant été dépensée au profit de l'extrémité des ramifications supprimées, elle agira avec moins de force sur les boutons réservés, et ceux-ci prendront plus facilement le caractère de rameaux à fruit.

Si l'on avait à tailler une grande quantité d'arbres de diverses espèces, et qu'on eût à craindre de ne pouvoir les opérer tous au moment que nous venons d'indiquer, il faudrait le devancer un peu, en suivant, pour tailler les différentes espèces, l'ordre de leur précocité. Ainsi, on taillerait d'abord les abricotiers, puis les pêchers, les pruniers, les cerisiers, les poiriers, la vigne, et enfin les pommiers.

Ce que nous venons de dire de l'époque de la taille d'hiver s'applique surtout au climat de Paris et au nord de la France. Mais on conçoit que plus on se rapprochera du Midi, plus il faudra devancer l'époque que nous venons d'indiquer, afin de pratiquer toujours cette opération avant le développement des bourgeons ou des fleurs. Ainsi, dans la région des oliviers, il sera convenable de tailler en décembre et janvier.

De la taille d'été. — La taille d'été comprend sept opérations principales : l'*ébourgeonnement*, le *pincement*, la *torsion*, la *taille en vert*, le *palissage d'été*, la *suppression des fruits trop nombreux* et l'*effeuillement*. Pour éviter des répétitions inutiles, nous étudierons également ces diverses opérations en traitant de la taille propre à chaque espèce d'arbres fruitiers.

Époque convenable. — Toutes les opérations qui constituent la taille d'été sont pratiquées pendant la végétation, et la plupart d'entre elles sont continuées pendant tout ce laps de temps. Quant au moment précis où il convient de les appliquer à chacune des parties de l'arbre, il est déterminé par l'état de développement de ces parties. Nous donnerons ces indications en étudiant la taille de chaque espèce d'arbres.

CULTURE SPÉCIALE DES PRINCIPALES ESPÈCES D'ARBRES A FRUITS DE TABLE

PREMIÈRE DIVISION. — FRUITS A PEPINS. — POIRIERS.

Nous avons déjà parlé, en traitant des arbres à fruits à cidre, de l'importance du poirier (*fig.* 502), comme arbre fruitier en général; de son origine, du climat, du sol, de l'exposition qu'il préfère. Ajoutons que son produit a une importance plus grande encore comme fruit de table que comme fruit à cidre. En effet, on ne le cultive pour cette dernière destination que dans quelques localités spéciales, tandis qu'on fait

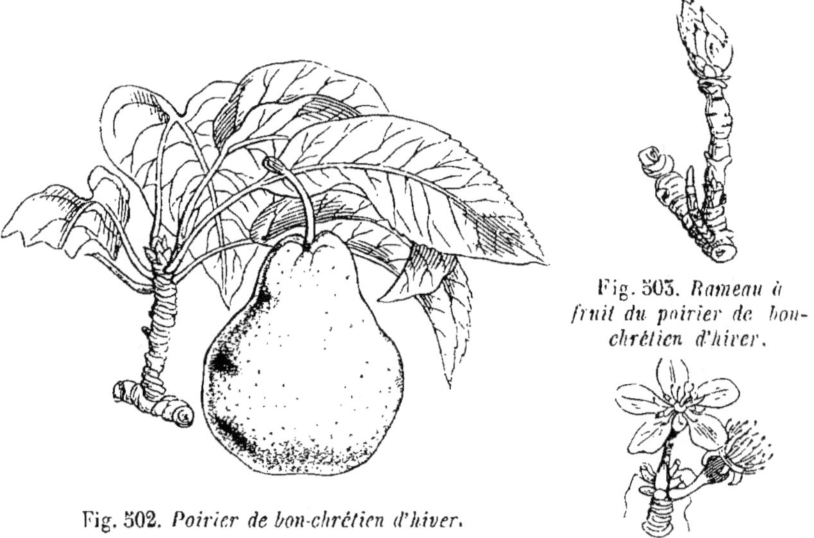

Fig. 502. *Poirier de bon-chrétien d'hiver.*

Fig. 503. *Rameau à fruit du poirier de bon-chrétien d'hiver.*

Fig. 504. *Fleur du poirier de bon-chrétien d'hiver.*

une grande consommation de ses fruits dans toutes les contrées d'Europe, soit crus, soit cuits, sous forme de marmelade ou de poires tapées. L'importance de cette espèce résulte encore de ce qu'elle s'accommode des divers climats de la France, que ces fruits peuvent être facilement transportés au loin, et que, par suite de la maturité tardive de quelques variétés, on peut en consommer pendant toute l'année.

La culture du poirier, comme arbre à fruit de table, paraît être presque aussi ancienne que celle du poirier à cidre. On sait en effet que les Romains cultivaient environ trente-six variétés de poires, dont plusieurs font encore partie de nos collections, mais sous d'autres noms.

NOMS DES VARIÉTÉS ET SYNONYMES	ÉPOQUE DE LA MATURITÉ.	POSITION		EXPOSITION DES MURS.				VARIÉTÉS À GREFFER SUR FRANC DANS TOUS LES TERRAINS. ORIGINE DES VARIÉTÉS, ETC.
		PLEIN VENT.	ESPALIER.	EST.	OUEST.	SUD.	NORD.	
Doyenné de juillet.	Juillet.	Plein vent.						
Roi Jolimont.								
Beurré Giffart.	Fin de juillet.	Plein vent.						Née en 1825, chez M. Giffart, près d'Angers.
Épargne.								
Beau présent.								
Cuisse madame.								
Grosse Madeleine.								
Saint Samson.	Juillet et août.	Plein vent.	Espalier.	Est.	Ouest.			Greffer sur franc. — Se forme difficilement en pyramide. Redoute l'humidité.
Chopine.								
Beurré de Paris.								
Cueillette.								
De la table des princes.								
Rousselet d'août.	Août.	Plein vent.	Espalier.	Est.	Ouest.			
Gros rousse et d'août (van Mons).								
Duchesse de Berry d'été.	Fin d'août.	Plein vent.	Espalier.	Est.	Ouest.			Greffer sur franc.
Beurré d'Amanlis.								
Wehilelmine.								
Hubard.	Septembre.	Plein vent.						Obtenue par Van Mons (Belgique).
Duchesse de Brabant.								
D'Albert.								
Kessoise.								
Beurré de Nantes.	Septembre.	Plein vent.	Espalier.	Est.	Ouest.			
Beurré Nantais.								
Beurré superfin.	Septembre.	Plein vent.	Espalier.	Est.	Ouest.			Obtenue à Angers par M. Goubault
Bon chrétien Williams.								Obtenue en Angleterre. Greffer sur franc.
Bartlett de Boston.	Septembre.	Plein vent.						
De Lavault.								Obtenue au Jardin des Plantes de Rouen, d'un semis fait par nous en 1810, de pepins de Louise-Bonne-d'Avranches; première fructification en 1851; nommée par la Société d'horticulture de Rouen.
Professeur Du Breuil.	Septembre.	Plein vent.	Espalier.	Est.	Ouest.			
Jalousie de Fontenay-Vendée.	Septembre.	Plein vent.	Espalier.	Est.	Ouest.			Greffer sur franc. — Obtenue en France.
Belle d'Esquermes.								
Beurré d'Angleterre.								
Bec d'oiseau.								Greffer sur franc. — A cultiver dans les vergers seulement.
D'amande.	Septembre.	Plein vent.	Espalier.					Très-bonne cuite.
Anglaise.								
Saint-François.								
De Finois.								
Beurré Quetelet.	Septembre et octobre.	Plein vent.	Espalier.	Est.	Ouest.			
Beurré Damortier.								
Louise-bonne-d'Avranches.								
Louise de Jersey.							Nord.	Greffer sur franc. — Obtenue à Avranches vers 1788, par M. de Longueval.
Beurré d'Avranches.	Septembre et octobre.	Plein vent.	Espalier.	Est.	Ouest.			
Bergamote d'Avranches.								
Bonne de Longueval.								
Saint-Nicolas.	Septembre et octobre.	Plein vent.	Espalier.	Est.	Ouest.			
Duchesse d'Orléans.								
Seigneur (Esperen).								
Bergamote Fiévée.								
Bergamote lucrative.								Greffer sur franc. — Obtenue en Belgique; introduite en France en 1814.
Brésillière.	Septembre et octobre.	Plein vent.	Espalier.	Est.	Ouest.			
Beurré lucratif.								
Fondante d'automne.								
Excellentissime.								

NOMS DES VARIÉTÉS ET SYNONYMES.	ÉPOQUE DE LA MATURITÉ.	POSITION. Plein vent.	Espalier.	EXPOSITION DES MURS. Est.	Ouest.	Sud.	Nord.	VARIÉTÉS A GREFFER SUR FRANC DANS TOUS LES TERRAINS. ORIGINE DES VARIÉTÉS.
Beurré gris.	Septembre et octobre.		Espalier.	Est.	Ouest.			Greffer sur franc.
Beurré doré.								
Beurré d'Amboise.								
Beurré roux.								
Beurré d'Isambart.								
Beurré du roi.								
Isambart le bon.								
Beurré de Tawereune.								
Beurré capiaumont.	Octobre.	Plein vent.	Espalier.	Est.	Ouest.		Nord.	Greffer sur franc. — Également très-bonne cuite; obtenue à Mons, par M. Capiaumont; introduite en France en 1826.
Beurré aurore.								
Beurré Davy.	Octobre.	Plein vent.	Espalier.	Est.	Ouest.			Obtenue en Belgique; introduite en France en 1857.
Beurré Spence.								
Beurré de Bourgogne.								
Beurré Saint-Amour.								
Belle de Flandre.								
Nouvelle gagnée a heuze.								
Beurré des bois.								
Fondante des bois.								
Beurré d'Elbert.								
Beurré Davis.								
Fondante de charneux.	Octobre.	Plein vent.	Espalier.	Est.	Ouest.		Nord.	Obtenue en Belgique; introduite en France en 1842.
Beurré des Charneuses.								
Duc de Brabant.								
Miel de Waterloo.								
Belle excellente.								
Saint-Michel archange.	Octobre.	Plein vent.	Espalier.	Est.	Ouest.			Greffer sur franc.
Doyenné Boussoch.								
Beurré de Mérode.	Octobre.	Plein vent.	Espalier.	Est.	Ouest.			Obtenue en Belgique; introduite en France en 1836.
Double Philippe.								
Nouvelle Boussoch.								
Doyenné blanc.								
Saint-Michel.								
Bonne ente.								
Doyenné piété.	Octobre.	Plein vent.	Espalier.	Est.	Ouest.		Nord.	Greffer sur franc. — Craint l'humidité du sol.
De neige.								
Du Seigneur.								
Citron de septembre.								
Délices de Lowenjoul.	Octobre et novembre.	Plein vent.	Espalier.	Est.	Ouest.			Greffer sur franc.
Jules Bivort.								
Beurré Picquery.								
Urbaniste.	Octobre et novembre.	Plein vent.	Espalier.	Est.	Ouest.			Obtenue à Malines, vers 1786, chez les religieuses Riches-Claires, alors au comte du Coloma; introduite en France en 1825.
Louis Dupont.								
Beurré Drapier.								
Louise d'Orléans.								
Serrurier d'automne.								
Vergaline musquée.								
Beurré d'Apremont.	Octobre et novembre.	Plein vent.	Espalier.	Est.	Ouest.		Nord.	Obtenue à Apremont (Haute-Saône), il y a environ soixante ans, d'un sauvageon venant de Normandie.
Bon-chrétien Napoléon.	Octobre et novembre.	Plein vent.	Espalier.	Est.	Ouest.			Obtenue à Mons en 1808, par M. Liard; introduite en France en 1824. Greffer sur franc.
Liard.								
Médaille.								
Mabille.								
Captif de Sainte-Hélène.								
Charles d'Autriche.								
Charles X.								

NOMS DES VARIÉTÉS ET SYNONYMES.	ÉPOQUE DE LA MATURITÉ.	POSITION.		EXPOSITION DES MURS.				VARIÉTÉS A GREFFER SUR FRANC DANS TOUS LES TERRAINS. ORIGINE DES VARIÉTÉS, ETC.
		PLEIN VENT.	ESPALIER.	EST.	OUEST.	SUD.	NORD.	
Belle de Berry.								
Belle Andreine.								
Bon papa.	Décembre à janvier	Plein vent.	Espalier.	Est.	Ouest.			Terrain sec.
Pater noster.								
Belle Héloïse.								
Beurré Comice de Toulon.								
Martin sec.	Décembre et janvier.	Plein vent.						A cultiver à haute tige dans les vergers.
Rousselet d'hiver.								
Catillac.								
Quenillat.								
Teton de Vénus.								
Gros-Gillot.								
Bon-chrétien d'Amiens.	Février à mai.	Plein vent.	Espalier.	Est.	Ouest.			Greffer sur franc.
Grand monarque.								
Monstrueuse des Landes.								
Chartreuse.								
Abbé Mongein.								
Belle angevine.								
Angora.								
Bolivar.								
Comtesse de Terweren.								
Royale d'Angleterre.	Février et mars.		Espalier.	Est.		Sud.		Paraît originaire d'Angleterre. Dédiée au docteur Uredale, d'Eltham, en 1690. Décrite par Miller, en 1724.
Duchesse de Berry d'hiver.								
Abbe Mongein.								
Très-grosse de Bruxelles.								
Uvedale.								
Bon-chrétien d'hiver.								
D'Angoise.	Mars à mai.		Espalier.	Est.		Sud.		Sols riches, profonds et un peu frais. Apportée de Hongrie par Saint-Martin.
De Saint-Martin.								
Bon chrétien de Tours.								

NOMS DES VARIÉTÉS ET SYNONYMES.	ÉPOQUE DE LA MATURITÉ.	PLEIN VENT.	ESPALIER.	EST.	OUEST.	SUD.	NORD.	VARIÉTÉS À GREFFER SUR FRANC DANS TOUS LES TERRAINS, ORIGINE DES VARIÉTÉS, ETC.
Beurré Napoléon	Octobre et novembre.	Plein vent.	Espalier.	Est.	Ouest.			Obtenue à Mons en 1808, par M. Liard; introduite en France en 1821. Greffer sur franc.
Bonaparte								
Gloire de l'Empereur.								
Duchesse d'Angoulême.	Octobre et novembre.	Plein vent.	Espalier.	Est.	Ouest.		Nord.	Obtenue à Angers par M. Audusson père, en 1816. Planter en terrain sec.
De Pézenas.								
Des Eparonnais.								
Marie-Louise Delcourt.	Octobre et novembre.	Plein vent.	Espalier.	Est.	Ouest.			Greffer sur franc. — Obtenue en Belgique; introduite en France en 1855.
Marie-Louise Nouvelle.								
Van Donkelear.								
Marie-Louise van Mons.								
Doyenné gris.	Octobre et novembre.		Espalier.	Est.	Ouest.		Nord.	Greffer sur franc. — Terrain sec.
Doyenné roux.								
Doyenné croté.								
Doyenné galeux.								
Doyenné jaune.								
Saint-Michel gris.								
Neige grise.								
Van Mons.	Novembre.	Plein vent.	Espalier.	Est.	Ouest.			Greffer sur franc. — Obtenue en France.
Van Mons de Léon Leclerc.								
Bergamote crésanne.	Novembre.		Espalier.	Est.	Ouest.	Sud.		Terrains riches et un peu frais.
Cresane d'automne.								
Beurré plat.								
Colmar nélis.	Novembre et décembre.	Plein vent.						A planter dans les vergers seulement.
Nélis d'hiver.								
Bonnes de Molines.								
Figue.	Novembre et décembre.	Plein vent.	Espalier.	Est.	Ouest.			
Figue d'Alençon.								
Figue d'hiver.								
Bonissime de la Sarthe.								
Délices d'Hardenpont d'Angers.	Novembre et décembre.	Plein vent.	Espalier.	Est.	Ouest.		Nord.	Obtenue à Mons en 1759, par l'abbé d'Hardenpont; introduite en France en 1825.
Poire pomme.								
De Rucquemgen.								
Beurré Clairgeau.	Novembre et décembre.	Plein vent.	Espalier.	Est.	Ouest.			Greffer sur franc.
Beurré six.	Novembre et décembre.	Plein vent.	Espalier.	Est.	Ouest.			Greffer sur franc.
Bergamote royale d'hiver.	Novembre à février.	Plein vent.	Espalier.	Est.	Ouest.		Nord.	Propre au Midi seulement, où elle est excellente.
Royale.								
Beurré Diel.								
Beurré magnifique.								
Beurré incomparable.								
Beurré royal.								
Beurré des Trois-Tours.	Novembre et décembre.	Plein vent.	Espalier.	Est.	Ouest.		Nord.	Trouvée à la ferme des Trois-Tours, à Vilvorde, près de Bruxelles; introduite en France en 1825.
Melon de Knops.								
Poire Melon.								
Graciole d'hiver.								
Fourcroy.								
Dorothée.								
Saint-Germain d'hiver.	Novembre à mars.		Espalier.	Est.	Ouest.	Sud.		Trouvée sur les bords de la petite rivière de la Fare, à Saint-Germain, près de Leudes (Haute-Saône), il y a au moins 160 ans.
Inconnue la Fare.								
Saint-Germain, vert.								
Saint-Germain, gris.	Novembre à mars.		Espalier.	Est.	Ouest.	Sud.		Variété bien différente de la précédente, ainsi que nous nous en sommes assuré en les greffant toutes les deux sur le même arbre. Cultivée aux environs de Rouen.
Beurré d'Anjou.	Décembre.	Plein vent.	Espalier.	Est.	Ouest.			Obtenue en Belgique.
Nec plus meuris.								
Triomphe de Jodoigne.	Décembre.	Plein vent.	Espalier.	Est.	Ouest.		Nord.	

NOMS DES VARIÉTÉS ET SYNONYMES.	ÉPOQUE DE LA MATURITÉ.	PLEIN VENT.	ESPALIER.	EST.	OUEST.	SUD.	NORD.	VARIÉTÉS — A GREFFER SUR FRANC DANS TOUS LES TERRAINS. ORIGINE DES VARIÉTÉS, ETC.
Beurré Millet.	Décembre..	Plein vent.						Cultivé seulement dans les vergers.
Beurré d'Aremberg (Belgique). Orpheline d'Enghien. Colmar Deschamps. Beurré Deschamps. Beurré des Orphelins. Délices des Orphelins.	Décembre et janvier..		Espalier. .	Est. .	Ouest.			*Greffer sur franc.* — Obtenue en Belgique; introduite en France par L. Noisette en 1806.
Passe Colmar. Passe Colmar nouveau. Passe Colmar gris.. Beurré d'Hardenpont (Belgique). Beurré d'Aremberg, par erreur..	Décembre à février...	Plein vent.	Espalier. .	Est. .	Ouest.		Nord..	*Greffer sur franc.* -- Obtenue à Rance (Hainaut), en 1758; introduite en France en 1824.
Glou morceau Beurré de Kent.. Beurré Lombard. Beurré de Cambronne..	Janvier..	Plein vent	Espalier. .	Est. .	Ouest.		Nord..	Obtenue en Belgique.
Zéphirin Grégoire.	Janvier et février..	Plein vent.						A cultiver seulement dans les vergers.
Shobdencourt.	Janvier et mars..	Plein vent.	Espalier. .	Est. .	Ouest.			
Bon-chrétien de Rance. Beurré de Rance. Beurré de Flandre. Beurré Noirchain.. Hardenpont de printemps. Beurré de Pentecôte..	Janvier et mars..		Espalier. .	Est. .	Ouest.	Sud. .		*Greffer sur franc.*— Terrain sec, obtenue à Rance (Hainaut), par M. d'Hardenpont, en 1758; introduite en France en 1828.
Joséphine de Malines..	Janvier et mars..	Plein vent.	Espalier. .	Est. .	Ouest.			
Doyenné d'hiver. Bergamote de Pentecôte.. Seigneur d'hiver. Doyenné de printemps. Dorothée royale. Poire Fourcroy.. Cunning d'hiver. Merveille de la nature. Pastorale d'hiver.. Poire du pâtre.	Janvier à mai..	Plein vent.	Espalier. .	Est. .	Ouest.	Sud. .	Nord..	*Greffer sur franc.*
Suzette de Bavay..	Février à avril..	Plein vent.	Espalier, .	Est. .	Ouest.			Obtenue en Belgique en 1830 par le major Esperen; introduite en France en 1844.
Bergamote Esperen.	Mars à mai..	Plein vent	Espalier. .	Est. .	Ouest.			

Deuxième groupe. — Fruits à cuire.

NOMS DES VARIÉTÉS ET SYNONYMES.	ÉPOQUE DE LA MATURITÉ.	PLEIN VENT.	ESPALIER.	EST.	OUEST.	SUD.	NORD.	VARIÉTÉS — A GREFFER SUR FRANC DANS TOUS LES TERRAINS. ORIGINE DES VARIÉTÉS, ETC.
Rousselet de Reims. Petit Rousselet.. Rousselet musqué.. Giroffe.	Septembre.	Plein vent.						A cultiver à haute tige dans les vergers. Fruit à confire.
Certeau d'automne.. Messire-Jean..	Octobre et novembre.	Plein vent.						A cultiver à haute tige dans les vergers.
Messire-Jean gris. Messire-Jean doré. Chaulis. Curé.	Novembre.	Plein vent.						A cultiver à haute tige dans les vergers.
De monsieur. De Clio.	Novembre à janvier..	Plein vent.	Espalier. .	Est. .	Ouest.			Terrain sec.

Variétés. — Il y a peu d'espèces d'arbres fruitiers qui aient produit un nombre de variétés aussi considérable que le poirier commun (*pyrus communis*). On en compte environ 2,000. Toutes peuvent être partagées en deux séries principales : celles à fruits à cidre, celles à fruits de table. Nous avons indiqué précédemment les meilleures variétés de la première série; nous n'avons donc à nous occuper ici que de celles de la seconde. On peut les subdiviser en deux groupes : les variétés à fruits à couteau, puis celles à fruits à cuire. Dans la liste que nous donnons ci-contre, nous n'indiquons que les meilleures de ces variétés pour chaque mois de l'année.

Culture. — Multiplication. — Nous nous sommes occupé précédemment de l'élève du poirier dans la pépinière (p. 414). Nous avons également étudié les soins qui doivent présider à sa plantation à demeure, lorsqu'on choisit des arbres tout greffés (p. 574). Nous devons maintenant dire un mot de l'opération qui consiste à planter des sujets dans le jardin fruitier, puis à les greffer ensuite.

Le poirier peut être greffé sur deux sortes de sujets : le *poirier franc* et le *cognassier*. Le choix est déterminé par la nature du sol, la forme à donner aux arbres, et le degré de vigueur des variétés qu'on veut cultiver.

Le *poirier franc*, obtenu par le semis des pepins, produit des arbres toujours plus vigoureux. Les premiers fruits se font attendre plus longtemps, mais l'arbre présente une plus longue durée. Ce sujet est toujours préféré, peu importe la nature du sol, lorsqu'on veut former des arbres à haut vent. On l'emploie également pour toutes les autres formes, lorsque le terrain est exposé à la sécheresse. On le choisit encore pour certaines variétés peu vigoureuses que nous avons notées dans la liste qui précède, et cela quelle que soit la forme qu'on leur donne et le terrain où on les plante.

Le *cognassier* est moins vigoureux que le poirier franc. Il produit plus tôt, mais il vit moins longtemps. Les arbres qu'il porte donnent des fruits généralement plus gros et plus savoureux. On préfère ce sujet pour les terrains plus substantiels, non exposés à la sécheresse et pour les poiriers soumis à toutes les formes, moins celle en tête ou à haut vent.

Ces considérations s'appliquent, non-seulement aux sujets destinés à être greffés dans le jardin fruitier, mais encore aux arbres que l'on achète tout greffés dans les pépinières.

Quant aux moyens de se procurer ces sujets dans le jardin fruitier, le plus simple consiste à acheter dans les pépinières de jeunes plants de poirier franc d'un an de semis, ou des boutures ou marcottes de cognassier présentant le même âge.

Si la végétation de ces sujets est vigoureuse, on les greffe en écusson Vitry dès le mois d'août suivant; s'ils sont encore trop faibles, on retardera l'opération d'une année. Si au printemps suivant la greffe n'a pas réussi sur certains sujets, on la remplace par la greffe en fente anglaise ou par celle en couronne perfectionnée.

CULTURE DU POIRIER DANS LE JARDIN FRUITIER.

Le poirier cultivé dans le jardin fruitier peut être soumis à toutes les formes que nous décrivons plus loin, soit pour les arbres palissés, soit pour ceux non palissés. Nous allons choisir ici, pour étudier le mode de taille qui convient à cet arbre, seulement les formes suivantes que nous considérons comme les meilleures.

TAILLE D'UN POIRIER EN CÔNE OU EN PYRAMIDE PROPREMENT DITE [1].

Dans cette opération, il convient d'étudier séparément la formation de la charpente de l'arbre et celle des rameaux à fruit.

Formation de la charpente. — Les arbres soumis à cette forme (*fig.* 505) se composent d'une tige verticale garnie, depuis le sommet jusqu'à 0^m,30 du sol, de branches latérales dont la longueur croît à mesure qu'elles se rapprochent de la base de l'arbre. Ces branches doivent naître de façon qu'il existe un intervalle de 0^m,30 entre chacune de celles qui se recouvrent immédiatement en suivant la même direction, afin que la lumière puisse pénétrer entre elles. Elles doivent être sans bifurcations et n'être garnies, du sommet à la base, que de rameaux à fruit. Enfin elles formeront avec l'horizon un angle de 25 degrés au plus. En général, on fait en sorte que le plus grand diamètre de la pyramide égale le tiers de la hauteur totale de l'arbre : soit une hauteur totale de 6 mètres pour un diamètre de 2 mètres à la base.

Cette proportion est nécessaire pour que l'équilibre de la végétation soit plus facilement maintenu entre les diverses parties de l'arbre. Si, pour une hauteur de 6 mètres, on ne donne à la base qu'un diamètre de 1 mètre, les branches inférieures, moitié moins longues, et pourvues de moitié moins de feuilles, n'auront pas la force de contre-balancer la tendance de la séve vers le sommet de l'arbre, et d'en retenir une suffisante quantité à leur profit; elles deviennent de plus en plus languissantes, et finissent par disparaître. Si, au contraire, on porte ce diamètre à 3 mètres, pour une hauteur double, les branches inférieures absorbe-

---

[1] La pyramide est un corps solide dont les faces sont des triangles qui ont un même plan pour base et se réunissent par leurs sommets en un même point. On a donc tort de donner ce nom à des arbres dont l'ensemble est un solide, dont la base est un cercle, et qui se termine en haut par une pointe, définition qui s'applique exactement au cône.

ront une trop grande quantité de séve, et le sommet de l'arbre deviendra languissant.

La hauteur que nous venons d'indiquer est celle qu'il conviendra de donner à ces arbres lorsqu'ils offrent un degré de vigueur moyen. Si l'on essayait de les restreindre dans des limites plus étroites, ils pousseraient trop vigoureusement et ne se mettraient pas à fruit. Dans les sols très-riches et pour les variétés très-vigoureuses, on pourra leur faire acquérir une hauteur de 9 mètres, et augmenter leur diamètre dans la même proportion.

Laps de temps à laisser entre la plantation et la première taille. — On ne peut former convenablement la charpente des arbres fruitiers qu'autant qu'ils se développent vigoureusement. — Les jeunes arbres récemment plantés ne présentent ce degré de vigueur qu'après avoir pris possession du sol, c'est-à-dire après avoir développé de nouvelles radicelles pour remplacer celles détruites par la transplantation ; car c'est alors seulement que ces arbres peuvent puiser abondamment dans la terre les éléments nutritifs nécessaires à leur végétation. Ce nouvel appareil de ra-

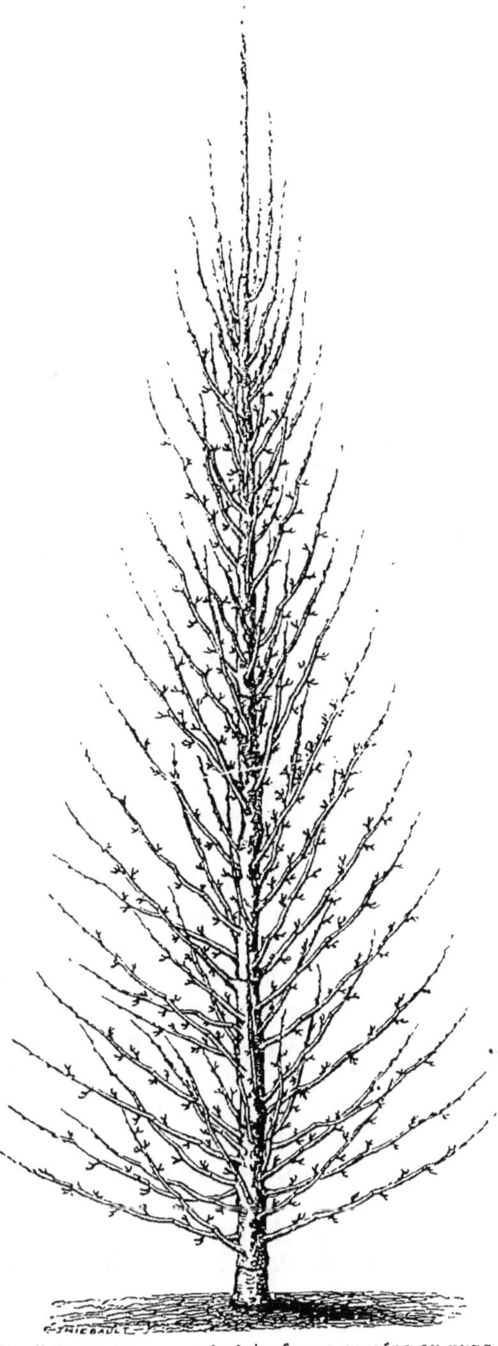

Fig. 505. *Poirier soumis à la forme en cône ou pyramide proprement dite.*

cines ne peut se former que sous l'influence du développement des feuilles, car celles-ci sont les organes qui engendrent les racines. — D'où il résulte que plus un jeune arbre développera de feuilles, plus ses racines seront nombreuses et plus sa vigueur sera grande. — Or la première taille appliquée aux jeunes arbres a pour but de faire développer, vers la base de la tige, les branches nécessaires à la formation de la charpente, et ce résultat ne peut être obtenu qu'en recepant la tige à $0^m,40$ au-dessus de la greffe, et à $0^m,20$ au plus pour les arbres en espalier. D'où il suit qu'on enlève ainsi à l'arbre presque tous ses boutons, et qu'on le prive alors de la plus grande partie des bourgeons, et, partant, des feuilles qu'il eût développées. On conçoit que cette suppression presque complète des organes générateurs des racines empêche celles-ci de réparer les pertes éprouvées par suite de la déplantation, et que la végétation qui succède à cette opération est faible, languissante, et ne peut donner lieu aux bourgeons vigoureux dont on a besoin pour former la charpente de l'arbre.

Toutefois l'évolution des boutons de ces jeunes arbres ne peut avoir lieu que par une action suffisante de la séve ascendante. Dans ceux qui n'ont pas été transplantés, cette force est assez intense pour agir efficacement sur le développement de presque tous leurs boutons, parce que la masse de racines qui puisent cette séve dans le sol est proportionnée au nombre de boutons que porte la tige. Mais dans les arbres qu'on vient de transplanter, il en est presque toujours autrement : une partie notable des racines, et surtout les points essentiellement absorbants, les extrémités radiculaires, sont retranchés ou altérés par suite de la déplantation. Pour ces arbres, il n'y a plus rapport entre la masse des racines et l'étendue de la tige qu'elles doivent alimenter. Si l'on n'opère aucune suppression sur la tige de ces arbres immédiatement après leur plantation, le peu de séve que pourront fournir les racines partageant son action entre tous les boutons, ceux-ci n'en recevront qu'une influence insuffisante, et ne donneront lieu qu'à quelques bourgeons longs de quelques millimètres seulement, et pourvus d'un très-petit nombre de feuilles languissantes. L'action absorbante des racines étant aussi trop faible pour réparer les pertes d'humidité qu'éprouvera la tige sous l'influence desséchante de l'air et du soleil, beaucoup de ces arbres pourront périr pendant l'été suivant. Il est bien entendu que ces effets se produiront avec d'autant plus d'intensité, que les arbres auront plus mauvais pied, que le terrain sera plus sec, que la plantation sera faite au printemps et que cette saison sera moins humide.

De là résulte donc la nécessité de pratiquer, non pas une première taille, mais seulement quelques retranchements sur la tige des jeunes arbres en les plantant afin de rétablir l'équilibre entre cette partie et les racines qui doivent l'alimenter. On comprend dès lors que ces suppressions doivent égaler à peu près celles éprouvées par les racines. Si l'on néglige cette opération, le développement des bourgeons et des feuilles se faisant à peine, on ne verra pas se former le nouvel appareil de racines que le retard apporté à l'application de la première taille avait pour but de faire naître, et l'on aura un insuccès égal à celui qu'eût donné la première taille opérée immédiatement après la plantation.

Si, au contraire, on retranche sur la tige des jeunes arbres, aussitôt après la plantation, une proportion de rameaux égale aux pertes éprouvées par les racines, les boutons conservés recevront une action suffisante de la séve pour donner lieu, pendant l'été, à autant de bourgeons pourvus de feuilles nombreuses, et celles-ci produiront un nouvel appareil de racines. Si, au printemps suivant, on applique à ces jeunes arbres le recepage résultant de la première taille, on concentre alors toute l'action de la séve, abondamment fournie par de nombreuses racines, sur quelques boutons seulement, et l'on force ceux-ci à produire de très-vigoureux bourgeons à l'aide desquels on forme facilement la charpente de l'arbre.

Ce que nous venons de dire des inconvénients d'une première taille prématurée est complétement en harmonie avec ce qui se passe encore malheureusement dans la pratique d'un grand nombre de jardiniers. En effet, la plupart d'entre eux taillent leurs arbres en les plantant. Ceux-ci ne donnent lieu qu'à de chétifs rameaux, qui sont encore taillés l'année suivante. L'année subséquente, les arbres, toujours languissants, se couvrent de boutons à fleurs et de fruits qui achèvent de les épuiser, de sorte que ces arbres arrivent à la décrépitude au bout d'un très-petit nombre d'années et sans qu'on ait pu former leur charpente.

On cite, il est vrai, des résultats qui semblent contredire ceux que nous venons d'indiquer; mais après nous être enquis des circonstances sous l'influence desquelles ils s'étaient produits, nous avons pu nous convaincre que cette contradiction n'est qu'apparente. Ainsi, on a obtenu parfois une végétation vigoureuse sur de jeunes arbres taillés l'année même de leur plantation. Mais il convient d'ajouter que ces arbres, déplacés à l'automne, avaient été déplantés avec le plus grand soin, presque en motte, de façon à conserver intactes toutes les radicelles. On comprend alors que ces arbres, n'ayant été privés d'aucun de leurs organes nourriciers, aient pu donner lieu, au printemps suivant, à une végétation aussi vigoureuse que si on ne les eût pas transplantés.

Est-ce là ce qui se passe dans la pratique habituelle? Non, assurément. Le plus grand nombre des jeunes arbres sont achetés dans des pépinières souvent fort éloignées du lieu où l'on plante. Les arbres y sont fréquemment plutôt arrachés que déplantés; les racines, et surtout les radicelles, se dessèchent sous l'action du soleil et de l'air, jusqu'au moment d'un emballage qui ne les garantit que très-imparfaitement de cette influence fâcheuse; de sorte qu'à leur arrivée au lieu de destination, ces arbres ont perdu plus de la moitié de leurs racines. Qu'on veuille alors appliquer immédiatement la première taille à ces arbres, et l'on peut être assuré que les chétifs résultats que nous venons d'indiquer se produiront. C'est donc pour ces sortes de plantations, qui sont les plus générales, que nous conseillons de n'appliquer la première taille qu'après la reprise des arbres, et non pour celles tout exceptionnelles où les arbres n'ont pas à reprendre.

De tout ce qui précède, il résulte donc la nécessité de n'appliquer la première taille aux jeunes arbres fruitiers qu'après qu'ils sont complétement repris, c'est-à-dire un an environ après leur plantation; et, en second lieu, qu'il convient, en les plantant, de supprimer sur la tige une étendue de rameaux égale aux pertes éprouvées par les racines. Il y aura d'ailleurs toujours plus d'inconvénient à faire un retranchement insuffisant qu'à l'exagérer un peu. L'insuffisance de ces suppressions de rameaux sera démontrée à la fin de la végétation par l'absence, sur la tige, de nouveaux rameaux un peu vigoureux. Dans ce cas, il faudra s'abstenir de pratiquer la première taille au printemps suivant, car l'arbre ne serait pas assez enraciné. On devra opérer seulement de nouvelles suppressions et remettre la taille à l'année subséquente. Dans tous les cas, on devra bien se garder de laisser porter des fruits aux jeunes arbres avant l'été qui suit la troisième taille, attendu que ces fruits absorberaient, au détriment de l'arbre, la séve dont il a besoin d'employer toute l'action pour former sa charpente.

Quant aux jeunes arbres qui présentent l'état languissant dont nous avons parlé, par suite de l'application de la première taille immédiatement après la plantation, il n'y a d'autre moyen à tenter pour leur rendre une vigueur convenable qu'à les receper de nouveau au-dessous du point où ils ont été coupés d'abord, puis à supprimer toutes les branches latérales. Si cette opération énergique ne réussit pas, il faudra les remplacer.

Les principes que nous venons d'exposer s'appliquent à toutes les espèces d'arbres fruitiers, moins le pêcher. Cette espèce offre, en effet, ce fait particulier, que les boutons qui ne font pas leur évolution pendant l'été qui suit celui qui a présidé à leur naissance sont anéantis l'année suivante. D'où il suit que, si l'on ne pratiquait pas la première taille sur ces arbres aussitôt après leur plantation, les boutons placés vers la base de la tige, et qui sont indispensables pour former la charpente, ne se développeraient plus.

Première taille. — Cette opération est destinée à provoquer le développement des premières branches latérales qui doivent naître sur la tige à 0^m,50 du sol environ. Afin que ces branches soient suffisamment vigoureuses, surtout celles de la base, il ne faut pas en faire développer plus de

six ou huit à la fois. A cet effet, on coupe la tige du jeune arbre à environ
0ᵐ,45 du sol en A (*fig.* 506). Le bouton terminal réservé au sommet de
cette coupe doit être dirigé du côté opposé à celui où la greffe a été placée sur le sujet en B, afin que la tige reste placée perpendiculairement
sur le pied de l'arbre.

Ce mode s'applique aux jeunes arbres, soit qu'ils aient été pris dans

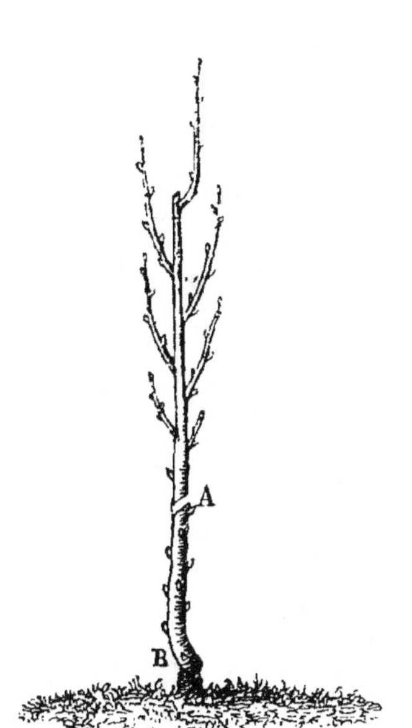

Fig. 506. *Première taille d'un jeune
poirier de deux ans de greffe, un
an après sa plantation.*

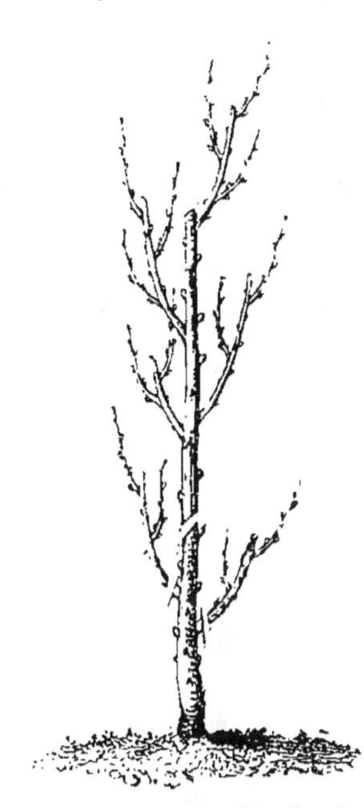

Fig. 507. *Première taille d'un jeune
poirier de trois ans de greffe, un
an après sa plantation.*

la pépinière, âgés d'un an de greffe (*fig.* 506), soit qu'ils aient eu deux
ans, comme le montre la figure 507.

Dans ce dernier cas, les quelques branches latérales qu'ils peuvent
présenter sur la partie de la tige conservée après la taille sont coupées
tout près de leur base, en conservant toutefois le petit empâtement situé
à ce point.

Si cependant les jeunes arbres avaient reçu dans la pépinière des soins
tels, que la base de la tige fût déjà pourvue d'un nombre suffisant de
branches latérales (*fig.* 508), ce qui équivaudrait pour eux aux résultats
de la première taille, on leur appliquerait les opérations décrites plus
loin pour la deuxième taille, mais toujours après une année de plantation. Il faudrait, en outre, se garder de leur laisser porter des fruits, car
ils en seraient épuisés.

Pendant l'été qui suit la première taille, tous les boutons se développent vigoureusement. Dès que les bourgeons ont atteint une longueur de 0^m,10 à 0^m,12, on *ébourgeonne*, c'est-à-dire qu'on coupe tous les bourgeons situés depuis la base de la tige jusqu'à 0^m,30 du sol. Parmi ceux qui sont situés au-dessus de ce point, on en conserve six au plus, les plus régulièrement espacés, mais un seul à chaque point. Le bourgeon terminal est maintenu dans une position verticale à l'aide d'un petit tuteur fixé contre le sommet de la tige.

On doit veiller avec soin à ce que les bourgeons latéraux conservent entre eux le même degré de vigueur. Si l'un d'eux prenait un accroissement disproportionné, comme en A (*fig. 509*),

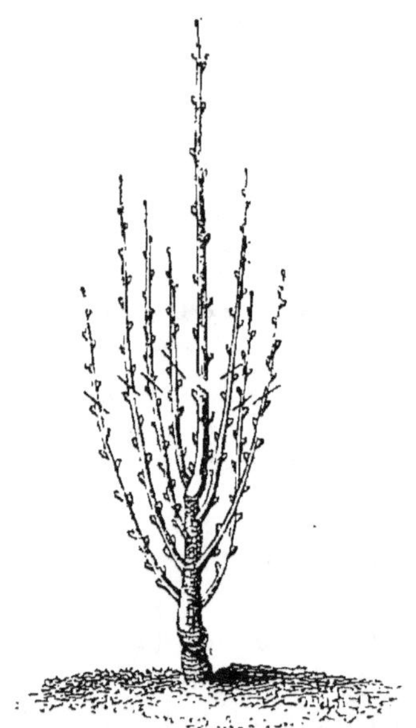

Fig. 508. *Deuxieme taille du poirier en cône.*

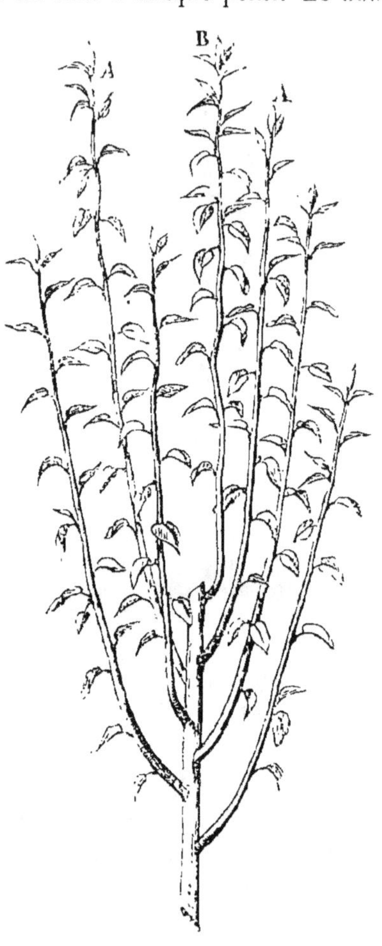

Fig. 509. *Pincement appliqué aux bourgeons de la flèche du poirier en cône.*

on retarderait sa végétation au moyen d'un *pincement*, c'est-à-dire qu'on retrancherait 0^m,02 environ de son extrémité herbacée en l'écrasant entre l'index et le pouce.

Pendant le premier et quelquefois pendant le second été qui suivent la première taille, les bourgeons latéraux poussent avec tant de vigueur, qu'ils se contournent de tous côtés. Il est nécessaire de leur imprimer une direction convenable en les fixant sur de longues baguettes piquées obliquement dans le sol, au pied de l'arbre. Les bourgeons latéraux, qui se développent ensuite sur les prolongements annuels de la tige prennent d'eux-mêmes la disposition qu'ils doivent avoir.

Deuxième taille. — Au printemps de l'année suivante, les jeunes arbres offrent l'aspect de la figure 508. La deuxième taille a pour but de déterminer la formation d'une nouvelle série de branches latérales, et de favoriser l'allongement de celles qu'on a précédemment obtenues. Ces nouvelles branches doivent être aussi nombreuses que celles de l'année précédente, et commencer à naître à $0^m,50$ environ au-dessus des premières. On obtient ce résultat en coupant le rameau terminal à $0^m,40$ (*fig.* 508) au-dessus de sa naissance. On choisit, comme la première année, pour prolonger la tige, un bouton placé du côté opposé à celui d'où est né le prolongement que l'on taille.

Si l'on tient à ce que ces branches latérales soient distribuées sur la tige le plus régulièrement possible, il conviendra de pratiquer chaque année une petite entaille au-dessus de chacun des boutons qui doivent leur donner naissance. Cette opération sera surtout nécessaire pour ceux de ces boutons qui seront placés vers la base des flèches successives. Autrement ses boutons ne se développeraient que d'une manière insuffisante. Ces entailles sont pratiquées comme le montre la *fig.* 511 en B, mais avec la serpette, qu'on doit préférer à la scie pour les ramifications âgées d'une année seulement.

Quant aux branches latérales déjà obtenues, on les raccourcit aussi, afin de faire développer tous les boutons qu'elles portent, même ceux de leur base, le produit de ce développement devant être ensuite transformé en rameaux à fruit. Mais il faut cependant ne retrancher de ces rameaux que ce qui est nécessaire pour obtenir ce résultat, car on diminuerait trop la vigueur que ces branches ont besoin de conserver pour continuer de s'accroître. D'ailleurs, les boutons qu'elles portent se développeraient trop vigoureusement, et l'on ne pourrait les transformer en rameaux à fruit qu'avec beaucoup de peine. L'importance du retranchement qu'on doit leur faire subir varie selon qu'elles sont plus ou moins rapprochées du sommet de l'arbre; plus elles naissent près du sol, plus on doit les tailler long, afin de favoriser leur développement. Ainsi on ne retranche que le tiers de la longueur totale de celles placées vers la base, puis la moitié pour celles qui viennent ensuite, et enfin les trois quarts pour les plus élevées. La figure 508 montre cette opération.

Le bouton au-dessus duquel on opère la section des rameaux latéraux doit être placé à l'extérieur de l'arbre, en A (*fig.* 510), afin que le bour-

geon qui en naîtra suive naturellement la ligne oblique ascendante. Il
n'y a d'exception que pour le cas où la branche que l'on raccourcit serait trop rapprochée de ses voisines, à droite ou à gauche. On choisit
alors comme bouton terminal un bouton situé latéralement du côté où
l'on veut rappeler la branche.

Si, pendant l'été précédent, certains rameaux latéraux s'étaient déve-

Fig. 510. *Choix du bouton terminal
pour prolonger les branches latérales du cône.*

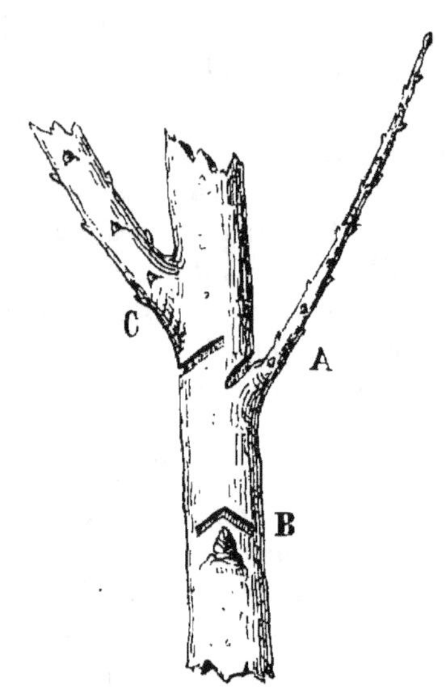

Fig. 511. *Entailles pratiquées pour augmenter
A, ou pour diminuer, C, la vigueur des ramifications.*

loppés trop faiblement, comme cela a lieu quelquefois pour les plus
rapprochés de la base de l'arbre, il faudrait les tailler plus longs que
les autres, et même les laisser entiers pour leur rendre la vigueur qui
leur manque. Si ces rameaux étaient moitié moins longs que les autres,
il serait utile de pratiquer en outre sur la tige, immédiatement au-
dessus du point où ils naissent, une entaille en A, semblable à celle que
montre la figure 511. Cette entaille, qui doit pénétrer jusque dans la
couche du bois la plus extérieure, coupe les vaisseaux séveux qui passent
sur ce côté de la tige, et force la séve à agir sur le développement du
rameau. Elle doit être pratiquée avec une petite scie à main, afin que
la plaie déchirée qui en résulte se cicatrise moins rapidement. Si enfin
le bouton sur le développement duquel on avait compté pour former une
branche était resté endormi, l'entaille deviendrait plus indispensable encore pour le faire végéter (B, *fig.* 511).

Lorsqu'il n'y aura pas de bouton ou de germe de bouton au point où l'on désirerait avoir sur la tige une branche latérale, et qu'il existera dans le voisinage un rameau placé de façon à pouvoir être greffé à ce point, on fera usage de la greffe par approche décrite page 108 (*fig. 57 à 59*). Si enfin le manque de rameau convenablement placé empêche de pouvoir faire usage de cette greffe, on aura recours à la greffe de côté Richard décrite page 125 (*fig. 82*).

Lorsqu'au contraire un rameau latéral aura acquis, malgré le pincement, un développement disproportionné, on le taillera plus court que les autres; s'il offrait une différence de grosseur très-marquée, on ferait une entaille semblable à celle C de la figure 511, immédiatement au-dessus de son point d'attache sur la tige. Cette entaille diminuerait de beaucoup l'action de la séve.

Pendant l'été qui suit la deuxième taille, on pratique sur le rameau terminal un ébourgeonnement semblable à celui que l'on a fait sur la flèche primitive pendant le premier été, de façon à ne conserver que les six ou huit bourgeons les mieux placés pour former une seconde série de branches latérales. On pratique également le pincement des extrémités herbacées des bourgeons terminaux sur les branches latérales, pour maintenir entre elles un égal degré de vigueur. On veille surtout à ce que les bourgeons latéraux les plus rapprochés du bourgeon terminal de la flèche ne deviennent pas plus vigoureux que ce dernier, car il doit toujours conserver la supériorité pour continuer l'allongement de la tige.

Troisième taille. — Au printemps qui suit, l'arbre présente l'aspect de la fig. 512.

La flèche, ou rameau terminal de l'arbre, est taillée à la même hauteur que l'année précédente. Le prolongement des branches latérales âgées de deux ans est raccourci dans la même proportion. Quant aux rameaux latéraux développés pendant l'été précédent, on les taille plus court, afin

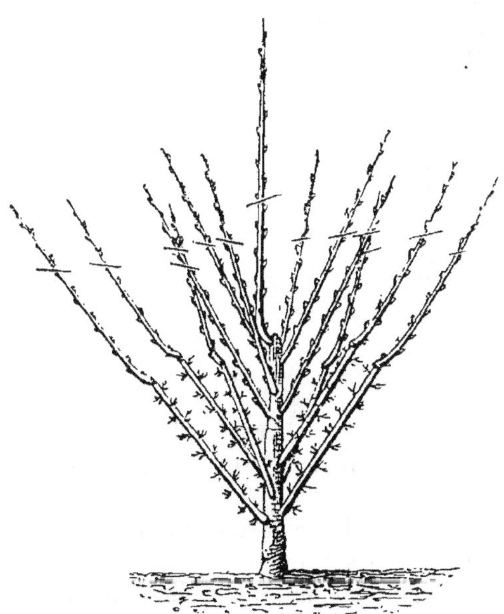

Fig. 512. *Troisième taille du poirier en cône.*

de favoriser l'accroissement des branches inférieures. Il est bien entendu que ces règles sont modifiées par les circonstances particulières indiquées lors de la seconde taille, et que l'on continue à faire usage des entailles dans les cas prévus plus haut.

Quant aux opérations d'été, elles sont les mêmes que pour la deuxième année.

Quatrième taille. — La figure 513 indique les changements que l'ar-

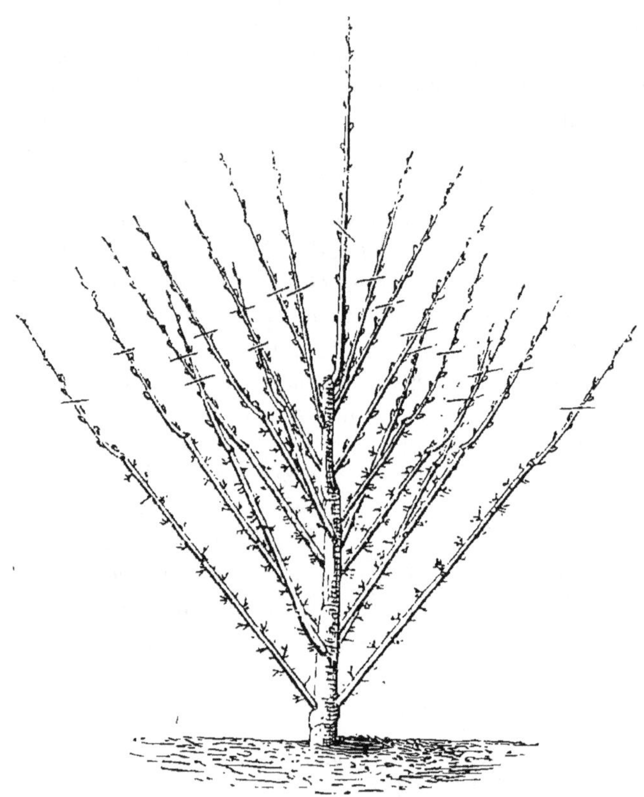

Fig. 513. *Quatrième taille du poirier en cône.*

bre a éprouvés pendant l'été précédent. La quatrième taille diffère des autres sous plusieurs rapports. On donne au nouveau prolongement des branches inférieures moitié moins de longueur que lors des tailles précédentes, parce qu'elles sont sur le point d'atteindre la limite qu'elles ne doivent point dépasser, et que d'ailleurs elles ont acquis une grosseur qui leur fera conserver le degré de vigueur qu'elles doivent avoir. On laisse au nouveau prolongement des branches de la seconde série les deux tiers de leur longueur, et l'on ne supprime que la moitié ou les trois quarts de la longueur des rameaux du sommet de l'arbre. Ces diverses ramifications sont taillées un peu plus long que précédemment, parce que les ramifications inférieures ont moins besoin d'être protégées, et qu'il convient de commencer à imprimer à l'arbre une forme conique. Quant à la nouvelle flèche, elle est traitée comme les années précédentes.

Pendant l'été suivant, on applique des soins semblables à ceux déjà

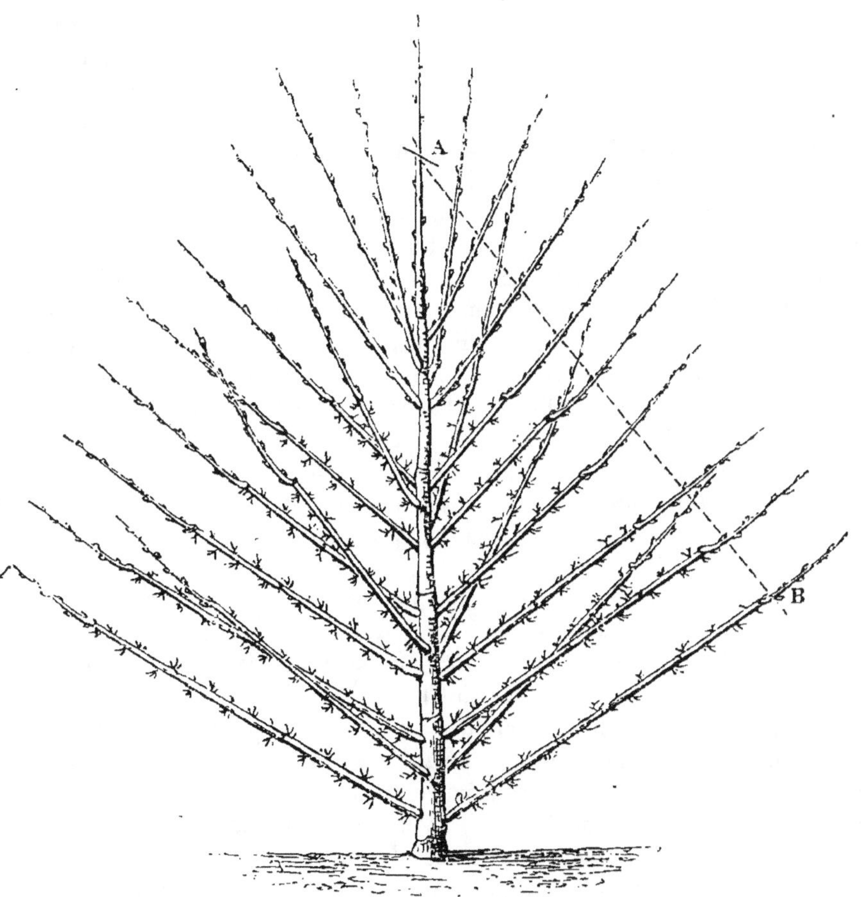

Fig. 514. *Cinquième taille du poirier en cône.*

prescrits; mais, comme les branches inférieures ont presque atteint leur longueur totale, il convient de ne laisser prendre à leur bourgeon terminal qu'un développement restreint, et de le pincer dès qu'il a acquis une longueur de 0^m,35. La sève est ainsi refoulée au profit des parties supérieures de l'arbre.

Cinquième taille. — L'arbre commence à s'élever (*fig.* 514), et les branches inférieures, s'abaissant un peu sous leur propre poids, donnent à l'ensemble de la tige la forme conique. La taille de cette année ne diffère de celle de l'année précédente qu'en ce que, les branches de la base ayant acquis leur longueur totale, on coupe leur nouveau prolongement très-court. Quant aux autres branches latérales, elles doivent être toutes coupées suivant la ligne A B. Les opérations d'été sont en tout semblables à celles de l'année précédente.

Sixième taille. — Cette taille ne diffère pas de la cinquième ; mais, comme, à mesure que les branches latérales s'allongent, elles augmentent en poids, et, se rapprochant trop du sol ou des branches voisines, y déterminent de la confusion, il faut, après la taille, ramener les branches dans leur direction première au moyen de quelques attaches, pour que l'espace soit toujours égal entre elles.

On continue le même mode jusque vers la douzième année : l'arbre présente alors l'aspect de la figure 505.

Si le terrain qu'occupent les racines permet à celles-ci de s'allonger encore, l'arbre aura une tendance à augmenter son développement. On pourra profiter de cette circonstance pour faire acquérir au cône de plus grandes dimensions. A cet effet on laissera de nouveau allonger la flèche et toutes les ramifications latérales, mais toujours de manière à conserver entre la hauteur et le diamètre de la tige la proportion que nous avons indiquée.

La figure théorique que nous donnons ci-contre (*fig.* 515) résume complétement les principes généraux que nous venons d'exposer. La ligne centrale A, B indique la tige de l'arbre. Les points de 1 à 12 montrent où cette ligne a été coupée chaque année. Les six lignes de C à H représentent la position occupée successivement, pendant les six premières années, par les branches inférieures qui se sont successivement abaissées et allongées jusqu'au point T, où elles devront désormais être maintenues. Enfin les lignes obliques d'I en S font voir la direction suivant laquelle le rameau de prolongement des branches latérales doit être taillé chaque année, et par conséquent la longueur relative qu'il convient de donner à chacune de ces branches selon la place qu'elles occupent sur la tige par rapport au sommet de l'arbre.

Cette figure fait clairement apercevoir que, dès la naissance de cette charpente, elle est loin d'offrir la forme conique. Son ensemble présente, pendant les deux années qui suivent la première taille, l'aspect d'un double cône, *a* et *b*, dont l'une des pointes, plus allongée que l'autre, est dirigée en bas. Ce n'est qu'à mesure que les branches inférieures s'allongent et prennent de la force, qu'on taille les branches du sommet un peu plus long et que le cône supérieur s'élève davantage, tandis que le cône renversé devient proportionnellement plus évasé par l'abaissement progressif des branches inférieures. Enfin l'arbre prend

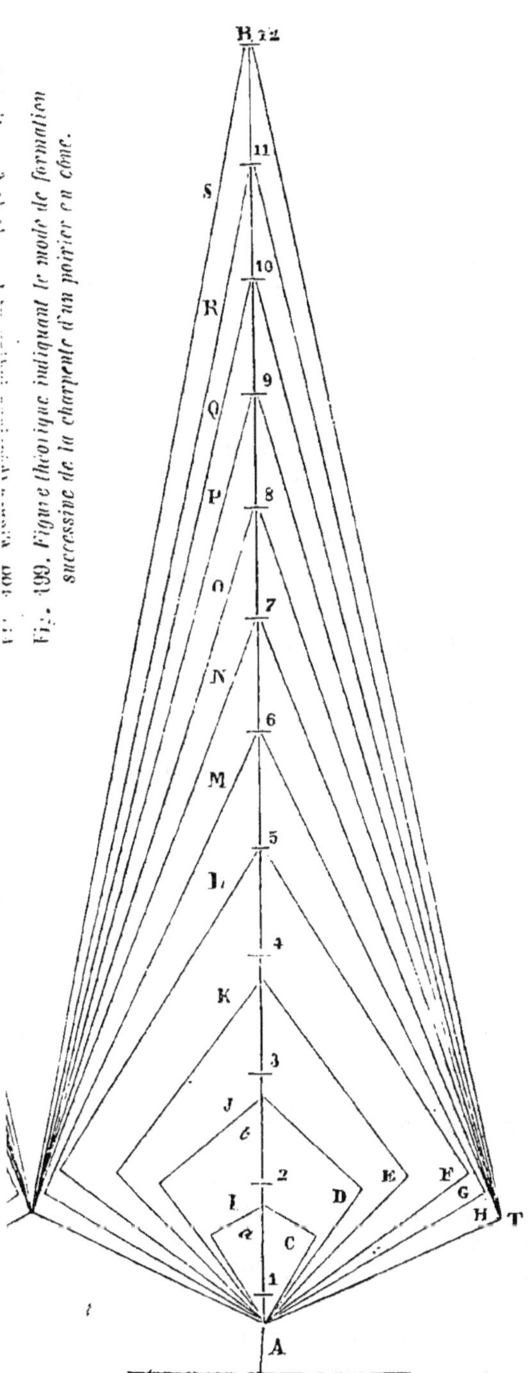

Fig. 199. Figure théorique indiquant le mode de formation successive de la charpente d'un poirier en cône.

rapidement la forme conique à partir du moment où, les branches inférieures, ayant atteint toute leur longueur, on le maintient constamment au point T ; ce point restant fixe, et la tige de l'arbre continuant de s'élever, on conçoit que le cône formé par l'ensemble de la tige devienne de plus en plus aigu. D'ailleurs, ces branches inférieures absorbant alors moins de séve, parce qu'on les taille chaque année au même point, il en résulte une plus grande quantité de fluides séveux pour les parties supérieures de la tige, dont l'allongement se trouve ainsi favorisé.

OBTENTION ET ENTRETIEN
DES RAMEAUX A FRUIT.

Tout ce que nous venons de dire de la taille du poirier en cône s'applique à la formation de la charpente. Occupons - nous maintenant des opérations propres à favoriser le développement des rameaux à fruit et des soins qu'ils réclament.

Les rameaux à fruit des arbres à fruits à pepins soumis à une taille annuelle et régulière doivent être distribués sur toute la longueur de chacune des branches de la charpente sans interruption. Dans les arbres en plein air, ces rameaux doivent occuper toute la circonférence de ces branches ; dans les arbres en espalier, le côté de la branche placé contre le mur en est seul dépourvu. Ces productions fruitières sont, en général, entièrement constituées vers la fin de la troisième année qui suit leur premier développement.

Si ce résultat est obtenu avant cette époque, ce sera l'indice d'un état de souffrance dans les parties de l'arbre où ce fait se produira.

Ces rameaux à fruit sont maintenus le plus courts possible, afin que, les fruits étant plus rapprochés des branches principales, ils reçoivent plus directement l'action de la séve et deviennent plus gros. Ceci posé, voyons comment on obtient ces divers résultats.

Première année. — Les rameaux à fruit résultent du développement des boutons à bois en bourgeons peu vigoureux. Pour obtenir une série continue de ces bourgeons sur toute la longueur du rameau de prolongement d'une branche de la charpente, il est nécessaire de raccourcir un peu ce rameau; autrement, les boutons à bois qu'il porte resteront endormis sur le tiers environ de sa longueur, vers la base. C'est le tiers environ de la longueur qu'il conviendra de retrancher pour refouler suffisamment l'action de la séve vers le tiers inférieur. En retrancher davantage, comme on le fait trop souvent, ce sera déterminer une trop grande vigueur dans les bourgeons, qui ne produiront alors que des rameaux à bois; en retrancher moins, il se produira un vide à la base.

Supposons que ce retranchement ait été convenablement fait sur le rameau de prolongement (*fig.* 516). Dès les premiers jours du mois de

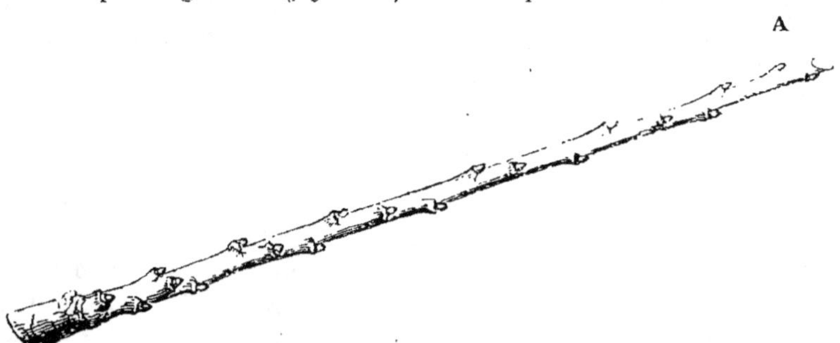

Fig. 516. Rameau de prolongement d'une branche de la charpente du poirier.

mai, ce rameau sera couvert de bourgeons sur toute son étendue (*fig.* 517). Leur vigueur sera d'autant plus grande, qu'ils seront plus rapprochés du sommet, et ces derniers pourront acquérir un grand développement s'ils ne sont pas arrêtés. Or ce sont seulement les bourgeons aibles qui donnent lieu à des rameaux à fruit. Il importe donc de diminuer la vigueur trop grande de ces productions. On obtient ce résultat en les soumettant au pincement. Aussitôt que les bourgeons destinés à former des rameaux à fruit ont atteint une longueur d'environ 0^m,10, on

Fig. 517. *Rameau de prolongement d'une branche du poirier
au moment du bourgeonnement.*

les pince, c'est-à-dire qu'on en coupe la pointe avec l'ongle (*fig.* 518).
Beaucoup de praticiens pratiquent ce pincement, mais d'une manière
trop intense; ils laissent à la base du bourgeon seulement deux ou trois
feuilles (*fig.* 519). Deux inconvénients peuvent en résulter : tantôt ce
fragment de bourgeon cesse de végéter, et après la chute des feuilles on
obtient un petit bout de rameau complétement dépourvu de boutons
(*fig.* 521), lequel se dessèche pendant l'année suivante et laisse un vide

Fig. 518. *Bourgeon du poirier
pincé a 0,10.*

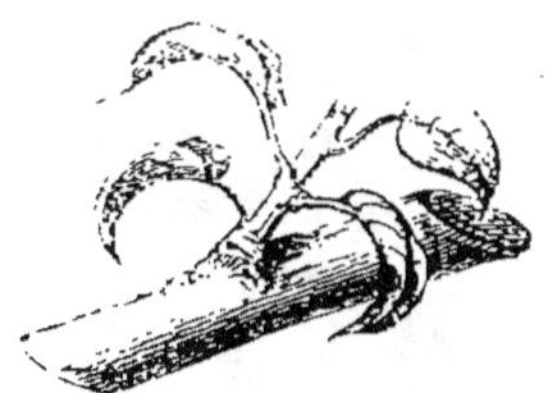

Fig. 519. *Pincement exagéré
du bourgeon du poirier.*

à sa place. Ce fait se produit surtout dans certaines variétés de poiriers
dont les bourgeons n'offrent pas d'yeux dès leur base : tels sont, entre
autres, le *bon-chrétien d'hiver*, le *beurré magnifique*, les *doyennés*,
l'*épargne*, etc. Parfois, cependant, on voit apparaître, un an ou deux
après ce pincement, deux boutons placés de chaque côté du point d'insertion de ce petit rameau (*fig.* 520), lesquels se transforment en boutons à fleurs trois ans après leur naissance. Le vide laissé par le rameau

primitif se trouve ainsi rempli; mais on perd au moins une année sur la
formation des boutons à fleurs. D'autres fois, lorsque les feuilles inférieures de ces bourgeons offrent des yeux à leur aisselle, on voit ces yeux
donner lieu à autant de petits bourgeons anticipés, immédiatement après
ce pincement rigoureux (*fig.* 522). Ces petits bourgeons anticipés se

Fig. 520. *Résultat du pincement
trop intense.*

Fig. 521. *Autre résultat du pincement
trop intense.*

transforment en rameaux moins bien constitués et qui se mettent à fruit
plus tardivement que les rameaux résultant des bourgeons proprement
dits. Il est donc préférable de pratiquer le pincement de façon à laisser
au bourgeon une longueur de $0^m,08$ à $0^m,09$ (*fig.* 518).

Chacun des rameaux de prolongement des branches de la charpente
est pourvu d'un bouton si favorablement placé, quant à l'action de la
séve (A, *fig.* 516), que les pincements réitérés auxquels on peut soumettre le bourgeon qu'il produit (*fig.* 517) ne diminuent qu'imparfaite-

Fig. 522. *Autre résultat du pincement
trop intense.*

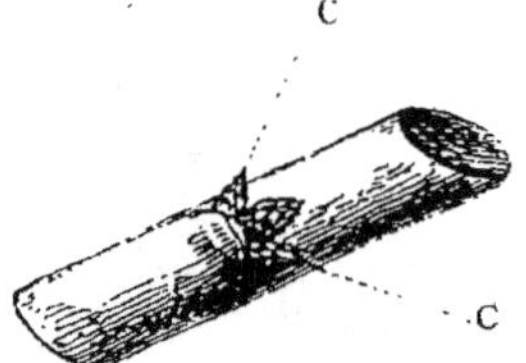

Fig. 523 *Boutons stipulaires
du poirier.*

ment la vigueur de celui-ci, et qu'il donne toujours lieu à un rameau
trop vigoureux; il vaudra mieux soumettre ce bourgeon au traitement
suivant. Lorsqu'il aura atteint une longueur de $0^m,05$ à $0^m,06$, on le
coupera à la base, en conservant seulement son empâtement (A, *fig.* 525).
Les deux boutons stipulaires qui accompagnaient le bouton primitif (C,
fig. 523) donneront lieu, presque immédiatement, à deux petits bourgeons
beaucoup moins forts que le bourgeon principal (*fig.* 525). On supprimera le moins vigoureux des deux, et celui que l'on conservera, et que

l'on soumettra au pincement, si cela est nécessaire, donnera lieu à un petit rameau qui se mettra facilement à fruit.

Un premier pincement suffit ordinairement pour arrêter la vigueur trop grande des bourgeons. Les plus vigoureux cependant produisent souvent un bourgeon anticipé vers leur sommet D (*fig. 524*). Celui-ci sera également pincé lorsqu'il aura atteint une longueur de 0^m,08 à 0^m,10.

Si quelques bourgeons ont été oubliés lors du pincement et que l'on s'en aperçoive au moment où ils ont atteint une longueur de 0^m,20 ou 0^m,30 et plus, il sera trop tard pour les pincer; si en effet on les rompait alors à 0^m,10 de leur base, on verrait tous les yeux placés à l'aisselle des feuilles, et qu'on voulait transformer en boutons à fleurs, se développer immédiatement en boutons anticipés sous l'influence de l'ac-

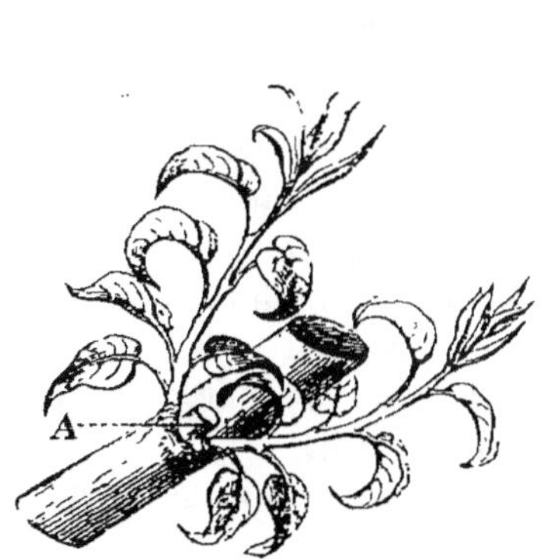

Fig. 523. *Bourgeons stipulaires après la suppression du bourgeon principal* A.

Fig. 524. *Bourgeon du poirier avec bourgeon anticipé* D.

tion de la sève, qui a pris son essor vers ce point et qui se trouve tout à coup restreinte dans des limites trop étroites. Il conviendra donc, pour ces bourgeons oubliés, de remplacer le pincement par la torsion, c'est-à-dire qu'on les tordra à environ 0^m,10 de leur base, de B en A, comme l'indique la figure 526. Il sera bon, en outre, de pincer leur sommet. Il résultera de cette double opération que le développement de ces bourgeons sera arrêté et que les yeux de la base grossiront sans se développer en bourgeons anticipés.

Tels sont les soins que réclament les bourgeons destinés à former des rameaux à fruit, pendant l'été qui préside à ce premier développement. On voit que ces opérations ne peuvent pas être pratiquées toutes au même moment. C'est l'état du développement de chaque bourgeon qui indique le moment où l'on doit opérer, et ces soins doivent être continués pendant presque tout le temps de la végétation.

Deuxième année. — Par suite des diverses opérations que nous ve-

nons de décrire, les bourgeons nés sur le prolongement pris comme
exemple (*fig.* 516 et 517) ont donné lieu à une série de petits rameaux
d'autant moins vigoureux, qu'ils sont plus rapprochés de la base de ce
prolongement. On doit leur appliquer, pendant l'hiver suivant, un mode

Fig. 526. *Bourgeon du poirier*
soumis à la torsion.

Fig. 527. *Petit rameau*
nés vers le tiers inférieur des prolongements.

de taille différent suivant leur degré de vigueur, et cette taille est faite
en vue de les fatiguer et de hâter ainsi leur mise à fruit.

Les bourgeons situés vers le tiers inférieur de la longueur du prolongement (*fig.* 517) se sont allongés de quelques millimètres seulement
et ont donné lieu à de petits rameaux extrêmement courts et semblables à celui de la figure 527. On ne leur applique aucune opération; ils
se transformeront d'eux-mêmes en rameaux à fruit.

Les bourgeons placés sur le tiers intermédiaire de la longueur du pro-

Fig. 528. *Dard du poirier, rameau né*
vers le tiers inférieur de la longueur
du prolongement.

Fig. 529. *Rameau du poirier pincé pen-*
dant l'été, soumis au cassement com-
plet en hiver.

longement (*fig.* 517) se sont allongés un peu plus. Ils ont donné lieu à
autant de petits rameaux longs de 0^m,04 à 0^m,08 et semblables à celui
de la figure 528. On donne à ces rameaux le nom spécial de *dards*.

On n'a non plus aucune opération à leur appliquer lors de la taille d'hiver.

Enfin, vers le tiers supérieur du prolongement (*fig. 517*), les bourgeons ont poussé avec plus de vigueur; mais on a dû les soumettre au pincement ou à la torsion. Ils ont donné lieu à la série de rameaux suivants : les uns, peu vigoureux ou de vigueur moyenne, sont semblables à celui de la figure 529. On les casse complétement en A, à $0^m,08$ environ de leur base et immédiatement au-dessous d'un bouton. Ce cassement complet fatigue le rameau en produisant une plaie contuse et déchirée. On est alors moins exposé à voir les boutons inférieurs se développer en bourgeons vigoureux; le petit prolongement laissé entre le point cassé et le petit bouton vient encore favoriser la mise à fruit des boutons, en permettant à la séve de dépenser une partie de son action dans cette issue.

D'autres rameaux plus vigoureux, et qui ont été soumis pendant l'été à des pincements réitérés, ressemblent à celui de la figure 530. Ceux-là doivent recevoir le cassement partiel (B) pratiqué comme l'indique notre figure. Si on les cassait complétement, la séve, plus abondante que dans les autres, serait restreinte dans des limites trop étroites et ferait développer en bourgeons vigoureux les boutons inférieurs qu'on veut mettre à fruit. Ce cassement partiel laisse une issue suffisante à la séve tout en en retenant assez pour que les boutons inférieurs donnent lieu à une rosette de feuilles.

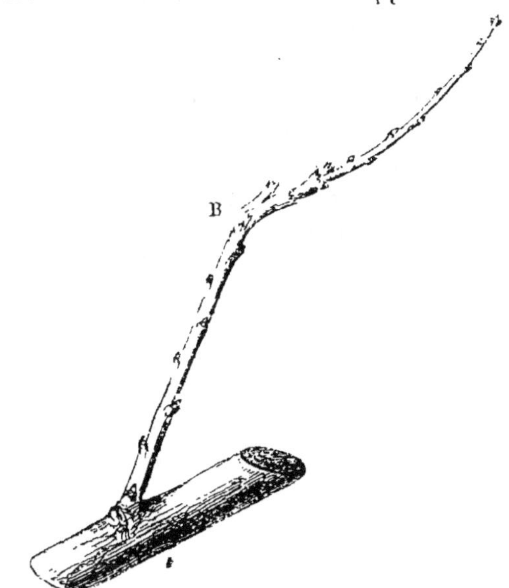

Fig 530. *Rameau du poirier pincé plusieurs fois pendant l'été et soumis au cassement partiel en hiver.*

Quant aux bourgeons qui ont reçu la torsion pendant l'été précédent, ils offrent l'aspect de celui de la figure 551. On les soumet au cassement complet en A s'ils sont peu vigoureux ou de vigueur moyenne, ou au cassement partiel en A, et complet en B, s'ils sont très-vigoureux.

Les rameaux que nous venons d'examiner sont les seuls qu'on devrait trouver sur le prolongement indiqué par la figure 517, si les opérations de pincement et de torsion avaient été bien faites pendant l'été précédent. Mais il se pourra que l'on ait oublié de les appliquer à quelques bourgeons.

Ceux-ci auront alors produit des rameaux longs de 0^m,30 à 0^m,50, et plus ou moins gros. On donne à ces productions le nom de *brindilles.*

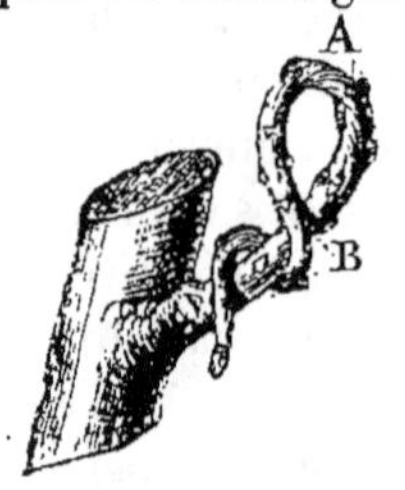

Fig. 531. *Rameau du poirier soumis à la torsion pendant l'été et complétement cassé pendant l'hiver.*

Si on les laisse entières, elles pourront se mettre à fruit, mais ceux-ci naîtront vers le sommet, et par conséquent sur un point peu favorable à leur développement; d'ailleurs ces longs rameaux à fruit détermineront de la confusion dans l'arbre; il sera donc utile de rapprocher la production de la branche principale en raccourcissant ces brindilles. Pour cela, on cassera complétement ces rameaux à 0^m,10 de leur base, en C, s'ils sont faibles ou de vigueur moyenne (*fig.* 532). S'ils sont vigoureux, on les cassera complétement à 0^m,20 de leur base, puis on les rompra partiellement à 0^m,10 de la base (*fig.* 533).

Troisième année. — Pendant l'été qui a suivi les diverses opérations que nous avons décrites, et, comme conséquence de ces opérations, les rameaux ont donné lieu aux productions suivantes.

Les très-petits rameaux situés vers la base des prolongements (*fig.* 527)

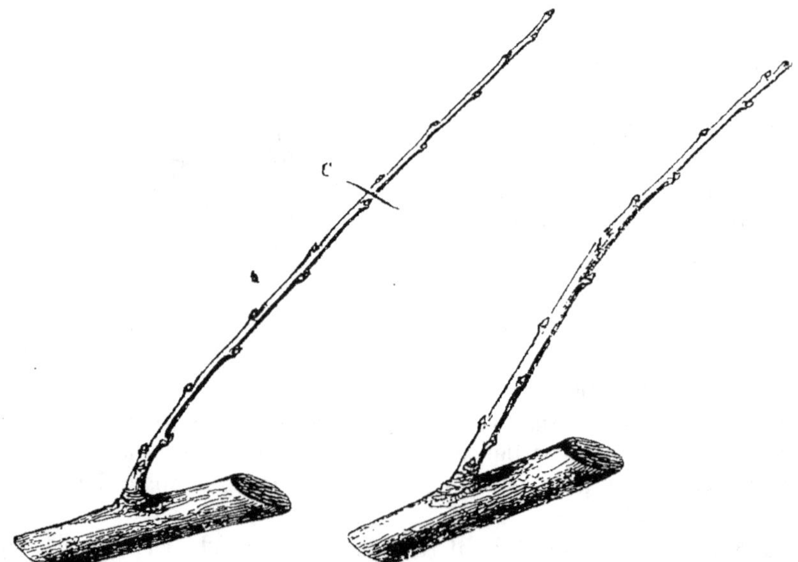

Fig. 532. *Brindille du poirier soumise au cassement complet.*

Fig. 533. *Brindille vigoureuse du poirier soumise au double cassement.*

ont développé seulement une rosette de feuilles portant un bouton au centre et se sont allongés de quelques millimètres. Ils présentent après la végétation, comme l'indique la figure 554, un bouton très-gros à leur sommet. Ce bouton épanouira ses fleurs au printemps. Ces petits rameaux, qui sont à leur troisième année de formation, sont ainsi constitués en

Fig. 534. *Petit rameau de la base des prolon-gements transformé en lambourde.*

Fig. 535. *Dard âgé de deux ans.*

rameaux à fruit. On leur donne le nom spécial de *lambourdes*.

Les dards (*fig.* 528) ont développé deux ou trois bourgeons très-courts, qui ont donné lieu aux trois petits rameaux indiqués par la figure 535.

Il en est de même des rameaux soumis au cassement complet ou partiel (*fig.* 529, 530, 532 et 533); deux ou trois de leurs boutons se sont allongés en bourgeons de quelques millimètres et ont donné lieu à autant de petits rameaux très-courts que montrent les figures 536, 537 et 538.

Si, pendant l'été, l'un des bou-tons situés vers le sommet de ces rameaux s'est allongé en bourgeon un peu vigoureux, on aura dû le pincer à 0^m,10 (A, *fig.* 538). Il n'y aura d'ailleurs aucune opéra-

Fig. 536. *Rameau du poirier soumis au cassement complet depuis un an.*

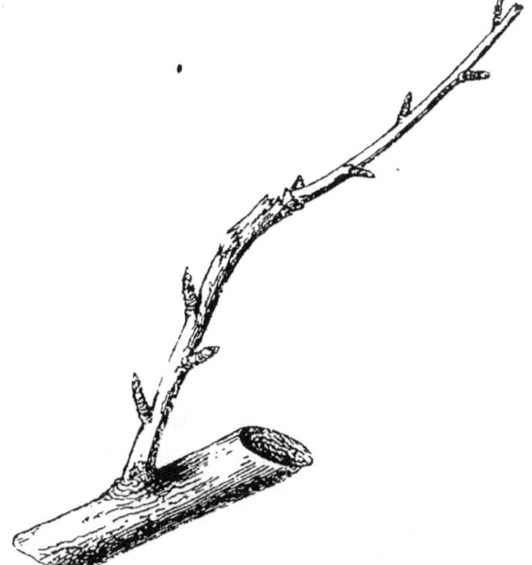

Fig. 537. *Rameau du poirier soumis au cassement partiel depuis un an.*

tion à appliquer à ces diverses productions pendant ce second hiver.

Quatrième année. — Pendant le troisième été, la lambourde que montre la figure 534 a fructifié. Il s'est formé, au point où étaient atta-

chés les fruits et la rosette de feuilles qui les accompagnait, un renflement spongieux qu'indique les figures 539 et 540. On donne à cette production le nom de *bourse*. On remarque en outre quelques boutons nés
à l'aisselle des feuilles de cette bourse et portés sur des rameaux très-
courts. Ces boutons se transformeront d'eux-mêmes en boutons à fleurs
dans l'espace de deux ou trois ans. Quelquefois l'un des yeux placés à
l'aisselle de ces feuilles s'est développé en bourgeon plus vigoureux. On
a dû le soumettre au pincement à 0ᵐ,10. Le petit rameau qui en résulte

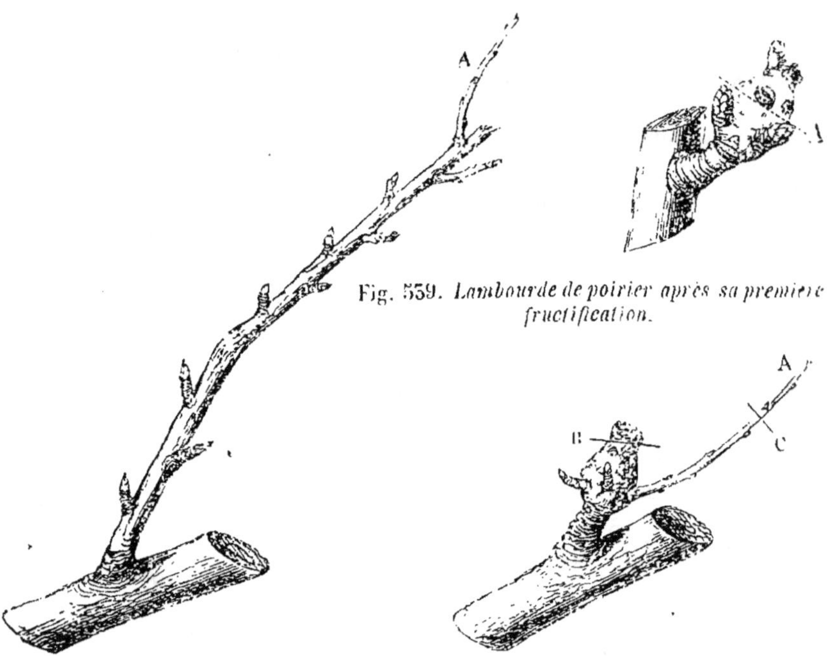

Fig. 539. *Lambourde de poirier après sa première*
fructification.

Fig. 538. *Brindille de poirier vigoureuse*
soumise au double cassement complet
depuis un an.

Fig. 540. *Lambourde de poirier du même*
âge, pourvue d'un petit rameau.

(A, *fig.* 540) reçoit alors le cassement complet en C. Le seul soin à donner à ces bourses consiste à retrancher en A (*fig.* 539) ou en B (*fig.* 540)
le sommet qui est en état de décomposition.

Les dards (*fig.* 535) ont allongé leurs petits rameaux de quelques millimètres, et ceux-ci sont terminés par un bouton à fleur qui va s'épanouir
(*fig.* 541) et qui donnera lieu à une bourse comme celle de la figure 539.
On lui donnera les mêmes soins lors de la taille d'hiver suivante.

Les rameaux soumis au cassement complet (*fig.* 536) portent aussi
des boutons à fleurs (*fig.* 542). Le moment est venu de retrancher en D
le petit prolongement laissé à leur extrémité. On donnera aussi aux
bourses qu'ils produiront les soins que nous venons d'indiquer. Enfin

les rameaux soumis au cassement partiel (*fig.* 537 et 538) portent aussi

Fig. 541. *Dard à sa troisieme année et portant des lambourdes.*

Fig. 542. *Rameau deux ans apres le cassement complet et portant des lambourdes.*

de petites lambourdes (*fig.* 543 et 544). Il convient alors de retrancher en A l'extrémité de ces rameaux; car, les boutons à fleurs étant formés,

Fig. 543. *Rameau deux ans apres le cassement partiel et portant des lambourdes.*

Fig. 544. *Rameau pourvu de lambourdes, deux ans après le double cassement.*

on n'a plus à craindre que l'action de la séve, restreinte dans des limites trop étroites, ne les fasse s'allonger en bourgeons vigoureux.

Soins d'entretien. — Ainsi que nous l'avons dit plus haut, la lambourde (*fig.* 539) qui a fructifié pourra porter de nouveaux boutons à fleurs deux ou trois ans après, en se ramifiant, comme le montre la figure 545. Il en sera de même pour chacune des petites lambourdes situées sur les rameaux dont nous venons de parler. Six ans après leur première fructification, chacune de ces lambourdes pourra être constituée comme l'indique la figure 546. Si enfin ces lambourdes ne sont pas gênées dans leur développement et que les arbres soient assez vigoureux, elles pourront, au bout d'un certain temps, offrir l'aspect de la figure 547. Or nous devons examiner si l'on doit laisser prendre à ces productions cet accroissement indéfini. S'il en était ainsi, les fruits se trouveraient bientôt attachés à une assez grande distance de la branche principale et ne recevraient aussi qu'une action insuffisante de la séve; cette action serait encore gênée par les petites ramifications qu'elle aurait à traverser et qui entraveraient sa marche. D'ailleurs, des lam-

 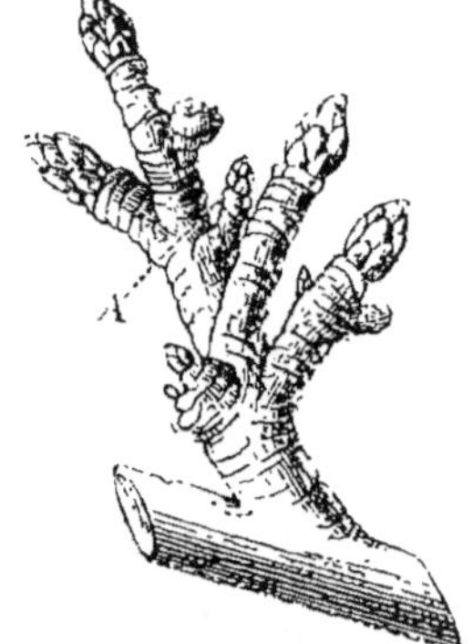

Fig. 545. *Lambourde âgée de six ans.*   Fig. 546. *Lambourde âgée de huit à dix ans.*

bourdes ainsi développées produiraient dans l'arbre une confusion telle, que la lumière ne pourrait plus pénétrer entre les branches, et que les productions fruitières ne se maintiendraient plus qu'à la circonférence de l'arbre; ou bien il faudrait diminuer beaucoup le nombre des branches de la charpente et laisser un grand intervalle entre chacune des lambourdes.

De ce qui précède résulte donc la nécessité de maintenir les lambourdes dans de certaines limites. Il sera bon de ne pas leur laisser dépasser 0ᵐ,08 de longueur. Ainsi, lorsqu'elles auront atteint les dimensions de celle de la figure 546, on en retranchera le sommet au point A. L'action de la séve sera ainsi refoulée vers la base, et l'on y verra naître de nouveaux boutons qui se transformeront en boutons à fleurs.

Si déjà on a laissé acquérir à ces lambourdes de trop grandes dimensions (*fig.* 547), il faudra les restreindre, mais d'une manière progres-
sive; on les coupera d'abord en B, puis l'année suivante en C, et ainsi
de suite. Si on les coupait immédiatement en D, on s'exposerait à ce
que l'action de la séve, trop restrein-
te, fît développer des bourgeons vigoureux et que ces lambourdes ne fussent transformées en rameaux à bois.

Telle est la série d'opérations à l'aide
de laquelle on con-
stitue et l'on entre-
tient les rameaux à
fruit dans les arbres
à fruits à pepins.
On a vu que c'est en

Fig. 547. *Mode de taille d'une lambourde très-vieille.*

diminuant, à l'aide de mutilations successives, la vigueur des rameaux
latéraux des branches de la charpente que l'on obtient ce résultat.
Mais il ne faut pas oublier que la taille très-longue des prolongements
annuels des branches de la charpente vient aider puissamment à ce
résultat en ouvrant une issue plus large à la séve, qui agit alors avec
moins d'intensité sur le développement de chacun des bourgeons. La
taille presque toujours beaucoup trop courte que l'on applique à ces
prolongements détermine au contraire l'apparition de bourgeons d'une
vigueur extrême qui ne peuvent être transformés en rameaux à fruit
qu'après cinq ou six ans de mutilations continues.

Soins à donner aux fruits. — Disons, pour compléter ce qui précède, que rien ne concourt plus à épuiser les arbres et à anéantir les
lambourdes du poirier que la surabondance des fruits, lesquels absorbent presque toute la séve. Non-seulement il ne se forme pas de nouveaux boutons pour l'année suivante, mais souvent ceux qui existent
s'éteignent, faute de nourriture. Les branches principales ne fournissent
qu'un chétif rameau terminal, et les racines ont à peine la force de développer de nouveaux prolongements capables d'aller puiser leur nourriture dans une zone de terre qui n'ait pas été appauvrie par la végétation précédente. L'arbre reste donc languissant et stérile pendant les
années suivantes. D'ailleurs, le but que la nature se propose d'atteindre
par la fructification des arbres fruitiers est différent de celui que l'homme
a en vue. La première a seulement pour but la production de la plus

grande quantité possible de graines, et cela indépendamment de la pulpe des fruits, afin d'accroître dans la plus grande proportion la multiplication de chaque individu. L'homme a en vue seulement la production de la plus grande masse possible de matière pulpeuse, sans avoir égard aux graines. Or la quantité des graines est en raison du nombre des fruits, et plus ceux-ci sont nombreux, moins ils sont pulpeux et de bonne qualité.

Il y a donc tout avantage à supprimer les fruits trop nombreux, afin de régulariser la fructification et d'avoir des produits de bonne qualité. On perd ainsi sur le nombre, mais en a la même quantité en poids, car les fruits conservés profitent de la séve de ceux qu'on a supprimés. Quant à la proportion de fruits qu'il convient de laisser sur chaque arbre, on suivra à cet égard la règle suivante. Le nombre des fruits égalera le quart environ de tous les rameaux à fruit.

On procédera à cette suppression seulement lorsque la nature aura fait son choix, c'est-à-dire lorsque les fruits auront acquis le premier quart environ de leur développement.

Duhamel conseille, dans son *Traité des arbres fruitiers*, pour augmenter la coloration des poires, de mouiller, avec de l'eau fraîche, le côté frappé directement par le soleil, lorsque ces fruits ont atteint la moitié de leur développement. Cette opération doit être répétée plusieurs fois par jour et jusqu'au moment de la récolte. Ce procédé essayé plusieurs fois a constamment donné un résultat complet. Ainsi on est arrivé à faire acquérir de cette manière une couleur rouge assez intense au beurré Diel et au bon-chrétien Napoléon, qui restent toujours d'un vert jaunâtre.

Taille du poirier en vase ou gobelet à branches croisées. — Les arbres soumis à la forme en cône offrent, dans quelques rares localités exposées à des vents très-violents, l'inconvénient d'être tourmentés par ces vents. Il sera préférable, dans ce cas, d'avoir recours à la forme en vase ou gobelet. Mais ce sera dans cette seule circonstance. Car cette disposition exige le même espace que le cône, et elle présente une surface productive d'au moins un tiers moins considérable.

Les arbres en vase doivent présenter un diamètre de 2 mètres, et offrir une hauteur égale, afin que les rayons solaires, suivant l'angle de 45°, puissent éclairer toute la surface intérieure. On doit laisser entre chacune des branches un intervalle de 0^m,30. D'où il suit que, pour un périmètre de 6 mètres, il faut faire développer à la base de l'arbre environ 20 branches.

On peut donner aux branches des arbres en vase une position verticale ou les faire se croiser en les inclinant alternativement à droite et à gauche, suivant un angle de 30°, comme le montre la figure 548. Nous considérons cette dernière disposition comme la meilleure. La séve agit

plus également dans toute l'étendue des branches, celles-ci sont plus régulièrement à fruit dans toute leur étendue. Enfin la charpente peut se
passer de support lorsque l'arbre est complétement formé.

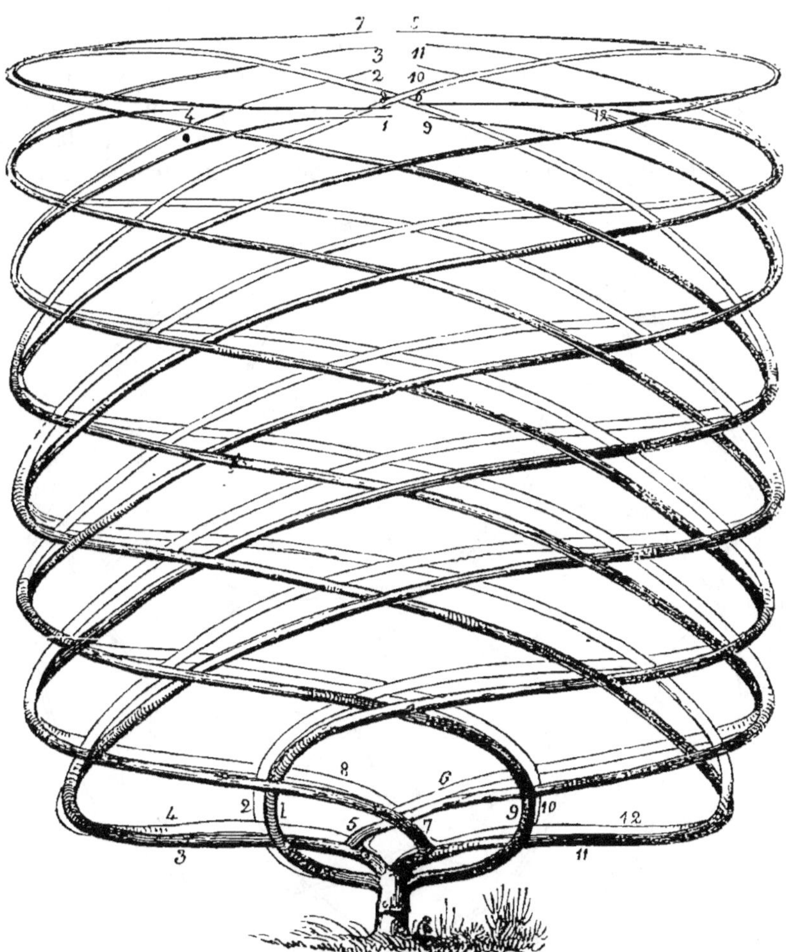

Fig. 548. *Poirier soumis à la forme en vase à branches croisées.*

On procède ainsi au développement de cette charpente : choisir pour
la plantation des greffes d'un an; leur appliquer la première taille une
année après la mise en terre; les couper à 0^{m},40 au-dessus du sol;
choisir pendant l'été cinq bourgeons entre lesquels on maintient un égal
degré de vigueur à l'aide du pincement; lors de la seconde taille, couper
chacun des rameaux à 0^{m},40 de leur base, au-dessus de deux boutons

placés latéralement, de façon à faire bifurquer chacun de ces rameaux; abaisser un peu et distribuer régulièrement ces rameaux sur le périmètre de la tige à l'aide d'un cerceau; pendant l'été, égaliser la vigueur entre les dix bourgeons qu'on obtiendra; au moment de la troisième taille, raccourcir chacun des dix rameaux à 0^m,50 de leur base, pour les faire se bifurquer une seconde fois; abaisser encore les branches et les espacer également entre elles au moyen de deux cerceaux dont l'un, celui du sommet, est plus grand que l'autre; appliquer aux vingt bourgeons qui naissent pendant l'été les soins déjà indiqués; lors de la quatrième taille, supprimer seulement le tiers de la longueur des nouveaux

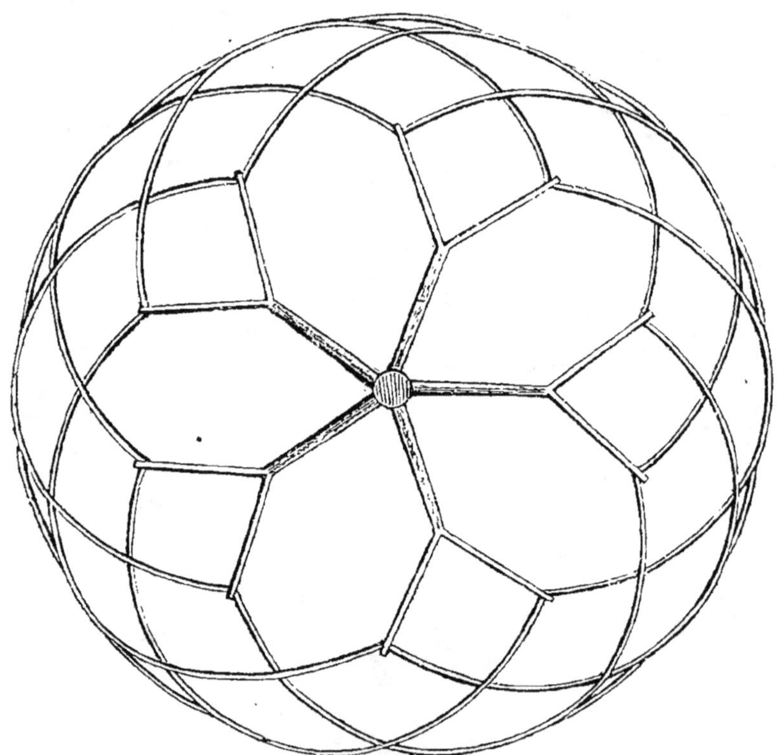

Fig. 549. *Plan de la figure 548, poirier disposé en vase ou gobelet à branches croisées.*

rameaux; abaisser encore les branches de façon qu'elles se trouvent sur un angle d'environ 20°, puis redresser l'extrémité dans une position verticale, à 1 mètre de la tige; les maintenir dans cette position à l'aide de nouveaux cerceaux. Laisser développer pendant l'été un seul bourgeon terminal; le moment de la cinquième taille étant arrivé, croiser chacune des branches au delà de la seconde bifurcation, en les dirigeant alternativement, l'une à droite, l'autre à gauche, et de façon à les incliner suivant l'angle de 30°. La figure 549, qui montre le plan d'un arbre ainsi disposé, indique comment ces branches doivent être croisées. Quant aux nouveaux prolongements des branches obtenues pendant l'été précédent, on les laisse entiers, et il devra en être de même chaque année; la position très-inclinée dans laquelle on les place suffit pour les faire se garnir de bourgeons dans toute leur longueur, Chacune de ces branches continue ainsi de s'allonger en formant une spirale que l'on arrête lorsque l'arbre a atteint une hauteur de 2 mètres, et qu'il est alors constitué comme le montre la figure 548.

À mesure que ce gobelet s'élève, on greffe par approche chacune des branches de la charpente aux points où elles se croisent. Il en résulte une solidité telle, qu'on pourra se dispenser d'aucun support lorsque la charpente sera complétement établie.

Les rameaux à fruit, que nous n'avons pas indiqués sur nos figures, sont obtenus et entretenus exactement de la même manière que pour les poiriers en pyramide.

Taille d'un poirier soumis à la forme en colonne. — Les deux formes que nous venons d'étudier sont les plus convenables, surtout celle en cône. Elles présentent toutefois un inconvénient pour les petits jardins : elles exigent trop de place et obligent ainsi à ne cultiver qu'un petit nombre de variétés. Les deux dispositions suivantes pourront être choisies dans cette circonstance.

Cette forme (*fig.* 550) est loin d'être nouvelle, ainsi que l'ont cru quelques cultivateurs. Elle existe depuis longtemps en Lorraine, en Flandre, en Belgique, et nous l'avons souvent rencontrée en Normandie, dans des potagers peu étendus où l'on voulait réserver le plus d'espace possible à la culture des légumes. M. Choppin, de Bar-le-Duc, l'a préconisée dans un ouvrage qu'il a publié, il y a une trentaine d'années, et M. Lhomme a de nouveau appelé l'attention des arboriculteurs sur cette disposition, en l'appliquant aux arbres fruitiers du jardin de l'École de Médecine de Paris, confié à ses soins.

Les arbres en colonne se composent d'une tige simple, verticale, s'élevant jusqu'à la hauteur de 6 mètres et plus, et garnie régulièrement de rameaux à fruit depuis sa base jusqu'à son sommet. Il en résulte que l'ensemble de ces arbres offre l'aspect d'un cylindre ou d'une colonne de 0^m,35 de diamètre.

Cette forme est peu agréable ; mais elle offre certains avantages dans quelques circonstances. Ainsi les arbres qui y sont soumis ombragent beaucoup moins le sol que les pyramides et occupent beaucoup moins de place : cela permet la culture d'autres produits dans leur voisinage ; et l'on peut aussi, par la même raison, réunir sur le même espace un plus grand nombre de variétés différentes. Nous pensons aussi que les

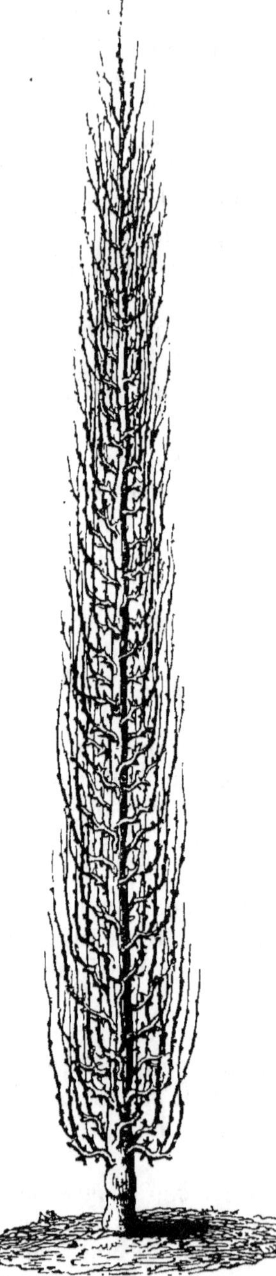

Fig. 550. *Poirier soumis a la forme en colonne, vu avant la taille.*

rameaux à fruit se forment plus promptement ; qu'étant mieux éclairés par le soleil et naissant directement sur la tige, ils sont plus fertiles, et que les fruits sont généralement plus beaux. Mais aussi ce succès ne pourra être obtenu que dans certaines conditions. D'abord les poiriers devront être greffés sur cognassier. S'ils étaient greffés sur franc, ils pousseraient trop vigoureusement, et le mode de taille qu'on leur applique ne ferait alors développer que des rameaux à bois. Ensuite, et pour le même motif, ces arbres devront être placés dans un terrain chaud, léger, d'une fertilité moyenne.

Le mode de formation de ces arbres est d'ailleurs des plus simples. Lors de la première taille, la jeune tige est coupée beaucoup plus longue que pour les pyramides ; car on veut seulement faire développer en dards ou en brindilles tous les boutons de cette tige, et non en rameaux à bois très-vigoureux. Pendant l'été, on laisse tous les bourgeons se développer librement en conservant seulement la prééminence au bourgeon terminal. Lors de la seconde taille, le nouveau prolongement est traité de la même manière : les rameaux à bois les plus vigoureux, développés un peu au-dessous de son point d'attache, sont coupés immédiatement au-dessus de leur empâtement ; les rameaux à bois plus faibles et les brindilles développés au-dessous sont cassés à $0^m,06$ environ de leur naissance sur un bouton bien formé ; enfin les dards placés à la base sont laissés intacts. Pendant l'été on abandonne de nouveau le développement à lui-même en protégeant seulement le bourgeon terminal.

A la troisième taille, les petites productions développées sur le talon des rameaux coupés l'année précédente sont cassées si elles sont plus vigoureuses que des brin-

dilles ; il en sera de même pour toutes les autres productions vigoureuses qui se seraient développées au-dessous de ce point. Quant aux
nouvelles ramifications placées sur le prolongement taillé l'année précédente, elles sont opérées comme les premières, et ainsi de suite chaque année. Il résultera de ce mode de taille, dans les conditions que
nous avons indiquées, la prompte formation sur toute la longueur de
la tige de petites branches très-ramifiées et couvertes de lambourdes et
de quelques rameaux à bois. Ces rameaux à bois sont coupés tous les
ans au-dessus de leur empâtement. Comme ces petites branches finissent par s'allonger outre mesure et par produire de la confusion, on
en raccourcit quelques-unes chaque année, mais de place en place seulement, dans la crainte de concentrer l'action de la séve sur un trop
petit espace, et de nuire ainsi à la formation des lambourdes.

M. Choppin complète cette série d'opérations en pratiquant sur la tige
un certain nombre d'incisions annulaires destinées à arrêter la séve dans
les parties inférieures de l'arbre, et à diminuer sa trop grande vigueur.
La première incision est faite à 0^m,75 environ au-dessus de la greffe et
vers la quatrième année de taille ; les autres sont pratiquées successivement et selon les besoins, c'est-à-dire qu'elles sont d'autant plus multipliées et plus fréquentes que les arbres sont plus vigoureux.

Ce qui caractérise surtout ce mode de taille, c'est que, ainsi qu'on l'a
vu, les opérations d'été, le pincement et l'ébourgeonnement, ne sont
pas pratiqués. Tous les bourgeons se développent librement. S'il en était
autrement, si l'on pinçait les plus vigoureux, la séve, qui n'a pas,
comme dans les formes précédentes, un grand espace à parcourir, serait gênée dans son essor et ferait développer en rameaux à bois des
petits bourgeons, qui, sans cela, auraient pris seulement le caractère
de brindilles ou de petits dards.

Taille d'un poirier soumis à la forme en cordon spirale. —
Nous recommandons cette forme (*fig.* 552), qui nous a été inspirée par
M. Luiset d'Équilly, près de Lyon, pour les petits jardins offrant un sol
de bonne qualité, et dans lequel les poiriers en colonne ne se mettraient
pas à fruit.

Établir un cylindre (*fig.* 551) large de 0^m,60, et haut de 2^m,50 à 3
mètres. Le former à l'aide de six montants en fer reliés entre eux au
moyen de quatre cerceaux également en fer. Fixer autour de ce cylindre
trois fils de fer attachés à la base et à 0^m,60 l'un de l'autre. Les incliner
dans le même sens, suivant l'angle de 25°. Pour fixer solidement ce
cylindre dans le sol, prolonger la base des montants dans la terre jusqu'à 0^m,50 de profondeur, et terminer chacun d'eux alternativement,
comme on le voit, en A et en B. Placer une brique sous les fourchettes
B et sur les fourchettes A.

Planter autour de ce cylindre trois jeunes poiriers d'un an de greffe.

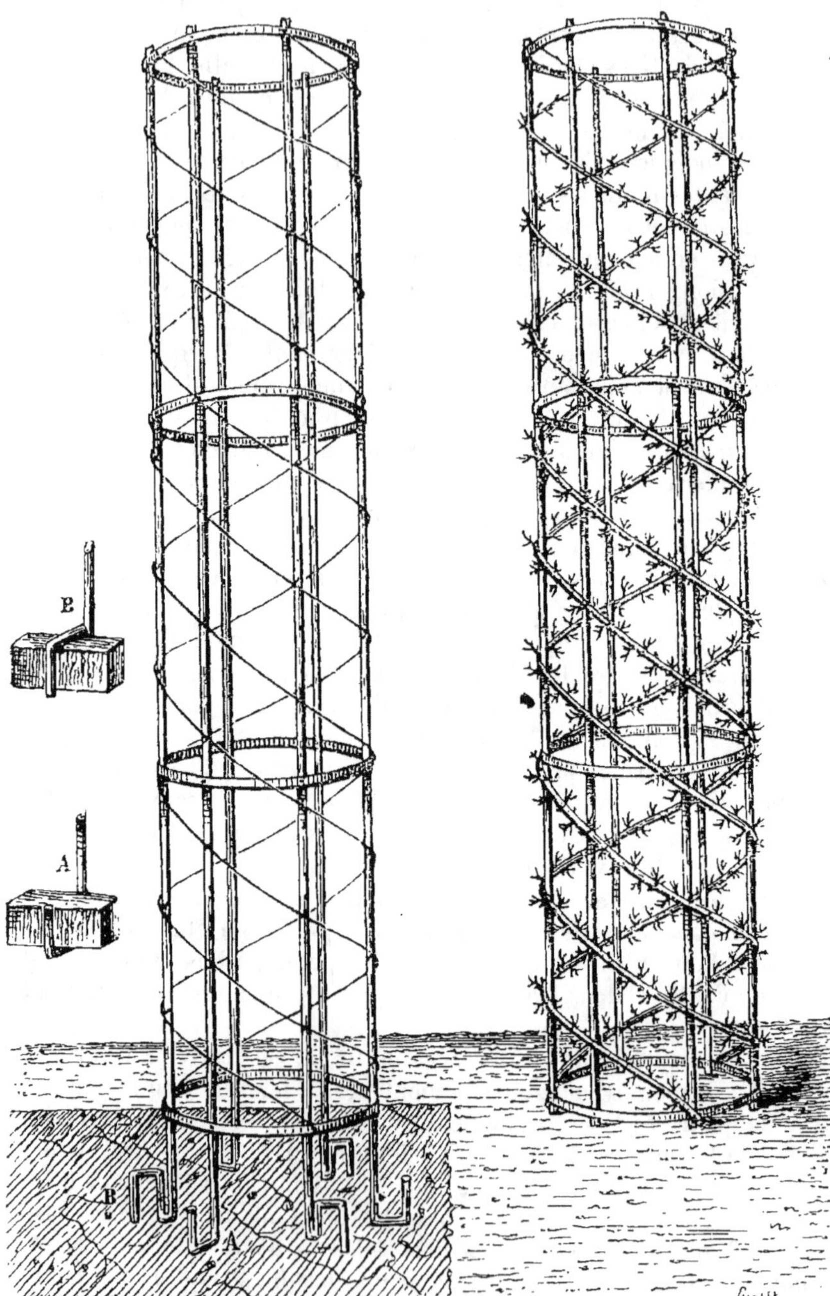

Fig. 551. *Support en fer pour arbres fruitiers
en cordon spirale.*

Fig. 552.
Poiriers en cordon spirale.

Les incliner, en les plantant, suivant l'angle de 45°, et retrancher le tiers de la longueur totale de leur tige. Les laisser se développer librement pendant le premier été. Lors de la taille d'hiver suivante, laisser le nouveau prolongement tout entier, s'il a atteint une longueur d'au moins 0^m,30. S'il n'a pas acquis cette longueur, pratiquer la coupe sur le vieux bois pour obtenir pendant l'été un prolongement vigoureux. Au moment de la seconde taille, retrancher le tiers de la longueur de la nouvelle pousse. Détacher ces tiges lors de la troisième taille, et abaisser chacune d'elles sur les fils de fer. On ne les a pas abaissés plus tôt, dans la crainte de faire développer des gourmands à la base. Le nouveau prolongement est laissé entier, et il en sera de même chaque année. La position très-inclinée de ces prolongements successifs les fera se garnir de rameaux à fruits dans toute leur longueur, sans qu'il soit nécessaire de les raccourcir. On donne d'ailleurs aux rameaux à fruit les soins indiqués plus haut pour les poiriers en pyramide. Ces jeunes arbres arrivés à ce degré de développement, il n'y a plus qu'à les laisser s'allonger et s'enrouler jusqu'au sommet du cylindre. — Si ce cylindre offre une hauteur de 3 mètres, chaque tige aura atteint une longueur de plus de 7 mètres. Ces arbres en cordon spirale présenteront l'aspect de la figure 552. Ces cylindres pourront être placés à 1 mètre les uns des autres.

Taille du poirier en cordon horizontal unilatéral. — Nous donnons plus loin, au chapitre du pommier (page 698) tous les détails relatifs à cette disposition, et nous indiquons les avantages qu'elle présente, ainsi que les circonstances où l'on doit en faire usage.

Cette forme a d'abord été exclusivement employée pour les pommiers ; mais depuis quelques années on a tenté de l'appliquer au poirier. Nous avons vu des essais assez satisfaisants pour être convaincu que ce mode de culture présentera des avantages lorsqu'on l'emploiera dans des circonstances convenables.

Ainsi ces poiriers devront occuper dans le jardin fruitier une position analogue à celle que nous indiquons plus loin pour les pommiers. D'un autre côté, il ne faudra choisir pour cela que des variétés greffées sur cognassier et qui soient peu vigoureuses. Autrement, le peu d'étendue donnée à la charpente et la position horizontale que doit avoir la tige unique de ces arbres ferait développer un grand nombre de rameaux gourmands qui empêcheraient la fructification.

Les variétés les plus convenables pour cette disposition sont surtout les suivantes :

Épargne.

Bon-chrétien Williams.

Seigneur (Esperen).

Bon-chrétien Napoléon.

Beurré d'Aremberg (Belgique).

Doyenné d'hiver.

Passe-Colmar.

Les soins à donner aux poiriers soumis à cette forme sont en tout semblables à ceux indiqués pour les pommiers (page 698).

Taille du poirier en palmette Verrier[1]. — On a imaginé, pour les arbres en espalier ou en contre-espalier, un grand nombre de dispositions différentes. Les plus convenables sont incontestablement celles connues sous le nom de *Palmettes.*

Elles sont simples, assez faciles à imposer aux arbres, et s'accommodent des murs de toutes les hauteurs. Parmi les diverses formes en palmette, la meilleure est, selon nous, celle qui a été imaginée par M. Verrier, jardinier en chef à l'école régionale de la Saulcaie, et à laquelle nous croyons devoir donner son nom.

Les arbres soumis à cette forme (*fig.* 553) se composent d'une tige verticale portant une série de branches sous-mères, placées à $0^m,30$ les unes des autres, et naissant, deux à deux, de chaque côté de la tige.

Ces branches suivent d'abord une direction horizontale en s'éloignant de leur point de naissance, puis se redressent ensuite au moyen d'une courbe, dans une position verticale, et s'élèvent toutes jusqu'au sommet du mur.

Nous avions d'abord conseillé la *palmette à branches obliques;* mais nous trouvons la palmette Verrier préferable. Les branches les moins favorisées par l'action de la séve, celles de la base de l'arbre, se trouvent être les plus longues, et celles qui poussent toujours plus vigoureusement que les autres, celles du sommet, sont les plus courtes. Il en résulte que l'équilibre de la végétation est plus facile à maintenir dans l'ensemble de cette charpente. Les procédés à l'aide desquels on peut imposer cette forme sont les suivants :

Choisir, pour la plantation, des greffes d'un an. Planter les arbres à une distance telle, les uns des autres, qu'ils couvrent, sur le mur, une surface de 18 à 20 mètres carrés. Faire sur la jeune tige une suppression suffisante pour rétablir l'équilibre entre l'étendue de la tige et celle des racines qui ont été conservées.

Première taille. — N'appliquer la première taille qu'au moment où les jeunes arbres sont bien repris, au plus tôt, après une année de plantation. Tailler la tige à $0^m,30$ environ au-dessus du sol, en A (*fig.* 554), immédiatement au-dessus de trois boutons, un de chaque côté, pour donner lieu aux deux premières branches sous-mères, le troisième au-dessus et avant, pour fournir le prolongement de la tige.

Pendant l'été, conserver sur chaque jeune tige seulement les trois

---

[1] Dans la seconde édition de l'*Instruction élémentaire sur la culture des arbres fruitiers*, nous avons donné à cette forme d'arbre le nom de *palmette Luizet*, parce que c'est chez cet arboriculteur que nous l'avions observée pour la première fois. Mais nous avons pu nous convaincre depuis que c'est M. Verrier, jardinier en chef à l'École régionale de la Saulcaie, qui a imaginé cette disposition. Nous nous empressons de rectifier ici cette erreur, en donnant à cette forme le nom de son véritable inventeur.

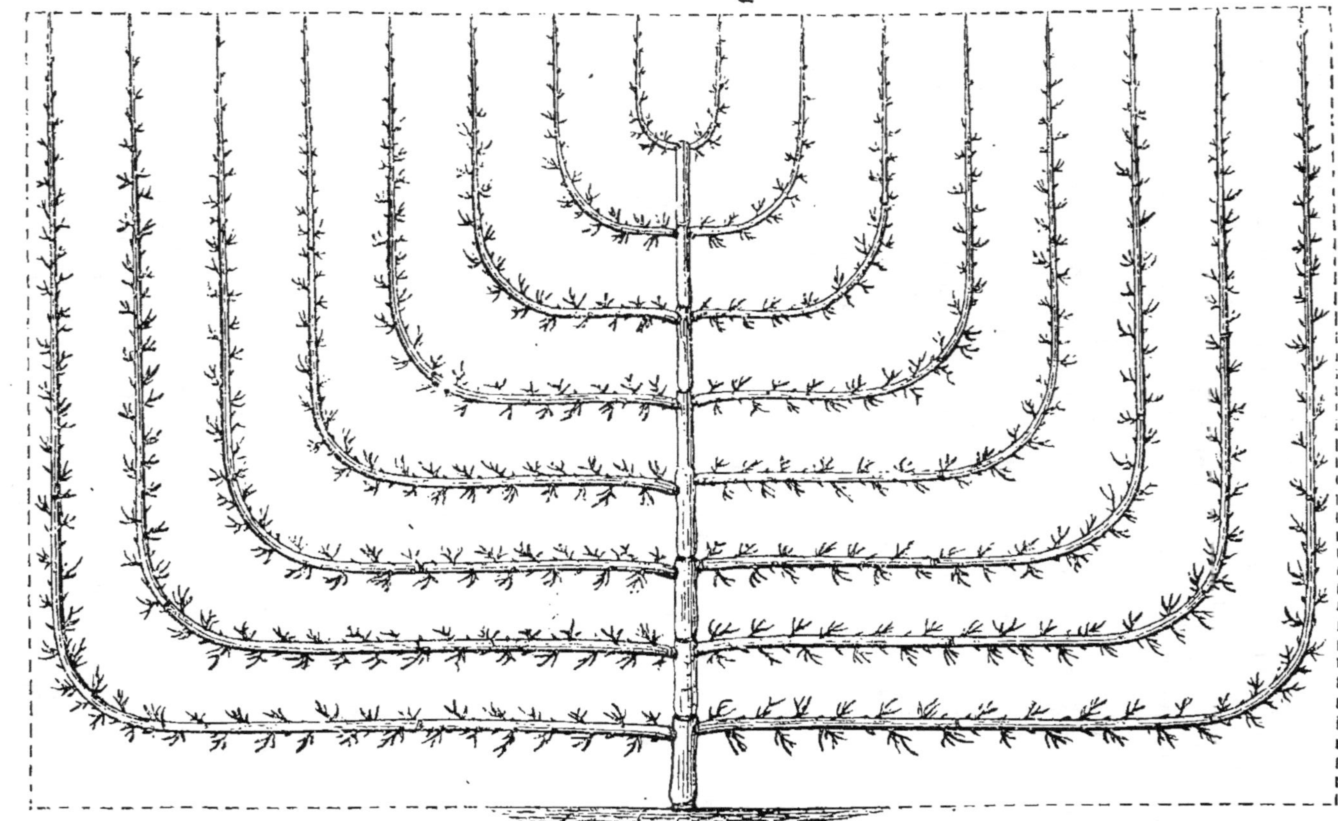

Fig. 555. Poirier soumis à la forme en palmette Verrier.

bourgeons résultant des trois boutons dont nous venons de parler. Maintenir entre chacun d'eux un degré de vigueur égal. Si l'un des bourgeons latéraux devient plus vigoureux que l'autre, le détacher et l'incliner, puis redresser l'autre le plus possible.

Deuxième taille. — Après la chute des feuilles, ces jeunes arbres

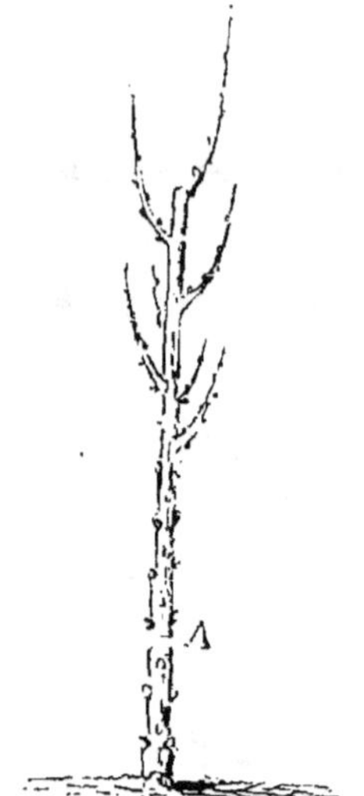

Fig. 554. *Poirier en palmette Verrier.* 1ᵉ *taille.*

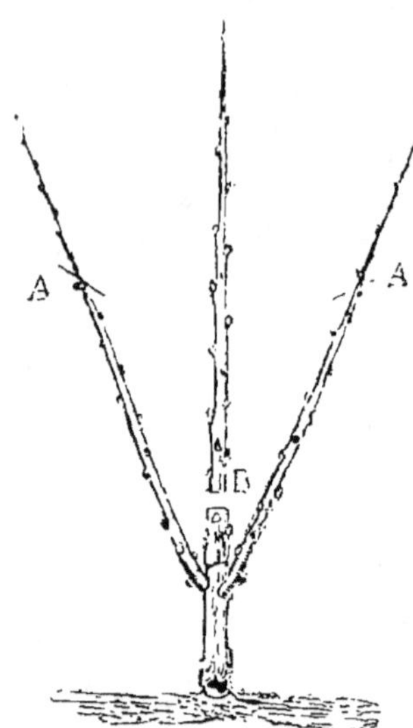

Fig. 555. *Poirier en palmette Verrier.* 2ᵉ *taille.*

sont constitués comme le montre la figure 555. Supprimer seulement le tiers de la longueur totale de chacun des rameaux latéraux en **A**, pour les faire se garnir de bourgeons et par suite de rameaux à fruit sur toute leur étendue. Si l'un d'eux est plus vigoureux que l'autre, le tailler plus court et allonger davantage le plus faible. La coupe des branches de la charpente des arbres en espalier est toujours faite au-dessus d'un bouton placé en avant, afin que la plaie résultant de la section soit dirigée du côté du mur.

Couper le prolongement de la tige en B, à 0ᵐ,15 au-dessus du point d'attache des deux rameaux latéraux, en choisissant seulement un bouton bien placé pour prolonger de nouveau la tige. On ne fait pas développer un second étage de branches sous-mères pendant cette deuxième année, afin de favoriser le développement des premières, qui resteraient trop faibles si l'on allongeait trop rapidement la tige.

Maintenir pendant l'été suivant un degré de vigueur égal entre les nouveaux bourgeons de prolongement des deux premières branches sous-mères.

Troisième taille. — L'année suivante, les arbres ont donné les résultats indiqués par la figure 556. Les opérer de la manière suivante :

Tailler les branches sous-mères comme la première année, en retranchant le tiers de la longueur du nouveau prolongement. Couper le

prolongement de la tige en A à 0,^{m}15 de la coupe précédente, et au-dessus de trois boutons bien placés pour obtenir un nouvel étage de branches sous-mères pendant l'été suivant. — On pourra désormais faire développer un nouvel étage chaque année, car les branches inférieures qu'on voulait favoriser ont acquis assez de force. Maintenir, pendant l'été, l'équilibre de la végétation entre les nouveaux bourgeons de prolongement de la charpente.

Quatrième taille. — La figure 557 montre les progrès faits par ces arbres pendant la végétation précédente. Couper les nou-

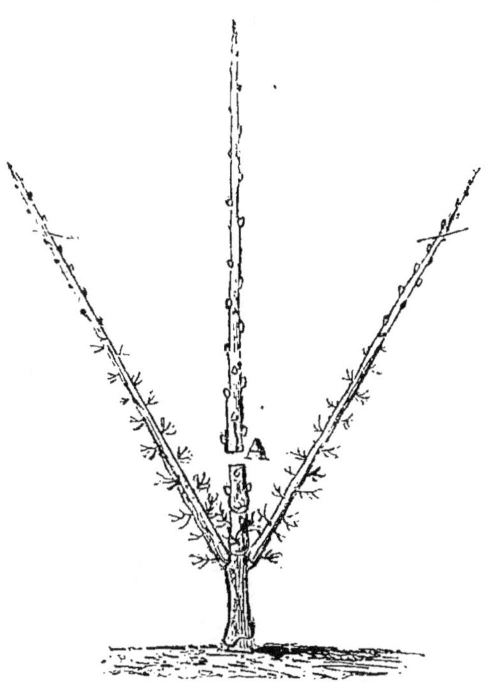

Fig. 556. *Poirier en palmette Verrier. 3ᵉ taille.*

veaux rameaux de prolongement comme nous l'avons indiqué pour les années précédentes. Tailler le nouveau prolongement de la tige en A, pour en obtenir un troisième étage de branches sous-mères. Donner, pendant l'été, les soins décrits précédemment.

Cinquième taille. — Lors de la cinquième taille, les jeunes arbres ont acquis le développement que montre la figure 558. Couper le prolongement de la tige en A, pour obtenir un quatrième étage de branches sous-mères. Tailler le prolongement des branches latérales comme les années précédentes. Lors de cette taille, les deux branches sous-mères inférieures ont ordinairement acquis assez de longueur pour que, placées dans une position horizontale, elles dépassent la limite latérale que l'arbre ne doit pas franchir. On les abaisse alors dans cette position, puis on redresse leur extrémité au moyen d'une courbe pour la placer dans une position verticale, comme le montre notre figure. On continue ensuite à allonger ces deux branches suivant cette direction, au moyen de prolongements successifs dont on continue de retrancher chaque année le tiers de la longueur totale. Arrivées au sommet du mur, ces

deux branches sont coupées, chaque année, à 0ᵐ,40 au-dessous du chaperon du mur, afin de laisser la place au développement d'un bourgeon
terminal, nécessaire, chaque année, pour attirer la séve vers ce point et
la forcer à nourrir, en passant, tous les rameaux à fruit.

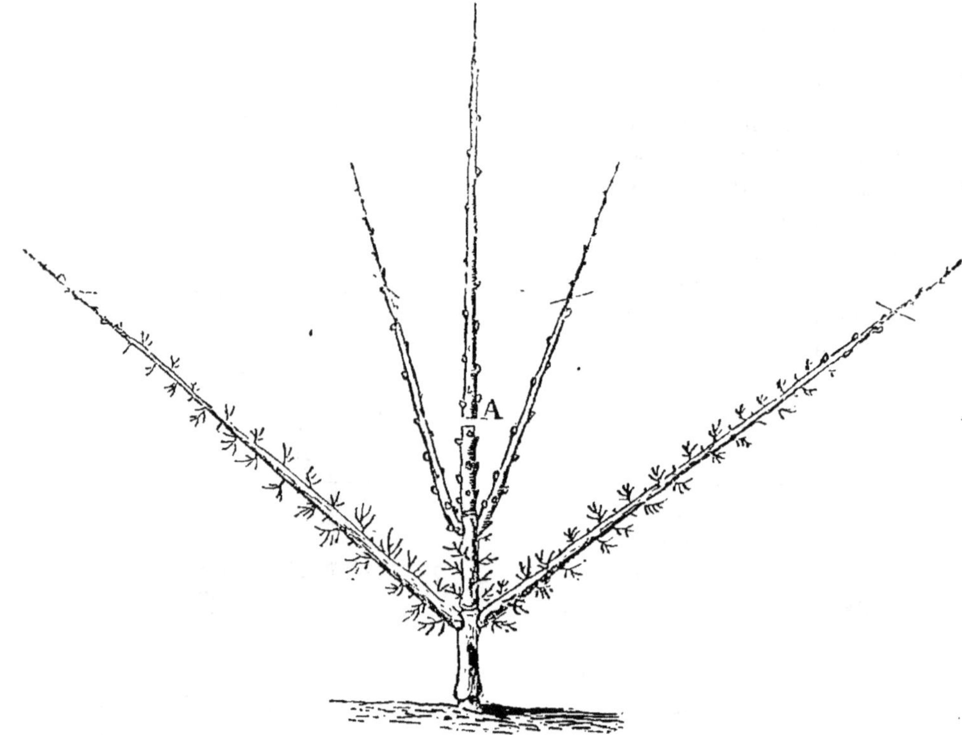

Fig. 557. *Poirier en palmette Verrier. 4ᵉ taille.*

Toutes les branches sous-mères de ces arbres sont soumises successivement à ce traitement, et, vers la seizième ou dix-huitième année, la
charpente de ces arbres est complétement achevée. Elle couvre alors
une surface d'environ 20 mètres carrés et offre l'aspect de la
figure 553.

La symétrie et la régularité dans la charpente des arbres n'a pas seulement pour but de leur donner un aspect plus agréable, elle importe
surtout au maintien plus facile de l'équilibre de la végétation dans toutes
les parties de la charpente, et par conséquent à la fertilité et à la durée
de l'arbre. Or on ne trouve pas toujours, lors de la taille d'hiver, des
boutons placés au point où l'on voudrait faire naître de nouvelles bran-

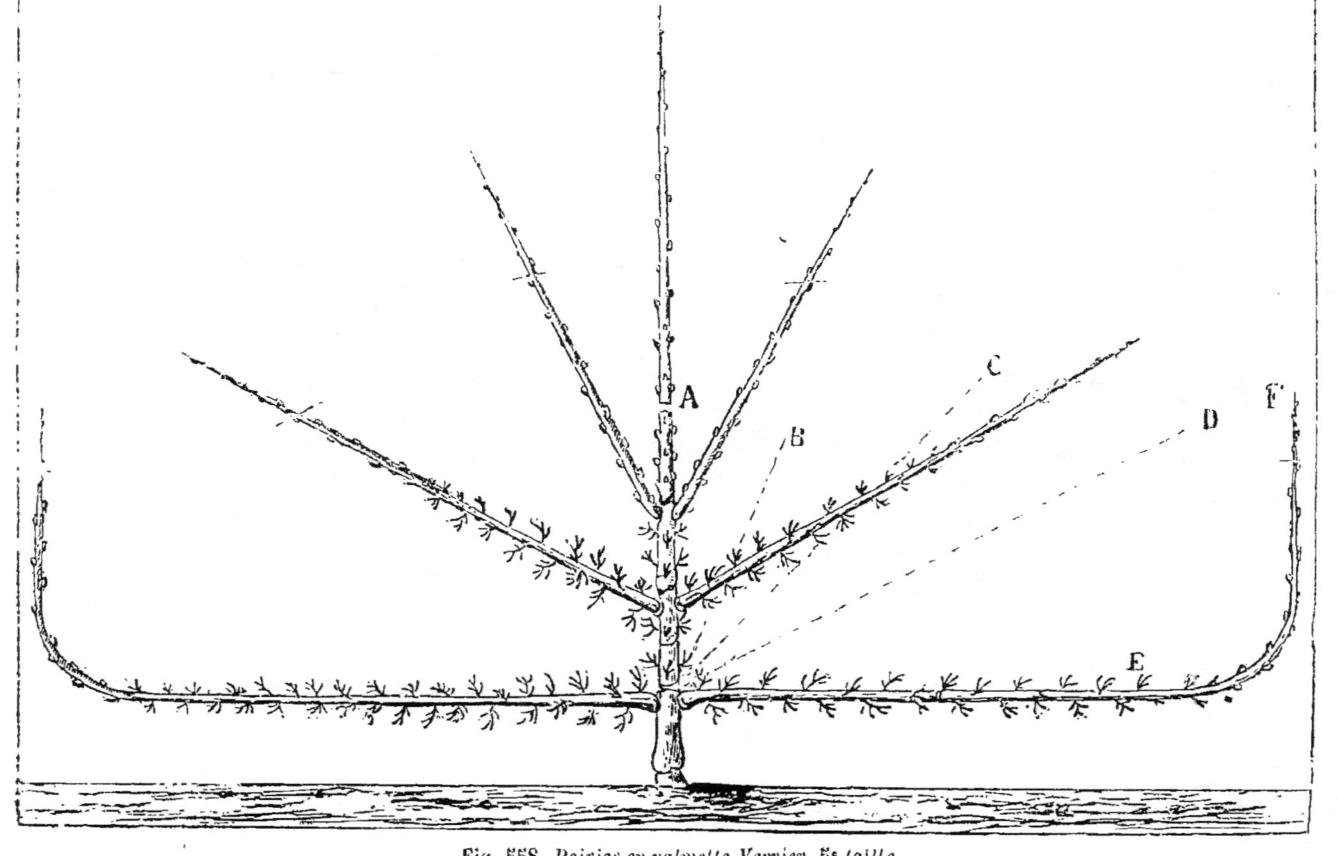

Fig. 558. Poirier en palmette Verrier. 5e taille.

ches de la charpente. Pour prévenir cet inconvénient, on place en août des écussons là où il ne se trouve pas de boutons bien placés pour faire développer de nouvelles branches pendant l'été suivant.

Disons en outre, et ceci peut s'appliquer à toutes les espèces et à presque toutes les sortes de formes propres aux arbres en espalier, qu'au moment où les trois ou quatre branches sous-mères inférieures d'un poirier auront atteint tout leur développement, et qu'elles auront une grosseur convenable, au lieu de ne faire développer chaque année qu'une seule de ses branches de chaque côté, comme on a dû le faire jusque-là, on pourra hâter la formation de l'arbre, lorsqu'il présentera d'ailleurs une grande vigueur; on usera alors du moyen suivant: lorsque, pendant l'été, le bourgeon terminal de la branche-mère aura dépassé de 0^m,10 environ le point où l'on doit obtenir de nouvelles sousmères l'année suivante, on coupera ce bourgeon immédiatement au-dessus de ce point, en A (*fig.* 559), en faisant en sorte qu'il se trouve

Fig. 559. *Moyen d'obtenir deux branches sous-mères en une année.*

au-dessous de cette coupe un œil placé en avant; puis, un peu plus bas, deux autres yeux, l'un à droite, l'autre à gauche. La sève, arrêtée dans son mouvement d'ascension par cette coupe, réagit sur le développement de ces trois yeux, qui donnent alors lieu à trois *bourgeons anticipés* (A, B B, *fig.* 560). Celui du centre (A) sert de prolongement à la branche-mère, et les deux latéraux (B) serviront à établir de nouvelles sous-mères. Il résulte de ce mode d'opérer que l'on peut obtenir

quatre branches sous-mères chaque année au lieu de d'eux, et qu'ainsi
l'arbre est bien plus vite
formé. D'un autre côté, on
utilise la séve, qui, sans cela,
sera employée inutilement à
prolonger vigoureusement la
branche-mère destinée à être
taillée très-court lors de l'hiver suivant. Nous devons répéter que ces avantages ne
peuvent être obtenus qu'après
la formation complète des
sous-mères inférieures. Si l'on
usait de ce moyen avant cette
époque, on s'exposerait à voir
l'accroissement de ces sous-
mères rester stationnaire.

*Taille des rameaux à
fruits.* — Tout ce que nous

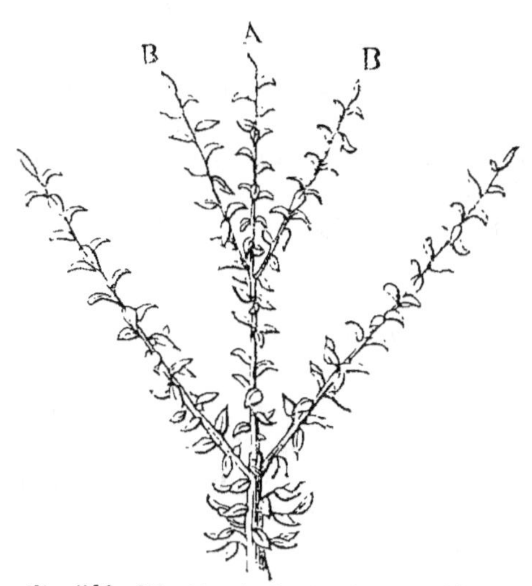

Fig. 560. *Résultat de l'opération précédente.*

venons de dire de la palmette Verrier s'applique à la formation de la
charpente. Quant aux rameaux à fruit, on leur donne tous les soins
que nous avons décrits pour les poiriers en pyramide. La seule modification à apporter à l'égard des poiriers en espalier, c'est qu'on ne doit
pas conserver ces rameaux sur le côté des branches dirigé vers le mur.
On supprime donc chaque année sur les prolongements successifs de ces
branches les bourgeons qui naissent de ce côté, et cela au moment où
l'on pratique le pincement.

Le plus souvent encore aujourd'hui on laisse trop peu d'intervalle
entre les poiriers en espalier ; il en résulte que, la charpente ne pouvant
prendre une étendue suffisante, la séve n'a pas assez d'espace pour dépenser utilement son action, et, lorsque ces arbres sont complétement
formés, on n'obtient plus chaque année, sur tous les points, que des rameaux vigoureux sans jamais voir naître un bouton à fleur. Si ces arbres
sont moitié trop rapprochés les uns des autres, il ne faudra pas hésiter
à en enlever un sur deux. Mais, s'il ne manque à ces arbres qu'un quart,
par exemple, de l'espace qui leur serait nécessaire, on pourra les faire
se mettre à fruit en remplaçant le mode de formation des lambourdes
décrit plus haut par l'opération suivante, employée avec une rare intelligence par M. A. Cossonnet, propriétaire-cultivateur à Longpont (Seine-
et-Oise).

On laisse tous les bourgeons latéraux des branches sous-mères se
développer librement ; puis, au commencement d'août, on coupe les
plus vigoureux immédiatement au-dessus du petit empâtement qu'ils

offrent à leur base. Les moins vigoureux sont coupés quinze jours ou trois semaines plus tard, à $0^m,01$ ou 0^m02 de leur base.

Les boutons stipulaires ne tardent pas à se développer à la base des rameaux vigoureux coupés au-dessus de l'empâtement, ils s'allongent à peine d'un centimètre avant la cessation complète de la végétation, et se transforment d'eux-mêmes, les années suivantes, en rameaux à fruit. Quant aux rameaux moins vigoureux et qu'on a coupés un peu plus longs, ils développent l'année suivante un ou deux petits rameaux qui finissent également par se mettre à fruit.

Si cependant quelques-unes de ces productions donnaient lieu l'année suivante à de nouveaux bourgeons vigoureux, on les traiterait de la même façon jusqu'à ce qu'enfin elles donnassent lieu à une lambourde.

Cette série d'opérations est complétée par la présence de bourgeons gourmands qu'on laisse se développer chaque année au sommet de la branche-mère et auxquels on laisse même dépasser le mur. Ils sont plus ou moins nombreux, selon que l'arbre offre une plus ou moins grande surabondance de séve. Ces bourgeons donnent lieu à des rameaux vigoureux qui sont supprimés chaque année, au moment de la taille d'hiver, et qui sont remplacés aussi chaque année par de nouveaux bourgeons développés pendant l'été suivant.

Il résulte de l'ensemble de ces soins que la surabondance de la séve se trouve dépensée pour le développement, soit de tous les bourgeons latéraux qu'on laisse pousser librement jusqu'en août, soit des bourgeons gourmands du sommet qui agissent là comme des *tire-séve*. Grâce à cet emploi de l'action de la séve, un certain nombre des petits rameaux les moins vigoureux peuvent se transformer en lambourdes. Si au contraire, on soumettait tous les jeunes bourgeons de ces arbres au pincement rigoureux que nous avons indiqué, l'action de la séve, ne trouvant pas d'issues suffisantes, agirait avec force sur des boutons qui, sans elle, se seraient transformés en boutons à fleur, et les fait développer au contraire en bourgeons vigoureux.

Ces procédés sont les seuls à l'aide desquels on puisse faire mettre à fruit les arbres placés dans les conditions que nous venons d'indiquer. Mais on remarquera qu'il y aurait bien plus d'avantage à employer cette surabondance de la séve à étendre la charpente des arbres, plutôt que d'user chaque année son action au profit de productions qu'on supprime sans cesse. Il y aura donc tout profit à laisser entre chaque arbre un espace suffisant et à lui appliquer alors le mode d'obtention des rameaux à fruit décrit pour les pyramides.

Ce que nous avons dit de la suppression des fruits trop nombreux sur les poiriers en pyramide s'applique également à ceux en espalier.

Palissage des poiriers en espalier. — Pour les poiriers en espalier, ce sont seulement les branches de la charpente et les bourgeons destinés à prolonger ces branches qui doivent être soumis au palissage. Cette opération influe beaucoup sur le succès de la formation de la charpente.

Palissage d'hiver. — Cette opération est destinée à fixer solidement les branches de la charpente contre le mur. Il faut suivre à cet égard les règles suivantes : Diriger chacune des branches sur une ligne parfaitement droite, depuis sa naissance sur la tige jusqu'à son extrémité. La moindre déviation à cette ligne droite fait obstacle à la circulation de la séve, et celle-ci donne lieu, vers le point où commence la courbure, à des bourgeons gourmands qui absorbent inutilement une grande quantité de séve.

Placer les branches qui naissent à la même hauteur contre la tige exactement suivant le même degré d'inclinaison; autrement la plus abaissée deviendra bientôt moins vigoureuse que l'autre. Il n'y a d'exception à cette règle que pour le cas où l'équilibre de la végétation est déjà rompu entre ces deux branches. Il faudra alors abaisser la plus forte et redresser la plus faible.

Les branches qui doivent être placées obliquement ou horizontalement, lorsque la charpente de l'arbre est terminée, ne devront être amenées dans cette position que progressivement; si on les y place tout d'un coup, lorsque, par exemple, elles sont encore à l'état de bourgeon ou de rameau, il en résulte que toute la séve passe dans le prolongement de la tige, et que le développement des branches sous-mères ainsi abaissées est presque complétement suspendu. Ainsi donc la branche E (*fig.* 558) a été d'abord placé en B, pour favoriser son développement, puis ensuite en C, puis, l'année suivante, en D; ce n'a été qu'après qu'elle a eu acquis assez de longueur pour arriver en F, qu'on l'a placée dans sa position définitive en E. Toutes les autres branches sous-mères seront successivement soumises à cet abaissement progressif.

Palissage d'été. — Dans les poiriers, le palissage d'été porte seulement sur les bourgeons de prolongement des branches de la charpente. Chacun de ces bourgeons sont fixés contre le mur ou contre le treillage, à mesure qu'ils s'allongent, et cela dans une direction bien parallèle à la branche qui les porte. On commence à les attacher dès qu'ils ont atteint une longueur de $0^m,30$.

Si ce palissage d'été est fait sur treillage, on fixe à l'extrémité de chaque branche de la charpente, et aux points où l'on veut obtenir de nouvelles branches, une petite baguette bien droite et placée dans une direction bien parallèle à cette branche. Ces baguettes servent à conduire chacun des bourgeons de prolongement. Ces bourgeons étant ainsi dirigés, rien n'est si facile, lors du palissage d'hiver suivant, que de donner une direction bien droite aux branches de la charpente.

Nous avons indiqué, page 548, les circonstances qui déterminent le choix à faire entre le palissage à la loque et le palissage sur treillage.

Dans l'hypothèse où l'on choisirait le palissage sur treillage, nous devons indiquer ici la disposition qu'il convient de donner à ce treillage pour les poiriers soumis à la forme en palmette Verrier.

Les treillages en bois, destinés aux poiriers soumis à la forme en palmette, pourront se composer de mailles larges de 0ᵐ,20 sur 0ᵐ,25 de hauteur (*fig.* 561). Les baguettes de ce treillage, en chêne ou en châtaignier, devront être peintes à trois couches, fixées entre elles au moyen de clous rivés et attachées au mur,

Fig. 561. *Treillage en bois.*

au moyen de crochets en fer (A) placés de mètre en mètre dans le sens vertical et horizontal. Ces treillages coûtent de 2 à 5 fr. le mètre carré.

Si l'on a recours au fil de fer pour les mêmes arbres, on donnera au

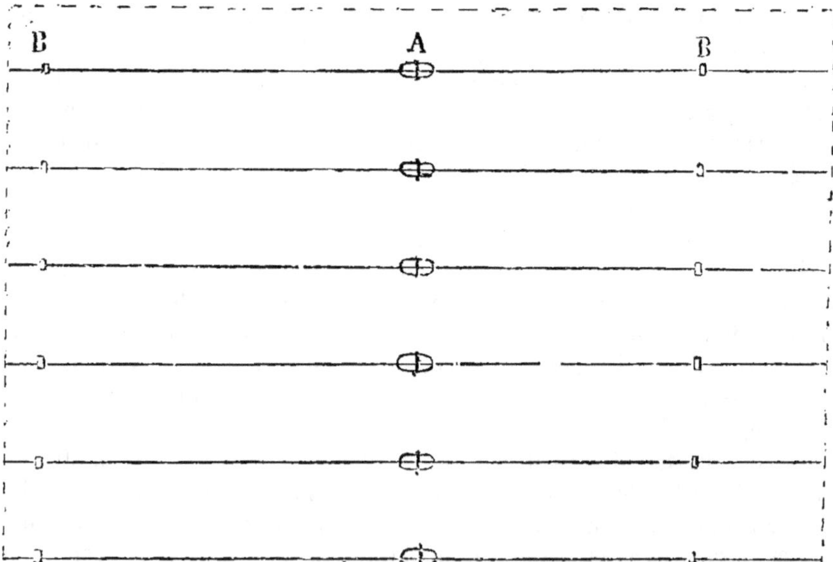

Fig. 562. *Treillage en fil de fer pour les poiriers en palmette.*

treillage la disposition suivante (*fig.* 562). Tendre contre le mur une série de fils de fer galvanisés, n° 14, placés en lignes horizontales à

0^m,20 l'une de l'autre. Ces lignes, solidement fixées à chaque extrémité
du mur, doivent être supportées de mètre en mètre par de petites pattes
en fer (B, *fig.* 562 et 563). On les roidit aussi complétement que possible au moyen du tendeur Collignon (A, *fig.* 564 et 565). Voici comment on emploie ces tendeurs : lorsque le fil de fer est fixé au mur par

Fig. 563 *Pattes en fer pour supporter*
les fils de fer.

Fig. 564. *Tendeur Collignon.*

Fig. 565. *Clef du tendeur Collignon.*

l'une de ses extrémités, faire glisser dessus le nombre de pattes en fer
nécessaire pour le soutenir sur la moitié de sa longueur; y faire glisser
ensuite un tendeur qui est traversé de part en part dans le sens de sa
longueur, au moyen de trous pratiqués à chaque extrémité et au milieu de son axe A. Faire glisser à la suite du tendeur le nombre de
pattes nécessaires pour soutenir la seconde moitié du fil de fer. Attacher au mur l'autre extrémité en la roidissant un peu. Enfoncer les
pattes dans le mur en les distribuant de mètre en mètre, puis roidir le
fil de fer le plus possible à l'aide du tendeur. On se sert, pour faire
agir celui-ci, d'une clef en fer (*fig.* 565) que l'on place sur la tête carrée

de l'axe. On imprime à cet axe un mouvement de rotation qui enroule le fil de fer et roidit celui-ci. Lorsque la tension est suffisante, on abaisse une petite clavette (B, *fig.* 564) sur la roue dentée fixée à l'extrémité opposée de l'axe, et celui-ci est maintenu dans une position fixe. Cette sorte de treillage coûte, non compris la pose, 28 centimes le mètre carré[1].

M. Thiry a récemment perfectionné le tendeur Collignon. Les fig. 566 et 567 montrent en quoi consiste cette modification. Le tendeur se com-

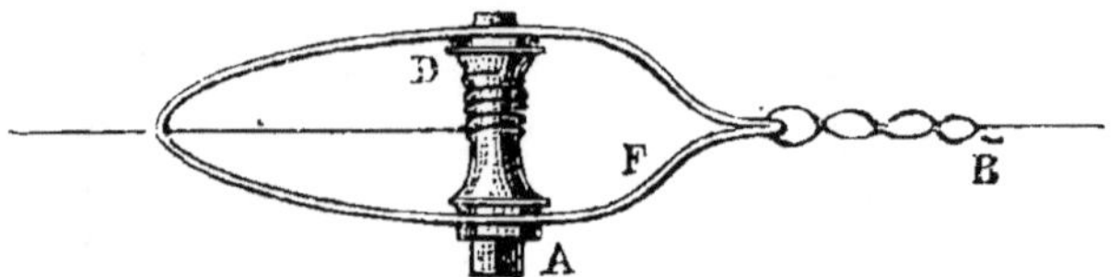

Fig. 566. *Tendeur Collignon perfectionné.*

pose également d'une sorte de cadre F, et d'un axe D. Mais l'un des fils de fer B est attaché à l'extrémité du cadre, et l'autre est fixé sur l'axe. Les fils de fer ainsi disposés, on place la clef en A sur la tête carrée de l'axe qui fait saillie. On imprime un mouvement de rotation à l'axe au moyen de la clef, et, lorsque le fil de fer est suffisamment tendu, l'axe se trouve maintenu dans une position fixe sur l'épaulement pratiqué sur l'un des côtés du trou du cadre, et dans lequel il se meut (A, *fig.* 567). On voit que l'axe au point où il sort du cadre, du côté A, présente une

Fig. 567. *Profil de la figure précédente.*

série de dents taillées en crémaillère. Ce tendeur peut être placé, soit à l'une des extrémités de la ligne de fil de fer, soit sur un point quelconque de sa longueur. Ce tendeur ainsi établi coûte 10 centimes.

La ligature la plus convenable est l'osier. On aura soin de placer entre le treillage en bois et la branche, à chaque point où celle-ci est fortement comprimée contre le treillage, un peu de liége pour empêcher la branche d'être meurtrie. S'il s'agit de treillages en fil de fer, on obtiendra le même résultat en tordant ensemble les deux bouts de l'osier sur le fil de fer avant d'y appliquer la branche.

[1] On trouve tous ces objets, au prix que nous indiquons, chez M. Thiry jeune, 9, rue Bergère, à Paris.

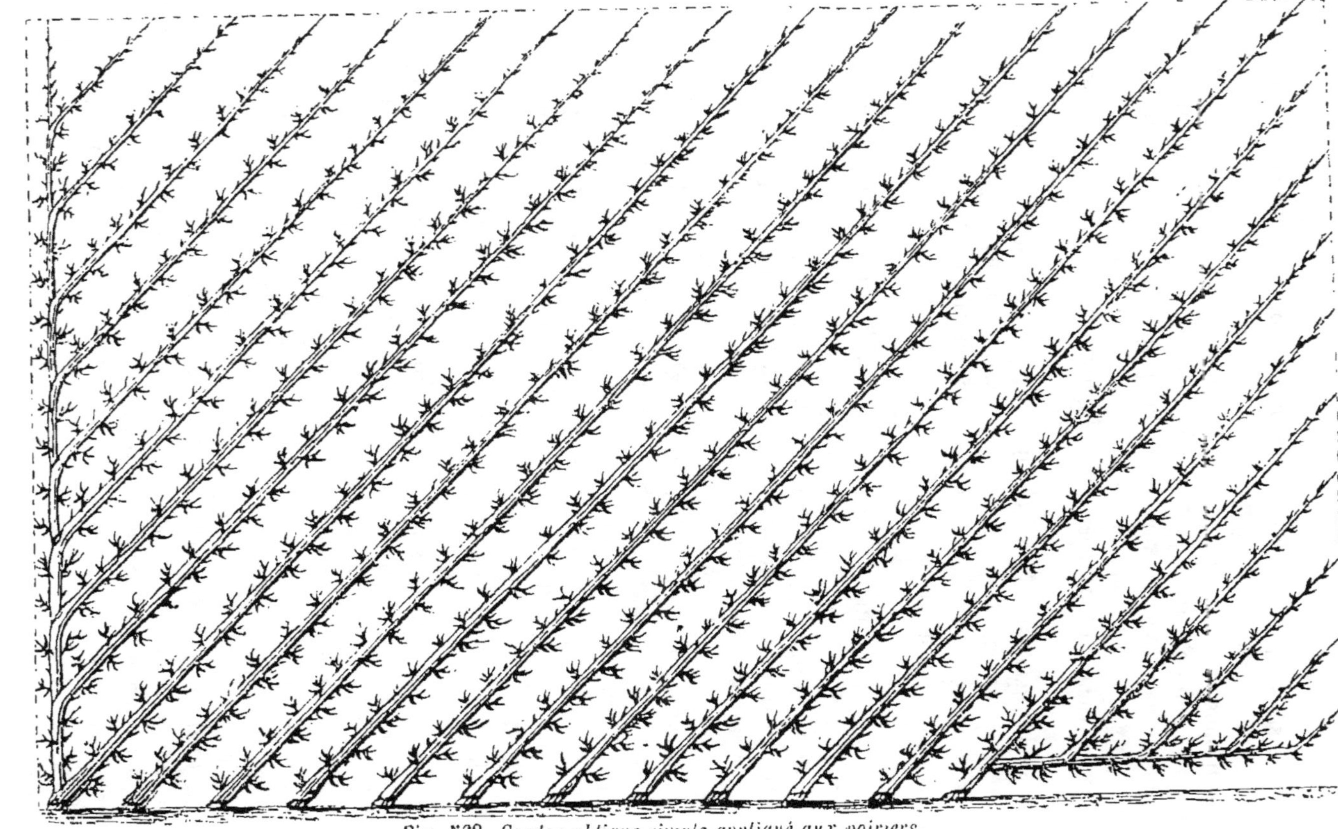

Fig. 568. *Cordon oblique simple appliqué aux poiriers.*

Il faut aussi veiller, pendant l'été, à ce que les branches, en grossissant, ne soient pas étranglées par les ligatures. Ce cas arrivant, il faudrait se hâter de supprimer ces ligatures partout où il se manifesterait.

Taille du poirier en cordon oblique simple (Du Breuil). — Au point où en est arrivé le progrès de l'arboriculture, en employant les procédés les plus prompts, il faut encore seize ou dix-huit ans pour former complétement la charpente d'un poirier en espalier soumis à l'une des grandes formes imaginées jusqu'à présent (palmette, éventail, etc.), et couvrant une surface de 18 à 20 mètres carrés. Ajoutons que les soins nécessaires pour obtenir ces diverses formes, même les moins compliquées, ainsi que les moyens nécessaires pour maintenir l'équilibre de la végétation entre les diverses parties de ces arbres, sont assez difficiles pour qu'un grand nombre de jardiniers échouent dans leur exécution.

Frappé de ces inconvénients, nous avons cherché à y remédier en imaginant une nouvelle forme, qui, beaucoup plus aisée à établir que toutes les autres, permet de couvrir régulièrement toute la surface du mur dans un laps de temps beaucoup plus court, et fait donner aux arbres leur produit maximum beaucoup plus tôt, sans abréger leur durée. Nous avons donné à cette nouvelle disposition, imaginée par nous, pour le poirier, en 1852, le nom de *cordon oblique simple* (*fig.* 568). Voici comment on en fait l'application.

On choisit de jeunes arbres d'un an de greffe, sains, vigoureux et ne portant qu'une tige. On les plante à 0^m,40 les uns des autres, en les inclinant les uns sur les autres, sur un angle de 60 degrés. On ne retranche que le tiers environ de la longueur totale de ces jeunes tiges, en faisant la section en A (*fig.* 569), au-dessus d'un bouton placé en avant.

Pendant l'été suivant, on favorise le plus possible le développement vigoureux du bourgeon terminal, et tous les autres sont transformés en rameaux à fruit à l'aide de la série d'opérations décrites pour le poirier en pyramide. Au printemps suivant, chacun des jeunes arbres présente l'aspect de la figure 570.

La seconde taille consiste à appliquer à chacun des rameaux latéraux les soins nécessaires pour les transformer en lambourdes; puis à retrancher de nouveau le tiers de la longueur totale du nouveau rameau de prolongement. Si toutefois le bourgeon de prolongement s'était à peine développé pendant l'été précédent, il faudrait, lors de la seconde taille, couper sur le bois de deux ans, afin d'obtenir un rameau terminal plus vigoureux. Pendant l'été, on applique à ces jeunes arbres les mêmes soins que pendant l'été précédent, et l'on obtient le résultat que montre la figure 571.

Lors de la troisième taille, la jeune tige a ordinairement atteint les

deux tiers de sa longueur totale; alors on l'abaisse sur un angle de
145 degrés, suivant la ligne B, et l'on applique au rameau terminal et
aux rameaux latéraux la même opération que lors de la taille précédente. Si l'on eût abaissé immédiatement ces tiges suivant ce degré
d'inclinaison, on eût favorisé le développement de bourgeons gourmands

Fig. 569. *Cordon oblique simple.*
1re année.

Fig. 570. *Cordon oblique simple,*
2e année.

à la base au détriment du bourgeon terminal. Les nouveaux bourgeons
reçoivent les soins ordinaires. La figure 572 montre l'état de ces jeunes
arbres à la fin de la végétation.

Il n'y a plus ensuite qu'à compléter ces arbres en continuant de prolonger la tige à l'aide des mêmes opérations jusqu'au sommet du mur.
Arrivées là, ces tiges sont coupées chaque année à 0^m,40 au-dessous du
chaperon du mur, afin de laisser la place pour le développement annuel
d'un bourgeon vigoureux qui force la séve à circuler abondamment dans
toute l'étendue de la tige.

Quant au côté de l'horizon vers lequel il convient d'incliner les tiges,
cela n'a pas d'importance pour les murs dirigés du levant au couchant.
Mais, pour ceux dirigés du nord au sud, il conviendra de coucher les

tiges vers le midi. Les rameaux à fruit placés au-dessous de chaque tige
seront ainsi mieux éclairés. Lorsque, cependant, les murs seront établis
sur un terrain en pente, il faudra incliner les tiges vers le sommet de
cette pente ; autrement elles seraient arrêtées trop tôt par le sommet
du mur. Les arbres étant plantés à 0^m,40 les uns des autres et développ-
pant chacun une tige ainsi disposée, il en résulte que l'espalier se trouve
composé d'une série de branches couchées parallèlement et laissant
entre elles un espace égal d'environ 0^m,30 (*fig.* 568).

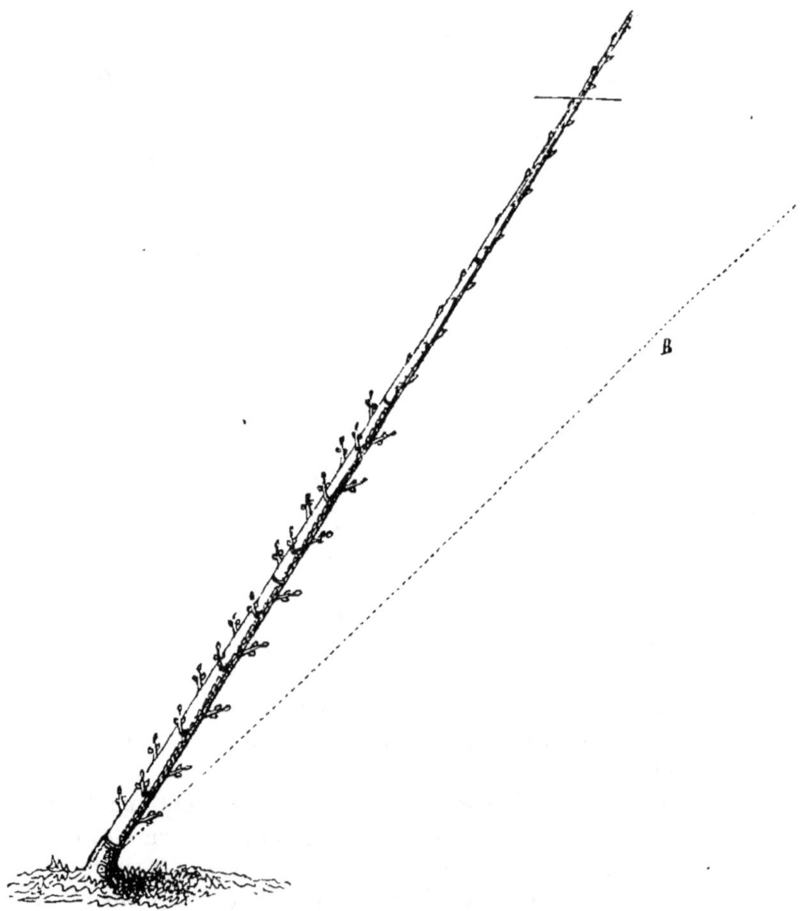

Fig. 571. *Cordon oblique simple, 3e année.*

Toutefois, pour que cette sorte d'espalier ne laisse aucun vide sur le
mur, il convient de le commencer, du côté opposé à la direction des
tiges, par une demi-palmette, et de le terminer par un arbre dont la

tige est progressivement abaissée horizontalement à 0^m,50 au-dessus du sol, et sur laquelle on fait développer ensuite une série de branches sous-mères, comme l'indique notre figure.

Les espaliers soumis à cette forme peuvent être complétés dans l'es-

Fig. 572. *Cordon oblique simple, 4ᵉ année.*

pace de cinq ans; ce qui fait gagner au moins dix ou douze ans sur le laps de temps nécessaire pour obtenir le même résultat avec toutes les autres dispositions.

La fructification a lieu pendant le quatrième été, et elle arrive à son maximum vers le sixième été, ce qui ne peut être obtenu, avec les autres grandes formes, que vers la vingtième année. Si l'on n'a qu'une très-petite étendue de murs propres aux espaliers de poirier, on ne pourra y placer qu'un petit nombre d'arbres soumis aux grandes formes; la durée de la consommation de ces fruits sera peu prolongée, parce qu'on ne pourra cultiver qu'un très-petit nombre de variétés. Qu'on adopte, au contraire, la forme en cordon oblique, et l'on pourra avoir un nombre de variétés différentes égal à celui des arbres plantés, et une consommation de fruits beaucoup plus prolongée. Ajoutons encore que, si l'un des poiriers soumis aux grandes formes vient à périr, il faudra attendre quinze à dix-huit ans pour que celui qu'on replantera remplisse le vide. Avec les cordons obliques, il suffira de procéder ainsi : ouvrir un trou de $0^m,40$ de largeur et de $0^m,50$ de profondeur au milieu de l'espace laissé libre par l'arbre mort. Couper les racines des arbres voisins qu'on trouvera sur les deux côtés de cette tranchée. Enfoncer jusqu'au niveau du sol, sur ces deux côtés, deux planches très-minces de $0^m,50$ en carré; puis planter le nouvel arbre dans cette sorte d'encaissement, en employant de la terre bien amendée et en choisissant un arbre appartenant à une variété vigoureuse. Les planchettes dont nous venons de parler empêchent les racines des arbres d'envahir l'espace réservé à celui que l'on plante. Elles pourrissent bientôt; mais le nouvel arbre est alors en état de se défendre. En opérant ainsi, le vide est comblé dans l'espace de cinq à six ans. Nous ferons enfin remarquer que cette sorte de charpente est la plus simple de toutes, la plus facile à établir, et que l'inclinaison régulière donnée à chaque tige met à la portée de tous les jardiniers les moyens à employer pour y répartir également l'action de la séve.

Les objections suivantes ont été faites à l'égard de cette forme : on a craint que le peu d'étendue donnée à la charpente de ces arbres ne nuisît à leur mise à fruit par suite de leur trop grande vigueur; cette vigueur étant en raison de la surface de terrain dont les racines des arbres peuvent disposer, et ceux-ci étant plantés seulement à $0^m,40$ d'intervalle, cette crainte n'est pas fondée. On a dit aussi que des arbres ainsi rapprochés ne pourraient pas vivre; mais on ne demande à chacun d'eux qu'une charpente d'une étendue proportionnée à celle du sol où les racines peuvent s'étendre. On a encore objecté qu'une plantation semblable est plus coûteuse à établir qu'en suivant l'ancien mode. Cela est vrai comme première dépense; mais, outre que les opérations de la taille sont bien plus rapidement exécutées, on obtient le produit maximum de l'espalier vers la sixième année après la plantation, et ce résultat ne peut être obtenu avec les grandes formes que vers la vingtième année. On a donc avec le cordon oblique quatorze ans de produit maximum qui peuvent payer trois ou quatre fois la différence des frais de plantation. Enfin on a fait remarquer que, pour donner une étendue suffisante à la tige de chacun de ces arbres, il faut que le mur ait une certaine élévation. Cela est vrai; mais il suffit, comme minimum de hauteur, de $2^m,50$. Nous concluons donc que, pour les murs ayant au moins $2^m,50$ d'élévation, c'est la forme en *cordon oblique simple* qu'il faudra préférer; pour les murs moins élevés, on sera obligé de s'en tenir à la *palmette Verrier*.

Treillage pour les poiriers en cordon oblique simple.—Le treillage le plus simple pour les arbres soumis à cette forme est celui indiqué par la figure 574. Pour un mur de 3 mètres d'élévation, trois traverses solidement fixées contre le mur, puis une série de lattes clouées sur ces traverses tous les 0ᵐ,40, et inclinées suivant l'angle de 45 degrés; chacune de ces lattes sert à conduire la tige des jeunes arbres.

Il sera encore beaucoup moins coûteux de remplacer ce treillage en bois par le treillage en fil de fer imaginé par M. Thiry jeune (*fig.* 575). On enfonce aux points A, B, C, D, E, F un clou rond (*fig.* 575) solidement fixé; puis aux points G, H, I, J, K, L, une petite patte trouée (*fig.* 565). On fixe l'extrémité du fil de fer au point A, puis on le fait passer par les trous des pattes G, H; il s'appuie sur les deux clous B, C, traverse les deux pattes I, J, passe sous les deux clous D, E, traverse les pattes K, L, et vient se fixer sur le clou F. Pour tendre convenablement ce fil de fer (p. 647, *fig.* 564), on y fait passer, après l'avoir appuyé sur le clou C, un tendeur M qui reste fixé au point indiqué par notre figure.

Pour le faire agir convenablement sur ces trois lignes, on place une goutte d'huile sur les clous B, C, D, E, au point où le fil de fer glisse à leur surface; puis on fait mouvoir le tendeur au moyen de la clef. La même opération étant répétée sur toute la longueur du mur, celui-ci se trouve couvert d'une série de fils de fer parfaitement tendus, couchés parallèlement suivant l'angle de 45 degrés et placés à 0ᵐ,40 les uns des autres. Ces treillages en fil de fer galvanisé, n° 14, sont fournis par M. Thiry au prix de 44 centimes le mètre carré, non compris la pose.

Fig. 575. *Clou rond pour conduire les fils de fer.*

Si le climat et le prix peu élevé des matériaux convenables permettent d'avoir recours au palissage à la loque, il conviendra de tracer à l'avance sur le mur la direction à donner à chacune des tiges suivant l'inclinaison de 45°, lorsqu'elles seront mises en place, ou seulement suivant l'angle de 60° pour le début de leur développement. Ces lignes doivent être tracées avec la plus grande régularité. Or, l'inclinaison du sol, les anfractuosités des murs et beaucoup d'autres circonstances peuvent devenir autant de causes d'erreur. M. Beaudonin, amateur zélé d'arboriculture, a imaginé un appareil très-simple dont nous donnons ici la figure, et à l'aide duquel ce tracé est exécuté avec la plus grande précision et aussi avec une grande rapidité.

C'est un carré (*fig.* 576) formé de quatre planchettes, d'un mètre de côté et surmonté d'un niveau D. La planchette A indique l'inclinaison

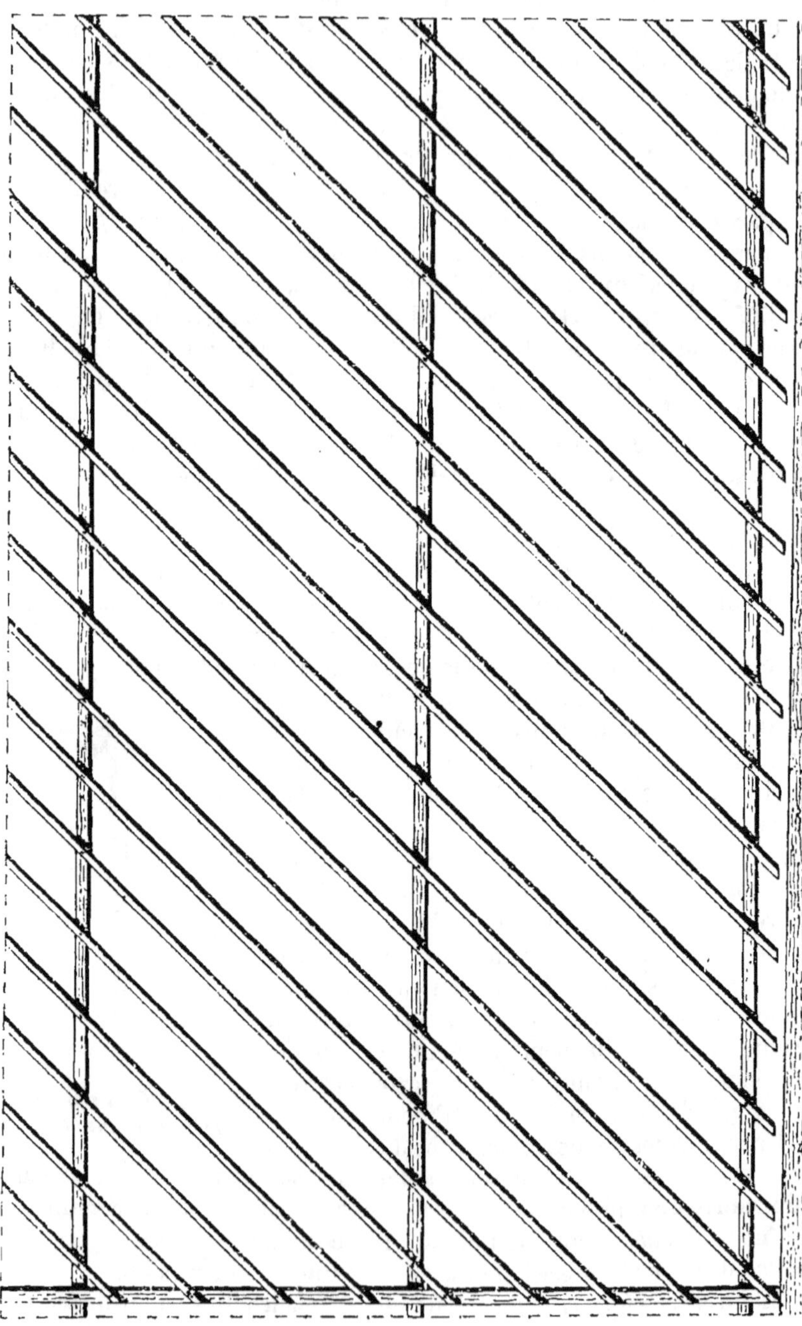

Fig. 574. Treillage en bois pour les poiriers soumis à la forme en cordon oblique simple.

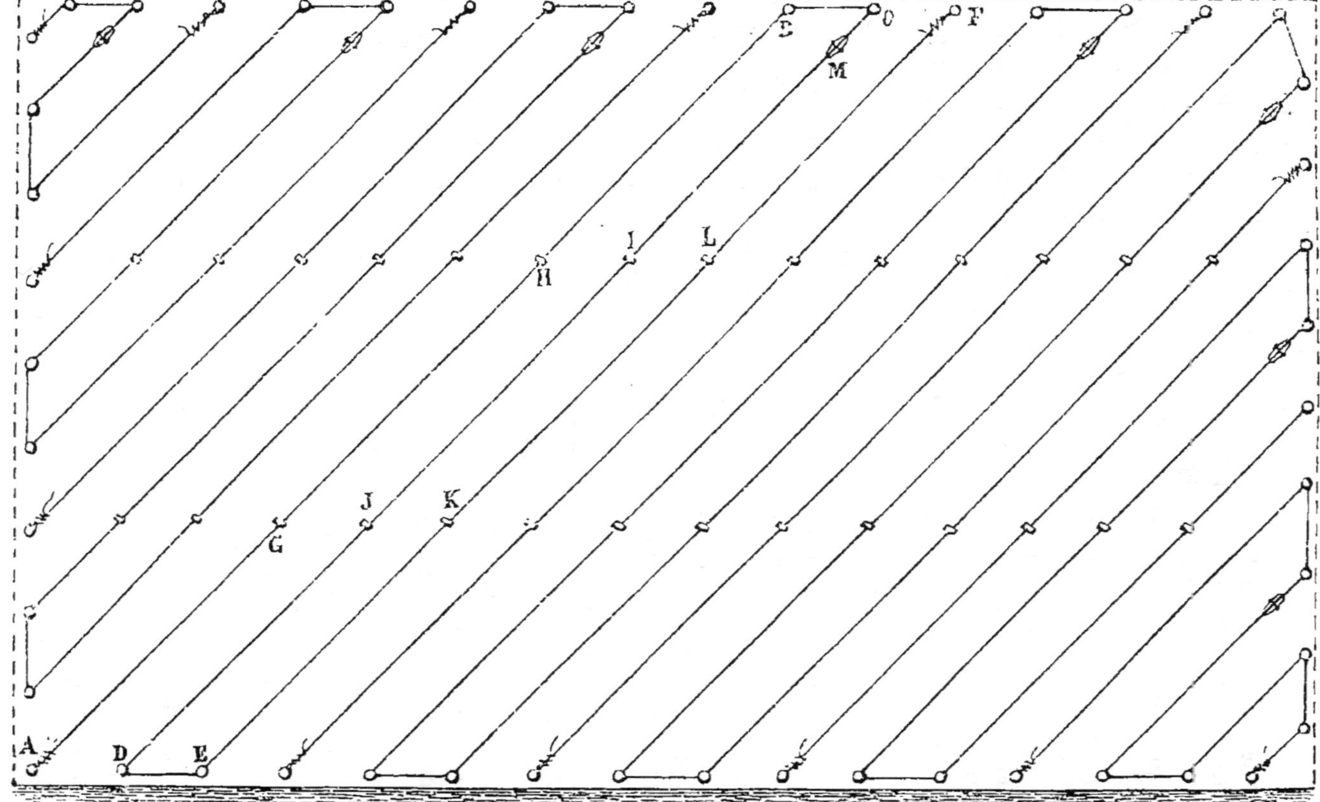

Fig. 575. Treillage en fil de fer pour les poiriers en cordon oblique simple.

à 45°, celle B, l'inclinaison à 60°. La ligne C, tracée sur la planchette inférieure indique la distance de 0^m,40 à laquelle doivent être plantés les arbres. Il suffit d'indiquer sur le mur la place à laquelle le premier arbre doit être planté, et de présenter l'appareil devant le mur, l'extrémité gauche joignant la marque faite contre le mur; puis, lorsqu'on est certain qu'il est dans une position parfaitement horizontale, ce qu'il est facile de vérifier au moyen du niveau D, on trace deux lignes sur le mur contre le côté supérieur des planchettes A, B, lignes que l'on prolongera ensuite, au moyen d'une règle, jusqu'au haut du mur. Avant de déplacer l'appareil, on indique la place à laquelle le second arbre doit être planté, et ainsi de suite.

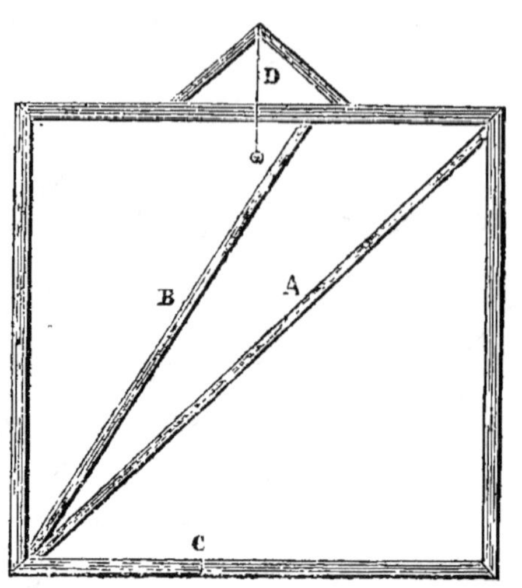

Fig. 576. *Appareil pour tracer contre les murs la place des arbres en cordon oblique simple.*

L'instrument que nous venons de décrire est destiné à une plantation dans laquelle les arbres sont inclinés de gauche à droite. Pour ncliner les arbres dans le sens opposé, il suffit de retourner l'appareil.

Taille du poirier en cordon vertical (Du Breuil). — Les murs contre lesquels on veut établir des espaliers de poiriers présentent parfois une hauteur exceptionnelle, comme cela peut avoir lieu pour des pignons de bâtiments qui dépassent souvent 8 mètres de hauteur. On pourra choisir pour ces surfaces la forme en cordon oblique; mais la longueur que l'on sera obligé de donner à la tige des arbres, par suite de leur inclinaison sur l'angle de 45°, rendra la formation de ces espaliers assez lente. Nous conseillons donc, toutes les fois que le mur dépassera une hauteur de 4^m,50, de préférer la forme en *cordon vertical* (*fig.* 577) à celle en *cordon oblique*.

On procède à la plantation exactement comme pour le cordon oblique, avec cette seule différence que les arbres sont plantés dans une position verticale, et qu'on les place à une distance de 0^m,30 seulement les uns des autres. On allonge successivement la tige jusqu'au sommet du mur en suivant complétement les indications que nous avons données pour le cordon oblique.

Si l'on ne peut faire usage du palissage à la loque pour fixer ces tiges

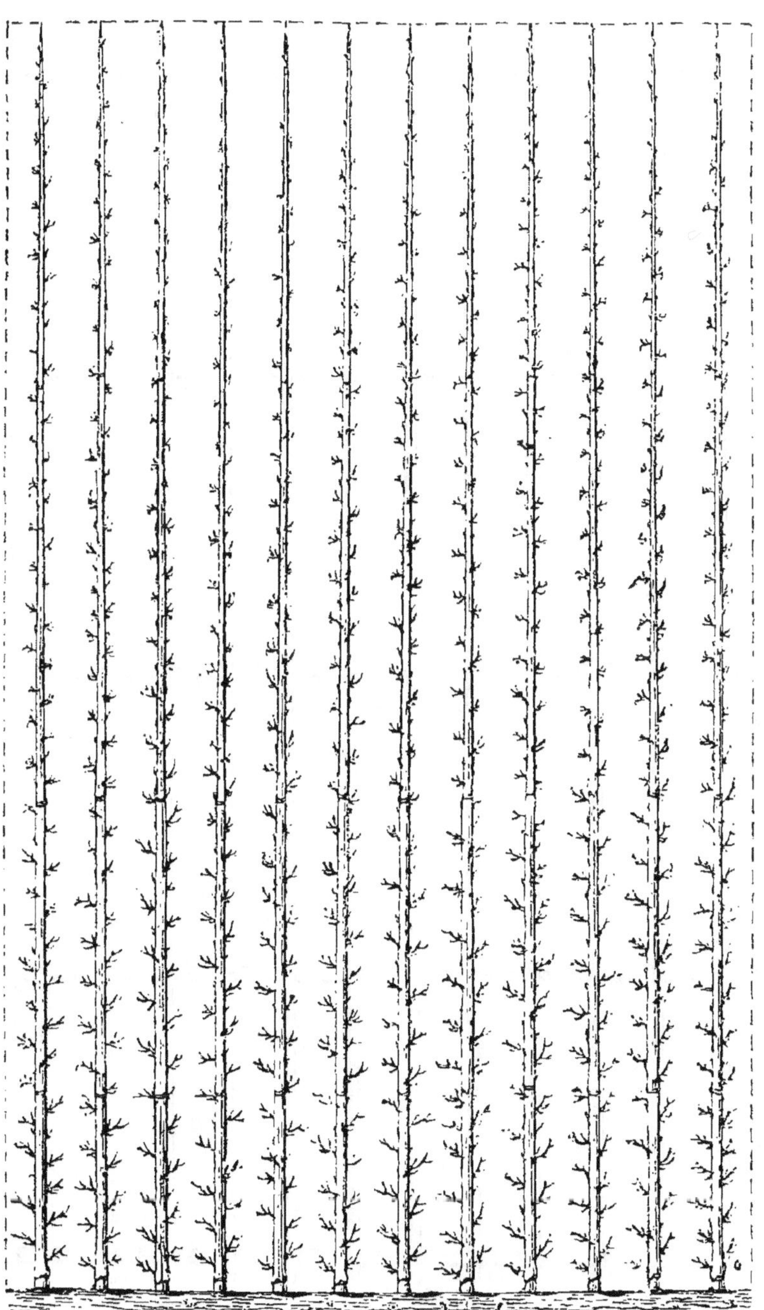

Fig. 577. *Espalier de poiriers soumis à la forme en cordon vertical.*

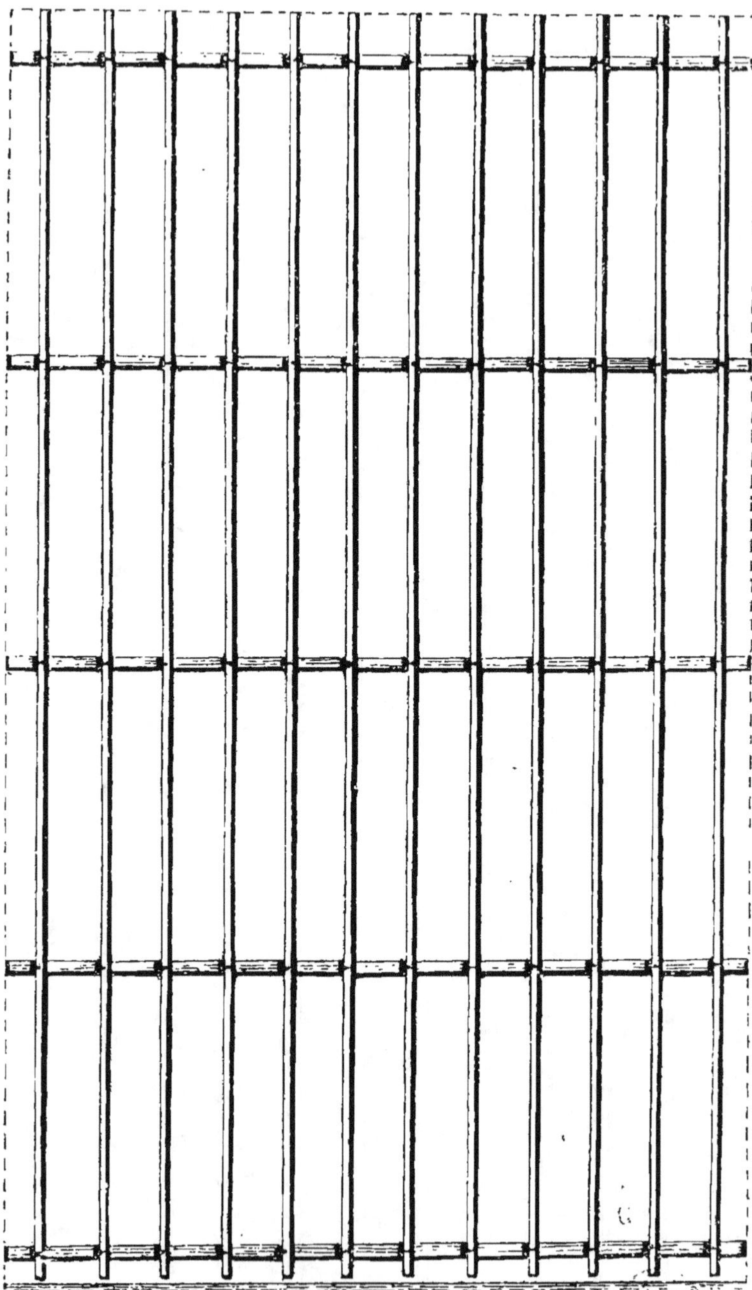

Fig. 578. *Treillage en bois pour les poiriers en cordon vertical.*

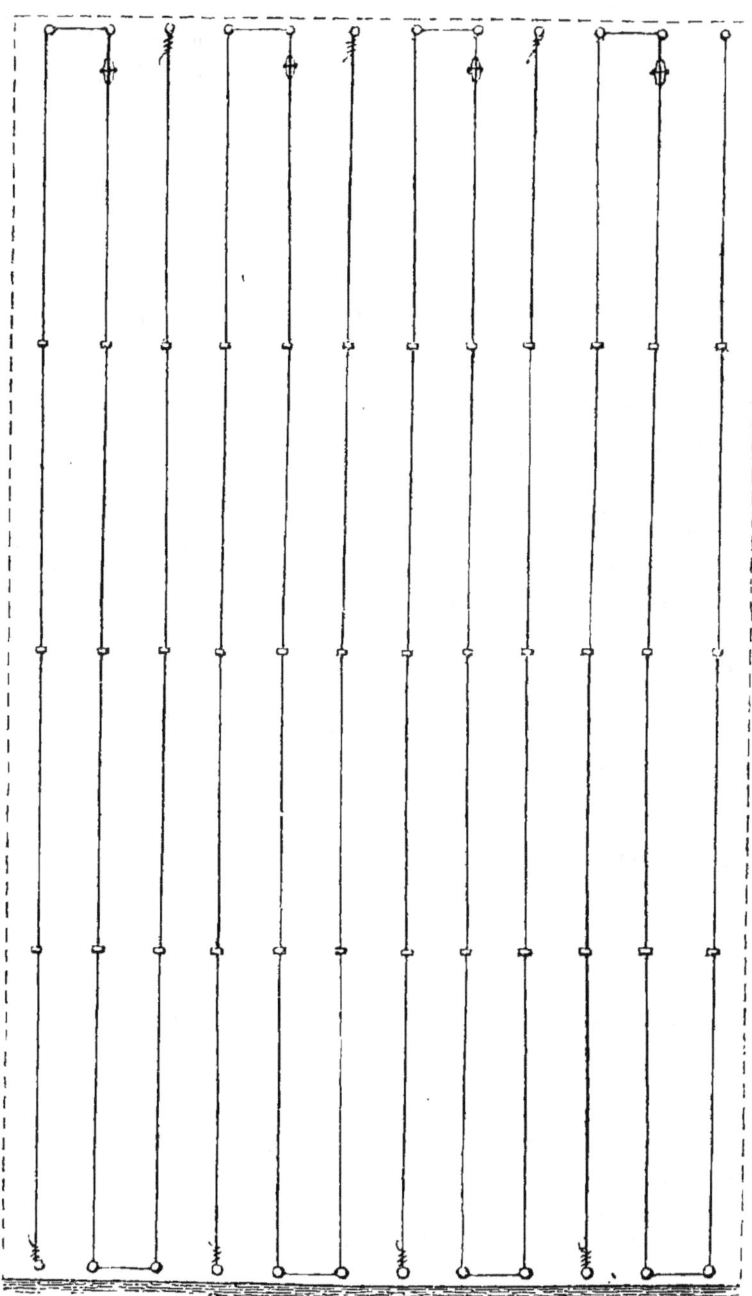

Fig. 579. *Treillage en fil de fer pour les poiriers en cordon vertical.*

contre le mur, on aura recours, soit au treillage en bois, construit comme l'indique la figure 578, soit à un treillage en fil de fer semblable à celui indiqué par la figure 579, et qui est beaucoup moins coûteux que celui en bois.

CULTURE DU POIRIER DANS LES JARDINS FRUITIERS DU MIDI.

Le poirier peut, comme nous nous en sommes assuré, donner d'excellents produits sous le climat du Midi, même dans la région de l'olivier. Tout ce que nous venons de dire de sa culture pour le Nord et le climat intermédiaire s'applique également au Midi, sauf les observations suivantes.

1° Par suite du climat, les arbres sont beaucoup plus exposés à la sécheresse que partout ailleurs. Si l'on plantait des arbres greffés sur cognassier, les racines de cette sorte de sujet s'enfonçant très-peu au-dessous de la surface du sol, il en résulterait qu'elles souffriraient beaucoup de la sécheresse et que l'arbre ne pourrait vivre que pendant un très-petit nombre d'années. Il faudra donc ne planter, au moins dans la région de l'olivier, que des arbres greffés sur franc, et cela quels que soient le degré de vigueur des variétés et la richesse du sol.

2° Pour les poiriers cultivés dans le Midi, le palissage contre les murs est plutôt nuisible qu'utile, par suite de l'excès de chaleur à laquelle ils seront ainsi exposés. Les murs placés au nord et au nord-ouest pourront seuls recevoir des poiriers. Il conviendra donc en général de ne cultiver ces arbres qu'en plein air, soit non palissés, soit fixés sur des contre espaliers.

3° L'expérience nous a montré que, sous le climat des oliviers, les ramifications placées vers le sommet des arbres, fatigués sans doute par l'ardeur des rayons solaires et aussi par l'action desséchante de l'air, ont une tendance à pousser moins vigoureusement que les branches inférieures, moins exposées à cette double influence, et cela contrairement à ce qui a lieu partout ailleurs. Aussi conviendra-t-il pour ce climat de favoriser un peu moins que nous ne l'avons recommandé pour le nord le développement des branches inférieures, sous peine de voir anéantir complétement le sommet de l'arbre. Au lieu de ne retrancher que le tiers de la longueur des nouveaux prolongements des branches de la base, lors de la taille d'hiver, on en coupera la moitié ou les deux tiers, et celles du sommet seront laissées un peu plus longues que nous ne l'avons conseillé aux pages 600 et suivantes.

RESTAURATION DES POIRIERS.

Il n'existe aujourd'hui qu'un bien petit nombre de poiriers qui soient traités avec les soins que nous venons d'indiquer. Il ne faut donc pas s'étonner si un grand nombre sont loin de donner tous les produits qu'on pourrait en obtenir. Est-ce à dire qu'on doive les remplacer par une nouvelle plantation? Nous ne le pensons pas, car on peut, à l'aide d'opérations assez simples, rendre à la plupart d'entre eux, sinon une forme parfaitement symétrique, du moins une disposition assez régulière et toute la fertilité dont ils sont susceptibles.

D'un autre côté, tous les poiriers, ceux-là mêmes qui sont conduits avec le plus grand soin, finissent, au bout de longues années, par languir et ne plus donner que de chétifs produits. Or ces arbres ne doivent pas toujours être remplacés, car on peut en rajeunir un grand nombre. Dans l'un et l'autre cas, on obtient, à l'aide de la restauration et du rajeunissement, des résultats plus prompts qu'en faisant une nouvelle plantation. Examinons donc les moyens les plus convenables pour rétablir les poiriers rendus stériles par une taille vicieuse ou par la vieillesse.

1° *Restauration des arbres mal taillés.* — S'il est difficile de donner aux arbres déjà âgés une forme parfaitement régulière lorsqu'ils ont été mal dirigés dès leur jeunesse, on peut du moins donner à la charpente une disposition un peu plus symétrique, et surtout rétablir complétement les rameaux à fruit; or ce sont ces dernières parties qui ont ordinairement le plus souffert de la taille vicieuse, et ce sont elles qu'il importe surtout de restaurer. Étudions séparément les arbres en espalier et ceux en pyramide.

Arbres en espalier. — Si les poiriers à restaurer, quel que soit d'ailleurs leur âge, sont encore assez vigoureux et qu'ils ne présentent aucune forme régulière, on cherche parmi les diverses ramifications de la base les trois plus convenables pour former l'origine d'une palmette Verrier. L'une, celle du centre, formera la tige; les deux autres, latérales, donneront lieu aux deux premières branches sous-mères. Toutes les autres branches seront complétement supprimées. La tige centrale est coupée immédiatement au-dessus du point où doit naître le second étage de branches sous-mères, et les deux branches latérales sont taillées sur une longueur de 0^m,50 environ. On applique ensuite à cet arbre les soins prescrits, soit pour former les palmettes, soit pour obtenir et entretenir les rameaux à fruit.

Si, au lieu de trouver, à la base de ces arbres, les trois branches dont on a besoin pour former une palmette Verrier, on n'en trouve que deux, par exemple, à peu près d'égale force, on pourra leur imposer la forme en *palmette à double tige* ou celle en *palmette le Beryais* (voy. ces dispositions au chapitre des diverses formes propres aux arbres en espalier). Pour cela, on recépe ces deux branches à environ 0^m,30 du sol, afin de faire développer à chacune d'elles les deux bourgeons qui doivent servir à commencer la charpente de la palmette à double tige. Les autres branches sont supprimées.

Si, enfin, la disposition des branches inférieures ne se prêtait à l'adoption d'aucune de ces formes, on couperait toutes les branches de l'arbre à leur base, moins la tige ou branche centrale qui serait recepée à 0^m,50 du sol, pour en obtenir les trois bourgeons destinés à commencer une palmette Verrier.

Parfois les poiriers présentent une charpente à peu près régulière, mais les branches sous-mères sont plus ou moins dégarnies de rameaux à fruit, ou bien elles sont couvertes de nodosités qui ne produisent chaque année que des bourgeons vigoureux. Ici, la restauration doit porter seulement sur les rameaux à fruit, et voici comment on y procède :

Deux causes principales nuisent à la formation des rameaux à fruit dans les arbres soumis au traitement encore le plus usité aujourd'hui pour les arbres en espalier : c'est le mode de taille du prolongement successif des branches sous-mères, et celui des rameaux que portent ces branches. Les rameaux de prolongement sont taillés beaucoup trop courts. On les coupe en A (*fig.* 580) au lieu de les tailler en B. Il en résulte que l'action de la séve, concentrée sur un très-petit nombre de boutons, les fait se développer en bourgeons vigoureux qu'il est presque impossible de transformer en rameaux à fruit. Une partie de l'action de la séve, ainsi refoulée vers la base de chaque branche, vient également paralyser les efforts que l'on a faits pour mettre à fruit les rameaux latéraux développés les années précédentes. D'un autre côté, les soins que l'on donne à ces diverses productions pour les transformer en rameaux à fruit sont loin d'être les plus convenables. En effet, lorsque ces bourgeons vigoureux commencent à végéter, on ne met aucun obstacle à leur allongement; on ne pratique pas le pincement qui diminuerait leur vigueur, et il s'ensuit que la séve, se portant vers le sommet, ne forme pas de boutons à la base. Dans le courant du mois d'août, et quelquefois plus tard, on les casse à 0^m,08 ou 0^m,10 de leur base (C); mais, comme il ne s'est point formé de boutons vers ce point, ces petits prolongements ne donnent lieu, l'année suivante, à aucune production (D), et finissent par se dessécher et déterminer autant de vides sur les branches. Ou bien, si un ou deux bourgeons se développent, comme la séve a pris son essor de ce côté, et que, d'ailleurs, elle y est constamment ramenée par la taille trop courte des prolongements, ces bourgeons donnent lieu à des rameaux aussi vigoureux que celui qu'on a cassé l'année précédente (E).

Chaque année, on recommence la même opération, et chaque année le même résultat se produit (F); en sorte qu'au bout d'un certain temps

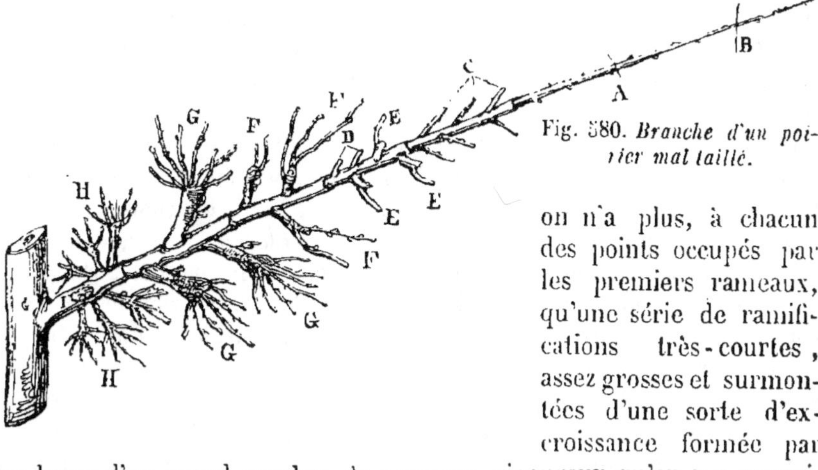

Fig. 580. *Branche d'un poirier mal taillé.*

on n'a plus, à chacun des points occupés par les premiers rameaux, qu'une série de ramifications très-courtes, assez grosses et surmontées d'une sorte d'excroissance formée par les bases d'un grand nombre de rameaux vigoureux qu'on y a supprimés chaque année. Les cultivateurs donnent à ces productions le nom de *tête de saule* (G). C'est tout au plus si, au milieu de ces ramifications inutiles, on parvient à obtenir quelques rameaux à fruit. Si l'on essaye de remplacer ces faisceaux de rameaux par d'autres productions, en les supprimant près de leur base, comme la cause qui les avait produits subsiste toujours, on en obtient deux ou trois au même point au lieu d'un seul (H), ou bien, comme cela arrive quelquefois, il ne se développe rien à leur place, et il en résulte un vide sur la branche (I). A mesure que l'arbre avance en âge, le mal s'aggrave, car ces *têtes de saule*, en s'accroissant sans cesse, nuisent à tel point à la circulation de la séve dans les ramifications, que l'extrémité devient languissante et se dessèche. Les *têtes de saule* elles-mêmes, en vieillissant, développent plus difficilement de nouveaux bourgeons; elles finissent aussi par s'anéantir, et la branche meurt. C'est ainsi que nous avons vu périr des arbres en espalier, qui, âgés de plus de soixante ans et traités de cette manière, n'avaient pas produit, pendant ce laps de temps, plus de deux ou trois cents fruits.

Il est possible de remédier à ce fâcheux état de choses, mais à une condition : c'est que les arbres seront encore assez vigoureux. S'ils sont languissants, on devra renouveler la charpente de l'arbre, opération que nous décrirons plus loin en parlant du *rajeunissement des arbres épuisés par la vieillesse*. Mais, si le rameau terminal de chaque branche présente encore une végétation convenable, on opérera de la manière suivante :

On redressera, pendant une année, les branches qui sont très-inclinées, puis on taillera, bien long, le rameau terminal, en supprimant entièrement tous les rameaux développés par les *têtes de saule*. Pendant l'été, les bourgeons du rameau terminal seront traités comme nous l'avons indiqué précédemment, pour les transformer en rameaux à fruit, c'est-à-dire qu'on leur appliquera les opérations du pincement, de la torsion et du cassement. Tous les bourgeons des *têtes de saule* seront exactement enlevés à mesure qu'ils paraîtront. L'année suivante, toutes les têtes de saule seront coupées à $0^m,005$ environ de leur base. Les plaies seront recouvertes avec du mastic à greffer. Le rameau terminal sera également taillé très-long. Pendant l'été, on choisira, parmi les bourgeons qui naîtront sur la base des *têtes de saule*, deux des moins vigoureux et des mieux placés, et l'on supprimera tous les autres. Ces bourgeons seront traités de manière à être transformés en rameaux à fruit. Au printemps de la troisième année, alors que les boutons à fleur seront bien formés, on inclinera de nouveau les branches qui avaient été redressées, et l'on retranchera celles qui sont trop rapprochées, de manière à conserver entre elles les distances que nous avons recommandé de réserver entre les branches sous-mères du poirier. Quant aux vides qui se seraient produits parmi les rameaux à fruit de ces branches, ou pourra les remplir à l'aide de la greffe *de côté Girardin*, décrite page 123.

Une condition essentielle au succès de cette opération, c'est, avant tout, que les branches aient un espace suffisant pour s'étendre latéralement. On conçoit, en effet, que, si les arbres sont trop rapprochés les uns des autres, il deviendra impossible de donner une longueur convenable aux rameaux terminaux des branches, et de déplacer ainsi l'action de la séve. Ce serait en vain que l'on supprimerait les *têtes de saule;* les nouvelles productions prendraient rapidement le même caractère, malgré les pincements les plus minutieux; car il faudrait toujours que la séve prît son essor, et, ne trouvant pas un espace suffisant à l'extrémité des branches, son action se ferait sentir vers leur partie moyenne, en développant en rameaux vigoureux les boutons qu'elle y rencontrerait. Lors donc que les arbres qu'on voudra restaurer ainsi seront trop rapprochés les uns des autres, il faudra en supprimer un sur deux. S'il résultait de cette suppression un intervalle trop considérable entre chaque poirier, il faudrait alors, après les avoir opérés comme nous venons de l'indiquer, employer pour la formation des rameaux à fruit les procédés adoptés par M. Cossonnet, et que nous avons décrits à la page 645.

Arbres en cône. — Le plus généralement encore aujourd'hui on taille beaucoup trop court les branches latérales inférieures des cônes en formation et l'on coupe trop long la flèche et les branches latérales qui l'avoisinent. Il en résulte que, l'arbre continuant à s'élever, la séve, qui tend toujours à affluer vers le sommet, s'arrête à peine dans les parties inférieures, où elle n'est attirée que par un trop petit nombre de boutons. Dès lors, l'accroissement des branches latérales inférieures cesse avant qu'elles aient atteint la longueur qu'elles devraient avoir; elles se chargent d'une grande quantité de fruits qui les épuise rapidement; elles disparaissent progressivement, et l'arbre, continuant de s'élever, finit par prendre sa disposition naturelle, la forme en tête.

Si ces arbres n'ont encore que de 1ᵐ,50 à 2 mètres d'élévation (*fig.* 581) et qu'ils soient suffisamment vigoureux, il n'y a d'autre moyen à employer que le *récépage :* on coupe la tige en A, à environ 0ᵐ,45 du sol. On *ravale* ensuite les branches latérales B, c'est-à-dire qu'on les coupe tout contre la tige, puis on applique à ces jeunes arbres les mêmes soins que pour un cône au début de sa formation.

Mais, lorsque l'arbre à opérer aura atteint une hauteur de 4 à 5 mètres, comme celui qu'indique la figure 582, et que la base sera encore pourvue d'un certain nombre de ramifications, il faudra ne conserver que le tiers de sa hauteur totale. S'il n'était pas très-vigoureux, on ne conserverait que le quart de sa hauteur. Toutes les branches situées au-dessous de ce point sont *rapprochées*, c'est-à-dire coupées à 0ᵐ,04 environ de leur naissance. Dès les premiers jours du mois de mai, cette tige se couvre de nombreux bourgeons; on n'en conserve qu'un nombre égal à celui des branches latérales qu'on veut obtenir. Pendant l'été suivant, on favorise l'allongement du bourgeon inférieurs en pinçant ceux du sommet, à l'exception toutefois de celui que l'on choisit pour prolonger de nouveau la tige. Lors

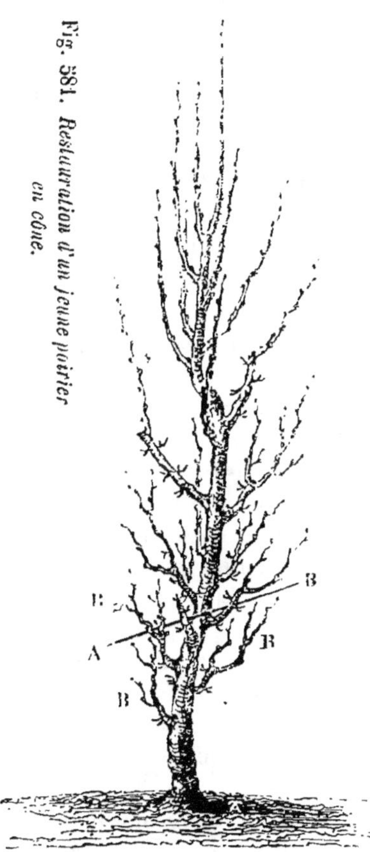

Fig. 581. *Restauration d'un jeune poirier en cône.*

de la taille d'hiver suivante, on n'enlève que le quart de la longueur des ramifications inférieures, puis on raccourcit successivement les autres en laissant seulement une longueur de 0^m,20 à celles du sommet; on ne donne à la flèche qu'une longueur de 0^m,30. Pendant l'été suivant on refoule encore la séve dans les parties inférieures de l'arbre au moyen du pincement. A la fin de la végétation, l'arbre a repris sa forme conique, et l'on peut continuer sa formation en lui appliquant les soins que nous avons prescrits pour es cônes.

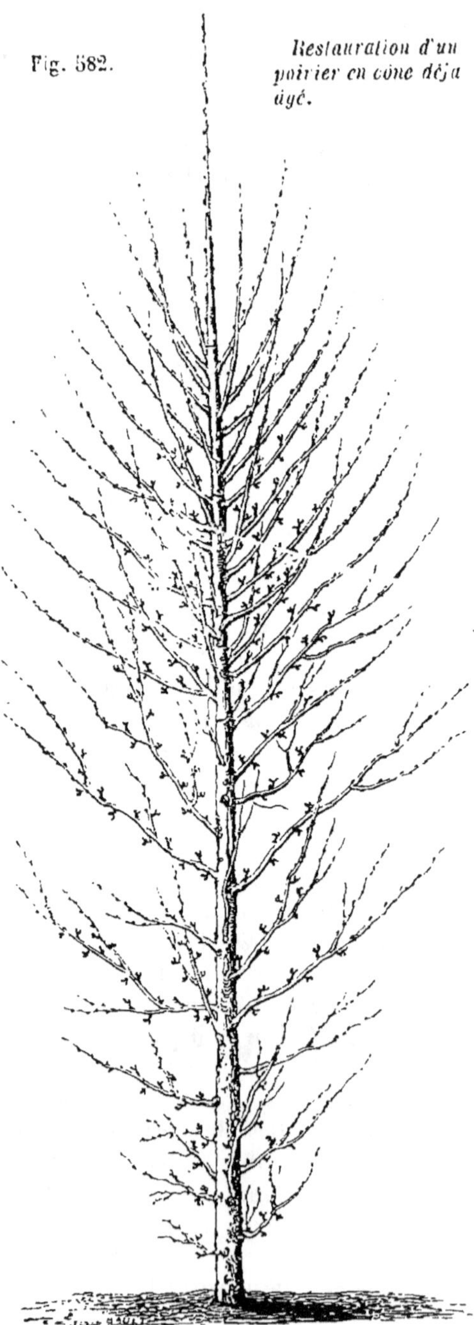

Fig. 582.

Restauration d'un poirier en cône déja âgé.

Nous terminerons ce qui a trait à la restauration du poirier par l'observation suivante, qui s'applique aussi bien aux arbres en plein vent qu'à ceux en espalier : il arrive fréquemment que, trompé par la description exagérée de la qualité des fruits de certains arbres, ou que, victime d'erreurs commises dans l'envoi des variétés demandées aux pépiniéristes, on plante des poiriers qui ne méritent réellement pas la culture. Ce qu'il y a de plus fàcheux dans ce cas, c'est qu'on ne s'aperçoit de cela que quatre ou cinq ans après la plantation, c'est-à-dire lorsque les jeunes arbres commencent à fructifier. Pour ne pas perdre inutilement le temps et les soins que l'on a donnés à ces arbres pour leur plantation et la première formation de leur tige, on pourra, au lieu de les sacrifier pour planter de nouveau, leur appliquer l'opération de la greffe.

Ainsi, s'il s'agit d'arbres destinés à former des cônes, des vases ou gobelets, ou même d'arbres plantés en espalier, on devra placer un ou deux *écussons Vitry* sur chaque branche sous-mère. Pour les arbres en cône ou en espalier, les écussons seront placés sur ces branches à $0^m,05$ ou $0^m,06$ de leur naissance pour celles qui seront les plus élevées, et à $0^m,30$ pour les plus basses. Quant aux arbres en vase, les écussons seront placés sur ces branches à $0^m,20$ de leur naissance sur la tige. Pour les branches sous-mères des arbres en cône ou en vase, les écussons devront être posés sous les branches; pour ceux en espalier, on les placera en avant de ces mêmes branches; pour les arbres en cône ou en espalier, l'écusson destiné à prolonger la tige ou branche-mère devra être posé à la base de la fraction de cette tige âgée de trois ans. Si l'on plaçait l'écusson au point où cette tige devait être coupée l'année suivante, il serait à craindre que les ramifications inférieures, taillées très-court, ne se développent plus assez vigoureusement et ne reprennent plus, dans l'intérêt de la forme de l'arbre, l'avantage qu'elles avaient sur les branches supérieures. En plaçant l'écusson terminal assez bas, ainsi que nous venons de le recommander, on est obligé de *ravaler* la tige, et cela tourne au profit des parties inférieures.

Nous avons conseillé de poser deux écussons au même point sur chaque branche : c'est afin d'échapper plus sûrement à un non-succès. Si ces écussons se développent tous deux, on en supprime un, peu après son premier développement. Ces écussons placés, il n'y a plus qu'à couper chaque branche, au printemps, au-dessus du point où ils ont été posés, puis à donner une direction convenable aux nouveaux bourgeons, à mesure qu'ils s'allongent.

Nous avons également employé la greffe en fente et en couronne pour changer la nature des fruits des jeunes arbres, et nous en avons obtenu de bons résultats. Toutefois nous pensons que, si l'écorce des branches est encore assez mince et tendre, il y aura plus d'avantage à se servir des écussons. Les amputations que nécessite la pose des premières greffes donnent lieu, sur les ramifications un peu volumineuses, à des difformités nuisibles à la végétation.

Nous engageons vivement à ne pas hésiter à faire usage du procédé que nous venons de décrire toutes les fois que l'occasion s'en présentera. On évitera ainsi les inconvénients qui résulteraient de nouvelles erreurs dans le choix des arbres que l'on voudrait replanter; et, d'un autre côté, on gagnera au moins trois ans sur la formation des arbres.

2° Rajeunissement des poiriers épuisés par la vieillesse. — Quelques soins que l'on donne aux arbres fruitiers soumis à la taille, il
arrive, au bout d'un nombre d'années plus ou moins considérable, qu'il
se forme, à chacun des points occupés par les rameaux à fruit, des
nœuds déterminés par la coupe et le renouvellement successif de ces
rameaux. Ces nodosités deviennent des obstacles graves à la circulation
de la séve des racines vers les boutons, et à la descente des filets ligneux

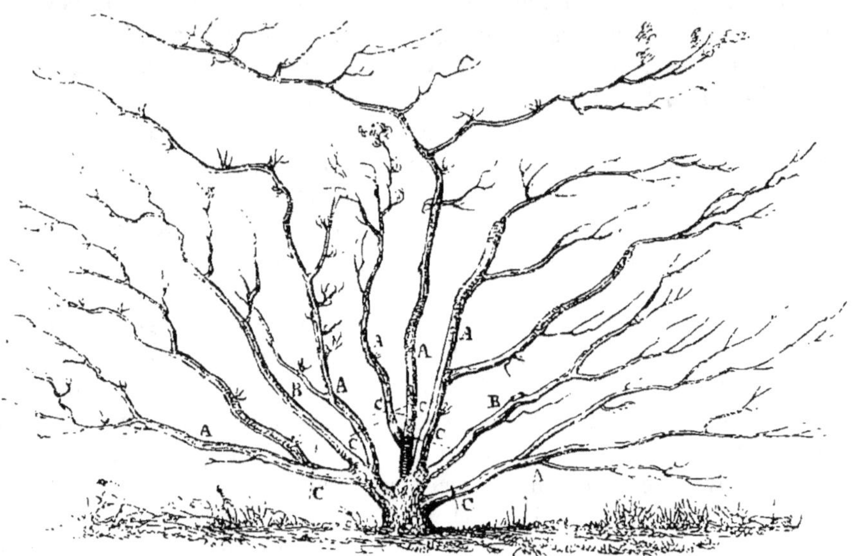

Fig. 585. *Poirier en espalier arrivé à sa décrépitude.*

et corticaux des feuilles vers les racines. Il s'ensuit que, d'une part, les
bourgeons se développent moins vigoureusement, et que, de l'autre, les
racines ne prennent plus que très-peu d'extension. Ces causes de souffrance sont encore augmentées par les couches corticales dures et desséchées qui, en s'accumulant sans cesse à la surface des branches et de
la tige, ne se prêtent plus aussi facilement au libre accroissement du
corps ligneux et des nouvelles couches du liber. Elles compriment les
vaisseaux de ces couches, et gênent ainsi la circulation des fluides. Bientôt, sous l'influence de cet état languissant, l'arbre se couvre d'un nombre
considérable de fleurs dont la plus grande partie reste stérile, tandis que
celles qui fructifient, ne recevant pas une quantité suffisante de fluides
nutritifs, ne donnent que de chétifs produits. Cette floraison surabondante achève d'épuiser l'arbre en absorbant la plus grande partie de la
séve destinée au développement de nouveaux rameaux. Dès que ce

symptômes se manifestent, l'arbre dépérit rapidement; car, la production des rameaux devenant presque nulle, les feuilles sont moins nombreuses, les couches d'aubier et du liber ne présentent qu'une très-faible épaisseur, et les extrémités radiculaires, qui ont à peine la force de s'élancer vers de nouvelles couches de terre non épuisées par leur succion, dépérissent également. La figure 583 montre un vieux poirier arrivé à cette dernière période de son existence, la *décrépitude*.

Si cette décrépitude est due à la vieillesse ou à une taille vicieuse, plutôt qu'à la mauvaise qualité du sol, il est possible de rétablir le plus grand nombre de ces arbres, et voici comment il convient d'opérer.

Arbres en espalier. — Les causes de leur état languissant étant l'absence de boutons à bois vigoureux, l'organisation imparfaite des couches d'aubier et du liber, l'avortement des prolongements radicaux, il faudra d'abord s'efforcer de remplacer ces parties essentielles par de nouveaux organes sains et vigoureux, et concentrer, à cet effet, sur certains points, la vie répandue dans toute l'étendue de la tige. Pour les arbres en espalier, on coupera les branches principales (A, *fig.* 583) à 0ᵐ,20 ou 0ᵐ,25 de leur base, en C; les autres (B) seront laissées entières. Ces amputations devront être faites de manière que les branches non amputées soient choisies parmi celles qui seront jugées inutiles à la forme que l'on donnera à la nouvelle charpente de l'arbre; leur nombre ne devra pas, dans tous les cas, dépasser le quart de toutes les branches principales. Si nous conservons momentanément ces branches, c'est dans la crainte que l'arbre, ainsi recépé, n'ait pas la force de développer immédiatement, sur la vieille écorce, les nouveaux bourgeons nécessaires pour entretenir les fonctions des racines, auquel cas, celles-ci périraient et l'arbre mourrait. En conservant, au contraire, quelques vieilles branches, les boutons qu'elles portent préviendront cet accident. Pour faciliter la sortie des bourgeons sur les branches taillées, on enlèvera, à l'aide d'une plane, toute l'écorce desséchée, puis on recouvrira les parties mises au vif avec un lait de chaux éteinte. Cet enduit stimulera l'énergie vitale de ces couches de l'écorce et empêchera l'ardeur du soleil de les dessécher trop vite.

Voyons maintenant ce que produit cette opération. La séve, concentrée sur une étendue de branches très-restreinte, agit avec une grande énergie sur le tissu cellulaire de l'écorce qui avoisine le sommet des branches coupées près de leur base, et y détermine la formation de boutons qui se développent bientôt en bourgeons vigoureux. Vers le milieu de juin, on choisit, parmi ces productions, celles qui sont les mieux placées pour former les branches principales d'une charpente régulière: tels sont les rameaux C, D, E, F, G, H, (*fig.* 584); les autres sont tordus vers le milieu de leur longueur. L'année suivante, au printemps, on taille ces rameaux principaux de manière à leur imposer

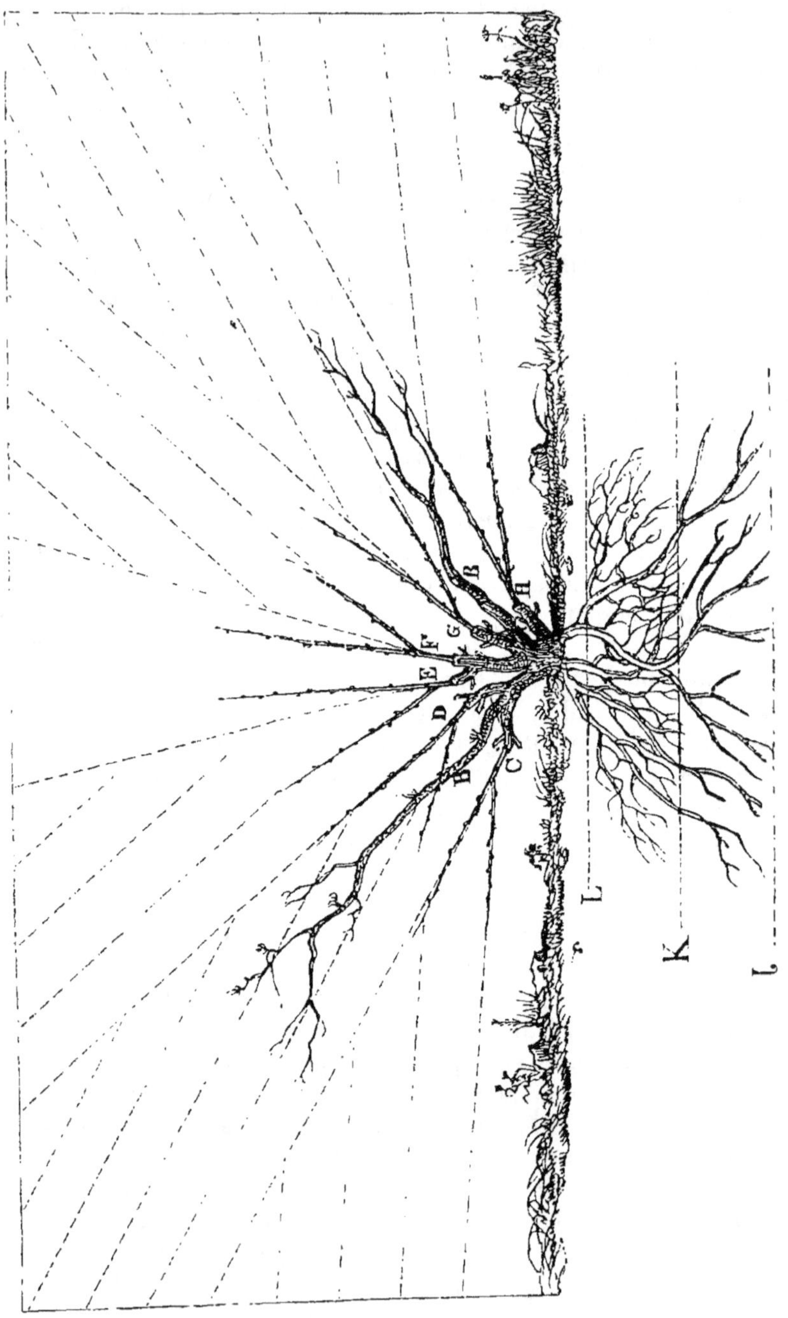

Fig. 584. *Vieux poirier en espalier, rajeuni.*

la forme que l'on destine à l'arbre, soit, par exemple, *l'éventail à la Dumoutier*, que nous avons choisi pour notre figure et qui est décrit plus loin au chapitre des diverses formes, puis on casse les rameaux tordus à $0^m,06$ ou $0^m,08$ de leur naissance. Pendant l'été, on commence à pincer, pour en faire des rameaux à fruit, les bourgeons non destinés à former des branches principales.

Au printemps suivant, l'arbre présente l'aspect de la figure 584, et les branches B, devenues inutiles, sont amputées. Ces nouvelles suppressions augmentent encore la vigueur des jeunes branches, lesquelles s'accroissent rapidement et remplacent bientôt l'ancienne charpente de l'arbre. Les diverses plaies sont recouvertes avec du mastic à greffer.

A mesure que la tige subit cette sorte de rajeunissement, les mêmes changements se produisent graduellement sur les racines. Aussitôt que de nombreux et vigoureux bourgeons apparaissent sur les branches coupées, les feuilles qu'ils développent envoient vers les racines une grande quantité de filets ligneux et corticaux. Ceux-ci, rencontrant, vers les racines, les couches de l'aubier et du liber dans un état languissant et surtout privées des fluides qui facilitent leur passage, dévient de leur direction naturelle, percent l'écorce sur le corps de la racine, et donnent lieu à de nouveaux organes nourriciers plus sains, plus vigoureux que les anciens, et qui les remplacent entièrement dans leurs fonctions. Si donc l'on vient à déplanter, au bout de trois à quatre ans, un arbre opéré comme nous venons de l'indiquer, on remarque, figure 584, que la moitié inférieure des anciennes racines, comprise entre les lignes J et K, commence à périr, et que ces parties sont remplacées par de nouvelles ramifications nées au-dessus d'elles et comprises entre les lignes K et L. L'arbre, arrivé à ce point, présente de nouveaux rameaux plus vigoureux, de nouvelles couches d'aubier et de liber mieux constituées, enfin de nouvelles racines fonctionnant avec une bien plus grande énergie. C'est réellement un nouvel arbre qui est venu recouvrir l'individu primitif, dont les organes essentiels ont cessé de vivre.

Pour assurer le succès complet de l'opération, il sera bon de pratiquer, à l'automne de la troisième année, une tranchée circulaire qui, naissant à 1 mètre du pied de l'arbre, présentera une largeur d'un mètre et une profondeur de $0^m,70$. Cette tranchée sera remplie avec une terre neuve, de consistance moyenne, et suffisamment améliorée par du terreau. Si, pendant ce travail, on découvre quelques anciennes racines, il sera bon de les conserver intactes. Enfin, si les branches d'un arbre décrépit présentent un diamètre de plus de $0^m,06$, et surtout si leur écorce offre une grande épaisseur, il sera plus prudent de poser des *greffes en couronne Théophraste* à chacun des points où l'on désire obtenir de nouvelles branches, car il pourrait arriver que les nouveaux bourgeons ne pussent pas percer la vieille écorce.

38.

Arbres en plein vent. — Quant aux poiriers en plein vent, on opérera d'après les mêmes principes. Ainsi, s'il s'agit d'arbres en vase, chacune des branches-mères sera récépée à $0^m,20$ ou $0^m,25$ de sa naissance, puis on la greffera si on le juge nécessaire. Il sera convenable de n'opérer ce recépage qu'en deux ans. On laissera donc le quart des branches coupées seulement à moitié de leur lon-

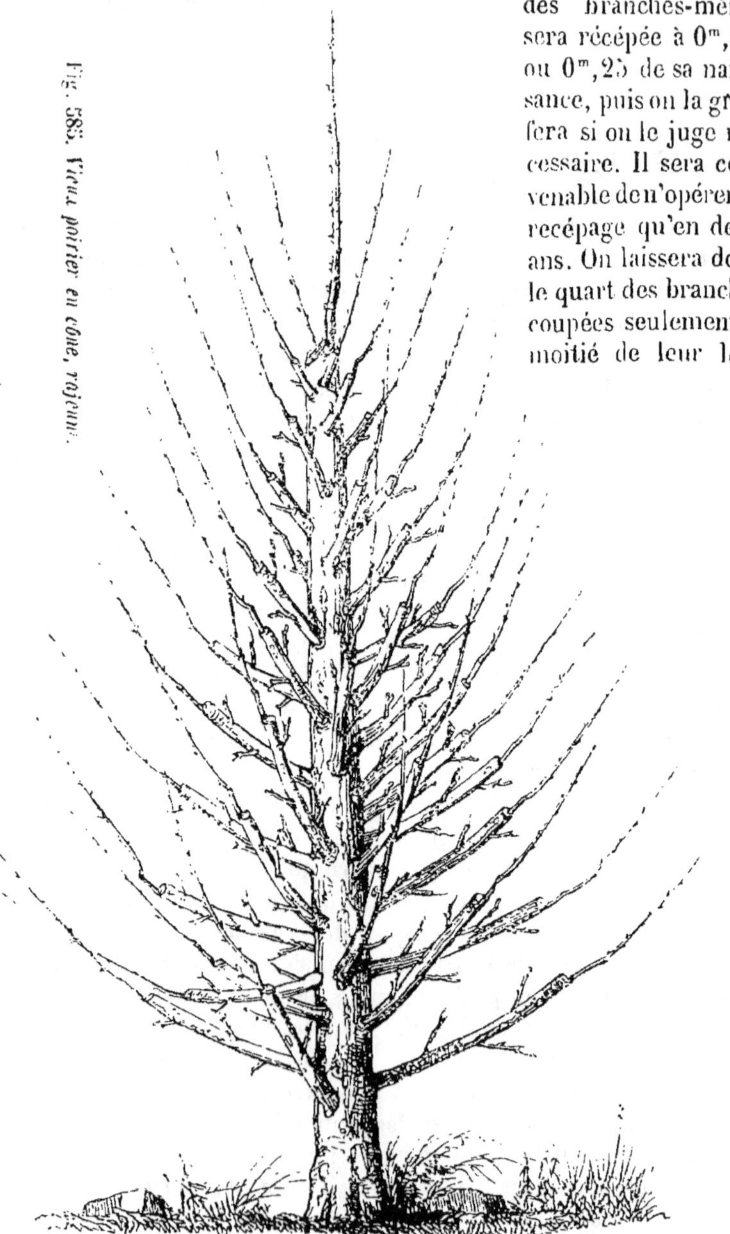

Fig. 585. Vieux poirier en cône, rajeuni.

gueur, en ayant soin de les répartir également sur la circonférence du vase.

Pour les arbres en cône, on les disposera comme l'indique la figure 585. C'est à-dire qu'on coupera la tige vers la moitié de sa hauteur, et que les branches latérales seront taillées d'autant plus long, qu'elles seront plus rapprochées de la base, de manière à conserver à l'arbre sa forme conique. Celles de la base seront coupées à 0ᵐ,60 de leur naissance, et celles du sommet à 0ᵐ,15 seulement. Il y aura généralement plus d'avantage à greffer en couronne chacune de ces branches, parce que l'action de la séve, répartie sur une plus grande étendue de tige, n'aurait pas une force suffisante pour développer assez vigoureusement les nouveaux bourgeons. On pourra opérer le ravalement de toutes les branches la même année, car les quelques boutons que présentera encore la tige suffiront pour entretenir les fonctions des racines.

Nous insistons pour qu'on supprime la moitié environ de la hauteur de ces arbres. Si, en effet, on les laissait entiers, les ramifications inférieures, étant raccourcies, n'auraient plus assez de force pour attirer à elles la séve des racines, qui s'élancerait alors en trop grande abondance vers le sommet de la tige : l'on ne pourrait plus alors rendre à l'arbre sa forme primitive. En opérant, au contraire, comme nous venons de l'indiquer, on refoule la séve vers ces ramifications inférieures.

Pendant les premières années qui suivront ce rajeunissement des cônes, il sera nécessaire de tailler très-court les rameaux du sommet, afin de les empêcher d'absorber une trop grande quantité de séve au détriment de ceux de la base. Il sera également convenable, pour les arbres en cône ou en vase, de renouveler une partie de la terre qui les environne, comme nous venons de l'expliquer pour les arbres en espalier.

CULTURE DES POIRIERS DANS LES VERGERS.

Nous avons donné plus haut (page 541) la définition des vergers en général, et nous avons indiqué dans quelles circonstances il convient de préférer ce mode de culture à celui du jardin fruitier. Ce que nous devons dire ici, ce sont les soins que réclame la culture des poiriers à fruits de table dans les vergers. Nous renvoyons pour cela au chapitre des arbres à cidre (page 497) qui sont cultivés dans de véritables vergers; tout ce que nous en avons dit s'applique complétement aux poiriers à fruits de table. Nous n'avons à ajouter ici que ce qui est relatif au choix des variétés à cultiver dans cet emplacement.

Il faut choisir pour cela des variétés à la fois vigoureuses, rustiques et très-fertiles. Parmi celles dont nous avons donné la liste à la page 601, nous conseillons surtout les suivantes pour les vergers :

Épargne.
Beurré d'Amanlis.
Beurré d'Angleterre.
Louis-Bonne d'Avranches.
Beurré Capiaumont.
Beurré d'Apremont.
Beurré Diel.

Zéphirin-Grégoire.
Rousselet de Reims (à confire).
Certeau d'automne (à cuire.)
Messire-Jean (à cuire).
Martin sec (à cuire).
Catillac (à cuire).

Sous le climat du Midi, on pourra indifféremment cultiver dans les vergers toutes les variétés indiquées sur la liste de la page 601.

Principales maladies du poirier. — Les principales maladies du poirier sont déterminées par des blessures, par les intempéries, la mauvaise qualité du sol, la présence de certaines plantes parasites ou de certains animaux ou insectes nuisibles. Les altérations produites par les trois premières causes sont surtout les suivantes :

Les *ulcères* et la *carie* résultent de plaies, de contusions faites sur la tige des arbres. Ce sont particulièrement les arbres cultivés dans les vergers qui sont les plus exposés à ces accidents. Nous indiquons au chapitre des arbres forestiers (page 312) les moyens à l'aide des quels on remédie à ces altérations.

Les *chancres.* — Nous renvoyons à la culture des arbres à fruits à cidre, où nous avons traité de cette maladie, page 529.

La *jaunisse* ou *chlorose.* — Cette affection se reconnaît à la couleur jaune plus ou moins prononcée que prennent les feuilles et les jeunes bourgeons. Les arbres fruitiers sont assez fréquemment attaqués de cette maladie, que l'on peut considérer comme une sorte d'atonie du tissu cellulaire des parties vertes, chargé de préparer les fluides nourriciers. Cette altération a toujours pour cause l'état maladif des racines ; on la voit apparaître lorsque ces organes ont été attaqués par les *mans* ou *vers blancs*, ou qu'ils sont engagés dans une couche de terre qui ne leur convient pas. Jusqu'à présent on se contentait, si la maladie était déterminée par la nature du sol, d'en changer la composition, ou, si elle résultait de la mutilation des racines par les *mans*, on attendait patiemment que de nouveaux organes fussent venus remplacer les anciens ; mais aujourd'hui, grâces aux recherches de M. Eusèbe Gris, on connaît un moyen de hâter singulièrement la guérison de cette affection.

M. Gris, étudiant l'action de divers sels sur les plantes attaquées de la jaunisse, a reconnu la propriété qu'a le *sulfate de fer* ou *couperose* de faire disparaître très-rapidement cette maladie. Nous avons répété ses expériences sur diverses espèces d'arbres, et notamment sur le poirier et sur la vigne, et nous avons obtenu le succès le plus complet.

Le sulfate de fer peut être administré dissous dans l'eau, soit en arrosements sur la partie du sol où l'on suppose que les racines de l'arbre sont engagées, soit en aspersions sur les feuilles ; ce dernier moyen agit avec beaucoup plus de promptitude ; on emploie 2 grammes de sulfate par litre d'eau, si la végétation est avancée et les feuilles déjà coriaces ; mais, si l'on opère au commencement de la végétation, quand le tissu des feuilles est encore très-tendre, on se contente de 1 gramme par litre d'eau.

Cette solution est répandue sur toutes les parties vertes à l'aide d'un arrosoir à pomme, le soir, après le coucher du soleil, ou par un temps sombre. On répète l'opération une ou deux fois, suivant l'intensité de la maladie, et à six ou huit jours d'intervalle. Au bout d'un mois environ, les feuilles et toutes les parties herbacées ont repris leur couleur verte.

Quant au mode d'action du sulfate de fer, nous pensons qu'il stimule l'énergie vitale du tissu cellulaire des feuilles frappées d'atonie par l'état maladif des racines. Bientôt ces feuilles reprennent une nouvelle vie, les bourgeons s'allongent rapidement et envoient vers les racines de nombreux filets ligneux et corticaux. Ceux-ci donnent lieu à de vigoureuses radicelles qui remplacent les anciennes dans leurs fonctions.

Ce sel de fer, employé en arrosements sur les racines, est absorbé par ces organes, puis porté vers les feuilles, où il produit le même résultat.

L'action du sulfate de fer sur la jaunisse ou chlorose des arbres devient insuffisante quand la maladie provient de la mauvaise qualité du sol ; on arrive bien à diminuer momentanément cette influence nuisible, mais, la cause subsistant toujours, l'effet se reproduit sans cesse. Il faut donc améliorer le sol en même temps qu'on emploie le sulfate de fer.

Dessiccation du sommet des bourgeons ou *brûlure.* — Très-souvent, lorsque la chlorose résulte de la mauvaise qualité du sol, on voit succéder à cette affection, vers le mois d'août, la dessiccation complète du sommet des bourgeons. Cette altération est produite, à n'en pas douter, par l'état de souffrance des extrémités radiculaires engagées dans une zone de terre retenant une humidité surabondante qui les fait pourrir, ou, au contraire, dans un sol dur et très-sec, de nature calcaire ou siliceuse. Le seul remède consiste à faire disparaître cette cause en améliorant le sol, et surtout en le défonçant profondément.

Appauvrissement de l'arbre déterminé par la nature du sujet. — Si le poirier greffé sur cognassier est planté dans un terrain sec et peu fertile, l'arbre pousse peu vigoureusement ; il se charge bientôt d'une quantité surabondante de fruits qui l'épuisent rapidement, et il ne vit qu'un petit nombre d'années. On peut souvent prévenir cet appauvrissement en *affranchissant* ces arbres; mais il faut pour cela que la greffe soit placée tout près du sol. Alors on procède ainsi : on pratique, au printemps, sur le bourrelet de la greffe, de trois à six entailles (A, *fig.* 586), suivant la grosseur du sujet. On donne à ces entailles $0^m,004$ de largeur, $0^m,03$ de longueur verticale, et une profondeur suffisante pour la faire pénétrer jusqu'au corps ligneux. On recouvre aussitôt de terre bien amendée B le bourrelet de la greffe. La séve descen-

dante fait bientôt naître des bourrelets sur les bords des incisions, d'où
se développent des racines (C, *fig.* 554). L'arbre se trouve ainsi affranchi,
c'est-à-dire qu'il ne vit
plus par les racines du
sujet, qui pourrissent
bientôt, mais par celles
de la greffe. — L'arbre
devient alors presque
aussi vigoureux que s'il
était greffé sur franc.
On favorise d'ailleurs le
développement de ces ra-
cines en couvrant le petit
monticule de terre qui
les enveloppe d'un paillis
qui y entretient la fraî-
cheur pendant l'été.

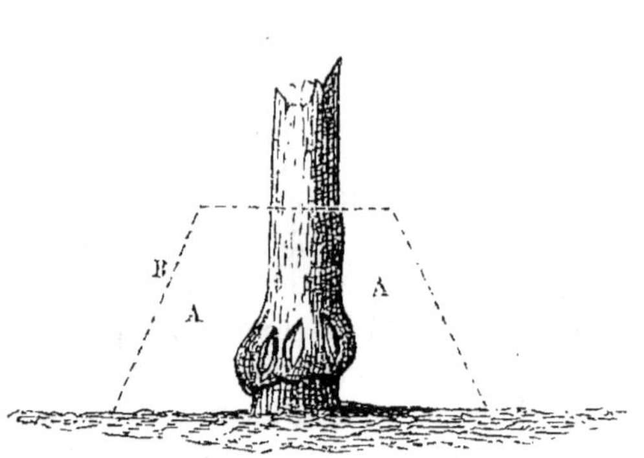

Fig. 586. *Poirier soumis à l'affranchissement.*

Nous renvoyons au chapitre des arbres à fruits à cidre (page 587) pour
certaines altérations résultant de l'ardeur du soleil sur la tige des jeunes
poiriers plantés dans les vergers, de l'humidité surabondante du sol ou de
son appauvrissement. Nous
renvoyons au même chapitre
pour les moyens à l'aide
desquels on peut détruire
les mousses et les lichens
qui, dans quelques circonstances, couvrent la tige et
les branches des poiriers.

*Animaux et insectes
nuisibles.* — Au nombre
des animaux qui attaquent
les arbres à fruits à pepins,
nous devons surtout comp-
ter les *lapins* et les *lièvres.*

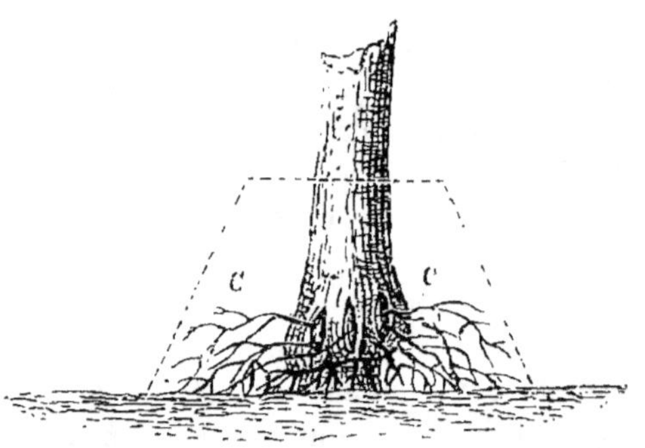

Fig. 587. *Résultat de l'opération de l'affranchissement.*

Aussitôt que la terre est couverte de neige, ces animaux, ne trouvant
plus rien à brouter dans les champs, commencent leur dévastation dans
les jardins. Quelques nuits leur suffisent pour ruiner complétement
une belle plantation. Le procédé suivant est employé avec succès pour
empêcher ces dévastations. On fait fuser dans 10 litres d'eau, environ
2 kil. de chaux vive en pierre; on ajoute quelques poignées de suie, et
l'on agite pour opérer le mélange; puis à l'aide d'un pinceau grossier,
l'on en badigeonne les rameaux et la tige depuis le sol jusqu'à la hauteur d'un mètre au moins. Cette opération doit être pratiquée dès le

mois de novembre, par un temps sec; douze litres de ce liquide suffisent pour badigeonner 3 ou 400 arbres à basse tige.

On a conseillé, dans le même but, l'emploi du goudron résultant de la préparation du gaz d'éclairage. Nous ne saurions trop mettre en garde contre ce moyen. Ce goudron, mis en contact avec les tissus des arbres, les brûle et les dessèche complétement, ainsi que nous l'avons vu plusieurs fois.

Oiseaux. — L'importance des dégats que commettent les oiseaux n'est que trop connue. Les tirer à distance n'est pas chose facile. Les épouvantails sont ce qu'il y a de plus simple et qui présente le moins d'inconvénient ; malheureusement ils s'y accoutument bien vite.

Toutefois M. Orbelin, amateur distingué à Saint-Maur près Paris, a imaginé un procédé qui réussit assez bien. C'est l'emploi de petits miroirs à deux faces, fort peu coûteux, et que l'on place au-dessus, ou en avant des arbres que l'on veut préserver. On les attache à l'extrémité d'une ficelle longue de 0^m,35, de manière qu'ils flottent au moindre vent. Cette ficelle est liée au sommet d'une petite baguette flexible (*fig.* 588) que l'on attache par son extrémité inférieure, soit aux branches des arbres en plein vent, soit au treillage des espaliers, mais de façon que ces petits miroirs restent suspendus à 0^m,30 ou 0^m,40 en avant des feuilles. La lumière les éclairant alors, il résulte de leur oscillation des reflets brusques qui effrayent les oiseaux et les éloignent.

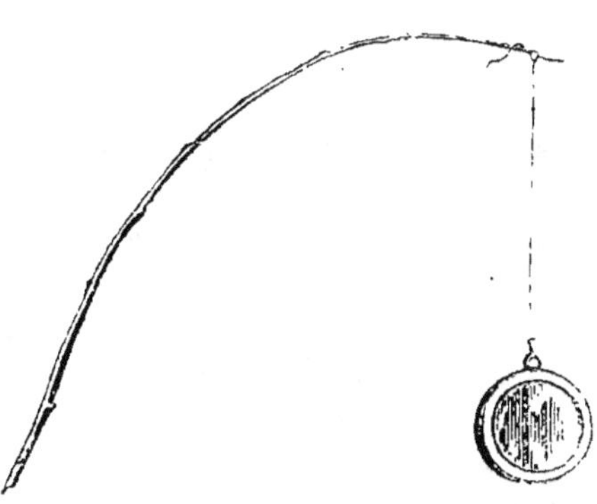

Fig. 588. *Miroir à double face pour éloigner les oiseaux.*

Les *rats*, les *loirs*, les *souris*, les *mulots*, font du tort aux arbres fruitiers en espalier en mangeant les fruits et quelquefois aussi en rongeant les rameaux pendant l'hiver. On détruit facilement ces petits animaux avant la maturité des fruits, en plaçant, dans de petits pots, suspendus contre le mur, pour que les animaux domestiques ne puissent y atteindre, un appât auquel on a mêlé de la noix vomique. Les souricières peuvent aussi servir au même usage.

Les insectes nuisibles au poirier sont assez nombreux ; nous ne nous occuperons ici que des suivants, qui sont les plus malfaisants.

Le *tigre*. — Ce petit insecte, qui appartient au genre *tingis* des naturalistes, vit à la face inférieure des feuilles sous forme de petites punaises ailées, très-petites, de couleur grise, avec quelques points noirs. Là, ces petits insectes rongent l'épiderme de la face inférieure des feuilles, qui se dessèchent et tombent. Les œufs de cet insecte étant déposés sur les branches et les jeunes rameaux des arbres, on peut le détruire en employant les moyens suivants pendant le repos de la végétation.

Le premier consiste en un mélange de chaux vive, de savon noir et de lessive. Le savon entre dans la proportion de 500 grammes pour 4 litres de lessive, et la chaux en quantité suffisante pour former une sorte de bouillie claire. Aussitôt après la chute des feuilles, on applique ce mélange, à l'aide d'une brosse, sur toutes les branches et les rameaux.

Les personnes placées dans le voisinage d'une usine à gaz pour l'éclairage pourront se servir de l'eau ammoniacale et bitumineuse qui a servi à l'épuration du gaz, et composeront le mélange suivant :

Eau d'épuration du gaz....	18 litres.
Fleur de soufre........................	500 grammes.
Savon de potasse........................ .	5 kil.

Ce mélange est aussi appliqué sur les branches pendant le repos de la végétation.

Petit kermès. — Ces petits insectes, qui appartiennent au genre *coccus* des naturalistes, sont appliqués contre la tige et les branches du poirier, et offrent l'aspect de très-petites coquilles, à peine visibles, de couleur grise et de forme circulaire ou elliptique (fig. 589). Ils sont parfois si nombreux, qu'ils forment une sorte de croûte continue à la surface de l'écorce. Là ces insectes vivent aux dépens des fluides qui circulent dans les tissus, et peuvent épuiser complétement les arbres. Les moyens de destruction que nous avons indiqués pour le tigre s'appliquent également à cette petite espèce de kermès.

Araignée. — Une sorte de très-petite araignée de couleur brune, à peine visible, ronge l'épiderme des feuilles du poirier. Ces feuilles se dessèchent et tombent bientôt. Le soufrage, recommandé pour la vigne (page 487), réussit assez bien à détruire cet insecte.

La *rouille des feuilles*. — On donne ce nom à une maladie qui apparaît sur les feuilles du poirier sous forme de taches couleur de rouille. Ces taches grandissent, puis produisent bientôt chacune, à la face inférieure des feuilles, une sorte d'exostose également couleur de rouille, et formée par la réunion de plusieurs petits mamelons souvent un peu velus. Les feuilles ainsi attaquées jaunissent et tombent. Cette altération est due à la piqûre d'un très-petit insecte appartenant au genre *cynips*.

On ne connait encore malheureusement aucun moyen de destruction pour cet insecte.

Les *hannetons*. — Nous avons constaté les dommages causés par les hannetons (*Melolontha vulgaris*) (p. 517) et surtout par leurs larves, les *mans*, sur les arbres forestiers et sur ceux à fruits à cidre. Ces ravages, ainsi que les moyens d'en diminuer l'étendue, sont les mêmes pour les arbres à fruits de table. Toutefois on pourra, dans le jardin fruitier, ensemencer en laitue les plates-bandes d'arbres fruitiers. Cette plante est semée à la volée au commencement de juin. Au bout d'un mois, les mans, très-friands de ses racines, commencent à l'attaquer; dès que quelques laitues paraissent se faner, on les enlève, et l'on trouve au pied une ou plusieurs larves; on arrive ainsi à en détruire le plus grand nombre.

Les *charançons*. — Plusieurs espèces de charançons (*Curculio*) vivent aux dépens des arbres fruitiers. Nous en citerons particulièrement deux, l'un gris, l'autre vert, et qui sont connus des cultivateurs sous les noms de *lisette, coupe-bourgeons*, etc. Ces insectes paraissent au printemps, et coupent le sommet des bourgeons. Si cet accident se manifeste sur les bourgeons terminaux des branches principales, il en résulte des inconvénients graves, car ces bourgeons, sur lesquels on comptait pour prolonger ces branches, cessent de s'allonger. Le seul moyen de détruire les charançons est de leur donner la chasse aussitôt qu'ils paraissent au printemps.

Chenilles, vers. — Il est quelques espèces de chenilles qui, en dévorant entièrement les feuilles des arbres fruitiers, leur font beaucoup de tort. Telles sont les larves du *bombyce livrée*, du *bombyce à cul doré*, de la *noctuelle psy*, de la *teigne padelle* ou *pomonelle* dont nous avons donné la description et les moyens de destruction aux pages 319, 320 et 509. D'autres chenilles, plus petites et connues des jardiniers sous les noms de *vers*, de *verdelets*, etc., apparaissent au sommet des bourgeons, dont elles roulent les feuilles et arrêtent le développement. Il n'y a d'autre moyen de destruction pour ces diverses larves que de visiter souvent les arbres pendant les premiers mois de leur végétation et d'enlever toutes celles qu'on y rencontre.

Brûlure des feuilles. — Mentionnons spécialement la larve d'une *très-petite teigne* qui pénètre dans le tissu des feuilles.

Là, elle ronge circulairement les tissus entre les deux épidermes, et bientôt chacun des points occupés par ces larves apparaît sous forme de larges taches brunes qui donnent aux feuilles l'aspect que montre la fig. 590. Ces feuilles finissent bientôt par tomber. Nous ne connaissons encore aucun moyen vraiment pratique pour détruire ce petit insecte.

Perce-oreilles. — La présence des perce-oreilles (*Forficula auricularia*) n'est pas moins redoutable pour les arbres en espalier, dont ils rongent les jeunes bourgeons et attaquent les fruits. Pour détruire une très-grande quantité de ces insectes, on attache, de place en place, le long du mur, de petites bottes de rameaux feuillés ou des tiges creuses

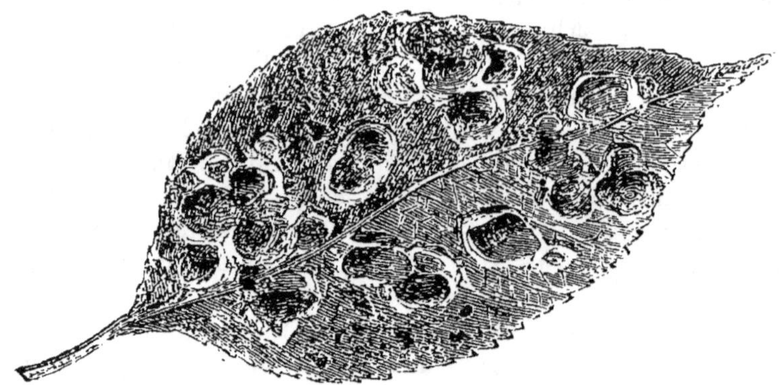

Fig. 590. *Feuille de poirier attaquée par les larves d'une teigne.*

de dahlias, roseaux, etc. Les perce-oreilles se retirent pendant le jour dans ces bottes de rameaux ou dans ces tiges creuses, et il suffit de secouer les uns ou les autres, chaque jour, de grand matin, dans un vase, pour en purger en peu de temps l'espalier.

Fourmis. — Nous avons cru longtemps les fourmis innocentes de tout dommage sur les arbres fruitiers ; nous pensions qu'elles se contentaient de recueillir la matière sucrée sécrétée par les pucerons, ou de sucer les fruits déjà entamés par les perce-oreilles ou les limaçons : mais nous avons pu nous convaincre qu'elles dévorent au printemps les jeunes bourgeons, au moment de leur premier développement, et nous les avons surprises attaquant des fruits parfaitement sains. Il est donc utile de songer aussi à leur destruction. Rien n'est plus simple : on suspend, de place en place, le long de l'espalier, de petites bouteilles à orifice étroit (des fioles à médecine) remplies à moitié d'eau miellée. Quelques jours suffiront pour que ces bouteilles soient complétement pleines de fourmis attirées par cet appât. En répétant l'opération deux ou trois fois, on sera complétement débarrassé de leur présence.

Les *guêpes*, les *frelons* (*Vespa*), font aussi parfois des dégâts assez considérables sur les poiriers, en entamant les fruits mûrs. On emploie, pour les détruire, le procédé que nous venons d'indiquer pour les fourmis.

Récolte des fruits. — *Degré de maturité.* — La récolte des poires est effectuée lorsqu'elles présentent un degré suffisant de maturité. Quant au moment précis, il varie suivant les variétés.

Celles qui mûrissent en été ou en automne doivent être cueillies huit ou douze jours avant leur maturité absolue, c'est-à-dire avant le moment où elles se détachent d'elles-mêmes des arbres. Ces fruits renferment alors les éléments nécessaires pour accomplir leur maturation, car celle-ci n'est plus alors qu'une réaction chimique, indépendante, en quelque sorte, de l'action vitale. En les séparant de l'arbre à ce moment, on les prive de la séve des racines, on les force d'élaborer plus complétement celle que contiennent leurs tissus, le principe sucré est moins étendu d'eau, et ils sont plus savoureux. L'instant où ces fruits peuvent être récoltés est indiqué par la teinte jaune que prend le côté opposé au soleil.

Les fruits qui ne mûrissent qu'en hiver doivent être récoltés dès qu'ils ont acquis tout leur développement, et avant la cessation complète de la végétation, c'est-à-dire de la fin de septembre à la fin d'octobre, suivant les variétés, les années et le climat. L'expérience a démontré que ces fruits, laissés sur l'arbre après leur croissance, se conservent ensuite moins facilement; ils deviennent d'ailleurs moins parfumés et moins sucrés, parce qu'à partir de ce moment la température est ordinairement trop basse pour que les nouveaux fluides qui arrivent dans leurs tissus puissent y être suffisamment élaborés. Si, au contraire, on les récolte avant leur complet développement, ils se rident et mûrissent très-difficilement. Il est également utile de les recueillir en deux fois sur le même arbre; on détachera d'abord les fruits placés sur la moitié inférieure; puis, huit ou dix jours après, on prendra ceux du sommet, dont l'accroissement s'est prolongé un peu plus longtemps sous l'influence de l'action de la séve, qui n'abandonne qu'en dernier lieu cette partie de l'arbre. Par la même raison, on récolte les fruits des arbres en plein vent après ceux en espalier, et ceux des jeunes arbres après ceux des arbres plus âgés, etc. Au surplus, le moment précis est indiqué, pour chaque fruit, par la facilité avec laquelle il se détache lorsqu'on le soulève un peu.

Moment favorable. On choisit, autant que possible, pour faire la récolte, un temps sec, un ciel découvert, et l'on opère depuis midi jusqu'à quatre heures. Les fruits sont alors chargés d'une moins grande quantité d'humidité, ils ont une saveur plus prononcée, et ceux qui sont destinés à être conservés se gardent mieux. Cette règle s'applique à tous les fruits.

Mode de récolte. — La meilleure méthode consiste à détacher les fruits un à un et à la main. On doit tâcher de ne leur faire éprouver aucune pression, car chacune des foulures détermine une tache brune qui donne lieu à la pourriture.

Quant aux fruits placés au sommet des arbres, hors de la portée de la main, on a imaginé plusieurs instruments plus ou moins ingénieux pour les cueillir sans le secours d'une échelle; mais aucun n'opère d'une manière bien satisfaisante, il en résulte un travail trop lent, ou bien les fruits, ainsi détachés, sont plus ou moins meurtris et ne peuvent être conservés. Il est donc plus convenable de se servir tout simplement d'une échelle pour arriver jusqu'aux fruits trop élevés.

A mesure que les fruits sont détachés de l'arbre, on les dépose dans un panier semblable à celui dont se servent les cultivateurs de Montreuil (*fig.* 591); il présente une longueur de 0ᵐ,65 sur 0ᵐ,48 de largeur et 0ᵐ,25 d'élévation. On garnit le fond d'une tapisserie; les fruits y sont posés un à un, et l'on n'en superpose que trois rangs séparés par une certaine quantité de feuilles. Quand le panier est suffisamment rempli, on le transporte sur la tête, au moyen d'un bourrelet (*fig.* 592),

 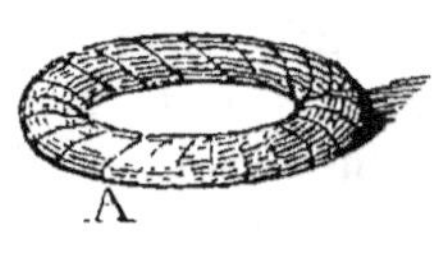

Fig. 591. *Panier pour récolter les fruits.*   Fig. 592. *Bourrelet pour supporter le panier.*

dans un local, spacieux, aéré, où les fruits sont déposés sur une table couverte de feuilles ou de mousse bien sèche. Là, les fruits d'été ou d'automne achèvent leur maturation. Quant aux fruits d'hiver, ils reçoivent les soins de conservation dont il nous reste à parler.

Conservation. — La conservation des fruits est une question intimement liée à celle du jardin fruitier. Nous avons vu, en effet, que celui-ci doit fournir, *pendant toute l'année*, la même quantité des meilleurs fruits possible. Nous avons dit, il est vrai, qu'on peut obtenir ce résultat en plantant un nombre égal de variétés mûrissant leurs fruits pendant chaque mois de l'année; mais ce moyen sera insuffisant si l'on n'emploie pas un mode de conservation qui place dans les conditions les plus convenables les fruits dont la maturité peut être retardée jusqu'au printemps, et même jusqu'au commencement de l'été, époque à laquelle les variétés les plus précoces commencent à donner de nouveaux produits. Cette question offre donc un grand intérêt, non-seulement pour celui qui consomme les fruits qu'il produit, mais encore pour celui qui en fait un objet de spéculation, puisqu'ils ont d'autant plus de valeur qu'on peut les vendre plus tard.

Les soins de conservation ne s'appliquent guère qu'aux fruits qui mûrissent en hiver. Le but est, 1° de les soustraire à l'influence des gelées qui les désorganiseraient complétement; 2° de faire que la maturation s'effectue si lentement, qu'on arrive à la prolonger, pour une partie des fruits, jusqu'à la fin du mois de mai de l'année suivante; car, quoi qu'on fasse, la décomposition succède toujours assez rapidement à une maturité complète. Le succès plus ou moins parfait de ce double résultat est subordonné au mode de construction du local où ces fruits sont réunis, et auquel on donne le nom de *fruitier* ou mieux de *fruiterie*, puis aussi aux soins qu'y reçoivent les fruits.

De la fruiterie. — L'expérience a démontré que la fruiterie donne des résultats d'autant plus satisfaisants, qu'elle remplit plus complétement les six conditions suivantes :

1° *Une température constamment égale.* — En effet, c'est surtout par les changements de température qui dilatent ou raréfient les liquides renfermés dans les fruits que la fermentation peut y être excitée et l'organisation intérieure à peu près détruite.

2° *Une température de 8 ou 10° centigrade au-dessus de zéro.* — Une température plus élevée favoriserait trop la fermentation. Si elle était abaissée au-dessous de zéro, la fermentation ne pouvant avoir lieu, la maturation resterait complétement stationnaire.

3° *Que la fruiterie soit complétement privée de l'action de la lumière.* — Cet agent accélère la maturation en facilitant les réactions chimiques.

4° *Que l'atmosphère de la fruiterie ne renferme que la quantité d'oxygène rigoureusement nécessaire pour qu'on puisse y pénétrer sans danger, et que l'on y conserve tout l'acide carbonique dégagé par les fruits.* — On sait, en effet, que la présence de l'oxygène est indispensable pour que la fermentation et par conséquent la maturation puissent avoir lieu. En en diminuant la proportion, on rendra donc la maturation moins prompte. Quant à l'acide carbonique, il semble, d'après les expériences de Couverchel, concourir assez puissamment à la conservation des fruits.

5° *Que cette atmosphère soit plutôt sèche qu'humide.* — L'humidité est aussi une des conditions nécessaires à la fermentation dans les fruits ; elle diminue la résistance des tissus et favorise l'épanchement des liquides ; il est donc convenable d'éviter son accumulation dans la fruiterie ; mais il ne faudrait pas toutefois que ce local fût par trop sec, car les fruits, perdant alors par leur surface une quantité notable de leurs fluides aqueux, se rideraient, se dessécheraient et ne mûriraient pas.

6° *Que les fruits soient placés de telle sorte qu'on diminue autant que possible la pression qu'ils exercent sur eux-mêmes.* — Cette pression, si elle est continue, détermine la rupture des vaisseaux et des cellules vers les points où elle s'exerce ; les divers fluides se confondent, et ce mélange favorise les réactions.

Voici maintenant comment nous proposons de construire la fruiterie pour qu'elle remplisse ces conditions.

On choisira un terrain très-sec, un peu élevé et placé à l'exposition du nord. Les dimensions du local seront déterminées par la quantité de

fruits à conserver; celui dont nous donnons le plan (*fig.* 593 et 594)
présente une longueur intérieure de 5 mètres, sur 4 de large et 3 d'élévation. On peut y placer 8,000 fruits, en admettant que chacun d'eux
occupe un espace de 0^m,10 carrés.

Fig. 593. *Élévation de la fruiterie, suivant la ligne* K L., *de la figure* 594.

Le plancher est à 0^m,70 au-dessous du sol environnant ; si le terrain
est bien sec, on pourra descendre jusqu'à 1 mètre. Cette disposition
permettra de défendre plus facilement l'asmosphère de la fruiterie contre
l'influence de la température extérieure. Pour empêcher l'eau des pluies
de s'accumuler dans le sol placé près des murs et de s'infiltrer dans la
fruiterie, on donne à la surface environnante (A, *fig.* 593) une pente opposée aux murs. Ceux-ci sont en outre construits en ciment jusqu'au-dessus du sol.

La fruiterie est entourée de deux murs (A et B, *fig.* 594) laissant
entre eux un espace vide et continu (C) de 0^m,50 de large ; cette couche
d'air interposée entre les deux murs est un excellent moyen de soustraire l'intérieur à l'action de la température extérieure. Ces deux murs,
présentant chacun une épaisseur de 0^m,33, sont construits avec une sorte
de mortier ou pisé formé de terre argileuse, de paille et d'un peu de
marne. Cette matière est préférable à la maçonnerie ordinaire, d'abord
parce qu'elle est moins bon conducteur de la chaleur, ensuite parce
qu'elle coûte moins cher. Ces murs sont disposés de telle sorte, que le
sol du couloir (C) soit au niveau de celui de la fruiterie.

L'enceinte est percée de six ouvertures, trois dans le mur extérieur et
trois dans le mur intérieur. Celles du mur extérieur, semblables aux ouvertures du mur intérieur, sont pratiquées en face de celles-ci. Ces ouvertures se composent, pour le mur extérieur : 1° d'une double porte

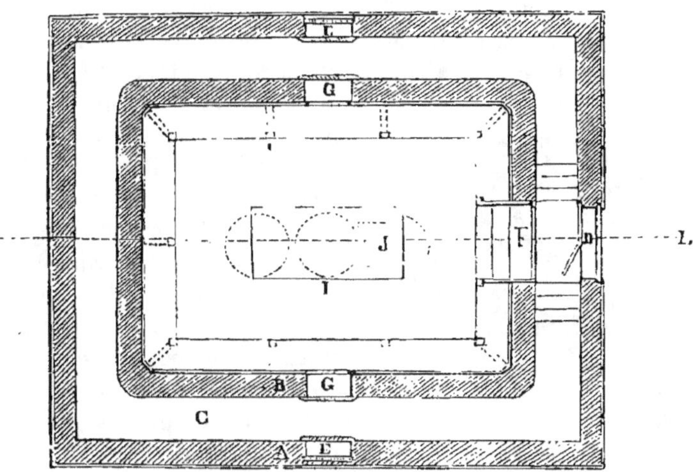

Fig. 594. *Plan de la fruiterie suivant la ligne G H de la figure 593.*

(D, *fig.* 594) : la porte extérieure s'ouvre en dehors, celle de l'intérieur
en dedans et se ploie en deux, dans le sens de sa largeur, comme un
contrevent. Lors des fortes gelées, on tasse de la paille dans le vide
laissé entre ces deux portes ; 2° de deux guichets (E) de 0ᵐ,50 carrés,
placés de chaque côté, s'ouvrant à 1ᵐ,50 du sol, et fermés par une
double cloison dont l'une s'ouvre en dehors et l'autre en dedans. L'espace compris entre ces deux cloisons doit être aussi soigneusement rempli de paille au commencement de l'hiver.

Le mur intérieur présente une porte (F) et deux guichets (G) ; mais
ici la porte est simple ; les guichets sont aussi fermés par deux cloisons :
celle du dehors est à coulisse, celle du dedans s'ouvre en dehors. Aussitôt
que les fruits sont réunis dans la fruiterie, on doit, pour empêcher l'air
du couloir de pénétrer dans l'intérieur, coller des bandes de papier sur
les jointures des guichets. Ces guichets sont destinés seulement à laisser
pénétrer dans l'intérieur l'air et la lumière, afin de pouvoir nettoyer et
aérer facilement la fruiterie avant d'y rentrer la récolte. Nous verrons
tout à l'heure qu'il est facile de se débarrasser de l'humidité intérieure,
déterminée par la présence des fruits, sans qu'il soit besoin d'avoir recours à des courants d'air.

Le plafond (B. *fig.* 593) se compose d'une couche de mousse, maintenue par des lattes, et recouverte en dessus et en dessous d'une couche de
batifodage ; le tout présentant une épaisseur de 0ᵐ,33. Ce mode de con-

struction est indispensable pour empêcher l'influence de la température extérieure de se faire sentir à travers ce plafond.

Ce plafond est surmonté d'une toiture en chaume, épaisse d'au moins 0ᵐ,33. On réserve dans cette toiture une lucarne (C) qui permet d'utiliser le grenier. Cette lucarne doit être soigneusement fermée.

Le sol de la fruiterie est parqueté en chêne. Les parois et même le plafond doivent recevoir un lambris de sapin. Ces précautions concourent encore à maintenir dans l'intérieur une température égale et une atmosphère exempte d'humidité.

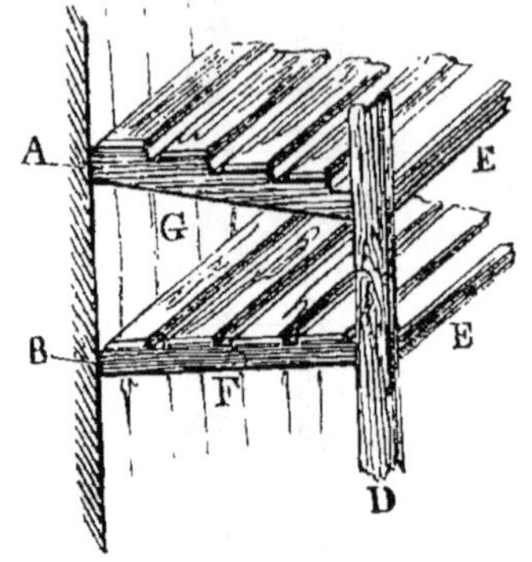

Fig. 595. *Tablettes horizontales et inclinées de la fruiterie.*

Toutes les parois sont garnies, depuis 0ᵐ,50 du parquet jusqu'au plafond, de tablettes en sapin destinées à recevoir les fruits. Elles sont placées à 0ᵐ,25 les unes des autres, et présentent une largeur de 0ᵐ,50. Afin qu'on puisse voir à la fois tous les fruits rangés sur ces tablettes, on donne aux plus élevées (D, *fig.* 595) une inclinaison de 45° environ. Cette pente diminue à mesure que l'on descend, jusqu'à ce que, arrivées à 1ᵐ,50 du sol, les tablettes (E, *fig* 595) se trouvent placées horizontalement. Toutes les tablettes inclinées en avant présentent la forme d'un gradin (A, *fig.* 595); chaque degré offre une largeur de 0ᵐ,10 environ, et est muni d'un petit rebord de 0ᵐ,02 de saillie. Afin que l'air puisse circuler librement de bas en haut entre ces tablettes, on laisse libre le derrière de chacun des degrés disposés en gradin. Quant à ceux placés horizontalement (B), on atteint le même but en les formant à l'aide de feuillets larges de 0ᵐ,10, et suffisamment espacés entre eux. Ces diverses tablettes, fixées contre le lambris à l'aide de tasseaux, sont soutenues en avant par des montants (D), placés à 1ᵐ,50 les uns des autres. Des traverses (E), attachées sur ces montants, supportent des tringles horizontales (F) ou obliques et taillées en crémaillère (G), suivant la disposition des tablettes, et sur lesquelles s'appuient ces dernières sur toute leur largeur.

Au centre de la fruiterie nous avons réservé une table (I, *fig.* 594) longue de 2 mètres et large de 1 mètre, isolée des tablettes par un espace d'un mètre. Le dessus de cette table, destiné à recevoir momentanément des fruits, est entouré d'un rebord semblable à celui des tablettes. Le dessous est pourvu de trois tablettes horizontales disposées comme les précédentes.

Il arrive parfois qu'on peut éviter une notable partie des frais de construction de la fruiterie. Si, par exemple, on peut disposer d'une cave, placée sous terre, ou mieux, d'une grotte creusée dans le roc, on en profite pour y établir la fruiterie. On n'a alors à s'occuper que de l'aménagement intérieur, qui doit toujours rester le même. Toutefois il est indispensable que cette cave ou cette grotte soit parfaitement sèche et bien abritée de l'influence de la température extérieure.

Soins à donner aux fruits dans la fruiterie. — Le succès de la conservation des fruits dépend encore des soins qu'on leur donne dans la fruiterie. A mesure que les fruits y sont rentrés, on les dépose sur la table, que l'on a couverte d'une petite couche de mousse bien sèche. Là, on trie, et l'on met à part chaque variété; on sépare avec soin tous les fruits tachés et meurtris qui ne se conserveraient pas, puis on abandonne les fruits sains sur la table pendant deux ou trois jours afin de leur laisser perdre une partie de leur humidité.

Après ces quelques jours, on répand sur chaque tablette une petite couche de mousse sèche ou de coton, en essuie les fruits doucement avec un morceau de flanelle, et on les range en laissant entre chacun d'eux un espace de $0^m,04$, et en réunissant ensemble les variétés semblables.

Lorsque tous les fruits sont ainsi disposés, on laisse les portes et les guichets ouverts pendant le jour, à moins qu'il ne fasse un temps humide. Huit jours d'exposition à l'air sont nécessaires pour enlever aux fruits l'humidité surabondante qu'ils renferment. Après quoi on ferme hermétiquement toutes les issues, et les portes ne sont plus ouvertes que pour le service intérieur.

Jusqu'à présent, on n'a employé d'autre moyen, pour enlever l'humidité répandue par les fruits dans la fruiterie, que de déterminer des courants d'air plus ou moins intenses. Ce procédé présente des inconvénients assez graves. Et d'abord, on permet ainsi à la température intérieure de s'équilibrer avec celle du dehors, ce qui produit le plus souvent un changement de température nuisible dans la fruiterie. D'un autre côté, on introduit à l'intérieur un air beaucoup moins chargé d'acide carbonique : ce qui n'est pas moins fâcheux; puis les fruits se trouvent momentanément éclairés, ce qui hâte aussi leur maturation. Enfin, ce procédé, tout vicieux qu'il est, ne peut encore être mis en pratique qu'autant que la température extérieure n'est pas au-dessous de zéro et que le temps est sec. Or, comme pendant l'hiver le contraire a presque toujours lieu, il s'ensuit que l'on est obligé d'abandonner les fruits à l'humidité nuisible de la fruiterie.

Pour faire disparaître cette cause de non-succès, nous conseillons l'emploi du *chlorure de calcium*, qu'il ne faut pas confondre avec le *chlorure de chaux*. Cette substance, d'un prix très-modique, a la propriété d'absorber une si grande quantité d'humidité (environ le double de son poids), qu'elle devient déliquescente après avoir été exposée, pendant un certain temps, à l'influence d'un air humide. On peut donc facilement s'expliquer comment ce sel, introduit dans la fruiterie en quantité suffisante, absorbera constamment l'humidité dégagée par les fruits, et maintiendra l'atmosphère dans un état de siccité convenable. La chaux vive présente bien aussi, en partie, la même propriété d'absorption de l'humidité, mais son emploi n'offrirait pas les mêmes avantages ; car,

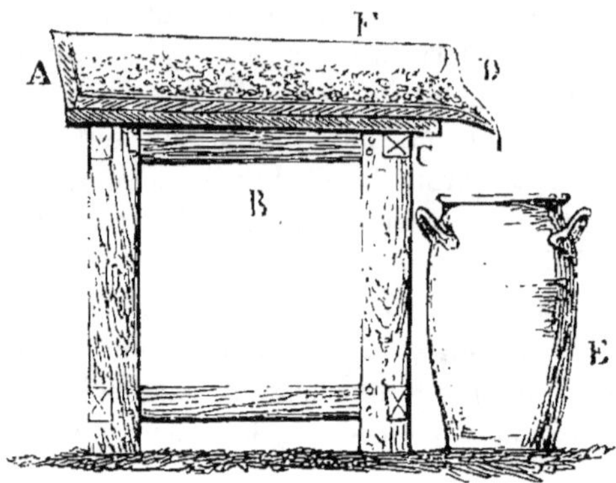

Fig. 596. *Appareil pour recevoir le chlorure de calcium dans la fruiterie.*

cette matière se combinant très-promptement avec l'acide carbonique, elle absorberait tout ce gaz, dont la présence est nécessaire à la conservation des fruits.

Pour employer le chlorure de calcium, on construit une sorte de caisse en bois (A), doublée de plomb (*fig.* 596), présentant une surface de 0^m,50 carrés, et une profondeur de 0^m,10. Elle doit être élevée à 0^m,40 du sol environ, sur une petite table (B) présentant, sur l'un de ses côtés, en C, une pente de 0^m,03. Au milieu, du côté le plus bas de la caisse, on réserve une petite ouverture ou déversoir (D). Ce petit appareil étant placé dans la fruiterie sous l'un des bouts de la table (J. *fig.* 594), on y répand du chlorure de calcium bien sec, en morceaux poreux et non fondus, sur une épaisseur d'environ 0^m,08 ; à mesure qu'il se liquéfie, le liquide s'écoule par le déversoir et tombe dans un vase de grès placé au-dessous. Si la quantité de chlorure employée est entièrement liquéfiée avant la consommation totale des fruits, on en ajoute une nouvelle dose. Il suffira d'environ 20 kil. de ce sel, employé en trois fois, pour enlever à la fruiterie toute l'humidité nuisible. Le liquide qui résulte de cette opération doit être soigneusement conservé dans des vases en grès, couverts avec soin jusqu'à l'année suivante. A cette époque, lorsque la fruiterie est de nouveau remplie, on verse ce liquide dans un vase en fonte, on le place sur le feu, et l'on fait évaporer jusqu'à siccité. Le résidu est encore du chlorure de calcium, que l'on peut employer chaque année de la même manière.

La fruiterie doit être visitée tous les huit jours, pour enlever les fruits qui commencent à se gâter, mettre à part ceux qui sont mûrs, et renouveler au besoin le chlorure de calcium.

Conservation des poires sans le secours d'une fruiterie. — Lorsqu'on n'a pas de fruiterie à sa disposition, ou lorsque la récolte a été trop abondante pour permettre de placer tous les fruits sur les tablettes, on peut également les conserver en les mettant dans des jarres ou des tonneaux. Ce procédé, moins parfait que le premier, donne cependant encore des résultats satisfaisants. On prend alors les précautions suivantes :

On choisit des vases neufs, on les sèche soigneusement ; puis l'on place au fond une couche de chaux éteinte ou de charbon en poudre, mélangée d'une certaine quantité de sulfate de fer aussi en poudre, et destinée à absorber l'oxygène. On y range avec soin les pommes et les poires, observant de placer la queue en haut pour la première couche, et en bas pour la seconde, en alternant ainsi jusqu'à l'orifice du vase. On ajoute de nouvelle chaux ou du charbon après qu'on a placé chaque couche de fruits, pour combler les interstices que ceux-ci laissent entre eux. Lorsque le vase est rempli, on le ferme hermétiquement, et on le place dans un lieu sec et non exposé à la chaleur et surtout aux changements de température.

Emballage des fruits destinés à voyager. — L'emballage des fruits qui doivent être transportés au loin exige aussi quelques précautions. On doit d'abord choisir des caisses d'une grandeur convenable, car il est très-important que les fruits ne soient ni trop serrés, ni trop isolés. Elles doivent être fermées à charnière pour éviter toute percussion dans leur clôture. On les garnit d'abord de papier gris dit *papier à sucre*, que sa propriété hygrométrique rend très-propre à absorber l'humidité qui s'introduit par les jointures des caisses. On forme ensuite, au fond, une couche de mousse longue bien sèche, et l'on y place les fruits les plus gros et les plus fermes, enveloppés préalablement de papier Joseph ; on remplit soigneusement les interstices avec du papier non collé ou de la mousse sèche. On dispose ainsi plusieurs couches successives, en ayant la précaution de mettre en dessus les fruits les plus légers. La caisse, fermée avec soin, doit voyager autant que possible sur des voitures suspendues, afin d'éviter les trop grandes secousses.

LISTE

DES MEILLEURES VARIÉTÉS DE POMMIERS A FRUITS DE TABLE,
POUR CHAQUE MOIS DE L'ANNÉE.

NOMS DES VARIÉTÉS.	SYNONYMIE.	DURÉE DE LA MATURITÉ.	ORIGINE DES VARIÉTÉS ET OBSERVATIONS DIVERSES
Calville rouge d'été.	*Pomme-Madeleine.* *Passe-pomme rouge* (à Rouen).	Août.	Elle mûrit vers la Madeleine.
De Jérusalem.	*Petit-pigeon d'été.* *Cœur-de-Pigeon.*	Août.	Son nom lui vient de la disposition des loges du fruit qui, coupées transversalement, ressemblent à une croix de Jérusalem.
Borowistki.		Fin d'août.	
Rambour d'été.	*Rambour rayé.*	Septembre.	
Monstrous pippin.		Septembre et octobre.	Obtenue en Angleterre; introd. en France en 1837.
Louis XVIII.	*Belle-Dubois.* *Rhode-Island's.* *Gloria munti.* *Pater noster.*	Octobre.	Envoy. des États-Unis à la Société d'horticulture de Paris, par M. Alfroy fils.
Reinette blanche.	*Reinette d'Espagne.* *Reinette tendre.*	Octobre et novembre.	
Quatre - Goûts côtelée.	*Pomme violette.* *Calville rouge d'antomne.* *Pomme grelot ou sonnette.*	Octobre et novembre.	Saveur de violette; pepins se détachant dans les loges, et produisant du bruit lorsqu'on agite le fruit.
Calville Saint-Sauveur.		Novembre.	Obtenue par M. Despréaux de Saint-Sauveur, à Esquennoy, près Breteuil (Oise), vers 1843.
Belle Joséphine.	*Ménagère.*	Novembre.	Importée d'Amérique vers 1800, par le comte Lelieur, et dédiée à l'impératrice Joséphine.
Empereur Alexandre.		Novembre et décembre.	
Brabant belle fleur.		Novembre et décembre.	Obtenue en Belgique; introd. en France en 1850.
Reinette d'Angleterre.	*Pomme d'or.*	Novembre à mars.	Se conserve quelquefois jusqu'en mars.
Reinette dorée.	*Golden pippin.* *Rousse jaune tardive.*	Novembre à mars.	Se garde souvent jusqu'en mars.
Citron.		Décembre.	
Parfumed de-misourq.		Décembre à février.	Obtenue en Angleterre; introd. en France en 1839.
Cornish gilly flower.		Décembre à février.	Obtenue en Angleterre; introd. en France en 1836.
Pigeon d'hiver.	*Gros pigeon.* *Pigeon de Rouen.*	Décembre à février.	
Reinette green Ohio's pippin.		Décembre à février.	Obtenue aux États-Unis; introd. en France en 1841.

NOMS DES VARIÉTÉS.	SYNONYMIE.	DURÉE DE LA MATURITÉ.	ORIGINE DES VARIÉTÉS. ET OBSERVATIONS DIVERSES.
Reinette, reine des reinettes.	*Queen of the pippin.*	Décembre à février.	
Reinette du Canada.	. . . . .	Décembre à février.	
Royale d'Angleterre.	*Grosse reinette d'Angleterre.*	Jan. à mars.	
Rein. de Doué.	. . . . .	Jan. à mars.	
Belle de Saumur	*Belle de Doué.*	Jan. à mars.	
Calville blanc d'hiver.	*Bonnet carré.*	Jan. à mars.	
Calville rouge d'Anjou.	*Calville rouge de Normand.e.* *Cœur de bœuf.*	Jan. à mars.	
Bedfordshire foundling.	. . . . .	Jan. à mars.	Obtenue en Angleterre; introd. en France en 1836.
Api gros.	. . . . .	Jan. à mars.	
Reinet. blanche	*Reinette blanc dur.*	Févr. a mai.	
Reinette de Caux.	. . . . .	Févr. à mai.	Très-abondamment cultivée dans le pays de Caux (Normandie).
Reinette du Vignan.	. . . . .	Févr. à mai.	
Reinette franche à côtes.	. . . . .	Févr. à mai.	
Reinette franche ordinaire.	. . . . .	Févr. à mai.	Se conserve souvent jusqu'en août.
Reinette grise haute bonté.	*Reinette de Rouen.*	Févr. à mai.	Se conserve souvent jusqu'en juillet.
Reinette très-tardive.	. . . . .	Févr. à mai.	

POMMIER.

Nous renvoyons aux arbres à fruits à cidre pour tout ce qui a trait à l'origine du pommier (*fig.* 598), au climat, au sol qui lui conviennent particulièrement. La culture de cette espèce, comme arbre à fruit de table, présente au moins autant d'importance que celle du poirier. C'est, comme ce dernier, l'arbre fruitier le plus répandu dans le nord et les parties tempérées de l'Europe. L'origine de sa culture paraît aussi remonter à la plus haute antiquité. On parle souvent du fruit de cet arbre dans l'histoire sacrée et dans l'histoire profane. Les hommes les plus célèbres de l'ancienne Rome ne dédaignèrent pas la culture du pommier, et plusieurs donnèrent leur nom aux espèces qu'ils firent connaître. C'est ainsi qu'on avait à Rome des variétés de pommes connues sous les noms de Manliennes, de Claudiennes, d'Appiennes. Les Romains n'en connaissaient toutefois qu'une vingtaine de variétés, dont quelques-unes, comme l'*Api*, sont encore cultivées dans nos jardins.

Variétés. — Le pommier commun (*Malus communis*) a donné lieu à un nombre considérable de variétés, que l'on augmente sans cesse au

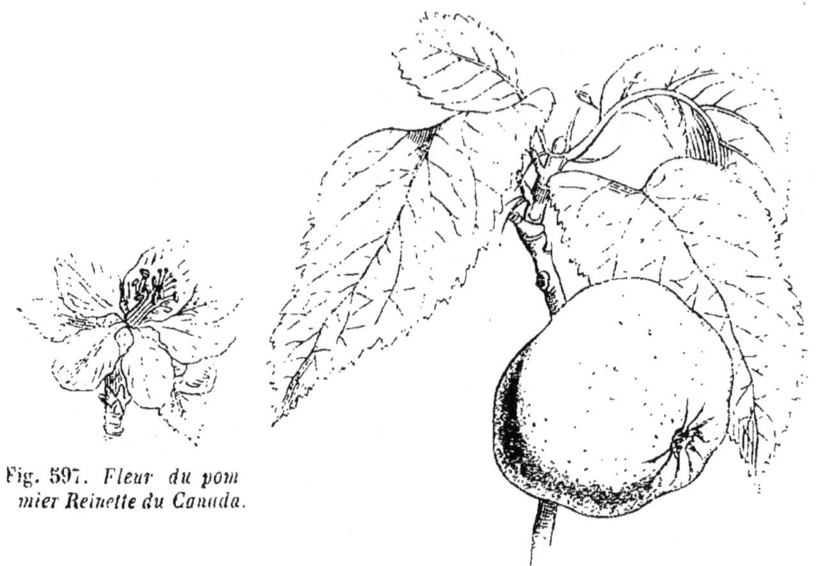

Fig. 597. *Fleur du pommier Reinette du Canada.*

Fig. 598. *Pommier Reinette du Canada.*

moyen des semis, et que l'on multiplie ensuite par la greffe, lorsqu'elles présentent quelques qualités remarquables. L'étude spéciale que nous avons faite de ces diverses variétés, surtout au point de vue de la production du cidre, nous permet de porter, sans hésiter, le nombre de ces variétés à plus de quatre millle. On peut les partager en deux grandes séries : les pommiers à fruits à cidre et ceux à fruits de table. Nous nous sommes précédemment occupé des premiers ; nous n'avons donc à parler ici que des seconds. Nous donnons ci-contre la liste des meilleures variétés de ces arbres pour chaque mois de l'année. Tous ces fruits sont également bons crus ou cuits.

Multiplication. — Nous n'avons pas à nous occuper ici de l'élève du pommier dans la pépinière, ni de sa plantation à demeure dans le jardin fruitier, lorsqu'on choisit pour cela des arbres tout greffés. Ces soins ont été examinés précédemment aux page 414 et 574. Étudions seulement les opérations nécessaires pour planter de jeunes sujets dans le jardin fruitier et les greffer ensuite.

Le pommier peut être greffé sur trois sortes de sujets : le *pommier franc*, le *pommier doucin* et le *pommier de paradis*. Le choix à faire entre eux est déterminé par la forme à donner aux arbres, et par la nature du sol.

Le *pommier franc*, obtenu au moyen du semis des pepins, est le sujet qui imprime aux arbres la plus grande vigueur. La première fructification se fait attendre assez longtemps, mais les arbres qu'il produit présentent une très-longue durée. On le choisit exclusivement pour former des arbres à haut-vent, quelle que soit la nature du sol.

Le *pommier doucin* est une variété obtenue originairement au moyen des semis et qu'on continue de multiplier dans les pépinières au moyen des boutures et du marcottage. Cette sorte de sujet, un peu moins vigoureux que le premier, vit aussi un peu moins longtemps; mais la mise à fruit des arbres qu'on en obtient est plus prompte. On choisit le doucin pour greffer, dans tous les terrains, les pommiers destinés à former des pyramides, des vases ou gobelets, des espaliers : on choisit aussi ce sujet pour faire des pommiers nains dans les terrains secs.

Le *pommier de paradis* est une autre variété obtenue aussi de semis et qu'on multiplie comme le doucin. Il donne lieu aux sujets les moins vigoureux. Il est exclusivement employé pour former les pommiers nains, auxquels il donne son nom. Ces petits arbres, très-fertiles, produisent dès la troisième année de greffe. Les fruits sont très-remarquables par leur grosseur; mais ces arbres ne vivent que pendant un petit nombre d'années.

Les motifs qui font adopter l'un ou l'autre de ces sujets doivent être pris en considération, non-seulement lorsqu'il s'agit de greffer les sujets dans le jardin fruitier, mais encore lorsqu'on plante des arbres tout greffés.

Pour se procurer ces divers sujets dans le jardin fruitier, on achète dans les pépinières des boutures ou des marcottes de doucin ou de paradis âgées d'un an.

Si la végétation de ces sujets est vigoureuse, on pourra les greffer en écusson Vitry dès le mois d'août suivant. S'ils sont encore trop faibles à cette époque, on retardera l'opération d'une année. Lorsqu'au printemps qui suit cette sorte de greffe on remarque qu'elle n'a pas réussi sur certains sujets, on la remplace par la greffe en fente anglaise ou par celle en couronne perfectionnée.

CULTURE DU POMMIER DANS LE JARDIN FRUITIER.

La culture du pommier dans le jardin fruitier ne diffère nullement de celle du poirier. Nous ne pourrions donc que répéter ici ce que nous avons dit, à cet égard, pour le poirier. Nous ferons toutefois les observations suivantes :

Et d'abord presque toutes les variétés de pommiers peuvent être placées en espalier ; mais le plein vent, soit en pyramide, en vase ou en buisson sur paradis, soit en contre-espalier, leur est plus favorable. Cette espèce redoute, plus que le poirier, les expositions chaudes; il lui faut un air vif et un peu humide. Toutefois quelques variétés, telles que les *Reinettes du Canada, franches, dorées,* le *Calville blanc,* le *Calville de Saint-Sauveur,* l'*Api,* le *Pigeon d'hiver,* etc., etc., supportent plus facilement la chaleur et pourront être placées en espalier, mais de préférence à l'exposition de l'ouest.

Nous devons aussi dire un mot de la culture du pommier greffé sur paradis, parce qu'elle diffère jusqu'à un certain point de celle du pommier sur doucin.

Les pommiers de paradis seront plantés dans un terrain qui leur sera spécialement consacré. Ils réussissent mal sur des plates-bandes où l'on cultive d'autres arbres ou d'autres plantes, parce que les labours annuels nécessaires à ces arbres sont très-préjudiciables aux paradis en détruisant les racines et le chevelu qu'ils développent presque exclusivement à la surface du sol.

Le terrain où ces arbres seront plantés devra présenter une surface horizontale; s'il était en pente, les racines seraient déchaussées par l'eau des pluies, et souffriraient de la sécheresse, que cet arbre redoute beaucoup. Si le sol était léger, il serait utile, à cause de cela, de faire que les lignes d'arbres soient placées sur une bande de terre un peu au-dessous du niveau du sol environnant, et cela sur une largeur de 0^m,70 environ ; on conservera ainsi plus facilement la fraîcheur autour de leurs racines.

On pourra se procurer ces arbres, soit en plantant de jeunes sujets de pommiers de paradis, qu'on greffe en écusson à 0^m,05 au-dessus du sol, lorsqu'ils sont bien repris, soit en achetant de jeunes arbres de deux ans de greffe. Il est important de maintenir la greffe à 0^m,05 environ du sol, dans la crainte qu'ils ne s'affranchissent et qu'on ne perde ainsi les avantages attachés à ces arbres nains.

Chaque année, si les arbres sont plantés dans un sol un peu compacte, on doit veiller à la destruction des plantes nuisibles, et empêcher les effets de la sécheresse au moyen de binages très-superficiels. Les engrais sont enterrés aussi très-superficiellement au moyen d'un très-léger labour à la fourche. Si le sol est léger et exposé à la sécheresse, on remplace le binage par une couverture en fumier long placée, chaque année, au printemps, après la taille. On enterre au même moment celle de l'année précédente au moyen d'un léger labour à la fourche. Dans l'un et l'autre cas, les labours proprement dits seront proscrits comme très-pernicieux pour les racines de ces arbres. Il faudra aussi veiller, pendant l'été, à la destruction des drageons qui naissent souvent du collet de la racine des sujets et épuisent la greffe.

Le mode de végétation du pommier est le même que celui du poirier.
Tout ce que nous avons dit à l'égard de la taille qui convient à ce dernier arbre s'applique donc également au pommier.

Nous devons cependant faire observer que, le pommier poussant en
général moins vigoureusement que le poirier, les rameaux ont besoin
d'être taillés un peu plus courts pour développer un aussi grand nombre
de boutons. Nous ajouterons que cet arbre redoute beaucoup les amputations, et qu'il arrive fréquemment que le bouton terminal d'un rameau taillé ne se développe pas, parce que la mortalité est descendue
au-dessous de ce bouton. On devra donc, à l'aide de l'ébourgeonnement et du pincement, faire qu'il y ait le moins grand nombre possible
d'amputations à pratiquer lors de la taille d'hiver.

Toutes les formes propres au poirier conviennent également au pommier. Toutefois le pommier sur paradis ne sera soumis, à cause de son
peu de vigueur, qu'à la forme en *buisson* ou à celle en *cordon horizontal*. Nous devons décrire ces deux formes, dont nous n'avons pas encore parlé.

POMMIERS SOUMIS A LA FORME EN BUISSSON.

Nous donnons ce nom à une sorte de gobelet à branches verticales,
beaucoup moins régulier que celui que nous avons décrit à l'article du
poirier et dont le diamètre ne dépasse pas souvent 0^m,80. On obtient
cette forme en procédant d'abord comme nous l'avons prescrit pour les
poiriers en vase ou gobelet (page 628). Lorsque l'on a obtenu six à huit
branches principales, la charpente de l'arbre est suffisamment développée.
Le seul soin à prendre consiste à empêcher le développement de rameaux gourmands dans l'intérieur de cette sorte de petit gobelet ou
buisson creux. Quant aux rameaux à fruit, on leur applique toutes les
opérations décrites pour le poirier. — Ces petits pommiers sont cultivés
dans le jardin fruitier sous forme de massifs pleins, auxquels on donne
le nom de *Normandie.*

POMMIERS EN CORDON HORIZONTAL.

Parmi les diverses formes auxquelles on peut soumettre le pommier

Fig. 599. *Pommier de paradis soumis à la forme en cordon horizontal à deux bras.*

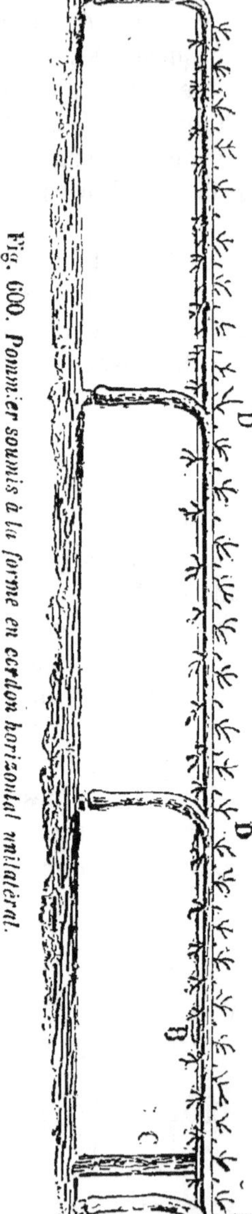

Fig. 600. Pommier soumis à la forme en cordon horizontal unilatéral.

dans le jardin fruitier, celle en cordon horizontal est certainement la plus convenable. Ces petits arbres sont formés très-facilement, avec une très-grande rapidité ; ils fructifient immédiatement et donnent des fruits magnifiques. Enfin, en les plantant en bordure le long des plates-bandes d'espalier ou de contre espalier, à 0^m,50 environ du bord des chemins, on leur fait occuper une place qui ne pourrait pas être utilisée autrement.

Les pommiers en cordon horizontal peuvent être soumis à deux dispositions différentes que nous devons examiner séparément.

Cordon horizontal à deux bras (fig. 599). — Cette forme n'est pas nouvelle. Elle existait déjà en 1818 chez M. Bertrand, pépiniériste à Auxerre. On procède de la manière suivante pour former ces cordons : planter de jeunes arbres de 2 ans de greffe, greffés sur paradis ou sur doucin, ce dernier sujet seulement pour les terrains secs et brûlants. Choisir des arbres portant deux rameaux d'égale force opposés l'un à l'autre et à 0^m,40 au-dessus de la greffe. Planter ces arbres en ligne et de façon que ces deux rameaux soient dirigés parallèlement à la ligne. Réserver entre ces arbres un intervalle de 1^m,50 s'ils sont greffés sur paradis, et de 2 mètres s'ils sont greffés sur doucin. Tendre au-dessus de la ligne, et à 0^m,40 du sol, un fil de fer galvanisé, n° 14. Couper, lors de la plantation, le tiers de la longueur des deux rameaux, puis les abandonner à eux-mêmes jusqu'au moment de la taille de l'année suivante. Alors abaisser les deux bras dans une position horizontale et les fixer sur le fil de fer. Pratiquer sur tous les bourgeons latéraux les diverses opérations destinées à les transformer en rameaux à fruit, et favoriser le plus possible le développement du bourgeon terminal de chaque bras. Répéter les mêmes opérations chaque année, en laissant chacun des nouveaux prolongements des bras sans les tailler. La position horizontale dans laquelle on les place suffit pour faire développer en bourgeons tous les boutons qu'ils portent.

Cordon horizontal unilatéral (fig. 600). — Cette disposition diffère de la première en ce que chacun des arbres se compose d'un seul bras, et que ces bras, dirigés tous du même côté, se greffent les uns sur les autres. On procède ainsi à la formation de ces cordons.

Choisir des pommiers d'un an de greffe sur paradis si le sol est de bonne qualité, ou sur doucin si le sol est sec et brûlant. Les planter en une seule ligne à 1^m,50 d'intervalle pour les paradis, et à 2 mètres pour les doucins. Supprimer, en plantant, le tiers de la longueur des jeunes tiges, et abandonner le développement à lui-même pendant tout l'été. L'année suivante, lors de la taille d'hiver, placer un fil de fer (A) n° 14 et galvanisé sur la ligne de plantation; ce fil de fer, solidement fixé à chaque extrémité, est roidi le plus possible au moyen d'un tendeur B, et supporté tous les 8 mètres par un petit poteau en bois (C) à 0^m,40 au-dessus du sol. Ce fil de fer ainsi placé, abaisser chacune des tiges dans une position horizontale en les fixant sur le fil de fer. Pendant l'été suivant, supprimer tous les bourgeons qui naissent sur la partie verticale de la tige. Ils absorberaient trop de séve au détriment de la partie horizontale. Appliquer à tous les autres bourgeons les soins décrits à l'article du poirier pour les transformer en rameaux à fruit. Attacher le bourgeon de prolongement sur le fil de fer, mais en laissant l'extrémité libre. Lors de la taille d'hiver suivante, opérer les rameaux à fruit comme ceux du poirier. Laisser le nouveau prolongement entier; sa position horizontale suffit pour y faire développer tous les boutons.

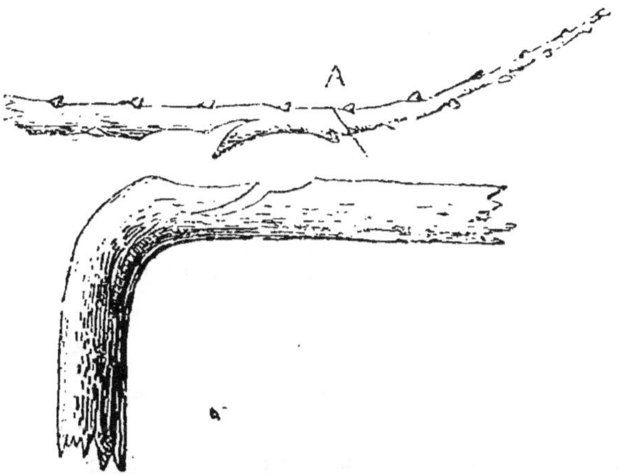

On continue ce mode d'opérer jusqu'au moment où chaque tige, en s'allongeant, rencontre la naissance de la tige suivante. Dès qu'elles ont dépassé de 0^m,50 l'arbre qui suit, on greffe par approche, en mars, l'extrémité de chaque tige en D au point de départ du cordon suivant. Cette greffe est pratiquée comme le

Fig. 601. *Greffe par approche pour les pommiers en cordon horizontal unilatéral.*

montre la figure 601. L'année suivante, la greffe étant parfaitement soudée, on coupe l'extrémité des cordons en A. Il en résulte alors que la séve surabondante d'un arbre passe au profit de l'arbre suivant, et que la séve pouvant ainsi parcourir toute la longueur de la ligne, tous ces petits arbres présentent le même degré de vigueur. L'ensemble de cette plantation présente alors l'aspect de la figure 600.

Si les plates-bandes sur le bord desquelles on place ces cordons étaient insuffisantes, on pourrait en former un carré composé de lignes parallèles placées à 1^m,30 les unes des autres. Mais alors, pour économiser l'espace, on pourra superposer deux ou trois de ces cordons sur chaque ligne, en plantant, pour la même longueur, deux arbres au lieu d'un pour deux cordons, et trois arbres pour trois cordons.

CULTURE DU POMMIER DANS LES JARDINS FRUITIERS DU MIDI.

Le pommier est celui de toutes les espèces à fruits à pepins qui redoute le plus la chaleur ; aussi le climat du Midi est-il peu favorable à sa culture. Là les fruits sont moins succulents et perdent une partie de leur acidité.

Lorsque toutefois on voudra en cultiver dans cette région, il faudra les placer dans des sols riches, assez frais, et les placer dans la partie du jardin la moins exposée à la chaleur.

On leur donnera d'ailleurs les soins que nous venons d'indiquer.

CULTURE DU POMMIER DANS LES VERGERS.

Ce que nous avons dit de la culture des pommiers à fruits à cidre s'applique également à ceux à fruits de table dans les vergers. Nous n'avons à indiquer ici que le choix à faire parmi les diverses variétés pour cette destination Il conviendra de préférer les variétés suivantes parmi celles dont nous avons donné la liste plus haut :

Pigeon d'hiver.	Reinette de Caux.
Reinette des reinettes.	Reinette franche.
Reinette du Canada.	Reinette grise haute bouté.
Calville blanc d'hiver.	

Restauration. — Maladies. — Récolte et conservation. — Les procédés de restauration décrits pour le poirier s'appliquent de tous points au pommier.

Quant aux maladies et aux insectes nuisibles qui attaquent cette espèce, ils sont aussi les mêmes que pour le poirier. Nous devons toutefois y ajouter le *puceron lanigère* et la *pomonelle*, qui sont propres au pommier, et que nous avons décrits à l'article des arbres à fruits à cidre, pages 530 et 532.

Nous n'avons non plus rien à ajouter pour le pommier à ce que nous avons dit du poirier relativement à la récolte et à la conservation des fruits, si ce n'est l'opération suivante :

Dessiccation. — Dans quelques contrées de la France, et notamment dans l'Est, on conserve une certaine quantité de pommes lorsqu'elles sont très-abondantes, au moyen de la dessiccation. On les pèle, on les passe au four deux ou trois fois, jusqu'à dessiccation complète, puis on les conserve dans des tonneaux placés dans un endroit sec, jusqu'au moment de la vente ou de la consommation. Ces fruits, cuits, font d'excellente marmelade.

COGNASSIER.

Le cognassier (*fig.* 602) est encore un des arbres fruitiers dont la culture est la plus ancienne. Les Grecs avaient dédié le fruit de cet arbre à Vénus et en décoraient les temples de Chypre et de Paphos. Pline, Virgile, font l'éloge de cet arbre dont les Romains paraissent avoir possédé des variétés moins âpres que celles que nous connaissons. Aujourd'hui le cognassier est cultivé surtout pour en obtenir de jeunes sujets destinés à recevoir la greffe d'autres espèces, et notamment du poirier. Toutefois on le cultive encore comme arbre fruitier dans quelques localités du centre et du midi de la France. Dans ces contrées, les fruits sont confits, ou bien on en forme diverses sortes de conserves connues sous les noms de *cotignac* ou *codognac*, de *pâte de coing*, de *gelées de coing*, etc., etc., et qui sont aussi saines qu'agréables. Les pepins du coing sont également employés à divers usages à cause du mucilage abondant qui recouvre leur surface.

Espèces et variétés. — On cultive les deux espèces de cognassiers suivantes :

Le *cognassier commun* (*Cydonia communis*). Il a donné lieu à quelques variétés parmi lesquelles nous citerons les deux suivantes :

Le *coing pyriforme;* fruit de médiocre grosseur, à surface un peu rugueuse, presque aussi large que haut.

Le *coing oblong;* fruit très-gros, présentant la forme d'une barrique.

On distingue encore deux autres races, le cognassier d'Angers et le cognassier de Doué, plus vigoureuses que les précédentes, et préférées, à cause de cela, pour servir de sujets.

La seconde espèce est le *cognassier du Portugal* (*Cydonia Lusitanica, fig.* 602). C'est l'espèce la plus estimée, celle qui donne les fruits les plus recherchés.

Climat et sol. — Les deux espèces de cognassiers dont nous venons de parler sont originaires des parties méridionales de l'Europe et plus particulièrement de Cydon, dans l'île de Crète (aujourd'hui *Candie*). Aussi ces deux arbres donnent-ils leurs plus beaux produits dans le centre et dans le midi de la France. Ils préfèrent aux autres les sols de consistance moyenne, substantiels et un peu frais.

Culture. — Nous avons traité, à l'article pépinière (p. 414), des procédés les plus convenables pour obtenir de jeunes cognassiers destinés, soit à servir de sujets, soit à être conservés sans être greffés ; nous n'avons donc à nous occuper ici que des opérations que réclament ces derniers pour leur culture spéciale.

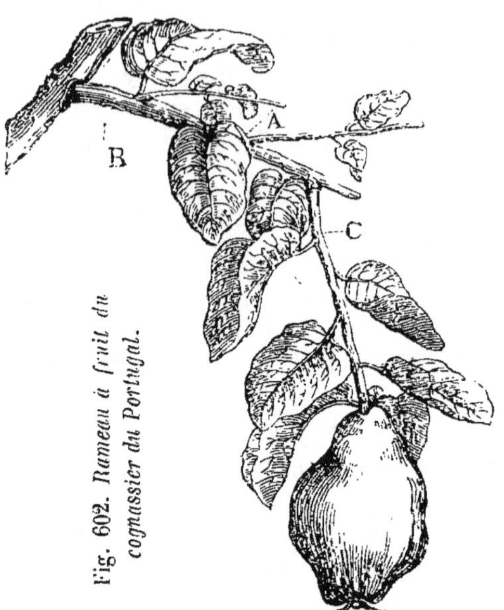
Fig. 602. Rameau à fruit du cognassier du Portugal.

Le cognassier peut être cultivé à haute tige dans les vergers, ou en cône, en vase et en contre-espalier dans le jardin fruitier. On lui applique, pour la formation de sa charpente, les soins que nous avons décrits plus haut pour le poirier.

On a dit que la taille était pernicieuse pour cet arbre, qu'on devait l'abandonner à lui-même, en l'empêchant seulement de perdre la forme qu'on lui avait imposée. Nous ne partageons pas cette opinion. Nous avons taillé, pendant plusieurs années, des cognassiers soumis à la forme conique, et nous avons constamment remarqué que les fruits que nous obtenions étaient plus volumineux et tout aussi abondants que sur les arbres non taillés. Nous pensons donc qu'on devrait les soumettre à cette opération lorsqu'on aura en vue la production des fruits.

Les boutons à fleur du cognassier naissent sur de petites brindilles (B, *fig.* 602) développées l'année précédente, et placées sur toute l'étendue des branches principales. Ces boutons donnent lieu à un bourgeon feuillé (C) qui s'allonge de 0^m,04 à 0^m,06, et épanouit une fleur à son sommet. Les autres bourgeons non florifères développés par la même brindille sont pincés pendant l'été pour les empêcher de s'allonger outre mesure. Lors de la taille d'hiver suivante, la brindille primitive (B) est taillée en (A), afin de refouler la séve vers sa base et d'arrêter son allongement. Les deux nouvelles brindilles qu'elle porte sont taillées, l'une à fruit sur le bouton à fleur le plus rapproché du sommet, l'autre à bois sur un des boutons à bois destinés à produire de nouveaux bourgeons pour asseoir la taille l'année suivante, et ainsi de suite chaque année, de façon à obtenir à chaque point une ou deux nouvelles brindilles.

ORANGERS.

La célébrité des orangers comme arbres fruitiers remonte aux siècles héroïques et fabuleux. Si l'on se reporte aux temps historiques, on voit, d'après M. de Sacy, que l'*oranger à fruit amer* ou *bigaradier* a été apporté de l'Inde postérieurement à l'an 300 de l'Hégire; qu'il se répandit d'abord en Syrie, en Palestine, puis en Égypte. On voit, dans Ebn-el-Awam, que cet arbre était cultivé à Séville vers la fin du douzième siècle. Nicolaus Specialis assure que dans l'année 1150 il embellissait les jardins de la Sicile; enfin l'histoire du Dauphiné nous apprend qu'en 1336 le bigaradier était un objet de commerce dans la ville de Nice.

L'*oranger à fruit doux* croît spontanément dans les provinces méridionales de la Chine, à Amboine, aux îles Marianes, et dans toutes celles de l'océan Pacifique. On attribue généralement son introduction en Europe aux Portugais. Gallesio avance, toutefois, que cet arbre a été introduit de l'Arabie dans la Grèce et dans les îles de l'Archipel, d'où il a été transporté dans toute l'Italie.

D'après Théophraste, le *citronnier* ou *cédratier* existait en Perse et dans la Médie dès la plus haute antiquité; il est passé de là dans les jardins de Babylone, dans ceux de la Palestine, puis en Grèce, en Sardaigne, en Corse et surtout le littoral de la Méditerranée. Il formait, dès la fin du second siècle de l'ère vulgaire, un objet d'agrément et d'utilité dans l'Europe méridionale. Son introduction dans les Gaules paraît devoir être attribuée aux Phocéens, lors de la fondation de Marseille.

Le *limonier* croît spontanément dans la partie de l'Inde située au delà du Gange, d'où il a été successivement répandu, par les Arabes, dans toutes les contrées qu'ils soumirent à leur domination. Les croisés le trouvèrent en Syrie et en Palestine vers la fin du onzième siècle et le rapportèrent en Sicile et en Italie.

Les diverses espèces d'orangers sont des arbres qui, dans le midi de l'Europe, peuvent atteindre une hauteur de huit à neuf mètres. Ils sont l'objet d'une culture assez importante, soit pour leurs feuilles, employées sous forme d'infusions, soit pour leurs fleurs, dont on fait l'*eau de fleurs d'oranger*, soit enfin pour leurs fruits qui servent à l'alimentation, et dont on extrait aussi des huiles essentielles et de l'acide citrique.

Espèces et variétés. — Les diverses sortes d'orangers peuvent être partagées en groupes, parmi lesquels nous n'indiquerons que les suivants, parce qu'ils fournissent les espèces propres au midi de la France.

1ᵉʳ Groupe. — *Oranger à fruit doux* (*citrus aurantium*, Risso). Pétiole des feuilles peu ailé; fleurs blanches; fruit arrondi ou ovale, obtus, rarement mamelonné, jaune d'or, quelquefois rougeâtre; vésicules de l'écorce convexes; pulpe très-abondante, très-aqueuse, d'une saveur douce, sucrée, très-agréable. Toutes les variétés de ce groupe sont cultivées pour leurs fleurs, dont on fait l'*eau de fleur d'oranger*, et pour leurs fruits qui sont mangés crus. Voici les variétés dont la culture présente le plus d'avantage.

Oranger franc (Poit.) *Orange douce* (Oliv. de Ser.); *oranger sauvage à fruit doux* (*fig.* 603). Considéré comme le type des orangers à fruits doux; arbre très-vigoureux. rameaux épineux. Fruit moyen, arrondi; peau d'un beau jaune doré, un peu chagrinée; pulpe jaune. Son fruit résiste mieux que celui de toutes les autres variétés à l'intensité du froid et est assez précoce; mais sa grande vigueur retarde le moment où il donne d'abondants produits.

Oranger de la Chine (Encyclop.) Fruit de moyenne grosseur, arrondi; peau très-lisse, luisante; graines munies d'une pointe recourbée. Rameaux munis parfois de très-petites épines; floraison bisannuelle; fruits peu sujets à la gelée.

Oranger à fruits pyriformes (Poit.). Fruits assez gros, pyriformes; chair jaune au

Fig. 604. *Coupe du fruit de l'oranger franc.*

Fig. 603. *Oranger franc.*

Fig 605. *Fleur de l'oranger franc.*

centre, rouge à la circonférence. Cette variété, cultivée à Nice, est très-féconde et craint peu les froids du midi de l'Europe; ses fruits mûrissent en mars.

Oranger à larges feuilles (Poit.) Arbre très-vigoureux; fruit gros, sphérique, à écorce mince, pulpe jaune; ses fruits, souvent en bouquets, résistent bien aux intempéries de l'hiver. Cultivé à Nice.

Oranger de Gênes (Poit.). Fruits ronds ou un peu déprimés. marqués de sillons à la base; peau un peu chagrinée, jaune rouge; pulpe jaune au centre, rouge à la circonférence. Il donne une récolte presque chaque année.

Oranger de Nice (Risso). Fruit très-gros, souvent déprimé aux deux extrémités; peau chagrinée, d'un beau jaune rougeâtre, un peu spongieuse intérieurement; pulpe jaune foncé. Cette variété, cultivée à Nice, est celle qui donne les produits les plus beaux, les plus abondants et les plus lucratifs.

Oranger de Malte (Poit.), *orange rouge de Portugal*, *orange grenade*. Fruit rond,

de moyenne grosseur, à surface chagrinée, d'un jaune foncé passant au rouge après
la maturité; pulpe d'un rouge foncé, surtout à la circonférence. Cultivé à Nice.

Oranger de Majorque (Risso). Assez rapproché de l'oranger franc par ses caractères. Fruit assez gros, lisse, luisant; écorce assez mince, jaune foncé; pulpe jaune.

Fig. 606. *Bigaradier à fruit corniculé.*

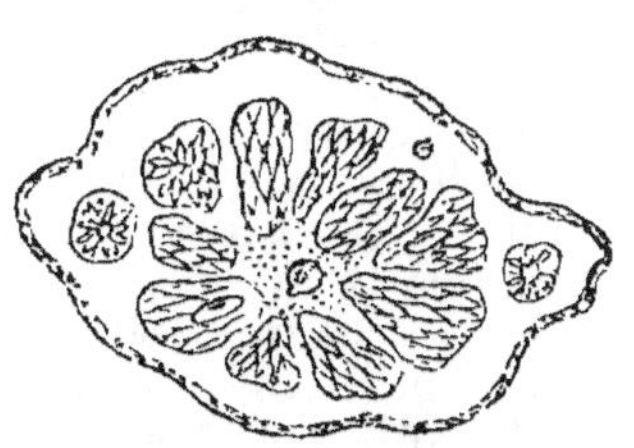

Fig. 607. *Coupe du fruit du bigaradier.*

Oranger multiflore (Poit.) Fleurs extrêmement nombreuses; fruits peu
volumineux, arrondis, lisses, d'un
beau jaune; écorce mince; pulpe jaune.

Oranger à fruit tardif (Poit.). Fruits
très-déprimés, gros; peau un peu chagrinée, d'un beau jaune, quelquefois
rougeâtre, peu épaisse; pulpe rouge.
Maturité très-tardive. Préfère l'exposition du nord.

2° GROUPE. — *Bigaradiers.* Feuilles
généralement plus larges que celles de
l'oranger à fruit doux; pétiole très-
ailé. Fleur plus grande, plus odorante;
fruit à surface plus tourmentée, d'un
jaune plus foncé; vésicules de la peau
concaves; pulpe jaune, contenant un
suc acide mêlé d'amertume. Les variétés de ce groupe sont cultivées
pour leurs fleurs, dont on fait de l'*eau
de fleur d'oranger*, et pour leurs fruits,
employés comme condiment, ou pour
la préparation de certaines liqueurs.
Voici quelles sont celles qui devront
être préférées pour la culture :

Bigaradier à fruit corniculé (Poit.)
(*fig.* 606). Fleurs grandes, nombreuses, très-odorantes, offrant un style
qui dépasse souvent la fleur avant son
épanouissement. Fruit arrondi, plus
large au sommet qu'à la base, muni
latéralement d'appendices en forme de
cornes; écorce rugueuse, d'un jaune
rougeâtre, assez épaisse, spongieuse;
pulpe jaune, acide, peu amère. Cultivé
pour ses fleurs et pour ses fruits;
c'est un des plus féconds.

Bigaradier riche dépouille (Poit.);
bigaradier bouquetier (Risso). Tige peu
élevée, rameaux courts; feuilles pe-
tites, ovales, obtuses, souvent imbriquées sur les rameaux et arquées en arrière, un
peu crispées, pétiole très-court, sans ailes. Fleurs très-nombreuses, rapprochées en
bouquet au sommet des rameaux; fruits arrondis, déprimés, rugueux, d'un jaune rougeâtre, marqués au sommet d'une grande aréole; peau offrant l'odeur du muguet;
pulpe formée de grosses vésicules d'un jaune foncé, contenant un suc acide amer.

Bigaradier à fruits sans pepins (Poit.). Arbre très-vigoureux et prenant un grand
développement. Fleurs disposées en bouquet, très-nombreuses; fruit de moyenne
grosseur très-chagriné et même bosselé, muni au sommet d'un mamelon aplati;

graines toujours nulles. Risso cite un de ces arbres qui, à Nice, donne, tous les deux ans, 200 kilogrammes de fleurs et 4,000 fruits.

Bigaradier Gallesio (Poit.). Fleurs grandes, très-odorantes; fruits gros, arrondis, d'un jaune orange foncé, peau très-épaisse; pulpe composée de vésicules d'un jaune rougeâtre obscur contenant une eau abondante acide-amère. C'est la variété qu'on doit préférer à cause de sa vigueur et de sa rusticité pour produire des sujets propres à recevoir la greffe de tous les orangers.

Bigaradier à gros fruits (Risso). Fleurs grandes, très-suaves; fruit très-gros, arrondi, déprimé, flexible sous le doigt, très-léger, marqué de plusieurs sillons et protubérances, d'un jaune foncé; écorce épaisse, spongieuse; pulpe d'un jaune pâle contenant un suc assez doux, un peu amer; ses fleurs sont les plus recherchées à Nice pour faire les *fleurs d'oranger pralinées.*

Bigaradier chinois (Risso), *grand chinois.* Tige petite; feuilles petites, ovales, aiguës, réfléchies, très-pressées les unes contre les autres. Fleur formant le thyrse au sommet des rameaux. Fruit petit, arrondi, aplati à la base, d'un jaune rougeâtre; écorce assez épaisse, spongieuse; pulpe jaune. Cette variété résiste bien au froid; une partie de ses fruits sont confits, et le reste sert de condiment.

5ᵉ GROUPE. — *Bergamotiers.* Fleurs petites, blanches, d'une odeur particulière, très-suave; fruits pyriformes ou déprimés, d'un jaune pâle, à vésicules de la peau concaves; pulpe verte, légèrement acide et d'un arome très-agréable. Les bergamotiers sont cultivés pour les huiles essentielles qu'on extrait de leurs fleurs et de l'écorce de leurs fruits. La variété suivante est la plus recherchée pour ce produit.

Bergamotier ordinaire (Poit.), *oranger bergamote* (Desf.), *limettier bergamote* (Risso) *fig*. 608). Fruit assez gros, ordinairement pyriforme, d'un jaune pâle à Paris, d'un beau jaune d'or en Italie,

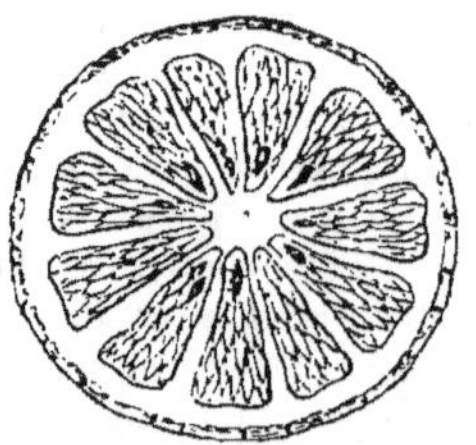

Fig. 608. *Bergamotier ordinaire.*

Fig. 609. *Coupe du fruit du bergamotier ordinaire.*

lisse, luisant, d'une odeur particulière très-agréable; peau mince; pulpe d'un jaune verdâtre, remplie d'un suc un peu acide très-aromatique.

4ᵉ GROUPE. — *Limoniers* ou *Citronniers.* Rameaux effilés, quelquefois épineux; feuilles ovales et oblongues, dentées; pétiole à peine ailé; fleurs de grandeur moyenne, lavées de rouge en dehors, blanches en dedans; fruit jaune clair, ovale, oblong, rarement arrondi, à surface lisse, rugueuse ou sillonnée, terminé par un mamelon; écorce mince, à vésicules concaves; pulpe abondante, pleine d'un suc très-acide et savoureux. Les limoniers sont cultivés pour l'huile essentielle de leur écorce, et pour l'acide citrique que renferme si abondamment leur pulpe et que l'on emploie pour faire des limonades, comme condiment, etc. Nous citerons les variétés suivantes comme les plus dignes d'être cultivées.

Limonier Bignette (Risso). Jeunes pousses lavées de rouge pâle; feuilles portées sur de courts pétioles non ailés; fleurs souvent disposées en corymbe, lavées de rouge en dehors; fruits ovoïdes arrondis, assez lisses, très-légèrement sillonnés, d'un jaune verdâtre, terminés par un mamelon obtus, court, à moitié détaché par un sinus; écorce mince, adhérente à la pulpe très-riche en suc acide. Cette variété est l'une des plus productives, une de celles dont les fruits fermentent le moins promptement; aussi sont-ce ces fruits qui sont choisis de préférence pour envoyer au loin.

Limonier Ponzin (Poit.), *limonier Poncine* (Risso). Rameaux épineux; jeunes pousses d'un beau rouge; fleurs réunies en bouquet au sommet des rameaux, fortement lavées de rouge en dehors; fruit gros, ovale, terminé par un petit mamelon et ordinairement strié et cannelé; écorce épaisse, compacte: pulpe contenant un suc abondant peu acide.

Limonier mellarose (Poit.). Rameaux très-tortueux, quelquefois munis de petites épines; jeunes pousses d'un vert luisant; feuilles violettes en naissant; fleurs peu nombreuses, lavées d'une teinte violacée en dehors; fruit de moyenne grosseur, luisant, très-lisse, arrondi, déprimé vers la queue, terminé au sommet par un mamelon obtus non séparé du fruit par un sillon, jaune foncé; suc abondant, acide très-agréable.

Fig. 610. *Limonier à grappes.*

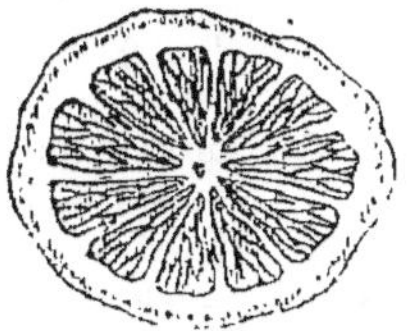

Fig. 611. *Coupe du fruit du limonier à grappes.*

Limonier ordinaire (Poit.). Fleurs grandes, violacées en dehors; fruit de moyenne grosseur, ovale, oblong, lisse, d'un jaune pâle, terminé par un mamelon obtus; suc acide très-abondant. C'est la variété la plus répandue dans les localités où ce fruit est un objet de spéculation.

Limonier à grappe (Poit. *fig.* 610). Fleurs grandes très-abondantes, réunies en bouquet, purpurines en dehors; fruits de moyenne grosseur, réunis en grand nombre sur la même grappe, ovales oblongs, ventrus, légèrement rugueux, terminés par un long mamelon pointu, assez souvent courbé; suc abondant, très-acide.

5ᵉ Groupe. — *Cédratiers.* Rameaux plus courts, plus roides que ceux des limoniers; fruits plus gros, plus verruqueux; chair plus épaisse, plus tendre; pulpe moins acide. Les fruits des variétés de ce groupe sont employés aux mêmes usages que ceux des limoniers et surtout pour confire.

Cédratier ordinaire (Poit.). Rameaux munis de longues épines; jeunes pousses d'un rouge violâtre; fleurs lavées de rouge violâtre; fruit ordinairement très-gros, d'un rouge pourpre lors de son premier développement, d'un beau jaune safran lorsqu'il est mûr, oblong, plus renflé vers le sommet que vers la base, profondément sillonné à la surface, terminé par un mamelon; chair épaisse, blanche, tendre, d'une saveur douce; pulpe verdâtre, peu considérable, contenant une eau acidulée.

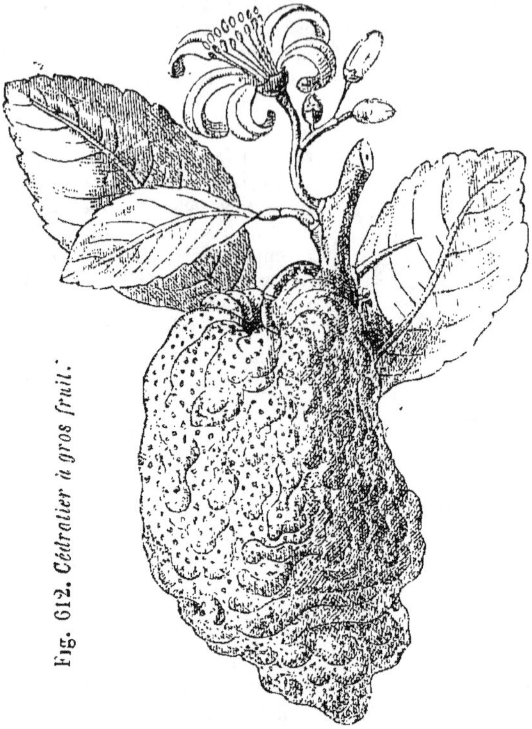

Cédratier à gros fruit (Risso), *cédrat de Gênes* (fig. 612). Rameaux garnis de longues épines; fleurs grandes, violettes en dehors; fruit très-gros, oblong, bosselé, marqué de sillons longitudinaux interrompus, terminé par un mamelon plus ou moins détaché d'un côté par un sinus, jaune pâle, chair très-épaisse, ferme, pulpe verdâtre, presque sèche, acide. D'après Ferraris, les fruits de cette variété pèsent quelquefois jusqu'à 15 kil. C'est seulement dans les vallées étroites, les plus chaudes des bords de la Méditerranée, et dans des sols susceptibles d'être arrosés pendant l'été, que cette variété peut mûrir ses fruits.

Cédratier de Florence (Poit.). Rameaux épineux; fleurs purpurines en dehors, réunies en bouquets; fruit conique, d'un beau jaune doré, luisant, légèrement sillonné; chair blanche, tendre, d'une odeur suave; pulpe verdâtre, légèrement acide. C'est la variété la plus recherchée pour ses diverses qualités.

Fig. 612. *Cédratier à gros fruit.*

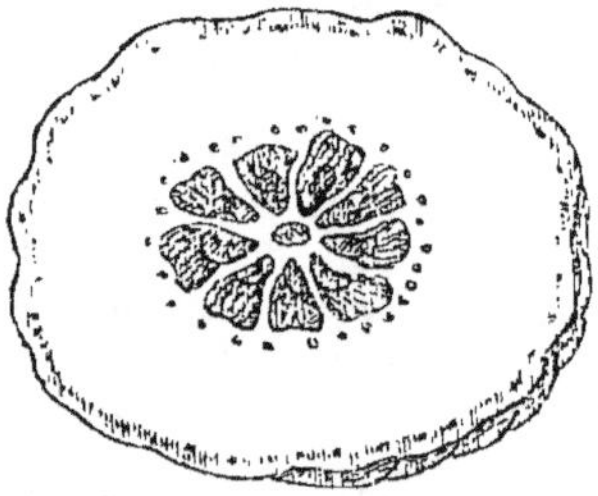

Fig. 613. *Coupe du cédratier à gros fruit.*

Climat et sol. — *Climat.* — Les orangers ne prospèrent en pleine terre que dans les parties les plus chaudes du midi de la France. Au-delà du 43e degré de latitude, ils sont détruits par les gelées de l'hiver. Par la même raison, ils ne peuvent être cultivés à plus de 400 mètres au-dessus du niveau de la mer. Cependant toutes les espèces n'exigent pas un climat aussi doux; les *limoniers*, les *cédratiers*, sont ceux qui demandent le plus haut degré de température; les *bergamotiers* viennent ensuite, puis les *orangers* proprement dits et les *bigaradiers*. Si le terrain n'était qu'imparfaitement abrité des vents froids, on pourrait l'en garantir, comme on le fait en Portugal, en plantant des haies de lauriers qui s'élèvent rapidement jusqu'à sept et huit mètres de hauteur. Le cyprès peut servir au même usage ; mais il croît beaucoup plus lentement. C'est seulement dans quelques localités de la basse Provence, voisines de la mer et abritées par des coteaux des vents du nord-ouest, que la France possède des cultures d'orangers en plein air. Tels sont Ollioules, Toulon, Hyères, le Canet, Cannes, Vence, Saint-Paul, Grasse et Antibes. Nous devons y joindre aussi certaines parties de la Corse et de l'Algérie.

Sol. — Les orangers paraissent peu difficiles sur la nature du sol ; ils redoutent cependant la sécheresse et l'humidité surabondantes. On a remarqué que les orangers proprement dits, les bigaradiers et les bergamotiers préfèrent les sols un peu argileux et compactes, tandis que les limoniers et les cédratiers se développent avec plus de force dans les terrains légers. Ces divers sols doivent être profonds et susceptibles d'être irrigués pendant les fortes chaleurs de l'été.

Culture. — *Multiplication.* — La multiplication des orangers se fait comme pour les autres espèces, dans une pépinière préparée avec les soins prescrits à la page 84. Le terrain qu'on veut y consacrer doit pouvoir être arrosé au moyen de l'irrigation, et être placé à l'exposition la plus chaude. Quatre procédés de multiplication sont employés pour les orangers : les semis, la greffe, les boutures et le marcottage.

Semis dans la pépinière. — Les semis sont pratiqués soit pour avoir des sujets destinés à recevoir la greffe, soit pour se procurer des arbres francs de pied. Ce dernier mode n'est usité que pour les espèces types, comme l'*oranger franc*, le *bigaradier franc ;* les diverses variétés de chacun de ces types dégénéreraient trop facilement si on les multipliait par les semis. Toutes les variétés des diverses espèces d'orangers sont ordinairement multipliées au moyen de la greffe qu'on place sur des sujets obtenus de semis. Ces sujets sont produits soit par les semences de l'oranger franc, soit par celles du bigaradier franc ou du bigaradier Gallesio, et peuvent également recevoir la greffe de toutes les espèces. Les sujets d'orangers francs se développent lentement, il est vrai, mais ils sont plus robustes, ils résistent mieux au froid ; une fois greffés, ils donnent lieu à des arbres qui se mettent promptement en plein rapport, dont les fruits sont très-abondants, mûrissent vite, et sont meilleurs que ceux greffés sur le bigaradier.

Les sujets de bigaradier sont préférés seulement pour les grandes plantations des localités les plus chaudes, parce qu'ils donnent lieu à des arbres plus forts, plus vigoureux et plus durables.

Pour obtenir ces deux sortes de sujets, on procède ainsi : On choisit de beaux fruits, bien mûrs, qu'on met en tas dans un coin exposé au soleil, pour qu'ils fermentent pendant huit ou dix jours ; puis on les jette dans un réservoir d'eau ; après quelques heures de macération, on sépare les graines, en choisissant les plus belles, les mieux nourries, et rejetant celles qui surnagent. Les graines choisies sont semées sur les plates-bandes de la pépinière, convenablement préparées et bien fumées. On les recouvre d'une petite couche de terre mélangée de terreau de $0^m,04$ d'épaisseur; on y répand ensuite un léger paillis, et l'on entretient le sol frais au moyen d'arrosements. Cet ensemencement est fait au printemps, aussitôt que la température s'élève à environ 15° au-dessus de zéro. Il suffit ensuite de pratiquer des sarclages et d'éclaircir les plants s'ils sont trop rapprochés les uns des autres.

Au bout d'un an de semis, au printemps, les jeunes plants ont assez de force pour être repiqués dans la pépinière. On les place alors à la distance de $0^m,30$ les uns des autres, avec les soins prescrits à la page 146. Au troisième printemps, on enlève les épines, les feuilles, les petits rameaux inférieurs, pour que le jeune plant puisse s'élever droit, lisse, égal, sans aucun nœud, et qu'il puisse être greffé avec succès. Cette opération est répétée chaque année, pendant tout le temps de la formation de la tige, en suivant les indications données à cet égard à la page 151. Si un certain nombre d'entre eux développaient une tige tortueuse et difforme, il ne faudrait pas hésiter à les receper dès la seconde année qui suit le repiquage.

Ce n'est qu'au quatrième ou au cinquième printemps que les jeunes sujets sont assez forts pour être transplantés, soit encore dans la pépinière s'ils doivent y être greffés, soit à demeure si on ne veut les greffer qu'en place. A cet effet, on déplante ces jeunes arbres avec leur motte pour ne pas découvrir les racines; si on les transplante dans la pépinière, on les place dans un nouveau carré bien préparé et bien fumé, en les plantant à la distance de $0^m,50$ en tous sens. On empêche le sol de se dessécher au moyen d'irrigations, et l'on pratique des binages pour détruire les plantes nuisibles. Si, au contraire, les jeunes arbres doivent être immédiatement plantés à demeure, on leur donne les soins dont nous parlerons plus loin en nous occupant de cette opération.

Les individus que l'on ne veut pas greffer sont élevés de la même manière.

Greffe. — La greffe est pratiquée soit sur des sujets transplantés dans la pépinière, soit sur ceux qui sont plantés à demeure, et cela un an après cette plantation. Presque toutes les sortes de greffes peuvent être appliquées avec succès aux orangers. Mais ce sont les greffes en écusson Vitry ou en écusson Jouette qui sont le plus généralement employées. La première est pratiquée depuis le mois d'août jusqu'en octobre; la seconde depuis le mois d'avril jusqu'en juin. Dans le premier cas, on choisit des écussons sur des rameaux formés depuis le printemps; et la tête du sujet n'est supprimée qu'au printemps suivant, en la coupant d'abord à 0^m,10 au-dessus de la greffe, puis, un mois après, à 0^m,05 seulement lorsque la greffe s'est développée. Dans le second cas, les écussons sont pris sur des rameaux de l'année précédente, et la tête du sujet est immédiatement supprimée, en la coupant aussi en deux fois. Dans l'un et l'autre cas, les feuilles des rameaux sur lesquels on prend les écussons sont immédiatement coupées, à l'exception du pétiole, dont on enlève seulement les deux petites ailes qui l'accompagnent. On donne d'ailleurs à ces deux sortes de greffes les soins que nous avons prescrits en les décrivant à l'article *Pépinière*.

Boutures. — Les boutures sont moins employées que la greffe. On en fait cependant usage dans quelques circonstances, mais seulement pour les limoniers, les bergamotiers et les cédratiers, notamment lorsque l'on veut multiplier promptement ces espèces, et en grande quantité. A cet effet, on coupe sur les arbres, de décembre en février, les longs rameaux gourmands ou *plumets*, qui, dans tous les cas, doivent être supprimés; on les taille à 0^m,40; on enlève toutes les feuilles, moins le pétiole, à l'exception des deux ou trois du sommet. Ces boutures, ainsi préparées, sont plantées en ligne dans les plates-bandes de la pépinière profondément ameublies : on les place à 0^m,30 de distance les unes des autres, en les enterrant de façon à laisser deux ou trois boutons seulement au-dessus du sol; on répand ensuite un paillis, puis on maintient la terre suffisamment fraîche, pendant l'été, à l'aide d'arrosements. Lorsque les bourgeons de ces boutures ont atteint une longueur de 0^m,25 environ, on choisit le plus vigoureux et on le place dans une position verticale à l'aide d'un tuteur; les autres sont pincés, et on les supprime entièrement l'année suivante; on leur donne ensuite les soins convenables pour que la tige continue de s'allonger et de se former, puis on leur fait subir une transplantation dans la pépinière, avant de les planter à demeure.

Marcottes. — Le marcottage est aussi employé exceptionnellement. On greffe en pied, dans la pépinière, les sujets qui doivent servir de pied mère; on rabat la greffe deux ou trois ans après, à 0^m,20 environ du sujet, pour lui faire développer des rameaux près du sol; puis on applique à ceux-ci le marcottage par étranglement, décrit à l'article *Pépinière*. Les marcottes, opérées en janvier et février, sont serrées l'année suivante, puis transplantées dans la pépinière, où l'on procède à la formation de leur tige.

Plantation à demeure. — Cette opération est faite en automne ou au printemps, suivant que le sol est plus ou moins exposé à la sécheresse. Le terrain est préparé au moyen de tranchées continues, ainsi que nous l'indiquons page 250.

Les orangers sont cultivés, dans le midi de la France, en plein vent, en contre-espalier et en espalier. Les arbres en plein vent sont plantés à une distance de six mètres les uns des autres, s'ils sont disposés en ligne isolée, ou à huit mètres, s'ils sont cultivés en quinconce. Les arbres disposés en contre-espalier sont plantés en ligne à environ quatre mètres de distance les uns des autres, et à trois mètres en avant des espaliers qui entourent les jardins. La plantation est faite de façon que chaque arbre du contre-espalier soit placé en face du milieu de l'espace qui sépare chacun de ceux de l'espalier. On les fixe sur un treillage et on les maintient à une hauteur moins considérable que ceux de l'espalier. On laisse entre ces derniers le même intervalle que pour ceux en contre-espalier. Les distances que nous venons de donner ne sont que des moyennes qu'on diminuera un peu s'il s'agit de limoniers, de cédratiers ou de bergamotiers, ou encore si le terrain est médiocre ; elles seront, au contraire, un peu augmentées pour les orangers proprement dits et pour les bigaradiers qui acquièrent de plus grandes dimensions, ou bien lorsque le sol sera très-fertile.

Lors de la plantation à demeure, on doit choisir entre des arbres greffés et des sujets destinés à recevoir cette opération après leur reprise. On préfère, en général, planter des sujets non greffés; on est ainsi plus certain des variétés qu'on greffera soi-même. Les arbres greffés sont surtout réservés pour remplacer ceux qui ont péri dans les plantations déjà âgées de quelques années. Dans ce cas, les hautes tiges doivent présenter une élévation d'environ $1^m,50$ au-dessous de la greffe ; les basses tiges pour espalier ou contre-espalier ont dû être greffées à $0^m,25$ ou $0^m,30$ au-dessus du sol.

La déplantation dans la pépinière et la plantation sont exécutées avec les soins que nous avons recommandés aux pages 267 et 269. Seulement, comme sous ce climat les racines sont plus exposées à la sécheresse, on les enterre plus profondément. Dans les sols compactes, le collet de la racine devra être placé à environ $0^m,25$ de profondeur; dans les terrains légers on descendra jusqu'à $0^m,40$. La terre qui entoure immédiatement les racines doit être suffisamment amendée. Les binages, les couvertures, les arrosements, sont ensuite employés pour assurer la reprise de ces arbres. On donne le nom d'*orangerie* à l'espace consacré à cette culture.

Taille. — La taille des orangers est destinée, comme celle des autres espèces d'arbres fruitiers, à leur donner une forme à peu près symétrique, de manière à soumettre également les diverses parties de la tige à l'action de la séve, et à en obtenir une fructification plus abondante et plus régulière.

La forme la plus convenable pour les orangers et les bigaradiers en plein vent est une sorte de tête sphérique et creuse, ce qui permet à la lumière d'éclairer en même temps l'intérieur et l'extérieur de l'arbre et de rendre également productives ces deux surfaces.

Les limoniers, les cédratiers, les bergamotiers, cultivés en plein vent, reçoivent à peu près la même disposition, seulement, la tête de l'arbre est beaucoup plus haute que large. Cela tient au mode de végétation de ces espèces, qui développent les rameaux beaucoup plus verticalement que l'oranger et le bigaradier.

La charpente des arbres en espalier et en contre-espalier ne présente aucune régularité; on se contente de faire que ces arbres couvrent uniformément, comme une muraille de verdure, la surface qui leur est consacrée.

Quant à la taille, telle qu'elle est pratiquée aujourd'hui, c'est plutôt une sorte d'élagage, qui consiste à réserver seulement : 1° les prolongements des branches principales, en les raccourcissant un peu pour les forcer à se ramifier; 2° les pousses vigoureuses qui peuvent servir à combler un vide; 3° tous les rameaux de vigueur moyenne qui sont destinés à fructifier, et le tout de façon que les deux faces des vases ou la surface des espaliers et contre-espaliers soient parfaitement planes et régulièrement garnies.

On voit qu'il y a loin de ces opérations à celles qui commencent à être employées avec tant de succès dans le nord et le centre de la France pour les autres espèces d'arbres fruitiers. Et cependant nous sommes convaincu que le produit des orangers ne ferait que gagner à l'application des mêmes procédés. Aussi conseillons-nous vivement de perfectionner cette culture : 1° en donnant à la charpente de ces arbres, au moyen des procédés précédemment décrits, une disposition parfaitement symétrique. La forme en *vase* ou *gobelet*, à haute ou à basse tige, celle en *cordon oblique simple* ou en *cordon vertical*, en espalier ou en contre-espalier, décrites à l'article du poirier, lui conviendraient parfaitement; 2° en faisant usage de l'ébourgeonnement et du pincement, pour multiplier les rameaux de vigueur moyenne, sur lesquels apparaissent les fleurs l'année suivante; on arrivera surtout à empêcher ainsi le développement de bourgeons gourmands ou *plumets*, que l'on est obligé de supprimer chaque année, et qui absorbent inutilement une notable quantité de la séve, qui tournera alors au profit de la formation de la charpente ou des rameaux à fruits. Nous savons bien que ces opérations pourront paraître superflues à ceux qui ont vu dans plusieurs localités les orangers complétement abandonnés à eux-mêmes; mais nous pensons qu'il y aura autant de différence entre la récolte des orangers bien taillés et ceux qu'on laisse croître en toute liberté, qu'il y en a entre les produits de nos arbres fruitiers du Centre et du Nord bien conduits, et ceux de ces mêmes arbres qui sont complétement négligés.

L'époque la plus favorable pour effectuer cette taille est, comme pour les autres espèces d'arbres fruitiers, pendant le repos de la végétation et un peu avant le nouveau bourgeonnement des arbres, c'est-à-dire dans les mois de février et de mars. On doit éviter de la pratiquer lorsque les ramifications sont mouillées par la pluie, ou immédiatement avant qu'elle tombe. L'expérience semble avoir démontré que les plaies qui sont ainsi lavées avant d'avoir été desséchées par l'air se cicatrisent moins facilement.

Lorsque, vers le mois d'août, on remarque que les orangers sont chargés d'une trop grande quantité de fruits, on ne doit pas hésiter à en supprimer un certain nombre; ceux que l'on conservera seront plus beaux, et les arbres ne seront pas épuisés l'année suivante. D'ailleurs, les jeunes oranges pourront être confites comme celles connues sous le nom de *chinois*.

Labours. — Deux labours sont ordinairement nécessaires pour entretenir le sol dans un état de division et de perméabilité favorables à la végétation de l'oranger. Le premier, pratiqué au printemps, après la taille, pénètre à $0^m,25$ de profondeur, dans les sols légers, et à $0^m,40$ dans les terrains argileux un peu compactes. Le second, donné en automne, doit être un peu plus profond. On ne doit pas craindre, en exécutant ces labours, de détruire les racines superficielles de l'oranger, car elles sont souvent atteintes par la sécheresse du sol, et l'arbre souffre; en les détruisant on favorise le développement de celles qui, placées plus profondément, n'ont pas à redouter cette fâcheuse influence. On doit, en outre, pratiquer des binages fréquents pendant l'été.

Engrais. — L'application des engrais est indispensable pour maintenir la fertilité de l'oranger; sans cela il est bientôt épuisé par la production des fruits; ceux-ci restent petits, l'arbre se dessèche progressivement, et il meurt longtemps avant d'avoir atteint son maximum de production.

Dans les contrées où l'on cultive l'oranger, on ne peut disposer que d'une bien faible quantité de fumier de ferme. On y supplée par d'autres engrais tirés soit du règne végétal, soit du règne animal. On emploie à cet usage les rognures de cornes, les chiffons de laine, les os concassés, les débris de cuirs, les résidus des magnaneries, la fiente de pigeon, les matières fécales; enfin, on fait différents composts avec des fumiers d'étables, de bergeries ou d'écuries, auxquels on ajoute des gazons décomposés, des vases de mares, de fossés ou d'étangs, des cendres, des sarments de vigne hachés. Ces engrais sont appliqués à la fin de l'hiver.

Irrigations. — On arrive à donner à la terre, pendant les grandes chaleurs de l'été, le degré d'humidité qu'exigent les orangers au moyen des irrigations.

Les eaux que l'on emploie à cet usage doivent toujours présenter une température assez élevée. Les eaux de source, celles qui descendent des hautes montagnes sont trop froides; on ne peut s'en servir qu'après qu'elles ont séjourné assez longtemps dans de très-grands réservoirs établis au-dessus des surfaces qui doivent être arrosées.

La quantité d'eau à répandre à la fois sera plus considérable dans les sols légers, à sous-sol perméable, que dans les sols compactes qui retiennent plus longtemps l'humidité.

Dans les terrains légers, on commence à arroser dans les premiers jours de juin, dès que la température s'élève à 25 degrés au-dessus de zéro, et l'on répète cette opération tous les huit ou dix jours jusqu'au mois de septembre. Dans les sols compactes, argileux, cet arrosement n'a lieu que tous les dix ou quinze jours. C'est entre le coucher et le lever du soleil que cette opération est pratiquée pendant l'été. En automne, c'est le matin.

Maladies. — Les maladies des orangers sont produites par les intempéries, les insectes, les plantes parasites, la vieillesse.

Intempéries. — Ce que les orangers redoutent par-dessus tout, c'est la gelée. C'est ainsi que périrent, en 1709, presque tous les orangers des bords de la Méditerranée. Sous l'action de la gelée, les fleurs noircissent, les feuilles se crispent, se roulent et se dessèchent, les fruits perdent leur brillant, l'arome se dissipe, le suc disparaît; ils deviennent amers, se putréfient et tombent; si le froid est plus intense, les rameaux se courbent, brunissent, les branches et la tige même se crevassent. Pour réparer ces dommages, il n'y a d'autre moyen que de couper toutes les parties atteintes. Ces amputations sont faites au printemps, au moment du nouveau bourgeonnement. Les plaies sont mastiquées avec soin, et l'on donne au sol une fumure très-abondante.

La neige peut aussi devenir très-nuisible aux orangers, s'il survient un temps clair lorsqu'ils en sont couverts; l'eau glacée qui résulte de sa fonte altère les jeunes rameaux. Pour prévenir cet accident, on emploie la fumée interposée entre les arbres et les rayons solaires, en allumant, de distance en distance, de petits tas de paille humide.

Certaines espèces d'orangers, telles que les limoniers, les cédratiers, sont parfois atteints d'une maladie analogue à la *gomme* qui attaque les arbres à fruits à noyau. Cette altération est due aux changements subits de température. Pratiquer des incisions longitudinales dans le voisinage des parties malades, pour faciliter la circulation des fluides, enlever toutes les parties altérées, et recouvrir les plaies avec du mastic à greffer, sont les seuls moyens de remédier à cet accident.

C'est encore aux intempéries, et surtout aux brouillards épais et aux fortes rosées du printemps qu'est due la maladie connue à Nice sous le nom de *peteia*, et qui se manifeste sur les fruits par une tache rougeâtre qui brunit et finit par altérer complétement la pulpe du fruit.

La *jaunisse* ou *chlorose* n'est le plus ordinairement due qu'à l'humidité surabondante du sol; il devient alors indispensable de l'égoutter à l'aide des procédés décrits à la page 564.

La *pourriture des racines*. — Cette maladie a fait de tels ravages dans les orangeries d'Hyères, qu'en 1855, lorsque nous les avons visitées, presque tous les orangers avaient disparu. Les premières atteintes du mal sont indiquées par la jaunisse des feuilles, puis par des ulcères sanieux qui se manifestent vers la base de la tige. Si l'on examine alors les racines, on les trouve dans un état de putréfaction plus ou moins avancé. La cause de cette maladie n'est pas encore parfaitement connue. Toutefois nous pensons qu'on doit l'attribuer à l'abus que l'on fait d'un certain engrais, les tourteaux d'arachide. Ces tourteaux, encore assez riches en huile, mais à l'état acide, suffisent, selon nous, lorsqu'on les emploie en très-grande quantité, pour produire cette altération sur les racines. Ce qu'il y a de certain, c'est que les orangeries du Cannais, près de Cannes, soumises au même climat, placées sur des terrains analogues et recevant le même mode de culture, à l'exception de l'espèce d'engrais dont nous venons de parler, sont parfaitement intactes.

Insectes nuisibles. — Un certain nombre d'insectes vivent aux dépens de l'oranger. Nous citerons particulièrement deux espèces de *kermès* ou *gallinsectes*, qui, fixés sur les feuilles et les bourgeons, épuisent l'arbre en absorbant la plus grande partie de la séve; nous avons indiqué à la culture spéciale du pêcher le moyen de détruire ces insectes.

Plantes parasites. — Risso a fait connaître deux cryptogames qui vivent sur l'oranger et lui font parfois un tort assez considérable. L'une, qu'il nomme *demathium monophyllum*, ressemble à une poussière noire qui finit par couvrir l'arbre entier; elle se développe dans les localités humides et ombragées. L'autre, *lichen aurantii*, apparaît sous forme d'une petite croûte gris blanchâtre. Le seul moyen de destruction qui ait donné des résultats satisfaisants consiste à faciliter la circulation de l'air, soit entre les branches du même arbre, soit entre les arbres, en diminuant, au moyen de la taille, la confusion des rameaux. Toutefois nous avons constamment remarqué que le *demathium* ou *charbon* apparaît toujours à la suite des kermès et disparaît avec eux. Nous sommes donc convaincu que le meilleur moyen de détruire le charbon consiste à faire disparaître le kermès.

Vieillesse. — Dans le midi de la France, les orangers bien cultivés vivent, en moyenne, plus d'un siècle; on peut même prolonger leur existence au delà de ce terme, lorsque les signes de la décrépitude deviennent évidents, en coupant les branches principales à environ 0^m,50 du tronc, mastiquant avec soin les plaies, puis donnant au sol un labour profond et une très-abondante fumure.

Récolte des produits. *Feuilles*. — Ce sont particulièrement les feuilles de l'oranger proprement dit, et surtout celles du bigaradier, que l'on recueille pour les employer en infusion. On n'en dépouille pas les arbres exprès pour cet usage : ce sont seulement celles que l'on détache des rameaux supprimés lors de la taille. On les fait sécher à l'ombre, puis on les livre au commerce. En 1848, elles se vendaient à Nice 20 francs les 100 kilogrammes.

Fleurs. — Les mêmes espèces fournissent seules les fleurs dont on extrait l'huile essentielle. Tous les deux jours, en mai et juin, on fait cette récolte en secouant violemment les arbres. Il faut éviter soigneusement de faire cette récolte immédiatement après la pluie et avant l'évaporation totale de la rosée, car les fleurs perdraient de leur arome et elles entreraient très-rapidement en fermentation. Malgré cette récolte, il reste toujours sur les arbres assez de fleurs pour donner une suffisante quantité de fruits. Les orangers commencent à donner des fleurs et des fruits vers l'âge de cinq ans; ils sont en plein rapport vers quarante ans; à ce moment, un bigaradier produit moyennement 40 kil. de fleurs; l'oranger proprement dit n'en donne que 20 kil.

Fruits. — La récolte des orangers proprement dits se fait en trois fois : la première vers la fin d'octobre, alors que les fruits commencent à prendre une teinte jaunâtre; ces fruits peuvent ainsi être expédiés au loin sans se gâter; la seconde se fait en décembre; les fruits sont alors à moitié mûrs et peuvent encore résister à un assez long trajet; la troisième au printemps, quand ils ont atteint leur maturité; mais alors ils ne peuvent être transportés à une grande distance sans s'altérer.

Les fruits du bigaradier sont tous recueillis en septembre; ceux des cédrats en août, septembre et jusqu'en janvier; les limoniers, qui fleurissent et mûrissent pendant toute l'année, sont soumis à une récolte non interrompue.

L'oranger proprement dit, arrivé au maximum de son produit, peut donner en moyenne 3,000 fruits de bonne qualité. Les bigaradiers donnent environ 4,000 fruits. Le produit des cédratiers ne dépasse guère 40 fruits, celui des bergamotiers s'élève en moyenne à 250 fruits; mais le plus productif de tous ces arbres est incontestablement le limonier, dont la récolte moyenne peut s'élever à 6,000 fruits.

L'oranger proprement dit et le bigaradier ne donnent en général une abondante production qu'une année sur deux. On diminue les effets de cette intermittence en récoltant tous les fruits avant la fin du mois de décembre.

GRENADIER.

Originaire de l'ancienne Carthage, d'où il fut importé en Italie par les Romains, lors des guerres puniques, le grenadier (*fig.* 614) s'est répandu dans tout le midi de l'Europe, où il est aujourd'hui cultivé, soit comme arbre d'ornement, soit pour faire des haies d'une grande solidité, soit enfin comme arbre fruitier à cause de la saveur douce, légèrement acidule, de la pulpe qui entoure chacune des semences. C'est surtout sous ce dernier point de vue que nous avons à le considérer ici.

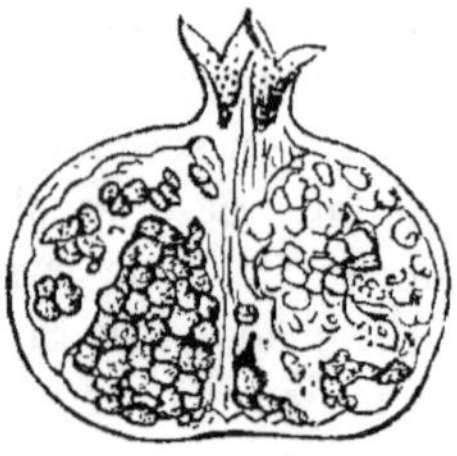

Fig. 615. *Coupe du fruit du grenadier à fruit doux.*

Fig. 614. *Grenadier à fruit doux.*

Fig. 616. *Fleurs du grenadier à fruit doux.*

La pulpe des fruits du grenadier est mangée fraîche, assaisonnée de sucre et d'eau de fleur d'oranger ou de vin de liqueur. On en fait aussi des gelées.

Variétés. — Les diverses variétés de grenadiers cultivés appartiennent toutes à une seule espèce, le *grenadier commun (punica granatum)*. Abandonnée à elle-même, cette espèce ne dépasse guère trois à quatre mètres d'élévation ; soumise à la culture, elle peut atteindre huit mètres de hauteur. La variété la plus intéressante, au point de vue de la production des fruits, est le *grenadier à fruits doux (fig. 614)*.

Climat et sol. — Le grenadier supporte difficilement les hivers du nord de la France. Il peut fleurir et fructifier dans le centre s'il est placé en espalier, aux expositions les plus chaudes ; mais ce n'est que dans le Midi que ses fruits mûrissent complétement.

Quant au sol qui lui convient, le grenadier est peu exigeant ; il se développe convenablement dans les terrains les plus secs, mais il donne ses plus beaux produits dans les terres substantielles, de consistance moyenne. Il ne redoute que l'humidité surabondante.

Culture. — On peut employer pour le grenadier les divers modes de multiplication ordinairement usités. Les *semis* sont faits en pépinière sur des plates-bandes bien exposées. On doit choisir pour cela les graines des beaux fruits du *grenadier commun à fruits acides*. Ces sujets sont plus rustiques que ceux à fruits doux. Au bout d'un an, les jeunes plants sont repiqués sur d'autres plates-bandes. Vers la troisième année, ils sont plantés à demeure, soit pour former des haies, soit pour recevoir la greffe des autres variétés.

La *greffe* employée est celle *en fente Atticus*. Mais il est préférable d'employer la *greffe en écusson à œil dormant*. Pour cela on coupe la tige des sujets lorsqu'ils ont 0^m,015 de diamètre, et l'on place les écussons sur les bourgeons qui naissent vers le sommet. On peut les greffer soit dans la pépinière, soit après leur plantation à demeure. On préfère généralement ce dernier moyen.

Les diverses variétés sont aussi multipliées au moyen du *marcottage*. On fait usage du *marcottage par drageons, par racine et en archet avec incision*. Les marcottes sont sevrées au bout d'un an, repiquées dans la pépinière, et plantées à demeure l'année suivante. Cet arbre est aussi multiplié au moyen de *boutures à talon*. Ces derniers procédés donnent des arbres moins vigoureux et plus sensibles à la gelée.

Le grenadier est cultivé en plein vent et en espalier; dans l'un et l'autre cas, il est en quelque sorte abandonné à lui-même. Pour les arbres en espalier, on se contente d'appliquer les branches contre le mur à mesure qu'elles se développent, de façon qu'elles en couvrent régulièrement la surface. Nous pensons cependant que, si l'on donnait à la charpente de ces arbres une disposition régulière, celle *en vase* ou *gobelet*, ou, pour les espaliers et contre-espaliers, celles *en cordon oblique simple* ou *en cordon vertical*, et surtout si l'on favorisait le développement des rameaux à fruits au moyen d'une taille convenable, on obtiendrait des résultats analogues à ceux qui sont produits sur les autres arbres fruitiers. Ainsi les fleurs du grenadier apparaissent ordinairement à l'extrémité des bourgeons de vigueur moyenne. On devrait, tout en formant la charpente, favoriser le développement de ces bourgeons sur toute la longueur des branches principales ; couper ces rameaux vers leur base, lors de la taille d'hiver, pour obtenir à chaque point un ou deux nouveaux bourgeons fructifères de vigueur moyenne, et supprimer rigoureusement toutes les productions qui n'ont pas cette destination, à l'exception des rameaux destinés à prolonger les branches de la charpente.

Le grenadier développe un grand nombre de bourgeons sur le collet de sa racine; on doit chaque année les détruire avec soin, pour qu'ils n'affament pas la tige.

Si l'on veut que les fruits de cet arbre prennent tout leur développement, il est indispensable de le fumer chaque année et de le soumettre à l'irrigation, comme l'oranger, surtout lorsqu'il est placé dans un sol léger.

On récolte habituellement les grenades vers le milieu de septembre, parce que plus tard elles se fendent et se déchirent sous l'influence successive des pluies et du soleil; mais leur maturité est alors imparfaite, et elles n'ont pas acquis toutes leurs qualités. Pour obtenir un meilleur résultat, il faudra abriter les rameaux fructifères de l'ardeur du soleil, vers la mi-septembre, en les introduisant dans l'intérieur de l'arbre et en les y fixant avec des liens. On peut alors retarder la récolte jusqu'au milieu d'octobre.

Les grenades peuvent être conservées fraîches et saines jusqu'au milieu de l'hiver. Pour cela on les cueille par un beau temps ; on les laisse exposées au soleil pendant deux jours, en les retournant le second jour; on les enveloppe de papier gris, puis on les place dans une jarre à huile,

Fig. 617. *Pêcher de grosse mignonne.*   Fig. 618. *Fleur du pêcher de grosse mignonne.*

neuve, en séparant chaque lit par une couche de sable de rivière lavé et bien sec. Cette jarre, fermée par un couvercle, est placée dans un local analogue à la fruiterie décrite page 685.

2ᵐᵉ DIVISION. — FRUITS A NOYAU. — PÊCHER.

Le pêcher *amygdalus persica* L. (*fig.* 617) est certainement le plus remarquable de tous nos arbres fruitiers pour la beauté de ses fruits, la délicatesse de leur parfum, la suavité de leur goût. Le pêcher paraît être originaire de l'Éthiopie, d'où il passa en Perse. Son introduction en Europe remonte au règne de l'empereur Claude; Pline est le premier qui en ait donné une description exacte, et il assure que c'est par Rhodes et l'Égypte qu'il a été transporté de la Perse en Italie. Ce furent les Romains qui introduisirent chez nous cet excellent fruit. Columelle parle avec éloge de la pêche gauloise. Toutefois il paraît constant que les croisés importèrent de nouveau le pêcher en Occident; peut-être y avait-il disparu à la suite des siècles de barbarie qui succédèrent à la domination romaine.

La pêche, lors de son introduction en Europe, était loin d'offrir les qualités qui la distinguent aujourd'hui. Elle était beaucoup plus petite, sa chair était moins savoureuse, et plusieurs variétés présentaient une certaine amertume, due à la présence d'une forte proportion d'acide prussique. Aussi, pendant les premiers temps qui suivirent son introduction en Italie, fut-elle considérée comme malfaisante.

Olivier de Serres dit avoir vu, dans les jardins d'Ispahan, des pêchers qui avaient probablement servi de souche à ceux que l'on avait importés en Europe, et dont les fruits étaient de très-médiocre qualité. Ce ne fut donc que progressivement, et au moyen de semis successifs et des soins de la culture, que l'on a obtenu ces excellentes variétés que nous cultivons aujourd'hui.

L'importance de la pêche comme fruit comestible n'égale pas celle de plusieurs autres espèces, car de nombreuses difficultés s'opposent à ce que sa culture prenne un grand développement. Ces difficultés tiennent surtout au peu d'étendue des localités où le pêcher peut se passer d'abri, aux soins minutieux qu'il réclame partout ailleurs, au peu d'avantage que présente la dessiccation de ses fruits, à la nécessité de les consommer aussitôt après leur maturité, et aux soins dispendieux qu'exige leur transport. C'est donc seulement dans le voisinage des grands centres de population que sa culture en grand peut donner lieu à des spéculations profitables.

Espèces et variétés. — Le pêcher est si voisin de l'amandier par ses caractères botaniques, que quelques naturalistes l'ont considéré comme une simple variété de cette dernière espèce. En effet, la seule différence vraiment sensible est dans le péricarpe, qui est charnu dans la pêche et coriace dans l'amandier; or MM. Sageret et Knight ont obtenu de l'amandier, au moyen des semis, des variétés dont le péricarpe, en partie charnu, tient le milieu entre celui du pêcher et celui de l'amandier. Tout porte donc à penser que l'amandier est réellement le type du pêcher, et que ce dernier aurait été obtenu originairement en Perse. Quoi qu'il en soit, le pêcher a donné, au moyen des semis, un nombre de variétés qui s'élève aujourd'hui à plus de soixante. Ces diverses variétés peuvent être subdivisées en quatre groupes que l'on distingue par les caractères suivants :

1ᵉʳ GROUPE. — *Pêches proprement dites.* Peau duveteuse, chair fondante, quittant le noyau.

2ᵐᵉ GROUPE. — *Pavies.* Peau duveteuse, chair ferme, adhérente au noyau. Le type de ce groupe paraît avoir été obtenu à Pavie.

3ᵐᵉ GROUPE. — *Pêches lisses.* Chair fondante, quittant le noyau.

4ᵐᵉ GROUPE. — *Brugnons.* Peau lisse, chair ferme, adhérente au noyau. Les Anglais appellent *nectarines* les pêches qui appartiennent à ces deux derniers groupes.

Nous donnons, dans le tableau suivant, la liste des meilleures variétés de chacun de ces groupes, rangées d'après l'époque de leur maturité.

Climat et sol. — Le pêcher s'accommode de tous les climats de la France, pourvu qu'on choisisse, pour chaque localité, les variétés qui peuvent s'y développer, et qu'on donne à leur culture les soins qu'elles réclament. Ainsi on devra cultiver des variétés d'autant plus précoces, que l'on se rapprochera davantage du Nord.

Le pêcher exige un sol profond, perméable, de consistance moyenne, et surtout contenant une certaine proportion de matière calcaire. Dans les sols très-légers et exposés à la sécheresse, sa végétation est languissante, ses fruits restent petits et deviennent amers. Dans les terrains compactes, humides, les arbres poussent d'abord assez vigoureusement; mais ils sont bientôt atteints de la maladie de la gomme, qui les ruine complétement. Cet accident est toutefois moins à redouter sous le ciel brûlant du Midi que dans le Nord. Sous ce dernier climat on peut diminuer cette influence fâcheuse en greffant les pêchers sur le prunier, car ses racines pivotent moins que celles de l'amandier.

Ce que le pêcher redoute par-dessus tout, c'est la surabondance d'humidité du sol. C'est pour cela que, dans le Midi même, ces arbres succombent promptement sous l'influence des irrigations auxquelles on soumet la terre pour les soustraire à l'excès de la sécheresse. Dans ce cas, il convient de remplacer ces arrosements par des défoncements d'autant plus profonds, lors de la plantation, que le sol est plus sec. Les racines pourront alors, en s'enfonçant, aller chercher l'humidité qui leur manque.

Multiplication. — Nous nous sommes longuement étendu à l'article *Pépinière* (page 415), sur les divers modes de multiplication du pêcher et sur les soins que réclame la première direction à donner à la greffe de ces arbres (page 157). Nous avons également dit, en parlant du jardin fruitier (page 572), les divers soins qui se rattachent à la plantation à demeure de cette espèce, lorsqu'on choisit des arbres tout greffés. Disons seulement ici ce qu'il y a à faire lorsqu'on veut multiplier les

NOMS DES VARIÉTÉS ET SYNONYMIE.	ÉPOQUE DE LA MATURITÉ.	ORIGINE DES VARIÉTÉS ET OBSERVATIONS DIVERSES.
Pêche Desse hâtive.	Fin de juillet.	Obtenue en France en 1851.
Pêche grosse mignonne hâtive.	Commencement d'août.	
Pêche pourprée hâtive.	Mi-août.	Souvent attaquée par le blanc.
Pêche grosse mignonne tardive.	Fin d'août.	
Incomparable.		
Pêche galande.		
Bellegarde.	Fin d'août.	Souvent attaquée par le blanc.
Noire de Montreuil.		
Pêche Belle Bausse.	Fin d'août.	Obtenue à Montreuil par un cultivateur de ce nom; c'est une variété de la grosse mignonne.
Pêche Chevreuse hâtive.	Fin d'août.	
Pêche vineuse de Fromentin.	Fin d'août.	
Pêche nivette veloutée.	Août et septembre.	
Pêche de Malte.	Août et septembre.	Se reproduit de noyau.
Belle de Paris.		
Pêche lisse petite violette hâtive.	Commencement de septembre.	Garder le fruit à la fruiterie pendant quelques jours. Propre au climat du Midi.
Pêche reine des vergers.	Commencement de septembre.	Obtenue en France en 1851.
Pêche Madeleine rouge de Courson	Mi-septembre.	Souvent attaquée par le blanc.
Grosse Madeleine.		
Pêche lisse grosse violette hâtive.	Mi-septembre.	Propre au climat du Midi. Garder le fruit dans la fruiterie pendant quelques jours.
Violette de Courson.		
Pêche pucelle de Malines.	Mi-septembre.	Obtenue en Belgique; introduite en France en 1844.
Pavie alberge.		
Persèque d'Angoumois.		
Pavie jaune.	Septembre.	Propre au climat du Midi.
Persèque jaune.		
Brugnon de Stanwick à amandes douces.	Septembre.	Variété récemment introduite de la Syrie en Angleterre; importée en France en 1851.
Pêche admirable.		
Belle de Vitry.	Fin de septembre.	
Pêche Bourdine de Narbonne.	Fin de septembre.	
Grosse royale.		
Pêche Chevreuse tardive.	Fin de septembre.	Obtenue par M. Bonouvrier, cultivateur à Montreuil.
Bonouvrier.		
Pavie Persèque.	Fin de septembre.	Propre au climat du Midi.
Gros persèque.		
Persèque allongé.		
Brugnon musqué.	Fin de septembre.	Garder le fruit dans la fruiterie pendant quelques jours.
Brugnon violet.		
Pêche teton de Vénus.	Fin de septembre.	
Pêche royale.	Commencement d'octobre.	
Pêche Desse tardive.	Commencement d'octobre.	Obtenue en France en 1851.
Pêche admirable jaune.		
Grosse jaune de Burai.	Commencement d'octobre.	La plus convenable pour le plein vent. Se reproduit de noyau.
Pêche-abricot, pêche d'orange.		
Pavie de Pomponne.		
Pavie monstrueux.		
Gros persèque rouge.	Mi-octobre.	Propre au climat du Midi.
Gros mirlicoton.		

pêchers dans le jardin fruitier ou dans le verger même, c'est-à-dire y faire naître des sujets destinés à être greffés ensuite.

Le pêcher peut être greffé sur diverses sortes de sujets : *l'amandier*, le *pêcher*, plusieurs espèces de *pruniers* et le *ragouminier* (*cerasus pumila*). Le choix à faire entre eux est déterminé surtout par la nature du sol.

L'amandier est le sujet le plus vigoureux. On le préfère pour tous les terrains assez profonds et exempts d'humidité surabondante.

Parmi les différentes sortes d'amandiers, celle dont on doit choisir les semences pour faire des sujets est *l'amandier doux à coque dure*. Toutefois les variétés de pêcher, *pourprée hâtive, bourdine* et *madeleine rouge*, réussissent mieux greffées sur amandier à fruit amer.

Le *pêcher franc* est obtenu au moyen de noyaux de pêches choisis parmi les variétés les plus vigoureuses. On en obtient des sujets dont les racines pivotent un peu moins que celles de l'amandier et qui conviennent mieux aux terrains secs et peu profonds. La greffe en écusson est aussi mieux assurée sur ce sujet que sur l'amandier. La difficulté de se procurer des noyaux de bonne qualité empêche les pépiniéristes de faire un usage fréquent de ce sujet.

Les *pruniers* donnent lieu à des arbres moins vigoureux que les deux pruniers sujets; mais, comme leurs racines pivotent beaucoup moins, on les préfère pour les terres compactes à sous-sol humide. Plusieurs espèces de pruniers sont employées comme sujets; le plus usité est le *prunier commun* (*prunus domestica*), dont on préfère les variétés les plus vigoureuses, telles que la *sainte-catherine*, le *damas d'Italie*, la *royale de Tours*. On rejette les sujets obtenus de drageons ou de boutures. Ils donnent lieu à des arbres mal venants, et qui s'épuisent en rejetons.

Depuis quelques années, certains pépiniéristes emploient de préférence le *prunier Myrobolan* (*prunus Myrobolana*). Cette espèce, multipliée au moyen des noyaux, donne lieu à des arbres plus vigoureux.

M. le curé d'Auxonne (Côte-d'Or) nous a communiqué, en 1856, le résultat très-satisfaisant qu'il a obtenu de la greffe du pêcher sur le *prunellier* ou *épine noire* (*prunus spinosa*). Ce sujet donne lieu à des arbres nains qui sont aux pêchers greffés sur amandier ou sur le prunier commun ce que sont les pommiers greffés sur paradis à ceux entés sur le pommier franc ou sur le doucin.

Enfin, le *ragouminier* (*cerasus pumila*) donne lieu aussi à des pêchers nains; mais les essais qu'on en a faits ont été peu satisfaisants.

Ces indications s'appliquent non-seulement aux pêchers que l'on veut greffer dans le jardin fruitier ou dans le verger, mais encore à ceux que l'on achète tout greffés dans la pépinière.

Pour se procurer ces sortes de sujets dans le jardin fruitier ou dans le verger, voici comment on opère pour les sujets d'amandier et de pêcher franc : en janvier, les amandes et les noyaux de pêche qu'on s'est procurés sont stratifiés dans un vase avec du sable. On enterre ce vase dans un terrain sec, au nord et abrité de la gelée, et on abandonne le tout jusque vers le mois de mars. A cette époque, ces semences commençant à germer, on laboure avec soin chaque place destinée à recevoir un pêcher, sur un espace de $0^m,40$ carrés ; on ajoute à la terre une suffisante quantité de terreau bien consommé, puis on plante, à la profondeur de $0^m,08$ environ, trois amandes ou trois noyaux de pêche placés en triangle, à $0^m,01$ l'un de l'autre. Vers le mois de mai les germes de ces semences commenceront à sortir de terre. Lorsqu'ils auront atteint quelques centimètres d'élévation, on choisira l'individu le plus vigoureux, et l'on supprimera les deux autres en les coupant entre deux terres.

Quant aux sujets de prunier et de ragouminier, il est plus simple de se procurer des jeunes plants d'un an, qu'on plante à chacun des points qui doivent être occupés par un pêcher.

Les sujets d'amandier et de pêcher franc sont greffés en écusson à œil dormant vers le mois de septembre qui suit leur ensemencement. A la fin du mois de février suivant, on coupe la tête du sujet à $0^m,08$ au-dessus du point où l'écusson a été posé. Si l'on opérait la section tout près de l'écusson, il pourrait se faire que la tige se desséchât un peu au-dessous de la coupe, et l'écusson en souffrirait.

Pendant l'été qui suit, les écussons se développent, et on les maintient dans une position verticale; au printemps suivant, on enlève la partie de la tige que l'on a réservée au-dessus de l'écusson, et l'on commence la première taille de l'arbre.

Culture. — Le pêcher est cultivé soit dans le jardin fruitier, soit dans les vergers. Comme ces deux modes de culture présentent des différences notables, nous allons les étudier séparément.

CULTURE DU PÊCHER DANS LE JARDIN FRUITIER.

Dans le Nord, et jusque dans la partie nord du climat de la vigne, le pêcher ne peut être cultivé qu'en espalier. La rigueur des hivers et surtout les intempéries du printemps ne permettent pas la culture de cet arbre en plein air. Il faut tâcher de le placer aux expositions les plus chaudes : l'est, le sud-est et le sud. L'exposition du sud-est est la meilleure. On peut, il est vrai, le placer contre des murs à l'ouest et même au nord; mais c'est seulement lorsque les murs, très-rapprochés les uns des autres, et de couleur blanche, se renvoient mutuellement la lumière et la chaleur.

La culture du pêcher en espalier a pris naissance aux environs de Paris, au commencement du siècle de Louis XIV. Elle était, il est vrai, déjà pratiquée dans quelques jardins, et notamment par la Quintinie, au potager du roi à Versailles, mais les résultats étaient bien peu satisfaisants, lorsque Girardot s'y consacra tout entier, et imprima à cette culture le mouvement progressif qui l'a conduite au degré de perfection où nous la voyons aujourd'hui. Après avoir dissipé sa fortune au service, Girardot quitta les mousquetaires de Louis XIV et se retira dans un petit fief de trois hectares environ qu'il possédait encore à Bagnolet et à Malassise, près de Montreuil. Il imagina de diviser cet emplacement par des murs parallèles éloignés de huit mètres, et surmontés de chaperons mobiles, semblables à ceux décrits plus loin au chapitre des *Abris*, puis tous les murs furent couverts de pêchers en espaliers. Cette culture eut un plein succès, et ses jardins (dit le Grand-d'Aussy) lui rapportèrent, année commune, trente-six mille francs. Un résultat aussi satisfaisant ne pouvait tarder à fixer l'attention des cultivateurs voisins de Girardot, et qui étaient placés dans les mêmes conditions de sol et d'exposition. Aussi vit-on bientôt se former un grand nombre de jardins semblables au sien. Telle est l'origine de la culture du pêcher en espalier, qui eut pour berceau Montreuil, nommé à cause de cela Montreuil-aux-Pêches, et qui se répandit de là dans les diverses contrées de la France.

Dans le Midi, le pêcher est cultivé en plein air. Les murs lui sont plutôt funestes qu'utiles, surtout dans la région de l'olivier, à cause de l'excès de chaleur à laquelle il y est exposé, à moins qu'on ne le place aux expositions les moins chaudes. La position en contre-espalier sera celle qui lui conviendra le plus souvent.

Taille. — Le mode de taille qui convient au pêcher est exactement le même pour le Nord ou pour le Midi. Nous allons choisir les formes suivantes pour étudier cette opération.

TAILLE D'UN PÊCHER EN PALMETTE VERRIER.

Formation de la charpente. — Les arbres soumis à la forme en palmette Verrier, sont en tout semblables aux poiriers soumis à cette même forme (p. 636). La seule différence qui existe entre ces deux espèces, c'est que, dans le poirier, les branches sous-mères sont placées à $0^m,30$ seulement l'une de l'autre, tandis qu'un espace de $0^m,50$ à $0^m,60$ est nécessaire pour le pêcher, afin de permettre le palissage des bourgeons latéraux pendant l'été. En outre, toutes les branches mères ou sous-mères sont garnies seulement sur les côtés de rameaux à fruit, naissant à environ $0^m,10$ les uns des autres.

Première taille. — Les poiriers, ainsi que toutes les autres espèces, ne doivent recevoir la première taille qu'après leur reprise, c'est-à-dire une année environ après leur plantation ; le pêcher seul fait exception :

on doit le tailler l'année même de la plantation. Autrement, les boutons de la base que l'on a besoin de faire développer en bourgeons seraient complétement anéantis l'année suivante.

Cette première taille a pour but de faire développer, vers la base de l'arbre, les deux premières branches sous-mères, et d'obtenir un nouveau prolongement de la tige. A cet effet, on choisit deux boutons latéraux B (*fig.* 619), situés à environ 0^m,30 du sol, plus un bouton A placé au-dessus et en avant; c'est immédiatement au-dessus de ce dernier

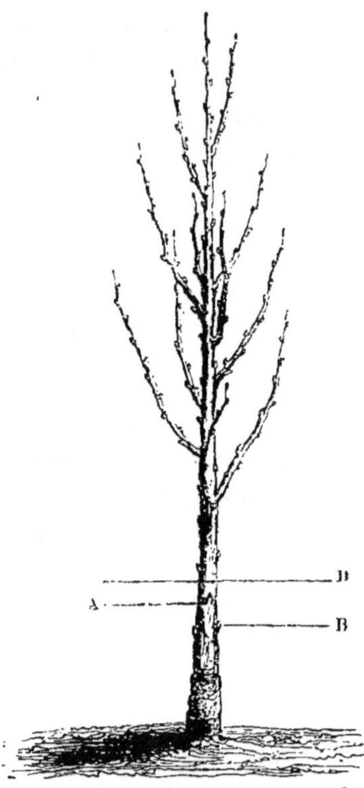

Fig. 619. *Première taille du pêcher en palmette Verrier.*

bouton, au point D, que l'on coupe la tige. Les boutons B sont destinés à former les deux premières branches sous-mères, et le bouton A, le prolongement de la tige.

On choisit, autant que possible, un bouton placé en avant pour prolonger la tige et les branches sous-mères. La petite difformité qui existe au point d'attache de chaque nouveau prolongement est ainsi moins apparente, et la plaie, n'étant pas frappée par le soleil, se cicatrise mieux.

Pendant l'été qui suit, on protége le développement vigoureux des trois boutons choisis. S'il s'en développe d'autres, on les pince lorsqu'ils ont atteint une longueur de 0^m,15, et on les supprime complétement lorsque les bourgeons réservés ont acquis une longueur de 0^m,40. On maintient en outre une vigueur égale entre ces bourgeons par les moyens indiqués au chapitre des Principes de la taille.

Deuxième taille. — La figure 620 indique le résultat des opérations de l'année précédente. Lors de la deuxième taille, on supprime le tiers environ de la longueur des branches sous-mères en choisissant un bouton de devant, qui formera le nouveau prolongement. La tige est coupée au point A, à environ 0^m,30 au-dessus de la naissance des sous-mères, immédiatement au-dessus d'un bouton de devant. On pourrait couper cette tige plus haut, à 0^m,60 au-dessus des sous-mères, de façon à obtenir un nouvel étage de sous-mères pendant l'été suivant, mais il est plus prudent de laisser un intervalle de deux ans entre l'obtention des premières sous-mères et celle des secondes. On favorise ainsi l'accroissement des ramifications inférieures de l'arbre qui ont toujours une tendance à devenir moins vigoureuses que celles du sommet.

Pendant l'été suivant, on donne au bourgeon terminal de chacune de ces branches les soins nécessaires pour qu'ils conservent le même degré de vigueur. Quant aux autres bourgeons, on leur applique les opérations décrites plus loin (pag. 731), pour les transformer en rameaux à fruit.

Troisième taille. — Au troisième printemps le jeune pêcher offre l'aspect de la fig. 621. On coupe alors la branche mère à environ $0^m,60$ de la naissance des sous-mères, en A, au dessus de deux boutons latéraux, B et C, qui doivent développer deux nouvelles branches sous-mères, et d'un bouton placé en avant, destiné à prolonger la tige. On supprime sur les branches sous-mères le tiers environ de leur nouveau prolongement en D, afin de déterminer le développement de tous les boutons qu'il porte.

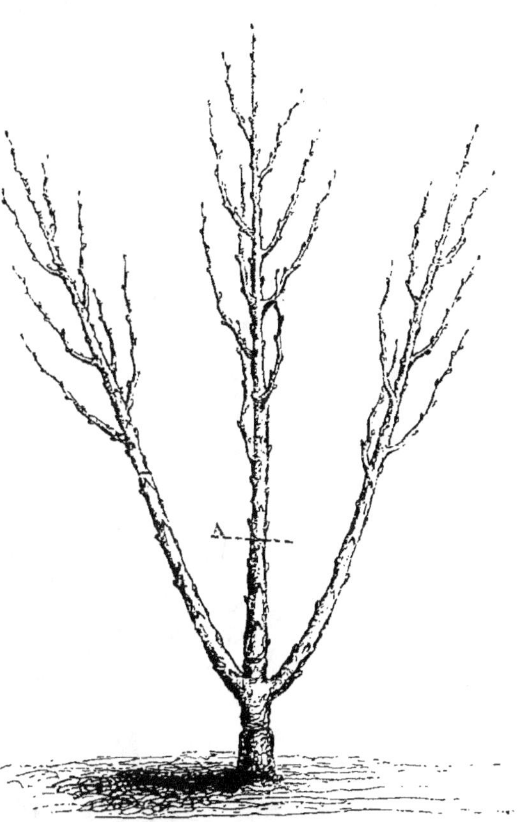

Fig. 620. *Deuxième taille du pêcher en palmette Verrier.*

Lors de la taille des branches sous-mères, il importe de donner exactement la même longueur aux branches parallèles, pour maintenir l'équilibre de la végétation entre les deux côtés de l'arbre. Si cependant une branche était de venue plus forte que la branche correspondante, elle serait taillée un peu plus court. Quant aux rameaux à fruit développés vers la partie inférieure de l'arbre, on leur applique les opérations que nous décrirons plus loin (page 736).

Pendant l'été on donne aux bourgeons principaux de chacune des branches des soins semblables à ceux de l'année précédente.

Quatrième taille. — Les opérations de l'année précédente ont eu pour résultat (*fig*. 622) de faire naître un nouvel étage de branches sous-mères. On supprime en D un tiers de leur longueur; on coupe en E le tiers de la longueur du nouveau prolongement des sous-mères inférieures. Quant au nouveau prolongement de la tige, on taille en A, à 0ᵐ,60 des

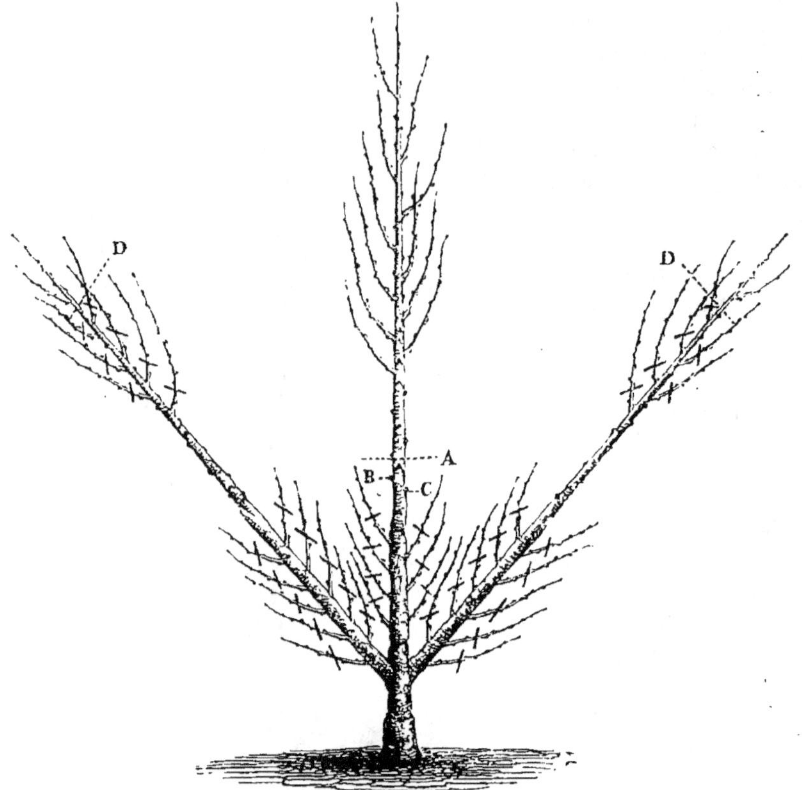

Fig. 621. *Troisième taille du pêcher en palmette Verrier.*

plus jeunes sous-mères, de façon à obtenir par les boutons B et C un nouvel étage de sous-mères. On peut alors en faire naître un chaque année, car les sous-mères inférieures ont acquis assez de force pour attirer à elles la séve dont elles ont besoin pour continuer de s'accroître.

Les soins indiqués plus haut sont répétés pendant l'été.

Cinquième taille. — Un troisième étage de branches sous-mères s'est développé pendant l'été précédent (*fig.* 623). Les prolongements des branches sous-mères sont taillés comme les années précédentes aux points D, E, F. Quant à la branche mère, elle est coupée au point A, en vue d'obtenir un nouvel étage des boutons B et C. Les soins d'été sont les mêmes que précédemment.

Les opérations que nous venons de décrire sont continuées de manière à obtenir chaque année un nouvel étage de branches sous-mères et l'al-

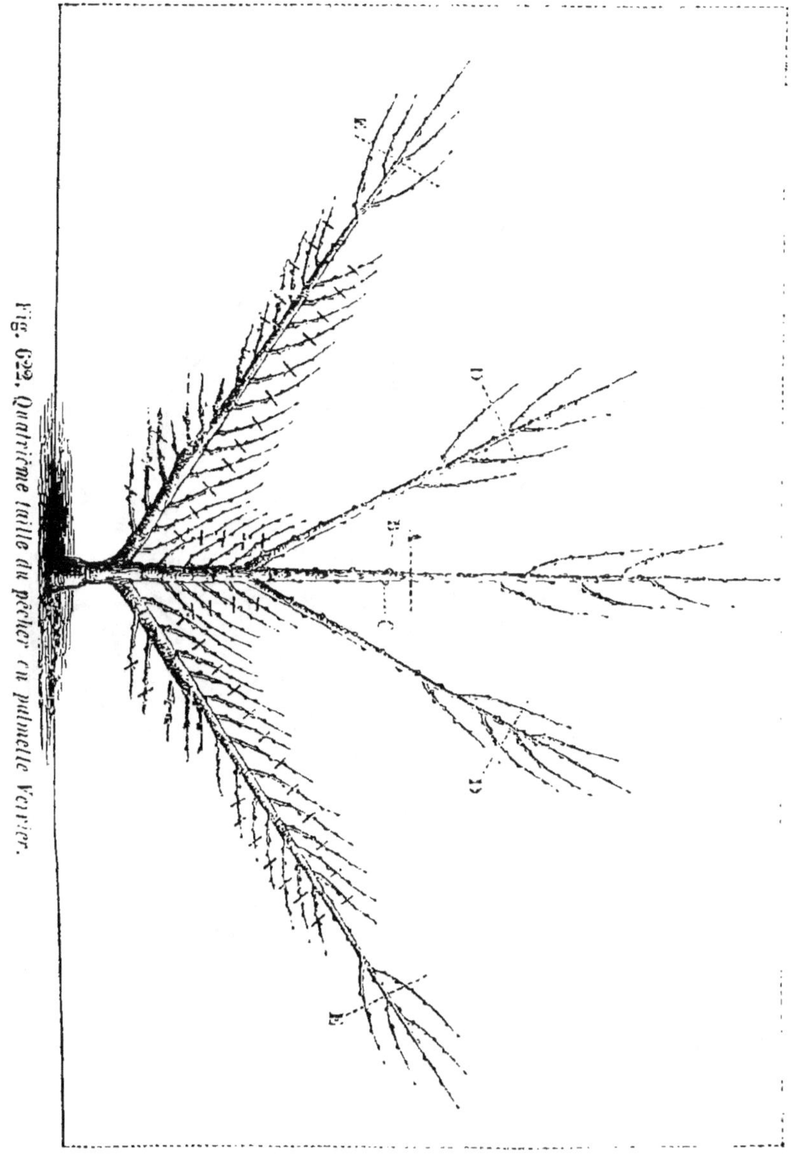

Fig. 622. *Quatrième taille du pêcher en palmette Verrier.*

longement progressif de celles-ci jusqu'au moment où elles arrivent successivement au point où leur sommet doit être relevé dans une position verticale, comme le montrent les figures des pages 641 et 637.

41.

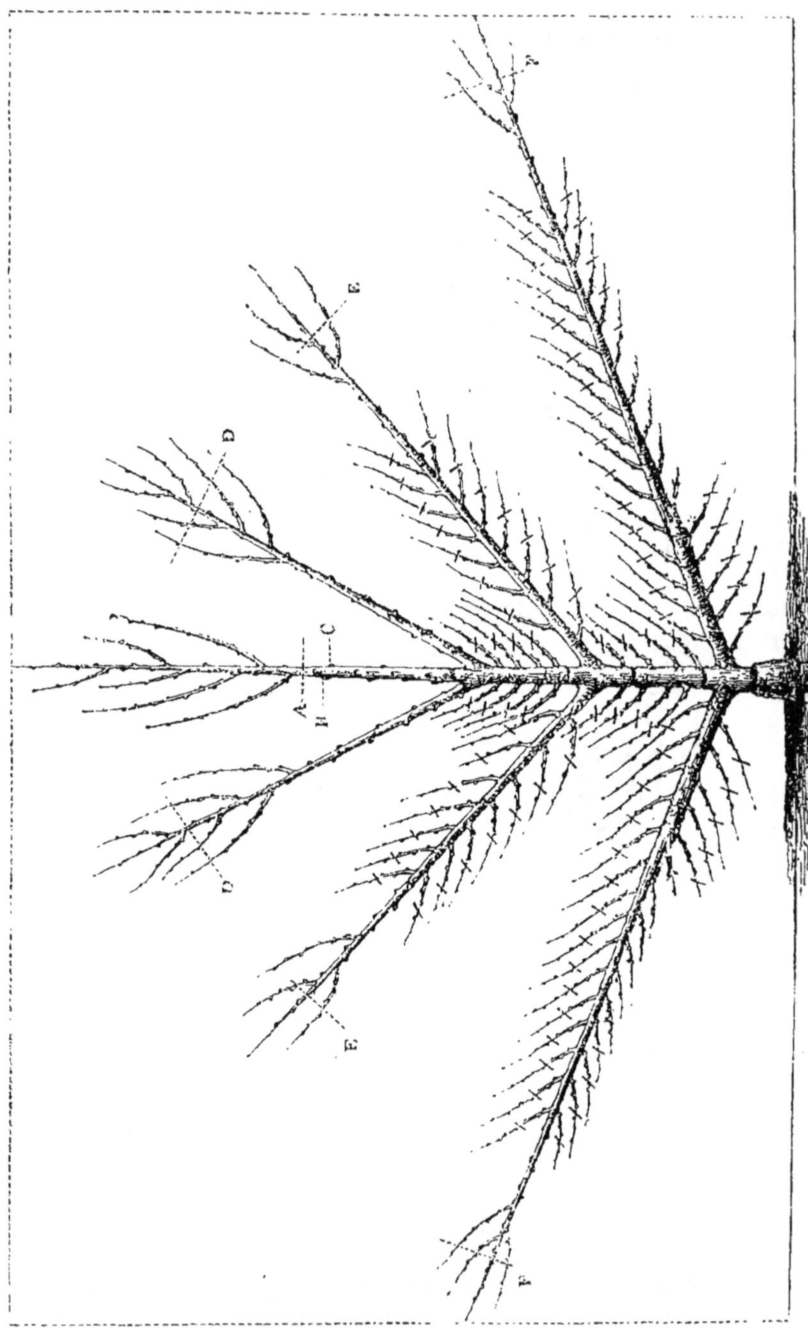

Fig. 625. *Cinquième taille du pêcher en palmette Verrier.*

Alors on allonge successivement chacunes d'elles jusqu'au sommet du mur. Vers la dixième ou la douzième année, les arbres soumis à cette forme offrent l'aspect de la figure, page 637, avec cette différence toutefois que les rameaux à fruit sont distribués de chaque côté des branches de la charpente, comme le montre la figure 623.

PALISSAGE DE LA CHARPENTE DU PÊCHER.

Le palissage de la charpente du pêcher doit être exécuté de la même façon et avec tous les soins que nous avons indiqués pour le poirier, page 644.

Si l'on ne peut pas employer le *palissage à la loque*, décrit page 548, on fera le *palissage sur treillage*. On doit palisser dans le pêcher non-seulement les branches de la charpente, mais encore, comme nous le verrons plus loin, les rameaux à fruit, après la taille d'hiver, et les bourgeons latéraux pendant l'été. Comme les points d'attache nécessaires pour ces divers palissages doivent être très-rapprochés, on ne pourrait employer le treillage en bois sans une forte dépense. Aussi convient-il de préférer le treillage en fil de fer disposé comme nous l'indiquons pour le poirier (p. 646), en laissant toutefois un intervalle de $0^m,08$ seulement entre les lignes horizontales. Ce treillage ainsi établi coûtera 67 centimes le mètre carré, non compris la pose.

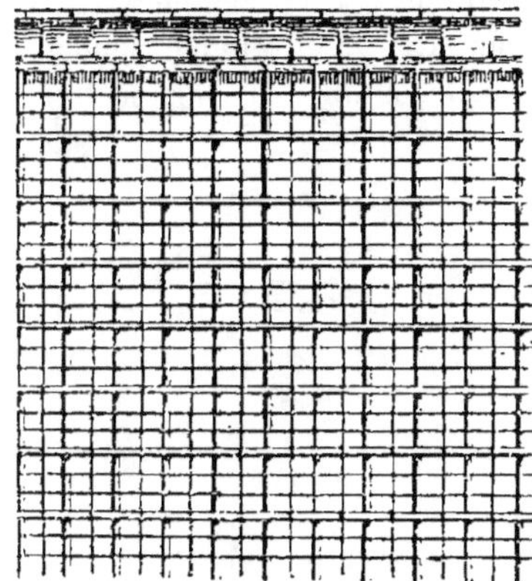

Fig. 624. *Treillage de bois garni de fil de fer pour le pêcher.*

Si déjà le mur où l'on se propose d'établir un espalier de pêcher était couvert d'un treillage en bois à grandes mailles, on pourrait néanmoins l'utiliser pour cette espèce d'arbres. Il suffirait pour cela de diviser les mailles avec des fils de fer, comme le montre la figure 624.

OBTENTION ET REMPLACEMENT DES RAMEAUX A FRUIT DU PÊCHER.

Il existe une différence bien tranchée entre les rameaux à fruit des arbres à fruits à pepins et ceux des arbres à fruits à noyau. Dans les premiers, la lambourde ne peut être formée que dans l'espace d'environ trois ans; mais, dès qu'elle est constituée, elle peut vivre et fructifier indéfiniment, pourvu qu'on lui applique les soins qu'elle réclame. Dans les arbres à fruits à noyau, au contraire, et notamment dans le pêcher, les rameaux à fruit épanouissent leurs fleurs dès le printemps qui suit leur naissance, mais ils n'en produisent plus de nouvelles. Celles qui apparaissent l'année suivante ne sortent que sur les nouveaux rameaux qui se sont développés pendant l'été précédent sur le rameau primitif ; d'où il suit que, dans ces arbres, on doit s'occuper d'abord de faire naître les rameaux à fruit, puis de les remplacer chaque année, tandis que, dans les arbres à fruits à pepin, il suffit de les conserver après les avoir fait naître. Ceci posé, voyons maintenant comment on fait naître et comment on remplace les rameaux à fruit du pêcher.

Nous savons qu'il faut que les rameaux à fruit naissent régulièrement de chaque côté de toutes les branches de la charpente, à environ 0^m,10 les uns des autres, de manière que chacune de ces branches ressemble à une arête de poisson. Voici comment on obtient ce résultat :

Première année. — Prenons comme exemple le prolongement quelconque d'une branche de la charpente, prolongement développé pendant l'été précédent (*fig.* 625). On supprime, lors de la taille d'hiver, le tiers

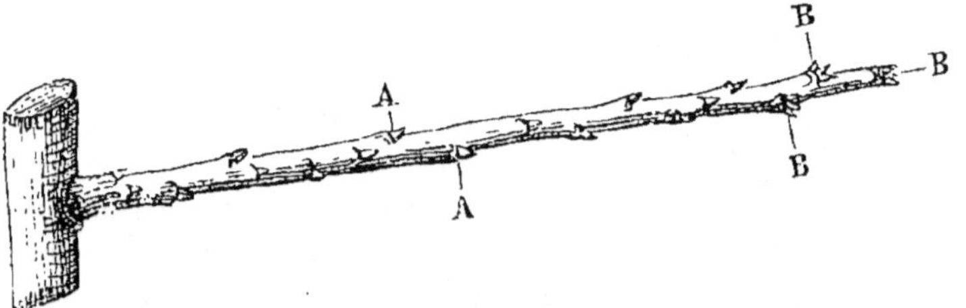

Fig. 625. *Rameau de prolongement de la charpente du pêcher.*

environ de la longueur de ce nouveau prolongement, afin de faire développer complétement tous les boutons qu'il porte. Sans cette opération, un certain nombre des boutons de la base resteraient endormis, il en résulterait un vide parmi les rameaux à fruit, vide très-difficile à combler, car les boutons qui ne se seraient pas développés pendant cette première année seraient éteints l'année suivante. Vers le milieu de mai, ce prolongement offre l'aspect de la figure 626 ; tous les boutons se sont développés en bourgeons. Dès que ceux-ci ont atteint une longueur de 0^m,06, on procède à l'*ébourgeonnement*, c'est-à-dire qu'on supprime les bourgeons inutiles qui produiraient de la confusion, absorberaient la séve sans profit et donneraient lieu à des rameaux qu'on serait obligé de retrancher l'année suivante. On enlève donc tous les bourgeons qui naissent en avant (A, *fig.* 626) ou derrière ces branches. Il n'y a d'exception que pour le cas où les bourgeons latéraux se trouveraient trop éloignés les uns des autres. On prend alors un bourgeon de devant C ou un bourgeon de derrière comme en D. Si l'on avait à choisir entre les deux, il vaudrait mieux prendre le bourgeon de derrière ; l'irrégularité serait moins apparente.

Les prolongements des branches de la charpente offrent ordinairement des boutons à bois simples (A, *fig.* 625) ; mais souvent aussi ces

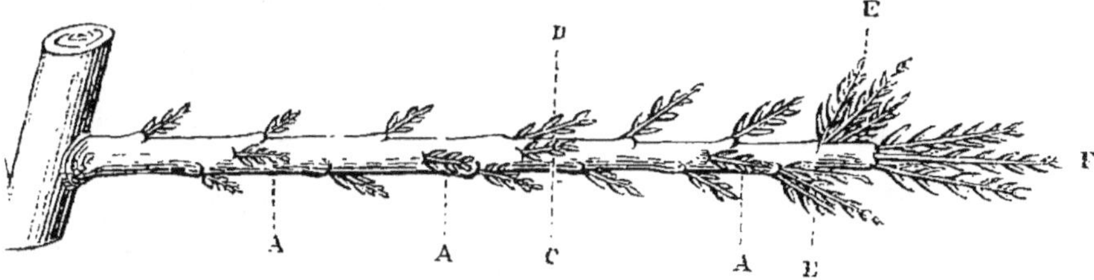

Fig. 626. *Rameau de prolongement de la charpente du pêcher portant de jeunes bourgeons.*

boutons sont doubles ou même triples, B ; il faut ne laisser qu'un seul
bourgeon à chacun de ces points. Si ces bourgeons doubles ou triples
occupent la place de rameaux à fruit, on conserve le plus faible (E,
fig. 626), car on a à redou-
ter, dans ce cas, plutôt un
excès de vigueur que trop
de faiblesse ; on conser-
vera, au contraire, le plus
vigoureux F, s'il s'agit de
prolonger la branche. Tous
les bourgeons ainsi sup-
primés ne doivent pas être
arrachés, mais coupés à
leur base avec la lame du
greffoir.

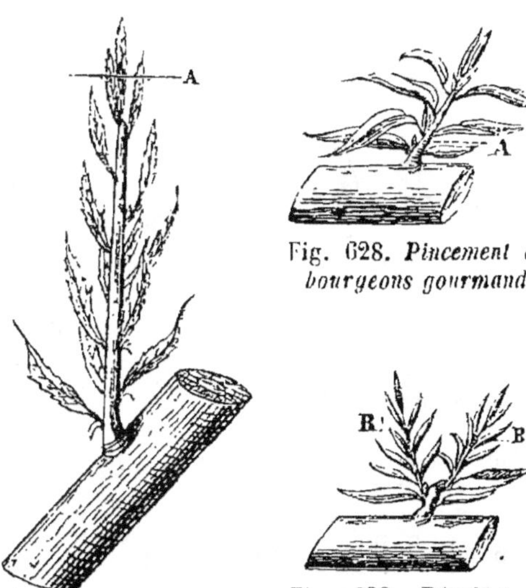

Fig. 628. *Pincement des bourgeons gourmands.*

Fig. 627. *Bourgeon du pêcher soumis au pince-ment.*

Fig. 629. *Résultat du pincement des bour-geons gourmands.*

Les bourgeons conser-
vés ne doivent pas être
abandonnés à eux-mêmes,
car beaucoup deviendraient
trop vigoureux au détri-
ment du bourgeon termi-
nal, qui doit conserver la
prééminence ; et de plus
ils n'offriraient pas ou presque pas de boutons à fleur. D'un autre côté, ils
ne suivraient pas la direction nécessaire pour la forme qu'il importe de
donner à l'arbre. Il faut donc, pendant leur développement, s'opposer
à ce qu'ils dépassent un certain degré de vigueur, et leur imprimer une
direction convenable.

Le premier de ces résultats s'obtient par le *pincement*. Ainsi les
bourgeons latéraux qui, placés à la partie supérieure des branches ho-

rizontales ou obliques, et ceux qui, avoisinant le sommet des branches
verticales, ont une tendance à devenir plus vigoureux qu'il ne convient,
doivent être pincés en **A** (*fig.* 627), dès qu'ils ont une longueur de
0^m,25 à 0^m,50.

Toutefois, si l'on rencontrait certains bourgeons qui, dès leur jeune

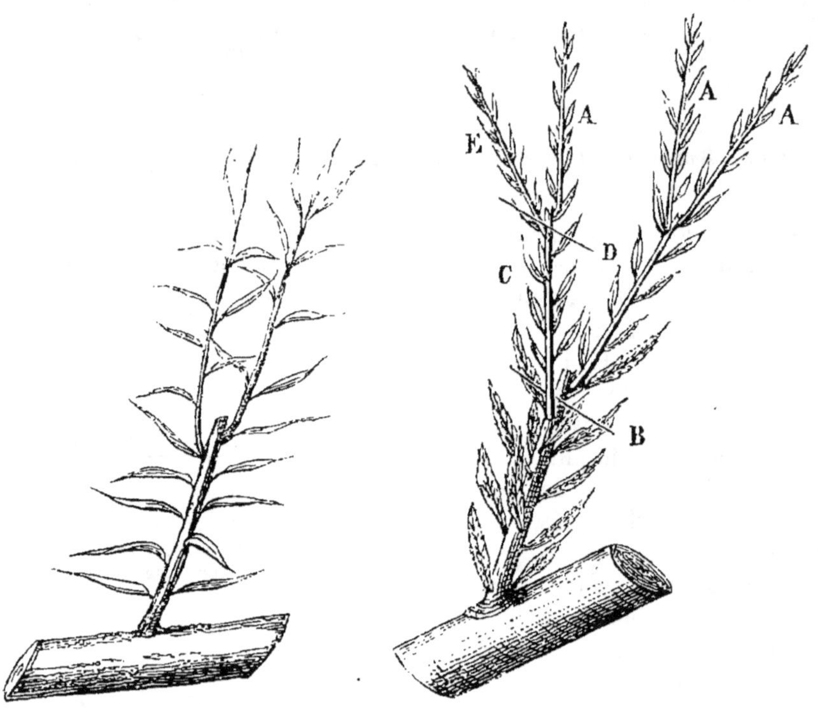

Fig. 630. *Pincement des bourgeons*
anticipés.

Fig. 631. *Bourgeons de pêcher portant deux*
générations de bourgeons anticipés.

âge, indiqueraient par leur grosseur et leur vigueur qu'ils se transformeront en bourgeons gourmands (*fig.* 628), on les couperait en A au-
dessus des feuilles de la base, dès qu'ils auraient atteint 0^m,15. Bientôt
il se formera, à la base de ces deux feuilles, des boutons qui se développeront en bourgeons anticipés (B, *fig.* 629), et qu'on utilisera
comme rameaux à fruit lorsque viendra la taille d'hiver.

Quant aux bourgeons qui sont moins vigoureux, on ne pince que ceux
dont la longueur dépasse 0^m,40.

Un premier pincement suffit quelquefois pour arrêter l'accroissement
démesuré des bourgeons destinés à former des rameaux à fruit; mais
souvent aussi les bourgeons pincés une première fois développent, vers
leur sommet, un ou deux bourgeons anticipés (*fig.* 630). Ces nouveaux

bourgeons sont pincés lorsqu'ils ont atteint 0^m,20; rarement on est obligé de pincer une troisième fois. Si cependant on voyait paraître une seconde génération de bourgeons anticipés sur les premiers, comme en A (*fig.* 631), on coupera le bourgeon primitif en B, puis le bourgeon C

Fig. 632. *Bourgeon de prolongement du pêcher portant des bourgeons anticipés.*

Fig. 633. *Bourgeon anticipé du pêcher soumis au pincement précoce.*

en D. Le seul bourgeon anticipé E que l'on conserve sera en même temps soumis au pincement. On évitera ainsi la confusion lors du palissage d'hiver.

Lorsque le bourgeon gourmand (*fig.* 632), qui prolonge chaque branche de la charpente, a atteint une certaine longueur, il développe aussi des bourgeons anticipés. Ces produits doivent être également ébourgeonnés et pincés. Toutefois ce mode d'opérer ne donne lieu qu'à des rameaux à fruit mal constitués pour la taille d'hiver suivante. Il sera donc préférable de les opérer ainsi : dès qu'ils montrent la seconde paire de feuilles (E, *fig.* 635), on les coupe avec les ongles au-dessous de ces deux dernières feuilles. Leur végétation est ainsi suspendue, et l'on obtient pour l'hiver suivant un petit rameau très-court, bien préférable à la production résultant du premier mode d'opérer.

Il conviendra de n'appliquer ces diverses opérations aux bourgeons de prolongement que jusqu'au point où l'on suppose que ces bourgeons seront raccourcis, lors de la taille d'hiver suivante. Les pratiquer au delà serait fatiguer l'arbre inutilement.

Nous avons dit qu'il fallait, en outre, imprimer à tous ces bourgeons une direction convenable. Ce second résultat s'obtient au moyen du *palissage d'été.* Voici comment on procède.

Tous les bourgeons sont soumis au palissage d'été. Ceux qui forment le prolongement des branches de la charpente sont attachés contre le mur aussitôt qu'ils ont une longueur de 0^m,30.

Quant aux bourgeons latéraux, on palisse les plus vigoureux dès qu'ils ont une longueur de 0^m,25, et les plus faibles dès qu'ils ont 0^m,35. On attache les uns et les autres de façon à leur faire décrire un angle aigu avec la branche qui les porte. On évite d'enfermer les feuilles dans les ligatures et de faire croiser les bourgeons les uns sur les autres.

Pour fixer ces diverses productions contre le mur, on se sert de clous et de loques, si le mode de construction des murs le permet, ou de jonc vert si l'on palisse sur le treillage. On voit qu'en exécutant le palissage d'été progressivement et non tout d'un coup, comme on le fait trop souvent, on égalise la vigueur des divers bourgeons.

Deuxième année. — Les soins donnés aux bourgeons du pêcher pendant l'été ont pour résultat de les transformer en rameaux constitués comme ceux que nous allons décrire.

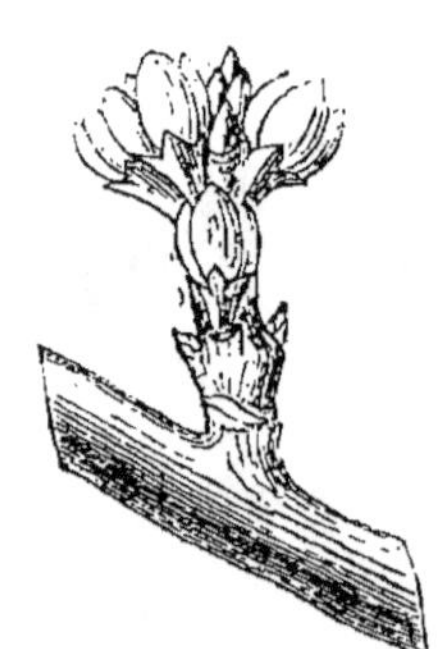

Fig. 634. *Rameau fruit bouquet du pêcher.*

Les bourgeons placés au-dessous des branches obliques ou horizontales, et vers leur naissance, se transforment souvent en petits rameaux très-courts, n'offrant presque que des boutons à fleur, et se terminant par un bouton à bois (*fig.* 634). Ces petites productions, connues sous le nom de *rameaux à fruit bouquet,* ne doivent recevoir aucune taille; ce sont eux qui donnent les plus beaux fruits.

D'autres bourgeons, placés aussi peu favorablement, mais qui cependant se sont allongés un peu plus, donnent lieu à des rameaux longs de 0^m,10 à 0^m,20, et qui se couvrent de boutons à fleur sur presque toute leur longueur, excepté vers leur base, où l'on remarque deux ou trois boutons à bois (*fig.* 635) : on les nomme *rameaux à fruit proprement dits.* On taille ces rameaux afin d'obtenir pour l'année suivante un nouveau rameau à fruit bien placé; mais on conserve quelques fleurs pour assurer la fructification.

Pour établir, par exemple, la nécessité absolue de raccourcir chaque année ces rameaux à fruit, supposons que le rameau A (*fig.* 635) soit abandonné à lui-même : il portera les fruits pendant l'été même, puis la séve fera développer vers le sommet un ou deux bourgeons, qui seront transformés en rameaux au printemps suivant, et sur lesquels seuls apparaîtront les boutons à fleurs ; car nous savons que dans le pêcher chaque rameau ne fructifie qu'une fois. Cette ramification offrira donc, au printemps suivant, l'aspect de la figure 636. Si l'on abandonne encore cette branche à elle-même, les mêmes causes produiront les mêmes effets, et l'on conçoit que, si chacun des rameaux latéraux des branches de la charpente continue ainsi de s'allonger indéfiniment, la

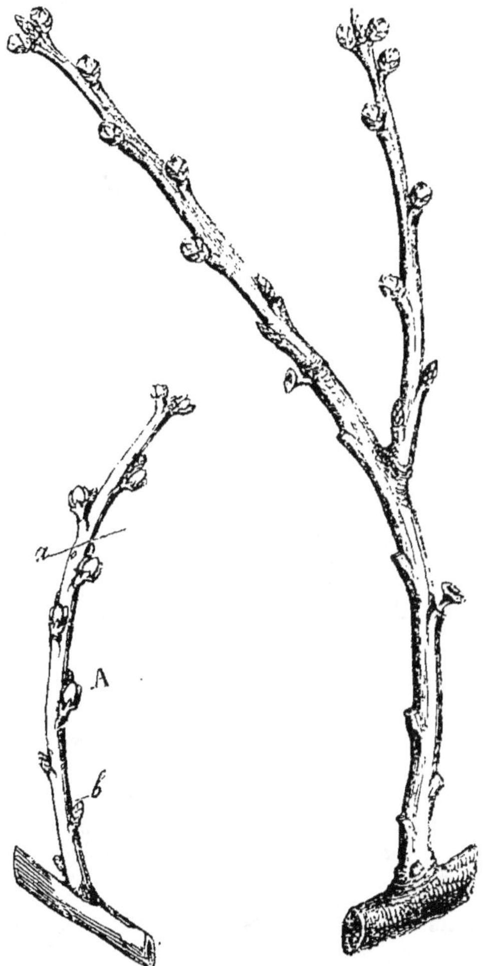

Fig. 635. *Rameau à fruit proprement dit du pêcher.*

Fig. 636. *Rameau à fruit du pêcher abandonné à lui-même.*

séve ne suffira plus à alimenter toutes ces ramifications, et que beaucoup d'entre elles se dessécheront surtout vers la base de l'arbre. De là des vides nombreux et la disparition forcée de la forme que l'on avait imposée à l'arbre. C'est ainsi que périssent les pêchers que l'on ne taille pas, ou dont les rameaux à fruit sont mal taillés.

Ceci posé, voyons où le rameau A (*fig.* 635) doit être taillé, car il faut à la fois conserver un nombre de fleurs suffisant et déterminer le développement des boutons à bois *b* et *c*. Ce double résultat sera atteint si l'on coupe ce rameau en *a*, à 0^m,08 ou 0^m,10 de sa naissance.

Si les boutons à fleur du pêcher B (*fig.* 637) sont presque toujours

Fig. 637. *Boutons à bois et boutons à fleur du pêcher.* Fig. 638. *Rameau à fruit chiffon du pêcher.* Fig. 639. *Rameau mixte du pêcher, première taille.*

accompagnés d'un bouton à bois A, on voit cependant certains petits rameaux, connus sous le nom de *rameaux chiffons*, qui en sont complétement dépourvus, excepté vers la base, où il en existe quelquefois un ou deux à peine visibles (*fig.* 638). On avait pensé, jusqu'à ces dernières années, que les fleurs qui naissent ainsi sans être accompagnées d'un bouton à bois étaient toujours stériles, et, ne tenant aucun compte des rameaux qui les portent, on les supprimait lors de la taille; mais l'expérience a démontré, au contraire, que ces fleurs pouvaient donner de très-beaux fruits, et ces rameaux sont aujourd'hui conservés et taillés, comme le précédent, en A.

Certains bourgeons, plus favorisés, produisent des rameaux plus vigoureux et qui (*fig.* 639) ne portent que des boutons à bois depuis la base jusqu'à 0ᵐ,08 ou 0ᵐ,10 de hauteur : on les nommé *rameaux mixtes*. On les taille au-dessus de la seconde fleur, afin de leur faire produire le résultat indiqué ci-dessus.

Si les bourgeons sont encore plus vigoureux que ceux qui produisent les rameaux mixtes, il en résulte des productions semblables à celles de la figure 640, et qui ne portent que des boutons à bois accompagnés seulement de quelques boutons à fleur vers le sommet. Ces rameaux, qui prennent le nom de *rameaux à bois*, doivent être taillés au-dessus des deux boutons à bois les plus rapprochés de la base. Si on ne les taillait pas, ou si on les taillait très-long pour conserver quelques fleurs du sommet, les bourgeons de remplacement ne naîtraient pas à la base, et l'on serait exposé, en éloignant ces productions de la branche principale, à les voir devenir languissantes et même périr. Pour un fruit qu'on aurait pu récolter cette première année, on aurait donc sacrifié tous ceux qu'eussent pu donner successivement les rameaux qui se seraient formés chaque année à ce point, si on les avait fait naître plus bas.

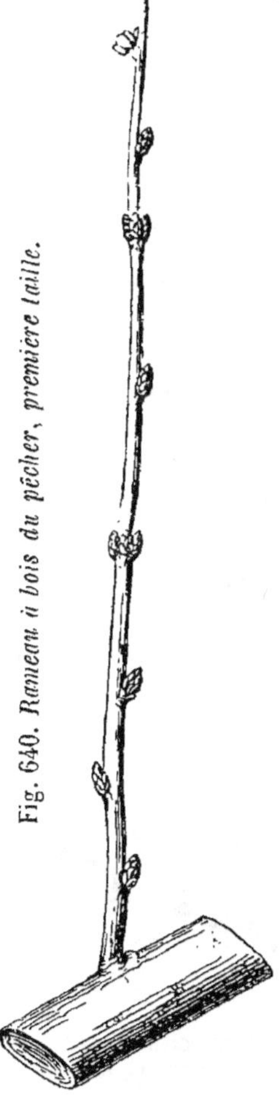

Fig. 640. *Rameau à bois du pêcher, première taille.*

Nous avons signalé, sur les bourgeons gourmands qui servent de prolongement aux branches de la charpente, la présence de bourgeons anticipés. Si ces bourgeons ont été soumis au pincement long que nous avons indiqué plus haut, ils donnent lieu, pour l'hiver suivant, aux *rameaux anticipés (fig. 641)*. Ces rameaux offrent une structure très-différente de ceux que nous venons d'étudier. En effet, ils sont presque toujours dépourvus de boutons jusqu'à 0ᵐ,08 ou 0ᵐ,10 de hauteur (*fig. 641*). C'est là une disposition fâcheuse, car, quoi qu'on fasse, le remplacement qu'ils développent sera toujours trop éloigné de la branche. Quelquefois cependant ces rameaux présentent deux boutons à leur base, comme le montre la figure 642. Ces rameaux sont taillés en B au-dessus du bouton à bois le plus rapproché de la base. Cette taille courte, répétée pendant plusieurs années, a quelquefois pour résultat de faire apparaître de nouveaux boutons à bois au point de jonction du rameau avec la branche. Mais, si les bourgeons anticipés ont été soumis au pincement très-court que nous avons décrit, ils produisent de petits rameaux D (*fig. 643*), longs de 0^m,01 à 0^m,03, et que l'on ne taille pas.

Les divers rameaux dont nous venons de parler sont les seuls qu'on

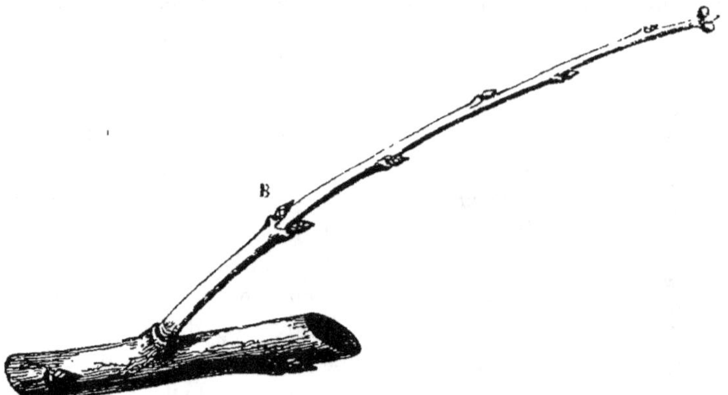

Fig. 641. *Rameau anticipé du pêcher dépourvu de boutons à la base.*

devrait rencontrer sur un pêcher bien conduit. Malheureusement le pincement n'est pas toujours fait assez tôt pour certains bourgeons vi-

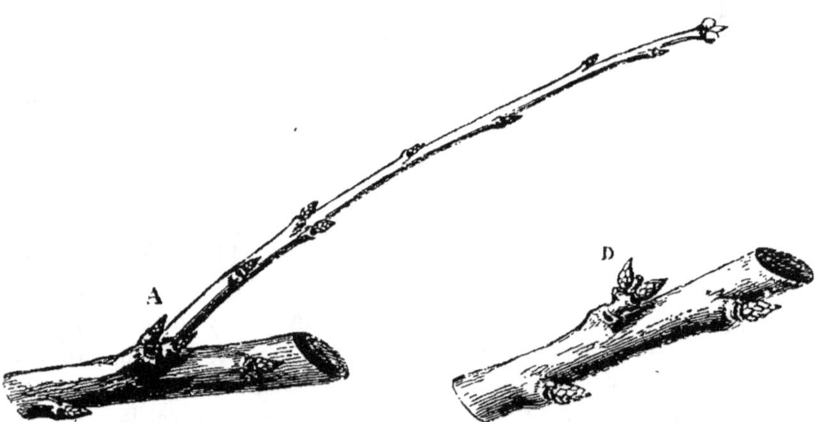

Fig. 642. *Rameau anticipé du pêcher pourvu de boutons à la base.*

Fig. 643 .*Rameau anticipé (D) du pêcher résultant d'un pincement très-précoce.*

goureux, et ceux-ci se transforment en bourgeons gourmands. Il en résulte alors des *rameaux gourmands*, là où l'on ne voulait avoir que des rameaux à fruit (*fig.* 644). Si ces rameaux gourmands étaient taillés au-dessus des deux boutons à bois les plus rapprochés de leur base, ceux-ci donneraient lieu, pendant l'été, à deux nouveaux bourgeons aussi vigoureux et qu'on ne pourrait plus dompter, la séve ayant pris son essor vers ce point. On obtiendra un meilleur résultat en pratiquant

à 0ᵐ,03 de la base, et sur une étendue de 0ᵐ,10, une torsion très-prononcée, puis en coupant à 0ᵐ,08
environ au-dessus de cette torsion.
Une partie de la séve traversera le
point tordu et ira se perdre au-
dessus. Les boutons inférieurs, n'en
recevant que tout juste ce qu'il leur
faudra pour se développer, pousseront moins vigoureusement et donneront lieu, pour l'année suivante,
à deux rameaux de remplacement,
couverts de boutons à fleurs. A ce
moment, on coupera le rameau primitif immédiatement au-dessus du
point où les rameaux de remplacement seront nés, et toute la partie
tordue disparaîtra. On pourra remplacer ce procédé par le suivant, qui
produit les mêmes effets : au lieu
d'appliquer la torsion, enlever sur
la même étendue, et du côté du
mur, la moitié de l'épaisseur du
rameau.

Lorsque les rameaux à fruit ont
été taillés, ainsi que les branches de
la charpente, et que celles-ci ont
été fixées contre le mur, on procède immédiatement au *palissage
d'hiver de ces rameaux à fruit.*
Les rameaux A (*fig.* 645), placés
au-dessus des branches obliques ou
horizontales, sont rapprochés de
celle-ci de façon à former une
légère courbure. Cette direction un
peu forcée a pour but d'entraver la
circulation de la séve vers le sommet du rameau et de favoriser à la
base le développement des boutons
qui doivent produire les rameaux de
remplacement.

Les rameaux D, qui naissent au-
dessous des branches obliques ou ho-
rizontales, doivent en être rapprochés aussi le plus possible en vue du

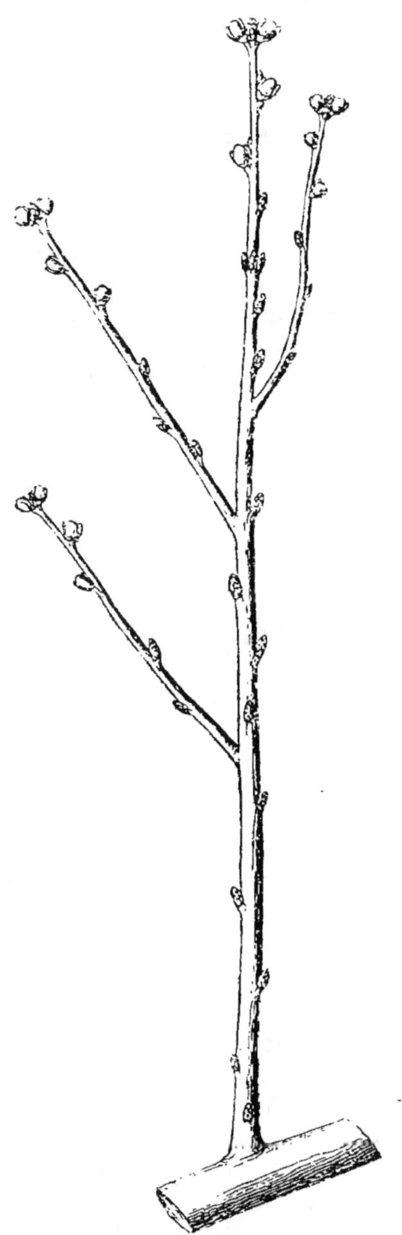

Fig. 644. *Rameau gourmand du pêcher,
première taille.*

même résultat. Enfin, les rameaux situés sur les côtés des branches verticales doivent être attachés de manière à former un angle droit avec

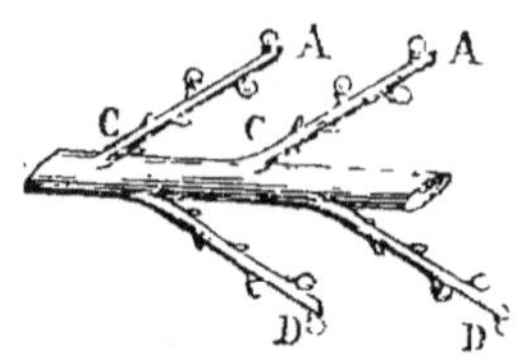

Fig. 645. *Palissage des rameaux à fruit du pêcher.*

ces branches. Si on les rapprochait de la ligne verticale, on favoriserait l'action de la sève sur les boutons de leur sommet au détriment de ceux de la base.

La figure 646 montre comment ces rameaux sont fixés au moyen du palissage à la loque. Ceux qui doivent être palissés sur treillage peuvent être fixés au moyen de ligatures faites qu'avec de l'osier fin. Toutefois, depuis quelques années, on commence à employer pour cet usage le fil de plomb n° 3. Cette ligature, faite aussi rapidement avec l'osier, est à peine visible, et c'est là le principal avantage qu'elle offre sur l'osier,

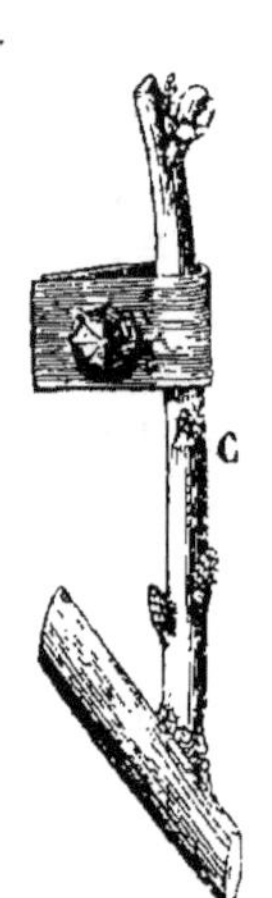

Fig. 646. *Palissage à la loque des rameaux à fruit du pêcher.*

Fig. 647. *Ébourgeonnement des rameaux à fruit du pêcher, première année.*

dont les nœuds, très-nombreux, forment avec les rameaux une confusion disgracieuse. Il est vrai que l'emploi du plomb filé donne lieu à une dépense un peu plus élevée que l'osier.

Pendant l'été suivant, les rameaux à fruit reçoivent la série d'opérations que nous allons décrire.

Lorsque les bourgeons ont atteint une longueur de $0^m,06$ à $0^m,08$, on ébourgeonne les rameaux à fruit en ne conservant sur chacun d'eux que les deux bourgeons les plus rapprochés de la base et chacun de ceux qui accompagnent un fruit (*fig. 647*). Les deux bourgeons A sont supprimés pour éviter la confusion lors du palissage d'été, et conserver plus de vigueur pour les bourgeons de remplacement. Il pourra se faire que les fleurs conservées sur certains rameaux à fruit, lors de la taille d'hiver, ne donnent lieu à aucun fruit; or, comme ces fleurs ont or-dinairement disparu lorsqu'on pratique l'ébourgeonnement, en même temps qu'on exécute cette dernière opération, on soumet ces rameaux à la *taille en vert*. Ainsi, le rameau B (*fig.* 648) étant complétement dépourvu de jeunes fruits, les bourgeons A que l'on aurait conservés pour nourrir ces fruits deviennent inutiles. On coupe donc en C le rameau B, pour ne conserver que les deux bourgeons D, qui pren-dront un développement plus convenable pour assurer le remplacement.

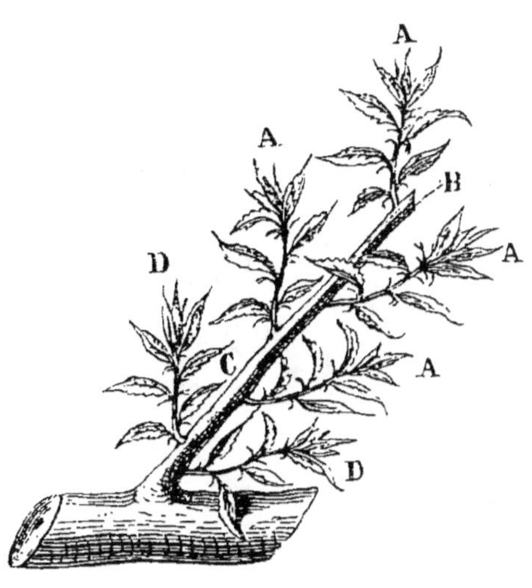

Fig. 648. *Taille en vert du pêcher, première année.*

Après cette taille en vert, et lorsque le moment est venu, on pratique successivement le pincement et le palissage d'été, en obser-vant toutefois que les bourgeons qui accompagnent les jeunes fruits (*fig.* 647) doivent être pincés dès qu'ils ont atteint une longueur de $0^m,15$, afin de favoriser le déve-loppement des deux bourgeons de remplacement situés à la base.

Malgré tous les soins que l'on pourra prendre pour faire que les deux côtés des branches de la charpente du pêcher restent bien garnis de rameaux à fruit, des vides pourront cependant se ma-nifester par suite de la destruction de quelques-uns des boutons laté-raux des nouveaux prolongements

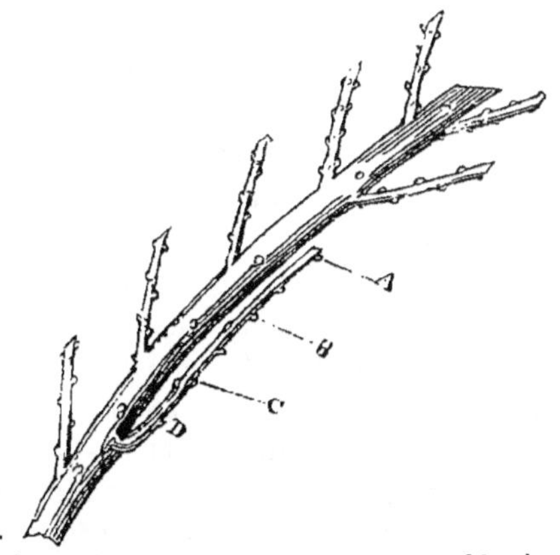

Fig. 649. *Mode de taille pour combler les vides sur les branches, première année.*

de ces branches, ou même par la mort accidentelle des rameaux à fruit déjà obtenus.

Jusqu'à ces derniers temps, on avait employé le moyen suivant pour combler ces vides : on donnait plus de longueur au rameau D (*fig.* 649

naissant immédiatement au-dessous de ce vide, et on le couchait tout près de la branche. Pendant l'été suivant, on réservait sur ce rameau quatre bourgeons A, B, C, D, situés en face des points où les vides existaient ; on leur donnait, d'ailleurs, les soins appliqués aux autres bourgeons, afin de les transformer en autant de rameaux à fruit, A, B, C, D (*fig.* 650). Ces quatre rameaux étaient ensuite traités comme les rameaux à fruit ordinaires.

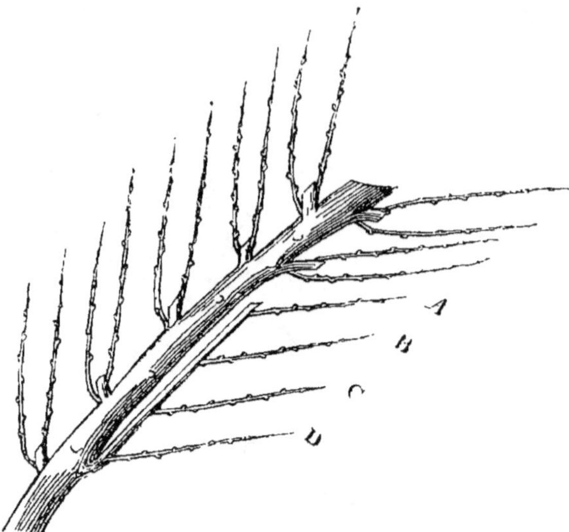

Fig. 650. *Mode de taille pour combler les vides sur les branches, deuxième année.*

Mais on a abandonné cette pratique pour la remplacer par la *greffe par approche herbacée*, que nous avons décrite au chapitre des greffes, page 109, et que l'on peut commencer à pratiquer au moment du palissage d'été.

Les opérations que réclament ces rameaux à fruit pendant ce second été sont complétées par les soins à donner aux fruits.

La surabondance des fruits est encore plus pernicieuse pour le pêcher que pour les arbres à fruits à pepins. Lors donc que les pêches sont trop abondantes, il faut en enlever un certain nombre, de manière qu'il n'en reste qu'un nombre égal à la moitié de celui des rameaux à fruit. On exécute cette éclaircie lorsque les pêches ont atteint le volume d'une grosse noix, et l'on fait porter les suppressions sur le dessous des branches obliques ou horizontales, et plutôt sur la moitié inférieure de l'arbre que sur la moitié supérieure.

Lorsque les pêches ont presque atteint leur entier développement, on enlève les feuilles qui couvrent les fruits et les empêcheraient d'acquérir leurs plus belles couleurs ; cet effeuillement s'exécute en deux fois et par un temps sombre, pour habituer progressivement les fruits à la plus grande influence du soleil. Il ne faut pas arracher les feuilles, mais les couper de manière à laisser la queue ou pétiole et une petite portion de la feuille. Autrement l'œil placé à la base du pétiole serait anéanti, et cela pourrait nuire à la production de l'année suivante.

Troisième année. — Au troisième printemps, la seconde taille d'hiver est pratiquée ainsi qu'il suit.

Les *rameaux à fruit proprement dits* (*fig.* 635) qui ont fructifié pendant l'été précédent sont constitués, l'année suivante, comme l'indique la figure 651. On coupe en A le rameau à fruit primitif, et la base, destinée à porter constamment les rameaux à fruit, reçoit le nom de *branche coursonne.* Le rameau B est choisi comme nouveau rameau à fruit, et on le coupe en B, pour lui conserver un certain nombre de fleurs. Quant au rameau F, on le destine à fournir le remplacement, et on le coupe en D, immédiatement au-dessus des deux boutons à bois les plus rapprochés de la base, et qui fourniront, pour l'année suivante, deux nouveaux rameaux de remplacement, qui seront taillés comme les deux derniers dont nous venons de parler. Il en résulte que, chaque année, la branche coursonne porte deux rameaux nouveaux, l'un plus éloigné de la branche de la charpente, et que l'on taille assez long, parce qu'il doit être rameau à fruit, tandis que l'autre, plus rapproché de la base et destiné à fournir le remplacement, est taillé au-dessus des deux boutons à bois inférieurs. On donne à ce mode de taille le nom de *taille en crochet.*

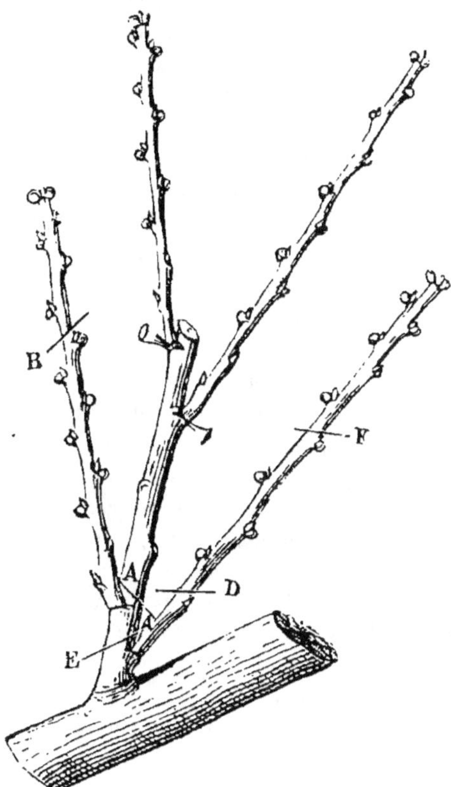

Fig. 651. *Rameau de pêcher soumis à la seconde taille.*

Parfois cependant il se fait que le rameau B, le mieux placé pour porter les fruits, est dépourvu de boutons à fleur. Comme il est trop éloigné de la branche de la charpente pour fournir les rameaux de remplacement, on coupe le rameau à fruit primitif en E, et le rameau F qu'on taille en F, au-dessus d'un ou de deux boutons à fleur, sert à fournir à la fois les fruits et le remplacement.

Si, enfin, on ne trouve de boutons à fleur sur aucun des deux rameaux, on coupe le rameau primitif en E, puis le rameau F en D.

Toutes les autres sortes de rameaux ayant reçu, lors des opérations d'hiver et d'été précédentes, des soins destinés à leur imposer la structure de celui que nous venons d'examiner, on leur applique le même mode de taille.

Il importe de supprimer, en faisant chaque année la taille d'hiver, les queues de pêches, car elles seraient à la longue enveloppées dans la substance même des ramifications, et nuiraient à la circulation de la séve. On doit aussi, par la même raison, enlever tous les chicots secs pour que les plaies se cicatrisent plus facilement.

Quant au palissage, il est fait comme lors de la première année ; puis, l'été venu, on ébourgeonne, en ne laissant sur chaque rameau fructifère (*fig.* 652) que les bourgeons qui accompagnent un jeune fruit. Tous les autres sont supprimés. Ainsi, dans la figure 652, les trois bourgeons

Fig. 652. *Ébourgeonnement du pêcher, deuxième année.*

C et A du rameau B disparaîtront ; le rameau E porte les deux bourgeons qui fourniront le remplacement. Il est bien entendu que, si l'un des deux bourgeons du rameau E ne s'était pas développé, on conserverait le plus rapproché de la base sur le rameau B.

Si aucun des boutons à fleur conservés sur le rameau à fruit n'a donné de fleur fertile, on taille en vert et l'on coupe en F (*fig.* 653) le rameau E, devenu inutile, puisque le rameau G assure le remplacement.

L'ébourgeonnement et la taille en vert des rameaux à fruit de deuxième année de formation entraînent souvent la suppression d'un tiers des bourgeons. Faits en une seule fois, ils jettent dans la végétation de l'arbre un trouble considérable, et la maladie de la gomme peut en résulter. Il est donc utile de s'y prendre à deux fois : d'abord sur la moitié supérieure de l'arbre, et huit ou dix jours après sur la moitié inférieure. On y trouve encore cet avantage, que la séve, attirée en plus grande abondance vers la partie inférieure pendant ces huit ou dix jours, contribue à augmenter la vigueur vers ce point, toujours moins favorisée que le sommet.

Le pincement, le palissage d'été, la suppression des fruits trop nombreux et l'effeuillement sont exécutés comme pendant l'été précédent.

Quatrième année. — Au printemps de la quatrième année, les rameaux qui ont été traités comme celui de la figure 651, et qui ont fructifié pendant l'été précédent, sont constitués comme l'indique la figure 654. On taille tout à fait à sa base, en A, la branche coursonne qui porte l'ancien rameau fructifère D. Le rameau F est taillé en F, pour fournir le remplacement, et le rameau C est coupé en C pour porter les fruits. Cette opération donne le même résultat au printemps suivant, et l'on taille alors de la même façon, chaque année. Les autres opérations, soit d'hiver, soit d'été, sont d'ailleurs les mêmes que pour la troisième année.

Il arrive fréquemment que les branches coursonnes âgées de trois, quatre ans et plus, développent vers leur base un ou plusieurs boutons à bois A (*fig.* 655). On s'empresse d'en profiter pour rajeunir ces coursonnes, quand une longue production et des tailles successives les ont rendues noueuses et languissantes. A cet effet, au lieu de pratiquer la taille en crochet, on ne conserve que le rameau B et on le taille long pour servir de rameau à fruit. Pendant l'été, on conserve sur ce rameau les bourgeons qui accompagnent un fruit, plus, celui qui est le plus rapproché de la base, et l'on garde aussi un des bourgeons qui naissent des boutons A.

Au bout d'un an, on a obtenu le résultat représenté par la figure 656. Le rameau primitif B est alors coupé en C, et le rameau qu'il porte à sa base en E ; ce dernier servira de rameau à fruit. Le rameau F est taillé en G, au-dessus de deux boutons à bois, qui fourniront le remplacement pour l'année suivante, époque à laquelle on supprimera entièrement, en H, la branche coursonne devenue inutile.

Fig. 655. *Taille en vert du pêcher, deuxième année.*

TAILLE DU PÊCHER EN CORDON OBLIQUE SIMPLE (DU BREUIL).

Il faut, en général, un laps de temps de dix à douze ans pour former complétement la charpente des pêchers soumis à la forme en palmette Verrier ou à l'une des autres grandes formes usitées aujourd'hui.

Or la vie moyenne des pêchers en espalier est de vingt ans. D'où il résulte que l'on emploie la moitié de leur existence à former leur charpente, et que la moitié de la surface du mur reste inoccupée en moyenne pendant cinq ans.

Ajoutons que les soins nécessaires pour obtenir ces diverses formes, même les moins compliquées, sont assez minutieux et hors de la portée du plus grand nombre des jardiniers.

Nous avons donc songé à éviter cet inconvénient en imposant aux pêchers

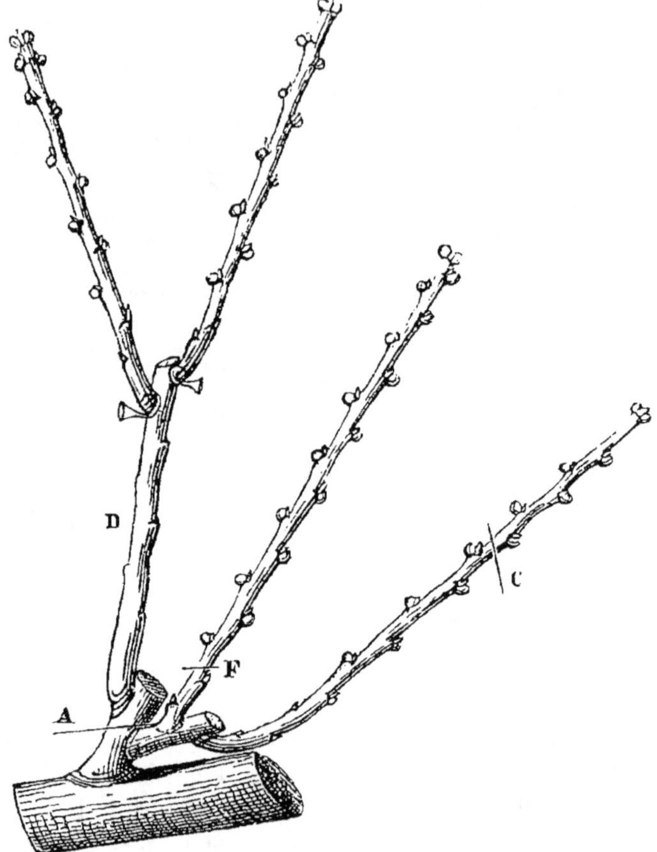

Fig. 654. *Rameau de pêcher soumis à la troisième taille.*

la forme en *cordon oblique simple* (fig. 657), que nous avons déjà décrite et recommandée pour les poiriers en espalier. C'est en 1843 que nous avons appliqué pour la première fois cette disposition aux pêchers de l'École d'arbres fruitiers du Jardin des Plantes de Rouen. On opère ainsi qu'il suit :

On choisit, pour la plantation, de jeunes pêchers d'un an de greffe et ne portant qu'une seule tige (*fig.* 658). On les plante tous les 0ᵐ,75, en

les inclinant d'abord les uns sur les autres sous un angle de 60 degrés
seulement. Lors de la première taille, on les coupe à 20 ou 0^m,50 de
leur base, au-dessus d'un bouton à bois placé en avant (A , *fig.* 658). S'il
existe quelques rameaux anticipés au-dessous de ce point, on supprime
complétement tous ceux de devant et de derrière ; tous les autres sont
taillés au-dessus des deux boutons à bois les plus rapprochés de la
base.

Pendant l'été, on favorise le développement vigoureux du bourgeon

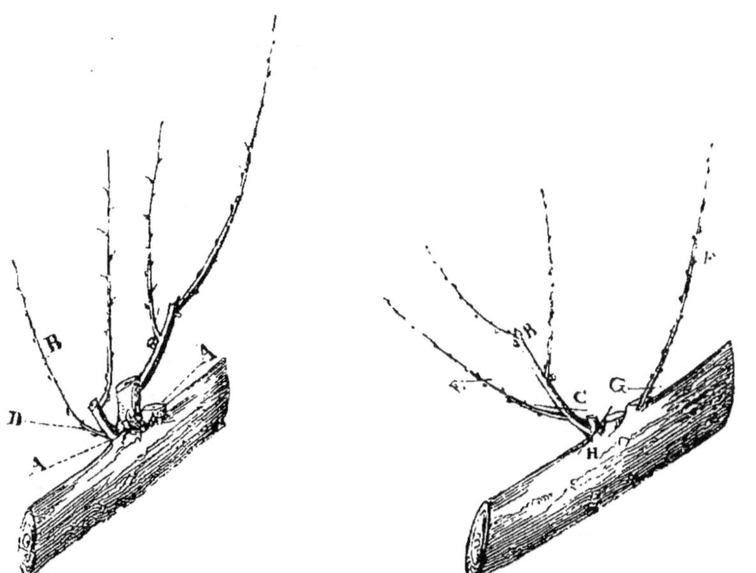

Fig. 655. *Rajeunissement des branches*   Fig. 656. *Rajeunissement des branches cour-*
    coursonnes du pêcher.   *sonnes du pêcher.*

terminal, et l'on applique aux autres bourgeons les soins nécessaires pour
les transformer en rameaux à fruit. L'ébourgeonnement, la taille en
vert, le pincement, le palissage d'été, etc., sont d'ailleurs pratiqués
comme pour les autres formes. Au printemps suivant, chacun des jeunes
arbres est constitué comme le montre la figure 659.

Lors de la seconde taille, on supprime sur le rameau terminal le tiers
environ de sa longueur totale, en coupant toujours au-dessus d'un bouton placé en avant (A, *fig.* 659). Quant aux rameaux à fruit, on les
taille et on leur applique le palissage d'hiver, comme nous l'avons indiqué pour les autres formes. On continue d'allonger ainsi la tige de chaque arbre en la faisant se garnir latéralement de rameaux à fruit seulement, et en lui faisant suivre le degré d'inclinaison indiqué d'abord.
Lorsqu'elle a parcouru les deux tiers de l'espace qui sépare sa base du

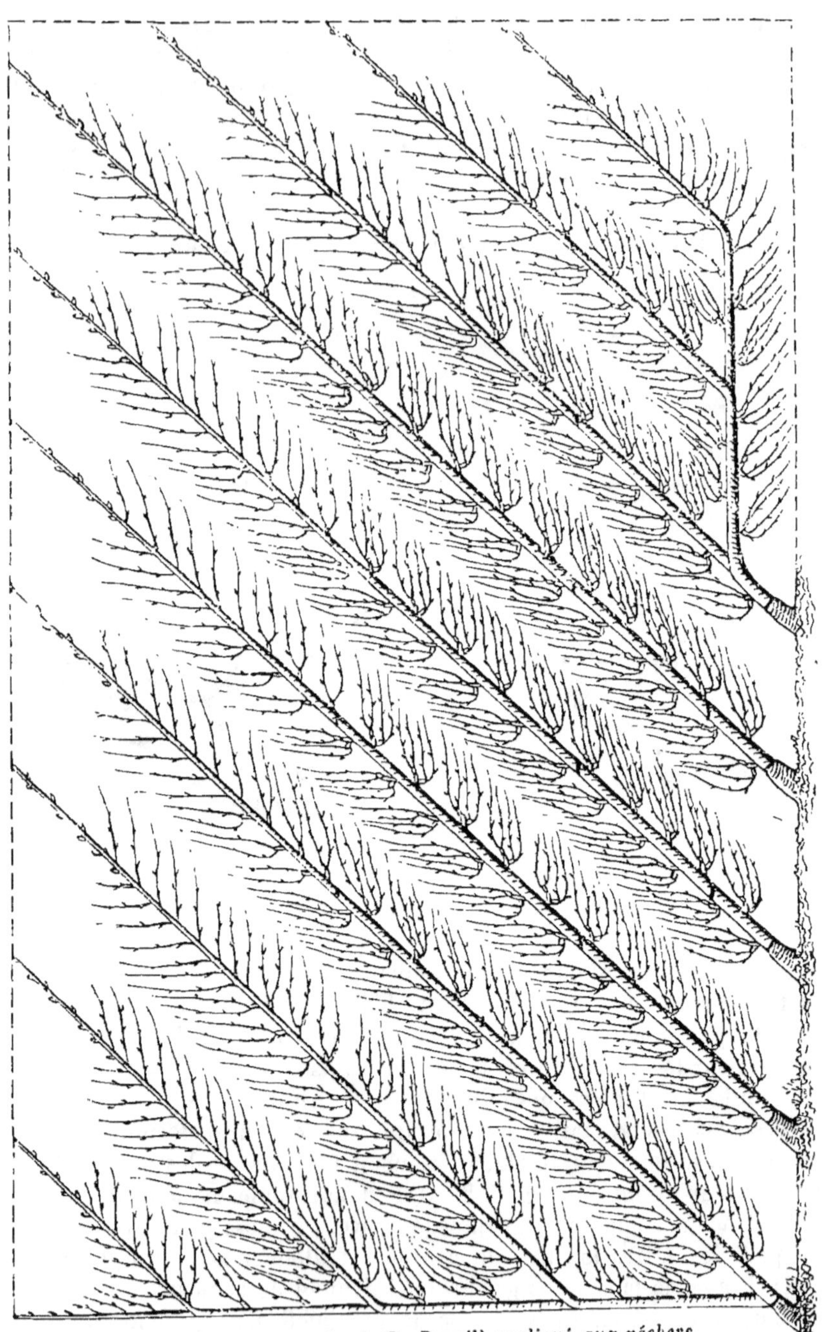

Fig. 687. *Cordon oblique simple* (Du Breuil) *appliqué aux pêchers.*

sommet du mur, on la couche sous un angle de 45 degrés. Les arbres étant placés à 0^m,75 les uns des autres, il en résulte un intervalle de 0^m,55, mesurés perpendiculairement d'une tige à l'autre. Si l'on plaçait ces tiges tout d'abord suivant ce degré d'inclinaison, on ferait développer trop vigoureusement les bourgeons de la base au détriment du bourgeon terminal. Lorsque ces tiges sont arrivées au haut du mur, l'espalier est terminé, et l'on applique à l'extrémité de chacune d'elles le mode de taille indiqué pour le sommet des branches de la charpente des autres pêchers complétement formés.

Pour que cette disposition ne laisse pas de vide sur les murs au commencement et à la fin d'un espalier soumis à cette forme, on commence et l'on termine cet espalier comme l'indique la figure 657, en employant pour cela les soins indiqués pour le poirier (p. 652).

Fig. 658. *Cordon oblique simple, première année.*

On suit d'ailleurs toutes les autres indications données pour les poiriers en cordon oblique (p. 650), et l'on obtient de cette disposition appliquée au pêcher tous les avantages signalés p. 655.

Treillage pour les pêchers en cordon oblique. — Le mode de treillage le plus simple et le moins coûteux pour les pêchers en cordon oblique, lorsqu'on ne peut pas faire usage du palissage à la loque, est incontestablement celui imaginé par M. Thiry, 9, rue Bergère, à Paris, et dont nous donnons ici la figure (*fig* 660). Voici comment on procède à son établissement :

Fixer en A un fil de fer galvanisé n° 14, le faire passer à travers les pattes percées B et C enfoncées dans le mur, puis sur les clous ronds D et E ; le faire descendre en traversant les pattes en fer F et G, puis le faire passer sous les clous H et I, le faire remonter à travers les pattes J, K, et le fixer en L. Placer un nouveau fil de fer en N et continuer ainsi jusqu'à l'extrémité du mur. Ces premières lignes en gros fil de fer ainsi placées tous les 0^m,75, et inclinées sur l'angle de 45 degrés, doivent servir au palissage de la tige des pêchers. Quant au palissage d'hiver des rameaux à fruit et des bourgeons pendant l'été, on y pourvoit au moyen de deux autres lignes de fil de fer n° 10, placées de chaque côté des premières, l'une à 0ᵐ,06 de la tige, l'autre à 0ᵐ,22. Ainsi l'un de ces fils de fer est fixé en *a* et remonte en traversant la patte en fer *b*; il tourne sur les clous *c* et *d*, descend en traversant la patte en fer *e*, passe sous les clous *f* et *g*, remonte en traversant la patte *h*, tourne sur les clous *i* et *j*, traverse, en descendant, la patte *k*, et vient se fixer en *l*. On recommence alors en *m*, et ainsi de suite, jusqu'à l'extrémité du mur.

On emploie, pour fixer ces fils de fer, les pattes en fer et les clous ronds dont nous avons parlé pour le treillage des poiriers (p. 655), et les roidisseurs que nous avons décrits à la page 469 et 647

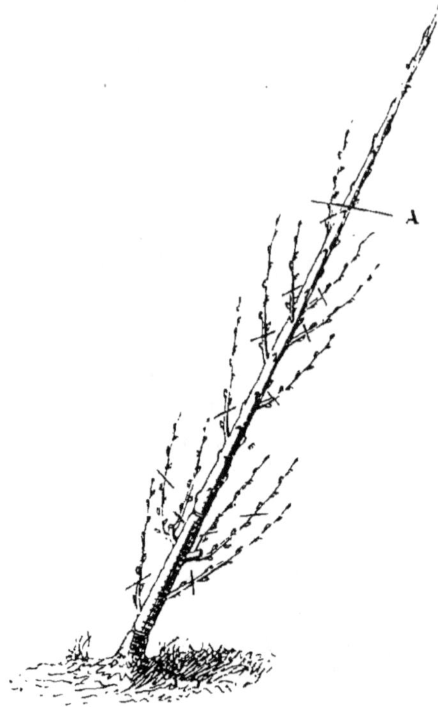

Fig. 659. *Cordon oblique simple, deuxième année.*

sont placés aux points P pour tendre ces diverses lignes. Cette sorte de treillage revient à 92 centimes le mètre carré, non compris la pose.

Taille du pêcher en cordon vertical. — Il conviendra de préférer, pour les pêchers appliqués contre des murs dépassant quatre mètres de hauteur, ainsi que nous l'avons conseillé (p. 658) pour les poiriers, la forme en cordon vertical. Dans ce cas, ces pêchers seront plantés à 0ᵐ,60 seulement d'intervalle, et leur charpente sera formée avec les soins indiqués pour les poiriers soumis à cette forme.

Le treillage à établir pour cette disposition sera semblable à celui qui précède, avec cette seule différence, que les lignes de fil de fer seront établies dans une direction verticale.

Cette forme en cordon vertical sera surtout très-convenable pour les pêchers du Midi, cultivés en contre-espaliers semblables à ceux décrits page 557.

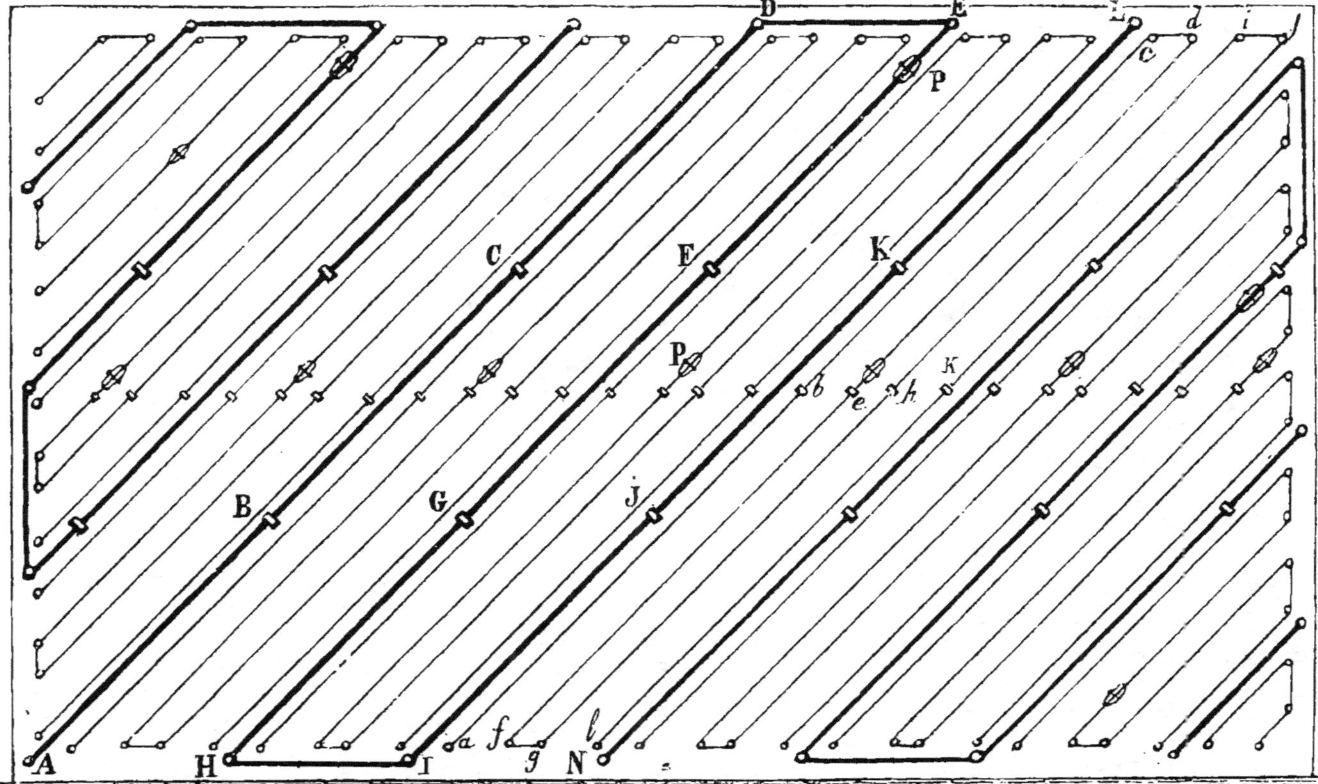

Fig. 660. *Treillage en fil de fer pour les pêchers en cordon oblique simple.*

NOUVEAU MODE DE FORMATION DES RAMEAUX A FRUIT DU PÊCHER.

Le mode de taille que nous venons de décrire pour les rameaux à fruit du pêcher est celui que nous avons recommandé jusqu'à ce jour et qui est encore suivi par le plus grand nombre des praticiens éclairés.

Toutefois on s'occupe, depuis quelques années, d'un nouveau procédé dont nous n'avons pas voulu parler avant qu'une pratique assez prolongée en ait suffisamment démontré les avantages. Cette nouvelle méthode a été appliquée d'abord vers 1847, par M. Picot-Amet, de Aincourt, près Magny (Seine-et-Oise), et un peu plus tard par M. Grin aîné, du Bourneuf, à Chartres. mais avec un très-notable perfectionnement. Nous avons vu, en octobre 1856, chez M. Grin, de si beaux résultats de cette méthode, appliquée depuis cinq ans sur les mêmes arbres, que nous n'hésitons pas aujourd'hui à la préconiser à l'exclusion de toute autre. Voici la description et la mise en pratique de ce procédé [1].

Fig. 664. *Premier pincement sur les bourgeons du pêcher.*

Lorsque les bourgeons des prolongements successifs des branches de la charpente (*fig.* 625) atteignent une longueur d'environ 0ᵐ,08, on ne supprime que les bourgeons de derrière, puis ceux qui sont doubles ou triples, de façon à

---

[1] Cette méthode n'est pas aussi nouvelle qu'on pourrait le supposer, car les principes en sont sommairement décrits dans l'ouvrage de l'anglais Knith et dans le *Jardinier solitaire*, publié en 1712 par de la Quintinie. Mais il reste toujours à MM. Picot-Amet et Grin le mérite de l'avoir imaginée de nouveau et surtout de l'avoir fait connaître à nos contemporains.

n'en laisser qu'un seul à chaque point. Ceux de devant se trouvent ainsi
conservés. Au même moment ces bourgeons sont soumis à un pincement très-rigoureux, c'est-à-dire qu'on les coupe avec les ongles en A
(*fig. 661*), au-dessus des deux feuilles de la base bien développées. On

Fig. 662. *Deuxième pincement pratiqué sur les bourgeons du pêcher.*

ne comprend pas au nombre de ces feuilles les petites folioles imparfaitement développées qui forment souvent une rosette à la partie inférieure
du bourgeon.

Bientôt après on voit naître à l'aisselle de chacune de ces feuilles un
bourgeon anticipé. Ceux-ci sont également pincés en A (*fig. 662*),
au-dessus de la seconde feuille, aussitôt qu'ils ont atteint 0^m,08 de longueur.

De nouveaux bourgeons anticipés apparaissent encore à l'aisselle des
feuilles des premiers, ainsi que le montre la figure 663. Mais la saison
est déjà avancée et la séve agit avec moins d'intensité; aussi se dévelop-
pent-ils faiblement : ils n'atteignent souvent qu'une longueur de quel-

ques centimètres. Ceux du sommet sont les seuls qui s'allongent un peu, et l'on doit les pincer en A, comme les précédents, au-dessus de la se-

Fig. 665. *Seconds bourgeons anticipés du pêcher pincés au-dessus de la seconde feuille.*

conde feuille. Par suite de ces pincements successifs, on voit presque toujours apparaître à la base du bourgeon primitif un ou deux petits bourgeons qui s'allongent de 0^m,01 ou 0^m,02. Après la chute des feuilles et lors de la taille d'hiver, ces divers bourgeons donnent lieu à l'assemblage des rameaux indiqué par les figures 664 et 665.

Les divers pincements que nous venons de décrire ont eu pour résultat d'affaiblir progressivement les bourgeons en concentrant toute l'action de la séve vers le bourgeon de prolongement de la branche principale. Aussi chacun de ces bourgeons a donné lieu à des petits rameaux peu vigoureux et couverts de boutons à fleurs. Plusieurs d'entre eux, les plus rapprochés de la base, sont même transformés en rameaux à fruit-bouquet.

Lors de la taille de ces rameaux, on coupe aux points A (*fig.* 664 et 665), de façon à conserver seulement les rameaux à fruit-bouquet de la partie infé-rieure. Pendant l'été suivant, les nouveaux bour-geons qui nais-sent des quelques boutons à bois situés parmi les nombreux bou-tons à fleurs et qui se dévelop-pent en même temps que les fruits sont soumis aux mêmes pin-cements que pen-dant l'été précé-dent, et, lors de la seconde taille d'hiver, on coupe encore très-court pour concentrer toute l'action de la séve vers la base, et pour y faire naître les

Fig. 664. *Rameaux à fruit du pêcher soumis au nouveau mode de taille.*

nouvelles productions fruitières. Le même mode d'opérer est ensuite ré-pété chaque année.

Les bourgeons anticipés, qui naissent toujours sur le bourgeon de prolongement des branches de la charpente (*fig.* 632 et 633), doivent aussi être soumis au pincement ; mais, leur structure étant différente, il convient de modifier cette opération. Dès que ces bourgeons montrent leur deuxième paire de feuilles, on les soumet au pincement court indiqué par la figure 633 (p. 735). Parfois, cependant, il résulte de ce pincement l'apparition de nouveaux bourgeons anti-cipés, qu'on pince à trois feuilles, comme nous l'avons expliqué plus haut.

Les avantages résultant de ce nouveau mode de traitement des rameaux à fruit du pêcher sont les suivants :

1° On est dispensé des opérations du palissage d'été des bourgeons et du palissage d'hiver des rameaux à fruit, ce qui permet d'employer un treillage semblable à celui destiné aux autres espèces d'arbres fruitiers et par conséquent beaucoup moins coûteux.

Ainsi, pour les palmettes ou autres grandes formes, on pourra se servir du treillage indiqué par la figure 562 (p. 646). Pour les pêchers en cordon oblique simple, on se servira de celui de la page 657.

2° La taille d'hiver et d'été, appliquée à ces productions, se trouve très-simplifiée, et beaucoup plus à la portée de tous les jardiniers.

3° Les rameaux à fruit pouvant être conservés en avant des branches de la charpente, celles-ci se trouvent défendues de l'ardeur du soleil par les feuilles, pendant l'été, ce qui n'avait pas lieu avec l'ancien

Fig. 665. *Autre rameau à fruit du pêcher, résultat de la même opération et dessiné d'après nature sur l'un des pêchers de M. Grin aîné.*

mode de taille qui forçait à ne conserver de rameaux que sur les deux côtés des branches.

4° Les bourgeons et les rameaux à fruit étant maintenus beaucoup plus courts, il n'est plus nécessaire de laisser entre les branches de la charpente un intervalle de $0^m,50$ à $0^m.60$ pour le palissage des bourgeons et des rameaux. Un espace de $0^m,50$ est maintenant suffisant, comme pour toutes les autres espèces d'arbres fruitiers. D'où il résulte que, pouvant doubler le nombre des branches mères sur une surface donnée de mur, on pourra doubler aussi le nombre des fruits.

Les pêchers en palmette Verrier soumis à cette modification présenteront alors exactement l'aspect du poirier figuré à la page 78, et ceux en cordon oblique simple ressembleront exactement à la figure de la page 637.

Il est vrai que ce dernier avantage pourra être accompagné d'un inconvénient dans quelques circonstances, lorsque, par exemple, on dispose les pêchers en palmettes ou autre grande forme. Dans ce cas, il faudra doubler le nombre des branches principales; or, comme en général on ne peut prendre qu'un seul étage de ces branches chaque année, il en résultera que la charpente de l'arbre ne pourra couvrir complétement l'espace qu'on lui faisait précédemment occuper qu'après un laps de temps moitié plus considérable, c'est-à-dire après seize ou dix-huit ans. La vie moyenne du pêcher étant de vingt ans, cette amélioration perdrait ainsi un de ses avantages les plus importants, l'augmentation du produit.

Aussi pensons-nous que ce perfectionnement ne conservera toute sa valeur qu'appliqué aux pêchers soumis à la forme en cordon oblique simple ou en cordon-vertical que nous avons préconisées. En effet, il suffira de les planter à $0^m,30$ ou à $0^m,40$ seulement les uns des autres, comme toutes les autres espèces, au lieu de $0^m,75$, intervalle que nous avions d'abord conseillé. Les tiges, couchées suivant l'angle de 45 degrés, pour les cordons obliques, se trouveront alors placées à environ $0^m,30$ les unes des autres.

On a craint que ces pincements sévères, pratiqués ainsi sur presque tous les bourgeons du pêcher, pendant l'été, ne contrariassent tellement sa végétation, que sa durée n'en souffre. Mais l'expérience que l'on a de cette même opération, appliquée depuis longtemps aux autres arbres à noyau, abricotiers, pruniers et cerisiers, démontre que ces craintes ne sont pas fondées. La séve, éloignée par ces pincements des parties latérales des branches, concentre toute son action sur le bourgeon terminal de chacune d'elles.

Ce nouveau procédé pourra être appliqué non-seulement aux pêchers qu'on plantera à l'avenir, mais encore à ceux qui sont déjà plantés depuis plus ou moins longtemps. Voici comment il conviendra d'opérer à l'égard de ces derniers pour ramener leurs rameaux à fruit à cette nouvelle disposition.

1° Pour les pêchers plantés en cordon oblique, à $0^m,75$ d'intervalle et qui n'ont qu'une année de plantation, leur laisser faire leur seconde pousse et les déplacer en novembre, en les rapprochant à $0^m,40$ les uns des autres; 2° déplanter et placer à $0^m,40$ d'intervalle ceux qui ont fait leur seconde pousse l'été dernier; 5° pour les précédents et pour tous ceux qui sont plus âgés, sous quelque forme qu'ils soient, tailler les rameaux à fruit au-dessus des boutons à fleurs les plus rapprochés de la base des rameaux; puis, pendant l'été suivant, soumettre les bourgeons de la base de ces rameaux au pincement décrit plus haut. On supprimera, à la taille d'hiver, les rameaux à fruit primitifs, et les nouveaux rameaux résultant des pincements courts seront taillés d'après le nouveau mode. Le nouveau procédé ainsi appliqué à ces derniers arbres n'offrira qu'une partie de ses avantages par suite de l'intervalle trop grand qui existera alors entre les branches de la charpente. Toutefois on pourra remédier à cet inconvénient pour les arbres en cordon oblique, en laissant développer à la base de chaque pêcher, en dessus, un bourgeon gourmand à l'aide duquel on formera une seconde tige, qui sera couchée entre les premières. Quant aux arbres soumis aux grandes formes, l'inconvénient subsistera; mais on jouira toujours de l'avantage d'éviter le palissage d'été et d'hiver, ainsi que les difficultés qu'offrait la taille des rameaux à fruit avec l'ancien mode.

CULTURE DU PÊCHER DANS LES VERGERS.

Le pêcher est encore cultivé dans les vergers, où il s'élève souvent au milieu des vignes, des oliviers ou des mûriers. Mais c'est surtout dans les départements du Centre et du Midi qu'on voit prospérer cette culture.

Taille. — Les pêchers plantés dans les vergers peuvent être cultivés de deux manières, soit qu'on ne les cultive que comme récolte accessoire en attendant que le produit principal paye la place qu'il occupe, soit qu'on désire en obtenir des produits abondants et de bonne qualité, tout en prolongeant leur durée le plus possible.

Dans le premier cas, on se contente de planter à demeure des noyaux de pêchers de bonnes variétés, susceptibles de se reproduire avec leurs qualités, et l'on se dispense de les tailler. Ces arbres se mettent à fruit dès la deuxième année; mais leurs parties inférieures se dégarnissent bientôt, et, bientôt épuisés par une abondante production, ils arrivent à la décrépitude dès l'âge de six ans; mais alors les autres arbres, entre lesquels on les avait plantés, commencent à donner des produits et viennent occuper la place des pêchers. C'est ainsi que, dans le Midi, on introduit fréquemment le pêcher dans les jeunes plantations de vignes, d'oliviers, de mûriers, etc., et qu'il paye la rente du sol jusqu'au moment où les autres espèces sont en état de le remplacer.

Lorsqu'on désire obtenir des pêchers cultivés dans les vergers des pro-
dúits abondants et de bonne qualité tout en prolongeant leur durée le
plus possible, il convient de les soumettre à une taille annuelle qui ré-
partit également l'action de la séve sur les divers points de la tige, régu-
larise la fructification et prolonge leur vie. A cet effet, on donne à la

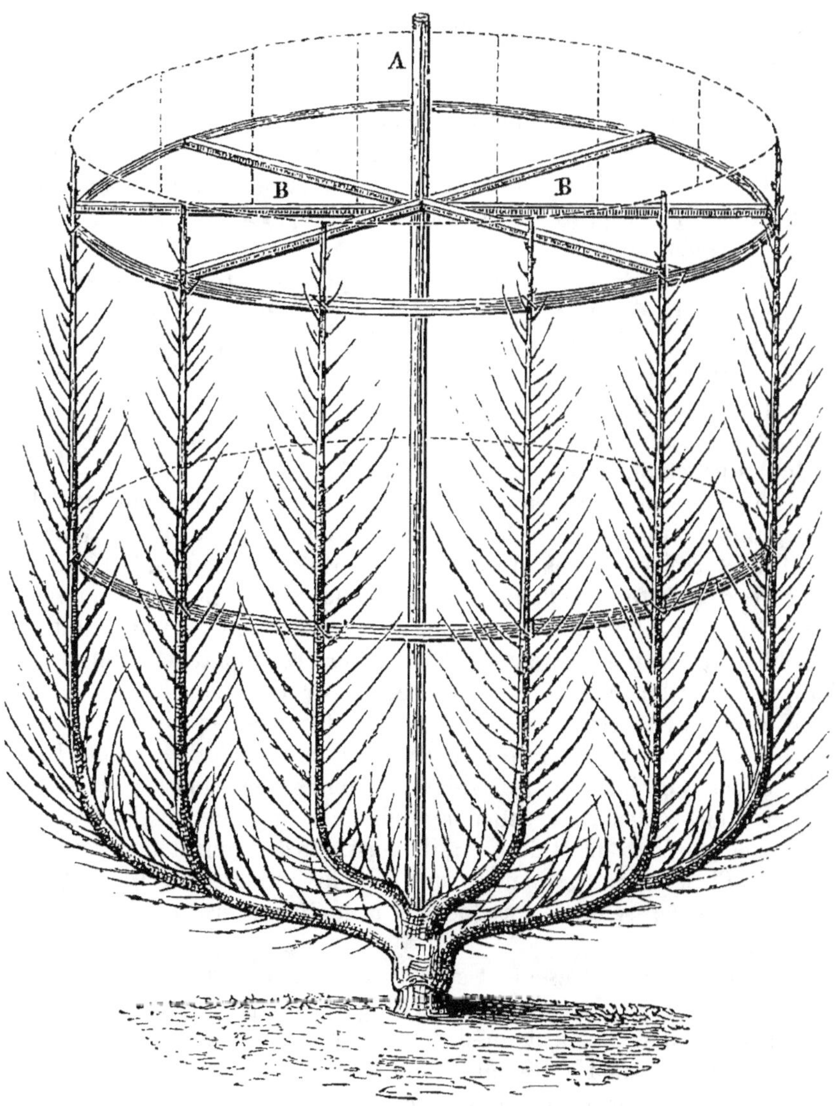

Fig. 666. *Pêcher soumis à la forme en vase ou gobelet à branches verticales.*

45

charpente la forme d'un vase ou gobelet à branches verticales (*fig. 666*). Cette forme ne diffère de celle que nous avons décrite plus loin, au chapitre des diverses formes propres aux arbres non palissés, que par l'intervalle qui doit exister entre chacune de branches verticales; il doit être de 0^m,50 à 0^m,60. Le vase doit avoir les mêmes proportions : 2 mètres de diamètre sur une hauteur égale, à partir de la naissance des branches sur la tige. On emploie, pour le former, les mêmes moyens. Chacune des branches de la charpente sont garnies de rameaux à fruit sur toute leur circonférence, ainsi que le montre notre figure, et l'on donne à chacun d'eux les soins décrits page 731 et suivantes. On pourra également soumettre ces rameaux à fruit au nouveau mode de taille indiqué page 754. Mais alors les branches de la charpente seront moitié plus rapprochées, et, par suite, moitié plus nombreuses.

Restauration des pêchers déformés par une taille vicieuse ou épuisés par la vieillesse. — Il est plus difficile que pour les autres espèces de rendre à la charpente du pêcher une forme régulière, lorsqu'elle a été mal commencée, à cause de la peine que l'on éprouve à faire développer de nouveaux bourgeons sur le vieux bois. Les efforts doivent donc se borner à augmenter le nombre des rameaux à fruit, et surtout à les établir d'une manière convenable.

Les vices principaux que présente le mode de taille adopté pour le plus grand nombre des pêchers sont les suivants. D'abord, le pincement n'est presque jamais exécuté, ou bien il l'est d'une manière incomplète. Il s'ensuit que de nombreux gourmands se développent, épuisent complétement les branches, et donnent lieu à une confusion telle, qu'on est obligé, à chaque printemps, de pratiquer des amputations considérables, très-nuisibles pour tous les arbres, et particulièrement pour le pêcher. D'un autre côté, la négligence apportée dans le pincement fait que les rameaux à fruit, trop vigoureux, ne portent de fleurs qu'à leur sommet, ce qui oblige à les tailler très-longs. Ces rameaux ne développent alors à leur base aucune production nouvelle qui puisse les remplacer après la fructification; ils périssent donc bientôt et laissent un vide. C'est de cette manière que le plus grand nombre des branches se dégarnissent de productions utiles à mesure qu'elles s'allongent.

Lorsque ces arbres présentent encore un degré de vigueur convenable, il n'y a d'autre moyen de les rétablir que de supprimer les branches principales, immédiatement au-dessus du point où se sont développés les rameaux gourmands les plus rapprochés de la base. On conserve ceux qui sont placés de manière que l'ensemble de l'arbre présente un aspect à peu près régulier, et qu'il existe une distance suffisante entre chaque branche; puis on leur applique, ainsi qu'aux rameaux à fruit qu'elles développent, le mode de taille que nous avons re-commandé pour chacune de ces parties.

Si les branches des pê-chers étaient complète-ment dégarnies, même de rameaux gourmands, il faudrait nécessairement re-noncer à ce moyen et es-sayer du recepage. Ce pro-cédé, qui s'applique aussi bien aux arbres en espalier qu'à ceux en plein vent, consiste à couper les bran-ches de la charpente à 0^m,20 environ de leur nais-sance, de manière à favori-ser la sortie, au-dessous de ce point, de nouveaux bour-geons destinés à reformer

Fig. 667. *Bourgeon de pêcher, déformé par les pucerons.*

une nouvelle charpente. Toutefois, cette opération présente pour le pêcher peu de chances de succès, surtout pour les arbres qui ne sont pas francs de pied, à moins qu'il n'y ait déjà au-dessous des points de section des boutons tout formés ou quelque jeune rameau qui pousse alors avec une vigueur extrême et à l'aide duquel on refait rapidement une nouvelle charpente. Quand le recepage réussit, il faut améliorer le sol environnant, ainsi que nous l'avons expliqué pour la restauration des poiriers, page 673.

Animaux, insectes et maladies qui attaquent le pêcher. — *Les animaux et surtout les insectes,* qui vivent aux dépens du pêcher, et qui nuisent à sa végétation et à ses produits, sont assez nombreux. Nous citerons d'abord les *rats* et les *loirs* (p. 679), et parmi les insec-tes, le *tigre* (p. 680), le *hanneton* (p. 681 et 317), les *charançons*, les *chenilles* et *vers* (p. 681), les *perce-oreilles*, les *fourmis*, les *guêpes* et les *frelons* (p. 681), dont nous avons indiqué les moyens de destruction en traitant de la culture spéciale des espèces précédentes; le *kermès* ou *galle insecte*, dont nous donnerons la description en parlant de la *vigne en treille*, sur laquelle il exerce aussi de grands ravages.

Les pucerons. — Plusieurs espèces de pucerons causent aussi des dommages considérables aux pêchers. Tel sont surtout le *puceron vert* et le *puceron noir*, du genre *aphis*. Ces insectes s'attaquent à la face inférieure des plus jeunes feuilles, et absorbent les fluides qui y sont contenus. Les feuilles se contournent, se déforment, ne fonctionnent plus, et les bourgeons eux-mêmes cessent bientôt de s'accroître. Il en résulte alors la déformation indiquée par la figure 667, et qu'il faut bien se garder de confondre avec la *cloque*, dont nous parlons plus loin.

On détruit ces pucerons à l'aide du tabac employé en fumigations ou en lotions. Lorsque les arbres en espalier sont attaqués sur une grande partie de leur étendue, on pratique les fumigations. Après avoir mouillé complétement la surface de l'arbre, à l'aide d'une pompe à main, on le couvre complétement d'une toile humide, afin que la fumée n'en traverse pas le tissu, et l'on introduit sous cette toile un *soufflet fumigatoire* (*fig.* 668), composé : 1° d'un fourneau (A) à double fond; le supérieur (B) est percé de petits trous et contient du charbon allumé ; la partie inférieure reçoit en (C) le bout d'un soufflet; 2° d'une sorte de cheminée (D) également à double fond; celui du bas (E) est percé et reçoit au-dessous le tabac; au sommet est placé un long prolongement (F) terminé par une sorte de pomme d'arrosoir, et qui sert à lancer la fumée de tabac.

Lorsque cet appareil est chargé de charbon allumé et de tabac humide, on chasse la fumée avec le soufflet jusqu'à ce que l'espace recouvert par la toile soit rempli par la plus grande quantité possible de fumée. On laisse séjourner la toile pendant une journée environ, après quoi on l'enlève. Les pucerons sont tués soit par cette fumée, soit par

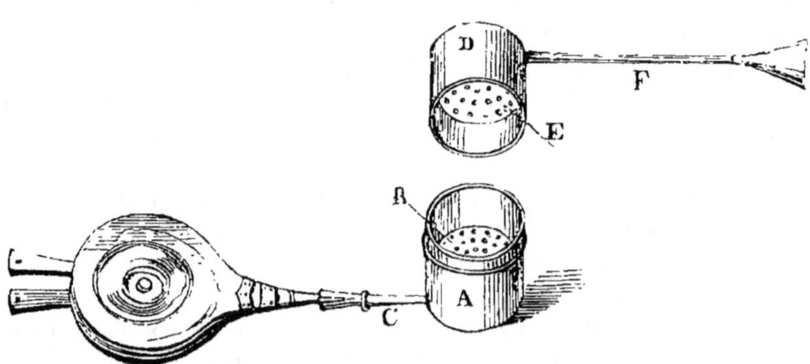

Fig. 668. *Soufflet fumigatoire.*

le contact du liquide âcre qu'elle a formé en se condensant sur les gouttelettes d'eau répandues sur les feuilles. Il est bon, après cette opération, de seringuer de nouveau très-fortement les feuilles de l'arbre, afin de détacher ceux des insectes qui n'auraient été qu'engourdis. Souvent une seule opération suffit pour détruire complétement les pucerons; quelquefois cependant on est obligé de la recommencer deux ou trois jours après. Lorsque l'arbre ne présente de pucerons que sur quelques-uns de ces points, il est plus prompt et plus économique de faire une infusion de tabac, et de tremper le sommet des bourgeons attaqués dans cette liqueur refroidie.

Les *principales maladies* qui attaquent le pêcher sont les suivantes :

La *gomme*, qui est propre aux arbres à fruit à noyau. On la reconnaît à des sécrétions qui se produisent à la surface des rameaux ou des branches, en déchirant l'écorce. Bientôt les parties environnantes sont désorganisées par l'âcreté des sucs exsudés par ces plaies; celles-ci grandissent; et, si l'altération des tissus comprend toute la circonférence de la branche, les parties placées au-dessus se dessèchent rapidement et périssent.

Dans les jeunes arbres, la gomme est souvent le résultat d'une taille trop courte ou de pincements trop rigoureux. La séve, refoulée dans un espace trop restreint, déchire les tissus, s'extravase, fermente, entraîne la décomposition des parties environnantes, et se fait jour à travers l'écorce. Pour prévenir cet accident, on réserve, sur chaque branche vigoureuse, un nombre de bourgeons suffisant pour absorber cette séve, et l'on pratique le *pincement*, *l'ébourgeonnement* ou la *taille en vert* en plusieurs fois sur toute l'étendue de l'arbre.

On a remarqué que la gomme est plus fréquente sur les arbres plantés dans les terrains humides; on la voit aussi apparaître à la suite de brusques changements de température.

Dans les arbres déjà âgés, la gomme est quelquefois le résultat d'une gêne dans la circulation des fluides; les vieilles écorces, en se desséchant, perdent leur élasticité, ne se prêtent plus au grossissement de l'arbre et compriment les vaisseaux séveux. Aussitôt que les écorces présenteront ce caractère, il conviendra d'y pratiquer plusieurs incisions longitudinales qui ne devront pas pénétrer jusqu'au corps ligneux.

Quant aux parties déjà attaquées, dès que l'on s'apercevra de la présence de la maladie, on devra l'enlever jusqu'au vif avec un instrument bien tranchant. Si l'écoulement gommeux continue, on essuyera fréquemment les plaies avec une éponge mouillée. Après quelques jours, la plaie se desséchera entièrement, et on la recouvrira avec du mastic à greffer. Quelques cultivateurs frottent préalablement cette plaie avec des feuilles d'oseille, ou, ce qui revient au même, avec un peu d'acide oxalique. Ils en obtiennent un très-bon résultat.

La *cloque*. — C'est sur les feuilles naissantes du pêcher et vers la fin du printemps qu'on voit apparaître cette maladie. Les feuilles qui en sont atteintes prennent d'abord une teinte d'un vert jaunâtre; bientôt après elles épaississent, se crispent, puis se boursouflent (*fig.* 669 et

43.

670), se colorent en blanc violacé, en jaune, et finissent par tomber. Lorsque toutes les feuilles d'un bourgeon sont ainsi détruites, celui-ci se tuméfie et finit par se dessécher.

Cette maladie paraît avoir pour cause principale les brusques chan-

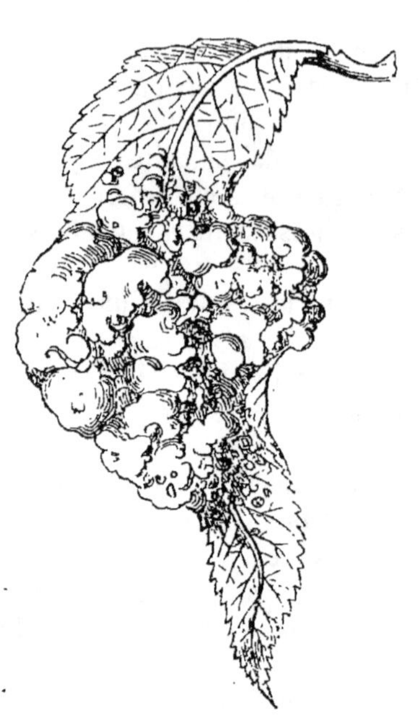

Fig. 669. *Feuille de pêcher*
atteinte de la cloque.

Fig. 670. *Bourgeon de pêcher*
atteint de la cloque.

gements de température qui viennent arrêter tout à coup la végétation au moment où elle est dans toute sa force.

L'expérience a démontré que le plus sûr moyen de la prévenir est d'employer, pour les pêchers en espalier, les chaperons mobiles décrits plus loin au chapitre des abris.

Quant aux arbres déjà attaqués, il convient de retrancher les feuilles malades aussitôt qu'elles sont atteintes, et même de raccourcir les bourgeons malades, afin de les remplacer par de nouvelles productions développées vers leur base.

Le rouge. — Le rouge est une maladie exclusivement propre au pêcher. Quelques variétés, notamment le *royal* et l'*admirable jaune*, y sont plus exposées que les autres. Les arbres qui en sont atteints présentent des rameaux qui se colorent d'abord en rouge vif, et bientôt en rouge foncé. Dès que cet accident se manifeste, la végétation s'arrête tout à coup, et les arbres meurent presque instantanément, surtout lorsque la maladie apparaît au moment où ils sont chargés de fruits. Quelquefois, cependant, ils languissent pendant une année ou deux; mais alors les fruits ne sont pas mangeables. On ne connaît aucun remède à cette maladie, dont on ignore jusqu'à présent la cause : aussi convient-il de remplacer immédiatement les arbres attaqués, sans chercher à vouloir les guérir.

Le *blanc, meunier* ou *lèpre* est encore une maladie propre au pêcher. On la reconnaît à une poussière blanchâtre qui couvre entièrement les feuilles, les jeunes bourgeons et même les fruits. On a remarqué qu'elle attaque de préférence certaines variétés, particulièrement celles connues sous le nom de *Madeleines*. Les parties attaquées par le blanc se déforment, se contournent plus ou moins; les feuilles malades cessent leurs fonctions, et la végétation s'arrête. Cet accident se manifeste depuis le mois de juin jusqu'au milieu du mois d'août. Lorsqu'il a lieu de très-bonne heure, l'état de souffrance de l'arbre détermine souvent une recrudescence de végétation vers la fin d'août, mais les nouvelles parties qui se développent sont aussi bientôt attaquées.

On a attribué le *blanc* à la présence d'un petit champignon qui, désorganisant les tissus des parties vertes, arrête leurs fonctions. Ce champignon appartiendrait sinon à la même espèce, au moins au même genre que celui connu sous le nom d'*Oïdium Tukeri*, et qui, depuis quelques années, exerce des ravages si désastreux sur la vigne. Ce qu'il y a de certain, c'est que le blanc du pêcher disparaît complétement, ainsi que nous nous en sommes assuré en employant la fleur de soufre préconisée avec raison pour combattre le blanc de la vigne. Nous renvoyons à la culture du vignoble, page 487, pour la description de ce procédé.

Le *blanc des racines*. — Cette maladie est due à la présence d'un champignon blanc, filamenteux, qui appartient au genre *rhizoctome*. Il attaque les racines pendant l'été, souvent à la suite des pluies d'orage qui succèdent à la sécheresse, il les fait pourrir en quelques jours, et l'arbre meurt. Ce sont particulièrement les pêchers greffés sur amandier qui y sont exposés et particulièrement ceux qui ont été plantés plus profondément que nous ne l'avons indiqué page 575. Quelques cultivateurs se sont bien trouvés de la fleur de soufre mélangée au sol dans le voisinage des racines et dès le début de la maladie.

Récolte. — On reconnaît la maturité des pêches à la couleur jaune que prend la peau du côté de l'ombre : il faut bien se garder de s'en assurer par le toucher, car la moindre pression fait une tache. Les pêches destinées à la vente ou à voyager, sont cueillies deux jours avant leur maturité; elles sont alors plus fermes et supportent plus facilement le transport. Celles qui doivent être consommées immédiatement sont cueillies un jour avant leur maturité complète. Pour les premières, on les détache en les tournant un peu avec la main; les secondes doivent céder au moindre effort. Les pavies et les brugnons ne doivent être cueillis, dans tous les cas, qu'après leur maturité complète. Les pêches cueillies sont déposées, une à une, dans un panier semblable à celui décrit page 684, et au fond duquel on a placé un morceau de drap plié en deux. On enveloppe chaque fruit d'une feuille de vigne, et l'on n'en superpose ainsi que trois rangs au plus. Quelques cultivateurs recommandent de brosser légèrement les pêches avec une brosse très-douce, afin de les débarrasser du duvet qui les recouvre; ce duvet, disent-ils, doit provoquer des démangeaisons à la bouche, puisqu'il en occasionne aux personnes qui les brossent.

Conservation. — Les pêches ne sont pas susceptibles d'être conservées dans les fruiteries. Quelques-unes cependant, telles que les pavies et les brugnons, sont meilleures lorsqu'on les a laissées à la fruiterie pendant huit jours; on peut même les y conserver pendant quinze jours. Dans le Midi, ces mêmes variétés sont desséchées à l'aide de procédés analogues à ceux employés pour les pruneaux, puis conservées pour l'hiver. Pour rendre cette dessiccation plus facile, on les divise par quartiers et on enlève le noyau.

PRUNIER.

Le *prunier* (*fig.* 671) était connu des anciens; Pline en signale onze

Fig. 671. *Prunier de reine-Claude verte et bonne.*

Fig. 672. *Fleur du prunier de reine-Claude.*

variétés. Le type des meilleurs pruniers que nous cultivons aujourd'hui est originaire de la Grèce et de l'Asie. Il croît spontanément aux envi-

Liste des meilleures variétés de pruniers pour chaque mois de l'année.

Premier groupe. — Fruits mangés frais.

NOMS DES VARIÉTÉS ET SYNONYMIE.	DURÉE DE LA MATURITÉ.	ORIGINE DES VARIÉTÉS ET OBSERVATIONS DIVERSES.
De Montfort.	Fin de juillet et commenc. d'août.	Fruit violet noir, moyen. Très-fertile; obtenue à Montfort-sur-Risle, vers 1822, par madame Hébert.
Monsieur. De roi. Gros hâtif.	Commencement d'août.	Fruit violet, gros. Fertile.
Reine-Claude abricot vert. Dauphine. Reine-Claude ordinaire. Verte et bonne (à Rouen).	Fin d'août.	Fruit blanc, moyen, très-bon aussi pour faire des marmelades et des pruneaux.
Surpasse-Monsieur.	Fin d'août.	Fruit violet, gros. Fertile. Obtenue par M. Noisette.
Drap-d'Or Esperen.	Fin d'août.	Fruit blanc, moyen. Obtenue en Belgique; introduite en France en 1848.
Reine Victoria.	Fin d'août.	Fruit rouge, très-gros. Très-fertile. Obtenu en Angleterre; introduite en France en 1843.
Alderton.	Fin d'août et comm. de septembre.	Fruit très-petit, blanc; excellent pour confitures. Fertile.
Petite Mirabelle.	Commencement de septembre.	Fruit rouge, gros. Obtenue aux Etats-Unis; introduite en France en 1848.
Jefferson.	Commencement de septembre.	Obtenue aux Etats-Unis; introduite en France en 1849.
Kirke's.	Commencement de septembre.	Fruit gros, rouge. Fertile. Obtenue en Belgique; introduite en France en 1848.
Reine-Claude rouge van Mons.	Mi-septembre.	Fruit violet, moyen.
Reine-Claude violette.	Mi-septembre.	Fruit blanc, gros. Obtenue en Belgique; introduite en France en 1844.
Reine-Claude de Bavay.	Fin de septembre.	Fruit blanc doré, gros; cueilli avant sa maturité parfaite, il se conserve au fruitier jusqu'en novembre; bon aussi pour pruneaux. Très-fertile. Obtenue à Waterloo en 1834.
Goe's golden drop. Waterloo.	Fin de sept. et commenc. d'octobre.	
De la Saint-Martin. De la Toussaint.	Fin d'octobre.	Fruit violet-noir, moyen. Fertile.

Deuxième groupe. — Fruits à pruneaux.

NOMS DES VARIÉTÉS ET SYNONYMIE.	DURÉE DE LA MATURITÉ.	ORIGINE DES VARIÉTÉS ET OBSERVATIONS DIVERSES.
Brignolles. Perdrigon de Brignolles.	Mi-août.	Fruit jaune rougeâtre, moyen. Variété cultivée à Brignolles (Var) pour faire l'espèce de pruneau connu sous le nom de Pistole.
Perdrigon violet. Perdrigon rouge.	Fin d'août et comm. de septembre.	Fruit violet, moyen. Cultivée surtout dans le Var et les Basses-Alpes.
D'Agen. Robe de sergent. Datte violette.	Commencement de septembre.	Fruit violet, moyen. On en fait les meilleurs pruneaux dans le Lot-et-Garonne. Très-fertile.
Pond's seedling. Anglaise.	Commencement de septembre.	Fruit rouge, monstrueux. Variété anglaise; introduite en France en 1845.
Quetsche. Kœtche. Couestche d'Allemagne.	Commencement de septembre.	Fruit violet noir, moyen. Cultivée en Lorraine.
Sainte-Catherine.	Mi-septembre.	Fruit moyen, blanc. Cultivée dans la Touraine.
Washington.	Mi-septembre.	Fruit gros, blanc. Fertile. Obtenue aux États-Unis; introduite en France en 1850.
Couestche d'Italie. Felelmberg. Prune suisse.	Fin de septembre.	Fruit noir, gros; très-bon aussi mangé frais. Très-fertile.

rons de Damas. D'autres espèces, moins délicates, poussent naturellement dans les parties tempérées de l'Europe et en Amérique. C'est
aux croisés que nous devons l'introduction du prunier domestique en
France.

L'usage très-répandu de ses fruits fait du prunier un de nos principaux arbres fruitiers. On les voit figurer sur toutes les tables, soit frais,
soit desséchés sous forme de pruneaux, soit cuits en marmelade, soit
confits dans l'eau-de-vie. La quantité de sucre que renferment les prunes a donné l'idée d'en obtenir de l'alcool, et on les distille en Lorraine, en Suisse, en Allemagne.

Espèces et variétés. — Nos meilleures variétés de prunes appartiennent toutes à une seule espèce, le *Prunier domestique* (*Prunus
domestica*). Ses variétés peuvent être partagées en deux séries : les
pruniers à fruits mangés frais et les *pruniers à fruits à pruneaux*.
Nous donnons ci-contre la liste des variétés de ces deux séries, rangées
d'après leur époque de maturité. Nous n'indiquons que les meilleures
pour chaque mois de l'année.

Climat et sol. — La floraison précoce du prunier lui fait redouter
les climats exposés aux gelées tardives; aussi ne peut-il être utilement
cultivé sur de grandes surfaces que dans la région de la vigne. Au nord
de cette limite on n'obtient une fructification un peu abondante
que dans quelques localités parfaitement abritées. Dans tous les cas, il
faut planter cet arbre sur le penchant des coteaux exposés du sud-est
au sud-ouest.

Les terrains les plus favorables sont les sols argilo-calcaires un peu
frais. Ses racines, peu pivotantes, n'exigent pas une couche fertile d'une
grande profondeur. Les terres siliceuses ne paraissent pas convenir au
prunier; il craint également l'humidité surabondante du sol et les lieux
ombragés.

Culture. *Multiplication.* — Nous avons indiqué au chapitre des
Pépinières d'arbres fruitiers (p. 413) tout ce qui se rattache au mode
de multiplication et d'élève des pruniers. Nous avons vu qu'on les
greffe soit en écusson, soit en fente ou en couronne, sur des sujets
obtenus de semis. Disons seulement ici les procédés à suivre pour élever
les pruniers dans le jardin fruitier ou dans les vergers, sans avoir recours
aux arbres tout greffés qu'on trouve dans les pépinières.

Le prunier est greffé exclusivement sur des sujets de prunier. On
choisit pour cela les variétés les plus vigoureuses et que nous avons
indiquées en parlant du pêcher (p. 722). On se procure ces sujets dans
les pépinières et on les place dans le jardin fruitier ou dans le verger, à
chacun des points que doivent occuper les arbres.

Dans certaines localités, on se contente de détacher du pied des arbres les nombreux rejetons qui se développent sur les racines; on les

repique en pépinière, puis on les greffe, s'ils n'appartiennent pas à un arbre franc de pied. Ce mode de multiplication doit être abandonné. Il ne donne que des sujets privés de racines pivotantes, mal assurés dans la terre; ils s'épuisent en rejetons qui se développent en bien plus grand nombre sur leurs racines traçantes; ils redoutent davantage la sécheresse et n'acquièrent jamais de grandes dimensions. Il est vrai qu'ils se mettent plutôt à fruit, mais ils vivent moins longtemps. Ces sujets ne devront être réservés que pour les arbres auxquels on ne voudra laisser prendre qu'une faible étendue.

Ces jeunes sujets de prunier sont greffés en écusson à œil dormant, vers la fin de juillet de l'année suivante. Si, au printemps qui suit cette opération, on s'aperçoit que l'écusson n'ait pas réussi, on pourra recourir à la greffe en couronne perfectionnée ou à la greffe en fente anglaise.

Les pruniers sont cultivés soit dans le jardin fruitier, soit dans les vergers. Les soins qu'ils réclament dans ces diverses positions étant assez différents, nous en étudierons séparément la culture.

CULTURE DU PRUNIER DANS LE JARDIN FRUITIER.

Dans le jardin fruitier, le prunier est ordinairement soumis à la forme en cône ou en contre-espalier; on le met moins souvent en espalier que les autres espèces, et c'est à tort : car ses fruits, contrairement à ce qui se passe pour l'abricotier, y sont de meilleure qualité que ceux venus en plein vent. On ne choisira que les meilleures variétés pour mettre en espalier, telles que la reine-Claude ordinaire, et on les placera aux expositions de l'est, du sud-est, du sud ou du sud-ouest, pour le Nord et le Centre, et aux expositions plus froides pour le Midi.

Taille. — Les procédés à l'aide desquels on impose la forme conique au prunier sont les mêmes que pour le poirier. On peut aussi lui appliquer les formes que nous avons décrites pour ce même arbre en espalier ou en contre-espalier. Enfin, le prunier pourra également recevoir les diverses dispositions dont nous ferons l'étude plus loin en examinant en détail toutes les formes propres aux arbres fruitiers soumis à la taille. Faisons seulement observer que les entailles recommandées pour obtenir ou favoriser le développement de certaines branches de la charpente sur la tige des arbres à fruits à pepins pourront être aussi employées pour le prunier. Mais, au lieu de se servir pour cela de la scie à main, on devra se contenter de la serpette, autrement cette opération pourrait produire la maladie de la gomme. Cette observation s'applique également au cerisier et à l'abricotier.

Quant aux rameaux à fruit, ils réclament les soins suivants. Un rameau vigoureux de prunier ne présente sur toute son étendue, au prin-

temps qui suit son développement, que des boutons à bois (*fig.* 675).
Pendant l'été suivant, ce rameau, qui a été taillé afin de faire développer tous ses boutons, y compris ceux de la base, transforme chacun de
ces boutons en bourgeons plus ou moins vigoureux, selon qu'ils sont plus

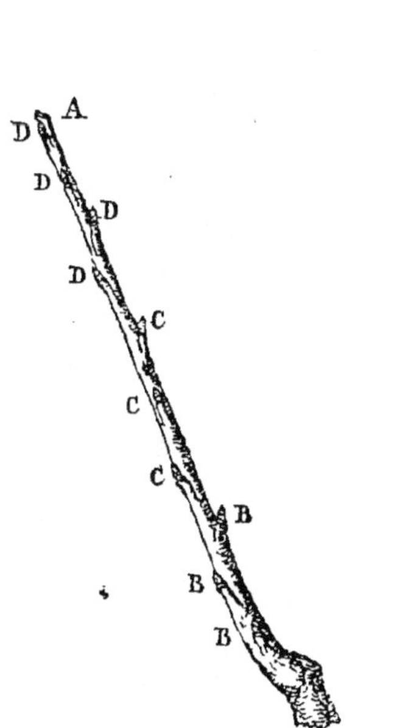

Fig. 673. *Rameau de prunier
âgé d'un an.*

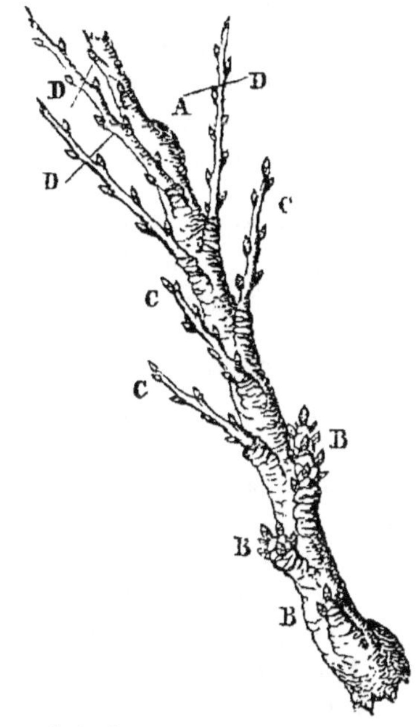

Fig. 674. *Branche de prunier âgée de
deux ans.*

ou moins rapprochés du sommet. Ceux de la base (B, *fig.* 673), et jusqu'au tiers environ de la longueur du rameau, ne développent qu'un
petit prolongement long à peine de 0^m,003 à 0^m,010; ceux qui sont
compris dans le second tiers (C, *fig.* 673) atteignent une longueur de
0^m,05 à 0^m,12, enfin, les plus rapprochés du sommet D peuvent acquérir une longueur de 0^m,20 à 0^m,50. Ces derniers, à l'exception du bourgeon terminal, sont pincés lorsqu'ils ont atteint une longueur de
0^m,06 afin de les transformer en rameaux à fruit, et de favoriser l'allongement du bourgeon terminal qui doit prolonger la branche. Au troisième printemps qui suit la naissance de cette ramification, elle présente
l'aspect de la figure 674. Les très-petits rameaux de la base B supportent un groupe de boutons à fleurs au centre desquels est un bouton à
bois destiné à prolonger ce petit rameau à fruit. On laisse intacts ces petits rameaux. Les autres, plus longs, C et D, portent aussi un certain
nombre de boutons à fleurs vers la partie moyenne, puis des boutons à
bois vers le sommet et à la base. Ceux de ces rameaux D qui présen-

tent plus de 0^m,08, sont raccourcis au moyen de la coupe, du cassement complet ou du cassement partiel, se-lon leur degré de vigueur. On favorise ainsi le développement de nouveaux rameaux vers la base pour rempla-cer, l'année suivante, celui qui a fructifié. Au quatrième printemps, cette même branche est pourvue des productions qu'indique la fig. 675. On voit que les petits rameaux B et C, laissés intacts, se sont un peu al-longés, et que ceux D qui ont été taillés se sont ramifiés. Quelques-uns de ces derniers doivent être un peu raccourcis pour diminuer le nombre des fleurs qui les épuise-raient, et pour les empêcher de s'al-longer outre mesure. On répète chaque année la même opération, de façon à forcer les rameaux à fruit à développer, vers leur base, des rameaux de remplacement. Tel est le mode de taille que l'on appli-que à toutes les branches de la

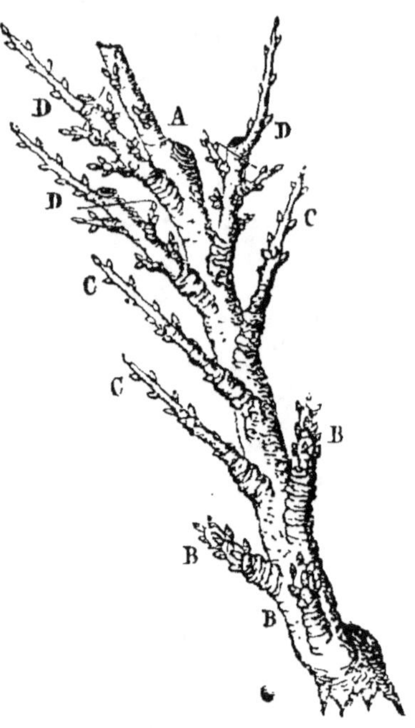

Fig. 675. *Branche de prunier âgée de trois ans.*

charpente du prunier et à leur prolongement successif, et pour toutes les formes indistinctement.

Si des vides venaient à se manifester sur les branches parmi les ra-meaux à fruit, on emploierait, pour les combler, la greffe par approche herbacée décrite page 109.

CULTURE DU PRUNIER DANS LES VERGERS.

Les pruniers sont surtout cultivés dans les vergers. C'est dans ces conditions qu'ils donnent les produits les plus abondants.

Forme de la plantation. — Dans les vergers proprement dits, les pruniers sont plantés en quinconce, à la distance de huit mètres environ les uns des autres. Notre collègue, M. Petit-Lafitte, professeur d'agri-culture à Bordeaux, nous apprend que, dans les départements du Lot et de Lot-et-Garonne, si renommés pour leurs pruneaux, le prunier d'A-gen y est souvent associé à la vigne et aux céréales. Le champ est alors divisé en bandes parallèles de six à sept mètres de largeur chacune, consacrées à la culture des plantes herbacées. Ces bandes sont séparées par deux rangées de vignes laissant entre elles un nouvel espace d'un m mètre. C'est sur ces dernières bandes que sont placés les pruniers, à douze ou quatorze mètres les uns des autres. L'ensemble de cette plantation présente alors l'aspect de la figure 676. Les pruniers, ainsi disposés, donnent des produits plus abondants que lorsqu'ils sont plantés

Fig. 676. *Plantation de pruniers dans le département du Lot.*

dans un champ exclusivement consacré aux céréales; cela tient sans doute à ce que, dans ce dernier cas, le sol est laissé plus longtemps sans culture et qu'il est plus exposé à la sécheresse.

Plantation. — Quant au mode de plantation, il est en tout semblable à celui que nous avons indiqué pour les arbres à fruits à cidre. Nous ajouterons seulement que, le prunier redoutant beaucoup l'humidité surabondante du sol, on doit employer le procédé d'égouttement que nous avons recommandé en traitant de la préparation du sol pour le jardin fruitier. Nous renvoyons également aux arbres à fruits à cidre pour les travaux (p. 519) d'entretien que réclame le sol où l'on a planté les pruniers.

Taille. — Les pruniers cultivés dans les vergers sont le plus souvent disposés à haut vent. Toutefois, dans les environs de Paris, le tronc de la plupart de ces arbres ne dépasse pas $0^m,60$ à $0^m,80$. On obtient ainsi une maturité plus précoce, et la récolte se fait beaucoup plus facilement. Mais, d'un autre côté, les fleurs sont plus exposées aux gelées blanches, et il devient complétement impossible d'obtenir d'autres produits du sol au-dessous de ces arbres. Élevés à l'avance dans la pépinière, ils sont francs de pied ou greffés en tête. Quelques cultivateurs laissent à la nature le soin de former la tête des arbres; d'autres leur impriment, dès leur jeune âge, une disposition à peu près symétrique; c'est cette dernière méthode qu'il convient de préférer. On choisira la forme que nous avons décrite pour les arbres à fruits à cidre (p. 154 et 504), et l'on emploiera les mêmes moyens pour l'imposer aux jeunes pruniers. C'est à cela que se borne la taille des pruniers à haut vent,

44

puis à la suppression des branches desséchées. Quant à leurs rameaux à fruits, on les laisse se former et se renouveler d'eux-mêmes.

Restauration des pruniers épuisés par la vieillesse ou par la surabondance des produits. — La durée des pruniers est loin d'être aussi longue que celle des arbres à fruits à pepin. Leur décrépitude s'annonce par le peu de développement des bourgeons annuels, par la dessiccation successive des rameaux à fruits sur les branches principales, par le petit nombre et le petit volume de leurs fruits, enfin par l'aspect languissant de toutes les parties. Cet état se manifeste beaucoup plus tard sur les arbres à haut vent, en grande partie abandonnés à eux-mêmes, que sur ceux qui ont été soumis à une taille annuelle.

Ces arbres peuvent être, jusqu'à un certain point, rajeunis au moyen des procédés indiqués pour les arbres à fruits à pepin; seulement, comme dans le prunier les boutons latents ou adventices percent beaucoup plus difficilement les vieilles écorces, on se contente de ravaler les branches de deuxième ou de troisième ordre à 0ᵐ,50 environ de leur naissance.

Maladies. — Les maladies du prunier sont déterminées soit par les intempéries, soit par la présence des insectes nuisibles.

Les intempéries funestes au prunier sont la grêle, les gelées tardives du printemps, les brouillards prolongés, etc.; elles déterminent aussi la maladie de la *gomme*, décrite à l'article du *Pêcher*.

Insectes nuisibles.. — Les larves d'un certain nombre d'insectes dévorent les feuilles du prunier. Les plus redoutables sont les chenilles des *bombyces livrée* et *cul doré*, décrites pages 327 et 328, et dont nous avons indiqué le mode de destruction. Dans les environs de Paris, les cultivateurs détruisent ces insectes sur les pruniers à haut vent en secouant vivement chaque branche, l'une après l'autre, à l'aide d'un fort crochet garni d'étoupe, après avoir préalablement enduit la tige d'une zone de goudron à 0ᵐ,40 environ du sol, pour que les insectes tombés ne puissent pas remonter sur les arbres. Une mèche de soufre allumée, présentée au-dessous des amas de chenilles, les fait aussi se détacher immédiatement.

Récolte. — La récolte des belles espèces de prunes doit être effectuée avec précaution; on attend que le soleil ait absorbé l'humidité; on les prend une à une par la queue et on les détache par un mouvement de torsion. On les place ensuite dans des corbeilles plates et on les porte à la fruiterie; abandonnées pendant deux ou trois jours, elles y conservent toutes leurs qualités et en acquièrent même de nouvelles : on a remarqué qu'elles étaient alors plus agréables et plus sapides que lorsqu'on les mangeait au moment même de la cueillette.

Conservation. Pruneaux. — La prune a le grand avantage de pouvoir, sans exiger beaucoup de soins, être conservée pendant l'hiver. La simple dessiccation, opérée successivement au soleil et au four, suffit

pour la convertir en pruneau. Elle forme, dans cet état, un aliment
d'autant plus précieux, qu'il s'approprie à tous les régimes et qu'il est
l'objet d'un commerce important pour plusieurs de nos départements.
Ce sont surtout les départements du Lot, de Lot-et-Garonne, du Var, des
Basses-Alpes, d'Indre-et-Loire, qui sont en possession de cette industrie.
Nous avons indiqué, dans la liste précédente, les variétés de prunes
particulièrement employées à cet usage ; nous empruntons au travail
spécial de notre collègue, M. Petit-Laffite, de Bordeaux, la description
des procédés employés pour transformer en pruneaux la prune d'Agen.
Pour faire de bons pruneaux, les fruits doivent être bien mûrs; on attend donc qu'ils se détachent d'eux-mêmes de l'arbre, et on les ramasse
sur la terre; ce n'est que vers la fin de la saison qu'on imprime à l'arbre
quelques légères secousses pour achever d'en détacher les derniers fruits.
Dans les champs qui ont porté du blé, pour éviter que les prunes ne se
détériorent en tombant sur la terre durcie ou sur la pointe des chau-
mes, on donne un léger labour, quelquefois même on étend de la paille
sous les arbres.

Les prunes que l'on ramasse tous les jours ou tous les deux jours, et
que l'on a soin de laver si l'humidité de la nuit ou les pluies les ont
tachées de boue, sont rangées sur des claies d'osier et exposées au so-

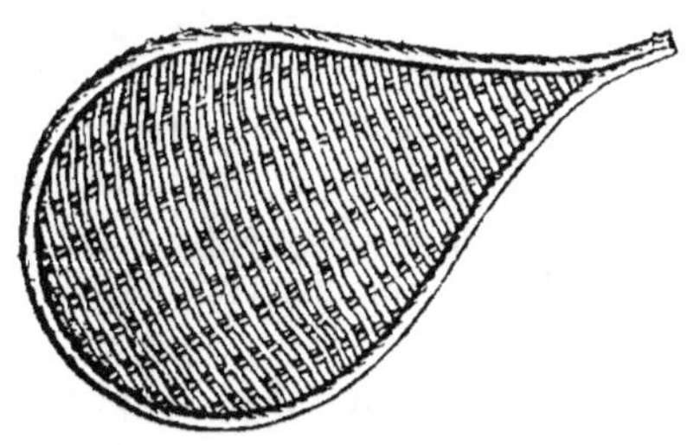

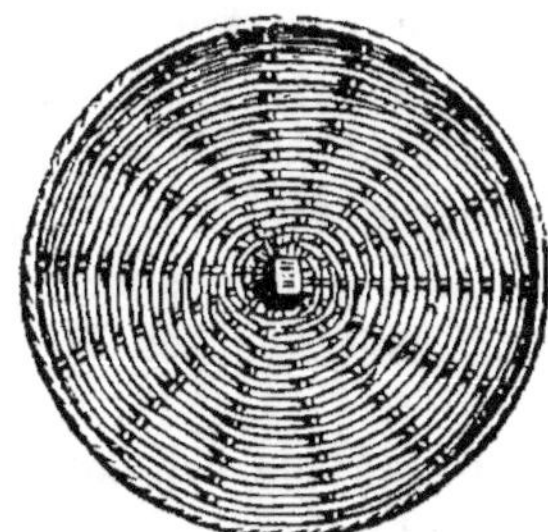

Fig. 677.   Fig. 678.

Claies pour sécher les pruneaux.

leil. Là, on les retourne plusieurs fois afin d'en présenter successivement toutes les faces à l'action du soleil, qui leur enlève ainsi une partie de leur humidité, et les empêche de se déchirer à la cuisson.

Pour opérer cette cuisson, on fait usage soit des fours à cuire le pain,
soit d'étuves spéciales. Les claies qui servent à mettre les prunes dans
le four sont les mêmes que celles sur lesquelles on les a d'abord étendues. Elles sont construites avec des baguettes liées entre elles par des
osiers, des ronces ou des sarments de clématite, et entourées d'une autre
baguette qui fait saillie et retient les prunes. Ces claies sont le plus
ordinairement rondes ou coniques (*fig.* 677 et 678). Les premières ont

0^m,60 de diamètre, les secondes présentent une longueur d'un mètre sur 0^m,50 dans leur plus grande largeur.

Le but de la cuisson est d'enlever à la prune l'excès d'humidité qu'elle renferme, sans agir d'une manière sensible sur les autres parties constituantes, et sans provoquer la rupture de la peau qui permettrait au sirop de s'extravaser. Trois cuites sont ordinairement nécessaires. Pour la première, le four présente une chaleur de 75 à 90° centig.; pour la seconde, la température est élevée de 100 à 112°; pour la troisième, on porte la chaleur à 125°. Le four est chauffé soit avec du menu bois, soit avec du chaume, et l'on a soin de fermer hermétiquement l'ouverture aussitôt que les prunes y ont été introduites. Après chaque passage au four, la prune est exposée à l'air, où elle se refroidit, et ce n'est qu'après le refroidissement complet qu'on la retourne sur la claie, pour que toutes les parties reçoivent également l'action de la chaleur. L'opération est terminée lorsque la prune conserve une certaine élasticité, qu'elle cède et résiste à la fois à une légère pression des doigts. L'opération a été bien faite si la prune n'est pas brûlée; si sa peau est intacte, luisante, et comme recouverte d'un vernis de couleur foncée. C'est dans cet état et sans avoir subi les différents choix qui servent aux classifications du commerce que les cultivateurs vendent leurs pruneaux.

Les pruneaux de Tours sont préparés à peu près de la même manière. En Provence, ont fait usage d'un autre procédé. Les prunes, mises dans un panier, sont plongées dans l'eau bouillante, où on les maintient jusqu'à ce que l'eau reprenne son bouillon; après quoi on les retire, on les égoutte et on les agite jusqu'à refroidissement. On les place alors sur des claies, sous des hangars ouverts; et quand elles approchent du degré de siccité, on les transporte au soleil pour achever la dessiccation.

Les pruneaux de Brignoles, connus aussi sous le nom de pistoles, exigent d'autres soins. C'est surtout à Brignoles, à Estoublon, près de Digne (Basses-Alpes), qu'on les prépare. C'est le fruit du prunier de *perdrigon violet* qu'on y emploie.

Les fruits sont récoltés à la fin de juillet, après le lever du soleil, afin qu'ils soient bien secs. Le lendemain, des femmes les pèlent avec soin, avec l'ongle, pour éviter tout contact nuisible, et les enfilent sur des baguettes de la grosseur d'une plume à écrire, de manière qu'elles ne se touchent pas; on fiche ces baguettes dans un faisceau de paille serrée, d'un à trois mètres de hauteur, bien ficelé de haut en bas et portant à sa cime un crochet qui sert à le suspendre à une traverse. Les prunes restent ainsi exposées au soleil pendant quatre à cinq jours, et elles sont remises chaque soir dans un lieu sec; il en est de même si le temps est à la pluie. Quand les prunes se détachent facilement des baguettes, on les secoue, on les défile, et l'on en fait sortir le noyau. On

Liste des meilleures variétés de cerisiers pour chaque mois de l'année.

NOMS DES VARIÉTÉS ET SYNONYMIE.	DURÉE DE LA MATURITÉ.	POSITION.		EXPOSITION DES MURS.				ORIGINE DES VARIÉTÉS ET OBSERVATIONS DIVERSES.
		PLEIN VENT.	ESPALIER.	EST.	OUEST.	SUD.	NORD.	
Angleterre hâtive.	Fin de mai et com. de juin.	Plein vent.	Espalier.	Est.	Ouest.	Sud.		Fruit moyen. Très-fertile.
May Duck. Montmorency à longue queue.	Juin.	Plein vent.	Espalier.					Fruit moyen. Fertile.
Belle de Choisy. Cerise ambrée. Doucette. De la Palembre.	Juin.	Plein vent.	Espalier.		Ouest.	Sud.		
Bigarreau de Mezel.	Juin.	Plein vent.	Espalier.					Fruit gros.
Guigne grosse noire luisante.	Fin de juin.	Plein vent.	Espalier.					Fruit gros.
Griotte de chaux. Griotte d'Allemagne.	Fin de juin.	Plein vent.	Espalier.		Ouest.	Sud.		Fruit gros; à confire.
Royale. Cherry-Duck.	Fin de juin.	Plein vent.	Espalier.		Ouest.	Sud.		Fruit gros.
Montmorency de Bourgueil.	Fin de juin et com. de juillet.	Plein vent.	Espalier.					Fruit gros.
Belle audigeoise.	Commencement de juillet.	Plein vent.	Espalier.					Fruit gros. Fertile.
De Prusse, noir.	Commencement de juillet.	Plein vent.	Espalier.		Ouest	Sud.		Fruit gros.
De Prusse, jaune.	Commencement de juillet.	Plein vent.	Espalier.					Fruit moyen.
Bigarreau Downton.	Commencement de juillet.	Plein vent.	Espalier.		Ouest.	Sud.		Fruit gros.
Griotte de Portugal.	Commencement de juillet.	Plein vent.	Espalier.		Ouest.	Sud.		Fruit gros; à confire.
Royal de Hollande. Reine Hortense. Belle suprême. Lemercier. Belle de petit Brie. Monstrueuse de Bavay. Cerise d'Aremberg. Monstrueuse de Jodoigne. Cerise Morestein. Cerise Louis XVIII.	Commencement de juillet	Plein vent	Espalier.	Est.	Ouest.	Sud.		Fruit gros. Obtenue près de Bruxelles vers 1821, elle porte le nom de *Belle de Bavay* depuis 1829. Elle a été introduite en France vers 1830.
Montmorency à courte queue Gros gobet	Juillet.	Plein vent.	Espalier.					Fruit gros.
Admirable de Soissons.	Fin de juillet.	Plein vent.	Espalier.					Fruit gros.
Belle de Sceaux. Belle de Chatenay.	Fin de juillet.	Plein vent.	Espalier.	Est.	Ouest	Sud.		Fruit gros. Très-fertile.
De Spa. Griotte du Nord.	Fin de juillet.	Plein vent.	Espalier.		Ouest.			Fruit gros. Très-fertile.
Tardive. Picarde.	Août à fin de septembre.	Plein vent.	Espalier.	Est.			Nord.	Fruit gros; à confire.
Morello de Charmeux.	Fin d'août à fin d'octobre.	Plein vent.	Espalier.	Est.	Ouest.	Sud.		Répandue par M. Rose Charmeux, de Thomery (Seine-et-Marne), vers 1852.

les aplatit alors et on les place sur des claies. Quand elles sont à peu près sèches, on les aplatit une seconde fois et on les remet au soleil pour achever leur dessiccation. Il n'y a plus alors qu'à les mettre en caisse pour les livrer au commerce.

CERISIER.

C'est Lucullus qui, en 680, importa à Rome le cerisier, qu'il trouva à Cérasonte, petite ville de la province de Pont, en Natolie. Si l'on en croit Pline, les Romains ne connurent que huit variétés de cet arbre fruitier. Mais ce serait une erreur de penser que c'est aux Romains que nous devons l'introduction en Europe de toutes les espèces de cerisiers que nous cultivons aujourd'hui. Dès cette époque, en effet, on voyait croître spontanément dans les forêts de la Gaule et de la Germanie plusieurs sortes de merisiers qui, depuis et sous l'influence de la culture, ont donné lieu à un certain nombre des variétés de cerises qui enrichissent maintenant nos vergers.

La cerise est, sans contredit, l'un des fruits les meilleurs et les plus utiles. La consommation qu'on en fait à l'état frais est considérable. On la conserve aussi sous forme de confitures, dans l'eau-de-vie ou desséchée comme les pruneaux : enfin, on en fait diverses liqueurs, telles que le marasquin et le kirsch-wasser, le ratafia de cerises, le vin de cerises, etc.

Espèces et variétés. — Les diverses variétés de cerisiers, cultivées aujourd'hui, peuvent être rapportées aux deux espèces suivantes : le *cerisier proprement dit* (*Prunus cerasus*), originaire de Cérasonte, et le *merisier* (*Prunus avium*), originaire de l'Europe. Le premier a donné lieu, par la culture, à toutes les variétés à fruits plus ou moins acides, à chair molle, à fruits sphériques et connues sous le nom de *cerises* à Paris, et sous celui de *griottes* dans le Midi. Le second a produit les variétés connues sous le nom de *guignes* à Paris et de *cerises* dans le Midi; puis les *bigarreaux* (*fig.* 679). Enfin, le croisement de ces deux espèces paraît avoir donné lieu à une troisième série de variétés à fruits doux, de forme un peu moins sphérique que les cerises proprement dites, à chair plus ferme que celle de ces dernières, mais moins compacte que celle des guignes : telle est la variété connue sous le nom de *Belle-de-Choisy* (*fig.* 681). Ces variétés sont désignées dans le Midi sous le nom de *heaumiers*. Nous donnons ci-contre la liste des meilleures variétés de ces divers groupes, rangées dans l'ordre de leur maturité.

Climat et sol. — Le cerisier s'accommode du climat des diverses contrées de la France. Quant à la nature du sol, il redoute plus l'humidité que la sécheresse, et préfère les terrains légers ou de consistance moyenne, un peu calcaires.

Culture. *Multiplication*. — Nous renvoyons aux pépinières d'arbres fruitiers (p. 415) pour la multiplication des cerisiers destinés au commerce. Quant aux moyens d'élever cette espèce dans le jardin fruitier, voici les soins qu'elle réclame.

Le cerisier peut être greffé sur trois sortes de sujets : le *merisier*, le

Fig. 679. *Bigarreau de mai.*   Fig. 681. *Cerisier Belle-de-Choisy.*

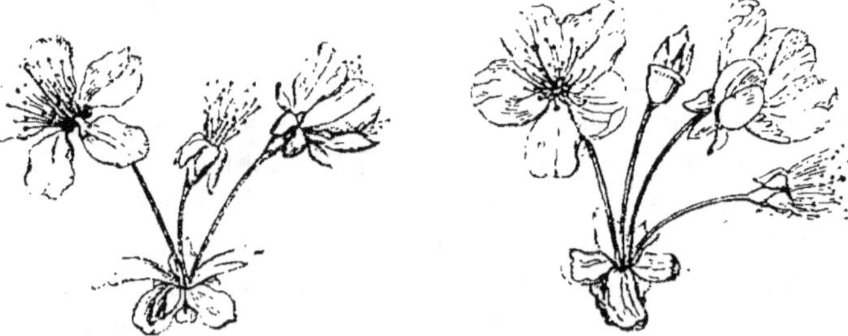

Fig. 680. *Fleur du bigarreau de mai.*   Fig. 682. *Fleur de la Belle-de-Choisy.*

prunier de Sainte-Lucie ou *Mahaleb* et le *cerisier franc*. Le choix à faire entre ces sujets est surtout déterminé par la forme à donner aux arbres.

Le *merisier* est le plus vigoureux de ces trois sujets; on l'emploie exclusivement pour former des arbres à haute tige.

Le *prunier de Sainte-Lucie* ou *Mahaleb*, qui croît spontanément sur les coteaux calcaires, est moins vigoureux que le merisier, mais il est plus rustique. On le préfère pour tous les arbres à basse tige, pyramides, vases et espaliers.

Le *cerisier franc* tient le milieu par sa vigueur entre les deux autres sujets. Il est assez rarement employé.

Ces sujets sont tous multipliés au moyen du semis des noyaux. Mais il est plus simple d'en acheter de jeunes plants d'un an qu'on plante dans le jardin fruitier à chacun des points qui doivent être occupés par les arbres.

Vers la fin d'août de la même année, ces divers sujets sont greffés en écusson à œil dormant. Si, au printemps suivant, quelques-unes de ces greffes n'ont pas réussi, on pourra pratiquer celle en couronne perfectionnée ou celle en fente anglaise.

Lés cerisiers sont cultivés soit dans le jardin fruitier, soit dans les vergers proprement dits, ou dans les vergers agrestes. Examinons séparément ces deux modes de culture.

CULTURE DU CERISIER DANS LE JARDIN FRUITIER.

Le cerisier est une des richesses principales du jardin fruitier. On l'y cultive en vase, en cône, en contre-espalier et en espalier, excepté dans le Midi, toutefois, où, dans cette dernière position, il souffrirait de l'excès de chaleur, à moins qu'on ne le place à des expositions froides.

Taille. — Le mode de formation de la charpente du cerisier pour les diverses formes qu'on veut lui imposer ne diffère nullement de celui employé pour les espèces précédentes. Toutefois, si l'on veut le soumettre à la forme conique, il faut veiller à ce que les branches latérales de la base ne nuisent pas, en devenant trop fortes, à l'allongement de la tige principale. A cet effet, on taille ces branches un peu plus court que nous ne l'avons conseillé pour le poirier. On peut encore arrêter la végétation trop vigoureuse de ces ramifications en pinçant, pendant l'été, leur bourgeon terminal.

Quant au mode de formation et de taille des rameaux à fruit, il ne diffère pas de celui du prunier. Ainsi les boutons que portent les prolongements successifs des branches de la charpente se développent en bourgeons pendant l'été suivant; à cette époque, on pince les plus vigoureux aussitôt qu'ils ont atteint $0^m,10$ de longueur et de façon à ne leur laisser qu'une longueur de $0^m,08$ environ. Au printemps suivant, chacun des rameaux qui en résultent sont raccourcis en A (*fig.* 683) en employant la coupe, le cassement partiel ou complet, suivant leur degré de vigueur, comme pour le poirier. Cette opération produit, l'année suivante, l'effet indiqué par la figure 684. Ces divers rameaux sont alors coupés au-dessus du second bouquet. Il est utile d'enlever ainsi une certaine partie de leur étendue, afin de refouler la séve vers leur base, et d'y faire naitre de nouveaux bourgeons destinés eux-mêmes à

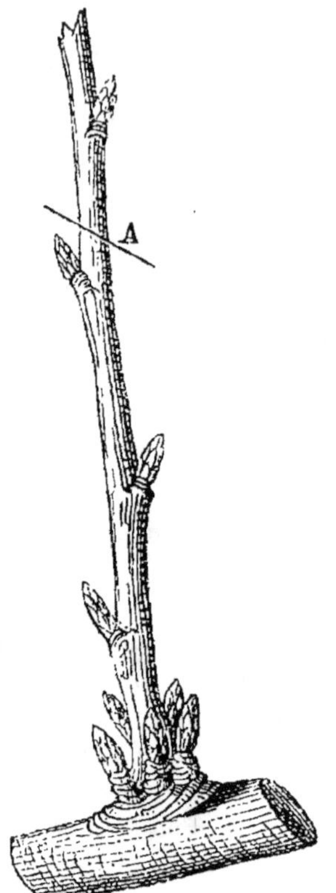

Fig. 685. *Rameau à fruit du cerisier âgé de 1 an.*

Fig. 684. *Rameau à fruit du cerisier âgé de 2 ans.*

remplacer les petits rameaux qui vont fructifier pendant cette même année. L'année suivante, on coupe l'ancien rameau fructifère immédiatement au-dessus du nouveau rameau qui s'est développé vers la base, et l'on applique à celui-ci les mêmes soins qu'au rameau primitif, et ainsi de suite chaque année.

On emploiera également la greffe par approche herbacée, décrite à la page 109, pour remplir les vides formés sur les branches parmi les rameaux à fruit.

CULTURE DU CERISIER DANS LES VERGERS.

Dans les vergers, le cerisier reçoit les soins que nous avons recomman-

dés pour le prunier. Ainsi on en forme des quinconces ou on les plante
en lignes plus ou moins distantes, en les associant à la culture des céréales ou à celle de la vigne. Seulement la distance à réserver entre ces
arbres n'est pas la même; on peut, sous ce rapport, partager les cerisiers
en trois séries : les guigniers et les bigarreautiers, qui prennent de
grandes dimensions, doivent être plantés à environ quatorze mètres les
uns des autres; les cerisiers proprement dits, dont la tête s'évase, mais
qui s'élèvent moins, seront plantés à dix mètres. Enfin, certaines variétés de cerisiers, comme les cerisiers anglais, se développent naturellement en pyramide; on les greffe d'ailleurs à un mètre du sol seulement,
afin de hâter la maturation de leurs fruits et d'en faciliter la récolte.
Ces arbres, cultivés en grande quantité dans les sols légers des environs
de Paris, sont plantés seulement à six mètres de distance les uns des
autres. Il est bien entendu que ces distances moyennes doivent augmenter
ou diminuer suivant le plus ou moins de fertilité du sol.

La tête des cerisiers à haut vent est formée comme celle des pruniers.
Quant aux rameaux à fruit, on en abandonne aussi la formation et le
renouvellement à la nature. Ce que nous avons dit de la restauration
des pruniers et de leurs maladies s'applique également aux cerisiers.

Récolte et conservation. — Les cerises ne doivent être récoltées
qu'après leur maturité parfaite, afin que le principe sucré y soit le plus
abondant possible; mais on ne doit pas laisser dépasser ce moment, car
elles perdent assez rapidement leur qualité.

Dans certaines contrées, et notamment dans le Midi, on conserve les
cerises en les faisant sécher comme les pruneaux: on leur donne alors le
nom de *cerisettes*.

ABRICOTIER.

L'abricotier commun (Armeniaca vulgaris) (fig. 685) fut importé
de l'Arménie à Rome, trente ans environ avant l'époque à laquelle Pline
écrivait; Dioscoride fait aussi mention du fruit de cet arbre sous le nom
de *pomme d'Arménie précoce*.

L'abricotier est l'objet de cultures assez étendues dans certaines contrées de la France, et notamment en Auvergne, aux environs de Paris
et dans le voisinage des grands centres de population des départements
du Centre et du Midi. Les fruits de cet arbre sont consommés à l'état
frais, mais ils le sont plus encore sous forme de marmelades et de pâtes.
La ville de Clermont-Ferrand est particulièrement renommée pour la
confection de ces conserves.

Variétés. — L'abricotier commun a fourni une vingtaine de variétés,
parmi lesquelles nous indiquons les meilleures. Le tableau ci-contre les
présente rangées suivant l'ordre de leur maturité.

Climat et sol. — L'abricotier est un peu moins exigeant que le pêcher sous le rapport du climat; ainsi il mûrit très-bien ses fruits en plein vent, au nord du climat de Paris; toutefois, comme sa floraison est des plus précoces, sa fructification y est très-souvent détruite par les froids tardifs et les intempéries du printemps; aussi la culture de l'abricotier en plein vent n'est-elle vraiment avantageuse que jusque sous le climat de Paris. Au delà, vers le nord, l'abricotier doit être placé en espalier, et c'est là une nécessité fâcheuse, car, contrairement à ce qui a lieu pour toutes les autres espèces, ses fruits sont beaucoup moins savoureux, mûris en espalier, qu'exposés en plein vent.

Fig. 685. Abricotier-pêche.

Fig. 686. Fleurs de l'abricotier-pêche.

Quant au sol, il est le même que pour le pêcher.

Culture. *Multiplication.* — Nous avons indiqué le mode de culture de l'abricotier dans la pépinière; examinons comment on peut le multiplier dans le jardin fruitier.

L'abricotier peut être greffé sur le prunier, sur l'amandier et sur l'abricotier franc.

Le *prunier* est le sujet le plus habituellement employé; on choisit, comme nous l'avons expliqué pour le pêcher, les variétés les plus vigoureuses.

L'*amandier* est moins usité que le prunier, parce que la greffe se détache facilement de ce sujet; mais les arbres résistent mieux à la sécheresse, et ce sujet convient particulièrement, à cause de cela, à la région du Midi.

L'*abricotier franc* est un excellent sujet qui est moins employé que

LISTE

DES MEILLEURES VARIÉTÉS D'ABRICOTIERS, POUR CHAQUE MOIS DE L'ANNÉE.

NOMS DES VARIÉTÉS.	SYNONYMIE.	ÉPOQUE DE LA MATURITÉ.	POSITION.		EXPOSITION DES MURS.			OBSERVATIONS DIVERSES.
			Plein vent.	Espalier.	Est.	Ouest.	Sud.	
Musch.		Mi-juillet.	Pl. v.	Esp.	E.	O.	S.	Rapporté depuis quelque temps de la ville de Musch (Turquie d'Asie).
Gros Saint-Jean.	D'Alexandrie.	Fin de juillet.	Pl. v.	Esp.	E.	O.		
Gros rouge hâtif.	Gros rouge précoce.	Juillet et août.	Pl. v.	Esp.	E.	O.		
Albergier de Montgamet.		Juillet et août.	Pl. v.	Esp.	E.	O.		Se produit de noyau.
Gros commun.		Commenc. d'août.	Pl. v.	Esp.	E.	O.		Préféré pour les marmelades.
Viard.		Commenc. d'août.	Pl. v.	Esp.	E.	O.	S.	
Pourret.		Mi-août.	Pl. v.	Esp.	E.	O.	S.	Sous-variété de l'abricotier-pêcher.
Royal.	Orange.	Mi-août.	Pl. v.	Esp.	E.	O.	S.	Obtenu à la pépinière du Luxembourg.
Pêche.	De Nancy. ordinaire.	Fin d'août.	Pl. v.	Esp.	E.	O.	S.	Se reproduit souvent de noyau.
De Versailles.		Fin d'août.	Pl. v.	Esp.	E.	O.	S.	
Beaugé.		Com. de septembre.	Pl. v.	Esp.	E.	O.	S.	
De Noor.		Fin de septembre.	Pl. v.	Esp.	E.	O.	S.	

le prunier dans les pépinières, par la difficulté que l'on éprouve à se procurer une suffisante quantité de noyaux.

Les sujets d'amandier et d'abricotier franc sont obtenus dans le jardin fruitier au moyen du semis de noyaux faits avec les soins indiqués pour l'amandier à l'article du pêcher. Quant aux pruniers, il est plus simple d'acheter de jeunes sujets obtenus de semis dans les pépinières.

Tous ces sujets sont écussonnés, les pruniers à la fin de juillet, après un an de plantation, les deux autres au commencement de septembre, l'année même du semis. On pourra remplacer la greffe en écusson qui n'aura pas réussi par la greffe en couronne perfectionnée ou par la greffe en fente anglaise, pratiquées toutes deux au printemps suivant.

Nous devons ajouter que certaines variétés d'abricotier notées dans notre tableau peuvent en outre être obtenues franc de pied, au moyen du semis, et cela sans dégénérer.

Toutes les fois qu'il s'agira de multiplier ces variétés, on ne devra pas hésiter à user de ce mode de reproduction, car il en résultera des arbres plus vigoureux, d'une plus longue durée et moins exposés à la maladie de la gomme, véritable fléau de cette espèce.

Les abricotiers sont cultivés soit dans les jardins fruitiers, soit dans les vergers.

CULTURE DE L'ABRICOTIER DANS LE JARDIN FRUITIER.

Dans le jardin fruitier, l'abricotier est surtout cultivé en plein vent ou en contre-espalier abrité au printemps; on ne doit pas le placer en espalier à cause de la médiocre qualité qu'y acquièrent ses fruits.

Les formes que l'on impose aux abricotiers en espalier ou en contre-espalier peuvent être indifféremment l'une de celles décrites précédemment pour les poiriers ou que nous indiquerons au chapitre des formes en général. Quant à ceux qui sont cultivés en plein vent, on peut leur donner la forme en cône, ou mieux celle en vase à branches verticales (voir plus loin le chapitre des formes propres aux arbres fruitiers soumis à la taille), cette disposition étant plus en harmonie avec leur mode de végétation.

Taille. — La formation de la charpente des abricotiers, soit en espalier, soit en contre-espalier ou en plein vent, s'effectue à l'aide des mêmes moyens que pour les espèces dont nous avons déjà parlé; seulement et contrairement à ce qui se passe dans ces autres espèces, la séve des racines abandonne souvent les parties supérieures de l'abre au profit des parties inférieures. On voit alors se développer sur ces parties basses des bourgeons gourmands qui, si l'on n'y prend garde, épuisent bientôt les parties hautes.

Il faut donc s'opposer, à l'aide du pincement, à l'apparition de ces gourmands, et favoriser le développement des parties supérieures de l'arbre, plus qu'on ne le fait pour les autres espèces.

Quant aux rameaux à fruit, on leur applique les soins suivants : ils sont, comme dans toutes les autres espèces, le résultat du développe-

Fig. 687. Rameau à fruit de l'abricotier avant la taille.

Fig. 688. Rameau à fruit de l'abricotier, un an après la première taille.

Fig. 689. Rameau à fruit de l'abricotier abandonné à lui-même.

ment, sur les prolongements successifs des branches de la charpente, de bourgeons peu vigoureux ou dont on a arrêté la vigueur au moyen du pincement. Mais ces rameaux ne fructifient qu'une fois, comme tous ceux des arbres à fruits à noyau; on est donc obligé de déterminer chaque année le remplacement de ces rameaux. S'ils étaient laissés intacts comme le rameau A (*fig.* 687), ils ne développeraient qu'un prolongement A (*fig.* 689), qui fructifierait l'année suivante en produisant seulement un nouveau prolongement. De sorte qu'au bout de peu d'années la production n'aurait plus lieu qu'à l'extrémité de longues branches, qui feraient disparaître la forme imposée à l'arbre et détermineraient une grande confusion. En supprimant une partie de l'étendue des rameaux à fruit, ces inconvénients ne se produisent pas.

Ainsi, le rameau à fruit A (*fig.* 687) étant coupé en B, les fleurs *a*, *b*, *c*, fructifient. La séve, refoulée par cette section vers le bouton à bois *d*, le fait se développer, seul ou avec plusieurs autres, et il en résulte, pour l'année suivante, de nouvelles productions constituées comme le montrent les fig. 688 et 690. A cette époque, le rameau à fruit B (*fig.* 688) de l'année précédente, est taillé en A, et le nouveau rameau à fruit A est taillé en B pour donner les mêmes résultats. Il en est de même du rameau de la fig. 690. On le coupe en A, afin de refouler la séve à la base pour y obtenir de nouvelles productions fruitières pour l'année suivante.

On applique d'ailleurs à ceux de ces rameaux qui seraient trop vigoureux, malgré le pincement, le cassement décrit pour le prunier. La greffe par approche herbacée, décrite page 109, s'applique très-bien aux rameaux à fruit de l'abricotier.

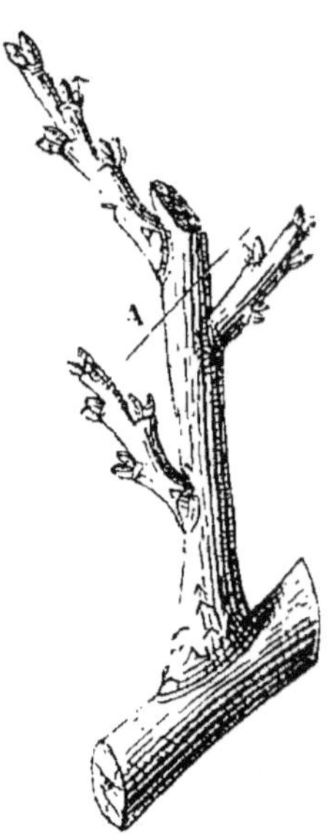

Fig. 690. *Autre rameau à fruit de l'abricotier un an après la première taille.*

CULTURE DE L'ABRICOTIER DANS LES VERGERS.

Dans les vergers, l'abricotier occupe la même place que le pêcher; mais sa culture est beaucoup plus fréquente et plus étendue, parce que c'est dans cet état qu'il donne ses meilleurs produits.

La forme la plus convenable est celle en vase. La tige qui supporte ce vase est laissée plus ou moins élevée, selon le degré de violence des vents froids auxquels les fleurs sont exposées au printemps.

Pour que les abricotiers des vergers vivent longtemps et donnent constamment d'abondants produits, il ne faut pas les abandonner à eux-mêmes, comme on le fait dans quelques contrées. Il est nécessaire de les tailler chaque hiver, comme ceux du jardin fruitier, sans quoi on les voit bientôt se couvrir de nombreux gourmands qui anéantissent les branches de la charpente, font disparaître la plupart des rameaux à fruit, et la tête de l'arbre présente, au bout de peu de temps, autant de branches sèches que de ramifications vivantes et productives. S'il était possible de pratiquer le pincement au moins deux fois pendant le cours de la végétation, on empêcherait le développement des gourmands, doublement pernicieux en ce que leur suppression donne lieu à la maladie de la gomme, presque toujours mortelle pour l'abricotier.

Restauration. — Les abricotiers les mieux traités, soit en espalier, soit en plein vent, finissent, au bout de 15 à 18 ans, par devenir languissants; les branches se dégarnissent de rameaux à fruit et se dessèchent. Quand ce moment est venu, il faut restaurer ou rajeunir ces arbres. Heureusement les gourmands qui se développent constamment vers la base de l'abricotier se prêtent merveilleusement à cette opération. Il suffit de couper les branches de la charpente vers leur base, et immédiatement au-dessus du point où se sera développé un rameau gourmand. Ces nouveaux rameaux serviront à former une nouvelle charpente, et la même opération pourra être répétée plusieurs fois de suite, à mesure que le besoin s'en fera sentir.

Les abricotiers cultivés à haut vent dans les vergers, et que l'on abandonne le plus souvent à eux-mêmes, se dégarnissent assez rapidement de rameaux à fruit, d'abord vers la base des branches principales, puis progressivement jusque vers le sommet de ces mêmes branches; d'où il résulte que ces arbres deviennent improductifs sur la plus grande partie de leur étendue. Il convient alors de les restaurer aussi. Il faut pour cela couper les branches principales vers la moitié de leur longueur totale. Pendant l'été suivant, ce qui reste de ces branches se couvre de nombreux bourgeons qui donnent lieu à une nouvelle charpente et à de nouveaux rameaux à fruit. Il suffit, pour compléter cette opération, de retrancher, lors de l'hiver suivant, les rameaux vigoureux placés dans l'intérieur de la tête de l'arbre et qui empêcheraient la lumière d'y pénétrer. Cette sorte de rapprochement des branches de la charpente doit être répétée chaque fois que ces branches sont dégarnies, c'est-à-dire tous les 8 ou 10 ans.

Maladies. — La maladie la plus redoutable pour l'abricotier est la gomme ; on la prévient ou on la guérit par les procédés indiqués plus haut, au chapitre du pêcher.

Récolte et conservation.— Les abricots sont récoltés avec les mêmes soins que les pêches. Ils ne peuvent être conservés frais, mais on les sèche comme les pruneaux, après en avoir extrait le noyau; ils peuvent se garder ainsi pendant tout l'hiver. Trempés la veille dans de l'eau-de-vie étendue d'eau, on les cuit avec du sucre, et l'on en fait d'excellentes compotes.

AMANDIER.

L'*amandier commun* (*amygdalus communis*, L.) (*fig.* 691) est originaire de l'Asie et du nord de l'Afrique. Les Romains ne connurent d'abord que l'amandier à fruit amer; ce ne fut que beaucoup plus tard qu'ils cultivèrent les variétés à fruit doux. Cet arbre s'est ensuite naturalisé dans tout le Midi de l'Europe, et notamment en Espagne, en Italie, en Sicile et dans le sud de la France.

Espèces et variétés. — On ne cultive, comme arbre fruitier, que l'amandier commun; mais cette espèce a produit un certain nombre de variétés qu'on partage en deux groupes principaux : les *amandiers à fruits doux* et ceux *à fruits amers*. Le choix à faire parmi les diverses variétés de ces deux groupes, présente une cer-

Fig. 691. *Amandier princesse.*

Fig. 692. *Fleur de l'amandier princesse.*

taine importance, attendu que leurs produits n'ont pas la même valeur, et que, dans les contrées où les gelées tardives sont à craindre, il importe d'adopter celle dont la floraison est la moins précoce. Nous donnons ici les meilleures variétés rangées par ordre successif de floraison.

1ᵉʳ groupe. — Fruits doux.

Amandier mi-fin ou *a la dame.* Coque mi-tendre, très-petite; c'est la variété préférée dans les parties chaudes du Midi.

Amandier fin ou *princesse.* Coques très-tendres; amandes de première qualité.

Amandier commun. Beaux arbres, dont les fruits se détachent facilement à la gaule.

Amandier Molière ou *race.* Amandes dures, d'une belle grosseur.

Amandier Matheron. Mêmes qualités.

Amandier à flots, ou *trochets.* Fruits réunis en forme de grappes sur les rameaux. Arbre très-fertile. Coque moins dure que celle des variétés précédentes. C'est la variété la plus cultivée aujourd'hui.

Amandier grosse verte. Recommandable par sa floraison tardive.

Amandier petite verte. Fleurit plus tard encore que la grosse verte. Ces deux variétés, dont le produit n'est pas de première qualité, ne sont cultivées que dans les lieux les plus exposés aux gelées tardives.

2ᵉ groupe. — Fruits amers.

Amandier amer. Fleurit en même temps que l'amandier à flots. On le plante de préférence dans les lieux exposés à la maraude.

Climat et sol. — L'amandier est essentiellement propre au climat du midi de l'Europe. En France, ses produits ne sont assurés que dans les parties les plus méridionales, dans la région des oliviers. On le voit, il est vrai, suivre la culture de la vigne jusqu'à sa dernière limite, vers le nord; mais plus il se rapproche de ce dernier point, moins ses récoltes sont abondantes; car, sa floraison ayant lieu dès la fin du mois de février, les gelées printanières empêchent, le plus souvent, sa fructification. L'amandier ne redoute pas moins une température élevée, non interrompue. Sa végétation devient alors continue, et il ne fructifie pas; on observe ce phénomène aux Antilles.

Dans les sols compactes, humides, l'amandier se développe assez vigoureusement, mais il y est fréquemment atteint par la maladie de la gomme, et il donne peu de fruits. Dans les terrains qui ne sont que siliceux, sa végétation reste languissante. C'est dans les sols silicéo-argilo-calcaires, mélangés ou non de galets et de pierrailles, que cet arbre trouve sa véritable place. Toutefois, comme ses racines tendent à s'enfoncer profondément, il est indispensable qu'elles ne soient pas arrêtées par une couche imperméable trop rapprochée de la surface.

Il convient de réserver à l'amandier les sols découverts, exposés aux vents; les points les plus froids semblent lui convenir particulièrement, sa floraison y est retardée, et il a moins à redouter l'action désastreuse des gelées tardives. C'est par la même raison qu'il faut éviter de le placer dans les lieux bas, où les vapeurs s'accumulent pendant la nuit et où les gelées blanches sont plus fréquentes.

Multiplication. — Les diverses variétés de l'amandier ne se multiplient que par la greffe. Quoiqu'on puisse le greffer sur prunier ou sur abricotier, on le greffe exclusivement sur lui-même, parce qu'il fournit des sujets plus rustiques et plus vigoureux.

Pour former une pépinière d'amandiers, on choisit des amandes amères, pour que les mulots ne les mangent pas; on les stratifie, puis on les sème au commencement d'avril. Les amandes sont placées à $0^m,10$ de profondeur et à $0^m,40$ les unes des autres sur les lignes; un espace de $0^m,80$ sépare celles-ci. Cet ensemencement est fait d'ailleurs avec les soins prescrits à l'article *Pépinières.*

Quelques cultivateurs du Midi sèment les amandes en pépinière dès la fin de décembre; mais, la germination n'étant pas alors commencée, comme pour celles qu'on stratifie jusqu'à la fin de mars, le pivot de la racine s'allonge beaucoup, il se ramifie à peine, et les arbres ont moins bon pied.

Les amandiers peuvent être greffés en pied ou en tête. Dans ce dernier cas, ils ne sont greffés qu'après leur plantation à demeure.

Ceux qui doivent être greffés en pied dans la pépinière peuvent l'être dès la fin de l'été qui suit leur ensemencement ; on leur applique la greffe en écusson à œil dormant ; l'écusson est placé à 0^m,10 au-dessus du sol. Au printemps suivant, on coupe la tige à 0^m,10 environ au-dessus du point où l'écusson a été posé, afin de déterminer son évolution. Les sujets dont l'écusson n'aurait pas repris sont également recepés, puis on pose un écusson à œil poussant au-dessous du point où le premier a été placé.

Pendant les années suivantes, on forme les tiges en leur donnant les soins prescrits pour les arbres fruitiers à haute tige, page 151 et suivantes. On obtient ainsi de jeunes arbres offrant une tige plus droite, plus vigoureuse, que celle formée avec le sujet, et surtout d'un développement plus prompt, puisque ces arbres peuvent être plantés à demeure dès l'âge de quatre ans.

Les mêmes soins sont appliqués aux sujets qui doivent être greffés après leur plantation à demeure ; mais leur tige reste presque toujours difforme, contournée, et n'acquiert assez de force pour être plantée à demeure qu'à l'âge de cinq ou six ans. Dans tous les cas, on doit prendre de préférence les écussons sur des arbres âgés, et sur des rameaux couverts de fruits ou de boutons à fleurs. Les écussons levés sur de jeunes arbres ou sur des rameaux gourmands donnent lieu à des sujets moins prompts à fructifier.

CULTURE DE L'AMANDIER DANS LES VERGERS.

L'amandier est presque exclusivement cultivé dans les vergers, soit en massif, soit en lignes isolées. Quelques propriétaires les plantent dans les vignes ; mais les dimensions qu'ils acquièrent et l'ombrage dont ils couvrent le sol ont fait renoncer à cette pratique.

Plantation à demeure. — Lorsque les jeunes amandiers greffés en pied dans la pépinière ou destinés à être greffés après leur plantation à demeure ont acquis un développement suffisant, on les transplante, et cela en décembre.

Si la plantation est faite en massif, on lui donne la forme d'un quinconce ; et l'on réserve entre les arbres 14 mètres pour les arbres en massif, et 10 mètres pour ceux qui sont plantés en lignes isolées. Si le terrain était peu profond, il conviendrait de doubler ces distances, afin que les racines puissent trouver latéralement l'espace qui leur manque en profondeur.

Soins d'entretien. — Vers la fin d'août, quand les amandiers qui ne doivent être greffés qu'après avoir été plantés à demeure sont bien repris, on les greffe. On choisit, au point où l'on veut former la tête de l'arbre, deux ou trois bourgeons opposés les uns aux autres, et placés de façon que les écussons donnent à la tête une forme régulière. Deux écussons sont placés à $0^m,15$ de la base de chacun de ces bourgeons, et en dehors, afin que les branches qui en naîtront tendent à s'éloigner du centre; au printemps suivant, ces rameaux sont coupés à $0^m,10$ environ au-dessus du point où l'on a placé les écussons. Toutes les autres ramifications qui ne portent pas d'écussons sont coupées tout près de la tige. Si, sur un ou plusieurs des rameaux écussonnés, aucun des écussons n'avait réussi, on les remplacerait immédiatement par deux nouveaux écussons à œil poussant. Pendant l'été, ces écussons se développent; on n'en conserve qu'un seul sur chaque branche, et l'on supprime le moins vigoureux.

Le mode de végétation de l'amandier ne diffère pas de celui du pêcher; si donc on l'abandonne à lui-même, les ramifications principales s'allongent outre mesure et se dégarnissent presque entièrement de rameaux à fruit. Il est donc nécessaire d'appliquer à cet arbre une taille annuelle ou au moins bisannuelle qui remédie à cet inconvénient. Cette taille consistera à supprimer complétement tous les rameaux gourmands inutiles, à raccourcir le prolongement des branches principales, et à enlever le bois sec et les rameaux languissants. C'est en novembre qu'on fait cet élagage.

On donne aux plantations d'amandiers deux labours par an; le premier en hiver et l'autre en été.

L'amandier se trouverait très-bien aussi de l'application des engrais, ainsi que le démontrent la vigueur et l'abondance des produits de ceux qui sont plantés dans les terres consacrées à la culture des plantes annuelles, et qui profitent de la fumure qu'on y répand.

Rajeunissement des amandiers. — Une production de fruits trop abondante, et répétée pendant plusieurs années de suite, l'épuisement du sol, ou seulement la vieillesse, déterminent souvent dans les amandiers un état languissant qui se manifeste par le peu de vigueur des bourgeons et la couleur jaune des feuilles sur les branches les plus élevées. On rend à ces arbres leur vigueur première en coupant, à la fin de l'automne, toutes les branches principales, vers la moitié de leur longueur, et en appliquant aux arbres une fumure abondante. L'année suivante, on éclaircit les bourgeons nombreux et vigoureux qui se développent, et l'on favorise la végétation de ceux qui doivent concourir à la formation d'une nouvelle charpente de l'arbre. Cette opération pourra être répétée plusieurs fois pendant la vie de l'amandier.

Culture de l'amandier dans le jardin fruitier. — Quoique cet arbre ne soit habituellement cultivé que dans les vergers, on pourra cependant l'introduire dans le jardin fruitier, mais dans une très-faible proportion, et seulement pour la production des amandes vertes. On ne cultivera dans ce but que l'*amandier fin* ou *princesse*.

Dans le Midi, cet arbre sera soumis à la forme en vase à branches verticales, ou mieux, placé en contre-espalier et soumis aux formes que nous avons conseillées pour le pêcher.

Dans le Nord et dans le Centre, on le placera en espalier, aux expositions indiquées pour le pêcher, et on le soumettra aux formes recommandées pour ce dernier. Le mode de fructification de l'amandier étant en tout semblable à celui du pêcher, ses rameaux à fruit seront soumis exactement aux mêmes opérations.

Maladies, insectes nuisibles. — La principale maladie qui attaque les amandiers est la gomme : on emploie, pour les en guérir, les moyens que nous avons indiqués pour les autres espèces d'arbres à fruits à noyau.

L'amandier est aussi exposé à être épuisé par le gui dont nous avons déjà parlé en traitant des pommiers à cidre. On extirpe ce parasite en creusant les branches à chacun des points où il s'est attaché.

Parmi les insectes qui vivent sur l'amandier et lui causent des dommages, nous signalerons surtout une espèce de lépidoptère, le *piéride de l'alizier* (*pieris cratægi*), dont la larve mange les feuilles naissantes et détermine la chute des fruits. On le détruit en enlevant, pendant le repos de la végétation, les flocons soyeux qui entourent les rameaux et qui abritent les jeunes chenilles jusqu'au printemps. Au moment de la pousse des feuilles, on abat, en secouant les branches, les chenilles qui ont échappé à cette destruction.

Récolte. — La maturité des amandes se reconnaît à l'ouverture spontanée des péricarpes. On les abat alors avec des cannes de Provence (*arundo donax*), qui font des gaules légères dont la percussion n'offense pas les rameaux. On les dépouille ensuite de leurs enveloppes, et l'on met celles-ci en réserve comme provision d'hiver pour les bestiaux. Si l'on veut conserver les amandes, il vaut mieux les laisser dans leur enveloppe.

Quant aux amandes vertes, on les récolte aussitôt que l'amande est complétement formée.

Le produit annuel des amandiers est assez variable. Toutefois, dans le midi de la France, on le porte en moyenne, pour un arbre arrivé au maximum de son développement, à 6 kilogrammes d'amandes privées de leur coquille. Le kilogramme se vend habituellement un franc.

JUJUBIER.

Le *jujubier commun* (*zizyphus vulgaris*, L.) (*fig.* 695) est originaire de l'Orient, et plus particulièrement de la Syrie, d'où il fut apporté à Rome, d'après Pline, par Sextus Papirius. Il est maintenant naturalisé en Italie, dans le midi de la France, en Espagne et sur les côtes d'Afrique.

Le fruit du jujubier, la *jujube* (*fig.* 695 et 696), s'offre sous la forme d'une grosse olive. Lors de la maturité, la pellicule extérieure est d'une belle couleur rouge ; la pulpe qui environne le noyau est d'un blanc jaunâtre, d'une saveur douce et vineuse. Récemment cueilli, ce fruit offre un aliment abondant. Mais c'est surtout à l'état sec et comme fruit pectoral qu'on en fait la plus grande consommation sous forme de pâtes, tablettes, sirops, etc.

On ne cultive en Europe que le jujubier commun, et l'on ne connaît encore aucune variété de cette espèce. Il parait toutefois qu'en Chine on a obtenu plusieurs variétés préférables à celle que nous cultivons.

Climat et sol. — Le jujubier résiste aux hivers du centre de la France, et il

Fig. 695. *Jujubier commun.*

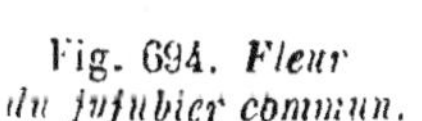
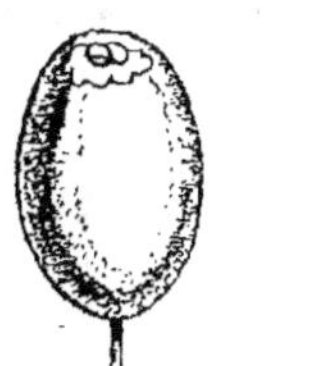

Fig. 694. **Fleur** du jujubier commun.   Fig. 695.   Fig. 696.
                                  Fruit du jujubier commun.

mûrit en Touraine ; mais, comme son abondante fructification exige l'action d'une très-vive lumière, sa culture reste confinée dans la Provence et dans le Languedoc.

Cet arbre peut vivre dans les terrains secs et arides, mais il n'atteint qu'une hauteur de 3 à 4 mètres; et ses produits sont peu importants. Au contraire, dans les sols légers ou de consistance moyenne, frais et arrosés, sans humidité permanente, et surtout bien exposés, il peut s'élever à la hauteur de 8 à 10 mètres, et donner d'abondantes récoltes.

Culture, multiplication. — Le jujubier peut être multiplié par semis, marcottes ou boutures; mais, comme les noyaux ne germent que la deuxième année, on a renoncé aux semis, et l'on emploie exclusivement les drageons qui poussent abondamment au pied de l'arbre, et dont il convient d'ailleurs de le débarrasser soigneusement chaque année.

Après avoir séparé les drageons, on les transplante en pépinière, ou on leur donne les soins indiqués à l'article *Pépinière*, pour leur faire développer une tige de 1^m,50 de hauteur environ et offrant une grosseur proportionnée. Après quoi, on les plante à demeure.

Plantation à demeure. — Le jujubier est planté à demeure dans les vergers agrestes. On réserve entre chaque pied un espace de 6 mètres environ. Comme le développement de cet arbre est très-lent, et que ses produits ne commencent à devenir importants qu'à l'âge de 20 ou 30 ans, le sol qui le nourrit resterait longtemps improductif si, pour diminuer cet inconvénient, on ne plantait dans les intervalles des pêchers et des pruniers dont le produit paye la rente du terrain jusqu'à ce que les jujubiers produisent eux-mêmes.

Quant aux soins d'entretien, ils consistent, comme pour les autres espèces, en des labours, application d'engrais, suppression du bois mort, etc. En hiver, les rameaux du jujubier sont couverts de boutons saillants, d'où sortent, au printemps, des bourgeons fructifères (*fig.* 695) qui, par exception, tombent chaque année, en automne, après la maturation.

Récolte. — Si l'on destine les jujubes à être mangées fraîches, on les cueille dès qu'elles commencent à rougir; mais on attend une maturité complète lorsqu'on veut les faire sécher, ce que l'on obtient en les exposant au soleil, sur des claies.

PISTACHIER.

Le *pistachier cultivé* (*pistacia vera*, L.) (*fig.* 697) fut, dit-on, apporté du Levant à Rome par Vitellius, gouverneur de la Syrie; il s'est, depuis, naturalisé dans tout le midi de l'Europe et particulièrement en Espagne, en Italie et dans nos provinces méridionales; mais c'est surtout la Sicile qui fournit aux besoins du commerce.

Le fruit du pistachier (*fig.* 700, 701 et 702) a la forme et le volume d'une olive; il en diffère cependant par sa surface rugueuse, convexe

d'un côté, concave de l'autre; la pulpe, peu épaisse, est de couleur cramoisi tendre; le noyau s'ouvre en deux valves, et renferme une amande
verdâtre recouverte d'une pellicule rouge. L'amande du pistachier sert
à farcir certaines viandes, à aromatiser les glaces, les crèmes, à former
des dragées, etc.

Climat et sol. — Bien que le pistachier soit un arbre propre aux

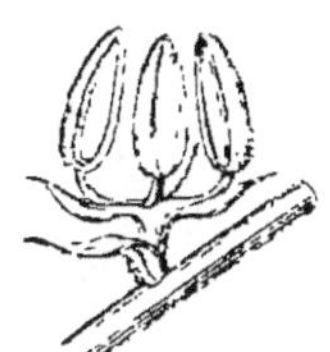

Fig. 698. *Fleurs mâles du pistachier
cultivé.*

Fig. 699. *Fleurs femelles du pistachier
cultivé.*

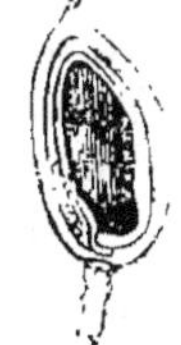

Fig. 697. *Pistachier cultivé.*

Fig. 700. *Coupes du fruit du
pistachier cultivé.*

contrées les plus méridionales de la France, on pourrait en obtenir des
produits avantageux dans les départements du Centre, si on le plantait
en espalier contre des murs placés à l'exposition la plus chaude, après
l'avoir greffé sur le lentisque ou le *térébinthe* (*pistacia lentiscus* et
pistacia terebinthus, L.), ce qui le rend moins sensible à la température de l'hiver. Dans le Midi, il s'accommode de toutes les expositions,
même de celle du nord, où, moins exposé à la sécheresse, ses fruits
deviennent plus beaux.

Le pistachier aime les sols légers et substantiels; mais il s'accommode encore très-bien des terrains arides les plus secs. Les collines
incultes du département du Var sont couvertes de lentisques inutiles
qu'il serait aisé de convertir, par la greffe, en pistachiers très–productifs.

Culture. Multiplication. — Le marcottage, la greffe et les semis peuvent être employés pour multiplier le pistachier. Le dernier mode doit être préféré dans le Midi. Les jeunes sujets sont repiqués dans la pépinière et plantés à demeure lorsqu'ils ont pris un développement suffisant.

Toutefois le pistachier est un arbre dioïque (*fig.* 698 et 699). De sorte que jusqu'à présent on ne savait pas si les individus que l'on obtiendrait au moyen des semis seraient mâles ou femelles. Il fallait pour cela attendre le moment de leur première floraison, c'est-à-dire lorsqu'ils seraient âgés de douze ou quinze ans. M. Mesnier, dont nous avons visité la belle plantation de pistachiers, à Saint-Louis, près de Marseille, a trouvé le moyen d'obtenir à coup sûr des individus mâles ou des individus femelles. Il suffit pour cela de choisir les fruits qui offrent les caractères suivants :

Les fruits qui présentent vers leur sommet deux sillons renflés et très-apparents (*fig.* 701) donnent toujours lieu à des individus mâles. Ils sont très-peu nombreux sur le même arbre, et sont toujours placés vers l'extrémité des grappes.

Les fruits dépourvus de cette sorte d'appendice (*fig.* 702) produisent toujours des individus femelles. M. Mesnier, qui tient compte de ce choix depuis plus de trente ans, a toujours obtenu le résultat que nous signalons.

Il suffira donc de semer à part les fruits offrant ces caractères différents, pour savoir à l'avance quel sera le sexe des arbres que l'on obtiendra. On pourra ainsi ne former la plantation que d'individus femelles, en y ajoutant seulement un individu mâle bien suffisant pour assurer la fécondité de tous les autres.

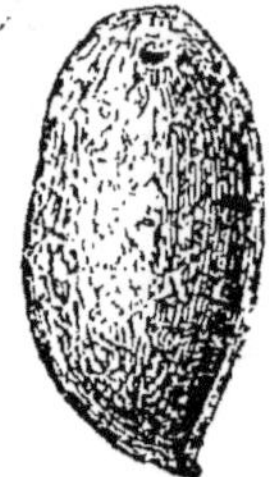

Fig. 701.
Pistache mâle.

Fig. 702.
Pistache femelle.

Si l'on veut faire usage de la greffe, il sera plus convenable d'employer comme sujet le *térébinthe* ou *pételin* des Provençaux, multiplié lui-même au moyen des graines dans la pépinière. Ces sujets sont greffés après leur plantation à demeure, et lorsque leur tige a un diamètre de 0^m,04 environ, alors on les coupe à 1 mètre de hauteur, puis on place des écussons à œil dormant sur les bourgeons qui se développent vers le sommet pendant l'été suivant. Le lentisque, sur lequel on greffe aussi le pistachier, donne lieu à des individus moins vigoureux et d'une moins longue durée que le térébinthe.

Quant au marcottage, on devra le pratiquer au moyen d'une incision, afin de faciliter le développement des racines. Mais les pistachiers que

NOMS DES VARIÉTÉS ET SYNONYMIE.	CARACTÈRES DISTINCTIFS.	OBSERVATIONS DIVERSES.
Chasselas de Fontainebleau (Seine-et-Marne).	Grains ronds, blancs, teintés de roux d'un côté, de grosseur moyenne.	C'est la variété qu'on devra le plus multiplier dans le jardin fruitier; elle mûrit à Paris du milieu à la fin de septembre.
Chasselas doré.		
— gros coulard.		
— Damas blanc.		
— de Montpellier.	Grains inégaux, gros, blancs, coulant souvent.	Mûrit fin d'août, sous le climat de Paris.
— Froc Laboulaie.		
— Précoce de Rouen.		
— de Bar-sur-Aube.		
— queen Victoria.	Grains très-gros, blancs, ronds.	
— rose (Pô).	Grains ronds, rosés, assez gros.	Mûrit fin d'août.
— Royal rosé.		
Muscat blanc précoce.		
Chasselas musqué.	Grains blancs, un peu allongés, assez gros.	Apporté de la Calabre par le roi René. Mûrit difficilement sous le climat de Paris. Tailler long.
Muscat orange.		
Tokai musqué.		
— d'Alexandrie noir (Hérault).	Grains noirs, ovales, assez gros.	Climat du Midi. Tailler long.
— de la mi août.	Grains assez gros, noirs, ronds.	
Muscat nain.		
— rouge (Loir-et-Cher).	Grains rouges, ronds, assez gros.	Tailler long; terre légère. Mûrit fin de septembre.
Spiran noir (Hérault).	Grains noirs, gros.	Climat du Midi.
Muscat rose.		
— blanc.	Grains blancs, gros.	Climat du Midi.
Spiran, aspirant, riverenc.	Grains blancs gros.	
Bourret blanc (Drôme).		
Frankenthal (Rhin).	Grains noirs, gros, ovales.	Mûrit fin de septembre.
Black Hambury.		
Tourdeau (Drôme).	Grains ovales, arrondis, violet noir.	Variété du Frankenthal, mûrissant quinze jours plus tôt.
Fintinda.	Grains moyens, blancs.	Mûrit en juillet, sous le climat de Paris.
Madeleine blanche.		
Madeleine précoce blanche.		
Madeleine noire.	Grains petits, allongés, noirs.	Mûrit à la fin de juillet.
Morillon hâtif, Madeleine de Bordeaux.		
Ischia.		
Madeleine précoce noire.		
Morillon noir.		
Malingre.	Grains ronds, blancs.	Obtenue par M. Malingre. Mûrit en juillet.
Gromier du Cantal.	Grains gros, ronds, roses.	Mûrit difficilement sous le climat de Paris.
Damas rouge.		Ces deux variétés sont surtout cultivées dans le Midi, où l'on fait sécher leurs grains. Taille longue. Mûrit au milieu de septembre.
Corinthe blanc (Zante).	Grains blancs, petits, ronds.	Mûrit au commencement d'août.
Passerille.		Climat du Midi. On fait sécher les grappes. Taille longue; terre substantielle.
Raisin de Saint-Roch.		
— violet (Zante).	Grains d'un jaune violacé, petits, ronds.	
Pause commune (Bouches-du-Rhône).	Grains très-gros, oblongs, blancs.	Climat du Midi. On fait sécher les grappes. Taille longue.
Passe.		
Pause Pandoulau.		
— musquée (Bouches-du-Rhône).	Grains très-gros, oblongs, pointus, blancs.	Climat du Midi. On fait sécher les grappes. Taille longue.
Muscat d'Alexandrie.		
Muscat de Rome.	Grains très-gros, ronds, blancs.	Mûrit difficilement sous le climat de Paris.
— d'Espagne.		
— jaune.		
Bicane.		
Chasselas Napoléon.	Grains gros, longs, jaunes	
Chasselas d'Alger.		
Raisin des dames.		

NOMS DES VARIÉTÉS ET SYNONYMIE.	CARACTÈRES DISTINCTIFS.	OBSERVATIONS DIVERSES.
Coulombaou. *Aubier.* *Colombal.*	Grains gros, ovoïdes, blancs.	Climat du Midi.
Boudalès précoce (Hautes-Pyrénées). *Bordelès, œillade, ulliade.*	Grains noirs, gros, oblongs.	Il ne mûrit que sous le climat du Midi, on le cultive sous le climat de Paris et dans le Nord pour ses grains employés comme condiment. On le place alors au couchant ou au nord. Taille longue.
De Maroc (Drôme). *Marocain, gros marocain, Ribier.*	Grains gros, ovoïdes, violets.	Climat du Midi.
Malvoisie de la Drôme.	Grains moyens, ronds, blancs.	Climat du Midi.
Barbaroux (Pô). *Grec.* *Barbarosa.*	Grains gros, ronds, roses.	Climat du Midi. Terrain sec.

l'on obtient ainsi vivent moins longtemps que les autres et sont plus exposés à la sécheresse.

Plantation à demeure et soins d'entretien. — Les pistachiers francs de pied, ou les sujets destinés à être greffés, sont plantés à demeure lorsqu'ils ont acquis assez de force, et on leur donne les soins prescrits pour les autres plantations. Le pistachier étant dioïque, il est indispensable qu'il se trouve quelques individus mâles au milieu des individus femelles. On obtient le même résultat en greffant quelques rameaux d'individus mâles sur les pieds femelles. Au temps de la floraison, les cultivateurs de la Sicile suspendent des rameaux fleuris de pistachier mâle sur les pieds femelles, et assurent ainsi la fécondité de ces derniers.

Le pistachier demande les mêmes soins que l'amandier quant aux façons et aux engrais à donner à la terre. Les irrigations lui ont toujours été pernicieuses. Lorsqu'ils deviennent languissants, on peut les rajeunir en coupant les branches principales à 0^m,20 de la tige. On replace de nouvelles greffes sur les individus qui en sont privés par cette opération. Il ne paraît pas susceptible d'être soumis à la taille, on abandonne donc son développement à lui-même.

Les pistaches ne doivent être récoltées qu'après leur maturité complète, c'est-à-dire au moment où leur peau ridée prend une teinte jaune plus foncée, et où leur grappe change aussi de couleur et se dessèche. Les pistaches, séparées des grappes, sont placées à l'ombre, sur des claies où on les retourne pour qu'elles se dessèchent. Lorsqu'elles sont assez privées d'humidité pour ne plus fermenter, on les conserve dans un lieu sec hors de la portée des souris.

TROISIÈME DIVISION. — FRUITS EN BAIE. — RAISINS DE TABLE.

Nous nous sommes déjà occupé de la culture de la vigne (*fig.* 705) en traitant des *arbres à fruits propres aux boissons fermentées.* Mais les raisins ne servent pas seulement à la fabrication du vin, on en consomme aussi une très-grande quantité comme fruits de table, soit frais, soit secs. La vigne, cultivée pour cet usage, exigeant des soins différents de ceux qu'elle réclame dans les vignobles, nous allons étudier sa culture sous ce point de vue spécial.

Variétés. — Les variétés de vignes cultivées pour la table diffèrent généralement de celles que l'on choisit pour les vignobles; leurs fruits ont une saveur plus douce, plus agréable. Nous donnons ci-contre la liste des meilleures variétés. Nous y avons noté celles qui ne peuvent mûrir leurs fruits que sous le ciel du Midi.

Climat et sol. — Nous avons remarqué, en traitant de la culture des vignobles, que la vigne ne mûrit plus convenablement ses fruits au delà du 50e degré de latitude; mais, comme les raisins de table sont presque toujours cultivés en treille, contre des murs bien exposés, et que l'on élève ainsi artificiellement la température moyenne de chaque localité, leur culture peut être entreprise avec succès sur toute l'étendue de notre territoire, pourvu toutefois que l'on choisisse des expositions d'autant plus chaudes et des variétés d'autant plus précoces, que l'on se rapproche davantage du Nord. C'est ainsi qu'au nord de Paris on ne pourra cultiver avec avantage que les variétés de *chasselas* et de *madeleine*. Comme ceux des vignobles, les raisins de table redoutent une atmosphère humide, surtout dans le Nord. Cette humidité favorise, il est vrai, la végétation vigoureuse des ceps, mais cela retarde la maturation des fruits et nuit à leur qualité.

Les sols de consistance moyenne, un peu graveleux, quelle que soit d'ailleurs leur composition élémentaire, pourvu qu'ils offrent un sous-sol perméable à l'eau, sont les plus convenables pour la vigne; ils devront cependant être d'autant plus légers, d'autant plus secs, d'autant plus faciles à s'échauffer, qu'ils s'éloigneront davantage du Midi.

Culture. — Le mode de culture varie suivant le climat. Nous allons examiner d'abord les procédés les plus convenables pour le centre et le nord de la France, puis ensuite ceux qu'on doit préférer pour le Midi.

Fig. 705. *Chasselas de Fontainebleau.*

CULTURE DE LA VIGNE EN TREILLE DANS LE CENTRE ET DANS LE NORD DE LA FRANCE, D'APRÈS LES NOUVEAUX PROCÉDÉS ADOPTÉS A THOMERY[1].

Dans le centre et à plus forte raison dans le nord de la France, le raisin de table, cultivé en plein air, n'acquiert souvent qu'une maturité imparfaite et qu'une qualité médiocre, faute d'une chaleur suffisante et assez prolongée pendant l'été. La vigne pousse vigoureusement, mais

[1] Les premières treilles établies à Thomery datent de 120 ans environ. Ce fut un cultivateur du nom de Charmeux, grand-père de celui dont nous parlons plus loin.

sa végétation se prolonge trop longtemps, et la maturation n'est pas complète lorsque viennent les premiers froids de l'automne; car c'est alors seulement que les vaisseaux séveux cessent d'alimenter les grappes, que le raisin commence à mûrir. Cette végétation prolongée fait aussi que les sarments ne sont qu'imparfaitement constitués ou aoûtés, et que la production de l'année suivante est moins abondante. Pour remédier à cette cause d'insuccès, on dispose la vigne sous forme de treille, contre des murs placés aux meilleures expositions, et l'on choisit des terrains légers ou de consistance moyenne qui s'égouttent et s'échauffent facilement; enfin, on applique à la vigne une série d'opérations qui ont pour résultat de la maintenir dans un état de vigueur moyenne, et surtout de rapprocher le terme de sa végétation annuelle.

Ce fut d'abord la treille du château de Fontainebleau qui, par l'ensemble de sa culture, remplit le mieux les diverses conditions que nous venons d'indiquer; et tous les auteurs qui ont écrit sur la culture de la vigne en espalier l'ont choisie pour modèle. Cette treille, longue de 1,384 mètres, fut créée il y a un siècle environ, et restaurée vers 1804 sous la direction de M. Lelieur. Mais, longtemps avant cette dernière époque, les habitants de Thomery, village situé à 8 kilomètres de là, se livraient à cette culture. Ils y trouvèrent tant d'avantage, que la plus grande partie du territoire de la commune finit par se couvrir de murs destinés à la vigne.

Cette culture comprend aujourd'hui plus de 120 hectares, et produit en moyenne un million de kilog. de raisin. Ce sont les excellents produits de ces treilles que l'on vend à Paris sous le nom de *chasselas de Fontainebleau*. Encouragés par leurs succès, ces intelligents cultivateurs n'ont cessé de perfectionner leurs procédés; et la plupart de leurs treilles sont aujourd'hui beaucoup mieux disposées et mieux entretenues que celles de Fontainebleau. Que l'on ne croie pas, toutefois, que le succès de cette culture à Thomery soit dû au sol, au climat ou à l'exposition de cette localité, qui seraient particulièrement propres à la vigne; ce serait une erreur : le sol, de nature argileuse, sur une grande partie de la commune, retient une dose d'humidité nuisible à la qualité du raisin. Le terrain est généralement incliné vers le nord-est; enfin le voisinage de la forêt qui entoure la commune d'un côté, et celui de la Seine qui la borne de l'autre, y entretiennent une atmosphère humide pernicieuse pour la vigne. C'est donc surtout à l'habileté de ces cultivateurs qu'il faut attribuer leurs heureux résultats. C'est le mode de culture qu'ils suivent que nous allons décrire et que nous conseillons pour le climat du Centre et du Nord [1].

qui construisit le premier mur, en laissant au milieu, ainsi qu'on lui en avait imposé la condition, une porte destinée au passage des chasses.

[1] Nous sommes heureux de pouvoir adresser ici tous nos remercîments à M. Bap-

Forme à donner aux treilles. — La forme la plus généralement adoptée jusqu'à ces derniers temps a été celle en *cordon horizontal simple* (fig. 704); elle permettait, mieux que toute autre, de répartir

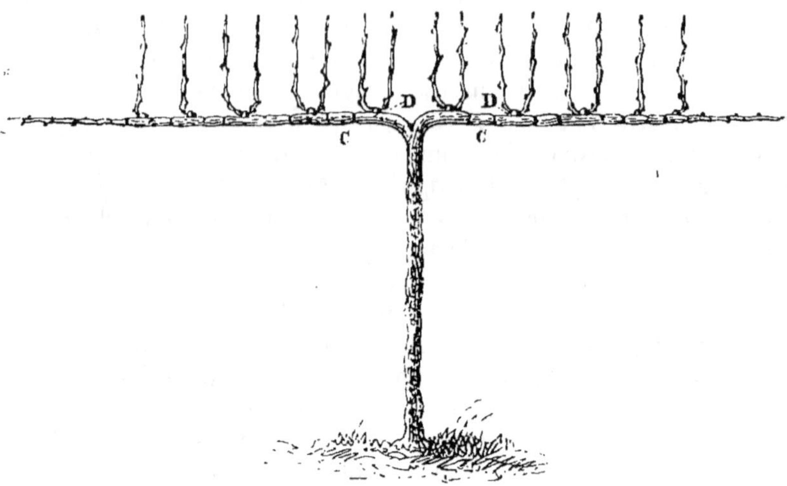

Fig. 704. *Vigne disposée en cordon horizontal simple.*

également l'action de la séve sur tous les points du cep, et d'occuper en même temps, sans perte d'espace, toute la surface du mur. Mais ces cordons devaient être soumis à certaines conditions :

1° Les deux bras ou cordons (C) doivent présenter exactement la même longueur, sous peine de voir le bras le plus long absorber la plus grande partie de la séve et anéantir bientôt le bras le plus court. En outre, les coursons (D) que portent ces cordons doivent naître seulement à la partie supérieure et être régulièrement espacés à $0^m,20$ environ les uns des autres.

2° La longueur totale des cordons développés par le même cep ne doit pas dépasser certaines limites; si on leur laisse acquérir une longueur totale de 10 à 15 mètres, comme on le fait souvent, la séve agissant surtout aux extrémités, les coursons placés sur ces points sont trop vigoureux, tandis que ceux qui sont plus rapprochés de la naissance des cordons deviennent languissants et finissent par se dessécher. Il vaut donc mieux multiplier les ceps contre le mur et concentrer l'action de la séve sur une moins grande étendue de cordons. Dans les sols légers

tiste-Rose Charmeux, propriétaire à Thomery et l'un des plus habiles cultivateurs de cette localité. C'est lui qui nous a initié aux détails de cette intéressante culture, et qui nous a permis d'indiquer à nos lecteurs les améliorations importantes qu'elle a reçues depuis une vingtaine d'années et qui, pour la plupart, étaient encore inédites.

et pour les variétés d'une vigueur moyenne, comme les chasselas, on donne une longueur moyenne de 1^m,35 à chacun des bras du même cep; cette longueur peut être portée à 1^m,70 au plus dans les sols très-fertiles. S'il s'agit de variétés très-vigoureuses, comme le frankenthal, on donne une longueur de 2^m à 2^m,50. La longueur adoptée à Thomery est généralement de 1^m,10.

3° Le même cep ne doit pas porter plusieurs cordons superposés; car, la sève des racines agissant principalement sur le cordon le plus élevé, ceux du dessous resteront languissants.

4° Dans un grand nombre de jardins, on voit encore les cordons de vigne fixés au sommet des murs contre lesquels on a palissé diverses espèces d'arbres fruitiers. Cette disposition est très-vicieuse. En effet, si, pour placer ce cordon dans les conditions les plus favorables à la maturation du raisin, on le met à 0^m,50 au-dessous du chaperon du mur, les feuilles de la vigne portent ombre sur le haut des arbres palissés au-dessous, et condamnent 0^m,30 ou 0^m,40 de leur sommet à une stérilité complète. De plus, elles privent ces arbres de l'influence des pluies et des rosées de l'été. Si, pour éviter ces inconvénients, on place ce cordon au-dessus du chaperon du mur, les grappes, n'étant plus abritées, n'arrivent que très-difficilement à maturité. Il convient donc d'abandonner cette disposition et de consacrer spécialement à la vigne une certaine étendue de murs, et de la lui faire couvrir entièrement. C'est ce que l'on a fait pour la treille de Fontainebleau et pour celles de Thomery, à l'aide des formes suivantes.

Cordon horizontal de Thomery (*fig.* 705). Chaque pied de vigne, pris isolément, présente exactement la disposition du *cordon horizontal simple* (*fig.* 704). Ce qui constitue le cordon horizontal de Thomery, c'est la position des cordons les uns par rapport aux autres. Le mur est couvert, du sommet à la base, de cordons superposés, de même longueur, également distants les uns des autres, et fournis par des ceps régulièrement espacés.

Pour établir cette treille, on détermine d'abord la distance à réserver entre chaque cordon. Comme cet espace doit être occupé par des bourgeons qui naissent à la partie supérieure des cordons, il doit être tel, que ces bourgeons puissent prendre assez de développement pour entretenir une vigueur suffisante dans la vigne, sans dépasser toutefois le cordon supérieur, car ils l'ombrageraient. L'expérience a démontré qu'un espace de 0^m,44 à 0^m,50 est suffisant dans la plupart des cas, et que les bourgeons peuvent être pincés à cette hauteur sans que la vigueur de la vigne en souffre. Pour les variétés très-vigoureuses, ou dans les sols très-fertiles, cette distance pourra être cependant augmentée de 0^m,10 à 0^m,15. M. Félix Malot a établi, à Montreuil, une treille dont les cordons, placés à 0^m,38 seulement les uns des autres,

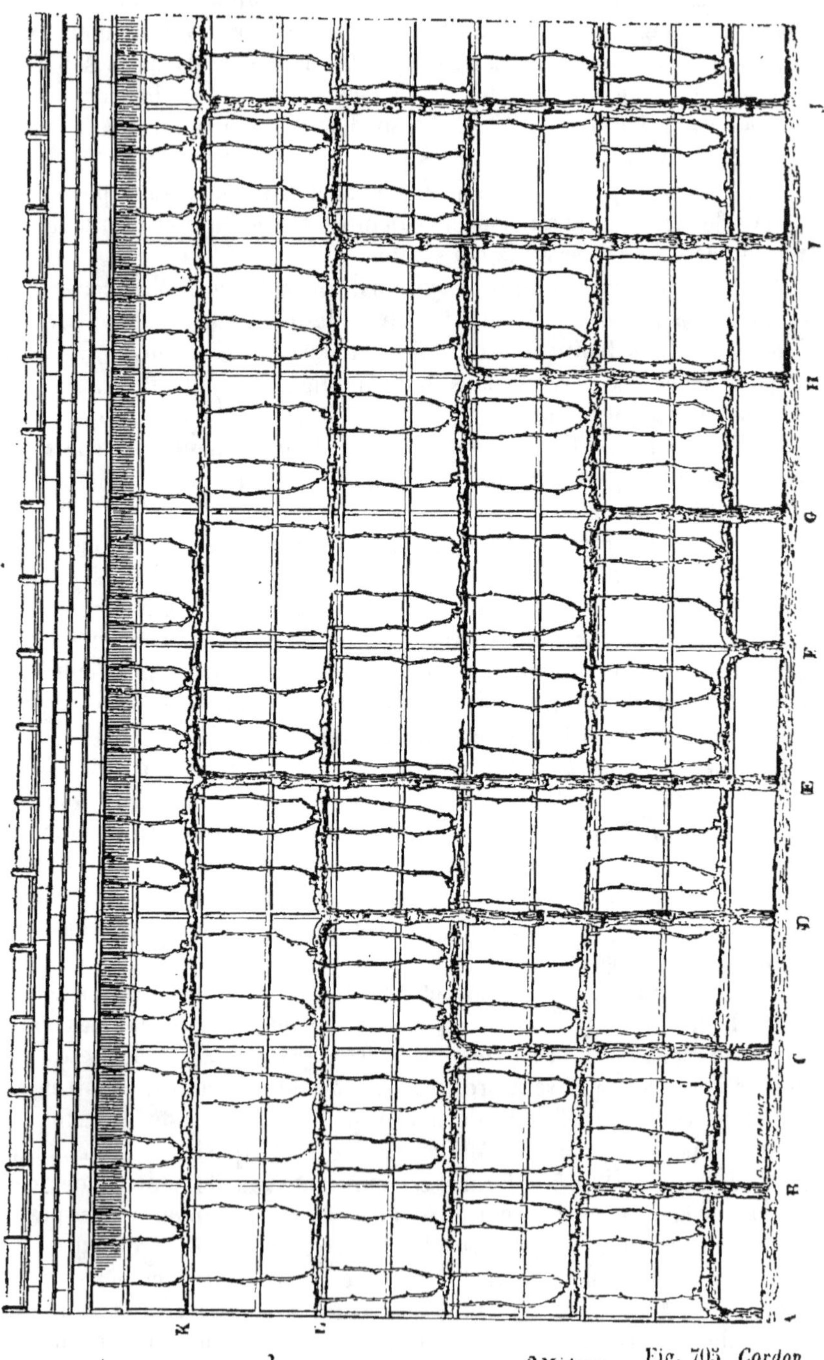

Fig. 705 *Cordon horizontal de Thomery.*

obligent à pincer les bourgeons dès qu'ils ont atteint cette longueur. La séve des racines étant concentrée sur un plus petit espace, il obtient des grappes généralement plus grosses; mais cela nuit à la vigueur et à la durée de la treille, et, l'accroissement des grappes étant plus prolongé, elles mûrissent moins bien. Les cultivateurs de Thomery préfèrent des grappes de grosseur moyenne, dont la maturité se fait d'une manière plus égale.

Il convient ensuite de mesurer la hauteur du mur, afin de se rendre compte du nombre de cordons superposés. Admettons que ce mur ait, comme presque tous ceux de Thomery, 2^m,60 sous chaperon; en divisant ce nombre par 0^m,44, on obtient 5 et une fraction de 0^m,40. Le premier cordon étant établi à 0^m,40 du sol, on pourra donc placer cinq cordons.

Quant à la distance à réserver entre chaque cep, elle est nécessairement déterminée, d'abord par la longueur qu'on voudra laisser prendre

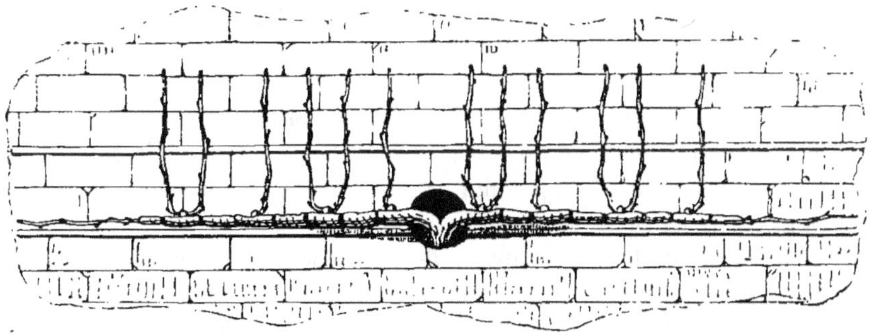

Fig. 706. *Cep de vigne planté derrière le mur.*

aux deux bras, puis par le nombre de cordons superposés. Supposons que ce nombre soit de cinq, et que la longueur totale des deux bras soit de 2^m,66, il suffira, pour connaître la distance cherchée, de diviser cette longueur totale par le nombre de cordons superposés. On obtiendra 0^m,53; c'est celle que nous avons adoptée pour notre figure. A Thomery, où les cordons n'ont généralement qu'une longueur de 2^m,20, les ceps sont placés à 0^m,44 les uns des autres.

Il pourra se faire que le mur destiné à recevoir la treille ait moins de 2^m,60 d'élévation, et que l'on dût réduire de cinq à trois le nombre des cordons; la distance entre chaque cep serait alors de 0^m,88. Mais cet espacement considérable exposerait la treille à prendre un degré de vigueur préjudiciable à la maturation du raisin; il serait alors préférable de diminuer la longueur des cordons, de 2^m,66 à 1^m,58; ce qui ramènerait la distance entre les ceps à 0^m,52.

Il pourrait arriver aussi que le mur offrît plus de 2^m,60 d'élévation, et que de la nécessité d'augmenter le nombre des cordons il résultât celle de placer les ceps à moins de $0^m,55$ les uns des autres; à $0^m,26$, par exemple, si le mur peut recevoir dix cordons. Or cette distance est insuffisante pour que les racines puisent dans la terre la nourriture qu'exige l'entretien du cep pourvu de $2^m,66$ de cordons. Pour prévenir cet inconvénient, on augmentera un peu la longueur des cordons; on la portera, pour une treille de dix cordons, de $2^m,66$ à 4 mètres, et les ceps resteront encore espacés à $0^m,40$ les uns des autres. Toutefois, comme cet allongement des cordons influera défavorablement sur la vigueur des coursons et sur la qualité des produits, nous conseillons plutôt d'employer le procédé que voici.

Il consiste à ne planter, du côté du mur qui doit recevoir la treille, que le nombre de ceps suffisant pour former cinq cordons au plus. Quant aux cinq autres cordons, si la hauteur du mur en exige dix, on les établira au moyen de ceps plantés du côté opposé, et que l'on fera sortir en avant en pratiquant des trous dans le mur, à chacun des points où ils doivent fournir un cordon (A, *fig. 706*). Lorsque ces ceps auront ainsi traversé le mur, on fermera les ouvertures avec de l'argile, afin d'éviter des courants d'air nuisibles.

Ce sont, de préférence, les cordons inférieurs de la treille que les cultivateurs de Thomery forment à l'aide de ce procédé. Ils ont remarqué, en effet, que les ceps plantés du côté opposé du mur présentent toujours une végétation plus vigoureuse que les autres, et cela, sans doute, parce que le sol est moins desséché par la chaleur et que la plus grande partie de leur tige échappe à l'action des rayons solaires. Si donc ces ceps formaient les cordons supérieurs, l'ampleur et la masse de leurs feuilles nuiraient aux cordons inférieurs. En les plaçant, au contraire, au bas de la treille, leur trop grande vigueur est diminuée par l'ombrage des cordons supérieurs, et leurs grappes, plus rapprochées du sol, sont soumises à une température plus élevée qui active leur maturation.

On pourra également recourir à cet ingénieux moyen pour les treilles composées de cinq cordons seulement, mais plantées dans un sol tellement sec et brûlant, que la distance de $0^m,55$ entre les ceps serait insuffisante pour permettre aux racines d'y puiser la nourriture dont elles ont besoin. On arriverait ainsi à augmenter cette distance sans allonger davantage les cordons.

Quand on est bien fixé sur la position à donner aux cordons, on en trace la disposition sur le mur. On commence d'abord par indiquer au pied du mur, de A en J (*fig. 705*), le point où devra naître chaque tige, et l'on y élève une verticale. Au point A, cette verticale s'arrête à la hauteur du premier cordon, à $0^m,40$ du sol; au point B, à $0^m,84$; au point C, à $1^m,28$, et, jusqu'au point E, où la ligne du dernier cordon s'arrête, à 2^m,16 du sol. Arrivé là, on recommence une autre série de lignes pareilles aux premières, et ainsi de suite jusqu'à l'extrémité du mur; il ne reste plus alors qu'à tracer, au sommet de chaque verti-cale, le trajet que doivent suivre les cordons, à droite et à gauche, et à indiquer le point où chacun d'eux doit s'arrêter, c'est-à-dire à 1^m,55 de chaque côté de la tige. Après quoi on plante la vigne avec les soins que nous indiquerons plus loin.

Cordon horizontal Charmeux (*fig.* 707). — La disposition que nous venons de décrire (*fig.* 705) est celle que l'on a d'abord générale-ment adoptée pour les vignes de Thomery; c'est encore celle qui est presque exclusivement employée pour la treille de Fontainebleau. Mais les cultivateurs de Thomery remarquèrent bientôt que cette disposition présente un inconvénient assez grave. Pendant la formation des cordons, tout un bras de chaque cep est ombragé par le cordon supérieur, tandis que la plus grande partie du bras opposé échappe à cette influence fâcheuse. Il en résulte alors une vigueur inégale entre ces deux bras, et il devient nécessaire d'employer certains procédés, souvent infructueux, pour maintenir l'équilibre de la végétation entre ces deux parties du cep. En 1828, M. Charmeux père, pour prévenir cette difficulté, ima-gina une autre sorte de cordon horizontal, que les cultivateurs de Thomery ont presque tous adopté pour les treilles qu'ils ont créées de-puis cette époque. En voici la description (*fig.* 707).

La distance entre les cordons superposés, la longueur de ceux-ci, l'espace réservé entre les ceps, sont les mêmes que pour le *cordon ho-rizontal de Thomery* (*fig.* 705); le *cordon Charmeux* n'en diffère que par l'ordre dans lequel les ceps donnent successivement lieu aux cordons de la treille. Ainsi, dans le cordon de Thomery, le premier cep A (*fig.* 705) produit le premier cordon inférieur, le deuxième cep B donne le second cordon, et ainsi de suite, jusqu'au cordon supérieur, de telle façon que l'ensemble des tiges forme d'une extrémité du mur à l'autre une succession de gradins distincts. Dans le *cordon Charmeux* (*fig.* 707), au contraire, le premier cep A fournit le premier cordon, le second B le quatrième, le troisième C le second, le quatrième D le cinquième, le cinquième E le troisième, pour recommencer ensuite par le premier cordon et continuer de même jusqu'à l'extrémité de la treille.

Le tracé de cette treille sur le mur se fait aussi facilement que pour la forme précédente.

Quant au but de cette nouvelle disposition, il est complétement at-teint : non-seulement les cordons ne s'ombragent pas irrégulièrement pendant les premières années de leur formation, mais ils échappent complétement à cette influence jusqu'à l'âge de cinq ans environ ; et, si cet ombrage commence alors à les atteindre, il est égal pour chaque

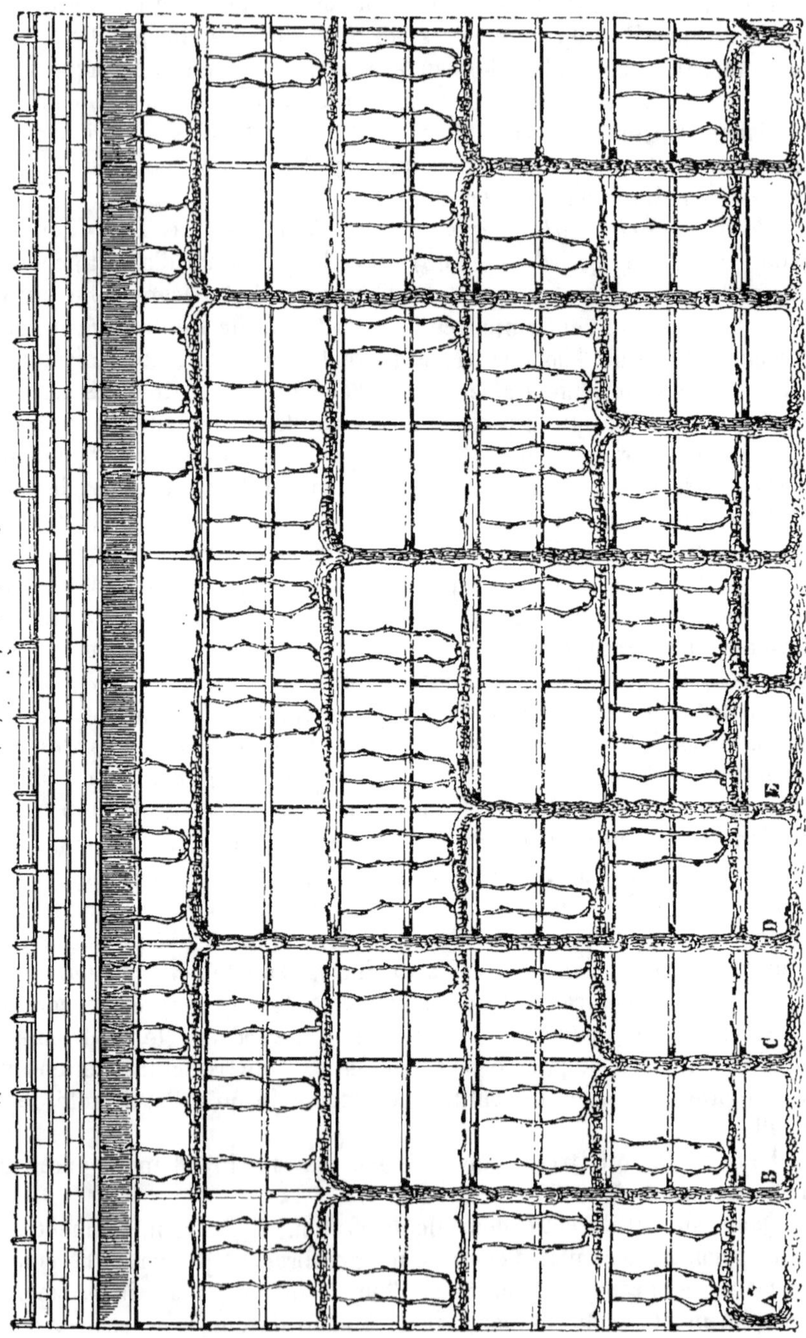

Fig. 707. *Cordon horizontal Charmeux.*

bras, et porte d'abord sur les extrémités de chaque cordon, de manière à modérer leur vigueur au profit des coursons les plus rapprochés de la tige.

Cordon vertical. — Cette disposition, à laquelle on a donné aussi, assez improprement, le nom de *palmette*, a été appliquée à une petite étendue de la treille de Fontainebleau, il y a 40 ans environ, et à quelques treilles de Thomery, 10 ans plus tard. Voici en quoi elle consiste : les ceps, plantés de mètre en mètre, développent une seule tige qui s'élève verticalement jusqu'au sommet du mur. Cette tige offre de chaque côté une série de coursons disposés irrégulièrement; les bourgeons qu'ils développent annuellement sont palissés obliquement dans l'intervalle qui sépare chaque tige.

Cette sorte de cordon est susceptible de plusieurs améliorations. Il est évident, par exemple, que la distance de 1 mètre qui sépare chaque cep est trop considérable, puisque les bourgeons sont palissés obliquement et non perpendiculairement à la tige qui les porte, comme dans les treilles précédentes. D'un autre côté, l'irrégularité avec laquelle les coursons sont distribués sur la tige offre l'inconvénient de répartir inégalement la séve et de déterminer souvent sur certains points, soit de la confusion, soit des vides, résultant de l'anéantissement des coursons moins favorablement situés.

Cordon vertical à coursons alternes (fig. 708). — M. Rose Charmeux a perfectionné ainsi cette nouvelle disposition. Il plante les ceps à 0^m,70 les uns des autres; puis il distribue régulièrement les coursons, de chaque côté de la tige, en les faisant naître alternativement tous les 0^m,25, de façon qu'ils soient distants de 0^m,50 les uns des autres sur le même côté de la tige. Nous verrons plus loin, en nous occupant de la taille, comment on peut obtenir à cet égard une régularité parfaite.

La treille, ainsi établie, offre les avantages suivants : dans les terrains secs et brûlants, les tiges et les cordons des formes précédentes souffrent beaucoup de l'ardeur du soleil, dont ils sont très-imparfaitement abrités par les feuilles. Dans celle-ci, au contraire, les tiges sont complétement couvertes. On pourra donc employer utilement ces cordons verticaux dans ces sortes de terrains. D'un autre côté, ces cordons sont on ne peut plus propres à couvrir les surfaces les plus étroites, puisqu'il suffit d'une largeur de 0^m,70 pour les établir.

Mais ce cordon vertical ne peut être appliqué convenablement contre un mur un peu élevé; car, la séve agissant surtout au sommet des tiges, les coursons situés vers la base deviendront faibles et languissants. C'est ce que nous avons remarqué à Fontainebleau, où le mur qui supporte ces cordons présente 3^m,30 d'élévation. Nous pensons qu'on ne devra pas laisser dépasser à la tige une hauteur de 2 mètres; si le mur est plus élevé, on apporte la modification suivante, due également à M. Rose Charmeux. Pour un mur de 5ᵐ,33 d'élévation (*fig.* 709), on plante les ceps tous les 0ᵐ,55 seulement; puis on laisse monter alternativement la tige de chacun d'eux à 1ᵐ,66 et à 5ᵐ,33; mais ces dernières ne commencent à porter des coursons qu'immédiatement au-dessus du point où s'arrêtent les premières, c'est-à-dire à 1ᵐ,66. De cette manière le mur est complétement couvert, et l'on n'a pas à redouter l'anéantissement des coursons inférieurs.

La treille en cordon vertical que nous venons de décrire est plus

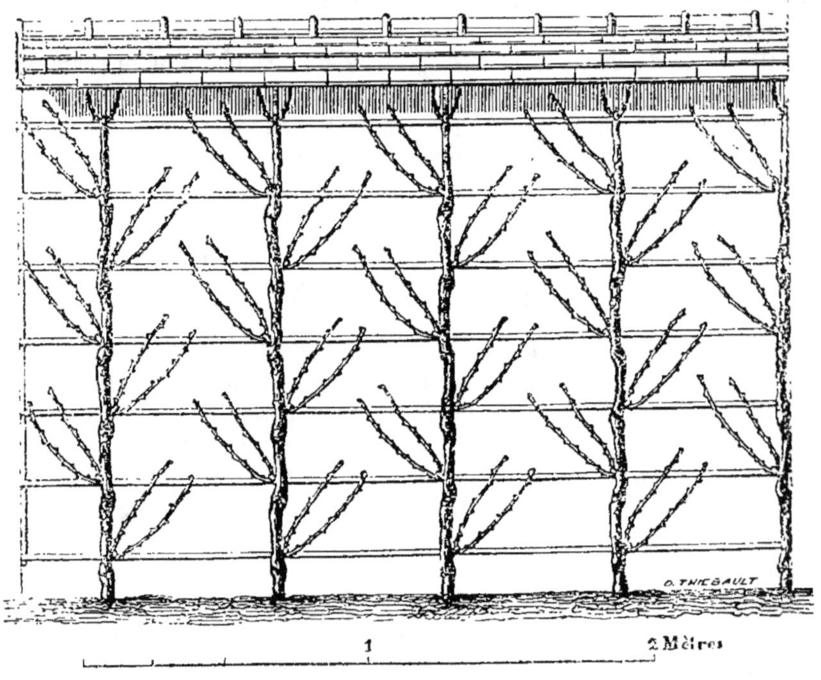

Fig. 708. *Cordon vertical à coursons alternes.*

simple, plus facile à former, que les treilles en cordons horizontaux; mais l'expérience a démontré que son produit est moins abondant; elle offre à surface égale un moins grand nombre de coursons.

M. Rose Charmeux, frappé des avantages qu'offre la simplicité de cette disposition, a essayé de la rendre aussi productive que les cordons horizontaux. Il a complétement résolu ce problème en 1852 au moyen de la modification suivante, qui donne, pour la même surface de murs, un plus grand nombre de coursons et par conséquent de

grappes. Comme cette nouvelle disposition est d'ailleurs plus simple,
plus facile à obtenir que toutes les précédentes, et qu'elle s'accommode

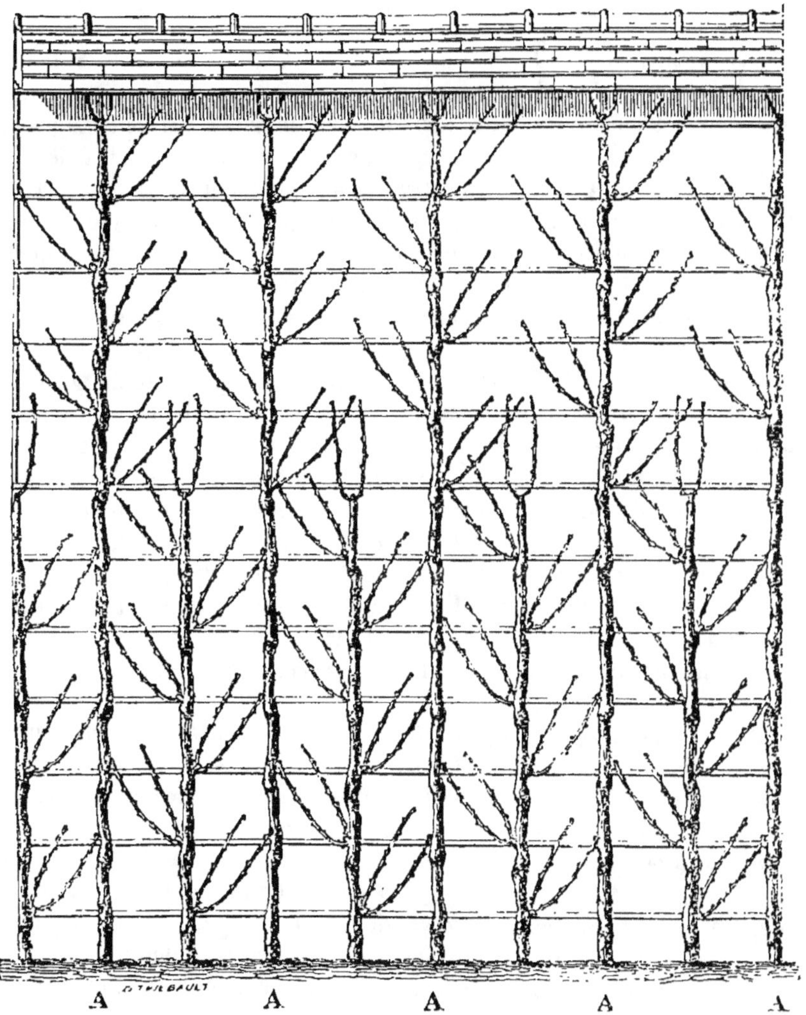

Fig. 709. *Cordon vertical Charmeux.*

des murs de toutes les hauteurs, nous la conseillons à l'exclusion des
autres, et nous allons la choisir pour étudier en détail le mode de taille
et de culture qui convient à la vigne en treille

CULTURE DE LA VIGNE EN TREILLE SOUMISE A LA FORME EN CORDON VERTICAL A COURSONS OPPOSÉS.

Dans cette nouvelle disposition (*fig.* 710-711) les ceps sortent de terre, au pied du mur, tous les 0^m,55. Le mur, quelle que soit sa hauteur, est divisé en deux parties égales dans le sens de son élévation. Le premier cep s'arrête à la moitié de la hauteur du mur, le second s'élève jusqu'au sommet, et ainsi de suite alternativement jusqu'à l'autre extrémité. On voit en outre que les petits ceps portent des coursons opposés depuis 0^m,30 environ au-dessus du sol jusqu'à leur sommet, et que les grands ceps ne commencent à donner leurs coursons qu'à partir de la seconde moitié du mur. Ces paires de coursons sont placées à 0^m,25 les unes des autres.

Cette disposition offre tous les avantages que présente la forme indiquée par la figure 709, c'est-à-dire que, par suite du peu de longueur de tige garnie de coursons, ceux-ci se maintiennent également vigoureux. D'un autre côté, cette nouvelle forme donne plus de coursons, pour la même surface que n'en offre la figure 709, et même que les cordons horizontaux. Si toutefois le mur n'avait que 1 mètre de hauteur, on pourrait faire monter régulièrement tous les ceps jusqu'au sommet. Mais alors on les placerait à 0^m,70 d'intervalle, et ils seraient garnis de coursons depuis 0^m,30 du sol jusqu'au sommet.

Examinons maintenant les soins que réclame l'établissement de cette sorte de treille.

Des murs convenables pour la treille. — *Élévation*. Les ceps en cordons verticaux s'accommodent des murs de toutes les hauteurs; on pourra donc s'en tenir à cet égard aux indications que nous avons données pour les espaliers en général (p. 546). A Thomery, les jardins sont subdivisés par des murs de refend parallèles entre eux, et distants les uns des autres de 12 à 14 mètres. On pourrait les rapprocher davantage; mais le terrain qui les sépare serait trop ombragé, et l'on ne pourrait plus l'utiliser. Ces murs de refend n'ont qu'une hauteur de 2^m,16, et ils ne sont construits que plusieurs années après ceux de clôture, c'est-à-dire au moment où les jeunes ceps qui doivent s'y appuyer y ont été amenés par plusieurs couchages successifs. On économise ainsi l'intérêt du capital employé à ces constructions.

Quelques cultivateurs de Thomery ont aussi construit des sortes de contre-espaliers en maçonnerie de 1^m,16 de hauteur et de 0^m,16 à 0^m,20 d'épaisseur. Ils ne placent qu'un seul de ces petits murs, à 2^m,50 en avant des grands murs de clôture les mieux exposés. Ils arrivent ainsi à tirer tout le parti possible des meilleures expositions.

Cette subdivision des enclos permet d'en obtenir un produit plus élevé;

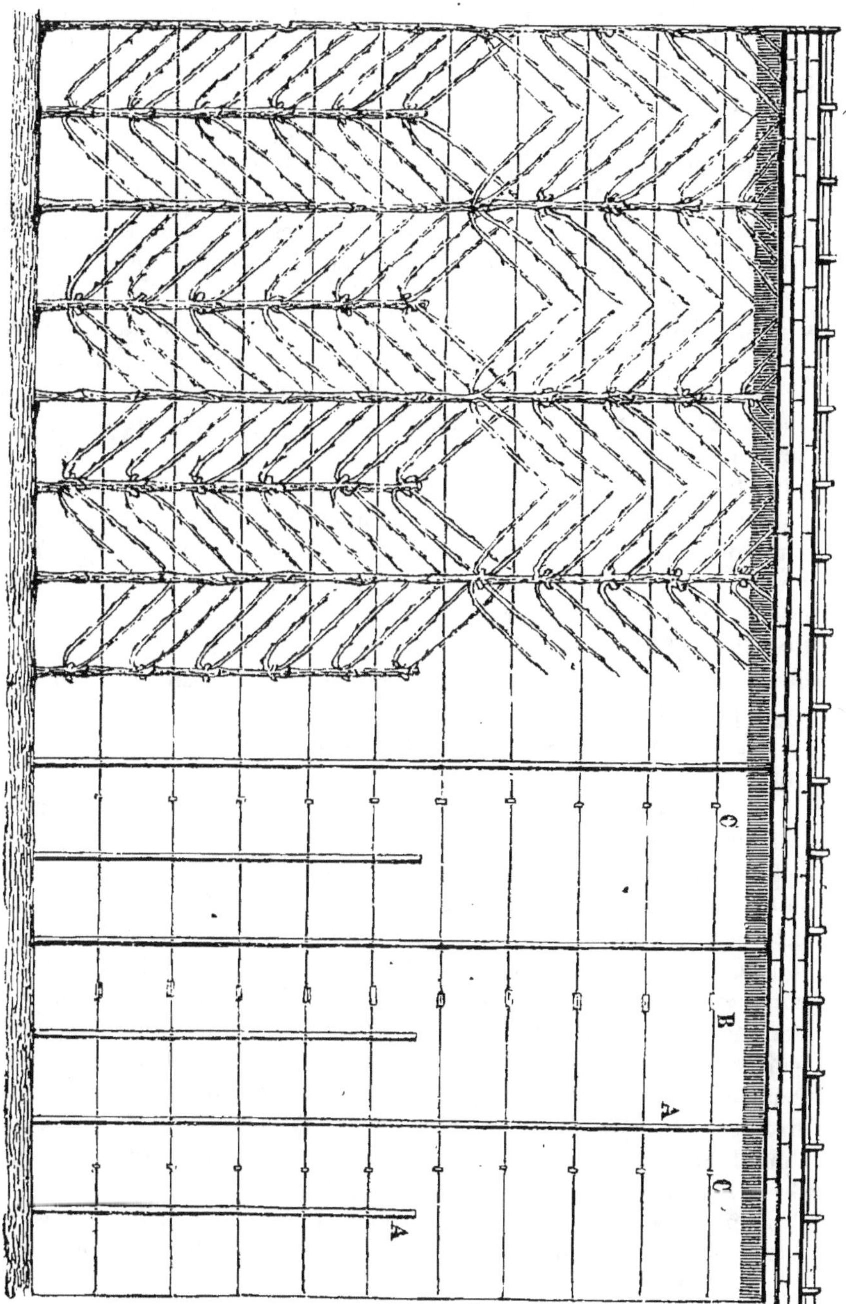

Fig. 10-711. *Vigne en cordon vertical à coursons opposés.*

mais elle offre encore cet avantage, de diminuer les courants d'air, de concentrer la chaleur par le rayonnement, et de hâter ainsi la maturation du raisin.

C'est à tort que l'on a quelquefois voulu utiliser pour les treilles les murs qui soutiennent les terrasses. L'humidité surabondante des terres s'écoule au pied de ce mur, et nuit à la treille.

Chaperons. — Nous avons fait remarquer, page 547, que, pour presque toutes les espèces d'arbres fruitiers, les chaperons très-saillants présentent plus d'inconvénients que d'avantages; mais il en est autrement pour la vigne. En effet, d'un côté, ces chaperons tiennent lieu de ces auvents mobiles que nous avons conseillé de placer au-dessus des arbres en espalier pour les préserver des intempéries du printemps; et, de l'autre, ils éloignent de la vigne l'humidité des pluies et des rosées, humidité qui a pour résultat d'activer sa végétation, de prolonger son développement, et de nuire ainsi à la maturation du raisin. Enfin, ces auvents, préservant les grappes des premiers froids de l'automne, permettent d'en retarder la récolte et facilitent leur conservation. Tous les murs de Thomery sont ainsi couverts de chaperons en tuile (*fig.* 714). Leur saillie est d'autant plus grande, que les murs sont plus élevés; elle est de $0^m,35$ pour les murs de 4 mètres, de $0^m,30$ pour ceux de 5 mètres, de $0^m,25$ pour ceux de $2^m,60$, de $0^m,20$ pour ceux de $2^m,16$, et de $0^m,14$ pour les petits murs de contre-espalier. Dans ce dernier cas ils ne présentent qu'une seule pente.

Les murs ainsi construits sont blanchis à la chaux. C'est la couleur qui, à Thomery, a donné les résultats les plus satisfaisants.

Treillages. — Lorsque le mode de construction du mur le permet, on peut faire usage du palissage à la loque, et l'on est alors dispensé de la construction d'un treillage. Mais la grande quantité de plâtre qu'exige la construction des murs propres à recevoir ce mode de palissage rend cette pratique trop dispendieuse pour qu'elle devienne profitable au delà d'un certain rayon de Paris. Il faut alors recourir aux treillages, et voici comment ils devront être construits pour la forme de treille dont nous nous occupons (*fig.* 710-711). Une série de fils de fer galvanisés n° 14 sont solidement tendus contre le mur tous les $0^m,25$, en employant pour cela les procédés décrits page 646, figure 562: sur ces fils de fer, on fixe des lattes (A) placées tous les $0^m,35$. Ces lattes, qui servent à conduire la tige de chaque cep, s'élèvent alternativement jusqu'à la moitié de la hauteur du mur et jusqu'à son sommet.

Exposition des murs. — La vigne en treille demande l'exposition à la fois la plus sèche et la plus chaude possible. Dans le nord et le centre de la France, c'est l'exposition du sud-est qui remplit le mieux cette double condition. Celle du midi est plus chaude sans doute, mais les treilles y reçoivent aussi trop directement l'influence des vents humides ou des pluies du sud-ouest. Les cultivateurs de Thomery utilisent le côté de leurs murs exposé à l'ouest et au sud-ouest; mais ils n'y récoltent que des raisins de seconde ou de troisième qualité.

Multiplication de la vigne. — Nous renvoyons à ce que nous avons dit à l'article *Vignobles* relativement aux divers procédés de multiplication de la vigne. Quant au choix à faire entre les différents modes pour la formation d'une treille, nous ferons les observations suivantes.

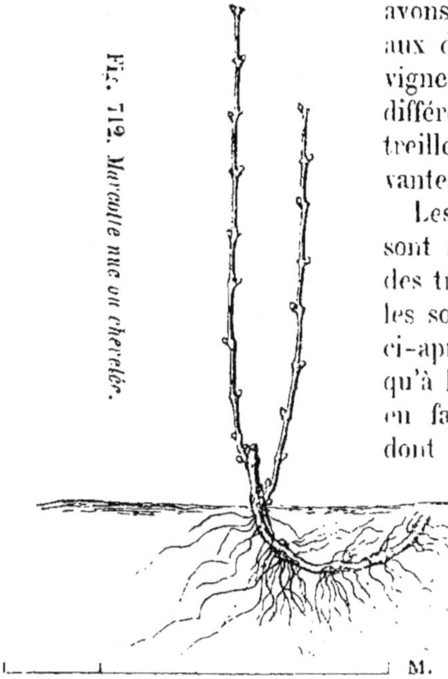

Les *boutures par crossettes* (page 143) sont souvent employées pour la formation des treilles. On les plante à demeure avec les soins que nous indiquons dans l'article ci-après. Elles ne commencent à fructifier qu'à la quatrième année. Aussi ne doit-on en faire usage qu'à défaut des marcottes, dont les premiers fruits se font attendre moins longtemps.

Les *marcottes* ou *chevelées*, comme on les appelle à Thomery, devront être généralement préférées, parce que, lorsqu'elles sont déplantées avec soin et que leurs racines ne sont pas desséchées par leur exposition à l'air, leur végétation est plus vigoureuse dès les premières années, et qu'on gagne ainsi du temps. On fait usage de deux sortes de marcottes, les *marcottes nues* et les *marcottes en panier*.

Les marcottes nues (*fig.* 712) sont débarrassées de toute la terre qui les entoure pour être plantées à demeure. Elles commencent à fructifier au bout de trois ans, lorsqu'elles sont plantées avec soin.

Les marcottes en panier (*fig.* 713) sont préparées de la manière suivante : on fait faire, au printemps, des paniers en osier D, de forme ovale, de 0^m,30 de longueur sur 0^m,25 de largeur, et 0^m,25 de hauteur. Ces paniers doivent être en osier vert, afin qu'ils se conservent intacts pendant une année. Le moment du marcottage étant arrivé et les sarments à opérer ayant été choisis à l'avance, on pratique au fond des paniers une ouverture au point A, par laquelle on fait pénétrer le sarment; on place chaque panier à la profondeur de 0^m,15 dans le sol, puis on les remplit avec une terre de bonne qualité à laquelle on a ajouté moitié de terreau. On coupe ensuite le sommet du sarment de

Fig. 712. Marcotte nue ou chevelée.

M.

manière à ne lui laisser que deux boutons ou *bourres* hors de terre ; on
maintient le tout à l'aide d'un tuteur. On termine l'opération en supprimant tous les boutons placés sur la partie du sarment située entre le
pied mère et le panier. Cette suppression est nécessaire pour empêcher
ces boutons d'absorber, en se développant, la séve du pied mère aux
dépens de la marcotte. Pendant l'été, les deux boutons
réservés sur la marcotte se développent vigoureusement et donnent lieu à d'abondantes racines ; de sorte
qu'à la fin de l'année chaque marcotte est en état
d'être sevrée. On enlève alors le tout ; et la marcotte,
plantée avec le panier, souffre à peine du sevrage. C'est
là, incontestablement, le meilleur mode de multiplication ; aussi est-ce celui que l'on préfère à Thomery.
Malheureusement la dépense de transport des marcottes
en panier à une certaine distance oblige souvent à se
contenter des marcottes nues ou chevelées.

Greffe. — Quant à la greffe, c'est un mode de multiplication employé exceptionnellement pour les treilles, dans des circonstances analogues à celles qui rendent cette opération nécessaire dans le vignoble. Nous
avons indiqué la greffe en fente bouture (page 117, *fig.*
75) comme l'une des meilleures pour la vigne. Si l'on
peut disposer d'une chevelée apparte-
nant à la variété à multiplier, on la
préférera comme greffe à une crossette. On la plantera alors près du cep
à greffer, puis on opérera comme pour
la greffe-bouture. Il en résultera cet
avantage de pouvoir obtenir du fruit
pendant l'été suivant.

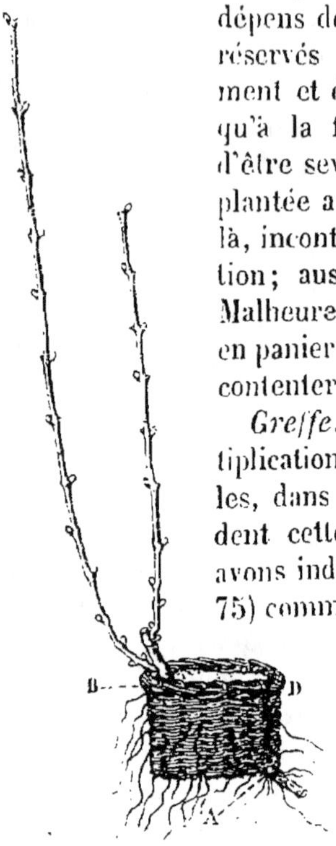

Fig. 715. *Marcotte en panier.*

Un soin essentiel, et qui s'applique
également à ces divers modes de multiplication, c'est de choisir convenablement le sarment qui doit fournir la crossette, la marcotte ou la
greffe. Ce sarment doit être fort, sain, et avoir fructifié dans l'année :
les grappes ont dû présenter au plus haut degré les qualités particulières
de la variété que l'on cultive. Avant la récolte, on marque d'un signe
particulier ceux qui paraissent les plus aptes à cette destination.

Plantation et couchage de la vigne en treille. *Première année.* —
Les racines de la vigne nouvellement plantée redoutent encore plus que
les autres espèces l'humidité surabondante dont s'imprègne toujours le
sol pendant l'hiver ; cette humidité les fait pourrir. C'est donc presque
toujours à la fin de l'hiver, et lorsque la terre est suffisamment égouttée, qu'on procède à la plantation. Il n'y a d'exception que pour les

terrains brûlants du centre et du midi de la France, dans lesquels il est plus convenable de planter au commencement de l'hiver. Voici comment on opère pour les marcottes en panier.

S'il s'agit d'un terrain neuf, ou qui n'a pas été cultivé profondément depuis longtemps, on aura dû, pendant l'été précédent, pratiquer un défoncement profond de $0^m,80$. ou même de 1 mètre, si l'on rencontre un sol caillouteux. Ce défoncement devra s'étendre depuis le pied du mur jusqu'à $1^m,33$ en avant. Ce que nous avons dit de la nécessité d'assainir le sol du jardin fruitier (page 564) est surtout indispensable pour la vigne. Il conviendra même, après cet assainissement, de descendre le défoncement jusqu'à $1^m,25$ de profondeur et de lui donner une largeur de 2 mètres. Il faudra, en outre, augmenter la perméabilité du sol à l'aide des mélanges de terre décrits page 569. Le terrain sera, dans tous les cas, richement fumé.

Ces conditions ayant été remplies, on ouvre, au printemps, une tranchée (A, *fig.* 714), large de $0^m,45$ et profonde de $0^m,50$, dans les terrains secs, et de $0^m,40$ seulement dans les sols humides. Le bord extérieur de cette tranchée est situé à $0^m,70$ du mur. La terre qu'on en extrait est déposée de chaque côté. On répand ensuite au fond de cette tranchée $0^m,10$ de terreau mélangé de terre (B). C'est dans cette tranchée qu'on place ensuite les marcottes en panier. Si le terrain

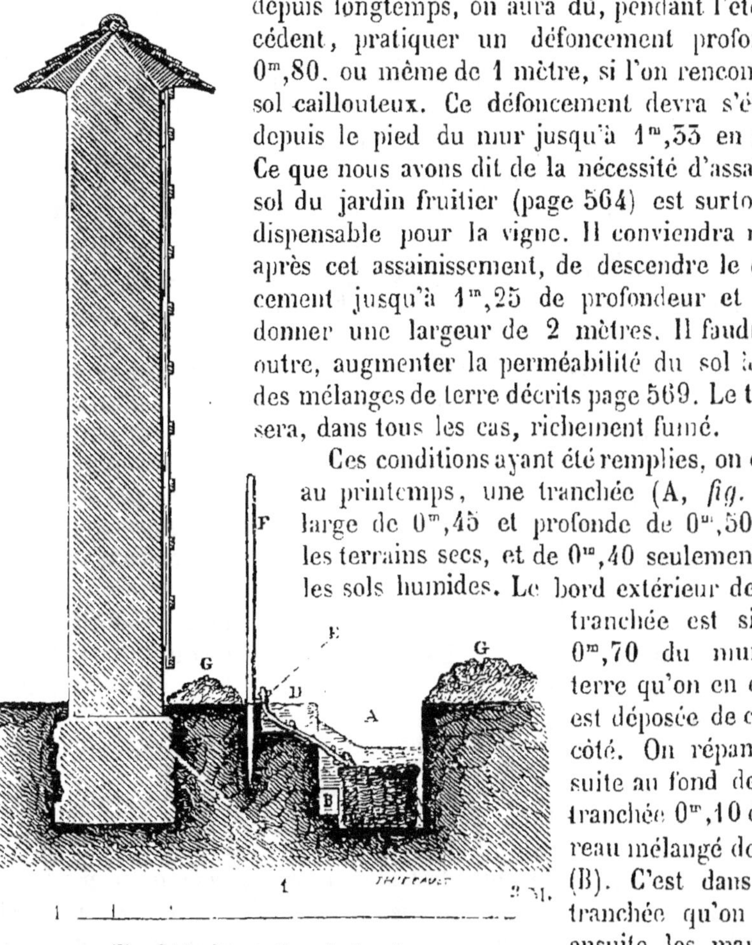

Fig. 714. *Plantation de la vigne.*

était très-sec, on pourrait ouvrir cette tranchée à 1 mètre du mur, au lieu de $0^m,70$. On couche alors une plus grande longueur de la tige pour la conduire au pied du mur; les racines occupent ainsi une plus grande surface de terrain et peuvent y trouver plus facilement la dose d'humidité dont elles ont besoin. L'espace qu'on réserve entre ces marcottes est déterminé par celui qu'on veut laisser entre chaque cep contre le mur. Si les ceps doivent naître à $0^m,35$ les uns des autres, ainsi que cela doit être pour les cordons verticaux, les marcottes sont placées à

0^m,70 les unes des autres, parce que chaque marcotte fournira deux sarments au pied du mur, après le couchage.

On pourrait planter autant de marcottes qu'on doit avoir de ceps; mais alors elles seraient beaucoup plus rapprochées les unes des autres, et pourraient s'affamer réciproquement. D'ailleurs, ces marcottes étant plus nombreuses, la dépense sera plus considérable. Il vaudra donc mieux procéder comme nous venons de l'indiquer; à moins toutefois que, le mur n'ayant qu'environ 1 mètre de hauteur, tous les ceps doivent s'allonger qu'au sommet du mur. Comme ils doivent sortir au pied du mur à 0^m,70 d'intervalle, on plantera un nombre de marcottes égal à celui de ces ceps. Si l'on adopte le premier procédé, les marcottes sont plantées en A (*fig.* 718), au milieu de l'intervalle qui sépare chacun des points B, où doit naître chaque cep contre le mur. Dans le second cas, les marcottes sont placées en A (*fig.* 719), en face de chacun de ces points B.

On procède ainsi à la plantation de ces marcottes : chacune d'elles étant composée de deux sarments (*fig.* 713), on en supprime un, le moins vigoureux; puis les racines qui sortent du panier sont laissées intactes, à moins qu'elles ne soient rompues ou desséchées par l'impression de l'air. Ceci fait, on ouvre au fond de la tranchée (*fig.* 715), sur le côté le plus éloigné du mur, et à chaque point où les marcottes doivent être placées, un trou (C) un peu plus large que les paniers et profond de 0^m,15; on place un panier dans chacun de ces trous, de façon que le sommet de la marcotte soit dirigé vers le mur, et que le haut de ce panier se trouve à 0^m,25 au-dessous du niveau du sol. On fait ensuite une petite entaille au bord supérieur du panier, du côté du mur, afin de pouvoir incliner facilement la marcotte de ce côté. On pratique sur le bord de la tranchée le plus rapproché du mur, en face de chaque panier, une petite fosse (D) de 0^m,08 de profondeur et de 0^m,25 de longueur. On couche le sarment avec précaution dans cette petite fosse, et l'on remplit celle-ci de terre mélangée de terreau jusqu'au niveau du sol. Quant à la tranchée, on la remplit en partie avec la terre qu'on en a extraite, et à laquelle on a ajouté du terreau. Cette opération est faite de façon qu'il reste dans la tranchée un vide de 0^m,20, que le sarment soit enterré à 0^m,08 de profondeur, et que le haut du panier soit couvert par une couche de terre de 0^m,05 d'épaisseur. On termine l'opération en coupant le sarment qui sort de terre au-dessus du bouton (E) le plus rapproché du sol. En concentrant ainsi l'action de la séve sur un seul bouton, on le fera se développer plus vigoureusement; dès lors la partie du sarment enterré se couvrira de racines plus nombreuses, et celles-ci perceront d'autant plus facilement l'écorce, que les feuilles d'où elles naissent sont peu éloignées du point où elles doivent se faire jour. On fixe le petit prolongement qui sort de terre sur un échalas (F) long d'un mètre, et l'on façonne, en forme d'ados (G), de chaque côté de la tranchée, le restant de la terre qui en a été extraite. Cette disposition du sol a pour résultat d'entretenir une plus grande somme d'humidité dans le voisinage de la marcotte pendant les chaleurs de l'été.

Lorsque l'on n'aura pas de marcottes en panier à sa disposition, et que l'on sera obligé de se contenter de marcottes nues ou même de crossettes, on les plantera avec les mêmes soins que pour les marcottes en panier; seulement il faudra bien affermir la terre autour des chevelées et surtout des crossettes, et faire qu'elles soient enveloppées, sur toute l'étendue confiée au sol, par une terre bien amendée.

Voici maintenant les soins que réclame cette plantation pendant l'été suivant. Dès que le bouton (E), que l'on a laissé sortir de terre, s'est développé, on le fixe sur l'échalas. Aussitôt qu'il a atteint une longueur de 0^m,50, on coupe le sommet, puis on supprime les bourgeons anticipés que cette opération fait développer, et cela, dès qu'ils ont atteint une longueur de 0^m,10. Ces divers pincements ont pour résultat de faire grossir le bourgeon en déterminant l'évolution des bourgeons anticipés et en accumulant sur une petite étendue tous les sucs nutritifs puisés par les racines; cela multiplie aussi beaucoup les racines sur le sarment nouvellement enterré. On ne laisse sur ce bourgeon aucune grappe de raisin, dans la crainte de l'épuiser. Cette plantation doit en outre recevoir trois ou quatre binages dans le courant de l'été. On les pratique de préférence après une ondée de pluie un peu forte et lorsque la terre est un peu égouttée. Si le terrain est léger et que l'on ait à redouter la sécheresse, il sera bon de couvrir, au commencement de l'été, la tranchée et la petite fosse D (*fig.* 714) d'une couche de fumier de 0^m,10 d'épaisseur. Enfin, vers le mois de novembre, on répandra sur la tranchée une couche de fumier de 0^m,15 d'épaisseur, indépendamment de celui qu'on aura pu y mettre précédemment, et l'on achèvera de combler cette tranchée avec la terre déposée en ados de chaque côté. Après cette opération, la plantation présente l'aspect de la figure 714.

Deuxième année de plantation. — Vers la fin de février le sarment développé pendant l'année précédente est taillé en A (*fig.* 715), au-dessus des trois boutons les plus rapprochés de la base, puis on l'attache sur un échalas long de 1^m,33 qui remplace celui de l'année précédente. Lorsque les bourgeons ont une longueur de 0^m,15, on ébourgeonne, comme nous l'indiquons page 823, de façon à ne conserver que les trois bourgeons des boutons dont nous venons de parler. Ces bourgeons sont fixés sur l'échalas, à mesure qu'ils s'allongent. On ne les laisse pas dépasser l'échalas, et l'on continue d'ébourgeonner, comme nous l'indiquons page 823 et suivantes. Si les bourgeons sont très-vigoureux, on pourra laisser au plus deux grappes sur chaque cep, et ces grappes recevront les soins prescrits page 830. On donne à cette plantation des façons d'été, comme à la précédente, puis un léger labour au mois de novembre. On a alors obtenu le résultat que montre la figure 716.

Troisième année de plantation; recouchage. — Au commencement de mars, et par un beau temps, ou bien à l'automne, si l'on opère dans le Midi, on examine si les jeunes ceps ont développé des sarments assez gros, assez vigoureux pour pouvoir être recouchés ; si l'on a planté des marcottes nues et surtout des crossettes, on sera souvent obligé d'attendre l'année suivante et même à l'année subséquente pour recoucher les jeunes ceps; ils ne seraient pas assez vigoureux, les racines ne

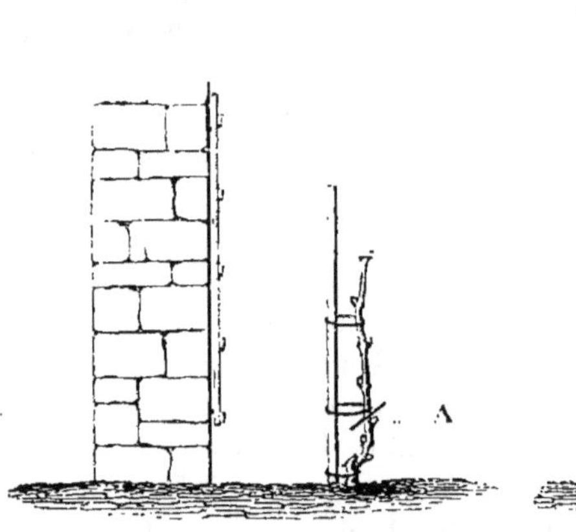 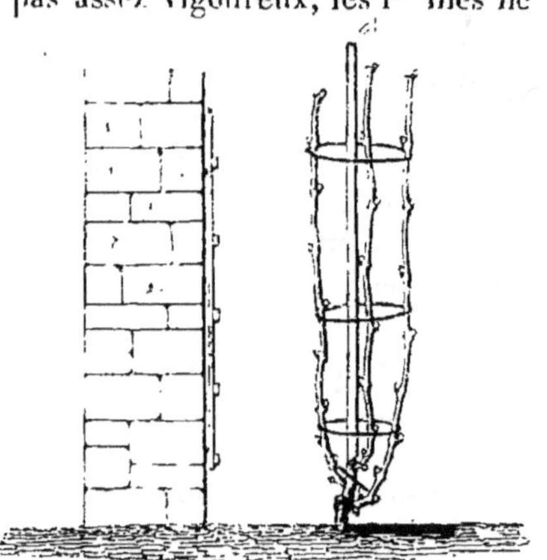

Fig. 715. *Deuxième année de plantation de la vigne.*   Fig. 716. *Troisième année de plantation de la vigne.*

seraient.pas assez nombreuses sur le sarment précédemment couché, cela nuirait à leur développement sur le nouveau sarment qu'on se propose d'enterrer, et la vigueur future des ceps en souffrirait. Dans ce cas, on ne conservera sur ces jeunes ceps que les deux plus beaux sarments, qui seront taillés sur une longueur de 0^m,15 seulement, et sur lesquels on ne conservera pendant l'été qu'un seul bourgeon. On répétera la même opération l'année suivante, s'ils ne sont pas encore assez forts pour être couchés.

Quant aux ceps obtenus au moyen de marcottes en panier, on peut presque toujours les recoucher dès la troisième année. On opère alors de la manière suivante : on ouvre une tranchée A (*fig. 717*), profonde de 0^m,40 à 0^m,50, suivant que le sol est plus ou moins exposé à l'humidité, et qui, naissant au pied du mur, arrive jusqu'aux jeunes vignes. On dégage la terre avec précaution, au pied de ces dernières, jusqu'à ce qu'elles s'inclinent d'elles-mêmes dans la tranchée; on les dispose au fond de cette tranchée comme l'indiquent les figures 718 et 719, c'est-à-dire que, si chaque pied de vigne doit donner lieu à deux ceps le long du mur, on leur conserve deux sarments (*fig.* 718), les plus vigoureux, que l'on dirige obliquement vers le mur où ils doivent former autant de ceps aux points B. Si, au contraire, chaque pied de vigne ne doit fournir qu'un cep contre le mur (*fig.* 719), on ne leur conserve que le plus beau sarment, qui est couché dans la tranchée et dirigé vers le mur, au point B, où le cep doit être établi. Dans l'un et l'autre cas, les sarments sont enveloppés jusqu'au pied du mur d'une couche de terre mélangée de terreau B (*fig.* 717) de 0^m,10 d'épaisseur environ. On

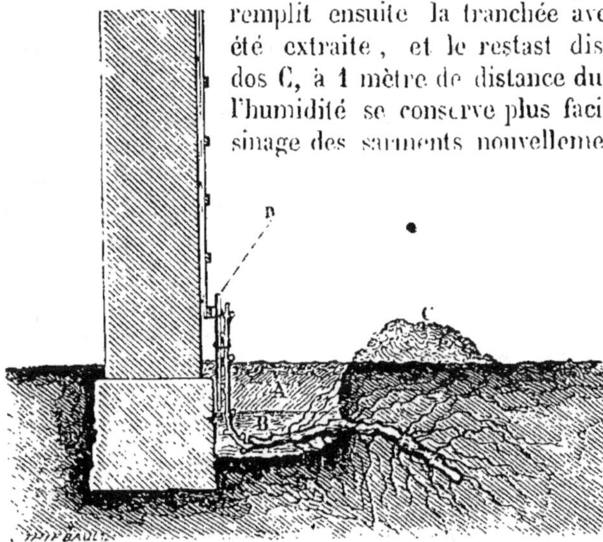

remplit ensuite la tranchée avec la terre qui en a été extraite, et le restast disposé en forme d'a-dos C, à 1 mètre de distance du mur, de façon que l'humidité se conserve plus facilement dans le voisinage des sarments nouvellement couchés, et facilite le développement de nombreuses racines.

On fixe l'extrémité des sarments sur la base des montants du treillage. Ces sarments sont coupés de manière à ne conserver que les trois boutons les plus rapprochés

Fig. 717. *Recouchage de la vigne.*

de la base. Après cette opération, la treille présente l'aspect de la fig. 717.

Si la plantation des marcottes ou des crossettes avait été faite dans une tranchée ouverte à 1 mètre du mur au lieu de 0^m,70, il faudrait ne les amener au pied du mur qu'après un troisième couchage; autrement on serait obligé d'enterrer chaque fois une trop grande longueur de sarment, ce qui ferait, comme nous le verrons plus loin, qu'il s'enracinerait moins bien et que cela nuirait à la vigueur de la vigne.

Si l'on compare ce mode de plantation de la vigne en treille avec ce qui se fait encore le plus souvent dans la plupart des jardins, on voit qu'il est bien différent. Presque toujours, en effet, les vignes sont immédiatement plantées au pied du mur, et l'on n'enterre que ce qui était primitivement couvert par le sol; de sorte que la vigne, dont les racines se ramifient très-difficilement, ne peut, lorsqu'elle est ainsi plantée, développer de nouveaux organes radicaux que sur la tige souterraine, ce qui n'a lieu que difficilement, et ce qui fait que sa reprise est longue et que sa végétation n'est jamais vigoureuse.

En employant, au contraire, le mode de plantation adopté à Thomery et que nous venons de décrire, la vigne se trouve placée dans de bien meilleures conditions. La première année de plantation, on enterre, outre les 0^m,30 de tige anciennement enracinés, 0^m,25 de sarment, qui, pendant les deux ou trois années de végétation précédant le re-couchage, se couvrent de racines vigoureuses. Deux ou trois ans après, on couche de nouveau environ 0^m,55 de sarment, qui après peu de temps sont eux-mêmes complétement enracinés. Chaque cep est donc pourvu d'une tige souterraine de 1^m,10 de longueur, portant sur toute son étendue de nombreuses et vigoureuses racines qui donnent à la vigne bien plus dé force et de rusticité que ne peuvent en avoir celles dont nous avons parlé en commençant.

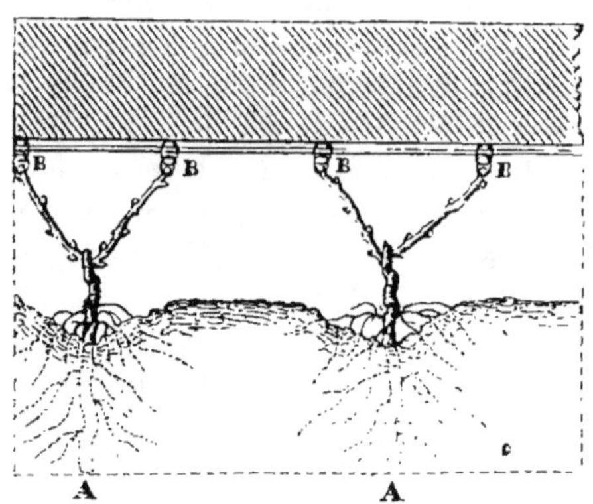

Fig. 718. *Plan de la vigne couchée avec deux sarments.*

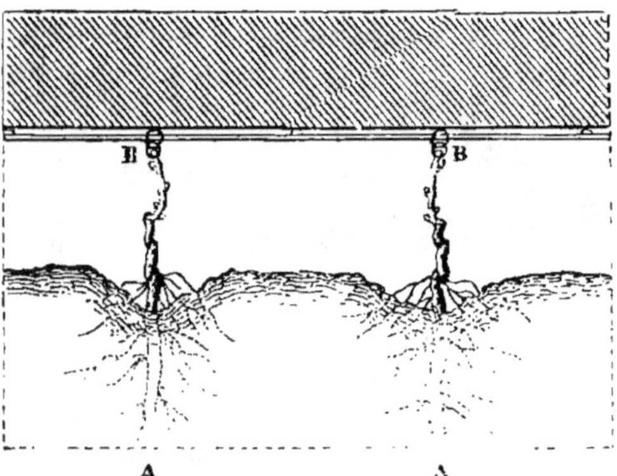

Fig. 719. *Plan de la vigne couchée avec un seul sarment.*

Lorsqu'on plante des chevelées nues ou en panier, on pourrait être tenté de coucher, dès la première année, une longueur de sarment suffisante pour en faire immédiatement sortir l'extrémité au pied du mur, 0^m,60 de longueur, par exemple: ce serait là une pratique vicieuse; car ce sarment ne s'enracinerait convenablement que sur les 0^m,39 ou 0^m,55 les plus rapprochés de son sommet, et cela, parce que les filets ligneux et corticaux qui descendent des bourgeons pour produire les racines ne sont pas assez nombreux pour donner lieu à une plus grande quantité de racines, et que celles-ci percent l'écorce dès qu'elles rencontrent le sol. Il convient donc de ne coucher chaque fois que 0^m,55 de sarment au plus, si l'on veut que la tige souterraine soit bien pourvue de ra-cines sur toute son étendue.

Taille de la treille en cordon vertical à coursons opposés. —

Formation de la charpente. (Première année.) — Les sarments ayant été couchés et approchés au pied du mur, on surveille le premier développement des boutons, afin d'empêcher qu'ils ne soient attaqués par les chenilles, limaces ou autres insectes nuisibles. Lorsque les trois bourgeons ont atteint une longueur de 0ᵐ,15 environ, on supprime les bourgeons stipulaires (A, *fig.* 720) qui naissent souvent à côté des bourgeons proprement dits. Puis, lorsqu'ils ont atteint une longueur d'environ 0ᵐ,30, on commence à casser les vrilles C, qui absorberaient inutilement de la séve. Cette suppression est continuée pendant tout le temps de l'allongement des bourgeons et toujours au moment où les

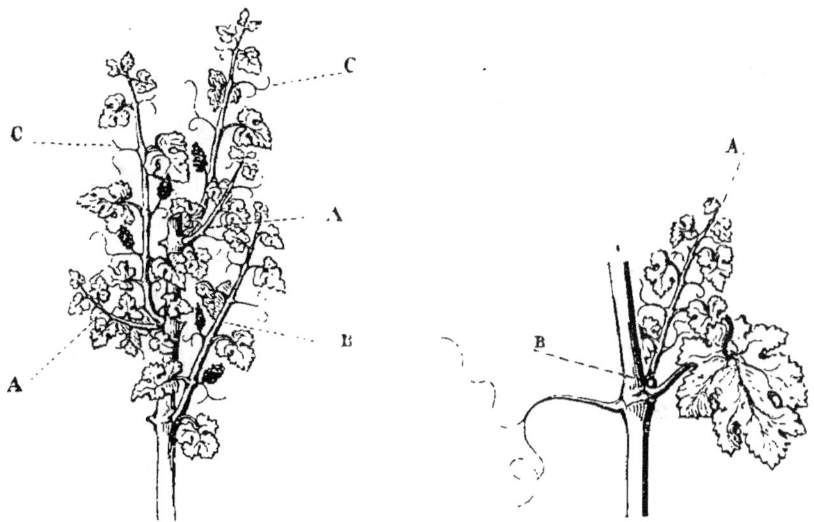

Fig. 720. *Cordon vertical à coursons opposés; première année d'espaliers.*   Fig. 721. *Bourgeon stipulaire anticipé.*

vrilles sont encore herbacées, afin de pouvoir les rompre facilement. C'est aussi l'instant que l'on choisit pour commencer la formation du cep. On opère alors de la manière suivante.

Supposons que la figure 720 représente l'un de ces jeunes ceps. On choisit parmi les trois bourgeons conservés celui qui présente une feuille attachée à 0ᵐ,30 au-dessus du sol. Admettons que, dans notre figure, ce soit le second bourgeon en partant du sol et que cette feuille soit celle située en face de la seconde grappe; cette grappe est supprimée, puis ce bourgeon est coupé immédiatement au-dessus de cette feuille, comme on le voit en B (*fig.* 721); puis on pince immédiatement le sommet des deux autres bourgeons pour les empêcher de pousser trop vigoureusement au détriment de celui que l'on vient d'opérer. On procède alors au palissage. Le bourgeon opéré est placé dans une position verticale et les deux autres sont attachés suivant l'angle de 45°. On voit naître bientôt à l'aisselle de la feuille du bourgeon coupé un bourgeon stipulaire anticipé A (*fig.* 721). Ce bourgeon doit être cassé à sa base dès qu'il n'a que quelques centimètres de longueur. On force ainsi le bouton B placé à la base de ce bourgeon à se développer. Au bout de très-peu de temps ce bouton a donné lieu au bourgeon A (*fig.* 722) qu'on laisse s'allonger en le palissant dans une position verticale. Ces jeunes ceps ne réclament d'autres soins pendant l'été, au point de vue de la charpente, que la suppression complète de tous les bourgeons stipulaires anticipés A (*fig.* 725), ou des bourgeons anticipés proprement dits B, ainsi que les vrilles. On ne doit laisser sur chaque bourgeon principal que les grappes C et D et les feuilles

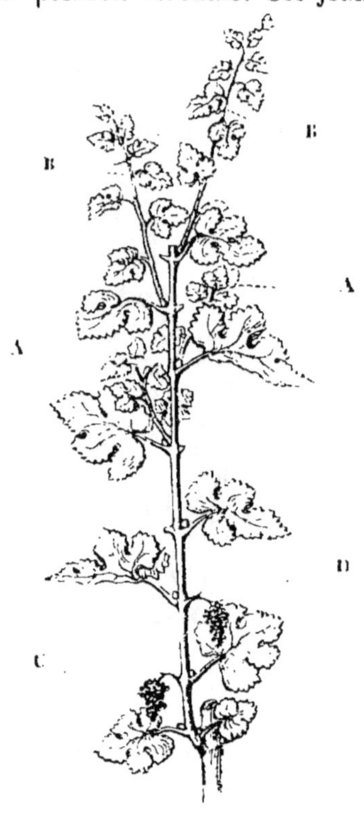

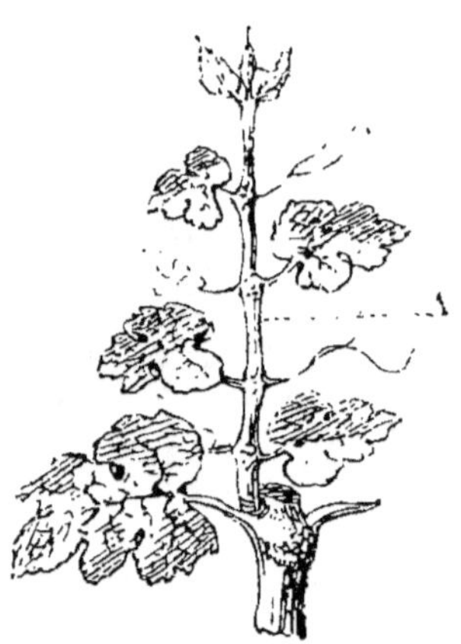

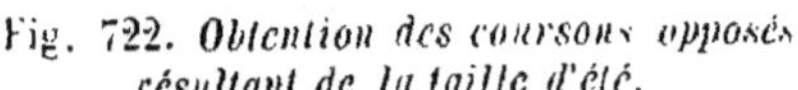

Fig. 722. *Obtention des coursons opposés résultant de la taille d'été.*

Fig. 725. *Suppression des bourgeons anticipés.*

primitives. Ces soins doivent être appliqués chaque année sur tous les bourgeons conservés.

Deuxième année. — Les ceps opérés pendant l'été précédent, comme nous venons de l'expliquer, offrent l'aspect de la figure 724. On leur applique alors la deuxième taille. On supprime complétement les deux sarments B en coupant le premier en A. Puis le sarment anticipé C est coupé en D immédiatement au-dessus de la bourre située près de la base. Pendant l'été suivant cette bourre se développe, ainsi que les yeux placés immédiatement au-dessous, sur le talon, et au nombre de trois ou quatre. On ne conserve que le bourgeon du sommet et deux sur le talon, un de chaque côté. Le produit des bourres E est complétement supprimé. Cet

ébourgeonnement est pratiqué aussitôt que les bourgeons ont une lon-
gueur de 0^m,10. Les bourgeons conservés étant palissés, les jeunes ceps présentent alors l'aspect de celui de la figure 725. Dès que le bourgeon central B amène, en s'allongeant, une feuille à 0^m,25 au-dessus du point où est attachée la première paire de bourgeons latéraux, on le coupe au-dessus de cette feuille, en A, comme l'a été le premier, afin d'obtenir à l'aisselle de cette feuille un nouveau bourgeon anticipé, auquel on donne les mêmes soins. Les deux bourgeons latéraux sont également soumis au pincement.

Troisième année. — Au printemps suivant, chaque cep est constitué comme l'indique la figure 726. On taille le sarment A au point B, pour obtenir le même résultat que l'année précédente. Quant aux deux sarments C, ils sont taillés tout près de leur base pour en former les deux premiers coursons. Le même développement a lieu pendant l'été au-dessous de la coupe B, ainsi que la même opération sur le nouveau bourgeon terminal. Le produit des bourres D est ébourgeonné.

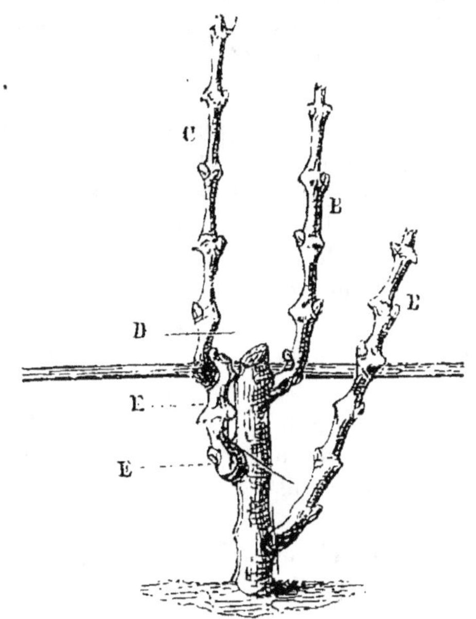

Fig. 724. *Cordon vertical à coursons opposés, deuxième taille.*

Quatrième année. — La figure 727 montre le résultat des opéra-

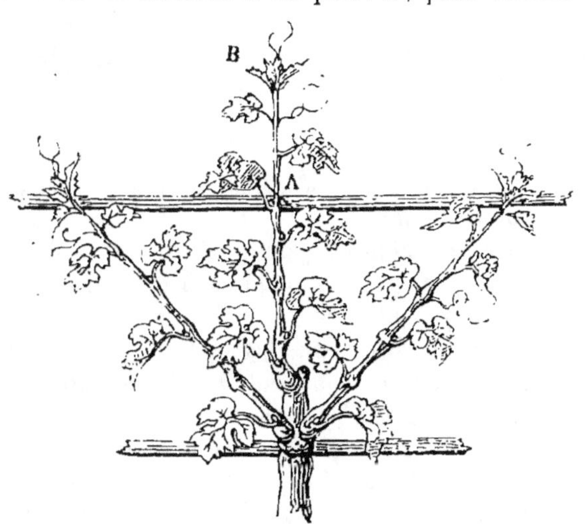

Fig. 725. *Cordon vertical à coursons opposés, deuxième année.*

tions pratiquées pendant l'année précédente. On pratique encore le même mode de taille, et ainsi de suite chaque année, jusqu'au moment où la treille couvre l'espace qui lui était réservé et qu'elle présente alors l'aspect de la figure 710.

Tout ce que nous venons de dire s'applique à ceux des ceps de la treille qui ne doivent s'élever que jusqu'à la moitié de la hauteur du mur. Ceux qui doivent arriver jusqu'au sommet s'allongent plus rapidement pendant les premières années. Ainsi, pendant l'été qui suit le couchage au mur, on laisse sur chacun de ces ceps trois bourgeons. L'année suivante, à la taille d'hiver, on choisit le plus vigoureux des trois sarments qui en résultent ; les deux autres sont supprimés, et l'on coupe celui que l'on conserve à 0^m,50 au-dessus de son point d'attache. En été on ne laisse porter encore que trois bourgeons qui donnent lieu à trois nouveaux sarments. On choisit encore le meilleur et on l'allonge également de 0^m,50. On continue ainsi jusqu'au moment

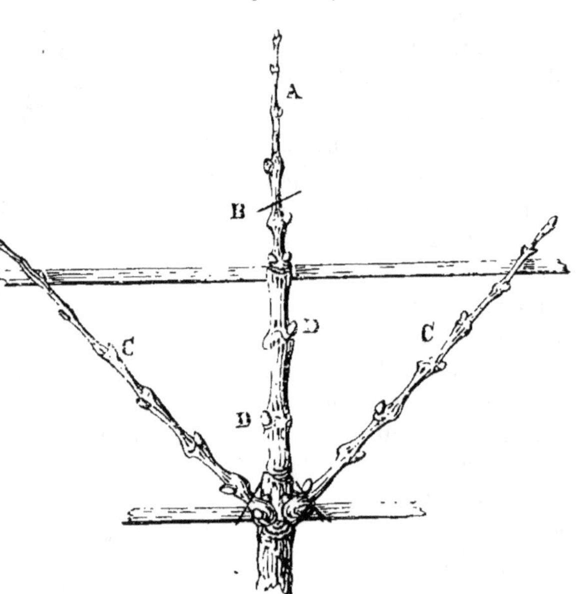

Fig. 726. *Cordon vertical à coursons opposés, troisième année.*

où la tige se rapproche du point où elle doit commencer à porter des coursons ; alors on applique à ces ceps la série d'opérations employée pour les premiers.

Ce mode de formation des tiges de cette sorte de treille offre cet avantage, que, chaque paire de coursons étant séparée par un intervalle régulier de 0^m,25 et par une nodosité résultant du point d'attache des prolongements successifs, la sève est obligée de s'arrêter au-dessous de chacun de ces nœuds et d'agir ainsi avec la même intensité sur tous les coursons de la même tige ; ce qui n'a pas lieu pour les cordons verticaux que l'on forme plus rapidement en les allongeant davantage à chaque taille.

Soins à donner aux coursons. (Première année.) — Les principes qui servent de base à ta taille des coursons sont les suivants :

Dans la vigne, les grappes sont attachées sur des bourgeons naissant sur des sarments formés pendant l'été précédent (*fig.* 728). Les bourgeons développés accidentellement sur le vieux bois ne portent jamais de grappes (*fig.* 729).

Plus les boutons des sarments sont éloignés de la base, plus les bourgeons auxquels ils donnent lieu sont fertiles en grappes.

Il résulte de ces deux premiers faits que, pour augmenter la production, on devrait laisser les sarments entiers, ou les tailler très-long. Mais alors les inconvénients suivants se produiront bientôt. Ainsi, si le sarment de la figure 730 est taillé en D, les boutons C et D sont les seuls qui se développeront. On aura l'année suivante le résultat que montre la figure 731. Si alors on taille en A et en B, on aura encore la production de deux nouveaux sarments au sommet du sarment B. En continuant ce mode de taille, le courson, ou support immédiat des jeunes sarments, s'allongera chaque année de 0ᵐ,10 ou 0ᵐ,15,

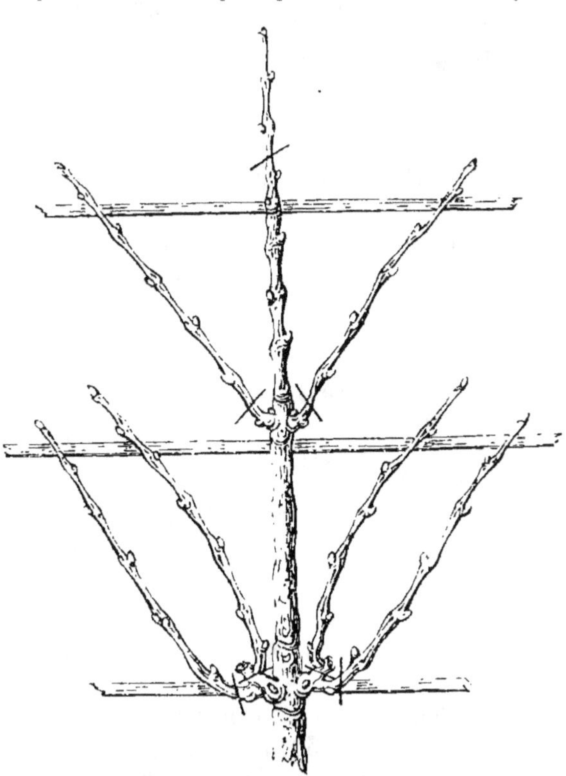

Fig. 727. *Cordon vertical à coursons opposés, quatrième année.*

et il en résultera bientôt une grande confusion sur toute l'étendue du cep, et en outre l'amaigrissement progressif des nouveaux sarments, et, par suite, une diminution très-prompte dans le produit.

D'un autre côté, si le sarment de la figure 730 est coupé de façon à ne conserver que le bouton A, ce bouton est si près du vieux bois, que, souvent, le bourgeon qui en naîtra ne portera pas de grappes.

Il convient donc de tailler ce sarment (*fig.* 730) le plus court possible, pour empêcher le courson de s'allonger, mais de façon cependant à conserver un bouton assez éloigné du vieux bois pour produire du raisin. L'expérience a démontré que, pour atteindre ce double but, les sar-

Fig. 728. *Bourgeon de vigne né sur un jeune sarment.*

ments appartenant aux variétés peu vigoureuses ou de vigueur moyenne, comme les chasselas, doivent être taillés au-dessus des deux boutons les plus rapprochés de la base (*fig. 730*), et en comptant au nombre de ces boutons celui qui, à peine visible, est situé sur le talon même du sarment. Il en résultera le développement de deux bourgeons, et, par

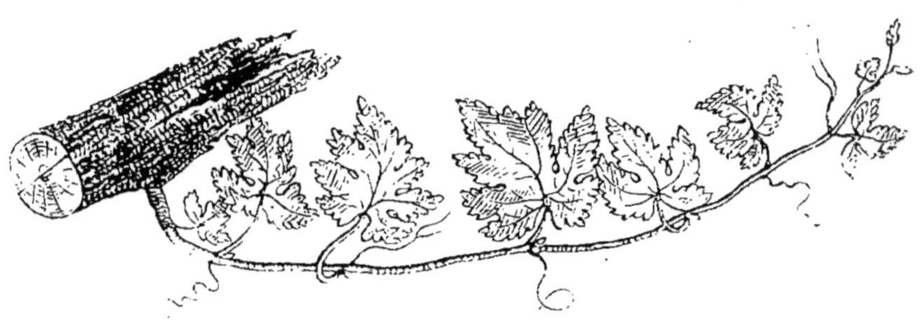

Fig. 729. *Bourgeon de vigne né sur le vieux bois.*

suite, de deux nouveaux sarments. Le courson sera alors constitué comme le montre la figure 732. Le sarment A a porté les grappes pendant l'été; le sarment B, trop près du vieux bois, n'a rien produit; c'est le sarment de remplacement, c'est-à-dire qu'il est destiné à asseoir la nouvelle taille. Pour cela on coupe presque sur le vieux bois le sommet du courson; puis le sarment B est taillé au-dessus des deux boutons de la base. On obtient, pendant l'été, la production de deux nouveaux bourgeons, et le même mode de taille est répété chaque année, de façon à allonger le moins possible le courson et de maintenir les bourgeons fructifères le plus près possible du canal direct de la séve. Tel est le mode de taille qu'il convient d'appliquer aux coursons des raisins de table.

Toutefois il y a certaines variétés de vignes qui présente un degré de vigueur tel, que, si l'on soumet leurs coursons à une taille aussi courte, on n'obtient pas ou presque pas de grappes. Les variétés de muscats, de Frankinthal et autres, que nous avons notées dans notre liste, sont dans ce cas. Pour ces variétés, les sarments seront taillés un peu plus long. On les coupera au-dessus du troisième bouton. Cet allongement de la taille n'aura pas pour résultat d'allonger les coursons. En effet, la vigueur de ces vignes est telle, que l'on obtient sur chaque

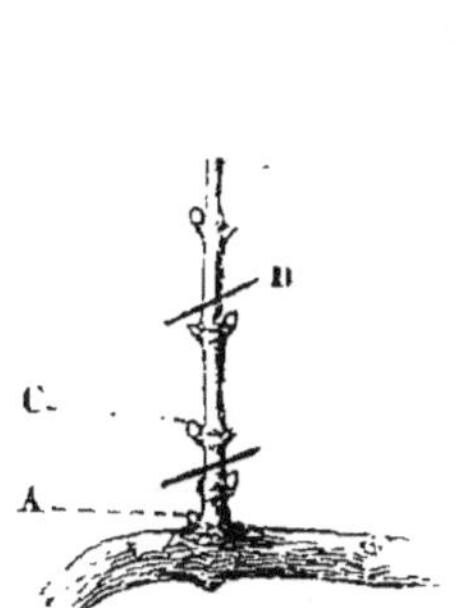

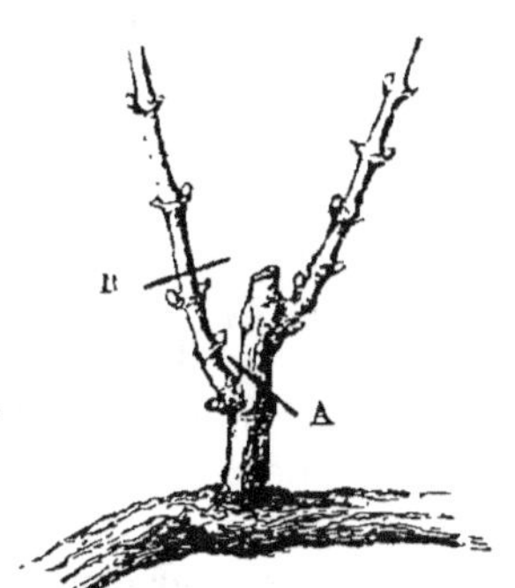
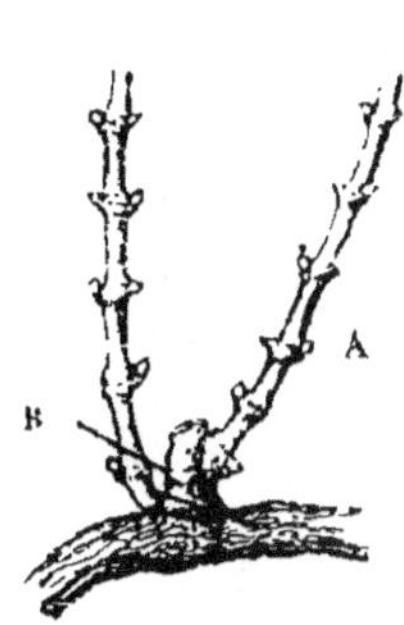

Fig. 730. *Taille des coursons; première année.*   Fig. 731. *Taille des coursons; deuxième année.*   Fig. 732. *Taille des coursons; deuxième année.*

courson le développement de trois bourgeons. Lors de l'ébourgeonnement, on conserve celui du sommet qui porte ordinairement les grappes, puis celui de la base, destiné à asseoir la taille l'année suivante; le bourgeon intermédiaire est supprimé. Le même mode d'opérer est répété chaque année.

Ébourgeonnement des coursons. — Quoique les coursons soient taillés de façon à ne conserver que deux ou trois boutons, il arrive souvent cependant qu'on les voit produire un plus grand nombre de bourgeons. Il ne faudra jamais en laisser que deux au plus à chaque point. On conservera seulement le plus rapproché du vieux bois (A, *fig.* 733), comme bourgeon de remplacement, et le plus éloigné de ce même point (B), qui porte ordinairement les grappes.

Il y a cependant deux circonstances où l'on ne doit laisser qu'un seul bourgeon sur le courson : 1° lorsque aucun des bourgeons du courson ne porte de grappes. Dès lors un seul bourgeon est utile, c'est celui de la base, comme bourgeon de remplacement. En supprimant les autres, celui que l'on conserve devient plus vigoureux et peut donner lieu à de plus beaux produits l'année suivante.

2° Lorsque les deux bourgeons du courson sont également pourvus de grappes, ce qui arrive parfois dans les années très-fertiles. Comme il convient de ne laisser nourrir à chaque courson qu'une grosse grappe ou deux petites, ainsi que nous l'expliquons plus loin, il en résuite qu'un retranchement sera nécessaire dans le second cas dont nous parlons. Alors on ne conservera que le bourgeon de la base, qui deviendra à la fois bourgeon de remplacement et bourgeon fructifère. Par suite de cette suppression, ce bourgeon acquerra plus de vigueur, les raisins qu'il porte seront plus beaux, et le nouveau sarment donnera de plus beaux produits l'année suivante.

Quant au moment convenable pour pratiquer ces divers ébourgeonnements, c'est aussitôt que l'on peut distinguer les jeunes grappes sur les bourgeons, c'est-à-dire lorsqu'ils ont atteint une longueur d'environ 0^m,25.

Nous rappelons, quant à l'ébourgeonnement, ce que nous avons déjà dit plus haut, à savoir, qu'on ne doit laisser sur chacun des bourgeons conservés que les grappes et les feuilles primitives. Ainsi, tous les bourgeons anticipés et les vrilles doivent être constamment supprimés dès qu'ils paraissent.

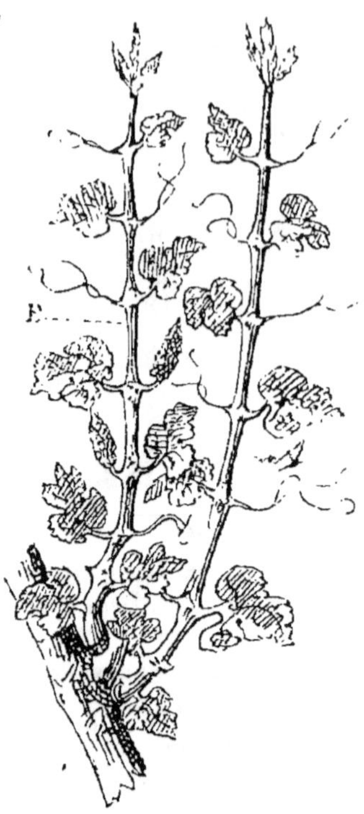

Fig. 755. *Ébourgeonnement des coursons.*

Pincement des bourgeons. — Les bourgeons de la vigne ont besoin d'être soumis au pincement comme ceux des autres espèces d'arbres fruitiers. Cette opération a pour but, quant à la vigne, d'empêcher les bourgeons de produire de la confusion dans l'ensemble du cep, de diminuer la vigueur de certains bourgeons au profit de ceux qui sont languissants, enfin de favoriser le développement des grappes en les faisant profiter de la séve qui ne passe plus au profit de ces bourgeons.

Pour obtenir ces divers résultats, les bourgeons doivent être pincés successivement et à mesure qu'ils ont atteint une longueur de 0^m,40 à 0^m,50, et l'on ne doit couper alors que la partie extrême de ces bourgeons.

Palissage d'été. — Le palissage des bourgeons de la vigne est destiné à empêcher ces bourgeons d'être rompus par les vents, à régulariser l'action de la séve dans chacun d'eux, enfin à les empêcher de soustraire les grappes à l'action du soleil.

Le palissage d'été de la vigne doit être pratiqué en général en deux fois pour le même bourgeon. Le premier palissage est fait lorsque les bourgeons ont atteint une longueur d'environ 0^m,30. Alors ces bourgeons sont peu serrés dans le jonc qui sert de ligature. Autrement ils pourraient se rompre en s'allongeant.

Quinze jours environ après cette première opération, on procède à un second palissage ou *recollage*, comme disent les cultivateurs de Thomery. A ce moment, on serre les bourgeons dans la ligature autant qu'il le faut pour les placer convenablement. Ce palissage étant fait successivement pour les divers bourgeons du même cep, et, en commençant par les plus vigoureux, on arrive à régulariser la vigueur entre eux.

Quant à la direction à donner à ces bourgeons en les palissant, il conviendra, pour les cordons verticaux, de les incliner suivant l'angle de 45°.

Rajeunissement des coursons. — Nous avons vu que, malgré le soin que l'on apporte à asseoir chaque année la taille des coursons sur le sarment le plus bas, ces coursons s'allongent toujours un peu, et que les sarments qu'ils portent perdent de leur vigueur, à mesure que leur point d'attache s'éloigne davantage du cordon. Pour remédier à cet inconvénient, on conserve avec soin, lors de l'ébourgeonnement, et quel que soit d'ailleurs l'âge des coursons, les bourgeons qui naissent parfois à la base de ces derniers; on supprime alors celui des deux bourgeons du sommet qui porte la moins belle grappe. L'année suivante, le courson est coupé en A (*fig.* 754), et le sarment B est taillé sur les deux yeux les plus bas pour former un nouveau courson.

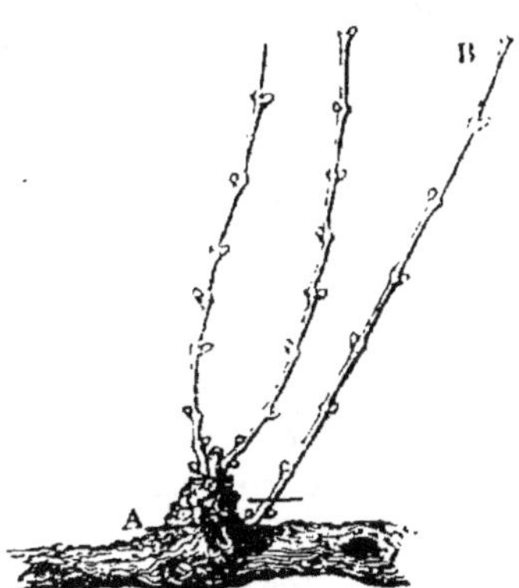

Fig. 754. *Rajeunissement des coursons.*

Remplacement des coursons. — Parfois aussi certains coursons disparaissent complétement, ou bien ne se développent pas là où l'on aurait voulu les voir naître, et, dans tous les cas, laissent sur le cordon des vides qu'il importe de combler. On remédie très-facilement à cet accident au moyen de la *greffe par approche herbacée Jard.* (p. 109, *fig.* 64), déjà conseillée en pareil cas pour le pêcher.

Soins à donner aux raisins. — Ce sont surtout les soins intelligents donnés aux raisins depuis leur naissance jusqu'à leur maturité qui font en grande partie le succès des cultivateurs de Thomery. Ces soins sont surtout les suivants :

Suppression des grappes trop nombreuses. — Une trop grande quantité de raisins laissés sur les ceps n'offre pas moins d'inconvénients pour la vigne que pour les autres espèces d'arbres fruitiers. On récolte un grand nombre de grappes; mais celles-ci sont petites, ainsi que les grains, et les ceps sont épuisés pour l'année suivante.

Si l'on fait les retranchements nécessaires, on obtient la même récolte en poids, et les grappes et les grains sont plus gros, meilleurs et d'un prix plus élevé.

En général, on ne doit laisser sur les ceps de vigueur moyenne qu'un nombre de grappes égal à celui des coursons, si ces grappes sont belles; si elles sont petites, on pourra augmenter la proportion de moitié. On l'augmentera aussi, ou on la diminuera, selon que les ceps seront plus ou moins vigoureux.

Cisellement des grappes. — Lorsque les grains de raisin ont atteint le premier tiers de leur développement, il convient de leur appliquer le cisellement. Avec des ciseaux à lames étroites et pointues, on coupe sur chaque grappe, d'abord tous les grains avortés, puis tous ceux qui sont dans l'intérieur de la grappe, et enfin quelques-uns de ceux qui sont placés à l'extérieur, mais qui sont trop serrés. Si les grappes sont très-longues, comme cela a lieu souvent sur les jeunes ceps vigoureux, il faut encore couper la pointe de ces grappes (A, *fig.* 735), qui mûrirait plus tardivement.

Il résulte de ces opérations de cisellement que, toutes choses égales d'ailleurs, les raisins sont mûrs quinze jours plus tôt, les grains sont d'un tiers plus gros, et que les raisins destinés à être conservés pendant l'hiver se gardent mieux.

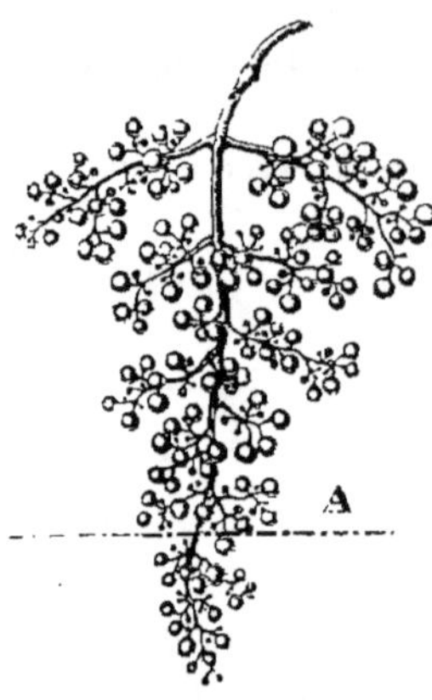

Fig. 735. *Cisellement des grappes.*

Le cisellement, pratiqué à Thomery par des femmes, est appliqué à la moitié environ de la récolte, c'est-à-dire à 500,000 kilogrammes de chasselas.

Épamprement des ceps. — Au moment où l'on fait le cisellement, on doit appliquer un premier épamprement ou suppression de feuilles. On n'enlève alors que les quelques feuilles dirigées du côté du mur, puis celles qui sont plus ou moins frisées ou déformées. Lorsque les grains de raisin commencent à devenir transparents, on pratique un second épamprement. On supprime alors quelques feuilles de devant, sur les points où elles sont très-rapprochées; mais on conserve encore avec soin celles qui couvrent les grappes, les *parasols.* Enfin lorsque les grains sont complétement clairs, qu'ils commencent à jaunir, on découvre les grappes en coupant les feuilles qui les ombragent. Si on les découvrait plus tôt, les grains durciraient et ne grossiraient plus. Les grappes ainsi découvertes, se trouvent alors exposées aux alternatives de la rosée et du soleil, qui font acquérir aux raisins cette belle couleur fauve qui distingue les chasselas de Thomery.

Les raisins noirs exigent un soin particulier quant à l'épamprement. Il ne faut pas commencer à effeuiller avant que les grains soient complétement colorés.

Ces effeuillements successifs ont pour résultat d'arrêter progressivement la végétation annuelle de la vigne assez longtemps avant l'époque à laquelle elle se fût arrêtée sans cela. La maturation commence alors plus tôt, et elle peut s'achever complétement avant les premiers froids.

Abris. — Les chaperons très-saillants que nous avons conseillés pour les treilles sont insuffisants, si les murs dépassent 2 mètres de hauteur, pour soustraire les raisins à l'humidité atmosphérique. Il convient alors de fixer vers la moitié de la hauteur du mur, au milieu de septembre, après le dernier effeuillement, un auvent d'environ 0^m,50 de saillie.

Incision annulaire. — Nous renvoyons à l'article *Vignobles* (page 486) pour la description de l'incision annulaire, destinée à hâter de quinze jours environ la maturation du raisin, et qui augmente aussi d'un tiers la grosseur des grains.

Rajeunissement de la treille. — La production d'une treille conduite avec les soins que nous venons de décrire peut se continuer pendant plus de 50 ans. Mais il arrive un moment où le renouvellement successif des coursons détermine sur ces derniers des nodosités telles, que la circulation de la séve en est entravée. La végétation devient alors languissante, beaucoup de coursons se dessèchent, et les tiges elles-mêmes finissent par périr. Dès que cet état de décrépitude se manifeste, on procède au rajeunissement de la treille. On coupe toutes les tiges à 0^m,20 environ au-dessus du sol, (*fig.* 736). Cette suppression

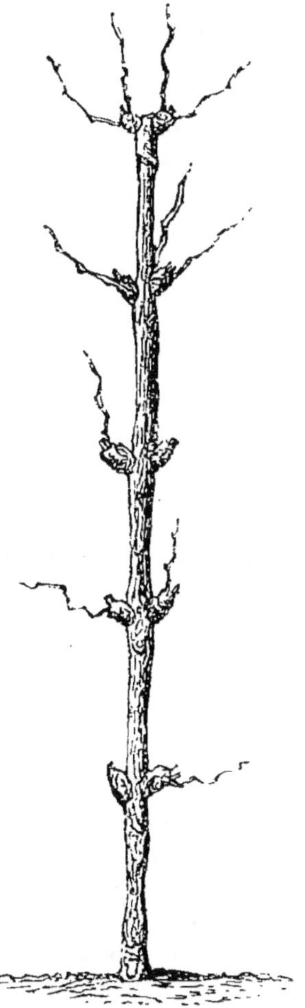

Fig. 736. *Rajeunissement des ceps en cordon vertical.*

concentre l'action de la séve sur ce point, et y fait développer un certain nombre de bourgeons. On choisit, pendant l'été, le plus vigoureux, et l'on supprime les autres. L'année suivante, ce sarment est taillé au-dessus du troisième bouton, et l'on applique aux trois bourgeons qui en résultent, les soins décrits page 821. On opère, ensuite, comme s'il s'agissait de l'établissement d'une jeune treille Pour en assurer le succès, il est bon d'enlever, au moment de la suppression des tiges, le plus de terre possible sur la plate-bande de la treille, sans endommager toutefois les racines de la vigne, et l'on y répand une abondante fumure, que l'on recouvre avec une couche de terre neuve d'une épaisseur à peu près égale à celle que l'on a enlevée.

Lorsque la treille à rajeunir est dans un état de décrépitude avancé, lorsqu'un certain nombre de ceps sont complétement desséchés et que la plantation a perdu sa régularité, on opère autrement. Chaque tige est coupée, comme nous l'avons dit plus haut, puis on arrache celles qui sont mortes. Pendant l'été, on garde sur chaque cep les deux bourgeons les plus vigoureux, et on les laisse s'allonger jusqu'au haut du mur. L'année suivante, on enlève, sur la plate-bande, le plus de terre possible, environ 0^m,40, en ayant soin de ménager les anciennes racines, on isole complétement la base de chaque tige en creusant la terre, puis on les couche sur

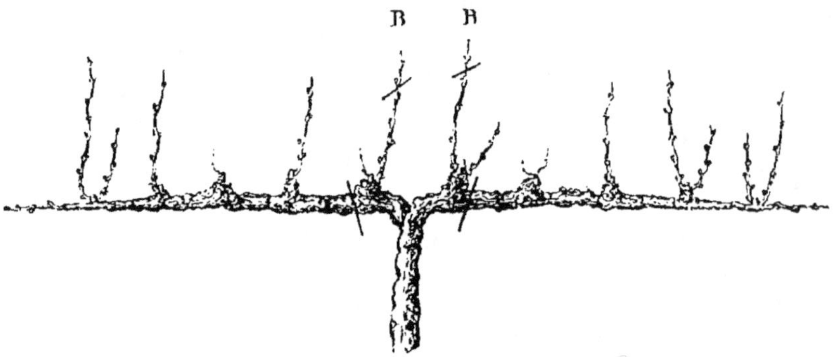

Fig. 757. *Rajeunissement des treilles en cordon horizontal.*

la plate-bande préalablement vidée. Comme ils portent chacun deux sarments, et que ce nombre est plus que suffisant pour fournir le nombre de ceps nécessaire, on n'en conserve que ce qu'il faut, en choisissant les plus vigoureux. Ces tiges et ces sarments sont ensuite étendus sur le sol au moyen de crochets en bois, et de façon que le sommet de chaque sarment, dirigé vers le pied du mur, sorte de terre précisément au point où les nouveaux ceps doivent s'élever. On répand ensuite une couche d'engrais de 0^m,08 d'épaisseur, et l'on remplit le vide avec de la terre neuve. Tous ces ceps se développent pendant l'été même avec une vigueur excessive; on les dirige alors comme ceux d'une nouvelle plantation. Nous avons vu, en 1846, rajeunir ainsi, chez M. Rose Charmeux, une treille âgée de plus de 80 ans; l'opération s'est faite sans difficulté, et le succès a été complet.

On voit qu'à l'aide de ce mode de rajeunissement la durée de la treille est presque indéfinie, et que l'on est bien rarement obligé d'en venir à faire une nouvelle plantation. C'est ce qu'expriment les cultivateurs de Thomery par ce dicton, *Qui plante l'espalier n'est plus là pour l'arracher*.

Ce mode de rajeunissement de la vigne peut être appliqué à une vieille treille, plus ou moins régulière, disposée en cordons horizontaux, et que l'on veut transformer en cordons verticaux. On opérera alors ainsi qu'il suit.

Au printemps, on coupe chaque cordon immédiatement au-dessus du courson le plus rapproché de la tige (*fig.* 737). On conserve pendant l'été deux bourgeons sur chacun de ces coursons et on les laisse s'allonger librement. L'année suivante, on vide la plate-bande comme nous l'avons expliqué, on déchausse profondément le pied de chaque cep, puis on couche chaque tige horizontalement, ainsi que les sarments dont on fait sortir l'extrémité au pied du mur, à chacun des points qu'ils doivent occuper pour former des cordons verticaux. On opère ensuite comme nous venons de l'expliquer.

CULTURE DES RAISINS DE TABLE EN PLEIN VENT

On cultive aussi le raisin de table en plein vent, mais le climat de Paris est la limite extrême de cette culture. On dirige les ceps en contre-espaliers et on leur donne la forme des treilles précédemment décrites; on les cultive même en souche, et leur mode de taille est alors exactement celui que nous avons décrit pour le vignoble.

C'est de cette façon qu'on utilise à Thomery l'intervalle qui sépare les murs de refend de chaque enclos. On établit des contre-espaliers parallèlement à ces murs; le premier est à deux mètres, et les autres sont séparés par un intervalle de 2^m,65.

Ces contre-espaliers sont soutenus par un treillage haut de 1^m,16 et semblable à celui des murs; il est appuyé sur des poteaux en bois ou, ce qui vaut mieux, en pierre schisteuse analogue à l'ardoise. Ces poteaux sont placés à 1^m,65 les uns des autres. Parfois on remplace aussi ces poteaux par des montants en fer, scellés dans des prismes de grès enfoncés dans la terre. Dans ce cas on peut remplacer les traverses en bois par des lignes en fil de fer qui passent à travers les montants. Les ceps de vigne y forment une série de petits cordons verticaux semblables à ceux que nous venons de décrire. Ces contre-espaliers sont d'ailleurs plantés avec les mêmes soins que les vignes en espalier et sont entretenus de la même manière.

L'intervalle de 2^m,65 qui sépare chaque contre-espalier est occupé par un rang de vignes sur souche, échalassées comme dans le vignoble et soumises au même mode de culture. Ces souches, distantes de 1^m,33 les unes des autres, s'élèvent à 0ᵐ,33 au-dessus du sol, afin que l'eau des pluies ne chasse pas la terre sur les grappes.

A climat égal, la même variété de raisin est toujours de moins bonne qualité, cultivée en plein vent qu'appliquée contre un mur. Les raisins de souche sont aussi moins bons que ceux de contre-espalier. Encore ne doit-on choisir, pour cultiver de cette manière, que les variétés les plus précoces, parce que la température des contre-espaliers est toujours plus basse que celle des espaliers.

CULTURE DES RAISINS DE TABLE DANS LE MIDI.

Dans le midi de la France, le climat, plus chaud et plus sec, rend la végétation annuelle de la vigne beaucoup moins longue ; la maturité du bois et du fruit s'y accomplit donc sans qu'il soit nécessaire d'élever artificiellement la chaleur atmosphérique, ou de modérer et même d'arrêter la végétation des ceps. D'ailleurs, la vigne pousse avec plus de vigueur, et les bonnes variétés de raisin de table qui sont propres à ces contrées prennent beaucoup plus de développement que celles qui conviennent plus particulièrement au centre et au nord de la France. Enfin ces variétés exigent une taille plus longue pour donner des grappes. Ces divers motifs obligent à apporter les modifications suivantes à la culture du raisin de table dans ces contrées.

1° La vigne sera placée en contre-espaliers simples ou doubles, et les supports seront semblables à ceux décrits page 557. Toutefois, les expositions les plus chaudes des murs existant dans le jardin fruitier seront de préférence consacrées à la vigne, et l'on choisira pour ces murs les variétés les plus tardives.

2° La plantation de la vigne sera faite avant l'hiver; elle souffrirait trop des premières sécheresses du printemps si on la plantait plus tard.

3° La vigne poussant avec beaucoup plus de vigueur dans le Midi que dans le Nord, soit par suite du climat, soit à cause de la vigueur naturelle de certaines variétés propres à cette contrée, il faudra planter à plus grandes distances. Pour les cordons verticaux à coursons opposés, il conviendra de laisser entre chacune des tiges un intervalle de 0ᵐ,60 au lieu de 0ᵐ,35.

4° Les coursons des variétés analogues au chasselas par leur vigueur seront taillés à deux yeux, comme nous l'avons expliqué plus haut ; mais toutes celles qui pousseront plus vigoureusement seront taillées à trois yeux.

5° L'opération du cisellement sera aussi efficace dans le Midi que dans le Nord ; mais l'épamprement serait plutôt nuisible qu'utile. On pourra seulement enlever les feuilles qui couvrent la grappe, et cela seulement au moment où les grains sont complétement transparents.

6° La vigne étant généralement plus vigoureuse que dans le Nord, on laissera sur chaque cep un nombre de grappes d'un tiers plus considérable que nous ne l'avons indiqué plus haut.

Maladies, animaux et insectes nuisibles. — Nous renvoyons, pour cette question, à l'article *Vignobles* (page 485), et nous n'allons nous occuper que des animaux et insectes nuisibles, dont nous n'avons pas encore parlé et qui attaquent particulièrement la vigne en treille.

Animaux et insectes nuisibles. — Les *oiseaux* et particulièrement les *moineaux*, les *merles*, les *grives*, les *gros-becs*, sont les plus grands ennemis des treilles. Toutefois, lorsque celles-ci sont réunies en grand nombre sur le même point, les dégâts qu'y occasionnent les oiseaux y deviennent peu sensibles. Aussi les cultivateurs de Thomery ne prennent-ils aucune précaution pour les empêcher. Sans doute les filets sont de bonnes défenses, mais leur prix doit rendre leur emploi inapplicable à de grandes surfaces.

M. Orbelin, propriétaire à Saint-Maur, près Paris, a imaginé contre les oiseaux de petits miroirs à double face, d'un prix très-modique et qui, suspendus le long des murs, un peu en avant des treilles, ont donné, jusqu'à présent, un résultat très-satisfaisant (p. 679, *fig.* 588).

Les *limaces*, les *limaçons* ou *escargots* dévorent souvent au printemps les jeunes bourgeons des treilles. Leur grosseur, la lenteur de leur marche, leur refuge dans les anfractuosités du mur ou derrière le treillage, leur sortie matinale ou pendant la pluie, en rendent la destruction facile.

Le *kermès*, connu aussi sous le nom de *gal. insecte*, de *cochenille*, de *punaise*, appartient au genre *coccus* et attaque particulièrement le pêcher et la vigne. Lorsqu'il a acquis tout son développement, vers la fin de mai, il présente

Fig. 738. *Kermès.*

A. *Individu mâle grossi.*
B. *Individus femelles.*
C. *Jeunes kermès.*

l'aspect suivant : l'individu mâle apparaît sous la forme d'un petit cloporte recouvert d'une poussière blanche (A, *fig.* 738). L'individu femelle ressemble à une sorte de petite coquille de couleur brune (B), fortement appliquée sur les rameaux des arbres. Vers ce moment, les individus mâles fécondent les femelles et meurent. Les femelles font bientôt leur ponte, et leurs œufs restent entourés d'une petite masse de duvet blanc recouverte elle-même par le corps desséché de la femelle, qui meurt aussitôt après. Ces œufs éclosent rapidement, et les nouveaux insectes sortent, vers le commencement de juin, au nombre de plus de mille, de dessous la coquille qui les recouvrait. A peine visibles à l'œil nu, ils se répandent sur les feuilles et les jeunes bourgeons, piquent l'épiderme de ces organes, et les épuisent en absorbant les fluides.

Vers le mois de novembre, au moment où les feuilles se détachent, les jeunes kermès les abandonnent et se fixent sur les rameaux, en choisissant de préférence, dans les arbres en espalier, le côté dirigé vers le mur, et y restent engourdis pendant tout l'hiver, sous forme de petites taches brunes (C). Au mois d'avril ils changent de peau, prennent un rapide accroissement et donnent naissance à une nouvelle génération : le moyen de détruire cet insecte est celui que nous avons indiqué pour une autre espèce de petit kermès (p. 680).

La *chenille arpenteuse* est la larve d'une espèce de papillon nocturne, qui cause beaucoup de dommage à la vigne en dévorant, au printemps, les bourgeons qui commencent à se développer. Elle est d'autant plus difficile à apercevoir, qu'elle a la forme et la couleur d'un petit rameau desséché. C'est pendant la nuit qu'elle exerce ses ravages, et c'est à cet instant que les cultivateurs de Thomery, armés de lanternes, lui font la chasse.

L'*eumolpe de la vigne* ou *gribouri*, l'*attelabe de la vigne* ou *urbec*, l'*altise bleue*, la *pyrale de la vigne* le *hanneton*, dont nous avons parlé à l'article *Vignobles* (p. 485), attaquent également les treilles. Nous avons fait connaître le meilleur mode de destruction de ces insectes.

Les *mouches*, les *frelons*, les *guêpes*, font aussi de grands ravages sur les treilles. Nous avons déjà indiqué, page 682, le moyen d'en diminuer le nombre.

Récolte et conservation. — *Raisin frais.* La récolte du raisin ne doit être faite que lorsqu'il est parfaitement mûr : plus on la retarde, surtout dans le centre et le nord de la France, plus il est savoureux. Il faut, toutefois, prévenir les premières gelées de l'automne, auxquelles il est assez sensible. C'est par un temps sec que cette récolte doit être effectuée. Chaque grappe doit être prise par la queue, et détachée au moyen du sécateur.

A mesure que le raisin est cueilli, on le dépose dans de petits paniers garnis de feuilles de vigne et de fougère. Ces paniers sont rangés sur une sorte de crochet (*fig.* 739), qu'un homme transporte comme une hotte jusqu'à la fruiterie ou jusqu'au lieu où l'on emballe le raisin pour la vente.

Voici le mode de conservation appliqué chaque année par les cultivateurs de Thomery à une grande quantité de raisin.

Et d'abord ils s'efforcent d'en garder une certaine portion, le plus tard possible, sur les treilles. Ils choisissent pour cela les grappes des deux cordons supérieurs des murs exposés au levant. Ces raisins sont moins aqueux, et par conséquent moins sensibles au froid ; ils les en défendent d'ailleurs en les abritant avec des feuilles de fougère sèches et même avec des paillassons. Ils en conservent ainsi parfois jusqu'à Noël.

Fig. 759. *Crochet pour transporter les raisins.*

Quant aux grappes qu'ils veulent garder au delà de cette époque, ils procèdent ainsi : Les raisins destinés à être conservés jusqu'en mai sont choisis sur les souches ou sur les contre-espaliers. On prend les grappes qui ont été soumises au cisellement et dont les grains sont les plus gros et les moins serrés. On les cueille un peu avant leur complète maturité, c'est-à-dire du 25 septembre au 15 octobre. Les raisins qu'on ne veut conserver que jusqu'en mars peuvent être pris sur les espaliers; on les récolte du 1ᵉʳ au 15 novembre.

Le local où le raisin est conservé est une pièce dépendante ordinairement de l'habitation et exclusivement consacrée à cet usage. Des tablettes superposées et offrant une largeur de 0ᵐ,80 environ couvrent les murailles depuis le sol jusqu'au plafond. Au milieu et à 0ᵐ,80 des tablettes latérales, une autre série de tablettes s'élèvent également jusqu'au plafond. Ces tablettes se composent d'un cadre en bois rempli par un grillage en fil de fer. C'est sur ce grillage, couvert d'une légère couche de paille entièrement sèche, qu'on étend les grappes de raisin. On les visite souvent et l'on enlève avec des ciseaux les grains qui commencent à s'altérer.

Cette sorte de fruiterie présente les inconvénients suivants : on est souvent obligé d'y introduire de la chaleur pour la défendre des froids de l'hiver; de là des changements nuisibles de température. L'accumulation de l'humidité force, d'un autre côté, à l'aérer de temps en temps, et produit le même résultat dans un sens inverse. Enfin, si les courants d'air résultant de cette aération sont trop considérables, le raisin se dessèche, se ride et perd, sinon sa qualité, du moins sa valeur commerciale. Nous pensons donc qu'il y aura plus d'avantage à remplacer ce local par la fruiterie dont nous avons donné la description page 685. Il n'y aurait qu'à changer la disposition des tablettes de façon à les approprier à cette destination spéciale. Il faudrait aussi n'user du chlorure de cal-

47.

cium qu'avec prudence, dans la crainte de faire rider le raisin.

Lorsqu'on n'aura à conserver qu'une quantité peu considérable de raisin, la même fruiterie pourra servir à la fois et pour les raisins et pour les autres fruits. Les grappes seront alors étendues sur des tablettes spéciales, ou bien on leur donnera les dispositions suivantes qui auront pour effet d'économiser la place. Chaque grappe sera d'abord fixée par la pointe dans un petit crochet en fil de fer, disposé en S (*fig. 740*). Ainsi attachées, elles seront moins exposées à pourrir, parce que les grains auront une tendance à s'écarter les uns des autres. On accro-

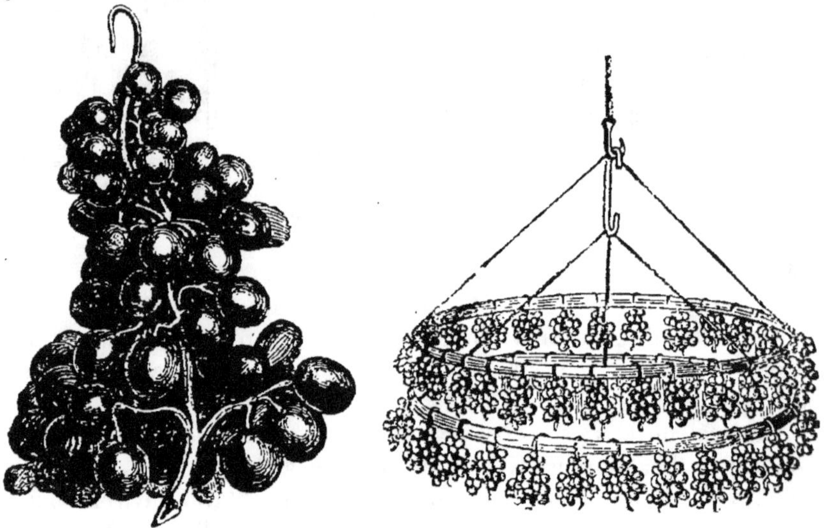

Fig. 740. *Mode de suspension des grappes dans la fruiterie.*   Fig. 741. *Raisins suspendus sur des cerceaux.*

chera ensuite le côté opposé de l'S autour d'un ou plusieurs cerceaux superposés (*fig. 741*), suspendus eux-mêmes au plafond de la fruiterie (*fig. 593, p. 686*) et rendus mobiles par de petites poulies. Si l'on veut conserver ainsi une plus grande quantité de raisin, on pourra, pour perdre moins d'espace, remplacer les cerceaux par des châssis en bois (*fig. 742*) longs et larges de 1ᵐ,33. Ces châssis sont garnis de tringles, séparées les unes des autres par un intervalle de 0ᵐ,10, et portant d'un côté de petites pointes destinées à suspendre les crochets des grappes. Ces châssis sont aussi suspendus au plafond de façon à en occuper toute la surface, et se meuvent également de haut en bas comme les cerceaux. Toutefois les raisins ainsi suspendus se rident davantage et perdent plus de leurs qualités que ceux que l'on conserve étendus sur des tablettes. Nous renvoyons d'ailleurs à ce que nous avons dit à la page 689 relativement aux soins que réclament les fruits en général pendant leur séjour dans la fruiterie.

Raisins secs. — La grande quantité de principe sucré que contiennent en général les raisins du Midi rend leur dessiccation et leur conservation faciles. Aussi sont-ils devenus l'objet d'une industrie spéciale et d'un commerce assez important pour quelques contrées du midi de l'Europe, où l'on cultive les variétés les plus recherchées pour cet usage.

Nous avons noté dans notre liste les plus recommandables de ces variétés. Malaga, la Calabre, l'Égypte, Roquevaire en Provence, sont les principaux points où l'on se livre à cette culture. C'est surtout de Zante que vient le raisin de Corinthe.

Le procédé le plus généralement employé pour opérer la dessiccation du raisin est le suivant : lorsque le fruit

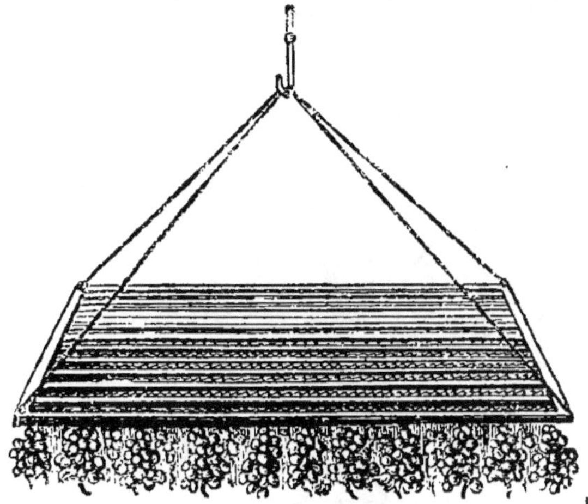

Fig. 742. *Cadres pour suspendre les raisins.*

approche de sa maturité, on tord la grappe et l'on effeuille en partie le cep, pour que les rayons solaires arrivent jusqu'au raisin et exercent leur influence, soit en favorisant la réaction des principes, soit en soustrayant l'humidité surabondante. On procède ensuite à la cueillette et l'on enlève avec soin les grains gâtés.

Après quoi, on laisse les grappes exposées au soleil, sur des claies, pendant un jour. Le lendemain, on prépare une lessive bouillante, faite avec de la cendre de sarment, et à laquelle on ajoute quelques poignées de lavande, de romarin, ou d'autres plantes aromatiques. Les grappes sont plongées à trois reprises dans cette lessive. Si les grains en sortent un peu fendillés, la lessive est assez forte. Elle est trop forte lorsque les raisins sont fendillés dans tous les sens. Lorsqu'elle est convenablement préparée, on la laisse refroidir et déposer, on la passe à travers un linge serré, puis on la remet sur le feu. Dès qu'elle bout, on y plonge chaque grappe trois fois : celles-ci sont ensuite placées sur des claies qu'on expose au soleil et qu'on rentre chaque soir. La dessiccation, des raisins est ordinairement complète au bout de trois ou quatre jours.

Les *raisins de Corinthe* sont traités différemment. On se borne à les cueillir quelques jours après leur complète maturité. On les dépose sur des claies très-serrées ou sur des draps placés au grand soleil. Quand on s'aperçoit que les grains, tout en conservant leur pédicule, se détachent de la grappe. on les frappe légèrement avec de petites baguettes pour hâter ce résultat. On les sépare ensuite de la rafle au moyen d'un crible, puis on les passe au van ou au tarare pour enlever la poussière ou les débris.

GROSEILLIER.

Espèces et variétés. — On cultive les trois espèces suivantes :

Le groseillier à grappes (*ribes rubrum*, L.) (*fig. 743*). Cet arbrisseau croît spontanément dans les contrées montagneuses de l'Europe. On fait un grand usage de ses fruits à l'état frais, et surtout sous forme de gelées, de confitures et de sirops. On en extrait aussi de l'acide citrique qui revient à un prix moins élevé

Fig. 743. *Groseillier à grappes.*

Fig. 744. *Fleurs du groseillier à grappes.*

que celui que l'on obtient des citrons. Enfin, dans quelques contrées privées de la vigne, on en obtient une sorte de vin qui, distillé, donne une eau-de-vie de bonne qualité.

Cette espèce a produit, au moyen des semis, un certain nombre de variétés, parmi lesquelles nous indiquerons les suivantes comme les plus recommandables :

Groseillier ordinaire, à fruit rouge.
Groseillier ordinaire, à fruit blanc.
Groseillier couleur de chair. Tardif, un peu moins fertile que les autres.
Groseilier de Hollande, à fruit rouge.
Groseillier de Hollande, à fruit blanc.
Groseillier Goudoin. Bois des rameaux très-gros, variété vigoureuse; fruits très-gros, mais très-acides. On pourrait la cultiver de préférence pour en extraire l'acide citrique.

Groseillier cerise. Variété vigoureuse, un peu moins fertile que les précédentes; fruits très-gros.

Groseillier Queen Victoria. Fruit rouge, très-gros.

Les diverses variétés à fruits blancs sont moins acides que celles à fruits rouges.

Fig. 745. *Fleurs du groseillier épineux.*

Fig. 746. *Groseillier épineux.*

Le groseillier épineux (*ribes uva crispa* L.) (*fig.* 746) est aussi originaire d'Europe. On lui donne encore le nom de *groseillier à maquereau,* parce qu'on assaisonne ce poisson avec le jus de ses fruits.

Le nombre des variétés de cette espèce s'élève aujourd'hui à plus de 60. Presque toutes sont originaires d'Angleterre. On les distingue par la couleur de leurs fruits, qui sont *blancs, jaunes, verts, rouges* ou *violets;* par leur forme *sphérique* ou *oblongue,* par leur surface *lisse* ou *hérissée* de poils; enfin par leur

Fig. 747. *Groseillier noir ou cassis.*

grosseur, qui varie entre le volume d'une cerise et celui d'un œuf de pigeon. Du reste, ces diverses variétés n'ont pas de nomenclature fixe.

Le *groseillier noir* ou *cassis* (*ribes nigrum*, L.) (*fig. 747*) est originaire de la Suisse et de la Suède. Son fruit est peu consommé à l'état frais; mais on a tiré parti de sa saveur aromatique pour en faire, avec l'eau-de-vie, une sorte de ratafia. On ne cultive que le cassis ordinaire. On a donné beaucoup d'extension à cette culture sur quelques points et notamment aux environs de Paris; mais ce sont les cassis récoltés en Bourgogne, aux environs de Beaune, qui sont les plus recherchés pour faire les ratafias. Ils ont plus d'arome que partout ailleurs, et cela, sans doute, par suite des causes qui produisent les mêmes effets sur les raisins et tous les fruits de cette contrée.

Climat et sol. — Les groseilliers donnent des produits passables sous tous les climats de la France. Ils préfèrent cependant la température du centre. Dans le midi, les fruits surpris par la chaleur deviennent moins gros et renferment moins de suc; dans le nord, ils sont plus acides.

Les terrains qui conviennent particulièrement à ces arbrisseaux sont ceux de consistance moyenne un peu frais.

Culture. — On donne aux groseilliers la forme d'un vase qui naît à fleur de terre, et qui est composé de dix à douze branches dépourvues de ramifications et assez espacées pour permettre à la lumière de les éclairer de toutes parts. Quelquefois aussi on élève ce vase sur une tige de $0^m,40$ à $0^m,50$. On peut encore les disposer en pyramide ou même les placer en espalier contre des murs peu élevés, et dont l'exposition conviendrait peu aux autres espèces d'arbres fruitiers, ou enfin en contre-espalier; on impose très-facilement à leur charpente l'une des formes que nous avons décrites pour les arbres en espalier ou les contre-espaliers.

Mais les formes en vase ou celles en cordon oblique ou vertical pour les espaliers ou les contre-espaliers sont celles qui sont le plus en harmonie avec le mode de végétation de cet arbrisseau.

Multiplication.— Nous avons vu, à l'article *Pépinières*, que les groseilliers sont multipliés au moyen des marcottes et des boutures, prises sur les pieds mères les plus vigoureux et dont les fruits sont les plus beaux. On peut aussi se servir de semences, mais seulement pour obtenir de nouvelles variétés, car celles qui sont déjà obtenues se reproduisent rarement ainsi avec toutes leurs qualités. On emploie aussi quelquefois les éclats résultant des vieilles cépées que l'on détruit après qu'elles ont été épuisées. C'est là un procédé vicieux, car les nouveaux individus se ressentent toujours de l'état languissant du pied mère. Les jeunes sujets ne sont plantés à demeure qu'après un an de repiquage dans la pépinière.

Plantation. — Lorsqu'on veut donner aux groseilliers la forme en espalier, en pyramide ou en vase à haute tige, on ne plante qu'un jeune sujet à chaque place; mais, si l'on veut en former des cépées ou vases à basses tiges, on place trois jeunes plants à chaque point, à $0^m,16$ les uns

des autres, et en triangle; le vase est ainsi plus promptement formé.
Nous indiquons aux pages 578 et 580 la distance à réserver entre ces
plants.

Comme les racines des groseilliers naissent toujours près du collet et
s'étendent à la surface du
sol, ce collet s'élève progressivement au-dessus de
terre ; les racines sont alors
exposées à la sécheresse,
et les produits en souffrent.
Pour prévenir cet incon-
vénient, on plante les jeunes sujets au centre d'une
fosse circulaire, large de
1 mètre, et dont le fond
reste, après l'opération, à
0^m,30 au-dessous du niveau
du sol. S'il s'agit d'espaliers ou de contre-espa-
liers, la plantation est faite
au centre d'une rigole de
0^m,40 de largeur, et dont
le fond reste à 0^m,30 au-
dessous du niveau du sol.
Chaque année, lors des façons données à la terre,
on rechausse les jeunes
groseilliers, en répandant
au fond de chaque fosse, ou
de chaque rigole, environ
0^m,06 de la terre accumulée sur les bords.

**Taille du groseillier à
grappes.** — Les groseil-
liers sont encore presque

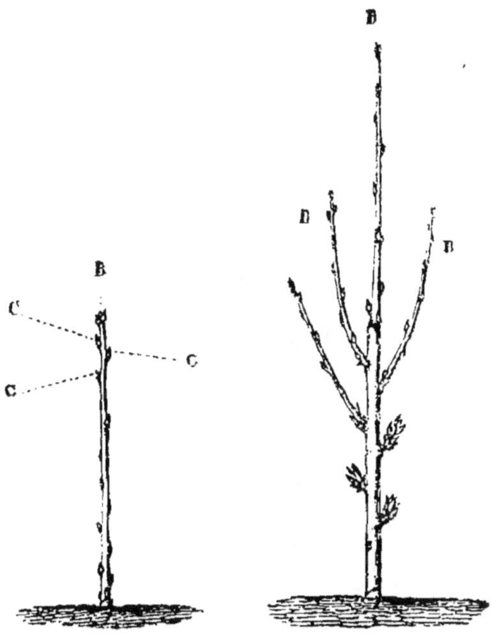

Fig. 748. *Groseillier à
grappes âgé d'un an.*

Fig. 749. *Groseillier à
grappes âgé de 2 ans.*

Fig. 750. *Petit rameau
à fruit du groseillier
à grappes âgé d'un an.*

Fig. 751. *Rameau à
fruit du groseillier
a grappes âgé de 2 ans.*

partout abandonnés à eux-mêmes; ou, si on les tond, c'est uniquement
pour les empêcher d'occuper trop de place. Et cependant une taille annuelle et raisonnée leur donne une production plus abondante, plus
régulière, et surtout des fruits beaucoup plus beaux et de meilleure
qualité.

Mode de végétation. — Le mode de végétation du groseillier à grappes est analogue à celui des arbres à fruits à noyau, c'est-à-dire que
les boutons à fleurs ne paraissent que sur de petits rameaux développés

pendant l'été précédent, et que ces petites productions ne fructifient plus ensuite qu'au moyen d'un nouveau prolongement ou de petites ramifications naissant à leur base. Ainsi, les rameaux vigoureux formés pendant l'année précédente (*fig.* 748) ne portent que des boutons à

Fig. 752. *Groseillier à grappes âgé de trois ans.*

Fig. 753. *Groseillier à grappes âgé de quatre ans.*

bois. Pendant l'été suivant, le bouton terminal B et un ou deux des plus rapprochés (C) donnent lieu à de nouveaux rameaux. Tous les autres boutons développent seulement une rosette de feuilles qui produit un faisceau de boutons à fleur, au centre desquels est un bouton à bois A (*fig.* 750). Ce rameau offre alors l'aspect de la figure 749. Lors du deuxième été, chacun des faisceaux de boutons à fleur fructifie, et le

bouton à bois placé au centre de chacun d'eux développe une nouvelle
rosette de feuilles qui produit un nouveau faisceau de boutons à fleur
A (*fig.* 751) pour l'année suivante. Les ramifications B (*fig.* 749) formées l'année précédente s'allongent de nouveau, et les boutons qu'elles
portent subissent les mêmes transformations. On obtient alors le résultat
que montre la figure 752. Pendant le troisième été, notre rameau primitif, qui correspond à la partie inférieure de cette branche, porte encore
des fruits; mais, la branche continuant de s'allonger, la séve n'agit plus

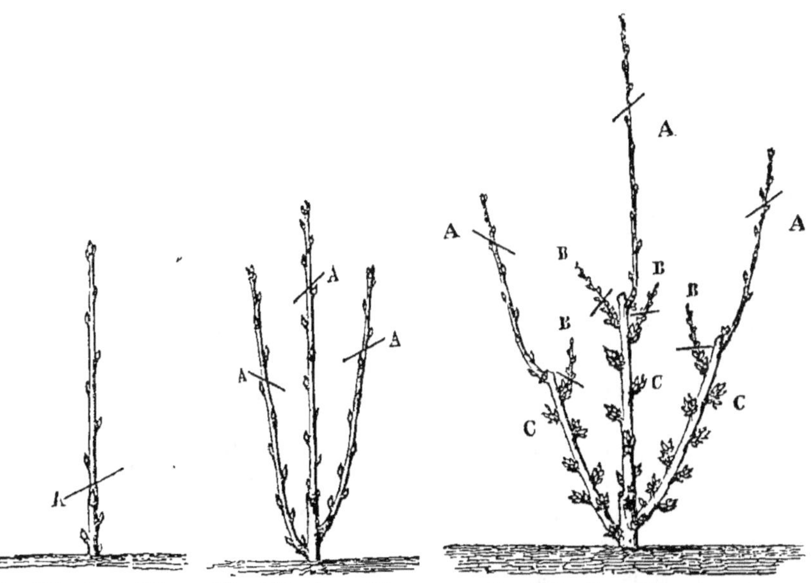

Fig. 754. *Groseillier*
à grappes;
première taille.

Fig. 755. *Groseillier*
à grappes;
deuxième taille.

Fig. 756. *Groseillier à grappes.*
troisième taille;

avec assez de force vers la base pour y faire naître de nouvelles rosettes
de feuilles; il ne s'y développe plus de boutons à fleur, et cette fraction
de la branche devient improductive, ainsi qu'on le voit en A (*fig.* 755).
Les divers prolongements A, B, C, D, éprouvent tous successivement
les mêmes transformations, et la branche continue de s'allonger jusqu'à
ce que la séve, ayant à parcourir un trop grand espace pour agir efficacement au sommet, fasse développer vers la base un rameau E. Alors
la séve, abandonnant complétement la branche primitive, porte toute son
action sur le rameau E et lui fait éprouver les mêmes changements, jusqu'à ce que, épuisé lui-même, il soit aussi remplacé par une nouvelle production. Tel est le mode de végétation du groseillier à grappes. Voyons,
d'après cela, l'espèce de taille qu'il convient de lui appliquer. Comme
c'est la forme en vase ou cépée, ou celles en cordon oblique ou vertical

qui sont les plus convenables, nous allons choisir ces diverses formes pour étudier cette opération.

Taille du groseillier à grappes en vase ou cépée. — Prenons comme exemple un des trois jeunes sujets qui forment chaque cépée. Cette dernière doit se composer de neuf à douze branches. Chaque pied doit donc en porter trois ou quatre. A cet effet, on coupe la jeune tige en A (*fig.* 754), au-dessus des trois boutons inférieurs destinés à former les trois branches. Les deux boutons du bas doivent être placés latérale-ment. Pendant l'été, on favorise le produit de ces trois boutons en suppri-mant les bourgeons qui se développeraient au-dessous. La figure 755 montre le résultat que donne cette opération au printemps suivant.

A cette époque, chacun des rameaux est coupé en A afin de refouler un peu la séve jusqu'à la base et de déterminer vers ce point la formation de nom-breux boutons à fleur. Mais il en résulte aussi que, pendant l'été, les quatre ou cinq boutons du som-met se développent plus vigoureusement et don-nent lieu à des bourgeons, que l'on doit pincer lors-qu'ils ont environ $0^m,08$ de longueur, à l'exception du bourgeon terminal,

Fig. 757. *Groseillier à grappes; cinquième taille.*

qu'on laisse intact. On a, l'année suivante, le résultat indiqué par la figure 756.

Lors de cette **troisième taille**, on opère chacun des nouveaux pro-longements (A) comme ceux de l'année précédente. Quant aux petits rameaux B, on les coupe à $0^m,015$ environ de leur base, c'est-à-dire au-dessus de l'amas des boutons à fleur qu'ils présentent vers ce point. Pendant l'été, on obtient une première fructification sur la fraction C des branches. On applique aux bourgeons qui naissent au sommet des prolongements A des soins semblables à ceux de l'été précédent. On opère de la même manière pour la quatrième et la cinquième taille. La figure 757 montre le groseillier arrivé à cet âge. On voit que la partie inférieure de chaque branche a parcouru les diverses phases de sa production, et qu'elle est maintenant stérile; c'est à ce moment qu'il convient de ravaler chacune de ces branches. Voici comment on y procède :

Pendant l'été qui suit la cinquième taille, et lorsque les fruits sont noués, on coupe chacune des tiges en B. Il en résulte que la séve est refoulée vers la partie inférieure des tiges et y détermine le développement de quelques bourgeons parmi lesquels on choisit, sur chaque tige, le plus vigoureux, et l'on supprime les autres. L'année suivante, toutes ces tiges sont coupées immédiatement au-dessus du point où est attaché le nouveau rameau. Celui-ci est ensuite traité comme l'ont été les premières tiges.

Ce mode de rajeunissement des groseilliers ne peut être convenablement pratiqué qu'une seule fois; car, lorsque la partie inférieure des tiges obtenues du ravalement est de nouveau épuisée, c'est-à-dire vers la douzième année, les nombreuses racines des cépées occupent complétement le terrain réservé entre chaque vase; elles y sont tellement multipliées, qu'elles s'affament mutuellement et que les groseilliers dépérissent bientôt, malgré les fumures les plus abondantes. Il convient alors de renouveler la plantation. On arrache les cépées, on défonce le sol, puis on le fume convenablement, et l'on forme un nouveau plant avec de jeunes sujets préparés à l'avance.

Tel est le mode de taille adopté par les cultivateurs de Louveciennes, de Voisine, de la Selle, de Saint-Cloud et de Marly, qui approvisionnent les marchés de Paris.

Taille du groseillier à grappes en cordon vertical. — La forme en vase ou cépée est certainement la meilleure disposition à donner aux groseilliers lorsqu'on veut les cultiver en grand, comme on le fait sur quelques points des environs de Paris; mais, dans le jardin fruitier, il vaudra mieux les placer contre les murs situés aux expositions les plus froides, et donner à leur charpente la forme en cordon oblique ou mieux celle en cordon vertical. On obtiendra ainsi des produits plus prompts et plus beaux qu'avec la forme en vase.

Si les murs n'offrent pas de ces expositions froides et que l'on ait, par conséquent, plus d'avantage à les utiliser pour les autres arbres fruitiers, on cultivera les groseilliers en contre-espalier en leur donnant également cette disposition en cordon vertical. — Dans l'un et l'autre cas, on procédera de la manière suivante.

Les jeunes groseilliers seront plantés en ligne, à 0^m,20 d'intervalle, au fond d'une rigole, comme nous l'avons expliqué plus haut. Au bout d'un an, on les recepera et l'on ne conservera à la base, pendant l'été suivant, qu'un seul bourgeon, qu'on palissera dans une position verticale. Lors de la taille d'hiver, on supprimera sur chaque jeune tige le tiers de la longueur totale pour la faire se garnir de bourgeons, auxquels on applique les soins indiqués plus haut pour les vases ou cépées, afin de transformer ces bourgeons en rameaux à fruit. Chaque année on allonge ces tiges en appliquant les mêmes soins, jusqu'à ce qu'elles aient atteint une hauteur d'environ 1^m,30 qu'on ne leur laisse pas dépasser. Vers la quatrième année de plantation, les espaliers ou contre-espaliers seront terminés, et présenteront l'aspect de la figure 758.

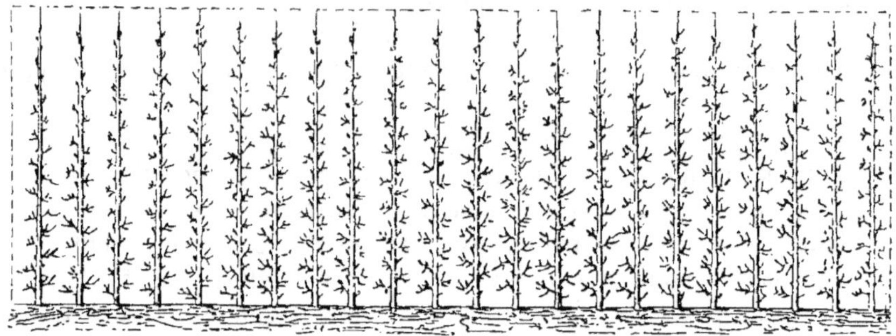

Fig. 758. *Groseilliers à grappes soumis à la forme en cordon vertical.*

Lorsque, par suite du mode de végétation du groseillier, chacune des tiges est dégarnie de rameaux à fruit sur le tiers inférieur de sa longueur, ce qui pourra arriver vers la huitième année de taille, on les recepera toutes à quelques centimètres au-dessus du sol. Pendant l'été suivant, on conservera un seul bourgeon sur chaque tige et l'on recommencera la charpente. Ce rajeunissement ne pourra être pratiqué qu'une seule fois. Après cette seconde période, il conviendra de renouveler la plantation en défonçant le sol de nouveau et en le fumant très-copieusement. Les autres soins de culture sont d'ailleurs les mêmes que pour les groseilliers en vase.

Quant aux treillages ou supports nécessaires pour les espaliers ou contre-espaliers, on les établira de la manière suivante (*fig.* 759) :

Une série de petits poteaux (A) sont enfoncés dans le sol tous les 4 mètres et offrent, hors de terre, une hauteur de 1^m,30. Trois fils de fer galvanisés n° 14 (B) sont disposés comme l'indique notre figure. Ils sont fixés sur le côté des poteaux intermédiaires à l'aide d'un piton à vis qu'ils traversent; puis ils traversent de part en part les deux poteaux des extrémités et viennent s'attacher sur une grosse pierre (C) enfoncée dans le sol. Enfin chacun de ces fils de fer est roidi à l'aide d'un tendeur D.

Pour compléter ces supports, il ne reste plus qu'à fixer sur les fils de
fer, à l'aide de fil de fer très-fin, une série de petites lattes placées

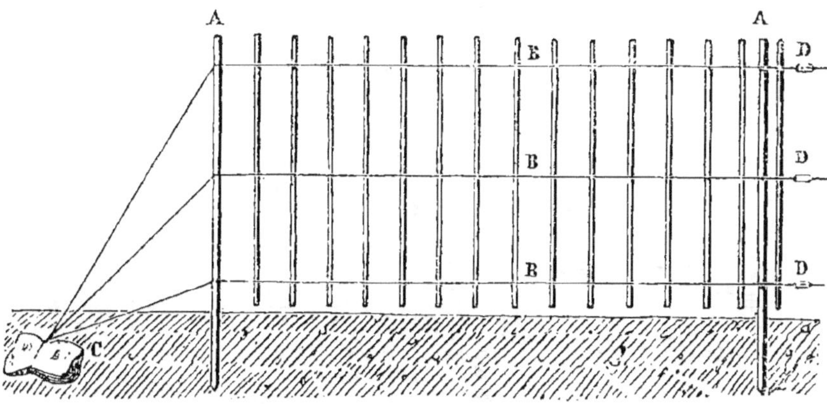

Fig. 759. *Support pour les groseilliers à grappes en contre-espalier
et disposés en cordon vertical.*

verticalement tous les $0^m,20$, et destinés à conduire la tige des groseilliers.

Si ces groseilliers sont palissés contre un mur, le treillage destiné
à les fixer présente la même disposition. Toutefois, comme on peut fixer
les fils de fer contre ce mur, les poteaux deviennent inutiles.

Labours, engrais. — Les groseilliers exigent, comme toutes les autres
espèces d'arbres fruitiers, que le sol qui les nourrit soit convenablement
ameubli et reste ouvert à l'influence des agents atmosphériques. On
doit donc leur appliquer un labour chaque année et au moins un binage
pendant l'été. Lors de ces binages, on doit détruire avec soin les bourgeons souterrains qui naissent souvent à la base de la souche des groseilliers et qui épuisent les tiges en absorbant la séve. Les cultivateurs
de Louveciennes se servent pour cela d'une petite houlette étroite, cou-
pante et montée sur un long manche.

Le peu d'importance que l'on attache en général aux groseilliers
fait qu'on leur donne rarement la fumure dont ils auraient besoin.
Aussi les produits en sont-ils presque toujours chétifs, nous pensons
donc qu'il sera convenable de les fumer tous les deux ans.

Taille du groseillier épineux. — Le mode de végétation de cette
espèce de groseillier est en tout semblable à celui du groseillier à
grappes. Aussi lui applique-t-on les mêmes soins de culture et de
taille. Toutefois, pour régulariser sa forme, lorsqu'on le cultive en vase
ou gobelet, et rendre la récolte des fruits plus facile au milieu des
nombreuses épines qui couvrent cet arbrisseau, on pourra utilement
fixer chacune des branches qui forment le vase sur un support de gros

fils de fer semblable à celui indiqué pour la figure 760 et imaginé

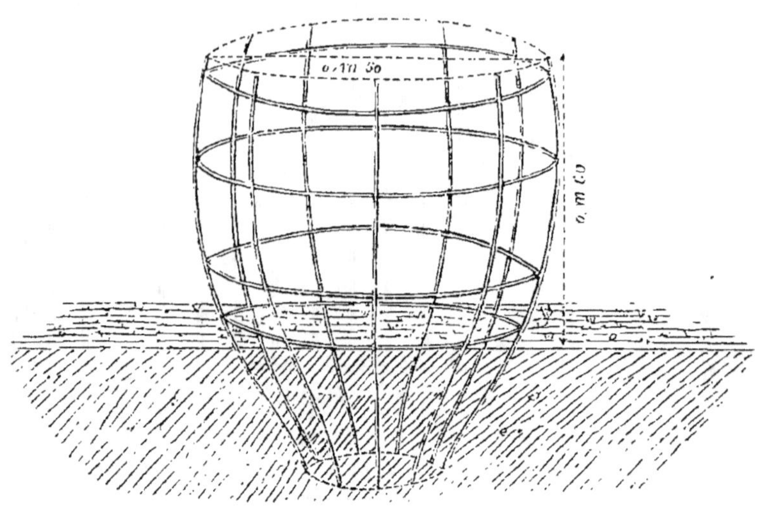

Fig. 760. *Support en fil de fer pour les groseilliers épineux.*

par M. Samson-Davillers, pour son jardin fruitier d'Eaubonne, près de Paris.

Taille et culture du groseillier noir ou **cassis.** — Le mode de végétation de cette espèce de groseillier est aussi semblable à celui du groseillier à grappes. La forme la plus convenable à donner à sa charpente est celle en cépée ou gobelet. Tout ce que nous avons dit des soins à donner aux groseilliers à grappes soumis à cette forme, soit comme taille, soit comme soins de culture, s'applique entièrement au cassis.

Récolte, conservation des fruits. — La récolte des groseilles ne présente rien de particulier. On doit, comme pour les autres fruits, attendre, pour les récolter, qu'elles soient complétement mûres, à l'exception, toutefois, des groseilles à maquereau destinées à servir de condiment et qu'on récolte lorsqu'elles sont encore vertes.

Les groseilles ne sont pas susceptibles d'être conservées après leur maturité complète. Mais on peut, jusqu'à un certain point, retarder la maturation des groseilles à grappes et prolonger ainsi leur durée jusqu'aux premières gelées.

Voici comment on procède :

On choisit les groseilliers les plus touffus, placés dans un lieu bien aéré, bien sec et exposé au midi. On profite d'un beau jour, avant que les fruits soient complétement mûrs, pour enlever environ la moitié des feuilles; on réunit ensuite les branches de la cépée, de façon à en faire une sorte de cône, puis on enveloppe le tout de paille. Les fruits, ainsi abrités de l'ardeur du soleil et de l'humidité des pluies, achèvent de mûrir lentement et se conservent parfaitement jusqu'aux premiers froids.

FRAMBOISIER.

Le *framboisier* (*rubus idæus*, L.) (*fig.* 761) croît spontanément sur toutes les montagnes de l'Europe. On le rencontre jusqu'en Laponie. Son fruit, doué d'un arome très-agréable, est recherché sur toutes les tables.

Fig. 761. *Framboisier.*

Variétés. — *Framboisier des Alpes* ou *des bois.* Fruit rouge, petit, mais plus aromatique que les autres. Bois très-épineux.

Framboisier ordinaire à fruit rouge, Bois jaunâtre, presque sans épines. C'est la variété que l'on cultive surtout aux environs de Paris.

Double Bearing. Fruit gros, rouge. C'est la meilleure et la plus belle des variétés bifères ; ce qui caractérise ces variétés, c'est que le sommet des bourgeons radicaux donne quelques grappes de fruits vers la fin de l'été; ce qui n'empêche pas les mêmes tiges de fructifier de nouveau l'année suivante.

Framboisier du Chili à gros fruit jaune. Bois jaune, assez épineux.

Framboisier du Chili à gros fruit rouge. Bois brun, à peine épineux.

Framboisier Falstoff. Fruit rouge.

Framboisier Gambon. Fruit rouge.

Framboisier Souchetii.

Framboisier César blanc. Fruit blanc gros.

Framboisier Barne. Fruit d'un rouge noir, très-gros.

Climat et sol. — Le framboisier croît spontanément dans toute l'Europe, mais on le rencontre toujours à une hauteur d'autant plus grande au-dessus du niveau de la mer, qu'il se rapproche davantage du Midi; il faut donc le cultiver dans un lieu, non pas ombragé, comme on le fait souvent à tort, mais qui ne soit pas non plus exposé à un soleil brûlant.

Le sol qui convient le mieux à cet arbrisseau est une terre légère, un peu graveleuse et assez fraîche.

Culture. — Le plus grand nombre des jardiniers n'apportent presque aucun soin à la culture du framboisier, à cause sans doute de son peu d'exigence et de sa végétation active. Mais ses produits sont alors bien loin d'être aussi beaux et aussi abondants que lorsqu'on lui applique les opérations qu'il réclame. C'est surtout aux environs de Paris que l'on a consacré à cet arbrisseau de grandes surfaces. La commune de Plombières, près de Dijon, est aussi renommée par l'excellence de ses fram-

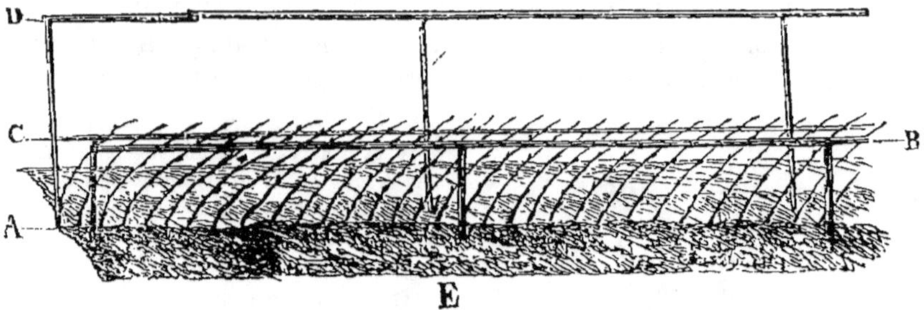

Fig. 762. *Framboisiers plantés en lignes.*

boises, qui sont expédiées dans de petits barils jusqu'à Londres, pour en faire des sirops.

On cultive le framboisier soit en lignes continues, soit en cépées distinctes. On préfère le premier procédé pour le jardin fruitier, et le second pour la culture en plein champ, comme on la pratique aux envi-

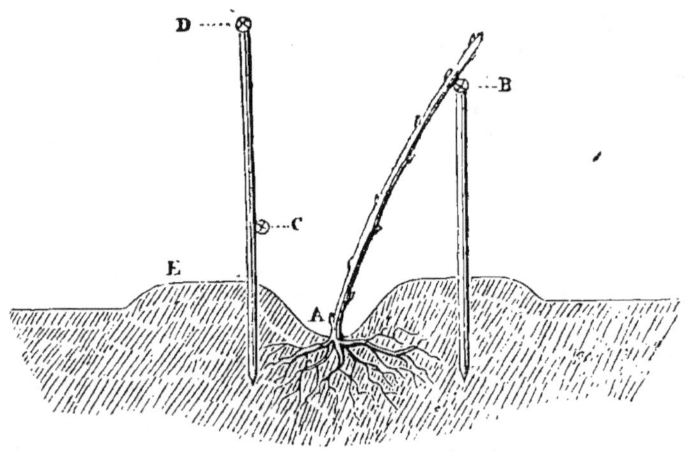

Fig. 763. *Coupe en travers de la figure 762.*

rons de Paris et à Plombières. Occupons-nous d'abord de la culture en lignes continues.

Plantation. — Les lignes de framboisiers peuvent être placées au milieu d'une plate-bande en plein vent (E, *fig.* 762 et 763). On peut

également employer au même usage les plates-bandes placées au pied
de murs peu élevés et exposés au nord. Dans l'un et l'autre cas, le terrain étant préparé comme pour les autres arbres fruitiers, on ouvre au
milieu de la plate-bande une tranchée (A) large de 0ᵐ,50 et profonde
de 0ᵐ,40, au fond de laquelle les drageons de framboisier sont plantés
de manière que la profondeur de cette tranchée soit encore, après la
plantation, de 0ᵐ,25 environ. Ces drageons, enlevés au pied d'anciennes
cépées, auront dû être repiqués en pépinière pendant un an, afin qu'ils

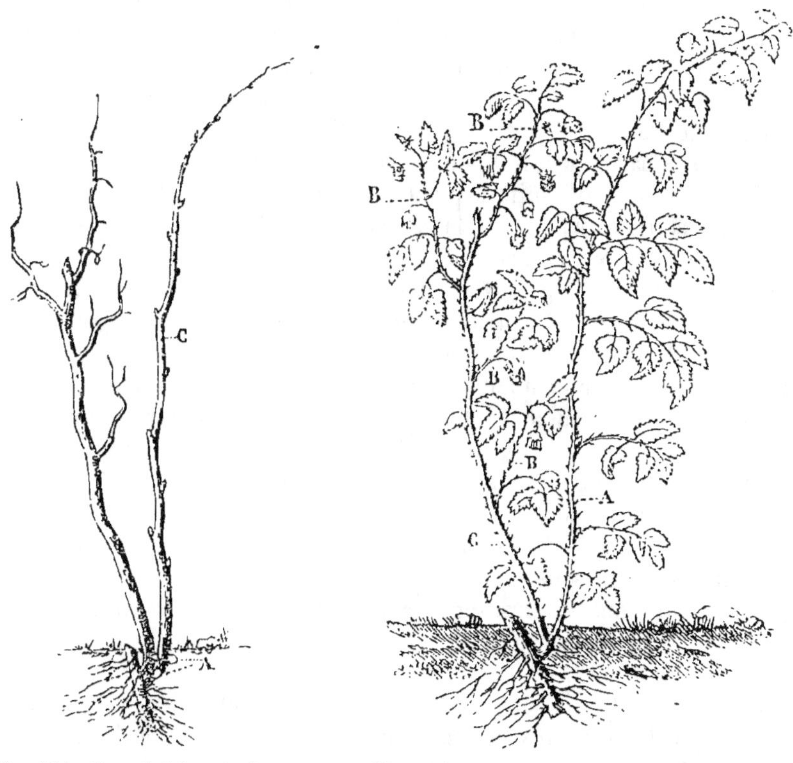

Fig. 764. *Framboisier.* A, *boutons*
radicaux.

Fig. 765. *Framboisier.* A, *bourgeon radical.*
B, *bourgeon mixte.* C, *rameau radical.*

soient mieux enracinés et plus vigoureux. La terre que l'on en a extraite est placée en ados de chaque côté de la rigole; les drageons sont
plantés à 0ᵐ,50 les uns des autres. On ne coupe sur chaque drageon que
le tiers environ de la longueur de la tige, et l'on a soin de supprimer
sur cette tige toutes les fleurs qui apparaissent pendant l'été suivant :
c'est le moyen de favoriser le développement des feuilles, partant celui
de nouvelles racines, et, en définitive, la formation de bourgeons radicaux vigoureux.

48.

Taille. — Le framboisier présente le mode de végétation suivant : un drageon vigoureux étant planté (C., *fig.* 764), chacun des boutons placés sur cette jeune tige développe un petit bourgeon mixte B (*fig.* 765) qui fructifie; puis on voit bientôt naître des boutons radicaux de la base (*fig.* 764) un ou plusieurs bourgeons radicaux A (*fig.* 765). Ces bourgeons radicaux continuent de s'allonger pendant tout l'été. Aussitôt après la maturité des fruits, la tige fructifère C (*fig.* 765) devient languissante; elle est complétement desséchée à la fin de l'automne. On a alors le résultat que montre la figure 764. L'année suivante, la nouvelle tige C fructifie comme la première; elle développe à sa base de nouveaux bourgeons radicaux qui naissent du bouton A; elle se dessèche ensuite, et est remplacée l'année suivante par les bourgeons radicaux formés pendant l'été précédent, et ainsi de suite chaque année. Voici la taille qui s'harmonise le mieux avec ce mode de végétation.

Pendant l'été qui suit la plantation, les boutons radicaux placés à la base de la tige (A, *fig.* 764) donnent lieu à des bourgeons radicaux (A, *fig.* 765). Lors du printemps suivant, les tiges primitives (*fig.* 764), qui portaient les fleurs, sont desséchées; on les coupe rez terre. Les rameaux radicaux (C), qui fructifieront à leur tour l'année même, sont coupés à 1 mètre du sol. Cette section a pour but de concentrer l'action de la séve sur un moins grand nombre de boutons et de faire que ceux-ci donnent lieu à des bourgeons fructifères plus vigoureux. Il en résulte aussi que, la séve étant refoulée vers la base, les nouveaux bourgeons radicaux acquièrent un plus grand développement. Il y a inconvénient à tailler ces rameaux radicaux plus court; car alors les boutons inférieurs qui sont restés endormis se développent, et les fruits qu'ils produisent, étant salis par la terre, ne peuvent être utilisés. Comme les jeunes bourgeons du framboisier redoutent les gelées tardives, on attend, pour les tailler, que ces abaissements de température ne soient plus à craindre. En opérant ainsi, le sommet des tiges, qui est toujours plus précoce et qui doit être supprimé, sera seul exposé à cet accident.

Lorsque les rameaux radicaux ont été ainsi taillés, on les incline sur une petite rampe en bois (B, *fig.* 762 et 763) fixée à 0^m,50 de la ligne des framboisiers, et dirigée parallèlement à cette ligne. Elle doit être placée à 0^m,75 au-dessus du sol. Cette opération, que nous n'avons vu pratiquer nulle part, est destinée à empêcher les bourgeons radicaux qui se développent pendant l'été de se confondre avec les tiges fructifères. Celles-ci restent alors isolées et ne présentent aucune confusion; les fruits reçoivent mieux l'influence de la lumière, et l'on en effectue beaucoup plus facilement la récolte.

Pendant l'été, les bourgeons radicaux (A, *fig.* 765) s'allongent progressivement. Lorsqu'ils ont atteint une longueur de 0^m,60 environ, on commence à les attacher sur une traverse (C. *fig.* 762 et 765) fixée à

0ᵐ,50 de la ligne de plantation et à 0ᵐ,40 au-dessus du sol. Ces bourgeons ayant atteint une longueur de 1ᵐ,50, on les attache de nouveau sur une seconde traverse D placée à 1ᵐ,50 au-dessus du sol et à 0ᵐ,50 de la ligne de framboisiers.

Si ces arbrisseaux sont plantés dans une plate-bande située au pied d'un mur, on peut se dispenser de ces deux dernières traverses; les framboisiers étant plantés à 0ᵐ,50 du mur, on y fixera les bourgeons radicaux. Il résulte de ce soin que ces bourgeons radicaux sont complétement isolés des tiges fructifères, et que les uns et les autres parcourent plus facilement les diverses phases de leur végétation.

On doit encore veiller, pendant la naissance de ces bourgeons radicaux, à ce qu'il ne s'en développe pas un trop grand nombre. En effet, plus ils sont abondants sur chaque souche, moins ils sont vigoureux et moins ils donnent de fruits l'année suivante. C'est lorsqu'ils ont une longueur de 0ᵐ,20 à 0ᵐ,25 qu'on supprime les bourgeons surabondants; on choisit pour cela les plus faibles, les plus éloignés de la ligne et de façon que ceux qui restent, étant inclinés sur la traverse, soient placés à 0ᵐ,10 ou 0ᵐ,15 les uns des autres.

Au printemps suivant, c'est-à-dire au commencement de la troisième année qui suit la plantation, les rameaux fructifères de l'année précédente sont coupés rez terre. Les rameaux radicaux qui fructifieront pendant l'été sont détachés de la rampe (D, *fig.* 762 et 763) ou du mur et taillés comme nous l'avons indiqué pour les premiers; on les incline ensuite pour les attacher sur la traverse B. On répète pendant l'été les soins déjà indiqués pour les nouveaux bourgeons radicaux qui naîtront du sol, et chaque année on recommence la même série d'opérations. Toutefois, au commencement de la troisième année, on doit placer au fond de la tranchée A environ 0ᵐ,08 de la terre qui en a été primitivement extraite et qu'on a déposée sur les côtés de la plate-bande, après l'avoir mélangée avec une certaine quantité de terreau consommé. A partir de ce moment, on devra, à chaque printemps, couvrir le pied des framboisiers d'une semblable quantité de terre engraissée jusqu'à ce que la tranchée soit comblée, ce qui a lieu au bout de trois ans. Cette addition successive de terre est destinée à faciliter la formation de boutons radicaux vers le collet de la racine. On obtient alors des tiges beaucoup plus vigoureuses.

Les framboisiers cultivés avec ces soins peuvent donner de beaux fruits pendant huit à dix ans. Au bout de ce temps, la souche commence à se fatiguer; le sol de la plate-bande est épuisé; les bourgeons radicaux deviennent chétifs, et la production diminue. Il devient alors nécessaire de renouveler la plantation, après avoir préalablement enlevé 0ᵐ,50 de terre sur la plate-bande, l'avoir remplacée par une égale quantité de terre neuve et avoir défoncé et fumé le tout.

Aux environs de Paris, dans les communes de Louveciennes, Voisme, Bougival, Marly, Vincennes, etc., et à Plombières, près de Dijon, on cultive le framboisier en plein champ, et voici en quoi ce mode de culture diffère de celui que nous avons conseillé pour les jardins. Les framboisiers y sont également plantés au fond de rigoles continues: mais on en forme des cépées en plantant deux drageons à chaque place. Les cépées sont placées à 1^m,55 les unes des autres, et on met un espace de 1^m,65 entre chaque ligne. Les autres soins d'entretien sont les mêmes que pour la culture en lignes décrite plus haut. Toutefois les bourgeons radicaux et les tiges fructifères sont laissés libres, sans appui. On ne conserve, au pied de chaque cépée, qu'environ cinq bourgeons radicaux pour remplacer annuellement les tiges fructifères.

Aux environs de Harlem (Hollande), les framboisiers sont aussi cultivés en cépée, mais avec des soins différents de ceux que nous venons d'indiquer. Voici en quoi consiste ce mode d'opérer :

Les framboisiers sont plantés en lignes, distantes les unes des autres, de 1 mètre. On laisse un intervalle de 1^m,50 entre chacun des pieds sur les lignes. Lorsque la plantation est terminée, chacune des lignes se trouve placée au fond d'une petite rigole profonde d'environ 0^m,30. La terre excédante est accumulée sur les deux côtés et sert à rechausser de temps en temps le pied des framboisiers. Pendant l'été, on ne laisse développer au collet de chacun d'eux que quatre nouveaux bourgeons. On choisit les plus vigoureux et de préférence les plus rapprochés du pied. Les autres sont supprimés lorsqu'ils n'ont encore qu'environ 0^m,30 de hauteur. Au printemps suivant, les anciennes tiges sont enlevées, et les quatre tiges nouvelles, résultant de ces quatres bourgeons, sont coupées de façon à ne leur laisser qu'une longueur de 0^m,75. On les incline ensuite, deux de chaque côté, parallèlement à la ligne de plantation, en les attachant sur deux tuteurs A (*fig.* 766). Pendant l'été, les

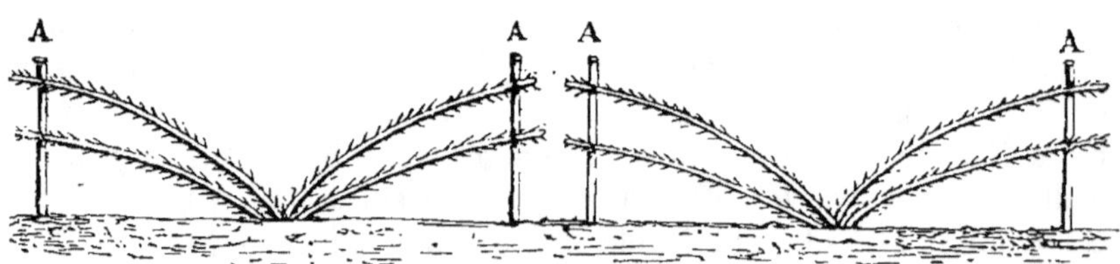

Fig. 766. *Framboisiers après la taille d'hiver.*

tiges A (*fig.* 767), taillées et inclinées au printemps, fructifient, et on laisse encore développer pendant cette saison quatre nouveaux bourgeons B au pied de chaque framboisier. Au moment de la taille de l'hiver suivant, les tiges A (*fig.* 767), qui ont fructifié, sont desséchées: on les enlève, et les nouvelles tiges résultant des bourgeons B sont taillées à 0^m,75 et couchées à la place des tiges fructifères de l'année précédente.

Les mêmes opérations étant répétées chaque année, il en résulte que les tiges fructifères A (*fig.* 767) sont toujours isolées des nouveaux bour-

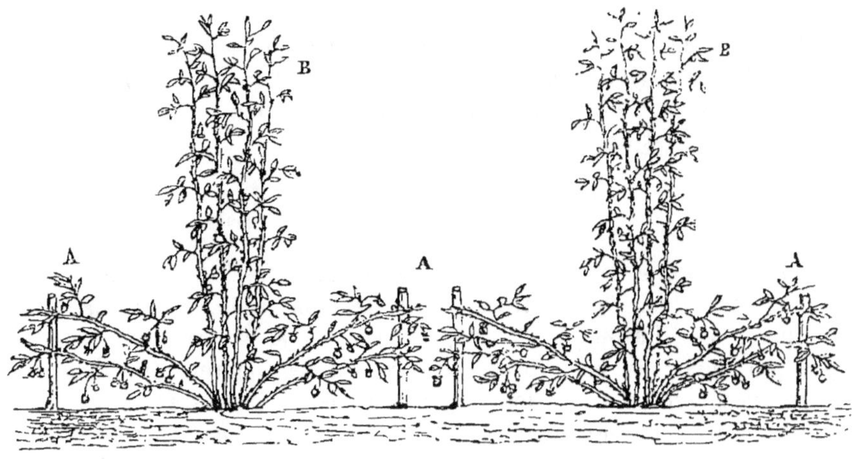

Fig. 767. *Framboisiers pendant leur végétation.*

geons B, et que l'on évite ainsi la confusion et les autres inconvénients que nous avons signalés plus haut.

La production des framboises ne dure ordinairement qu'un mois environ; mais, pour la prolonger pendant tout l'été et l'automne, il suffit de couper tout près de terre, au printemps, une partie des tiges fructifères, au lieu de les tailler à 1 mètre ou 1^m,30 de longueur. Cette opération fera développer plus tôt et beaucoup plus vigoureusement les bourgeons radicaux. Ceux-ci se couvriront alors, vers leur sommet, d'un certain nombre de fruits, qui, commençant à mûrir peu après l'époque où ceux des tiges fructifères conservées auront terminé leur maturation, se succéderont jusqu'aux premiers froids. Cette production anticipée n'empêche pas ces tiges de pouvoir être taillées comme les autres au printemps suivant et de donner une seconde récolte. Nous pensons qu'il vaut mieux employer ce procédé que de planter des framboisiers de Malte, ou bifères, parce que la seconde récolte de cette variété vient trop longtemps après la première. Toutefois, quel que soit le procédé choisi pour obtenir de cet arbrisseau des récoltes tardives, les fruits ainsi obtenus, privés d'une partie de la chaleur de l'été, sont toujours moins savoureux.

Insectes nuisibles. — Récolte. — Le framboisier est souvent attaqué par les chenilles, et surtout par une espèce dont les œufs sont disposés en forme de bague autour des tiges. On doit, en faisant la taille, enlever ces bagues avec soin. Les larves du hanneton sont aussi très-avides de ses racines. Des champs entiers en sont souvent dévorés entièrement. Nous avons indiqué aux pages 317 et 681 les seuls moyens de diminuer les ravages de cet insecte. Il arrive aussi que, lorsque les fruits ont dépassé un certain degré de maturité, ils sont attaqués par des vers et par une sorte de punaise qui leur donne une odeur très-désagréable. Lorsque le moment est venu d'opérer la cueillette des framboises, il ne faut pas la différer d'un seul jour; car ce fruit tourne promptement, et le moindre vent qui agite les tiges le fait tomber.

ÉPINE-VINETTE.

L'*épine-vinette* ou *vinettier* (*berberis vulgaris*, L.) (*fig.* 768) croît spontanément dans les contrées montueuses des parties méridionales et tempérées de l'Europe. Ses fruits, d'une acidité assez prononcée, ne sont presque jamais mangés crus. On en prépare des confitures très-délicates et très-recherchées, et qui font l'objet d'un commerce assez considérable à Chanceaux, près de Dijon. Ces baies, cueillies encore vertes, servent aussi de condiment pour remplacer le jus de citron, ou bien on les confit dans le vinaigre et on les emploie comme les câpres.

Variétés. — L'épine-vinette offre les variétés suivantes :

Épine-vinette commune. Fruits peu volumineux, rouges, très-acides, surtout dans le Nord.

Épine-vinette blanche. Fruit d'un blanc jaunâtre.

Épine-vinette violette. Fruits violets, un peu moins acides que ceux des variétés précédentes. On pourrait, à cause de cela, les préférer dans le Nord, où le vinettier commun est souvent trop acide.

Épine-vinette à larges feuilles. Fruits d'un rouge corail, plus gros que les précédents, très-acides.

Climat et sol. — Le vinettier se développe et fructifie convenablement dans toutes les contrées de la France. Mais le climat du centre et du Midi lui convient mieux ; les fruits, exposés à une température plus élevée, sont moins acides.

Cet arbrisseau végète bien dans tous les terrains ; mais il préfère les sols légers et secs.

Culture. — *Multiplication.* — Le vinettier peut être multiplié par semences et par drageons. C'est surtout ce dernier moyen qui est adopté.

Taille. — Presque nulle part, même dans les localités où ses fruits sont l'objet d'une spéculation, le vinettier n'est soumis à une culture et à une taille régulières. On l'abandonne en quelque sorte à lui-même, lui laissant prendre la forme d'un buisson, souvent inabordable par les nombreuses épines qui couvrent ses rameaux. Nous pensons cependant, et nous en avons fait l'expérience, qu'on pourrait facilement lui imprimer

une forme régulière et une taille annuelle qui auraient pour résultat
d'augmenter la grosseur, l'abondance et la qualité des fruits.

La forme la plus convenable pour le vinettier est celle en vase à basse
tige ou en pyramide. Les boutons à fleur naissent sur des rameaux formés l'année précédente. La taille des prolongements successifs des bran-

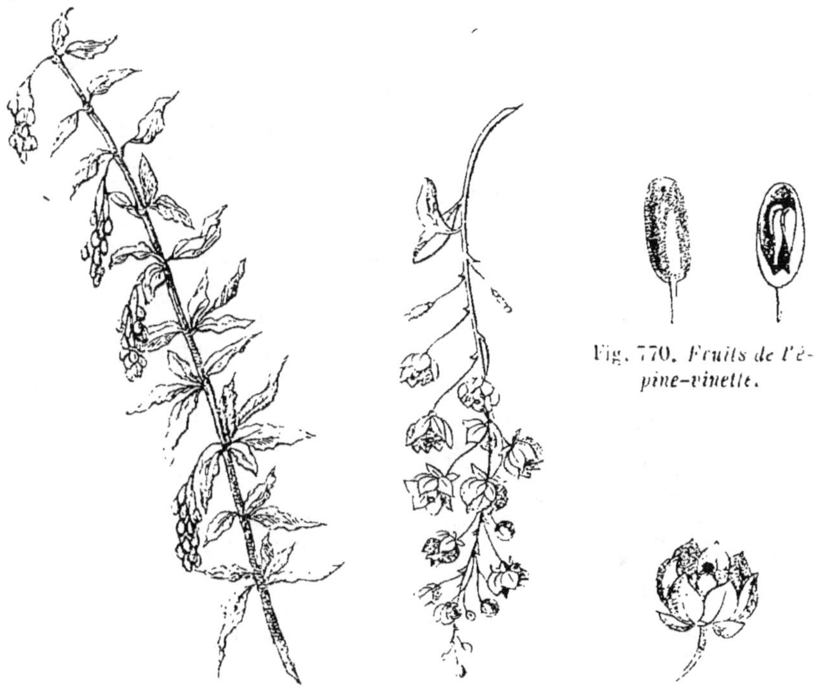

Fig. 768. *Épine-vinette.*   Fig. 769. *Fleurs de l'épine-vinette.*

Fig. 770. *Fruits de l'é-
pine-vinette.*

ches de la charpente doit donc être faite de façon à déterminer le développement de ces petits rameaux, que l'on remplace ensuite en les
traitant comme ceux de l'abricotier.

On doit détruire avec soin, chaque année, les nombreux bourgeons
qui apparaissent au collet de la racine et qui épuiseraient bientôt la tige
principale. Du reste, les labours, les binages, les engrais doivent être
appliqués au vinettier comme aux autres arbres fruitiers, si l'on veut en
obtenir de beaux produits.

Une maladie remarquable attaque habituellement l'épine-vinette :
c'est la *rouille*, qu'on voit apparaître sur les feuilles, sous forme de
taches couvertes d'une poussière jaune. Lorsque cette affection devient
intense, elle détermine la chute des feuilles, suspend la végétation et
annule la production. On n'a encore trouvé aucun moyen de combattre
cette maladie.

Récolte. — La maturité des fruits du vinettier n'est complète qu'à la fin de l'automne. Avant de les utiliser, on les laisse étendus pendant quelques jours sur une table pour leur faire perdre une partie de leur eau de végétation.

FIGUIER.

Le *figuier* (*ficus carica*, L.) (*fig.* 771) croît spontanément dans toutes les parties chaudes de l'Europe, en Asie et dans le nord de l'Afrique. C'est à la colonie grecque qui fonda Marseille que nous devons l'introduction du figuier dans la Provence. Aujourd'hui cette culture est générale dans le midi de la France, en Algérie et dans toute l'Europe méridionale.

Pendant cinq mois la figue entre pour une part notable dans le régime des habitants des contrées méridionales. Desséchée, elle y joue encore un rôle important, et ce qui n'y est pas consommé devient l'objet d'un commerce considérable avec le Nord.

Mode de fructification et de végétation. — Si l'on examine au printemps un jeune bourgeon de figuier, on voit, à l'aisselle de chaque feuille, un petit bouton pointu, écailleux (A, *fig.* 772) : c'est le rudiment d'une nouvelle pousse qui se développera l'année suivante. Le plus ordinairement on trouve à côté de cet œil, et quelquefois à son exclusion, un autre bouton (B) également écailleux, mais un peu plus volumineux, de forme arrondie et déprimée : c'est le rudiment des fleurs ou jeunes figues. Ces boutons à fleur sortent bientôt de leur enveloppe écailleuse, grossissent assez rapidement et apparaissent sous forme d'une figue (*fig.* 771), qui atteint sa maturité vers la fin de l'été.

Fig. 771. *Figuier blanquette.*

La figue n'est pas un fruit proprement dit, c'est le support, le réceptacle d'un grand nombre de petites fleurs qui tapissent sa paroi intérieure (*fig.* 775) et qui donnent lieu à autant de graines après la fécondation ; ce réceptacle devient de plus en plus épais, et acquiert par la maturation toutes les qualités qui distinguent nos meilleurs fruits charnus. Les variétés de figuiers que nous cultivons aujourd'hui sont monoïques, c'est-à-dire que la même figue renferme à la fois des fleurs mâles (*fig.* 773) et des fleurs femelles (*fig.* 774).

Dans les contrées où la température moyenne ne descend pas au-dessous de + 12°, la végétation et la fructification du figuier sont continues ; là où la température moyenne s'abaisse au-dessous de cette limite, le figuier perd ses feuilles, et sa végétation est interrompue. Il se passe alors un phénomène assez remarquable : le bourgeon (B, *fig.* 776), né au printemps, ne peut développer complétement et mûrir qu'un certain nombre des figues qu'il porte, celles de la base (A). Celles du sommet (C), qui ne sont encore qu'à l'état rudimentaire, sont arrêtées dans leur évolution par les premiers froids ; elles restent stationnaires pendant tout l'hiver, reprennent leur accroissement au printemps suivant, et mûrissent au milieu de l'été sur des rameaux dépourvus de feuilles (D). On donne à ces figues le nom de *premières figues*, *figues d'été* ou *figues-fleurs*. Celles qui ont commencé à se former au printemps, à la partie inférieure des bourgeons (A),

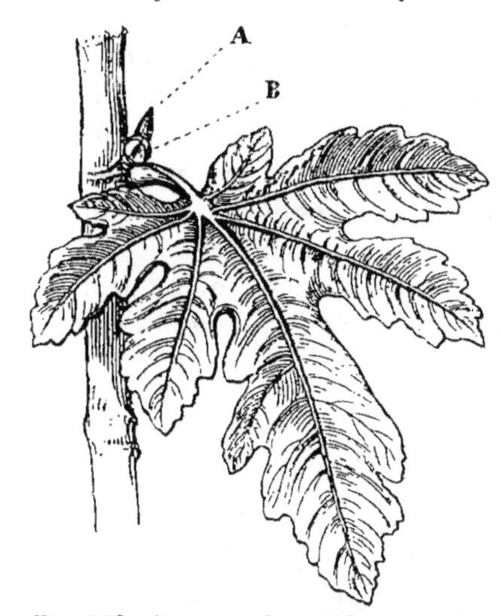

Fig. 772. *Bouton à bois et bouton à fleur à l'aisselle d'une feuille de figuier.*

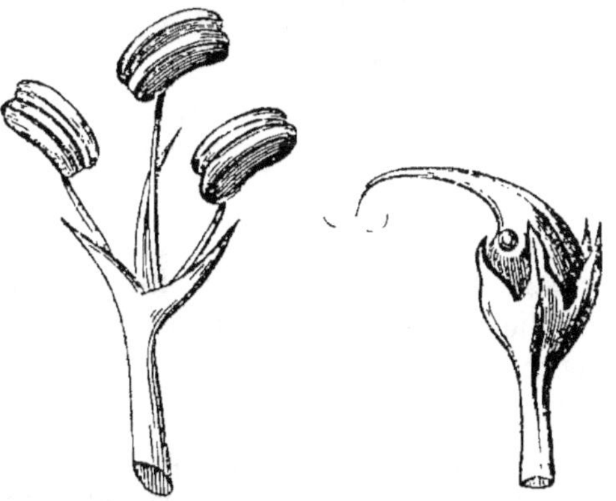

Fig. 773. *Fleur mâle.*   Fig. 774. *Fleur femelle.*

et qui mûrissent au commencement de l'automne, prennent le nom de *secondes figues* ou *figues d'automne*. On voit que, sous le climat du Midi, le figuier donne annuellement deux récoltes. Comme les figues d'automne naissent sur le même bourgeon que celles qui ne mûriront que l'été suivant, on conçoit que plus on récolte des premières, moins les figues-fleurs sont abondantes. Aussi les variétés précoces, c'est-à-dire

qui peuvent mûrir un grand nombre de figues d'automne avant les premiers froids, donnent-elles, en gé-
néral, moins de figues d'été que
les variétés tardives. Par la même
raison, les figues-fleurs sont d'autant plus abondantes sur les arbres, que l'on s'éloigne davantage
du Midi vers le Nord. Sous le climat de Paris, les variétés, même
les plus précoces, ne peuvent donner que des figues-fleurs; ce n'est
qu'exceptionnellement, et dans des
années très-chaudes, qu'on peut
y obtenir quelques figues d'automne.

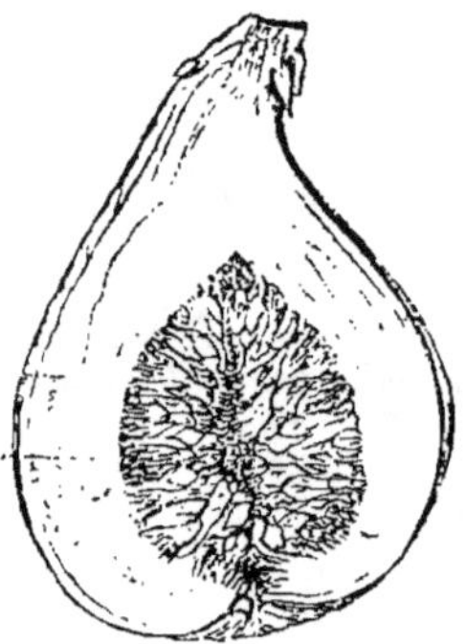

Fig. 775. *Coupe d'une figue.*

Fig. 776. *Rameau et bourgeon de figuier portant des figues-fleurs (D), des figues d'automne (A) et des figues rudimentaires (C).*

Variétés. — Le figuier offre un grand nombre de variétés. Nous
n'indiquerons ici que les meilleures parmi celles qu'on cultive en Provence.

Figues blanches.

Napolitaine. Figue d'automne très-bonne; excellente à sécher; mûrit au commencement de septembre; donne quelques figues-fleurs. Cultivée à Aix et à Salon.

Verdale. Très-bonne fraîche et sèche; mûrit comme la précédente; cultivée à Brignoles et à Salon.

Bourjassotte, barnissotte blanche. Chair rouge; très-bonne fraîche et sèche; se plaît
dans les bons terrains, où l'arbre s'élève très-haut. Commun à Marseille; mûrit
comme les précédentes; diamètre 0^m,035 à 0^m,040.

Aubique blanche. Grosse figue souvent étranglée au milieu; chair rouge; peu estimée fraîche, mais très-bonne sèche; terrain un peu humide.

Raguse, Ragusaine. Très-bonne, très-féconde; mûrit à la mi-septembre. Cultivée à
Marseille.

Blanquette (fig. 771). Ronde, médiocre; mûrit à la mi-août. C'est la plus cultivée au nord de la région des oliviers, et notamment sous le climat de Paris; on ne la fait pas sécher; diamètre 0^m,026 à 0^m,030; donne des figues-fleurs.

Coucourelle blanche, figue angélique. Médiocre; mûrit fin juillet; elles naissent de deux à quatre ensemble à l'aisselle des feuilles; doivent être récoltées très-mûres; terrains secs; diamètre 0^m,026 à 0^m,030.

Hospitalière. Très-bonne à sécher; mûrit au commencement de septembre; cultivée à Salon.

Doucette. Très-bonne fraîche et sèche; mûrit fin d'août; cultivée à Salon.

Messongue, moelle. Très-grosse; bonne fraîche et sèche; cultivée à Salerne.

Boutillète. Très-bonne sèche; cultivée à Brignoles.

Marseillaise, figue d'Athènes. Petite, arrondie, très-sucrée et très-délicate. C'est la plus estimée pour faire sécher; mûrit fin d'août; terrains secs, abrités du nord, peu éloignés de la mer; cultivée à Marseille et à Toulon.

Seyroles. Forme de la précédente; très-bonne à sécher; arbre fertile; cultivée à Grasse et à Draguignan; diamètre 0^m,020 à 0,^m025; terrain sec.

De Versailles, royale. Chair rose; donne beaucoup de figues-fleurs, assez grosse, très-bonne; mûrit mi-juillet; diamètre 0^m,040 à 0^m,045.

Pitaluffe. Très-bonne fraîche et sèche; cultivée à Grasse.

Pécoujude, pédonculée. Bonne fraîche et sèche; cultivée à Grasse et à Antibes.

Sextius. Très-bonne; obtenue à Aix, dans le jardin du docteur Gibelin.

Figue reine, cougourdane. Bonne; mûrit fin septembre; cultivée à Aix et à Saint-Remi.

Tibourenque. Très-bonne fraîche et sèche; mûrit mi-septembre; cultivée à Marseille et à Salon.

Col des dames, col de Signore. Excellente et belle variété; cultivée en Roussillon.

Espagnole, d'Espagne. Très-bonne; mûrit au commencement de septembre; cultivée à Aix.

Beaucaire. Grosse figue; excellente sèche; cultivée à Entrecasteaux.

Figues colorées.

Quasse blanche. Très-bonne variété à sécher; mûrit fin d'août; cultivée à Bandol et à la Seyne.

Figue-datte. Excellente fraîche et sèche, mûrit fin d'août; cultivée à Salon et à Eyguières.

Poulette. Très-bonne fraîche et sèche; mûrit fin d'août; cultivée à Tarascon et à Salon.

Observantine, Cordelière, Figue grise, Blavette. Variété très-répandue; figues-fleurs abondantes, grosses, très-bonnes, mûrissant à la mi-juin; figues d'automne médiocres, plus petites; on les fait sécher; terres substantielles et fraîches. Arbre vigoureux.

Mahonnaise. Très-bonne; mûrit à la mi-septembre; cultivée à Saint-Remi et à Salon.

Trompe-chasseur. Bonne qualité; donne quelques figues-fleurs; figues d'automne à la mi-septembre, bonnes à sécher, vertes à la maturité.

Du Saint-Esprit. Figues-fleurs bonnes, fin juin; figues d'automne médiocres; cultivée à Marseille, Aix et Salon.

De Grasse, Grassengue, Figue grise. Médiocre fraîche, très-bonne sèche; fin d'août; diamètre des figues 0^m,076 à 0^m,080; donne quelques figues-fleurs; terrain frais.

De Jérusalem. Très-bonne variété cultivée à Aix; fin d'août.

Rose blanche. Grosse, très-charnue; bonne seulement sèche; terrain sec.

Safranée. Excellente fraîche et sèche; mi-septembre; cultivée à Nice et à Salon.

Franche-Paillarde. Beaucoup de très-bonnes figues-fleurs; commencement de juillet.

Aubiquoun, Aubique violette, Petite aubique, Figue-poire, Figue de Bordeaux. Figues-fleurs abondantes, médiocres; figues d'automne, bonnes; chair rouge; diamètre 0^m,055. Terrain frais. C'est, avec la blanquette, celle qui s'accommode le mieux du climat de Paris.

Bellone. Très-bonne fraîche et sèche; fin d'août; diamètre 0^m,045 à 0^m,050; quelques figues-fleurs; terrains substantiels et frais; cultivée à Grasse, Draguignan et Marseille.

Coucourelle de Grasse. Petite, pepins très-petits; excellente sèche.

Péconjude grise. Très-bonne, cultivée à Trans.

De Cuers, des Dames, Sans-Pareille. Très-bonne; cultivée à Bargemont et ailleurs.

Grisette. Très-bonne sèche, cultivée à Grasse et à Hyères.

Verdaou. Très-bonne fraîche et sèche; cultivée à Grasse et à Saint-Tropez.

Figues noires.

Recousse. Très-bonne, tardive; cultivée à Trans.

De Porto. Excellente fraîche et sèche; arbre peu élevé; cultivée à Seyne et à Saint-Maximin.

Bourjassotte noire. Très-bonne fraîche; mûrit depuis le commencement de septembre jusqu'au commencement de l'hiver; terrains gras et frais; diamètre 0^m,050 à 0^m,055.

Bernissenque. Se rapproche de la précédente; mûrit plus tard; diamètre 0^m,040 à 0^m,045; même terrain.

Mouissonne violette. Peau très-fine, bleuâtre et crevassée; chair rouge; excellente fraîche et sèche; diamètre 0^m,045; donne aussi des figues-fleurs en juillet; mais moins bonnes. Terrain frais.

Sultane. Excellente, vient de Tunis; cultivée à Salon.

Perruquière. Donne beaucoup de figues-fleurs très-grosses et très-bonnes, fin de juin; celles d'automne médiocre, fin d'août.

Dans le Midi, les récoltes de figues d'automne sont toujours plus abondantes que celles de figues-fleurs. D'ailleurs, les premières sont toujours plus sucrées, moins aqueuses et font de meilleurs fruits secs. On choisit donc les variétés à fruits d'automne pour faire les grandes plantations destinées à alimenter le commerce des fruits secs. Toutefois ce choix devra être tel, pour chaque localité, que la maturité et la récolte puissent être terminées au moins quinze jours avant la saison des pluies, car ce laps de temps est nécessaire pour sécher la récolte au soleil. Sous le climat de Marseille, les meilleures variétés pour sécher sont la *marseillaise*, celle *de Grasse* et la *mouissonne*. Plus au nord, à Orange, on devra préférer la *blanquette*, et au delà, la *coucourelle blanche*.

D'autres variétés, également propres à être séchées, pourraient être certainement préférées à celles-ci, au point de vue de la qualité; mais elles sont plus tardives et ne pourraient plus être séchées qu'en employant un appareil à air chaud.

Quant aux variétés fertiles en figues-fleurs, on les réserve exclusivement pour être mangées fraîches. On en forme des plantations dans le voisinage des grands centres de population; et ces variétés sont choisies de façon que, la maturité de leurs fruits se succédant sans cesse, on puisse en manger depuis la fin de juin, époque à laquelle mûrit l'*ob-servantine*, jusqu'à la fin de juillet, où commencent les figues d'automne ; on leur fait ensuite succéder les figues d'automne les plus précoces, puis viennent, les variétés les plus tardives comme la *bour-jassotte noire*, dont la maturation se prolonge jusqu'à l'entrée de l'hiver.

Climat et sol. — Le figuier appartient surtout au climat du Midi. Il redoute le même degré de froid que l'olivier ; mais sa végétation, beaucoup plus prompte, répare bientôt les dégâts occasionnés par la gelée. Plus la température est élevée, plus ses fruits acquièrent de qualité. La culture des figues s'avance jusque sous le climat de Paris; mais il faut l'y abriter contre les froids de l'hiver. Au nord du climat de Paris, les figues-fleurs ne mûrissent plus.

On trouve des figuiers sur tous les terrains, depuis les plus secs jusqu'aux plus humides ; nous avons indiqué, dans la liste qui précède, les besoins de chaque variété sous ce rapport. On reconnaît cependant qu'en général c'est dans les sols calcaires riches et frais qu'ils donnent les meilleurs produits. On dit que le figuier veut avoir le pied dans l'eau et la tête au soleil.

Culture. — *Multiplication.* — Le figuier peut être multiplié au moyen des *semis*, des *marcottes*, des *drageons*, des *boutures* et de la *greffe*.

Les semis ne sont presque jamais employés, à cause de la difficulté de se procurer de bonnes semences, de la lenteur de ce procédé et du grand nombre de variétés médiocres que l'on en obtient.

Les marcottes sont d'un usage plus fréquent. On choisit des rameaux d'un à deux ans, on pratique une ligature ou une incision sur la partie enterrée (p. 137), on sèvre à l'automne, et l'on plante immédiatement à demeure. Comme le figuier n'aime pas à être transplanté, on peut, pour ne pas déranger les racines de la marcotte, faire celle-ci dans un panier, comme nous l'avons expliqué pour la vigne, en treille, avec cette différence, que le sommet du rameau qui sort de terre ne sera pas tronqué.

Les drageons sont le mode de multiplication le plus simple et le plus ordinairement employé. On les enlève à l'âge de deux ans au pied des figuiers, et on les plante à demeure en automne. Mais les figuiers que l'on multiple ainsi présentent l'inconvénient de produire, à leur collet, un très-grand nombre de drageons qui épuisent la tige. Aussi serait-il préférable d'employer les boutures.

Ces boutures sont faites à l'automne. On choisit des rameaux vigoureux, nés depuis le printemps, longs de 0^m,20 à 0^m,25, et à la base desquels on a conservé le talon. Ces boutures sont plantées à demeure et de façon que le bouton terminal excède la surface du sol de 0^m,03 ou 0^m,04 seulement. Pour préserver ce bouton des intempéries de l'hiver, on le couvre d'un petit capuchon en cire, que l'on retire au printemps.

La greffe n'est employée que pour changer la nature des figuiers, soit que les fruits soient de médiocre qualité, ou que les produits soient trop peu abondants. Toutes les sortes de greffes réussissent sur le figuier. mais on se sert ordinairement des *greffes en fente simple, en couronne* et *en sifflet.* La greffe en couronne est réservée pour les grosses tiges.

Les soins que réclame la culture du figuier varient suivant le climat. Nous allons donc les examiner séparément sous le climat du Midi et sous celui de Paris.

CULTURE DU FIGUIER DANS LE MIDI DE LA FRANCE.

Le figuier peut être planté en quinconce, dans un verger agreste, auquel on donne le nom de *figuerie.* Les arbres y sont placés à la distance de 6 ou 7 mètres. Ce mode de culture est toutefois peu répandu, à cause d'un champignon parasite qui, attaquant les racines, passe d'un arbre à l'autre et détruit rapidement toute la plantation. C'est pour cela que l'on préfère généralement planter le figuier en lignes isolées, entremêlées d'autres arbres, tels qu'amandiers, oliviers, etc. On les place aussi dans les vignes, de distance en distance. Dans l'un et l'autre cas, on ameublit et l'on amende le sol, à chacun des points où les figuiers doivent être plantés, sur une largeur de 1 mètre et une profondeur de $0^m,80$.

Quelle que soit la forme de la plantation, il faut la défendre de la sécheresse pendant les deux ou trois premières années, soit par des irrigations, soit par des binages ou des couvertures (page 158).

Formation de la tige. — Dans le Levant, l'Archipel grec, l'Afrique, les figuiers, développent un tronc de 3 à 4 mètres d'élévation, et de $0^m,30$ à $0^m,40$ de diamètre ; ce sont de véritables arbres. En Provence, la température moins élevée et les gelées fréquentes s'opposent à ce qu'ils prennent ces grandes dimensions ; mais il y a avantage à leur faire développer un tronc, parce que cette disposition leur permet en général de prendre de plus grandes dimensions et de donner des produits plus abondants, et que l'on peut tirer meilleur parti du terrain placé sous la tête des arbres. Enfin, cette disposition est indispensable pour les figuiers cultivés dans les vignes labourées à la charrue, afin de faciliter le passage des animaux de travail.

Toutefois, les parties les plus chaudes de la Provence permettent seules de profiter des avantages des hautes tiges, car cette forme expose davantage les figuiers aux rigueurs de l'hiver. La tige devra donc être d'autant moins élevée qu'on s'éloignera davantage des bords de la Méditerranée, jusqu'à ce qu'elle disparaisse complétement aux limites de la Provence, pour être remplacée par une cépée (*fig.* 777). Cette dernière forme devra être également adoptée, même en Provence, pour les figuiers des terrains légers non susceptibles d'être arrosés ; car les figuiers à hautes tiges souffrent trop de l'ardeur du soleil, tandis que, dans les cépées, les branches inférieures s'étendent presque horizontalement sur le sol et garantissent les plus grosses racines de l'intensité de la chaleur.

Quand les figuiers doivent être pourvus d'une tige, on laisse se développer librement, pendant les deux premières années, tous les bourgeons qui apparaissent sur les jeunes sujets ; ils sont nécessaires pour favoriser le développement de nombreuses racines. A la troisième année, au mois de mars, on choisit le rameau le plus vigoureux, on le dresse avec un tuteur, et l'on supprime tous les autres. A partir de ce moment, on ne conserve sur cette tige que le bourgeon terminal, jusqu'à ce qu'elle ait atteint la hauteur à laquelle elle doit se ramifier, c'est-à-dire environ 2 mètres, pour les parties les plus chaudes et les mieux abritées de la Provence. Alors, au printemps, on supprime le bouton terminal et l'on fait ainsi développer vigoureusement les boutons latéraux destinés à former la tête ; le développement de celle-ci est ensuite abandonné à lui-même : on veille cependant à ce qu'elle prenne une disposition à peu près régulière.

Quant aux cépées, elles se forment d'elles-mêmes par les bourgeons qui naissent sur toute l'étendue des jeunes plants, et surtout vers la base, pendant les premières années qui suivent leur plantation.

Dans l'un et l'autre cas, il est prudent d'envelopper de paille, pendant les deux premières années, les rameaux des figuiers, pour les défendre des froids de l'hiver.

Taille. — Quoique beaucoup de figuiers du midi de la France soient abandonnés à eux-mêmes après leur formation, il n'en est pas moins vrai qu'une taille pratiquée avec discernement produirait les plus heureux résultats. Cette opération est d'ailleurs fort peu compliquée : chaque année, au mois de mars, on enlève les rameaux gourmands inutiles qui se sont développés à la base des branches principales ou sur le collet de la racine. On supprime également un grand nombre des rameaux latéraux qui sont nés sur la partie du prolongement de chaque branche âgée de deux ans ; on ne conserve que ce qui est nécessaire pour former des branches de second ordre destinées à combler quelque vide dans l'arbre.

Parfois aussi, la taille a pour but de remplacer, dans certaines branches, le rameau de prolongement qui s'est développé trop faiblement, ou qui même a été détruit. On choisit alors un des rameaux latéraux les plus vigoureux, et l'on coupe la branche immédiatement au-dessus. Quelquefois encore, le figuier s'emporte tout d'un côté, de telle façon que certaines branches se dégarnissent et produisent des vides. On coupe alors ces branches vers leur base, de manière à provoquer au-dessous de la coupe la sortie des bourgeons vigoureux qui combleront ces vides. Un ébourgeonnement plus rigoureux pratiqué sur le côté opposé favorisera leur accroissement. Enfin toutes les parties languissantes ou desséchées sont enlevées chaque année avec soin. Moins on usera de la serpette pour le figuier, mieux cela vaudra. Aussi il conviendra de supprimer les productions inutiles, autant que possible, lorsqu'elles seront à l'état de bourgeon. Dans tous les cas, les plaies qu'on sera obligé de faire devront toujours être recouvertes avec du mastic à greffer dès qu'elles présenteront un diamètre de $0^m,02$.

Bernard, qui a écrit à Marseille, en 1776, un très-bon mémoire sur la culture du figuier, parle d'un procédé déjà fort ancien et qui a pour but de hâter la maturation des figues. Il consiste dans l'application d'une très-petite goutte d'huile d'olive fine au centre de l'œil de la figue. Cette opération est encore pratiquée avec beaucoup de succès dans quelques localités de la Provence, et notamment à Martigues : cette application de l'huile est faite avec un brin de paille très-fine, de façon à ne toucher que le centre de l'œil. On la pratique aussitôt que l'œil a pris décidément une teinte rouge, et, autant que possible, le soir après le coucher du soleil. La figue, qui était verte, petite et dure, apparaît dès le lendemain gonflée, molle, avec une teinte jaune. L'œil est ouvert, la floraison commence, et l'on cueille la figue le quatrième jour au matin, au moment où les semences vont se former. On obtient ainsi un fruit qui a acquis plus de parfum et de douceur qu'avec la maturation naturelle, et qui est privé de ces nombreuses graines, dont la présence est désagréable. Cette opération offre un autre avantage : c'est que l'arbre, soulagé par cette récolte anticipée, fournit des sucs plus abondants aux fruits qui lui ont été laissés et qui dès lors mûrissent plus tôt.

Toutefois cette pratique a été réservée jusqu'à présent pour hâter la maturation des figues que l'on mange fraîches. On n'a pas trouvé qu'elle pût être appliquée d'une manière économique aux figues à sécher.

La naissance des figues étant continue sur chaque bourgeon pendant tout le temps qu'il s'allonge, un certain nombre d'entre elles (*fig.* 776), placées vers la base de la moitié supérieure des bourgeons, sont surprises par les premiers froids avant d'être mûres, et lorsqu'elles sont déjà trop avancées pour résister à l'hiver et se développer l'année suivante comme les figues-fleurs. Ces figues tomberont aux premiers jours du printemps; il vaut donc mieux les supprimer aussitôt qu'elles ont atteint le premier tiers de leur grosseur. On économise ainsi la séve qu'elles auraient absorbée jusqu'au moment de leur chute.

Labours, engrais, irrigation. — Dès la fin d'octobre, et même plus tôt, quand les figuiers se sont dépouillés de leurs feuilles et que la récolte est faite, on leur donne le premier labour avec la pioche ou la houe fourchue. On laisse un petit bassin autour de chaque pied (*fig.* 777)

pour retenir les pluies d'automne. Dans la première quinzaine de décembre, et plus tôt si l'hiver est précoce, on comble ce bassin et l'on butte le pied des arbres le plus haut possible, afin de les préserver du froid. Au com-

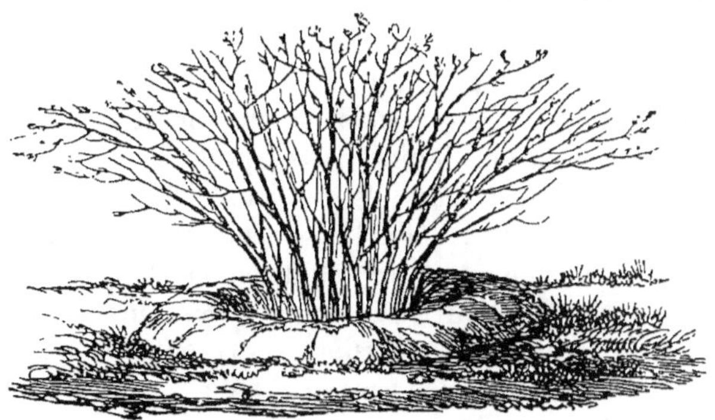

Fig. 777. *Cépée de figuier entourée d'un bassin.*

mencement d'avril, après la taille, on rabat cette terre, et l'on donne un second labour moins profond que le premier. Après l'ébourgeonnement, on pratique un premier binage, qu'on répète ensuite tous les mois jusqu'à la fin d'août. Ces binages ameublissent parfaitement la surface du sol, retiennent l'humidité, font grossir les figues, et accélèrent leur maturation.

Quoique le figuier donne des produits passables dans des terrains tellement maigres, que les autres arbres fruitiers ne sauraient y vivre, il est très-avide d'engrais, et la beauté ainsi que l'abondance de ses fruits payent largement ceux qu'on leur applique. Comme pour les autres arbres, ce sont les engrais à décomposition lente, tels que les os concassés, les cornes, les chiffons de laine, etc., qui lui conviennent le mieux. A leur défaut, les cultivateurs du Midi emploient les fumiers de mouton, de cheval, la colombine, pour les terrains frais, et le fumier de vache pour les sols légers. Ces divers engrais sont enterrés lors du labour d'automne. Les premiers engrais n'ont besoin d'être renouvelés que tous les six ou huit ans, et les seconds tous les deux ou trois ans. Pour les figuiers dont le produit est destiné à sécher, on fume légèrement, parce qu'on obtient ainsi des figues plus sucrées, moins aqueuses et qui se dessèchent plus facilement.

Certaines variétés de figuiers, notées dans la liste précédente, supportent assez facilement la sécheresse; néanmoins on peut dire que toutes les variétés se trouvent bien de l'irrigation, pourvu qu'elle ne soit pas trop fréquente et qu'elle ne fasse qu'entretenir la fraîcheur du sol. On devra donc s'empresser d'user de ce moyen toutes les fois que les circonstances locales le permettront. On pourra alors diminuer le nombre des binages d'été; mais la fumure devra être un peu plus abondante. Les figuiers dont on doit faire sécher la récolte devront être arrosés plus modérément que ceux dont les fruits doivent être mangés frais.

Rajeunissement des figuiers. — Quoique la croissance du figuier soit très-prompte, il dure fort longtemps lorsqu'il est placé sous un climat favorable. On trouve en Afrique des figuiers qui ont plus de deux siècles. Dans le midi de la France, la durée des figuiers en cépée est presque indéfinie, parce qu'ils se renouvellent constamment au moyen de nouveaux jets qui naissent de la souche. Mais ceux qui sont à haute tige arrivent à la décrépitude vers l'âge de 50 à 60 ans, et il faut les rajeunir. A cet effet, on ouvre au pied une large excavation, de façon à découvrir le collet et les plus grosses racines. On coupe le tronc aussi bas que possible; on recouvre la plaie avec du mastic, ou on la brûle avec un fer rouge, afin de l'empêcher de se pourrir; on enlève ensuite ce qu'il peut y avoir de carié dans les racines; on supprime tous les rejetons qui se sont développés, à l'exception du plus beau, destiné à renouveler la tige; enfin on remplace la terre épuisée par une terre neuve bien amendée. Ceci fait, on traite le rejeton conservé comme un jeune figuier nouvellement planté.

CULTURE DU FIGUIER SOUS LE CLIMAT DE PARIS.

Sous le climat de Paris, le figuier est cultivé en cépées, disposées en lignes isolées ou réunies sur un terrain spécial dit figuerie. On ne laisse pas acquérir aux tiges de ces cépées plus de 1^m,50 à 2 mètres de longueur, afin de pouvoir les abriter facilement pendant l'hiver. On ne cultive que les variétés fertiles en figues-fleurs, car les figues d'automne n'y mûrissent presque jamais.

Argenteuil et la Frette sont les deux localités les plus renommées pour la culture de cet arbre aux environs de Paris; elles fournissent toutes les figues fraîches que l'on voit sur les marchés. Le mode de culture suivi dans ces deux localités présentant quelque différence, nous allons les examiner séparément.

Culture d'Argenteuil. — L'introduction du figuier à Argenteuil paraît dater de plus de deux siècles. Il y est cultivé en massif dans des sols profondément ameublis, richement fumés, de nature siliceo-calcairo-argileuse, abrités des vents du nord et du nord-ouest et exposés du midi au levant. Cette culture comprend une surface d'environ 50 hectares, qui produisent en moyenne 250,000 figues.

La variété cultivée est celle que nous avons décrite sous le nom de *blanquette*. Voici comment on procède à cette culture.

Plantation. — On prend des marcottes en panier : on les plante au mois de mars, dans des trous de 1^m,50 de diamètre, profonds de 0^m,80, et remplis de terre bien amendée.

La plantation est faite de façon que la partie enracinée de la marcotte soit enterrée à 0^m,25 ou 0^m,30 de profondeur, et de manière aussi à enterrer 0^m,15 ou 0^m,20 de la tige, dont le sommet sort obliquement du sol. Pour former plus vite la cépée, on pourra planter deux marcottes dans chaque trou au lieu d'une; dans ce cas, les deux paniers seront placés en lignes parallèles à la ligne de plantation, à 0^m,20 les uns des autres, et de manière que les tiges soient opposées l'une à l'autre sur cette ligne. On a soin de laisser la surface du trou à 0^m,50 au-dessous du sol environnant. L'excédant de la terre est disposé en ados autour du trou, afin de retenir plus facilement l'eau des pluies au pied des jeunes figuiers. Les arbres sont plantés à 5 mètres de distance les uns des autres dans les lignes, et à 4 mètres entre les lignes, de façon à former une sorte de quinconce.

On abandonne ces jeunes plants à eux-mêmes pendant tout l'été, en les préservant toutefois de la sécheresse au moyen de binages ou de couvertures.

Dans la première quinzaine de novembre, lorsque les premiers froids

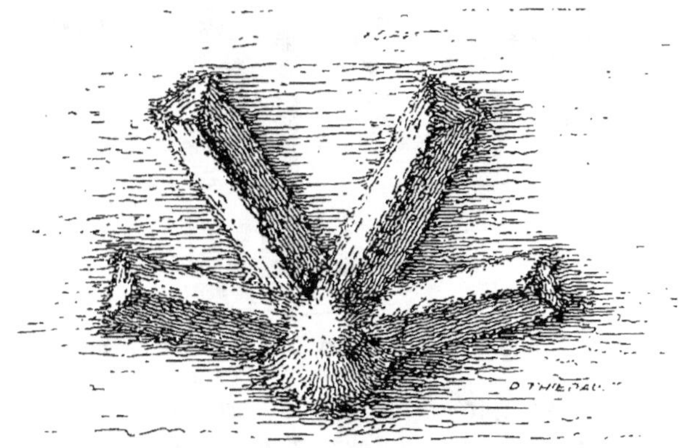

Fig. 778. *Figuier abrité contre la gelée.*

commencent, que les feuilles sont complétement tombées, et que la terre n'est pas trop humide, on choisit un beau jour, et l'on incline avec précaution la jeune tige jusqu'au niveau du fond de la fosse; on la couvre ensuite, ainsi que le pied, d'une couche de terre de 0^m,50 à 0^m,40 d'épaisseur, pour la défendre contre les froids. Vers la fin de février, lorsque le temps est devenu doux, on découvre les tiges et l'on rétablit la fosse comme elle était avant le couchage. Le développement du jeune plant est encore abandonné à lui-même pendant l'été, puis on le recouche en novembre.

Troisième année. — Lors du troisième printemps après la plantation, on choisit, au milieu de mars, un temps doux; puis on coupe la jeune tige à 0ᵐ,15 ou 0ᵐ.20 du sol, afin de favoriser, vers la base, le développement de nombreux bourgeons destinés à former les diverses branches principales de la cépée. On laisse ces bourgeons s'accroître pendant tout l'été; puis on les couche vers le milieu de novembre. Ce couchage exige les soins suivants :

On choisit un temps sec et le moment où la terre, bien friable, pourra s'engager facilement entre toutes les branches sans laisser de vide. Cette

Fig. 779. *Figuiers enterrés dans les terrains horizontaux.*

terre doit être exempte de feuilles, d'herbe ou de paille, qui, mises en contact avec les branches enterrées et se pourrissant, tacheraient ces branches et les feraient pourrir elles-mêmes. Il convient aussi d'abattre les figues d'automne qui pourriraient en terre et offriraient le même inconvénient que les feuilles. Ces précautions étant prises, on divise les branches de la cépée en quatre faisceaux égaux, puis on serre chacun d'eux au moyen de ligatures.

On ouvre alors dans le sol autant de fossettes qu'il y a de faisceaux. Ces fossettes, naissant du pied de la cépée, ont une profondeur et une largeur suffisantes pour contenir les faisceaux. On leur donne une direction un peu différente suivant que le terrain est en pente ou horizontal. Dans le premier cas, elles sont toutes dirigées vers le même côté de la cépée et contrairement à la pente du terrain, comme l'indique la figure 778. Lorsque le terrain est disposé horizontalement, elles rayonnent également tout autour, comme le montre la figure 779. Le couchage des tiges étant ainsi pratiqué, on recouvre chaque faisceau avec une couche de terre d'au moins 0^m,50 d'épaisseur et disposée en ados. La souche elle-même est abritée par la terre qu'on y accumule sous forme d'un cône. Les cépées offrent, après ce travail, l'aspect des figures 778 et 779.

Quatrième et cinquième année. — Vers la fin de février et par un temps doux et humide, on découvre les figuiers. Plus cette opération est faite de bonne heure, plus la végétation est précoce ainsi que la maturité des figues; mais aussi la récolte est souvent détruite par les gelées tardives. C'est pourquoi quelques cultivateurs préfèrent retarder cette opération jusqu'à la fin de mars, quoiqu'à ce moment les arbres souffrent de leur exposition immédiate à l'ardeur du soleil et que la récolte soit exposée à mûrir moins bien. D'autres découvrent la moitié de leurs figuiers à la fin de février et l'autre moitié à la fin de mars. Ils sont ainsi plus assurés d'avoir une récolte moyenne, soit en quantité, soit en qualité. Les tiges sont maintenues également écartées les unes des autres pour empêcher la confusion, et l'on soutient celles qui resteraient placées trop près du sol. Le sol est parfaitement nivelé pour les figuiers des terrains horizontaux; mais on laisse cependant une petite cuvette au pied de chaque cépée (*fig.* 786 et 788) pour y retenir l'eau des pluies. Quant aux figuiers des terrains en pente, on donne au sol une disposition telle que les eaux pluviales qui s'écoulent des parties supérieures soient retenues au pied de chaque cépée. On y maintient ainsi une humidité favorable pendant l'été et l'on empêche que le sol ne soit raviné par les eaux. Les figures 785 et 787 montrent cette disposition. Tous ces soins sont ensuite répétés chaque année.

Pendant l'été qui suit, on abandonne encore à lui-même l'allongement des jeunes tiges ainsi que le développement des nouveaux bourgeons de la souche. On laisse ainsi, chaque année, s'accroître le nombre des tiges, jusqu'à ce qu'on en compte, sur chaque cépée, quatorze ou seize. Les mêmes soins sont répétés pendant la cinquième année.

Sixième année. — Au printemps de cette année, les tiges les plus anciennement formées sont constituées comme l'indique la figure 780. A ce moment on pratique l'*éborgnage*, c'est-à-dire que par un temps doux et aussitôt que les figuiers sortis de terre commencent à présenter quelques signes de végétation, on supprime le bouton terminal de tous les rameaux latéraux (A), afin de déterminer le développement des boutons à bois de la base, puis aussi de faire nouer plus facilement les figues-fleurs dont ils montrent déjà les rudiments (A, *fig.* 781). On éborgne également la moitié environ des boutons à bois latéraux, en choisissant ceux (B) qui accompagnent le rudiment des figues. On en conserve toujours deux (D) à la base de chaque rameau, et un (C) vers le sommet, pour y attirer la séve. Quant au rameau terminal de chaque tige, on le soumet à la même opération, à cette différence près qu'on doit le laisser pourvu du bouton à bois situé immédiatement au-dessous de celui du sommet, et de deux ou trois autres situés à 0^m,30 environ les uns des autres et qui donneront lieu à de nouveaux rameaux latéraux.

Lorsque les bourgeons du figuier ont atteint une longueur de 0^m,05 environ, on pratique, par un temps doux, l'ébourgeonnement sur tous les rameaux latéraux et sur le rameau terminal de chaque tige. Sur les premiers, on ne conserve qu'un seul bourgeon C (*fig.* 782), le plus rapproché de la base, pour qu'il remplace celui qui porte les fruits cette année. Sur le rameau terminal, on conserve le bourgeon du sommet qui prolonge chaque branche, et quelques-uns des latéraux destinés à former de nouveaux rameaux à fruit l'année suivante. Ces derniers sont espacés de façon qu'ils soient également frappés par

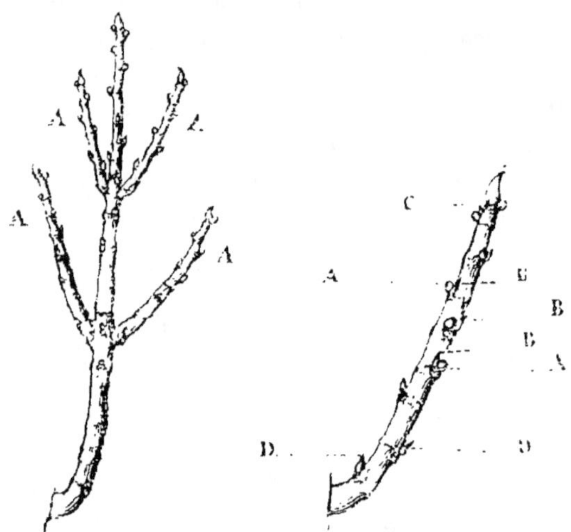

Fig. 780. *Tige de figuier au sixième printemps qui suit la plantation.*   Fig. 781. *Rameau de figuier.*

le soleil. Lorsque l'on a complété le nombre de tiges que doit porter chaque cépée, on enlève également les nouveaux bourgeons qui naissent sur la souche.

Quoique les figues d'automne mûrissent difficilement, on peut cependant, dans les années favorables, en obtenir un certain nombre. Pour hâter leur développement, on opère ainsi. On laisse à la base des rameaux fructifères les plus vigoureux deux bourgeons au lieu d'un (*fig.* 783). Le plus rapproché de la base (C) est destiné à la production des figues-fleurs de l'année suivante, l'autre (D) porte les figues d'automne. Pour forcer celles-ci à croître plus rapidement, on pince ce bourgeon lorsqu'il a atteint une longueur de 0^m,12 environ. Comme cette récolte de figues d'automne a pour résultat d'épuiser les arbres et de diminuer l'abondance des figues-fleurs pour l'année suivante, on devra ne l'employer que sur les figuiers les plus vigoureux.

Lorsque, par suite de gelées tardives, la récolte des figues a été dé-

truite, ce qui peut être apprécié vers le milieu de mai, on pratique la
taille en vert; c'est-à-dire qu'on coupe chacun des rameaux latéraux sur
le bouton à bois le plus rapproché de la tige. Le rameau terminal est
laissé intact. Il résulte de cette opération que l'action de la séve est
refoulée sur le vieux bois et y fait développer un grand nombre de bourgeons. On en profite pour remplir les vides; mais on ne laissera de ces
bourgeons que ceux qui sont réellement utiles. Cet ébourgeonnement
est pratiqué au moment que nous avons déjà indiqué.

L'application de l'huile, dont nous avons parlé plus haut pour avancer
la maturation des figues, est aussi pratiquée à Argenteuil.

Après la récolte des figues-fleurs, chaque rameau à fruit présente

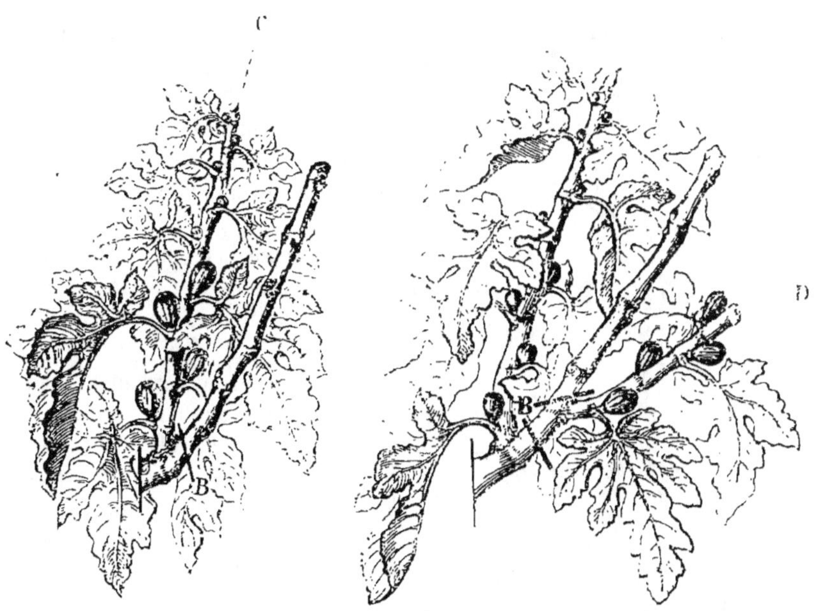

Fig. 782. *Rameau de figuier après*   Fig. 783. *Rameau de figuier après la récolte*
la récolte des figues-fleurs.   *des figues-fleurs.*

l'aspect de la figure 782, ou celle de la figure 783 si l'on a réservé
deux bourgeons pour en consacrer un (D) à la production des figues
d'automne. Vers la fin d'août, et par un temps bien sec, on procède au
nettoyage des figuiers. On coupe en B le sommet des rameaux qui ont
fructifié ; on enlève les bourgeons inutiles, immédiatement au-dessus
de l'œil le plus bas; si cet œil se développe l'année suivante, on l'ébourgeonne. On enlève encore les ramifications desséchées, mais tout près
de la tige, et l'on couvre les plaies avec du mastic. Quelques cultivateurs ne font ce nettoyage des figuiers que l'année suivante, au prin-

temps; mais les amputations que l'on fait à ce moment donnent lieu à une déperdition de séve plus considérable, et les plaies se cicatrisent moins facilement. Après la chute des feuilles, chaque tige du figuier ainsi opérée est constituée comme l'indique la figure 784.

Septième année. — Au printemps, les rameaux latéraux A (*fig.* 784) de chaque tige sont traités comme ceux de l'année précédente, à l'exception toutefois des quelques rameaux B qui ont donné des figues d'automne l'année précédente et qui sont coupés au-dessus du rameau inférieur. Les autres opérations sont semblables à celles de l'année précédente. On continue ainsi chaque année d'allonger les branches principales en y conservant, de distance en distance, des rameaux à fruit qui se remplacent successivement comme ceux du pêcher.

Lorsque les tiges ont atteint une longueur de $1^m,50$ à 2 mètres, on cesse de les allonger, parce que la séve abandonnerait les rameaux à fruit de la base, et que ceux-ci finiraient par se dessécher. On traite alors le rameau de prolongement de ces tiges comme nous l'avons indiqué pour les rameaux latéraux.

Le couchage auquel on soumet chaque année les tiges du figuier leur impose une direction horizontale à $0^m,60$ ou $0^m,80$ du sol, ainsi que le montrent les figures 787 et 788. C'est là un élément de succès; car, d'une part, les fruits peu éloignés du sol reçoivent plus de chaleur et mûrissent mieux, et, de l'autre part, l'action de la séve est mieux répartie entre les divers rameaux latéraux.

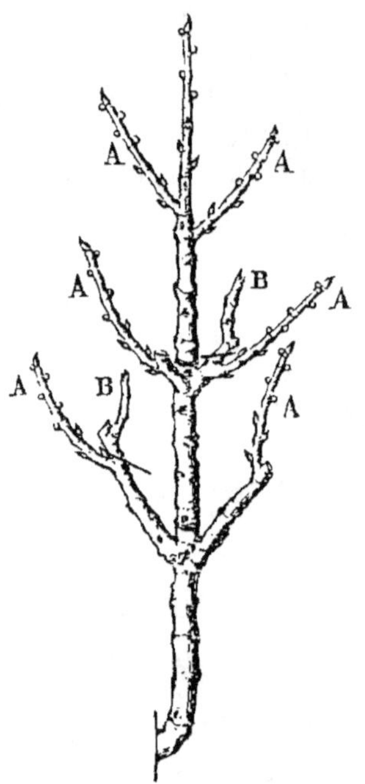

Fig. 784. *Tige de figuier sept ans après la plantation.*

Les figuiers d'Argenteuil commencent à fructifier à six ans; ils sont en plein rapport à dix. Ils vivent très-longtemps; mais il est nécessaire de renouveler successivement les tiges, qui, à l'âge de 12 ou 15 ans, finissent par s'épuiser. A cet effet, on laisse naître sur la souche un nombre de bourgeons égal à celui des tiges à remplacer, et l'on coupe celles-ci à la fin d'août suivant.

On donne à ces figuiers un labour chaque année, au printemps, après avoir déterré les tiges, et avant de reformer la fosse qui entoure chaque pied; on leur applique, en outre, plusieurs binages dans le courant de l'été. Ils sont fumés tous les trois ans.

Culture de la Frette. — La culture du figuier à la Frette paraît être

postérieure à celle d'Argenteuil. Elle ne comprend guère qu'une surface de huit hectares.

La variété de figuier qu'on y rencontre est une figue violette que nous avons dé-signée sous le nom d'*Aubiquoun* ou *figue de Bordeaux*. La *Blanquette* y est aussi cultivée, mais exceptionnellement et dans les terrains secs, dont elle s'ac-commode mieux que l'Aubiquoun. La dif-férence qu'offre la culture de la Frette, comparée à celle d'Argenteuil, est due en grande partie à la variété de figuier qu'on y a choisie.

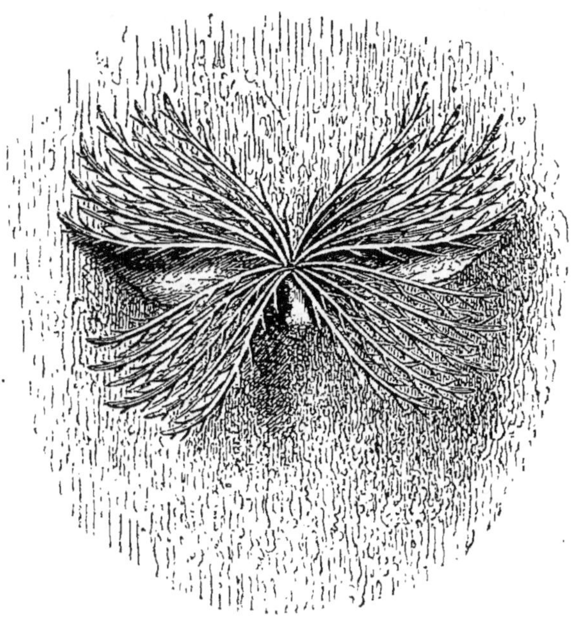

Fig. 785. *Figuiers d'Argenteuil plantés sur un terrain incliné.*

Les figuiers sont à 4 mètres au lieu de 5. On ne pratique pas l'ébor-

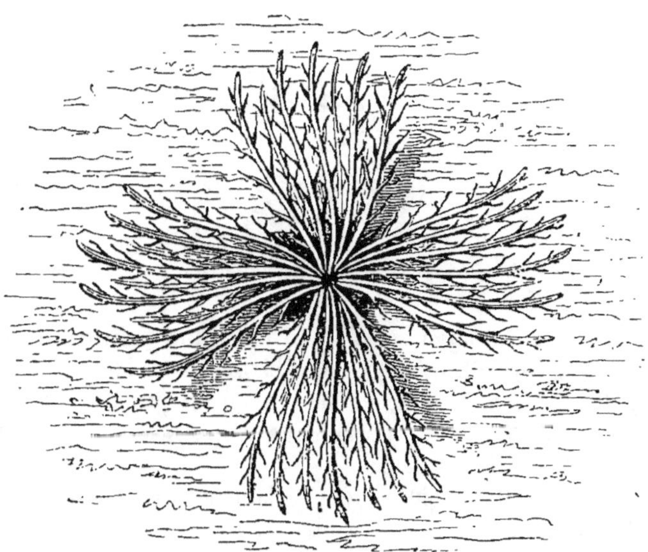

Fig. 786. *Figuiers d'Argenteuil plantés sur un terrain horizontal.*

gnage, car il ferait couler les fruits de cette variété. On laisse tous les bourgeons se développer; puis on enlève ceux qui sont inutiles, un mois avant la maturité des figues et par un temps doux. On ne conserve ainsi que les bourgeons indiqués pour la Blanquette.

Dans les étés humides, on pique souvent les figues pour y introduire l'huile, au lieu de les toucher seulement.

La maturité de l'Aubiquoun est plus tardive que la Blanquette, mais cette figue est plus savoureuse; elle est aussi plus grosse, mais moins abondante.

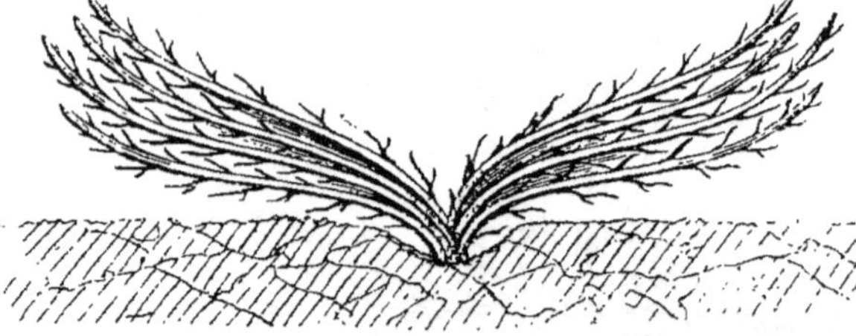

Fig. 787. *Profil des figuiers plantés sur un terrain incliné.*

Maladies. — Insectes nuisibles.— Les maladies du figuier sont déterminées soit par la sécheresse excessive du sol, soit par l'intensité des gelées.

Dans le midi de la France, la sécheresse est telle parfois, en été, que les figuiers perdent leurs feuilles, que les fruits tombent, ou que ceux qui mûrissent sont insipides et malsains.

Il n'y a d'autre moyen de prévenir cet accident que d'arroser, de temps en temps, le pied des figuiers pendant le mois d'août.

Le figuier du midi de la France est aussi sensible au froid que l'olivier ; mais la rapidité de sa végétation lui fait réparer bien plus rapidement qu'à celui-ci les dégâts causés par cet accident. Il n'en est pas de même pour les figuiers du climat de Paris : ces gelées tardives frappent souvent la récolte principale, les figues-fleurs.

Fig. 788. *Profil des figuiers plantés sur un terrain horizontal.*

Les figuiers atteints par les gelées réclament des soins différents, suivant qu'ils sont morts jusqu'au collet de la racine, ou que quelques branches seulement ont été frappées. Dans le premier cas, on arrache le figuier, au mois de mars, en séparant la souche des grosses racines au point où celles-ci commencent à être bien saines. On laisse l'excavation ouverte, et l'on recouvre les grosses racines de $0^m,02$ ou $0^m,05$ de terre fine bien amendée. Pendant l'été, cette excavation étant maintenue fraîche, on voit apparaître des bourgeons vigoureux qui naissent des racines. A l'automne, on conserve seulement le plus vigoureux. On referme la fosse à l'entrée de l'hiver avec de la terre neuve, et le rejeton est ensuite traité comme un jeune figuier.

Dans le second cas, on supprime pendant l'été suivant tous les bourgeons qui naissent en plus grand nombre que de coutume au pied de la tige, sous l'influence de l'état maladif de la tête de l'arbre; on enlève toutes les figues dès qu'elles ont la grosseur de petites fèves, afin que toute la séve soit employée à la formation de bourgeons vigoureux. Enfin, au printemps suivant, on coupe toutes les branches sèches et l'on rapproche les autres sur les rameaux les plus beaux.

Plusieurs insectes attaquent le figuier dans le Midi: le plus redoutable est une espèce de *kermès* ou *cochenille* (*coccus ficus caricæ*, Oliv.) (*fig.* 789). Cet insecte, déjà connu et décrit en 1733 par Cestoni, est ovale, convexe, de couleur cendrée. Les petits, qui éclosent sous la mère au mois de mai, se jettent sur les bourgeons, les feuilles et même les figues, dont ils épuisent la séve. Les bourgeons restent courts, les feuilles et les branches se couvrent de taches noires, les fruits tombent sans mûrir, et le figuier lui-même finit par succomber. C'est vers le mois d'août que les jeunes kermès abandonnent les feuilles pour se réunir à la face inférieure des rameaux et des branches obliques ou horizontales. Là, ils continuent de grossir jusqu'au mois de mai suivant, et chacun d'eux donne naissance à une nouvelle génération, composée de 1,200 individus environ.

Fig. 789. *Kermès du figuier.*

Le moyen le plus simple pour combattre ce fléau est celui que nous avons indiqué pour une autre espèce de kermès qui attaque la vigne en treille. On se sert également de l'eau bouillante, recommandée contre la pyrale de la vigne (p. 496).

Récolte. — Les figues sont mûres lorsque le suc âcre et laiteux qu'elles contiennent est changé en une eau limpide et sucrée, qu'elles ont pris la couleur qui distingue chaque variété; qu'elles sont devenues molles, charnues et pendantes. Dans le Midi, celles qui sont destinées à être mangées fraîches sont cueillies un peu avant leur maturité complète; sous le climat de Paris, elles ne peuvent jamais être trop mûres. Les figues qu'on veut faire sécher sont cueillies complétement mûres et même un peu flétries, ce qui accélère leur dessiccation. Dans tous les cas, il faut attendre, pour les cueillir, que le soleil ait vaporisé la rosée qui les couvre.

Desséchement des figues. — Les figues destinées à être séchées sont placées sur des claies faites en roseaux bien secs et exposées au soleil, dans un endroit le plus chaud possible.

Une remise bien aérée, éloignée de toute mauvaise odeur, les reçoit pendant la nuit et les jours de pluie. Toutefois ceux qui en sèchent une grande quantité ne les rentrent jamais, et empilent les claies tous les soirs, en couvrant chaque pile avec une toile cirée.

Chaque jour, le matin et à midi, on retourne les figues pour les faire sécher sur tous les points. Lorsqu'en aplatissant les figues sur leur queue elles ne se fendent pas, on les retire; plus tôt, elles resteraient mollasses et se gâteraient; plus tard, elles deviendraient trop dures.

Dans certaines localités, on ne cueille les figues que lorsqu'elles sont flétries; et, après les avoir exposées au soleil un ou deux jours, on les jette dans de grands paniers où on les laisse suer pendant sept à huit jours. On achève ensuite leur dessiccation au soleil.

Chaque matin, en sortant les claies, on retire les figues qui sont assez desséchées, on les dépose sur des draps, dans une chambre aérée et sèche, en séparant celles qui sont altérées. Lorsque toutes les figues sont ainsi desséchées, on les aplatit, puis on les sépare en trois qualités différentes pour les livrer au commerce.

Dans les automnes pluvieux, les cultivateurs du Midi sont obligés de faire sécher les figues au four; mais il s'en faut de beaucoup qu'elles soient d'aussi bonne qualité que celles qui ont été desséchées au soleil.

FIGUIER D'INDE.

Le *figuier d'Inde*, *figuier de Barbarie* (*cactus opuntia*, L., *opuntia ficus indica*) (*fig.* 790), est originaire des parties chaudes de l'Amérique et croît aussi spontanément dans le nord de l'Afrique. On l'a transporté de là en Sicile et en Corse, où il s'est naturalisé. La figue d'Inde, dit M. de Gasparin, est la manne, la providence de la Sicile. Ce fruit est, pour cette contrée, ce qu'est la banane dans les pays équinoxiaux, et l'arbre à pain dans les îles de l'océan Pacifique. A Catane, on fait sécher la figue d'Inde et l'on en compose des masses compactes pour s'en nourrir en hiver. On en conserve aussi de fraîches, que l'on cueille avec un petit morceau de la feuille qui les porte. Ce que nous venons de dire de l'importance de cette plante pour la Sicile s'applique également à l'Algérie. Là, ces fruits servent en outre à la nourriture des bestiaux, qui en sont très-avides, ainsi que des feuilles de l'année. Enfin le figuier d'Inde forme une clôture excellente pour les champs, et un moyen de défense pour les habitations.

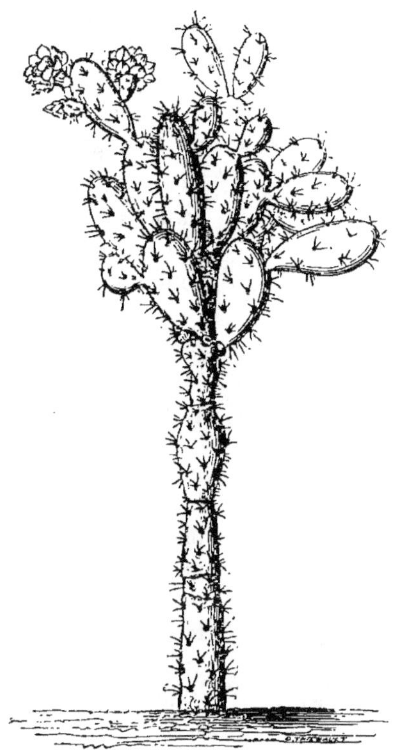

Fig. 790. *Figuier d'Inde ou de Barbarie.*

Variétés. — M. Moll a remarqué en Algérie deux variétés bien distinctes de figuier d'Inde : l'une, à laquelle on donne le nom de *figuier du chameau*, a des fruits rouges, de la grosseur d'un petit œuf de poule ; les fruits et les feuilles ou *raquettes* sont couverts de piquants très-durs, longs de 0^m,015 à 0^m,020. C'est la variété qu'on choisit pour clôture. L'autre, à laquelle les Arabes donnent le nom de *figuier des chrétiens*, offre sur ses feuilles et ses fruits des piquants plus faibles, plus petits. Elle a une végétation plus vigoureuse, des feuilles plus développées, plus succulentes, des fruits meilleurs et d'une grosseur double. C'est cette variété qu'on multiplie pour l'alimentation. Il en existe aussi en Sicile plusieurs variétés très-recommandables par la qualité et la grosseur de leurs fruits.

Culture. — Le figuier d'Inde résiste bien aux petites gelées ; et on le voit vivre, comme l'oranger, pendant un certain nombre d'années, dans les contrées où l'eau se congèle tous les hivers. Mais une saison un peu rigoureuse le fait disparaître. Il se développe dans tous les terrains, les creux des laves et des rochers, les limons, les calcaires ; il ne redoute que les terrains constamment humides. La multiplication du figuier d'Inde est des plus simples et peut avoir lieu en toute saison ; on préfère cependant les mois d'août et de septembre. On coupe une raquette, on la laisse pendant quelques jours sur terre, jusqu'à ce que la section se soit à peu près cicatrisée, puis on la plante à demeure, la section en bas, dans une terre ameublie par quelques coups de pioche, où on l'enfonce de 0^m,05 à 0^m,06. L'arrosage n'est pas nécessaire, à moins que le terrain ne soit d'une nature et à une exposition très-sèche. Dans ce cas, on retarde la plantation jusqu'en septembre. Si, au lieu d'une seule raquette, on peut planter une branche ayant un peu de vieux bois et cinq ou six raquettes, on obtient des produits beaucoup plus promptement.

Quand on plante en plein, on dispose les lignes à 1^m,50 ou 2 mètres de distance les unes des autres. Le figuier d'Inde n'exige aucune culture; cependant, un ou deux labours, donnés chaque année dans l'intervalle des lignes, seront largement payés par une augmentation de produit.

La taille n'est pas nécessaire à la bonne venue de la plante, mais elle est utile pour en diriger la croissance. On taille donc de façon qu'aucune branche n'intercepte le passage entre les figuiers. On supprime aussi en juillet, août et septembre, les feuilles inférieures de l'année pour procurer de la nourriture aux animaux. Ces feuilles ou raquettes sont coupées en tranches,

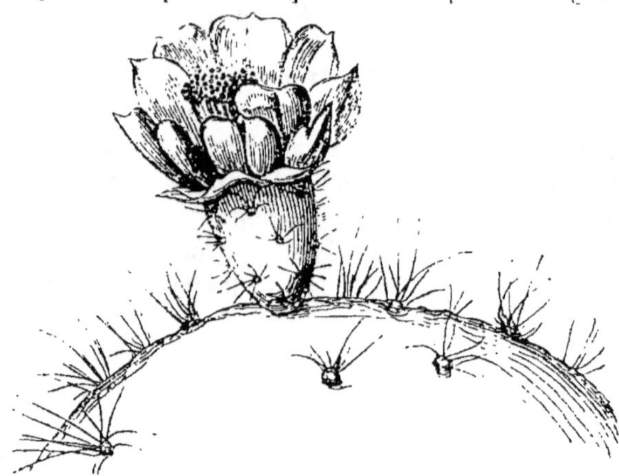

Fig. 791. *Fleur du figuier d'Inde.*

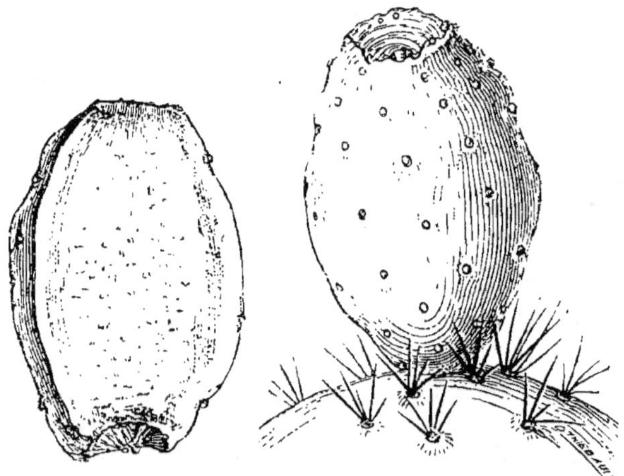

Fig. 792. *Coupe du fruit du figuier d'Inde.*

Fig. 793. *Fruit du figuier d'Inde.*

comme on le fait pour les racines fourragères. On peut, pour les rendre plus appétissantes, les saupoudrer de son.

QUATRIÈME DIVISION : FRUITS NUCULAIRES. — NOISETIER.

Le *noisetier commun* (*corylus avellana*, L.) (*fig.* 794) croît spontanément dans nos bois; son fruit est mangé frais ou sec. On en extrait une grande quantité d'huile excellente que l'on emploie pour la table,

la parfumerie et la peinture. Les tourteaux ou résidus de cette extraction sont de beaucoup préférables à ceux des amandes ordinaires, pour
confectionner la pâte d'amande.

Variétés. — *Noisette franche, à fruit rouge et à fruit blanc.* Noix allongée,
déprimée au sommet, enveloppée d'un involucre qui la dépasse. Saveur douce très-
agréable.

Noisette-aveline, Avelinier, Avelanier fig. 794. Noix de forme ovoïde, anguleuse,
plus grosse que la précédente, enveloppée d'un involucre qui la dépasse à peine.
On en distingue trois sous-variétés : l'une *à noix ovale*, l'autre *à noix très-grosse*,
la troisième *à noix striée*.

Noisette-aveline de Provence. Fruit rond, gros, coque tendre, pellicule rouge.

Noisette grosse longue d'Espagne. Fruit oblong, gros, à pellicule rouge.

Noisette Dowton. Fruit gros, rouge, à coque tendre, à pellicule blanche.

C'est surtout la noisette aveline qui est dans le midi de l'Europe l'objet d'une
culture et d'un commerce assez étendus.

Culture. — Le noisetier s'accommode de tous les climats de la France;
toutefois certaines variétés, telles
que l'avelinier, ne donnent le plus
souvent, dans le Nord, que des noix
privées d'amandes.

Le noisetier redoute, à la fois,
la sécheresse et la compacité du
sol; il recherche les sols légers et
frais, bien découverts et exposés
de préférence au nord ou au cou-

Fig. 794. Avelinier.

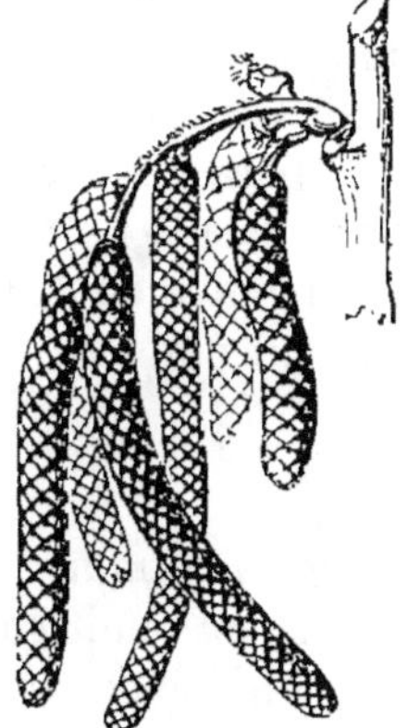

Fig. 795. *Fleurs mâle et femelle
de l'avelinier.*

chant. Dans le Midi, on ne le cultive que sur les terrains qui peuvent
être arrosés.

Le noisetier, cultivé pour ses fruits, se multiplie au moyen des drageons, des marcottes et de la greffe. Ce dernier procédé est le plus convenable pour obtenir des individus vigoureux et de longue durée. On emploie pour cela des sujets de noisetier commun obtenus de semis, et on les greffe en écusson à œil dormant, dès que la tige a la grosseur du petit doigt. On les plante à demeure deux ans après.

Lorsque les aveliniers sont disposés en massifs, comme en Espagne et en Sicile, on les plante à 4 mètres les uns des autres. On les débarrasse, chaque année, des rejetons qui se développent en grand nombre au pied de la tige et qui l'affaiblissent, et l'on maintient le sol net et bien cultivé.

Le noisetier peut aussi entrer utilement dans la plantation du jardin fruitier; mais il convient alors de le soumettre à une taille annuelle et de lui imposer la forme conique. C'est à tort que quelques auteurs ont écrit que la taille nuit aux produits de cet arbre. Nous en avons soumis à cette opération pendant dix ans, et ils nous en ont toujours donné des fruits tout aussi abondants et beaucoup plus gros que ceux qui étaient abandonnés à eux mêmes. Les fruits du noisetier se développant comme ceux du cognassier, c'est le mode de taille indiqué pour cette espèce qu'il conviendra de lui appliquer. Il faut toutefois, 1° conserver sur l'arbre un certain nombre de chatons ou fleurs mâles (*fig.* 795), afin d'assurer la fécondation des fleurs femelles; 2° ne tailler qu'en mars, au moment où les petites aigrettes rouges des fleurs femelles (*fig.* 795) sont bien visibles au sommet des boutons, de façon à pouvoir en conserver une suffisante quantité.

Récolte. — La maturité des noisettes est indiquée par les involucres qui commencent à se flétrir. C'est le moment de récolter celles qui sont destinées à l'extraction de l'huile ou aux usages de la table. Pour conserver les noisettes avec toute leur saveur, on les place dans du sable, du son ou de la sciure de bois bien secs; ou on les introduit dans des bouteilles de grès ou de verre hermétiquement fermées, et que l'on descend dans un puits.

NOYER.

Le *noyer commun* (*juglans regia*, L.) (*fig.* 796), originaire de la Perse, a été introduit en Europe par les Romains. Son fruit fournit la moitié de l'huile que nous consommons, soit pour la table, soit pour les arts. Les noix sont servies sur nos tables avant et après leur maturité; dans le premier cas, elles prennent le nom de *cerneaux*.

Variétés. — Le noyer commun a produit un certain nombre de variétés, parmi lesquelles nous citerons les suivantes :

Noyer à très-gros fruit, noix de jauge, noix à bijoux (*J. maxima*. Noix deux ou trois fois plus grosse que celle du noyer commun; amande plus petite que la cavité de la noix. Recherchée seulement par les bijoutiers, qui en font de petits nécessaires. Végétation rapide, mais bois plus mou. On doit les manger fraîches seulement. Se reproduit de semis.

Noyer à gros fruit long. Coque peu dure, bien pleine, très-fertile.

Noyer à coque tendre, noix à mésange. Noix allongée, très-tendre, souvent percée au sommet par les mésanges, bien pleine, produisant beaucoup d'huile. C'est une des meilleures variétés.

Noyer à coque dure, noix anguleuse, noix bocage (J. angulosa). Noix très-dure, d'un volume médiocre; amande difficile à extraire des anfractuosités de la coque. Bois de meilleure qualité et mieux veiné que celui des autres variétés. Se reproduit de semis.

Noyer tardif, de la Saint-Jean (J. serotina). Les feuilles et les fleurs de cette variété ne commencent à se développer qu'à la Saint-Jean. Il échappe ainsi à l'action des gelées tardives, qui détruisent souvent la fructification dans les autres variétés. Noix arrondie; coque peu dure, bien pleine; arbre vigoureux, pas très-productif; beau bois. Cultivé surtout dans le voisinage des grandes villes, où ses fruits qui mûrissent mal sont consommés à l'état de cerneaux à la fin de septembre. Se reproduit de semis.

Noyer à grappe (J. racemosa). Noix aussi grosses que celles du noyer commun et réunies en grappe au nombre de 12 à 28. Variété très-fertile et digne d'être plus répandue qu'elle ne l'est. Se reproduit de semis.

Noyer à petit fruit, noyer-noisette. Fruit très-petit, globuleux; coque bien pleine; amande très-bonne; arbre très-fertile.

Noyer fertile (J. præparturiens). Mis dans le commerce par M. André Leroy, d'Angers. Noix de grosseur ordinaire, très-pleine, à coque tendre. Cette variété est très-remarquable par la précocité de sa fructification. L'arbre se couvre de fruits dès sa troisième année de semence, mais il prend moins de développement que les autres variétés. Se reproduit de semis.

Climat et sol. — Le noyer craint les hivers très-rigoureux; il ne redoute pas moins les gelées tardives du printemps, qui détruisent les fleurs et les jeunes bourgeons. Aussi est-ce particulièrement sous le climat du centre et du midi de la France que sa culture s'est répandue. Il paraît préférer les expositions de l'ouest et du nord-ouest.

Le noyer est peu difficile sur la nature du sol. Il se développe dans les terrains secs et légers, dans les roches fendillées où ses racines pénètrent; mais il préfère une terre profonde, de consistance moyenne, un peu calcaire et inclinée. Dans le premier cas, son développement est plus lent; mais les fruits sont plus riches en huile, et le bois est de meilleure qualité. Il a une antipathie prononcée pour les sols argileux, humides, et les terrains siliceux.

Dans les terres qui ont peu de fond, les longues racines du noyer rampent à la surface et nuisent beaucoup aux plantes herbacées, même à de grandes distances. Aucune plante ne vient sous son ombrage; elles sont détruites soit par l'influence de cet ombrage, soit par l'eau des pluies, qui se charge de tannin en coulant sur les feuilles et le dépose sur le sol. C'est donc surtout en bordure du côté du nord, ou en avenue, et non au milieu des champs, qu'il convient de planter le noyer, à moins qu'il ne s'agisse d'un terrain impropre à d'autres récoltes; mais, dans ce cas même, il faudra l'espacer beaucoup, car il n'aime pas la culture en massif.

Culture. — *Multiplication.* — On multiplie le noyer au moyen des semis et de la greffe. Lorsque les noyers sont surtout destinés à la production du fruit, et c'est le cas le plus ordinaire, on les greffe sur des

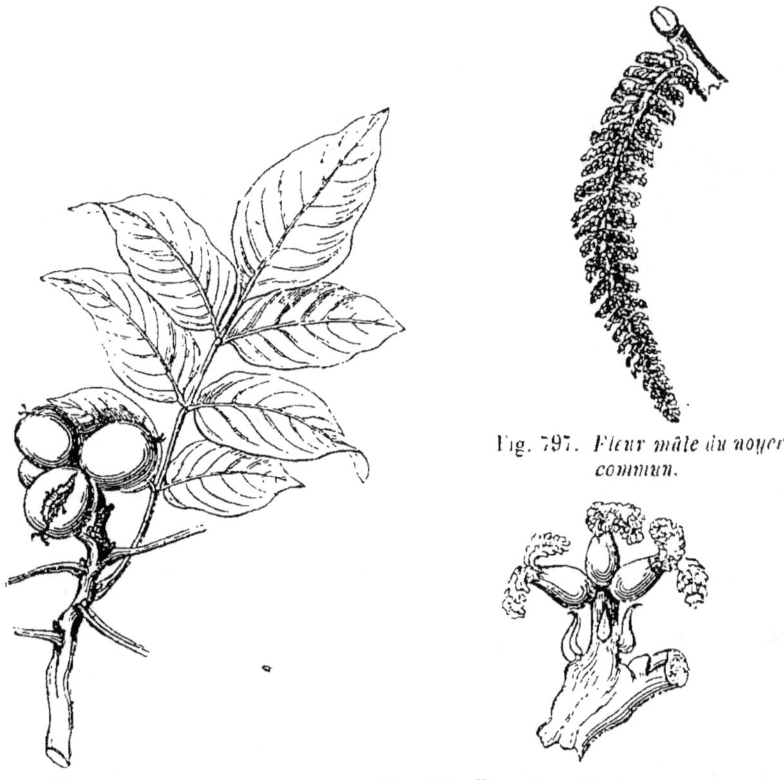

Fig. 797. *Fleur mâle du noyer commun.*

Fig. 796. *Fruit du noyer commun.*   Fig. 798. *Fleur femelle du noyer commun.*

sujets venus de semis. On obtient ainsi des arbres plus fertiles, et qui se mettent plus tôt à fruit. Si l'on n'avait en vue que la production du bois, il serait préférable de les élever francs de pied, car ils se développent alors plus vigoureusement et prennent de plus grandes dimensions. C'est le plus souvent en pépinière que l'on élève les jeunes noyers.

On choisit les noix des variétés les plus vigoureuses, puis on les stratifie jusqu'à la fin de février. A cette époque, on ouvre dans la pépinière des sillons profonds et larges de 0^m,30, et placés à 0^m,70 les uns des autres. On place au fond de chacun d'eux un double rang de tuiles à plat, qui, arrêtant l'allongement du pivot de la racine, le forcent à se ramifier et assurent la reprise de l'arbre lors de sa transplantation. On remplit ensuite ces sillons, et l'on y plante les noix, la pointe en bas, à 0^m,50 les unes des autres, et à 0^m,06 ou 0^m,09 de profondeur, selon que le sol est plus ou moins léger.

Ces jeunes plants reçoivent, pendant les trois premières années, les soins qu'on donne aux autres espèces dans la pépinière. Au bout de ce temps, et à la fin de l'hiver, on cerne le pied de chaque noyer en enfonçant verticalement le fer d'une bêche tout autour et à 0^m,50 de la tige. Les racines latérales, ainsi tranchées, se ramifient beaucoup, et donnent meilleur pied à l'arbre. On continue de former la tige jusqu'à l'âge de cinq ou six ans, époque où elle offre une circonférence de 0^m,12 à 0^m,15 et une hauteur de 3 à 4 mètres; on peut alors planter à demeure.

Parfois aussi on place les noix à 0^m,16 les unes des autres dans des rayons séparés par un intervalle de 0^m,33 seulement, et au fond desquels on néglige de placer les tuiles dont nous venons de parler. Mais alors on est obligé de transplanter ces jeunes arbres au bout d'un an dans la pépinière, et de raccourcir le pivot à 0^m,24 environ, afin de le forcer à développer des racines latérales.

Si les noyers doivent être greffés, on leur applique la *greffe en écusson à œil dormant* ou *à œil poussant*, mais plus souvent la *greffe en flûte de faune* (p. 151). Tantôt ces greffes sont pratiquées en pied, sur les jeunes sujets âgés de deux ans seulement; tantôt on les place en tête, à 2 mètres de hauteur, lorsque les tiges ont environ 0^m,10 de circonférence. Dans ce dernier cas, les arbres peuvent être plantés à demeure l'année suivante.

Plantation. — La plantation du noyer s'effectue avec les soins prescrits pour les autres arbres à haute tige (p. 247). Dans le Midi, on la pratique à l'automne; dans le Nord, ou dans les terrains humides, c'est au printemps. Les noyers plantés en bordure ou en avenue sont placés à 11 mètres dans les terrains les plus médiocres, et à 15 mètres dans les bons fonds. Cette distance est augmentée de 2 mètres, si les arbres ne sont pas greffés; on la porte à 25 pour les noyers plantés en plein. Une fois la plantation terminée, les noyers ne réclament pas d'autres soins que ceux que nous avons prescrits pour toutes les jeunes plantations (p. 274).

Le noyer peut être aussi semé à demeure. A cet effet, on prépare le sol comme pour la plantation; on remplit les trous, et l'on place au milieu deux noix à 0^m,08 l'une de l'autre. Si l'on en obtient deux sujets, on supprime le moins beau. Ces jeunes plants sont ensuite soignés comme ceux qui sont élevés dans la pépinière.

Non-seulement les jeunes noyers peuvent recevoir l'opération de la greffe, mais on peut également l'appliquer aux arbres âgés de quarante ans et plus. Pour cela, on coupe au printemps les branches principales à 5 mètres du tronc environ; et l'on recouvre les plaies avec du mastic à greffer. Pendant l'été, le sommet de ces branches développe de nombreux et vigoureux bourgeons, dont un certain nombre reçoivent, dès l'automne ou au printemps suivant, l'une des greffes indiquées plus haut. Les autres rameaux sont supprimés.

Rajeunissement. — Lorsque les noyers sont âgés d'un siècle, ils se couronnent; l'extrémité des branches se dessèche; si l'on tient à la valeur des troncs, c'est le moment de les exploiter. Mais, si l'on attache plus d'importance au fruit, on coupe les branches principales à 1 mètre du tronc environ, on mastique les plaies avec soin, et l'on voit bientôt se développer de nombreux bourgeons qui donnent lieu à une nouvelle tête. Ce rajeunissement peut être employé même pour les arbres dont le tronc est déjà creux, pourvu qu'on ait le soin de les opérer comme nous l'indiquons à la page 313.

Récolte. — Ce n'est qu'à l'âge de vingt ans que le noyer commence à donner un produit passable, et à soixante qu'il atteint le maximum de ses récoltes, qui peut s'élever à 80 litres environ par arbre.

Les noix arrivent à maturité depuis le milieu de septembre jusqu'à la fin d'octobre, selon que les variétés sont plus ou moins précoces. Elles sont mûres lorsque le brou ou péricarpe qui les recouvre se crevasse et se détache facilement de la coque. Après les avoir détachées de l'arbre à l'aide de perches longues et flexibles, on les dépouille de leur brou, puis on les étend dans de vastes greniers bien sains et aérés, où on les remue deux fois par jour afin de les faire sécher plus promptement. Cette dessiccation est complète au bout d'un mois environ. Si l'on n'a qu'une faible récolte, on l'étend sur des draps ou des claies au soleil; la dessiccation est alors plus prompte et plus facile.

Conservation. — Les noix que l'on veut conserver pour l'usage de la table doivent être réunies, après dessiccation, dans des caisses ou des tonneaux bien fermés et placés dans un endroit analogue à la fruiterie. L'amande se conserve ainsi parfaitement blanche et sans rancir, d'une année à l'autre. Si, vers la fin de l'hiver, on veut leur rendre leur premier état de fraîcheur, on les fait tremper pendant cinq ou six jours dans de l'eau pure.

Quant aux noix destinées à l'extraction de l'huile, on ne doit les livrer au pressoir que deux ou trois mois après leur récolte, attendu que l'amande fraîche ne contient qu'une sorte de lait émulsif, et que l'huile continue à se former après la récolte.

CINQUIÈME DIVISION. — FRUITS A OSSELETS : NÉFLIER.

Le *néflier* ou *mélier* (*mispilus germanica*, L.) (*fig.* 799) croît spontanément dans tous les bois du nord et des parties tempérées de l'Europe. Son fruit, très-âpre lorsqu'on le récolte, perd cette saveur en blossissant, et acquiert un goût légèrement alcoolique assez agréable. Le néflier sauvage a produit les variétés suivantes :

Néflier à gros fruits. C'est la variété la plus recommandable.
Néflier à fruits monstrueux. Son fruit acquiert souvent 0^m,05 de diamètre.
Néflier à fruit précoce. Fruit moins gros que le précédent, mais plus précoce.
Néfl·er sans noyau ou *apycène.* Fruit petit, allongé, dépourvu de semence.

Le néflier ne prospère que dans le nord et le centre de la France; il redoute les chaleurs du Midi. Tous les terrains lui conviennent, pourvu qu'ils ne soient ni trop secs ni marécageux.

Nous avons vu à l'article Pépinières que le néflier est multiplié au moyen de la greffe en fente ou en écusson placées sur l'aubépine, l'azerolier, le cognassier et le poirier.

Le néflier n'est pas habituelle-

Fig. 799. *Fruit du néflier.*   Fig. 800. *Fleur de néflier.*

ment soumis à la taille; on le laisse végéter librement en imprimant seulement à sa tête une forme à peu près régulière. Lorsque, cependant, on veut le cultiver dans le jardin fruitier, on peut lui imposer la forme conique, et tailler ses rameaux à fruit exactement de la même manière que ceux du cognassier.

C'est vers la fin d'octobre qu'on récolte les *néfles* ou *mêles*. On les place immédiatement sur la paille, où elles blossissent assez rapidement.

50.

L'AZEROLIER [1].

L'*azerolier*, *cratægus azarolus*, Linné, communément *azerolier*, *azarolier*, *argerolier*, *épine d'Espagne*, *néflier de Naples*, appartient à la famille des rosacées, tribu des pomacées. Ce sont des arbres de 7 à 8 mètres de hauteur, atteignant, quelquefois même dépassant la taille des poiriers; le bois en est dur et sert au placage. Ils forment tête et sont très-rameux, à branches courtes et cassantes; les rameaux sont légèrement cotonneux; à l'état sauvage, ils sont épineux; mais la plupart des espèces cultivées sont inermes.

Les fleurs (*fig.* 801), blanches, forment un corymbe terminal, comme celles de l'aubépine. Le fruit (*fig.* 802) est une pomme charnue, ronde

Fig. 801. *Fleur de l'azerolier.*   Fig. 802. *Bourgeon fructifère de l'azerolier.*

ou ovale. Les semences sont contenues dans deux, trois, quatre noyaux ou osselets.

Cet arbre est originaire de la zone méditerranéenne, d'où il a probablement été transporté dans des régions plus septentrionales. Tout porte à croire qu'en Provence il était spontané dans les bois, tel qu'on le retrouve encore aujourd'hui dans diverses localités. Mais, si l'espèce botanique n'a pas été importée, il est hors de doute que la plupart des variétés sont d'origine étrangère. L'azerole blanche paraît venir de Florence; les grosses rouges, de Naples ou d'Espagne.

Le fruit, dans la région méditerranéenne, possède à sa maturité une

[1] Nous empruntons ce qui a trait à cette espèce à l'excellent article publié par M. Alfred Lejourdan, dans la *Revue horticole* du mois de décembre 1856.

saveur aigrelette, légèrement vineuse et styptique, d'un goût agréable.
Dans cette zone, assez chaude pour que le principe sucré se développe
toujours abondamment, l'acidité devient presque une qualité, et c'est
en grande partie ce qui fait rechercher ce fruit. En Provence, en Italie,
en Espagne, dans le Levant, on vend l'azerole sur les marchés, soit pour
la manger, soit pour en faire des confitures et gelées.

Variétés. — On distingue cinq ou six variétés de l'azerole commune.
Nul doute qu'on n'en trouvât en Espagne, en Italie et dans l'Orient un
plus grand nombre.

Azerole ronde rouge, ou de Provence. — Azerole grosse rouge, ou du
Val. — Azerole longue rouge. — Azerole blanche, ou de Florence. —
Azerole jaune.

Ces cinq variétés d'azeroliers ont été citées par les auteurs comme se
trouvant en Provence; mais deux seulement, la rouge ronde et la jaune,
y sont très-abondantes.

Climat. — L'azerolier vient en pleine terre sous tous les climats de
la France. Il vient même à des latitudes plus élevées. En Angleterre, où
il a été introduit en 1640, on le trouve dans les comtés du sud et sur
les côtes ouest; mais, dans le nord, cet arbre est peu fertile. Ses fruits
sont âpres, très-petits, sans arome, et ne peuvent être utilisés pour les
confitures. Il y fructifie néanmoins à toute exposition, et c'est une erreur de dire, comme l'a fait la Quintinie, qu'il y réclame l'espalier.
Toutefois, ainsi placé, ses fruits seraient certainement plus gros, et
peut-être plus savoureux. En tout cas, sa qualité médiocre ne mérite pas
une pareille place. Son véritable climat est le climat méditerranéen;
son fruit y acquiert toute sa perfection.

En Provence, quoique l'azerolier mûrisse très-bien ses fruits à toute
exposition, il sera bon d'éviter, si on le peut, le nord-ouest et l'ouest.
Le mistral, qui souffle souvent à l'équinoxe d'automne, au moment de la
fructification, le fatigue et fait tomber ses fruits.

Sol. — Tous les sols conviennent à cet arbre. De Saint-Chamas à
Nice, en suivant les côtes, on traverse un grand nombre de formations
géologiques, et partout on peut l'y voir, dans les terrains granitiques,
volcaniques et basaltiques, dans les terres de gneiss et de schiste, dans
les grès rouges et bigarrés, dans les calcaires jurassiques et les argiles
plastiques; dans les poudingues tertiaires et les terrains d'alluvion. Cependant il paraîtrait que la présence du calcaire et de la silice serait,
sinon nécessaire, du moins favorable à son développement. Il craint les
terres argileuses, humides ou froides: car l'humidité lui est contraire,
et l'excès d'eau peut lui être funeste. Il n'exige pas une grande profondeur et ne pivote pas beaucoup. Un terrain sec, léger, un peu chaud,
lui conviendra très-bien, et pour sa durée, et pour la qualité de ses
fruits.

Culture. — L'azerolier n'est pas cultivé dans le jardin fruitier en Provence; ce n'est qu'en verger qu'on le plante, ainsi que toutes les autres espèces fruitières. A Marseille, dans chacune des milliers de bastides qui morcellent la campagne, on peut en trouver un ou deux pieds placés au milieu des rangées ou *outins* de vignes, avec les pêchers, figuiers, pistachiers, etc. On pourrait cependant le faire entrer dans le jardin fruitier et le soumettre à une taille régulière. On augmenterait ainsi le volume et la qualité des fruits.

Multiplication. — L'azerolier se multiplie de semence et de greffe.

Les osselets restent deux ans en terre avant de germer, c'est-à-dire ne poussent qu'au deuxième printemps après leur mise en terre. Il sera bon d'employer pour ces graines le procédé de stratification indiqué pour les fruits à osselets page 92.

Le semis est un moyen de multiplication toujours long; il n'est qu'exceptionnellement employé. Les arbres qui en résultent ont, il est vrai, une vie plus longue et résistent mieux au froid; mais leur croissance est très-lente et leur mise à fruit très-retardée. Il est d'ailleurs probable que les variétés ne conserveraient pas leurs caractères par ce mode de multiplication.

On multiplie principalement l'azerolier par la greffe; l'aubépine blanche sert de sujet. C'est à deux ou trois ans qu'on la greffe à œil dormant, en août. On emploie aussi, mais rarement, l'azerolier sauvage pris dans les bois, en Espagne, le poirier sauvage, le néflier et le cognassier. M. Laure a reconnu que, sur poirier, il atteignait un assez grand développement. Il donnerait aussi, dit-on, de plus beaux fruits; mais il est moins rustique que sur l'aubépine, sa durée est moins grande, et il exige un meilleur terrain.

Végétation. — La végétation de l'azerolier est, à peu de chose près, semblable à celle du poirier. Si nous examinons une branche de prolongement d'un an, nous la trouvons garnie de boutons à bois dans toute sa longueur (*fig.* 803). Abandonnée à elle-même, cette branche, l'année suivante, se prolongera par son bouton terminal. Les boutons du tiers inférieur ne donneront aucune production. Les autres boutons développeront, suivant la vigueur de la branche et de l'arbre, des rameaux à fruits, des rameaux mixtes ou des rameaux à bois. Les plus inférieurs (*fig.* 804) croîtront à peine de quelques millimètres, épanouiront une rosette de feuilles, se gonfleront, deviendront ronds et écailleux (*fig.* 805). Quelques autres s'allongeront un peu plus de 0ᵐ,02 à 0ᵐ,03, et se termineront par un bouton pareil au précédent (*fig.* 806). Ce sont là les dards,

Fig. 803. *Rameau à bois de l'azerolier.*

ou rameaux à fruits proprement dits. D'autres, plus élevés, formeront des rameaux latéraux plus ou moins allongés, entièrement garnis de boutons à bois, et présentant parfois quelques boutons à fleurs.

 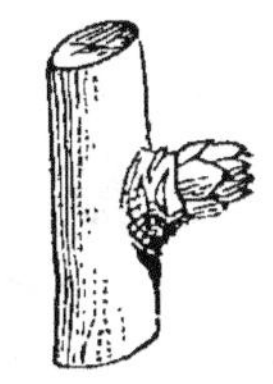 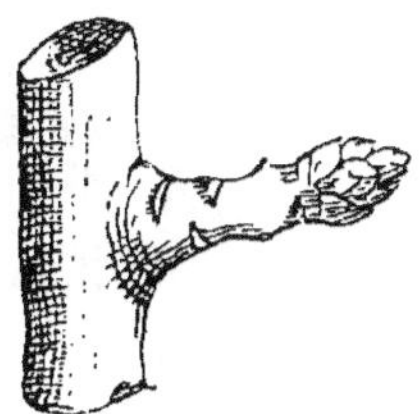 

Fig. 804. Bouton à bois de l'azerolier.

Fig. 805. Bouton à fleur de l'aze-rolier.

Fig. 806. Dard de l'azerolier.

Fig. 807. Lambourde d'azerolier âgée de deux ans.

La troisième année, les petits dards développeront un rameau florifère plus ou moins long, garni de feuilles, et portant à la partie supérieure les fleurs et les fruits (*fig.* 802). A sa partie inférieure et à l'aisselle des feuilles, il se forme, suivant la vigueur du rameau, soit un ou plusieurs boutons à fleurs, soit un ou plusieurs boutons à bois. A la fin de la végétation, la partie supérieure et florifère du rameau meurt, laissant un chicot persistant (*fig.* 807). Les boutons de la base servent de remplacement, et donnent à leur tour des rameaux florifères, à savoir : les boutons à bois, l'année suivante; les boutons à fleurs, la seconde année. Les premiers, en effet, mettent un an pour se mettre à fleur; ils poussent de quelques millimètres, forment une rosette de feuilles, et grossissent. Ils ne portent fruit que l'année qui suit.

Au bout d'un certain nombre d'années, la branche à fruit, plus ou moins allongée et dégarnie de la base, offre l'apparence de la figure 808. Cette branche, de grandeur naturelle, est âgée déjà de six ans; on distingue encore parfaitement les chicots *a*, provenant des sommets florifères; les rides *b*, plus ou moins développées à la base des rameaux, indiquent si l'on a eu, comme remplacement, des boutons à fleurs ou des boutons à bois. La branche arrivée à cet âge (et quelques-unes ont atteint alors des dimensions assez considérables), la séve éprouve une grande gêne dans sa circulation, par suite des bifurcations, des coudes nombreux et multipliés qu'elle rencontre. Il arrive alors fréquemment qu'à la partie inférieure de la branche se développent des boutons à fleurs ou des boutons à bois destinés à se mettre à fleur l'année d'après (*fig.* 809, *c*).

Taille. — D'après ce qui précède, il est bien clair que la taille de cet arbre doit être, à peu de chose près, la même que celle du poirier et du pommier.

Il faut, pour la charpente, tailler le tiers supérieur des branches de prolongement, et appliquer au développement de ces branches les mêmes soins et précautions qu'on emploie pour le poirier. Les entailles seront utilisées de la même manière et dans le même but.

Pour les rameaux à fruits, il n'y a rien à faire aux dards, qui s'allongent peu. Les rameaux mixtes ou à bois doivent être pincés, en été, à 0^m,06 ou 0^m,07. Si l'on oubliait de le faire en temps utile, on les tordrait à 0^m,08, en pinçant leur extrémité. En hiver, on les soumettra au cassement entier ou partiel, d'après leur grosseur, pour faire mettre à fleur les boutons de la base.

Fig. 808. *Lambourde d'azerolier âgée de six ans.*

Fig. 809. *Autre lambourde d'azerolier.*

Quand les rameaux à fruits sont bien constitués, il n'y a plus qu'à les laisser agir; il suffit de les rapprocher constamment sur les dards inférieurs. Au bout d'un certain nombre d'années, quand ils ont pris de l'accroissement, à la base même de ces branches il se développe de nouveaux boutons, qui servent à rajeunir ces sortes de lambourdes.

Quant on taille sur vieux bois, il se développe, comme pour le poirier, des boutons adventifs. L'ébourgeonnement de l'azerolier est absolument le même que pour les arbres à pepins.

Culture en verger. — L'azerolier est planté à demeure à trois ou quatre ans d'âge. On l'étête lors de la plantation. Il serait bien préférable de choisir des pieds plus jeunes, et de faire un simple habillage à la tige et aux racines; la reprise en serait plus assurée. L'arbre est ensuite traité comme le sont, en général, tous nos arbres de plein vent. On le taille, les premières années, de manière à lui imprimer une forme en vase ou en tête plus ou moins régulière, et, par la suite, il est régulièrement émondé. Dans les premiers temps, il est bon de lui donner un labour, ou du moins un binage par an, s'il ne profite pas des façons données aux vignes. Il se passe très-aisément de fumure. Il craint, dit-on, la taille; c'est ce qu'on a régulièrement avancé pour tous les arbres fruitiers. Mieux vaut, sans doute, ne pas en appliquer du tout que de l'appliquer irrégulièrement et au hasard; mais une taille intelligente serait aussi utile à cet arbre qu'à tous les autres.

Jardin fruitier. — Dans le jardin fruitier, on pourra lui imprimer toutes les formes que l'on donne aux arbres à pepins. La forme en vase, préférable pour la Provence, serait la plus aisée à obtenir. L'azerolier, comme le pommier, a une tendance à pousser par le bas et à former tête. En outre, son bois est cassant. Ses fruits en bouquets se meurtrissent facilement par le choc et se détachent aisément. Le mistral lui serait donc plus préjudiciable sous la forme en cône que sous la forme en vase. Le cordon oblique vertical ou en spirale lui convient parfaitement.

Récolte et conservation. — L'azerolier fleurit en mai et mûrit en automne. Les premiers fruits apparaissent, à Marseille, dans la première semaine du mois de septembre. Le marché reste approvisionné jusqu'en octobre. La maturité complète de ce fruit a lieu dans la deuxième quinzaine de septembre, et plus tard même. On le récolte en deux états. Dans les premiers jours de septembre, quand il est encore vert, on le cueille pour en faire des confitures; si l'on attendait sa maturité, il n'aurait plus assez d'acidité, et il conviendrait moins au but qu'on se propose. Le fruit est vendu ensuite pour être mangé, parce qu'on recherche aussi la légère acidité qu'il présente. C'est ce qui explique pourquoi la plus grande quantité est consommée au milieu du mois, tandis que sa maturité n'a généralement lieu que dans la deuxième quinzaine de septembre. Ainsi cueillis, les fruits ne se conservent pas; ils se rident ou se pourrissent. Pour qu'ils soient de garde, il faut les récolter peu avant leur maturité. L'azerole jaune, à ce moment, commence à prendre, vers le soleil, une teinte blanc jaunâtre, et elle se détache aisément. L'azerole rouge est, sur toute sa surface, d'une teinte très-foncée, et, quoique la chair en soit toujours ferme et croquante, elle a perdu une partie de sa dureté et de sa rigidité. Ainsi recueillies, les azeroles achèvent de se mûrir sur des planches ou de la paille. Elles prennent une teinte jaune ou rouge plus prononcée, mollissent un peu et deviennent plus douces. Mais elles n'éprouvent jamais de blossissement, comme les alises ou nèfles, qui deviennent noires ou brunes.

Maladies. — L'azerolier craint, comme je l'ai dit, l'excès d'humidité; il languit, donne peu de fruits, qui restent petits, ne se colorent pas, sont parsemés de plaques verdâtres, se rident, et n'ont guère que l'épiderme et les osselets. Il perd alors rapidement ses feuilles et son jeune bois, quand toutefois il ne périt pas. Il est aussi exposé à ce qu'on appelle coups de soleil. Il jaunit, ses fruits se dessèchent et tombent. Les froids tardifs, les gelées printanières, brûlent les jeunes bourgeons, font souffrir l'arbre, qui parfois périt. Tous nos hivers mémorables, si funestes aux oliviers, ne l'ont pas moins été aux azeroliers.

Comme la plupart de nos arbres fruitiers, il est sujet au noir; mais cette maladie, due à la présence d'un champignon parasite, succède toujours invariablement à l'attaque d'un kermès ou cochenille. Le remède est le même que celui qui a été indiqué pour les pêchers, figuiers, etc. Le fruit est arrêté aussi dans son développement par un champignon parasite qui l'attaque quand il est encore vert et le fait inévitablement périr. Le bois est rongé par une grande larve appartenant à un coléoptère longicorne (cerambyx ou saperde). Les dégâts sont les mêmes que ceux produits par les larves des lucanes cerf-volant et parallélipipède, et de la saperde cylindrique, sur les poiriers et pruniers. De grands canaux de plus de 0$^\mathrm{m}$,01 de diamètre sont creusés en tous sens entre l'écorce et le bois. Les plus fortes branches peuvent ainsi périr et disparaître.

Restauration. — La végétation de l'azerolier est assez lente; il n'est en plein rapport, dans les vergers, que de sa dixième à sa quinzième année : il est très-long à se mettre à fruits. Comme tous les arbres abandonnés à eux-mêmes, il donne par intermittence; mais il est extrèmement productif les années de rapport.

Sa vie est fort longue, peut-être moins que celle du poirier; mais sa restauration, partielle ou complète, est très-aisée, par suite des nombreux rejetons et gourmands qu'il émet de ses parties inférieures. Un simple recépage ou un ravalement et, s'il le fallait, une greffe en couronne et en fente, rétabliraient cet arbre arrivé à sa période de décrépitude. Il faudrait alors employer les mêmes soins qu'une pareille opération exige pour le poirier.

Sixième division : Fruits en capsule. — Châtaignier.

Le *Châtaignier commun (fagus castanea,* L.) (*fig.* 810) est indigène des parties méridionales et tempérées de l'Europe. Sa culture, comme arbre fruitier, remonte à la plus haute antiquité. Cuite dans l'eau ou légèrement grillée, ou débarrassée de son enveloppe et réduite en farine, la châtaigne joue un rôle très-important dans l'alimentation du Limousin, de l'Auvergne, du Languedoc, de la Corse et d'une partie de la Bretagne. On en emploie aussi une grande quantité pour la nourriture des animaux de basse-cour. Nous avons fait connaître, à l'article Sylviculture (p. 168), les qualités du châtaignier comme arbre forestier.

Variétés. — Les variétés de cet arbre sont assez nombreuses; nous n'indiquerons ici que les meilleures.

Variétés cultivées dans les Cévennes.

Bono-Branco. Châtaigne grosse, de bonne qualité; époque de maturité moyenne; productif; demande les bas-fonds.

Coutinello. Châtaigne grosse et lisse, de bonne qualité; précoce; craint les rosées; le placer sur les hauteurs.

Daoufinenco, Dauphinoise. Châtaigne grosse et ronde, la meilleure de toutes; précoce, productive. Demande des engrais et de la culture.

Figaretto. Châtaigne petite, de bonne qualité, fine, précoce; se dépouille très-bien lorsqu'elle est sèche; demande les bas-fonds.

Gaougiouso. Châtaigne de grosseur moyenne, fine, la plus tardive, productive; se dépouille bien lorsqu'elle est sèche; ne craint pas les brouillards; se plaît dans les vallons, au bord des ruisseaux.

Jaleuco. Châtaigne de grosseur moyenne, de bonne qualité, la plus précoce de toutes; peu productive; demande les bas-fonds.

Malespino. Châtaigne grosse, de bonne qualité, tardive, productive; épines fermes et piquantes; demande les bas-fonds.

Olivouno. Châtaigne de grosseur moyenne, de bonne qualité, précoce, produit beaucoup; se plaît à mi-côte.

Paradouo, Verdalesco. Châtaigne petite, très-bonne; produit bien, tardive; se plaît sur les hauteurs.

Peyroubèse, Peyroulette. Châtaigne grosse, de bonne qualité, précoce; produit bien; se plaît dans toutes les positions.

Pelegrino. Châtaigne de grosseur moyenne, l'une des meilleures; époque de maturité moyenne; très-productive; vient bien dans toutes les positions.

Pia'ono. Châtaigne grosse, très-bonne; époque de maturité moyenne; se dépouille facilement lorsqu'elle est sèche; se plaît dans les terres cultivées et fumées.

Rabeyreso. Châtaigne grosse, très-bonne; époque de maturité moyenne; très-productive; se plaît près des ruisseaux; vient bien dans toutes les positions.

Triadouno. Châtaigne grosse et large, de bonne qualité, époque de maturité moyenne; productive.

Variétés des environs de Périgueux rangées dans l'ordre de leur maturité.

Royale blanchère. Assez grosse, de couleur brune.

Portalonne. De grosseur moyenne, presque ronde, écorce fine, de couleur jaune, très-savoureuse.

Gannebellone. Grosse, de couleur très-brune, un peu aplatie; se conserve facilement.

Ganiaude. Très-grosse, de couleur brune; duvet soyeux vers la pointe; de bonne qualité.

Grosse verte. C'est la plus estimée; elle est productive et se conserve très-bien.

Le vrai marron, marron de Lyon, de Luc, d'Agen, d'Aubray. La meilleure de toutes les variétés; presque rond, très-gros, écorce fine. Pellicule se détachant très-facilement de l'amande. Le fruit ne renferme ordinairement qu'une châtaigne; très-savoureux.

Variétés de l'ouest de la France.

Exalade. Ressemble au marron, mais moins grosse; très-productive.

Ormaie. Grosse, féconde, très-bonne.

Jaune de Bordeaux. Très-féconde; se garde peu et craint la gelée; assez précoce.

Pattue. Très-féconde; remarquable par l'empâtement qui occupe les deux tiers de la surface de l'écorce.

D'Espagne. Petite, mais la plus sucrée de toutes.

Grosse rouge. Ne craint pas la gelée et se conserve bien; époque de maturité moyenne.

Grosse bergère. Craint un peu la gelée et n'est pas de longue garde; féconde; assez précoce.

Osillarde, Nouzillarde. Très-bonne variété.

Avant-Châtaigne, châtaigne jaune hâtive. Fruit gros, rond, de couleur brune.

Châtaigne Knight prolific. Variété anglaise; fruit gros, rond, de couleur brune, très-tardif.

On rencontre également dans cette contrée quelques unes des variétés cultivées dans les autres parties de la France.

Climat et sol. — C'est dans la région de la vigne et des pâturages que le châtaignier prospère. Plus on s'avance vers le Midi, plus il exige une position élevée et l'exposition du nord. Dans les plaines de la région des oliviers, le châtaignier ne conserve de fruits que sur les rameaux situés au nord et abrités du soleil par la masse de leur feuillage. Au nord de la région de la vigne et des pâturages, on trouve encore des châtaigniers mais ils sont souvent détruits par la rigueur des hivers, et, la maturation de leurs fruits

Fig. 810. *Châtaignier commun.*

ayant rarement lieu, on les cultive seulement comme arbres forestiers.

Le châtaignier ne réussit bien que dans les terrains meubles, légers, profonds et un peu frais. Dans les Cévennes, il se développe vigoureusement sur le flanc des montagnes au milieu des rochers, entre lesquels ses racines rampent pour trouver l'humidité dont elles ont besoin.

Culture. — *Multiplication.* — Les diverses variétés de châtaigniers sont multipliées au moyen de la greffe, que l'on pose sur des sujets obtenus par semis. Ces sujets sont d'abord élevés dans la pépinière, puis greffés après leur plantation à demeure.

Les châtaignes destinées au semis sont stratifiées jusqu'au mois de mars. A cette époque, le terrain de la pépinière ayant été disposé par plates-bandes de deux mètres de largeur, on y plante les châtaignes, la pointe en bas, en lignes distantes de $0^m,24$ les unes des autres. On laisse entre chaque châtaigne un intervalle de $0^m,16$ environ, et on les enterre à une profondeur moyenne de $0^m,08$. Si l'on craignait qu'elles ne fussent dévorées par les animaux rongeurs avant leur levée, on les ferait tremper, pendant douze heures, avant de les semer, dans de l'eau à laquelle on aura ajouté une forte proportion de suie, de la noix vomique en poudre, ou de la fiente de chien.

Les jeunes plants reçoivent, pendant les deux premières années, tous les soins qu'on donne aux semis dans la pépinière. Au bout de ce temps, à l'automne ou au printemps, suivant la nature du sol, on les repique en les plaçant en lignes distantes de $0^m,70$ les uns des autres, et à $0^m,50$ dans les lignes. Pendant les années suivantes, on forme la tige, en recepant ceux qui en ont besoin; vers la sixième année, on a des arbres hauts de $2^m,50$ environ, qui présentent à leur base un diamètre de $0^m,04$ à $0^m,05$, et que l'on peut planter à demeure.

Plantation. — Les châtaigniers sont plantés en bordure le long des champs, du côté du nord, en avenue et même en massif. Comme cet arbre ne fructifie bien qu'autant que sa tête n'est gênée par le voisinage d'aucun autre, et que, d'un autre côté, il est appelé à prendre un grand développement, on doit laisser un intervalle de 12 à 15 mètres entre les pieds plantés en bordure ou en avenue, et 20 mètres environ entre ceux plantés en massif. On donne d'ailleurs à ces jeunes arbres les soins prescrits pour les autres plantations.

Greffe. — Les châtaigniers sont greffés lorsque la tige présente, à sa base, un diamètre de $0^m,06$ environ. Au printemps, on coupe la tige à $2^m,50$ d'élévation; il se développe alors de nombreux bourgeons; on n'en conserve que cinq ou six, des plus vigoureux, et on les greffe, *en écusson à œil dormant*, dès le mois d'août suivant, ou bien *en fente anglaise* (p. 116) ou en *flûte de faune* (p. 131); ce dernier mode est le plus usité.

Soins d'entretien. — Il est bon de multiplier les labours, les binages, les engrais; il faudra surtout débarrasser le sol des ronces et autres arbrisseaux parasites qui l'épuisent. On détruit aussi avec soin les rejetons qui naissent sur la tige au collet de la racine, et qui diminuent la vigueur de l'arbre. Enfin, on coupe le bois mort tous les deux ou trois ans.

Placé dans une position convenable, et cultivé avec soin, le châtaignier peut vivre deux ou trois siècles; mais, vers l'âge de 150 ans, il se couronne, et ses produits diminuent rapidement. Il convient alors de couper ses branches secondaires à 1 mètre environ des branches principales, et de recouvrir les plaies avec du mastic à greffer. Il se couvre bientôt de nouvelles ramifications vigoureuses qui forment une nouvelle tête et donnent encore d'abondantes récoltes. Quarante ans environ après cette opération, l'arbre devient entièrement creux. Quelques cultivateurs des Cévennes arrêtent les progrès de cette carie en la carbonisant par le feu; en Auvergne, on complète cette opération en maçonnant ces vides comme nous l'indiquons (p. 515). Lorsque, enfin, la décrépitude est telle, que leurs produits deviennent sans importance, on coupe l'arbre au pied, et l'on profite d'un rejeton vigoureux de la base pour reformer un nouveau sujet.

Récolte. — Le châtaignier commence à produire vers la cinquième année de greffe. Il atteint son produit maximum, environ 60 kilog. de châtaignes, vers l'âge de 60 ans. La récolte a lieu dès que les châtaignes se détachent d'elles-mêmes; après les avoir recueillies, en les débarrassant de leur enveloppe épineuse, on les répand sur une surface bien sèche, abritée et bien aérée, où on les remue souvent pour leur faire perdre une partie de leur eau de végétation. On les trie ensuite pour en former trois qualités de grosseur différente, et on les livre au commerce.

Conservation. — Les châtaignes fraîches ayant une valeur commerciale plus élevée que celles qui sont desséchées, on a cherché à leur conserver cette qualité le plus longtemps possible. A cet effet, on devance le moment de leur chute naturelle, et l'on abat les hérissons à coups de gaule. Ces fruits sont ensuite emmagasinés entiers dans des bâtiments secs et aérés, où les châtaignes achèvent leur maturité, et se conservent fraîches jusqu'au commencement de l'été. Quant aux châtaignes qui sont destinées à l'alimentation des habitants des lieux de production, voici comment on les dessèche pour les conserver pendant toute l'année.

A mesure que les châtaignes sont récoltées, on les transporte dans un séchoir, bâtiment carré, de 6 mètres de hauteur et plus ou moins large, selon la quantité de châtaignes que l'on a à traiter. A $2^m,20$ du sol, on établit un plancher composé de fortes perches placées à des distances égales et de niveau, sur lesquelles on cloue des lattes séparées par un intervalle de $0^m,006$ à $0^m,007$; parfois on substitue des claies à ces lattes. Outre la porte qui donne entrée dans la partie inférieure du bâtiment, et qu'on place au milieu de l'un des grands côtés, on pratique, à 1 mètre au-dessus du plancher supérieur, trois autres ouvertures, l'une sur le grand côté opposé à la porte, les deux autres à chacune des extrémités du bâtiment. Ces ouvertures servent à y introduire les châtaignes, et sont ensuite fermées. Enfin, quatre ouvertures, placées à chacun des angles du bâtiment, et tout près du toit, donnent passage à la fumée.

On forme sur le plancher une couche de châtaignes de $0^m,50$ d'épaisseur; dès qu'on en a répandu trois ou quatre sacs, on allume un feu au centre du plancher inférieur; et, à mesure que le séchoir se garnit, on allume de nouveaux feux, selon l'étendue du bâtiment. On ne

brûle ainsi que du
gros bois, des sou-
ches, des feuilles,
l'écorce des châ-
taignes blanchies,
etc., toutes ma-
tières qui donnent
peu de flamme et
beaucoup de fu-
mée. On chauffe
ainsi pendant dix
jours environ.
Vers le cinquième
jour, lorsque toute
la récolte est ren-
trée, on retourne
les châtaignes
pour achever de
sécher la couche
supérieure. On

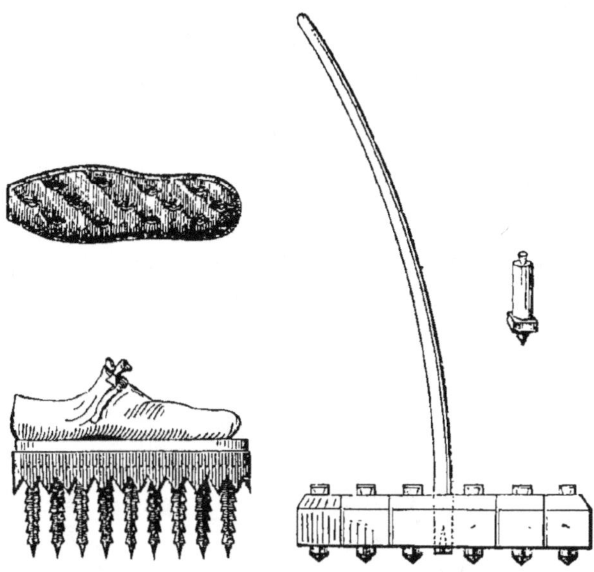

Fig. 811. *Soles pour blanchir les châtaignes.*

Fig. 812. *Masse pour blanchir
les châtaignes.*

considère les châtaignes comme suffisamment sèches et prêtes à être
blanchies quand leur écorce se détache bien, et qu'elles sont dures sous
la dent. On les fait alors tomber sur le plancher inférieur, dont on
a enlevé le feu et les cendres; puis on les dépouille de leur écorce,
soit en les plaçant dans des sacs que l'on frappe sur un billot revêtu
d'une peau de mouton, soit au moyen des *soles*, qui brisent moins les
châtaignes. Ces soles se composent de gros souliers ou patins (*fig.* 811),
dont la semelle de bois a $0^m,05$ d'épaisseur, et est entourée d'une lame
de fer découpée en dessous en forme de scie. Treize dents pointues, de
$0^m,08$ de long sur $0^m,015$ en carré à leur base, entaillées sur les arêtes,
sont implantées dans cette semelle. Quatre hommes, chaussés de ces patins,
entrent dans une sorte de coffre de $2^m,50$ de long sur $0^m,70$ de large
rempli aux trois quarts de châtaignes, et les font passer sous leurs patins.

Lorsque la quantité de châtaignes à blanchir est assez considérable,
on se sert d'une sorte de masse (*fig.* 812). C'est un plateau d'environ
$0^m,40$ de diamètre, $0^m,60$ de long et $0^m,10$ d'épaisseur, au-dessus et
au centre duquel est un manche un peu arqué. Ce plateau est garni en
dessous de dents en bois dur taillées en pyramide. Les châtaignes sont
amoncelées au milieu du séchoir. Six ou huit hommes, armés de ces
masses, font le tour de ce tas, marchant sur les châtaignes du bord, en
les frappant; un homme qui les suit éloigne avec une pelle de bois les
châtaignes dont l'enveloppe est brisée.

Enfin, pour les très-grandes récoltes, les châtaignes sont foulées à pied de chevaux sur l'aire. On dit que c'est la meilleure méthode pour conserver les châtaignes entières. Dans tous les cas, l'opération du blanchissage doit être faite quand les châtaignes sont encore chaudes.

SEPTIÈME DIVISION : FRUITS EN GOUSSE OU LÉGUME. — CAROUBIER.

Le *caroubier* (*ceratonia siliqua*, L.) (*fig.* 813) est un arbre ordinairement dioïque, à feuilles persistantes, qui s'élève à la hauteur de 7 mètres environ. Il paraît être originaire du centre de l'Afrique. Au-

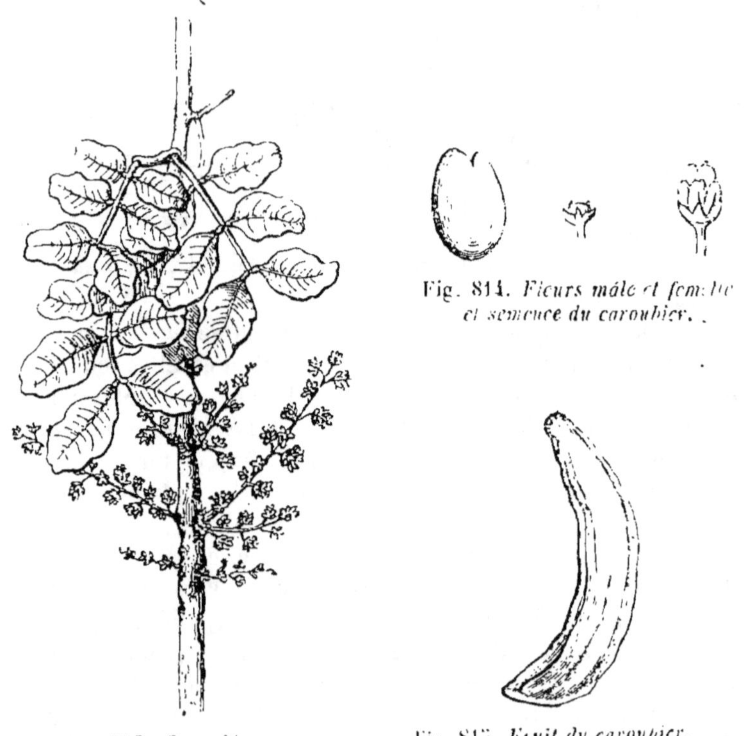

Fig. 814. *Fleurs mâle et femelle et semence du caroubier.*

Fig. 813. *Caroubier.*

Fig. 815. *Fruit du caroubier.*

jourd'hui on le trouve croissant spontanément en Italie, en Espagne et dans les parties les plus chaudes de la France méridionale. Son fruit (*fig.* 815), connu sous le nom de *caroube* ou *carouge*, est rempli d'une pulpe brune et sucrée. Il sert à l'alimentation des classes pauvres, et surtout à la nourriture des bestiaux et à leur engraissement.

Variétés. — Dans les localités où le caroubier est cultivé avec soin, notamment dans la province de Valence, on a obtenu plusieurs variétés, telles que le caroubier *rocha*, qui convient particulièrement aux bons terrains, et le caroubier *matalafan* ou hermaphrodite, qui s'accommode des plus mauvais.

Climat et sol. — Le caroubier ne prospère en France que dans les localités les plus chaudes des bords de la Méditerranée, là où l'oranger peut se développer sans abri artificiel. Les lieux marécageux et humides sont les seuls où le caroubier ne réussisse pas. Le climat de la Corse et de l'Algérie lui convient parfaitement, et sa culture peut y rendre de grands services.

Culture. — C'est généralement par semis qu'on propage le caroubier. Ils se font au printemps, lorsqu'on n'a plus à redouter les gelées tardives. On sème quelquefois à demeure, mais le plus souvent en pépinière, dans une terre bien fumée, ameublie et susceptible d'être irriguée. Les graines, retirées de la gousse, sont mises à tremper pendant trois ou quatre jours, en changeant l'eau chaque jour. Quand on voit qu'elles commencent à gonfler, on les dispose en lignes éloignées de $0^m,16$, et on les recouvre légèrement de terre.

Comme les variétés améliorées par la culture ne se reproduisent pas par semences avec leurs qualités, on les greffe en écusson à œil dormant, vers la fin de l'été de la troisième ou de la quatrième année de semis des sujets, sur chacune des branches qui forment la tête de ceux-ci. Si le sujet est un caroubier mâle, on en conserve une branche pour assurer la fécondation; les autres sont greffées en caroubier femelle. Si le sujet est au contraire un pied femelle, on pose une seule greffe de mâle.

C'est vers la cinquième ou la sixième année de semis que les arbres sont enlevés de la pépinière pour être plantés à demeure. Comme la reprise de cet arbre est assez difficile, on devra le déplanter avec le plus grand soin. Des arrosements seront pratiqués pendant le premier été qui suit la plantation, et des binages fréquents seront répétés pendant les années suivantes. On laisse, entre chaque arbre, un espace de 15 mètres, qu'on utilise souvent pour la culture de la vigne ou des céréales.

On taille le caroubier, dès le début de la plantation, de manière à lui former une tête composée de quatre branches principales; après quoi on se borne à enlever les gourmands et les rameaux qui font confusion. On veille aussi à ce que la branche mâle de l'arbre n'épuise pas les branches femelles.

Le caroubier est souvent attaqué par la larve d'un insecte qui s'insinue dans son tronc, en laissant ouvert le canal qu'elle y creuse. On la détruit en y introduisant un fil de fer. Quand la vieillesse fait dépérir ses branches supérieures, on le rajeunit en coupant toutes ses ramifications principales à 1 mètre environ du tronc.

Récolte. — C'est deux ou trois ans après sa plantation à demeure que le caroubier commence à donner des fruits, c'est-à-dire à l'âge de huit ou neuf ans. Il fleurit en automne et donne ses fruits mûrs à l'automne suivant. On les récolte en septembre, lorsque la chute spontanée des gousses commence à avoir lieu; celles qui restent attachées sont abattues avec de longues cannes de roseau.

Les fruits sont étendus dans des magasins bien aérés, où on ne les entasse que quand ils sont bien secs ; autrement ils fermenteraient et prendraient une couleur noire.

Dans le royaume de Valence, on récolte jusqu'à 1580 kilog. de fruits sur un seul arbre. Aux environs de Nice, leur produit moyen s'élève seulement à 100 kilog.

PRINCIPALES FORMES APPLIQUÉES AUX ARBRES FRUITIERS SOUMIS A LA TAILLE.

En décrivant plus haut le mode de culture et de taille qui conviennent aux principales sortes d'arbres fruitiers, nous avons indiqué les formes les plus convenables pour la charpente de ces arbres. Mais celles que nous avons ainsi recommandées ne sont pas les seules qui aient été imaginées. Depuis quelques années surtout, les amateurs d'arboriculture et les praticiens se sont préoccupés de cette question et ont proposé un très-grand nombre de dispositions différentes. Nous pensons toutefois que la plupart d'entre eux sont entrés à cet égard dans une mauvaise voie. Ils semblent, en effet, avoir pris à tâche d'imposer aux arbres les formes les plus bizarres, les plus difficiles à appliquer, et qui contrarient le plus la nature.

Ils ont ainsi prouvé un fait connu depuis longtemps déjà : c'est qu'avec des soins et de l'intelligence, on peut imposer aux arbres toutes les formes imaginables. Mais ils nous paraissent avoir oublié le but principal que l'on doit se proposer d'atteindre en cultivant les arbres fruitiers, à savoir : d'obtenir sur un espace donné de terrain la plus grande quantité possible des plus beaux fruits, dans le laps de temps le plus court et avec le moins de dépense possible. Il faut donc pour cela employer les formes les plus simples, les plus faciles à établir, et qui exigent le moins de temps, soit pour les constituer, soit pour les entretenir. C'est à ce point de vue que nous allons faire l'examen critique des diverses formes qui ont été imaginées jusqu'à présent.

Les formes appliquées aux arbres fruitiers soumis à une taille annuelle sont assez nombreuses. On pourrait en compter plus de quatre-vingts, si l'on tenait compte des dispositions différentes qui ont été successivement proposées. Nous n'avons pas l'intention de les examiner toutes scrupuleusement; nous nous arrêterons seulement aux principales, à celles qui présentent les caractères différentiels les plus tranchés.

Liste des principales formes qui peuvent être appliquées aux arbres fruitiers soumis à la taille.

Pour les arbres en espalier —

Éventails
- A la Dumoutier ou à la française.
- Carré de Montreuil ou en V ouvert.
- Oblique de Louis Noisette.
- A branches convergentes (Du Breuil).
- De l'albret.

Palmettes
- Legendre.
- Cordon.
- A branches obliques.
- Verrier.
- Cossonnet.
- A branches alternes.
- A branches arquées (Du Breuil).
- A double tige de Fanon.
- De Le Berriays.
- En U de Bengy-Puyvallée.
- En lyre.
- Millot.
- Sans branches mères (Du Breuil).
- A branches croisées (Du Breuil).

Candélabres
- A branches verticales.
- A branches obliques (Du Breuil).
- A branches croisées (Du Breuil).

Cordons
- Horizontal simple. ⎫
- Horizontal de Thomery. ⎪
- Horizontal Charmeux. ⎪
- Horizontal Quesnel. ⎬ Pour la vigne.
- Vertical à coursons alternes. ⎪
- Vertical Charmeux. ⎪
- Vertical à coursons opposés. ⎭
- Oblique simple (Du Breuil).
- Oblique double (Du Breuil).
- Vertical (Du Breuil).

Pour les arbres en plein vent —

Espaliers en plein vent ou contre-espaliers
- Horizontal de L. Noisette.
- En cordon horizontal simple.
- En cordon horizontal unilatéral.
- En cordon-spirale (Du Breuil).
- Plus, toutes les formes indiquées pour les espaliers proprement dits.

Pyramides ou cônes
- Proprement dite.
- Fanon ou à branches arquées.
- Girandole.
- Ailée.

Quenouilles.

Colonnes.

Vases ou gobelets
- A branches verticales simples.
- A branches verticales ramifiées.
- Pyramide ou cône.
- A haute tige.
- A branches croisées.

Nous avons mis en pratique, dans l'École d'arbres fruitiers du Jardin des Plantes de Rouen, de 1859 à 1849, presque toutes les formes indiquées dans la liste qui précède. Nous avons donc pu nous convaincre qu'elles sont loin d'être également convenables. Quelques-unes sont généralement vicieuses; d'autres ne peuvent être employées avec avantage que dans quelques circonstances. Dans l'étude qui va suivre, nous allons examiner séparément ces diverses formes, faire ressortir leurs avantages et leurs inconvénients, indiquer dans quel cas on devra préférer l'une ou l'autre, enfin dire un mot de la manière de les imposer aux arbres.

Formes propres aux arbres en espalier. — Ce qui doit avant tout fixer l'attention du cultivateur dans le choix des formes propres aux arbres en espalier, c'est que la disposition qu'il adopte remplisse complétement les trois conditions suivantes :

1° Que l'ensemble de la forme représente un carré ou un rectangle, ces deux figures étant les seules qui permettent de faire occuper aux arbres toute la surface des murs sans perte d'espace ;

2° Que les diverses ramifications présentent une disposition parfaitement symétrique, et que toute la surface du mur occupée par l'arbre soit également couverte de ramifications : c'est le moyen de maintenir plus facilement l'équilibre de la végétation dans toute l'étendue des branches et d'obtenir des produits plus abondants ;

3° Que les branches mères et les branches sous-mères occupent exactement la même place les unes par rapport aux autres, qu'elles ne soient pas plus inclinées l'une que l'autre, qu'enfin elles soient également favorisées par rapport à la circulation de la séve. Sans cette condition, l'équilibre de la végétation ne pourrait être maintenu qu'avec des soins minutieux de tous les instants; et, quoi qu'on fit, les parties trop vigoureuses fructifieraient difficilement, tandis que les branches moins favorisées se chargeraient constamment d'une trop grande quantité de fruits qui les épuiseraient rapidement ;

4° Que chacune des branches mères ou sous-mères soient également couvertes de rameaux à fruits dans toute leur étendue ;

5° Enfin, que la forme soit facile à établir et à maintenir, et qu'elle puisse être rapidement obtenue.

Examinons maintenant, sous ces différents points de vue, les diverses formes proposées pour les arbres en espalier.

Nous avons partagé ces formes en quatre groupes principaux.

Iᵉʳ Groupe. — Éventails. — Dans ce premier groupe, les branches mères rayonnent du centre vers la circonférence. Il comprend les cinq formes suivantes.

Éventail à la Dumoutier ou *à la française* (*fig.* 816). Cette forme, qui remonte au temps de la Quintinie, a été améliorée par M. Dumoutier. Les arbres qui y sont soumis présentent de chaque côté quatre branches mères (B, C, D, E) naissant presque du même point, et se partageant également les deux côtés du rectangle. Des branches sous-mères (*e, f, g, h, i, j, k, l*), prises en dessus et en dessous des branches mères, remplissent l'espace compris entre ces dernières, de manière que, pour le pêcher, il existe entre ces diverses ramifications un espace de 0ᵐ,55 environ.

Fig. 816. *Pêcher soumis à la forme en éventail à la Dumontier ou à la française.*

Avant d'exposer les moyens à employer pour obtenir la charpente dont nous parlons, nous devons dire (et cela s'applique à toutes les formes propres aux arbres en espalier) qu'il est essentiel de tracer à l'avance, sur le mur, la place qu'occuperont les branches principales. On a ainsi constamment sous les yeux la forme que l'on veut donner à l'arbre, et l'on voit de suite quels sont les boutons, les bourgeons, les rameaux dont on a besoin de favoriser le développement.

M. Dumoutier procède ainsi à la formation de l'éventail qui porte son nom. Il commence par obtenir deux ramifications principales (C), soit en ravalant le jeune pêcher sur deux boutons latéraux de la base, soit en plaçant deux écussons sur le sujet. Ces deux premières branches sont placées d'abord dans une position presque verticale qui favorise leur développement, et, l'année suivante, on les taille en A pour obtenir les ramifications B. Chaque année, à mesure que ces quatre branches principales B, C — B, C s'allongent, on les abaisse jusqu'au point qu'elles occupent dans notre figure. Pendant leur formation on obtient les branches sous-mères (j, k, l) qui naissent en dessous. Lorsque les branches mères ont atteint la longueur qu'elles doivent conserver, on fait développer à leur base, au moyen d'un bourgeon gourmand, deux nouvelles ramifications qui donnent lieu aux deux branches D et sur chacune desquelles on fait naître les branches sous-mères i. Après l'allongement complet de la branche mère D, on forme en dessus la branche sous-mère g, sur laquelle on obtient ensuite la branche de troisième ordre h.

Ces ramifications complétement développées et mises en place, on termine en prenant à la base des branches D deux dernières ramifications E, destinées à remplir l'intérieur de l'arbre ; puis on obtient la branche sous-mère e, et enfin les branches f.

Cette forme remplit les deux premières conditions que nous avons indiquées ; mais il n'en est pas de même pour la troisième. En effet, la branche mère E et les branches sous-mères e, f, g, h, étant dans une position bien plus favorable, pour la circulation de la sève, que les branches D, i, C, j, k, B, l, elles seront constamment trop vigoureuses, tandis que ces dernières seront promptement épuisées par une production trop abondante de fruits. Cette forme présente en outre l'inconvénient de nécessiter le développement de plusieurs branches mères et sous-mères en dessus de celles primitivement formées. Telles sont les ramifications E, D, e et g. C'est là un défaut grave ; car ces productions tendent sans cesse à épuiser les branches qui les portent et exigent une surveillance continuelle.

Ces vices sont inhérents à cette forme ; nous pensons toutefois qu'on qu'on pourrait l'améliorer à l'aide des modifications indiquées dans la figure 817.

Le nombre des branches mères serait réduit à trois de chaque côté,

Fig. 817. Pêcher soumis à la forme en éventail à la Dumoutier, modifiée.

51.

les deux branches A B seront obtenues en même temps. Lorsqu'elles auraient atteint tout leur développement, on les abaisserait au point qu'elles
occupent dans notre figure, puis on formerait la branche C au moyen
d'un bourgeon à la base de la branche B. On éviterait ainsi de faire
naître des branches sous-mères en dessus des branches mères, et l'on
arriverait à espacer plus convenablement les diverses ramifications.

L'espalier à la Dumoutier peut être appliqué à toutes les espèces d'arbres fruitiers ; nous devons faire observer que les murs ne devront pas
avoir plus de 4 mètres ni moins de 3 d'élévation. En effet, si l'on dépassait cette hauteur, il se produirait un vide au sommet du mur, entre les
branches *e* (*fig.* 816) ou les branches C (*fig.* 817); or on ne pourrait
remplir ce vide qu'en plaçant les branches *e* ou C dans une position plus
verticale, ce qui augmenterait leur vigueur, déjà trop considérable. Si,
au contraire, on choisissait des murs de moins de 3 mètres, on serait obligé
de donner un peu d'espace aux branches mères du centre, de les incliner davantage, ainsi que toutes celles placées au-dessous ; et les branches mères de la base, déjà trop peu vigoureuses, seraient complétement
anéanties par cette position défavorable.

Éventail carré de Montreuil ou *en V ouvert* (*fig.* 818). Cette forme,
qui remonte à 1773, a été successivement améliorée par Butret, qui
écrivait en 1795, et, récemment, par MM. Alexis Lepère et Félix Malot,
cultivateurs à Montreuil.

Les arbres soumis à cette forme présentent deux branches mères (A)
inclinées sur un angle de 45°. Ces branches mères offrent en dessus et
en dessous des branches sous-mères formant un angle d'environ 15°
avec l'horizon, et espacées de façon qu'il existe entre chacune d'elles
un intervalle d'environ 0^m,50. On procède ainsi à l'établissement de
cette charpente.

Première taille. — Les jeunes pêchers que l'on rencontre ordinairement dans les pépinières n'ont reçu qu'un écusson et ne présentent
alors qu'un seul rameau (*fig.* 819). Pour la forme qui nous occupe, la
première taille à appliquer à ces arbres consiste à couper ce premier
rameau en A, immédiatement au-dessus des deux boutons latéraux B, C.
Ces boutons sont destinés à donner lieu aux deux branches mères de
l'arbre (A, *fig.* 818).

Mais il y aura plus d'avantage à choisir dans la pépinière des arbres
ayant reçu deux écussons latéraux, ou, ce qui vaut mieux encore, à
greffer ainsi les sujets plantés ou semés au pied du mur d'espalier. Les
arbres présenteront alors l'aspect de la figure 820. On gagnera ainsi
une année sur la formation de la charpente de l'arbre; car on aura tout
d'abord les deux branches mères.

Nous admettons qu'on ait donné la préférence à ce dernier mode; la
première taille se composera de l'opération suivante : chacun des ra-

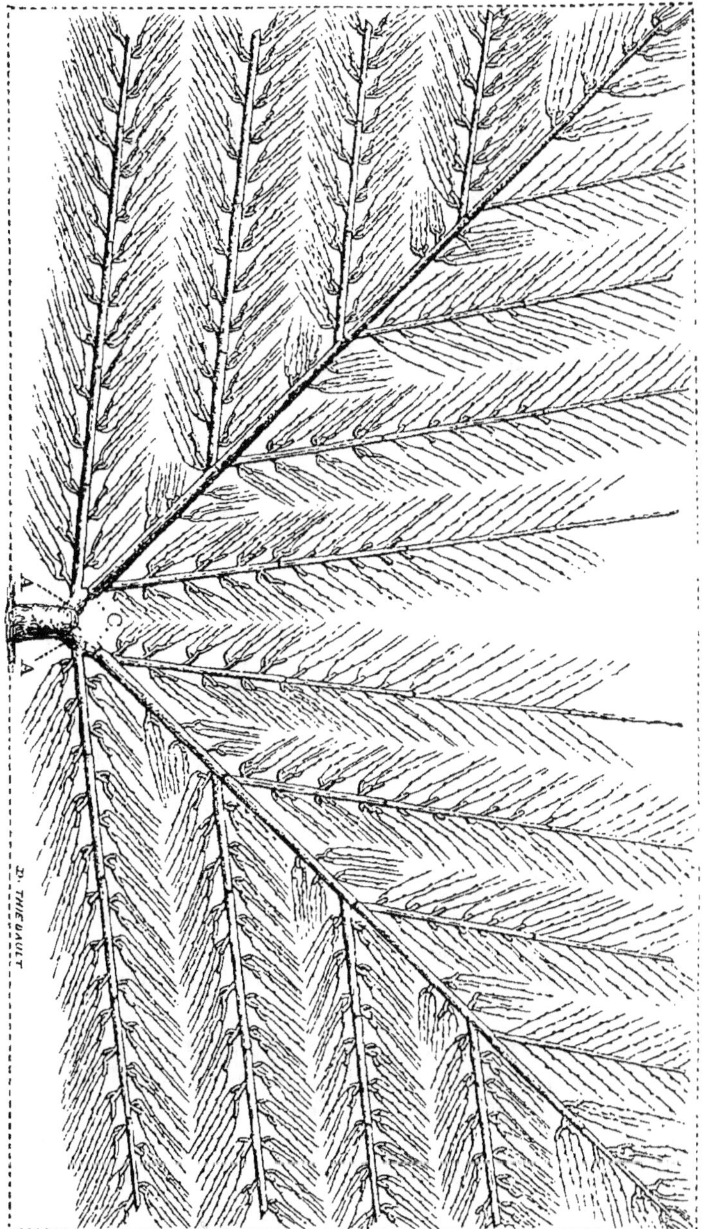

Fig. 818. *Pêcher soumis à la forme en éventail carré de Montreuil ou en V ouvert.*

meaux A sera taillé immédiatement au-dessus du bouton B. Ces boutons serviront à prolonger les branches mères; et les boutons C, placés laté-

ralement au-dessous, donneront naissance aux premières sous-mères
inférieures. Pendant l'été qui suivra, on maintiendra entre ces quatre
bourgeons une vigueur parfaitement égale; à cet effet, l'on emploiera
les moyens que nous avons décrits page 638. Les deux bourgeons destinés à former les branches mères seront maintenus sur un angle d'environ 70°, et ceux qui donneront lieu aux sous-mères, sur un angle de

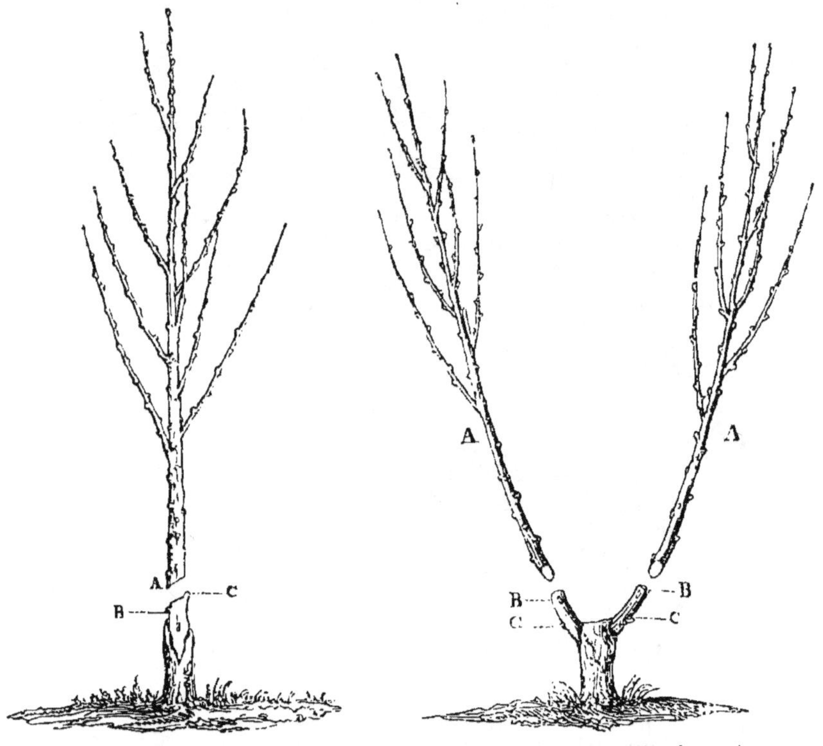

Fig. 819. *Première taille du pêcher*
pour en former un éventail carré.

Fig. 820. *Première taille du pêcher*
lorsqu'il a reçu deux écussons.

40°. Les autres bourgeons qui se développeraient en même temps que
ceux-ci sur les rameaux primitifs du jeune arbre seront d'abord pincés
lorsqu'ils auront atteint une longueur de 0^m,06 environ, puis supprimés
entièrement quinze jours après. Les bourgeons anticipés qui paraîtront
sur les quatre bourgeons conservés recevront l'opération du *pincement,*
page 733.

    Deuxième taille. — Le jeune pêcher, ainsi traité, présentera, au prin-
temps suivant, la disposition indiquée par la figure 721.

    A ce moment on taillera les branches mères à 0^m,50 environ de la
naissance des sous-mères en A, immédiatement au-dessus du bouton B,

placé en avant, et qui servira à prolonger ces branches. On ne doit pas
songer à obtenir, pendant cette seconde année, de nouvelles sous-mères
inférieures, car l'on a besoin de favoriser la végétation des premières.
On y arrive en taillant les branches mères assez court, et les sous-mères
le plus long possible, en C, au-dessus d'un bouton placé en avant.

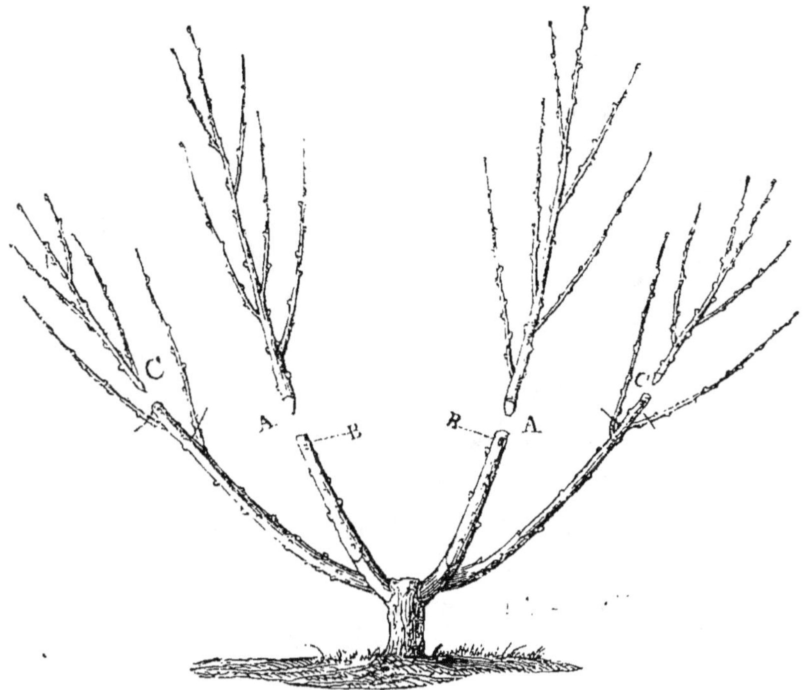

Fig. 824. *Deuxième taille du pêcher.*

Les branches parallèles doivent être taillées de la même longueur; ce
soin est indispensable pour maintenir l'équilibre de la végétation entre
les diverses parties de l'arbre. Si néanmoins il arrivait qu'une branche
fût plus vigoureuse que la branche correspondante, il y aurait nécessité
de tailler la branche forte plus court que la branche faible.

Immédiatement après cette taille, chacune des branches doit être pa-
lissée de manière que celles qui sont parallèles entre elles soient exactement dans la même position. Si l'une était plus inclinée que l'autre,
elles ne végéteraient pas également, et l'équilibre serait rompu. Les
branches mères seront placées sur un angle de 65° environ, et les sous-
mères seront maintenues dans leur position primitive, afin de favoriser
la végétation.

Pendant l'été suivant, on appliquera les opérations de l'*ébourgeonne-*

ment (p. 732) et du *pincement*, et l'on veillera à ce que les bourgeons terminaux se développent avec une égale vigueur.

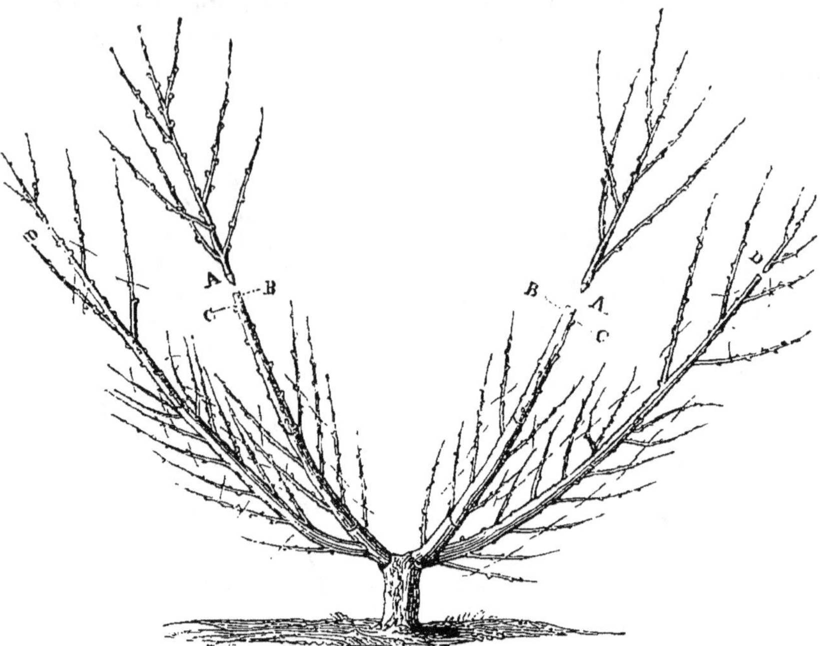

Fig. 822. *Troisième taille du pêcher.*

Troisième taille. — Au printemps de la troisième année, l'arbre présente l'aspect de la figure 822. Les branches mères sont taillées, en

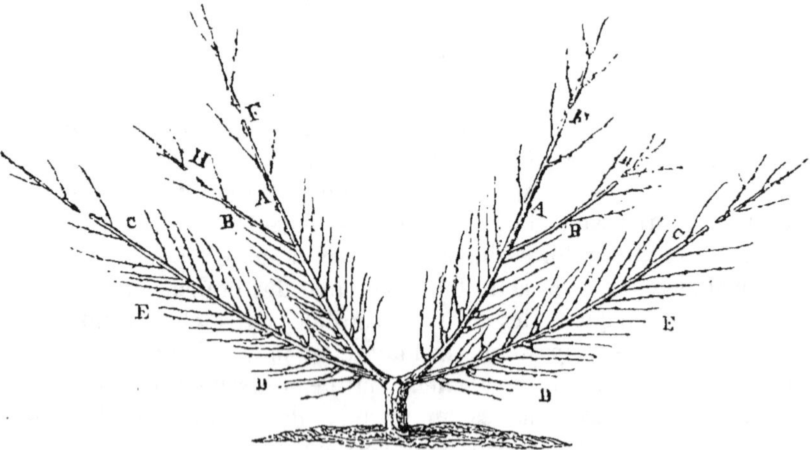

Fig. 823. *Quatrième taille du pêcher.*

A, à 1 mètre environ du point où naît la sous-mère inférieure. Les bou-

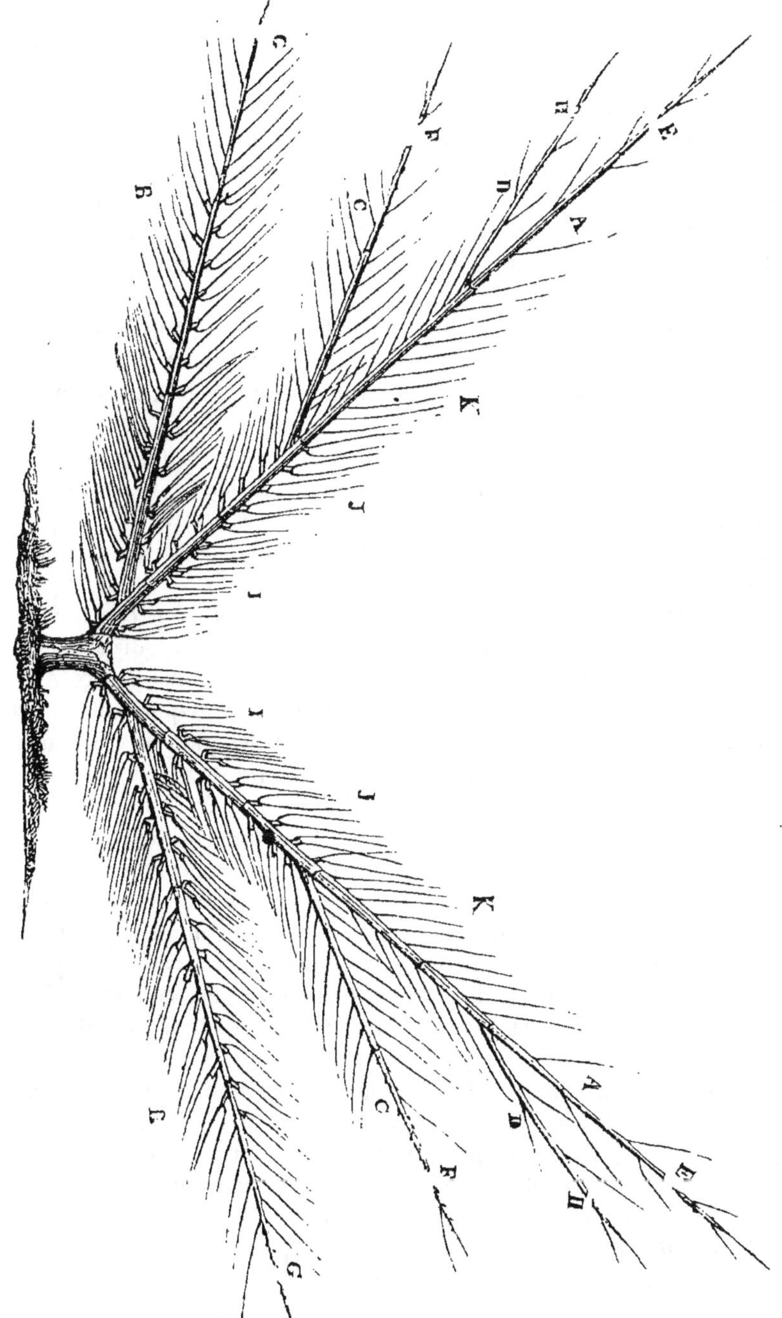

Fig. 824. *Cinquième taille du pêcher.*

tons B prolongeront les branches mères, et les boutons C donneront naissance à une seconde sous-mère. On fait naître ces sous-mères tous les 0ᵐ,80 environ. Cette distance est nécessaire, afin qu'étant inclinées les unes sur les autres, il existe entre elles un espace de 0ᵐ,50 environ, destiné au palissage des bourgeons. Les premières sous-mères sont taillées, le plus long possible, en D; quant aux rameaux développés sur les branches mères et sous-mères, et qui, à l'aide des opérations d'été, ont dû être transformés en rameaux à fruits, on les coupe au point indiqué dans notre figure, afin d'obtenir les résultats indiqués à la page 756.

Si toutefois, par une circonstance quelconque, un ou plusieurs boutons, sur le développement desquels on comptait pour former des rameaux à fruits, étaient restés endormis, on procéderait comme nous l'avons expliqué à la page 743.

Les branches mères sont palissées sur un angle de 60° environ : les sous-mères sont encore maintenues dans leur position primitive; les rameaux à fruits sont palissés avec les soins prescrits à la page 741; enfin on donne, pendant l'été, des soins semblables à ceux des années précédentes, en ayant soin d'appliquer aux rameaux à fruits les opérations de l'*ébourgeonnement* et de la *taille en vert* décrites page 742.

Quatrième taille. — Au printemps suivant, l'arbre offre l'aspect de la figure 825. Chacun des côtés est composé d'une branche mère A et de deux sous-mères inférieures B et C. Ces ramifications portent des branches coursonnes complétement établies (D) et des rameaux à fruits (E) qui présenteront le même caractère l'année suivante.

Les branches mères sont taillées en F, de manière à obtenir un prolongement et une troisième sous-mère inférieure. On peut, à partir de ce moment, faire naître chaque année une de ces dernières branches; car celle obtenue d'abord (C) a assez de force pour ne plus craindre d'être arrêtée dans son accroissement. Cette sous-mère (C) est taillée seulement à 0ᵐ,50 de la coupe de l'année précédente, car elle a presque acquis la longueur qu'elle doit avoir; l'autre (B) est coupée en H. Les rameaux à fruits (D et E) reçoivent chacun le mode de taille indiqué à la page 745.

Les branches mères sont laissées dans la position qu'elles occupaient l'année précédente; les sous-mères C sont abaissées sur un angle de 25° environ, et celles B sont maintenues dans leur première position. On palisse les rameaux à fruits comme on l'a fait l'année précédente, et l'on exécute avec soin les diverses opérations d'été.

Cinquième taille. — Au bout de la cinquième année, notre arbre offrira trois branches sous-mères. Au printemps, on taillera les branches mères A (*fig.* 824) en E, afin d'obtenir un nouveau prolongement et une nouvelle sous-mère. Les sous-mères B seront coupées à 0ᵐ,50

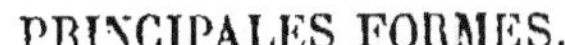

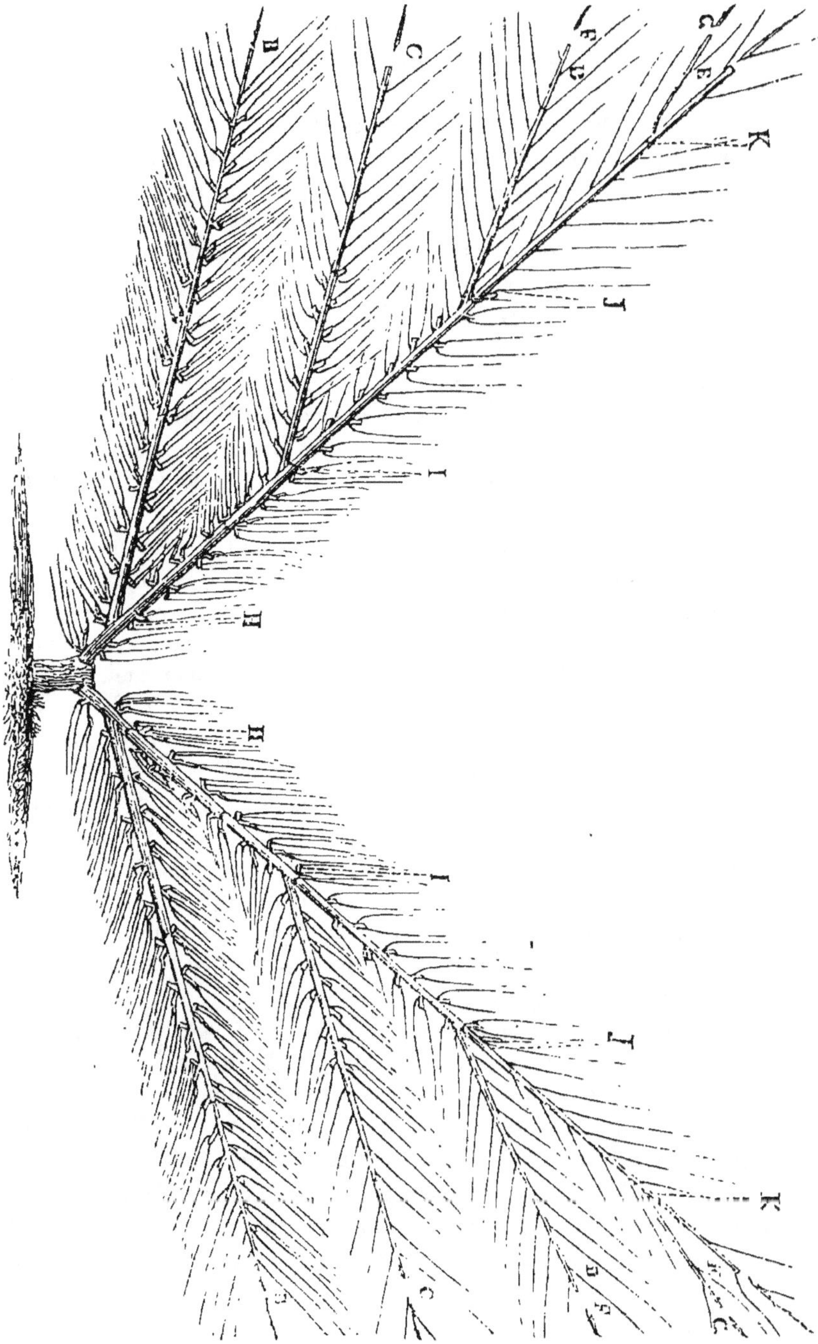

Fig. 825. *Sixième taille du pêcher.*

seulement de la taille de l'année précédente, en G, celles C seront taillées en F et celles D en H. Les rameaux à fruits I, J, K, recevront la taille ordinaire.

Ces diverses ramifications seront palissées de la manière suivante : les branches mères seront palissées sur un angle de 45° environ, position qu'elles devront continuer d'occuper à l'avenir; les sous-mères B présenteront une inclinaison de 15°, qu'elles conserveront aussi; celles C, une inclinaison de 25°, et celles D, une pente de 40°.

Sixième taille. — Notre arbre présente de plus que l'année précédente une dernière sous-mère (E, *fig.* 825); les branches mères sont taillées à 0^m,40 environ du sommet du mur; les sous-mères B et C, à 0^m,30 environ de la coupe précédente; celles D sont coupées en F, et celles E, en G. Les sous-mères C sont placées dans une position définitive, c'est-à-dire sur un angle de 15°, celles D, sur une pente de 25°, et celles E conservent l'angle de 40°, qu'on leur a conservé pendant l'été précédent.

Les diverses branches sous-mères du dessous étant ainsi obtenues, on doit songer à faire développer les sous-mères du dessus. Il n'eût pas été convenable de s'en occuper avant ce moment, car ces dernières ramifications, placées dans une position plus favorable, eussent immanquablement nui à la formation des sous-mères du dessous. On choisit donc, lors de la sixième taille, en dessus de la branche mère, à chacun des points H, I, J, K, un rameau vigoureux auquel on laisse une longueur de 0^m,15 environ, en le taillant sur un bouton à bois bien conformé. Quand vient le palissage, on lui conserve sa position verticale. On choisit toujours ses rameaux de telle sorte, qu'ils naissent au-dessus du point où est insérée la sous-mère du dessous; il en résulte que celle-ci reçoit la sève des racines avant la sous-mère supérieure, et que cet avantage compense la gêne qui résulte pour elle de sa position moins favorisée. Pendant l'été, on protége le développement du bourgeon terminal de ces quatre rameaux.

Septième, huitième et neuvième tailles. — A la septième année, toutes les sous-mères du dessous (*fig.* 825) sont taillées à 0^m,30 de la limite qu'elles ne peuvent dépasser, puis fixées définitivement sur un angle de 15°. Les sous-mères de l'intérieur sont coupées à 0^m,50 de leur naissance environ, puis un peu abaissées vers les branches mères.

Lors de la huitième année, les sous-mères de l'intérieur qui n'ont pas atteint leur longueur totale reçoivent une taille semblable à celle de l'année précédente; celles qui ont atteint leur limite sont coupées à 0^m,30 environ de cette limite.

Enfin, à la neuvième année, toutes les branches sont taillées à 0^m,50 du point qu'elles ne peuvent dépasser. A la fin de cette neuvième année, la charpente est terminée, et l'arbre remplit complétement l'espace qui lui a été consacré (*fig.* 818).

Il n'y a plus, chaque année, lors de la taille d'hiver, qu'à couper le sommet des branches sous-mères à 0^m,30 environ du point qu'elles ne doivent pas dépasser. Ceci est nécessaire, afin de réserver un espace suffisant pour l'allongement du bourgeon terminal de chacune d'elles. La présence de ce bourgeon est utile pour attirer une suffisante quantité de séve jusqu'à l'extrémité de ces branches et les maintenir assez vigoureuses dans toute leur étendue, puis aussi pour faire que, un certain nombre de bourgeons vigoureux étant ainsi conservés, sans être mutilés comme le sont la plupart des autres, ils concourent à la production annuelle des organes indispensables à la vie de l'arbre, couches ligneuses et corticales, prolongements radicaux, etc. Ce soin est également indispensable pour le sommet des branches mères; mais ici on obtient le même résultat d'une autre manière. Tous les ans, à la même époque, on coupe leur rameau terminal à 0^m,10 du sommet; puis, vers la fin de juin, on choisit un bourgeon d'une vigueur moyenne et naissant sur ces branches à 0^m,40 au-dessous du sommet du mur. Ce bourgeon remplace le sommet de la branche que l'on coupe immédiatement au-dessus du point où le bourgeon prend naissance. Ce procédé a pour effet de refouler la séve au profit des parties inférieures de l'arbre.

Outre ces soins, on doit également, chaque année, appliquer scrupuleusement aux branches coursonnes les opérations des *tailles d'hiver et d'été*, suffisamment décrites plus haut.

L'éventail carré de Montreuil présente à l'œil une forme plus agréable que celle à la Dumoutier : il est plus simple et plus facile à appliquer. Les branches mères étant moins nombreuses, l'équilibre de la végétation est plus aisément maintenu entre elles. On devra généralement le préférer au précédent. Toutefois cette forme n'est pas non plus sans présenter quelques-uns des défauts que nous avons reprochés à l'éventail à la Dumoutier. Ainsi, les branches sous-mères du dessous étant loin d'être aussi favorisées par leur position que celles du dessus, celles-ci, malgré le pincement, poussent toujours trop vigoureusement, tandis que les autres sont souvent languissantes.

On peut cependant diminuer cet excès de vigueur au moyen des trois procédés suivants employés par M. Lepère. Le premier consiste à choisir, pour donner lieu à ces branches, des rameaux faibles, peu vigoureux et placés sur des branches coursonnes fatiguées déjà par des tailles successives. Le second moyen a pour but de courber ces rameaux faibles vers leur base et de les coucher sur la branche de bas en haut sur une longueur de 0^m,15 environ, puis de redresser ensuite leur sommet dans une position verticale. On gêne, de cette façon, la circulation de la séve dans ces rameaux, et l'on diminue leur vigueur.

Le troisième mode d'opérer est le plus efficace, on place à l'avance, sur les branches mères, et successivement, à mesure qu'elles s'allongent, un écusson à chacun des points où l'on aura besoin de faire naître les branches sous-mères du dessus. Ces écussons doivent appartenir à une variété beaucoup moins vigoureuse que celle sur laquelle on les pose. On les taille en courson jusqu'au moment où l'on commence à former les branches sous-mères.

Ces divers procédés peuvent être appliqués, non-seulement à cette forme d'arbre et pour le pêcher, mais encore pour toutes les autres dispositions qui présentent des branches plus favorablement situées les unes que les autres, et pour toutes les autres espèces d'arbres.

L'éventail carré peut être appliqué à toutes les espèces d'arbres fruitiers. Il exige également des murs de 3 mètres d'élévation au moins et de 4 mètres au plus.

Éventail oblique de M. Louis Noisette (fig. 826). Cette disposition, imaginée par M. Louis Noisette, ne diffère de la précédente qu'en ce que les arbres auxquels on l'applique ne présentent que la moitié d'un éventail.

Le mode de formation de cette charpente est le même que celui de l'éventail carré.

L'éventail oblique présente cet avantage, que, la charpente se composant d'une seule branche mère, l'équilibre de la végétation est bien plus facile à maintenir entre les diverses parties de l'arbre. D'un autre côté, cette forme est d'une grande utilité pour les murs placés sur les terrains en pente très-prononcée. Admettons, comme exemple, que le mur A, B, C, D, présente une inclinaison de D en C de 0^m,06 par mètre. Si l'on veut mettre sur ce mur des arbres en espalier et leur donner la forme en éventail carré, il faudra, avant tout, placer les branches parallèles dans une position absolument semblable par rapport à l'horizon ; sans quoi on ne tarderait pas à voir les branches les plus inclinées diminuer progressivement de vigueur et être complétement anéanties par celles qui, leur étant parallèles, seraient moins penchées. Pour bien établir cette charpente, il faudrait tracer sur le mur un quadrilatère parfaitement parallèle à l'horizon : soit le quadrilatère E, F, G, H ; mais, en y inscrivant ensuite la charpente de l'arbre, on verrait bientôt l'impossibilité de l'y faire entrer tout entière ; ainsi la branche mère I serait beaucoup plus courte que l'autre branche mère B, et la branche sous-mère inférieure J ne pourrait pas même être placée ; ce côté de l'arbre resterait forcément moins étendu que l'autre, qui, absorbant de plus en plus la séve des racines, finirait par l'anéantir complétement.

L'inconvénient que nous venons de signaler dans l'emploi de l'éventail carré pour les murs en pente se reproduirait pour toutes les formes qui présentent deux côtés parallèles. L'éventail oblique échappe à cette cause d'insuccès : car, les arbres se recouvrant les uns les autres, il n'y a pas de parallélisme à observer entre les branches mères du même arbre,

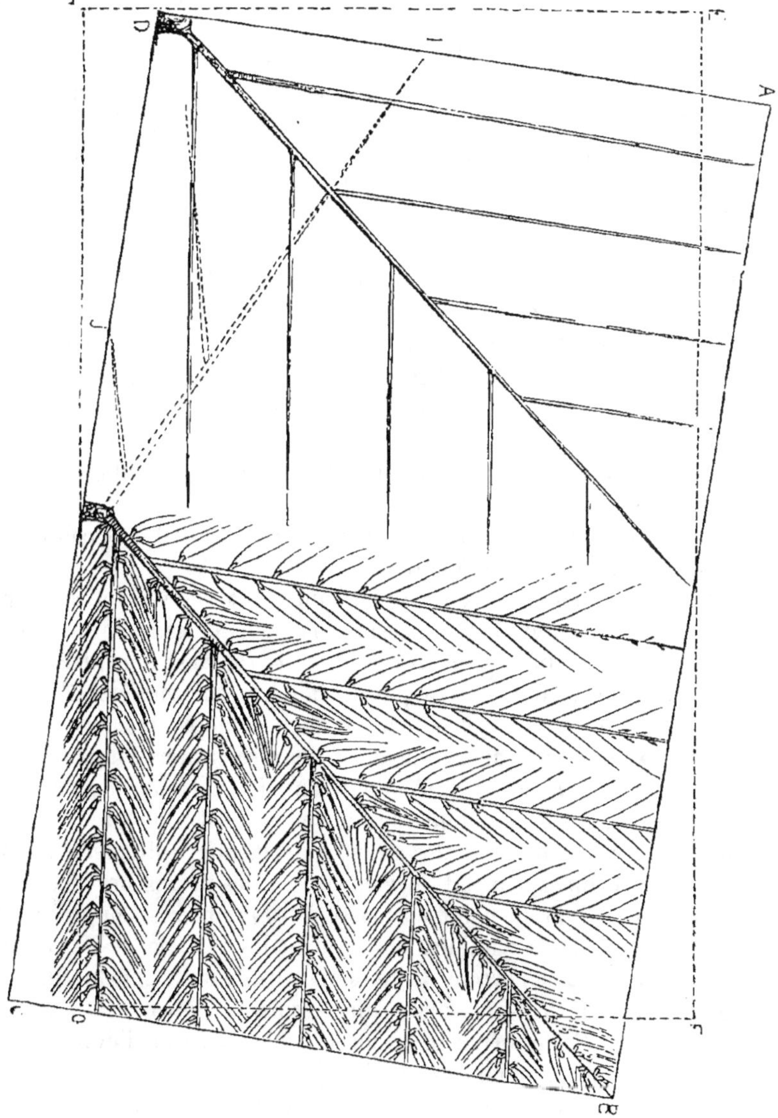

Fig. 826. *Pêcher soumis à la forme en éventail de Louis Noisette.*

et par conséquent par d'irrégularités semblables à celles que nous venons de signaler.

Nous pensons donc que cette forme pourra être utilement réservée pour les murs en pente. Les murs ne devront pas avoir moins de 3 mètres : ils pourront, sans inconvénient, être beaucoup plus élevés.

L'éventail oblique peut être employé pour toutes les espèces d'arbres fruitiers.

Cette disposition n'est pas la seule qui puisse couvrir avantageusement les murs en pente ; toutes les autres formes donneront le même résultat, à condition qu'elles n'offriront, comme dans l'éventail oblique, qu'un côté au lieu de deux. Les formes en palmettes, ainsi modifiées, seront réservées pour les murs ayant moins de 3 mètres d'élévation, en observant de diriger les branches sous-mères en sens inverse de la pente du mur.

Éventail à branches convergentes (Du Breuil) (*fig.* 827). Après avoir reproché à l'éventail carré de Montreuil la direction presque verticale des branches sous-mères du dessus, nous avons essayé d'améliorer cette forme en renversant ces branches les unes vers les autres sur un angle de 45°, ainsi que l'indique notre figure. De cette manière elles ne se trouvent guère plus favorisées que les sous-mères du dessous, par rapport à la circulation de la séve. L'équilibre de la végétation est ainsi beaucoup plus facile à maintenir.

Le mode de formation de cette charpente est semblable à celui indiqué pour l'éventail carré de Montreuil.

Cette forme ne pourra être convenablement placée que contre un mur de 3 mètres d'élévation au moins. Mais on pourra, sans inconvénient, l'employer pour des murs plus élevés ; car ici (et c'est encore là un des avantages de cette forme) on n'a pas à craindre, comme dans l'éventail carré, qu'en allongeant beaucoup les branches mères ou produise un vide vers le sommet de l'arbre entre les deux sous-mères du centre.

Éventail de Dalbret (*fig.* 828). Pour remplir l'intérieur de l'éventail en V ouvert, M. Dalbret indique le moyen suivant : lorsque les deux branches mères de l'arbre et les branches sous-mères du dessous sont complétement formées, on fait développer, en dessus des branches mères, et un peu au delà du point où naissent les premières sous-mères du dessous, deux nouvelles ramifications principales (A). Celles-ci sont dirigées verticalement et portent seulement à droite ou à gauche un certain nombre de branches sous-mères dirigées parallèlement aux branches mères primitives. Cette forme se rapproche beaucoup de l'éventail à la Dumoutier modifié par nous (*fig.* 817).

Cette disposition présente, selon nous, un inconvénient très-grave : c'est la position verticale des deux branches mères de l'intérieur. Celles-ci ne tardent pas à absorber la plus grande partie de la séve de l'arbre au détriment des branches mères du dessous, qui, devenant bientôt languissantes, ne tardent pas à périr. M. Dalbret, prévoyant ce résultat, conseille de remplacer ces branches mères du dessous par celles du

Fig. 827. *Pêcher soumis à la forme en éventail à branches convergentes* (Du Breuil).

dessus qu'on abaissera, et de suppléer à ces dernières par de nouvelles ramifications qu'on fera développer à l'intérieur de l'arbre. C'est le procédé conseillé aussi par M. Lelieur pour remplacer les branches mères inférieures de l'éventail à la Dumoutier. Nous avons démontré plus haut les vices de cette pratique ; les mêmes considérations nous empêchent de conseiller l'éventail de Dalbret.

Toutefois, si l'on croyait devoir en faire usage, on pourrait choisir des murs plus élevés que ceux qui conviennent exclusivement pour les éventails à la Dumoutier et en V ouvert ; car la position verticale des branches mères de l'intérieur empêcherait qu'il ne se produisît un vide au sommet de l'arbre.

IIe groupe. — Formes en palmette. — Les arbres en palmette présentent une série de branches sous-mères superposées, dirigées horizontalement ou obliquement, et naissant d'une ou de deux branches mères verticales. Ce groupe comprend les treize formes suivantes :

Palmette Legendre (fig. 829). Une branche mère verticale donnant naissance, de chaque côté, à un certain nombre de sous-mères horizontales, d'égale force et superposées, telle est cette palmette, décrite pour la première fois par Legendre, curé d'Hénouville, qui écrivait en 1684. C'est à tort, suivant nous, que quelques auteurs ont donné à cette forme le nom de *Palmette Forsyth,* puisque ce cultivateur anglais n'a publié son livre qu'en 1802.

Pour obtenir cette forme, on fait développer à la base, la première année, soit à l'aide d'un ravalement, soit en posant trois écussons sur le sujet, trois bourgeons : un en avant pour former la branche mère (A), et deux latéraux pour former les premières sous-mères (B). Au printemps suivant, la branche mère est coupée au milieu de l'espace qui sépare la branche B de la branche C, puis les sous-mères (B) sont taillées le plus long possible. On n'exige pas, la deuxième année, un nouvel étage de sous-mères ; car il faut favoriser la végétation des premières ; mais, à partir de l'année suivante, on fait développer, chaque printemps, au moyen de la taille, un nouvel étage de sous-mères qui naissent immédiatement au-dessous de chaque coupe. Il est bien entendu que les sous-mères sont d'abord placées presque verticalement, et qu'on ne les abaisse qu'à mesure qu'elles s'allongent.

Cette disposition n'est pas plus parfaite que les précédentes ; elle ne remplit pas la troisième condition que nous avons posée. Ainsi la séve des racines, s'élançant avec rapidité dans la tige verticale, réagit avec force sur le développement des sous-mères supérieures, qui deviennent trop vigoureuses, tandis que celles de la base restent languissantes. D'un autre côté, la position horizontale des sous-mères rend très-difficile le maintien d'une vigueur suffisante dans les branches coursonnes placées en dessous de ces ramifications.

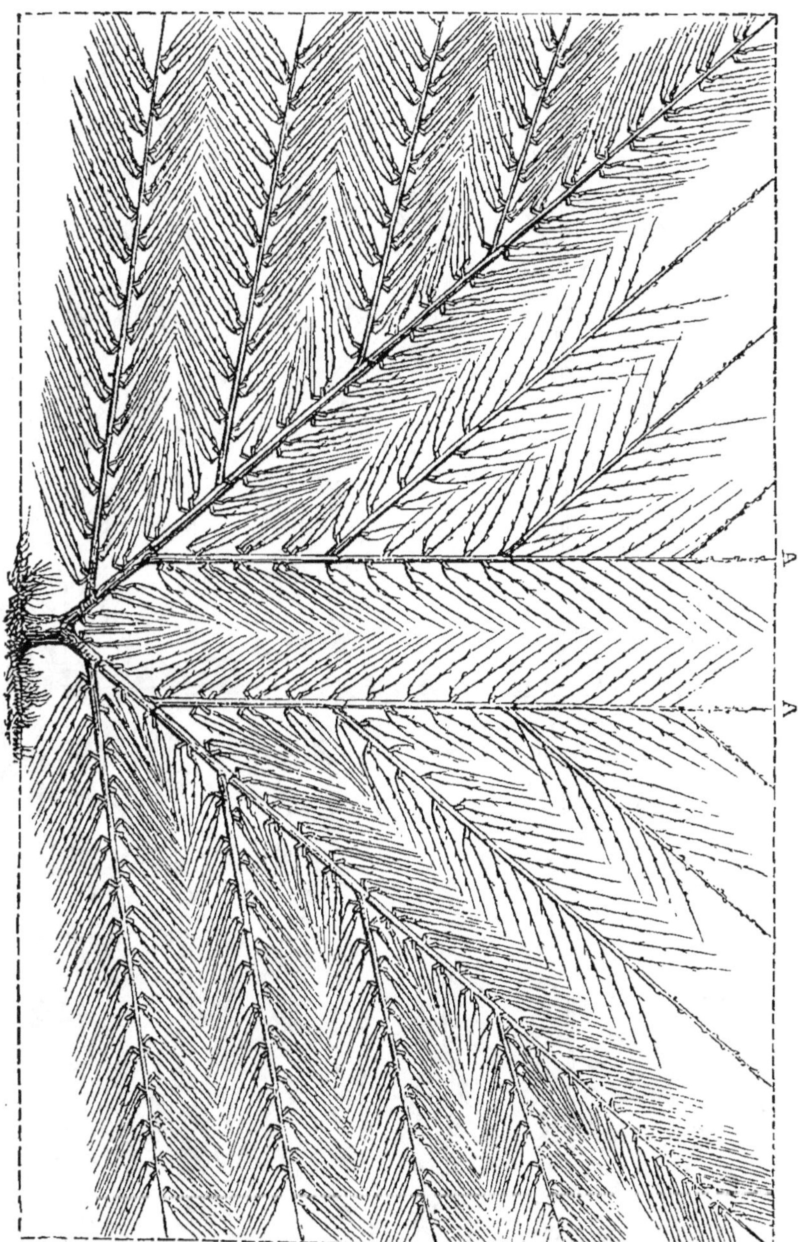

Fig. 828. *Pêcher soumis à la forme en éventail de Dalbret.*

Cette forme peut être appliquée à toutes les espèces. Elle convient également aux murs les plus bas comme aux plus élevés.

52.

Fig. 829. *Pêcher soumis à la forme en palmette Legendre.*

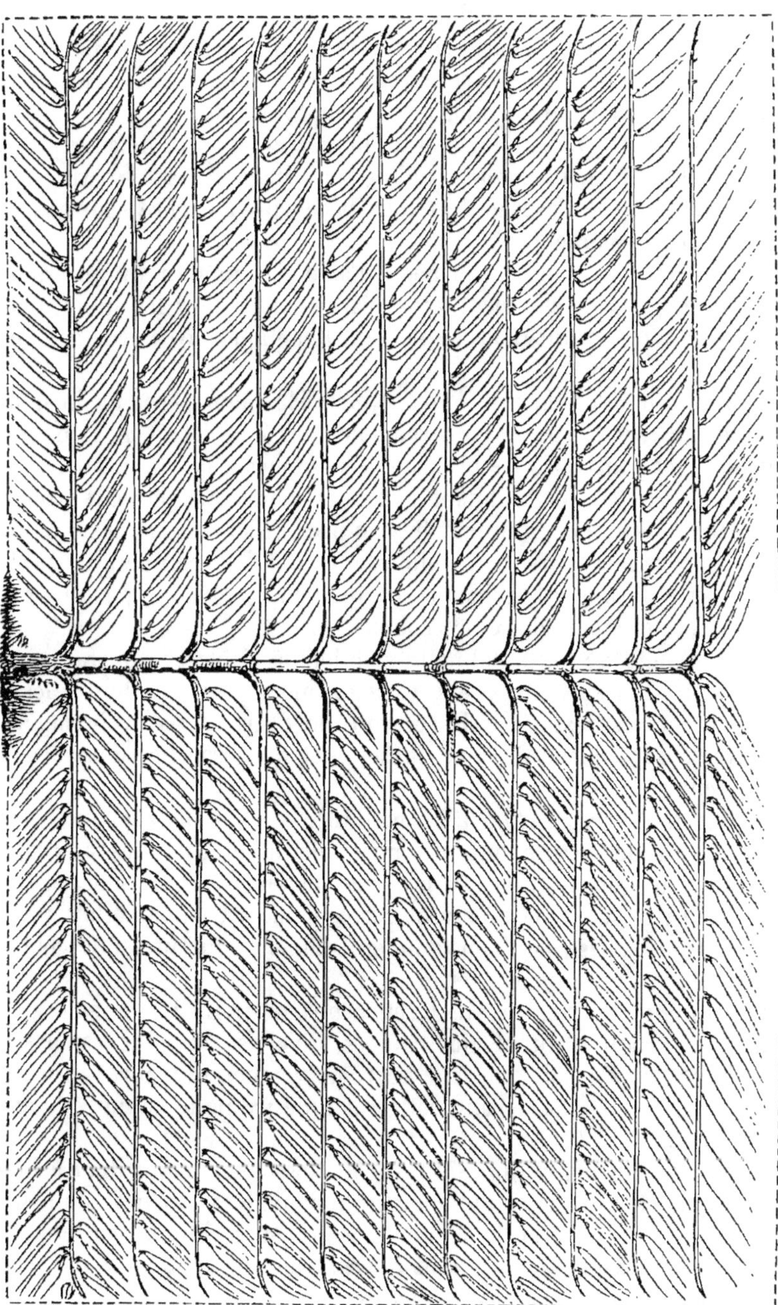

Fig. 850. *Pêcher soumis à la forme en palmette-cordon.*

Palmette-cordon (fig. 830). Cette disposition, que nous avons vue décrite dans un ouvrage anglais, a été imaginée pour remédier à la difficulté de maintenir assez vigoureuses les branches coursonnes placées sous les sous-mères. A cet effet on les a supprimées, excepté sur la sous-mère inférieure; puis, pour remplir le vide, on a doublé le nombre des sous-mères. Mais on a fait naître cet autre défaut, que, ne pouvant obtenir chaque année qu'un seul étage de sous-mères, on a augmenté de moitié l'espace de temps nécessaire à l'arbre pour acquérir tout son développement.

La palmette cordon est formée à l'aide des mêmes moyens que la palmette Legendre; elle peut être placée contre tous les murs, quelle que soit leur élévation; mais on ne peut l'appliquer avec avantage qu'au pêcher.

Palmette à branches obliques (fig. 831). Mon père, en imaginant cette forme vers 1816, a voulu remédier aussi au défaut de la palmette Legendre, et soustraire les branches coursonnes à la cause qui les rendait languissantes, en donnant aux sous-mères une direction oblique ascendante; puis, pour remplir le vide produit au-dessous des premières branches sous-mères par leur obliquité, il a fait naître une branche tertiaire. Cette forme est évidemment meilleure, et nous pensons qu'on devra la préférer aux deux précédentes.

La charpente de cette palmette s'obtient à l'aide des opérations décrites p. 636 et suivantes; elle est également propre à toutes les espèces. Les murs destinés à la recevoir ne devront pas avoir moins de 3 mètres, sous peine de voir le sommet des branches obliques trop promptement arrêté.

Palmette Verrier (fig. 553, p. 636). — Les deux palmettes que nous venons de décrire offrent, ainsi que la plupart des autres, cet inconvénient, que, les diverses branches sous-mères étant superposées le long de la tige, elles ne reçoivent pas également l'action de la séve. Les branches de la base sont constamment moins vigoureuses que celles du sommet.

La palmette Verrier prévient cet inconvénint. En effet, les branches sous-mères étant d'autant plus courtes, qu'elles sont plus rapprochées du sommet, il s'ensuit que leur degré de vigueur se trouve ainsi équilibré. Aussi nous considérons cette sorte de palmette comme l'une des meilleures.

Palmette Cossonnet (fig. 832). — M. Cossonnet, cultivateur à Longpont (Seine-et-Oise), a adopté pour ses magnifiques espaliers de poiriers la palmette Legendre et la palmette à branches obliques en les modifiant ainsi : ces deux formes sont alternativement appliquées aux arbres du même espalier; mais les palmettes à branches obliques A offrent des sous-mères inclinées sur un angle bien plus aigu (45°) que nous ne

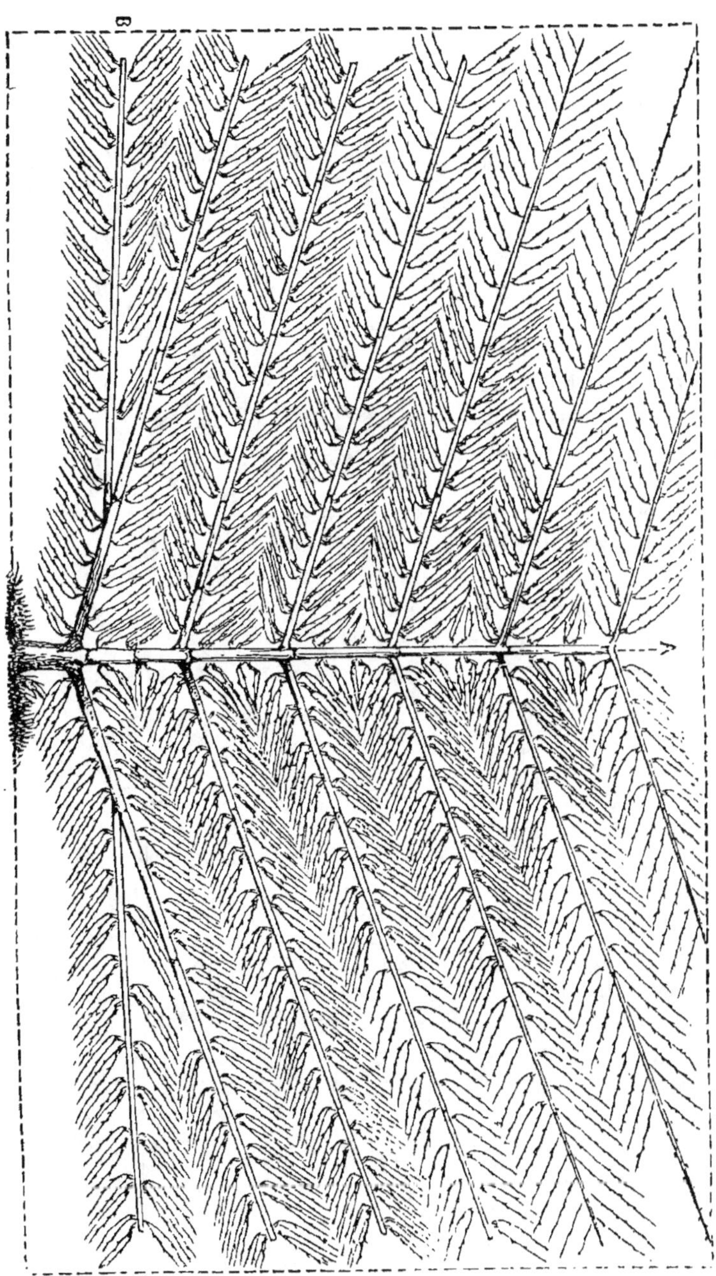

Fig. 851. *Pêcher soumis à la forme en palmette à branches obliques.*

l'avons indiqué; et les branches de la palmette Legendre B diminuent de longueur à mesure qu'elles se rapprochent du sommet du mur. Il en résulte que l'ensemble de ces arbres n'offre plus un carré ou un quadrilatère, mais bien un triangle rectangle dont le plus grand côté est appuyé sur le sol.

Le mode de formation est le même que pour chacune des deux formes dont il est composé et dont nous avons parlé plus haut. Il est bien entendu que les branches horizontales des palmettes Legendre B ne sont amenées que progressivement dans cette position.

Quant aux avantages et aux inconvénients de ce mode d'opérer, ils participent de ceux que nous avons signalés dans les deux formes dont cette sorte d'espalier est composée. Nous devons toutefois faire remarquer que la palmette Cossonnet ne présentera tous ces avantages que sur un mur élevé de 4 mètres au moins. Sur un mur de 3 mètres seulement, il faudra planter les arbres à 3 mètres les uns des autres pour que les branches obliques des palmettes puissent être placées sur un angle de 45°; or les arbres ne pourront of-

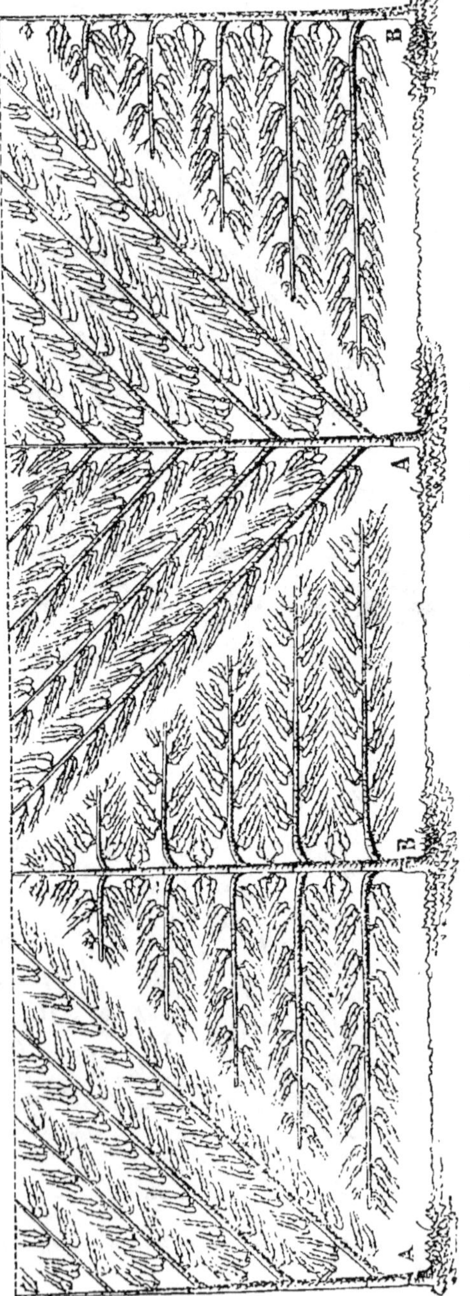

Fig. 852. Pêcher soumis à la forme en palmette Cossonnet.

frir ainsi qu'une surface de 9 mètres carrés chacun, ce qui déterminera un excès de vigueur qui les empêchera de se mettre à fruit. Sur un mur de 4 mètres de hauteur au moins, les arbres sont plantés à 4 mètres de distance les uns des autres, ce qui leur donne une surface de 16 mètres, tout en conservant à chacun d'eux sa forme spéciale.

Palmette à branches alternes (*fig.* 833). — Trois arbres sont au moins nécessaires pour compléter cette forme. Celui du centre (A) développe à droite une première branche sous-mère (D). La sous-mère parallèle (E) est fournie à gauche par l'arbre C. Au-dessus de cette dernière, l'arbre du centre en fournit une troisième (F), puis l'arbre B une quatrième (G), et ainsi de suite alternativement jusqu'au sommet du mur. Il résulte de cette disposition que les arbres doivent être placés à une distance moitié moindre que pour les autres formes. La palmette à branches alternes diffère peu, comme on le voit, de la palmette Legendre; elle présente les mêmes inconvénients et les mêmes avantages; on l'applique à l'aide de procédés semblables.

C'est chez M. Alexis Lepère, de Montreuil, que nous avons observé pour la première fois cette disposition. M. Lelieur en parle dans la *Pomone française*, et lui donne le nom de *palmette cordon*. Nous avons mieux aimé conserver cette appellation pour la forme que nous avons décrite sous ce nom, et qui, portant des branches coursonnes seulement en dessus des sous-mères, ressemble bien plus à un cordon de vigne que la palmette dont nous venons de parler. L'alternance des sous-mères dans celle-ci nous a naturellement fourni le nom que nous lui avons imposé.

Palmette à branches arquées (Du Breuil) (*fig.* 834). — Les chartreux de Paris, ayant dans leur jardin des arbres dont la fructification se faisait longtemps attendre, imaginèrent, pour les mettre à fruit, d'arquer les branches, en attachant de lourdes pierres au bout de chacune d'elles. La chronique rapporte que, lorsque le vent agitait ces pierres pendant la nuit, et les poussait les unes contre les autres, elles faisaient un tel carillon, que les pères, ne pouvant dormir, abandonnèrent ce procédé.

Vers 1780, M. Fanon, et plus tard M. Cadet-Devaux, ressuscitèrent cette pratique et l'étendirent indifféremment à tous les arbres fruitiers. Ils espéraient ainsi remplacer complétement la taille; mais l'abus qu'ils ont fait de cette arcure des branches a donné des résultats si désastreux, que cette opération, vraiment utile dans quelques circonstances exceptionnelles, a été entièrement délaissée.

Il y a quelques années, cependant, on en a essayé de nouveau l'usage, en l'appliquant, comme nous le verrons plus loin, aux arbres en pyramide. Nous croyons qu'on peut aussi quelquefois l'étendre avantageusement aux arbres en espalier, mais seulement aux poiriers et

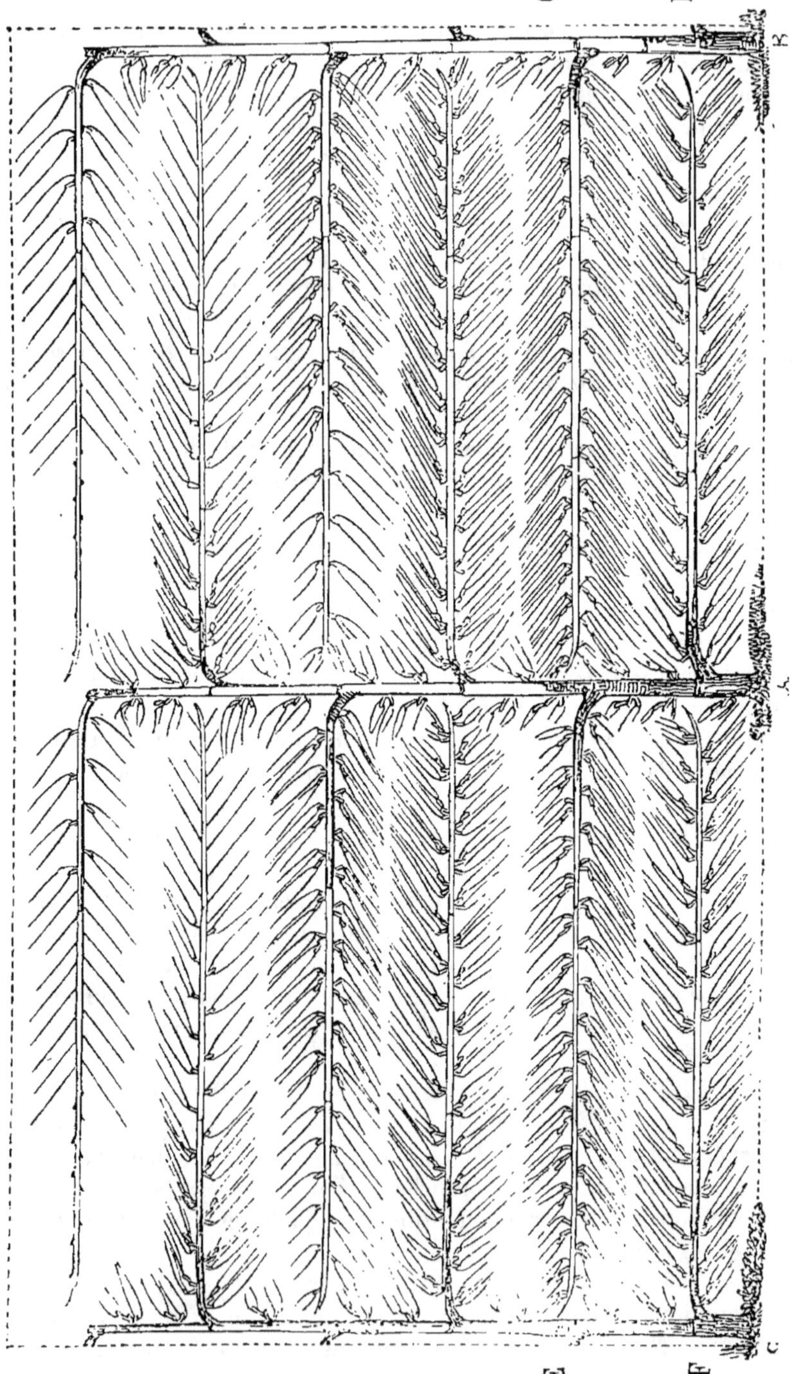

Fig. 833. *Pêcher soumis à la forme en palmette à branches alternes.*

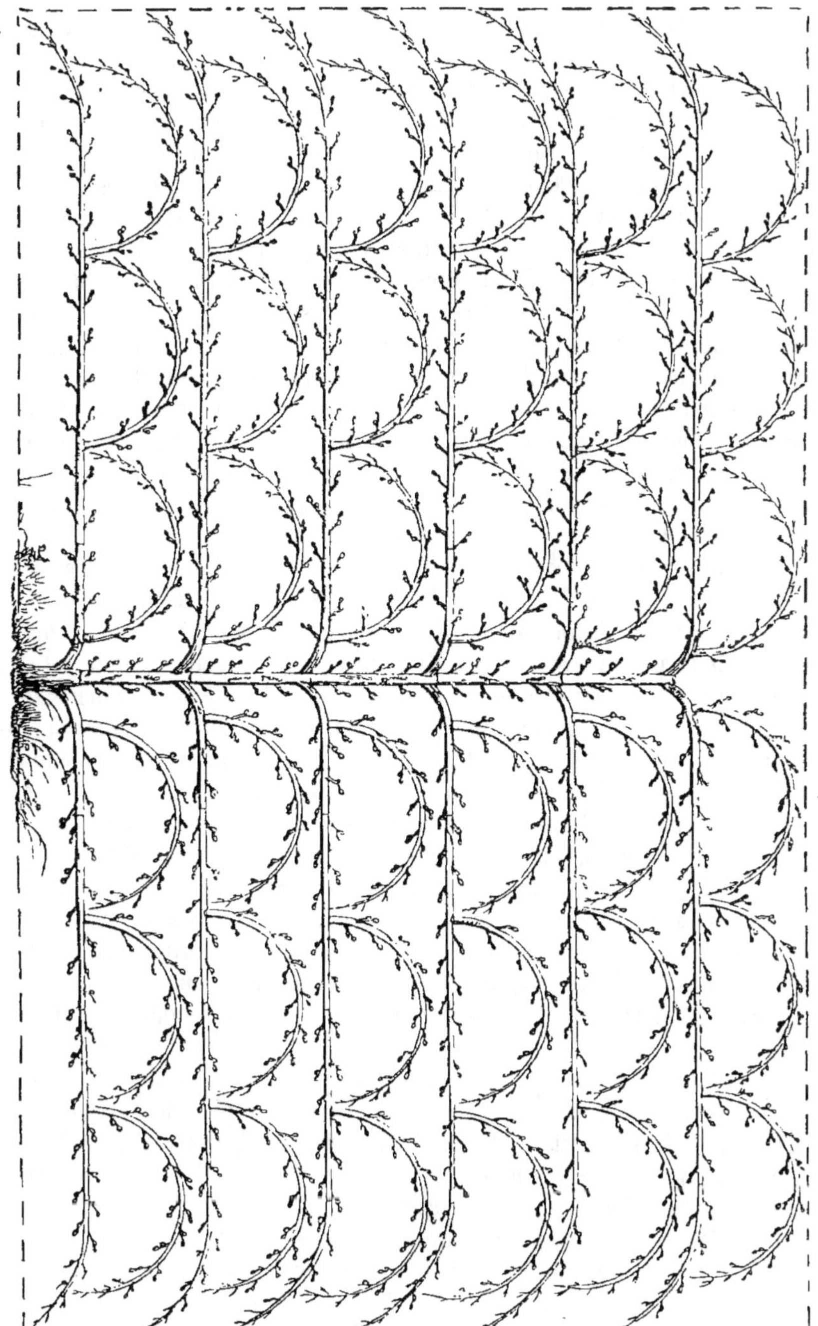

Fig. 854. *Poirier soumis à la forme en palmette à branches arquées* (Du Preuil).

pommiers qui poussent trop vigoureusement pour se mettre facilement à fruit.

Voici, dans ce cas, comment nous conseillons d'opérer. S'il s'agit d'une palmette Legendre, à double tige, à branches obliques ou autres qui s'en rapprochent, on commence par supprimer une branche sous-mère sur deux, de manière à laisser entre chacune de celles que l'on conserve un espace de $0^m,60$ environ. Ces branches sont placées dans une position horizontale, si elles n'y sont déjà; puis on incline leur extrémité, ainsi que nous l'indiquons dans notre figure. Pendant l'été qui suit cette opération, on choisit à la partie supérieure des branches un certain nombre de bourgeons situés à la distance d'un mètre les uns des autres; on les laisse se développer librement; et, lorsqu'ils ont atteint une longueur de $1^m,50$ environ, on les courbe de telle sorte, que leur sommet vienne toucher le point où naît le rameau suivant. Cette opération, d'abord appliquée à la moitié inférieure des branches sous-mères, l'est ensuite aux branches sous-mères supérieures. On arrive ainsi à fortifier les ramifications de la base de l'arbre.

Voyons maintenant ce qui résultera de cette pratique. Les branches sous-mères, arquées à leur extrémité, cesseront tout accroissement en longueur; il en sera de même des branches de troisième ordre développées à la partie supérieure. Mais on verra apparaître, au-dessus des ramifications horizontales et au sommet de la courbe des branches tertiaires, de nombreux bourgeons qui auront une tendance à former des rameaux gourmands. Tous les autres boutons sont promptement transformés en boutons à fleur. Pour éviter la présence des rameaux gourmands, tous les bourgeons que l'on supposera devoir y donner lieu seront pincés à $0^m,03$ environ de leur naissance lorsqu'ils n'auront que $0^m,06$.

A l'aide de l'arcure, on arrivera promptement à faire mettre à fruit les arbres en espalier les plus rebelles; mais ce procédé devra être réservé pour les arbres trop vigoureux; car, si on l'appliquait indifféremment à tous les individus, il en résulterait souvent que, promptement épuisés par l'excessive fécondité que détermine cette opération, beaucoup périraient.

Palmette à double tige de Fanon (fig. 855). — Nous avons reproché à la palmette Legendre de laisser arriver trop rapidement la séve des racines vers le sommet de l'arbre; M. Fanon a publié, en 1807, une modification de cette forme à l'aide de laquelle il a diminué cet inconvénient. A cet effet, il a divisé le canal direct de la séve en deux parties égales, c'est-à-dire qu'au lieu d'une seule tige verticale l'arbre présente deux branches mères qui, naissant du même point, s'élèvent verticalement en s'écartant l'une de l'autre à une distance suffisante pour palisser les bourgeons entre elles. Ces branches donnent naissance, d'un seul côté, à une série de branches sous-mères, superposées et placées horizontalement.

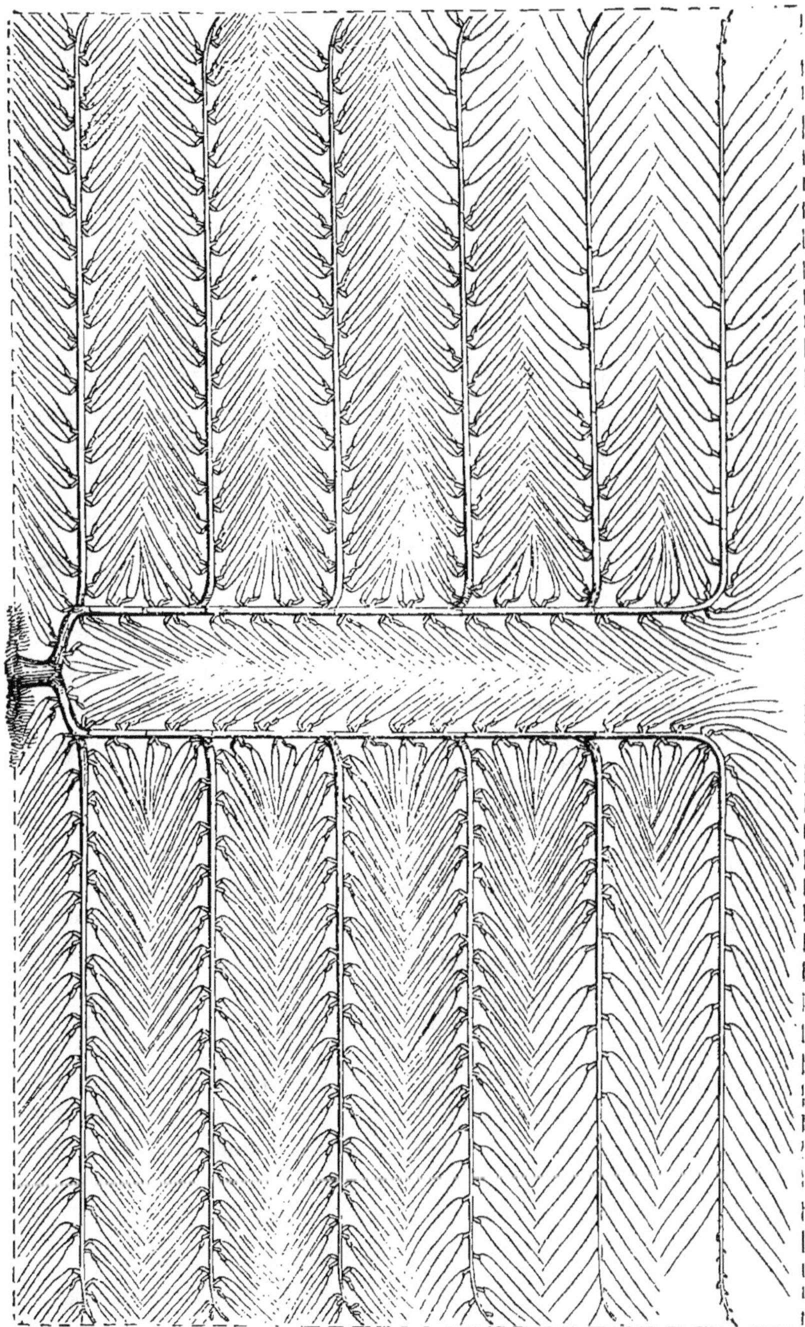

Fig. 835. *Pêcher soumis à la forme en palmette à double tige de Fanon.*

Ce procédé tempère la rapidité de la circulation de la séve, de la base au sommet, mais il fait naître un autre vice. En effet, la palmette Legendre ne présentant qu'une seule branche mère, il est aisé d'y établir l'équilibre de la végétation; mais la palmette Fanon rend cette condition plus difficile à remplir, car il faut veiller sans cesse à ce que les deux branches mères soient constamment d'égale force. Nous estimons donc que la faible amélioration apportée par M. Fanon est bien détruite par l'inconvénient que nous venons de signaler. Du reste, cette palmette à double tige est formée à l'aide des moyens décrits pour celle de Legendre et peut être employée dans les mêmes circonstances.

Palmette en U *de M. de Bengy-Puyvallée.* — Les diverses formes que nous venons de décrire manquent toutes à l'une des trois conditions principales précédemment posées. Dans aucune d'elles la séve n'est suffisamment arrêtée vers la base de l'arbre, qui, quoi qu'on fasse, est toujours trop peu vigoureuse. Frappé de ces inconvénients, M. de Bengy-Puyvallée chercha à remplacer ces formes défectueuses par une autre plus convenable, et imagina celle décrite dans son excellent Mémoire sur la culture du pêcher sous le nom de *forme en* U.

Cette disposition ne diffère de la palmette à double tige (*fig.* 835) que par son mode de formation. Le premier étage de branches sous-mères est formé au moyen de deux branches mères, qu'on abaisse peu à peu jusqu'à la ligne horizontale. Lorsque ce premier étage est suffisamment développé, on remplace les branches mères au moyen d'un bourgeon vigoureux que l'on obtient facilement de chaque côté au point où les branches mères primitives abandonnent la ligne verticale pour suivre la ligne horizontale. Les autres branches sous-mères sont successivement obtenues comme celles de la palmette à double tige.

Il résulte de ce mode de formation que, la séve éprouvant plus de difficulté à s'élancer vers le sommet de l'arbre, on peut maintenir la base plus vigoureuse. Nous ne comprenons pas pourquoi M. de Bengy-Puyvallée n'a usé de ce moyen que pour obtenir les deux premières sous-mères inférieures. S'il l'eût employé pour chacune des ramifications, comme l'indique Le Berriays, ainsi que nous le verrons plus loin, il eût certainement approché plus près du but; la séve des racines, en s'élevant dans les branches mères, aurait eu une tendance naturelle à passer successivement dans chacune des branches sous-mères, et serait ainsi arrvée en moins grande abondance au sommet de l'arbre, qui est toujours assez vigoureux.

La palmette en U peut être appliquée à toutes les espèces d'arbres fruitiers et employée pour les murs de toutes les hauteurs.

IIIᵉ Groupe. — **Candélabres.** — Les formes en candélabres se composent de deux branches mères qui, naissant du même point, tout près du sol, s'allongent horizontalement à droite et à gauche, se redressent ensuite verticalement, et portent en dessus un certain nombre de branches sous-mères.

Candélabre à branches verticales (fig. 836). — Cette sorte de candélabre, décrite par le professeur Thouin, présente des sous-mères qui, naissant à d'égales distances au-dessus des branches mères, s'élèvent verticalement jusqu'au sommet du mur.

On commence par faire développer à la base de l'arbre deux bourgeons latéraux destinés à former les deux branches mères. Placées d'abord sur un angle très-aigu, ces branches sont abaissées un peu, chaque année, à mesure qu'elles s'allongent ; lorsqu'elles ont dépassé en longueur le point où elles doivent se redresser, on les place horizontalement, puis on dirige leur extrémité verticalement. L'année suivante, on choisit sur le dessus de chaque branche mère un nombre semblable de rameaux peu vigoureux, on leur applique l'un des procédés décrits pour les branches sous-mères du dessus de l'éventail de Montreuil (page 919) et l'on en forme les branches sous-mères du candélabre. Ces dernières ramifications doivent être formées lentement, c'est-à-dire qu'à chaque printemps on doit les tailler assez court, sous peine de voir disparaître les branches coursonnes placées sur les branches mères.

Il suffit de jeter un coup d'œil sur l'ensemble de cette forme pour reconnaître immédiatement les vices qu'elle présente. En effet, la séve s'élance avec rapidité vers le sommet des branches sous-mères verticales, et abandonne les branches coursonnes des branches mères, qui disparaissent bientôt. D'un autre côté, le sommet des sous-mères est trop vigoureux pour se mettre à fruit. La base, trop languissante, s'en charge tellement, pendant les premières années, qu'elle est bientôt épuisée, et que les rameaux qui les produisent disparaissent. Il ne reste donc de productif que la partie moyenne des sous-mères. Toutefois nous avons pu, mais avec beaucoup de soins et en arrêtant sans cesse la vigueur des sous-mères, obtenir de très-beaux pêchers soumis à cette forme. Mais nous pensons néanmoins que les difficultés sont telles, qu'il vaut mieux la réserver pour les arbres à fruits à pepins, qui s'y prêtent davantage. Elle peut être employée pour les murs de toutes les hauteurs.

Candélabre à branches obliques (Du Breuil) *(fig. 837).* — Nous avons tenté d'améliorer la forme précédente en inclinant les branches sous-mères les unes vers les autres sur un angle de 45° ; puis, pour remplir le vide qui résultait à droite et à gauche de cette inclinaison, nous avons fait développer sur la partie verticale des branches mères les sous-mères A, B, C, D, également inclinées.

Le mode de formation de cette charpente diffère peu de celui de la précédente. Les branches mères sont obtenues de la même manière. On fait naître les sous-mères A, B, C, D, à mesure que l'on allonge les branches mères, et on les place immédiatement sur un angle de 45°.

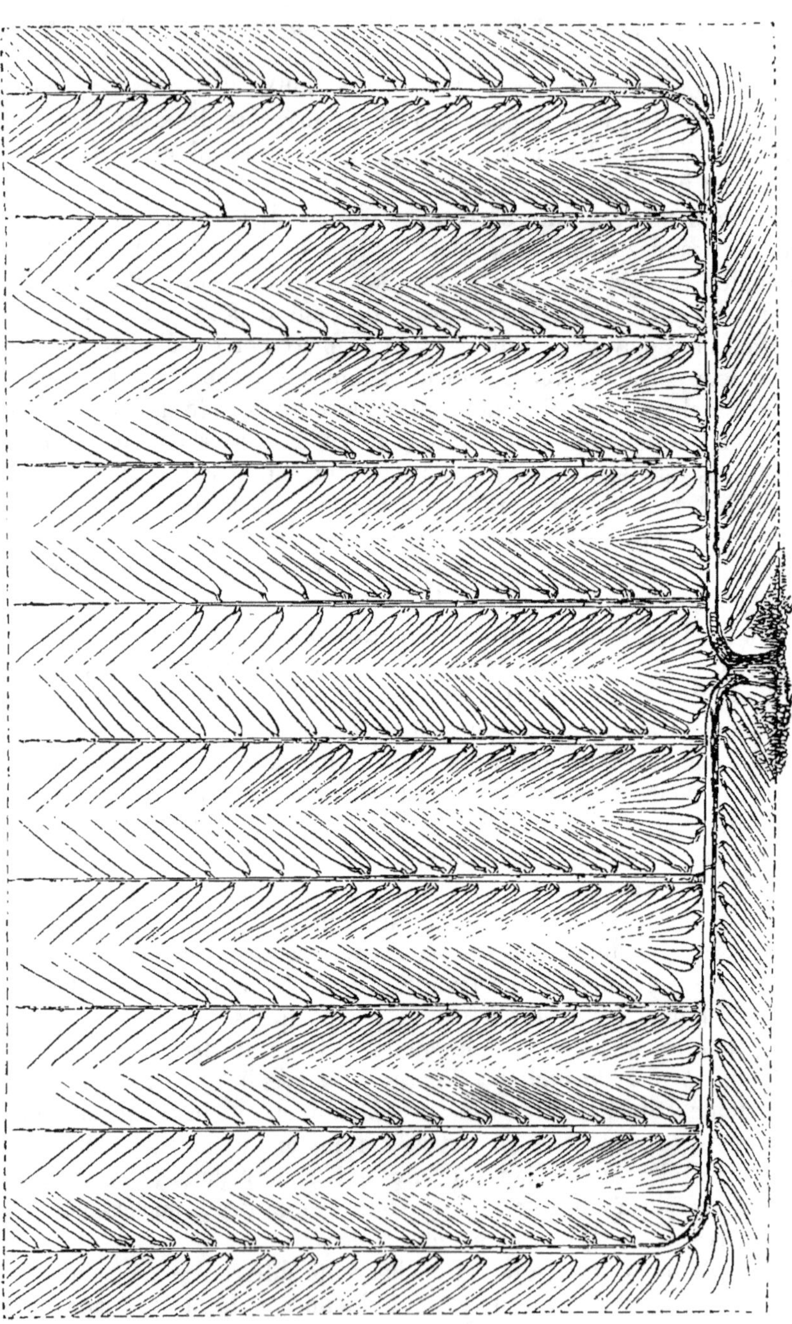

Fig. 856. *Pêcher soumis à la forme en candélabre à branches verticales.*

Fig. 837. *Pêcher soumis à la forme en candélabres à branches obliques* (Du Breuil).

Les sous-mères E, F, G, ne sont prises qu'après la formation complète des premières ; on les incline aussi, dès leur naissance, sur un angle de 45°.

A l'aide de cette disposition, on remédie à l'inconvénient que nous avons signalé dans le premier candélabre, et l'on peut remarquer que toutes les sous-mères sont dans une position également favorable. Nous considérons cette forme comme l'une des plus simples et des meilleures.

Candélabres à branches croisées (Du Breuil) (*fig.* 838). — Nous avons encore imaginé cette autre modification dans le but de remédier aux inconvénients du premier candélabre. Cette forme ne diffère, comme on le voit, de la dernière que par les sous-mères qui se croisent. Afin de remplir régulièrement l'espace occupé par l'arbre, nous avons établi une bifurcation au point A.

Cette charpente donne absolument les mêmes résultats que celle du candélabre à branches obliques, et elle s'obtient à l'aide des mêmes moyens. Toutefois nous devons faire observer que, convenable pour toutes les autres espèces d'arbres fruitiers, on ne pourra pas l'appliquer avec avantage au pêcher, à cause de la disposition des sous-mères, qui feraient naître une certaine confusion parmi les bourgeons, ou qui donneraient lieu à une perte d'espace sur le mur, si l'on voulait les éloigner davantage l'une de l'autre pour éviter cette confusion ; c'est ce que l'on voit dans notre figure. Mais, nous le répétons, ces difficultés ne se produiront pas pour les autres arbres à fruits à noyau ou pour ceux à fruits à pepins.

Cette forme permettant de pouvoir greffer entre elles les branches sous-mères à leur point d'intersection, elle pourra aussi être employée avec avantage pour former des contre-espaliers très-solides, dont nous parlerons plus loin.

Nouveau mode de formation de la charpente des arbres en éventail, en palmette et en candélabre — Les diverses formes que nous venons d'étudier présentent, selon nous, deux inconvénients fort graves.

1° Dans presque toutes, un certain nombre de branches sous-mères, placées plus directement que les autres sous l'influence de la séve des racines, tendent à se développer plus vigoureusement ; elles finissent tôt ou tard, malgré tous les soins qu'on peut y apporter, par rompre l'équilibre qui devrait être maintenu entre les différentes parties de l'arbre, et par produire l'anéantissement des ramifications les moins bien situées.

2° Le mode de formation de ces arbres est tel, que, chaque année, lors de la taille d'hiver, on supprime, pour faire naître de nouvelles branches mères ou sous-mères, souvent plus de la moitié de toutes les productions développées pendant l'été précédent. Or cette mutilation, nécessaire à cause du mode de formation usité jusqu'à présent, est ce-

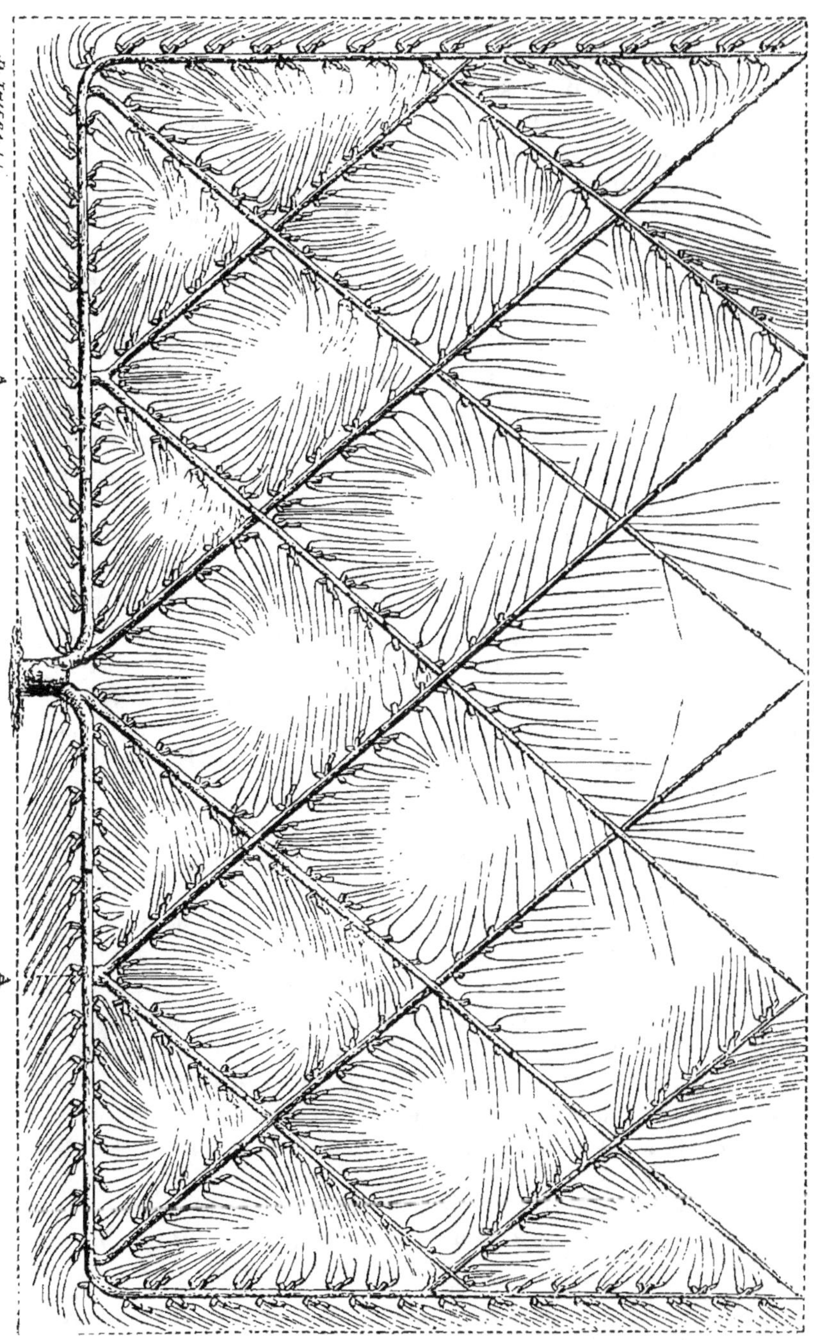

Fig. 858. *Pêcher soumis à la forme en candélabres à branches croisées* (Du Breuil).

53

pendant on ne peut plus préjudiciable aux arbres. En effet, les extrémités radiculaires sont formées, comme on le sait, par le prolongement des vaisseaux ligneux et corticaux qui naissent à la base de chaque feuille (M, E, *fig.* 7, page 10), et les fonctions absorbantes de ces radicelles, ainsi que la vitalité de ces vaisseaux dans toute leur étendue, sont presque entièrement déterminées par la présence des boutons qui agissent comme autant de petits centres de principe vital. Les retranchements considérables dont nous venons de parler, et qu'on répète pendant plusieurs années, ont donc pour résultat, en privant l'arbre d'un grand nombre de ses boutons, d'anéantir les fonctions d'une portion notable de ses racines et de détruire presque entièrement la vitalité d'une partie des tissus de la tige. Ceux-ci, entourés d'autres tissus encore vivants, s'altèrent, fermentent, ainsi que les liquides qu'ils renferment, et peuvent donner lieu à diverses maladies, telles que les chancres, la gomme, etc. En outre, ces suppressions donnent lieu à des plaies étendues et successives, qui, en gênant la libre circulation de la séve, viennent encore diminuer la vigueur des arbres, et les exposer à des accidents qui abrégent leur durée.

D'ailleurs, en admettant que ces amputations ne soient pas aussi pernicieuses que nous venons de le dire, n'y aurait-il pas tout avantage à utiliser les branches saines et vigoureuses au profit de la formation plus prompte de la charpente des arbres, plutôt que de les couper, de perdre ainsi une grande partie du produit de la végétation, et surtout de retarder de plusieurs années le moment où l'arbre occupera tout l'espace qui lui est destiné et donnera le maximum de son produit?

C'est pour éviter les deux inconvénients que nous venons de signaler que nous proposons, pour la formation de la charpente des arbres en espalier, les procédés suivants qui nous ont été suggérés par la manière dont Le Berriays formait l'espèce de palmette à laquelle nous avons donné son nom, et dont nous parlerons tout à l'heure[1].

Éventails. — Ainsi que nous l'avons vu, les branches sous-mères des éventails sont successivement obtenues en coupant chaque année le prolongement des branches mères immédiatement au-dessus de deux boutons placés à une distance convenable de la sous-mère, développée en dernier lieu, et situées, l'un en avant pour donner lieu au nouveau prolongement de la branche mère, l'autre en dessous pour produire une branche sous-mère.

Voici comment nous proposons de modifier ce mode d'opérer. Prenons comme exemple *l'éventail carré de Montreuil* (page 911). On plante

---

[1] Nous avons décrit, pour la première fois, ces nouveaux procédés, mais d'une manière moins complète, 1° dans une note insérées en 1842 dans les cahiers de la Société centrale d'horticulture de Rouen; 2° aux pages 466 et suivantes et 529 de la première édition de ce cours, publié au commencement de 1846.

autant que possible des arbres offrant déjà deux branches latérales, afin de gagner une année sur la formation de la charpente. On fixe ces deux branches sur un angle de 70° environ, sans les raccourcir. L'année suivante, alors que ces arbres sont bien repris, on abaisse ces branches à droite et à gauche sur un angle de 20° environ ; elles forment ainsi les deux premières branches sous-mères. Pendant l'été, on laisse développer tout à fait à leur base un bourgeon qui, dirigé presque verticalement, pousse avec une grande vigueur et donne naissance aux deux branches mères. Au printemps suivant, les deux branches sous-mères se sont allongées ; on ne retranche de leur nouveau prolongement que ce qui est strictement nécessaire pour faire développer en rameaux à fruits les boutons qu'elles portent : souvent même ce retranchement sera complétement inutile. Quant aux deux branches mères développées pendant l'été, on les abaisse sur un angle de 60°, puis on incline leur sommet, à droite et à gauche, sur un angle de 20° environ, de manière à donner lieu à deux noúvelles sous-mères, suffisamment éloignées des premières. Pendant l'été suivant, on laisse développer, immédiatement au-dessous de cette courbe, un bourgeon destiné à remplacer, de chaque côté, le prolongement des branches mères. Ces deux nouveaux prolongements sont traités, l'année suivante, comme l'ont été les précédents ; de telle sorte que, chaque année, on obtient le prolongement des branches mères, dont le sommet donne naissance à deux nouvelles sous-mères. Quant aux sous-mères de l'intérieur de l'arbre, rien n'est changé relativement à leur mode d'obtention. Il est aussi bien entendu que les branches mères et sous-mères sont progressivement abaissées à mesure qu'elles s'allongent, jusqu'à ce qu'elles occupent la place que leur assigne la forme que l'on veut imposer à l'arbre.

A l'aide de ce nouveau mode de formation, nous évitons, en grande partie, les inconvénients que nous avons signalés, c'est-à-dire que l'on n'est pas obligé d'avoir recours à ces amputations considérables et si pernicieuses pour les arbres. D'un autre côté, en utilisant ainsi tout le produit de la végétation, on gagne de 3 à 6 ans sur la formation de la charpente. Enfin, si les diverses ramifications continuent d'être plus favorisées les unes que les autres par rapport à la circulation de la séve, du moins ce défaut se trouve amoindri par le mode de formation des branches sous-mères qui force la séve à passer en plus grande abondance dans les ramifications de la base. La formation des autres sortes d'éventails peut recevoir aussi facilement que celui à branches convergentes la modification que nous venons d'indiquer.

Palmettes à double tige. — On obtient également les branches sous-mères des arbres en palmettes à double tige, en supprimant une partie du prolongement annuel des branches mères. Nous pensons donc qu'on devra aussi leur appliquer notre nouveau procédé.

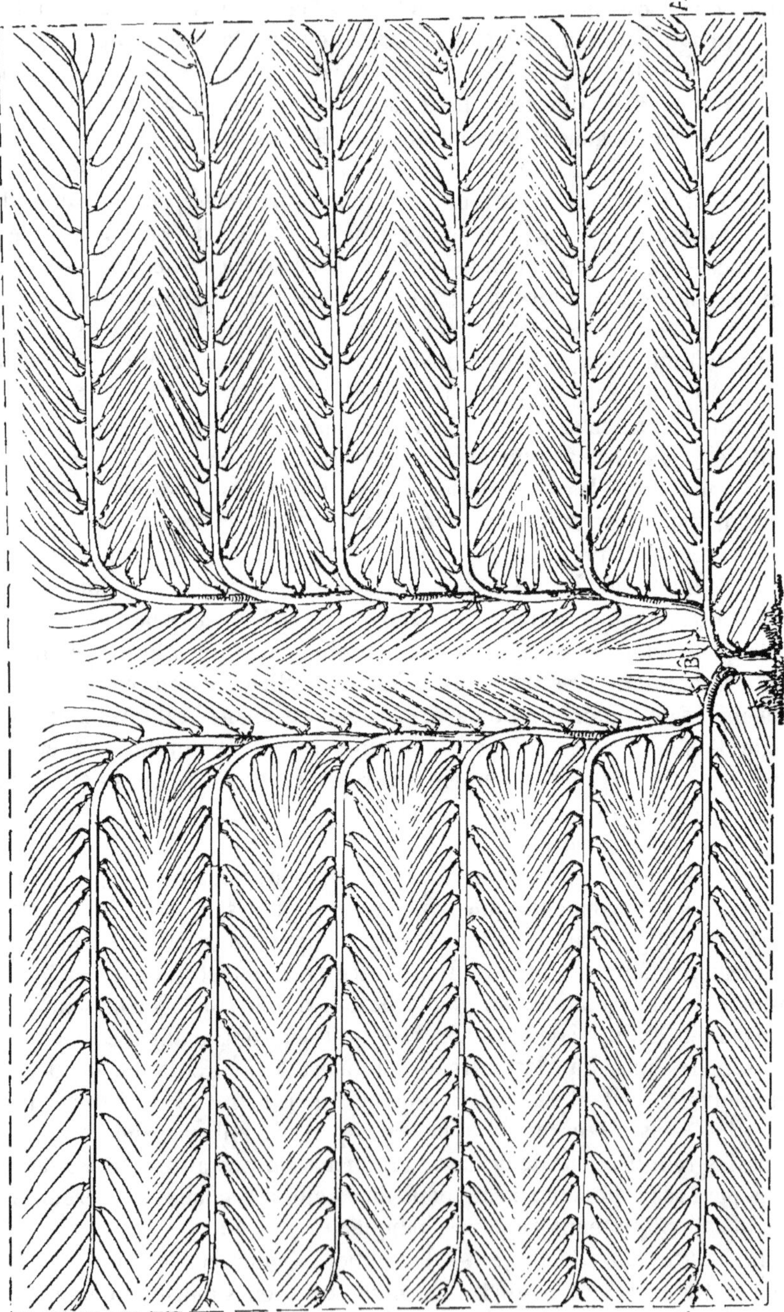

Fig. 839. *Pêcher soumis à la forme en palmette de Le Berriays.*

Le Berriays, contemporain de Duhamel, aux travaux duquel il s'associa, et auteur de plusieurs ouvrages remarquables sur l'arboriculture, netamment du *Nouveau La Quintinie*, est le premier qui en ait fait usage pour la palmette que nous croyons devoir désigner sous le nom de *palmette de Le Berriays* (*fig.* 839). Dans cet arbre, chacune des branches sous-mères est formée en inclinant successivement le sommet des branches mères, que l'on prolonge elles-mêmes au moyen d'un bourgeon qu'on laisse se développer de chaque côté, au-dessus de la courbe formée par les branches sous-mères. On voit que ce procédé est exactement celui qu'emploie M. de Bengy-Puyvallée pour obtenir les deux premières sous-mères inférieures de sa *palmette en* U, et que Le Berriays, dont il ignorait sans doute les travaux, l'avait déjà dépassé dans cette utile voie.

Tout en admettant les avantages qu'offre ce nouveau mode de formation appliqué aux éventails ou à la palmette double tige, comme l'a fait Le Berriays, nous ne pouvons cependant nous empêcher de reconnaître aussi qu'une partie de ces avantages ne sont que momentanés. Voici pourquoi : chaque année il se forme une nouvelle couche d'aubier dont les vaisseaux servent à l'ascension de la séve. Tant que les couches ligneuses, qui fonctionnaient au moment où l'on a incliné les branches mères pour en former des branches sous-mères, conservent leurs fonctions, sans aucun doute, la séve tend à passer successivement de la branche mère dans la branche sous-mère placée immédiatement au-dessus ; elle agit ainsi avec plus de force sur le développement des parties inférieures de l'arbre, qu'elle maintient plus vigoureuses ; mais, au bout de deux ans, les fonctions de ces couches cessent, il s'en est développé d'autres, dans lesquelles la direction des vaisseaux est en harmonie avec la tendance naturelle de la séve, c'est-à-dire que les vaisseaux séveux qui les composent rétablissent, entre les racines et le sommet de la tige, la communication directe qui avait été interrompue par l'inclinaison successive du sommet des branches mères. Dès lors, les fluides nourriciers n'étant plus gênés dans leur mouvement d'ascension, les arbres soumis à ces formes offrent de nouveau l'inconvénient d'être trop vigoureux au sommet et languissants à la base.

La forme suivante (*fig.* 840), que nous avons observée chez M. Lepère, et qui lui a été peut-être inspirée par les observations précédentes consignées dans notre première édition, donne sous ce rapport un résultat beaucoup plus satisfaisant. En effet, les courbes nombreuses que décrivent les branches mères à mesure qu'elles s'élèvent, arrêtent suffisamment la rapidité de la circulation de la séve de la base au sommet de l'arbre ; et cet effet n'est pas momentané, comme dans la palmette de Le Berriays, car ses courbes forcent les nouvelles couches ligneuses et les vaisseaux séveux qui les composent à adopter la même direction, à

Fig. 840. *Pêcher soumis à la forme en palmette en lyre.*

mesure qu'ils se développent. Les branches inférieures sont donc constamment maintenues assez vigoureuses. Toutes les branches sous-mères sont d'ailleurs obtenues à l'aide du moyen que nous préconisons, c'est-à-dire par l'inclinaison successive du sommet des branches mères. Nous donnons à cette nouvelle forme le nom de *palmette en lyre*.

La *palmette Millot* (*fig.* 841), inspirée également par ce que nous avions publié antérieurement, à ce sujet, est due à M. Millot de Nancy, l'un des arboriculteurs les plus distingués de la Lorraine. Cette forme diffère peu, quant à sa disposition, de la palmette en lyre, qu'elle a d'ailleurs précédée ; elle est obténue à l'aide des mêmes moyens et présente les mêmes avantages.

La difficulté que présentent les palmettes à double tige pour maintenir l'équilibre de la végétation entre les deux parties semblables de l'arbre nous a fait chercher une autre disposition qui, tout en conservant les avantages attachés à la palmette, ainsi que le nouveau mode d'obtention des branches sous-mères, n'offrît pas cet inconvénient. Nous croyons avoir résolu cette question au moyen des deux formes suivantes.

La première (*fig.* 842), à laquelle nous dónnons le nom de *palmette sans branches mères*, est obtenue ainsi :

L'année même de la plantation des jeunes arbres, on les recèpe sur trois boutons de la base, ou bien l'on a placé trois écussons ; l'un en avant, les deux autres latéralement. Pendant l'été qui suit, on obtient trois bourgeons. Vers le commencement de juin, les deux bourgeons latéraux (A) sont placés sur un angle de 45° ; le bourgeon central (B), dirigé d'abord un peu à droite, est ensuite incliné vers la gauche sur le même angle. Le point où l'on doit commencer à l'incliner doit être calculé de manière qu'il y ait une distance de 0ᵐ,30 entre ce bourgeon et celui placé au-dessous.

Au printemps suivant, ces trois rameaux sont taillés sur une longueur en rapport avec leur force, puis on les abaisse un peu. On continue ces soins pendant deux ou trois ans jusqu'au moment où, ayant atteint toute leur longueur, on les met dans la position qu'ils occupent dans la figure, c'est-à-dire sur un angle de 15° environ. Alors, pendant l'été, on laisse développer en gourmand un bourgeon situé en C, à la partie supérieure de la branche centrale, là où elle commence à se diriger latéralement. Vers le mois de juin, ce bourgeon, dirigé d'abord un peu à gauche, est aussi incliné sur un angle de 45°, de manière à réserver à sa naissance un espace de 0ᵐ,55 entre lui et la branche de dessous. Au printemps suivant, cette nouvelle ramification est abaissée sur un angle égal à celui des précédentes, puis taillée de manière à favoriser son allongement.

A l'aide du procédé que nous venons de décrire, on peut ainsi, cha-

Fig. 841. *Pêcher soumis à la forme en palmette Millot.*

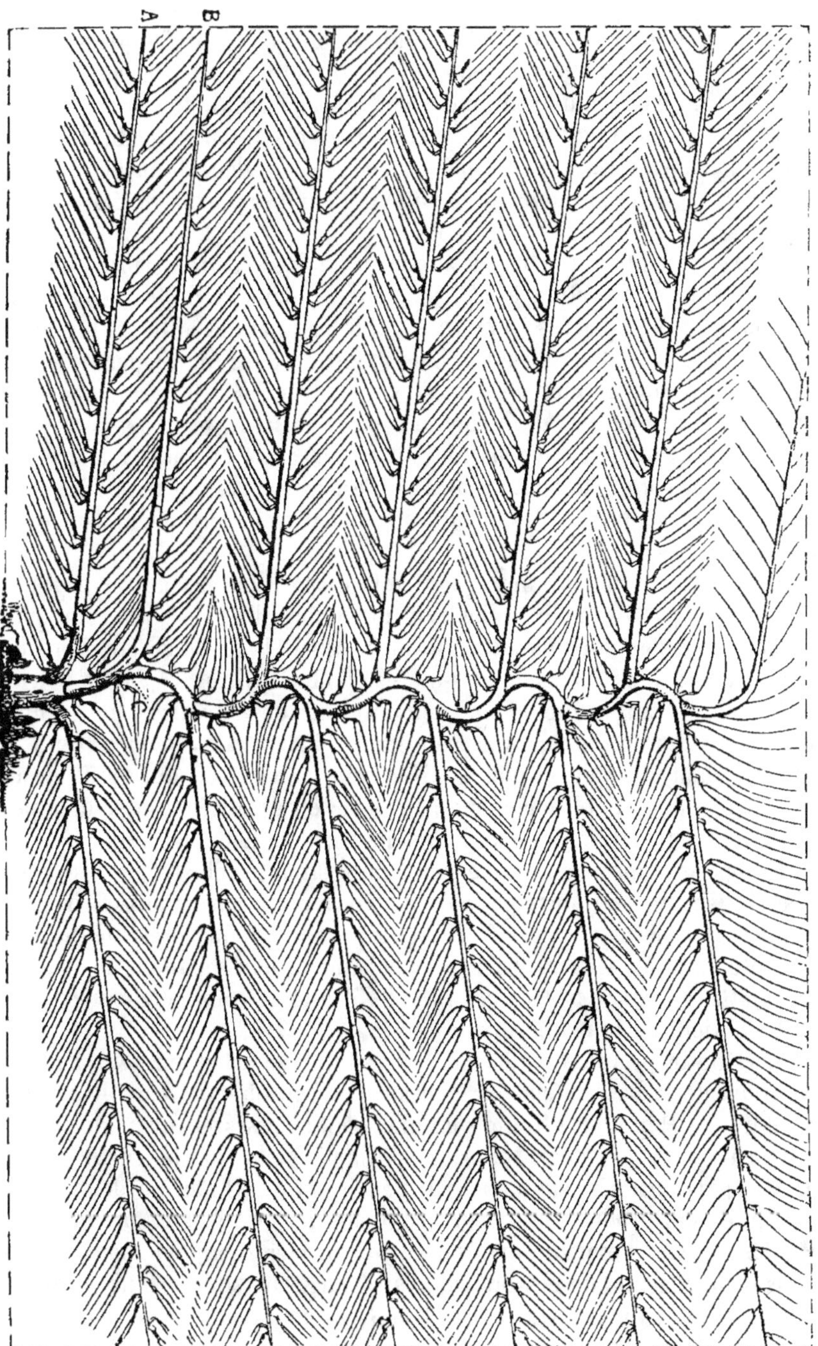

Fig. 842. *Pêcher soumis à la forme en palmette sans branches-mères* (Du Breuil).

que année, obtenir une nouvelle ramification, distante des précédentes de 0^m,55 et dirigée alternativement à droite ou à gauche, jusqu'à ce que l'on soit arrivé au sommet du mur : l'arbre alors est entièrement formé, et il offre les avantages de la palmette en lyre sans en présenter l'inconvénient; c'est-à-dire que, n'étant pas composé de deux branches mères, on n'a pas à se préoccuper de maintenir l'équilibre de la végétation entre elles.

On ne peut obtenir, chaque année, à l'aide de cette dernière forme, qu'une seule ramification à la fois. Comme, dans le pêcher, ces branches doivent être placées à environ 0^m,55 les unes des autres, afin qu'on puisse palisser entre elles les bourgeons qu'elles développent; il en résulte que, sur un mur de 4 mètres d'élévation, l'arbre se composera de treize branches, six d'un côté et sept de l'autre : les trois premières pouvant être obtenues le plus souvent en deux ans, il faudra douze ans pour former complétement un arbre. C'est à peu près le temps employé pour donner au pêcher les formes que nous avons précédemment examinées.

Mais, si l'on voulait appliquer cette disposition aux autres espèces, au poirier, par exemple, il faudrait un nombre d'années beaucoup plus considérable que pour les autres formes. Ainsi, la distance que l'on doit réserver entre les branches sous-mères étant d'environ 0^m,27, le poirier en développerait trente et une sur un mur de 4 mètres; or, comme on ne peut en obtenir qu'une par année, il faudrait attendre trente et un ans avant de voir le mur entièrement couvert, ce qui serait beaucoup trop long. Cette forme ne peut donc être utilisée que pour le pêcher. On peut indifféremment l'appliquer contre tous les murs.

Frappé de l'inconvénient de cette destination exclusive, nous avons cherché s'il ne serait pas possible de trouver une forme qui offrît, pour les autres espèces d'arbres fruitiers, les avantages que présente la précédente pour le pêcher. La forme à laquelle nous donnons le nom de *palmette à branches croisées* (*fig.* 843) atteint complétement ce but; elle s'obtient de la manière suivante :

Lors de la première taille, on recèpe le jeune arbre sur deux boutons latéraux de la base. Pendant l'été suivant, on obtient deux bourgeons vigoureux (D) qui, vers le mois de juin, sont abaissés sur un angle de 45°. Au printemps, ces deux rameaux sont taillés sur une longueur convenable; puis abaissés sur un angle d'environ 35°. Un an ou deux après, lorsqu'ils ont atteint toute leur longueur, on les abaisse sur un angle de 15°. Vers le mois de mai qui suit cette opération, on choisit sur le dessus de chacune de ces branches un bourgeon, situé à 0^m,35 environ du point de leur naissance. On laisse ces bourgeons se développer en gourmands, en leur donnant d'abord une position verticale. Vers la fin de juin, on les incline l'un vers l'autre, en les croisant, sur un angle

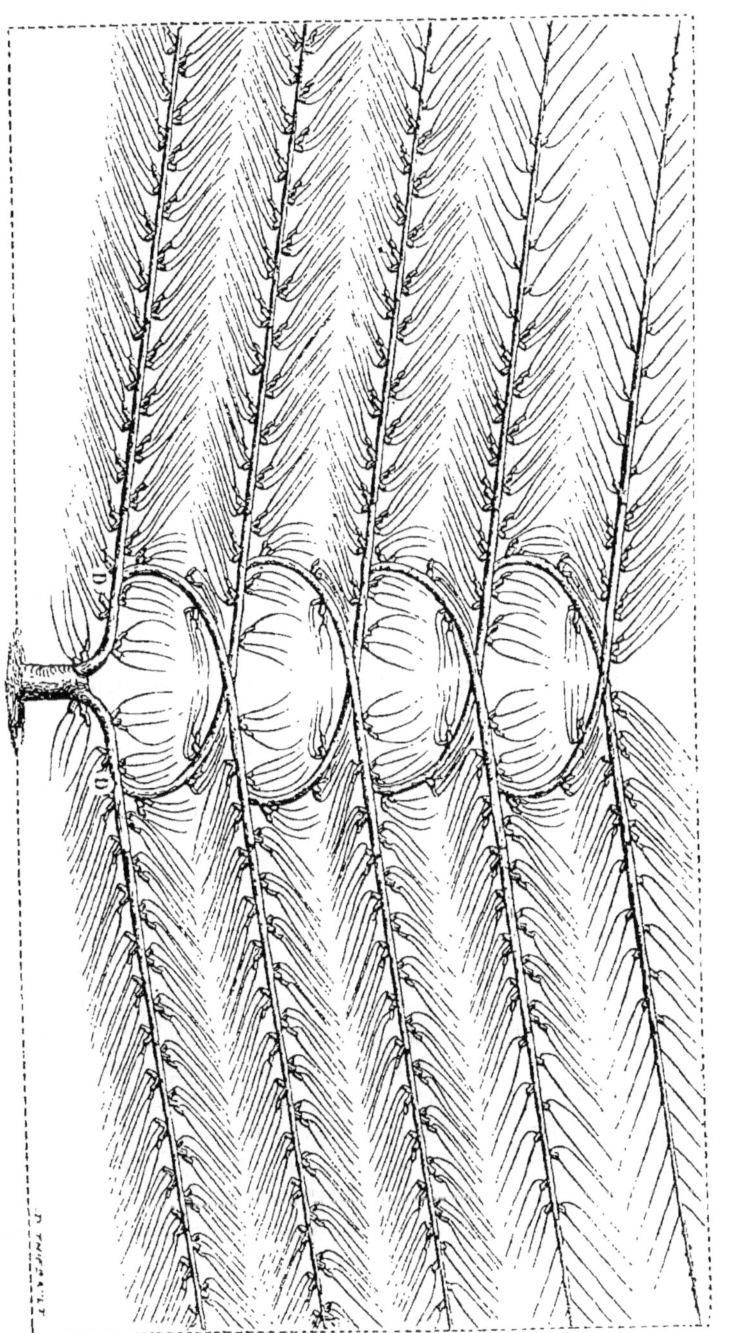

Fig. 845. *Pêcher soumis à la forme en palmette à branches croisées* (Du Breuil).

d'environ 45°. Deux ans après, au printemps, on abaisse ces nouvelles ramifications sur un angle d'environ 15°, comme dans la figure, de manière à conserver entre elles et les branches inférieures la distance qui doit exister entre les branches sous-mères de chaque espèce. Au commencement de l'été suivant, on choisit sur l'une et l'autre deux nouveaux bourgeons situés comme ceux que l'on a réservés précédemment sur les branches D; on les incline l'un vers l'autre au mois de juin; puis, dès le printemps suivant, on les met en place. Dès lors on pourra recommencer chaque année la même opération, et couvrir ainsi régulièrement l'espace réservé à chaque arbre.

Nous devons ajouter que, s'il s'agit d'arbres à fruits à pepins, il sera convenable de greffer les branches entre elles au point où elles se croisent. On pourra employer pour cela la *greffe par approche Sylvain* (p. 105).

Le laps de temps nécessaire pour qu'une palmette à branches croisées couvre complétement l'espace qui lui a été réservé n'est pas plus long que pour les autres formes. Ainsi, pour un mur de 4 mètres, les branches étant placées à $0^m,55$ les unes des autres, l'arbre devra développer douze branches, six de chaque côté. Comme on ne peut en obtenir que deux à la fois chaque année, et que les deux premiers étages ne peuvent être formés qu'en cinq ans, il s'ensuit qu'il faudra dix ans environ pour compléter cette disposition : c'est le temps qu'emploient les arbres soumis aux autres formes pour couvrir le même espace.

Ainsi qu'on le voit, cette disposition remplit toutes les conditions que nous avons posées. Elle s'accommode en outre de tous les murs, quelle que soit leur élévation, et peut être employée pour toutes les espèces d'arbres.

Candélabres. — Enfin ce nouveau mode de formation de la charpente peut également s'appliquer aux arbres en candélabres, ou au moins au candélabre à branches obliques (p. 936). Ainsi, au lieu de couper successivement le prolongement des branches mères, aux points A, B, C et D, pour faire développer les sous-mères, on courbe d'abord le prolongement des branches mères au point A, et l'on transforme ce prolongement en sous-mère en l'inclinant sur un angle de 45°. Pendant l'été, on laisse développer verticalement un bourgeon naissant au point A. Ce nouveau prolongement est incliné, comme le premier, au point B, et ainsi de suite chaque année jusqu'au sommet du mur. Quant aux sous-mères, E, F, G, leur mode d'obtention n'est pas modifié, c'est-à-dire qu'on les obtient au moyen de gourmandes, qu'on commence à laisser développer lorsque les sous-mères A, B, C, D, sont complétement formées.

Telles sont, en somme, les modifications que nous proposons d'apporter dans la formation de la charpente des arbres en espalier, soumis aux formes en éventail, en palmette, en candélabre, modifications propres à toutes les espèces, qui font disparaître, dans la plupart des formes, les deux inconvénients signalés au commencement de ce chapitre, et qui ont été déjà appliqués avec succès dans quelques jardins, depuis que nous avons appelé l'attention des cultivateurs sur ce point.

IVe Groupe. — Cordons. — Les formes de ce groupe se composent toutes de cordons, au nombre de deux au plus pour chaque arbre, et disposés horizontalement, obliquement, ou même verticalement et supportés par une tige plus ou moins élevée. Les six premières sortes de cordons appartiennent exclusivement à la vigne.

Cordon horizontal simple (fig. 704, p. 800). — C'est encore la forme donnée à la charpente de la vigne en treille dans le plus grand nombre des localités. Ces cordons sont placés au sommet des murs d'espalier. Nous avons indiqué les inconvénients que présente cette disposition.

Cordon horizontal de Thomery (fig. 705). — Cette forme fut celle adoptée d'abord exclusivement par tous les cultivateurs de Thomery. Elle est caractérisée par l'ordre dans lequel chaque cep fournit les divers cordons *(fig.* 705, p. 802).

On établit d'ailleurs cette treille exactement de la même façon que les *cordons horizontaux Charmeux,* décrits page 805.

Ce qui a fait abandonner cette forme de treille, c'est que pendant les premiers temps de sa formation le bras droit de chaque cep est ombragé par le bras gauche du cep placé au-dessus, ce qui détermine toujours une différence de vigueur entre les deux bras.

Cordon horizontal Charmeux (fig. 707, pag. 805). — Cette sorte de cordon, que nous avons suffisamment décrit à l'article de la vigne en treille, est préféré au précédent, parce que les ceps, par suite de leur disposition différente, ne portent pas ombrage les uns sur les autres, au moins pendant les premiers temps de leur formation.

Cordon horizontal Quesnel (fig. 844). — Pour établir le *cordon de Thomery* ou le *cordon Charmeux,* il est indispensable que le mur offre une longueur d'au moins 6 mètres; sans cela, il est impossible de donner une longueur à peu près égale aux deux bras du plus grand nombre des ceps; et il devient alors très-difficile de maintenir entre eux l'équilibre de la végétation. Pour les surfaces moins étendues, on pourra employer avec avantage le cordon proposé par M. Quesnel, de Cherbourg. La figure 844 montre que, pour établir cette forme, on place sur une même ligne verticale A B, pour tous les étages de cordons, le point de départ des deux bras de chaque cep. A cet effet, on donne à toutes les tiges, moins celle du cordon inférieur, une légère inclinaison, de façon que leur sommet vienne toujours s'appliquer sur la ligne A B. Si donc on n'a à couvrir qu'une surface de 2^m,66 de largeur, on adoptera cette disposition en donnant à chacun des bras 1^m,33 de longueur et en plantant les ceps à 0^m,50 les uns des autres; si la largeur est un peu plus grande, de 4 mètres, par exemple, on donnera

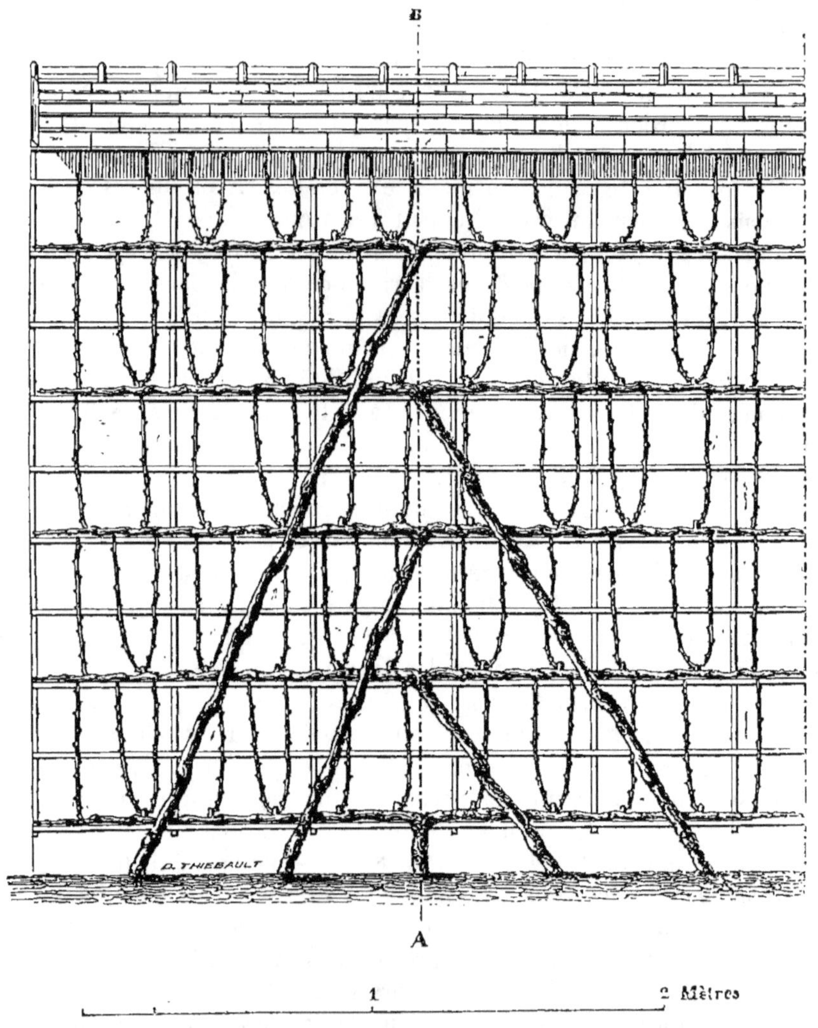

Fig. 844. *Cordon horizontal Quesnel.*

2 mètres à chacun des bras des ceps. Mais, si la largeur de l'emplacement dépasse cette limite, plutôt que d'allonger encore les cordons de chaque cep, ce qui aurait des inconvénients, il sera préférable de diviser cet emplacement en deux parties égales, et d'établir une treille sur chacune d'elles, sauf à diminuer la longueur de chaque bras, si cela est nécessaire.

Malheureusement cette ingénieuse disposition ne peut être employée pour des surfaces à la fois étroites et très-élevées, à cause de la distance convenable qu'il faut réserver entre chaque cep. Ainsi pour une largeur de 2^m,66 on ne pourra placer que cinq cordons superposés et ne couvrir alors qu'une hauteur de 2^m,60. Mais, si cet emplacement offre une largeur de 4 mètres, on pourra placer sept cordons et couvrir une hauteur de 3^m,48. Nous allons voir le moyen d'établir convenablement une treille sur des surfaces à la fois étroites et très-élevées.

Cordon vertical à coursons alternes. — Cette disposition, à laquelle on a donné aussi, assez improprement, le nom de *palmette*, a été appliquée à une petite étendue de la treille de Fontainebleau, il y a 50 ans environ, et à quelques treilles de Thomery, 10 ans plus tard. Nous avons suffisamment décrit cette forme fig. 708, page 807, et nous avons également fait connaître les inconvénients qu'elle présente.

Toutefois M. Rose Charmeux, frappé des avantages qu'offre la simplicité de cette disposition, a essayé de la rendre aussi productive que les cordons horizontaux. Il a complétement résolu ce problème en 1852 au moyen de la modification suivante.

Cordon vertical à coursons opposés. — Ici, au lieu de faire naître les coursons alternativement à 0^m,50 les uns au-dessus des autres, on les fait naître tous les 0^m,25 et opposés les uns aux autres ainsi que le montrent les fig. 710 et 711, p. 811. Nous indiquons plus haut, en nous occupant de la taille des treilles, les procédés à l'aide desquels on obtient ce résultat.

Le cordon vertical à coursons opposés donne, pour la même surface, moitié plus de coursons que la forme précédente. Il offre donc sous le rapport du produit au moins les mêmes avantages que les cordons horizontaux; or, comme il est d'une formation plus simple et plus facile, nous pensons qu'on devra généralement le préférer à cette dernière disposition.

Cordons obliques simples (Du Breuil) (*fig.* 568, p. 650). — C'est en 1843 que nous avons imaginé cette forme, et que nous l'avons appliquée pour la première fois à un espalier de pêchers de l'école d'arbres fruitiers du Jardin des Plantes de Rouen. Elle a si bien réalisé les avantages que nous espérions en tirer, que nous la considérons aujourd'hui comme la meilleure pour toutes les espèces d'arbres fruitiers, lorsque les murs présentent une hauteur d'au moins 2^m,50. Nous nous sommes suffisamment étendu à la page 650 sur les avantage de cette sorte de cordons et sur les soins qu'ils réclament.

Cordons obliques doubles (du Breuil) (*fig.* 845). — Frappé des avantages du cordon oblique simple pour les pêchers, nous avons songé en 1852 à employer une forme analogue pour les autres espèces. Toutefois nous l'avons modifiée, en faisant naître deux cordons au lieu d'un sur chaque tige, ainsi que le montre notre figure. Depuis nous avons reconnu que cette bifurcation augmente les difficultés pour la formation

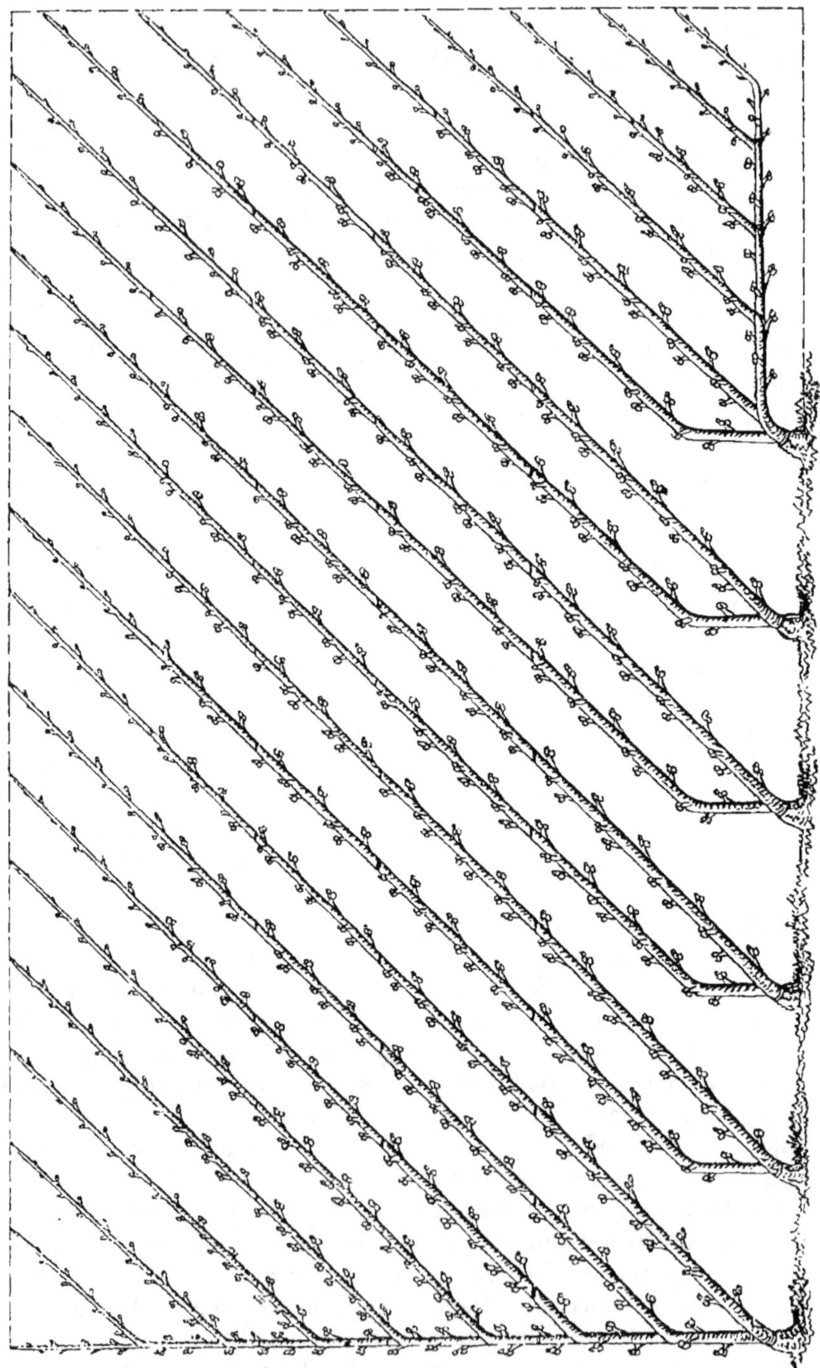

Fig. 845. *Cordon oblique double* (Du Breuil) *appliqué aux poiriers.*

de la charpente, que ce résultat ne peut être obtenu qu'après un laps de temps plus long, et cela sans aucun avantage particulier. Nous y avons donc renoncé, nous en tenant absolument au cordon oblique simple pour toutes les espèces.

Cordon vertical (Du Breuil) (*fig.* 577, p. 658). — Cette forme est préférable au *cordon oblique simple* lorsque les murs dépassent une hauteur de 3ᵐ,50. Dans ce cas le cordon vertical offre la même facilité de formation, et il est plus rapidement établi. Nous avons suffisamment indiqué plus haut son mode de formation.

Choix à faire entre les diverses formes propres aux arbres en espalier. — Pour résumer tout ce qui a trait aux diverses formes qu'on peut imposer aux arbres en espalier, nous dirons que le choix à faire entre elles est surtout déterminé par la hauteur du mur; car la plupart d'entre elles sont également propres à toutes les espèces.

Nous en tenant à celles qui, tout en présentant des conditions de durée et de fertilité suffisantes, sont les plus simples, les plus faciles à obtenir et à maintenir, et surtout les plus promptement obtenues, nous conseillons :

Pour les murs *dépassant* 3ᵐ,50 *d'élévation*, le cordon vertical;

Pour les murs offrant une *élévation de* 2ᵐ,50 *à* 3ᵐ,50, le cordon oblique simple;

Pour les murs *de moins de* 2ᵐ,50 *d'élévation*, la palmette Verrier;

Pour la vigne, le cordon vertical Charmeux à coursons opposés.

FORMES PROPRES AUX ARBRES EN PLEIN VENT.

Nous comprenons sous la dénomination générale d'arbres en plein vent tous ceux qui se développent à l'air libre sans le secours des murs. Ces arbres sont aussi soumis à des formes variées déterminées par la place qu'on veut leur faire occuper. Nous avons partagé, dans la liste précédente (p. 905), les diverses formes qui leur sont propres en cinq groupes principaux.

Iᵉʳ Groupe. — Espalier en plein vent ou contre-espalier. — Les formes de ce groupe se distinguent des suivantes parce qu'elles sont palissées sur des treillages placés en plein air. On ne peut soumettre à ces formes que les espèces d'arbres fruitiers qui se développent bien en plein vent.

Espalier en plein vent horizontal de Louis Noisette (*fig.* 846 et 847). — Cette disposition, imaginée par M. Louis Noisette, consiste à palisser les branches de l'arbre sur un treillage placé horizontalement. On ne trouve guère à utiliser cette forme que pour couvrir les tonnelles.

Lorsque la tonnelle sera circulaire, on pourra donner à l'arbre destiné à la couvrir la disposition indiquée par la figure 846; si, au contraire, elle est carrée, on pourra choisir la forme adoptée dans la figure 847.

Quant au mode de formation de la charpente de ces arbres, nous

Fig. 846. *Cerisier soumis à la forme en espalier en plein vent horizontal de Louis Noisette, pour une tonnelle circulaire.*

ferons remarquer que le treillage sur lequel on l'établira devra d'abord être placé sur un angle de 45° environ. On l'abaissera ensuite progressivement, jusqu'à la ligne horizontale, à mesure que les branches s'allongeront. Il serait, en effet, impossible d'obtenir le développement de cette charpente si les branches étaient dirigées horizontalement dès la première année de leur naissance.

Espalier en plein vent vertical. — Ici le treillage sur lequel les arbres sont palissés est placé verticalement, au lieu d'être horizontal. Les inconvénients que nous avons signalés dans la forme en pyramide ou mieux en cône (page 556), viennent donner une grande importance aux *espaliers verticaux en plein vent* ou *contre-espaliers.* Cette disposition, très-usitée depuis la Quintinie et ensuite progressivement abandonnée au profit des arbres en cône, nous paraît devoir, d'ici à peu de temps, remplacer à son tour cette dernière forme.

Toutes les dispositions que nous avons recommandées pour les espaliers proprement dits conviennent également aux contre-espaliers verticaux, notamment le *cordon oblique simple*, lorsqu'on pourra donner aux supports une hauteur de $2^m,50$ au moins, et mieux le *cordon vertical* pour les supports qui auront au moins 5 mètres d'élévation, et

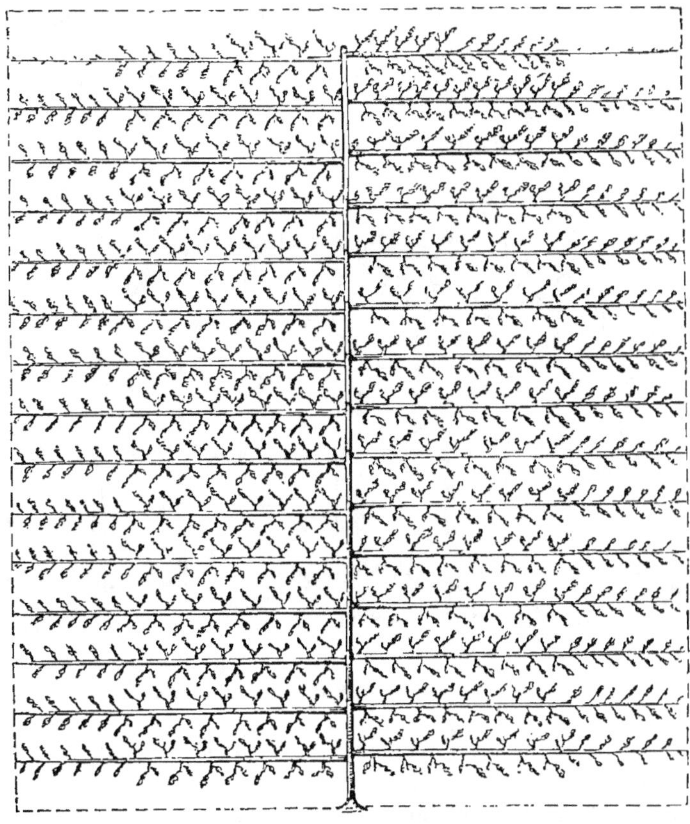

Fig. 847. *Poirier soumis à la forme en espalier en plein vent horizontal de Louis Noiselle, pour une tonnelle carrée.*

lorsque les arbres seront plantés dos à dos comme nous l'expliquons page 557. Pour les supports ayant moins de $2^m,50$ de hauteur, on fera usage de la *palmette Verrier.*

Cordon horizontal à deux bras (fig. 599, p. 698). — Nous avons décrit plus haut cette forme, particulièrement propre aux pommiers et aux poiriers.

Cordon horizontal unilatéral (fig. 600, p. 699). — Ici chaque jeune arbre n'offre qu'un seul bras, et le bras de chacun d'eux est couché du même côté. Il résulte de cette modification les deux avantages suivants : d'abord, on n'est pas obligé de maintenir l'équilibre de la végétation entre les deux bras, ensuite il devient possible de greffer par approche les cordons les uns sur les autres, ce qui n'est pas possible avec le cordon horizontal simple. Aussi cette dernière forme a-t-elle été abandonnée au profit du cordon horizontal unilatéral.

Cordon-spirale (Du Breuil). — Nous renvoyons aux fig. 551 et 552, p. 634, pour la description de cette forme, dont nous avons signalé les avantages, en indiquant les moyens à employer pour l'imposer aux arbres.

Berceau (fig. 848 et 849). — Nous avons observé, en 1831, chez M. Fion, l'un des horticulteurs de Paris les plus habiles de cette épo-

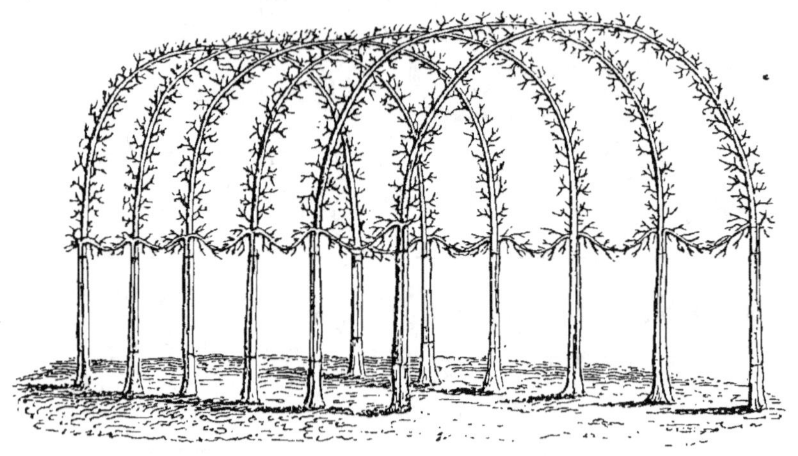

Fig. 848. *Arbres fruitiers disposés en berceau.*

que, une sorte de berceau formé de la réunion de plusieurs espèces d'arbres fruitiers, et aussi agréable par son aspect qu'il était productif. Il se composait, ainsi que l'indique notre figure, d'une série d'arbres plantés sur deux lignes parallèles, distantes de 3 mètres l'une de l'autre. Ces arbres, placés l'un en face de l'autre, offraient entre eux un espace de 2 mètres; complétement dégarnis de ramifications jusqu'à la hauteur de 1ᵐ,30, ils présentaient, à partir de ce point, sur toute la circonférence de leur tige et jusqu'à son extrémité, une série de petits rameaux à fruit. A partir de ce point aussi, la tige se courbait en arceau, de façon à se joindre, deux par deux, au milieu de l'espace qui séparait les deux lignes. A leur point de jonction, l'extrémité de chaque tige changeait de direction en formant un angle droit, l'une se dirigeant vers une extrémité du berceau, l'autre vers l'extrémité opposée, de manière à former un cordon continu, soutenu par un fil de fer, au sommet de ce berceau. Enfin, un cep de vigne, planté au pied de chaque arbre, et en dehors de la double ligne, élevait sa tige, dépourvue de sarments et soutenue par celle des arbres, jusqu'à 1^m,30 de hauteur. Là, cette tige se divisait en deux cordons longs de 1^m,25 chacun, et qui, se dirigeant

en forme de feston para'-lèlement aux lignes d'ar-bres, venaient se réunir au milieu de chaque espace avec le cordon du cep voisin. Il en résultait une sorte de guirlande conti-nue, soutenue par un fil de fer entre chaque arbre.

Ce berceau, assez pro-ductif, et qui peut en même temps servir d'ornement, pourra être exécuté avec avantage dans les localités où la vigne peut mûrir ses

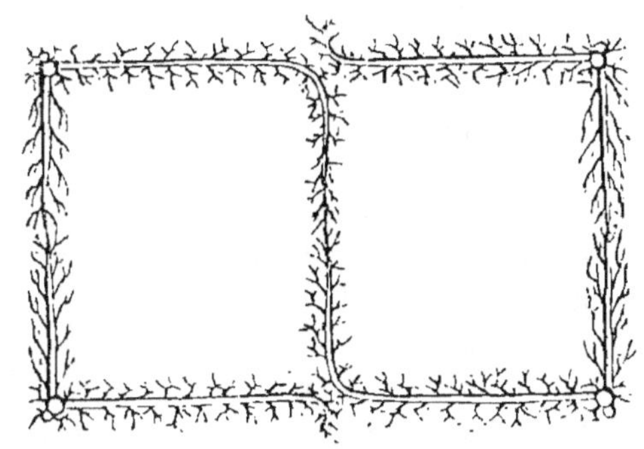

Fig. 849. *Deux arceaux de berceau vus en plan.*

fruits sans le secours des murs. Les espèces qui se prêtent le mieux à cette disposition sont le prunier, le poirier greffé sur cognassier et le pommier greffé sur doucin. Il faudra, en outre, que le sol soit léger et d'une fertilité moyenne, dans la crainte que la grande vigueur des arbres ne les empêche de conserver la forme qu'on leur a imposée.

Voici quels sont les principaux soins à prendre pour donner aux ar-bres cette disposition. On choisit de jeunes greffes en pied de deux ou trois ans, à tige bien filée. Dès la première année de plantation, on pince tous les bourgeons qui poussent trop vigoureusement pour se transformer en rameaux à fruit, à l'exception du bourgeon terminal. L'année suivante, le rameau terminal est un peu raccourci, seulement pour faire développer tous les boutons; ceux qui poussent trop vigou-reusement sont également pincés. On répète chaque année la même opération de manière à obtenir une tige garnie seulement de rameaux à fruit. Lorsqu'elle a atteint une longueur suffisante pour que, courbée comme l'indique notre figure, elle arrive au milieu de l'espace qui sé-pare les deux lignes d'arbres, on l'incline sur un cerceau placé à l'a-vance, puis on supprime, jusqu'à la hauteur de 1^m,30, les rameaux à fruit d'abord réservés et qui nuiraient au développement des ceps de vigne. On maintient les cerceaux pendant deux ou trois ans; après quoi, les tiges, étant fixées entre elles par leur extrémité, conservent la posi-tion qu'on leur a fait prendre. Il n'y a plus qu'à veiller attentivement à empêcher le développement des bourgeons gourmands à la partie supé-rieure des arceaux. On fait usage, pour cela, de l'ébourgeonnement, du pincement et de la torsion.

54.

IIe Groupe. — Pyramides ou cônes. — Toutes les formes qui rentrent dans ce groupe présentent une tige verticale ou branche mère garnie, depuis le sommet jusqu'à 0^m,32 du sol, de branches latérales ou sous-mères dont la longueur augmente à mesure qu'elles se rapprochent de la base de l'arbre; de sorte que l'ensemble de la tige présente l'aspect d'un cône.

Cône proprement dit (fig. 505, p. 602). — Nous avons longuement décrit cette forme et les moyens de l'obtenir en traitant de la taille du poirier page 602. De nouveaux détails à ce sujet sont donc inutiles.

Parmi les diverses formes imposées aux arbres en plein vent, le cône est incontestablement l'une des meilleures. Toutefois nous lui avons reproché, page 556, de graves inconvénients. Aussi préférons-nous maintenant remplacer les arbres en cône par les contre-espaliers verticaux doubles décrit page 557.

Pyramide ou cône de Fanon ou à branches arquées (fig. 499, p. 594). — L'arcure préconisée par M. Fanon vers 1780, et plus tard par Cadet-Devaux, a aussi été appliquée aux arbres en plein vent, et notamment aux pyramides. Nous n'avons rencontré nulle part une application aussi bien conçue de cette forme qu'au potager de Versailles.

Voici la description de ce procédé. Lorsque les pyramides ont atteint en diamètre et en hauteur le développement qu'exige l'espace qu'on veut leur faire occuper, on fixe, au printemps, à l'extrémité de chaque branche latérale de la base, dont aucune n'est taillée, une ficelle qu'on attache sur un cerceau (A) *(fig. 499)* présentant un diamètre de 0^m,60 à 0^m,80 de plus que celui de la base de l'arbre, et maintenu à l'aide de piquets à 0^m,25 ou 0^m,30 du sol. Les ficelles sont tendues de manière à faire décrire au rameau terminal de ces branches et à une partie de la branche elle-même un arc de cercle. Les branches latérales supérieures sont courbées de la même manière à l'aide de ficelles attachées sur les branches inférieures. Si l'on ne veut pas que l'arbre acquière une plus grande élévation, le rameau terminal de la tige est lui-même arqué à l'aide du même procédé.

Voici maintenant ce qui résulte de cette opération. Toutes les branches arquées cessent de s'allonger. Les boutons des rameaux courbés se transforment en deux ans et quelquefois même pendant l'année en boutons à fleur. Les branches tendent à développer des rameaux gourmands vers le point où elles commencent à s'incliner. Au bout de deux ans, si l'arbre a été abandonné à lui-même, il se couvre d'une quantité considérable de fruits qui épuisent promptement les parties arquées, lesquelles finissent par être anéanties. De nouveaux rameaux apparaissent confusément à la partie supérieure des branches horizontales, et la forme pyramidale disparaît complétement.

Pour remédier à ces inconvénients, tous les bourgeons vigoureux qui

apparaissent sur les branches horizontales sont pincés à 0^m,03 de leur naissance, lorsqu'ils n'ont que
0^m,06 environ, et l'on empêche ainsi l'apparition des
rameaux gourmands. D'un
autre côté, afin de ne pas
épuiser les branches par
une production de fruits
surabondante, on n'en conserve qu'un nombre conve-
nable vers le mois de juin.
Lorsque, par une circon-
stance quelconque, l'une
des branches latérales vient
à être épuisée, on la raccourcit vers le point où
commence l'arcure, puis
on laisse développer dans
le voisinage de la coupe un
rameau que l'on courbe
lui-même au bout d'un à
deux ans, lorsqu'il a atteint
un développement suffi-
sant.

Telle est l'arcure appli-
quée aux pyramides. Deux
années suffisent pour im-
primer la courbure d'une
manière stable. On peut,
après ce temps, enlever
les liens qui maintenaient
les branches dans cette position.

Cette forme présente
surtout l'avantage de dé-
terminer une production de
fruits très-abondante; mais
cette grande fécondité doit
sir..........ment abréger la
durée de l'arbre : d'autant
plus que l'on s'oppose con-

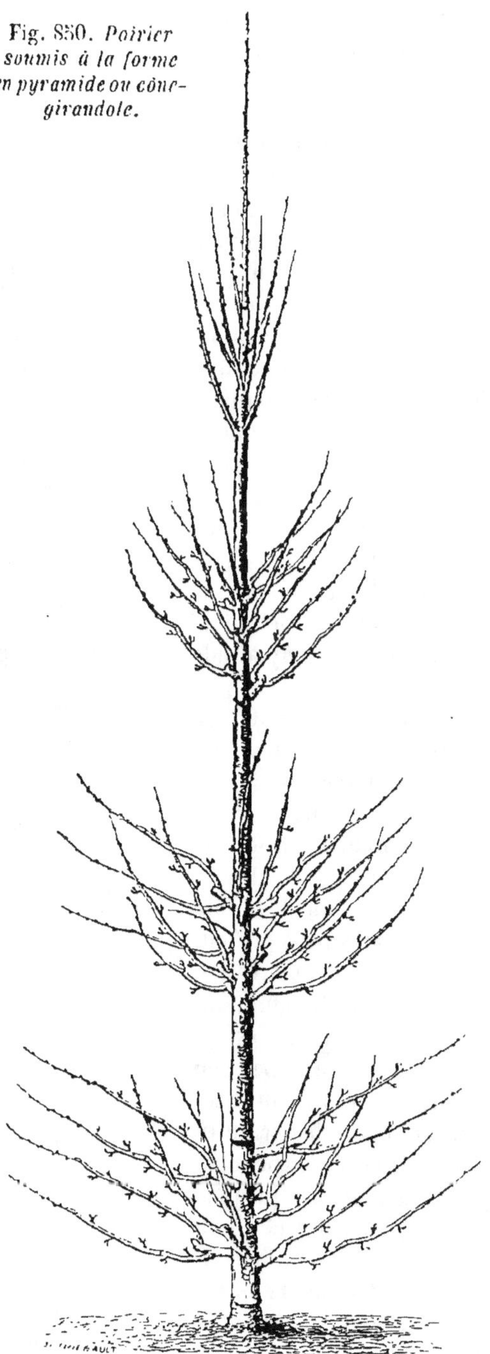

Fig. 850. *Poirier soumis à la forme en pyramide ou cône-girandole.*

stamment au développe-
ment de rameaux vigou-
reux, qui seuls peuvent assurer la formation de nouvelles racines, de nouvelles
couches d'aubier et de liber
bien constitués, organes
nécessaires pour l'entretien
de la vie. Aussi nous ne
pensons pas qu'on doive
conseiller cette disposition
d'une manière générale.
Elle pourra être utilement
mise en pratique seulement
pour les pommiers et poi-
riers greffés sur franc et
qui se mettraient trop tardivement à fruit.

*Pyramide ou cône-giran-
dole (fig. 850).*—Cette forme ne diffère de la pyramide
proprement dite que par
un espace vide de 0^m,50
environ qui sépare les
branches latérales à des
intervalles égaux sur la
tige, de manière à former
autant d'étages distincts.
De plus, chacune des branches latérales peut présenter une bifurcation vers la
moitié de son étendue, afin
de mieux remplir l'espace
qu'elle occupe. Le seul
avantage que présente cette
disposition est de permettre
à la lumière de pénétrer
plus facilement jusqu'au
centre de l'arbre et d'y favoriser la fructification.
Mais il est douteux que le
moins grand nombre de
branches que l'arbre pré-

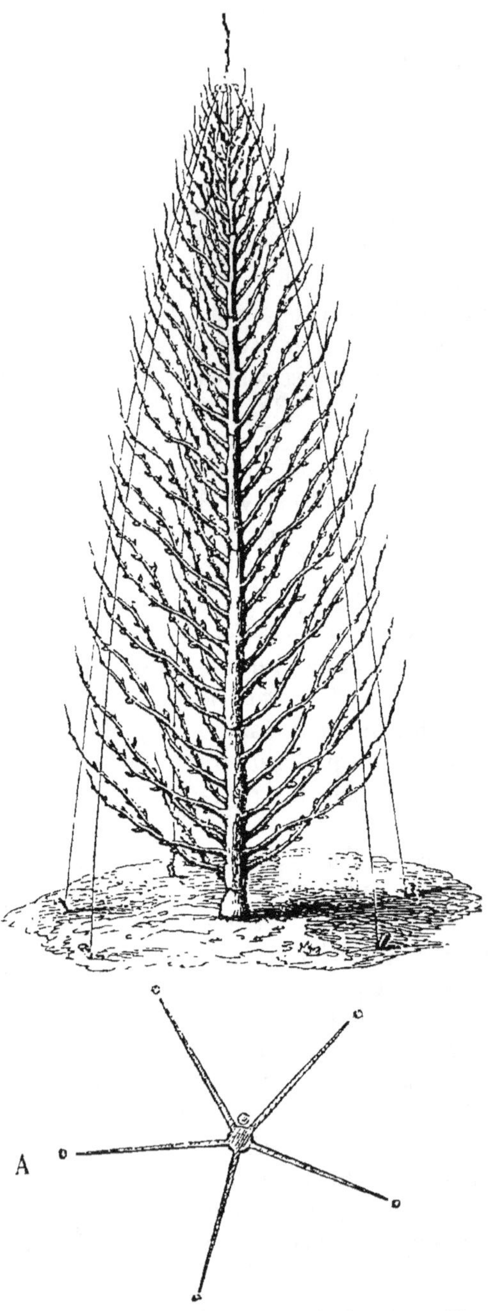

Fig. 851. *Poirier soumis à la forme en pyramide ou cône ailé. A. Vue en plan.*

sente ainsi soit compensé
par cet avantage.

Cette forme est obtenue
à l'aide des mêmes moyens
que pour le cône pro-
prement dit, et peut être
appliquée aux mêmes es-
pèces.

Pyramide ou cône ailé
(*fig.* 851).—M. Cappe, pra-
ticien aussi modeste qu'in-
struit, chargé de la culture
des arbres fruitiers au Mu-
séum d'histoire naturelle
de Paris, imagina, en 1845,
de modifier la pyramide de
manière à permettre aussi
à la lumière d'éclairer plus
complétement les ramifi-
cations dans toute leur
étendue, de façon à rendre
la fructification plus abondante. Le nom que nous
donnons à cette nouvelle
forme indique son caractère
différentiel.

Elle présente une tige
verticale fixée sur un tuteur [1], implanté dans le sol
et dépassant la flèche de
l'arbre de quelques centimètres. Cinq fils de fer
sont attachés au sommet de
ce tuteur, et partagent
obliquement, du sommet
à la base, le périmètre de
la pyramide en cinq par-
ties égales. Ils sont fixés,
à leur extrémité inférieure,
sur des crochets en bois,

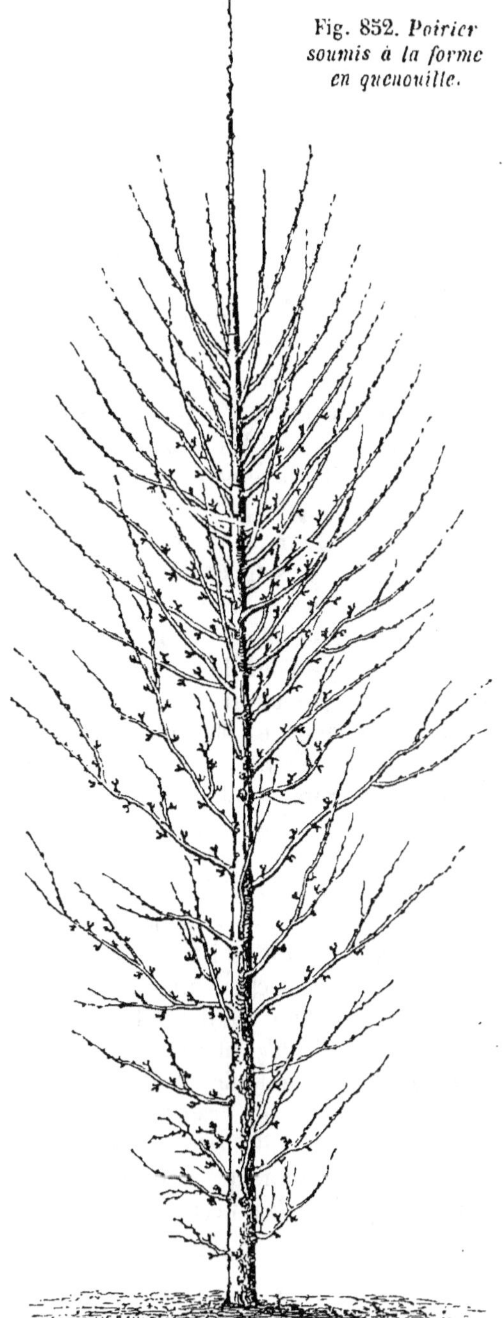

Fig. 852. *Poirier
soumis à la forme
en quenouille.*

[1] Dans le dessin en élévation
que nous donnons de cet arbre, nous n'avons pas figuré ce tuteur, qui aurait pro-

enfoncés dans le sol à une distance du pied de l'arbre égale à la moitié du diamètre que l'on veut donner à la pyramide. Ces fils de fer servent à maintenir, par leur extrémité, les branches latérales de l'arbre, qui diminuent de longueur à mesure qu'elles se rapprochent du sommet, et auxquelles on donne une direction un peu ascendante. L'ensemble de cette pyramide est donc composé de cinq séries de branches superposées, séparées les unes des autres par un intervalle de 0^m,30 environ, et dont la réunion figure cinq ailes verticales, qui, naissant sur la tige, forment entre elles un angle ouvert d'environ 72°.

Nous estimons qu'à hauteur égale le cône ailé, ainsi établi, offre autant de branches latérales que le cône proprement dit; or, comme dans le premier les branches sont beaucoup mieux éclairées que dans le second, nous pensons que la fructification y sera plus facile et plus abondante. Mais à côté de cet avantage nous trouvons un inconvénient, ce sont les soins assez minutieux que réclame cette forme, soit pour son établissement, soit pour son entretien, soins qui ne seront pas toujours compensés par la plus grande abondance du produit. Aussi croyons-nous qu'on devra réserver le cône ailé, qui présente d'ailleurs un aspect très-agréable, pour le jardin des amateurs qui peuvent soigner eux-mêmes leurs arbres. Quant aux moyens d'imposer aux arbres cette disposition, ils sont peu compliqués. La première taille est pratiquée comme pour le cône proprement dit. On place immédiatement après le tuteur et les fils de fer dont nous avons parlé; puis, pendant l'été, tous les bourgeons qui se développent sont attachés sur les fils de fer, en ayant soin de les répartir également entre les cinq ailes de la pyramide, et de façon qu'ils offrent entre eux un espace vertical de 0^m,30 environ; si leur nombre obligeait à les rapprocher davantage, il vaudrait mieux en pincer quelques-uns pour les transformer en rameaux à fruit. L'année suivante, le tuteur est allongé, et les fils de fer sont un peu éloignés de l'arbre pour y attacher l'extrémité des rameaux développés l'année précédente. On taille le nouveau prolongement de la flèche, mais un peu plus court que pour le cône proprement dit, afin d'obtenir le développement complet des boutons de la base et qu'il n'y ait pas de vide entre les nouvelles branches latérales qu'on veut obtenir et celles de l'année précédente. Quant au mode de taille de ces branches latérales, il est le même que pour le cône proprement dite. On répète chaque année les mêmes opérations jusqu'au moment où le cône a atteint les dimensions qu'on voulait lui donner. On n'est plus obligé alors de déplacer le tuteur et les fils de fer.

duit de la confusion parmi les branches latérales; mais il est indiqué dans la figure en plan.

Cette forme peut être imposée à toutes les espèces qui s'accommodent de la forme conique.

IIIe Groupe. — Quenouille. — Ce groupe ne comprend qu'une seule forme connue sous le nom de *quenouille* (*fig.* 852). On a longtemps confondu, et l'on confond encore souvent à tort la forme en quenouille avec celle en cône. Elle en diffère cependant beaucoup, et par sa disposition, et par ses résultats. La quenouille présente un ensemble tel, que son plus grand diamètre est situé vers le milieu de sa hauteur; de sorte que les branches latérales diminuent de longueur à mesure qu'elles se rapprochent de la base et du sommet.

Que résulte-t-il de cette forme? C'est que la séve, attirée surtout vers le centre de l'arbre par une plus grande masse de branches, abandonne les ramifications de la base; celles-ci se chargent d'une très-grande quantité de boutons à fleur et de fruits, qui les épuisent rapidement et les font périr au bout de peu d'années. La base se dégarnit donc progressivement, ainsi que nous l'avons indiqué dans notre figure. La partie moyenne et le sommet continuant à prendre de l'accroissement, la forme primitive de l'arbre ne tarde pas à disparaître, pour être remplacée par la disposition naturelle de l'arbre, c'est-à-dire la forme en tête.

Malgré ces inconvénients, cette disposition est encore celle qui est le plus généralement usitée. Cela tient surtout à ce que les jeunes arbres élevés par les pépiniéristes se prêtent tout naturellement à cette forme, et nullement à celle en cône. Ce qui précède nous fait de nouveau exprimer le désir de voir les propriétaires et les jardiniers exiger des pépiniéristes de jeunes arbres plus convenablement élevés, et surtout plus propres à recevoir la forme conique, que l'on doit, sans hésiter, substituer aux quenouilles.

IVe Groupe. — Colonne (*fig.* 853). — Cette forme, improprement appelée *fuseau*, est loin d'être nouvelle, ainsi que l'ont cru quelques cultivateurs. Elle existe depuis longtemps en Lorraine, en Flandre, en Belgique, et nous l'avons souvent rencontrée en Normandie dans des potagers peu étendus où l'on voulait réserver le plus d'espace possible à la culture des légumes. M. Choppin, de Bar-le-Duc, l'a préconisée dans un ouvrage qu'il a publié il y a environ 30 ans, et M. Lhomme a de nouveau appelé l'attention des arboriculteurs sur cette disposition en l'appliquant aux arbres fruitiers du jardin de l'École de Médecine de Paris, confié à ses soins.

Les arbres en colonne se composent d'une tige simple, verticale, s'élevant jusqu'à la hauteur de 6 mètres et plus, et garnie régulièrement de rameaux à fruit depuis sa base jusqu'à son sommet. Il en résulte que l'ensemble de ces arbres offre l'aspect d'un cylindre ou d'une colonne de 0^m,35 de diamètre.

Cette forme est peu agréable, mais elle offre certains avantages dans

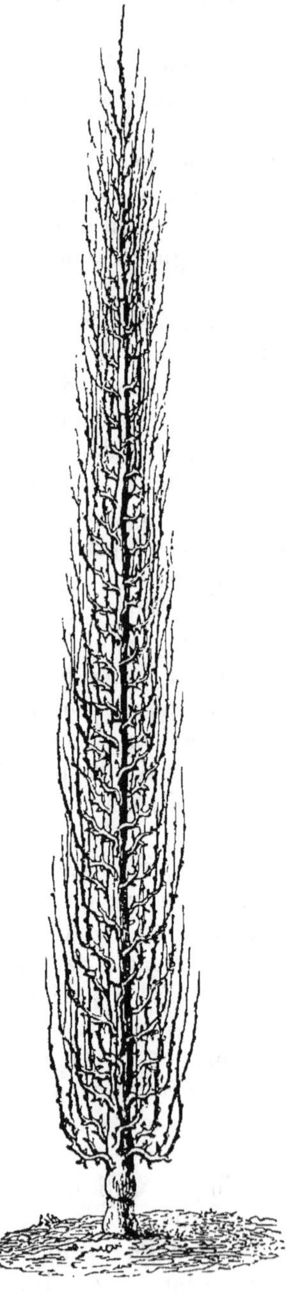

Fig. 855. *Poirier soumis à la forme en colonne, vu avant la taille.*

quelques circonstances. Ainsi les arbres qui y sont soumis ombragent beaucoup moins le sol que les cônes et occupent beaucoup moins de place ; cela permet la culture d'autres produits dans leur voisinage; et l'on peut aussi, par la même raison, réunir sur le même espace un plus grand nombre de variétés différentes. Nous pensons aussi que les rameaux à fruit se forment plus promptement, qu'étant mieux éclairés par le soleil et naissant directement sur la tige ils sont plus fertiles, et que les fruits sont généralement plus beaux. De sorte que l'on recueillerait ainsi, à surface de terrain égale une quantité de fruits un peu plus grande qu'avec les cônes. Mais aussi ce succès ne pourra être obtenu que dans certaines conditions. Et d'abord le poirier et le pommier sont les deux seules espèces qui paraissent se prêter convenablement à cette forme. D'un autre côté, ces deux arbres devront être greffés, le premier sur cognassier, le second sur doucin. S'ils étaient greffés sur franc, ils pousseraient trop vigoureusement, et le mode de taille qu'on leur applique ne ferait alors développer que des rameaux à bois. Enfin, et pour le même motif, ces arbres devront être placés dans un terrain chaud, léger, d'une fertilité moyenne.

Le mode de formation de ces arbres est d'ailleurs des plus simples. Lors de la première taille, la jeune tige est coupée beaucoup plus longue que pour les cônes ; car on veut seulement faire développer en dards ou en brindilles tous les boutons de cette tige, et non en rameaux à bois très-vigoureux. Pendant l'été on laisse tous les bourgeons se développer librement, en conservant seulement la prééminence au bourgeon terminal. Lors de la seconde taille, le nouveau prolongement est traité de la même manière ; les rameaux à bois les plus vigoureux développés un peu au-dessous de son point d'attache sont coupés immédiatement au-dessus de leur empâtement; les rameaux à bois plus faibles et les brindilles développés au-dessous sont cassés à 0^m,08 environ de leur naissance sur un bouton bien formé; enfin les dards placés à la base sont laissés intacts. Pendant l'été on abandonne de nouveau le développement à lui-même en protégeant seulement le bourgeon terminal.

A la troisième taille, les petites productions développées sur le talon des rameaux coupés l'année précédente sont cassées si elles sont plus vigoureuses que des brindilles; il en sera de même pour toutes les autres productions vigoureuses qui se seraient développées au-dessous de ce point. Quant aux nouvelles ramifications placées sur le prolongement taillé l'année précédente, elles sont opérées comme les premières, et ainsi de suite chaque année. Il résultera de ce mode de taille, dans les conditions que nous avons indiquées, la prompte formation sur toute la longueur de la tige de petites branches, très-ramifiées et couvertes de lambourdes et de quelques rameaux à bois. Ces rameaux à bois sont coupés tous les ans au-dessus de leur empâtement. Comme ces petites branches finissent par s'allonger outre mesure et par produire de la confusion, on en raccourcit quelques-unes chaque année, mais de place en place seulement, dans la crainte de concentrer l'action de la séve sur un trop petit espace, et de nuire ainsi à la formation des lambourdes.

M. Choppin complète cette série d'opérations en pratiquant sur la tige un certain nombre d'incisions annulaires destinées à arrêter la séve dans les parties inférieures de l'arbre, et à diminuer sa trop grande vigueur. La première incision est faite à 0^m,75 environ au-dessus de la greffe et vers la quatrième année de taille; les autres sont pratiquées successivement et selon les besoins, c'est-à-dire qu'elles sont d'autant plus multipliées et plus fréquentes, que les arbres sont plus vigoureux.

Ce qui caractérise surtout ce mode de taille, c'est que, ainsi qu'on l'a vu, les opérations d'été, le pincement et l'ébourgeonnement ne sont pas pratiqués. Tous les bourgeons se développent librement. S'il en était autrement, si l'on pinçait les plus vigoureux, la séve, qui n'a pas, comme dans les formes précédentes, un grand espace à parcourir, serait gênée dans son essor et ferait développer en rameaux à bois des petits bourgeons qui, sans cela, auraient pris seulement le caractère de brindilles ou de petits dards.

Ve Groupe. — Vases ou gobelets. — Les formes de ce groupe présentent un certain nombre de branches mères qui, naissant à 0^m,52 du sol environ, s'étendent d'abord horizontalement ou obliquement en rayonnant autour du pied de l'arbre, puis se redressent dans une position verticale, ou s'allongent en décrivant une spirale. L'intérieur de ces arbres est entièrement vide, de manière à simuler une sorte de vase ou gobelet.

Vase à branches verticales simples (fig. 854). — Les arbres soumis

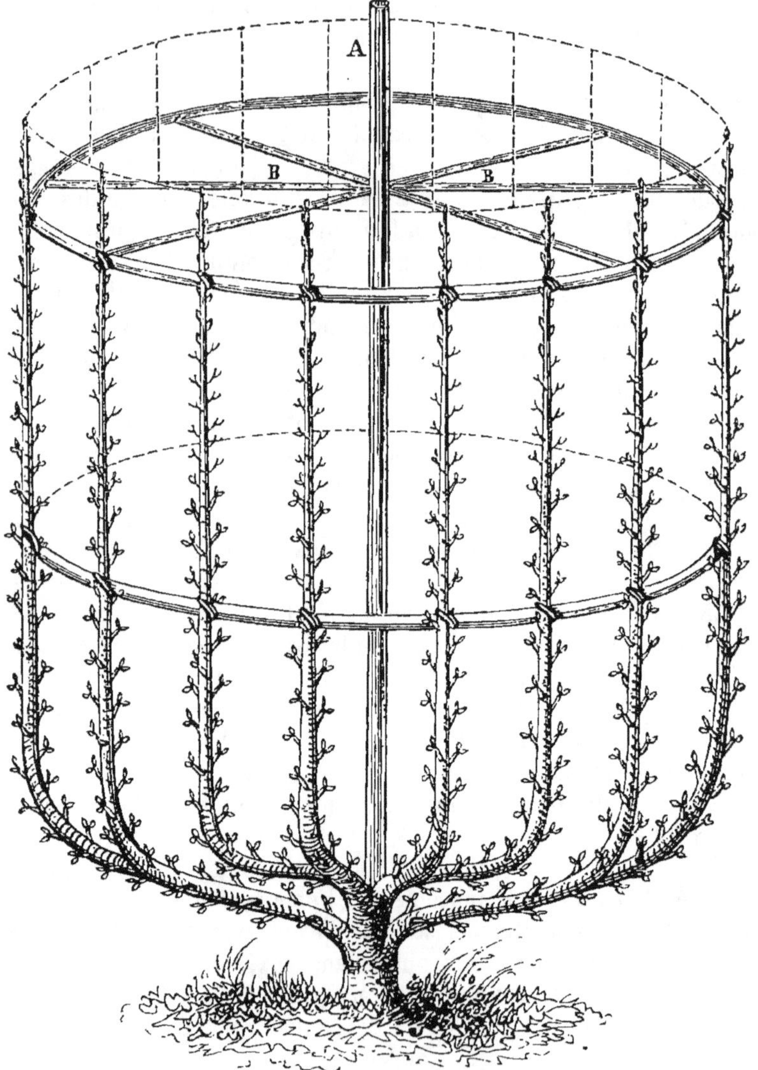

Fig. 854. *Vase à branches verticales simples.*

à cette forme offrent en général un diamètre de 2 mètres. Ils doivent présenter une hauteur égale, mesurée du point où naissent les branches sur la tige. Si l'on dépassait cette limite, la face intérieure du vase, située vers la base, resterait privée de l'action du soleil. Les branches latérales doivent naître à $0^m,30$ environ au-dessus du sol; elles s'éloignent de la tige en suivant un angle d'environ 20°, puis s'allongent ensuite verticalement jusqu'au sommet. On réserve un intervalle de $0^m,30$ entre chacune d'elles; d'où il suit que, si l'arbre a 2 mètres de diamètre, il faudra vingt branches pour garnir suffisamment le pourtour.

Pour établir la charpente de ces vases ou gobelets, on commence par faire développer à la base de l'arbre cinq branches principales également espacées. L'année suivante ces branches sont coupées à $0^m,20$ de leur naissance, de manière à obtenir une bifurcation. Ces dix branches sont encore coupées l'année suivante à $0^m,30$ de leur naissance pour les faire se bifurquer et en porter le nombre à vingt. Ces branches sont abaissées sur un angle de 45°; puis, lorsque leur longueur a dépassé le diamètre que l'on veut donner au vase, on les incline sur un angle de 20° et l'on redresse leur sommet dans une position verticale. Il n'y a plus ensuite qu'à les laisser s'allonger jusqu'à la hauteur que doit acquérir le vase, en retranchant chaque année le tiers environ de la longueur totale de leur nouveau prolongement.

Pour maintenir ces diverses ramifications dans une position fixe, pendant leur formation, on emploie des cerceaux placés à des hauteurs différentes et attachés sur des piquets en bois enfoncés dans le sol. Si ce moyen est insuffisant pour donner au vase une disposition parfaitement symétrique, on enfonce dans le sol un tuteur central A, qui est solidement fixé contre la tige de l'arbre; puis, à l'aide de petites traverses B qui font arc-boutant contre le tuteur et contre les côtés du vase, on donne à celui-ci une régularité parfaite.

Cette forme peut être employée pour toutes les espèces d'arbres fruitiers. Les vases ou gobelets étaient d'un usage très-fréquent pendant le siècle dernier; mais ils ont progressivement disparu, pour être remplacés par les quenouilles et les cônes, qui, à surface de terrain égale, offrent une étendue bien plus considérable de branches fructifères.

Vase à branches verticales ramifiées (fig. 855). — Cette forme ne diffère de la première que par les branches principales, auxquelles on fait développer des branches sous-mères disposées symétriquement de chaque côté.

On forme cette charpente de la même manière. Toutefois on ne laisse développer à la base que huit ou douze branches mères; on les redresse dans une position verticale, lorsqu'elles ont dépassé en longueur le diamètre du vase, puis on détermine, chaque année, par la taille, la formation d'un nouvel étage de sous-mères destinées à remplir l'espace de $0^m,70$ qui sépare les branches mères.

Cette forme, plus compliquée que la première, ne présente pas plus

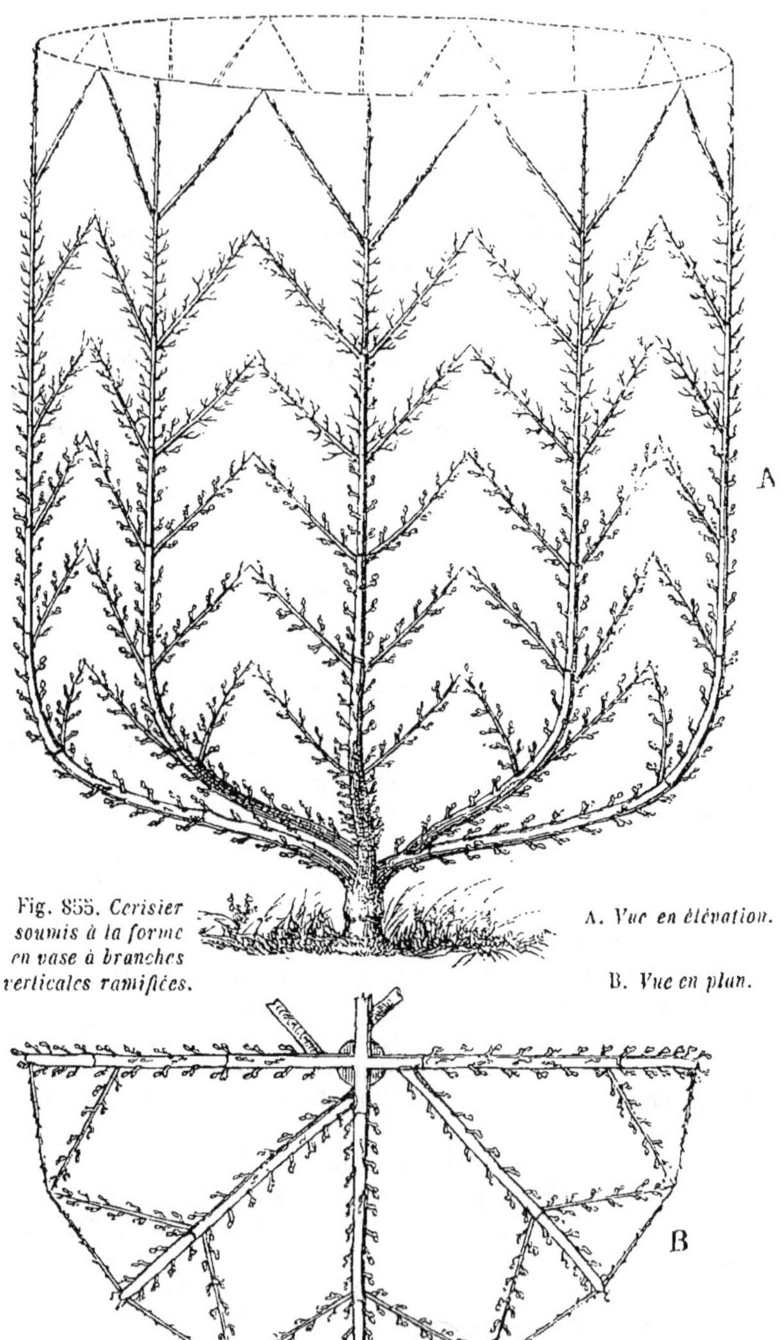

Fig. 855. Cerisier soumis à la forme en vase à branches verticales ramifiées.

A. Vue en élévation.

B. Vue en plan.

d'avantage ; elle ne devra
donc pas être préférée.

Vase-pyramide (f. 856).
— Lorsque le vase à bran-
ches verticales est complétement formé, on fait dé-
velopper, au moyen d'une
greffe, un bourgeon placé
au centre de ce vase. Ce
bourgeon donne lieu à une
tige verticale qu'on prive
de ramification jusqu'à
$0^m,50$ environ au-dessus
du sommet du vase. A ce
point, cette tige est terminée par une petite py-
ramide ou cône, à laquelle
on laisse prendre une longueur de $0^m,70$ à 1 mètre,
suivant la vigueur plus ou
moins considérable du vase.

Cette disposition est plus
convenable que les précé-
dentes. En effet, il arrive
presque toujours, dans les
formes précédentes, que la
séve, s'élançant avec rapidité dans les branches verticales du vase, fait pousser
celles-ci trop vigoureusement, surtout vers le sommet, et qu'elles produisent
très-peu de fruit.

Avec la modification que
nous indiquons, on évite cet
inconvénient : la surabondance de la séve est ab-
sorbée par la tige centrale,
et les diverses branches du
vase sont maintenues con-
stamment à fruit.

Toutefois on ne devra
pas abuser de ce moyen,

Fig. 856. *Abricotier soumis à la forme
en vase-pyramide.*

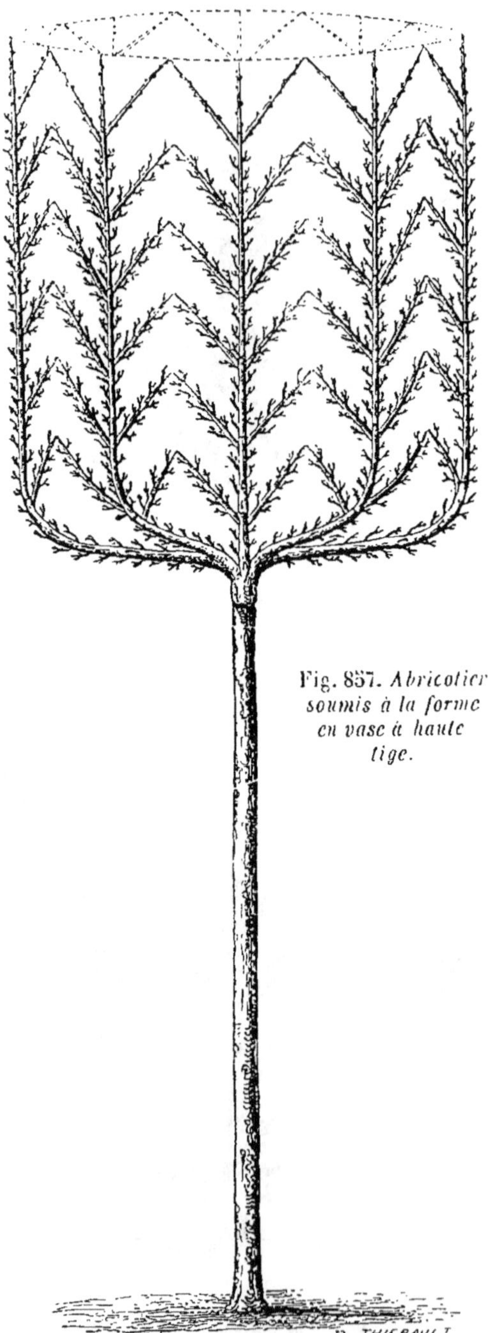

Fig. 857. *Abricotier soumis à la forme en vase à haute tige.*

car on verrait bientôt le vase dépérir sous l'influence d'une production démesurée. Il sera donc nécessaire de veiller scrupuleusement à ce que le cône central ne prenne que l'accroissement nécessaire pour absorber la surabondance de la séve.

Vase à haute tige (fig. 857). — Ce vase ne diffère de ceux à branches verticales que par la tige de 2 mètres à 2^m,30 d'élévation qui le supporte. Cette disposition est celle qu'on devrait toujours imposer aux arbres fruitiers à haute tige. Elle permet de régulariser la forme de la tête, d'établir un degré de vigueur égal entre toutes les parties ; enfin, les fruits, plus complétement soumis à l'influence de la lumière, sont de meilleure qualité.

Vase à branches croisées (fig. 548, p. 628). — Cette forme ne diffère nullement de celle en *vase à branches verticales simples* quant aux proportions et au nombre des branches qui doivent la composer. Seulement les branches sont inclinées suivant l'angle de 30°, alternativement d'un côté et de l'autre, et continuent de s'allonger en suivant la même direction. Nous avons indiqué à l'article du *Poirier* le mode de formation de ces arbres (p. 628).

Cette sorte de vase est préférable à celui à branches verticales simples pour les arbres à fruits à pépins. Les branches pouvant être greffées à leur point d'intersection, il en résulte une grande solidité pour cette charpente, sans qu'il soit nécessaire d'avoir recours à des supports pour la maintenir. D'un autre côté, les prolongements annuels des branches pouvant être laissés entiers, il en résulte que la charpente est plus rapidement formée.

Enfin, la séve étant obligée de circuler lentement dans toute l'étendue de chaque branche également soumises dans toute leur longueur à la même influence, elles se mettent plus facilement à fruit que celles du vase à branches verticales.

Choix à faire entre les diverses formes propres aux arbres en plein vent. — En résumé, quant au choix à faire entre ces diverses formes, nous conseillons l'adoption des contre-espaliers doubles, afin d'arriver à la production la plus abondante, la plus prompte et la moins coûteuse, ainsi que nous l'avons expliqué page 557.

On y placera des cordons verticaux, lorsque les supports pourront avoir 3 mètres d'élévation; des cordons obliques simples, lorsque ces supports auront au moins 2^m,50 de hauteur, et enfin des palmettes Verrier, quant ces supports ne dépasseront pas 2 mètres.

Le cordon horizontal unilatéral sera en outre employé pour les arbres nains plantés en bordure, le long des plates-bandes.

Telles sont, avec leurs avantages et leurs inconvénients, les diverses formes qui peuvent être appliquées aux arbres fruitiers soumis à la taille.

Les personnes qui n'ont pas encore l'expérience de la docilité des arbres, de la facilité avec laquelle ils se prêtent aux formes les plus variées, sous l'influence d'une direction convenable, croiront difficilement qu'il soit possible de leur imposer une régularité, une symétrie, aussi rigoureuses que celles indiquées par nos figures. Rien n'est plus réel cependant, car nous n'avons fait ici que reproduire exactement toutes les formes que nous avions réunies, pour notre enseignement, dans l'École d'arbres fruitiers du Jardin des Plantes de Rouen.

OPÉRATIONS DIVERSES

Outre les opérations dont nous venons de terminer l'étude, il est quelques soins indispensables pour en assurer le succès. Ces soins ont pour objet : 1° la culture annuelle du sol dans le jardin fruitier; 2° d'éloigner des arbres l'influence fâcheuse des gelées tardives du printemps ou du soleil trop ardent de l'été.

La culture annuelle du sol dans le jardin fruitier a pour but : de le maintenir, à l'aide des labours, constamment perméable aux agents atmosphériques; d'y entretenir, au moyen d'engrais, une suffisante quantité de principes fertilisants; enfin, de le défendre de l'action nuisible de la sécheresse.

Labours. — Les labours maintiennent le sol dans un état d'ameublissement convenable. On ne devra pas les faire très-profonds, de peur d'endommager les racines des arbres, surtout de ceux greffés sur prunier, sur cognassier, sur paradis, et qui se développent toujours plus superficiellement que les autres. C'est aussi pour éviter ces mutilations qu'on devra pratiquer toutes les façons données à la terre avec des instruments à dents et jamais avec des instruments à lame, qui couperaient une grande quantité de racines. On choisira donc pour cela l'un des instruments indiqués par les figures 296, 297 et 298 (page 309). Dans les terres argileuses, on donnera deux labours par année, l'un avant l'hiver, l'autre au printemps, après la taille des arbres. Dans les terres légères, on pourra se contenter d'un seul labour, donné au printemps.

Fumure. — On a beaucoup agité la question de savoir si les arbres fruitiers devaient être fumés; on a prétendu que cette opération était nuisible aux arbres, en ce qu'elle les empêchait de se mettre aussi promptement à fruit. Cela est vrai; mais, aux yeux de la plupart des cultivateurs instruits, c'est là un résultat plus avantageux que nuisible; car le retard de la production du fruit, occasionné par la fumure, est dû à ce que celle-ci donne lieu à une végétation vigoureuse : or cette vigueur est indispensable pour obtenir les grandes dimensions qu'un bel arbre doit avoir. La pratique de la fumure, pour les jardins fruitiers, est donc une chose utile. Mais, pour qu'elle agisse dans de justes limites, il ne faut pas qu'elle soit trop abondante. Quelques cultivateurs ont l'habitude de fumer, tous les trois ans, les plates-bandes du jardin fruitier; nous pensons, avec M. de Bengy-Puyvallée, que cette méthode est vicieuse, en ce qu'on est obligé de fumer trop abondamment à la fois. s'ensuit que les fruits ont une saveur moins agréable; que la séve, momentanément trop abondante, ne peut être contenue qu'avec peine dans les vaisseaux, et qu'il en peut résulter des extravasations qui déterminent des maladies. Il vaut donc mieux fumer tous les ans, et fumer moins à la fois; la végétation en sera plus régulière. Quant aux engrais à employer, ils pourront se composer de fumier de cheval ou de mouton, peu consommé pour les terres argileuses, et de fumier de vache pour les terres légères, soit calcaires, soit siliceuses. Si l'on était obligé d'acheter des engrais pour cette destination, il serait préférable d'avoir recours à d'autres matières au moins aussi fertilisantes, mais dont l'action se prolonge beaucoup plus et se trouve, par cela même, plus en rapport avec la longue durée des arbres. Tels sont surtout les os concassés, les rapures de corne, les tendons, les crins, les poils, les débris de bourre, les chiffons de laine un peu fermentés, etc. L'effet de ces engrais étant beaucoup plus prolongé, on pourra ne les employer que tous les cinq ou six ans. Quelle que soit la nature des engrais choisis, on les répandra à la surface du sol occupé par les racines, puis on les enterrera par le labour du printemps.

Un des moyens les plus énergiques de favoriser le développement des arbres fruitiers est incontestablement l'application des engrais liquides au moment où la végétation est la plus active et pendant les grandes chaleurs de l'été. C'est, en effet, pendant ce laps de temps que les plantes et les arbres ont le plus besoin de trouver dans le sol une humidité abondante, tenant en dissolution les éléments nutritifs. Or c'est aussi à cette époque que le sol est le plus desséché, par suite de l'évaporation, et que les racines n'y trouvent ni l'humidité ni les éléments nutritifs dont ont elles besoin. L'application des engrais liquides, faite dans ces circonstances, stimule donc énergiquement la végétation des arbres.

Toutes les matières organiques, riches en azote, et se dissolvant facilement dans l'eau, peuvent être employées comme engrais liquide. Telles sont particulièrement les matières suivantes :

1° Le *guano naturel*. Y ajouter huit fois son volume d'eau. Il est malheureusement assez difficile de se procurer cet engrais bien pur. Il en existe cependant dans plusieurs maisons de commerce du Havre et de Nantes, que nous ne saurions indiquer ici.

2° *Tourteaux de graines oléagineuses, colza, lin, arachide, sézame*, etc. Ces tourteaux sont réduits en poudre, puis ajoutés à six fois leur volume d'eau. On abandonne ce mélange à lui-même, et on l'emploie lorsqu'il commence à fermenter.

3° *Matières fécales*. Les réunir dans une citerne, y ajouter une suffisante quantité d'eau pour les rendre assez liquides, et les répandre lorsqu'elles commenceront à fermenter. Pour désinfecter cet engrais, on pourra y ajouter 1 kilog. de couperose du commerce, réduite en poudre, par hectolitre de liquide.

4° *Sang des abattoirs*. Le laisser fermenter un peu et y ajouter 1 kilog. de couperose par hectolitre pour le désinfecter.

5° *Urines*. Les employer fraîches en les étendant de quatre fois leur volume d'eau, ou les employer fermentées en y ajoutant 40 grammes de couperose par hectolitre pour les désinfecter.

6° *Purin* ou *jus de fumier*. Les employer sans préparation.

7° *Mélange des matières précédentes*. On peut encore former un engrais liquide d'une grande puissance en mélangeant tout ou partie des matières précédentes.

Il est bien entendu que l'action de ces engrais sera d'autant plus énergique, qu'ils seront plus riches en azote.

On peut, à cet égard, les classer à peu près de la manière suivante : matières fécales, sang, guano, tourteaux, purin, urines.

Ajoutons encore que le résultat de ces engrais liquides, appliqués pendant la végétation, sera d'autant plus satisfaisant, que le sol où on les répandra sera plus perméable et plus exposé à la sécheresse.

Quant au mode d'application de ces engrais, il sera bon de suivre les indications suivantes : les répandre dans la soirée après que le soleil ne frappe plus les surfaces qui doivent être arrosées, afin de donner le temps à ces liquides de s'imprégner dans le sol avant d'être vaporisés; — répandre ces engrais sur toute la surface du terrain qu'on suppose être occupée par les racines des arbres, et surtout vers le point où existent les extrémités radiculaires; — enlever, avant l'arrosage, 0^m,04 environ de la couche superficielle du sol, et la replacer aussitôt après l'application de l'engrais; — ou bien couvrir le sol, arrosé d'une couche de litière, d'environ 0^m,05 d'épaisseur.

On évitera ainsi de voir la surface du sol se durcir sous l'influence de ces arrosements, et de perdre par l'évaporation une grande partie de ces éléments de fertilité. On pourra répéter ces arrosements trois ou quatre fois pendant l'été.

Opérations contre la sécheresse du sol. — Les arbres fruitiers, surtout les plantations nouvelles, souffrent beaucoup de la sécheresse du sol. Il faut donc employer certaines opérations destinées à les soustraire à cette influence fâcheuse.

Ameublissement profond du sol. — Le moyen le plus efficace et le plus important consiste à ameublir profondément le sol destiné à la plantation. Les racines ayant une tendance à s'enfoncer d'autant plus que le terrain est plus sec, on conçoit que cet ameublissement leur permettra de descendre facilement vers le point où elles trouvent l'humidité qui leur est nécessaire. Pour obtenir ce résultat, on suivra, pour ce défoncement, les indications données p. 568.

Choix des sujets. — Il sera aussi très-utile de choisir des arbres greffés sur des sujets convenables. Ainsi, pour les terrains secs, il faudra proscrire d'une manière absolue les arbres greffés sur *cognassier*, sur *pommier paradis* et sur *prunier*. Leurs racines rampent trop près de la surface du sol et sont ainsi trop exposées à la sécheresse. Les poiriers devront être greffés sur franc, les pommiers sur le pommier doucin, les pêchers sur amandier, ainsi que les abricotiers et même les pruniers pour le Midi. On pourra toutefois greffer aussi ce dernier sur le prunier de myrobolan, dont les racines vigoureuses descendent assez verticalement.

Binages et couvertures. — Pour empêcher la surface du sol de perdre trop rapidement son humidité par l'évaporation et de sécher ainsi les couches inférieures, il sera également indispensable, dans les premiers jours du mois de mai, de pratiquer un binage sur toute la surface du terrain planté, de façon à ameublir cette surface jusqu'à 0^m,06 environ de profondeur. Nous avons expliqué les effets de ce binage à la page 139. Immédiatement après on répandra sur le terrain une couverture épaisse d'environ 0^m,08; cette couverture pourra se composer de litière, de tonture de haies ou de gazons, d'herbes de marais, etc. Ce binage et cette couverture entretiendront facilement dans le sol l'humidité nécessaire aux arbres fruitiers pendant tout le temps de leur végétation. Dans les sols compactes et argileux, il sera préférable de s'en tenir aux binages, mais en les répétant plusieurs fois pendant l'été.

Arrosements. — Les arrosements sont incontestablement le moyen le plus énergique pour combattre la dessiccation du sol. Cette pratique est indispensable pour les plantes herbacées, dont les racines, beaucoup plus rapprochées de la surface du sol que celles des arbres, sont toujours, quoi qu'on fasse, très-exposées à la sécheresse. Mais, pour les arbres placés dans les conditions que nous venons d'indiquer, cette opération n'est utile que pendant le premier été qui suit la plantation. Dans ce cas, on place au pied de chaque jeune arbre une couverture semblable à celle dont nous avons parlé plus haut, puis on pratique deux ou trois arrosements par semaine, pendant les plus grandes chaleurs de l'été. La couverture placée au pied des arbres empêche le sol de se durcir autant sous l'influence de ces arrosements et retient l'humidité au profit des arbres. Si l'on peut alors disposer d'engrais liquides, ce sera le moment de les employer en guise d'arrosement.

Mais, après cette première année, les arrosements doivent être complétement supprimés, car ils deviennent plus nuisibles qu'utiles aux arbres fruitiers et surtout à ceux à fruits à noyau. En effet, par suite de ces arrosements fréquemment répétés pendant les chaleurs de l'été, on voit un très-grand nombre de ces arbres dont les racines pourrissent bientôt et qui meurent après quatre ou cinq ans de plantation. D'ailleurs, cette opération lave le sol et nuit à sa fertilité.

Enfin, dès que l'on a commencé à soumettre les arbres à ce traitement, il faut nécessairement continuer non-seulement pendant toute la saison chaude, mais encore tous les ans. Autrement, les racines, étant restées près de la surface, sous l'influence de cette humidité artificielle, périront bientôt par la sécheresse, et l'arbre mourra.

Dans le département des Bouches-du-Rhône, les pêchers vivaient quinze à vingt ans avant la dérivation de la Durance, alors qu'ils étaient forcément exposés à la sécheresse. Aujourd'hui que cette dérivation amène les eaux en très-grande quantité sur nombre de points de ce département, même les plus élevés, les pêchers et les autres arbres à fruits à noyau périssent au bout de cinq ou six ans, par suite de l'abus des arrosements qui font périr les racines de ces arbres. Nous avons vu aux environs d'Hyères, dans le Var, d'immenses plantations de pêchers à peine âgés de cinq ou six ans et qui sont arrivés à la limite de leur existence par le même motif. Nous avons observé, au contraire, dans les environs de Marseille, d'autres plantations de pêchers complétement soustraits à cet arrosement, et qui, âgés de plus de douze ans, étaient encore pleins de vigueur, quoique plantés dans un sol brûlant; mais ce sol se composait d'anciennes carrières comblées, dans lesquelles les racines de ces arbres pouvaient plonger à 4 ou 5 mètres de profondeur sans être arrêtées.

Nous concluons donc de ce qui précède que les arrosements ne seront utilement employés, pour les jardins fruitiers, que pendant le premier été qui suit la plantation. Pour les soustraire ensuite à l'action de la sécheresse, on aura dû ameublir le sol assez profondément, choisir des arbres greffés sur des sujets convenables, puis on aura recours aux binages et aux couvertures.

Le mauvais effet des arrosements pour les arbres fruitiers vient encore à l'appui de la la recommandation que nous avons souvent faite de ne point associer la culture des légumes à celle des arbres fruitiers. Ces plantes exigent, en effet, surtout dans le Midi, de fréquents arrosements, qui nuiront nécessairement aux arbres plantés dans le voisinage. Ces deux cultures sont donc incompatibles.

Des abris contre les gelées tardives du printemps. — Les gelées tardives du printemps sont très-nuisibles aux arbres fruitiers et particulièrement à ceux à fruits à noyau, dont les tissus sont plus faciles à désorganiser, et dont la végétation est plus précoce. Il arrive fréquemment que ces gelées altèrent les organes sexuels des fleurs et empêchent la fécondation. D'autres fois ce sont des pluies froides et glacées qui produisent les mêmes résultats. Les brusques changements de température qui se produisent souvent au commencement de mai ont aussi une influence déplorable sur le pêcher, surtout en déterminant la maladie de la cloque. Ces accidents sont au moins autant à craindre dans le Midi que dans le Nord. En traitant de l'influence de la gelée sur la végétation en général, nous avons indiqué les moyens de remédier aux accidents qu'elle détermine sur les arbres en espalier (p. 75) ; nous allons dire ce que l'on peut faire pour la prévenir, ainsi que les autres influences nuisibles dont nous venons de parler.

Arbres en espalier. — La saillie des chaperons, que nous avons précédemment décrits pour les murs d'espalier, toute nécessaire qu'elle est pour préserver le mur et le treillage de l'action de l'humidité, est insuffisante pour garantir les arbres en espalier des intempéries du printemps ; aussi a-t-on, depuis longtemps, recours à d'autres moyens. Le plus ancien procédé consiste dans l'emploi de paillassons fixés au sommet du mur, et qu'on laisse pendre jusqu'en bas. Ce moyen est le plus mauvais : d'un côté, en effet, les arbres sont privés de lumière, et de l'autre, un grand nombre de boutons à fleur sont détachés par le frottement de ces paillassons sur les branches. Le même inconvénient existe pour les branches rameuses et garnies de feuilles, que l'on pique en terre au pied des arbres, ou que l'on fixe dans le treillage.

Le meilleur abri, et en même temps le plus économique, est celui imaginé par Girardot, qui vivait au temps de Louis XIV.

Ce cultivateur, ayant remarqué que les gelées printanières n'agissent vivement sur les plantes qu'autant qu'il n'existe aucun abri entre ces plantes et le ciel, fit sceller tout le long de ces murs, au-dessous des chaperons, et tous les $0^m,50$, des tringles en bois (B, *fig* 858) de $0^m,64$ de saillie et inclinées en avant sur un angle de 30° environ. Lorsque ses arbres commençaient à végéter, vers le milieu du mois de février, il attachait sur ces tringles des paillassons longs de deux mètres, larges de $0^m,64$ et disposés en forme de claie A (*fig.* 861), à l'aide de quatre tringles en bois, réunies par du fil de fer. Il maintenait ces paillassons jusqu'au moment où les fruits commencent à nouer, c'est-à-dire jusque vers la fin du mois de mai, et réussissait ainsi à préserver complétement

55.

les fleurs de ces arbres en espalier. Ces abris, très-simples, peu dispendieux, et qui remplissent parfaitement le but, sont encore ceux qu'on
emploie généralement à Montreuil.

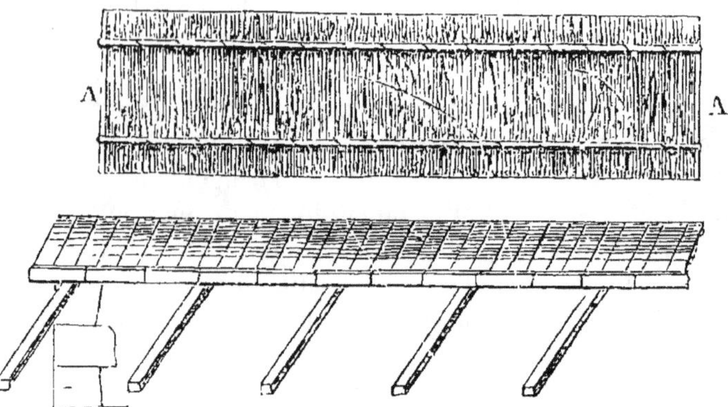

Fig. 858. *Abris pour espaliers, imaginés par Girardot.*

On peut remplacer ces supports en bois par de petits chevalets en
fer méplat très-léger et qu'on scelle dans le mur (*fig.* 859). Ces chevalets, d'une plus longue durée que le bois, et
plus solides, peuvent être placés de mètre en
mètre ; on les fabrique à Paris, pour le prix
de 50 c. la pièce.

Ces deux procédés, tout avantageux qu'ils
sont, présentent cependant le léger inconvénient d'offrir aux regards, pendant tout l'été,
après l'enlèvement des paillassons, cette série
de tringles scellées au sommet du mur. Pour
faire disparaître cet aspect désagréable, Decombes a remplacé chaque tringle, au moins

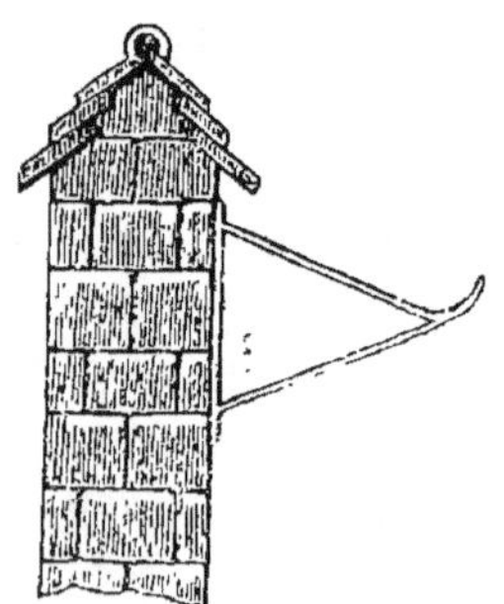

Fig. 859. *Chevalet en fer scellé
dans le mur pour supporter les
abris au sommet des espaliers.*

pour les murs couverts d'un treillage, par une
sorte de petit chevalet en bois (*fig.* 860). La
pièce A est inclinée sur un angle de 50° en-
viron, et porte à son extrémité supérieure une tringle transversale B,
destinée à être engagée entre les mailles du treillage. La pièce C doit
dépasser un peu la pièce A, afin de retenir les paillassons. La tringle D
doit être placée à 0ᵐ,15 environ du mur, afin que son contact ne brise
pas les boutons des arbres.

Lorsque ces chevalets sont fixés de mètre en mètre sur le treillage, on
les couvre de paillassons semblables à ceux que nous venons de décrire
(*fig.* 858) et que l'on maintient à l'aide de ligatures d'osier qui embrassent la tringle A.

Outre que ces chevalets peuvent être enlevés lorsque les arbres n'ont plus besoin d'abris, ils offrent encore cet avantage, pour les murs garnis de treillage, qu'on peut les placer au point le plus convenable : tandis que les abris de Girardot, toujours placés au sommet du mur, ne protégent qu'imparfaitement les jeunes arbres. En général, ces abris devront être disposés de manière que la base de la pièce C du chevalet affleure le sommet de l'arbre. Ce ne sera qu'au moment où l'arbre atteindra le haut du mur qu'on sera obligé d'engager cette partie du chevalet au milieu des branches.

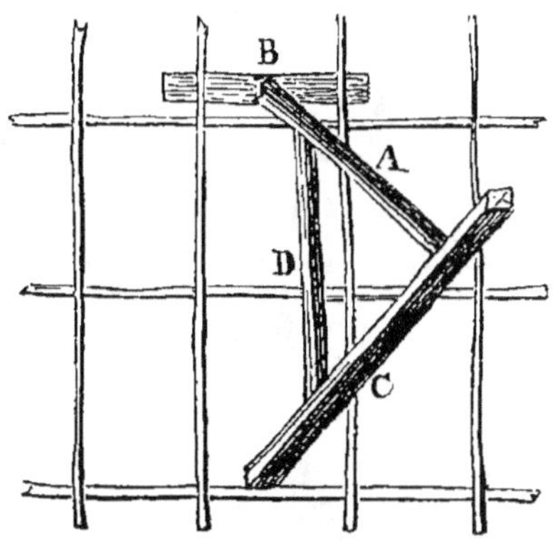

Fig. 860. *Abris pour espalier, perfectionnés par Decombes.*

Ces chevalets en bois pourront être remplacés par des chevalets en fer très-légers. Dans ce cas, on pourra les fixer contre le mur au moyen de deux petits œillets A (*fig.* 862) scellés dans le mur et dans lesquels viennent s'engager un crochet réservé au sommet de la pièce B et la base de la pièce C. La deuxième pièce horizontale D empêche le chevalet de se renverser à droite ou à gauche.

L'emploi de ces abris a également pour effet de priver le sommet des

Fig. 861. *Mode d'emploi des abris de Decombes.*

arbres en espalier d'une partie de l'influence de la lumière : ce sommet végète alors moins rapidement que la base et les parties centrales, et cet état de souffrance momentané tourne au profit de ces dernières parties. On obtient donc, à l'aide de ces abris, un effet analogue à celui produit par les chaperons très-saillants, conseillés par quelques cultivateurs, et l'on échappe à leurs inconvénients.

Disons, toutefois, que ces abris sont d'autant plus nécessaires pour les espaliers, que l'exposition de ceux-ci se rapproche davantage de l'Ouest, et que la largeur de ces abris doit être proportionnée à la hau-

teur des murs. Ainsi, pour un mur exposé à l'est, on pourra se contenter de paillassons de 0ᵐ,50 de lar-
geur pour une élévation de 5 mètres, et de 0ᵐ,35 pour une hauteur
de 2ᵐ,50. Ces dimensions seront
augmentées de 0ᵐ,20 pour les murs
exposés à l'ouest, et l'on prendra
des saillies moyennes pour les expositions intermédiaires.

Ce procédé, suffisant pour préserver les arbres contre un abaissement de température de 1° 1/2
au plus au-dessous de zéro, devient
inefficace contre des froids de 2 à
5°, qui viennent trop souvent anéantir le produit de nos jardins fruitiers. Voici alors ce qu'il sera bon
d'ajouter aux paillassons dont nous
venons de parler, en prévision de
froids aussi intenses.

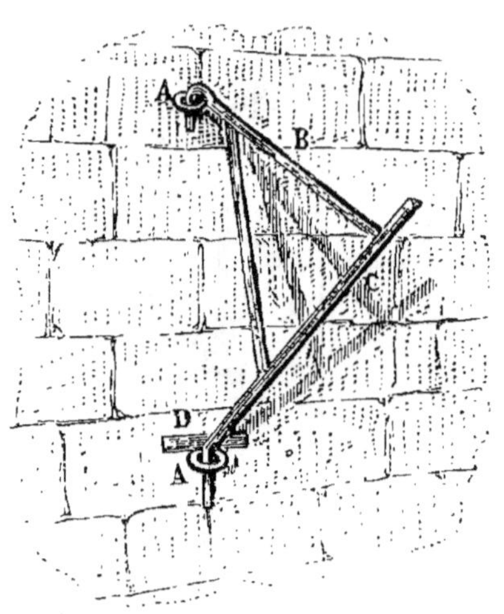

Fig. 862. *Chevalet en fer mobile, pour supporter les abris d'espalier.*

On place sur les paillassons A (*fig.* 863), et à leur point le plus bas,
une perche B qui s'appuie sur l'extrémité du chevalet qui forme saillie.
On enfonce ensuite dans le sol une ligne de pieux F de 0ᵐ,70 de hauteur, placés à 1ᵐ,50 les uns des autres et à 1ᵐ,50 en avant du mur.
On fixe au sommet de ces pieux une traverse E, puis on tend une toile
du point B au point E. Cette toile se compose d'un canevas très-gros-
sier semblable à celui employé pour coller le papier de tenture dans les
appartements. Elle revient à environ 30 centimes le mètre carré. Si l'on
veut augmenter sa durée, on pourra la faire tanner ou la faire plonger
dans un bain d'huile de lin ; son prix augmentera alors de 5 centimes.
La nature de cette toile permet à la lumière de la traverser et d'éclairer
très-suffisamment les espaliers, dont la végétation se fait complétement
à l'abri des gelées tardives les plus fortes. On a ainsi presque autant de
fruits qu'il s'est développé de fleurs. L'intervalle qui sépare ces toiles du
mur est tel, que le jardinier peut y circuler librement et pratiquer sans
gêne les opérations d'ébourgeonnement, de taille en vert, de pincement, etc. On laisse ces toiles, comme les paillassons, d'une manière
permanente jusqu'à la fin de mai, moment où les fruits sont presque
noués et où l'on n'a plus à craindre les gelées tardives.

Nous avons observé pour la première fois cet excellent mode d'abri
chez un de nos amateurs d'arboriculture les plus distingués, M. Samson
Davillers, à Eaubonne, près de Paris. Il a été imité depuis par d'autres
propriétaires, qui n'ont eu qu'à se louer de cette innovation.

Quant aux espèces d'arbres pour lesquelles ces abris devront être employés, nous dirons qu'il n'y aurait aucun inconvénient à ne pas faire d'exception. Toutefois, comme les arbres à fruit à pepins fleurissent généralement plus tard que ceux à fruit à noyau, et que, d'ailleurs, leurs

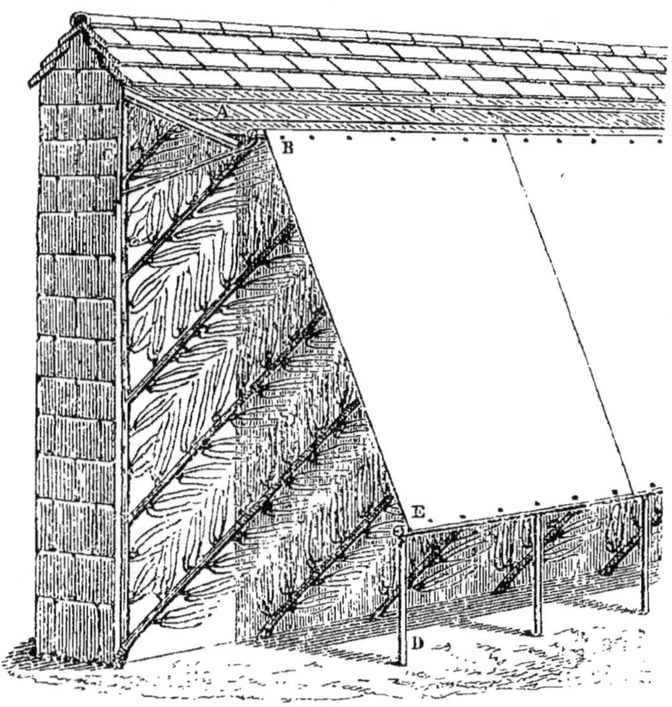

Fig. 865. *Abri pour les espaliers d'arbres à fruits à noyau.*

fleurs paraissent être plus rustiques, on pourra se borner en général à abriter les fruits à noyau. Cette protection ne sera réellement utile pour les fruits à pepins que dans les localités humides, près des rivières, des prairies, des bois, où les brouillards sont fréquents ; là, les fruits à pepins non abrités fleurissent mal, les fleurs coulent, ou bien les fruits sont tachés et pierreux. Pour empêcher ce dernier inconvénient, il est bon de placer au sommet des murs un abri de $0^m,40$ de saillie seulement, et que l'on laisse depuis la fin de juin jusqu'au milieu de septembre. Ce soin ne sera utile que pour les expositions du sud-ouest au nord-ouest.

Arbres en plein vent. — Ce que nous venons de dire ne s'applique qu'aux arbres en espalier; mais, comme il serait très-avantageux d'em-

ployer des abris semblables pour les espèces cultivées en plein vent,
nous conseillons, pour les arbres disposés en vase à basse tige, de placer,
à 0^m,30 du sommet des branches, une sorte de chapeau de paille (*fig.* 864)
excédant de 0^m,50 le pé-
rimètre de l'arbre. Il devra être maintenu solide-
ment dans cette position,
à l'aide de pieux enfoncés
dans le sol.

Fig. 864. *Abris pour les arbres disposés en vase
à basse tige.*

On pourra encore em-
ployer un autre procédé
plus simple et tout aussi
efficace. Il consiste à envelopper la tête de l'arbre dans une toile semblable à celle dont nous venons de parler pour les espaliers. Cette toile,
placée en février, reste d'une manière permanente jusqu'à la fin de mai.

Les arbres en cône sont les plus difficiles à abriter. Nous avons employé
avec succès le moyen suivant (*fig.* 865). Fixer contre la tige de petites
poignées de paille, la plus longue possible, et attacher l'extrémité opposée, en la divisant, sur le sommet de chacune des branches latérales que
l'on rencontre. Incliner ces poignées de paille suivant l'angle de 30°,
et les distribuer du sommet à la base et sur toute la circonférence de
la tige, ainsi que le montre notre figure.

Si les arbres fruitiers en plein vent sont disposés en contre-espaliers
doubles et placés en lignes parallèles à 3 mètres les unes des autres,
comme nous le conseillons page 557, il sera très-facile de les abriter. Il suffira de tendre horizontalement au-dessus de ces contre-
espaliers, une toile semblable à celle indiquée pour les espaliers. Cette
toile sera fixée sur le sommet de ces contre-espaliers et sur les fils de fer
qui, à ce point, les traversent en tous sens.

Un des inconvénients les plus fâcheux des intempéries, telles que les
pluies froides, les brouillards, etc., c'est de *taveler* les fruits, c'est-à-
dire de les faire se couvrir de taches dures, et de faire naître dans leur
masse pulpeuse des concrétions pierreuses qui nuisent à leur développement et à leur qualité. Un horticulteur, M. A. Delaville, conseille le
procédé suivant pour soustraire à cet accident les poires des arbres en
plein vent. Il s'exprime ainsi dans la note qu'il a publiée à ce sujet :

« Aussitôt que les poires sont complétement nouées, j'enveloppe d'une
feuille de papier roulée en cornet chaque bouquet de jeunes fruits, et je
fixe ce cornet au sommet du pédoncule au moyen d'un lien de jonc ; le
cornet doit être assez grand pour recouvrir toute la partie supérieure,
de manière à garantir parfaitement de l'action directe des agents extérieurs tous les fruits qu'il enveloppe. Quand on opère sur un espalier, la
jeune poire ne demande pas à être aussi complétement préservée, car

le mur l'abrite naturellement d'un côté; mais, quand il s'agit d'un poirier en cône ou en plein vent, il faut donner au papier la forme d'un cornet très-ouvert, et le placer le petit bout en haut, de manière à ne laisser à découvert que la base du pédoncule.

« Les cornets restent en place pendant toute la saison, et je n'y touche plus qu'une quinzaine de jours avant l'époque de la récolte ; alors je les enlève, pour permettre au fruit de prendre de la couleur et de parvenir à son point de maturité, comme on effeuille les pêches et les raisins quelque temps avant de les cueillir.

« Par ce procédé bien simple, j'ai obtenu une récolte complète de très-belles poires, et j'ai pu éviter d'en mettre au rebut un tiers et quelquefois davantage, comme on est trop souvent obligé de le faire. »

Nous avons conseillé, en traitant de la culture de l'abricotier dans le jardin fruitier, de le placer en contre-espalier. Voici comment on peut abriter ces arbres. Cette plantation étant établie, on place du côté le moins bien exposé, une sorte de paillasson A (*fig.* 866) de la hauteur du contre-espalier. Ce paillasson, construit comme celui de la page 982, produit l'effet d'un mur. Il est attaché sur des pieux B, enfoncés dans le sol de 2 en 2 mètres, et qui supportent en même temps le treillage C. A 0^m,40 en avant des contre-espaliers, on enfonce, tous les 2 mètres, une autre ligne de pieux D, s'élevant à

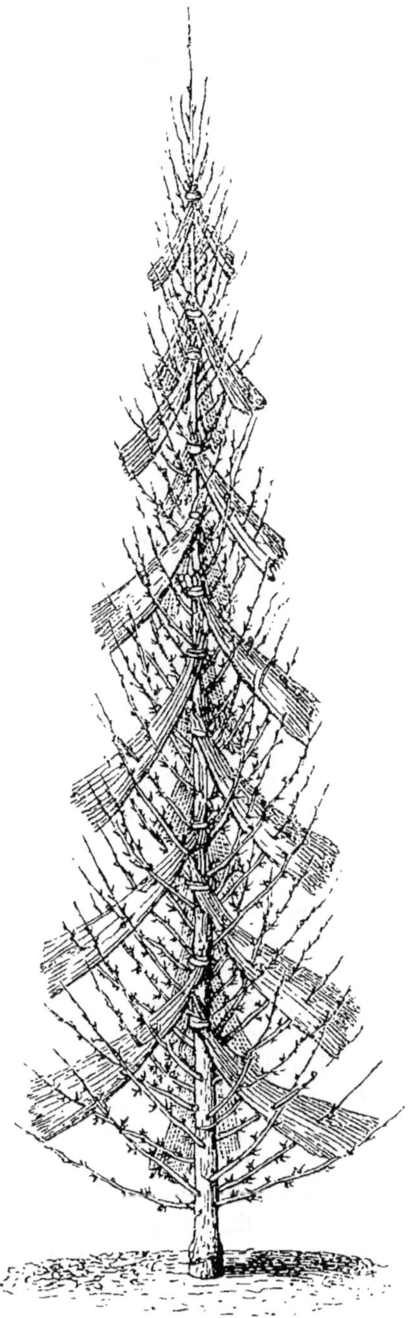

Fig. 865. *Abri contre les gelées tardiv's, pour les arbres en cône.*

0^m,10 de moins que les pieux B. Au sommet de ces deux séries de pieux on fixe solidement deux traverses E, qui servent de supports à d'autres paillassons F. Ces abris sont placés vers le commencement de février, et enlevés vers la fin du mois de mai ; les fruits sont alors parfaitement noués ; et, comme depuis ce moment jusqu'à leur maturité ils sont placés dans les mêmes conditions que ceux des abricotiers en plein vent, ils présentent exactement les mêmes qualités.

En général, on devra choisir un temps doux et sombre pour enlever ces divers abris, afin que les arbres ne souffrent pas de leur exposition subite à une vive lumière.

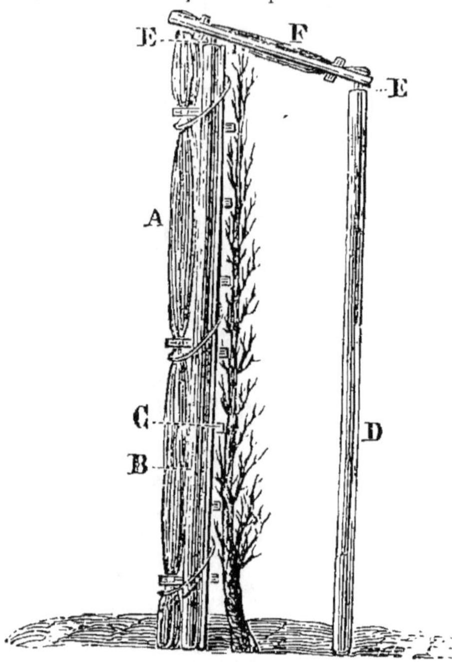

Fig. 866. *Abri pour les abricotiers en contre-espalier.*

Opérations contre le soleil trop ardent de l'été.—

Nous avons indiqué, en traitant de la culture annuelle du sol dans les jardins fruitiers, les opérations les plus efficaces contre la sécheresse du terrain. Mais il arrive souvent que les arbres en espaliers, et surtout ceux à fruits à noyau, qui sont pourvus d'un feuillage plus tendre et plus délicat, souffrent beaucoup de l'intensité de la chaleur, quoique le sol présente un degré d'humidité convenable. Il faut attribuer cet effet, d'abord à ce que ces arbres, palissés contre des murs exposés à toute l'ardeur du soleil, sont soumis à une évaporation telle, que leurs racines ne suffisent pas à réparer les pertes d'humidité qu'éprouvent les parties vertes par toute leur surface, et, en second lieu, à ce que les rosées sont trop peu abondantes pendant la saison la plus chaude. Sous ces influences, toutes les parties vertes se fanent, jaunissent et se dessèchent ; et, si cet état se prolonge, il peut en résulter la mort de l'arbre. Ces accidents se manifestent d'autant plus violemment, que les arbres sont couverts d'une plus grande quantité de feuilles et surtout de fruits ; car c'est par la surface de ces organes qu'a lieu particulièrement l'évaporation. Il faut donc, pendant les grandes chaleurs de l'été, arroser ou bassiner les feuilles deux ou trois fois par semaine, après le coucher du soleil, pour rendre à la séve sa fluidité et faciliter sa circulation dans les diverses parties de la tige.

On pratique ces arrosements à l'aide d'une petite pompe à main, à jet continu, dont nous donnons ici le dessin (*fig.* 867). Cet instrument en cuivre est placé dans un seau en bois rempli d'eau.

L'ardeur du soleil exerce aussi son action nuisible sur l'écorce de la tige des arbres en espalier. C'est particulièrement la base de la tige qui souffre de cette influence ; l'écorce se durcit, se dessèche et perd de l'élasticité dont l'arbre a besoin pour grossir. De là des engorgements séveux qui peuvent donner lieu à plusieurs maladies, telles que la *gomme*, les *chancres*, etc. D'autres fois cette partie de la tige est tellement

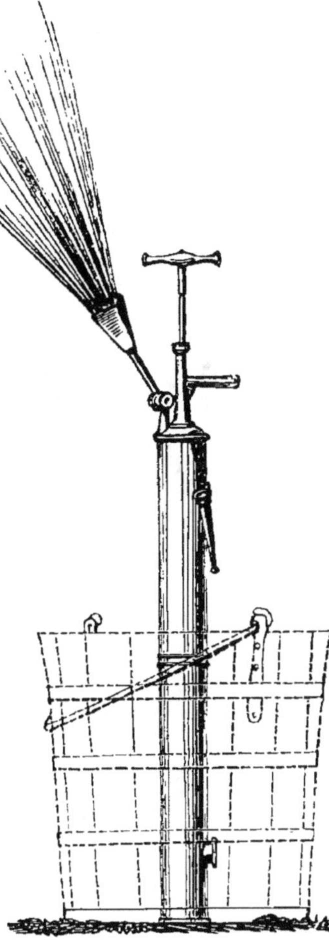

Fig. 867. *Pompe à jet continu.*

Fig. 868. *Abris contre l'ardeur du soleil.*

chauffée, que l'écorce, désorganisée, se détache par plaques et met l'aubier à nu.

Pour soustraire cette partie de la tige à l'action brûlante du soleil, quelques cultivateurs la recouvrent d'une couche de chaux mélangée à une forte proportion de terre glaise ; d'autres l'enveloppent de paille. On pourra également la revêtir d'un petit coffret en bois (*fig.* 868), que l'on placera à la fin du printemps pour l'enlever à la fin de l'automne.

Les arbres à fruits oléagineux cultivés en Europe sont particulièrement l'*olivier*, le *noyer*, le *noisetier*, l'*amandier*, le *hêtre*. Nous nous sommes déjà occupé de la culture des quatre derniers, soit comme arbres à fruits de table, soit comme arbres forestiers. Il ne nous reste donc à parler que de l'olivier.

L'*olivier d'Europe* (*olea europæa*, Lin.) (*fig.* 869) est un arbre à feuilles persistantes qui croit spontanément en Orient, dans les parties

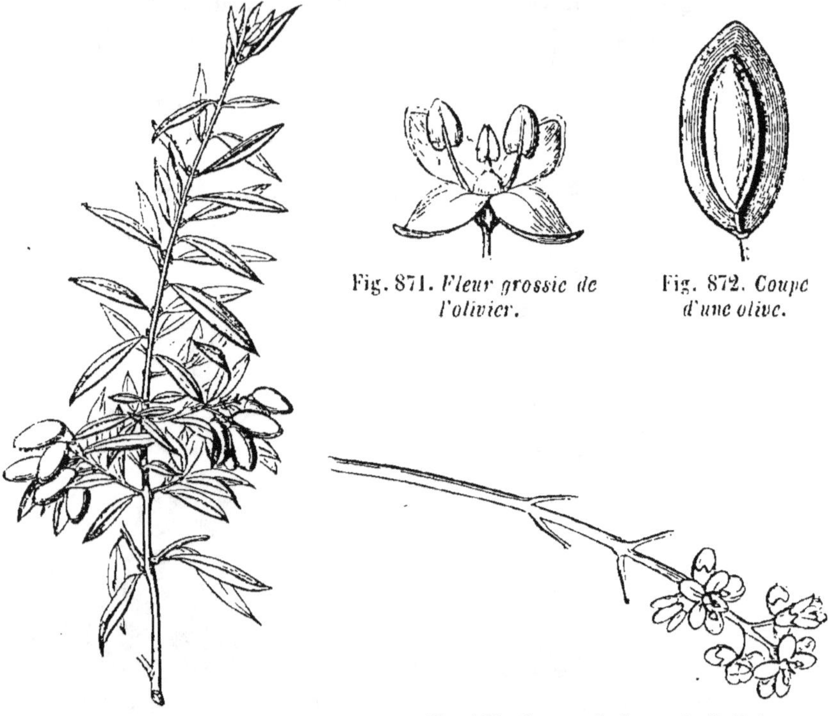

Fig. 871. *Fleur grossie de l'olivier.*

Fig. 872. *Coupe d'une olive.*

Fig. 869. *Rameau et fruit de l'olivier.*

Fig. 870. *Grappe de fleurs de l'olivier.*

les plus méridionales de l'Europe et dans le nord de l'Afrique. L'origine de sa culture se perd dans la nuit des temps, comme celle de la vigne et des céréales. C'est à la colonie de Phocéens qui fonda Marseille, 600 ans avant l'ère vulgaire, qu'on doit son introduction en Provence.

L'importance que les peuples du Midi ont attachée de tout temps à la culture de l'olivier est pleinement justifiée par l'utilité de son fruit. L'huile qu'on en obtient est la plus recherchée pour les usages de la table, et elle forme l'objet d'un commerce important avec les populations du Nord. On en emploie également une grande quantité pour la fabrication des savons durs. Enfin, les olives servent directement à l'alimentation.

Variétés. — L'olivier sauvage, soumis à la culture depuis un temps immémorial, et multiplié par ses semences, a donné lieu à un grand nombre de variétés. Toutes celles qui existent en Italie, en Espagne, en Portugal, en Corse et en Algérie, n'étant que très-imparfaitement connues, nous nous contenterons d'indiquer ici les meilleures parmi celles qu'on cultive dans le midi de la France.

Nous partageons ces diverses variétés en deux séries : celles qui sont spécialement cultivées pour l'extraction de l'huile, et celles que l'on est dans l'usage de confire.

1re SÉRIE. *Variétés les plus convenables pour l'extraction de l'huile.*

De grasse, Cayonne (à Grasse); *Cayane* (à Cotignac); *Rapugnier* (à Marseille); *Caillet* (Draguignan). S'élève beaucoup; rameaux pendants, confus; demande une taille sévère; feuilles larges, d'un vert foncé; olive de grosseur moyenne, longue, noire; concave d'un côté; huile excellente; récoltes abondantes tous les deux ans.

Cailloune, Calloune (Vence), Rameaux nombreux; feuilles courtes; olive ronde; petite, noire; huile fine; récolte tous les deux ans.

Figanière, caillet rouge (Draguignan). Rameaux longs, inclinés; arbre peu élevé. Olives grosses, longues, charnues, souvent colorées de rouge d'un côté seulement, pourrissent promptement après la maturité; huile agréable et abondante. Produit tous les ans; craint le froid. Se plaît dans les terrains bas.

Caillet blanc (Draguignan). Arbre peu élevé; rameaux nombreux et confus; feuilles grandes, blanchâtres; développe de nombreux gourmands; olives grosses, charnues, faiblement colorées, riches en huile. Produit tous les ans. Supprimer chaque année les rameaux à fruit qui se dessèchent.

Raymet (Draguignan). Rameaux allongés, inclinés; feuilles larges, blanchâtres. Olives de grosseur moyenne, un peu allongées, rouges, riches en huile fine; produit tous les deux ans. Réussit mieux dans les terrains bas.

Pruneau de Cotignac. Arbre moyen; rameaux inclinés; olives très-grosses, un peu allongées. Demande un sol riche.

Pardiguière de Cotignac. Arbre moyen; branches et rameaux horizontaux; feuilles étroites, d'un vert foncé; grappes courtes; olive moyenne, obtuse à chaque extrémité; huile très-fine; arbre très-fertile.

Plant étranger, Entrecasteaux (Lorgues); *Rougette* (Beaucaire); *bécu à bec, Cayon.* Arbre moyen; rameaux allongés, droits; feuilles étroites; grappes longues; olive petite, arrondie, peu colorée, à chair ferme; huile très-fine. Arbre très-fertile et précoce; produit tous les deux ans. Il s'accommode bien des terrains secs et élevés; peu sensible au froid.

De Salon, Salonenque (Marseille), *Salounen, Corniaou* (Montpellier). Rameaux droits; feuillage blanchâtre; olives précoces, un peu allongées, de grosseur moyenne, blanchissant avant de se colorer; huile de bonne qualité; produit tous les deux ans.

Cayone de Marseille, Aglandaou (Aix); *Plant d'Aix.* Arbre peu élevé; feuilles courtes, étroites, serrées contre les rameaux, blanchâtres. Olives précoces, assez grosses, presque rondes, blanchissant avant de se colorer; huile très-fine. Produit bisannuel.

Rouget de Marseille, Marveilleto (Manosque. Rameaux droits, longs; feuilles grandes, d'un vert foncé; olives d'une grosseur moyenne un peu allongées; huile très-fine, mais peu abondante; craint le froid.

Michellenque (Valros); *Mourraou* (Montpellier); *Négronne, Mourello* (Aix); *Ribié* (Lorgues). Feuilles de médiocre grandeur, d'un vert foncé. Olive très-précoce, oblongue terminée en pointe recourbée, de couleur noire; très-fertile.

Olivière (Hérault). Arbre de grande dimension; branches et rameaux pendants; feuilles longues et larges, peu nombreuses; olives grosses, noires, oblongues, pointues; huile de qualité ordinaire, mais très-abondante. Arbre très-fertile; craint le froid.

Sayerne (Nîmes), *Sagerne, Salierne* (Montpellier). Arbre moyen; feuilles petites, obovales; olives ovoïdes, d'un violet noir, couvertes d'une poussière farineuse; huile très-fine; craint le froid et aime les terrains rocailleux.

Palma (Roussillon). Feuilles très-blanches en dessous; fruit oblong, légèrement recourbé et pointu, noirâtre; huile douce, pas très-abondante; supporte le plus facilement les hivers rigoureux.

2e SÉRIE. — *Variétés à confire.*

Redounan (Cotignac); *Redoudale* (Béziers); *Cereirau* (Nîmes); *Pomeiral* (Pont-Saint-Esprit); *Poumaou* (Vaison). Arbre petit, arrondi; feuilles longues et larges, très-rapprochées; grappes placées vers l'extrémité des rameaux. Olive très-grosse, arrondie, noirâtre; l'une des meilleures pour confire; elle donne aussi une huile fine; aime les terrains gras et humides; résiste bien aux grands froids.

A fruit noir et doux. Feuilles longues et larges, très-rapprochées; olive arrondie, assez grosse, riche en huile, à chair douce et très-délicate.

Amellenque (Béziers); *Amandier* (Nîmes); *Amellaou* (Narbonne). Arbre assez grand; rameaux nombreux; feuilles très-larges, d'un vert foncé, très-rapprochées. Olive très-grosse, oblongue, pointue, tiquetée; confites, elles se conservent très-bien. Sol léger; craint le froid.

De Lucques (Digne); *Oliverole* (Béziers). Arbre moins élevé que le précédent, de forme pyramidale; feuilles courtes, d'un vert bleuâtre. Olive odorante, assez grosse, allongée en pointe recourbée, rouge tiquetée; huile très-douce. C'est le meilleur fruit pour confire, mais ne se conserve pas très-bien. Sol riche; ne craint pas le froid.

Redounan de Cotignac, Redoudal (Béziers); *Coreiau* (Nîmes); *Pomaou* (Vaison); *Pruneau* (Marseille); *Argentaou* (Montpellier). Arbre très-petit, arrondi; feuilles larges et longues, très-rapprochées; grappes courtes, placées au sommet des rameaux; olives très-grosses, arrondies, noirâtres; l'une des meilleures confites, huile fine; exige un terrain gras, humide, richement fumé; résiste bien aux froids rigoureux.

Verdale (Béziers); *Verdaou* (Montpellier); *Avanturier* (Fréjus); *Calassin* (Lorgues). Arbre peu élevé; feuilles étroites, courtes, bleuâtres; olive ovoïde, obtuse à la base, pointue au sommet, d'un vert brun; elle est surtout confite; huile peu estimée; produit peu abondant; très-robuste au froid.

Saurin, Saurine (Nîmes); *Saurenque* (Aix); *Picholine* (Béziers); *Plant d'Istres* (Istres). Arbre de très-grande dimension; feuilles grandes et pointues; olive grosse, très-allongée, d'un noir rougeâtre; huile très-bonne. Ce fruit est le meilleur parmi ceux que l'on confit, mais il se conserve mal; l'arbre est très-fertile; mais il exige le voisinage de la mer et un sol riche et frais: il s'accommode de toutes les expositions et résiste aux plus grands froids.

Le choix à faire entre les diverses variétés de ces deux séries ne peut pas être déterminé seulement par l'abondance ou la qualité des produits; il faut en outre tenir compte de la nature du sol à planter et du climat sous lequel on opère. La liste précédente fournit des indications suffisantes à cet égard.

Climat et sol. — *Climat.* — L'olivier est essentiellement propre aux parties les plus chaudes du midi de l'Europe; il s'y développe et mûrit ses fruits dans toutes les positions; mais, à mesure qu'on se rapproche vers le Nord ou vers l'Ouest, il exige une position peu élevée au-dessus du niveau de la mer et abritée contre les vents du nord et de l'ouest. C'est seulement dans les départements du Var, des Bouches-du-Rhône, des Basses-Alpes, de Vaucluse, du Gard, de l'Ardèche, des Pyrénées-Orientales, et jusqu'à 400 mètres au-dessus du niveau de la mer, qu'on rencontre l'olivier. Au delà du 45e degré, sa culture n'est plus possible.

Si l'olivier redoute une température trop basse, un climat très-chaud ne lui est pas moins préjudiciable; on l'a vu, en effet, acquérir de grandes dimensions à Cayenne, à Saint-Domingue, où on l'avait transporté; mais jamais il n'y a fructifié.

Sol. — L'olivier se développe dans tous les terrains; c'est l'arbre le plus rustique et qui supporte le mieux les mauvais traitements. On le voit également prospérer dans les sols calcaires, dans les terrains volcaniques de la Romagne, dans les schistes des Cévennes et de l'Apennin, dans les sols granitiques qu'on rencontre d'Antibes à Hyères, dans les argiles perméables exposées à la chaleur. Il ne redoute enfin que les terrains marécageux ou qui retiennent une trop forte dose d'humidité pendant l'hiver. Toutefois la qualité et l'abondance de ses produits sont en raison du degré de fertilité du terrain. Ainsi, dans les sols arides, rocailleux, sans fond, où on le place le plus souvent aujourd'hui, ses produits sont de bonne qualité, mais très-peu abondants. C'est dans les sols de consistance moyenne, profonds, quelle que soit leur nature, et exposés au levant ou au midi, qu'il donne les plus belles récoltes

Culture. — **Multiplication.** — Aucun arbre ne se prête mieux que l'olivier aux divers modes de multiplication; semis, greffes, marcottes, boutures, tous ces procédés lui conviennent également. Examinons successivement la manière de les lui appliquer, et le choix qu'il convient de faire entre eux.

Et d'abord, faisons observer que c'est exclusivement en pépinière que doivent être pratiqués ces divers modes de multiplication et non à demeure, comme on le fait trop souvent encore aujourd'hui. Car c'est là seulement qu'on peut donner aux jeunes plants tous les soins qu'ils réclament.

1° *Boutures.* — Plusieurs sortes de boutures peuvent être employées. D'abord, les *boutures par rameaux*, ou *branches*. Les branches vigoureuses qui présentent un diamètre de 0ᵐ,01 à 0ᵐ,04 sont coupées sur une longueur de 0ᵐ,25 et débarrassées de leurs ramifications. On les plante debout en les enterrant à 0ᵐ,20 de profondeur et à 0ᵐ,30 les unes des autres en tous sens. Le sol de la pépinière, bien préparé et richement fumé, est maintenu frais, au moyen d'arrosements, pendant les chaleurs de l'été. On laisse se développer tous les bourgeons qui apparaissent sur ces boutures. L'année suivante, au printemps, ou la troisième année, on choisit le jet le plus vigoureux et le plus rapproché du sol; on coupe le sommet de la bouture immédiatement au-dessus du point d'attache de ce rameau, on dresse celui-ci avec un tuteur, on mastique la plaie et l'on supprime les autres rameaux. Au printemps de la cinquième année, ces jeunes sujets sont transplantés dans la pépinière à 1^m,60 les uns des autres. On continue alors la formation de leur tige, en favorisant constamment l'allongement du bourgeon terminal. Pour cela, on ne coupe pas tous les bourgeons latéraux, comme on le fait quelquefois à tort (p. 151), on se contente de pincer l'extrémité des plus vigoureux. Ce n'est qu'à la sixième ou septième année qu'on supprime d'abord tous ceux situés sur le tiers inférieur de la tige; tous les autres, jusqu'au point où l'on forme la tête de l'arbre, sont enlevés en deux fois, dans l'espace de quatre ans.

Vers l'âge de 12 ou 14 ans, époque à laquelle ils commencent à fructifier, ces jeunes arbres sont plantés à demeure. Toutefois, lorsque la plantation sera faite dans un terrain abrité et non exposé au parcours des bestiaux, on pourra les planter à demeure dès l'âge de 7 ans. Alors il suffira de les transplanter dans la pépinière à la distance de 0^m,80 seulement.

Dans les localités les plus chaudes et dans les sols frais, substantiels et très-fertiles, où l'olivier acquiert de grandes dimensions, on peut donner à leur tronc une hauteur de 1^m,50 à 2 mètres; mais, dans les terrains secs, arides, les oliviers qu'on élève à haute tige développent à leur base un grand nombre de rejetons qui les épuisent. Il est donc préférable de ne donner à leur tronc qu'une hauteur d'environ 0^m,80. Il en est de même pour les arbres qui doivent être plantés dans des localités exposées aux vents froids, ou situées au nord de la région des oliviers.

On a successivement donné à la tête des oliviers la forme d'une pyramide, d'un éventail, d'une sphère, d'une sorte de vase ou cône renversé et évidé à l'intérieur. C'est cette dernière disposition qu'on doit préférer, parce qu'elle présente le plus de surface à l'action du soleil. Pour soumettre les jeunes arbres à cette forme dans la pépinière, on opère ainsi : dès que le sommet des jeunes tiges est pourvu d'une série de rameaux superposés et opposés en croix (*fig.* 873), on coupe la tige au printemps, en A, immédiatement au-dessus de quatre de ces rameaux situés à la hauteur voulue et placés presque horizontalement. Pendant l'été, ces rameaux développent un certain nombre de bourgeons également opposés en croix, de sorte qu'au printemps suivant chacun d'eux est constitué comme l'indique la figure 874. A cette époque, on coupe le sommet de ces jeunes branches en A, et l'on se sert du rameau B pour les prolonger dans une direction moins inclinée. On supprime

Fig. 873. *Jeune olivier avant la formation de la tête.*

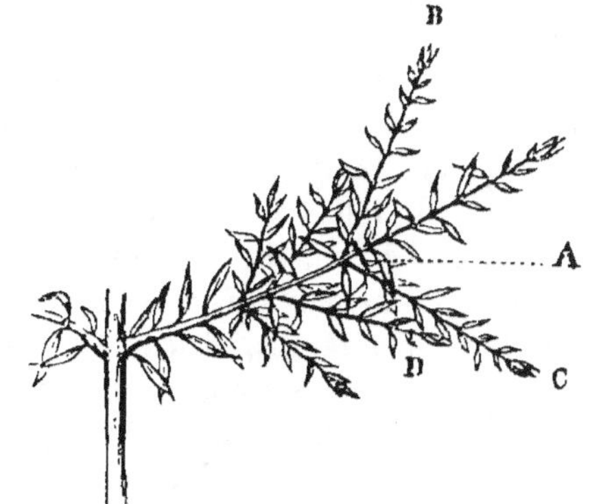

Fig. 874. *Branche principale de la tête de l'olivier, âgée de deux ans.*

Fig. 875. *Même branche, âgée de trois ans.*

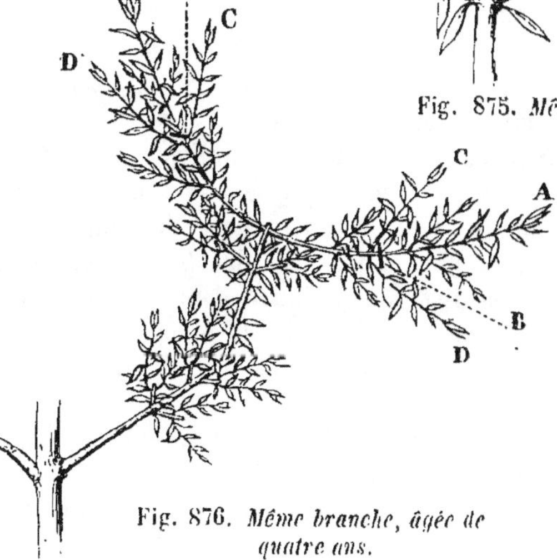

Fig. 876. *Même branche, âgée de quatre ans.*

entièrement le rameau opposé C, et les autres D sont un peu raccourcis pour diminuer leur vigueur au profit du rameau B. Au troisième printemps qui suit la section de la tige, ces quatre jeunes branches offrent l'aspect de la figure 875. A ce moment, c'est-à-dire vers l'âge de 7 ans, ces jeunes arbres peuvent être plantés à demeure, sauf à compléter, après leur reprise, le nombre des branches principales qui doivent former leur tête. Si l'on préfère ne les planter à demeure que vers l'âge de 12 ou 14 ans, ce qui nous paraît généralement préférable, on complète de la manière suivante la série de leurs branches principales. Au troisième printemps, chacune des branches est coupée en A (*fig.* 875), au-dessus des deux rameaux latéraux B destinés à former deux nouvelles branches. Au quatrième printemps, cette opération a donné le résultat que montre la figure 876. Comme les deux nouvelles ramifications A sont dans une situation trop horizontale, on les coupe en B, et l'on se sert du rameau C pour les prolonger; le rameau opposé D est supprimé. On obtient ainsi huit branches principales qui rayonnent autour de la tige et qui suffisent, le plus souvent, pour compléter la charpente de la tête. Il n'y a plus qu'à les allonger chaque année au moyen du rameau terminal, qu'on laisse entier. On doit veiller à raccourcir les rameaux latéraux, qui, par leur trop grande vigueur, nuiraient à cet allongement. Ces arbres atteignent ainsi l'âge de 12 ou 14 ans, où ils sont plantés à demeure.

Boutures par ramées. — Cette sorte de bouture, décrite à la p. 145, est aussi employée pour l'olivier. Les jeunes plants enracinés étant séparés les uns des autres, on les repique et on leur applique les mêmes soins qu'aux précédents.

Boutures à talon. — D'autres fois on choisit de jeunes rameaux longs de 0^m,25 à 0^m,40 et qui naissent sur les bourrelets, sur le bord des plaies, sur les excroissances du tronc. On les détache en conservant à leur base 0^m,02 ou 0^m,03 carrés de l'écorce de la tige. On les plante en pépinière et on les traite comme les précédents.

Boutures par protubérances. — La tige de l'olivier présente fréquemment de nombreuses protubérances qui se couvrent d'un grand nombre de boutons adventices. Ces protubérances sont enlevées par fragments de 0^m,03 à 0^m,04 carrés, et plantées, les boutons en dessus, à 0^m,02 de profondeur, et à la distance indiquée pour les autres boutures. On ne conserve, la seconde année de leur développement, qu'une seule des jeunes tiges qu'elles ont développées; on les traite ensuite comme les autres boutures.

Boutures par racines ou *par souchets.* — On peut enfin multiplier l'olivier au moyen des racines, en opérant comme nous l'indiquons page 146. C'est en décembre que ces diverses sortes de boutures doivent être pratiquées.

2° *Le marcottage* réussit aussi très-bien. On peut faire usage du *marcottage en archet* décrit page 135. Mais le *marcottage par racines* ou *par rejetons* est plus fréquemment employé. Il consiste à utiliser les nombreux rejetons qui apparaissent sur le collet de la racine ou sur les grosses racines peu éloignées de la surface du sol et qui ont été blessées. On n'en laisse au pied de chaque arbre qu'un petit nombre, afin qu'ils deviennent plus beaux; on recouvre leur base d'un peu de terre, s'ils ne naissaient pas assez profondément dans le sol pour s'y enraciner; puis on les laisse s'élever en procédant à la formation de leur tige. Enfin, lorsqu'ils ont atteint une grosseur de $0^m,03$ environ, on les détache du pied mère avec le plus de racines possible, et on les repique en pépinière à la distance de $0^m,80$ s'ils doivent être plantés à demeure au bout de deux ans, ou à celle de $1^m,60$ si l'on veut attendre qu'ils soient en rapport.

Ces divers modes de multiplication sont ceux qu'on emploie presque exclusivement; et pourtant l'on n'en obtient que des sujets peu vigoureux, à racines traçantes, et, partant, beaucoup plus exposés à la sécheresse de l'été et aux froids rigoureux de l'hiver. Aussi pensons-nous qu'on devra donner la préférence au mode de multiplication dont il nous reste à parler.

3° *Semis*. — Les sujets que donnent les semis sont plus sains, plus vigoureux; ils sont surtout pourvus de racines, qui, en s'enfonçant, puisent dans les couches inférieures du sol l'humidité dont elles manquent pendant l'été.

Plants semés en pépinière. — Comme la matière huileuse qui imprègne le noyau de l'olive, en s'opposant à l'accès de l'humidité du sol jusqu'à l'amande, retardait de beaucoup la germination, M. de Gasquet a imaginé de faire macérer, pendant deux ou trois jours, les noyaux dans une lessive très-alcaline. L'évolution des germes se fait alors pendant l'année même de l'ensemencement. M. de Gasparin obtint, en 1822, le même résultat en débarrassant entièrement l'amande de son enveloppe ligneuse. Quand les amandes sont dépouillées de leur noyau, on les trempe dans une bouillie composée de fiente de vache et de terre argileuse; on les roule de manière à obtenir une sorte de pralinage. Quel que soit le moyen choisi pour préparer ces noyaux, on les sème dès la fin de février, sur des plates-bandes bien préparées et richement fumées, en lignes distantes de $0^m,25$, en laissant un espace de $0^m,05$ environ entre chaque graine. Les sillons où on les place étant profonds de $0^m,05$ seulement, on les remplit avec du terreau. La plate-bande étant maintenue bien fraîche, les jeunes plants commencent à se montrer vers le milieu de l'été; à l'automne, ils ont atteint une hauteur de $0^m,16$. Si la localité est exposée à des gelées un peu fortes, il est bon de couvrir le sol de feuilles sèches, et de piquer, entre chaque rang de jeunes plants, une ligne de branches d'arbres à feuilles persistantes pour servir d'abri. Les arrosements et les binages étant continués pendant l'été suivant, on pourra repiquer les jeunes plants, à la fin de la seconde année, à 0ᵐ,80 de distance les uns des autres, dans une terre bien préparée, bien fumée et maintenue fraîche en été. Là on procède à la formation de leur tige comme pour les boutures. A la septième année, on enlève la moitié de ces plants, de manière que ceux qui restent sont placés à 1ᵐ,60 de distance. Les autres sont plantés à demeure ou repiqués dans la pépinière, d'où on les enlève tous à l'âge de 14 ans pour les mettre en place, après avoir formé leur tige comme nous l'avons expliqué.

Plants sauvages. — Dans les localités où un grand nombre d'oliviers sauvages naissent dans les bois et les montagnes, on peut tirer parti de ceux qui n'ont pas été endommagés par les bestiaux pour en former des pépinières. On choisit de préférence les jeunes plants d'un an et on les repique à 0ᵐ,80.

4° Greffe. — Les boutures ou les marcottes prises sur des arbres francs de pied, appartenant à de bonnes variétés, n'ont pas besoin d'être greffées. Mais cette opération est indispensable pour celles fournies par des arbres greffés, lorsqu'on les prend au-dessous du point où la greffe a été posée. Il en est de même pour les sujets obtenus au moyen des semis. L'olivier peut recevoir presque toutes les sortes de greffes; mais les plus usitées sont les greffes *en écusson, en flûte* et *en sifflet* (page 128, 130 et 131). Ces greffes sont placées sur les jeunes arbres en pépinière, alors que les premières ramifications du sommet sont âgées de deux ans environ; on en place une sur chacune de ces ramifications destinées à former la tête de l'arbre. On peut aussi greffer les jeunes sujets en pied lorsqu'ils présentent, vers leur base, 0ᵐ,02 de diamètre ; mais il ne faut greffer ainsi que des variétés vigoureuses, ou autrement on formerait difficilement une belle tige avec la greffe. Dans ce cas, on emploie de préférence la greffe *en couronne perfectionnée* (page 122).

On greffe aussi les arbres déjà âgés, et dont on veut changer la qualité des fruits. On se sert alors de la greffe *en couronne Théophraste* (page 121).

Plantation à demeure. — Les oliviers sont cultivés en massif dans les terres sèches, caillouteuses, impropres à la culture des plantes herbacées. On donne à ces plantations le nom d'*olivettes*. Dans les sols plus fertiles, on les plante en bordures autour des champs, ou l'on en forme, au milieu de ces champs, des lignes ou *oulières* assez espacées pour permettre de cultiver entre elles des plantes herbacées ou de la vigne.

La distance à laisser entre les oliviers plantés en massif doit égaler la hauteur future des arbres; pour ceux plantés en oulières, on laisse un espace d'environ 10 mètres entre chaque ligne, et un intervalle égal à leur élévation entre les arbres dans la ligne. C'est, autant que possible, en automne que ces plantations doivent être faites. Pour défendre ces jeunes plantations de l'attaque des bestiaux ou du choc des instruments aratoires, nous renvoyons aux pages 519 et suivantes.

Quant à la préparation du sol, on suivra les indications données aux pages 247 et suivantes. La déplantation, l'habillage, la mise en terre, les soins à prendre contre la sécheresse, sont expliqués aux pages 267 et suivantes.

Taille. — Les rameaux de l'olivier naissent opposés en croix sur les branches (*fig.* 873) : les plus vigoureux ne portent que des boutons à bois; ceux de vigueur moyenne, ainsi que les plus faibles, offrent sur toute leur étendue des boutons à fleur qui s'épanouissent, au printemps de la seconde année, sous forme de grappes de fleurs (*fig.* 870); chacun de ces rameaux à fruit s'allonge et se ramifie au moyen d'un bouton à bois terminal, et de deux autres latéraux placés aussi près de l'extrémité. Ces nouvelles productions fructifient également au printemps suivant, et ainsi de suite chaque année. La plus grande partie des fleurs de chaque grappe restent stériles; beaucoup de fruits tombent aussi avant leur complet développement, de sorte que, le plus souvent, chaque grappe ne porte qu'un ou deux fruits. Comme les fruits des oliviers non soumis à la taille sont souvent très-nombreux, et persistent sur l'arbre jusqu'à l'hiver, il en résulte que, dans les années fertiles, toute la séve a été employée à leur développement, et qu'il ne se forme pas de nouveaux rameaux à fruit pour l'année suivante. Aussi la fructification des oliviers non taillés est-elle presque toujours bisannuelle, si même les intempéries ne viennent mettre un intervalle plus long entre chaque production. Ceci posé, voyons quels sont les avantages qu'offre la taille pour l'olivier.

La taille de l'olivier doit avoir surtout pour but de diminuer la hauteur de sa tête pour la rendre plus accessible aux opérations de la récolte; de donner à cette tête une forme telle, que la lumière puisse en éclairer également toutes les parties; de supprimer, chaque année, un certain nombre des rameaux à fruit, de telle façon que la séve nourrisse mieux les fruits conservés, et que, par le développement de nouveaux rameaux, elle assure, tous les ans, une récolte à peu près égale. On laisse les oliviers à eux-mêmes pendant les deux premières années qui suivent leur plantation; tout au plus pince-t-on l'extrémité de quelques gourmands trop développés, et dont on n'a pas besoin pour former la tête, et ce n'est qu'à la troisième année qu'on leur applique la première taille.

A ce moment, la tête des jeunes arbres se compose de quatre ou huit branches principales, selon qu'on les a enlevés de la pépinière à l'âge de six ou sept ans, ou à l'âge de douze ou quatorze ans. Dans le premier cas, on double le nombre de ces branches, comme nous l'avons expliqué pour ceux qu'on laisse plus longtemps en pépinière. Ces huit branches sont destinées à former la tête de l'arbre, qui doit présenter la forme d'un cône renversé assez évasé. L'année suivante, le nouveau prolongement de ces branches est raccourci, afin de faire développer de petits rameaux à fruit vers sa partie inférieure, et que chacune de ces branches soit garnie de ces rameaux dans toute son étendue. Cette suppression est faite immédiatement au-dessus d'un bouton ou d'un bourgeon placé en dehors, afin que le nouveau prolongement de ces branches continue de les allonger dans une direction oblique ascendante. Le bouton ou le bourgeon opposé à celui qui est choisi pour cette destination est supprimé, parce qu'il donnerait lieu à un gourmand inutile. On continue ainsi d'allonger annuellement ces branches principales, en pinçant, pendant l'été, le sommet de celles qui sont plus vigoureuses que les autres, et en les taillant plus court au printemps. La hauteur à laquelle on arrête l'allongement de ces branches est déterminée par le degré de vigueur des arbres, par le climat et la fertilité du sol; car il faut toujours que l'étendue de la tige soit en rapport avec l'abondance de la séve; si cette étendue est trop restreinte, l'arbre se couvre de gourmands au collet de la racine, sur la tête et même sur le tronc, et la production des fruits est presque nulle; si, au contraire, on donne trop d'extension à ces branches, elles se dégarnissent de productions fruitières vers leur base, et les fruits qu'on obtient sur les autres parties sont peu abondants et mal nourris. Huit branches mères suffisent pour des arbres destinés à une hauteur de 6 à 7 mètres; mais, si l'on voulait dépasser cette limite, il faudrait en augmenter le nombre et en bifurquer quelques-unes à 3 ou 4 mètres de leur naissance sur le tronc. Lorsque ces branches ont atteint la longueur voulue, on coupe chaque année le rameau terminal tout près de sa base.

On supprime, chaque année, les bourgeons gourmands qui naissent en dessus et vers la moitié inférieure des branches principales, à l'exception toutefois de ceux dont on aurait besoin pour remplacer celles de ces mêmes branches qui se seraient desséchées. On coupe aussi ceux qui apparaissent sur le tronc, et surtout ceux qui naissent en grand nombre vers le collet de la racine. Quelques cultivateurs conservent ces derniers bourgeons pour former de nouveaux sujets, qu'ils enlèvent lorsqu'ils ont pris un certain développement. Mais, l'accroissement de ces rejetons se faisant toujours aux dépens du pied mère, il est préférable d'avoir recours à un autre mode de reproduction, à moins que les arbres ne soient arrivés à leur dernier état de décrépitude et que l'on ne songe à les recéper entièrement.

La taille de l'olivier a encore pour but la suppression de toutes les
ramifications desséchées ou languissantes et l'enlèvement de tous les
chicots de bois mort. Toutes ces coupes doivent être faites tout près
des branches, et les plaies soigneusement mastiquées. C'est en mars,
lorsque l'on n'a plus à craindre de gelées tardives, que la taille doit être
exécutée.

Dans certaines localités, on ne pratique encore la taille que tous les
deux ou trois ans; mais alors c'est bien plutôt un élagage qu'une taille :
car il faut couper les branches gourmandes et raccourcir les ramifications principales démesurément allongées, pour les forcer à se regarnir
de rameaux à fruit vers les parties inférieures, et il en résulte un épuisement tel, que l'arbre reste improductif cette année-là. De plus, les
plaies que produisent ces amputations périodiques fatiguent beaucoup
les arbres, diminuent leur vigueur et abrégent leur durée.

Labours et autres façons. — Dans nos provinces méridionales, il est
indispensable de stimuler la végétation des oliviers par une culture soignée. On leur applique en novembre, après la récolte, un premier labour de 0^m,20 à 0^m,30 de profondeur, suivant l'âge des arbres et la
nature du terrain.

A l'entrée de l'hiver, on butte le plus haut possible le pied des oliviers, afin de le garantir des froids; puis, au printemps, on fait disparaître le buttage, et l'on donne un léger labour de 0^m,15 de profondeur environ.

Dans les terrains très-exposés à la sécheresse, ou disposés en pente,
on forme, au pied de chaque olivier, une sorte de bassin d'autant plus
large, que l'arbre est plus âgé, et qui reste ouvert du côté le plus élevé
de la pente. Les eaux qui s'écoulent des parties supérieures s'y réunissent, au profit de chaque arbre. Ces bassins, formés après le labour
exécuté au printemps, sont détruits au moment du labour d'hiver.

Au mois de juin, après une forte pluie, on donne un premier binage
aux oliviers, afin de maintenir l'humidité du sol, et l'on répète cette
opération au mois d'août.

Irrigations. — Dans les terrains légers et perméables, il est avantageux d'user de l'irrigation, mais modérément. C'est ainsi que, dans les
Bouches-du-Rhône, on arrose trois fois : d'abord à la floraison, et deux
fois pendant les moments les plus secs de l'été.

Engrais. — Les oliviers sont peu difficiles sur la nature des engrais;
ceux du règne animal, tels que les animaux morts, les matières fécales,
les fumiers proprement dits, la colombine, les cornes, les chiffons de
laine, les os concassés, les urines étendues d'eau, paraissent toutefois
agir avec le plus d'efficacité. A défaut de ces matières, on emploie les
engrais végétaux, comme les jeunes tiges de buis, de myrte, de lentisque, de sumac, de roseaux, convenablement hachées; les marcs d'olives

et de raisin; les algues de mer; le lupin, la vesce d'hiver, la féverole, semés autour des oliviers et enterrés dès qu'ils sont en fleur. On a aussi constaté les bons effets des engrais minéraux suivants dans les sols argileux : les cendres, le plâtre, la suie, les vases des ports de mer et des rivières, les coquilles marines à demi calcinées et broyées. Ces divers engrais sont immédiatement enterrés au moyen du labour d'hiver.

Dans les localités où l'on a conservé l'usage de ne tailler les oliviers que tous les deux, trois ou quatre ans, on ne les fume que l'année où on les taille ; mais alors cette fumure est copieuse. Là où l'on taille tous les ans, il est préférable d'appliquer une fumure annuelle, mais moins abondante.

Rajeunissement des oliviers. — Placé dans des conditions favorables, l'olivier présente les exemples les plus remarquables de longévité. Mais, en France, la rigueur de nos hivers et les amputations nombreuses que nécessite la taille, abrégent singulièrement sa durée.

Après 15 ou 20 ans de formation complète, les arbres qui sont soumis à une taille annuelle et régulière deviennent moins productifs; il faut alors les rajeunir; à cet effet, on coupe environ un tiers de la longueur des branches principales; la séve se concentre sur un plus petit espace, et fait développer de nouveaux rameaux à fruit là où ils avaient disparu. Cette année-là, on fume les oliviers plus abondamment que de coutume. On veille aussi à la suppression des gourmands qui apparaissent au pied des arbres, sur le tronc, ou même sur les branches principales. Lors de la taille suivante, on enlève un grand nombre de rameaux à fruit qui, sous l'influence de l'opération précédente, se sont beaucoup trop multipliés. Enfin on rend aux branches principales leur première longueur en les allongeant d'année en année.

Après plusieurs renouvellements de leur tête, les vieux oliviers finissent par être attaqués de la carie; cette maladie gagne le cœur de l'arbre, qui finit par devenir entièrement creux. Avec des soins convenables, ces arbres peuvent encore donner des récoltes passables; mais le moment vient où leurs produits sont presque nuls. Au lieu de les arracher pour faire une nouvelle plantation, il sera préférable de remplacer leur tronc par une nouvelle tige formée d'un rejeton qu'on laissera développer au collet de la racine. Voici comment on procède :

Quelques années avant que les oliviers soient arrivés au dernier état de décrépitude, on réserve au pied, et le plus près possible du sol, trois ou quatre rejetons; l'année suivante, on ne conserve que le plus beau et le plus rapproché de terre, et, lorsqu'il a atteint une hauteur convenable, on arrête son allongement, et l'on procède à la formation de sa tige et de sa tête, jusqu'à ce que, le vieux tronc étant devenu presque improductif, on le supprime. Le nouvel arbre est ensuite traité comme les jeunes plantations.

Maladies. — Insectes nuisibles. — Il est peu d'arbres dont les produits soient exposés à plus de chances défavorables que l'olivier, surtout en France. Les intempéries, les insectes nuisibles, déterminent chez lui de fréquentes maladies qui le ruinent ou anéantissent ses récoltes.

Maladies. — Le plus cruel ennemi des oliviers est le *froid rigoureux de certains hivers.* Depuis 120 ans, on compte qu'ils ont gelé, en terme moyen, tous les 9 ans. Les oliviers supportent assez bien les gelées sèches, surtout lorsqu'ils ne sont pas en séve; mais lorsqu'un froid subit succède à la pluie ou au dégel, que leurs feuilles sont couvertes de neige, et surtout lorsque, par l'influence d'une douce température, la séve s'est déjà mise en mouvement, un degré de froid assez faible suffit pour leur faire éprouver de grands dommages.

La gelée n'agissant pas toujours avec la même intensité, les moyens réparateurs varient selon l'étendue des dommages.

C'est vers le mois d'avril, alors que les arbres commencent à bourgeonner, qu'il est possible d'apprécier ces dommages, et c'est aussi à cette époque qu'il convient d'opérer les suppressions qu'ils ont rendues nécessaires.

Lorsque les arbres ont seulement perdu leurs feuilles, il convient d'éclaircir beaucoup leurs jeunes rameaux. Cette année-là, la fructification est presque nulle ; mais de nombreux bourgeons se développent pendant l'été, et la récolte est très-abondante l'année suivante.

Si les rameaux d'un an ont été atteints, on les enlève; puis on supprime un tiers de la longueur des branches principales, afin de les faire se regarnir de nouveaux bourgeons sur toute leur étendue.

Les branches principales ont-elles été attaquées sur une partie de leur longueur, on les coupe à quelques centimètres au-dessous du point où le mal s'est arrêté. Si elles sont gelées jusqu'auprès du tronc, on les supprime entièrement. On reforme la tête de l'arbre au moyen des bourgeons les plus vigoureux, choisis parmi ceux qui se développent en grand nombre au sommet de la tige, et l'on supprime tous les autres à mesure qu'ils paraissent.

Lorsqu'une partie du tronc a été attaquée, on fait l'amputation au-dessous du point malade. On l'allonge de nouveau au moyen d'un bourgeon latéral; ou bien on établit la tête immédiatement au-dessus de cette section, si elle ne se trouve pas ainsi trop près de terre.

Pendant les premières années qui suivent ces diverses opérations, et surtout pendant le premier été, on enlève avec le plus grand soin les bourgeons gourmands qui naissent au collet de la racine : quant à ceux qu'on voit apparaître sur le tronc ou sur les branches conservées, et dont on n'a pas besoin pour réformer l'arbre, on se contente de diminuer leur vigueur en les pinçant. On ne les coupe entièrement qu'à mesure que les nouvelles parties de l'arbre prennent de la force.

Il arrive quelquefois aussi que le tronc est gelé jusqu'au collet de la racine. Si l'arbre n'est âgé que de 50 ans au plus, il n'y a d'autre remède que de le couper rez terre, et de former une nouvelle tige au moyen d'un des bourgeons qui naissent de la souche. Lorsque ces bourgeons apparaissent dans le courant de l'été, ils sont très-nombreux. On doit les laisser croître en toute liberté; ils se prêtent un mutuel secours et garantissent la souche contre les rayons du soleil. L'année suivante, on n'en conserve que trois ou quatre, les plus beaux, les plus rapprochés de terre et suffisamment éloignés les uns des autres. On applique alors, à la formation de leur tige et de leur tête, les soins indiqués pour les jeunes oliviers élevés en pépinière. Au mois de mars de la cinquième année, on ne conserve qu'un seul de ces rejetons, et il sert à remplacer l'arbre; les autres, enlevés avec le plus de racines possible, sont plantés en pépinière, où ils achèvent leur formation.

Lorsque la souche aura plus de 50 ans et qu'elle présentera un grand développement, il sera préférable de faire naître la nouvelle tige directement sur l'une des racines; car cette souche, venant à pourrir en partie, pourrait communiquer la carie au nouvel arbre. On arrachera alors cette souche, comme nous l'indiquons ci-après pour celles qui ont été gelées.

Enfin, la souche elle-même peut être frappée par la gelée, et ne plus développer de rejetons. Dans ce cas, on l'arrache et on laisse en terre les principales racines, en ayant soin de les couper bien net. La fosse reste ouverte, et, comme les racines n'ont pas été atteintes par le froid, elles développent, pendant l'été même, un certain nombre de bourgeons. Lorsque ceux-ci sont âgés de deux ans, on ne laisse que le plus beau sur chaque racine; on n'en conserve en tout que six ou huit. On comble progressivement la fosse avec de la terre bien amendée; et, vers la cinquième année, on enlève ces rejetons pour les mettre en pépinière, à l'exception du plus vigoureux, qu'on laisse en place.

Pendant ces opérations, il faut donner des engrais plus abondants que de coutume et multiplier les façons.

Sécheresse. — Si la sécheresse ne fait pas périr les oliviers, elle détermine quelquefois la chute complète de leurs feuilles, suspend leur végétation et ruine la récolte. Les seuls moyens de prévenir cet accident sont les binages fréquents pendant l'été et surtout les irrigations.

Carie. — Les amputations, les branches rompues, les contusions, produisent des plaies qui, si elles ne sont pas garanties du contact de l'air, exposent le corps ligneux à l'action destructive des agents extérieurs. La carie se manifeste bientôt, gagne de proche en proche, et le tronc devient entièrement creux. Lorsque cette altération s'est manifestée sur quelques points de la tige, on enlève les parties malades jusqu'au vif, et l'on isole les plaies du contact de l'air; si les excavations

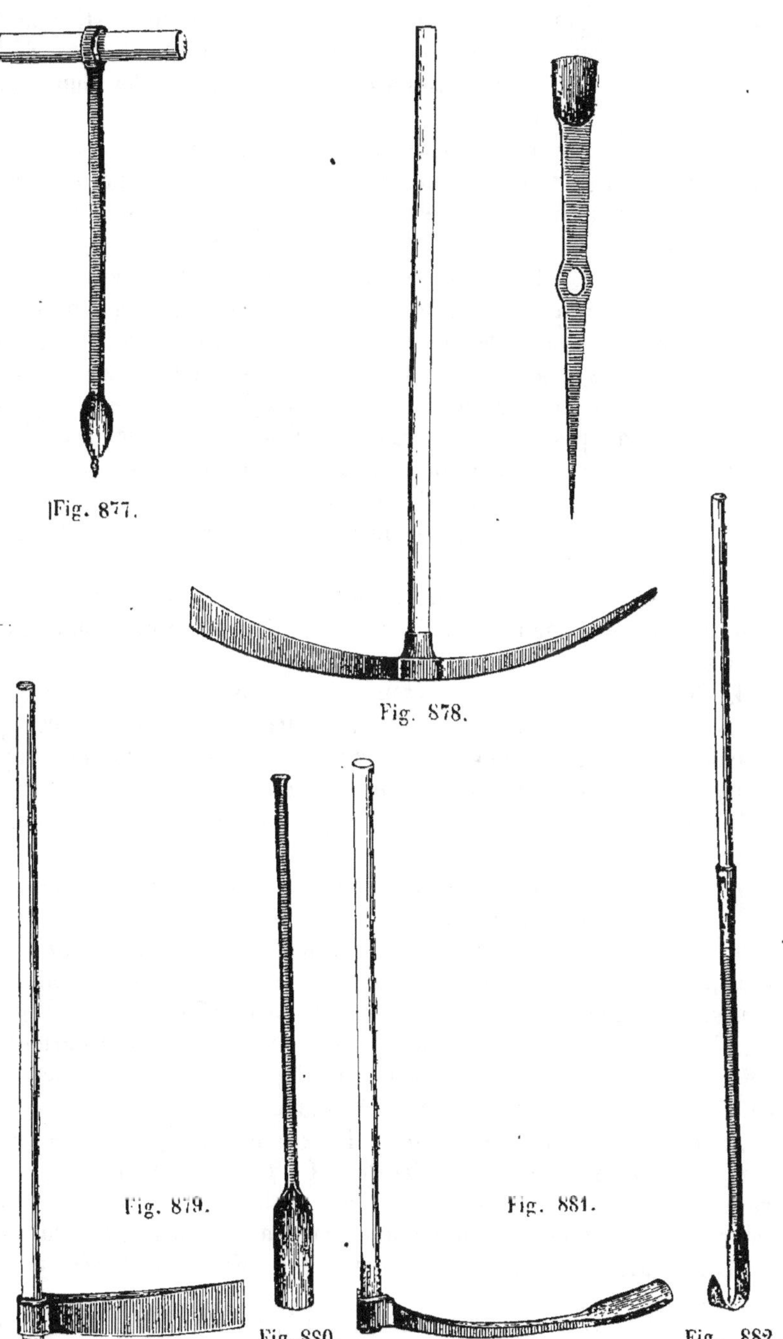

Fig. 877.

Fig. 878.

Fig. 879.

Fig. 880.

Fig. 881.

Fig. 882.

Instruments pour enlever la carie de l'olivier.

présentent une grande étendue, on les remplit avec un mortier de chaux et de sable. Nous donnons ici la figure d'instruments à l'aide desquels on peut atteindre la carie jusque dans les plus profondes anfractuosités de la tige (*fig.* 877 à 882).

La carie attaque aussi l'olivier au-dessous du collet de la racine, surtout dans les terres très-fertiles. On connaît cette maladie, dans les environs de Draguignan, sous le nom de *moufle*. On découvre le pied de l'arbre, et on enlève toutes les parties malades jusqu'au vif.

Noir. — Une autre maladie, attribuée mal à propos aux excréments d'une espèce de kermès, est le noir; il apparaît sous forme d'une poussière noire qui couvre les branches, les rameaux et les feuilles. Cette maladie est due à la présence d'un petit champignon parasite très-voisin du *demathium monophyllum* signalé par Risso sur les orangers. On n'y connaissait pas encore de remède efficace. Toutefois, comme cette sorte de petit champignon apparaît toujours sur les arbres attaqués par le kermès, nous avons conseillé de détruire cet insecte par le chaulage; ce moyen a parfaitement réussi, le noir a disparu en même temps que l'insecte.

Lichens. — Il faut enlever et brûler les lichens qui s'attachent à la tige des oliviers, car ils servent de refuge à de nombreux insectes nuisibles.

Le *blanquet* est dû à la présence d'un petit champignon blanc filamenteux et qui attaque les racines. Il est fréquent sur les autres espèces d'arbres, et est plus connu sous le nom de *blanc des racines*. Il appartient au genre rhizoctome. Le moyen conseillé page 767 contre la même maladie, qui attaque aussi les pêchers, pourrait être tenté pour l'olivier.

Insectes nuisibles. — De nombreux insectes vivent aux dépens de l'olivier; nous citerons seulement les suivants comme les plus nuisibles [1].

Kermès rouge ou *cochenille adonide* (*coccus adonidum, coccus oleæ*, Fabr.). — Cette espèce diffère peu de celles que nous avons signalées sur la vigne, l'oranger et le figuier (pages 835, 716 et 879); il se multiplie parfois en si grande abondance sur l'olivier, qu'il devient pour cet arbre un véritable fléau. On n'a d'autres moyens de destruction que celui que nous avons indiqué pour le figuier.

Psylle de l'olivier (*psyllo oleæ*, Fonscolombe) (*fig.* 883). — Ce petit hémiptère vit aux aisselles des feuilles et à la base des grappes de l'olivier. C'est surtout lorsqu'il est à l'état de larve (*fig.* 884) qu'il exerce ses ravages. Il se couvre alors d'une matière cotonneuse, blanche, remplie de gouttelettes gommeuses et sucrées; puis il suce la séve au point

---

[1] C'est à l'obligeance de M. Guérin-Méneville, qui a fait de ces insectes l'objet d'une étude toute spéciale, que nous devons les détails suivants, ainsi que les figures faites d'après ses dessins inédits.

de faire avorter toutes les fleurs. Celles qui résistent à cet épuisement sont d'ailleurs rendues stériles, car l'abondance de la matière cotonneuse qui les enveloppe s'oppose à la fécondation (*fig. 885*).

On n'a pas encore trouvé le moyen efficace de soustraire les oliviers à cet insecte.

Teigne de l'olivier, chenille mineuse (*tinea olcella*, Fabr. (*fig. 886*).

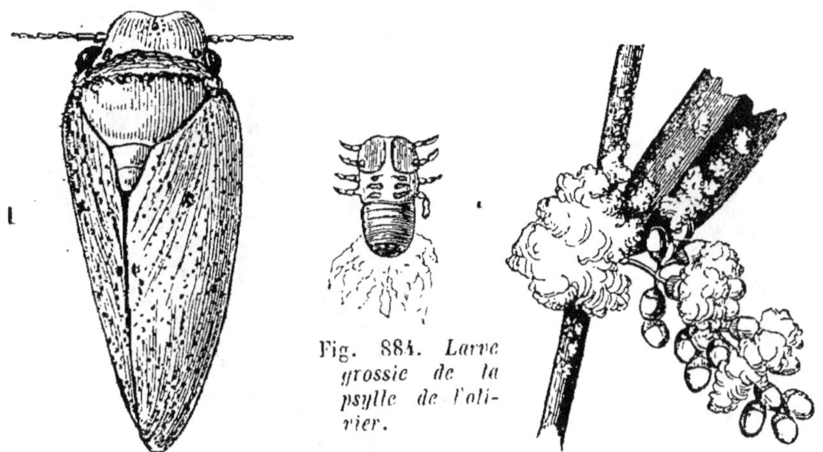

Fig. 884. *Larve grossie de la psylle de l'olivier.*

Fig. 883. *Psylle de l'olivier, très-grossie.*

Fig. 885. *Coton de l'olivier produit par la psylle.*

— On avait pensé d'abord que la chenille qui attaque le noyau de l'olive n'était pas la même que celle qui vit dans le parenchyme des feuilles, dans les jeunes pousses et parmi les boutons à fleur de l'olivier. Mais

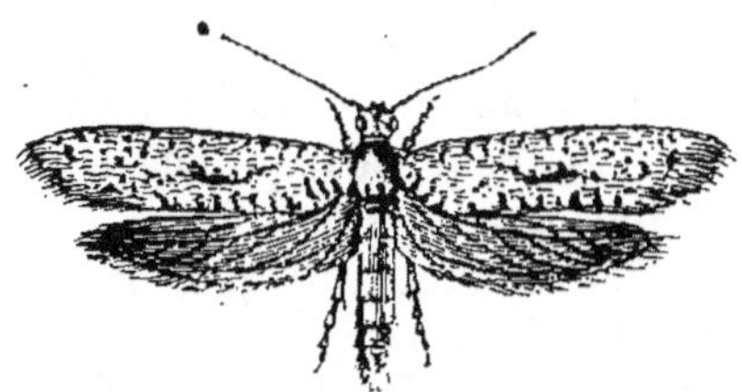

Fig. 886. *Teigne de l'olivier, grossie.*

M. Guérin-Méneville a reconnu qu'elles produisent toutes un papillon semblable et qu'elles sont également la larve de la teigne de l'olivier.

Cet insecte paraît donner lieu, chaque année, à trois générations. Les papillons éclos en automne des chenilles nourries dans les noyaux des olives pondent sur les feuilles les plus tendres de l'olivier. Ces œufs éclosent avant l'hiver : les petites chenilles (*fig. 887*) s'introduisent dans le parenchyme de ces feuilles, et y restent engourdies jusqu'au printemps. Alors elles mangent et agrandissent leur prison; puis elles en sortent bientôt pour s'introduire dans le sommet des jeunes bourgeons. Elles s'y développent et se changent rapidement en chrysalides, d'abord en s'attachant au-dessous d'une feuille (*fig.* 888), puis en papillons qui pondent sur d'autres jeunes bourgeons et entre les grappes de boutons à fleur.

Ce sont les papillons qui naissent de cette deuxième ponte qui déposent leurs œufs sur les jeunes olives ou sur les feuilles qui les environ-

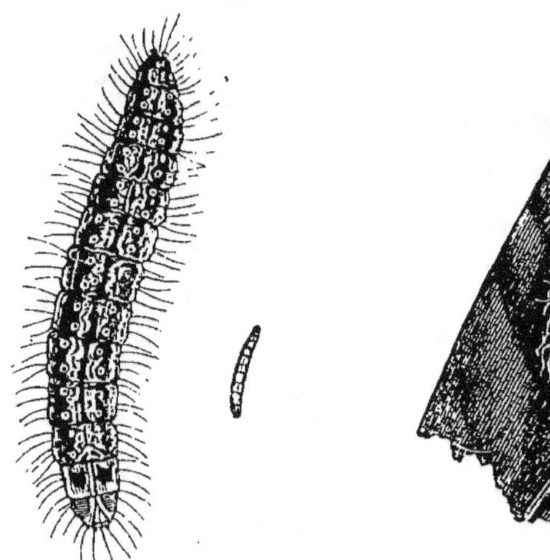

Fig. 887. *Chenille très-grossie de la teigne.*

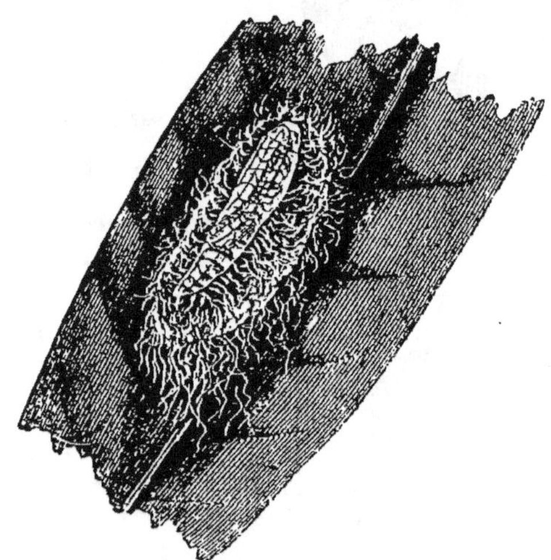

Fig. 888. *Cocon grossi de la teigne de l'olivier.*

nent, et qui donnent naissance aux chenilles qui s'introduisent dans le fruit, y croissent en même temps que lui, et rongent le noyau, dans lequel elles pénètrent. En sortant de ce fruit, pour aller se métamorphoser au dehors (*fig.* 889), elles attaquent le pédoncule et le font ainsi tomber longtemps avant sa maturité.

Enfin, on attribue également aux attaques de la larve de cet insecte les excroissances que l'on voit quelquefois apparaître en très-grand nombre sur les jeunes rameaux de l'olivier (*fig.* 890). D'autres naturalistes pensent que ces gibbosités sont dues à la piqûre d'un autre insecte appartenant au genre *Tipula*. Quoi qu'il en soit, ces excroissances augmentent de volume d'année en année, diminuent la vigueur des rameaux et font même périr tout ce qui est situé au-dessus d'elles lorsqu'elles embrassent toute la circonférence des branches. Aussi convient-il de les enlever lorsque les branches sont un peu grosses, et de mastiquer les plaies.

Mouche de l'olive, ver de l'olive (*musca oleæ, dacus oleæ*, Latr.) (*fig.* 891). — Cette petite mouche est, avec le kermès, l'insecte le plus redoutable pour l'olivier. La femelle pique de son dard les jeunes olives et y introduit un œuf (*fig.* 892). Bientôt cet œuf donne lieu à une petite

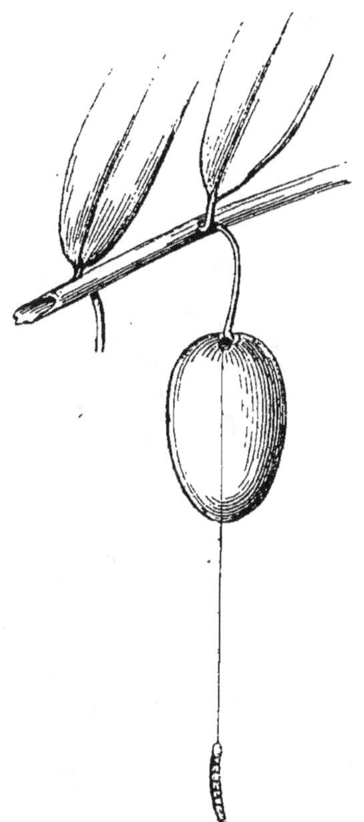

Fig. 889 *Chenille de la teigne sortant de l'olive pour se métamorphoser.*

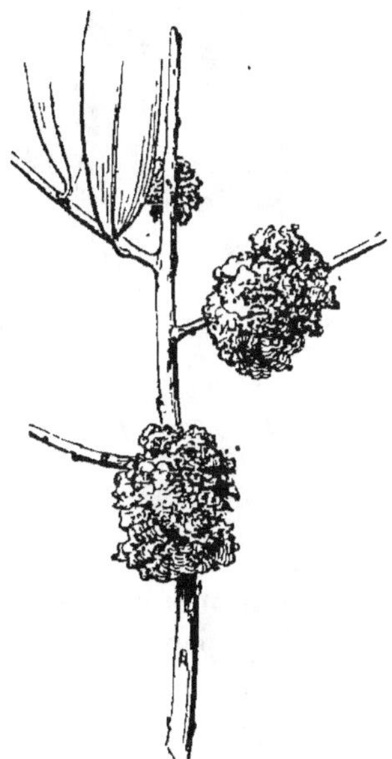

Fig. 890. *Excroissance de l'olivier.*

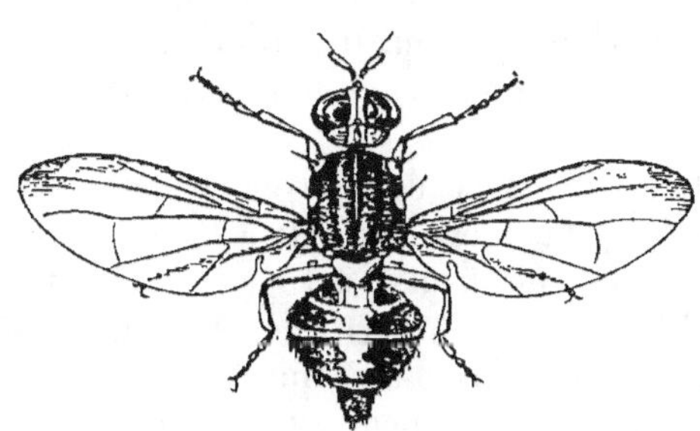

Fig. 891. *Mouche de l'olive, très-grosse.*

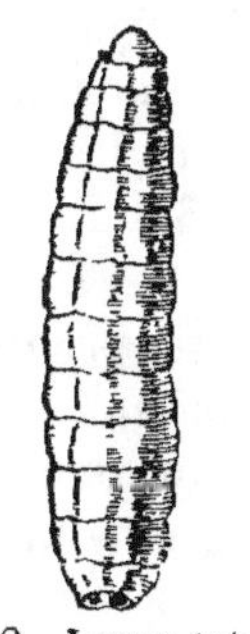

Fig. 892. *Larve très-grossie de la mouche de l'olive.*

larve de couleur blanche (*fig.* 893), qui pénètre dans la pulpe du fruit et s'en nourrit. Cette larve se transforme en cocon (*fig.* 894) dans le fruit même, et donne lieu à une mouche vers la fin de l'année. Celle-ci introduit ses œufs dans les olives oubliées sur les arbres après la récolte ou tombées dans les anfractuosités. Ces œufs restent stationnaires pendant

Fig. 893. *Mouche de l'olive faisant sa ponte, et fourmi à la recherche des œufs.*

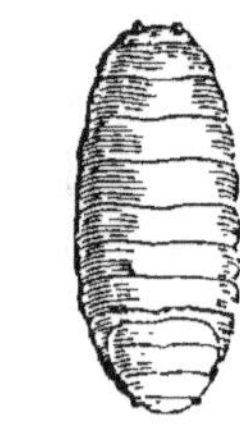

Fig. 894. *Chrysalide très-grossie de la mouche de l'olive.*

l'hiver, éclosent au printemps, et donnent lieu à d'autres mouches, qui naissent au moment où les nouvelles olives sont assez formées pour recevoir leur ponte.

De ce qui précède, on voit que le meilleur moyen de détruire cet insecte consiste à faire la cueillette des olives plus tôt qu'on ne le fait habituellement, c'est-à-dire avant l'éclosion des mouches dans les olives. On obtient ainsi une huile de meilleure qualité et tout aussi abondante que si l'on attendait le moment où les vers ont dévoré la plus grande partie de la pulpe des fruits. La mouche de l'olive a d'ailleurs plusieurs ennemis parasites, et notamment les fourmis, qui sont très-avides des œufs de cet insecte, et qui les extrayent des fruits après que la mouche les y a déposés (*fig.* 893).

Récolte. — La végétation très-lente de l'olivier fait qu'on attend longtemps ses premiers produits. Ce n'est guère qu'à l'âge de 10 ou 12 ans qu'il commence à donner quelques fruits ; à 15 ans, le produit peut s'élever en moyenne à 1/2 litre d'huile. A partir de ce moment, les récoltes vont toujours en augmentant jusqu'à ce que l'arbre ait atteint le maximum de son développement. Ce moment est d'autant plus reculé, que le climat est plus doux. En Corse, en Sicile, le produit peut augmenter ainsi jusqu'à l'âge de 150 ans. En France, le maximum de récolte est ordinairement atteint vers l'âge de 40 à 50 ans. L'olive est complétement mûre pour la production de l'huile lorsqu'elle en renferme la plus grande quantité. Or cette quantité augmente sans cesse jusqu'au moment où elle se détache de l'arbre, c'est-à-dire vers le mois de mai de l'année suivante. Sa couleur est alors généralement noirâtre. C'est donc seulement à ce moment qu'on devrait effectuer la récolte, si plusieurs motifs n'engageaient à devancer cette époque.

Et d'abord, la maturité de ces fruits étant successive, il faudrait donc, chaque jour, ramasser les olives tombées, et les conserver assez longtemps avant d'en avoir réuni une assez grande quantité pour les porter au moulin; elles fermenteraient et ne donneraient qu'une huile de mauvaise qualité. D'un autre côté, si, dans les pays où les gelées sont rares et peu intenses, l'olive passe, sans inconvénient, l'hiver sur les arbres ; il n'en est pas de même dans ceux où l'hiver est rigoureux, et il serait à craindre que l'olive gelée et dégelée subitement ne se décomposât. Les récoltes précoces ont d'ailleurs cet autre avantage, de décharger plus tôt l'arbre, d'économiser sa séve, et d'aider ainsi à faire disparaître, avec le concours de la taille annuelle, la cause de la fructification biennale. Si l'on ajoute à ces raisons que, pendant l'hiver, les olives sont exposées à de nombreux maraudeurs, et que les animaux rongeurs et les oiseaux prélèvent une forte dîme sur la récolte, on comprendra que la perte sur la quantité d'huile produite par cette récolte anticipée est au moins compensée par les avantages que nous venons d'énumérer.

La bonne qualité de l'huile est le résultat non-seulement du choix des variétés, de la nature et de l'exposition du sol et de l'âge des arbres, mais encore, et surtout, d'une récolte précoce et d'un détritage immédiat. Ce n'est que dans les localités où l'on tient plus à la quantité qu'à la qualité de l'huile que la récolte est retardée jusqu'en décembre et janvier. Là où l'on tient à obtenir des huiles fines, cette récolte est faite dans les premiers jours de novembre, aussitôt que les olives commencent à changer de couleur. Après avoir ramassé les fruits qui sont tombés seuls, on détache les autres en frappant sur les branches avec de légères gaules. On ne saurait trop s'élever contre cette pratique, qui a pour résultat de mutiler tous les rameaux fructifères, de détruire l'espoir des récoltes futures, et de nuire au développement régulier de l'arbre. Nul doute qu'il ne soit préférable d'y substituer la cueillette à la main. Les olives ainsi récoltées, on enlève avec soin les feuilles et autres débris qui peuvent s'y trouver mêlés, puis on les étend en couche peu épaisse dans des greniers peu aérés, où on les retourne de temps en temps avec une pelle de bois pour les empêcher de moisir ou de se dessécher trop. Là, elles perdent une grande partie de leur eau de végétation, et leur chair se ramollit; on peut alors les mieux broyer et en exprimer toute l'huile. Si les olives ne doivent être détritées que plusieurs mois après leur récolte, il est indispensable de les enfermer dans des cuves, de les y fouler en les piétinant, sans les écraser, à mesure qu'on les recueille.

On fait ainsi une masse impénétrable à l'air, qui ne contracte pas de moisissure et n'entre pas en fermentation. On les recouvre de nattes pour les préserver du froid. Les olives peuvent être conservées ainsi pendant quatre mois.

Conservation des olives pour la table. — Les olives mûres et fraîches ont presque toutes une saveur âpre et amère insupportable ; ce n'est qu'après leur avoir fait subir certaines préparations qu'on les rend mangeables. Parmi les divers procédés employés dans ce but, nous indiquons seulement le suivant, dû aux frères Picholini de Saint-Chamas, et que l'on considère comme le meilleur.

Toutes les variétés d'olives ne sont pas également bonnes pour être confites ; nous avons indiqué les variétés les plus convenables. Ces olives sont cueillies lorsqu'elles ont atteint presque tout leur développement, mais qu'elles sont encore bien vertes, c'est-à-dire vers le milieu de septembre. On ne choisit que les plus belles et les plus saines. On prépare d'abord une lessive de potasse d'une force telle, que les olives qui y sont plongées soient atteintes jusqu'au noyau dans l'espace de 24 heures, et l'on y place ces fruits. Aussitôt qu'on remarque, en en ouvrant quelques-uns, qu'ils sont suffisamment atteints par le liquide, on les enlève et on les place dans de l'eau fraîche renouvelée deux fois dans la journée pendant cinq jours ; après quoi, on les verse dans une saumure ainsi préparée : on verse dans de l'eau froide, la plus pure possible, tout autant de sel blanc qu'elle peut en dissoudre ; on ajoute de la coriandre, du bois de rose, du girofle, des noix muscades, de la cannelle, le tout concassé ; on fait bouillir quelques minutes ; on laisse refroidir, et l'on passe.

Les olives bien lessivées sont mises, avec cette saumure, dans des vases bien propres et bien vernissés. On remplit ces vases avec autant d'eau fraîche que de saumure ; on les ferme avec soin et on les place dans un endroit frais. Ces olives peuvent être mangées quinze jours après ; elles se conservent pendant plus d'un an.

FIN.

TABLE ALPHABÉTIQUE

DES MATIÈRES CONTENUES DANS CET OUVRAGE

A

B

C

D

E

FIN DE LA TABLE.